내가 뽑은 원픽! 최신 출제경향에 맞춘 최고의 수험서

2024

산업안전기사 필기

I권 이론

최현준 · 서진수 · 송환의 · 이철한 · 이승호 저

Preface

머리말

새로운 도전의 길에 들어선 여러분!

자격증 취득을 목표로 삼고, 그 외로운 싸움 앞에서 얼마나 망설이고, 주저앉고, 포기를 반복하셨습니까?

다년간 강의를 하면서 합격자를 보다 많이 배출시킬 수 있는 방법을 고민하고, 좀 더 쉽게 효율적으로 공부할 수 있는 교재의 필요성을 느끼게 되어 이 책을 출간하게 되었습니다.

이 책은 기출문제를 철저히 분석하여 이론 및 예상문제를 체계적으로 정리하였고, 비전공자라도 누구나 쉽게 접근할 수 있도록 구성하였습니다.

최소한의 시간 투자로 산업안전기사필기 자격을 취득할 수 있도록 하는 데 초점을 두었으며, 책의 주요 특징은 다음과 같습니다.

01 각 과목의 이론에는 출제 문제에 관련된 내용을 충실히 수록하였습니다.

02 최근 출제기준에 맞추어 각 단원의 내용을 구성하였고, 다년간의 기출문제를 철저히 분석한 후 출제빈도가 높은 문제를 엄선하여 예상문제에 수록하였습니다.

03 계산문제의 공식에 관련된 내용은 예상문제를 수록하여 이해도를 높일 수 있도록 하였습니다.

04 각종 법규는 최신 개정사항을 반영하였습니다.

05 예상문제 및 기출문제에 상세 해설을 수록함으로써 다시 한번 학습 내용을 다질 수 있도록 하였습니다.

강의를 하면서 쌓아온 노하우와 자료들을 최대한 효율적으로 정리 · 전달하려 노력하였지만, 부족한 부분이 있으리라 생각됩니다. 산업현장의 안전을 위해 노력 중인 선후배 및 여러 교수님들의 애정 어린 관심과 아낌없는 지도 · 편달을 바라며, 부족한 부분들은 계속 수정 · 보완해 나갈 것을 약속드립니다.

끝으로 이 책이 완성되기까지 물심양면으로 도와주신 주경야독의 윤동기 대표님과 조정희 이사님, 그 외 주경야독 여러분 및 도서출판 예문사에 감사의 말씀을 드리며, 옆에서 많은 시간을 인내해 주고, 용기를 준 사랑하는 아내와 가족들에게도 고마움을 전합니다.

저자

출제기준

직무 분야	안전관리	중직무 분야	안전관리	자격 종목	산업안전기사	적용 기간	2024.1.1.~2026.12.31.

직무내용 : 제조 및 서비스업 등 각 산업현장에 소속되어 산업재해 예방계획의 수립에 관한 사항을 수행하며, 작업환경의 점검 및 개선에 관한 사항, 사고사례 분석 및 개선에 관한 사항, 근로자의 안전교육 및 훈련 등을 수행하는 직무이다.

필기검정방법	객관식	문제수	120	시험시간	3시간

필기 과목명	문제수	주요항목	세부항목	세세항목
산업재해 예방 및 안전보건 교육	20	1. 산업재해 예방 계획 수립	1. 안전관리	1. 안전과 위험의 개념 2. 안전보건관리 제이론 3. 생산성과 경제적 안전도 4. 재해예방활동기법 5. KOSHA Guide 6. 안전보건예산 편성 및 계상
			2. 안전보건관리 체제 및 운용	1. 안전보건관리조직 구성 2. 산업안전보건위원회 운영 3. 안전보건경영시스템 4. 안전보건관리규정
		2. 안전보호구 관리	1. 보호구 및 안전장구 관리	1. 보호구의 개요 2. 보호구의 종류별 특성 3. 보호구의 성능기준 및 시험방법 4. 안전보건표지의 종류 · 용도 및 적용 5. 안전보건표지의 색채 및 색도기준
		3. 산업안전심리	1. 산업심리와 심리검사	1. 심리검사의 종류 2. 심리학적 요인 3. 지각과 정서 4. 동기 · 좌절 · 갈등 5. 불안과 스트레스
			2. 직업적성과 배치	1. 직업적성의 분류 2. 적성검사의 종류 3. 직무분석 및 직무평가 4. 선발 및 배치 5. 인사관리의 기초
			3. 인간의 특성과 안전과의 관계	1. 안전사고 요인 2. 산업안전심리의 요소 3. 착상심리 4. 착오 5. 착시 6. 착각현상

필기 과목명	문제수	주요항목	세부항목	세세항목
		4. 인간의 행동과학	1. 조직과 인간행동	1. 인간관계 2. 사회행동의 기초 3. 인간관계 메커니즘 4. 집단행동 5. 인간의 일반적인 행동특성
			2. 재해 빈발성 및 행동과학	1. 사고경향 2. 성격의 유형 3. 재해 빈발성 4. 동기부여 5. 주의와 부주의
			3. 집단관리와 리더십	1. 리더십의 유형 2. 리더십과 헤드십 3. 사기와 집단역학
			4. 생체리듬과 피로	1. 피로의 증상 및 대책 2. 피로의 측정법 3. 작업강도와 피로 4. 생체리듬 5. 위험일
		5. 안전보건교육의 내용 및 방법	1. 교육의 필요성과 목적	1. 교육목적 2. 교육의 개념 3. 학습지도 이론 4. 교육심리학의 이해
			2. 교육방법	1. 교육훈련기법 2. 안전보건교육방법(TWI, O.J.T, OFF.J.T 등) 3. 학습목적의 3요소 4. 교육법의 4단계 5. 교육훈련의 평가방법
			3. 교육실시 방법	1. 강의법 2. 토의법 3. 실연법 4. 프로그램학습법 5. 모의법 6. 시청각교육법 등
			4. 안전보건교육계획 수립 및 실시	1. 안전보건교육의 기본방향 2. 안전보건교육의 단계별 교육과정 3. 안전보건교육계획

출제기준

필기 과목명	문제수	주요항목	세부항목	세세항목
			5. 교육내용	1. 근로자 정기안전보건 교육내용 2. 관리감독자 정기안전보건 교육내용 3. 신규채용 시와 작업내용변경 시 안전보건 교육내용 4. 특별교육대상 작업별 교육내용
		6. 산업안전 관계법규	1. 산업안전보건법령	1. 산업안건보건법 2. 산업안건보건법 시행령 3. 산업안전보건법 시행규칙 4. 산업안전보건기준에 관한 규칙 5. 관련 고시 및 지침에 관한 사항
인간공학 및 위험성 평가 · 관리	20	1. 안전과 인간공학	1. 인간공학의 정의	1. 정의 및 목적 2. 배경 및 필요성 3. 작업관리와 인간공학 4. 사업장에서의 인간공학 적용분야
			2. 인간－기계체계	1. 인간－기계시스템의 정의 및 유형 2. 시스템의 특성
			3. 체계 설계와 인간요소	1. 목표 및 성능명세의 결정 2. 기본설계 3. 계면설계 4. 촉진물 설계 5. 시험 및 평가 6. 감성공학
			4. 인간요소와 휴먼에러	1. 인간 실수의 분류 2. 형태적 특성 3. 인간 실수 확률에 대한 추정기법 4. 인간 실수 예방기법
		2. 위험성 파악 · 결정	1. 위험성 평가	1. 위험성 평가의 정의 및 개요 2. 평가대상 선정 3. 평가항목 4. 관련법에 관한 사항
			2. 시스템 위험성 추정 및 결정	1. 시스템 위험성 분석 및 관리 2. 위험분석 기법 3. 결함수 분석 4. 정성적, 정량적 분석 5. 신뢰도 계산
		3. 위험성 감소대책 수립 · 실행	1. 위험성 감소대책 수립 및 실행	1. 위험성 개선대책(공학적 · 관리적)의 종류 2. 허용 가능한 위험수준 분석 3. 감소대책에 따른 효과 분석 능력

필기 과목명	문제수	주요항목	세부항목	세세항목
		4. 근골격계질환 예방관리	1. 근골격계 유해요인	1. 근골격계질환의 정의 및 유형 2. 근골격계부담작업의 범위
			2. 인간공학적 유해요인 평가	1. OWAS 2. RULA 3. REBA 등
			3. 근골격계 유해요인 관리	1. 작업관리의 목적 2. 방법연구 및 작업측정 3. 문제해결절차 4. 작업개선안의 원리 및 도출방법
		5. 유해요인 관리	1. 물리적 유해요인 관리	1. 물리적 유해요인 파악 2. 물리적 유해요인 노출기준 3. 믈리적 유해요인 관리대책 수립
			2. 화학적 유해요인 관리	1. 화학적 유해요인 파악 2. 화학적 유해요인 노출기준 3. 화학적 유해요인 관리대책 수립
			3. 생물학적 유해요인 관리	1. 생물학적 유해요인 파악 2. 생물학적 유해요인 노출기준 3. 생물학적 유해요인 관리대책 수립
		6. 작업환경 관리	1. 인체계측 및 체계제어	1. 인체계측 및 응용원칙 2. 신체반응의 측정 3. 표시장치 및 제어장치 4. 통제표시비 5. 양립성 6. 수공구
			2. 신체활동의 생리학적 측정법	1. 신체반응의 측정 2. 신체역학 3. 신체활동의 에너지 소비 4. 동작의 속도와 정확성
			3. 작업공간 및 작업자세	1. 부품배치의 원칙 2. 활동분석 3. 개별 작업공간 설계지침
			4. 작업측정	1. 표준시간 및 연구 2. Work Sampling의 원리 및 절차 3. 표준자료(MTM, Work Factor 등)

출제기준

필기 과목명	문제수	주요항목	세부항목	세세항목
			5. 작업환경과 인간공학	1. 빛과 소음의 특성 2. 열교환과정과 열압박 3. 진동과 가속도 4. 실효온도와 Oxford 지수 5. 이상환경(고열, 한랭, 기압, 고도 등) 및 노출에 따른 사고와 부상 6. 사무/VDT 작업 설계 및 관리
			6. 중량물 취급 작업	1. 중량물 취급 방법 2. NIOSH Lifting Equation
기계 · 기구 및 설비 안전 관리	20	1. 기계공정의 안전	1. 기계공정의 특수성 분석	1. 설계도(설비 도면, 장비사양서 등) 검토 2. 파레토도, 특성요인도, 클로즈 분석, 관리도 3. 공정의 특수성에 따른 위험요인 4. 설계도에 따른 안전지침 5. 특수 작업의 조건 6. 표준안전작업절차서 7. 공정도를 활용한 공정분석 기술
			2. 기계의 위험 안전조건 분석	1. 기계의 위험요인 2. 본질적 안전 3. 기계의 일반적인 안전사항과 안전조건 4. 유해위험기계기구의 종류, 기능과 작동원리 5. 기계 위험성 6. 기계 방호장치 7. 유해위험기계기구 종류와 기능 8. 설비보전의 개념 9. 기계의 위험점 조사 능력 10. 기계 작동원리 분석기술
		2. 기계분야 산업재해 조사 및 관리	1. 재해조사	1. 재해조사의 목적 2. 재해조사 시 유의사항 3. 재해발생 시 조치사항 4. 재해의 원인분석 및 조사기법
			2. 산재분류 및 통계분석	1. 산재분류의 이해 2. 재해 관련 통계의 정의 3. 재해 관련 통계의 종류 및 계산 4. 재해손실비의 종류 및 계산

필기 과목명	문제수	주요항목	세부항목	세세항목
			3. 안전점검 · 검사 · 인증 및 진단	1. 안전점검의 정의 및 목적 2. 안전점검의 종류 3. 안전점검표의 작성 4. 안전검사 및 안전인증 5. 안전진단
		3. 기계설비 위험요인 분석	1. 공작기계의 안전	1. 절삭가공기계의 종류 및 방호장치 2. 소성가공 및 방호장치
			2. 프레스 및 전단기의 안전	1. 프레스 재해방지의 근본적인 대책 2. 금형의 안전화
			3. 기타 산업용 기계 기구	1. 롤러기 2. 원심기 3. 아세틸렌 용접장치 및 가스집합 용접장치 4. 보일러 및 압력용기 5. 산업용 로봇 6. 목재 가공용 기계 7. 고속회전체 8. 사출성형기
			4. 운반기계 및 양중기	1. 지게차 2. 컨베이어 3. 양중기(건설용은 제외) 4. 운반 기계
		4. 기계안전시설 관리	1. 안전시설 관리 계획하기	1. 기계 방호장치 2. 안전작업절차 3. 공정도를 활용한 공정분석 4. Fool Proof 5. Fail Safe
			2. 안전시설 설치하기	1. 안전시설물 설치기준 2. 안전보건표지 설치기준 3. 기계 종류별[지게차, 컨베이어, 양중기(건설용은 제외), 운반 기계] 안전장치 설치기준 4. 기계의 위험점 분석
			3. 안전시설 유지 · 관리하기	1. KS B 규격과 ISO 규격 통칙에 대한 지식 2. 유해위험기계기구 종류 및 특성

출제기준

필기 과목명	문제수	주요항목	세부항목	세세항목
		5. 설비진단 및 검사	1. 비파괴검사의 종류 및 특징	1. 육안검사 2. 누설검사 3. 침투검사 4. 초음파검사 5. 자기탐상검사 6. 음향검사 7. 방사선투과검사
			2. 소음 · 진동 방지 기술	1. 소음방지 방법 2. 진동방지 방법
전기설비 안전관리	20	1. 전기안전관리 업무수행	1. 전기안전관리	1. 배(분)전반 2. 개폐기 3. 보호계전기 4. 과전류 및 누전 차단기 5. 정격차단용량(kA) 6. 전기안전 관련 법령
		2. 감전재해 및 방지대책	1. 감전재해 예방 및 조치	1. 안전전압 2. 허용접촉 및 보폭 전압 3. 인체의 저항
			2. 감전재해의 요인	1. 감전요소 2. 감전사고의 형태 3. 전압의 구분 4. 통전전류의 세기 및 그에 따른 영향
			3. 절연용 안전장구	1. 절연용 안전보호구 2. 절연용 안전방호구
		3. 정전기 장 · 재해관리	1. 정전기 위험요소 파악	1. 정전기 발생원리 2. 정전기의 발생현상 3. 방전의 형태 및 영향 4. 정전기의 장해
			2. 정전기 위험요소 제거	1. 접지 2. 유속의 제한 3. 보호구의 착용 4. 대전방지제 5. 가습 6. 제전기 7. 본딩
		4. 전기 방폭 관리	1. 전기방폭설비	1. 방폭구조의 종류 및 특징 2. 방폭구조 선정 및 유의사항 3. 방폭형 전기기기

필기 과목명	문제수	주요항목	세부항목	세세항목
			2. 전기방폭 사고예방 및 대응	1. 전기폭발등급 2. 위험장소 선정 3. 정전기 방지대책 4. 절연저항, 접지저항, 정전용량 측정
		5. 전기설비 위험요인 관리	1. 전기설비 위험요인 파악	1. 단락 2. 누전 3. 과전류 4. 스파크 5. 접촉부과열 6. 절연열화에 의한 발열 7. 지락 8. 낙뢰 9. 정전기
			2. 전기설비 위험요인 점검 및 개선	1. 유해위험기계기구 종류 및 특성 2. 안전보건표지 설치기준 3. 접지 및 피뢰 설비 점검
화학설비 안전관리	20	1. 화재 · 폭발 검토	1. 화재 · 폭발 이론 및 발생 이해	1. 연소의 정의 및 요소 2. 인화점 및 발화점 3. 연소 · 폭발의 형태 및 종류 4. 연소(폭발)범위 및 위험도 5. 완전연소 조성농도 6. 화재의 종류 및 예방대책 7. 연소파와 폭굉파 8. 폭발의 원리
			2. 소화 원리 이해	1. 소화의 정의 2. 소화의 종류 3. 소화기의 종류
			3. 폭발방지대책 수립	1. 폭발방지대책 2. 폭발하한계 및 폭발상한계의 계산
		2. 화학물질 안전관리 실행	1. 화학물질(위험물, 유해화학물질) 확인	1. 위험물의 기초화학 2. 위험물의 정의 3. 위험물의 종류 4. 노출기준 5. 유해화학물질의 유해요인

출제기준

필기 과목명	문제수	주요항목	세부항목	세세항목
			2. 화학물질(위험물, 유해화학물질) 유해 위험성 확인	1. 위험물의 성질 및 위험성 2. 위험물의 저장 및 취급방법 3. 인화성 가스 취급 시 주의사항 4. 유해화학물질 취급 시 주의사항 5. 물질안전보건자료(MSDS)
			3. 화학물질 취급설비 개념 확인	1. 각종 장치(고정, 회전 및 안전장치 등) 종류 2. 화학장치(반응기, 정류탑, 열교환기 등) 특성 3. 화학설비(건조설비 등)의 취급 시 주의사항 4. 전기설비(계측설비 포함)
		3. 화공안전 비상조치 계획 · 대응	1. 비상조치계획 및 평가	1. 비상조치계획 2. 비상대응 교육훈련 3. 자체 매뉴얼 개발
		4. 화공 안전운전 · 점검	1. 공정안전 기술	1. 공정안전의 개요 2. 각종 장치(제어장치, 송풍기, 압축기, 배관 및 피팅류) 3. 안전장치의 종류
			2. 안전점검계획 수립	1. 안전운전계획
			3. 공정안전보고서 작성심사 · 확인	1. 공정안전자료 2. 위험성 평가
건설공사 안전관리	20	1. 건설공사 특성분석	1. 건설공사 특수성 분석	1. 안전관리계획 수립 2. 공사장 작업환경 특수성 3. 계약조건의 특수성
			2. 안전관리 고려사항 확인	1. 설계도서 검토 2. 안전관리 조직 3. 시공 및 재해사례 검토
		2. 건설공사 위험성	1. 건설공사 유해 · 위험요인 파악	1. 유해 · 위험요인 선정 2. 안전보건자료 3. 유해위험방지계획서
			2. 건설공사 위험성 추정 · 결정	1. 위험성 추정 및 평가 방법 2. 위험성 결정 관련 지침 활용
		3. 건설업 산업안전보건관리비 관리	1. 건설업 산업안전보건관리비 규정	1. 건설업 산업안전보건관리비의 계상 및 사용기준 2. 건설업 산업안전보건관리비 대상액 작성요령 3. 건설업 산업안전보건관리비의 항목별 사용 내역

필기 과목명	문제수	주요항목	세부항목	세세항목
		4. 건설현장 안전시설 관리	1. 안전시설 설치 및 관리	1. 추락방지용 안전시설 2. 붕괴방지용 안전시설 3. 낙하, 비래방지용 안전시설
			2. 건설공구 및 장비 안전수칙	1. 건설공구의 종류 및 안전수칙 2. 건설장비의 종류 및 안전수칙
		5. 비계 · 거푸집 가시설 위험방지	1. 건설 가시설물 설치 및 관리	1. 비계 2. 작업통로 및 발판 3. 거푸집 및 동바리 4. 흙막이
		6. 공사 및 작업 종류별 안전	1. 양중 및 해체공사	1. 양중공사 시 안전수칙 2. 해체공사 시 안전수칙
			2. 콘크리트 및 PC공사	1. 콘크리트공사 시 안전수칙 2. PC공사 시 안전수칙
			3. 운반 및 하역작업	1. 운반작업 시 안전수칙 2. 하역작업 시 안전수칙

차례

이론편

문제편

PART 01 산업재해 예방 및 안전보건교육

차례

차례

차례

PART 06 건설공사 안전관리

PART 01

산업재해 예방 및 안전보건교육

CHAPTER

01 산업재해 예방 계획수립

SECTION 01 안전관리

1 안전과 위험의 개념

1. 안전관리(Safety Management)

생산성의 향상과 손실의 최소화를 위하여 행하는 것으로 비능률적 요소인 사고가 발생하지 않는 상태를 유지하기 위한 활동, 즉 재해로부터 인간의 생명과 재산을 보호하기 위한 계획적이고 체계적인 제반 활동을 말한다.

2. 안전의 의미

1) 웹스터(Webster) 사전

안전은 상해, 손실, 감손, 위해 또는 위험에 노출되는 것으로부터의 자유를 말하며, 안전은 이와 같은 자유를 위한 보관, 보호 또는 가드와 시건장치, 질병에 방지에 필요한 지식 및 기술

2) 하인리히(H. W. Heinrich)

안전은 사고예방이라고 말하며, 사고예방은 물리적 환경과 인간 및 기계의 관계를 통제하는 과학인 동시에 기술이라고 주장

3. 안전관리의 목적

① 인간의 존중 : 인도주의의 실현
② 사회복지의 증진 : 경제성 향상
③ 생산성의 향상 : 안전태도의 개선 및 안전동기 부여
④ 경제적 손실의 예방 : 재해로 인한 재산 및 인적 손실 예방

4. 위험

1) 위험의 개념

직 · 간접적으로 인적, 물적, 환경적 피해를 입히는 원인이 될 수 있는 실제 또는 잠재된 상태를 말한다.

2) 위험의 종류 및 사고형태

구분	위험의 종류	사고형태
기계적 위험	접촉적 위험	협착, 잘림, 스침, 격돌, 찔림, 틈에 끼임
	물리적 위험	비래, 낙하물에 맞음, 추락, 전락
	구조적 위험	파열, 파괴, 절단
화학적 위험	폭발, 화재 위험	폭발성 물질, 발화성 물질, 산화성 물질, 인화성 물질, 가연성 가스
	생리적 위험	부식성 액체, 독극물
에너지 위험	전기적 위험	감전, 과열, 발화, 눈의 장해
	열, 기타의 위험	화상, 방사선 장해, 눈의 장해
작업적 위험	작업 방법적 위험	추락, 전도, 격돌, 협착, 비래, 낙하물에 맞음
	장소적 위험	붕괴, 낙하물에 맞음

2 안전보건관리 제이론

1. 재해 발생의 메커니즘

1) 하인리히(H. W. Heinrich)의 도미노 이론(사고연쇄성)

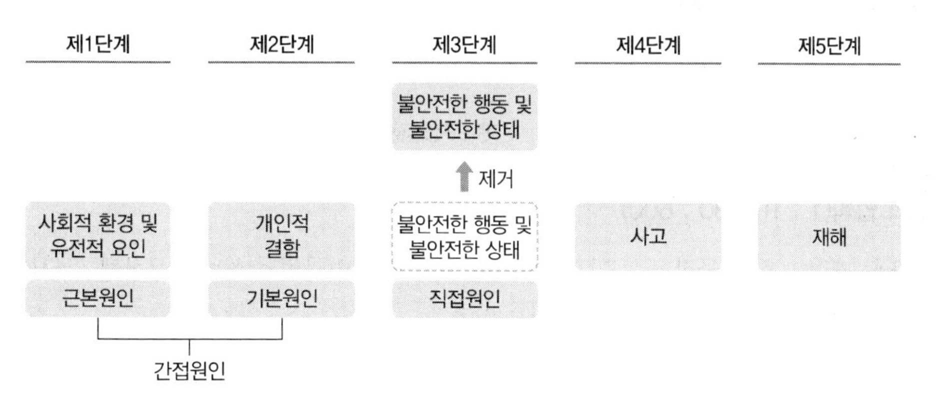

※ 불안전한 행동 및 불안전한 상태, 즉 제3단계를 제거하면 사고나 재해를 예방할 수 있다.

2) 버드(Bird)의 최신 도미노 이론

제1단계	제2단계	제3단계	제4단계	제5단계
제어의 부족	기본원인	직접원인	사고	상해
관리	기원	징후	접촉	손실

※ 재해 발생의 근원적 원인은 경영자의 관리 소홀이다.

3) 아담스(Adams)의 사고연쇄 반응이론(사고요인과 관리시스템)

제1단계	제2단계	제3단계	제4단계	제5단계
관리구조 ➡	작전적 에러 ➡	전술적 에러 ➡	사고 ➡	상해 · 손해

※ 재해의 직접원인을 관리시스템 내의 불안전 행동과 불안전 상태에 두고 전술적 에러로 설명하였으며, 관리상의 잘못으로 인한 개념을 강조하고 있다.

2. 재해구성비율

1) 하인리히의 법칙(1 : 29 : 300)

① 안전사고 330건 중 중상이 1건, 경상이 29건, 무상해 사고가 300건 발생한다는 법칙

② 하인리히 법칙의 핵심은 사고 발생 자체, 즉 300건의 무상해 사고를 근원적으로 예방하고 원인을 제거해야 한다는 것을 강조

재해 발생 = 물적 불안전 상태 + 인적 불안전 행위 + α

= 설비적 결함 + 관리적 결함 + α

여기서, α : 잠재된 위험의 상태(potential) = 재해

$$\alpha = \frac{300}{1+29+300}$$

| 재해구성비율 |

2) 버드의 법칙(1 : 10 : 30 : 600)

중상 또는 폐질 1, 경상(물적 또는 인적 상해) 10, 무상해 사고(물적 손실) 30, 무상해 · 무사고 고장(위험순간) 600의 비율로 사고가 발생한다는 이론

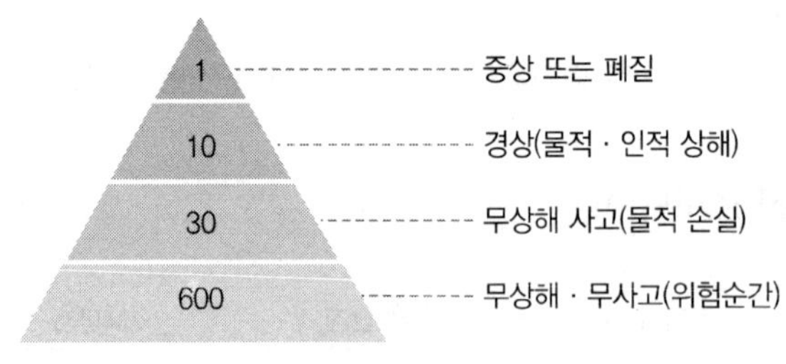

| 재해구성비율 |

3. 재해의 예방에 관한 이론

1) 하인리히의 재해예방 4원칙

예방 가능의 원칙	천재지변을 제외한 모든 재해는 원칙적으로 예방이 가능하다.
손실 우연의 원칙	사고에 의해서 생기는 상해의 종류 및 정도는 우연적이다.
원인 계기의 원칙	사고와 손실과의 관계는 우연적이지만 사고와 원인관계는 필연적이다.(사고에는 반드시 원인이 있다.)
대책 선정의 원칙	원인을 정확히 규명해서 대책을 선정하고 실시되어야 한다.(3E, 즉 기술, 교육, 관리를 중심으로)

2) 하인리히의 재해예방 5단계(사고예방 대책의 기본원리)

제1단계	조직 (안전관리조직)	① 경영자의 안전목표 설정 ② 안전관리조직의 편성 ③ 안전관리조직과 책임 부여	④ 조직을 통한 안전활동 ⑤ 안전관리 규정의 제정
제2단계	사실의 발견 (현상파악)	① 안전사고 및 활동기록의 검토 ② 작업분석 및 불안전 요소 발견 ③ 안전점검 및 안전진단 ④ 사고조사	⑤ 관찰 및 보고서의 연구 ⑥ 안전토의 및 회의 ⑦ 근로자의 건의 및 여론조사
제3단계	분석평가	① 불안전 요소의 분석 ② 현장조사 결과의 분석 ③ 사고보고서 분석 ④ 인적 · 물적 환경 조건의 분석	⑤ 작업공정의 분석 ⑥ 교육과 훈련의 분석 ⑦ 안전수칙 및 안전기준의 분석
제4단계	시정책의 선정 (대책의 선정)	① 인사 및 배치조정 ② 기술적 개선 ③ 기술교육 및 훈련의 개선	④ 안전관리 행정업무의 개선 ⑤ 규정 및 수칙의 개선 ⑥ 확인 및 통제체제 개선
제5단계	시정책의 적용 (목표달성)	① 3E의 적용단계(기술적 대책 실시, 교육적 대책 실시, 독려적 대책 실시) ② 목표설정 실시 ③ 결과의 재평가 및 개선	

3) 하베이(J. H. Harvey)의 3E 이론(안전대책)

① 사고를 방지하고 안전을 도모하기 위하여 3E를 안전대책으로 재해를 예방 및 최소화할 수 있다는 이론을 제시

② 재해 발생에서 3E의 의미

기술(Engineering)	기계설비의 결함, 작업환경의 불량 등 불안전한 상태 유발
교육(Education)	지식의 부족, 기능의 결여, 부적절한 태도 등 불안전한 행동 유발
관리(Enforcement)	안전관리조직 체계 미구비, 제반 규정과 수칙 미준수 등 관리적 결함

③ 3E의 대책

기술적 대책	기계설비의 교체, 작업환경의 개선 ① 설계 최적화 ② 구조재료의 검토 ③ 생산공정의 개선 ④ 점검 및 보존 철저
교육적 대책	지속적이고 충실한 안전교육훈련 실시 ① 안전지식 함양 ② 안전수칙 교육 및 지도 ③ 지속적 · 체계적 교육 실시 ④ 작업방법 교육 철저 ⑤ 유해 · 위험작업 교육 실시
관리적 대책	안전관리조직 구비, 제반 규정/수칙 준수, 안전감독의 철저 ① 적합한 기준 설정 ② 각종 규정 및 수칙의 준수 ③ 전 종업원의 기준 이해 ④ 경영자 및 관리자의 솔선수범 ⑤ 부단한 동기부여와 사기 향상

3 생산성과 경제적 안전도

1. 안전유지와 생산의 관계

안전관리란 생산성의 향상과 손실의 최소화를 위하여 행하는 것으로 비능률적 요소인 사고가 발생하지 않는 상태를 유지하기 위한 활동으로 안전유지는 생산성 측면에서 다음과 같은 관계를 가져온다.

① 안전은 생산성 향상의 기본이 된다.
② 안전은 경비 절감의 근원이 된다.
③ 안전은 직장의 질서 유지의 수준을 높인다.
④ 안전은 인간관계를 향상시킨다.
⑤ 안전은 생산목표의 척도가 된다.

2. 체계적인 PDCA 사이클

PDCA	PDCA 단계별 추진내용
계획(Plan)	현장에 적합한 안전관리방법 및 안전관리 계획의 수립
실시(Do)	안전관리활동의 실시, 교육 및 훈련 실시, 환경설비의 개선
검토(Check)	안전관리활동에 대한 검사 및 확인, 안전관리활동의 결과 검토
조치(Action)	검토된 안전관리활동의 수정 조치

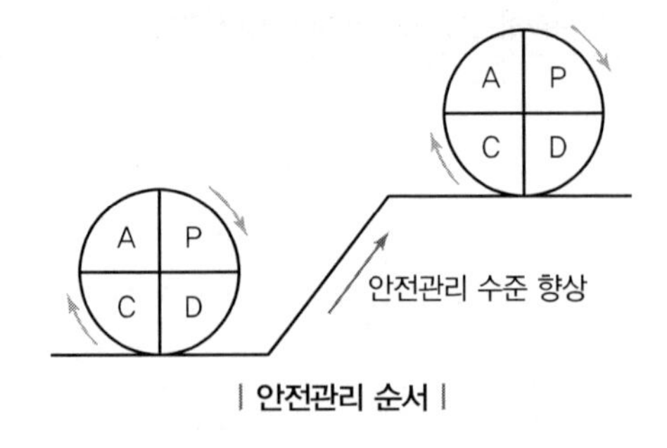

| 안전관리 순서 |

4 재해예방활동기법

1. 무재해운동

1) 무재해운동의 정의

사업주와 근로자가 다같이 참여하여 산업재해 예방을 위한 자율적인 운동을 촉진함으로써 사업장 내의 모든 잠재적 요인을 사전에 발견 파악하고 근원적으로 산업재해를 억제시켜 보자는 운동

2) 무재해운동의 본질

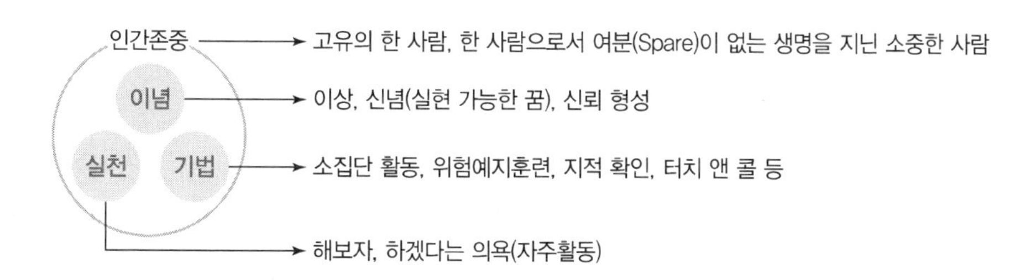

① 무재해운동은 인간존중의 이념으로부터 출발한다.

② 무재해운동은 이념, 기법, 실천을 완전히 삼위일체로 하여 추진하는 것으로서 어느 하나라도 빠져서는 무재해운동이 아니다.

2. 무재해운동 이론

1) 무재해운동 추진의 3기둥(요소)

최고경영자의 경영자세	안전보건은 최고경영자의 무재해, 무질병에 대한 확고한 경영자세로부터 시작된다.
관리감독자에 의한 안전보건의 추진 (라인화의 철저)	관리감독자(라인)들이 생산활동 속에서 안전보건을 함께 실천하는 것이 성공의 지름길이며 기본이다.
직장 소집단의 자주활동의 활성화	일하는 한 사람 한 사람이 안전보건을 자신의 문제이며, 동시에 같은 동료의 문제로서 진지하게 받아들여 직장의 팀 구성원과의 협동노력으로 자주적인 안전활동을 추진해 가는 것이 필요하다.

2) 무재해운동의 3원칙

무(無)의 원칙	단순히 사망재해나 휴업재해만 없으면 된다는 소극적인 사고가 아닌, 사업장 내의 모든 잠재위험요인을 적극적으로 사전에 발견하고 파악 · 해결함으로써 산업재해의 근원적인 요소를 없앤다는 것을 의미
참여의 원칙 (전원참가의 원칙)	작업에 따르는 잠재위험요인을 발견하고 파악 · 해결하기 위해 전원이 일치 협력하여 각자의 위치에서 적극적으로 문제를 해결하겠다는 것을 의미
안전제일의 원칙 (선취의 원칙)	안전한 사업장을 조성하기 위한 궁극의 목표로서 사업장 내에서 행동하기 전에 잠재위험요인을 발견하고 파악 · 해결하여 재해를 예방하는 것을 의미

3. 무재해 소집단 활동

1) 터치 앤 콜(Touch and Call)

현장에서 동료들과 손과 어깨 등을 맞대고 행동목표나 구호를 외치는 것으로서 스킨십(Skinship)을 통한 일체감이나 연대감을 조성하는 기법을 말한다.

2) 지적 확인

작업공정이나 상황 가운데 위험요인이나 작업의 중요 포인트에 대해 자신의 행동을 "○○ 좋아!"라고 큰 소리로 제창하여 확인하는 것으로 인간의 실수를 없애기 위하여 눈, 손, 입, 그리고 귀를 이용하여 작업시작 전에 뇌를 자극시켜 안전을 확보하기 위한 방법이다.

3) TBM(Tool Box Meeting)

직장에서 행하는 미팅으로 사고의 직접원인 중에서 주로 불안전한 행동을 근절시키기 위하여 5~7명 정도의 소집단으로 나누어 작업장 내의 적당한 장소에서 실시하는 단시간 미팅으로 현장에서 그때그때 주어진 상황에 즉응하여 실시하여 즉시 즉응법이라고도 한다.

4. 위험예지훈련

1) 정의

직장이나 작업의 상황 속에서 숨은 위험요인과 그것이 초래하는 현상을 직장이나 작업의 상황을 묘사한 그림을 사용하여 또는 직장에서 현물로 작업을 시키거나 해보이면서 직장 소집단에서 다 함께 대화하고 생각하며 합의한 뒤 위험의 포인트와 중점실시사항을 직접 확인하여 행동하기 전에 문제해결을 습관화하는 훈련이며, 무재해운동에서 실시하는 위험예지훈련은 직장의 팀워크로 안전을 전원이 빨리 올바르게 선취하는 훈련이다.

2) 위험예지훈련의 3가지 훈련

감수성 훈련	위험예지훈련은 직장이나 작업의 상황 속에서 위험요인을 발견하는 감수성을 개인의 수준에서 팀 수준으로 높이는 감수성 훈련이다.
단시간 미팅 훈련	위험예지훈련은 직장에서 전원의 집중력 향상, 특히 단시간의 미팅과 예리한 지적확인을 실천하기 위한 훈련이다.
문제해결훈련	위험예지훈련은 위험요인을 행동하기 전에 팀이 하겠다는 의욕으로 해결하는 문제해결훈련이다.

3) 위험예지훈련의 4라운드(Round)

라운드	문제해결의 4라운드	진행방법
1라운드(1R)	현상파악(사실을 파악한다) 〈어떤 위험이 잠재하고 있는가?〉	① 잠재위험 요인과 현상을 발견 ② "~때문에 ~된다"라고 5~7가지 항목 정리 ③ BS 실시
2라운드(2R)	본질추구(요인을 찾아낸다) 〈이것이 위험의 포인트다〉	① 가장 중요한 위험을 파악하여 합의 결정 ② 위험포인트 1~2항목에 ◎표를 한다. ③ 지적확인 제창 "~해서 ~ㄴ다, 좋아!"
3라운드(3R)	대책수립(대책을 선정한다) 〈당신이라면 어떻게 하겠는가?〉	① 본질추구에서 선정된 위험포인트 항목의 구체적인 대책수립 ② 2~3항목 정도 ③ BS 실시
4라운드(4R)	목표설정(행동계획을 정한다) 〈우리들은 이렇게 하자〉	① 대책수립의 항목 중 중점실시항목으로 합의 결정 ② 지적확인 제창 "~을 하여~하자 좋아!"

5. 브레인스토밍(Brainstorming)

1) 정의

브레인스토밍(Brainstorming)이란 수 명의 멤버가 마음을 터놓고 편안한 분위기 속에서 공상, 연상의 연쇄반응을 일으키면서 자유분방하게 아이디어를 대량으로 발언해 나가는 것이다.

2) BS의 원칙

① **비판금지** : 「좋다」, 「나쁘다」라고 비판은 하지 않는다.
② **대량발언** : 내용의 질적 수준보다 양적으로 무엇이든 많이 발언한다.
③ **자유분방** : 자유로운 분위기에서 마음대로 편안한 마음으로 발언한다.
④ **수정발언** : 타인의 아이디어를 수정하거나 보충 발언해도 좋다.

5 KOSHA Guide

1. KOSHA Guide의 정의

산업안전보건법령에서 정한 최소한의 수준이 아니라, 사업장에서 좀 더 높은 수준의 안전보건 향상을 위해 참고할 수 있는 기술적 내용을 기술한 자율적 안전보건가이드로 사업장이 자기규율 예방체계 확립을 지원하기 위한 자율적 안전보건가이드를 의미한다.

2. 일련번호 체계

KOSHA Guide는 가이드 표시, 분야별 또는 업종별 분류기호, 공표순서, 제·개정 연도의 순으로 번호를 부여한다.

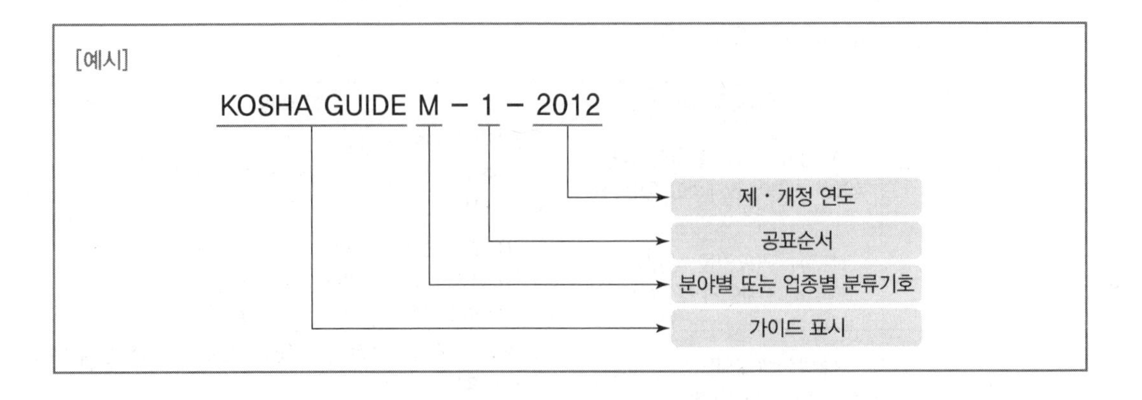

3. 분류기호

분야별 또는 업종별	분류기호	분야별 또는 업종별	분류기호
시료 채취 및 분석지침	A	화학공업지침	K
조선 · 항만하역지침	B	기계일반지침	M
건설안전지침	C	점검 · 정비 · 유지관리지침	O
안전설계지침	D	공정안전지침	P
전기 · 계장일반지침	E	산업독성지침	T
화재보호지침	F	작업환경관리지침	W
안전 · 보건 일반지침	G	리스크관리지침	X
건강진단 및 관리지침	H	안전경영관리지침	Z

6 안전보건예산 편성 및 계상

1. 안전보건예산 편성범위

① 재해 예방을 위해 필요한 안전 · 보건에 관한 인력, 시설 및 장비의 구비

② 사업 또는 사업장의 특성에 따른 유해 · 위험요인을 확인하여 개선하는 업무절차를 마련하고, 해당 업무절차에 따라 유해 · 위험요인의 확인 및 개선이 이루어지는지를 반기 1회 이상 점검한 후 필요한 조치에 따른 유해 · 위험요인의 개선

2. 안전보건예산 반영 시 고려해야 할 사항

① 설비 및 시설물에 대한 안전점검 비용

② 근로자 안전보건교육 훈련 비용

③ 안전 관련 물품 및 보호구 등 구입 비용

④ 작업환경측정 및 특수건강검진 비용

⑤ 안전진단 및 컨설팅 비용

⑥ 위험설비 자동화 등 안전시설 개선 비용
⑦ 작입환경 개선 및 근골격계질환 예방 비용
⑧ 안전보건 우수사례 포상 비용
⑨ 안전보건지원을 촉진하기 위한 캠페인 등 지원

3. 안전보건시설 설치 시 고려해야 할 사항

① 안전보건시설을 충분히 갖추어야 한다.
② 위험기계 · 기구의 방호시설 및 방호장치를 설치해야 한다.
③ 유해화학물질취급의 안전시설은 화학물질의 유출 · 누출 감시장치 및 설비를 설치해야 한다.
④ 추락방지시설, 국소배기장치, 소음방지시설, 가스검지기 등을 설치해야 한다.
⑤ 근로자의 건강을 유지 · 증진하기 위한 시설을 설치해야 한다.

PART 01 PART 02 PART 03 PART 04 PART 05 PART 06

SECTION 02 안전보건관리 체제 및 운용

1 안전보건관리조직 구성

1. 안전관리조직의 기본적 방향

① 그 조직의 구성원을 전원 참여시킬 것
② 각 계층 간에 종적, 횡적, 기능적으로 유대를 이룰 것
③ 조직의 기능을 충분히 발휘할 수 있는 제도적 장치를 마련할 것

2. 안전관리조직의 기본적 목적

① 기업의 안전을 근본적으로 확보
② 책임 있는 안전관리 활동의 전개
③ 조직적인 사고예방 활동의 추진
④ 조직계층 간의 종적, 횡적 신속한 정보처리와 유대 강화

3. 재해 방지를 위한 안전관리조직

1) 안전관리조직의 목적

① 모든 위험요소의 제거
② 위험요소 제거의 기술 수준 향상
③ 재해예방률의 향상
④ 단위당 예방비용의 절감

2) 안전관리조직의 구비조건

① 회사의 특성과 규모에 부합되게 조직화될 것
② 조직의 기능이 충분히 발휘될 수 있는 제도적 체계를 갖출 것
③ 조직을 구성하는 관리자의 책임과 권한을 분명히 할 것
④ 생산라인과 밀착된 조직이 될 것

3) 안전관리조직의 기능요소(중요 기능)

① 안전상의 제안조치를 강구할 수 있는 기능
② 안전보건에 관한 교육과 지도, 감독 기능
③ 경영적 차원에서의 안전조치 기능
④ 재해사고 시 조사와 피해 억제 및 긴급조치 기능

4. 안전관리조직의 형태

1) 라인형(Line형, 직계형 조직)

구분	내용	도식
특징	① 안전을 전문으로 분담하는 조직이 없고, 안전관리에 관한 계획에서부터 실시 · 평가에 이르기까지 생산라인(생산지시)을 통해서 이루어지는 조직 형태 ② 100명 미만의 소규모 사업장에 적합한 조직 형태	경영자 → ● → ● → 작업자 ← 안전지시 ←--- 생산지시
장점	① 명령계통이 간단명료함 ② 안전에 관한 지시나 조치가 신속하고, 철저함	
단점	① 라인에 과중한 책임을 지우기 쉬움 ② 안전에 대한 전문지식이나 정보가 불충분 ③ 생산라인의 업무에 중점을 두어 안전보건관리가 소홀해 질 수 있음	

2) 스태프형(Staff형, 참모형 조직)

특징	① 회사 내에 별도로 안전활동 전담부서를 두는 방식의 조직 형태 ② 안전관리에 관한 계획과 조정, 조사, 검토, 보고 등의 일과 현장에 대한 기술지원을 담당하도록 편성된 조직 ③ 100명 이상 1,000명 미만의 중규모 사업장에 적합한 조직 형태
장점	① 사업장 특성에 적합한 기술연구를 전문적으로 할 수 있음 ② 경영자의 조언과 자문역할을 함 ③ 안전정보 수집이 용이하고 빠름 ④ 안전전문가가 안전계획을 세워 문제해결방안을 모색하고 조치함
단점	① 생산부분은 안전에 대한 책임과 권한이 없음 ② 권한다툼이나 조정 때문에 시간과 노력이 소모됨 ③ 안전과 생산을 별개로 취급하기 쉬움

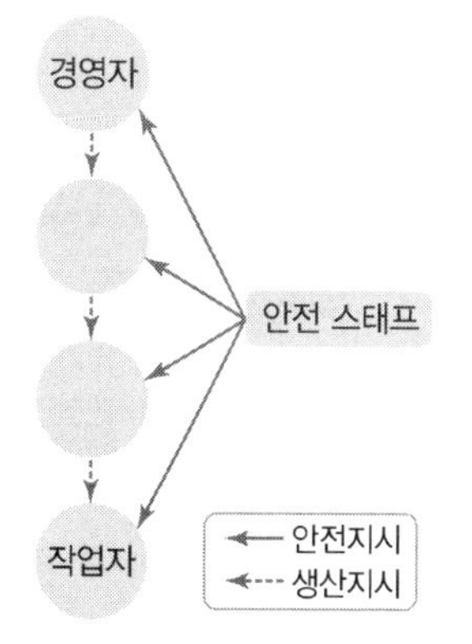

3) 라인–스태프형(Line–Staff형, 직계 참모형 조직)

특징	① 안전보건 업무를 전담하는 스태프를 별도로 두고 또 생산라인에는 그 부서의 장으로 하여금 계획된 생산라인의 안전관리조직을 통하여 실시하도록 한 조직 형태 ② 스태프는 안전에 관한 기획, 조사, 검토 및 연구를 수행 ③ 라인형과 스태프형의 장점을 취한 절충식 조직형태 ④ 라인의 관리감독자에게도 안전에 관한 책임과 권한이 부여됨 ⑤ 안전활동과 생산업무가 분리될 가능성이 낮기 때문에 균형을 유지할 수 있음 ⑥ 1,000명 이상의 대규모 사업장에 적합한 조직 형태
장점	① 조직원 전원을 자율적으로 안전활동에 참여시킬 수 있음 ② 스태프에 의해 입안된 것을 경영자의 지침으로 명령 실시하도록 하므로 정확 · 신속함
단점	① 명령계통과 조언이나 권고적 참여가 혼동되기 쉬움 ② 라인과 스태프 간에 협조가 안 될 경우 업무의 원활한 추진 불가(라인과 스태프 간의 월권 또는 상호 의견충돌이 생길 수 있음) ③ 라인이 스태프에 의존 또는 활용하지 않는 경우가 있음

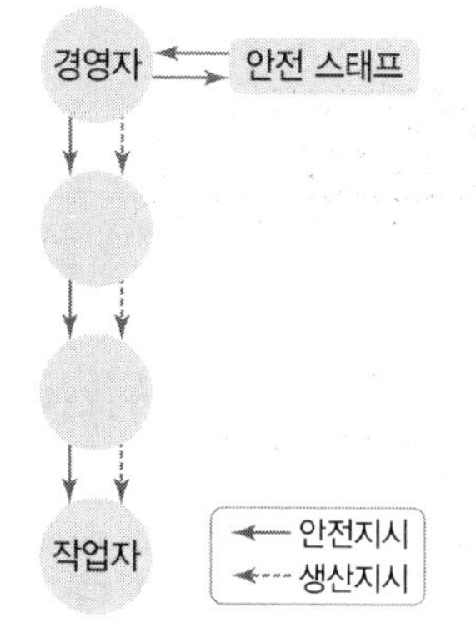

2 산업안전보건위원회 운영

1. 산업안전보건위원회를 구성해야 할 사업의 종류 및 사업장의 상시근로자 수

사업장의 안전 및 보건에 관한 중요 사항을 심의 · 의결하기 위하여 사업장에 근로자위원과 사용자위원이 같은 수로 구성되는 산업안전보건위원회를 구성 · 운영하여야 한다.

사업의 종류	사업장의 상시근로자 수
1. 토사석 광업 2. 목재 및 나무제품 제조업 ; 가구제외 3. 화학물질 및 화학제품 제조업 ; 의약품 제외(세제, 화장품 및 광택제 제조업과 화학섬유 제조업은 제외한다) 4. 비금속 광물제품 제조업 5. 1차 금속 제조업 6. 금속가공제품 제조업 ; 기계 및 가구 제외 7. 자동차 및 트레일러 제조업 8. 기타 기계 및 장비 제조업(사무용 기계 및 장비 제조업은 제외한다) 9. 기타 운송장비 제조업(전투용 차량 제조업은 제외한다)	상시근로자 50명 이상
10. 농업 11. 어업 12. 소프트웨어 개발 및 공급업 13. 컴퓨터 프로그래밍, 시스템 통합 및 관리업 14. 정보서비스업 15. 금융 및 보험업 16. 임대업 ; 부동산 제외 17. 전문, 과학 및 기술 서비스업(연구개발업은 제외한다) 18. 사업지원 서비스업 19. 사회복지 서비스업	상시근로자 300명 이상
20. 건설업	공사금액 120억 원 이상(「건설산업기본법 시행령」에 따른 토목공사업의 경우에는 150억 원 이상)
21. 제1호부터 제20호까지의 사업을 제외한 사업	상시근로자 100명 이상

2. 산업안전보건위원회의 구성

구분	산업안전보건위원회 구성위원
근로자위원	① 근로자대표 ② 명예산업안전감독관이 위촉되어 있는 사업장의 경우 근로자대표가 지명하는 1명 이상의 명예산업안전감독관 ③ 근로자대표가 지명하는 9명 이내의 해당 사업장의 근로자(명예산업안전감독관이 근로자위원으로 지명되어 있는 경우에는 9명에서 그 위원의 수를 제외한 수를 말한다)
사용자위원	① 해당 사업의 대표자 ② 안전관리자 1명 ③ 보건관리자 1명 ④ 산업보건의(해당 사업장에 선임되어 있는 경우) ⑤ 해당 사업의 대표자가 지명하는 9명 이내의 해당 사업장 부서의 장 ※ 상시근로자 50명 이상 100명 미만을 사용하는 사업장에서는 ⑤에 해당하는 사람을 제외하고 구성할 수 있다.

3. 산업안전보건위원회의 위원장

산업안전보건위원회의 위원장은 위원 중에서 호선한다. 이 경우 근로자위원과 사용자위원 중 각 1명을 공동위원장으로 선출할 수 있다.

4. 산업안전보건위원회의 회의 등

운영	① 정기회의 : 분기마다 위원장이 소집 ② 임시회의 : 위원장이 필요하다고 인정할 때에 소집
의결	근로자위원 및 사용자위원 각 과반수의 출석으로 개의(開議)하고 출석위원 과반수의 찬성으로 의결한다.
직무대리	근로자대표, 명예산업안전감독관, 해당 사업의 대표자, 안전관리자 또는 보건관리자는 회의에 출석할 수 없는 경우에는 해당 사업에 종사하는 사람 중에서 1명을 지정하여 위원으로서의 직무를 대리하게 할 수 있다.
회의록 기록사항 (작성하여 갖추어 두어야 함)	① 개최 일시 및 장소 ② 출석위원 ③ 심의 내용 및 의결 · 결정 사항 ④ 그 밖의 토의사항

5. 회의 결과 등의 주지

산업안전보건위원회의 위원장은 산업안전보건위원회에서 심의 · 의결된 내용 등 회의 결과와 중재 결정된 내용 등을 사내방송이나 사내보(社內報), 게시 또는 자체 정례조회, 그 밖의 적절한 방법으로 근로자에게 신속히 알려야 한다.

6. 산업안전보건위원회 심의 · 의결사항

① 산업재해 예방계획의 수립에 관한 사항
② 안전보건관리규정의 작성 및 변경에 관한 사항
③ 근로자의 안전 · 보건교육에 관한 사항
④ 작업환경측정 등 작업환경의 점검 및 개선에 관한 사항
⑤ 근로자의 건강진단 등 건강관리에 관한 사항
⑥ 산업재해에 관한 통계의 기록 및 유지에 관한 사항
⑦ 중대재해의 원인 조사 및 재발 방지대책 수립에 관한 사항
⑧ 유해하거나 위험한 기계 · 기구 · 설비를 도입한 경우 안전 및 보건 관련 조치에 관한 사항
⑨ 그 밖에 해당 사업장 근로자의 안전 및 보건을 유지 · 증진시키기 위하여 필요한 사항

참고

1. 산업안전보건위원회의 개념
   산업안전보건위원회는 사업장의 자율적 재해예방활동을 위해 필요한 안전과 보건에 관한 중요 사항을 사업주와 근로자들이 협의하고 결정하기 위한 상호 존중과 협력에 기반한 회의체이다.
2. 산업안전보건위원회의 역할
   산업안전보건위원회는 안전과 보건의 유지 · 증진을 위해 필요한 사항을 노 · 사가 함께 심의하고 의결함으로써 근로자의 이해와 협력을 구하고, 의견을 반영하는 노사의 중요한 소통기구로서 역할을 한다.

PART 01 PART 02 PART 03 PART 04 PART 05 PART 06

3. 산업안전보건위원회 구성 · 운영의 장점

① 사업장의 위험성을 가장 먼저 감지할 수 있는 현장근로자가 위험한 상황에 대하여 근로자가 의견을 제시하는 것은 문제를 해결하는 출발점이다.

② 산업안전보건위원회는 안전보건의 문제를 발견하고 해결하는 모든 과정에서 사업주와 근로자가 공식적인 참여를 보장하는 소통기구로 작동한다.

③ 산업안전보건위원회를 효과적으로 운영하면, 노사공동의 노력을 통한 산업재해 예방과 생산성 향상 및 직원의 근무 만족도를 높일 수 있다.

7. 안전 및 보건에 관한 협의체(노사협의체)

1) 안전 및 보건에 관한 협의체의 구성 · 운영

설치 대상		공사금액이 120억 원(「건설산업기본법 시행령」에 따른 토목공사업은 150억 원) 이상인 건설공사
구성 (근로자위원과 사용자위원이 같은 수로 구성)	근로자위원	① 도급 또는 하도급 사업을 포함한 전체 사업의 근로자대표 ② 근로자대표가 지명하는 명예산업안전감독관 1명(다만, 명예산업안전감독관이 위촉되어 있지 않은 경우에는 근로자대표가 지명하는 해당 사업장 근로자 1명) ③ 공사금액이 20억 원 이상인 공사의 관계수급인의 각 근로자대표
	사용자위원	① 도급 또는 하도급 사업을 포함한 전체 사업의 대표자 ② 인진관리지 1명 ③ 보건관리자 1명(보건관리자 선임대상 건설업으로 한정함) ④ 공사금액이 20억 원 이상인 공사의 관계수급인의 각 대표자
운영		① 정기회의 : 2개월마다 노사협의체의 위원장이 소집 ② 임시회의 : 위원장이 필요하다고 인정할 때에 소집 ※ 노사협의체 위원장의 선출, 노사협의체의 회의, 노사협의체에서 의결되지 않은 사항에 대한 처리방법 및 회의 결과 등의 공지는 산업안전보건위원회 규정을 준용함

2) 노사협의체 협의사항

① 산업재해 예방방법 및 산업재해가 발생한 경우의 대피방법

② 작업의 시작시간, 작업 및 작업장 간의 연락방법

③ 그 밖의 산업재해 예방과 관련된 사항

3) 노사협의체의 심의 · 의결 사항

① 산업재해 예방계획의 수립에 관한 사항

② 안전보건관리규정의 작성 및 변경에 관한 사항

③ 근로자의 안전 · 보건교육에 관한 사항

④ 작업환경측정 등 작업환경의 점검 및 개선에 관한 사항

⑤ 근로자의 건강진단 등 건강관리에 관한 사항

⑥ 산업재해에 관한 통계의 기록 및 유지에 관한 사항

⑦ 중대재해의 원인 조사 및 재발 방지대책 수립에 관한 사항

⑧ 유해하거나 위험한 기계 · 기구 · 설비를 도입한 경우 안전 및 보건 관련 조치에 관한 사항
⑨ 그 밖에 해당 사업장 근로자의 안전 및 보건을 유지 · 증진시키기 위하여 필요한 사항

참고 안전 및 보건에 관한 협의체의 개념
일정 규모의 건설공사의 건설공사도급인이 해당 건설 공사현장에 근로자위원과 사용자위원이 같은 수로 구성 · 운영할 수 있는 안전 및 보건에 관한 협의체를 말한다.

8. 안전 및 보건에 관한 협의체(도급협의체)

구성	도급인 및 그의 수급인 전원으로 구성해야 함
협의사항	① 작업의 시작 시간 ② 작업 또는 작업장 간의 연락 방법 ③ 재해발생 위험이 있는 경우 대피방법 ④ 작업장에서의 위험성 평가의 실시에 관한 사항 ⑤ 사업주와 수급인 또는 수급인 상호 간의 연락 방법 및 작업공정의 조정
회의	협의체는 매월 1회 이상 정기적으로 회의를 개최하고 그 결과를 기록 · 보존해야 함

참고
1. 안전 및 보건에 관한 협의체의 개념
   도급인이 자신의 사업장에서 관계수급인 근로자가 작업을 하는 경우에 도급인과 수급인을 구성원으로 하는 안전 및 보건에 관한 협의체이다.
2. 안전 및 보건에 관한 협의체의 대상
   업종과 사업장 규모에 관계없이 도급인이 자신의 사업장에서 관계수급인 근로자가 작업을 하는 모든 경우에 적용한다.

3 안전보건관리규정

1. 안전보건관리규정의 개요

사업장의 안전관리에 관한 기본적인 사항을 정한 것으로 이 규정을 근본으로 하여 안전보건관리상의 문제점을 해결 · 개선하고 안전보건에 관한 사업장의 목표를 달성해 나가는 기업의 안전관리활동의 기반이 되는 수단으로 안전보건관리규정은 사업장 내에서 수반되는 제반 산업안전보건관리활동의 내용과 이행 방법을 규정하는 것으로 개별사업장의 실정에 맞는 안전보건관리 지침서이다.

2. 안전보건관리규정을 작성해야 할 사업의 종류 및 상시근로자수

사업의 종류	상시근로자 수
1. 농업 2. 어업 3. 소프트웨어 개발 및 공급업 4. 컴퓨터 프로그래밍, 시스템 통합 및 관리업 5. 정보서비스업 6. 금융 및 보험업 7. 임대업 ; 부동산 제외 8. 전문, 과학 및 기술 서비스업(연구개발업은 제외한다) 9. 사업지원 서비스업 10. 사회복지 서비스업	300명 이상
11. 제1호부터 제10호까지의 사업을 제외한 사업	100명 이상

3. 안전보건관리규정의 포함사항

사업주는 사업장의 안전 및 보건을 유지하기 위하여 다음 각 호의 사항이 포함된 안전보건관리규정을 작성하여야 한다.

① 안선 및 보건에 관한 관리조직과 그 직무에 관한 사항

② 안전보건교육에 관한 사항

③ 작업장의 안전 및 보건 관리에 관한 사항

④ 사고 조사 및 대책 수립에 관한 사항

⑤ 그 밖에 안전 및 보건에 관한 사항

4. 안전보건관리규정의 작성 · 변경 절차

① 사업주는 안전보건관리규정을 작성해야 할 사유가 발생한 날부터 30일 이내에 안전보건관리규정의 세부 내용을 포함한 안전보건관리규정을 작성해야 한다. 이를 변경할 사유가 발생한 경우에도 또한 같다.

② 사업주는 안전보건관리규정을 작성하거나 변경할 때에는 산업안전보건위원회의 심의 · 의결을 거쳐야 한다. 다만, 산업안전보건위원회가 설치되어 있지 아니한 사업장의 경우에는 근로자대표의 동의를 받아야 한다.

③ 사업주가 안전보건관리규정을 작성할 때에는 소방 · 가스 · 전기 · 교통 분야 등의 다른 법령에서 정하는 안전관리에 관한 규정과 통합하여 작성할 수 있다.

5. 안전보건관리규정의 세부 내용

1) 총칙

① 안전보건관리규정 작성의 목적 및 적용 범위에 관한 사항

② 사업주 및 근로자의 재해 예방 책임 및 의무 등에 관한 사항
③ 하도급 사업장에 대한 안전 · 보건관리에 관한 사항

2) 안전 · 보건 관리조직과 그 직무

① 안전 · 보건 관리조직의 구성방법, 소속, 업무 분장 등에 관한 사항
② 안전보건관리책임자(안전보건총괄책임자), 안전관리자, 보건관리자, 관리감독자의 직무 및 선임에 관한 사항
③ 산업안전보건위원회의 설치 · 운영에 관한 사항
④ 명예산업안전감독관의 직무 및 활동에 관한 사항
⑤ 작업지휘자 배치 등에 관한 사항

3) 안전 · 보건교육

① 근로자 및 관리감독자의 안전 · 보건교육에 관한 사항
② 교육계획의 수립 및 기록 등에 관한 사항

4) 작업장 안전관리

① 안전 · 보건관리에 관한 계획의 수립 및 시행에 관한 사항
② 기계 · 기구 및 설비의 방호조치에 관한 사항
③ 유해 · 위험기계 등에 대한 자율검사프로그램에 의한 검사 또는 안전검사에 관한 사항
④ 근로자의 안전수칙 준수에 관한 사항
⑤ 위험물질의 보관 및 출입 제한에 관한 사항
⑥ 중대재해 및 중대산업사고 발생, 급박한 산업재해 발생의 위험이 있는 경우 작업중지에 관한 사항
⑦ 안전표지 · 안전수칙의 종류 및 게시에 관한 사항과 그 밖에 안전관리에 관한 사항

5) 작업장 보건관리

① 근로자 건강진단, 작업환경측정의 실시 및 조치절차 등에 관한 사항
② 유해물질의 취급에 관한 사항
③ 보호구의 지급 등에 관한 사항
④ 질병자의 근로 금지 및 취업 제한 등에 관한 사항
⑤ 보건표지 · 보건수칙의 종류 및 게시에 관한 사항과 그 밖에 보건관리에 관한 사항

6) 사고 조사 및 대책 수립

① 산업재해 및 중대산업사고의 발생 시 처리 절차 및 긴급조치에 관한 사항
② 산업재해 및 중대산업사고의 발생원인에 대한 조사 및 분석, 대책 수립에 관한 사항
③ 산업재해 및 중대산업사고 발생의 기록 · 관리 등에 관한 사항

7) 위험성 평가에 관한 사항

① 위험성 평가의 실시 시기 및 방법, 절차에 관한 사항
② 위험성 감소대책 수립 및 시행에 관한 사항

8) 보칙

① 무재해운동 참여, 안전 · 보건 관련 제안 및 포상 · 징계 등 산업재해 예방을 위하여 필요하다고 판단하는 사항
② 안전 · 보건 관련 문서의 보존에 관한 사항
③ 그 밖의 사항
사업장의 규모 · 업종 등에 적합하게 작성하며, 필요한 사항을 추가하거나 그 사업장에 관련되지 않는 사항은 제외할 수 있다.

4 안전보건관리체제

1. 안전보건관리체제

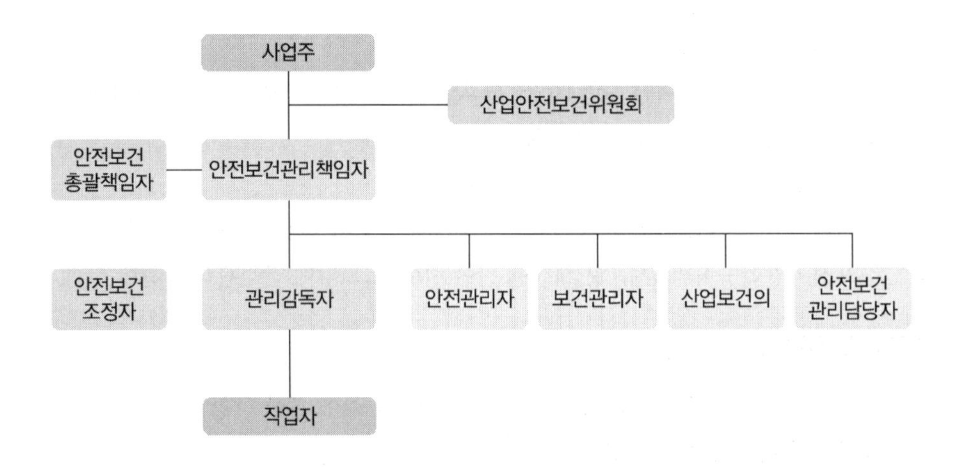

2. 안전보건관리 책임자

1) 안전보건관리 책임자의 업무(안전관리자와 보건관리자를 지휘 · 감독한다)

① 사업장의 산업재해 예방계획의 수립에 관한 사항
② 안전보건관리규정의 작성 및 변경에 관한 사항
③ 안전보건교육에 관한 사항
④ 작업환경측정 등 작업환경의 점검 및 개선에 관한 사항
⑤ 근로자의 건강진단 등 건강관리에 관한 사항

⑥ 산업재해의 원인 조사 및 재발 방지대책 수립에 관한 사항

⑦ 산업재해에 관한 통계의 기록 및 유지에 관한 사항

⑧ 안전장치 및 보호구 구입 시 적격품 여부 확인에 관한 사항

⑨ 그 밖에 근로자의 유해 · 위험 방지조치에 관한 사항으로서 고용노동부령으로 정하는 사항

2) 안전보건관리책임자를 두어야 하는 사업의 종류 및 상시근로자 수

사업의 종류	사업장의 상시근로자 수
1. 토사석 광업 2. 식료품 제조업, 음료 제조업 3. 목재 및 나무제품 제조업 ; 가구 제외 4. 펄프, 종이 및 종이제품 제조업 5. 코크스, 연탄 및 석유정제품 제조업 6. 화학물질 및 화학제품 제조업 ; 의약품 제외 7. 의료용 물질 및 의약품 제조업 8. 고무 및 플라스틱제품 제조업 9. 비금속 광물제품 제조업 10. 1차 금속 제조업 11. 금속가공제품 제조업 ; 기계 및 가구 제외 12. 전자부품, 컴퓨터, 영상, 음향 및 통신장비 제조업 13. 의료, 정밀, 광학기기 및 시계 제조업 14. 전기장비 제조업 15. 기타 기계 및 장비 제조업 16. 자동차 및 트레일러 제조업 17. 기타 운송장비 제조업 18. 가구 제조업 19. 기타 제품 제조업 20. 서적, 잡지 및 기타 인쇄물 출판업 21. 해체, 선별 및 원료 재생업 22. 자동차 종합 수리업, 자동차 전문 수리업	상시근로자 50명 이상
23. 농업 24. 어업 25. 소프트웨어 개발 및 공급업 26. 컴퓨터 프로그래밍, 시스템 통합 및 관리업 27. 정보서비스업 28. 금융 및 보험업 29. 임대업 ; 부동산 제외 30. 전문, 과학 및 기술 서비스업(연구개발업은 제외) 31. 사업지원 서비스업 32. 사회복지 서비스업	상시근로자 300명 이상
33. 건설업	공사금액 20억 원 이상
34. 제1호부터 제33호까지의 사업을 제외한 사업	상시근로자 100명 이상

3. 관리감독자

사업장의 생산과 관련되는 업무와 그 소속 직원을 직접 지휘 · 감독하는 직위에 있는 사람에게 산업 안전 및 보건에 관한 업무로서 대통령령으로 정하는 업무를 수행하도록 하여야 한다.

1) 관리감독자의 업무내용

① 사업장 내 관리감독자가 지휘 · 감독하는 작업과 관련된 기계 · 기구 또는 설비의 안전 · 보건 점검 및 이상 유무의 확인

② 관리감독자에게 소속된 근로자의 작업복 · 보호구 및 방호장치의 점검과 그 착용 · 사용에 관한 교육 · 지도

③ 해당 작업에서 발생한 산업재해에 관한 보고 및 이에 대한 응급조치

④ 해당 작업의 작업장 정리 · 정돈 및 통로 확보에 대한 확인 · 감독
⑤ 사업장의 다음 각 목의 어느 하나에 해당하는 사람의 지도 · 조언에 대한 협조
  ㉠ 안전관리자 또는 안전관리자의 업무를 안전관리전문기관에 위탁한 사업장의 경우에는 그 안전관리전문기관의 해당 사업장 담당자
  ㉡ 보건관리자 또는 보건관리자의 업무를 보건관리전문기관에 위탁한 사업장의 경우에는 그 보건관리전문기관의 해당 사업장 담당자
  ㉢ 안전보건관리담당자 또는 안전보건관리담당자의 업무를 안전관리전문기관 또는 보건관리전문기관에 위탁한 사업장의 경우에는 그 안전관리전문기관 또는 보건관리전문기관의 해당 사업장 담당자
  ㉣ 산업보건의
⑥ 위험성 평가에 관한 다음 각 목의 업무
  ㉠ 유해 · 위험요인의 파악에 대한 참여
  ㉡ 개선조치의 시행에 대한 참여
⑦ 그 밖에 해당 작업의 안전 및 보건에 관한 사항으로서 고용노동부령으로 정하는 사항

4. 안전관리자

안전보건관리책임자의 업무 중 안전에 관한 기술적인 사항에 관하여 사업주 또는 안전보건관리책임자를 보좌하고 관리감독자에게 지도 · 조언하는 업무를 수행하는 사람을 두어야 한다.

1) 안전관리자의 업무

① 산업안전보건위원회 또는 안전 및 보건에 관한 노사협의체에서 심의 · 의결한 업무와 해당 사업장의 안전보건관리규정 및 취업규칙에서 정한 업무
② 위험성 평가에 관한 보좌 및 지도 · 조언
③ 안전인증대상 기계 등과 자율안전확인대상 기계 등 구입 시 적격품의 선정에 관한 보좌 및 지도 · 조언
④ 해당 사업장 안전교육계획의 수립 및 안전교육 실시에 관한 보좌 및 지도 · 조언
⑤ 사업장 순회점검, 지도 및 조치 건의
⑥ 산업재해 발생의 원인 조사 · 분석 및 재발 방지를 위한 기술적 보좌 및 지도 · 조언
⑦ 산업재해에 관한 통계의 유지 · 관리 · 분석을 위한 보좌 및 지도 · 조언
⑧ 법 또는 법에 따른 명령으로 정한 안전에 관한 사항의 이행에 관한 보좌 및 지도 · 조언
⑨ 업무수행 내용의 기록 · 유지
⑩ 그 밖에 안전에 관한 사항으로서 고용노동부장관이 정하는 사항

2) 전담 안전관리자 선임대상사업장

① 안전관리자를 두어야 하는 사업 중 상시근로자 300명 이상을 사용하는 사업장

② 건설업의 경우에는 공사금액이 120억 원(토목공사업의 경우에는 150억 원) 이상인 사업장

3) 안전관리자 등의 증원 · 교체임명

지방고용노동관서의 장은 다음 각 호의 어느 하나에 해당하는 사유가 발생한 경우에는 사업주에게 안전관리자, 보건관리자 또는 안전보건관리담당자를 정수 이상으로 증원하게 하거나 교체하여 임명할 것을 명할 수 있다.

① 해당 사업장의 연간재해율이 같은 업종의 평균재해율의 2배 이상인 경우

② 중대재해가 연간 2건 이상 발생한 경우

③ 관리자가 질병이나 그 밖의 사유로 3개월 이상 직무를 수행할 수 없게 된 경우

④ 화학적 인자로 인한 직업성 질병자가 연간 3명 이상 발생한 경우. 이 경우 직업성 질병자 발생일은 요양급여의 결정일로 한다.(직업성질병자 발생 당시 사업장에서 해당 화학적 인자를 사용하지 아니하는 경우에는 그렇지 않다.)

4) 안전관리자를 두어야 하는 사업의 종류, 상시근로자 수, 안전관리자의 수

사업의 종류	사업장의 상시근로자 수	안전관리자의 수
1. 토사석 광업 2. 식료품 제조업, 음료 제조업 3. 섬유제품 제조업 ; 의복 제외 4. 목재 및 나무제품 제조업 ; 가구 제외 5. 펄프, 종이 및 종이제품 제조업 6. 코크스, 연탄 및 석유정제품 제조업 7. 화학물질 및 화학제품 제조업 ; 의약품 제외 8. 의료용 물질 및 의약품 제조업 9. 고무 및 플라스틱제품 제조업 10. 비금속 광물제품 제조업 11. 1차 금속 제조업 12. 금속가공제품 제조업 ; 기계 및 가구 제외 13. 전자부품, 컴퓨터, 영상, 음향 및 통신장비 제조업 14. 의료, 정밀, 광학기기 및 시계 제조업 15. 전기장비 제조업 16. 기타 기계 및 장비 제조업 17. 자동차 및 트레일러 제조업 18. 기타 운송장비 제조업 19. 가구 제조업 20. 기타 제품 제조업 21. 산업용 기계 및 장비 수리업 22. 서적, 잡지 및 기타 인쇄물 출판업 23. 폐기물 수집, 운반, 처리 및 원료 재생업 24. 환경 정화 및 복원업 25. 자동차 종합 수리업, 자동차 전문 수리업 26. 발전업 27. 운수 및 창고업	상시근로자 50명 이상 500명 미만	1명 이상
	상시근로자 500명 이상	2명 이상

사업의 종류	사업장의 상시근로자 수	안전관리자의 수
28. 농업, 임업 및 어업 29. 제2호부터 제21호까지의 사업을 제외한 제조업 30. 전기, 가스, 증기 및 공기조절 공급업(발전업은 제외한다) 31. 수도, 하수 및 폐기물 처리, 원료 재생업(제23호 및 제24호에 해당하는 사업은 제외한다) 32. 도매 및 소매업 33. 숙박 및 음식점업 34. 영상 · 오디오 기록물 제작 및 배급업 35. 방송업 36. 우편 및 통신업 37. 부동산업 38. 임대업 ; 부동산 제외 39. 연구개발업 40. 사진처리업 41. 사업시설 관리 및 조경 서비스업 42. 청소년 수련시설 운영업 43. 보건업 44. 예술, 스포츠 및 여가 관련 서비스업 45. 개인 및 소비용품수리업(제25호에 해당하는 사업은 제외한다) 46. 기타 개인 서비스업 47. 공공행정(청소, 시설관리, 조리 등 현업업무에 종사하는 사람으로서 고용노동부장관이 정하여 고시하는 사람으로 한정한다) 48. 교육서비스업 중 초등 · 중등 · 고등 교육기관, 특수학교 · 외국인학교 및 대안학교(청소, 시설관리, 조리 등 현업업무에 종사하는 사람으로서 고용노동부장관이 정하여 고시하는 사람으로 한정한다)	상시근로자 50명 이상 1,000명 미만. 다만, 제37호의 사업(부동산 관리업은 제외한다)과 제40호의 사업의 경우에는 상시근로자 100명 이상 1,000명 미만으로 한다.	1명 이상
	상시근로자 1,000명 이상	2명 이상
49. 건설업	공사금액 50억 원 이상(관계수급인은 100억 원 이상) 120억 원 미만(토목공사업의 경우에는 150억 원 미만)	1명 이상
	공사금액 120억 원 이상(토목공사업의 경우에는 150억 원 이상) 800억 원 미만	1명 이상
	공사금액 800억 원 이상 1,500억 원 미만	2명 이상. 다만, 전체 공사기간을 100으로 할 때 공사 시작에서 15에 해당하는 기간과 공사 종료 전의 15에 해당하는 기간(이하 "전체 공사기간 중 전 · 후 15에 해당하는 기간"이라 한다) 동안은 1명 이상으로 한다.
	공사금액 1,500억 원 이상 2,200억 원 미만	3명 이상. 다만, 전체 공사기간 중 전 · 후 15에 해당하는 기간은 2명 이상으로 한다.
	공사금액 2,200억 원 이상 3천억 원 미만	4명 이상. 다만, 전체 공사기간 중 전 · 후 15에 해당하는 기간은 2명 이상으로 한다.

사업의 종류	사업장의 상시근로자 수	안전관리자의 수
	공사금액 3,000억 원 이상 3,900억 원 미만	5명 이상. 다만, 전체 공사기간 중 전 · 후 15에 해당하는 기간은 3명 이상으로 한다.
	공사금액 3,900억 원 이상 4,900억 원 미만	6명 이상. 다만, 전체 공사기간 중 전 · 후 15에 해당하는 기간은 3명 이상으로 한다.
	공사금액 4,900억 원 이상 6,000억 원 미만	7명 이상. 다만, 전체 공사기간 중 전 · 후 15에 해당하는 기간은 4명 이상으로 한다.
	공사금액 6,000억 원 이상 7,200억 원 미만	8명 이상. 다만, 전체 공사기간 중 전 · 후 15에 해당하는 기간은 4명 이상으로 한다.
	공사금액 7,200억 원 이상 8,500억 원 미만	9명 이상. 다만, 전체 공사기간 중 전 · 후 15에 해당하는 기간은 5명 이상으로 한다.
	공사금액 8,500억 원 이상 1조 원 미만	10명 이상. 다만, 전체 공사기간 중 전 · 후 15에 해당하는 기간은 5명 이상으로 한다.
	1조 원 이상	11명 이상[매 2천억 원(2조 원 이상부터는 매 3천억 원)마다 1명씩 추가한다]. 다만, 전체 공사기간 중 전 · 후 15에 해당하는 기간은 선임 대상 안전관리자 수의 2분의 1(소수점 이하는 올림한다) 이상으로 한다.

비고

1. 철거공사가 포함된 건설공사의 경우 철거공사만 이루어지는 기간은 전체 공사기간에는 산입되나 전체 공사기간 중 전 · 후 15에 해당하는 기간에는 산입되지 않는다. 이 경우 전체 공사기간 중 전 · 후 15에 해당하는 기간은 철거공사만 이루어지는 기간을 제외한 공사기간을 기준으로 산정한다.
2. 철거공사만 이루어지는 기간에는 공사금액별로 선임해야 하는 최소 안전관리자 수 이상으로 안전관리자를 선임해야 한다.

5. 보건관리자

안전보건관리책임자의 업무 중 보건에 관한 기술적인 사항에 관하여 사업주 또는 안전보건관리책임자를 보좌하고 관리감독자에게 지도 · 조언하는 업무를 수행하는 사람을 두어야 한다.

1) 보건관리자의 업무

① 산업안전보건위원회 또는 노사협의체에서 심의 · 의결한 업무와 안전보건관리규정 및 취업규칙에서 정한 업무

② 안전인증대상 기계 등과 자율안전확인대상 기계 등 중 보건과 관련된 보호구 구입 시 적격품 선정에 관한 보좌 및 지도 · 조언

③ 위험성 평가에 관한 보좌 및 지도 · 조언

④ 물질안전보건자료의 게시 또는 비치에 관한 보좌 및 지도 · 조언

⑤ 산업보건의의 직무(보건관리자가 의사에 해당하는 경우로 한정)
⑥ 해당 사업장 보건교육계획의 수립 및 보건교육 실시에 관한 보좌 및 지도 · 조언
⑦ 해당 사업장의 근로자를 보호하기 위한 다음의 조치에 해당하는 의료행위(보건관리자가 의사 또는 간호사에 해당하는 경우로 한정)
　㉠ 자주 발생하는 가벼운 부상에 대한 치료
　㉡ 응급처치가 필요한 사람에 대한 처치
　㉢ 부상 · 질병의 악화를 방지하기 위한 처치
　㉣ 건강진단 결과 발견된 질병자의 요양 지도 및 관리
　㉤ ㉠목부터 ㉣목까지의 의료행위에 따르는 의약품의 투여
⑧ 작업장 내에서 사용되는 전체 환기장치 및 국소배기장치 등에 관한 설비의 점검과 작업방법의 공학적 개선에 관한 보좌 및 지도 · 조언
⑨ 사업장 순회점검, 지도 및 조치 건의
⑩ 산업재해 발생의 원인 조사 · 분석 및 재발 방지를 위한 기술적 보좌 및 지도 · 조언
⑪ 산업재해에 관한 통계의 유지 · 관리 · 분석을 위한 보좌 및 지도 · 조언
⑫ 법 또는 법에 따른 명령으로 정한 보건에 관한 사항의 이행에 관한 보좌 및 지도 · 조언
⑬ 업무수행 내용의 기록 · 유지
⑭ 그 밖에 보건과 관련된 작업관리 및 작업환경관리에 관한 사항으로서 고용노동부장관이 정하는 사항

6. 안전보건관리담당자

사업장에 안전 및 보건에 관하여 사업주를 보좌하고 관리감독자에게 지도 · 조언하는 업무를 수행하는 사람을 두어야 한다. 다만, 안전관리자 또는 보건관리자가 있거나 이를 두어야 하는 경우에는 그러하지 아니하다.

1) 안전보건관리담당자의 선임

① **선임대상사업의 규모** : 상시근로자 20명 이상 50명 미만인 사업장에 1명 이상을 선임하여야 한다.
② **선임대상사업의 종류** : 다음의 어느 하나에 해당하는 사업
　㉠ 제조업
　㉡ 임업
　㉢ 하수, 폐수 및 분뇨 처리업
　㉣ 폐기물 수집, 운반, 처리 및 원료 재생업
　㉤ 환경 정화 및 복원업

2) 안전보건관리담당자의 자격요건

해당 사업장 소속 근로자로서 다음의 어느 하나에 해당하는 요건을 갖추어야 한다.
① 안전관리자의 자격을 갖추었을 것
② 보건관리자의 자격을 갖추었을 것

③ 고용노동부장관이 정하여 고시하는 안전보건교육을 이수했을 것

3) 안전보건관리담당자의 겸임

안전보건관리담당자는 안전보건관리담당자의 업무에 지장이 없는 범위에서 다른 업무를 겸할 수 있다.

4) 안전보건관리담당자의 업무

① 안전보건교육 실시에 관한 보좌 및 지도 · 조언
② 위험성 평가에 관한 보좌 및 지도 · 조언
③ 작업환경측정 및 개선에 관한 보좌 및 지도 · 조언
④ 건강진단에 관한 보좌 및 지도 · 조언
⑤ 산업재해 발생의 원인 조사, 산업재해 통계의 기록 및 유지를 위한 보좌 및 지도 · 조언
⑥ 산업안전 · 보건과 관련된 안전장치 및 보호구 구입 시 적격품 선정에 관한 보좌 및 지도 · 조언

7. 산업보건의

근로자의 건강관리나 그 밖에 보건관리자의 업무를 지도하기 위하여 사업장에 산업보건의를 두어야 한다.(다만, 의사를 보건관리자로 둔 경우에는 그러하지 아니하다)

선임대상 사업장	상시근로자 50명 이상을 사용하는 사업으로서 의사가 아닌 보건관리자를 두는 사업장. 다만, 보건관리전문기관에 보건관리자의 업무를 위탁한 경우에는 산업보건의를 두지 않을 수 있다.
산업보건의의 자격	산업보건의의 자격은 「의료법」에 따른 의사로서 작업환경의학과 전문의, 예방의학 전문의 또는 산업보건에 관한 학식과 경험이 있는 사람으로 한다.
산업보건의의 직무	① 건강진단 결과의 검토 및 그 결과에 따른 작업 배치, 작업 전환 또는 근로시간의 단축 등 근로자의 건강보호 조치 ② 근로자의 건강장해의 원인 조사와 재발 방지를 위한 의학적 조치 ③ 그 밖에 근로자의 건강 유지 및 증진을 위하여 필요한 의학적 조치에 관하여 고용노동부장관이 정하는 사항

8. 안전보건총괄책임자

도급인은 관계수급인 근로자가 도급인의 사업장에서 작업을 하는 경우에는 그 사업장의 안전보건관리책임자를 도급인의 근로자와 관계수급인 근로자의 산업재해를 예방하기 위한 업무를 총괄하여 관리하는 안전보건총괄책임자로 지정하여야 한다.

1) 대상 사업장

관계수급인에게 고용된 근로자를 포함한 상시근로자가 100명(선박 및 보트 건조업, 1차 금속 제조업 및 토사석 광업의 경우에는 50명) 이상인 사업이나 관계수급인의 공사금액을 포함한 해당 공사의 총 공사금액이 20억 원 이상인 건설업으로 한다.

2) 안전보건총괄책임자의 직무

① 위험성 평가의 실시에 관한 사항
② 작업의 중지
③ 도급 시 산업재해 예방조치
④ 산업안전보건관리비의 관계수급인 간의 사용에 관한 협의 · 조정 및 그 집행의 감독
⑤ 안전인증대상 기계 등과 자율안전확인대상 기계 등의 사용 여부 확인

5 안전보건개선계획

1. 개요

고용노동부장관은 산업재해 예방을 위하여 종합적인 개선조치를 할 필요가 있다고 인정할 때에는 사업주에게 그 사업장, 시설, 그 밖의 사항에 관한 안전보건개선계획의 수립 · 시행을 명할 수 있다.

2. 안전보건개선계획의 수립 · 시행을 명할 수 있는 사업장

① 산업재해율이 같은 업종의 규모별 평균 산업재해율보다 높은 사업장
② 사업주가 필요한 안전조치 또는 보건조치를 이행하지 아니하여 중대재해가 발생한 사업장
③ 직업성 질병자가 연간 2명 이상 발생한 사업장
④ 유해인자의 노출기준을 초과한 사업장

3. 안전보건개선계획서에 포함되어야 할 사항

① 시설
② 안전보건관리체제
③ 안전보건교육
④ 산업재해 예방 및 작업환경의 개선을 위하여 필요한 사항

4. 안전보건개선계획서의 제출

안전보건개선계획서를 제출해야 하는 사업주는 안전보건개선계획서 수립 · 시행 명령을 받은 날부터 60일 이내에 관할 지방고용노동관서의 장에게 해당 계획서를 제출(전자문서로 제출하는 것을 포함)해야 한다.

5. 안전보건진단을 받아 안전보건개선계획을 수립해야 할 사업장

① 산업재해율이 같은 업종 평균 산업재해율의 2배 이상인 사업장
② 사업주가 필요한 안전조치 또는 보건조치를 이행하지 아니하여 중대재해가 발생한 사업장
③ 직업성 질병자가 연간 2명 이상(상시근로자 1천 명 이상 사업장의 경우 3명 이상) 발생한 사업장
④ 그 밖에 작업환경 불량, 화재 · 폭발 또는 누출 사고 등으로 사업장 주변까지 피해가 확산된 사업장

CHAPTER

02 안전보호구 관리

SECTION 01 **보호구 및 안전장구 관리**

1 보호구의 개요

1. 보호구의 정의

① 유해한 작업환경이나 위험에 노출되어 있는 작업조건에서 작업자가 입을 수 있는 재해나 건강장해를 방지하기 위한 목적으로 작업자의 신체 일부 또는 전부에 장착하는 보조기구를 보호구라 한다.

② 사고의 결과로 오는 상해 또는 직업병을 어느 정도까지 최소화하기 위하여 조치되는 소극적이며 2차적 안전대책이다.

2. 보호구의 구분

구분		
안전보호구 (재해 방지를 대상으로 한다)	① 안전대 ② 안전모	③ 안전화 ④ 안전장갑 등
위생보호구 (건강장해 방지를 목적으로 한다)	① 방독마스크 ② 방진마스크 ③ 송기마스크 ④ 보호복	⑤ 보안경 ⑥ 방음보호구(귀마개, 귀덮개) ⑦ 특수복 등

3. 보호구의 구비조건

① 착용이 간편할 것

② 작업에 방해요소가 되지 않도록 할 것

③ 유해 · 위험요소에 대한 방호성능이 완전할 것

④ 재료의 품질이 우수할 것

⑤ 구조 및 표면가공이 우수할 것

⑥ 외관이 보기 좋을 것

4. 보호구의 선정 시 유의사항

① 사용목적 또는 작업에 적합한 것을 선정한다.

② 검정기관의 검정에 합격한 것으로 방호성능이 보장되는 것을 선정한다.

③ 작업에 방해되지 않는 것을 선정한다.
④ 착용이 쉽고 크기 등이 사용자에게 적합한 것을 선정한다.

참고 보호구의 선정 조건
① 종류 ② 형상 ③ 성능 ④ 수량 ⑤ 강도

5. 보호구 사용 시 유의사항 : 보호구를 효율적으로 사용하기 위한 기본적 사항

① 작업에 알맞은 보호구를 선정한다.
② 작업장에는 필요한 수량의 보호구를 반드시 비치한다.
③ 작업자에게 올바른 사용방법을 제대로 교육시킨다.
④ 보호구를 사용하는 데 불편이 없도록 관리를 철저히 한다.
⑤ 작업을 할 때에 필요한 보호구는 반드시 사용한다.

6. 보호구의 관리요령

① 정기적으로 점검하고 항상 깨끗이 보관할 것
② 청결하고 습기가 없는 장소에 보관할 것
③ 사용 후에는 세척하여 그늘에 말려서 보관할 것
④ 세척한 후에는 완전히 건조시킨 후 보관할 것
⑤ 부식성 액체, 유기용제, 기름, 산 등과 혼합하여 보관하지 말 것

7. 보호구의 지급

사업주는 다음 각 호의 어느 하나에 해당하는 작업을 하는 근로자에 대해서는 그 작업조건에 맞는 보호구를 작업하는 근로자 수 이상으로 지급하고 착용하도록 하여야 한다.

안전모	물체가 떨어지거나 날아올 위험 또는 근로자가 추락할 위험이 있는 작업
안전대	높이 또는 깊이 2미터 이상의 추락할 위험이 있는 장소에서 하는 작업
안전화	물체의 낙하 · 충격, 물체에의 끼임, 감전 또는 정전기의 대전에 의한 위험이 있는 작업
보안경	물체가 흩날릴 위험이 있는 작업
보안면	용접 시 불꽃이나 물체가 흩날릴 위험이 있는 작업
절연용 보호구	감전의 위험이 있는 작업
방열복	고열에 의한 화상 등의 위험이 있는 작업
방진마스크	선창 등에서 분진(粉塵)이 심하게 발생하는 하역작업
방한모 · 방한복 · 방한화 · 방한장갑	섭씨 영하 18도 이하인 급냉동어창에서 하는 하역작업
승차용 안전모	물건을 운반하거나 수거 · 배달하기 위하여 이륜자동차를 운행하는 작업

2 보호구의 종류별 특성

1. 안전모

1) 안전모의 구조

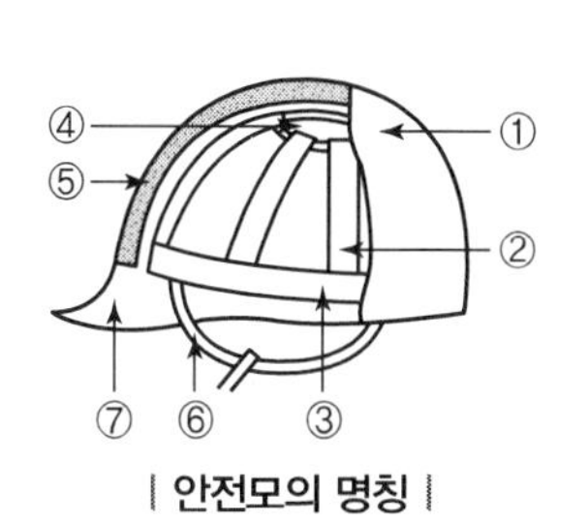

| 안전모의 명칭 |

번호	명칭	
①	모체	
②	착장체	머리받침끈
③		머리고정대
④		머리받침고리
⑤	충격흡수재(자율안전확인에서는 제외)	
⑥	턱끈	
⑦	챙(차양)	

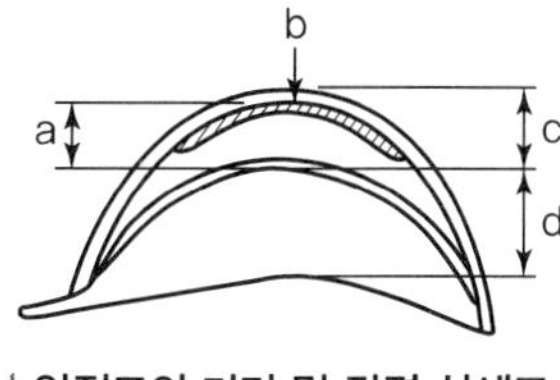

| 안전모의 거리 및 간격 상세도 |

a	내부 수직거리
b	충격흡수재(자율안전확인에서는 제외)
c	외부 수직거리
d	착용높이

2) 추락 및 감전 위험방지용 안전모의 종류

종류(기호)	사용 구분	비고
AB	물체의 낙하 또는 비래 및 추락에 의한 위험을 방지 또는 경감시키기 위한 것	
AE	물체의 낙하 또는 비래에 의한 위험을 방지 또는 경감하고, 머리부위 감전에 의한 위험을 방지하기 위한 것	내전압성
ABE	물체의 낙하 또는 비래 및 추락에 의한 위험을 방지 또는 경감하고, 머리부위 감전에 의한 위험을 방지하기 위한 것	내전압성

내전압성이란 7,000V 이하의 전압에 견디는 것을 말한다.

3) 안전모의 구비조건

① 일반구조

㉠ 안전모는 모체, 착장체 및 턱끈을 가질 것

㉡ 착장체의 머리고정대는 착용자의 머리부위에 적합하도록 조절할 수 있을 것

㉢ 착장체의 구조는 착용자의 머리에 균등한 힘이 분배되도록 할 것

㉣ 모체, 착장체 등 안전모의 부품은 착용자에게 상해를 줄 수 있는 날카로운 모서리 등이 없을 것

㉤ 턱끈은 사용 중 탈락되지 않도록 확실히 고정되는 구조일 것

㉥ 안전모의 착용높이는 85mm 이상이고 외부수직거리는 80mm 미만일 것

㉦ 안전모의 내부수직거리는 25mm 이상 50mm 미만일 것

ⓞ 안전모의 수평간격은 5mm 이상일 것

ⓩ 머리받침끈이 섬유인 경우에는 각각의 폭이 15mm 이상이어야 하며, 교차지점 중심으로부터 방사되는 끈폭의 총합은 72mm 이상일 것

ⓒ 턱끈의 폭은 10mm 이상일 것

② AB종 안전모는 제①항의 조건에 적합해야 하고 충격흡수재를 가져야 하며, 리벳(Rivet) 등 기타 돌출부가 모체의 표면에서 5mm 이상 돌출되지 않아야 한다.

③ AE종 안전모는 제①항의 조건에 적합해야 하고 금속제의 부품을 사용하지 않고, 착장체는 모체의 내외면을 관통하는 구멍을 뚫지 않고 붙일 수 있는 구조로서 모체의 내외면을 관통하는 구멍 핀홀 등이 없어야 한다.

④ ABE종 안전모는 제①항 및 제③항에서 규정하는 조건에 적합하여야 하며 충격흡수재를 부착하되, 리벳(rivet) 등 기타 돌출부가 모체의 표면에서 5mm 이상 돌출되지 않아야 한다.

2. 안전화

1) 안전화의 종류

종류	성능구분
가죽제 안전화	물체의 낙하, 충격 또는 날카로운 물체에 의한 찔림 위험으로부터 발을 보호하기 위한 것
고무제 안전화	물체의 낙하, 충격 또는 날카로운 물체에 의한 찔림 위험으로부터 발을 보호하고 내수성을 겸한 것
정전기 안전화	물체의 낙하, 충격 또는 날카로운 물체에 의한 찔림 위험으로부터 발을 보호하고 정전기의 인체대전을 방지하기 위한 것
발등안전화	물체의 낙하, 충격 또는 날카로운 물체에 의한 찔림 위험으로부터 발 및 발등을 보호하기 위한 것
절연화	물체의 낙하, 충격 또는 날카로운 물체에 의한 찔림 위험으로부터 발을 보호하고 저압의 전기에 의한 감전을 방지하기 위한 것
절연장화	고압에 의한 감전을 방지 및 방수를 겸한 것
화학물질용 안전화	물체의 낙하, 충격 또는 날카로운 물체에 의한 찔림 위험으로부터 발을 보호하고 화학물질로부터 유해위험을 방지하기 위한 것

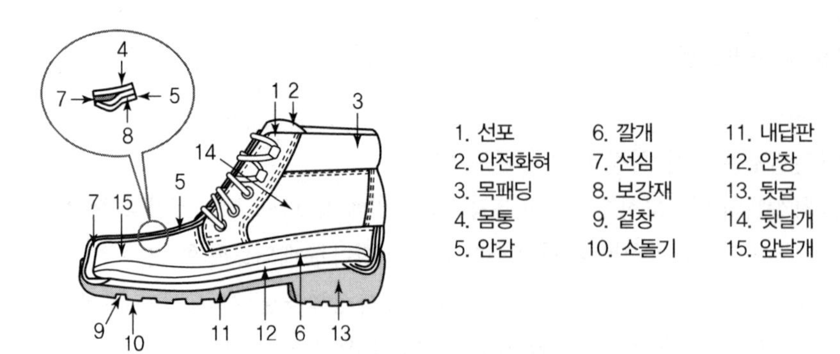

| 가죽제 안전화 각 부분의 명칭 |

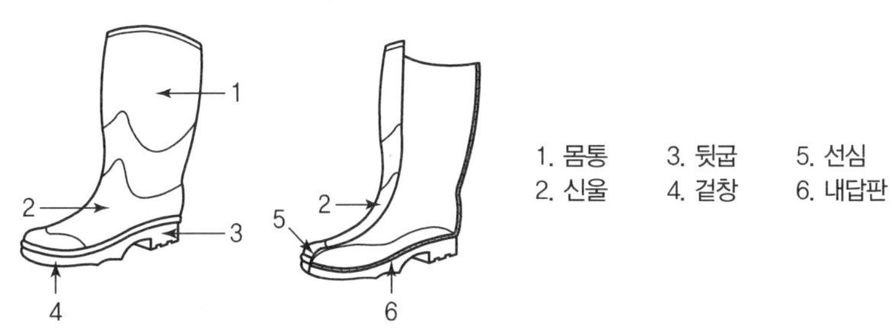

| 고무제 안전화 각 부분의 명칭 |

2) 안전화의 등급 및 시험방법

① 안전화의 등급

등급	사용 장소
중작업용	광업, 건설업 및 철광업 등에서 원료취급, 가공, 강재취급 및 강재운반, 건설업 등에서 중량물 운반작업, 가공대상물의 중량이 큰 물체를 취급하는 작업장으로서 날카로운 물체에 의해 찔릴 우려가 있는 장소
보통작업용	기계공업, 금속가공업, 운반, 건축업 등 공구 가공품을 손으로 취급하는 작업 및 차량 사업장, 기계 등을 운전조작하는 일반작업장으로서 날카로운 물체에 의해 찔릴 우려가 있는 장소
경작업용	금속 선별, 전기제품 조립, 화학제품 선별, 반응장치 운전, 식품 가공업 등 비교적 경량의 물체를 취급하는 작업장으로서 날카로운 물체에 의해 찔릴 우려가 있는 장소

② 안전화의 시험방법

구분	내충격시험 충격조건	내압박성시험 하중
중작업용	1,000밀리미터의 낙하높이에서 시험	(15.0±0.1)킬로뉴턴(kN)의 압축하중에서 시험
보통작업용	500밀리미터의 낙하높이에서 시험	(10.0±0.1)킬로뉴턴(kN)의 압축하중에서 시험
경작업용	250밀리미터의 낙하높이에서 시험	(4.4±0.1)킬로뉴턴(kN)의 압축하중에서 시험

3) 안전화의 몸통 높이(h)

단화	중단화	장화
113mm 미만	113mm 이상	178mm 이상
h	h	h

4) 발등 안전화의 구분

구분	방호대 결합방법
고정식	안전화에 방호대를 고정한 것
탈착식	안전화의 끈 등을 이용하여 안전화에 방호대를 결합한 것으로 그 탈착이 가능한 것

3. 안전장갑

1) 내전압용 절연장갑

① 절연장갑의 등급

등급	최대사용전압		등급별 색상
	교류(V, 실효값)	직류(V)	
00	500	750	갈색
0	1,000	1,500	빨강색
1	7,500	11,250	흰색
2	17,000	25,500	노랑색
3	26,500	39,750	녹색
4	36,000	54,000	등색

② 절연장갑의 치수

등급	표준길이(mm)	비고
00	270 및 360	각 등급에서의 오차범위는 ±15mm이다.
0	270, 360, 410 및 460	
1, 2, 3	360, 410 및 460	
4	410 및 460	

2) 화학물질용 안전장갑

① 일반구조 및 재료

㉠ 안전장갑에 사용되는 재료와 부품은 착용자에게 해로운 영향을 주지 않아야 한다.

㉡ 안전장갑은 착용 및 조작이 용이하고, 착용상태에서 작업을 행하는 데 지장이 없어야 한다.

㉢ 안전장갑은 육안을 통해 확인한 결과 찢어진 곳, 터진 곳, 구멍 난 곳이 없어야 한다.

② 표시 사항

㉠ 안전장갑의 치수

㉡ 보관 · 사용 및 세척상의 주의사항

㉢ 투과저항시험에 사용되는 화학물질에 따른 3가지 화학물질 구분문자와 안전장갑을 표시하는 화학물질 보호성능표시 및 제품 사용에 대한 설명

㉣ 투과저항시험에 사용되는 화학물질 외 제조자가 다른 화학물질에 대한 투과저항시험을 실시하고, 성능수준을 사용설명서에 표시하는 경우 제조회사의 시험 결과임을 표시

㉤ 재료시험의 각 성능 수준을 사용설명서에 표시

| 화학물질 보호성능 표시 |

4. 방진마스크

1) 방진마스크의 형태

종류	분리식		안면부 여과식
	격리식	직결식	
형태	전면형	전면형	반면형
	반면형	반면형	
사용조건	산소농도 18% 이상인 장소에서 사용하여야 한다.		

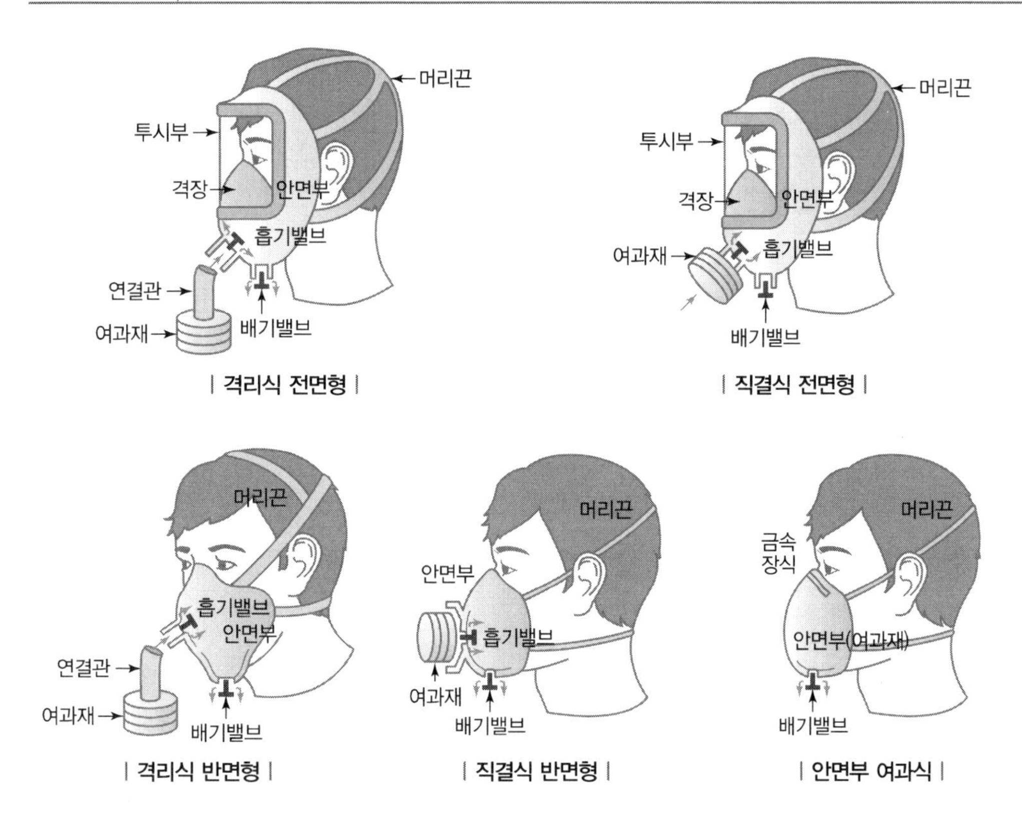

2) 형태별 구조

분류 \ 형태	분리식		안면부 여과식
	격리식	직결식	
구성	안면부, 여과재, 연결관(직결식 제외), 흡기밸브, 배기밸브, 머리끈		여과재로 된 안면부, 머리끈
흡입 (깨끗한 공기)	여과재 → 연결관 → 흡기밸브	여과재 → 흡기밸브	여과재인 안면부에 의해 흡입
배출 (체내의 공기)	배기밸브 → 외기 중으로 배출		여과재인 안면부를 통해 외기 중으로 배기(배기밸브가 있는 것은 배기밸브를 통하여 배출)
부품교환	자유롭게 교환		부품이 교환될 수 없음

3) 방진마스크의 등급 및 사용장소

등급	특급	1급	2급
사용장소	① 베릴륨 등과 같이 독성이 강한 물질들을 함유한 분진 등 발생장소 ② 석면 취급장소	① 특급마스크 착용장소를 제외한 분진 등 발생장소 ② 금속흄 등과 같이 열적으로 생기는 분진 등 발생장소 ③ 기계적으로 생기는 분진 등 발생장소(규소 등과 같이 2급 방진마스크를 착용하여도 무방한 경우는 제외)	특급 및 1급 마스크 착용장소를 제외한 분진 등 발생장소

※ 배기밸브가 없는 안면부 여과식 마스크는 특급 및 1급 장소에 사용해서는 안 된다.

4) 방진마스크의 구비조건

① 여과 효율(분집, 포집 효율)이 좋을 것

② 흡기 및 배기저항이 낮을 것

③ 사용적이 적을 것

④ 중량이 가벼울 것

⑤ 안면 밀착성이 좋을 것

⑥ 시야가 넓을 것

⑦ 피부 접촉부위의 고무질이 좋을 것

5) 방진마스크의 일반구조

① 착용 시 이상한 압박감이나 고통을 주지 않을 것

② 전면형은 호흡 시에 투시부가 흐려지지 않을 것

③ 분리식 마스크에 있어서는 여과재, 흡기밸브, 배기밸브 및 머리끈을 쉽게 교환할 수 있고 착용자 자신이 안면과 분리식 마스크의 안면부와의 밀착성 여부를 수시로 확인할 수 있어야 할 것

④ 안면부 여과식 마스크는 여과재로 된 안면부가 사용기간 중심하게 변형되지 않을 것

⑤ 안면부 여과식 마스크는 여과재를 안면에 밀착시킬 수 있어야 할 것

5. 방독마스크

1) 방독마스크의 종류 및 표시색

종류	시험가스	정화통 외부 측면의 표시색
유기화합물용	시클로헥산(C_6H_{12})	갈색
	디메틸에테르(CH_3OCH_3)	
	이소부탄(C_4H_{10})	
할로겐용	염소가스 또는 증기(Cl_2)	회색
황화수소용	황화수소가스(H_2S)	
시안화수소용	시안화수소가스(HCN)	
아황산용	아황산가스(SO_2)	노랑색
암모니아용	암모니아가스(NH_3)	녹색
복합용 및 겸용의 정화통		① 복합용의 경우 : 해당 가스 모두 표시(2층 분리) ② 겸용의 경우 : 백색과 해당 가스 모두 표시(2층 분리)

2) 방독마스크의 등급 및 사용장소

등급	사용장소
고농도	가스 또는 증기의 농도가 100분의 2(암모니아에 있어서는 100분의 3) 이하의 대기 중에서 사용하는 것
중농도	가스 또는 증기의 농도가 100분의 1(암모니아에 있어서는 100분의 1.5) 이하의 대기 중에서 사용하는 것
저농도 및 최저농도	가스 또는 증기의 농도가 100분의 0.1 이하의 대기 중에서 사용하는 것으로서 긴급용이 아닌 것

※ 방독마스크는 산소농도가 18% 이상인 장소에서 사용하여야 하고, 고농도와 중농도에서 사용하는 방독마스크는 전면형(격리식, 직결식)을 사용해야 한다.

3) 방독마스크의 형태 및 구조

분류 \ 형태	격리식		직결식	
	전면형	반면형	전면형	반면형
구성	정화통, 연결관(직결식 제외), 흡기밸브, 안면부, 배기밸브, 머리끈			
흡입	정화통 → 연결관		정화통 → 흡기밸브	
배기	배기밸브 → 외기 중으로 배출			
구조	안면부 전체를 덮는 구조	코 및 입부분을 덮는 구조	정화통이 직접 연결된 상태로 안면부 전체를 덮는 구조	안면부와 정화통이 직접 연결된 상태로 코 및 입부분을 덮는 구조

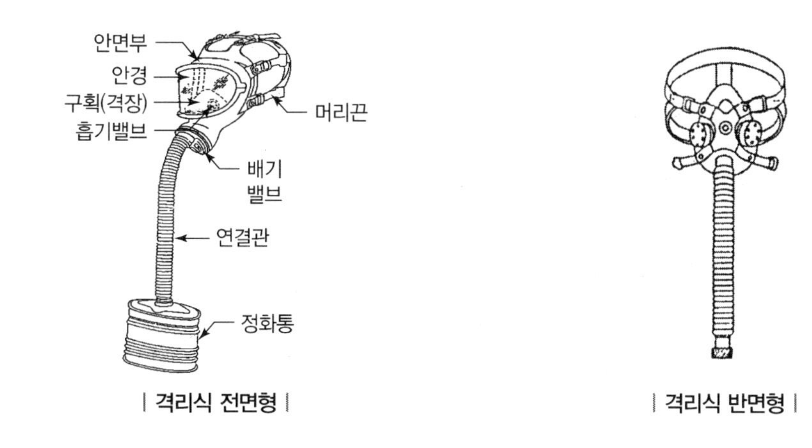

| 격리식 전면형 |

| 격리식 반면형 |

| 직결식 전면형(1안식) |

| 직결식 전면형(2안식) |

| 직결식 반면형 |

4) 방독마스크의 표시사항

① 파과곡선도
② 사용시간 기록카드
③ 정화통의 외부 측면의 표시색
④ 사용상의 주의사항

5) 방독마스크 흡수통의 유효사용시간

$$유효사용시간 = \frac{표준유효시간 \times 시험가스농도}{공기\ 중\ 유해가스농도}$$

··· 예상문제

공기 중 사염화탄소의 농도가 0.2%인 작업장에서 근로자가 착용할 방독마스크 정화통의 유효시간은 얼마인가?(단, 정화통의 유효시간은 0.5%에 대하여 100분이다.)

풀이 $유효사용시간 = \frac{100 \times 0.5}{0.2} = 250분$

답 250분

6) 방독마스크 사용 시 주의사항

① 방독마스크를 과신하지 말 것
② 수명이 지난 것은 절대 사용하지 말 것
③ 산소결핍장소에서는 사용하지 말 것
④ 가스의 종류에 따라 용도 이외에는 사용하지 말 것

6. 송기마스크

1) 송기마스크의 종류 및 등급

종류	등급		구분
호스 마스크	폐력흡인형		안면부
	송풍기형	전동	안면부, 페이스실드, 후드
		수동	안면부
에어라인 마스크	일정유량형		안면부, 페이스실드, 후드
	디맨드형		안면부
	압력디맨드형		안면부
복합식 에어라인 마스크	디맨드형		안면부
	압력디맨드형		안면부

2) 송기마스크의 사용

공기 중 산소농도가 부족하고(산소농도 18% 미만 장소), 공기 중에 미립자상 물질이 부유하는 장소에서 사용하기에 가장 적절한 보호구

7. 전동식 호흡보호구

1) 전동식 호흡보호구의 분류

분류	사용 구분
전동식 방진마스크	분진 등이 호흡기를 통하여 체내에 유입되는 것을 방지하기 위하여 고효율 여과재를 전동장치에 부착하여 사용하는 것
전동식 방독마스크	유해물질 및 분진 등이 호흡기를 통하여 체내에 유입되는 것을 방지하기 위하여 고효율 정화통 및 여과재를 전동장치에 부착하여 사용하는 것
전동식 후드 및 전동식 보안면	유해물질 및 분진 등이 호흡기를 통하여 체내에 유입되는 것을 방지하기 위하여 고효율 정화통 및 여과재를 전동장치에 부착하여 사용함과 동시에 머리, 안면부, 목, 어깨부분까지 보호하기 위해 사용하는 것

2) 전동식 호흡보호구의 표시사항

① 전동기 등이 본질안전 방폭구조로 설계된 경우 해당 내용 표시

② 사용범위, 사용상 주의사항, 파과곡선도(정화통에 부착)

③ 정화통의 외부 측면의 표시색

8. 보호복

1) 방열복의 종류 및 구조

▼ 방열복의 종류

종류	착용부위	질량(이하) 단위 : kg
방열상의	상체	3.0
방열하의	하체	2.0
방열일체복	몸체(상 · 하체)	4.3
방열장갑	손	0.5
방열두건	머리	2.0

| 방열복의 구조 |

2) 화학물질용 보호복의 표시사항

① 보호복의 일반요건에서 정하는 보호복 치수

② 성능수준(class)

③ 보관 · 사용 및 세척상의 주의사항(세탁방법 포함)

④ 보호복을 표시하는 화학물질 보호성능표시 및 제품 사용에 대한 설명

| 화학물질 보호성능 표시 |

⑤ 고용노동부 고시에서 정한 화학물질 외 다른 화학물질에 대한 투과저항시험, 액체반발 및 액체침투 시험의 성능수준은 제조회사의 시험 결과임을 명시하여 사용설명서에 나타낼 수 있다.
⑥ 재료시험의 각 성능수준을 사용설명서에 표시하여야 한다.

9. 안전대

1) 안전대의 종류

종류	사용 구분
벨트식 안전그네식	1개 걸이용
	U자 걸이용
	추락방지대
	안전블록

※ 추락방지대 및 안전블록은 안전그네식에만 적용함

2) 안전대 용어의 정의

① "벨트"란 신체지지의 목적으로 허리에 착용하는 띠 모양의 부품을 말한다.
② "안전그네"란 신체지지의 목적으로 전신에 착용하는 띠 모양의 것으로서 상체 등 신체 일부분만 지지하는 것은 제외한다.
③ "죔줄"이란 벨트 또는 안전그네를 구명줄 또는 구조물 등 그 밖의 걸이설비와 연결하기 위한 줄모양의 부품을 말한다.
④ "버클"이란 벨트 또는 안전그네를 신체에 착용하기 위해 그 끝에 부착한 금속장치를 말한다.
⑤ "추락방지대"란 신체의 추락을 방지하기 위해 자동잠김장치를 갖추고 죔줄과 수직구명줄에 연결된 금속장치를 말한다.
⑥ "신축조절기"란 죔줄의 길이를 조절하기 위해 죔줄에 부착된 금속의 조절장치를 말한다.
⑦ "안전블록"이란 안전그네와 연결하여 추락 발생 시 추락을 억제할 수 있는 자동잠김장치가 갖추어져 있고 죔줄이 자동적으로 수축되는 장치를 말한다.
⑧ "충격흡수장치"란 추락 시 신체에 가해지는 충격하중을 완화시키는 기능을 갖는 죔줄에 연결되는 부품을 말한다.
⑨ "U자 걸이"란 안전대의 죔줄을 구조물 등에 U자 모양으로 돌린 뒤 훅 또는 카라비너를 D링에, 신축조절기를 각링 등에 연결하는 걸이 방법을 말한다.
⑩ "1개 걸이"란 죔줄의 한쪽 끝을 D링에 고정시키고 훅 또는 카라비너를 구조물 또는 구명줄에 고정시키는 걸이 방법을 말한다.

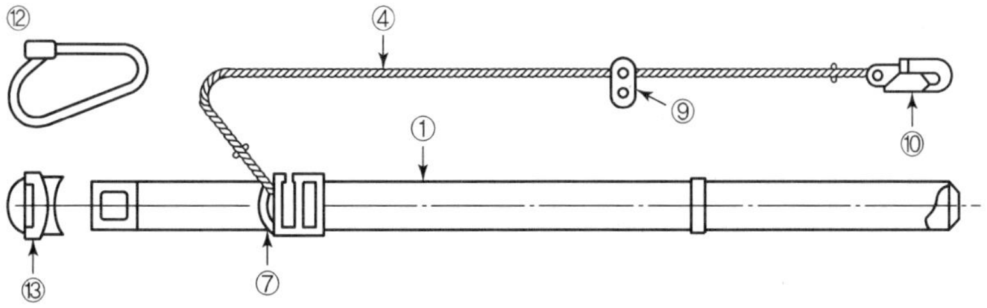

1개 걸이 전용 안전대

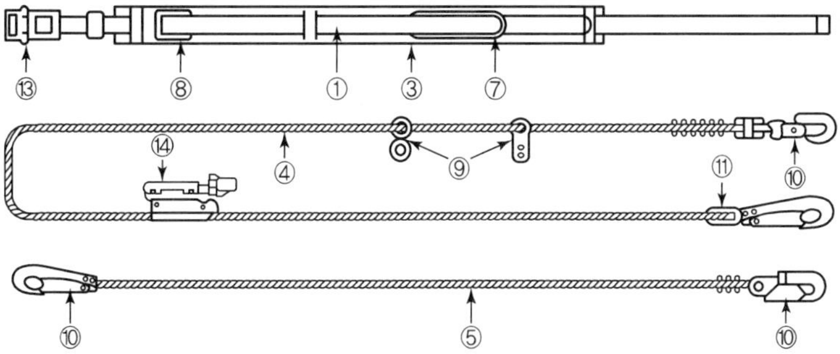

U자 걸이 전용 안전대

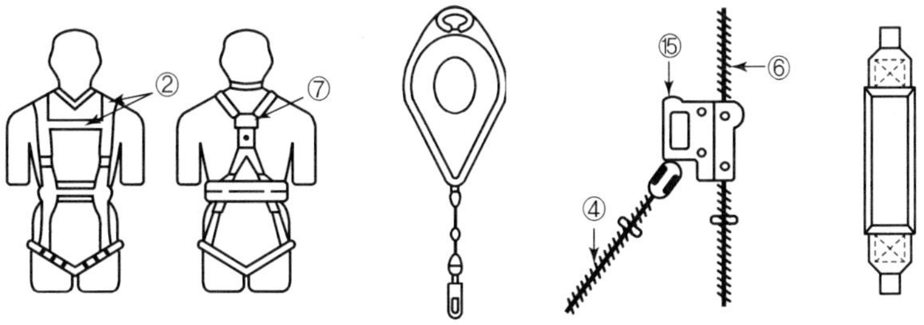

① 벨트
② 안전그네
③ 지탱벨트
④ 죔줄
⑤ 보조죔줄
⑥ 수직구멍줄
⑦ D링
⑧ 각링
⑨ 8자형 링
⑩ 훅
⑪ 보조훅
⑫ 카라비너
⑬ 버클
⑭ 신축조절기
⑮ 추락방지대

안전그네 안전블록 추락방지대 충격흡수장치

| **안전대의 종류 및 부품** |

10. 보안경

1) 종류 및 사용 구분

① 보안경(자율안전확인)

종류	사용 구분
유리 보안경	비산물로부터 눈을 보호하기 위한 것으로 렌즈의 재질이 유리인 것
프라스틱 보안경	비산물로부터 눈을 보호하기 위한 것으로 렌즈의 재질이 프라스틱인 것
도수렌즈 보안경	비산물로부터 눈을 보호하기 위한 것으로 도수가 있는 것

② 차광보안경(안전인증)

종류	사용 구분
자외선용	자외선이 발생하는 장소
적외선용	적외선이 발생하는 장소
복합용	자외선 및 적외선이 발생하는 장소
용접용	산소용접작업 등과 같이 자외선, 적외선 및 강렬한 가시광선이 발생하는 장소

2) 보안경의 일반구조(보안경, 차광보안경)

① 차광보안경(보안경)에는 돌출 부분, 날카로운 모서리 혹은 사용 도중 불편하거나 상해를 줄 수 있는 결함이 없어야 한다.

② 착용자와 접촉하는 차광보안경(보안경)의 모든 부분에는 피부 자극을 유발하지 않는 재질을 사용해야 한다.

③ 머리띠를 착용하는 경우, 착용자의 머리와 접촉하는 모든 부분의 폭이 최소한 10mm 이상 되어야 하며, 머리띠는 조절이 가능해야 한다.

3) 차광보안경의 표시사항(안전인증)

① 차광도 번호

② 굴절력 성능수준

11. 보안면

1) 사용 구분

일반보안면(자율안전확인)	작업 시 발생하는 각종 비산물과 유해한 액체로부터 얼굴(머리의 전면, 이마, 턱, 목앞부분, 코, 입)을 보호하기 위해 착용하는 것을 말한다.
용접용 보안면(안전인증)	용접작업 시 머리와 안면을 보호하기 위한 것으로 통상적으로 지지대를 이용하여 고정하며 적합한 필터를 통해서 눈과 안면을 보호하는 보호구이다.

2) 용접용 보안면의 형태(안전인증)

형태	구조
헬멧형	안전모나 착용자의 머리에 지지대나 헤드밴드 등을 이용하여 적정위치에 고정, 사용하는 형태(자동용접필터형, 일반용접필터형)
핸드실드형	손에 들고 이용하는 보안면으로 적절한 필터를 장착하여 눈 및 안면을 보호하는 형태

12. 방음보호구

1) 방음보호구 용어의 정의

① "방음용 귀마개(Ear－plugs)"란 외이도에 삽입 또는 외이 내부 · 외이도 입구에 반삽입함으로써 차음효과를 나타내는 일회용 또는 재사용 가능한 방음용 귀마개를 말한다.

② "방음용 귀덮개(Ear－muff)"란 양쪽 귀 전체를 덮을 수 있는 컵(머리띠 또는 안전모에 부착된 부품을 사용하여 머리에 압착될 수 있는 것)을 말한다.

③ "음압수준"이란 음압을 다음의 식에 따라 데시벨(dB)로 나타낸 것을 말하며 적분평균소음계(KSC 1505) 또는 소음계(KS C 1502)에 규정하는 소음계의 "C" 특성을 기준으로 한다.

$$\text{음압수준(dB)} = 20\log_{10}\frac{P}{P_0}$$

여기서, P : 측정음압으로서 파스칼(Pa) 단위를 사용
P_0 : 기준음압으로서 $20\mu\text{Pa}$ 사용

2) 방음용 귀마개 또는 귀덮개의 종류 및 등급

종류	등급	기호	성능	비고
귀마개	1종	EP－1	저음부터 고음까지 차음하는 것	귀마개의 경우 재사용 여부를 제조 특성으로 표기
	2종	EP－2	주로 고음을 차음하고 저음(회화음영역)은 차음하지 않는 것	
귀덮개	－	EM		

3) 방음용 귀마개의 일반구조

① 귀마개는 사용수명 동안 피부자극, 피부질환, 알레르기 반응 혹은 그 밖에 다른 건강상의 부작용을 일으키지 않을 것

② 귀마개 사용 중 재료에 변형이 생기지 않을 것

③ 귀마개를 착용할 때 귀마개의 모든 부분이 착용자에게 물리적인 손상을 유발시키지 않을 것

④ 귀마개를 착용할 때 밖으로 돌출되는 부분이 외부의 접촉에 의하여 귀에 손상이 발생하지 않을 것

⑤ 귀(외이도)에 잘 맞을 것

⑥ 사용 중 심한 불쾌함이 없을 것

⑦ 사용 중에 쉽게 빠지지 않을 것

4) 귀마개 또는 귀덮개의 표시사항

① 일회용 또는 재사용 여부

② 세척 및 소독방법 등 사용상의 주의사항(다만, 재사용 귀마개에 한함)

3 보호구의 성능기준 및 시험방법

1. 안전모

1) 안전모의 시험성능 항목 및 기준

항목		시험성능기준
시험 성능 항목	내관통성	① 안전인증 : AE, ABE종 안전모는 관통거리가 9.5mm 이하이고, AB종 안전모는 관통거리가 11.1mm 이하이어야 한다. ② 자율안전확인 : 안전모는 관통거리가 11.1mm 이하이어야 한다.
	충격 흡수성	최고전달충격력이 4,450뉴턴(N)을 초과해서는 안 되며, 모체와 착장체의 기능이 상실되지 않아야 한다.
	내전압성	AE, ABE종 안전모는 교류 20kV에서 1분간 절연파괴 없이 견뎌야 하고, 이때 누설되는 충전전류는 10mA 이하이어야 한다.(※ 자율안전확인에서는 제외)
	내수성	AE, ABE종 안전모는 질량증가율이 1% 미만이어야 한다.(※ 자율안전확인에서는 제외)
	난연성	모체가 불꽃을 내며 5초 이상 연소되지 않아야 한다.
	턱끈풀림	150뉴턴(N) 이상 250뉴턴(N) 이하에서 턱끈이 풀려야 한다.
부가 성능 항목	측면 변형 방호	최대측면변형은 40mm, 잔여변형은 15mm 이내이어야 한다.
	금속 용융물 분사 방호	① 용융물에 의해 10mm 이상의 변형이 없고 관통되지 않을 것 ② 금속용융물의 방출을 정지한 후 5초 이상 불꽃을 내며 연소되지 않을 것(※ 자율안전확인에서는 제외)

2) 안전모 내수성 시험

① AE, ABE종 안전모의 내수성 시험은 시험 안전모의 모체를 (20~25)℃의 수중에 24시간 담가놓은 후, 대기 중에 꺼내어 마른 천 등으로 표면의 수분을 닦아내고 다음 산식으로 질량증가율(%)을 산출한다.

② 공식

$$\text{질량증가율}[\%] = \frac{\text{담근 후의 질량} - \text{담그기 전의 질량}}{\text{담그기 전의 질량}} \times 100$$

합격기준 : 질량증가율이 1% 미만일 것

··· 예상문제

ABE종 안전모에 대하여 내수성 시험을 할 때 물에 담그기 전의 질량이 400g이고, 물에 담근 후의 질량이 410g이었다면 질량증가율과 합격 여부는?

풀이 ① $\text{질량증가율}[\%] = \frac{410-400}{400} \times 100 = 2.5[\%]$

② 질량증가율이 1% 미만이 아니므로 불합격

답 2.5[%], 불합격

2. 안전화

1) 시험항목

구분	항목		
고무제 안전화	① 인장강도시험 ② 내유성시험	③ 파열강도시험 ④ 선심 및 내답판의 내부식성시험	⑤ 누출방지시험
가죽제 안전화	① 은면결렬시험 ② 인열강도시험 ③ 내부식성시험	④ 인장강도시험 및 신장률 ⑤ 내유성시험 ⑥ 내압박성시험	⑦ 내충격성시험 ⑧ 박리저항시험 ⑨ 내답발성시험

2) 정전기 안전화의 시험성능기준

<table>
<tr><th colspan="3">구분</th><th>대전방지성능(저항)</th></tr>
<tr><td rowspan="4">신울 등이 가죽제인 것</td><td rowspan="2">선심 있는 것</td><td>1종</td><td>0.1MΩ < R < 100MΩ</td></tr>
<tr><td>2종</td><td>0.1MΩ < R < 10MΩ</td></tr>
<tr><td rowspan="2">선심 없는 것</td><td>1종</td><td>0.1MΩ < R < 100MΩ</td></tr>
<tr><td>2종</td><td>0.1MΩ < R < 10MΩ</td></tr>
<tr><td rowspan="4">신울 등이 고무제인 것</td><td rowspan="2">선심 있는 것</td><td>1종</td><td>0.1MΩ < R < 100MΩ</td></tr>
<tr><td>2종</td><td>0.1MΩ < R < 10MΩ</td></tr>
<tr><td rowspan="2">선심 없는 것</td><td>1종</td><td>0.1MΩ < R < 100MΩ</td></tr>
<tr><td>2종</td><td>0.1MΩ < R < 10MΩ</td></tr>
</table>

※ ① 1종은 착화에너지가 0.1mJ 이상의 가연성 물질 또는 가스(메탄, 프로판 등)를 취급하는 작업장에서 사용하는 것이어야 한다.
② 2종은 착화에너지가 0.1mJ 미만의 가연성 물질 또는 가스(수소, 아세틸렌 등)를 취급하는 작업장에서 사용하는 것이어야 한다.

3) 내전압성시험 성능기준

구분	시험성능기준
절연화	60Hz, 14,000V에 1분간 견디고 충전전류가 5mA 이하일 것
절연장화	20,000V에 1분간 견디고 이때의 충전전류가 20mA 이하일 것

3. 안전장갑(내전압용 절연장갑)

<table>
<tr><td colspan="2">인장강도</td><td>1,400N/cm^2 이상(평균값)</td></tr>
<tr><td colspan="2">신장률</td><td>100분의 600 이상(평균값)</td></tr>
<tr><td colspan="2">영구신장률</td><td>100분의 15 이하</td></tr>
<tr><td rowspan="3">경년 변화</td><td>인장강도</td><td>노화 전 100분의 80 이상</td></tr>
<tr><td>신장률</td><td>노화 전 100분의 80 이상</td></tr>
<tr><td>영구신장률</td><td>100분의 15 이하</td></tr>
<tr><td colspan="2">뚫림강도</td><td>18N/mm 이상</td></tr>
<tr><td colspan="2">화염억제시험</td><td>55mm 미만으로 화염 억제</td></tr>
<tr><td colspan="2">저온시험</td><td>찢김, 깨짐 또는 갈라짐이 없을 것</td></tr>
<tr><td colspan="2">내열성</td><td>이상이 없을 것</td></tr>
</table>

4. 방진마스크

1) 시험성능기준

① 여과재 분진 등 포집효율

형태 및 등급		염화나트륨(NaCl) 및 파라핀 오일(Paraffin Oil) 시험(%)
분리식	특급	99.95 이상
	1급	94.0 이상
	2급	80.0 이상
안면부 여과식	특급	99.0 이상
	1급	94.0 이상
	2급	80.0 이상

② 안면부 누설률

형태 및 등급		누설률(%)
분리식	전면형	0.05 이하
	반면형	5 이하
안면부 여과식	특급	5 이하
	1급	11 이하
	2급	25 이하

③ 시야

형태		시야(%)	
		유효시야	겹침시야
전면형	1안식	70 이상	80 이상
	2안식	70 이상	20 이상

④ 안면부 내부의 이산화탄소 농도 : 안면부 내부의 이산화탄소 농도가 부피분율 1% 이하일 것

2) 분진포집효율

$$P(\%) = \frac{C_1 - C_2}{C_1} \times 100$$

여기서, P : 여과재의 분진 등 포집효율[%]
C_1 : 여과재 통과 전의 염화나트륨 농도[mg/m³]
C_2 : 여과재 통과 후의 염화나트륨 농도[mg/m³]

••• 예상문제

방진마스크 중 분리식 마스크에 대한 여과재의 분진 등 포집효율 시험에서 여과재 통과 전의 염화나트륨 농도는 20mg/m³이고, 여과재 통과 후의 염화나트륨 농도는 4mg/m³이었다. 여과재의 분진 등 포집효율을 구하시오.

풀이 $P(\%) = \frac{20-4}{20} \times 100 = 80[\%]$

답 80[%]

5. 방독마스크

1) 시험성능기준

① 안면부 흡기저항

형태		유량(L/min)	차압(Pa)
격리식 및 직결식	전면형	160	250 이하
		30	50 이하
		95	150 이하
	반면형	160	200 이하
		30	50 이하
		95	130 이하

② 분진포집효율

등급	분진포집효율(%)
특급	99.95
1급	94.0
2급	80.0

6. 송기마스크

1) 시험성능기준

① 안면부 누설률

종류	등급		누설률(%)
호스 마스크	폐력흡인형		0.05 이하
	송풍기형	전동	2 이하
		수동	2 이하
에어라인 마스크	일정유량형		0.05 이하
	디맨드형		
	압력디맨드형		
복합식 에어라인 마스크	디맨드형		
	압력디맨드형		
페이스실드 또는 후드	5 이하		

② 송풍기형 호스마스크의 분진포집효율

등급	효율(%)
전동	99.8 이상
수동	95.0 이상

7. 전동식 호흡보호구

1) 시험성능기준

① 여과재의 분진 등 포집효율

형태 및 등급		염화나트륨(NaCl) 및 파라핀 오일(Paraffin Oil) 시험(%)
전동식 전면형 및 전동식 반면형	전동식 특급	99.95 이상
	전동식 1급	99.5 이상
	전동식 2급	95.0 이상

② 안면부 누설률

상태 및 등급		누설률(%)
전원을 켠 상태	전동식 특급	0.05 이하
	전동식 1급	0.5 이하
	전동식 2급	5 이하
전원을 끈 상태	전동식 특급	0.1 이하
	전동식 1급	1 이하
	전동식 2급	5 이하

8. 보호복

▼ 시험성능기준(방열복 부품별 용도 및 성능기준)

부품별	용도	성능기준	적용대상
내열원단	겉감용 및 방열장갑의 등감용	① 질량 : 500g/m² 이하 ② 두께 : 0.70mm 이하	방열상의 · 방열하의 · 방열일체복 · 방열장갑 · 방열두건
	안감	질량 : 330g/m² 이하	〃
내열펠트	누빔 중간층용	① 두께 : 0.1mm 이하 ② 질량 : 300g/m² 이하	〃
면포	안감용	고급면	〃
안면렌즈	안면 보호용	① 재질 : 폴리카보네이트 또는 이와 동등 이상의 성능이 있는 것에 산화동이나 알루미늄 또는 이와 동등 이상의 것을 증착하거나 도금필름을 접착한 것 ② 두께 : 3.0mm 이상	방열두건

9. 안전대

1) 시험성능기준

① 완성품 정하중 시험성능기준

구분	명칭	시험하중	시험성능기준
완성품	벨트식	15kN(1,530kgf)	① 파단되지 않을 것 ② 신축조절기의 기능이 상실되지 않을 것
	안전그네식	15kN(1,530kgf)	시험몸통으로부터 빠지지 말 것

② 완성품 및 부품의 동하중 시험성능기준

명칭		시험성능기준
벨트식	• 1개 걸이용 • U자 걸이용 • 보조죔줄	① 시험 몸통으로부터 빠지지 말 것 ② 최대전달충격력은 6.0kN 이하이어야 함 ③ U자 걸이용 감속거리는 1,000mm 이하이어야 함
안전그네식	• 1개 걸이용 • U자 걸이용 • 추락방지대 • 안전블록 • 보조죔줄	① 시험 몸통으로부터 빠지지 말 것 ② 최대전달충격력은 6.0kN 이하이어야 함 ③ U자 걸이용, 안전블록, 추락방지대의 감속거리는 1,000mm 이하이어야 함 ④ 시험 후 죔줄과 시험 몸통 간의 수직각이 50° 미만이어야 함
안전블록(부품)		① 파손되지 않을 것 ② 최대전달충격력은 6.0kN 이하이어야 함 ③ 억제거리는 2,000mm 이하이어야 함
충격흡수장치		① 최대전달충격력은 6.0kN 이하이어야 함 ② 감속거리는 1,000mm 이하이어야 함

10. 보안경

▼ 시험성능기준(안전인증)

항목	시험성능기준
시야범위	수평 22.0mm, 수직 20.0mm 이상이어야 한다.(자율안전확인과 동일)
표면	표면에 기포, 발포, 반점, 성형자국, 구멍, 침전물 등이 없어야 한다.(자율안전확인과 동일)
내노후성	① 고온안정성 시험 후 보안경의 변형이 없어야 한다. ② 자외선 조사 후 시감투과율 차이가 적합해야 한다. ※ 유리보안경 제외
내충격성	① 안전인증 : 필터에 파손이나 변형이 없어야 한다. ② 자율안전확인 : 필터, 보안경 하우징 및 프레임에 파손이나 변형이 없어야 한다.
굴절력	(아래 표 참조)

성능수준 (Class)	구면굴절력 (m^{-1})	난시굴절력 (m^{-1})	각주굴절력(cm/m) 수평 기저 외부	각주굴절력(cm/m) 수평 기저 내부	각주굴절력(cm/m) 수직
1	±0.06	0.06	0.75	0.25	0.25
2	±0.12	0.12	1.00	0.25	0.25
3	+0.12/−0.25	0.25	1.00	0.25	0.25

※ 자율안전확인과 동일

<table>
<tr><th>항목</th><th colspan="4">시험성능기준</th></tr>
<tr><td>차광능력</td><td colspan="4">안전인증의 기준 차광능력치에 적합해야 한다.</td></tr>
<tr><td rowspan="7">시감투과율 차이
(%)</td><th colspan="2">시감투과율</th><th colspan="2">투과율 차이(최대 %)</th></tr>
<tr><th>미만(%)</th><th>최대(%)</th><th>P_1, P_2</th><th>P_3</th></tr>
<tr><td>100</td><td>17.8</td><td>5</td><td>5</td></tr>
<tr><td>17.8</td><td>0.44</td><td>10</td><td>10</td></tr>
<tr><td>0.44</td><td>0.023</td><td>15</td><td>15</td></tr>
<tr><td>0.023</td><td>0.0012</td><td>20</td><td>20</td></tr>
<tr><td>0.0012</td><td>0.000023</td><td>30</td><td>30</td></tr>
<tr><td>내식성</td><td colspan="4">부식이 없어야 한다.(자율안전확인과 동일)</td></tr>
<tr><td>내발화, 관통성</td><td colspan="4">발화 또는 적열이 없어야 하고 관통 시간은 5초 이상이어야 한다.(내발화는 자율안전확인과 동일)</td></tr>
<tr><td>투과율</td><td colspan="4">89% 이상(자율안전확인에만 해당)</td></tr>
</table>

11. 보안면

▼ 보안면의 투과율 시험성능기준

<table>
<tr><th>구분</th><th colspan="3">시험성능기준</th></tr>
<tr><td rowspan="5">일반보안면
(자율안전확인)</td><th colspan="2">구분</th><th>투과율(%)</th></tr>
<tr><td colspan="2">투명투시부</td><td>85 이상</td></tr>
<tr><td rowspan="3">채색투시부</td><td>밝음</td><td>50±7</td></tr>
<tr><td>중간 밝기</td><td>23±4</td></tr>
<tr><td>어두움</td><td>14±4</td></tr>
<tr><td rowspan="2">용접용 보안면
(안전인증)</td><th>커버플레이트</th><td colspan="2">89% 이상</td></tr>
<tr><th>자동용접필터</th><td colspan="2">낮은 수준의 최소시감투과율 0.16% 이상</td></tr>
</table>

12. 방음보호구

▼ 귀마개 · 귀덮개 차음성능기준

<table>
<tr><td rowspan="2"></td><th rowspan="2">중심주파수(Hz)</th><th colspan="3">차음치(dB)</th></tr>
<tr><th>EP-1</th><th>EP-2</th><th>EM</th></tr>
<tr><td rowspan="7">차음성능</td><td>125</td><td>10 이상</td><td>10 미만</td><td>5 이상</td></tr>
<tr><td>250</td><td>15 이상</td><td>10 미만</td><td>10 이상</td></tr>
<tr><td>500</td><td>15 이상</td><td>10 미만</td><td>20 이상</td></tr>
<tr><td>1,000</td><td>20 이상</td><td>20 미만</td><td>25 이상</td></tr>
<tr><td>2,000</td><td>25 이상</td><td>20 이상</td><td>30 이상</td></tr>
<tr><td>4,000</td><td>25 이상</td><td>25 이상</td><td>35 이상</td></tr>
<tr><td>8,000</td><td>20 이상</td><td>20 이상</td><td>20 이상</td></tr>
</table>

4 안전보건표지의 종류 · 용도 및 적용

1. 안전보건표지의 정의

유해하거나 위험한 장소 · 시설 · 물질에 대한 경고, 비상시에 대처하기 위한 지시 · 안내 또는 그 밖에 근로자의 안전 및 보건 의식을 고취하기 위한 사항 등을 그림, 기호 및 글자 등으로 나타낸 안전보건표지를 근로자가 쉽게 알아볼 수 있도록 설치하거나 붙여야 한다.

2. 안전보건표지의 종류와 형태

1. 금지표지	101 출입금지	102 보행금지	103 차량통행금지	104 사용금지	105 탑승금지	106 금연
107 화기금지	108 물체이동금지	2. 경고표지	201 인화성물질경고	202 산화성물질경고	203 폭발성물질경고	204 급성독성물질경고
205 부식성물질경고	206 방사성물질경고	207 고압전기경고	208 매달린물체경고	209 낙하물경고	210 고온경고	211 저온경고
212 몸균형상실경고	213 레이저광선경고	214 발암성 · 변이원성 · 생식독성 · 전신독성 · 호흡기 과민성물질경고	215 위험장소경고	3. 지시표지	301 보안경착용	302 방독마스크착용
303 방진마스크착용	304 보안면착용	305 안전모착용	306 귀마개착용	307 안전화착용	308 안전장갑착용	309 안전복착용
4. 안내표지	401 녹십자표지	402 응급구호표지	403 들 것	404 세안장치	405 비상용기구	406 비상구

407 좌측비상구	408 우측비상구	5. 관계자외 출입금지	501 허가대상물질작업장	502 석면취급/해체작업장	503 금지대상물질의취급실험실등
			관계자외 출입금지 (허가물질 명칭) 제조/사용/보관 중 보호구/보호복 착용 흡연 및 음식물 섭취 금지	관계자외 출입금지 석면 취급/해체 중 보호구/보호복 착용 흡연 및 음식물 섭취 금지	관계자외 출입금지 발암물질 취급 중 보호구/보호복 착용 흡연 및 음식물 섭취 금지
6. 문자추가시 예시문	0.1d 휘발유화기엄금 0.25d 이상 d	• 내 자신의 건강과 복지를 위하여 안전을 늘 생각한다. • 내 가정의 행복과 화목을 위하여 안전을 늘 생각한다. • 내 자신의 실수로써 동료를 해치지 않도록 안전을 늘 생각한다. • 내 자신이 일으킨 사고로 인한 회사의 재산과 손실을 방지하기 위하여 안전을 늘 생각한다. • 내 자신의 방심과 불안전한 행동이 조국의 번영에 장애가 되지 않도록 하기 위하여 안전을 늘 생각한다.			

3. 안전보건표지의 제작

① 종류별로 기본모형에 의하여 종류별 용도, 설치・부착장소, 형태 및 색채의 구분에 따라 제작하여야 한다.

② 표시내용을 근로자가 빠르고 쉽게 알아볼 수 있는 크기로 제작하여야 한다.

③ 그림 또는 부호의 크기는 안전보건표지의 크기와 비례하여야 하며, 안전보건표지 전체 규격의 30퍼센트 이상이 되어야 한다.

④ 쉽게 파손되거나 변형되지 않는 재료로 제작해야 한다.

⑤ 야간에 필요한 안전보건표지는 야광물질을 사용하는 등 쉽게 알아볼 수 있도록 제작해야 한다.

5 안전보건표지의 색채 및 색도기준

1. 안전보건표지의 색도기준 및 용도

색채	색도기준	용도	사용례
빨간색	7.5R 4/14	금지	정지신호, 소화설비 및 그 장소, 유해행위의 금지
		경고	화학물질 취급장소에서의 유해・위험 경고
노란색	5Y 8.5/12	경고	화학물질 취급장소에서의 유해・위험경고 이외의 위험경고, 주의표지 또는 기계방호물
파란색	2.5PB 4/10	지시	특정 행위의 지시 및 사실의 고지
녹색	2.5G 4/10	안내	비상구 및 피난소, 사람 또는 차량의 통행표지
흰색	N9.5		파란색 또는 녹색에 대한 보조색
검은색	N0.5		문자 및 빨간색 또는 노란색에 대한 보조색

2. 안전보건표지의 종류별 색채

분류	색채
금지표지	바탕은 흰색, 기본모형은 빨간색, 관련 부호 및 그림은 검은색
경고표지	바탕은 노란색, 기본모형, 관련 부호 및 그림은 검은색 다만, 인화성물질경고, 산화성물질경고, 폭발성물질경고, 급성독성물질경고, 부식성물질경고 및 발암성 · 변이원성 · 생식독성 · 전신독성 · 호흡기과민성물질경고의 경우 바탕은 무색, 기본모형은 빨간색(검은색도 가능)
지시표지	바탕은 파란색, 관련 그림은 흰색
안내표지	바탕은 흰색, 기본모형 및 관련 부호는 녹색, 바탕은 녹색, 관련 부호 및 그림은 흰색
출입금지표지	글자는 흰색바탕에 흑색 다음 글자는 적색 • ○○○제조/사용/보관 중 • 석면취급/해체 중 • 발암물질 취급 중

CHAPTER

03 산업안전심리

SECTION 01 산업심리와 심리검사

1 산업심리학의 개요

1. 산업심리학의 정의

① 산업 및 산업환경 속에서 근무하는 인간과 관련된 문제에 대하여 심리학적인 사실과 원리를 적용시키거나 확장시키는 것이다.
② 산업심리학은 사람을 적재적소에 배치할 수 있는 과학적 판단과 배치된 사람을 어떻게 하면 만족하게 자기책무를 다할 수 있는 여건을 만들어 줄 것인가를 연구하는 학문이다.

2. 산업심리학의 목적

인간심리의 관찰, 실험, 조사 및 분석을 통하여 일정한 과학적 법칙을 도출하고 이를 산업안전관리에 적용하여 사고 예방, 생산성을 증가, 근로자의 복지를 증진시키고자 하는 데 목적을 두고 있다.

2 심리검사

1. 심리검사의 종류

1) 심리검사의 정의

측정하고자 하는 특정한 행동을 체계적으로 표준화된 방식에 따라 양적으로 측정하여, 개인 간 또는 개인 내 비교도 가능하도록 해주는 심리측정법이다.

2) 심리검사의 종류

분류	종류			
실시방식에 따른 분류	① 속도검사와 역량검사 ② 개인검사와 집단검사		③ 지필검사와 수행검사	
측정내용에 따른 분류	인지적 검사	① 지능검사	② 적성검사	③ 성취도(학력)검사
	정서적 검사	① 성격검사	② 흥미검사	③ 태도검사

2. 심리검사의 구비조건

표준화	검사의 관리를 위한 조건, 절차의 일관성과 통일성에 대한 심리검사의 표준화가 마련되어야 한다.
객관성	검사결과를 채점하는 과정에서 채점자의 편견이나 주관성이 배제되어야 하며, 공정한 평가가 이루어져야 한다.
규준성	검사결과의 해석에 있어 상대적 위치를 결정하기 위한 참조 또는 비교의 기준이 있어야 한다.
타당성	측정하고자 하는 것을 실제로 측정하고 있는가를 나타내는 것이다.
신뢰성	검사의 일관성을 의미하는 것으로 동일한 문제를 재측정할 경우 오차가 적어야 한다.

3 스트레스

1. 스트레스의 개요

① 외부로부터의 자극과 마음 속의 갈등이 서로 조화를 이루지 못함으로써 발생되는 심리적 압박감으로 이러한 압박감이나 자극에 의해서 외부로 발견되는 현상을 스트레스에 의한 반응이라고 한다.
② 조직 스트레스는 직무몰입과 생산성 감소의 직접적인 원인이 된다.

2. 스트레스의 영향 요소

외부적 자극 요인	내부적 자극 요인
① 경제적인 어려움 ② 직장에서의 대인관계상의 갈등과 대립 ③ 가정에서의 가족관계의 갈등 ④ 가족의 죽음이나 질병 ⑤ 자신의 건강문제	① 자존심의 손상과 공격 방어 심리 ② 출세욕의 좌절감과 자만심의 상충 ③ 지나친 과거에의 집착과 허탈 ④ 업무상의 죄책감 ⑤ 지나친 경쟁심과 재물에 대한 욕심 ⑥ 남에게 의지하고자 하는 심리 ⑦ 가족 간의 대화 단절, 의견의 불일치 ⑧ 현실에서의 부적응

3. 직무스트레스에 의한 건강장해 예방 조치

사업주는 근로자가 장시간 근로, 야간작업을 포함한 교대작업, 차량운전(전업으로 하는 경우에만 해당) 및 정밀기계 조작작업 등 신체적 피로와 정신적 스트레스 등이 높은 작업을 하는 경우에 직무스트레스로 인한 건강장해 예방을 위하여 다음 각 호의 조치를 하여야 한다.

① 작업환경 · 작업내용 · 근로시간 등 직무스트레스 요인에 대하여 평가하고 근로시간 단축, 장 · 단기 순환작업 등의 개선대책을 마련하여 시행할 것
② 작업량 · 작업일정 등 작업계획 수립 시 해당 근로자의 의견을 반영할 것
③ 작업과 휴식을 적절하게 배분하는 등 근로시간과 관련된 근로조건을 개선할 것
④ 근로시간 외의 근로자 활동에 대한 복지 차원의 지원에 최선을 다할 것

⑤ 건강진단 결과, 상담자료 등을 참고하여 적절하게 근로자를 배치하고 직무스트레스 요인, 건강문제 발생가능성 및 대비책 등에 대하여 해당 근로자에게 충분히 설명할 것
⑥ 뇌혈관 및 심장질환 발병위험도를 평가하여 금연, 고혈압 관리 등 건강증진 프로그램을 시행할 것

SECTION 02 직업적성과 배치

1 직업적성

1. 적성의 개념

적성은 개인이 어느 분야에 흥미를 가지고 능력을 발휘할 수 있는지의 소질을 의미한다.

2. 직업적성의 분류

종류	내용
기계적 적성	기계 작업에 성공하기 쉬운 특성으로 기계 작업에서의 성공에 관계되는 요인 ① 손과 팔의 솜씨 : 신속, 정확히 일을 해내는 능력 ② 공간 시각화 : 형상이나 크기를 정확히 판단하여 손으로 조작하는 과정 ③ 기계적 이해 : 공간 시각화, 지각속도, 추리, 기술적 지식 등이 결합된 것
사무적 적성	사무적 적성에는 지능도 중요하지만 손과 팔의 솜씨나 지각의 속도 및 정확도 등이 특히 중요

3. 적성 발견의 방법

자기이해	자신의 것으로 인지하고 스스로 이해하는 방법
개발적 경험	직장경험, 교육 등을 통한 자신의 능력 발견 방법
적성검사	적성을 발견하는 가장 효과적인 방법 ① 특수 직업 적성검사 : 어느 특정 직무에서의 요구되는 능력 파악 ② 일반 직업 적성검사 : 어느 직업분야에서의 발전가능성 파악

2 적성검사

1. 적성검사의 정의

개인의 지식, 능력, 개성, 소질, 재능 등에 대하여 어떤 분야에 적합한 소질을 갖고 있나를 객관적으로 알아보기 위한 검사이다.

2. 적성검사의 목적

개인이 어떤 직무에 임하기에 앞서 그 직무를 최상의 상태로 수행할 수 있는 신뢰성과 타당성에 관하여 진단하고 예측하여 작업 능률을 최대화하기 위해서 적성검사를 실시한다.

3. 적성검사의 종류

유형별 분류	검사 내용
시각적 판단검사	① 언어 판단검사 ③ 평면도 판단검사 ⑤ 공구 판단검사 ② 형태 비교검사 ④ 입체도 판단검사 ⑥ 명칭 판단검사
정확도 및 기민성 검사 (정밀성 검사)	① 교환검사 ③ 조립검사 ② 회전검사 ④ 분해검사
계산에 의한 검사	① 계산검사 ③ 기록검사(기호 또는 선의 기입) ② 수학응용검사
속도검사	타점속도검사
직무 적성도 판단검사	설문지법, 색채법, 설문지에 의한 컴퓨터 방식
적성검사 대상 항목 : ① 지능, ② 형태 식별 능력, ③ 운동 속도, ④ 시각과 수동력의 적응력, ⑤ 손작업 능력	

4. 적성의 요인

요인	내용
직업적성	① 기계적 적성 : 손과 팔의 솜씨, 공간 시각화, 기계적 이해 ② 사무적 적성 : 지능, 지각의 속도, 정확도 등
지능	학습능력, 추상적 사고능력, 환경 적응능력으로서의 새로운 과제 등을 효과적으로 처리할 수 있는 능력
흥미	직무선택, 직업의 성공과 만족 등 직무적 행동의 동기를 조성하고 직무에 대한 흥미는 그 직무에 전념하는 태도에 큰 영향을 미침
인간성	인간성은 직장에서의 적응에 중요한 역할을 함

3 직무분석 및 배치

1. 직무분석의 방법

종류	정의
면접법	직무담당자나 감독자와의 면접을 통하여 직무에 관한 자료를 수집하는 방법
관찰법	직무를 수행하는 사람들을 현장에서 직무수행상황을 직접 관찰함으로써 직무활동과 내용을 파악하는 방법
설문지법	체크리스트식으로 조직화된 설문지를 이용하여 직무에 대한 정보를 수집하는 방법
작업일지법	작업자들이 정해진 양식에 따라 직접 작성한 작업일지로부터 직무에 관한 정보를 수집하는 방법
결정적사건기법	감독자, 동료 근로자, 그 외의 이 직무를 잘 아는 사람으로부터 성공적이지 못한 근로자와 성공적인 근로자를 구별해 내는 행동을 밝히려는 목적으로 사용

2. 합리적인 적성배치를 위하여 고려해야 할 사항

① 직무를 평가하여 자격수준을 정한다.
② 주관적인 감정요소를 배제한다.
③ 적성검사를 실시하여 개인의 능력을 평가한다.
④ 인사관리의 기준 원칙을 준수한다.
⑤ 직무에 영향을 줄 수 있는 환경적 요인을 검토한다.

4 인사관리의 기초

1. 인사관리

종업원의 잠재능력을 최대한으로 발휘하게 하여 그들 스스로가 최대한의 성과를 달성하도록 하며, 그들이 인간으로서의 만족을 얻게 하려는 일련의 체계적인 관리활동을 말한다.

2. 인사관리의 주요 기능

① 조직과 리더십
② 선발
③ 배치
④ 직무분석
⑤ 직무(업무)평가
⑥ 상담 및 노사 간의 이해

SECTION 03 인간의 특성과 안전과의 관계

1 안전사고 요인

1. 정신적 요소

① 안전의식의 부족
② 주의력의 부족
③ 방심과 공상

④ 개성적 결함요소

㉠ 도전적인 마음
㉡ 다혈질 및 인내심 부족
㉢ 과도한 집착력
㉣ 자존심
㉤ 약한 마음
㉥ 경솔성
㉦ 배타성 등

⑤ 판단력의 부족 또는 그릇된 판단

2. 생리적 요소(정신력에 영향을 주는 생리적 현상)

① 극도의 피로
② 시력 및 청각의 이상
③ 근육운동의 부적합
④ 육체적 능력의 초과
⑤ 생리 및 신경 계통의 이상

3. 불안전한 행동

1) 직접원인

① **지식의 부족** : 작업상의 위험에 대한 지식부족(모른다)
② **기능의 미숙** : 안전하게 작업을 수행할 수 있는 기능미숙(할 수 없다)
③ **태도의 불량** : 안전에 대한 태도불량(하지 않는다)
④ **인간에러** : 인간의 특성으로서의 에러

2) 불안전한 행동의 배후요인

① 인적 요인

구분	항목	내용
심리적 요인	망각	① 경험한 내용이나 학습된 행동을 다시 생각하여 작업에 적용하지 아니하고 방치함으로써 경험의 내용이나 인상이 약해지거나 소멸되는 현상 ② 작업 중에 작업상의 필요한 절차를 망각하면 사고에 연결됨
	소질적 결함	① $B=f(P \cdot E)$의 P(개인의 자질)의 요인을 특히 배려 ② 적성배치를 통한 안전관리대책 필요
	주변적 동작	의식 외의 동작을 인식하고 위험한 곳은 방호하는 것이 필요
	의식의 우회	① 공상 ② 회상 등
	걱정거리	① 가족의 질병 ② 인간관계의 나빠짐 ③ 빚 등
	무의식행동	익숙해진 환경에서 주로 발생
	위험감각	위험감각을 높이기 위한 안전활동을 전개하는 것이 필요
	지름길 반응	지름길을 통하여 빨리 목적지에 도달하려는 행위
	생략행위	① 소정의 작업용구를 사용하지 않고 근처의 용구를 사용해서 임시변통하는 결함행위 ② 보호구 미착용 ③ 정해진 작업순서를 빠뜨리는 경우 등

심리적 요인	억측판단	자기 멋대로 하는 주관적인 판단 ※ 억측판단의 발생 배경 ① 정보가 불확실할 때 ② 희망적인 관측이 있을 때 ③ 과거의 성공한 경험이 있을 때 ④ 초조한 심정
	착오(착각)	색채, 크기, 위치 등 설비와 환경의 개선이 선결조건
	성격	각 개인의 그 감정적 및 의지적인 소질에 떠받쳐서 행하는 특유의 행동방식
생리적 요인	피로	① 능률의 저하 ② 생체의 타각적인 기능의 변화 ③ 피로의 자각 등의 변화
	영양과 에너지대사	작업 시 에너지에 필요한 영양분을 충분히 섭취하여 작업에 지장이 없도록 해야 함
	적성과 작업의 종류	불안전한 행동을 없애고 산업재해를 줄이기 위해 작업의 내용과 근로자의 적성이 잘 맞아야 함

② 외적(환경적) 요인

인간관계 요인 (Man)	① 동료나 상사, 본인 이외의 사람 등의 인간관계를 의미 ② 원활하지 못한 인간관계는 불안전한 행동을 유발하여 사고 발생 위험이 커지게 됨
작업적 요인 (Media)	① 작업의 내용, 작업정보, 작업방법, 작업환경의 요인 ② 인간과 기계를 연결하는 매개체
관리적 요인 (Management)	① 교육훈련 부족 ② 감독지도 불충분 ③ 적성배치 불충분
설비적(물적) 요인 (Machine)	① 기계설비 등의 물적 조건 ② 기계설비의 고장, 결함

4. 실수 및 과오의 원인

능력 부족	적성, 지식, 기술, 인간관계
주의 부족	개성, 감정의 불안정, 습관성
환경조건 부적당	표준 불량, 규칙 불충분, 작업조건 불량, 연락 및 의사소통 불량

2 산업안전심리의 요소

1. 개요

① 안전심리 5대 요소는 안전과 직접 관련되어 있으며 5대 요소를 통제하면 인간의 불안전한 행동에 의한 사고를 예방할 수 있다.

② 안전심리 5대 요소를 잘 통제함으로써 안전심리가 정립되고 안전활동의 계획은 성공적인 효과를 거둘 수 있다.

2. 산업안전심리의 5대 요소

기질	인간의 성격, 능력 등 개인적인 특성으로 성장 시의 생활환경에 영향을 받고, 여러 사람들과의 관계 및 주변 환경에 따라 변화함
동기	① 능동적인 감각에 의한 자극에서 일어나는 사고의 결과로 마음을 움직이는 원동력 ② 인간의 행동은 어떤 동기에 의해 일어나며 행동을 좋게 하려면 긍정적인 동기부여가 필요
습관	개인의 특성이 자신도 모르게 습관화된 현상으로 습관에 직접 영향을 주는 요인으로는 동기, 기질, 감정, 습성이 있음
감정	① 대상이나 상태에 따라 발생하는 슬픔, 기쁨 등에 해당하는 마음의 현상 ② 감정은 안전과 밀접한 관계가 있으며, 사고를 일으키는 정신적 근원이 됨
습성	오랜 습관으로 인하여 굳어 버린 성질로 동기, 기질, 감정 등과 밀접한 관계를 형성하여 인간의 행동에 영향을 미칠 수 있는 요소

3 착오

1. 착오

착오는 실수라고도 하며, 어떤 목적으로 행동하려고 했는데 그 행동과 일치하지 않는 경우를 말한다.

2. 착오의 요인

단계	종류	내용
제1단계	인지과정착오	① 심리 · 심리적 능력의 한계 ② 정보량 저장의 한계 : 한계정보량보다 더 많은 정보가 들어오는 경우 정보를 처리하지 못하는 현상 ③ 감각차단 현상 : 단조로운 업무가 장시간 지속될 때 작업자의 감각기능 및 판단능력이 둔화 또는 마비되는 현상(예 : 고도비행, 단독비행, 계기비행, 직선 고속도로 운행 등) ④ 정서적 불안정(불안, 공포) ⑤ 정보수용 능력의 한계 : 인간의 감지범위 밖의 정보
제2단계	판단과정착오	① 정보부족(옹고집, 지나친 자기중심적 인간) ② 능력부족(지식부족, 경험부족) ③ 자기합리화(자기에게 유리하게 판단) ④ 환경조건불비(작업조건불량) ⑤ 자기과신(지나친 자기 기술에 대한 믿음)
제3단계	조치과정착오	① 기술능력 미숙 ② 경험부족 ③ 피로

3. 착오의 방지대책

인지과정	① 기계 · 설비 등 작업환경개선 : 착시, 착각, 동요 등의 개선 ② 작업안전기준, 규정의 제정 및 이행 ③ 적정배치 : 성격, 운동신경기능 등 ④ 정서안정조치 : 수면, 휴식 등
판단과정	① 안전교육 : 지식 등의 부여, 판단능력의 부여 ② 적정배치 : 지나친 자기중심적 인간 등 ③ 카운슬링 : 자신과잉자 등
조치과정	① 기능훈련 : 기능 미숙자, 신규채용자, 오랫동안 휴직 후의 작업자 등 ② 적정배치 : 고령근로자, 부녀자 등 ③ 기계설비 등의 개선 : 인간공학적 개선

4. 착오의 유형(착오의 메커니즘)

① 위치착오
② 순서착오
③ 패턴착오
④ 형상착오
⑤ 기억착오

4 착시와 착각현상

1. 착시현상(시각의 착각현상)

사물의 객관적인 성질(크기 · 형태 · 빛깔 등의 성질)과 눈으로 본 성질 사이에 현저하게 차이가 있는 경우 시각에 관해서 생기는 착각현상, 즉 정상적인 시력을 가지고도 물체를 정확하게 볼 수 없는 현상을 말한다.

Müler－Lyer의 착시	a b	실제 a＝b이나 a가 b보다 길게 보인다. (동화착오)
Helmholz의 착시	a b	실제 a＝b이나 a는 가로로 길어 보이고 b는 세로로 길어 보인다.
Hering의 착시	a b	a는 양단이 벌어져 보이고 b는 중앙이 벌어져 보인다. (분할착오)
Poggendorf의 착시	a c b	실제 a와 b가 일직선이나 a와 c가 일직선으로 보인다. (위치착오)

Köhler의 착시		우선 평행의 호를 보고, 이어 직선을 본 경우에는 직선은 호와의 반대방향으로 휘어져 보인다. (윤곽착오)
Zöller의 착시		세로의 선이 수직선인데 휘어져 보인다. (방향착오)

2. 인간의 착각현상

가현운동	① 정지하고 있는 대상물을 나타냈다가 지웠다가 자주 반복하면 그 물체가 마치 운동하는 것처럼 인식되는 현상 ② 영화영상기법, β운동
자동운동	① 암실 내에서 정지된 소광점을 응시하면 그 광점이 움직이는 것처럼 보이는 현상 ② 자동운동이 생기기 쉬운 조건 • 광점이 작을 것 • 시야의 다른 부분이 어두울 것 • 광(光)의 강도가 작을 것 • 대상이 단순할 것
유도운동	① 실제로는 움직이지 않는 것이 어느 기준의 이동에 유도되어 움직이는 것처럼 느껴지는 현상 ② 하행선 기차역에 정지하고 있는 열차 안의 승객이 반대편 상행선 열차의 출발로 인하여 하행선 열차가 움직이는 것처럼 느끼는 경우

CHAPTER

04 인간의 행동과학

SECTION 01 조직과 인간행동

1 인간관계

1. 인간관계 관리의 필요성

산업의 발전에 따라 기업의 규모가 확대되고, 기계화가 가속됨으로써 인간이 소외되고, 노사의 이해가 요구됨에 따라 인간관계 관리가 절실하게 되었으며 안전은 물론 경영 전반에 걸쳐 매우 중요하게 되었다.

2. 호손실험

① 호손(Hawthorne)실험은 미국의 벨식 전화기 제조회사인 웨스턴 일렉트릭 회사의 호손공장에서 메이요(Elton Mayo)와 레슬리스버거(Roethlisberger) 교수가 주축이 되어 근로자의 인간성을 과학적 방법으로 연구한 실험이다.

② 근로자의 작업능률은 물리적인 작업조건(조명, 휴식시간, 임금 등)보다는 인간관계가 일할 의욕을 높이고 생산성이 향상된다는 것이다.

3. 인간관계 관리(Mayo)

테크니컬 스킬즈 (Technical Skills)	사물을 처리할 때 인간의 목적에 유익하도록 처리하는 능력
소시얼 스킬즈 (Social Skills)	사람과 사람 사이의 커뮤니케이션을 양호하게 하고 사람들의 요구를 충족시키면서 모럴을 앙양시키는 능력

4. 카운슬링(Counseling)

1) 개인적 카운슬링 방법

① 직접적 충고

② 설득적 방법

③ 설명적 방법

2) 카운슬링의 순서

장면 구성 → 내담자 대화 → 의견 재분석 → 감정 표출 → 감정의 명확화

3) 카운슬링의 효과

① 정신적 스트레스 해소
② 동기부여
③ 안전태도 형성

2 인간관계 메커니즘

투사 (Projection)	자기 마음속의 억압된 것을 다른 사람의 것으로 생각하는 것
암시 (Suggestion)	다른 사람으로부터의 판단이나 행동을 무비판적으로 논리적, 사실적 근거 없이 받아들이는 것
동일화 (Identification)	다른 사람의 행동양식이나 태도를 투입하거나 다른 사람 가운데서 자기와 비슷한 것을 발견하게 되는 것
모방 (Imitation)	남의 행동이나 판단을 표본으로 하여 그것과 같거나 그것에 가까운 행동 또는 판단을 취하려는 것
커뮤니케이션 (Communication)	여러 가지 행동양식이 기호를 매개로 하여 한 사람으로부터 다른 사람에게 전달되는 과정으로 언어, 손짓, 몸짓, 표정 등

3 인간의 일반적인 행동특성

1. 레윈(K. Lewin)의 행동법칙

$$B = f(P \cdot E)$$

여기서, B : Behavior(인간의 행동)
f : function(함수관계) $P \cdot E$에 영향을 줄 수 있는 조건
P : Person(개체, 개인의 자질, 연령, 경험, 심신상태, 성격, 지능, 소질 등)
E : Environment(심리적 환경 – 작업환경, 인간관계, 설비적 결함 등)

• 레윈의 이론 : 인간의 행동(B)은 개인의 자질과 심리학적 환경과의 상호 함수관계이다.

2. 라스무센(Rasmussen)의 인간행동 수준의 3단계

① 지식 기반 행동(Knowledge – based Behavior) : 여러 종류의 자극과 정보에 대해 심사숙고하여 의사결정을 하고 행동을 수행하는 것으로 예기치 못한 일이나 복잡한 문제를 해결할 수 있는 기반 행동이다.

② 규칙 기반 행동(Rule－based Behavior) : 일상적인 반복작업 등으로서 경험에 의해 판단하고 행동규칙 등에 따라서 반응하여 수행하는 기반행동이다.

③ 숙련(기능) 기반 행동(Skill－based Behavior) : 오랜 경험이나 본능에 의해 의식하지 않고 행동하는 것으로 아무런 생각 없이 반사운동처럼 수행하는 기반행동이다.

3. 인간의 동작 특성

1) 인간의 동작 특성

외적 조건	① 동적 조건 : 대상물의 동적 성질로 최대요인 ② 정적 조건 : 높이, 폭, 길이, 두께, 크기 등의 조건 ③ 환경 조건 : 기온, 습도, 조명, 분진 등 물리적 환경조건으로 최소요인
내적 조건	① 생리적 조건(피로, 긴장, 건강 등) ② 근무 경력(경험시간) ③ 개인차(적성, 성격, 개성)

2) 동작 실패의 원인을 초래하는 조건

① 기상조건 : 온도, 습도, 날씨, 기상 등

② 피로 : 신체조건, 스트레스, 질병 등

③ 작업강도 : 작업량, 작업속도, 작업시간 등

④ 자세의 불균형 : 행동의 습관, 환경적 요인 등

⑤ 환경조건 : 심리적 환경, 작업환경

3) 동작의 실패를 막기 위한 일반적 조건

① 착각을 일으킬 수 있는 외부 조건이 없을 것

② 감각기의 기능이 정상일 것

③ 시간적, 수량적으로 능력을 발휘할 수 있는 체력이 있을 것

④ 올바른 판단을 내리기 위한 필요한 지식을 갖고 있을 것

⑤ 의식 동작을 필요로 할 때 무의식 동작을 행하지 않을 것

4. 안전수단을 생략하는 불안전 행위의 원인

작업과 안전수단	간단한 작업, 짧은 시간으로 끝나는 작업의 경우
자신과잉	안전수단을 생략하는 경험에 의한 자신과잉, 즉 작업에 익숙해짐에 따라 안전수단을 생략했을 때 성공하면 자기도 모르게 안전수단을 생략하는 것이 당연한 것으로 생각하게 되는 경우
주위의 영향	선배와 동료의 사이에 안전수단이 생략되어 있는 것을 보고 그것에 동화되어 같은 동작을 취하는 경우(미경험자에게 흔히 볼 수 있음)
피로하였을 때	심신이 피로하여 평상시에는 지키던 안전수단도 귀찮아져서 안전수단을 생략하는 경우
직장의 분위기	정리, 정돈이 안 되어 있거나 조명, 소음 등이 나쁜 장소, 작업규율이 이완되고 있을 때 안전수단이 생략

5. 인간의 행동특성

1) 간결성의 원리

① 개요

㉠ 심리활동에 있어서 최소에너지로 최대효과를 얻고자 하는 행동을 간결성의 원리라고 한다.

㉡ 이 원리에 기인하여 착각, 착오, 생략, 오해 등으로 불리는 사고의 심리적 요인이 만들어 진다.

㉢ 생략 행위를 유발하는 심리적 요인이다.

② 간결화의 욕망이 지배적인 경우

㉠ 피로, 근심, 초조, 술 취함 등 심신에 이상이 생겼을 때

㉡ 감정이 고조될 때

㉢ 과거의 추측에 의해 지배될 때

③ 물건의 정리(군화의 법칙)

분류	내용	도해
근접의 요인	근접된 물건끼리 정리	○○ ○○ ○○ ○○
동류의 요인	매우 비슷한 물건끼리 정리	● ○ ● ○ ● ○
폐합의 요인	밀폐된 것으로 정리	
연속의 요인	연속된 것으로 정리	(a) 직선과 곡선의 교차 (b) 변형된 2개의 조합

2) 리스크 테이킹(Risk Taking)

① 객관적인 위험을 자기 나름대로 판정해서 의지결정을 하고 행동에 옮기는 인간의 심리특성

② 안전태도가 양호한 자는 리스크 테이킹의 정도가 적다.

③ 안전태도 수준이 같은 경우 작업의 달성 동기, 성격, 능률 등 각종 요인의 영향에 의해 리스크 테이킹의 정도는 변한다.

④ 리스크 테이킹의 발생 요인은 부적절한 태도이다.

3) 주의의 일점집중 현상

① 돌발사태 발생 시 공포를 느끼며 주의가 한 곳에 집중하여 멍한 상태에 빠지게 되는 현상

② 사전에 대안을 강구하여 심리적 훈련이 필요하다.

③ 주의의 일점집중 현상은 의식의 과잉과 가장 관련이 깊다.

4) 기타 행동특성

① 순간적인 경우의 대피방향은 좌측(우측에 비해 2배 이상)
② 동조 행동 : 소속집단의 행동기준이나 원칙을 지키고 따르려고 하는 행동
③ 근도 반응 : 정상적인 루트가 있음에도 지름길을 택하는 현상
④ 생략 행위 : 소정의 작업용구를 사용하지 않고 근처의 용구를 사용해서 임시변통하는 결함 행위

SECTION 02 재해 빈발성 및 행동과학

1 재해 빈발성

1. 사고의 경향설(Greenwood)

① 사고의 대부분은 소수의 근로자에 의해서 발생한다.
② 사고를 낸 사람이 또다시 사고를 발생시키는 경향이 있다.

2. 소질적인 사고 요인

지능	직무에 필요한 지능보다 현저히 높거나 낮으면 부적응을 초래할 수 있음
성격	성격이 작업에 적응되지 못할 경우 재해사고를 발생시킴 ※ 사고를 일으키기 쉬운 성격 ① 쾌락주의적 성격 ② 허영심이 강한 성격 ③ 소심한 성격 ④ 도덕성, 결벽성의 결여
감각기능	지각과 운동능력의 불균형자로 일반적으로 반응속도 그 자체보다 반응의 정확도가 더 중요함

3. 재해 빈발성

기회설	재해가 빈발하는 것은 개인의 영향이 아니라 종사하는 작업에 위험성이 많기 때문이며, 그 사람이 위험한 작업을 담당하고 있기 때문이라는 설(안전교육, 작업환경개선의 대책)
암시설	한번 재해를 당하면 겁쟁이가 되거나 신경과민이 되어 그 사람이 갖는 대응 능력이 열화하기 때문에 재해를 빈발하게 된다는 설
재해 빈발 경향자설	근로자 가운데 재해를 빈발하는 소질적 결함자가 있다는 설

4. 재해 누발자의 유형

상황성 누발자	① 작업이 어렵기 때문에 ② 기계설비에 결함이 있기 때문에 ③ 심신에 근심이 있기 때문에 ④ 환경상 주의력의 집중이 혼란되기 때문에
습관성 누발자	① 재해의 경험에 의해 겁을 먹거나 신경과민 ② 일종의 슬럼프 상태에 빠져 있기 때문
미숙성 누발자	① 기능이 미숙하기 때문에 ② 환경에 익숙하지 못하기 때문에(환경에 적응 미숙)
소질성 누발자	① 개인의 소질 가운데 재해원인의 요소를 가진 자(주의력 산만, 저지능, 흥분성, 비협조성, 소심한 성격, 도덕성의 결여, 감각운동 부적합 등) ② 개인의 특수성격 소유자

2 동기부여

1. 동기부여(Motivation)의 의의

동기를 유발시키는 일로서 목표 지향적인 행위를 지속적으로 유발, 유지하도록 이끌어 나가는 과정을 말한다.

2. 동기유발의 요인

① 안정(Security) : 생활의 안정 및 직업의 안정
② 기회(Opportunity) : 승진이나 자기계발, 능력 향상 등의 기회
③ 성과(Accomplishment) : 자기가 맡은 일의 성과
④ 경제(Economic) : 적당한 수입 및 경제적 보수
⑤ 참여(Participation) : 의사결정에의 참여
⑥ 독자성(Independence) : 업무에 있어서의 개인의 독자성
⑦ 권력(Power) : 각자가 관련된 업무에서나 타인에 대한 권력의 행사
⑧ 적응도(Conformity) : 집단에서의 적응도
⑨ 인정(Recognition) : 일의 결과나 개인에 대한 인정
⑩ 의사소통(Communication) : 적절한 의사소통

3. 동기부여의 방법

① 안전의 근본이념을 인식시킨다.
② 안전 목표를 명확히 설정하여 주지시킨다.
③ 결과의 가치를 인식하고 알려준다.

④ 상과 벌을 준다.(상벌 제도를 합리적으로 시행한다)

⑤ 경쟁과 협동을 유도한다.

⑥ 동기유발의 최적수준을 유지한다.

4. 동기부여에 관한 이론

1) 매슬로우(Maslow)의 욕구 5단계

제1단계	생리적 욕구	기아, 갈증, 호흡, 배설, 성욕 등 생명유지의 기본적 욕구
제2단계	안전의 욕구	① 자기보존 욕구 - 안전을 구하려는 욕구 ② 전쟁, 재해, 질병의 위험으로부터 자유로워지려는 욕구
제3단계	사회적 욕구	① 소속감과 애정에 대한 욕구 ② 사회적으로 관계를 향상시키는 욕구
제4단계	인정받으려는 욕구 (자기 존중의 욕구)	자존심, 명예, 성취, 지위 등 인정받으려는 욕구
제5단계	자아실현의 욕구	① 잠재능력을 실현하고자 하는 성취욕구 ② 특유의 창의력을 발휘

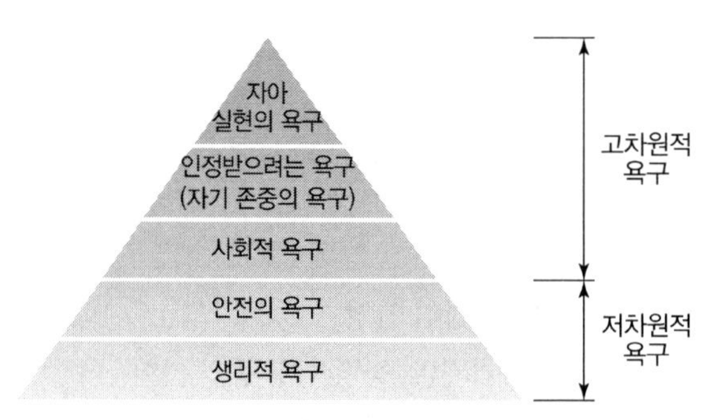

| 매슬로의 욕구 5단계 |

2) 맥그리거(D. McGregor)의 X, Y이론

① X, Y이론

X이론	Y이론
인간불신감	상호신뢰감
성악설	성선설
인간은 본래 게으르고 태만, 수동적, 남의 지배받기를 즐긴다.	인간은 본래 부지런하고 근면, 적극적, 스스로 일을 자기 책임하에 자주적으로 행한다.
저차적 욕구(물질적 욕구)	고차적 욕구(정신적 욕구)
명령, 통제에 의한 관리	자기통제와 자율확보
저개발국형의 관리형태	선진국형의 관리형태
권위주의적 리더십	민주적 리더십

② X, Y이론의 관리처방

X이론의 관리처방	Y이론의 관리처방
① 권위주의적 리더십의 확립 ② 경제적 보상 체제의 강화 ③ 면밀한 감독과 엄격한 통제 ④ 상부 책임제도의 강화 ⑤ 설득, 보상, 벌, 통제에 의한 관리 ⑥ 조직구조의 고층성	① 분권화와 권한의 위임 ② 목표에 의한 관리 ③ 비공식적 조직의 활용 ④ 민주적 리더십의 확립 ⑤ 직무확장 ⑥ 자체 평가제도의 활성화 ⑦ 조직 목표달성을 위한 자율적인 통제 ⑧ 조직구조의 평면화

3) 허즈버그(F. Herzberg)의 2요인(동기－위생) 이론

① 허즈버그는 연구를 통해 사람들이 직무에 만족을 느낄 때에는 직무의 내용에 관계되고, 불만족을 느낄 때에는 직무환경과 관련된다는 것을 입증하였다.

② 위생요인의 욕구가 만족되어야 동기요인 욕구가 생긴다.

동기요인(직무내용)	위생요인(직무환경)
① 성취감	① 보수
② 책임감	② 작업조건
③ 성장과 발전	③ 관리감독
④ 안정감	④ 임금
⑤ 도전감	⑤ 지위
⑥ 일 그 자체	⑥ 회사 정책과 관리

③ 일을 통한 동기부여 원칙(직무확대방법)

㉠ 근로자에게 정기보고서를 통하여 직접적인 정보를 제공한다.

㉡ 자기 과업을 위한 근로자의 책임을 증대시킨다.

㉢ 특정 과업을 수행할 기회를 부여한다.

㉣ 근로자에게 단위의 분배 작업을 부여하도록 조정한다.

㉤ 근로자에게 보다 새롭고 힘든 과업을 부여한다.

㉥ 근로자에게 불필요한 통제를 배제한다.

4) 알더퍼(Alderfer)의 ERG 이론

생존(Existence)욕구 (존재욕구)	유기체의 생존과 유지에 관련된 욕구	① 의식주와 같은 기본적인 욕구 ② 임금, 안전한 작업조건 ③ 직무안전
관계(Relatedness)욕구	다른 사람과의 상호작용을 통하여 만족을 추구하는 대인욕구	① 의미 있는 타인과의 상호작용 ② 대인욕구
성장(Growth)욕구	개인적인 발전과 증진에 관한 욕구(잠재력의 발전으로 충족)	① 개인의 발전능력 ② 잠재력 충족 ③ 창의력 발휘

5) 데이비스(K. Davis)의 동기부여이론

① 인간의 성과×물질적 성과=경영의 성과

② 지식(Knowledge)×기능(Skill)=능력(Ability)

③ 상황(Situation)×태도(Attitude)=동기유발(Motivation)

④ 능력(Ability)×동기유발(Motivation)=인간의 성과(Human Performance)

6) 맥클랜드(Mcclelland)의 성취동기이론

① 맥클랜드는 학습, 기억, 인지, 정서 및 사회적 지원 등 다양한 변수들의 영향을 받는다고 주장하였다.

성취욕구	무엇을 이루어 내고 싶은 욕구
권력욕구	다른 사람에게 영향을 미치고 영향력을 행사하여 상대를 통제하고 싶은 욕구
친화욕구	타인들과 사이좋게 잘 지내고 싶은 욕구

② 성취욕구가 강한 사람의 특징

㉠ 성공의 대가보다는 성취 그 자체에 만족한다.

㉡ 목표설정을 중요시하고 목표를 달성할 때까지 노력한다.

㉢ 자신이 하는 일의 구체적인 진행상황을 알기를 원한다.

㉣ 적절한 모험(위험)을 즐긴다.

㉤ 동료관계에 관심을 갖고 성과 지향적인 동료와 일하기를 원한다.

7) 동기이론의 상호 관련성

매슬로의 욕구 5단계	허즈버그의 2요인 이론	맥그리거의 X, Y이론	알더퍼의 ERG 이론	맥클랜드의 성취동기이론
1단계 : 생리적 욕구	위생요인	X이론	생존욕구	
2단계 : 안전의 욕구				
3단계 : 사회적 욕구			관계욕구	친화욕구
4단계 : 인정받으려는 욕구	동기요인	Y이론	성장욕구	권력욕구
5단계 : 자아실현의 욕구				성취욕구

3 주의와 부주의

1. 주의

1) 개념

행동하고자 하는 목적에 의식 수준이 집중하는 심리상태를 말한다.

2) 주의의 특징

선택성	① 주의는 동시에 두 개의 방향에 집중하지 못한다. ② 여러 종류의 자극을 지각하거나 수용할 때 특정한 것에 한하여 선택하는 기능
변동성	① 고도의 주의는 장시간 지속할 수 없다. ② 주의에는 리듬이 있어 언제나 일정수준을 유지할 수 없다.
방향성	① 한 지점에 주의를 집중하면 다른 곳의 주의는 약해진다. ② 주시점만 인지하는 기능

2. 부주의

1) 개념

목적수행을 위한 행동전개과정 중 목적에서 벗어나는 심리적, 신체적 변화의 현상으로 바람직하지 못한 정신상태를 말한다.

2) 부주의의 특성

① 부주의는 불안전한 행동만이 아니라 불안전한 상태에도 통용된다.

② 부주의란 말은 결과를 표현한다.

③ **부주의에는 원인이 존재** : 부주의에는 각각의 원인이 있으므로 그 원인이 되는 조건을 제거해야 한다.

④ **부주의에 유사한 현상** : 착각이나 인간능력의 한계를 넘는 범위로 행동한 동작의 실패원인을 부주의라고 할 수는 없다.

⑤ 부주의는 무의식적 행위나 그것에 가까운 의식의 주변에서 행해지는 행위에 나타난다.

3) 부주의 발생현상

의식의 단절(중단)	① 의식의 흐름에 단절이 생기고 공백상태가 나타나는 경우 ② 의식수준 제0단계의 상태(특수한 질병의 경우)
의식의 우회	① 의식의 흐름이 옆으로 빗나가 발생한 경우 ② 의식수준 제0단계의 상태(걱정, 고민, 욕구불만 등)
의식수준의 저하	① 뚜렷하지 않은 의식의 상태로 심신이 피로하거나 단조로운 작업 등의 경우 ② 의식수준 제Ⅰ단계 이하의 상태
의식의 과잉	① 돌발사태 및 긴급이상사태에 직면하면 순간적으로 긴장되고 의식이 한 방향으로 쏠리는 주의의 일점집중현상의 경우 ② 의식수준 제Ⅳ단계의 상태
의식의 혼란	① 외적 조건에 문제가 있을 때 의식이 혼란되고 분산되어 작업에 잠재되어 있는 위험요인에 대응할 수 없는 경우 ② 외부의 자극이 애매모호하거나, 너무 강하거나 약할 때

4) 부주의 발생원인과 대책

구분	발생원인	대책
외적 원인	작업 및 환경조건의 불량	환경 정비
	작업순서의 부적합	작업순서 정비(인간공학적 접근)
	작업강도	작업량, 작업시간, 속도 등의 조절
	기상조건	온도, 습도 등의 조절
내적 원인	소질적 요인	적성에 따른 배치(적성배치)
	의식의 우회	카운슬링(상담)
	경험부족 및 미숙련	교육 및 훈련
	피로도	충분한 휴식
	정서 불안정	심리적 안정 및 치료

3. 의식레벨의 단계(의식수준의 단계)

단계	의식의 상태	의식의 작용	행동상태	신뢰성	뇌파형태
Phase 0 (제0단계)	무의식, 실신	0(zero)	수면, 뇌 발작	0(zero)	δ파
Phase I (제 I 단계)	정상 이하, 의식 흐림 (subnormal) 의식 몽롱함	활발치 못함 (inactive) 부주의	피로, 단조로움, 졸음, 술 취함	0.9 이하	θ파
Phase II (제 II 단계)	정상, 이완상태, 느긋한 기분	수동적, 마음이 안쪽으로 향함	안정기거, 휴식 시, 정례작업 시(정상작업 시) 일반적으로 일을 시작할 때 안정된 행동	0.99~0.99999	α파
Phase III (제 III 단계)	정상, 상쾌한 상태, 분명한 의식	능동적, 앞으로 향하는 주의, 주의력 범위 넓음	판단을 동반한 행동, 적극활동 시 가장 좋은 의식수준상태, 긴급이상사태를 의식할 때	0.999999 이상 (신뢰도가 가장 높은 상태)	β파
Phase IV (제 IV 단계)	과긴장, 흥분상태	판단정지, 주의의 치우침	긴급 방위반응, 당황해서 패닉 (감정흥분 시 당황한 상태)	0.9 이하	β파 또는 전자파

SECTION 03 집단관리와 리더십

1 리더십과 헤드십

1. 리더십의 개요

1) 개념

① 리더십이란 특정한 상황 아래서 목표달성을 위해서 개인 또는 집단의 활동에 영향력을 행사하는 과정이다.

② 공통된 목표, 성취에 따르도록 사람들에게 영향을 주는 활동이다.

③ 리더십은 주어진 상황에서 목표달성을 위해 지도자, 추종자 및 상황의 상호작용에 의하여 결정된다.

④ 리더십의 결정요인, 즉 리더십 행동에 영향을 미치는 요소는 리더(지도자), 부하(추종자), 상황이다.

$$L = f(l,\ f_1,\ s)$$

여기서, L : leadership(리더십)
f : function(함수)
l : leader(리더)
f_1 : follower(추종자)
s : situation(상황)

2) 리더십 이론

특성이론	성공적인 리더는 어떤 특성을 가지고 있는가를 연구하는 이론
행동이론	리더와 부하와의 관계를 중심으로 리더의 행동을 관찰하고 기술함으로써 리더십의 행동의 유형을 연구하는 이론
상황이론	리더십이 수행되는 과정에서 항상 특정한 환경조건이 주어지며 이러한 환경과 사람과의 상호작용에 의해 이루어진다는 이론

2. 리더십의 인간행동 변용(변화)

1) 변용(변화)의 메커니즘

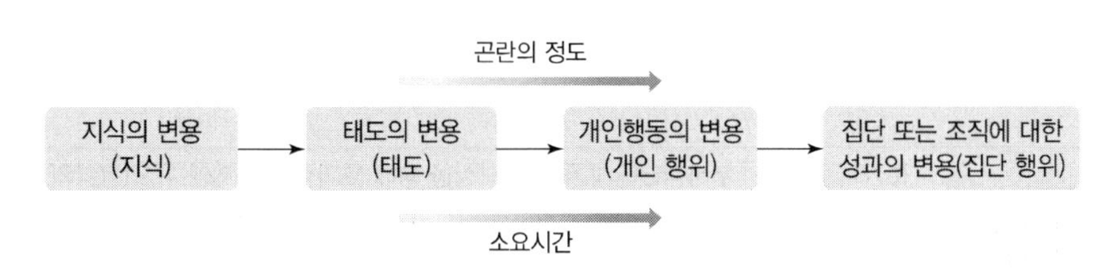

2) 변용(변화)의 전개과정

자극 → 욕구 → 판단 → 행동

3. 리더십의 유형

1) 선출방식에 따른 분류

헤드십 (Headship)	외부에 의해 임명된 지도자로 명목상의 리더십이라고도 한다. 조직체제나 직위의 힘을 통해서 권한을 행사한다.(임명된 지도자의 권한 행사)
리더십 (Leadership)	내부적으로 선출된 지도자로 사실상의 리더십을 말한다. (선출된 지도자의 권한 행사)

2) 업무추진의 방식에 따른 분류

분류	개념	특징
권위형 (독재적)	① 리더중심 ② 부하직원의 정책 결정에 참여 거부 ③ 집단 구성원의 행위는 공격적 아니면 무관심 ④ 일 중심형으로 업적에 대한 관심은 높지만 인간관계에 무관심	지도자가 집단의 모든 권한 행사를 단독적으로 처리한다.
민주형 (민주적)	① 집단중심 ② 추종자(부하직원)에게 참여와 자유 인정 ③ 추종자(부하직원)의 적극적 자기실현 기회의 확보 ④ 리더의 통제와 조정, 자유폭 제한	집단의 토론, 회의 등에 의해 정책을 결정한다.
자유방임형 (개방적)	① 종업원중심 ② 집단 구성원에게 완전한 자유를 주고 리더의 권한 행사는 없음	집단에 대하여 전혀 리더십을 발휘하지 않고 명목상의 리더 자리만을 지키는 유형으로 지도자가 집단 구성원에게 완전히 자유를 주는 경우이다.

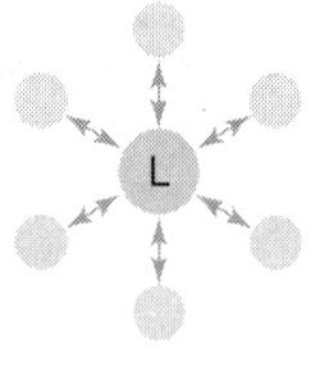

권위형(독재적)

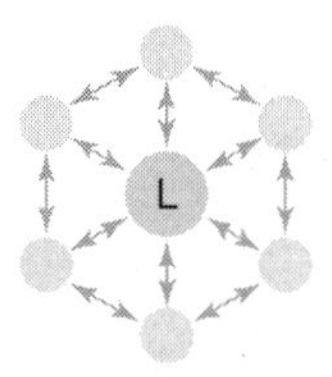

민주형(민주적)

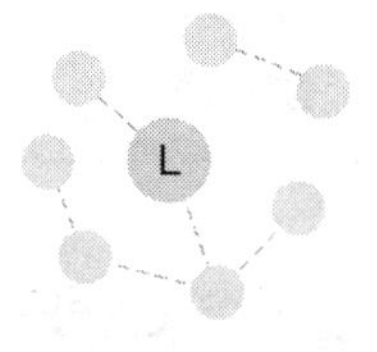

자유방임형(개방적)

| 리더와 부하의 관계 |

4. 리더십의 권한

구분	권한	내용
조직이 지도자에게 부여한 권한	보상적 권한	부하직원에게 적절한 보상을 통해 효과적인 통제를 유도(봉급의 인상, 승진 등)
	강압적 권한	부하직원에게 적절한 처벌을 통해 효과적인 통제를 유도(승진누락, 임금삭감, 해고 등)
	합법적 권한	조직의 규정에 의해 지도자의 권한이 합법화하고 공식화된 것

지도자 자신이 자신에게 부여한 권한	전문성의 권한	지도자가 목표수행에 필요한 전문적인 지식을 갖고 부하직원들의 전문성을 인정하면 능동적으로 업무에 스스로 동참
	위임된 권한	지도자가 추구하는 목표를 부하직원들이 자신의 것으로 받아들여 지도자와 함께 일하는 것(목표달성을 위하여 부하직원들이 상사를 존경하여 상사와 함께 일하고자 할 때 상사에게 부여되는 권한)

5. 리더십의 기법

기법	방법
지식의 부여	근로자에게 직장 내의 정보와 직무에 필요한 지식을 부여
관대한 분위기	근로자로 하여금 안심하고 존재하도록 하기 위해서 직무상 관대한 분위기를 유지
향상의 기회	성장의 기회와 이기적 욕구의 충족을 확대할 기회를 부여
일관된 규율	행동기준에 혼란을 일으키지 않도록 일관된 규율을 유지
호소하는 권리	근로자에게 참다운 의미의 호소권을 부여
참가의 기회	직무의 모든 과정에서 참가를 보장

6. 성실한 지도자의 속성

① 높은 임무수행능력
② 강한 출세 욕구
③ 상사에 대한 긍정적인 태도
④ 원만한 사교성
⑤ 강력한 조직 능력
⑥ 결정적인 판단 능력
⑦ 자신에 대한 긍정적인 태도
⑧ 매우 활동적이며 공격적인 도전
⑨ 실패에 대한 두려움
⑩ 조직의 목표에 대한 충성심
⑪ 자신의 건강과 체력단련
⑫ 부모로부터의 정서적 독립

7. 리더의 특성 조건

① 대인적 숙련
② 혁신적 능력
③ 협상적 능력
④ 기술적 능력
⑤ 표현 능력
⑥ 교육훈련 능력

8. 헤드십의 개념

외부에 의해 리더가 선출된 경우를 헤드십 또는 명목상의 리더십이라고 하며, 반대로 집단 내에서 내부적으로 선출된 리더의 경우를 리더십 혹은 사실상의 리더십이라 한다.

9. 헤드십과 리더십의 구분

구분	헤드십	리더십
권한행사 및 부여	위에서 위임하여 임명된 헤드	밑에서부터의 동의에 의해 선출된 리더
권한근거	법적 또는 공식적	개인능력
상관과 부하와의 관계	지배적	개인적인 경향
책임귀속	상사	상사와 부하
부하와의 사회적 간격	넓다	좁다
지위형태	권위주의적	민주주의적
권한귀속	공식화된 규정에 의함	집단목표에 기여한 공로 인정

10. 관리 그리드(Managerial Grid)

1) 정의

리더의 행동을 생산에 대한 관심과 인간에 대한 관심으로 나누고, 이를 측정 후 계량화하여 분류한 것

2) 리더의 행동 유형과 경향

유형	경향
(1.1) 무관심형	① 생산과 인간에 대한 관심이 모두 낮은 무관심한 유형 ② 리더 자신의 직분을 유지하는 데 필요한 최소의 노력만 투입하는 유형
(1.9) 인기형	① 인간에 대한 관심은 매우 높고, 생산에 대한 관심은 매우 낮은 유형 ② 구성원 간의 만족한 관계, 친밀한 분위기를 조성하는 데 노력하는 유형
(9.1) 과업형	① 생산에 대한 관심은 높지만, 인간에 대한 관심은 매우 낮은 유형 ② 인간적 요소보다 과업상의 능력을 최고로 중시하는 유형
(5.5) 타협형	① 과업의 능률과 인간적 요소를 절충하는 유형 ② 적당한 수준의 성과를 지향하는 리더 스타일의 유형
(9.9) 이상형	① 구성원들과 조직체의 공동목표, 상호의존관계를 강조하는 유형 ② 상호 신뢰적이고 가장 이상적인 리더의 유형

| 관리격자 리더십 모델 |

2 사기조사

1. 모럴 서베이(Morale Survey)

1) 개념

① 근로자의 근로 의욕 · 태도 등에 대한 측정으로 사기조사, 태도조사라고도 한다.

② 근로자가 자기의 직무 · 상사 · 직장 · 대우 · 승진 등에 대해 어떻게 생각하고 있는지를 측정하고 조사하는 것이다.

③ 이 측정을 기초로 인사관리, 노무관리, 복리후생 등을 효과적으로 하여 근로자의 근로의욕 향상과 기업발전에 기여하는 데 목적이 있다.

2) 모럴 서베이의 주요 방법

통계에 의한 방법	사고 상해율, 결근, 지각, 조퇴, 이직 등을 분석하여 파악하는 방법(주로 보조 자료로 사용)
사례연구법	경영관리상의 여러 가지 제도에 나타나는 사례에 대해 사례연구로서 현상을 파악하는 방법
관찰법	근무실태를 계속 관찰하면서 문제점을 찾아내는 방법
실험연구법	실험그룹과 통제그룹으로 나누어 정황, 자극을 주어 태도 변화 여부를 조사하는 방법
태도조사법	질문지법, 면접법, 집단토의법, 문답법, 투사법 등에 의해 의견을 조사하는 방법(가장 많이 사용하는 방법)

3) 모럴 서베이의 기대효과

① 근로자의 심리, 욕구를 파악하여 불만을 해소하고 근로의욕을 높인다.

② 경영관리 개선의 자료를 얻는다.

③ 근로자의 정화작용을 촉진시킨다.

3 집단관리

1. 사회행동의 기초

① **욕구** : 갈증, 호흡, 배설, 기아 등의 물리적 욕구와 지위, 명예와 같은 사회적 욕구

② **개성** : 인간의 성격, 능력, 기질의 3가지 요인이 결합되어 이루어짐

③ **인지** : 미리 어떠한 지식을 가지고 있느냐에 따라 규정됨

④ **신념** : 스스로 획득한 갖가지 경험 및 다른 사람으로부터 얻어진 경험 등으로 이루어지는 종합된 지식의 체계

⑤ **태도** : 개인 또는 집단 특유의 지속적 반응경향을 말함

2. 사회행동의 기본형태

① 협력(조력, 분업)
② 대립(공격, 경쟁)
③ 도피(고립, 정신병, 자살)
④ 융합(강제, 타협, 통합)

3. 집단역학(Group Dynamics)

1) 개요

① 집단역학은 사회심리학의 한 영역으로서 1930년대 후반에 레윈(K. Lewin)에 의해 창안되었다.
② 개인의 행동은 소속집단으로부터의 영향을 어떻게 받는가, 그 영향력에 대한 저항을 집단은 어떠한 집단과정을 통해 극복하려 하는가라는 문제를 가설 검증적인 방법에 의해 연구한다.

2) 집단역학에서 사용되는 개념

집단규범 (집단표준)	집단을 유지하고 집단의 목표를 달성하기 위한 것으로, 집단에 의해 지지되면 통제가 행해지며, 집단 구성원들에 의해 변경이 가능하다.
집단목표	집단이 지향하고 이룩해야 할 목표를 설정해야 한다.
집단의 응집력	집단 내부로부터 생기는 힘
집단결정	구성원의 행동사항이나 구조 및 시설의 변경을 필요로 할 때 실시하는 의사결정

※ 집단의 기능 : ① 집단규범, ② 집단목표, ③ 집단의 응집력

3) 집단의 효과와 결정요인

집단의 효과	① 동조효과(응집력) ② 시너지(Synergy) 효과(상승 효과) ③ 견물(見物)효과 등
집단 효과의 결정요인	① 참여와 배분 ② 문제 해결 과정 ③ 갈등 해소 ④ 영향력과 동조 ⑤ 의사결정 과정 ⑥ 리더십 ⑦ 의사소통 ⑧ 지지도 및 신뢰 등

4. 집단행동의 구분

통제 있는 집단행동 (규칙이나 규율과 같은 룰(Rule)이 존재)	① 관습 : 풍습, 도덕, 예의 ② 제도적 행동 : 합리적으로 행동, 통제하고 표준화함으로써 집단의 안정을 지켜가는 것 ③ 유행 : 집단 내의 공통적인 행동양식이나 태도 등
비통제의 집단행동 (구성원 간의 정서, 감정에 의해 좌우되고 연속성이 희박)	① 군중(Crowd) : 지위나 역할의 분화가 없고, 책임감이나 비판력도 없음 ② 모브(Mob) : 폭동과 같은 것을 말하며, 군중보다 합의성이 없고, 감정에 의해서만 행동하는 특성 ③ 패닉(Panic) : 이상적인 상황에서 모브가 공격적인 데 대하여, 패닉은 방어적인 것이 특징 ④ 심리적 전염(Mental Epidemic) : 어떤 사상이 상당한 기간을 걸쳐서 광범위하게 논리적, 사고적 근거 없이 무비판적으로 받아들여지는 것

5. 슈퍼(D. E. Super)의 역할이론(집단의 적응과 역할)

① 역할 연기(Role Playing) : 자아탐색인 동시에 자아실현의 수단
② 역할 기대(Role Expectation) : 자기의 역할을 기대하고 감수하는 사람은 그 직업에 충실하다고 보는 것
③ 역할 조성(Role Shaping) : 여러 가지 역할 발생 시 그중의 어떤 역할 기대는 불응, 거부할 수 있으며 다른 역할을 해내기 위해 다른 일을 구할 때도 있다.
④ 역할 갈등(Role Conflict) : 작업 중 상반된 역할이 기대되는 경우가 있을 때 발생하는 갈등

SECTION 04 생체리듬과 피로

1 피로의 증상 및 대책

1. 피로의 개요

1) 정의

① 어느 정도 일정한 시간 작업활동을 계속하여 행하여진 신체 혹은 정신적 활동의 결과 작업능력의 감퇴 및 저하, 착오의 증가, 흥미상실, 권태 등이 일어나는 상태
② 정신적 또는 육체적 활동의 부산물로 체내에 누적되어 활동 능력을 둔화시킴으로써 사고의 원인이 되는 것

2) 피로의 분류

① 정신피로와 육체피로
㉠ 정신피로 : 정신적 긴장에 의한 중추 신경계의 피로
㉡ 육체피로 : 육체적으로 근육에서 일어나는 피로(신체피로)

② 급성피로와 만성피로
㉠ 급성피로 : 보통의 휴식에 의해 회복되는 것으로 정상피로 또는 건강피로라고도 한다.
㉡ 만성피로 : 오랜 기간에 의해 축적되어 일어나는 피로로서 휴식에 의해서 회복되지 않으며, 축적피로라고도 한다.

3) 피로의 3현상

현상	현상	대책
주관적 피로	① 피곤하다고 느끼는 자각증상 ② 지루함과 단조로움이 뒤따름	① 적성에 맞는 인사배치 ② 작업조건의 변화 ③ 물리적 작업환경의 변화
객관적 피로	① 생산의 양과 질의 저하를 지표로 한다. ② 생산 실적의 저하	충분한 휴식으로 실제적 효율을 높여야 한다.
생리적(기능적) 피로	① 작업능력 또는 생리적 기능의 저하 ② 생체의 기능 또는 물질의 변화를 검사 결과를 통해 추정한다.	즉시 충분한 휴식을 취하는 것이 좋다.

4) 피로의 3대 특징

① 능률의 저하
② 생체의 타각적인 기능의 변화
③ 피로의 자각 등의 변화 발생

5) 피로의 증상

신체적 증상 (생리적 현상)	① 작업에 대한 몸자세가 흐트러지고 지치게 된다. ② 작업에 대한 무감각, 무표정, 경련 등이 일어난다. ③ 작업효과나 작업량이 감퇴 및 저하한다.
정신적 증상 (심리적 현상)	① 주의력이 감소 또는 경감된다. ② 불쾌감이 증가된다. ③ 긴장감이 해지 또는 해소된다. ④ 권태, 태만해지고 관심 및 흥미감이 상실된다. ⑤ 졸음, 두통, 싫증, 짜증이 일어난다.

2. 피로의 예방 및 회복 대책

1) 작업에 수반되는 피로의 예방과 대책

① 정적 동작을 피할 것(동적 동작을 한다)
② 작업정도 및 작업속도를 적절하게 할 것
③ 작업부하를 작게 할 것
④ 운동시간을 적당히 할 것
⑤ 근로시간과 휴식을 적정하게 할 것
⑥ 충분한 영양을 섭취할 것
⑦ 온도 · 습도 등 작업환경을 개선할 것

2) 피로의 회복 대책

① 휴식과 수면을 취한다.(가장 좋은 방법이다)

② 충분한 영양(음식)을 섭취한다.
③ 산책 및 가벼운 체조를 한다.
④ 음악감상, 오락 등에 의해 기분을 전환한다.
⑤ 목욕, 마사지 등 물리적 요법을 행한다.

2 피로의 측정법

1. 피로의 측정방법

검사방법	검사항목		
생리적 방법	① 근력, 근활동 ② 반사역치	③ 대뇌피질 활동 ④ 호흡 순환 기능	⑤ 인지역치 ⑥ 혈색소 농도
심리학적 방법	① 동작분석 ② 연속반응시간 ③ 변별역치	④ 정신작업 ⑤ 피부(전위)저항 ⑥ 행동기록	⑦ 집중유지기능 ⑧ 전신 자각증상
생화학적 방법	① 혈색소 농도 ② 혈액수분, 혈단백	③ 응혈시간 ④ 혈액, 뇨전해질	⑤ 뇨단백, 뇨교질 배설량 ⑥ 부신피질 기능

2. 타각적 측정방법

플리커(Flicker)법	① 빛에 대한 눈의 깜박임을 살펴 정신피로의 척도로 사용하는 방법이다. ② 광원 앞에 사이가 벌어진 원판을 놓고 회전함으로써 눈에 들어오는 빛을 단속시켜 원판의 회전속도를 바꾸면 빛의 주기가 변한다. 이때 회전속도가 느리면 빛이 아른거리다가 빨라지면 융합되어 하나의 광점으로 보인다. 이러한 빛의 단속주기를 플리커치라고 한다.
연속색명 호칭법 (Color Naming Test)	여러 장의 색지를 읽게 해서 실수, 탈락횟수, 호칭시간 등을 측정

3 작업강도와 피로

1. 작업강도

1) 에너지 대사율(RMR : Relative Metabolic Rate)

① 작업의 강도는 인체의 에너지 대사율로서 측정될 수 있다.
② 에너지 대사율은 작업의 강도를 측정하는 방법으로 휴식시간과 밀접한 관련이 있다.
③ 에너지 대사율이 높을수록 힘든 작업이므로 작업강도에 따른 적정한 휴식시간의 증가가 필요하다.

$$\text{RMR} = \frac{\text{작업 시 소비에너지} - \text{안정 시 소비에너지}}{\text{기초대사량}} = \frac{\text{작업대사량}}{\text{기초대사량}}$$

2) RMR에 의한 작업강도단계

0~2RMR	경(輕)작업	사무작업, 감시작업, 정밀작업 등
2~4RMR	중(中)작업(보통)	손이나 발작업 동작, 속도가 적은 것
4~7RMR	중(重)작업(무거운)	일반적인 전신작업
7RMR 이상	초중(超重)작업(무거운)	과격한 작업(중노동)에 해당하는 전신작업

3) 작업강도에 영향을 미치는 요인

① 에너지 소비
② 작업속도
③ 작업대상 종류의 다소
④ 작업정밀도
⑤ 작업대상의 변화
⑥ 작업대상의 복잡성
⑦ 판단의 필요 정도
⑧ 계약의 성격
⑨ 작업자세
⑩ 위험성 정도
⑪ 주의집중 정도

2. 휴식시간의 산출

① 작업의 성질과 강도에 따라서 휴식시간이나 회수가 결정되어야 한다.
② 작업에 대한 평균에너지 값을 4kcal/분이라 할 경우 이 단계를 넘으면 휴식시간이 필요하다.

$$R = \frac{60(E-5)}{E-1.5}$$

여기서, R : 휴식시간(분)
E : 작업 시 평균 에너지 소비량(kcal/분)
60 : 총작업시간(분)
1.5kcal/분 : 휴식시간 중의 에너지 소비량

4 생체리듬

1. 생체리듬(Biorhythm)

사람의 혈압, 체온, 수분, 맥박, 혈액, 염분량 등은 24시간 일정하지 않으며, 시간 또는 주간과 야간에 따라 조금씩 변화한다.

2. 생체리듬의 종류 및 특징

종류	특징
육체적 리듬(P) (Physical Cycle)	① 건전한 활동기(11.5일)와 그렇치 못한 휴식기(11.5일)가 23일을 주기로 반복된다. ② 활동력, 소화력, 지구력, 식욕 등과 가장 관계가 깊다.
감성적 리듬(S) (Sensitivity Cycle)	① 예민한 기간(14일)과 그렇치 못한 둔한 기간(14일)이 28일을 주기로 반복된다. ② 주의력, 창조력, 예감 및 통찰력 등과 가장 관계가 깊다.
지성적 리듬(I) (Intellectual Cycle)	① 사고능력이 발휘되는 날(16.5일)과 그렇치 못한 날(16.5일)이 33일 주기로 반복된다. ② 판단력, 추리력, 상상력, 사고력, 기억력 등과 가장 관계가 깊다.

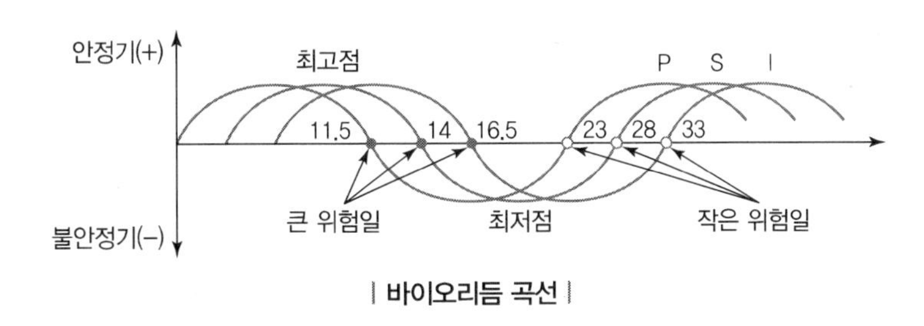

| 바이오리듬 곡선 |

3. 위험일

① 3개(PSI)의 리듬을 안정기(+)와 불안정기(−)를 교대로 반복하면서 사인(Sine)곡선을 그리며 반복되는 (+)에서 (−)로 또는 (−)에서 (+)로 변하는 지점을 영(Zero) 또는 위험일이라 하며, 한 달에 6일 정도 일어난다.

② 즉, 안정기(+)와 불안정기(−)의 교차점을 위험일이라 한다.

③ 위험일에는 평소보다 뇌졸중이 5.4배, 심장질환의 발작이 5.1배, 자살은 6.8배나 높게 나타난다고 한다.

4. 바이오리듬(Biorhythm)의 변화

① 혈액의 수분, 염분량 : 주간 감소, 야간 증가

② 체온, 혈압, 맥박수 : 주간 상승, 야간 감소

③ 야간에는 체중 감소, 소화분비액 불량, 말초신경기능 저하, 피로의 자각 증상이 증대된다.

④ 사고 발생률이 가장 높은 시간대

㉠ 24시간 업무 중 : 03~05시 사이

㉡ 주간 업무 중 : 오전 10~11시, 오후 15시~16시 사이

CHAPTER

05 안전보건교육의 내용 및 방법

SECTION 01 교육의 필요성과 목적

1 교육의 개념과 목적

1. 교육의 개요

1) 정의

교육이란 피교육자를 잠재 가능성으로부터 어떤 이상적인 상태(바람직한 상태)로 이끌어 가는 작용으로 잠재능력을 개발시키는 과정이다.

2) 교육의 목적

인간의 성장 발달을 효과적으로 도와줌으로써 이상적인(바람직한) 인간이 되도록 하는 것이 궁극적인 목적이다. 이를 위해 학습자, 교수, 교재 등 기타 환경 등의 요소들을 조작하여 인간 행동을 계획적이고 의도적으로 변화시키려고 하는 것이 교육이다.

2. 교육의 3요소

교육의 주체	① 형식적 교육 : 강사 ② 비형식적 교육 : 부모, 형, 선배, 사회지식인 등
교육의 객체	① 형식적 교육 : 수강자(학생) ② 비형식적 교육 : 자녀와 미성숙자 및 모든 학습대상자 등
교육의 매개체	① 교재(교육내용) ② 교육의 매개체인 교육내용은 학생의 성장 발달을 촉진하는 수단이므로 과거 기록이나 경험적인 요소를 포괄하고 있음

3. 교육과정의 5단계

2 학습지도 이론

1. 학습지도의 정의

교사가 학습과세를 가지고 학습현장에서 관련된 자극을 주어 학습자의 바람직한 행동 변화를 유도해가는 과정, 즉 학습자가 교육목적을 달성할 수 있도록 자극하고 도와주는 활동이다.

2. 학습지도의 원리

자발성의 원리	학습자의 내적 동기가 유발된 학습, 즉 학습자 자신이 자발적으로 학습에 참여하는 데 중점을 둔 원리
개별화의 원리	학습자가 지니고 있는 각자의 요구와 능력 등 개인차에 맞도록 지도해야 한다는 원리
사회화의 원리	학교에서 경험한 것과 사회에서 경험한 것을 교류시키고 함께하는 학습을 통하여 협력적이고 우호적인 학습을 진행하는 원리
통합의 원리	학습을 통합적인 전체로서 학습자의 모든 능력을 조화적으로 발달시키는 원리
직관의 원리	구체적인 사물을 직접 제시하거나 경험시킴으로써 큰 효과를 볼 수 있다는 원리

3. 안전보건교육의 기본적인 지도 원리(8원칙)

① 피교육자 중심 교육(상대방의 입장이 되어 가르칠 것)

② 동기부여를 중요하게

③ 쉬운 부분에서 어려운 부분으로 진행(쉬운 것에서 어려운 것으로 가르칠 것)

④ 반복에 의한 습관화 진행(중요한 것은 반복해서 가르칠 것)

⑤ 인상의 강화(강조하고 싶은 것)

㉠ 보조자료의 활용

㉡ 견학, 현장사진 제시

㉢ 중요 사항의 재강조

㉣ 사고사례의 제시

㉤ 속담, 격언과의 연결 및 암시

㉥ 토의과제 제시 및 의견 청취 등의 방법 채택

⑥ 5관(감각기관)의 활용

5관의 효과치		이해도	
시각효과	60%	귀	20%
청각효과	20%	눈	40%
촉각효과	15%	귀+눈	60%
미각효과	3%	입	80%
후각효과	2%	머리+손, 발	90%

⑦ 기능적인 이해

㉠ 작업표준의 교육

㉡ 교육 시 작업순서와 중요한 것을 강조하고 이해시킴

⑧ 한 번에 한 가지씩 교육(피교육자의 흡수능력을 고려)

4. 학습경험 선정의 원리

1) 학습경험의 개요

① 교육은 학습자가 겪는 학습경험, 즉 학습자와 그를 둘러싸고 있는 환경 속의 여러 외적 조건들 사이에서 벌어지는 상호작용을 통해 일어난다.

② 따라서 교육내용을 선정할 때에는 학습자에 대한 교육목표에 맞는 학습경험을 부여할 수 있도록 하여야 한다.

2) 학습경험 선정의 원리

기회의 원리	학습자에게 교육목표 달성에 필요한 학습경험을 할 수 있는 기회를 제공하는 것이어야 한다.
동기유발의 원리	학습자에게 동기유발이 될 수 있는 것이어야 한다.
만족의 원리	학습자에게 학습을 함에 있어서 만족감을 느낄 수 있는 경험이어야 한다.
가능성의 원리	학습자들의 현재 수준에서 경험이 가능한 것이어야 한다.
다활동의 원리 (일목표 다경험)	하나의 목표를 달성하기 위하여 여러 가지 학습경험을 할 수 있는 것이어야 한다.
다목적 달성의 원리	교육목표의 달성에 도움이 되고 전이효과가 높은 학습경험이 되어야 한다.

5. 학습의 전개 과정

① 학습의 주제를 간단한 것에서 복잡한 것으로 실시

② 학습의 주제를 과거에서 현재, 미래의 순으로 실시

③ 학습의 주제를 미리 알려져 있는 것에서 미지의 것으로 배열

④ 학습의 주제를 많이 사용하는 것에서 적게 사용하는 것 순으로 실시

⑤ 학습의 주제를 쉬운 것부터 어려운 것으로 실시

⑥ 학습의 주제를 전체적인 것에서 부분적인 것으로 실시

3 교육심리학의 이해

1. 교육심리학의 개요

1) 교육심리학의 정의

교육의 과정에서 일어나는 여러 문제를 심리학적 측면에서 연구하여 원리를 정립하고 그 방법을 제시함으로써 교육의 효과를 극대화하려는 학문이 교육심리학이다.

2) 교육심리학의 연구방법

관찰법	① 자연관찰법 : 현재 있는 상태에서 변인을 조작하지 않고 관찰하는 방법 ② 실험적 관찰법 : 사전에 미리 대상, 목적, 방법 등을 계획하고, 변인을 조작하여 관찰하는 방법
실험법	관찰하려는 대상을 교육목적에 맞도록 인위적으로 조작하여 나타나는 현상을 관찰하는 방법
질문지법	연구하고자 하는 내용이나 대상을 문항으로 작성한 설문지를 통해 알아보는 방법
면접법	연구자와 연구대상자가 직접 만나서 내적인 감정, 사고, 가치관, 심리상태 등을 파악하는 방법
평정법	대상자의 행동특성에 대한 결과를 조직적이고 객관적으로 수집하는 방법
투사법	다양한 종류의 상황을 가정하거나 상상하여 대상자의 성격을 측정하는 방법
사례연구법	대상자에 관한 여러 가지 종류의 사례를 조사하여 문제의 원인을 진단하고 적절한 해결책을 모색하는 방법

2. 학습이론

1) 행동주의 학습이론(S－R 이론)

① 학습을 자극(Stimulus)에 의한 반응(Response)으로 보는 이론

② 유기체에 자극을 주면 반응함으로써 새로운 행동이 발달된다는 행동발달 원리

종류	내용	실험	학습의 원리
조건반사설 (Pavlov)	일정한 훈련을 받으면 동일한 반응이나 새로운 행동의 변용을 가져올 수 있다.	개의 소화작용에 대한 생리학적 문제 연구(타액 반응 실험) ① 음식 → 타액 : 조건형성 전 ② 종 → 반응 없음 : 조건형성 전 ③ 음식+종 → 타액 : 조건형성 중 ④ 종 → 타액 : 조건형성 후	① 강도의 원리 ② 일관성의 원리 ③ 시간의 원리 ④ 계속성의 원리
시행착오설 (Thorndike)	맹목적 시행을 반복하는 가운데 자극과 반응이 결합하여 행동하는 것(성공한 행동은 각인되고 실패한 행동은 배제)	문제상자 속에 고양이를 가두고 밖에 생선을 두어 탈출하게 함(반복될수록 무작위 동작이나 소요 시간 감소)	① 효과의 법칙 ② 준비성의 법칙 ③ 연습의 법칙
조작적 조건형성이론 (Skinner)	어떤 반응에 대해 체계적이고 선택적으로 강화를 주어 그 반응이 반복해서 일어날 확률을 증가시키는 것	스키너 상자 속에 쥐를 넣어 쥐의 행동에 따라 음식물이 떨어지게 한다.	① 강화의 원리 ② 소거의 원리 ③ 조형의 원리 ④ 자발적 회복의 원리 ⑤ 변별의 원리

2) 인지주의 학습이론(형태이론)

학습은 S－R의 연합으로 이루어지는 것이 아니라, 통찰에 의해 전체적인 관계를 파악함으로써 이루어지며, 학습은 행동의 변화가 아니라 인지구조의 변화이다.

종류	내용	실험	학습의 원리
통찰설 (Köhler)	학습은 반복을 필요로 하지 않는 통찰에 의해 전체적인 관계를 파악함으로써 이루어진다.	우리 안의 침팬지 앞에 여러 개의 막대기가 있고 우리 밖에는 과일바구니가 있음 → 막대기를 이용하여 과일바구니를 잡아당김	① 문제해결은 갑자기 일어나며 완전하다. ② 통찰에 의한 수단은 원활하고 오류가 없다. ③ 통찰에 의한 문제해결은 상당기간 유지된다. ④ 통찰에 의한 원리는 쉽게 다른 문제에 적용된다.
장이론 (Lewin)	개인의 심리학적 장이나 생활공간에서 동시에 작용하는 힘이 심리학적 행동에 영향을 미친다.		학습은 개체와 환경과의 함수관계로서 장에서의 인지의 구조화와 재구조화 과정이다.
기호형태설 (Tolman)	학습자의 머리 속에 인지적 지도 같은 인지구조를 바탕으로 학습하려는 것		① 동기형성의 법칙 ② 강조의 법칙 ③ 분열의 법칙 ④ 능력의 법칙 ⑤ 학습자료의 성질에 관한 법칙 ⑥ 제시방법에 관한 법칙

3. 학습조건

1) 학습의 성립 과정

① 5단계론

② 3단계론

2) 기억

① 기억의 개념

학습으로 경험한 사실 및 내용을 저장, 보존했다가 다음의 경험에 영향을 미치게 하는 활동작용

② 기억의 과정

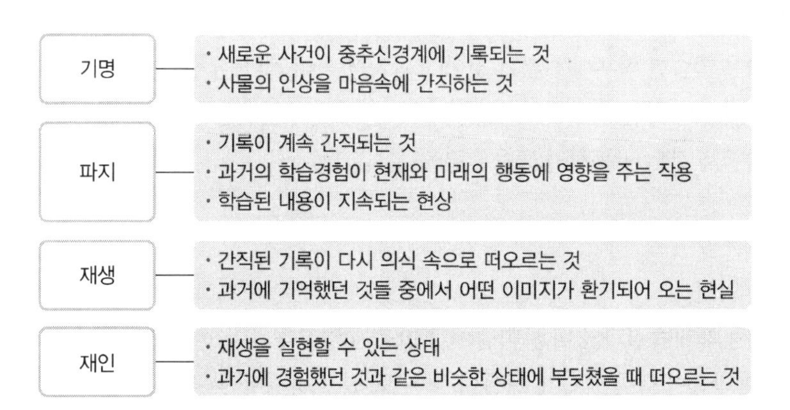

3) 망각

① 망각의 개념

경험한 내용이나 학습된 내용을 다시 생각하여 작업에 적용하지 아니하고 방치함으로써 경험의 내용이나 인상이 약해지거나 소멸되는 현상

② 에빙하우스(H. Ebbinghaus)의 망각곡선 이론

㉠ 파지와 시간경과에 따른 망각률을 나타내는 결과를 도표로 표시한 것을 망각곡선이라 한다.

㉡ 기억률의 공식

$$기억률 = \frac{최초\ 기억에\ 소요된\ 시간 - 그\ 후에\ 기억에\ 소요된\ 시간}{최초\ 기억에\ 소요된시간} \times 100$$

㉢ 기억한 내용은 급속하게 잊어버리게 되지만 시간의 경과와 함께 잊어버리는 비율은 완만해진다.(오래되지 않은 기억은 잊어버리기 쉽고 오래된 기억은 잊어버리기 어렵다)

㉣ 망각을 방지하기 위해서는 반복적인 교육훈련의 실시가 매우 중요하다.

㉤ 일정한 간격을 두고 복습하면 장기 기억 지속에 도움이 된다.

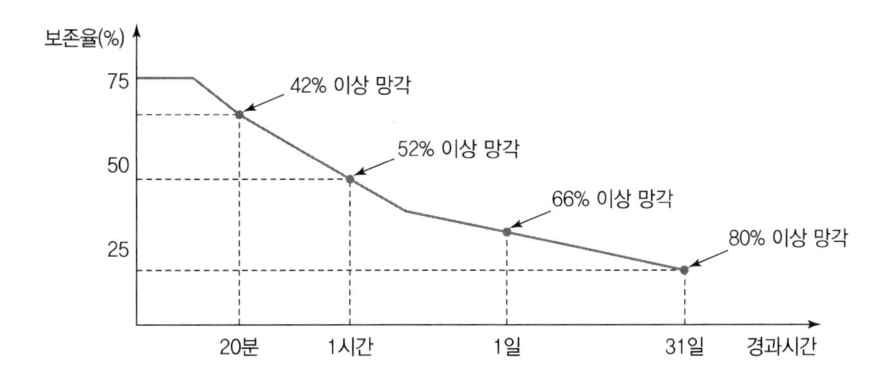

③ 망각의 방지법(파지를 유지하기 위한 방법)
㉠ 적절한 지도계획을 수립하여 연습을 한다.
㉡ 연습은 학습한 직후에 시키는 것이 효과가 있으며, 일정한 간격을 두고 때때로 연습을 시킨다.
㉢ 학습자료는 학습자에게 의미를 알도록 질서 있게 학습을 시킨다.
㉣ 학습 직후부터 반복적인 교육훈련을 실시한다.

4) 학습의 전이

① 전이의 의의
어떤 내용의 학습결과가 다른 학습이나 반응에 영향을 주는 현상으로 학습효과의 전이라고도 한다.(선행학습이 다른 학습에 도움이 될 수도 있고 방해가 될 수도 있는 현상)

② 전이의 종류

적극적 전이 (Positive Transfer)	선행(이전)학습이 후속(이후)학습에 촉진적, 진취적인 효과를 주는 것
소극적 전이 (Negative Transfer)	선행(이전)학습이 후속(이후)학습에 방해가 되고 학습능률을 감퇴시키는 것

③ 학습전이의 조건(영향요소)
㉠ 학습의 정도
㉡ 학습의 방법
㉢ 학습자의 태도
㉣ 과거의 경험
㉤ 학습자료의 유사성
㉥ 학습자료의 제시방법
㉦ 학습자의 지능요인
㉧ 시간적 간격의 요인 등

④ 먼저 실시한 학습이 뒤의 학습을 방해하는 조건
㉠ 앞의 학습이 불완전한 경우
㉡ 뒤의 학습을 앞의 학습 직후에 실시하는 경우
㉢ 앞의 학습내용을 재생(再生)하기 직전에 실시하는 경우
㉣ 앞뒤의 학습내용이 비슷한 경우

4. 적응기제

1) 적응과 적응기제의 의의

① 적응 : 개인과 환경의 관계에서 상호 교섭적이며, 역학적인 성격을 띤 것으로 사회의 요구나 문제에 당면해서 그것을 적극적으로 해결하려는 고도의 조화된 발전을 창조하는 과정, 즉 개인이 자기 자신이나 환경에 대해서 만족한 관계를 갖는 것을 말한다.
② 적응기제(適應機制) : 욕구불만이나 갈등을 합리적으로 해결해 나갈 수 없을 때 욕구충족을 위하여 비합리적인 방법을 취하는 것을 적응기제라고 한다.

2) 대표적인 적응기제

① **억압** : 현실적으로 받아들이기 곤란한 충동이나 욕망(사회적으로 승인되지 않는 성적 욕구, 공격적 욕구, 감정) 등을 무의식적으로 억누르는 것

예 사업에 실패한 후 모든 것을 술로 잊으려는 것

② **공격** : 욕구를 저지하거나 방해하는 장애물에 대하여 공격(욕설, 비난, 야유 등)하는 것

③ **반동 형성** : 억압된 욕구나 충동에 대처하기 위해 정반대의 행동을 하는 것

예 미운 놈 떡 하나 더 주기

④ **도피** : 도피하려는 심리작용

예 두통이나 복통 등을 구실 삼아 작업현장에서 도피

⑤ **고립** : 현실도피의 행위이며 실패를 자기의 내부로 돌리는 유형

예 키가 작은 사람이 키가 큰 친구들과 사진을 같이 찍으려 하지 않는 것

⑥ **퇴행** : 현실의 어려움을 이겨내지 못하고 어린 시절로 되돌아가고자 하는 행위

예 여동생이나 남동생을 얻게 되면서 손가락을 빠는 것과 같이 어린 시절의 버릇을 나타내는 것

⑦ **승화** : 억압당한 욕구가 사회적 · 문화적으로 가치 있는 목적으로 향하여 노력함으로써 욕구를 충족하는 행위

예 성적 욕구 및 공격적 행동 등이 예술, 스포츠 등으로 전환되는 것

⑧ **투사** : 자기 마음속의 억압된 것을 다른 사람의 것으로 생각하는 것

예 자신이 미워하는 대상에 대해서, 그 사람이 자신을 미워한다고 생각하는 것

⑨ **합리화**

㉠ 자신의 난처한 입장이나 실패의 결점을 이유나 변명으로 일관하는 것

㉡ 실제의 행위나 상태보다 훌륭하게 평가되기 위하여 구실을 내세우는 행위

예 시합에 진 운동선수가 컨디션이 좋지 않았다고 하는 것

⑩ **보상** : 자신의 결함과 무능에 의해 생긴 열등감을 다른 것으로 대치하여 욕구를 충족하려는 행위

예 공부 못하는 학생이 운동을 열심히 하는 것, 결혼에 실패한 사람이 고아들에게 정열을 쏟는 것

⑪ **동일화** : 다른 사람의 행동양식이나 태도를 투입하거나 다른 사람 가운데서 자기와 비슷한 것을 발견하게 되는 것

예 동창생을 자랑하거나 우쭐대는 것, 아버지의 성공을 자신의 성공인 것처럼 자랑하며 거만한 태도를 보이는 것

⑫ **백일몽** : 현실적으로 충족시킬 수 없는 욕구를 공상의 세계에서 충족시키려는 도피의 한 행위

예 백만장자가 되려는 헛된 꿈, 공부를 못하는 학생이 유명대학에 수석 합격하여 소감을 발표하는 상황을 생각하는 것 등

⑬ **망상형** : 원하는 일이 마음대로 되지 않을 때 허구적인 방법으로 자신을 합리화시키는 행위

예 축구선수가 꿈인 학생이 감독선생님이 실력을 인정해 주지 않는 것을 자신이 훌륭한 감독이 되는 것을 지금의 감독선생님이 두려워하여 자신을 인정하지 않는다고 생각하는 행위

3) 적응기제의 기본유형

구분	공격적 기제(행동)	도피적 기제(행동)	방어적(절충적) 기제(행동)
개념	욕구 불만에 대한 반항이나 자기를 괴롭히는 대상에 대하여 적극적이고 능동적으로 적대시하는 감정이나 태도를 취하는 행위	욕구 불만에 의한 긴장이나 압박으로부터 벗어나 비합리적인 행동으로 공상에 도피하고 현실세계에서 벗어나 안정을 얻으려는 기제	자신의 약점이나 무능력, 열등감을 위장하여 유리하게 보호함으로써 안정감을 찾으려는 기제
유형	① 직접적 공격 기제 : 폭행, 싸움, 기물 파손 등 ② 간접적 공격 기제 : 비난, 폭언, 욕설 등	① 백일몽 ② 퇴행 ③ 억압 ④ 반동 형성 ⑤ 고립 등	① 승화 ② 보상 ③ 합리화 ④ 투사 ⑤ 동일화 등

SECTION 02 교육방법

1 교육훈련기법

1. 기본교육 훈련방식

① 지식형성 : 제시방식
② 기능숙련 : 실습방식
③ 태도개발 : 참가방식

2. 기능(기술)교육의 진행방법(학습지도법)

1) 하버드 학파의 5단계 교수법

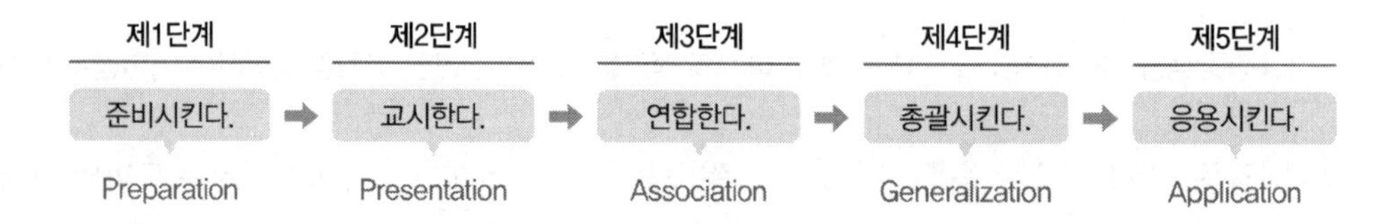

2) 존 듀이(J. Dewey)의 사고 과정 5단계

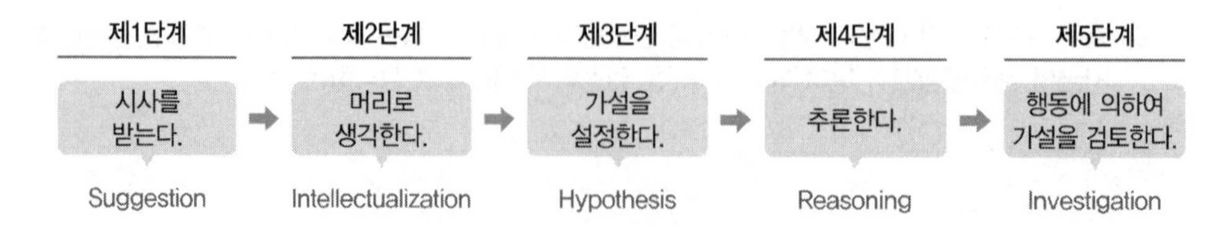

3) 교시법의 4단계

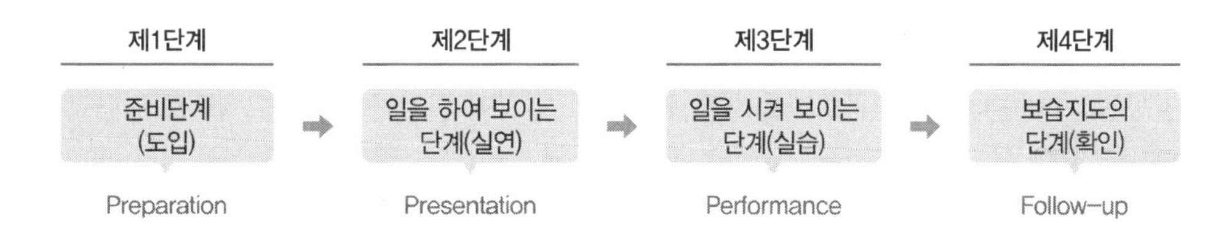

2 안전보건교육방법

1. 수업단계별 최적의 수업방법

도입단계	강의법, 시범법
전개, 정리단계	반복법, 토의법, 실연법
정리단계	자율 학습법
도입, 전개, 정리단계	프로그램학습법, 학생상호학습법, 모의학습법

2. 교육장소에 따른 교육방법

O.J.T(현장개인지도) (On the Job Training)	현장에서의 개인에 대한 직속상사의 개별교육 및 지도
OFF J.T(집합교육) (Off the Job Training)	계층별 또는 직능별(공통대상) 집합교육

3. O.J.T(On the Job Training)

1) O.J.T(On the Job Training)의 정의

현장에서 직속상사가 부하직원에 대해서 일상 업무를 통하여 지식, 기능, 태도 및 문제해결능력 등을 교육하는 방법으로 개별교육 및 추가지도에 적합한 교육형태

2) O.J.T(On the Job Training)의 특징

① 직장의 실정에 맞는 구체적이고 실제적인 지도 교육이 가능하다.
② 개개인에게 적절한 지도 훈련이 가능하다.(개인의 능력과 적성에 알맞은 맞춤교육이 가능하다)
③ 훈련 효과에 의해 상호 신뢰 이해도가 높아진다.(상사와의 의사 소통 및 신뢰도 향상에 도움이 된다)
④ 교육의 효과가 업무에 신속하게 반영된다.
⑤ 교육의 이해도가 빠르고 동기부여가 쉽다.
⑥ 교육으로 인해 업무가 중단되는 업무손실이 적다.
⑦ 교육경비의 절감효과가 있다.

4. OFF.J.T(Off the Job Training)

1) OFF.J.T(Off the Job Training)의 정의

공통된 교육목적을 가진 근로자를 현장 외의 장소에 모아 실시하는 집체교육으로 집단교육에 적합한 교육형태

2) OFF.J.T(Off the Job Training)의 특징

① 외부의 전문가를 활용할 수 있다.(전문가를 초빙하여 강사로 활용이 가능하다)
② 다수의 대상자에게 조직적 훈련이 가능하다.
③ 특별교재, 교구, 시설을 유효하게 사용할 수 있다.
④ 타 직종 사람과 많은 지식, 경험을 교류할 수 있다.
⑤ 업무와 분리되어 교육에 전념하는 것이 가능하다.
⑥ 교육목표를 위하여 집단적으로 협조와 협력이 가능하다.
⑦ 법규, 원리, 원칙, 개념, 이론 등의 교육에 적합하다.

5. TWI(Training Within Industry)

① **교육대상자** : 제일선 관리감독자

② **관리감독자의 구비조건**
㉠ 직무에 관한 지식
㉡ 직책의 지식
㉢ 작업을 가르치는 능력
㉣ 작업의 방법을 개선하는 기능
㉤ 사람을 다스리는 기능

③ **진행방법** : 토의식과 실연법 중심으로

④ **교육과정**
㉠ Job Method Training(JMT) : 작업방법훈련, 작업개선훈련
㉡ Job Instruction Training(JIT) : 작업지도훈련
㉢ Job Relations Training(JRT) : 인간관계훈련, 부하통솔법
㉣ Job Safety Training(JST) : 작업안전훈련

⑤ **교육시간** : 10시간(1일 2시간씩 5일), 한 그룹에 10명 내외

6. MTP(Management Training Program)

① **교육대상자** : TWI보다 약간 높은 관리자(관리 문제에 치중하는 관리자)

② **교육내용**

㉠ 관리의 기능
㉡ 조직의 원칙
㉢ 조직의 운영
㉣ 시간 관리
㉤ 학습의 원칙과 부하지도법
㉥ 훈련의 관리
㉦ 신입사원을 맞이하는 방법
㉧ 회의의 주관
㉨ 작업의 개선
㉩ 안전한 작업
㉪ 과업관리
㉫ 사기 앙양 등

③ **교육시간** : 40시간(2시간씩 20회), 한 그룹에 10～15명

7. ATT(American Telephone & Telegram Co.)

① **교육대상자** : 교육대상이 한정되어 있지 않고, 한 번 훈련을 받은 관리자는 그 부하인 감독자에 대해 지도원이 될 수 있다.

② **진행방법** : 토의식

③ **교육내용**

㉠ 계획적인 감독
㉡ 인원배치 및 작업의 계획
㉢ 작업의 감독
㉣ 공구와 자료의 보고 및 기록
㉤ 개인작업의 개선
㉥ 인사관계
㉦ 종업원의 기술향상
㉧ 훈련
㉨ 안전 등

④ **교육시간**

㉠ 1차 과정 : 1일 8시간씩 2주간
㉡ 2차 과정 : 문제 발생 시

8. CCS(Civil Communication Section)

① **교육대상자** : 당초에는 일부 회사의 최고 관리자에 대해서만 행하였던 것이 널리 보급된 것

② **진행방법** : 강의법에 토의법이 가미된 학습법

③ **교육내용**

㉠ 정책의 수립
㉡ 조직(조직형태, 구조, 경영부분 등)
㉢ 통제(품질관리, 조직통제의 적용, 원가통제의 적용 등)
㉣ 운영(협조에 의한 회사운영, 운영조직 등)

④ **교육시간** : 매주 4일 4시간씩 8주간(총 128시간)

3 학습목적의 3요소

1. 학습목적

학습목적은 반드시 명확하고 간결하여야 하며, 수강자들의 지식 · 경험 · 능력 · 배경 · 요구 · 태도 등에 유의하여야 하고, 한정된 시간 내에 강의를 끝낼 수 있도록 작성하여야 한다.

1) 학습목적의 3요소

목표(Goal)	학습목적의 핵심, 학습을 통하여 달성하려는 지표
주제(Subject)	목표달성을 위한 테마
학습정도(Level of Learning)	주제를 학습시킬 범위와 내용의 정도

2) 학습정도(Level of Learning)의 4단계

단계	내용
인지 (to aquaint)	① ~을 인지하여야 한다. ② 정서적 반응을 테마로 하는 과목의 학습정도에 적합
지각 (to know)	① ~을 알아야 한다. ② 지식의 습득을 위한 과목의 학습정도에 적합
이해 (to understand)	① ~을 이해하여야 한다. ② 개념이나 사상의 이론과 배경, 상관관계, 인과관계, 비교, 결론 등에 관한 과목의 학습에 적합 ③ 강의식 교육에 많이 적용
적용 (to apply)	① ~을 ~에 적용할 줄 알아야 한다. ② 개념이나 원리를 실생활에 이용하는 단계로서 학습의 가장 높은 단계 ③ 신체적 행동, 학습, 기술, 기능에 관한 훈련, 기타 실습을 요하는 학습에 적합

2. 학습성과

1) 학습성과의 개요

학습목적을 세분하여 구체적으로 결정한 것이다.

① 학습성과의 설정에는 반드시 주제와 학습정도가 포함될 것
② 학습목적에 적합하고 타당할 것
③ 구체적으로 서술할 것
④ 수강자의 입장에서 기술할 것

2) 학습성과의 순서 3단계

제1단계		제2단계		제3단계
도입	➡	전개	➡	종결

4 교육방법의 4단계

1. 교육방법의 4단계

단계		내용
제1단계	도입 (준비)	① 학습할 준비를 시킨다. ② 작업에 대한 흥미를 갖게 한다. ③ 학습자의 동기부여 및 마음의 안정
제2단계	제시 (설명)	① 작업을 설명한다. ② 한 번에 하나하나씩 나누어 확실하게 이해시켜야 한다. ③ 강의순서대로 진행하고 설명, 교재를 통해 듣고 말하는 단계
제3단계	적용 (응용)	① 작업을 시켜본다. ② 상호 학습 및 토의 등으로 이해력을 향상시킨다. ③ 자율학습을 통해 배운 것을 학습한다. ④ 안전교육 시 직접 작업하고, 동작함으로써 학습하는 단계 ⑤ 지식을 실제의 상황에 맞추어 문제를 해결해 보고 그 수법을 이해시키는 단계
제4단계	확인 (평가)	① 가르친 뒤 살펴본다. ② 잘못된 것을 수정한다. ③ 요점을 정리하여 복습한다.

2. 단계별 시간 배분(단위시간 1시간일 경우)

구분	도입	제시	적용	확인
강의식	5분	40분	10분	5분
토의식	5분	10분	40분	5분

5 교육훈련의 평가방법

1. 교육훈련의 평가 목적

교육훈련이나 학습과정에 최대한의 도움을 줌으로써 학습을 극대화시켜 성적에서의 개인차를 줄이고 개인의 능력개발을 극대화시키는 것이다.

2. 평가방법의 종류

① 관찰법
② 평점법
③ 면접법
④ 자료분석법
⑤ 실험비교법
⑥ 검정시험법
⑦ 상호 평가법

3. 교육훈련 평가의 4단계

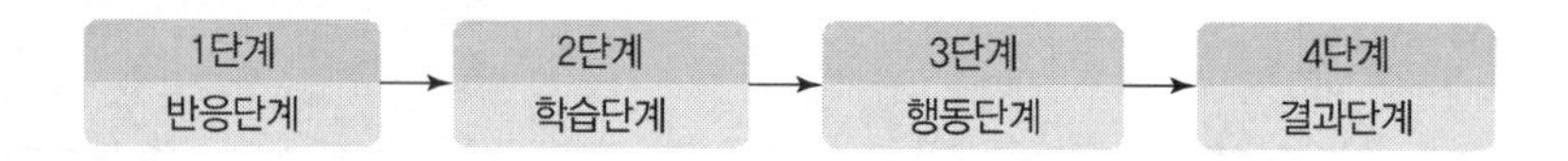

반응단계	훈련을 어떻게 생각하고 있는가?
학습단계	어떠한 원칙과 사실 및 기술 등을 배웠는가?
행동단계	교육훈련을 통해 직무 수행상 어떤 행동의 변화를 가져왔는가?
결과단계	교육훈련을 통해 비용의 절감, 품질개선, 안전관리 등에 어떤 결과를 가져왔는가?

4. 교육훈련의 평가방법

구분	관찰법			Test법		
	관찰	면접	노트	질문	시험	테스트
지식교육	보통	보통	불량	보통	우수	우수
기능교육	보통	불량	우수	불량	불량	우수
태도교육	우수	우수	불량	보통	보통	불량

5. 학습평가 도구의 기준

타당도	측정하고자 하는 본래의 목적과 일치할 것
신뢰도	누가 측정하든 몇 번을 측정하든 결과가 같을 것
객관도	측정 결과에 대해 누가 봐도 일치된 의견이 나올 수 있을 것
실용도	평가도구는 사용에 편리하고 쉽게 적용시킬 수 있을 것

SECTION 03 교육실시 방법

1 강의법

1. 강의법(Lecture Method)의 정의

교사가 일방적으로 학습자에게 정보를 제공하는 교사 중심적 형태의 교육방법으로 한 단원의 도입단계나 초보적인 단계에 대해서는 극히 효과가 큰 교육방법(일방적 의사전달 방법)

2. 강의법의 장단점

1) 장점

① 한 번에 많은 사람이 지식을 부여받는다.(최적인원 40~50명)
② 시간의 계획과 통제가 용이하다.
③ 체계적으로 교육할 수 있다.
④ 준비가 간단하고 어디에서도 가능하다.
⑤ 수업의 도입이나 초기 단계에 적용하는 것이 효과적이다.

2) 단점

① 가르치는 방법이 일방적 · 기계적 · 획일적이다.
② 참가자는 대개 수동적 입장이며 참여가 제약된다.
③ 암기에 빠지기 쉽고, 현실에서 필요한 개념이 형성되기 어렵다.

2 토의법

1. 토의법(Group Discussion Method)의 정의

다양한 과제와 문제에 대해 학습자 상호 간에 솔직하게 의견을 내어 공통의 이해를 꾀하면서 그룹의 결론을 도출해가는 것으로 안전지식과 관리에 대한 유경험자에게 적합한 교육방법(쌍방적 의사전달방법)

2. 토의법의 특징

① 쌍방적 의사전달방법으로 최적인원은 10~20명 정도
② 기본적인 지식과 경험을 가진 자에 대한 교육이다.
③ 실제적인 활동과 직접경험의 기회를 제공하는 자발적인 학습의욕을 높이는 방법
④ 태도와 행동의 변용이 쉽고 용이하다.

3. 토의법의 장단점

1) 장점

① 사고표현력을 길러준다.
② 결정된 사항에 따르도록 한다.
③ 자기 스스로 사고하는 능력을 길러준다.
④ 민주적 태도의 가치관을 육성할 수 있다.
⑤ 타인의 의견을 존중하는 태도를 기를 수 있다.

2) 단점

① 토의 내용에 대한 충분한 사전 준비가 필요하다.
② 교육에 시간이 너무 많이 소요된다.
③ 예측하지 못한 상황이 발생할 수 있다.
④ 소수에 의해 토론이 주도될 경우 나머지 학습자는 소외되거나 무관심한 상태에 빠지기 쉽다.

4. 토의법의 종류

1) 자유토의법

참가자가 주어진 주제에 대하여 자유로운 발표와 토의를 통하여 서로의 의견을 교환하고 상호이해력을 높이며 의견을 절충해 나가는 방법

2) 패널 디스커션(Panel Discussion)

전문가 4~5명이 피교육자 앞에서 자유로이 토의를 하고, 그 후에 피교육자 전원이 사회자의 사회에 따라 토의하는 방법

3) 심포지엄(Symposium)

발제자 없이 몇 사람의 전문가에 의하여 과제에 관한 견해를 발표한 뒤에 참가자로 하여금 의견이나 질문을 하게 하여 토의하는 방법

4) 포럼(Forum)

① 사회자의 진행으로 몇 사람이 주제에 대하여 발표한 후 피교육자가 질문을 하고 토론해 나가는 방법
② 새로운 자료나 주제를 내보이거나 발표한 후 피교육자로 하여금 문제나 의견을 제시하게 하고 다시 깊이 있게 토론해 나가는 방법

5) 버즈 세션(Buzz Session)

6－6 회의라고도 하며, 참가자가 다수인 경우에 전원을 토의에 참가시키기 위한 방법으로 소집단을 구성하여 회의를 진행시키는 방법

5. 토의법을 응용한 교육방법

구분	역할연기법(Role Playing)	사례연구법(Case Method)
정의	참석자에게 일정한 역할을 주어 실제적으로 연기를 시켜봄으로써 자기의 역할을 보다 확실히 인식시키는 방법	어떤 상황의 판단능력과 사실의 분석 및 문제의 해결 능력을 키우기 위하여 먼저 사례를 조사하고, 문제적 사실들과 그의 상호 관계에 대하여 검토하고, 대책을 토의하도록 하는 방법
장점	① 흥미를 갖고 문제에 적극적으로 참가한다. ② 통찰능력을 높임으로써 감수성이 향상된다. ③ 각자의 장점과 단점을 알 수 있다. ④ 자기태도의 반성과 창조성이 생기고 사고력 및 표현력이 향상된다.	① 흥미가 있고, 학습동기를 유발할 수 있다. ② 현실적인 문제의 학습이 가능하다. ③ 관찰력과 분석력을 높일 수 있다. ④ 판단력과 응용력의 향상이 가능하다.
단점	① 목적이 불명확하고 철저한 계획이 없으면 학습에 연계되지 않는다. ② 다른 방법과 병용하지 않으면 효율성이 저하된다. ③ 높은 수준의 의사결정에 대한 훈련을 하는 데는 효과가 미비하다.	① 원칙과 규정의 체계적인 습득이 곤란하다. ② 적절한 사례의 확보 곤란 및 진행방법에 대한 연구가 필요하다. ③ 학습의 진보를 측정하기 어렵다.

3 실연법

1. 실연법(Performance Method)의 정의

학습자가 이미 설명을 듣거나 시범을 보고 알게 된 지식이나 기능을 강사의 감독 아래 직접적으로 연습해 적용해 보게 하는 교육방법

2. 실연법의 장단점

1) 장점

① 수업의 중간이나 마지막 단계에 적용이 가능하다.
② 학교수업이나 직업훈련의 특수분야에 적용이 가능하다.
③ 직업이나 특수기능훈련 시 실제와 유사한 상태에서 연습이 필요할 경우에도 가능하다.

2) 단점

① 특수시설이나 설비가 요구되며, 유지비가 많이 든다.
② 시간의 소비량이 지극히 많다.
③ 다른 방법보다 교사 대 수강자 수의 비율이 높아진다.

4 프로그램학습법

1. 프로그램학습법(Programmed Self－instruction Method)의 정의

학생이 자기 학습속도에 따른 학습이 허용되어 있는 상태에서 학습자가 프로그램 자료를 가지고 단독으로 학습하도록 하는 교육방법

2. 프로그램학습법의 장단점

1) 장점

① 수업의 모든 단계에서 적용이 가능하다.
② 수강자들이 학습이 가능한 시간대의 폭이 넓다.
③ 개인차가 최대한 조절되어야 할 경우에도 가능하다.(지능, 학습속도 등 개인차를 충분히 고려할 수 있다)
④ 학습자의 학습과정을 쉽게 알 수 있다.
⑤ 매 반응마다 피드백이 주어지기 때문에 학습자가 흥미를 가질 수 있다.

2) 단점

① 교육내용이 고정화되어 있다.
② 학습에 많은 시간이 걸린다.
③ 집단사고의 기회가 없어 학생들의 사회성이 결여되기 쉽다.
④ 한번 개발된 프로그램 자료는 개조하기 어렵다.
⑤ 항상 새로운 프로그램의 개발에 노력해야 하므로 개발비가 높다.
⑥ 학습자가 단독으로 학습하는 방법으로 리더의 지도기술을 요하지 않는다.

5 모의법

1. 모의법(Simulation Method)의 정의

실제의 장면이나 상태와 극히 유사한 상황을 인위적으로 만들어 그 속에서 학습하도록 하는 교육방법

2. 모의법의 장단점

1) 장점

① 수업의 모든 단계에서 적용이 가능하다.
② 실제 상황에서 위험성이 따를 경우에도 적용이 가능하다.
③ 학교수업, 직업훈련 및 어떤 분야에도 가능하다.

2) 단점

① 단위교육비가 비싸고 시간의 소비가 많다.
② 시설의 유지비가 높다.
③ 다른 방법에 비하여 학생 대 교사의 비가 높다.

6 시청각교육법 등

1. 시청각교육법의 정의

교육의 효과를 올리기 위해 학습과정을 충분히 이해하고 거기에 시청각교재(TV, 비디오, 슬라이드, 사진, 그림, 도표 등)를 최대한 활용한 교육방법으로 교육 대상자 수가 많고, 교육 대상자의 학습능력의 차이가 큰 경우 집단 교육방법으로 가장 효과적인 방법

2. 필요성

① 교수의 효율성을 높일 수 있다.
② 대규모 인원에 대한 대량 수업체제가 확립될 수 있다.
③ 교수의 개인차에서 오는 교수의 평준화를 기할 수 있다.
④ 사물에 대한 정확한 이해는 건전한 사고력을 유발하고 바람직한 태도 형성에 도움이 된다.
⑤ 지식 팽창에 따른 교재의 구조화를 기할 수 있다.

3. 기타 교육법

1) 시범(Demonstration Method)

① 어떤 기능이나 작업과정을 학습시키기 위해 필요로 하는 분명한 동작을 제시하는 교육방법
② 고압가스 취급책임자들에게 이와 관련된 기능이나 작업과정을 학습시키기 위해 필요로 하는 안전교육의 실시방법 중 가장 적당한 교육방법이다.

2) 구안법(Project Method)

① 학습자가 마음속에 생각하고 있는 것을 외부에 구체적으로 실현하고 형상화하기 위하여 학습자 스스로가 계획을 세워 수행하는 학습활동으로 이루어지는 교육방법

② 구안법의 4단계

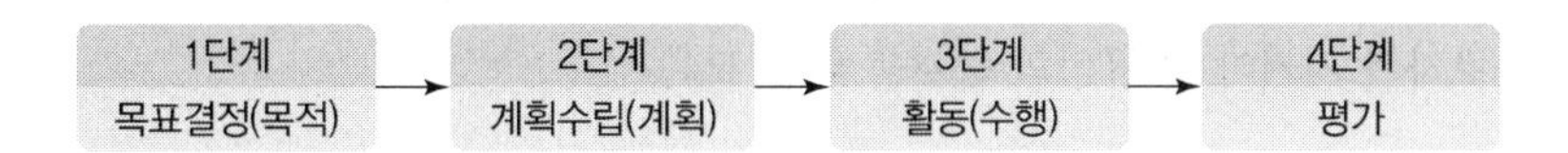

SECTION 04 안전보건교육계획 수립 및 실시

1 안전보건교육의 기본방향

1. 안전보건교육의 기본방향

사고사례 중심의 안전교육	이미 발생한 사고사례를 중심으로 동일하거나 유사한 사고를 방지하기 위하여 직접적인 원인에 대한 치료방법으로서의 교육
안전표준작업을 위한 안전교육	표준동작이나 표준작업을 위한 가장 기본이 되는 안전교육으로 체계적 · 조직적인 교육 실시가 요구된다.
안전의식 향상을 위한 안전교육	모든 기계 · 기구 설비제품에 대한 설계에서부터 사용에 이르기까지 교육으로만 끝나지 않고 추후지도로 교육의 지속성 유지 및 안전의식의 개발이 필요하다.

2. 안전보건교육의 목적

① 의식의 안전화(정신의 안전화)
② 행동(동작)의 안전화
③ 환경의 안전화
④ 설비와 물자의 안전화

2 안전보건교육의 단계별 교육과정

1. 안전보건교육의 3단계

2. 단계별 교육과정

1) 지식교육

① 의의
㉠ 강의, 시청각교육을 통한 지식의 전달과 이해
㉡ 근로자가 지켜야 할 규정의 숙지를 위한 교육

② 지식교육의 단계(지도기법)

도입(준비) → 제시(설명) → 적용(응용) → 확인(종합, 총괄)

③ 교육내용
㉠ 안전의식의 향상
㉡ 안전의 책임감을 주입
㉢ 기능, 태도, 교육에 필요한 기초지식의 주입
㉣ 근로자가 지켜야 할 안전규정의 숙지
㉤ 공정 속에 잠재된 위험요소를 이해시킴

④ 특징
㉠ 다수 인원에 대한 교육 가능
㉡ 광범위한 지식의 전달 가능
㉢ 안전의식의 제고 용이
㉣ 피교육자의 이해도 측정 곤란
㉤ 교사의 학습방법에 따라 차이 발생

2) 기능교육

① 의의
㉠ 시범, 견학, 실습, 현장실습을 통한 경험체득과 이해
㉡ 교육 대상자가 스스로 행함으로써 습득하는 교육
㉢ 같은 내용을 반복해서 개인의 시행착오에 의해서만 얻어지는 교육

② 기능교육의 단계(지도기법)

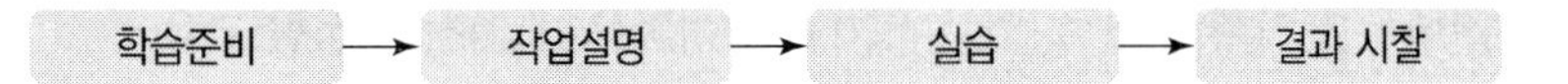

③ 교육내용
㉠ 전문적 기술 기능
㉡ 안전기술 기능

④ 특징
㉠ 작업능력 및 기술능력 부여
㉡ 작업동작 표준화
㉢ 교육기간의 장기화
㉣ 다수인원 교육 곤란

⑤ 기능교육의 3원칙

㉠ 준비

㉡ 위험작업의 규제(수칙)

㉢ 안전작업의 표준화(방법)

3) 태도교육

① 의의

㉠ 작업동작지도, 생활지도 등을 통한 안전의 습관화 및 일체감

㉡ 동기를 부여하는 데 가장 적절한 교육

㉢ 안전한 작업방법을 알고는 있으나 시행하지 않는 것에 대한 교육

② 태도교육의 기본과정(순서)

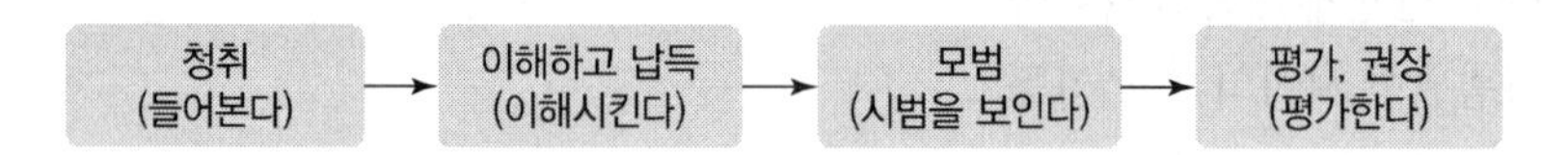

③ 교육내용

㉠ 표준작업방법의 습관화

㉡ 공구, 보호구의 관리 및 취급태도의 확립

㉢ 작업 전후의 점검 및 검사 요령의 정확한 습관화

㉣ 안전작업의 지시, 전달, 확인 등 언어태도의 습관화 및 정확화

④ 특징

㉠ 자기실현욕구, 자기향상욕구의 충족기회 제공

㉡ 상사와 부하의 목표설정을 위한 대화

㉢ 작업자의 능력을 약간 초월하는 구체적이고 정량적인 목표설정

㉣ 안전행동을 실행해 낼 수 있는 동기를 부여하는 데 가장 적절한 교육

㉤ 회사에 대한 일체감이나 대인관계를 교육

4) 추후지도

① 지식 – 기능 – 태도 교육을 반복하면서 특히 태도교육에 역점을 둔다.

② 정기적인 O.J.T를 실시한다.

③ 수시로 정기적 실시가 효과적이다.

3 안전보건교육계획

1. 안전보건교육계획의 수립 및 추진순서

2. 안전보건교육계획 수립 시 포함하여야 할 사항(통합계획)

① 교육목표(교육계획 수립 시 첫째 과제)
② 교육의 종류 및 교육대상
③ 교육방법
④ 교육의 과목 및 교육내용
⑤ 교육 기간 및 시간
⑥ 교육장소
⑦ 교육 담당자 및 강사
※ 교육계획을 수립하는 데 있어 가장 최우선적으로 고려해야 할 사항은 교육대상이 누구인지를 정하는 것이다.

3. 안전보건교육계획 수립 시 고려사항

① 필요한 정보를 수집한다.
② 현장의 의견을 반영한다.
③ 안전교육 시행체계와의 관련을 고려한다.
④ 법 규정에 의한 교육에만 그치지 않는다.
⑤ 교육 담당자를 지정한다.

4. 교육계획(강의계획 수립의 4단계)

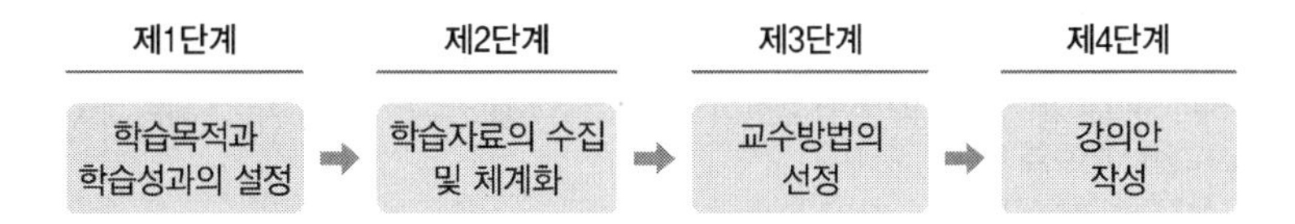

SECTION 05 교육내용

1 안전보건교육 교육과정별 교육시간

1. 근로자 안전보건교육

교육과정	교육대상		교육시간
가. 정기교육	사무직 종사 근로자		매반기 6시간 이상
	그 밖의 근로자	판매업무에 직접 종사하는 근로자	매반기 6시간 이상
		판매업무에 직접 종사하는 근로자 외의 근로자	매반기 12시간 이상
나. 채용 시 교육	일용근로자 및 근로계약기간이 1주일 이하인 기간제근로자		1시간 이상
	근로계약기간이 1주일 초과 1개월 이하인 기간제근로자		4시간 이상
	그 밖의 근로자		8시간 이상
다. 작업내용 변경 시 교육	일용근로자 및 근로계약기간이 1주일 이하인 기간제근로자		1시간 이상
	그 밖의 근로자		2시간 이상
라. 특별교육	일용근로자 및 근로계약기간이 1주일 이하인 기간제근로자 : 특별교육 대상 작업에 해당하는 작업에 종사하는 근로자에 한정(타워크레인을 사용하는 작업 시 신호업무를 하는 작업은 제외)		2시간 이상
	일용근로자 및 근로계약기간이 1주일 이하인 기간제근로자 : 타워크레인을 사용하는 작업 시 신호업무를 하는 작업에 종사하는 근로자에 한정		8시간 이상
	일용근로자 및 근로계약기간이 1주일 이하인 기간제근로자를 제외한 근로자 : 특별교육 대상 작업에 종사하는 근로자에 한정		• 16시간 이상(최초 작업에 종사하기 전 4시간 이상 실시하고 12시간은 3개월 이내에서 분할하여 실시 가능) • 단기간 작업 또는 간헐적 작업인 경우에는 2시간 이상
마. 건설업 기초안전 · 보건교육	건설 일용근로자		4시간 이상

비고

1. 위 표의 적용을 받는 "일용근로자"란 근로계약을 1일 단위로 체결하고 그 날의 근로가 끝나면 근로관계가 종료되어 계속 고용이 보장되지 않는 근로자를 말한다.
2. 일용근로자가 위 표의 나목 또는 라목에 따른 교육을 받은 날 이후 1주일 동안 같은 사업장에서 같은 업무의 일용근로자로 다시 종사하는 경우에는 이미 받은 위 표의 나목 또는 라목에 따른 교육을 면제한다.
3. 다음 각 목의 어느 하나에 해당하는 경우는 위 표의 가목부터 라목까지의 규정에도 불구하고 해당 교육과정별 교육시간의 2분의 1 이상을 그 교육시간으로 한다.
   가. 영 별표 1 제1호에 따른 사업
   나. 상시근로자 50명 미만의 도매업, 숙박 및 음식점업
4. 근로자가 다음 각 목의 어느 하나에 해당하는 안전교육을 받은 경우에는 그 시간만큼 위 표의 가목에 따른 해당 반기의 정기교육을 받은 것으로 본다.
   가. 「원자력안전법 시행령」 제148조제1항에 따른 방사선작업종사자 정기교육
   나. 「항만안전특별법 시행령」 제5조제1항제2호에 따른 정기안전교육
   다. 「화학물질관리법 시행규칙」 제37조제4항에 따른 유해화학물질 안전교육

5. 근로자가 「항만안전특별법 시행령」 제5조제1항제1호에 따른 신규안전교육을 받은 때에는 그 시간만큼 위 표의 나목에 따른 채용 시 교육을 받은 것으로 본다.
6. 방사선 업무에 관계되는 작업에 종사하는 근로자가 「원자력안전법 시행규칙」 제138조제1항제2호에 따른 방사선작업종사자 신규교육 중 직장교육을 받은 때에는 그 시간만큼 위 표의 라목에 따른 특별교육 중 별표 5 제1호라목의 33.란에 따른 특별교육을 받은 것으로 본다.

2. 관리감독자 안전보건교육

교육과정	교육시간
가. 정기교육	연간 16시간 이상
나. 채용 시 교육	8시간 이상
다. 작업내용 변경 시 교육	2시간 이상
라. 특별교육	16시간 이상(최초 작업에 종사하기 전 4시간 이상 실시하고, 12시간은 3개월 이내에서 분할하여 실시 가능)
	단기간 작업 또는 간헐적 작업인 경우에는 2시간 이상

① 단기간 작업 : 2개월 이내에 종료되는 1회성 작업
② 간헐적 작업 : 연간 총 작업일수가 60일을 초과하지 않는 작업

3. 안전보건관리책임자 등에 대한 교육

교육대상	교육시간	
	신규교육	보수교육
가. 안전보건관리책임자	6시간 이상	6시간 이상
나. 안전관리자, 안전관리전문기관의 종사자	34시간 이상	24시간 이상
다. 보건관리자, 보건관리전문기관의 종사자	34시간 이상	24시간 이상
라. 건설재해예방전문지도기관의 종사자	34시간 이상	24시간 이상
마. 석면조사기관의 종사자	34시간 이상	24시간 이상
바. 안전보건관리담당자	–	8시간 이상
사. 안전검사기관, 자율안전검사기관의 종사자	34시간 이상	24시간 이상

① 신규교육 : 해당 직위에 선임(위촉의 경우를 포함)되거나 채용된 후 3개월(보건관리자가 의사인 경우는 1년) 이내에 직무를 수행하는 데 필요한 교육
② 보수교육 : 신규교육을 이수한 후 매 2년이 되는 날을 기준으로 전후 6개월 사이에 안전보건에 관한 보수교육을 받아야 한다.

4. 특수형태근로종사자에 대한 안전보건교육

교육과정	교육시간
가. 최초 노무제공 시 교육	2시간 이상(단기간 작업 또는 간헐적 작업에 노무를 제공하는 경우에는 1시간 이상 실시하고, 특별교육을 실시한 경우는 면제)
나. 특별교육	16시간 이상(최초 작업에 종사하기 전 4시간 이상 실시하고 12시간은 3개월 이내에서 분할하여 실시 가능)
	단기간 작업 또는 간헐적 작업인 경우에는 2시간 이상

2 안전보건교육 교육대상별 교육내용

1. 근로자 안전보건교육

1) 정기교육

교육내용
• 산업안전 및 사고 예방에 관한 사항 • 산업보건 및 직업병 예방에 관한 사항 • 위험성 평가에 관한 사항 • 건강증진 및 질병 예방에 관한 사항 • 유해 · 위험 작업환경 관리에 관한 사항 • 산업안전보건법령 및 산업재해보상보험 제도에 관한 사항 • 직무스트레스 예방 및 관리에 관한 사항 • 직장 내 괴롭힘, 고객의 폭언 등으로 인한 건강장해 예방 및 관리에 관한 사항

2) 채용 시 교육 및 작업내용 변경 시 교육

교육내용
• 산업안전 및 사고 예방에 관한 사항 • 산업보건 및 직업병 예방에 관한 사항 • 위험성 평가에 관한 사항 • 산업안전보건법령 및 산업재해보상보험 제도에 관한 사항 • 직무스트레스 예방 및 관리에 관한 사항 • 직장 내 괴롭힘, 고객의 폭언 등으로 인한 건강장해 예방 및 관리에 관한 사항 • 기계 · 기구의 위험성과 작업의 순서 및 동선에 관한 사항 • 작업 개시 전 점검에 관한 사항 • 정리정돈 및 청소에 관한 사항 • 사고 발생 시 긴급조치에 관한 사항 • 물질안전보건자료에 관한 사항

3) 특별교육 대상 작업별 교육

작업명	교육내용
〈공통내용〉 제1호부터 제39호까지의 작업	채용 시 교육 및 작업내용 변경 시 교육과 같은 내용
〈개별내용〉 1. 고압실 내 작업(잠함공법이나 그 밖의 압기공법으로 대기압을 넘는 기압인 작업실 또는 수갱 내부에서 하는 작업만 해당한다)	• 고기압 장해의 인체에 미치는 영향에 관한 사항 • 작업의 시간 · 작업 방법 및 절차에 관한 사항 • 압기공법에 관한 기초지식 및 보호구 착용에 관한 사항 • 이상 발생 시 응급조치에 관한 사항 • 그 밖에 안전 · 보건관리에 필요한 사항

작업명	교육내용
2. 아세틸렌 용접장치 또는 가스집합 용접장치를 사용하는 금속의 용접 · 용단 또는 가열작업(발생기 · 도관 등에 의하여 구성되는 용접장치만 해당한다)	• 용접 흄, 분진 및 유해광선 등의 유해성에 관한 사항 • 가스용접기, 압력조정기, 호스 및 취관두(불꽃이 나오는 용접기의 앞부분) 등의 기기점검에 관한 사항 • 작업방법 · 순서 및 응급처치에 관한 사항 • 안전기 및 보호구 취급에 관한 사항 • 화재예방 및 초기대응에 관한사항 • 그 밖에 안전 · 보건관리에 필요한 사항
3. 밀폐된 장소(탱크 내 또는 환기가 극히 불량한 좁은 장소를 말한다)에서 하는 용접작업 또는 습한 장소에서 하는 전기용접 작업	• 작업순서, 안전작업방법 및 수칙에 관한 사항 • 환기설비에 관한 사항 • 전격 방지 및 보호구 착용에 관한 사항 • 질식 시 응급조치에 관한 사항 • 작업환경 점검에 관한 사항 • 그 밖에 안전 · 보건관리에 필요한 사항
4. 폭발성 · 물반응성 · 자기반응성 · 자기발열성 물질, 자연발화성 액체 · 고체 및 인화성 액체의 제조 또는 취급작업(시험연구를 위한 취급작업은 제외한다)	• 폭발성 · 물반응성 · 자기반응성 · 자기발열성 물질, 자연발화성 액체 · 고체 및 인화성 액체의 성질이나 상태에 관한 사항 • 폭발 한계점, 발화점 및 인화점 등에 관한 사항 • 취급방법 및 안전수칙에 관한 사항 • 이상 발견 시의 응급처치 및 대피 요령에 관한 사항 • 화기 · 정전기 · 충격 및 자연발화 등의 위험 방지에 관한 사항 • 작업순서, 취급주의사항 및 방호거리 등에 관한 사항 • 그 밖에 안전 · 보건관리에 필요한 사항
5. 액화석유가스 · 수소가스 등 인화성 가스 또는 폭발성 물질 중 가스의 발생장치 취급 작업	• 취급가스의 상태 및 성질에 관한 사항 • 발생장치 등의 위험 방지에 관한 사항 • 고압가스 저장설비 및 안전취급방법에 관한 사항 • 설비 및 기구의 점검 요령 • 그 밖에 안전 · 보건관리에 필요한 사항
6. 화학설비 중 반응기, 교반기 · 추출기의 사용 및 세척작업	• 각 계측장치의 취급 및 주의에 관한 사항 • 투시창 · 수위 및 유량계 등의 점검 및 밸브의 조작주의에 관한 사항 • 세척액의 유해성 및 인체에 미치는 영향에 관한 사항 • 작업 절차에 관한 사항 • 그 밖에 안전 · 보건관리에 필요한 사항
7. 화학설비의 탱크 내 작업	• 차단장치 · 정지장치 및 밸브 개폐장치의 점검에 관한 사항 • 탱크 내의 산소농도 측정 및 작업환경에 관한 사항 • 안전보호구 및 이상 발생 시 응급조치에 관한 사항 • 작업절차 · 방법 및 유해 · 위험에 관한 사항 • 그 밖에 안전 · 보건관리에 필요한 사항
8. 분말 · 원재료 등을 담은 호퍼(하부가 깔대기 모양으로 된 저장통) · 저장창고 등 저장탱크의 내부작업	• 분말 · 원재료의 인체에 미치는 영향에 관한 사항 • 저장탱크 내부작업 및 복장보호구 착용에 관한 사항 • 작업의 지정 · 방법 · 순서 및 작업환경 점검에 관한 사항 • 팬 · 풍기(風旗) 조작 및 취급에 관한 사항 • 분진 폭발에 관한 사항 • 그 밖에 안전 · 보건관리에 필요한 사항

작업명	교육내용
9. 다음 각 목에 정하는 설비에 의한 물건의 가열 · 건조작업 가. 건조설비 중 위험물 등에 관계되는 설비로 속부피가 1세제곱미터 이상인 것 나. 건조설비 중 가목의 위험물 등 외의 물질에 관계되는 설비로서, 연료를 열원으로 사용하는 것(그 최대연소소비량이 매 시간당 10킬로그램 이상인 것만 해당한다) 또는 전력을 열원으로 사용하는 것(정격소비전력이 10킬로와트 이상인 경우만 해당한다)	• 건조설비 내외면 및 기기 기능의 점검에 관한 사항 • 복장보호구 착용에 관한 사항 • 건조 시 유해가스 및 고열 등이 인체에 미치는 영향에 관한 사항 • 건조설비에 의한 화재 · 폭발 예방에 관한 사항
10. 다음 각 목에 해당하는 집재장치(집재기 · 가선 · 운반기구 · 지주 및 이들에 부속하는 물건으로 구성되고, 동력을 사용하여 원목 또는 장작과 숯을 담아 올리거나 공중에서 운반하는 설비를 말한다)의 조립, 해체, 변경 또는 수리작업 및 이들 설비에 의한 집재 또는 운반작업 가. 원동기의 정격출력이 7.5킬로와트를 넘는 것 나. 지간의 경사거리 합계가 350미터 이상인 것 다. 최대사용하중이 200킬로그램 이상인 것	• 기계의 브레이크 비상정지장치 및 운반경로, 각종 기능 점검에 관한 사항 • 작업 시작 전 준비사항 및 작업방법에 관한 사항 • 취급물의 유해 · 위험에 관한 사항 • 구조상의 이상 시 응급처치에 관한 사항 • 그 밖에 안전 · 보건관리에 필요한 사항
11. 동력에 의하여 작동되는 프레스기계를 5대 이상 보유한 사업장에서 해당 기계로 하는 작업	• 프레스의 특성과 위험성에 관한 사항 • 방호장치 종류와 취급에 관한 사항 • 안전작업방법에 관한 사항 • 프레스 안전기준에 관한 사항 • 그 밖에 안전 · 보건관리에 필요한 사항
12. 목재가공용 기계[둥근톱기계, 띠톱기계, 대패기계, 모떼기기계 및 라우터기(목재를 자르거나 홈을 파는 기계)만 해당하며, 휴대용은 제외한다]를 5대 이상 보유한 사업장에서 해당 기계로 하는 작업	• 목재가공용 기계의 특성과 위험성에 관한 사항 • 방호장치의 종류와 구조 및 취급에 관한 사항 • 안전기준에 관한 사항 • 안전작업방법 및 목재 취급에 관한 사항 • 그 밖에 안전 · 보건관리에 필요한 사항
13. 운반용 등 하역기계를 5대 이상 보유한 사업장에서의 해당 기계로 하는 작업	• 운반하역기계 및 부속설비의 점검에 관한 사항 • 작업순서와 방법에 관한 사항 • 안전운전방법에 관한 사항 • 화물의 취급 및 작업신호에 관한 사항 • 그 밖에 안전 · 보건관리에 필요한 사항
14. 1톤 이상의 크레인을 사용하는 작업 또는 1톤 미만의 크레인 또는 호이스트를 5대 이상 보유한 사업장에서 해당 기계로 하는 작업(제40호의 작업은 제외한다)	• 방호장치의 종류, 기능 및 취급에 관한 사항 • 걸고리 · 와이어로프 및 비상정지장치 등의 기계 · 기구 점검에 관한 사항 • 화물의 취급 및 안전작업방법에 관한 사항 • 신호방법 및 공동작업에 관한 사항 • 인양 물건의 위험성 및 낙하 · 비래(飛來) · 충돌재해 예방에 관한 사항 • 인양물이 적재될 지반의 조건, 인양하중, 풍압 등이 인양물과 타워크레인에 미치는 영향 • 그 밖에 안전 · 보건관리에 필요한 사항

작업명	교육내용
15. 건설용 리프트 · 곤돌라를 이용한 작업	• 방호장치의 기능 및 사용에 관한 사항 • 기계, 기구, 달기체인 및 와이어 등의 점검에 관한 사항 • 화물의 권상 · 권하 작업방법 및 안전작업 지도에 관한 사항 • 기계 · 기구의 특성 및 동작원리에 관한 사항 • 신호방법 및 공동작업에 관한 사항 • 그 밖에 안전 · 보건관리에 필요한 사항
16. 주물 및 단조(금속을 두들기거나 눌러서 형체를 만드는 일) 작업	• 고열물의 재료 및 작업환경에 관한 사항 • 출탕 · 주조 및 고열물의 취급과 안전작업방법에 관한 사항 • 고열작업의 유해 · 위험 및 보호구 착용에 관한 사항 • 안전기준 및 중량물 취급에 관한 사항 • 그 밖에 안전 · 보건관리에 필요한 사항
17. 전압이 75볼트 이상인 정전 및 활선작업	• 전기의 위험성 및 전격 방지에 관한 사항 • 해당 설비의 보수 및 점검에 관한 사항 • 정전작업 · 활선작업 시의 안전작업방법 및 순서에 관한 사항 • 절연용 보호구, 절연용 보호구 및 활선작업용 기구 등의 사용에 관한 사항 • 그 밖에 안전 · 보건관리에 필요한 사항
18. 콘크리트 파쇄기를 사용하여 하는 파쇄작업(2미터 이상인 구축물의 파쇄작업만 해당한다)	• 콘크리트 해체 요령과 방호거리에 관한 사항 • 작업안전조치 및 안전기준에 관한 사항 • 파쇄기의 조작 및 공통작업 신호에 관한 사항 • 보호구 및 방호장비 등에 관한 사항 • 그 밖에 안전 · 보건관리에 필요한 사항
19. 굴착면의 높이가 2미터 이상이 되는 지반 굴착(터널 및 수직갱 외의 갱 굴착은 제외한다) 작업	• 지반의 형태 · 구조 및 굴착 요령에 관한 사항 • 지반의 붕괴재해 예방에 관한 사항 • 붕괴 방지용 구조물 설치 및 작업방법에 관한 사항 • 보호구의 종류 및 사용에 관한 사항 • 그 밖에 안전 · 보건관리에 필요한 사항
20. 흙막이 지보공의 보강 또는 동바리를 설치하거나 해체하는 작업	• 작업안전 점검 요령과 방법에 관한 사항 • 동바리의 운반 · 취급 및 설치 시 안전작업에 관한 사항 • 해체작업 순서와 안전기준에 관한 사항 • 보호구 취급 및 사용에 관한 사항 • 그 밖에 안전 · 보건관리에 필요한 사항
21. 터널 안에서의 굴착작업(굴착용 기계를 사용하여 하는 굴착작업 중 근로자가 칼날 밑에 접근하지 않고 하는 작업은 제외한다) 또는 같은 작업에서의 터널 거푸집 지보공의 조립 또는 콘크리트 작업	• 작업환경의 점검 요령과 방법에 관한 사항 • 붕괴 방지용 구조물 설치 및 안전작업방법에 관한 사항 • 재료의 운반 및 취급 · 설치의 안전기준에 관한 사항 • 보호구의 종류 및 사용에 관한 사항 • 소화설비의 설치장소 및 사용방법에 관한 사항 • 그 밖에 안전 · 보건관리에 필요한 사항
22. 굴착면의 높이가 2미터 이상이 되는 암석의 굴착작업	• 폭발물 취급 요령과 대피 요령에 관한 사항 • 안전거리 및 안전기준에 관한 사항 • 방호물의 설치 및 기준에 관한 사항 • 보호구 및 신호방법 등에 관한 사항 • 그 밖에 안전 · 보건관리에 필요한 사항
23. 높이가 2미터 이상인 물건을 쌓거나 무너뜨리는 작업(하역기계로만 하는 작업은 제외한다)	• 원부재료의 취급 방법 및 요령에 관한 사항 • 물건의 위험성 · 낙하 및 붕괴재해 예방에 관한 사항 • 적재방법 및 전도 방지에 관한 사항 • 보호구 착용에 관한 사항 • 그 밖에 안전 · 보건관리에 필요한 사항

작업명	교육내용
24. 선박에 짐을 쌓거나 부리거나 이동시키는 작업	• 하역 기계 · 기구의 운전방법에 관한 사항 • 운반 · 이송경로의 안전작업방법 및 기준에 관한 사항 • 중량물 취급 요령과 신호 요령에 관한 사항 • 작업안전 점검과 보호구 취급에 관한 사항 • 그 밖에 안전 · 보건관리에 필요한 사항
25. 거푸집 동바리의 조립 또는 해체작업	• 동바리의 조립방법 및 작업 절차에 관한 사항 • 조립재료의 취급방법 및 설치기준에 관한 사항 • 조립 해체 시의 사고 예방에 관한 사항 • 보호구 착용 및 점검에 관한 사항 • 그 밖에 안전 · 보건관리에 필요한 사항
26. 비계의 조립 · 해체 또는 변경작업	• 비계의 조립순서 및 방법에 관한 사항 • 비계작업의 재료 취급 및 설치에 관한 사항 • 추락재해 방지에 관한 사항 • 보호구 착용에 관한 사항 • 비계상부 작업 시 최대 적재하중에 관한 사항 • 그 밖에 안전 · 보건관리에 필요한 사항
27. 건축물의 골조, 다리의 상부구조 또는 탑의 금속제의 부재로 구성되는 것(5미터 이상인 것만 해당한다)의 조립 · 해체 또는 변경작업	• 건립 및 버팀대의 설치순서에 관한 사항 • 조립 해체 시의 추락재해 및 위험요인에 관한 사항 • 건립용 기계의 조작 및 작업신호 방법에 관한 사항 • 안전장비 착용 및 해체순서에 관한 사항 • 그 밖에 안전 · 보건관리에 필요한 사항
28. 처마 높이가 5미터 이상인 목조건축물의 구조부재의 조립이나 건축물의 지붕 또는 외벽 밑에서의 설치작업	• 붕괴 · 추락 및 재해 방지에 관한 사항 • 부재의 강도 · 재질 및 특성에 관한 사항 • 조립 · 설치 순서 및 안전작업방법에 관한 사항 • 보호구 착용 및 작업 점검에 관한 사항 • 그 밖에 안전 · 보건관리에 필요한 사항
29. 콘크리트 인공구조물(그 높이가 2미터 이상인 것만 해당한다)의 해체 또는 파괴작업	• 콘크리트 해체기계의 점점에 관한 사항 • 파괴 시의 안전거리 및 대피 요령에 관한 사항 • 작업방법 · 순서 및 신호 방법 등에 관한 사항 • 해체 · 파괴 시의 작업안전기준 및 보호구에 관한 사항 • 그 밖에 안전 · 보건관리에 필요한 사항
30. 타워크레인을 설치(상승작업을 포함한다) · 해체하는 작업	• 붕괴 · 추락 및 재해 방지에 관한 사항 • 설치 · 해체 순서 및 안전작업방법에 관한 사항 • 부재의 구조 · 재질 및 특성에 관한 사항 • 신호방법 및 요령에 관한 사항 • 이상 발생 시 응급조치에 관한 사항 • 그 밖에 안전 · 보건관리에 필요한 사항
31. 보일러(소형 보일러 및 다음 각 목에서 정하는 보일러는 제외한다)의 설치 및 취급 작업 가. 몸통 반지름이 750밀리미터 이하이고 그 길이가 1,300밀리미터 이하인 증기보일러 나. 전열면적이 3제곱미터 이하인 증기보일러 다. 전열면적이 14제곱미터 이하인 온수보일러 라. 전열면적이 30제곱미터 이하인 관류보일러(물관을 사용하여 가열시키는 방식의 보일러)	• 기계 및 기기 점화장치 계측기의 점검에 관한 사항 • 열관리 및 방호장치에 관한 사항 • 작업순서 및 방법에 관한 사항 • 그 밖에 안전 · 보건관리에 필요한 사항

작업명	교육내용
32. 게이지 압력을 제곱센티미터당 1킬로그램 이상으로 사용하는 압력용기의 설치 및 취급작업	• 안전시설 및 안전기준에 관한 사항 • 압력용기의 위험성에 관한 사항 • 용기 취급 및 설치기준에 관한 사항 • 작업안전점검 방법 및 요령에 관한 사항 • 그 밖에 안전 · 보건관리에 필요한 사항
33. 방사선 업무에 관계되는 작업(의료 및 실험용은 제외한다)	• 방사선의 유해 · 위험 및 인체에 미치는 영향 • 방사선의 측정기기 기능의 점검에 관한 사항 • 방호거리 · 방호벽 및 방사선물질의 취급 요령에 관한 사항 • 응급처치 및 보호구 착용에 관한 사항 • 그 밖에 안전 · 보건관리에 필요한 사항
34. 밀폐공간에서의 작업	• 산소농도 측정 및 작업환경에 관한 사항 • 사고 시의 응급처치 및 비상시 구출에 관한 사항 • 보호구 착용 및 보호장비 사용에 관한 사항 • 작업내용 · 안전작업방법 및 절차에 관한 사항 • 장비 · 설비 및 시설 등의 안전점검에 관한 사항 • 그 밖에 안전 · 보건관리에 필요한 사항
35. 허가 또는 관리 대상 유해물질의 제조 또는 취급작업	• 취급물질의 성질 및 상태에 관한 사항 • 유해물질이 인체에 미치는 영향 • 국소배기장치 및 안전설비에 관한 사항 • 안전작업방법 및 보호구 사용에 관한 사항 • 그 밖에 안전 · 보건관리에 필요한 사항
36. 로봇작업	• 로봇의 기본원리 · 구조 및 작업방법에 관한 사항 • 이상 발생 시 응급조치에 관한 사항 • 안전시설 및 안전기준에 관한 사항 • 조작방법 및 작업순서에 관한 사항
37. 석면해체 · 제거작업	• 석면의 특성과 위험성 • 석면해체 · 제거의 작업방법에 관한 사항 • 장비 및 보호구 사용에 관한 사항 • 그 밖에 안전 · 보건관리에 필요한 사항
38. 가연물이 있는 장소에서 하는 화재위험작업	• 작업준비 및 작업절차에 관한 사항 • 작업장 내 위험물, 가연물의 사용 · 보관 · 설치 현황에 관한 사항 • 화재위험작업에 따른 인근 인화성 액체에 대한 방호조치에 관한 사항 • 화재위험작업으로 인한 불꽃, 불티 등의 흩날림 방지 조치에 관한 사항 • 인화성 액체의 증기가 남아 있지 않도록 환기 등의 조치에 관한 사항 • 화재감시자의 직무 및 피난교육 등 비상조치에 관한 사항 • 그 밖에 안전 · 보건관리에 필요한 사항
39. 타워크레인을 사용하는 작업 시 신호업무를 하는 작업	• 타워크레인의 기계적 특성 및 방호장치 등에 관한 사항 • 화물의 취급 및 안전작업방법에 관한 사항 • 신호방법 및 요령에 관한 사항 • 인양 물건의 위험성 및 낙하 · 비래 · 충돌재해 예방에 관한 사항 • 인양물이 적재될 지반의 조건, 인양하중, 풍압 등이 인양물과 타워크레인에 미치는 영향 • 그 밖에 안전 · 보건관리에 필요한 사항

2. 관리감독자 안전보건교육

1) 정기교육

교육내용
• 산업안전 및 사고 예방에 관한 사항 • 산업보건 및 직업병 예방에 관한 사항 • 위험성 평가에 관한 사항 • 유해 · 위험 작업환경 관리에 관한 사항 • 산업안전보건법령 및 산업재해보상보험 제도에 관한 사항 • 직무스트레스 예방 및 관리에 관한 사항 • 직장 내 괴롭힘, 고객의 폭언 등으로 인한 건강장해 예방 및 관리에 관한 사항 • 작업공정의 유해 · 위험과 재해 예방대책에 관한 사항 • 사업장 내 안전보건관리체제 및 안전 · 보건조치 현황에 관한 사항 • 표준안전 작업방법 결정 및 지도 · 감독 요령에 관한 사항 • 현장근로자와의 의사소통능력 및 강의능력 등 안전보건교육 능력 배양에 관한 사항 • 비상시 또는 재해 발생 시 긴급조치에 관한 사항 • 그 밖의 관리감독자의 직무에 관한 사항

2) 채용 시 교육 및 작업내용 변경 시 교육

교육내용
• 산업안전 및 사고 예방에 관한 사항 • 산업보건 및 직업병 예방에 관한 사항 • 위험성 평가에 관한 사항 • 산업안전보건법령 및 산업재해보상보험 제도에 관한 사항 • 직무스트레스 예방 및 관리에 관한 사항 • 직장 내 괴롭힘, 고객의 폭언 등으로 인한 건강장해 예방 및 관리에 관한 사항 • 기계 · 기구의 위험성과 작업의 순서 및 동선에 관한 사항 • 작업 개시 전 점검에 관한 사항 • 물질안전보건자료에 관한 사항 • 사업장 내 안전보건관리체제 및 안전 · 보건조치 현황에 관한 사항 • 표준안전 작업방법 결정 및 지도 · 감독 요령에 관한 사항 • 비상시 또는 재해 발생 시 긴급조치에 관한 사항 • 그 밖의 관리감독자의 직무에 관한 사항

3. 건설업 기초안전보건교육에 대한 내용 및 시간

교육내용	시간
가. 건설공사의 종류(건축 · 토목 등) 및 시공 절차	1시간
나. 산업재해 유형별 위험요인 및 안전보건조치	2시간
다. 안전보건관리체제 현황 및 산업안전보건 관련 근로자 권리 · 의무	1시간

4. 특수형태근로종사자에 대한 안전보건교육

구분	교육내용
최초 노무제공 시 교육	아래의 내용 중 특수형태근로종사자의 직무에 적합한 내용을 교육해야 한다. • 산업안전 및 사고 예방에 관한 사항 • 산업보건 및 직업병 예방에 관한 사항 • 건강증진 및 질병 예방에 관한 사항 • 유해 · 위험 작업환경 관리에 관한 사항 • 산업안전보건법령 및 산업재해보상보험 제도에 관한 사항 • 직무스트레스 예방 및 관리에 관한 사항 • 직장 내 괴롭힘, 고객의 폭언 등으로 인한 건강장해 예방 및 관리에 관한 사항 • 기계 · 기구의 위험성과 작업의 순서 및 동선에 관한 사항 • 작업 개시 전 점검에 관한 사항 • 정리정돈 및 청소에 관한 사항 • 사고 발생 시 긴급조치에 관한 사항 • 물질안전보건자료에 관한 사항 • 교통안전 및 운전안전에 관한 사항 • 보호구 착용에 관한 사항
특별교육 대상 작업별 교육	특별교육 대상 작업별 교육내용과 같음

5. 물질안전보건자료에 관한 교육

교육내용
• 대상화학물질의 명칭(또는 제품명) • 물리적 위험성 및 건강 유해성 • 취급상의 주의사항 • 적절한 보호구 • 응급조치 요령 및 사고 시 대처방법 • 물질안전보건자료 및 경고표지를 이해하는 방법

CHAPTER

06 산업안전 관계법규

SECTION 01 산업안전보건법령

1 산업안전보건법의 개요

1. 산업안전보건법의 목적

산업안전보건법은 산업안전 및 보건에 관한 기준을 확립하고 그 책임의 소재를 명확하게 하여 산업재해를 예방하고 쾌적한 작업환경을 조성함으로써 노무를 제공하는 사람의 안전 및 보건을 유지·증진함을 목적으로 한다.

2. 산업안전보건법 용어의 정의

① **산업재해** : 노무를 제공하는 사람이 업무에 관계되는 건설물·설비·원재료·가스·증기·분진 등에 의하거나 작업 또는 그 밖의 업무로 인하여 사망 또는 부상하거나 질병에 걸리는 것을 말한다.

② **근로자** : 직업의 종류와 관계없이 임금을 목적으로 사업이나 사업장에 근로를 제공하는 사람을 말한다.

③ **사업주** : 근로자를 사용하여 사업을 하는 자를 말한다.

④ **근로자대표** : 근로자의 과반수로 조직된 노동조합이 있는 경우에는 그 노동조합을, 근로자의 과반수로 조직된 노동조합이 없는 경우에는 근로자의 과반수를 대표하는 자를 말한다.

⑤ **작업환경측정** : 작업환경 실태를 파악하기 위하여 해당 근로자 또는 작업장에 대하여 사업주가 유해인자에 대한 측정계획을 수립한 후 시료(試料)를 채취하고 분석·평가하는 것을 말한다.

⑥ **안전·보건진단** : 산업재해를 예방하기 위하여 잠재적 위험성을 발견하고 그 개선대책을 수립할 목적으로 조사·평가하는 것을 말한다.

⑦ **중대재해** : 산업재해 중 사망 등 재해 정도가 심한 것으로서 고용노동부령으로 정하는 재해를 말하며 다음과 같다.

㉠ 사망자가 1명 이상 발생한 재해

㉡ 3개월 이상의 요양이 필요한 부상자가 동시에 2명 이상 발생한 재해

㉢ 부상자 또는 직업성 질병자가 동시에 10명 이상 발생한 재해

2 도급 시 산업재해 예방

1. 용어의 정의

① **도급** : 명칭에 관계없이 물건의 제조 · 건설 · 수리 또는 서비스의 제공, 그 밖의 업무를 타인에게 맡기는 계약을 말한다.

② **도급인** : 물건의 제조 · 건설 · 수리 또는 서비스의 제공, 그 밖의 업무를 도급하는 사업주를 말한다.(다만, 건설공사발주자는 제외)

③ **수급인** : 도급인으로부터 물건의 제조 · 건설 · 수리 또는 서비스의 제공, 그 밖의 업무를 도급받은 사업주를 말한다.

④ **관계수급인** : 도급이 여러 단계에 걸쳐 체결된 경우에 각 단계별로 도급받은 사업주 전부를 말한다.

⑤ **건설공사발주자** : 건설공사를 도급하는 자로서 건설공사의 시공을 주도하여 총괄 · 관리하지 아니하는 자를 말한다.(다만, 도급받은 건설공사를 다시 도급하는 자는 제외)

2. 유해한 작업의 도급금지

① 사업주는 근로자의 안전 및 보건에 유해하거나 위험한 작업으로서 다음의 어느 하나에 해당하는 작업을 도급하여 자신의 사업장에서 수급인의 근로자가 그 작업을 하도록 해서는 아니 된다.

㉠ 도금작업

㉡ 수은, 납 또는 카드뮴을 제련, 주입, 가공 및 가열하는 작업

㉢ 허가대상물질을 제조하거나 사용하는 작업

② 사업주는 제①항에도 불구하고 다음의 어느 하나에 해당하는 경우에는 제①항 각 호에 따른 작업을 도급하여 자신의 사업장에서 수급인의 근로자가 그 작업을 하도록 할 수 있다.

㉠ 일시 · 간헐적으로 하는 작업을 도급하는 경우

㉡ 수급인이 보유한 기술이 전문적이고 사업주(수급인에게 도급을 한 도급인으로서의 사업주를 말함)의 사업 운영에 필수 불가결한 경우로서 고용노동부장관의 승인을 받은 경우

3. 도급인의 안전조치 및 보건조치

1) 안전보건총괄책임자

도급인은 관계수급인 근로자가 도급인의 사업장에서 작업을 하는 경우에는 그 사업장의 안전보건관리책임자를 도급인의 근로자와 관계수급인 근로자의 산업재해를 예방하기 위한 업무를 총괄하여 관리하는 안전보건총괄책임자로 지정하여야 한다. 이 경우 안전보건관리책임자를 두지 아니하여도 되는 사업장에서는 그 사업장에서 사업을 총괄하여 관리하는 사람을 안전보건총괄책임자로 지정하여야 한다.

2) 도급인의 안전조치 및 보건조치

도급인은 관계수급인 근로자가 도급인의 사업장에서 작업을 하는 경우에 자신의 근로자와 관계수급인 근로자의 산업재해를 예방하기 위하여 안전 및 보건 시설의 설치 등 필요한 안전조치 및 보건조치를 하여야 한다.(다만, 보호구 착용의 지시 등 관계수급인 근로자의 작업행동에 관한 직접적인 조치는 제외)

3) 도급에 따른 산업재해 예방조치

① 도급인은 관계수급인 근로자가 도급인의 사업장에서 작업을 하는 경우 다음의 사항을 이행하여야 한다.

㉠ 도급인과 수급인을 구성원으로 하는 안전 및 보건에 관한 협의체의 구성 및 운영

협의체의 구성 및 운영	구성	도급인 및 그의 수급인 전원으로 구성해야 한다.
	협의사항	① 작업의 시작 시간 ② 작업 또는 작업장 간의 연락 방법 ③ 재해발생 위험 시의 대피 방법 ④ 작업장에서의 위험성 평가의 실시에 관한 사항 ⑤ 사업주와 수급인 또는 수급인 상호 간의 연락 방법 및 작업공정의 조정
	회의	협의체는 매월 1회 이상 정기적으로 회의를 개최하고 그 결과를 기록 · 보존하여야 한다.

㉡ 작업장 순회점검

순회 실시횟수	대상 사업
2일에 1회 이상	① 건설업, ② 제조업, ③ 토사석 광업, ④ 서적, 잡지 및 기타 인쇄물 출판업, ⑤ 음악 및 기타 오디오물 출판업, ⑥ 금속 및 비금속 원료 재생업
1주일에 1회 이상	2일에 1회 이상 대상 사업을 제외한 사업

㉢ 관계수급인이 근로자에게 하는 안전보건교육을 위한 장소 및 자료의 제공 등 지원

㉣ 관계수급인이 근로자에게 하는 안전보건교육의 실시 확인

㉤ 다음 각 목의 어느 하나의 경우에 대비한 경보체계 운영과 대피방법 등 훈련

ⓐ 작업 장소에서 발파작업을 하는 경우

ⓑ 작업 장소에서 화재 · 폭발, 토사 · 구축물 등의 붕괴 또는 지진 등이 발생한 경우

㉥ 위생시설 등 시설의 설치 등을 위하여 필요한 장소의 제공 또는 도급인이 설치한 위생시설 이용의 협조

위생시설
• 휴게시설 • 세면 · 목욕시설 • 세탁시설 • 탈의시설 • 수면시설

㉦ 같은 장소에서 이루어지는 도급인과 관계수급인 등의 작업에 있어서 관계수급인 등의 작업시기 · 내용, 안전조치 및 보건조치 등의 확인

㉧ ㉦에 따른 확인 결과 관계수급인 등의 작업 혼재로 인하여 화재 · 폭발 등 위험이 발생할 우려가 있는 경우 관계수급인 등의 작업시기 · 내용 등의 조정

② 도급인은 자신의 근로자 및 관계수급인 근로자와 함께 정기적으로 또는 수시로 작업장의 안전 및 보건에 관한 점검을 하여야 한다.

㉠ 도급사업의 합동 안전 · 보건 점검반의 구성

ⓐ 도급인(같은 사업 내에 지역을 달리하는 사업장이 있는 경우에는 그 사업장의 안전보건관리책임자)

ⓑ 관계수급인(같은 사업 내에 지역을 달리하는 사업장이 있는 경우에는 그 사업장의 안전보건관리책임자)

ⓒ 도급인 및 관계수급인의 근로자 각 1명(관계수급인의 근로자의 경우에는 해당 공정만 해당한다)

㉡ 정기 안전 · 보건점검의 실시 횟수

실시횟수	대상 사업
2개월에 1회 이상	① 건설업, ② 선박 및 보트 건조업
분기에 1회 이상	2개월에 1회 이상 대상 사업(건설업, 선박 및 보트 건조업)을 제외한 사업

4. 안전 및 보건에 관한 협의체의 구성 · 운영(노사협의체)

1) 설치대상 사업

공사금액이 120억 원(토목공사업은 150억 원) 이상인 건설공사

2) 노사협의체의 구성

근로자위원과 사용자위원이 같은 수로 구성

사용자 위원	① 도급 또는 하도급 사업을 포함한 전체 사업의 대표자 ② 안전관리자 1명 ③ 보건관리자 1명(보건관리자 선임대상 건설업으로 한정) ④ 공사금액이 20억 원 이상인 공사의 관계수급인의 각 대표자
근로자 위원	① 도급 또는 하도급 사업을 포함한 전체 사업의 근로자대표 ② 근로자대표가 지명하는 명예산업안전감독관 1명. 다만, 명예산업안전감독관이 위촉되어 있지 않은 경우에는 근로자대표가 지명하는 해당 사업장 근로자 1명 ③ 공사금액이 20억 원 이상인 공사의 관계수급인의 각 근로자대표

※ 노사협의체의 근로자위원과 사용자위원은 합의하여 노사협의체에 공사금액이 20억 원 미만인 공사의 관계수급인 및 관계수급인 근로자대표를 위원으로 위촉할 수 있다.

※ 노사협의체의 근로자위원과 사용자위원은 합의하여 건설기계관리법에 따라 등록된 건설기계를 직접 운전하는 사람을 노사협의체에 참여하도록 할 수 있다.

3) 노사협의체의 운영

회의의 진행	소집시기
정기회의	2개월마다 노사협의체의 위원장이 소집
임시회의	위원장이 필요하다고 인정할 때에 소집

4) 노사협의체 협의사항

① 산업재해 예방방법 및 산업재해가 발생한 경우의 대피방법
② 작업의 시작시간, 작업 및 작업장 간의 연락방법
③ 그 밖의 산업재해 예방과 관련된 사항

5) 노사협의체의 심의 · 의결 사항

① 사업장의 산업재해 예방계획의 수립에 관한 사항
② 안전보건관리규정의 작성 및 변경에 관한 사항
③ 안전보건교육에 관한 사항
④ 작업환경측정 등 작업환경의 점검 및 개선에 관한 사항
⑤ 근로자의 건강진단 등 건강관리에 관한 사항
⑥ 산업재해에 관한 통계의 기록 및 유지에 관한 사항
⑦ 산업재해의 원인 조사 및 재발 방지대책 수립에 관한 사항 중 중대재해에 관한 사항
⑧ 유해하거나 위험한 기계 · 기구 · 설비를 도입한 경우 안전 및 보건 관련 조치에 관한 사항
⑨ 그 밖에 해당 사업장 근로자의 안전 및 보건을 유지 · 증진시키기 위하여 필요한 사항

3 근로자의 보건관리

1. 작업환경의 측정

1) 작업환경측정의 정의

작업환경 실태를 파악하기 위하여 해당 근로자 또는 작업장에 대하여 사업주가 유해인자에 대한 측정계획을 수립한 후 시료(試料)를 채취하고 분석 · 평가하는 것을 말한다.

2) 작업환경측정 횟수

<table>
<tr><th>대상 작업장</th><th>측정시기</th><th>비고</th><th>결과보고</th></tr>
<tr><td>작업장 또는 작업공정이 신규로 가동되거나 변경되는 경우</td><td>그 날부터 30일 이내에 작업환경을 측정</td><td>그 후 반기에 1회 이상 정기적으로 측정</td><td rowspan="5">① 시료채취를 마친 날부터 30일 이내에 관할 지방고용노동관서의 장에게 제출
② 노출기준 초과 시 적절한 조치 후 시료채취를 마친 날부터 60일 이내에 해당 작업공정의 개선을 증명할 수 있는 서류 또는 개선 계획을 관할 지방고용노동관서의 장에게 제출</td></tr>
<tr><td>화학적 인자의 측정치가 노출기준을 초과하는 경우</td><td rowspan="2">측정일로부터 3개월에 1회 이상 작업환경을 측정</td><td rowspan="2">–</td></tr>
<tr><td>화학적 인자의 측정치가 노출기준을 2배 이상 초과하는 경우</td></tr>
<tr><td>작업공정 내 소음의 작업환경측정 결과가 최근 2회 연속 85데시벨(dB) 미만인 경우</td><td rowspan="2">연(年) 1회 이상</td><td rowspan="2">최근 1년간 작업공정에서 공정 설비의 변경, 작업방법의 변경, 설비의 이전, 사용 화학물질의 변경 등으로 작업환경측정 결과에 영향을 주는 변화가 없는 경우</td></tr>
<tr><td>작업공정 내 소음 외의 다른 모든 인자의 작업환경측정 결과가 최근 2회 연속 노출기준 미만인 경우</td></tr>
</table>

2. 유해 · 위험작업에 대한 근로시간 제한

유해하거나 위험한 작업으로서 높은 기압에서 하는 작업 등 대통령령으로 정하는(잠함 또는 잠수작업 등 높은 기압에서 하는) 작업에 종사하는 근로자에게는 1일 6시간, 1주 34시간을 초과하여 근로하게 하여서는 아니 된다.

4 근로자 건강진단

1. 일반건강진단

정의	상시 사용하는 근로자의 건강관리를 위하여 사업주가 주기적으로 실시하는 건강진단을 말한다.
실시시기	사업주는 상시 사용하는 근로자 중 사무직에 종사하는 근로자(공장 또는 공사현장과 같은 구역에 있지 아니한 사무실에서 서무 · 인사 · 경리 · 판매 · 설계 등의 사무업무에 종사하는 근로자를 말하며, 판매업무 등에 직접 종사하는 근로자는 제외)에 대해서는 2년에 1회 이상, 그 밖의 근로자에 대해서는 1년에 1회 이상 일반건강진단을 실시하여야 한다.

2. 특수건강진단

정의	다음의 어느 하나에 해당하는 근로자의 건강관리를 위하여 사업주가 실시하는 건강진단을 말한다. ① 특수건강진단 대상 유해인자에 노출되는 업무 ② 근로자건강진단 실시 결과 직업병 유소견자로 판정받은 후 작업 전환을 하거나 작업장소를 변경하고, 직업병 유소견 판정의 원인이 된 유해인자에 대한 건강진단이 필요하다는 의사의 소견이 있는 근로자
실시시기	특수건강진단 대상 유해인자별로 정한 시기 및 주기에 따라 특수건강진단을 실시하여야 한다.

3. 배치전건강진단

정의	특수건강진단대상업무에 종사할 근로자에 대하여 배치 예정업무에 대한 적합성 평가를 위하여 사업주가 실시하는 건강진단을 말한다.
실시시기	특수건강진단대상업무에 근로자를 배치하려는 경우에는 해당 작업에 배치하기 전에 배치전건강진단을 실시하여야 한다.

4. 수시건강진단

정의	특수건강진단대상업무로 인하여 해당 유해인자에 의한 직업성 천식, 직업성 피부염, 그 밖에 건강장해를 의심하게 하는 증상을 보이거나 의학적 소견이 있는 근로자에 대하여 사업주가 실시하는 건강진단을 말한다.
실시시기	특수건강진단대상업무에 종사하는 근로자가 특수건강진단 대상 유해인자에 의한 직업성 천식 · 직업성 피부염, 그 밖에 건강장해를 의심하게 하는 증상을 보이거나 의학적 소견이 있는 경우 해당 근로자의 신속한 건강관리를 위하여 고용노동부장관이 정하는 바에 따라 수시건강진단을 실시하여야 한다.

5. 임시건강진단

정의	다음의 어느 하나에 해당하는 경우에 특수건강진단 대상 유해인자 또는 그 밖의 유해인자에 의한 중독 여부, 질병에 걸렸는지 여부 또는 질병의 발생 원인 등을 확인하기 위하여 지방고용노동관서의 장의 명령에 따라 사업주가 실시하는 건강진단을 말한다. ① 같은 부서에 근무하는 근로자 또는 같은 유해인자에 노출되는 근로자에게 유사한 질병의 자각·타각증상이 발생한 경우 ② 직업병 유소견자가 발생하거나 여러 명이 발생할 우려가 있는 경우 ③ 그 밖에 지방고용노동관서의 장이 필요하다고 판단하는 경우
실시시기	필요한 경우 지방고용노동관서의 장의 명령에 따라 실시한다.

5 유해·위험방지계획서

1. 유해·위험방지계획서의 작성

사업주는 다음의 어느 하나에 해당하는 경우에는 유해·위험방지계획서를 작성하여 고용노동부령으로 정하는 바에 따라 고용노동부장관에게 제출하고 심사를 받아야 한다.

① 대통령령으로 정하는 사업의 종류 및 규모에 해당하는 사업으로서 해당 제품의 생산 공정과 직접적으로 관련된 건설물·기계·기구 및 설비 등 전부를 설치·이전하거나 그 주요 구조부분을 변경하려는 경우

② 유해하거나 위험한 작업 또는 장소에서 사용하거나 건강장해를 방지하기 위하여 사용하는 기계·기구 및 설비로서 대통령령으로 정하는 기계·기구 및 설비를 설치·이전하거나 그 주요 구조부분을 변경하려는 경우

③ 대통령령으로 정하는 크기, 높이 등에 해당하는 건설공사를 착공하려는 경우

2. 대상 사업장 및 대상 기계·기구 및 설비

1) 대상 사업장 및 제출서류

① **대상 사업장** : 다음 각 호의 어느 하나에 해당하는 사업으로서 전기계약용량이 300킬로와트 이상인 경우를 말한다.

㉠ 금속가공제품 제조업(기계 및 가구 제외)

㉡ 비금속 광물제품 제조업

㉢ 기타 기계 및 장비 제조업

㉣ 자동차 및 트레일러 제조업

㉤ 식료품 제조업

㉥ 고무제품 및 플라스틱제품 제조업

㉦ 목재 및 나무제품 제조업

㉧ 기타 제품 제조업

㉧ 1차 금속 제조업

㉨ 가구 제조업

㉩ 화학물질 및 화학제품 제조업

㉪ 반도체 제조업

㉫ 전자부품 제조업

② 제출 시 첨부서류(해당 작업 시작 15일 전까지 공단에 2부 제출)

㉠ 건축물 각 층의 평면도

㉡ 기계 · 설비의 개요를 나타내는 서류

㉢ 기계 · 설비의 배치도면

㉣ 원재료 및 제품의 취급, 제조 등의 작업방법의 개요

㉤ 그 밖에 고용노동부장관이 정하는 도면 및 서류

2) 대상 기계 · 기구 및 설비 및 제출서류

① 대상 기계 · 기구 및 설비

대상 기계 · 기구 및 설비	주요 구조변경
금속이나 그 밖의 광물의 용해로	열원의 종류를 변경하는 경우
화학설비	생산량의 증가, 원료 또는 제품의 변경을 위하여 대상 화학설비를 교체 · 변경 또는 추가하는 경우 또는 관리대상 유해물질 관련 설비의 추가, 변경으로 인하여 후드 제어 풍속이 감속하거나 배풍기의 배풍량이 증가하는 경우
건조설비	열원의 종류를 변경하거나, 건조대상물이 변경되어 대상 건조설비의 어느 하나에 해당하는 변경이 발생하는 경우
가스집합 용접장치	주관의 구조를 변경하는 경우
제조등금지물질 또는 허가대상물질 관련 설비, 분진작업 관련 설비	설비의 추가, 변경으로 인하여 후드 제어풍속이 감소하거나 배풍기의 배풍량이 증가하는 경우

② 제출 시 첨부서류(해당 작업 시작 15일 전까지 공단에 2부 제출)

㉠ 설치장소의 개요를 나타내는 서류

㉡ 설비의 도면

㉢ 그 밖에 고용노동부장관이 정하는 도면 및 서류

3. 건설공사 유해 · 위험방지계획서

1) 절차

유해 · 위험방지계획서를 제출하려는 사업주는 건설공사 유해 · 위험방지계획서에 서류를 첨부하여 해당 공사의 착공(유해 · 위험방지계획서 작성 대상 시설물 또는 구조물의 공사를 시작하는 것을 말하며, 대지 정리 및 가설사무소 설치 등의 공사 준비기간은 착공으로 보지 않는다) 전날까지 공단에 2부를 제출하여야 한다.

2) 대상 건설공사

① 다음 각 목의 어느 하나에 해당하는 건축물 또는 시설 등의 건설 · 개조 또는 해체공사
  ㉠ 지상높이가 31미터 이상인 건축물 또는 인공구조물
  ㉡ 연면적 3만 제곱미터 이상인 건축물
  ㉢ 연면적 5천 제곱미터 이상인 시설로서 다음의 어느 하나에 해당하는 시설
    ⓐ 문화 및 집회시설(전시장 및 동물원 · 식물원은 제외)
    ⓑ 판매시설, 운수시설(고속철도의 역사 및 집배송시설은 제외)
    ⓒ 종교시설
    ⓓ 의료시설 중 종합병원
    ⓔ 숙박시설 중 관광숙박시설
    ⓕ 지하도상가
    ⓖ 냉동 · 냉장 창고시설

② 연면적 5천 제곱미터 이상의 냉동 · 냉장창고시설의 설비공사 및 단열공사

③ 최대 지간길이(다리의 기둥과 기둥의 중심 사이의 거리)가 50미터 이상인 다리의 건설 등 공사

④ 터널의 건설 등 공사

⑤ 다목적댐, 발전용댐, 저수용량 2천만 톤 이상의 용수 전용 댐 및 지방상수도 전용 댐의 건설 등 공사

⑥ 깊이 10미터 이상인 굴착공사

3) 제출 시 첨부서류(해당 공사의 착공 전날까지 공단에 2부 제출)

① 공사 개요 및 안전보건관리계획
  ㉠ 공사 개요서
  ㉡ 공사현장의 주변 현황 및 주변과의 관계를 나타내는 도면(매설물 현황을 포함)
  ㉢ 전체 공정표
  ㉣ 산업안전보건관리비 사용계획서
  ㉤ 안전관리 조직표
  ㉥ 재해 발생 위험 시 연락 및 대피방법

② 작업 공사 종류별 유해 · 위험방지계획

건축물 또는 시설 등의 건설 · 개조 또는 해체공사	① 가설공사 ② 구조물공사	③ 마감공사 ④ 기계설비공사	⑤ 해체공사
냉동 · 냉장창고시설의 설비공사 및 단열공사	① 가설공사	② 단열공사	③ 기계설비공사
다리 건설 등의 공사	① 가설공사	② 다리 하부(하부공) 공사	③ 다리 상부(상부공) 공사
터널 건설 등의 공사	① 가설공사	② 굴착 및 발파공사	③ 구조물공사
댐 건설 등의 공사	① 가설공사	② 굴착 및 발파공사	③ 댐 축조공사
굴착공사	① 가설공사	② 굴착 및 발파공사	③ 흙막이 지보공 공사

6 공정안전보고서

사업주는 사업장에 유해하거나 위험한 설비가 있는 경우 그 설비로부터의 위험물질 누출, 화재 및 폭발 등으로 인하여 사업장 내의 근로자에게 즉시 피해를 주거나 사업장 인근 지역에 피해를 줄 수 있는 사고로서 중대산업사고를 예방하기 위하여 공정안전보고서를 작성하고 고용노동부장관에게 제출하여 심사를 받아야 한다. 이 경우 공정안전보고서의 내용이 중대산업사고를 예방하기 위하여 적합하다고 통보받기 전에는 관련된 유해하거나 위험한 설비를 가동해서는 아니 된다.

1. 공정안전보고서의 제출 대상

① 원유 정제처리업
② 기타 석유정제물 재처리업
③ 석유화학계 기초화학물질 제조업 또는 합성수지 및 기타 플라스틱물질 제조업
④ 질소화합물, 질소 · 인산 및 칼리질 화학비료 제조업 중 질소질 비료 제조
⑤ 복합비료 및 기타 화학비료 제조업 중 복합비료 제조(단순혼합 또는 배합에 의한 경우는 제외)
⑥ 화학 살균 · 살충제 및 농업용 약제 제조업(농약 원제 제조만 해당)
⑦ 화약 및 불꽃제품 제조업

2. 공정안전보고서의 세부 내용

포함사항	세부 내용
공정안전 자료	① 취급 · 저장하고 있거나 취급 · 저장하려는 유해 · 위험물질의 종류 및 수량 ② 유해 · 위험물질에 대한 물질안전보건자료 ③ 유해하거나 위험한 설비의 목록 및 사양 ④ 유해하거나 위험한 설비의 운전방법을 알 수 있는 공정도면 ⑤ 각종 건물 · 설비의 배치도 ⑥ 폭발위험장소 구분도 및 전기단선도 ⑦ 위험설비의 안전설계 · 제작 및 설치 관련 지침서
공정위험성 평가서 및 잠재위험에 대한 사고예방 · 피해 최소화 대책	① 체크리스트(Check List) ② 상대위험순위 결정(Dow and Mond Indices) ③ 작업자 실수 분석(HEA) ④ 사고 예상 질문 분석(What – if) ⑤ 위험과 운전 분석(HAZOP) ⑥ 이상위험도 분석(FMECA) ⑦ 결함 수 분석(FTA) ⑧ 사건 수 분석(ETA) ⑨ 원인결과 분석(CCA) ⑩ ①목부터 ⑨목까지의 규정과 같은 수준 이상의 기술적 평가기법

포함사항	세부 내용
안전운전 계획	① 안전운전지침서 ② 설비점검 · 검사 및 보수계획, 유지계획 및 지침서 ③ 안전작업허가 ④ 도급업체 안전관리계획 ⑤ 근로자 등 교육계획 ⑥ 가동 전 점검지침 ⑦ 변경요소 관리계획 ⑧ 자체감사 및 사고조사계획 ⑨ 그 밖에 안전운전에 필요한 사항
비상조치 계획	① 비상조치를 위한 장비 · 인력보유현황 ② 사고 발생 시 각 부서 · 관련 기관과의 비상연락체계 ③ 사고 발생 시 비상조치를 위한 조직의 임무 및 수행 절차 ④ 비상조치계획에 따른 교육계획 ⑤ 주민홍보계획 ⑥ 그 밖에 비상조치 관련 사항

3. 공정안전보고서의 제출

사업주는 제출대상에 따른 유해하거나 위험한 설비의 설치 · 이전 또는 주요 구조부분의 변경공사의 착공일 30일 전까지 공정안전보고서를 2부 작성하여 공단에 제출해야 한다.

7 물질안전보건자료의 작성

1. 물질안전보건자료의 작성 및 제출

화학물질 또는 이를 포함한 혼합물로서 물질안전보건자료대상물질을 제조하거나 수입하려는 자는 물질안전보건자료를 작성하여 고용노동부장관에게 제출하여야 한다.

1) 작성내용

① 제품명

② 물질안전보건자료대상물질을 구성하는 화학물질 중 유해인자의 분류기준에 해당하는 화학물질의 명칭 및 함유량

③ 안전 및 보건상의 취급 주의 사항

④ 건강 및 환경에 대한 유해성, 물리적 위험성

⑤ 물리 · 화학적 특성 등 고용노동부령으로 정하는 사항

㉠ 물리 · 화학적 특성

㉡ 독성에 관한 정보

㉢ 폭발 · 화재 시의 대처방법

㉣ 응급조치 요령

㉤ 그 밖에 고용노동부장관이 정하는 사항

2) 작업공정별 관리 요령에 포함되어야 할 사항

사업주는 물질안전보건자료대상물질을 취급하는 작업공정별로 물질안전보건자료대상물질의 관리 요령을 게시하여야 한다.

① 제품명
② 건강 및 환경에 대한 유해성, 물리적 위험성
③ 안전 및 보건상의 취급 주의 사항
④ 적절한 보호구
⑤ 응급조치 요령 및 사고 시 대처방법

2. 물질안전보건자료 작성 시 포함되어야 할 항목 및 그 순서

① 화학제품과 회사에 관한 정보
② 유해성 · 위험성
③ 구성성분의 명칭 및 함유량
④ 응급조치요령
⑤ 폭발 · 화재 시 대처방법
⑥ 누출사고 시 대처방법
⑦ 취급 및 저장방법
⑧ 노출 방지 및 개인보호구
⑨ 물리화학적 특성
⑩ 안정성 및 반응성
⑪ 독성에 관한 정보
⑫ 환경에 미치는 영향
⑬ 폐기 시 주의사항
⑭ 운송에 필요한 정보
⑮ 법적 규제 현황
⑯ 그 밖의 참고사항

3. 물질안전보건자료에 관한 교육의 시기 및 교육내용

1) 교육의 시기

① 물질안전보건자료대상물질을 제조 · 사용 · 운반 또는 저장하는 작업에 근로자를 배치하게 된 경우
② 새로운 물질안전보건자료대상물질이 도입된 경우
③ 유해성 · 위험성 정보가 변경된 경우

2) 교육내용

① 대상화학물질의 명칭(또는 제품명)
② 물리적 위험성 및 건강 유해성
③ 취급상의 주의사항
④ 적절한 보호구
⑤ 응급조치 요령 및 사고 시 대처방법
⑥ 물질안전보건자료 및 경고표지를 이해하는 방법

SECTION 02 산업안전보건기준에 관한 규칙

1 관리감독자의 유해위험 방지 업무

작업의 종류	직무수행 내용
1. 프레스 등을 사용하는 작업	가. 프레스 등 및 그 방호장치를 점검하는 일 나. 프레스 등 및 그 방호장치에 이상이 발견되면 즉시 필요한 조치를 하는 일 다. 프레스 등 및 그 방호장치에 전환스위치를 설치했을 때 그 전환스위치의 열쇠를 관리하는 일 라. 금형의 부착 · 해체 또는 조정작업을 직접 지휘하는 일
2. 목재가공용 기계를 취급하는 작업	가. 목재가공용 기계를 취급하는 작업을 지휘하는 일 나. 목재가공용 기계 및 그 방호장치를 점검하는 일 다. 목재가공용 기계 및 그 방호장치에 이상이 발견된 즉시 보고 및 필요한 조치를 하는 일 라. 작업 중 지그(jig) 및 공구 등의 사용 상황을 감독하는 일
3. 크레인을 사용하는 작업	가. 작업방법과 근로자 배치를 결정하고 그 작업을 지휘하는 일 나. 재료의 결함 유무 또는 기구 및 공구의 기능을 점검하고 불량품을 제거하는 일 다. 작업 중 안전대 또는 안전모의 착용 상황을 감시하는 일
4. 위험물을 제조하거나 취급하는 작업	가. 작업을 지휘하는 일 나. 위험물을 제조하거나 취급하는 설비 및 그 설비의 부속설비가 있는 장소의 온도 · 습도 · 차광 및 환기 상태 등을 수시로 점검하고 이상을 발견하면 즉시 필요한 조치를 하는 일 다. 나목에 따라 한 조치를 기록하고 보관하는 일
5. 건조설비를 사용하는 작업	가. 건조설비를 처음으로 사용하거나 건조방법 또는 건조물의 종류를 변경했을 때에는 근로자에게 미리 그 작업방법을 교육하고 작업을 직접 지휘하는 일 나. 건조설비가 있는 장소를 항상 정리정돈하고 그 장소에 가연성 물질을 두지 않도록 하는 일
6. 아세틸렌 용접장치를 사용하는 금속의 용접 · 용단 또는 가열작업	가. 작업방법을 결정하고 작업을 지휘하는 일 나. 아세틸렌 용접장치의 취급에 종사하는 근로자로 하여금 다음의 작업요령을 준수하도록 하는 일 (1) 사용 중인 발생기에 불꽃을 발생시킬 우려가 있는 공구를 사용하거나 그 발생기에 충격을 가하지 않도록 할 것 (2) 아세틸렌 용접장치의 가스누출을 점검할 때에는 비눗물을 사용하는 등 안전한 방법으로 할 것 (3) 발생기실의 출입구 문을 열어 두지 않도록 할 것 (4) 이동식 아세틸렌 용접장치의 발생기에 카바이드를 교환할 때에는 옥외의 안전한 장소에서 할 것 다. 아세틸렌 용접작업을 시작할 때에는 아세틸렌 용접장치를 점검하고 발생기 내부로부터 공기와 아세틸렌의 혼합가스를 배제하는 일 라. 안전기는 작업 중 그 수위를 쉽게 확인할 수 있는 장소에 놓고 1일 1회 이상 점검하는 일 마. 아세틸렌 용접장치 내의 물이 동결되는 것을 방지하기 위하여 아세틸렌 용접장치를 보온하거나 가열할 때에는 온수나 증기를 사용하는 등 안전한 방법으로 하도록 하는 일 바. 발생기 사용을 중지하였을 때에는 물과 잔류 카바이드가 접촉하지 않은 상태로 유지하는 일 사. 발생기를 수리 · 가공 · 운반 또는 보관할 때에는 아세틸렌 및 카바이드에 접촉하지 않은 상태로 유지하는 일 아. 작업에 종사하는 근로자의 보안경 및 안전장갑의 착용 상황을 감시하는 일
7. 가스집합용접장치의 취급작업	가. 작업방법을 결정하고 작업을 직접 지휘하는 일 나. 가스집합장치의 취급에 종사하는 근로자로 하여금 다음의 작업요령을 준수하도록 하는 일 (1) 부착할 가스용기의 마개 및 배관 연결부에 붙어 있는 유류 · 찌꺼기 등을 제거할 것 (2) 가스용기를 교환할 때에는 그 용기의 마개 및 배관 연결부 부분의 가스누출을 점검하고 배관 내의 가스가 공기와 혼합되지 않도록 할 것 (3) 가스누출 점검은 비눗물을 사용하는 등 안전한 방법으로 할 것

작업의 종류	직무수행 내용
7. 가스집합용접장치의 취급작업	(4) 밸브 또는 콕은 서서히 열고 닫을 것 다. 가스용기의 교환작업을 감시하는 일 라. 작업을 시작할 때에는 호스 · 취관 · 호스밴드 등의 기구를 점검하고 손상 · 마모 등으로 인하여 가스나 산소가 누출될 우려가 있다고 인정할 때에는 보수하거나 교환하는 일 마. 안전기는 작업 중 그 기능을 쉽게 확인할 수 있는 장소에 두고 1일 1회 이상 점검하는 일 바. 작업에 종사하는 근로자의 보안경 및 안전장갑의 착용 상황을 감시하는 일
8. 거푸집 및 동바리의 고정 · 조립 또는 해체작업/노천굴착작업/흙막이 지보공의 고정 · 조립 또는 해체작업/터널의 굴착작업/구축물 등의 해체작업	가. 안전한 작업방법을 결정하고 작업을 지휘하는 일 나. 재료 · 기구의 결함 유무를 점검하고 불량품을 제거하는 일 다. 작업 중 안전대 및 안전모 등 보호구 착용 상황을 감시하는 일
9. 높이 5미터 이상의 비계(飛階)를 조립 · 해체하거나 변경하는 작업(해체작업의 경우 가목은 적용 제외)	가. 재료의 결함 유무를 점검하고 불량품을 제거하는 일 나. 기구 · 공구 · 안전대 및 안전모 등의 기능을 점검하고 불량품을 제거하는 일 다. 작업방법 및 근로자 배치를 결정하고 작업 진행 상태를 감시하는 일 라. 안전대와 안전모 등의 착용 상황을 감시하는 일
10. 달비계 작업	가. 작업용 섬유로프, 작업용 섬유로프의 고정점, 구명줄의 조정점, 작업대, 고리걸이용 철구 및 안전대 등의 결손 여부를 확인하는 일 나. 작업용 섬유로프 및 안전대 부착설비용 로프가 고정점에 풀리지 않는 매듭방법으로 결속되었는지 확인하는 일 다. 근로자가 작업대에 탑승하기 전 안전모 및 안전대를 착용하고 안전대를 구명줄에 체결했는지 확인하는 일 라. 작업방법 및 근로자 배치를 결정하고 작업 진행 상태를 감시하는 일
11. 발파작업	가. 점화 전에 점화작업에 종사하는 근로자가 아닌 사람에게 대피를 지시하는 일 나. 점화작업에 종사하는 근로자에게 대피장소 및 경로를 지시하는 일 다. 점화 전에 위험구역 내에서 근로자가 대피한 것을 확인하는 일 라. 점화순서 및 방법에 대하여 지시하는 일 마. 점화신호를 하는 일 바. 점화작업에 종사하는 근로자에게 대피신호를 하는 일 사. 발파 후 터지지 않은 장약이나 남은 장약의 유무, 용수(湧水)의 유무 및 토사 등의 낙하 여부 등을 점검하는 일 아. 점화하는 사람을 정하는 일 자. 공기압축기의 안전밸브 작동 유무를 점검하는 일 차. 안전모 등 보호구 착용 상황을 감시하는 일
12. 채석을 위한 굴착작업	가. 대피방법을 미리 교육하는 일 나. 작업을 시작하기 전 또는 폭우가 내린 후에는 토사 등의 낙하 · 균열의 유무 또는 함수(含水) · 용수(湧水) 및 동결의 상태를 점검하는 일 다. 발파한 후에는 발파장소 및 그 주변의 토사 등의 낙하 · 균열의 유무를 점검하는 일
13. 화물취급작업	가. 작업방법 및 순서를 결정하고 작업을 지휘하는 일 나. 기구 및 공구를 점검하고 불량품을 제거하는 일 다. 그 작업장소에는 관계 근로자가 아닌 사람의 출입을 금지하는 일 라. 로프 등의 해체작업을 할 때에는 하대(荷臺) 위의 화물의 낙하위험 유무를 확인하고 작업의 착수를 지시하는 일

작업의 종류	직무수행 내용
14. 부두와 선박에서의 하역작업	가. 작업방법을 결정하고 작업을 지휘하는 일 나. 통행설비 · 하역기계 · 보호구 및 기구 · 공구를 점검 · 정비하고 이들의 사용 상황을 감시하는 일 다. 주변 작업자 간의 연락을 조정하는 일
15. 전로 등 전기작업 또는 그 지지물의 설치, 점검, 수리 및 도장 등의 작업	가. 작업구간 내의 충전전로 등 모든 충전 시설을 점검하는 일 나. 작업방법 및 그 순서를 결정(근로자 교육 포함)하고 작업을 지휘하는 일 다. 작업근로자의 보호구 또는 절연용 보호구 착용 상황을 감시하고 감전재해 요소를 제거하는 일 라. 작업 공구, 절연용 방호구 등의 결함 여부와 기능을 점검하고 불량품을 제거하는 일 마. 작업장소에 관계 근로자 외에는 출입을 금지하고 주변 작업자와의 연락을 조정하며 도로작업 시 차량 및 통행인 등에 대한 교통통제 등 작업 전반에 대해 지휘 · 감시하는 일 바. 활선작업용 기구를 사용하여 작업할 때 안전거리가 유지되는지 감시하는 일 사. 감전재해를 비롯한 각종 산업재해에 따른 신속한 응급처치를 할 수 있도록 근로자들을 교육하는 일
16. 관리대상 유해물질을 취급하는 작업	가. 관리대상 유해물질을 취급하는 근로자가 물질에 오염되지 않도록 작업방법을 결정하고 작업을 지휘하는 업무 나. 관리대상 유해물질을 취급하는 장소나 설비를 매월 1회 이상 순회점검하고 국소배기장치 등 환기설비에 대해서는 다음 각 호의 사항을 점검하여 필요한 조치를 하는 업무. 단, 환기설비를 점검하는 경우에는 다음의 사항을 점검 (1) 후드(hood)나 덕트(duct)의 마모 · 부식, 그 밖의 손상 여부 및 정도 (2) 송풍기와 배풍기의 주유 및 청결 상태 (3) 덕트 접속부가 헐거워졌는지 여부 (4) 전동기와 배풍기를 연결하는 벨트의 작동 상태 (5) 흡기 및 배기 능력 상태 다. 보호구의 착용 상황을 감시하는 업무 라. 근로자가 탱크 내부에서 관리대상 유해물질을 취급하는 경우에 다음의 조치를 했는지 확인하는 업무 (1) 관리대상 유해물질에 관하여 필요한 지식을 가진 사람이 해당 작업을 지휘 (2) 관리대상 유해물질이 들어올 우려가 없는 경우에는 작업을 하는 설비의 개구부를 모두 개방 (3) 근로자의 신체가 관리대상 유해물질에 의하여 오염되었거나 작업이 끝난 경우에는 즉시 몸을 씻는 조치 (4) 비상시에 작업설비 내부의 근로자를 즉시 대피시키거나 구조하기 위한 기구와 그 밖의 설비를 갖추는 조치 (5) 작업을 하는 설비의 내부에 대하여 작업 전에 관리대상 유해물질의 농도를 측정하거나 그 밖의 방법으로 근로자가 건강에 장해를 입을 우려가 있는지를 확인하는 조치 (6) 제(5)에 따른 설비 내부에 관리대상 유해물질이 있는 경우에는 설비 내부를 충분히 환기하는 조치 (7) 유기화합물을 넣었던 탱크에 대하여 제(1)부터 제(6)까지의 조치 외에 다음의 조치 (가) 유기화합물이 탱크로부터 배출된 후 탱크 내부에 재유입되지 않도록 조치 (나) 물이나 수증기 등으로 탱크 내부를 씻은 후 그 씻은 물이나 수증기 등을 탱크로부터 배출 (다) 탱크 용적의 3배 이상의 공기를 채웠다가 내보내거나 탱크에 물을 가득 채웠다가 내보내거나 탱크에 물을 가득 채웠다가 배출 마. 나목에 따른 점검 및 조치 결과를 기록 · 관리하는 업무
17. 허가대상 유해물질 취급작업	가. 근로자가 허가대상 유해물질을 들이마시거나 허가대상 유해물질에 오염되지 않도록 작업수칙을 정하고 지휘하는 업무 나. 작업장에 설치되어 있는 국소배기장치나 그 밖에 근로자의 건강장해 예방을 위한 장치 등을 매월 1회 이상 점검하는 업무 다. 근로자의 보호구 착용 상황을 점검하는 업무
18. 석면 해체 · 제거 작업	가. 근로자가 석면분진을 들이마시거나 석면분진에 오염되지 않도록 작업방법을 정하고 지휘하는 업무 나. 작업장에 설치되어 있는 석면분진 포집장치, 음압기 등의 장비의 이상 유무를 점검하고 필요한 조치를 하는 업무 다. 근로자의 보호구 착용 상황을 점검하는 업무

작업의 종류	직무수행 내용
19. 고압작업	가. 작업방법을 결정하여 고압작업자를 직접 지휘하는 업무 나. 유해가스의 농도를 측정하는 기구를 점검하는 업무 다. 고압작업자가 작업실에 입실하거나 퇴실하는 경우에 고압작업자의 수를 점검하는 업무 라. 작업실에서 공기조절을 하기 위한 밸브나 콕을 조작하는 사람과 연락하여 작업실 내부의 압력을 적정한 상태로 유지하도록 하는 업무 마. 공기를 기압조절실로 보내거나 기압조절실에서 내보내기 위한 밸브나 콕을 조작하는 사람과 연락하여 고압작업자에 대하여 가압이나 감압을 다음과 같이 따르도록 조치하는 업무 (1) 가압을 하는 경우 1분에 제곱센티미터당 0.8킬로그램 이하의 속도로 함 (2) 감압을 하는 경우에는 고용노동부장관이 정하여 고시하는 기준에 맞도록 함 바. 작업실 및 기압조절실 내 고압작업자의 건강에 이상이 발생한 경우 필요한 조치를 하는 업무
20. 밀폐공간 작업	가. 산소가 결핍된 공기나 유해가스에 노출되지 않도록 작업 시작 전에 해당 근로자의 작업을 지휘하는 업무 나. 작업을 하는 장소의 공기가 적절한지를 작업 시작 전에 측정하는 업무 다. 측정장비 · 환기장치 또는 공기호흡기 또는 송기마스크를 작업 시작 전에 점검하는 업무 라. 근로자에게 공기호흡기 또는 송기마스크의 착용을 지도하고 착용 상황을 점검하는 업무

2 작업 시작 전 점검사항

작업의 종류	점검내용
1. 프레스 등을 사용하여 작업을 할 때	가. 클러치 및 브레이크의 기능 나. 크랭크축 · 플라이휠 · 슬라이드 · 연결봉 및 연결 나사의 풀림 여부 다. 1행정 1정지기구 · 급정지장치 및 비상정지장치의 기능 라. 슬라이드 또는 칼날에 의한 위험방지기구의 기능 마. 프레스의 금형 및 고정볼트 상태 바. 방호장치의 기능 사. 전단기의 칼날 및 테이블의 상태
2. 로봇의 작동 범위에서 그 로봇에 관하여 교시 등(로봇의 동력원을 차단하고 하는 것은 제외한다)의 작업을 할 때	가. 외부 전선의 피복 또는 외장의 손상 유무 나. 매니퓰레이터(manipulator) 작동의 이상 유무 다. 제동장치 및 비상정지장치의 기능
3. 공기압축기를 가동할 때	가. 공기저장 압력용기의 외관 상태 나. 드레인밸브(drain valve)의 조작 및 배수 다. 압력방출장치의 기능 라. 언로드밸브(unloading valve)의 기능 마. 윤활유의 상태 바. 회전부의 덮개 또는 울 사. 그 밖의 연결 부위의 이상 유무
4. 크레인을 사용하여 작업을 하는 때	가. 권과방지장치 · 브레이크 · 클러치 및 운전장치의 기능 나. 주행로의 상측 및 트롤리(trolley)가 횡행하는 레일의 상태 다. 와이어로프가 통하고 있는 곳의 상태
5. 이동식 크레인을 사용하여 작업을 할 때	가. 권과방지장치나 그 밖의 경보장치의 기능 나. 브레이크 · 클러치 및 조정장치의 기능 다. 와이어로프가 통하고 있는 곳 및 작업장소의 지반상태
6. 리프트(자동차정비용 리프트를 포함)를 사용하여 작업을 할 때	가. 방호장치 · 브레이크 및 클러치의 기능 나. 와이어로프가 통하고 있는 곳의 상태

작업의 종류	점검내용
7. 곤돌라를 사용하여 작업을 할 때	가. 방호장치 · 브레이크의 기능 나. 와이어로프 · 슬링와이어(sling wire) 등의 상태
8. 양중기의 와이어로프 · 달기체인 · 섬유로프 · 섬유벨트 또는 훅 · 샤클 · 링 등의 철구를 사용하여 고리걸이작업을 할 때	와이어로프등의 이상 유무
9. 지게차를 사용하여 작업을 하는 때	가. 제동장치 및 조종장치 기능의 이상 유무 나. 하역장치 및 유압장치 기능의 이상 유무 다. 바퀴의 이상 유무 라. 전조등 · 후미등 · 방향지시기 및 경보장치 기능의 이상 유무
10. 구내운반차를 사용하여 작업을 할 때	가. 제동장치 및 조종장치 기능의 이상 유무 나. 하역장치 및 유압장치 기능의 이상 유무 다. 바퀴의 이상 유무 라. 전조등 · 후미등 · 방향지시기 및 경음기 기능의 이상 유무 마. 충전장치를 포함한 홀더 등의 결합상태의 이상 유무
11. 고소작업대를 사용하여 작업을 할 때	가. 비상정지장치 및 비상하강 방지장치 기능의 이상 유무 나. 과부하 방지장치의 작동 유무(와이어로프 또는 체인구동방식의 경우) 다. 아웃트리거 또는 바퀴의 이상 유무 라. 작업면의 기울기 또는 요철 유무 마. 활선작업용 장치의 경우 홈 · 균열 · 파손 등 그 밖의 손상 유무
12. 화물자동차를 사용하는 작업을 하게 할 때	가. 제동장치 및 조종장치의 기능 나. 하역장치 및 유압장치의 기능 다. 바퀴의 이상 유무
13. 컨베이어 등을 사용하여 작업을 할 때	가. 원동기 및 풀리(pulley) 기능의 이상 유무 나. 이탈 등의 방지장치 기능의 이상 유무 다. 비상정지장치 기능의 이상 유무 라. 원동기 · 회전축 · 기어 및 풀리 등의 덮개 또는 울 등의 이상 유무
14. 차량계 건설기계를 사용하여 작업을 할 때	브레이크 및 클러치 등의 기능
14의 2. 용접 · 용단 작업 등의 화재위험작업을 할 때	가. 작업 준비 및 작업 절차 수립 여부 나. 화기작업에 따른 인근 가연성 물질에 대한 방호조치 및 소화기구 비치 여부 다. 용접불티 비산방지덮개 또는 용접방화포 등 불꽃 · 불티 등의 비산을 방지하기 위한 조치 여부 라. 인화성 액체의 증기 또는 인화성 가스가 남아 있지 않도록 하는 환기 조치 여부 마. 작업근로자에 대한 화재예방 및 피난교육 등 비상조치 여부
15. 이동식 방폭구조 전기기계 · 기구를 사용할 때	전선 및 접속부 상태
16. 근로자가 반복하여 계속적으로 중량물을 취급하는 작업을 할 때	가. 중량물 취급의 올바른 자세 및 복장 나. 위험물이 날아 흩어짐에 따른 보호구의 착용 다. 카바이드 · 생석회(산화칼슘) 등과 같이 온도 상승이나 습기에 의하여 위험성이 존재하는 중량물의 취급방법 라. 그 밖에 하역운반기계 등의 적절한 사용방법
17. 양화장치를 사용하여 화물을 싣고 내리는 작업을 할 때	가. 양화장치의 작동상태 나. 양화장치에 제한하중을 초과하는 하중을 실었는지 여부
18. 슬링 등을 사용하여 작업을 할 때	가. 훅이 붙어 있는 슬링 · 와이어슬링 등이 매달린 상태 나. 슬링 · 와이어슬링 등의 상태(작업시작 전 및 작업 중 수시로 점검)

3 밀폐공간 내 작업 시의 조치 등

1. 용어의 정의

① **유해가스** : 이산화탄소 · 일산화탄소 · 황화수소 등의 기체로서 인체에 유해한 영향을 미치는 물질을 말한다.

② **적정 공기** : 산소농도의 범위가 18퍼센트 이상 23.5퍼센트 미만, 이산화탄소의 농도가 1.5퍼센트 미만, 일산화탄소의 농도가 30피피엠 미만, 황화수소의 농도가 10피피엠 미만인 수준의 공기를 말한다.

③ **산소결핍** : 공기 중의 산소농도가 18퍼센트 미만인 상태를 말한다.

④ **산소결핍증** : 산소가 결핍된 공기를 들이마심으로써 생기는 증상을 말한다.

⑤ **밀폐공간** : 산소결핍, 유해가스로 인한 질식 · 화재 · 폭발 등의 위험이 있는 장소를 말한다.

2. 밀폐공간 보건작업 프로그램 수립 · 시행 등

① 밀폐공간에서 근로자에게 작업을 하도록 하는 경우 다음 각 호의 내용이 포함된 밀폐공간 작업 프로그램을 수립하여 시행하여야 한다.

㉠ 사업장 내 밀폐공간의 위치 파악 및 관리방안
㉡ 밀폐공간 내 질식 · 중독 등을 일으킬 수 있는 유해 · 위험 요인의 파악 및 관리방안
㉢ 밀폐공간 작업 시 사전 확인이 필요한 사항에 대한 확인 절차
㉣ 안전보건교육 및 훈련
㉤ 그 밖에 밀폐공간 작업 근로자의 건강장해 예방에 관한 사항

② 근로자가 밀폐공간에서 작업을 시작하기 전에 다음의 사항을 확인하여 근로자가 안전한 상태에서 작업하도록 하여야 한다.

㉠ 작업 일시, 기간, 장소 및 내용 등 작업 정보
㉡ 관리감독자, 근로자, 감시인 등 작업자 정보
㉢ 산소 및 유해가스 농도의 측정 결과 및 후속조치 사항
㉣ 작업 중 불활성 가스 또는 유해가스의 누출 · 유입 · 발생 가능성 검토 및 후속조치 사항
㉤ 작업 시 착용하여야 할 보호구의 종류
㉥ 비상연락체계

③ 밀폐공간에서의 작업이 종료될 때까지 ②의 내용을 해당 작업장 출입구에 게시하여야 한다.

3. 밀폐공간 내 작업 시의 조치사항

① **환기**

㉠ 근로자가 밀폐공간에서 작업을 하는 경우에 작업을 시작하기 전과 작업 중에 해당 작업장을 적정 공기 상태가 유지되도록 환기하여야 한다. 다만, 폭발이나 산화 등의 위험으로 인하여 환기할 수

없거나 작업의 성질상 환기하기가 매우 곤란한 경우에는 근로자에게 공기호흡기 또는 송기마스크를 지급하여 착용하도록 하고 환기하지 아니할 수 있다.

㉡ 근로자는 지급된 보호구를 착용하여야 한다.

② **인원의 점검** : 근로자가 밀폐공간에서 작업을 하는 경우에 그 장소에 근로자를 입장시킬 때와 퇴장시킬 때마다 인원을 점검하여야 한다.

③ **출입의 금지**

㉠ 사업장 내 밀폐공간을 사전에 파악하여 밀폐공간에는 관계 근로자가 아닌 사람의 출입을 금지하고, 출입금지 표지를 밀폐공간 근처의 보기 쉬운 장소에 게시하여야 한다.

㉡ 근로자는 출입이 금지된 장소에 사업주의 허락 없이 출입해서는 아니 된다.

④ **감시인의 배치**

㉠ 근로자가 밀폐공간에서 작업을하는 동안 작업상황을 감시할 수 있는 감시인을 지정하여 밀폐공간 외부에 배치하여야 한다.

㉡ 감시인은 밀폐공간에 종사하는 근로자에게 이상이 있을 경우에 구조요청 등 필요한 조치를 한 후 이를 즉시 관리감독자에게 알려야 한다.

㉢ 근로자가 밀폐공간에서 작업을 하는 동안 그 작업장과 외부의 감시인 간에 항상 연락을 취할 수 있는 설비를 설치하여야 한다.

⑤ **안전대**

㉠ 밀폐공간에서 작업하는 근로자가 산소결핍이나 유해가스로 인하여 추락할 우려가 있는 경우에는 해당 근로자에게 안전대나 구명밧줄, 공기호흡기 또는 송기마스크를 지급하여 착용하도록 하여야 한다.

㉡ 안전대나 구명밧줄을 착용하도록 하는 경우에 이를 안전하게 착용할 수 있는 설비 등을 설치하여야 한다.

㉢ 근로자는 지급된 보호구를 착용하여야 한다.

⑥ **대피용 기구의 비치** : 근로자가 밀폐공간에서 작업을 하는 경우에 공기호흡기 또는 송기마스크, 사다리 및 섬유로프 등 비상시에 근로자를 피난시키거나 구출하기 위하여 필요한 기구를 갖추어 두어야 한다.

⑦ **구출 시 공기호흡기 또는 송기마스크의 사용**

㉠ 밀폐공간에서 위급한 근로자를 구출하는 작업을 하는 경우 그 구출작업에 종사하는 근로자에게 공기호흡기 또는 송기마스크를 지급하여 착용하도록 하여야 한다.

㉡ 근로자는 지급된 보호구를 착용하여야 한다.

⑧ **보호구의 지급** : 공기호흡기 또는 송기마스크를 지급하는 때에 근로자에게 질병 감염의 우려가 있는 경우에는 개인전용의 것을 지급하여야 한다.

PART 02

인간공학 및 위험성 평가 · 관리

CHAPTER

01 안전과 인간공학

SECTION 01 인간공학의 정의

1 정의 및 목적

1. 정의

① 인간의 특성과 한계 능력을 공학적으로 분석 · 평가하여 이를 복잡한 체계의 설계에 응용함으로써 효율을 최대로 활용할 수 있도록 하는 학문 분야이다.

② 인간의 생리적 · 심리적 요소를 연구하여 기계나 설비를 인간의 특성에 맞추어 설계하고자 하는 것이다.

③ 사람과 작업 간의 적합성에 관한 과학을 말한다.

④ 인간공학의 초점은 인간이 만들어 생활의 여러 가지 면에서 사용하는 물건, 기구 또는 환경을 설계하는 과정에서 인간을 고려하는 데 있다.

2. 인간공학의 용어

① ergonomics : 유럽을 중심으로 작업자와 생산성에 초점을 맞춘 연구에 주로 사용
ergon(작업의 의미를 가진 그리스어 : work)+nomos(법칙의 의미 : rules, law)의 두 단어로부터 만들어진 합성어

② human factors engineering, human factors
미국에서 실험심리학과 시스템 공학을 배경으로 국방문제에 초점을 맞춘 용어

③ human engineering, engineering psychology
자신의 연구 분야를 묘사하는 데 일부 사용하는 용어

3. 인간공학의 목적

① 안전성 향상 및 사고 방지
② 기계조작의 능률성과 생산성의 향상
③ 작업환경의 쾌적성 향상

2 배경 및 필요성

1. 배경

인간공학이 인식되기 시작한 것은 1904년대부터로 인간공학이 체계의 설계나 개발에 응용되어 온 역사는 비교적 짧지만 그동안 많은 발전을 하였고 이에 따라 여러 관점의 변화를 가져왔다.

① **기계 위주의 설계 철학** : 기계가 존재하고 여기에 맞는 사람을 선발하거나 훈련을 통하여 인간을 기계에 맞추려고 하였다.

② **인간 위주의 설계 관점** : 기계를 인간에게 맞추려고 하였다.

③ **인간과 기계시스템의 관점** : 인간과 기계를 적절히 결합시킨 최적 통합체계의 설계를 강조하게 되었다.

④ 시스템, 설비, 환경의 창조과정에서 기본적인 인생의 가치기준에 초점을 둔 인간의 복지 향상을 중심으로 설계되고 있다.

2. 필요성

① 기술개발의 변화가 빠르게 진행되면서 설계의 초기단계에서부터 인간요소를 체계적으로 고려할 필요가 있게 되었다.

② 인간공학이 근로자에게 안전과 건강을 보장해 주는 중요한 역할을 하기 때문에 회사의 비용을 절감해 주고 이익을 준다.

③ 좋은 인간공학적 디자인은 생산성 및 품질을 향상시키고, 비용을 절감할 수 있다.

3 사업장에서의 인간공학 적용 분야

1. 사업장에서 인간공학의 효과

① 생산성의 향상
② 작업자의 건강 및 안전 향상
③ 직무 만족도의 향상
④ 이직률 및 작업손실시간의 감소
⑤ 노사 간의 신뢰 구축

2. 인간공학의 적용 분야

① 작업설계와 조직의 변경
② 재해 및 질병의 예방
③ 제품의 사용성 평가
④ 작업 환경의 개선
⑤ 핵발전소 제어실 설계
⑥ 고기술 제품의 인터페이스 디자인
⑦ 장비 및 공구의 설계 등

4 인간공학의 연구방법

1. 인간공학의 연구방법

묘사적 연구	현장연구로 인간기준이 사용됨
실험적 연구	어떤 변수가 행동에 미치는 영향을 시험
평가적 연구	시스템이나 제품의 영향 평가

2. 실험연구에서의 변수

① **독립변수** : 조명, 기기의 설계, 정보경로, 중력 등과 같이 조사 연구되어야 할 인자이다.(실험자가 조작하는 변수, 즉 실험에서 자극을 주는 변수)

㉠ 과업 관련 변수 : 조절막대의 길이, 상자의 크기, 화상 표시장치의 종류

㉡ 환경변수 : 조도, 소음, 진동

㉢ 피검사자 관련 변수 : 성별, 신장, 연령, 경험

② **종속변수** : 독립변수의 가능한 '효과'의 척도이다. 종속변수는 보통 기준(Criterion)이라고도 부른다.(자극에 대한 반응이나 결과를 나타내는 변수로 독립변수의 변화에 따라 변한다.)

3. 실험실 대 현장연구

조사연구자가 특정한 연구를 수행하기 위해서는 흔히 그 연구를 어떤 상황에서 실시할 것인가를 선택할 수 있다. 실험의 목적, 변수관리의 용이성, 사실성, 피실험자의 동기, 피실험자의 안전 등을 고려하여 결정을 내려야 한다.

구분	장점	단점
실험실 연구	① 변수의 통제가 용이 ② 주위 환경 간섭의 제거가 가능 ③ 안전의 확보	사실성이나 현장감이 부족
현장연구	① 사실성이나 현장감 ② 연구결과를 현실세계의 작업환경에 일반화시키기가 용이	① 변수의 통제가 곤란 ② 주위 환경 간섭의 제거가 곤란 ③ 시간과 비용
모의실험	① 어느 정도 사실성 확보 ② 변수의 통제가 용이 ③ 안전의 확보	고비용

4. 연구 및 체계 개발에 있어서의 기준

1) 기준의 유형

① 체계 기준(System Criteria) : 근본적으로 체계 기준이란 체계의 성능이나 산출물(Out Put)에 관련되는 기준이다. 즉, 체계가 원래 의도한 바를 얼마나 달성하는지 반영하는 기준이다.

㉠ 체계의 예상수명
㉡ 운용이나 사용상의 용이성
㉢ 정비도
㉣ 신뢰도
㉤ 운용비
㉥ 소요 인력

② 인간 기준(Human Criteria)

㉠ 인간성능 척도(Human Performance)

ⓐ 여러 가지 감각활동, 정신활동, 근육활동에 의한 빈도 척도, 인간의 신뢰도 등을 사용한다.

ⓑ 키를 누른 수와 같은 빈도수, 최대근력 등의 강도, 반응시간 등

㉡ 생리학적(Physiological) 지표

ⓐ 심박수, 혈압, 혈액의 성분, 전기피부 반응, 뇌파, 분당 호흡수, 피부온도, 혈당량 등의 척도가 있다.

ⓑ 신체활동에 관한 육체적, 정신적 활동정도를 측정하는 데 사용된다.

㉢ 주관적 반응(Subjective Response)

ⓐ 개인성능의 평점, 체계 설계면의 대안들의 평점, 체계에 사용되는 여러 가지 다른 유형의 정보의 판단된 중요도 평점 등이 있다.

ⓑ 의자의 안락감, 컴퓨터 시스템의 사용 편의성 등과 같이 피실험자의 의견이나 평가를 나타내는 것이다.

㉣ 사고 빈도(Accident Frequency)

ⓐ 사고나 상해 발생 빈도가 적절한 기준이 될 수 있다.

ⓑ 단위거리당 사상자 수

③ 작업성능 기준

㉠ 작업의 결과에 관한 효율을 나타내며, 일반적으로 작업에 따른 출력의 양이나 출력의 질, 작업시간 등이 작업의 성능을 나타내는 데 이용된다.

㉡ 작업성능 기준의 예시

출력의 양	타자 입력 작업에서 단위시간당 얼마나 많은 글자를 입력하는가에 관한 기준
출력의 질	얼마나 많은 오타가 있는지에 관한 기준
작업시간	특정 입력 분량을 얼마 동안의 시간에 끝냈는지에 관한 기준

2) 연구 기준의 요건

실제적 요건	평가 척도는 현실성을 가지고 있어야 하며, 실질적으로 이용하기가 용이해야 한다. 즉, 객관적이고, 정량적이며, 강요적이지 않고, 수집이 쉬우며, 자료수집 기법이나 기기가 특수하지 않고, 돈이나 실험자의 수고가 적게 드는 것이어야 한다.
적절성(타당성)	기준이 의도된 목적에 적당하다고 판단되는 정도
무오염성	측정하고자 하는 변수 외의 다른 변수의 영향을 받아서는 안 된다.
기준 척도의 신뢰성	사용되는 척도의 신뢰성, 즉 반복성을 말한다.
민감도	기대되는 차이에 적합한 정도의 단위로 측정이 가능해야 한다. 즉, 피실험자 사이에서 볼 수 있는 예상 차이점에 비례하는 단위로 측정해야 함을 의미한다.

SECTION 02 인간-기계체계

1 시스템의 특성

1. 시스템의 의의

시스템이란 구성요소(Component)들이 모여서 정보를 주고받으며, 어떤 과업의 수행이나 목적 달성을 위해 공동작업하는 조직화된 구성요소의 집합체를 의미한다.

2. 시스템의 특성

① 시스템은 목표를 가지고 있다.
② 시스템은 반드시 정해진 절차에 따라 작동된다.
③ 시스템은 여러 개의 구성요소로 구성된다.
④ 시스템의 구성요소는 상호 유기적인 협조관계를 유지하여야만 한다.
⑤ 시스템의 출력은 피드백(Feedback)되어 사용자에게 이익을 주도록 조절된다.

2 인간-기계시스템의 정의 및 유형

1. 인간-기계시스템(Man-Machine System)의 정의

어떤 환경조건하에서 주어진 입력으로부터 원하는 결과를 생성하기 위한 인간과 기계시스템의 기능적이고 조화로운 결합을 의미하는 것으로 주목적은 안전의 최대화와 능률의 극대화이다.

2. 인간-기계시스템의 기본 기능 및 업무

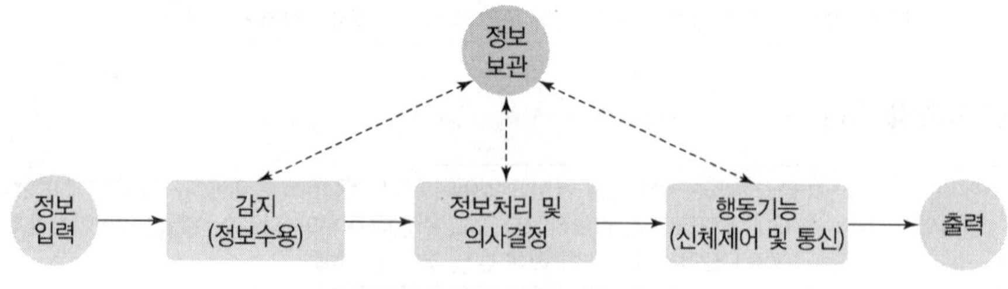

| 인간-기계시스템의 기본 기능 |

1) 정보입력(In Put)

원하는 결과를 얻기 위한 재료(물체나 물질, 정보, 전력, 열 등과 같은 에너지 등)

2) 감지(Sensing)

① 정보수용의 과정
② 인간에 의한 감지에는 시각, 청각, 촉각과 같은 여러 종류의 기관이 사용된다.
③ 기계의 감지장치에는 전자, 사진, 음파탐지기, 기계적인 여러 종류가 있다.
④ **인간의 자극반응시간** : 청각(0.17초) > 촉각(0.18초) > 시각(0.2초) > 통각(0.70초)

3) 정보보관(Information Storage)

① **인간의 정보저장** : 학습과정을 통해 축적한 기억
② **기계의 정보저장** : 펀치카드, 자기테이프, 기록, 자료표, 녹음테이프 등으로 보관
③ **정보의 보관형태** : 암호화 · 부호화된 형태로 보관

4) 정보처리 및 의사결정(Information Processing and Decision)

① 정보처리란 감지한(받은) 정보를 가지고 수행하는 여러 종류의 조작을 말한다.
② **인간의 정보처리 시간** : 0.5초

5) 행동기능(Action Function)

① 내려진 의사결정의 결과로 발생하는 조작행위를 일컫는다.
② **물리적인 조종행위** : 조종장치 작동, 물체나 물건을 취급, 이동, 변경, 개조 행위
③ **본질적 통신행위** : 음성(사람의 경우), 신호, 기록 등의 행위

6) 출력(Out Put)

① 제품의 변화, 전달된 통신, 제공된 용역(Service)과 같은 체계의 성과나 결과
② 문제되는 체계가 많은 부품을 포함한다면 한 부품의 출력은 흔히 다른 부품의 입력으로서의 역할을 담당

3. 인간-기계 통합시스템의 유형

1) 정보의 피드백 여부에 의한 분류

폐회로(Closed-loop) 시스템	현재 출력과 시스템 목표와의 오차를 연속적 또는 주기적으로 피드백을 받아 시스템의 목적을 달성할 때까지 제어하는 시스템 예 자동차 운전 등과 같이 연속적인 제어가 필요한 것 등
개회로(Open-loop) 시스템	일단 작동된 후에는 더 이상 제어가 안 되거나 제어할 필요가 없는 미리 정해진 절차에 의해 진행되는 시스템 예 총이나 활을 쏘는 것 등

2) 인간의 제어 정도에 의한 분류

수동시스템	① 수공구나 기타 보조물로 이루어지며 자신의 신체적인 힘을 원동력으로 사용하여 작업을 통제하는 시스템(인간이 사용자나 동력원으로 가능) ② 다양성 있는 체계로 역할할 수 있는 능력을 충분히 활용하는 시스템 예 장인과 공구, 가수와 앰프
기계시스템	① 고도로 통합된 부품들로 구성되어 있으며, 일반적으로 변화가 거의 없는 기능들을 수행하는 시스템 ② 운전자의 조종에 의해 운용되며 융통성이 없는 시스템 ③ 동력은 기계가 제공하며, 조종장치를 사용하여 통제하는 것은 사람 ④ 반자동 시스템이라고도 함 예 엔진, 자동차, 공작기계
자동시스템	① 체계가 감지, 정보보관, 정보처리 및 의사결정, 행동을 포함한 모든 임무를 수행하는 체계 ② 대부분의 자동시스템은 폐회로를 갖는 체계이며, 인간요소를 고려하여야 함 ③ 신뢰성이 완전한 자동체계란 불가능하므로 인간은 감시, 정비, 보전, 계획수립 등의 기능을 수행함 예 자동화된 처리공장, 자동교환대, 컴퓨터

SECTION 03 체계 설계와 인간요소

1 시스템(체계) 설계 과정

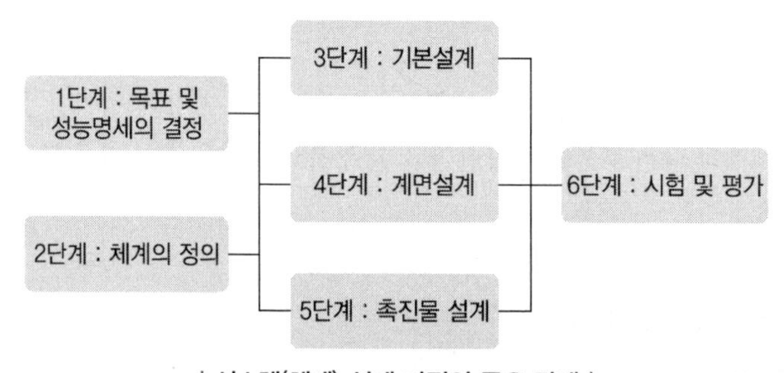

| 시스템(체계) 설계 과정의 주요 단계 |

1. 시스템(체계) 설계 과정

1) 제1단계 : 목표 및 성능명세의 결정

① 체계가 설계되기 전에 우선 그 목적이나 존재 이유가 있어야 한다.

② 체계의 성능명세란 목표달성을 위해 해야 하는 것을 상세하게 기록하는 것

③ 사용자 집단의 기술적인 면이나 특수한 환경적인 면 등을 고려

④ 사용상 필요로 하는 기능적인 면을 고려

2) 제2단계 : 시스템(체계)의 정의

① 어떤 체계(특히 복잡한 것)의 경우에 있어서는 목적을 달성하기 위해서 특정한 기본적인 기능(임무)들이 수행되어야 한다.

예 우편 업무에서는 우편물의 수집, 일반 구역별 분류, 수송, 지역별 분류, 배달 등의 임무를 수행하여야 한다.

② 기능분석 단계 : 목적 달성을 위해 어떠한 방법으로 기능이 수행되는가보다는 어떤 기능들이 필요한가에 관심을 두어야 한다.

3) 제3단계 : 기본설계

① 체계 개발 단계 중 체계의 형태가 갖추기 시작하는 단계

② 주요 인간공학 활동에는 ㉠ 인간, 하드웨어, 소프트웨어에 기능할당, ㉡ 인간 성능 요건 명세, ㉢ 직무분석, ㉣ 작업설계가 있다.

③ 기능할당(인간, 하드웨어, 소프트웨어)

수행되어야 할 기능들이 주어졌을 때, 어떤 경우에는 어떤 특정한 기능을 인간에게 할당할 수도 있고 또는 기계부품에 할당할 수도 있을 때가 있다.

㉠ 인간과 기계의 재능 비교

구분	인간이 우수한 재능	기계가 우수한 재능
감지기능	① 저에너지 자극 감지 ② 복잡다양한 자극형태 식별 ③ 예기치 못한 사건 감지	① 인간의 정상적 감지 범위 밖의 자극 감지 ② 인간 및 기계에 대한 모니터 기능 ③ 드물게 발생하는 사상 감지
정보저장	많은 양의 정보를 장시간 보관	암호화된 정보를 신속하게 대량 보관
정보처리 및 결심	① 관찰을 통해 일반화 ② 귀납적 추리 ③ 원칙 적용 ④ 다양한 문제해결	① 연역적 추리 ② 정량적 정보처리
행동기능	과부하 상태에서는 중요한 일에만 전념	① 과부하 상태에서도 효율적 작동 ② 장시간 중량작업 ③ 반복작업, 동시에 여러 가지 작업 가능

㉡ 구체적인 기능의 비교

ⓐ 인간이 기계보다 우수한 기능

- 매우 낮은 수준의 자극(시각, 청각, 촉각, 후각, 미각)을 감지한다.
- 수신 상태가 나쁜 음극선관에 나타나는 영상과 같이 배경잡음이 심한 경우에도 신호를 인지할 수 있다.
- 항공 사진의 피사체나 말소리처럼 상황에 따라 변화하는 복잡한 자극의 형태를 식별할 수 있다.
- 주위의 예기치 못한 상황을 감지할 수 있다.
- 많은 양의 정보를 오랜 기간 동안 보관하였다가 적절한 정보를 상기한다.
- 다양한 경험을 토대로 의사결정을 한다.

- 어떤 운용 방법이 실패할 경우, 다른 방법을 선택한다.
- 관찰을 통해서 일반화하여 귀납적으로 추리한다.
- 원칙을 적용하여 다양한 문제를 해결한다.
- 완전히 새로운 해결책을 찾을 수 있다.
- 다양한 운용상의 요건에 맞추어서 신체적인 반응을 적응시킨다.
- 과부하 상황에서 불가피한 경우에는 중요한 일에만 전념한다.
- 주관적으로 추산하고 평가한다.

ⓑ 기계가 인간보다 우수한 기능
- 인간의 정상적인 감지 범위 밖에 있는 자극(X선, 레이더파, 초음파 등)을 감지한다.
- 사전에 명시된 사상(Event), 특히 드물게 발생하는 사상을 감지한다.
- 입력신호에 대해 신속하게 일관성 있는 반응을 한다.
- 암호화된 정보를 신속하게 대량으로 보관할 수 있다.
- 정해진 프로그램에 따라 정량적인 정보처리를 한다.
- 반복적인 작업을 신뢰성 있게 수행할 수 있다.
- 연역적으로 추리한다.
- 상당히 큰 물리적인 힘을 규율 있게 발휘한다.
- 여러 개의 프로그램된 행동을 동시에 수행한다.
- 물리적인 양을 계수하거나 측정한다.
- 주의가 소란하여도 효율적으로 작동한다.
- 과부하에서도 효율적으로 작동한다.
- 구체적인 지시에 의해 암호화된 정보를 신속하고 정확하게 회수한다.

㉢ 인간－기계 비교의 한계점

인간과 기계능력에 대한 실용성 한계	① 일반적인 인간과 기계의 비교가 항상 적용되지 않는다. ② 상대적인 비교는 항상 변하기 마련이다. ③ 최선의 성능을 마련하는 것이 항상 중요한 것은 아니다. ④ 기능의 수행이 유일한 기준은 아니다. ⑤ 기능의 할당에서 사회적인 또 이에 관련된 가치들을 고려해 넣어야 한다.
기계가 갖고 있는 한계점	① 기계는 융통적이지 못하다. ② 기계는 임기응변을 하지 못한다. ③ 기계는 예기치 못한 사건들을 감지할 수 없다.

④ 인간 성능 요건 명세

㉠ 설계팀이 인간에 의해서 수행될 기능들을 식별한 후 다음 단계는 그 기능들의 인간 성능 요구 조건을 결정하는 것이다.

㉡ 인간 성능 요건이란 체계(시스템)가 요구 조건을 만족하기 위하여 인간이 달성하여야 하는 성능 특성들이다.

㉢ 인간의 성능 특성은 필요한 정확도, 속도, 숙련된 성능을 개발하는 데 필요한 시간 및 사용자 만족도 등이 있다.

⑤ 직무분석

설계단계에서 직무분석을 하는 목적은 설계를 좀 더 개선시키는 데 기여하는 것과 최종 설계에 사실상 있게 될 각 작업의 명세를 마련하기 위한 것이며, 이러한 명세는 요원명세, 인력수요, 훈련계획 등의 개발 등 다양한 목적에서 사용된다.

⑥ 작업설계

㉠ 사람들이 사용하는 장비나 다른 설비의 설계는 그들이 수행하는 작업의 특성을 어느 정도 미리 결정한다. 따라서 어떤 종류의 장비를 설계하는 사람은 사실상 그 장비를 사용하는 사람의 작업을 설계하는 것이다.

㉡ 작업설계 시 철학적으로 고려해야 할 점

ⓐ 작업확대(Job Enlargement)

ⓑ 작업윤택화(Job Enrichment)

ⓒ 작업만족도(Job Satisfaction)

ⓓ 작업순환(Job Rotation)

㉢ 인간 요소적 접근방법 : 주로 능률과 생산성을 강조하고 있으며, 확대된 작업보다는 좀 더 분화되고 숙련을 덜 요하는 작업을 지향한다.

㉣ 작업설계 시의 딜레마(Dilemma) : 작업능률과 동시에 작업자에게 작업 만족의 기회를 제공한다는 것(작업능률과 작업만족도 간의 딜레마)

4) 제4단계 : 계면(interface)설계

① 인간-기계체계에서 인간과 기계가 만나는 면(面)을 계면이라고 한다.

② 이 시기에 내려지는 설계 결정들의 특성은 사용자에게 불편을 주어 체계의 성능을 저하시킬 수도 있고, 반대로 적절하게 설계되었다면 사용자에게 편의를 제공하여 좀 더 나은 체계의 성능을 발휘시킬 수도 있다.

예 작업공간, 표시장치, 조종장치, 제어(Console), 컴퓨터 대화(Dialog) 등

③ 계면설계를 위한 인간 요소 자료

㉠ 상식과 경험

㉡ 상대적인 정량적 자료

㉢ 정량적 자료집

㉣ 원칙

㉤ 수학적 함수와 등식

㉥ 전문가의 판단

㉦ 도식적 설명물

㉧ 설계 표준 및 기준

④ 인간과 기계와의 조화성

인간과 기계(환경)계면에서의 인간과 기계의 조화성은 다음의 3가지 차원에서 고려된다.

신체적 조화성	인간의 신체적 또는 형태적 특성의 적합성 여부(필요조건)
지적 조화성	인간의 인지능력, 정신적 부담의 정도(편리수준)
감성적 조화성	인간의 감정 및 정서의 적합성 여부(쾌적수준)

5) 제5단계 : 촉진물 설계

① 촉진물 설계 단계의 주 초점은 만족스러운 인간 성능을 증진시킬 보조물에 대해 설계하는 것이다.

② 포함사항
- ㉠ 지시 수첩(사용설명서)
- ㉡ 성능 보조 자료
- ㉢ 훈련 도구와 계획

③ 내장훈련(Embedded Training) : 설비가 실제로 운용되지 않을 경우 체계에 내장된 훈련프로그램이 훈련방식으로 전환되는 체계

④ 지시 수첩(사용설명서)
- ㉠ 체계(시스템)를 어떻게 운전하고 경우에 따라서는 보전하는가까지도 명시하는 체계문서의 한 형태이다.
- ㉡ 정교한 여러 권의 책일 수도 있고 제품과 함께 포장된 간단한 종이 조각일 수도 있다.

6) 제6단계 : 시험 및 평가

① 체계 개발의 산물(기기, 절차 및 요원)이 계획된 대로 작동하는지 알아보기 위해 산물(産物)들을 측정하는 것이다.

② 인간 요소적 평가의 과정 : 인간 요소적 평가란 인간 성능에 관련된 산물의 속성들이 적절함을 보증하기 위하여 산물들을 검토하는 것이다.
- ㉠ 실험 절차 : 실제 또는 모의 체계나 부품의 시험이란 본질적 실험이며 적절한 실험 관례를 따르는 절차를 사용해야 한다. 어떤 경우이건 어떤 성능척도(기준)가 있어야 한다.
- ㉡ 시험 조건 : 체계가 궁극적으로 사용될 때의 조건을 가능한 한 가깝게 모의하여야 한다.
- ㉢ 피실험자 : 적성 및 훈련상황을 고려하여 체계를 사용할 사람과 같은 유형의 사람이어야 한다.
- ㉣ 충분한 반복횟수 : 믿을 만한 결과를 위해 반복적인 관찰 혹은 실험반복이 있어야 한다.

2. 인간-기계시스템의 설계 시 고려사항

① 인간, 기계 또는 목적 대상물의 조합으로 이루어진 종합적인 시스템에서 그 안에 존재하는 사실들을 파악하고 필요한 조건 등을 명확히 표현한다.

② 인간이 수행해야 할 조작의 연속성 여부(연속적인가 아니면 불연속적인가)를 알아보기 위해 특성을 조사하여야 한다.

③ 시스템 설계 시 동작 경제의 원칙이 만족되도록 고려하여야 한다.

④ 대상이 되는 시스템이 배치될 환경조건이 인간의 한계치를 만족하는지 여부를 조사한다.

⑤ 단독의 기계에 대하여 수행해야 할 배치는 인간의 심리 및 기능에 부합되도록 한다.

⑥ 인간과 기계가 모두 복수인 경우, 전체에 대한 배치로부터 발생하는 종합적인 효과가 가장 중요하며 우선적으로 고려되어야 한다.

⑦ 인간이 기계조작 방법을 습득하기 위해 어떤 훈련방법이 필요한지, 시스템의 활용에 있어서 인간에게 어느 정도 필요한지를 명확히 해 두어야 한다.

⑧ 시스템 설계의 성공적인 완료를 위해 조작의 능률성, 보존의 용이성, 제작의 경제성 측면에서 재검토되어야 한다.

⑨ 최종적으로 완성된 시스템에 대해 불량 여부의 결정을 수행하여야 한다.

3. 인간－기계시스템의 설계 원칙

배열을 고려한 설계	계기판이나 제어기의 중요성, 사용빈도, 사용순서, 기능에 따라 배치하는 것
양립성에 맞게 설계	양립성이란 자극 및 응답과 인간의 예상과의 관계를 말하는 것으로, 인간공학적 설계의 중심적 개념이다. 어떤 설계든지 주 목표는 시스템을 인간의 예상과 양립시키는 것
인체특성에 적합한 설계	손목의 휨각, 최적의 눈높이, 물체를 잡는 자세 등을 고려한 설계
인간의 기계적 성능에 맞도록 설계	인간의 한계를 고려한 설계

4. 시스템 분석 및 설계에 있어서 인간공학의 가치

① **성능(Performance)의 향상** : 적절하게 배정되어 적절한 환경에서 적절한 장비로 적절한 직무를 수행하는 사람이 유능한 장비 운용자나 기술자가 될 수 있다.

② **훈련비용의 절감** : 장치와 그 운용 절차가 사용하기에 적절하게 설계되었을 때 조금만 훈련하여도 장치를 운용할 수 있다.

③ **인력 이용률(Utilization)의 향상** : 더 많은 인력 자원을 훈련하여 직무를 수행하도록 할 수 있고 이에 의해 인력 이용률을 향상시킬 수 있다.

④ **사고 및 오용으로부터의 손실 감소** : 장비 설계를 잘못하면 통상 인간의 착오에 기인하여 많은 사고를 유발시킬 수 있어 장비는 인간공학적 원칙을 잘 적용함으로써 부분적으로 줄일 수 있다.

⑤ **생산 및 보전의 경제성 증대** : 설계의 단순화는 운용하기 쉬울 뿐 아니라 제작이나 보전이 간단한 장치를 낳는다.

⑥ **사용자의 수용도 향상** : 운용 및 보전이 쉽고 요원을 안전하게 보호해 주도록 잘 설계된 체계는 신뢰감을 갖도록 하고 효율을 높여 준다.

SECTION **04** 인간요소와 휴먼에러

1 인간 실수의 분류

1. 인간 실수의 개요

① 인간이 명시된 정확도, 순서, 혹은 시간 한계 내에서 지정된 행위를 하지 못하는(혹은 금지된 행위를 하는) 것을 말한다.

② 그 결과 장비나 재산의 파손 혹은 예정된 작업의 중단을 초래할 수 있다.

③ 인적 오류(Human Error)는 부적절한 인간의 결정이나 행동으로 어떤 허용범위를 벗어난 바람직하지 못한 인간의 행위를 말한다.

2. 인간 실수의 분류

1) 심리적인 분류(Swain)

생략에러 (Omission Error, 부작위 실수)	필요한 직무 및 절차를 수행하지 않아(생략) 발생하는 에러 예 가스밸브를 잠그는 것을 잊어 사고가 났다. 예 어떤 제품의 분해 · 조립과정을 거쳐서 수리를 마친 후 부품 하나가 남았다.
작위에러 (Commission Error, 실행에러)	① 필요한 작업 또는 절차의 불확실한 수행(잘못 수행)으로 인한 에러 ② 넓은 의미로 선택착오, 순서착오, 시간착오, 정성적 착오를 포함한다. 예 전선이 바뀌었다, 틀린 부품을 사용하였다, 부품이 거꾸로 조립되었다 등
순서에러 (Sequential Error)	필요한 작업 또는 절차의 순서 착오로 인한 에러 예 자동차 출발 시 핸드브레이크를 해제하지 않고 출발하여 발생한 에러
시간에러 (Time Error)	필요한 직무 또는 절차의 수행 지연으로 인한 에러 예 프레스 작업 중에 금형 내에 손이 오랫동안 남아 있어 발생한 재해
과잉행동에러 (Extraneous Error, 불필요한 행동에러)	불필요한 작업 또는 절차를 수행함으로써 기인한 에러 예 자동차 운전 중 습관적으로 손을 창문으로 내밀어 발생한 재해

2) 원인의 수준(Level)적 분류

Primary Error (1차 에러)	작업자 자신으로부터 발생한 에러
Secondary Error (2차 에러)	작업형태나 작업조건 중에서 다른 문제가 발생하여 필요한 직무나 절차를 수행할 수 없는 에러
Command Error (지시 에러)	요구된 기능을 실행하고자 하여도 필요한 물건, 정보, 에너지 등이 공급되지 않아서 작업자가 움직일 수 없는 상황에서 발생한 에러

3) 원인적 분류(James Reason)

인간의 행동을 숙련기반, 규칙기반, 지식기반 등의 3개 수준으로 분류한 라스무센(Rasmussen)의 모델을 사용해 휴먼에러를 분류

① 숙련 기반 에러(Skill Based Error)

㉠ 일상적인 행동과 관련이 있으며, 정신 상태가 멍해져 발생하는 실수

㉡ 실수와 망각으로 구분

예 실수 : 자동차 창문 개폐를 잊어버리고 내려 분실사고가 발생

예 망각 : 전화통화 중 번호를 기억하였으나 종료 후 옮겨 적는 행동을 잊어버림

② 규칙 기반 에러(Rule Based Error)

㉠ 문제 해결 상황에서 나쁜 결과를 예방하거나 최소화하기 위해 설계된 규칙을 적용하는 데 실패한 실수

㉡ 잘못된 규칙을 기억하거나, 정확한 규칙이라도 상황에 맞지 않게 잘못 적용한 경우

예 일본에서 자동차를 우측 운행하다가 사고를 유발하거나, 음주 후 차선을 착각하여 역주행하여 사고를 유발하는 경우

③ 지식 기반 에러(Knowledge Based Error)

㉠ 틀린 의사결정을 하거나 불충분한 지식이나 경험으로 인한 잘못된 계획으로 발생한 실수

㉡ 처음부터 장기기억 속에 관련 지식이 없는 경우 추론이나 유추로 지식처리 과정 중에 실패 또는 과오로 이어지는 에러

예 외국에서 도로 표지판을 이해하지 못해서 교통위반을 하는 경우

4) 대뇌의 정보처리 에러

구분	내용
인지확인 미스	외부의 정보를 받아들여 대뇌의 감각중추에서 확인되기까지의 과정에서 일어난 실수 ① 지각하지 않는다. ④ 인지를 잘못한다. ② 지각을 잘못한다. ⑤ 확인하지 않는다. ③ 인지하지 않는다. ⑥ 확인을 잘못했다.
기억판단 미스	중추신경의 의사결정 과정에서 일으키는 실수로서 의사결정의 착오나 기억에 관한 실패도 여기에 포함 ① 기억이 없다. ④ 판단을 잘못한다. ② 기억을 잘못한다. ⑤ 의지적 제어가 되지 않는다. ③ 판단하지 않는다(잊어버린다). ⑥ 결정을 잘못한다.
동작조작 미스	운동 중추에서 올바른 명령은 주어졌으나 동작 도중에서 조작을 실수하거나 절차를 생략하는 등의 실수 ① 다른 동작을 취한다. ④ 동작 · 자세가 혼란스럽다. ② 동작을 생략한다. ⑤ 동작 순서를 건너뛴다. ③ 동작을 잘못한다. ⑥ 동작 · 순서를 잘못한다.

3. 휴먼에러의 배후요인(4M)

인간관계요인 (Man)	① 동료나 상사, 본인 이외의 사람 등의 인간관계를 의미 ② 원활하지 못한 인간관계는 불안전한 행동을 유발하여 사고 발생 위험이 커지게 됨
작업적 요인 (Media)	① 작업의 내용, 작업정보, 작업방법, 작업환경의 요인 ② 인간과 기계를 연결하는 매개체
관리적 요인 (Management)	① 교육훈련 부족 ② 감독지도 불충분 ③ 적성배치 불충분
설비적(물적) 요인 (Machine)	① 기계설비 등의 물적 조건 ② 기계설비의 고장, 결함

4. 긴장수준과 휴먼에러

1) 긴장수준 변화의 특징

① 긴장수준이 저하되면 인간의 기능이 저하되고 주관적으로도 여러 가지 불쾌한 증상이 일어나면서 사고 경향이 커진다.

② 인간의 긴장수준이 변화하여 낮아졌을 때 휴먼에러가 생기기 쉬운 것은 인간의 안전성에 관련된 특성이라 할 수 있다.

③ 긴장수준을 측정하는 방법에는 일반적으로 에너지 대사율, 체내 수분 손실량, 흡기량의 억제도 등 생리적 측정법이 가장 많이 사용되며, 긴장도를 측정하는 방법으로 뇌파계를 사용할 수도 있다.

2) 휴먼에러의 심리적 요인

① 현재 하고 있는 일에 대한 지식이 부족할 경우
② 일을 할 의욕이 결여되어 있을 경우
③ 서두르거나 절박한 상황에 놓여 있을 경우
④ 무엇인가의 체험이 습관적으로 되어 있을 경우
⑤ 선입견으로 괜찮다고 느끼고 있을 경우
⑥ 주의를 끄는 것이 있어 그것에 치우쳐 주의를 빼앗기고 있을 경우
⑦ 많은 자극이 있어 어떤 것에 반응해야 좋을지 알 수 없을 경우
⑧ 매우 피로해 있을 경우

3) 휴먼에러의 물리적 요인

① 일이 단조로운 경우
② 일이 너무 복잡한 경우
③ 일의 생산성이 너무 강조되는 경우
④ 동일 형상의 것이 나란히 있을 경우
⑤ 공간적 배치에 맞지 않는 기기의 경우
⑥ 재촉을 느끼게 하는 조직이 있을 경우

5. 인간의 오류 모형

착오 (Mistake)	상황해석을 잘못하거나 목표를 잘못 이해하고 착각하여 행하는 경우(어떤 목적으로 행동하려고 했는데 그 행동과 일치하지 않는 것)
실수 (Slip)	상황이나 목표의 해석을 제대로 했으나 의도와는 다른 행동을 하는 경우
건망증 (Lapse)	여러 과정이 연계적으로 계속하여 일어나는 행동 중 일부를 잊어버리고 하지 않거나 또는 기억의 실패에 의해 발생하는 오류
위반 (Violation)	정해진 규칙을 알고 있음에도 고의적으로 따르지 않거나 무시하는 행위

2 형태적 특성

1. 인간적 속성

① 여러 가지 유형의 직무에서 높은 착오율과 관련이 있을 만한 개별 변수는 인간의 특성이다.
② 이들 변수는 기술(Skill)이나 태도와 같이 작업자가 직장에서 가지고 오는 인간적 속성이다.

2. 형태적 요소의 종류

① 연령
② 성별
③ 지능
④ 지각(Perceptual)능력
⑤ 신체 조건
⑥ 근력 · 지구력
⑦ 직무지식
⑧ 훈련 · 경험
⑨ 숙련도
⑩ 동기 · 태도
⑪ 감정적 상태
⑫ 압박(Stress)수준
⑬ 사회적 요인

※ 압박과 경험부족은 실수 확률을 10배까지 증가시키는 요소이다.

3 인간 실수 확률에 대한 추정기법

1. 인간 실수의 측정

1) 인간 성능의 표현

① 이산적인 직무(Discrete Job) : 사건당 실패 수
② 연속적인 직무(Continuous Job) : 단위시간당 실패 수

2) 이산적 직무에서의 인간 실수 확률

① 직무의 내용이 시간에 따라 전개되지 않고 명확한 시작과 끝을 가지고 미리 잘 정의되어 있으면 직무는 이산적이다.

② 이산적 직무에서의 인간 신뢰도의 기본 단위는 인간 실수 확률이다.

③ **인간 실수 확률(HEP ; Human Error Probability)**

특정한 직무에서 하나의 착오가 발생할 확률(할당된 시간은 내재적이거나 명시되지 않는다.)

$$\text{인간 실수 확률}(HEP) = \frac{\text{인간의 실수 수}}{\text{전체 실수발생기회의 수}}$$

④ **직무의 성공적 수행 확률(직무 신뢰도)**

$$\text{인간 신뢰도}(R) = 1 - HEP$$

⑤ **인간 실수 확률(HEP)이 p로 동일할 때 인간 신뢰도**

매 시행마다 인간 실수 확률(HEP)이 p로 동일하게 주어져 있는 작업을 독립적으로 n번 반복하여 실행하는 직무에서 실수 없이 성공적으로 직무를 수행할 확률

$$\text{인간 신뢰도}[R(n)] = (1-p)^n$$

여기서, p : 인간 실수 확률(HEP)

3) 연속적 직무에서의 인간 실수율

① 연속적 직무란 시간적으로 연속적인 직무를 의미한다.

② 연속적인 직무의 유형

㉠ 경계(Vigilance) : 레이더 화면 감시

㉡ 안정화(Stabilizing)

㉢ 추적(Tracking) : 자동차 운전

③ **인간 실수율**

$$\text{인간 실수율}(\lambda) = \frac{\text{실수 수}}{\text{총 직무기간}}$$

2. 인간 신뢰도

신뢰도는 실수 가능성의 반대개념으로 인간 신뢰도는 인간의 성능이 특정한 기간 동안에 실수가 일어나지 않는 확률이라 할 수 있다.

1) 반복되는 이산적 직무에서의 인간 신뢰도

① 유리한 조건하에서 실수 확률은 불변이고 과거의 성능과 무관하다고 가정

② 각각의 작업당 HEP가 p일 때 n_1부터 n_2까지의 시도를 실수 없이 성공적으로 완수할 인간(간격) 신뢰도

$$R(n_1,\ n_2) = (1-p)^{n_2 - n_1 + 1}$$

여기서, p : 실수확률

2) 시간 – 연속적 직무에서의 인간 신뢰도

① 유리한 조건하에서 실수 확률은 불변이고 과거의 성능과 무관하다고 가정

② 실수율이 λ일 때, 지정된 기간($t_1,\ t_2$) 동안 지속되는 직무를 실수 없이 성공적으로 수행할 인간(간격) 신뢰도

$$R(t_1,\ t_2) = e^{-\lambda(t_2 - t_1)}$$

③ 경계 효과, 피로, 혹은 학습과 같은 가능한 원인에 의해서 실수율이 변한다면 $\lambda(t)$에 의해서 지정되며 휴먼에러 과정은 비불변이다.

$$R(t_1,\ t_2) = e^{-\int_{t_1}^{t_2} \lambda(t)dt}$$

3) 요원 중복

① 직무 중 일부에 요원 후원(Backup)이 예상된다면 직무 신뢰도의 증가에 미치는 추가 감시의 중복 효과를 고려할 필요가 있다.

② 운전자 한 사람의 인간 성능 신뢰도가 R_1, 2인조 인간 신뢰도가 R_2이라면

$$R_2 = 1 - (1 - R_1)^2$$

3. 인간 실수 확률에 대한 추정기법

1) 위급 사건 기법(CIT ; Critical Incident Technique)

① 위급 사건에 대한 정보와 자료는 예방 수단을 개발하는 데 귀중한 실제 결함이나 행태적 특이성을 반영하는 단서를 제공

② **정보수집을 위해 요원면접조사 등을 사용하여 수집** : 위험했던 경험들을 확인

㉠ 사고나 위기일발

㉡ 조작 실수

㉢ 불안전한 조건과 관행 등

2) 직무 위급도 분석(TCRAM ; Task Criticality Rating Analysis Method)

① 휴먼에러에 대한 실수 효과의 심각성을 ㉠ 안전, ㉡ 경미, ㉢ 중대, ㉣ 파국적의 4등급으로 구분한다.

② 빈도와 심각성을 동시에 고려하는 실수위급도평점을 유도하여 높은 위급도평점에 해당하는 휴먼 에러를 줄이기 위해 노력해야 한다.

3) THERP(THERP ; Technique for Human Error Rate Prediction)

① 인간 실수율 예측 기법(THERP)은 인간의 신뢰도 분석에 있어서의 HEP에 대한 예측 기법

② 분석하고자 하는 작업을 기본행위로 분할하여 각 행위의 성공 또는 실패확률을 결합함으로써 분석 작업의 성공 확률을 추정하는 정량적인 인간 신뢰도 분석 방법

③ 인간 신뢰도 분석 사건 나무

㉠ A가 항상 먼저 수행되고 B가 수행되므로 직무 B와 관련된 확률들은 모두 조건부로 표현한다.

㉡ 대문자는 실패를 소문자는 성공(혹은 바람직한 상태)을 나타낸다.

㉢ 성공 혹은 실패의 조건부 확률의 추정치가 각 가지에 부여되면, 각 경로의 확률을 계산할 수 있다.

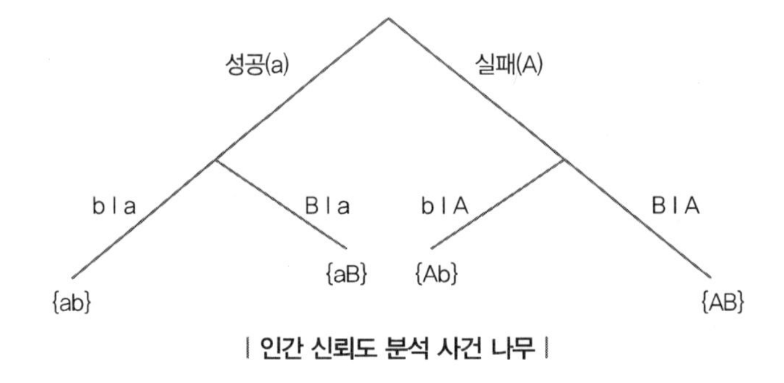

| 인간 신뢰도 분석 사건 나무 |

4) 조작자 행동 나무(OAT ; Operator Action Tree)

① 위급직무의 순서에 초점을 맞추어 조작자 행동 나무를 구성하고, 이를 사용하여 사건의 위급경로에서 조작자의 역할을 분석하는 기법

② 여러 의사결정의 단계에서 조작자의 선택에 따라 성공과 실패의 경로로 가지가 나누어지도록 나타내며, 최종적으로 주어진 직무의 성공과 실패의 확률을 추정할 수 있다.

③ OAT 접근방법

㉠ 감지

㉡ 진단

㉢ 반응

④ 기본적 OAT

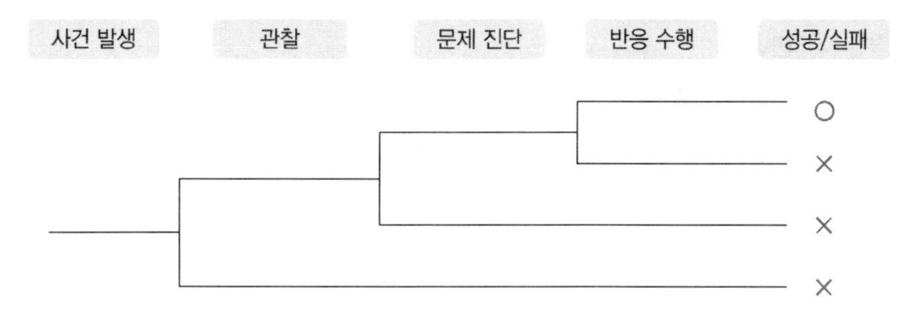

5) 인간 실수 자료 은행(Human Error Rate Bank)

① 인간 신뢰도 분야에서 가장 큰 문제는 자료의 부족이다. 이와 같은 자료의 부족을 해소하기 위하여 실험적 직무자료와 판단적 직무자료 등을 수집하여 개발한 것을 인간 실수 자료 은행이라 한다.

② 자료 은행의 데이터들을 응용하여 인간 실수 확률을 추정하기도 한다.

6) 간헐적 사건의 결함 나무 분석(FTA ; Fault Tree Analysis)

① 복잡한 체계의 분석자들로부터 급속하게 호감을 얻은 체계 신뢰도 · 안전도 분석 방법

② 기초 결함 집합의 영향이 논리적 AND나 OR 관문(Gate)을 통해서 어떤 명시된 전체 실패에 이를 때까지 전파

7) 인간 신뢰도 예측을 위한 컴퓨터 모의실험

컴퓨터를 사용한 모의실험을 통해 해당 직무에서의 인간 신뢰도를 예측하는 기법을 휴먼에러 시뮬레이터 기법이라 한다.

① 몬테 카를로(Monte Carlo) 모의실험 : 이 기법의 목적은 체계가 어디에서 요원에게 과도 혹은 과소한 부하를 주는가를 나타내고 보통의 조작자가 요구되는 모든 직무를 시간 내에 완수할 수 있는가를 결정하기 위한 것이다.

② 확정적 모의실험 : 인간 조작자 모의 모형(HOS ; Human Operator Simulator)은 인간－기계 조업을 확정적으로 모의실험한다.

4 인간 실수 예방기법

1. 인간 실수 예방기법

1) 작업 상황 개선

① 전문가의 점검

상황점검 → 실수에 끼치는 영향을 평가 → 설계 변화를 추천

② 작업자 참여 : 품질관리 분임조는 생산착오와 결함을 줄이기 위한 작업자 참여 프로그램이다.

2) 요원(작업자) 변경

① 만족스럽고 직무가 적합한 상황에서의 실수 요인
　㉠ 불충분한 숙련도
　㉡ 시력 결함
　㉢ 불량한 태도 등

② 신체적 · 정신적 적성이 흔히 인간과 직무 간의 완전한 조화에 결정적 요소일 수 있다.
③ 작업순환(Job Rotation)을 통해 운전자로 하여금 알맞은 작업을 찾도록 돕는다.

3) 체계(시스템)의 영향 감소

실수가 체계에 끼치는 영향 감소	① 인간 실수를 포용하도록 설계 ② 중복 설계(Redundancy) ③ 기계는 인간 성능을 감시하고 인간은 기계 성능을 감시 ④ 중대한 작업에는 요원 중복을 활용 ⑤ 주 체계를 후원하기 위해서 예비품을 대기
체계의 영향을 감소시킨 설계	① 수많은 점검 항목 ② 중복 설계 ③ 안전규정 등 ※ 몇 개의 심각한 인간 실수가 특정한 순서대로 범해져야 심각한 사고 유발

2. 인간 실수 예방대책

1) 일반적 고려사항 및 대책

① 작업자 특성 조사에 의한 부적격자의 배제
② 가능한 한 많은 인간 실수에 대한 정보의 획득
③ 시각 및 청각에 좋은 조건으로의 정비
④ 오인하기 쉬운 조건을 삭제
⑤ 오판하기 쉬운 방향성의 고려
⑥ 오판율을 줄이기 위한 표시장치의 고려
⑦ 시간요소 고려

2) 인적 요인에 대한 대책(인간 측면의 행동 감수성을 고려)

① 작업에 관한 교육 및 훈련과 작업 전후의 회의소집
② 작업의 모의훈련으로 시나리오에 의한 리허설
③ 소집단 활동의 활성화로 작업방법 및 순서, 위험예지활동 등을 지속적으로 수행
④ 적재적소에 숙달된 전문인력 배치 등

3) 설비 및 작업환경 요인에 대한 대책

① 사전 위험요인 제거

② 페일 세이프, 풀 프루프 기능의 도입

③ 예지정보, 인공지능활용 등과 같은 정보의 피드백

④ 경보 시스템(예고경보, 의식 레벨 분류 등)

⑤ 대중의 선호도 활용(습관, 관습 등)

⑥ 시인성(색, 크기, 형태, 위치, 변화성, 나열 등)

⑦ 인체 측정값에 의한 인간공학적 설계 및 적합화

4) 환경적인 요인에 대한 설계적 대책

① 배타설계(Exclusive Design)

㉠ 오류를 범할 수 없도록 사물을 설계하는 것

㉡ 인간 실수의 요소를 근원적으로 제거하도록 하는 것

② 예방설계(Prevention Design)

㉠ 오류를 범하기 어렵도록 사물을 설계하는 것

㉡ 보호설계 혹은 풀 프루프(Fool Proof) 설계라고도 함

③ 안전설계(Fail Safe Design)

㉠ 인간 실수 등을 범하더라도 부상 등 재해로 이어지지 않게 안전장치 등을 부착하도록 설계하는 것

㉡ 페일 세이프(Fail Safe) 설계라고도 함

5 인간의 특성과 안전

1. 성능 신뢰도(Performance Reliability)

1) 인간이 갖는 신뢰성 요인

① 주의력

② 의식수준

㉠ 경험연수 : 해당 분야의 근무경력연수

㉡ 지식수준 : 인간 실수에 대한 교육 및 훈련을 포함한 지식수준

㉢ 기술수준 : 생산 및 안전에 대한 기술의 정도

③ 긴장수준 : 일반적으로 에너지 대사율, 체내 수분 손실량, 흡기량의 억제도 등 생리적 측정법으로 측정

2) 기계가 갖는 신뢰성 요인

① 재질
② 기능
③ 작동방법

3) 신뢰도 계산

① 신뢰도(Reliability)의 정의

시스템, 기기 및 부품 등이 정해진 사용조건에서 의도하는 기간에 정해진 기능을 수행할 확률을 말한다. 즉, 한마디로 고장 나지 않을 확률로 표현할 수 있다.

② 인간 – 기계(Man – Machine) 체계의 신뢰도

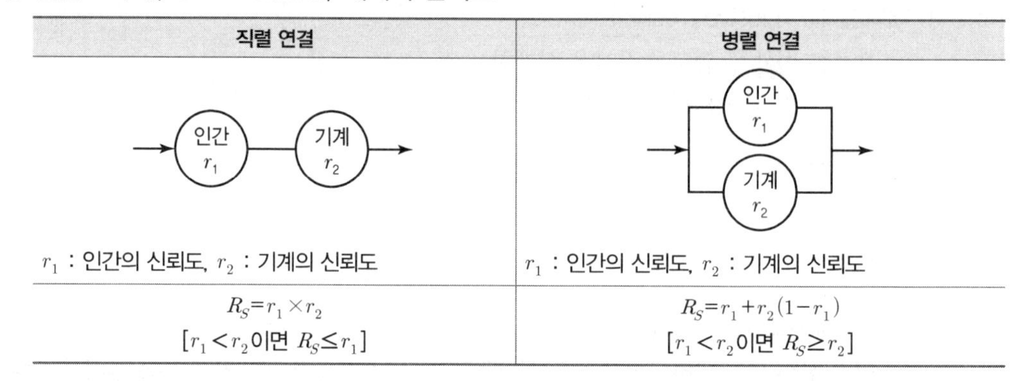

직렬 연결	병렬 연결
(인간 r_1 → 기계 r_2)	(인간 r_1 ∥ 기계 r_2)
r_1 : 인간의 신뢰도, r_2 : 기계의 신뢰도	r_1 : 인간의 신뢰도, r_2 : 기계의 신뢰도
$R_S = r_1 \times r_2$ [$r_1 < r_2$이면 $R_S \leq r_1$]	$R_S = r_1 + r_2(1 - r_1)$ [$r_1 < r_2$이면 $R_S \geq r_2$]

··· 예상문제

직렬 연결	병렬 연결
인간의 신뢰도가 60%, 기계의 신뢰도가 90%이고 인간과 기계가 직렬체제로 작업할 때의 신뢰도는?	**인간과 기계의 신뢰도에서 병렬 작업 시의 신뢰도를 계산하여 구하시오.(단, 인간 : 50%, 기계 : 90%)**
풀이 $R_S = r_1 \times r_2$ $= 0.6 \times 0.9$ $= 0.54 = 54[\%]$ **답** 54[%]	**풀이** $R_S = r_1 + r_2(1 - r_1)$ $= 0.5 + 0.9(1 - 0.5)$ $= 0.95 = 95[\%]$ **답** 95[%]

③ 설비(시스템)의 신뢰도

㉠ 직렬구조

ⓐ 요소 중 어느 하나가 고장이면 시스템은 고장이다. 즉, 모든 요소가 정상일 때 시스템은 정상이다.

ⓑ 직렬구조는 정비나 보수로 인해 시스템의 신뢰도 함수가 가장 크게 영향을 받는다.

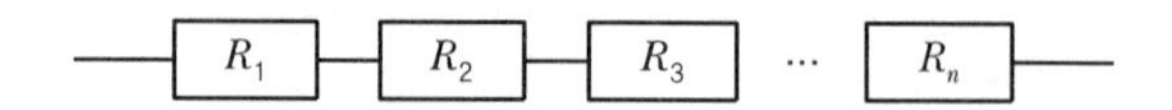

$$R = R_1 \times R_2 \times R_3 \times \cdots \times R_n = \prod_{i=1}^{n} R_i$$

㉡ 병렬구조(Fail Safety)

ⓐ 시스템의 모든 요소가 고장 나면 시스템이 고장 나는 구조이다.

ⓑ 즉, 요소의 어느 하나가 정상적이면 계는 정상이다.

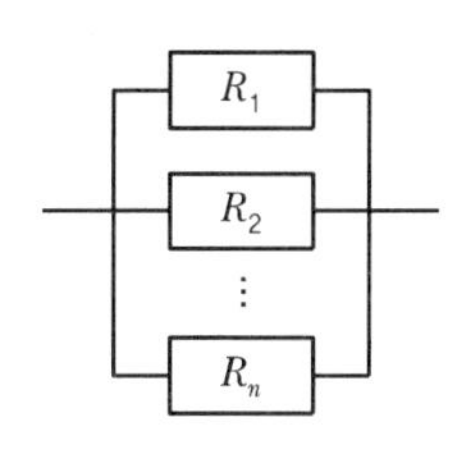

$$R = 1-(1-R_1)(1-R_2)\cdots(1-R_n) = 1-\prod_{i=1}^{n}(1-R_i)$$

㉢ 요소의 병렬구조

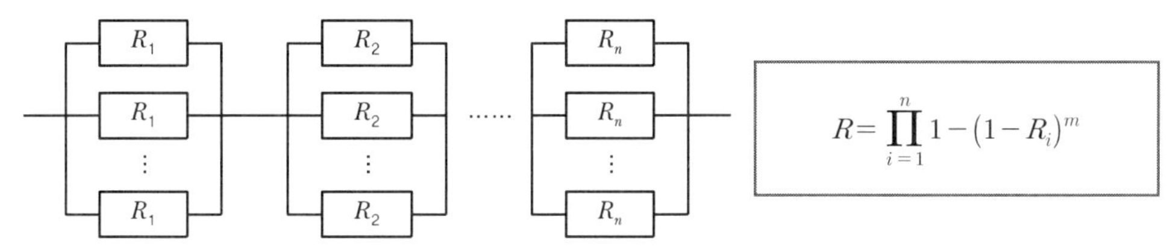

$$R = \prod_{i=1}^{n} 1-(1-R_i)^m$$

㉣ 시스템의 병렬구조

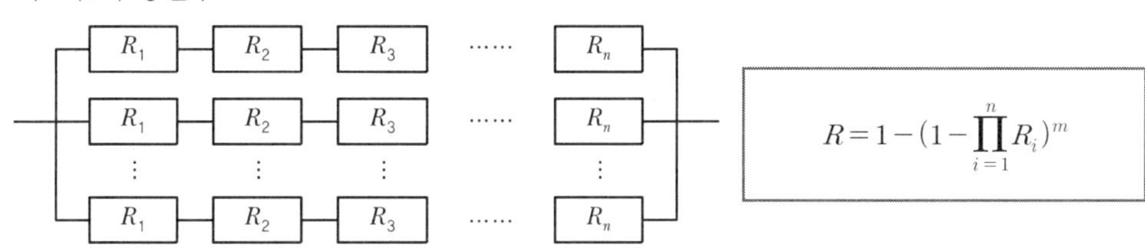

$$R = 1-(1-\prod_{i=1}^{n} R_i)^m$$

••• 예상문제

그림과 같은 시스템의 신뢰도는 약 얼마인가?(단, 원 안의 수치는 각 요소의 신뢰도이다.)

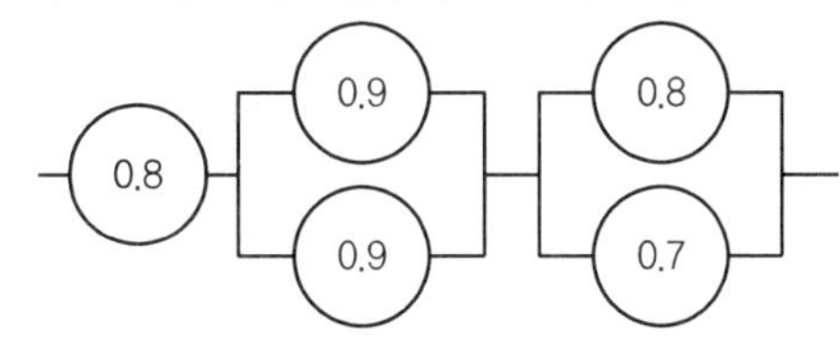

풀이 $R = 0.8 \times [1-(1-0.9)(1-0.9)] \times [1-(1-0.8)(1-0.7)] = 0.74$

답 0.74

④ 시스템의 특성

직렬구조 시스템	병렬구조 시스템
① 요소의 수가 적을수록 고장확률이 적어 시스템의 신뢰도는 높아진다. ② 요소의 수가 많을수록 시스템의 수명은 짧아진다. ③ 요소 중 어느 하나가 고장이면 시스템은 고장이다. ④ 수명은 요소 중에서 수명이 짧은 것으로 정한다.	① 요소의 수가 많을수록 고장의 기회는 줄어든다. ② 시스템의 수명은 요소 중 수명이 가장 긴 것으로 정할 수 있다. ③ 요소의 중복도가 늘수록 계의 수명은 길어진다. ④ 요소의 어느 하나가 정상적이면 계는 정상이다.

4) 인간에 대한 감시(Monitoring) 방법

셀프 모니터링 방법 (자기감시)	피로, 고통, 권태 등의 자각에 의해서 자신의 상태를 알고 행동하는 감시방법
생리학적 모니터링 방법	맥박수, 호흡속도, 체온, 뇌파 등으로 인간 자체의 상태를 생리적으로 감시하는 감시방법
비주얼 모니터링 방법 (시각적 감시)	동작자의 태도를 보고 동작자의 상태를 파악하는 감시방법
반응에 대한 모니터링 방법 (반응적 감시)	인간에게 자극을 주어 이에 대한 반응을 보고 정상 또는 비정상을 판단하는 방법
환경의 모니터링 방법	환경조건의 개선으로 인체의 안락과 기분을 좋게 하여 정상작업을 할 수 있도록 만드는 방법(간접적인 감시방법)

5) 인간 – 기계의 신뢰도 유지방안

① 페일 세이프(Fail Safe) : 기계나 그 부품에 파손 · 고장이나 기능불량이 발생하여도 항상 안전하게 작동할 수 있는 기능을 가진 구조

② 풀 프루프(Fool Proof) : 작업자가 기계를 잘못 취급하여 불안전 행동이나 실수를 하여도 기계설비의 안전 기능이 작용되어 재해를 방지할 수 있는 기능을 가진 구조

③ 템퍼 프루프(Temper Proof) : 생산성과 작업의 용이성을 위해 작업자들은 종종 안전장치를 제거하고 사용하는 경우가 있다. 따라서 고의로 안전장치를 제거하는 것을 대비하는 예방설계를 템퍼 프루프라 한다. 예를 들어 화학설비의 안전장치를 제거하는 경우 설비가 작동되지 않도록 설계하는 것이다.

④ 록 시스템(Lock System)

㉠ 어떠한 단계에서 실패가 발생할 경우 다음 단계로 넘어가는 것을 차단하는 것을 잠금시스템(Lock System)이라 한다.

㉡ 인터록 시스템(Interlock System), 트랜스록 시스템(Translock System), 인트라록 시스템(Intralock System)의 3가지로 분류한다.

㉢ 기계에 인터록 시스템, 인간의 중심에 인트라록 시스템, 인터록 시스템과 인트라록 시스템 중간에 트랜스록 시스템을 두어 불안전한 요소에 대하여 통제를 가한다.

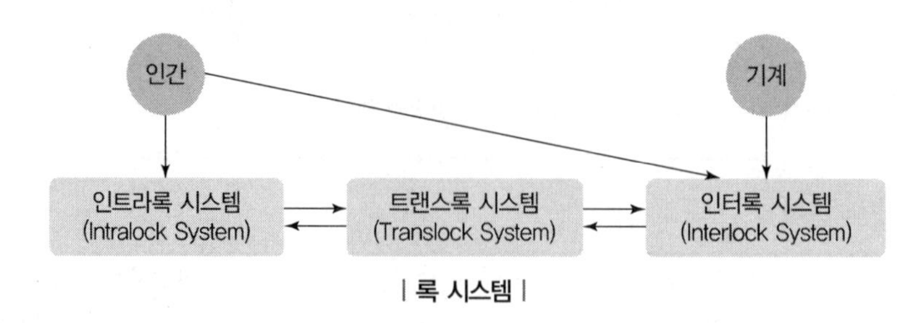

| 록 시스템 |

2. 정보 이론

1) 개요

① 정보 이론이란 여러 가지 상황하에서의 정보 전달을 다루는 과학적 조사 연구 분야이다.

② 정보 이론은 공학 분야뿐만 아니라 심리학이나 생체 과학 같은 다른 분야에도 널리 응용될 수 있다.

2) 정보의 측정 단위

① Bit : 실현 가능성이 같은 2개의 대안 중 하나가 명시되었을 때 우리가 얻는 정보량

② 실현 가능성이 같은 n개의 대안이 있을 때 총 정보량 H

$$H = \log_2 n$$

③ 이것은 각 대안의 실현 확률(n의 역수)로 표현할 수도 있다.(P를 각 대안의 실현 확률이라 하면)

$$H = \log_2 \frac{1}{P}$$

여기서, $P = \frac{1}{n}$

④ 두 대안의 실현 확률의 차이가 커질수록 정보량 H는 줄어든다.

⑤ 여러 개의 실현 가능한 대안이 있을 경우 평균 정보량은 각 대안의 정보량에 실현 확률을 곱한 것을 모두 합하면 된다.

$$H = \sum_{i=1}^{n} P_i \log_2\left(\frac{1}{P_i}\right)$$

여기서, P_i : 각 대안의 실현 확률

••• 예상문제

인간이 절대 식별할 수 있는 대안의 최대 범위는 대략 7이라고 한다. 이를 정보량의 단위인 bit로 표시하면 약 몇 bit가 되는가?

풀이 $H = \log_2 n = \log_2 7 = \frac{\log 7}{\log 2} = 2.8[\text{bit}]$

답 2.8[bit]

••• 예상문제

인간의 반응시간을 조사하는 실험에서 0.1, 0.2, 0.3, 0.4의 점등확률을 갖는 4개의 전등이 있다. 이 자극 전등이 전달하는 정보량은 약 얼마인가?

풀이 $H = 0.1 \times \log_2\left(\frac{1}{0.1}\right) + 0.2 \times \log_2\left(\frac{1}{0.2}\right) + 0.3 \times \log_2\left(\frac{1}{0.3}\right) + 0.4 \times \log_2\left(\frac{1}{0.4}\right) = 1.85$

답 1.85[bit]

CHAPTER 02

위험성 파악 · 결정

SECTION 01 위험성 평가

1 위험성 평가의 정의 및 개요

1. 위험성 평가의 정의

사업주가 스스로 유해 · 위험요인을 파악하고 해당 유해 · 위험요인의 위험성 수준을 결정하여, 위험성을 낮추기 위한 적절한 조치를 마련하고 실행하는 과정을 말한다.

2. 용어의 정의

① **유해 · 위험요인** : 유해 · 위험을 일으킬 잠재적 가능성이 있는 것의 고유한 특징이나 속성을 말한다.
② **위험성** : 유해 · 위험요인이 사망, 부상 또는 질병으로 이어질 수 있는 가능성과 중대성 등을 고려한 위험의 정도를 말한다.

3. 위험성 평가의 절차

사업주는 위험성 평가를 다음의 절차에 따라 실시하여야 한다. 다만, 상시근로자 5인 미만 사업장(건설공사의 경우 1억 원 미만)의 경우 사전준비 절차를 생략할 수 있다.

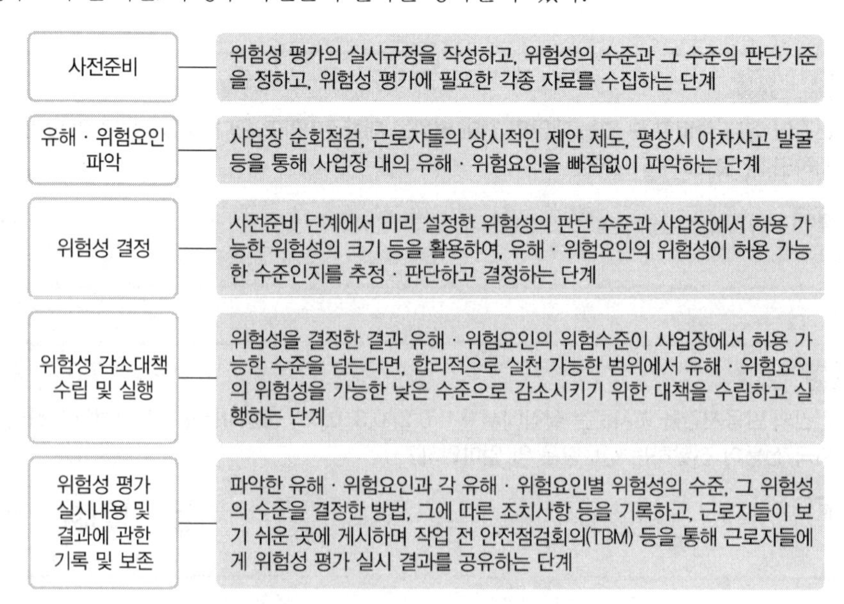

단계	주요 내용
사전준비	· 실시규정 작성 · 위험성 수준 및 판단기준 등 확정 · 안전보건정보 사전조사 및 활용
유해 · 위험요인 파악	· 순회점검에 의한 파악 포함 · 아차사고 등 활용
위험성 결정	· 위험성 수준의 판단 · 허용 가능 여부 결정
허용 가능한 위험성 수준 (허용 불가능 → 위험성 감소대책 수립 및 실행 → 위험성 결정)	· 우선순위에 따른 대책 실행 · 가능한 낮은 위험성 수준으로 감소시키기 위한 대책 수립·실행 · 허용 가능 여부 재확인
(허용 가능) 위험성 평가의 공유	· 결과의 게시·주지 · TBM을 활용한 공유
기록 및 보존	· 실시 결과를 기록 · 3년간 보존

| 위험성 평가 절차 및 주요 내용 |

4. 위험성 평가 절차별 중점사항

1) 사전준비

① 사업주는 위험성 평가를 효과적으로 실시하기 위하여 최초 위험성 평가 시 다음 각 호의 사항이 포함된 위험성 평가 실시규정을 작성하고, 지속적으로 관리하여야 한다.

㉠ 평가의 목적 및 방법

㉡ 평가담당자 및 책임자의 역할

㉢ 평가시기 및 절차

㉣ 근로자에 대한 참여 · 공유방법 및 유의사항

㉤ 결과의 기록 · 보존

② 사업주는 위험성 평가를 실시하기 전에 다음 각 호의 사항을 확정하여야 한다.

㉠ 위험성의 수준과 그 수준을 판단하는 기준

㉡ 허용 가능한 위험성의 수준(이 경우 법에서 정한 기준 이상으로 위험성의 수준을 정하여야 한다)

③ 사업주는 다음 각 호의 사업장 안전보건정보를 사전에 조사하여 위험성 평가에 활용할 수 있다.

㉠ 작업표준, 작업절차 등에 관한 정보
㉡ 기계 · 기구, 설비 등의 사양서, 물질안전보건자료(MSDS) 등의 유해 · 위험요인에 관한 정보
㉢ 기계 · 기구, 설비 등의 공정 흐름과 작업 주변의 환경에 관한 정보
㉣ 같은 장소에서 사업의 일부 또는 전부를 도급을 주어 행하는 작업이 있는 경우 혼재 작업의 위험성 및 작업 상황 등에 관한 정보
㉤ 재해사례, 재해통계 등에 관한 정보
㉥ 작업환경측정결과, 근로자 건강진단결과에 관한 정보
㉦ 그 밖에 위험성 평가에 참고가 되는 자료 등

2) 유해 · 위험요인 파악

사업주는 사업장 내의 위험성 평가 대상에 따른 유해 · 위험요인을 파악하여야 한다. 이때 업종, 규모 등 사업장 실정에 따라 다음 각 호의 방법 중 어느 하나 이상의 방법을 사용하되, 특별한 사정이 없으면 사업장 순회점검에 의한 방법을 포함하여야 한다.

① 사업장 순회점검에 의한 방법
② 근로자들의 상시적 제안에 의한 방법
③ 설문조사 · 인터뷰 등 청취조사에 의한 방법
④ 물질안전보건자료, 작업환경측정결과, 특수건강진단결과 등 안전보건 자료에 의한 방법
⑤ 안전보건 체크리스트에 의한 방법
⑥ 그 밖에 사업장의 특성에 적합한 방법

3) 위험성 결정

① 사업주는 유해 · 위험요인 파악 단계에서 파악된 유해 · 위험요인이 근로자에게 노출되었을 때의 위험성을 위험성의 수준과 그 수준을 판단하는 기준에 의해 판단하여야 한다.
② 사업주는 제①항에 따라 판단한 위험성의 수준이 허용 가능한 위험성의 수준인지 결정하여야 한다.

4) 위험성 감소대책 수립 및 실행

① 사업주는 허용 가능한 위험성이 아니라고 판단한 경우에는 위험성의 수준, 영향을 받는 근로자 수 및 다음 각 호의 순서를 고려하여 위험성 감소를 위한 대책을 수립하여 실행하여야 한다. 이 경우 법령에서 정하는 사항과 그 밖에 근로자의 위험 또는 건강장해를 방지하기 위하여 필요한 조치를 반영하여야 한다.
㉠ 위험한 작업의 폐지 · 변경, 유해 · 위험물질 대체 등의 조치 또는 설계나 계획 단계에서 위험성을 제거 또는 저감하는 조치
㉡ 연동장치, 환기장치 설치 등의 공학적 대책
㉢ 사업장 작업절차서 정비 등의 관리적 대책
㉣ 개인용 보호구의 사용

② 사업주는 위험성 감소대책을 실행한 후 해당 공정 또는 작업의 위험성의 수준이 사전에 자체 설정한 허용 가능한 위험성의 수준인지를 확인하여야 한다.

③ 제②항에 따른 확인 결과, 위험성이 자체 설정한 허용 가능한 위험성 수준으로 내려오지 않는 경우에는 허용 가능한 위험성 수준이 될 때까지 추가의 감소대책을 수립 · 실행하여야 한다.

④ 사업주는 중대재해, 중대산업사고 또는 심각한 질병이 발생할 우려가 있는 위험성으로서 제①항에 따라 수립한 위험성 감소대책의 실행에 많은 시간이 필요한 경우에는 즉시 잠정적인 조치를 강구하여야 한다.

5) 위험성 평가의 공유

① 사업주는 위험성 평가를 실시한 결과 중 다음 각 호에 해당하는 사항을 근로자에게 게시, 주지 등의 방법으로 알려야 한다.

㉠ 근로자가 종사하는 작업과 관련된 유해 · 위험요인

㉡ 유해 · 위험요인의 위험성 결정 결과

㉢ 유해 · 위험요인의 위험성 감소대책과 그 실행 계획 및 실행 여부

㉣ 위험성 감소대책에 따라 근로자가 준수하거나 주의하여야 할 사항

② 사업주는 위험성 평가 결과 중대재해로 이어질 수 있는 유해 · 위험요인에 대해서는 작업 전 안전점검회의(TBM ; Tool Box Meeting) 등을 통해 근로자에게 상시적으로 주지시키도록 노력하여야 한다.

6) 위험성 평가 실시내용 및 결과의 기록 · 보존

① 사업주가 위험성 평가의 결과와 조치사항을 기록 · 보존할 때에는 다음 각 호의 사항이 포함되어야 한다.

㉠ 위험성 평가 대상의 유해 · 위험요인

㉡ 위험성 결정의 내용

㉢ 위험성 결정에 따른 조치의 내용

㉣ 그 밖에 위험성 평가의 실시내용을 확인하기 위하여 필요한 사항으로서 고용노동부장관이 정하여 고시하는 사항

ⓐ 위험성 평가를 위해 사전조사한 안전보건정보

ⓑ 그 밖에 사업장에서 필요하다고 정한 사항

② 사업주는 제①항에 따른 자료를 3년간 보존해야 한다.

③ 기록의 최소 보존기한은 실시 시기별 위험성 평가를 완료한 날부터 기산한다.

2 사업장 위험성 평가

1. 위험성 평가의 실시

① 사업주는 건설물, 기계 · 기구 · 설비, 원재료, 가스, 증기, 분진, 근로자의 작업행동 또는 그 밖의 업무로 인한 유해 · 위험요인을 찾아내어 부상 및 질병으로 이어질 수 있는 위험성의 크기가 허용 가능한 범위인지를 평가하여야 하고, 그 결과에 따라 이 법과 이 법에 따른 명령에 따른 조치를 하여야 하며, 근로자에 대한 위험 또는 건강장해를 방지하기 위하여 필요한 경우에는 추가적인 조치를 하여야 한다.

② 사업주는 제①항에 따른 평가 시 고용노동부장관이 정하여 고시하는 바에 따라 해당 작업장의 근로자를 참여시켜야 한다.

③ 사업주는 제①항에 따른 평가의 결과와 조치사항을 고용노동부령으로 정하는 바에 따라 기록하여 보존하여야 한다.

④ 제①항에 따른 평가의 방법, 절차 및 시기, 그 밖에 필요한 사항은 고용노동부장관이 정하여 고시한다.

2. 정부의 책무

고용노동부장관은 사업장 위험성 평가가 효과적으로 추진되도록 하기 위하여 다음의 사항을 강구하여야 한다.

① 정책의 수립 · 집행 · 조정 · 홍보
② 위험성 평가 기법의 연구 · 개발 및 보급
③ 사업장 위험성 평가 활성화 시책의 운영
④ 위험성 평가 실시의 지원
⑤ 조사 및 통계의 유지 · 관리
⑥ 그 밖에 위험성 평가에 관한 정책의 수립 및 추진

3. 위험성 평가 실시주체

① 사업주는 스스로 사업장의 유해 · 위험요인을 파악하고 이를 평가하여 관리 개선하는 등 위험성 평가를 실시하여야 한다.

② 작업의 일부 또는 전부를 도급에 의하여 행하는 사업의 경우는 도급을 준 도급인과 도급을 받은 수급인은 각각 위험성 평가를 실시하여야 한다.

③ 도급사업주는 수급사업주가 실시한 위험성 평가 결과를 검토하여 도급사업주가 개선할 사항이 있는 경우 이를 개선하여야 한다.

4. 위험성 평가의 대상

① 위험성 평가의 대상이 되는 유해·위험요인은 업무 중 근로자에게 노출된 것이 확인되었거나 노출될 것이 합리적으로 예견 가능한 모든 유해·위험요인이다. 다만, 매우 경미한 부상 및 질병만을 초래할 것으로 명백히 예상되는 유해·위험요인은 평가 대상에서 제외할 수 있다.

② 사업주는 사업장 내 부상 또는 질병으로 이어질 가능성이 있었던 상황(아차사고)을 확인한 경우에는 해당 사고를 일으킨 유해·위험요인을 위험성 평가의 대상에 포함시켜야 한다.

③ 사업주는 사업장 내에서 중대재해가 발생한 때에는 지체 없이 중대재해의 원인이 되는 유해·위험요인에 대해 위험성 평가를 실시하고, 그 밖의 사업장 내 유해·위험요인에 대해서는 위험성 평가 재검토를 실시하여야 한다.

5. 근로자 참여

사업주는 위험성 평가를 실시할 때 다음 각 호에 해당하는 경우 해당 작업에 종사하는 근로자를 참여시켜야 한다.

① 유해·위험요인의 위험성 수준을 판단하는 기준을 마련하고, 유해·위험요인별로 허용 가능한 위험성 수준을 정하거나 변경하는 경우

② 해당 사업장의 유해·위험요인을 파악하는 경우

③ 유해·위험요인의 위험성이 허용 가능한 수준인지 여부를 결정하는 경우

④ 위험성 감소대책을 수립하여 실행하는 경우

⑤ 위험성 감소대책 실행 여부를 확인하는 경우

6. 위험성 평가의 방법

1) 위험성 평가의 수행체계

① 사업주는 다음과 같은 방법으로 위험성 평가를 실시하여야 한다.

㉠ 안전보건관리책임자 등 해당 사업장에서 사업의 실시를 총괄 관리하는 사람에게 위험성 평가의 실시를 총괄 관리하게 할 것

㉡ 사업장의 안전관리자, 보건관리자 등이 위험성 평가의 실시에 관하여 안전보건관리책임자를 보좌하고 지도·조언하게 할 것

㉢ 유해·위험요인을 파악하고 그 결과에 따른 개선조치를 시행할 것

㉣ 기계·기구, 설비 등과 관련된 위험성 평가에는 해당 기계·기구, 설비 등에 전문 지식을 갖춘 사람을 참여하게 할 것

㉤ 안전·보건관리자의 선임의무가 없는 경우에는 제2호에 따른 업무를 수행할 사람을 지정하는 등 그 밖에 위험성 평가를 위한 체제를 구축할 것

② 사업주는 제①항에서 정하고 있는 자에 대해 위험성 평가를 실시하기 위해 필요한 교육을 실시하여야 한다. 이 경우 위험성 평가에 대해 외부에서 교육을 받았거나, 관련 학문을 전공하여 관련 지식이 풍부한 경우에는 필요한 부분만 교육을 실시하거나 교육을 생략할 수 있다.

③ 사업주가 위험성 평가를 실시하는 경우에는 산업안전 · 보건 전문가 또는 전문기관의 컨설팅을 받을 수 있다.

2) 위험성 평가를 갈음하는 조치

사업주가 다음 각 호의 어느 하나에 해당하는 제도를 이행한 경우에는 그 부분에 대하여 위험성 평가를 실시한 것으로 본다.

① 위험성 평가 방법을 적용한 안전 · 보건진단

② 공정안전보고서. 다만, 공정안전보고서의 내용 중 공정위험성 평가서가 최대 4년 범위 이내에서 정기적으로 작성된 경우에 한한다.

③ 근골격계부담작업 유해요인 조사

④ 그 밖에 법과 이 법에 따른 명령에서 정하는 위험성 평가 관련 제도

3) 위험성 평가의 방법

사업주는 사업장의 규모와 특성 등을 고려하여 다음 각 호의 위험성 평가 방법 중 한 가지 이상을 선정하여 위험성 평가를 실시할 수 있다.

① 위험 가능성과 중대성을 조합한 빈도 · 강도법

② 체크리스트(Checklist)법

③ 위험성 수준 3단계(저 · 중 · 고) 판단법

④ 핵심요인 기술(One Point Sheet)법

⑤ 그 외 다음의 방법

㉠ 체크리스트(Checklist)

㉡ 상대위험순위 결정(Dow and Mond Indices)

㉢ 작업자 실수 분석(HEA)

㉣ 사고 예상 질문 분석(What－if)

㉤ 위험과 운전 분석(HAZOP)

㉥ 이상위험도 분석(FMECA)

㉦ 결함수 분석(FTA)

㉧ 사건수 분석(ETA)

㉨ 원인결과 분석(CCA)

㉩ ㉠목부터 ㉨목까지의 규정과 같은 수준 이상의 기술적 평가기법

참고

① 위험 가능성과 중대성을 조합한 빈도 · 강도법
사업장에서 파악된 유해 · 위험요인이 얼마나 위험한지를 판단하기 위해 위험성의 빈도(가능성)와 강도(중대성)를 곱셈, 덧셈, 행렬 등의 방법으로 조합하여 위험성의 크기(수준)를 산출해 보고, 이 위험성의 크기가 허용 가능한 수준인지 여부를 살펴보는 방법

② 체크리스트(Checklist)법
유해 · 위험요인을 파악하고, 유해 · 위험요인별로 체크리스트를 만들어 위험성을 줄이기 위한 현재 조치가 적정한지 아닌지 "O" 또는 "X"로 표시하는 방법

③ 위험성 수준 3단계(저 · 중 · 고) 판단법
위험성 결정을 위해 유해 · 위험요인의 위험성을 가늠하고 판단할 때, 위험성 수준을 상 · 중 · 하 또는 저 · 중 · 고와 같이 간략하게 구분하고 직관적으로 이해할 수 있도록 위험성의 수준을 표시하는 방법

④ 핵심요인 기술(One Point Sheet)법
영국 산업안전보건청(HSE), 국제노동기구(ILO)에서 위험성 수준이 높지 않고, 유해 · 위험요인이 많지 않은 중 · 소규모 사업장의 위험성 평가를 위해 안내한 내용에 따른 방법으로 단계적으로 핵심질문에 답변하는 방법으로 유해 · 위험요인이 단순하고 가짓수가 많지 않은 사업장에서 간략하게 위험성 평가를 실시하는 방법

7. 위험성 평가의 실시 시기

① 사업주는 사업이 성립된 날(사업 개시일을 말하며, 건설업의 경우 실착공일을 말한다)로부터 1개월이되는 날까지 위험성 평가의 대상이 되는 유해 · 위험요인에 대한 최초 위험성 평가의 실시에 착수하여야 한다. 다만, 1개월 미만의 기간 동안 이루어지는 작업 또는 공사의 경우에는 특별한 사정이 없는 한 작업 또는 공사 개시 후 지체 없이 최초 위험성 평가를 실시하여야 한다.

② 사업주는 다음 각 호의 어느 하나에 해당하여 추가적인 유해 · 위험요인이 생기는 경우에는 해당 유해 · 위험요인에 대한 수시 위험성 평가를 실시하여야 한다. 다만, ⓜ에 해당하는 경우에는 재해발생 작업을 대상으로 작업을 재개하기 전에 실시하여야 한다.
㉠ 사업장 건설물의 설치 · 이전 · 변경 또는 해체
㉡ 기계 · 기구, 설비, 원재료 등의 신규 도입 또는 변경
㉢ 건설물, 기계 · 기구, 설비 등의 정비 또는 보수(주기적 · 반복적 작업으로서 이미 위험성 평가를 실시한 경우에는 제외)
㉣ 작업방법 또는 작업절차의 신규 도입 또는 변경
㉤ 중대산업사고 또는 산업재해(휴업 이상의 요양을 요하는 경우에 한정한다) 발생
㉥ 그 밖에 사업주가 필요하다고 판단한 경우

③ 사업주는 다음 각 호의 사항을 고려하여 ①에 따라 실시한 위험성 평가의 결과에 대한 적정성을 1년마다 정기적으로 재검토(이때, 해당 기간 내 ②에 따라 실시한 위험성 평가의 결과가 있는 경우 함께 적정성을 재검토하여야 한다)하여야 한다. 재검토 결과 허용 가능한 위험성 수준이 아니라고 검토된 유해 · 위험요인에 대해서는 위험성 감소대책을 수립하여 실행하여야 한다.
㉠ 기계 · 기구, 설비 등의 기간 경과에 의한 성능 저하
㉡ 근로자의 교체 등에 수반하는 안전 · 보건과 관련되는 지식 또는 경험의 변화

㉢ 안전 · 보건과 관련되는 새로운 지식의 습득
㉣ 현재 수립되어 있는 위험성 감소대책의 유효성 등

④ 사업주가 사업장의 상시적인 위험성 평가를 위해 다음 각 호의 사항을 이행하는 경우 ②와 ③의 수시 평가와 정기평가를 실시한 것으로 본다.
㉠ 매월 1회 이상 근로자 제안제도 활용, 아차사고 확인, 작업과 관련된 근로자를 포함한 사업장 순회점검 등을 통해 사업장 내 유해 · 위험요인을 발굴하여 위험성 결정 및 위험성 감소대책 수립 · 실행을 할 것
㉡ 매주 안전보건관리책임자, 안전관리자, 보건관리자, 관리감독자 등(도급사업주의 경우 수급사업장의 안전 · 보건 관련 관리자 등을 포함한다)을 중심으로 ㉠의 결과 등을 논의 · 공유하고 이행상황을 점검할 것
㉢ 매 작업일마다 ㉠과 ㉡의 실시결과에 따라 근로자가 준수하여야 할 사항 및 주의하여야 할 사항을 작업 전 안전점검회의 등을 통해 공유 · 주지할 것

3 위험성 평가 인정

1. 인정의 신청

장관은 소규모 사업장의 위험성 평가를 활성화하기 위하여 위험성 평가 우수 사업장에 대해 인정해 주는 제도를 운영할 수 있다. 이 경우 인정을 신청할 수 있는 사업장은 다음 각 호와 같다.
① 상시근로자 수 100명 미만 사업장(건설공사를 제외). 작업의 일부 또는 전부를 도급에 의하여 행하는 사업의 경우는 도급사업주의 사업장(도급사업장)과 수급사업주의 사업장(수급사업장) 각각의 근로자 수를 이 규정에 의한 상시근로자 수로 본다.
② 총 공사금액 120억 원(토목공사는 150억 원) 미만의 건설공사

2. 인정심사

공단은 위험성 평가 인정신청서를 제출한 사업장에 대하여는 다음에서 정하는 항목을 심사(인정심사)하여야 한다.
① 사업주의 관심도
② 위험성 평가 실행수준
③ 구성원의 참여 및 이해 수준
④ 재해발생 수준

3. 인정심사위원회의 구성 · 운영

① 공단은 위험성 평가 인정과 관련한 다음 각 호의 사항을 심의 · 의결하기 위하여 각 광역본부 · 지역

본부 · 지사에 위험성 평가 인정심사위원회를 두어야 한다.

㉠ 인정 여부의 결정

㉡ 인정취소 여부의 결정

㉢ 인정과 관련한 이의신청에 대한 심사 및 결정

㉣ 심사항목 및 심사기준의 개정 건의

② 인정심사위원회는 공단 광역본부장 · 지역본부장 · 지사장을 위원장으로 하고, 관할 지방고용노동관서 산재예방지도과장(산재예방지도과가 설치되지 않은 관서는 근로개선지도과장)을 당연직 위원으로 하여 10명 이내의 내 · 외부 위원으로 구성하여야 한다.

4. 위험성 평가의 인정

공단은 인정신청 사업장에 대한 현장심사를 완료한 날부터 1개월 이내에 인정심사위원회의 심의 · 의결을 거쳐 인정 여부를 결정하여야 한다. 이 경우 다음의 기준을 충족하는 경우에만 인정을 결정하여야 한다.

① 사업장 위험성 평가에 관한 지침에서 정한 방법, 절차 등에 따라 위험성 평가 업무를 수행한 사업장

② 현장심사 결과 평가점수가 100점 만점에 50점을 미달하는 항목이 없고 종합점수가 100점 만점에 70점 이상인 사업장

5. 인정의 취소

위험성 평가 인정사업장에서 인정 유효기간 중에 다음 각 호의 어느 하나에 해당하는 사업장은 인정을 취소하여야 한다.

① 거짓 또는 부정한 방법으로 인정을 받은 사업장

② 직 · 간접적인 법령 위반에 기인하여 다음의 중대재해가 발생한 사업장

㉠ 사망재해

㉡ 3개월 이상 요양을 요하는 부상자가 동시에 2명 이상 발생

㉢ 부상자 또는 직업성질병자가 동시에 10명 이상 발생

③ 근로자의 부상(3일 이상의 휴업)을 동반한 중대산업사고 발생 사업장

④ 산업재해 발생건수, 재해율 또는 그 순위 등이 공표된 사업장(산업재해로 인한 사망자가 연간 2명이상 발생한 사업장 및 산업재해의 발생에 관한 보고를 최근 3년 이내 2회 이상 하지 않은 사업장에 한정한다.)

⑤ 사후심사 결과, 인정기준을 충족하지 못한 사업장

⑥ 사업주가 자진하여 인정 취소를 요청한 사업장

⑦ 그 밖에 인정취소가 필요하다고 공단 광역본부장 · 지역본부장 또는 지사장이 인정한 사업장

SECTION 02 시스템 위험성 추정 및 결정

1 시스템 위험성 분석 및 관리

1. 시스템 안전공학

1) 시스템 안전공학

시스템 또는 제품에 관한 모든 사고를 식별하고 설계 및 제조 과정을 통하여 이들의 사고를 최소화하고 제어하는 것을 보증하는 시스템 공학의 일부분인 학문이다.

2) 시스템 안전

어떤 시스템에 있어서 기능, 시간, 코스트 등의 제약 조건하에서 인원 및 설비가 당하는 상해 및 손상을 최소한 줄이기 위한 것으로 시스템 전체에 대하여 종합적이고 균형이 잡힌 안전성을 확보하는 것

3) 시스템의 정의

① 여러 가지 요소 또는 요소의 집합에 의해 구성되고(집합성)
② 그것이 서로 상호관계를 가지면서(관련성)
③ 정해진 조건하에서
④ 어떤 목적을 달성하기 위해 작용하는 집합체(목적 추구성)

4) 시스템의 수명 주기(시스템 안전과 제품 개발 사이클)

단계	구분	내용
1단계	구상단계	① 시스템의 사용목적과 기능 검토 ② 설비 및 제품사용에 연관된 위험요인을 발견 · 검토 ③ 적용 분석기법 : 예비위험분석(PHA)
2단계	정의단계	① 시스템 개발의 가능성과 타당성의 확인 ② 시스템의 안전 요구사양 결정 ③ 위험성 분석의 종류 결정 및 분석 ④ 시스템 안전성 위험분석(SSHA) 수행 ⑤ 생산물의 적합성 검토
3단계	개발단계	① 구체적인 설계사항 결정 및 검토 ② 시스템의 안정성 평가 ③ 생산계획 추진의 최종 결정 ④ 적용 분석기법 : 고장형태와 영향분석(FMEA)
4단계	생산단계	① 설계변경에 따른 수정작업 ② 안전교육의 실시
5단계	운전단계	① 사고조사 참여 ② 기술변경의 개발 ③ 고객에 의한 최종 성능검사 ④ 훈련 ⑤ 산업자료 정보 ⑥ 시스템의 보수 및 폐기 ⑦ 시스템 안전 프로그램에 따른 평가
6단계	폐기	정상적 시스템 수명 후의 폐기절차와 긴급 폐기절차의 검토

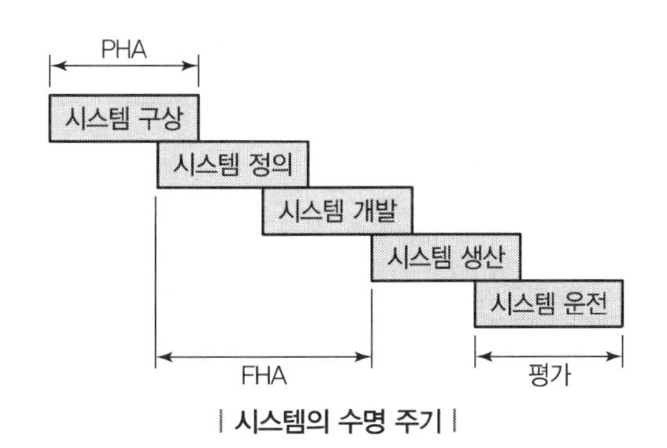

| 시스템의 수명 주기 |

2. 시스템 안전관리

1) 시스템 안전관리

시스템 안전을 전체의 프로그램 요건과 모순 없이 달성하기 위해 시스템 안전 프로그램 요건을 설정하고 업무 및 활동의 계획 실행 및 완성을 확보하는 관리업무 중 하나의 요소

2) 시스템 안전관리의 내용(시스템 안전업무의 수행요건)

① 시스템 안전에 필요한 사항의 동일성에 대한 식별
② 안전활동의 계획 및 조직과 관리
③ 다른 시스템 프로그램 영역과의 조정
④ 시스템 안전 프로그램의 해석과 검토 및 평가

3) 시스템 안전 프로그램

시스템의 전 수명 단계를 통하여 적시적이고 최소의 비용이라는 효과적인 방법으로 시스템 안전요건을 만족시키므로 운용의 유효성을 높이는 부분의 시스템 안전관리 및 시스템 안전공학의 업무와 활동

참고 시스템 안전 프로그램 계획에 포함해야 할 사항

① 계획의 개요
② 안전조직
③ 계약조건
④ 관련 부문과의 조정
⑤ 안전기준
⑥ 안전해석
⑦ 안전성 평가
⑧ 안전자료의 수집과 갱신
⑨ 경과와 결과의 보고

4) 시스템 안전 달성 단계(시스템 안전설계 원칙, 시스템 안전의 우선도)

단계	내용
1단계 : 위험상태의 존재를 최소화	페일 세이프나 용장성 등을 도입
2단계 : 안전장치의 채용	1단계를 할 수 없는 경우로서 안전장치는 가급적 기계 속에 내장시켜 일체화
3단계 : 경보장치의 채택	1,2단계를 할 수 없는 경우 이상상태를 검출하여 경보를 발생하는 장치를 설치
4단계 : 특수한 수단	1,2,3단계로 위험성을 줄일 수 없는 경우 특수한 수단을 개발(표식 등을 규격화)

5) 시스템 안전 달성을 위한 안전수단(안전 달성 방법)

재해예방	① 위험의 소멸 ② 위험수준의 제한 ③ 페일 세이프의 설계	④ 물의 대체사용 및 완전차폐 ⑤ 고장의 최소화 ⑥ 중지 및 회복 등
피해의 최소화 및 억제	① 격리 ② 보호구 사용	③ 탈출 및 생존 ④ 구조

3. 위험처리기술(위험관리기법)

위험의 회피 (avoidance)	① 위험 자체를 피하는 행위 ② 잠재적 이익도 포기하는 극히 소극적인 수단
위험의 감소 (reduction)	① 위험을 적극적으로 예방하고 경감하는 행위 ② 잠재적 위험의 노출을 최대한 감소하는 방법
위험의 전가 (transfer)	① 위험을 제3자에게 전가하거나 공유하는 행위 ② 보험, 공제조합, 기금 등
위험의 보유(보류) (retention)	① 무계획적 보유 : 가장 위험한 행위 ② 계획적 보유 : 회피, 감소, 전가될 수 없는 위험에 적극적으로 대응

2 위험분석 기법

1. 위험분석 기법의 분류

정성적 분석기법	① 체크리스트(Checklist) 기법 ② 사고예상질문 분석(What－if) 기법 ③ 상대위험순위 결정(DMI ; Dow and Mond Indices) 기법 ④ 위험과 운전분석(HAZOP ; Hazard and Operability Studies) 기법 ⑤ 이상 위험도 분석(FMECA ; Failure Modes Effects and Criticality Analysis) 기법 ⑥ 예비위험분석(PHA ; Preliminary Hazard Analysis) 기법 ⑦ 작업자 실수 분석(HEA ; Human Error Analysis) 기법
정량적 분석기법	① 결함수 분석(FTA ; Fault Tree Analysis) 기법 ② 사건수 분석(ETA ; Event Tree Analysis) 기법 ③ 원인결과분석(CCA ; Cause－Consequence Analysis) 기법

2. 위험과 운전분석(HAZOP ; Hazard and Operability Studies)

1) 개요

① 공정에 존재하는 위험요소들과 공정의 효율을 떨어뜨릴 수 있는 운전상의 문제점을 찾아내어 그 원인을 제거하는 방법을 말한다.

② 화학공장에서의 위험성(Hazard)과 운전성(Oprability)을 정해진 규칙과 설계도면에 의하여 체계적으로 분석, 평가하는 방법이다.

2) 특징

① 화학공장에서 가동문제를 파악하는 데 널리 사용된다. 즉, 위험요소를 예측하고 새로운 공정에 대한 (지식부족으로 인한) 가동문제를 예측하는 데 사용된다.

② 자세한 공장과 설비의 설명이 필요하고 각 공정과 제어에 대한 완전한 이해가 있어야 한다.

③ 5~7명의 각 분야별 전문가와 안전기사로 구성된 팀원들이 상상력을 동원하여 가이드 단어로서 위험요소를 점검한다.

④ HAZOP의 적용은 대부분 상세설계 기간이나 설계가 완료된 단계, 즉 개발단계에서 수행되는 것이 보통이다.

⑤ HAZOP은 설계변경이 가능한 초기 설계단계에서 수행하는 것이 가장 바람직하다.

3) 가이드 워드(Guide Word)

① 설계의 각 부분의 완전성을 검토(test)하기 위해 만들어진 질문들이 설계의도로부터 설계가 벗어날 수 있는 모든 경우를 검토해 볼 수 있도록 하기 위한 것

② 가이드 워드는 변수의 질이나 양을 표현하는 간단한 용어를 말한다.

③ 가이드 워드(가이드 단어)의 의미

가이드 워드	의미	설명(예)
No/Not or None(없음)	설계의도의 완전한 부정	① 설계의도의 어떤 부분도 성취되지 않으며 아무 것도 일어나지 않음 ② 검토구간 내에서 유량이 없거나 흐르지 않는 상태를 뜻함 ③ 설계의도에 완전히 반하여 변수의 양이 없는 상태
More/Less (증가/감소)	양의 증가 혹은 감소 (정량적 증가 혹은 감소)	① More : 검토구간 내에서 유량이 설계의도보다 많이 흐르는 상태를 뜻함, 변수가 양적으로 증가되는 상태 ② Less : 증가(More)의 반대이며, 적은 경우에는 없음(No)으로 표현될 수도 있음, 변수가 양적으로 감소되는 상태
As well as (부가)	성질상의 증가 (정성적 증가)	① 모든 설계의도와 운전조건이 어떤 부가적인 행위와 함께 일어남 ② 설계의도 외에 다른 변수가 부가되는 상태 ③ 오염 등과 같이 설계의도 외에 부가로 이루어지는 상태를 뜻함
Part of (부분)	성질상의 감소 (정성적 감소)	① 어떤 의도는 성취되나 어떤 의도는 성취되지 않음 ② 설계의도대로 완전히 이루어지지 않는 상태 ③ 조성 비율이 잘못된 것과 같이 설계의도대로 되지 않는 상태
Reverse (반대)	설계의도의 논리적인 역 (설계의도와 반대현상)	① 검토구간 내에서 유체가 정반대 방향으로 흐르는 상태 ② 설계의도와 정반대로 나타나는 상태
Other than (기타)	완전한 대체의 필요	① 설계의도의 어떤 부분도 성취되지 않고 전혀 다른 것이 일어남 ② 밸브가 잘못 설치되거나 다른 원료가 공급되는 상태

3. 예비위험분석(PHA ; Preliminary Hazard Analysis)

1) 개요

① 공정 또는 설비 등에 관한 상세한 정보를 얻을 수 없는 상황에서 위험물질과 공정요소에 초점을 맞추어 초기 위험을 확인하는 방법을 말한다.

② 시스템안전 위험분석(SSHA)을 수행하기 위한 예비적인 최초의 작업으로 위험요소가 얼마나 위험한지를 정성적으로 평가하는 것이다.

③ PHA는 구상단계나 설계 및 발주의 극히 초기에 실시된다.

2) PHA의 목적

시스템의 구상단계에서 시스템 고유의 위험 상태를 식별하고 예상되는 재해의 위험수준을 결정하기 위한 것이다.

3) PHA의 시기와 기법

시기	가급적 빠른 시기, 즉 시스템 개발 단계에 실시
기법	① 체크리스트에 의한 기법 ② 경험에 따른 기법 ③ 기술적 판단에 기초하는 기법

4) PHA의 주요 목표

① 시스템에 관한 모든 주요한 사고를 식별하고 개략적인 말로 표시할 것(발생확률은 사고식별의 초기에는 고려되지 않는다)

② 사고를 초래하는 요인을 식별할 것

③ 사고가 생긴다고 가정하고 시스템에 생기는 결과를 식별하여 평가할 것

④ 식별된 사고를 4가지 범주로 분류할 것

구분	위험분류	특징
class 1	파국적(Catastrophic)	시스템의 성능을 현저히 저하시키고 그 결과 시스템의 손실, 인원의 사망 또는 다수의 부상자를 내는 상태
class 2	중대(위험, Critical)	인원의 부상 및 시스템의 중대한 손해를 초래하거나 인원의 생존 및 시스템의 존속을 위하여 즉시 수정조치를 필요로 하는 상태
class 3	한계적(Marginal)	인원의 부상 및 시스템의 중대한 손해를 초래하지 않고 대처 또는 제어할 수 있는 상태
class 4	무시가능(Negligible)	시스템의 성능을 그다지 저하시키지도 않고 또한 시스템의 기능이나 인원의 부상도 초래하지 않는 상태

4. 결함위험분석(FHA ; Fault Hazard Analysis)

1) 개요

① 미사일 개발 시 사용된 기법

② 형식적으로는 전체 시스템에 대한 PHA에 해당

③ FMEA의 간소화된 형태

④ 통상 그 대상요소는 고장 발생이 직접 재해 발생에 연결되는 것에 국한

⑤ 서브 시스템 간의 인터페이스를 조사하여 서브 시스템이 다른 서브 시스템에 또는 전체 시스템의 안전성에 악영향을 미치지 않는가를 조사

2) FHA의 기재사항

① 서브 시스템의 요소
② 그 요소의 고장형
③ 고장형에 대한 고장률
④ 요소 고장 시 시스템의 운용형식
⑤ 서브 시스템에 대한 고장의 영향
⑥ 2차 고장
⑦ 고장형을 지배하는 뜻밖의 일
⑧ 위험성의 분류
⑨ 전 시스템에 대한 고장의 영향
⑩ 기타

5. 고장형태와 영향분석(FMEA ; Failure Mode and Effects Analysis)

1) 개요

① 시스템이나 서브 시스템 위험 분석을 위하여 일반적으로 사용되는 전형적인 정성적 · 귀납적 분석기법으로 시스템에 영향을 미치는 모든 요소의 고장을 형태별로 분석하여 그 영향을 검토하는 분석기법
② 시스템 내의 위험요소가 얼마나 위험한 상태에 있는가를 정성적으로 평가하는 기법
③ 고장 발생을 최소로 하고자 하는 경우에 유효하다.

2) 시스템에 영향을 미칠 수 있는 요소(고장의 형태)

① 개로 또는 개방 고장
② 폐로 또는 폐쇄 고장
③ 기동고장
④ 정지고장
⑤ 운전계속의 고장
⑥ 오동작의 고장 등

3) FMEA의 특징

① CA(Criticality Analysis)와 병행하는 일이 많다.
② FTA보다 서식이 간단하다.
③ 적은 노력으로 특별한 훈련 없이 분석이 가능하다.
④ 논리성이 부족하다.
⑤ 각 요소 간의 영향분석이 어려워 동시에 둘 이상의 요소가 고장 나는 경우 해석이 곤란하다.
⑥ 요소가 물체로 한정되어 있어 인적 원인 해석이 곤란하다.
⑦ 서브 시스템 분석의 경우 FMEA보다 FTA를 하는 것이 더 실제적인 방법이다.
⑧ 정성적 · 귀납적 해석방법 등에 사용한다.

4) FMEA의 표준적 실시절차

① 1단계 : 대상 시스템의 분석
㉠ 기기 · 시스템의 구성 및 기능의 전반적 파악
㉡ FMEA 실시를 위한 기본방침의 결정
㉢ 기능 블록도와 신뢰성 블록도의 작성

② 2단계 : 고장의 유형과 그 영향의 해석

㉠ 고장형의 예측과 설정
㉡ 고장원인의 상정
㉢ 상위 아이템(상위 체계)의 고장영향 검토
㉣ 고장검지법의 검토
㉤ 고장에 대한 보상법이나 대응법 검토
㉥ FMEA Work Sheet에의 기입
㉦ 고장등급의 평가

③ 3단계 : 치명도 해석과 개선책의 검토

㉠ 치명도 해석
㉡ 해석결과의 정리와 설계개선의 제안

5) 고장등급의 결정방법

① 고장평점법(C_s 평점법)

다음의 다섯 가지 평가요소의 전부 또는 2~3개의 평가요소를 사용하여 고장평점을 기하평균으로 계산하고 고장등급을 결정하는 방법

㉠ 평가요소를 모두 사용하는 경우의 고장평점 C_s

$$C_s = (C_1 \cdot C_2 \cdot C_3 \cdot C_4 \cdot C_5)^{\frac{1}{5}}$$

여기서, C_1 : 기능적 고장 영향의 중요도
C_2 : 영향을 미치는 시스템의 범위
C_3 : 고장 발생의 빈도
C_4 : 고장 방지의 가능성
C_5 : 신규설계의 정도

㉡ C_1과 C_3의 2개 평가요소만을 사용하는 경우의 고장평점 C_s

$$C_s = \sqrt{C_1 \cdot C_3}$$

㉢ C_1, C_2, C_3를 사용하는 경우의 고장평점 C_s

$$C_s = (C_1 \cdot C_2 \cdot C_3)^{\frac{1}{3}}$$

㉣ 평가요소는 임의로 선택할 수 있으나 가급적 C_1과 C_2는 포함되도록 하는 것이 좋다.

㉤ 임무달성에 중점을 둔 고장등급의 결정

고장등급	C_s	고장구분	판단기준	대책내용
Ⅰ	7점 이상~10점	치명고장	임무수행 불능, 인명손실	설계 변경 필요
Ⅱ	4점 이상~7점	중대고장	임무의 중대한 부분 미달성	설계의 재검토 필요
Ⅲ	2점 이상~4점	경미고장	임무의 일부 미달성	설계 변경 불필요
Ⅳ	2점 미만	미소고장	영향이 전혀 없음	설계 변경 전혀 불필요

② **치명도 평점법** : 고장 영향의 크기에 따라 평점을 구하고 다음과 같은 식에 의해 치명도 평점 C_E를 계산한 후에 점수에 대응하여 고장등급을 결정하는 방법

$C_E = F_1 \cdot F_2 \cdot F_3 \cdot F_4 \cdot F_5$				
고장등급	C_E	**고장구분**	**대책내용**	
Ⅰ	3.0 이상	치명고장	설계 변경 필요	
Ⅱ	1.0~3.0	중대고장	설계의 재검토 필요	
Ⅲ	1.0	경미고장	설계 변경 불필요	
Ⅳ	1.0 미만	미소고장	설계 변경 전혀 불필요	

F_1 : 고장 영향의 크기
F_2 : 시스템에 미치는 영향의 정도
F_3 : 발생 빈도
F_4 : 방지의 가능성
F_5 : 신규설계 여부

6) FMEA의 서식

①	②	③	④	⑤	⑥ 고장의 영향				⑦	⑧	⑨	⑩
항목	기능	고장의 형태	고장반응 시간	작업 또는 운용단계	서브 시스템	시스템	시설	인원	고장의 발견방식	시정활동	위험성 분류	소견

① 분석되는 요소 또는 성분의 명칭, 약도 중의 요소를 파악하기 위하여 사용되는 계약자의 도면번호, 블록 다이어그램 중에서, 그 항목을 동정하기 위해 사용하는 코드명

② 수행되는 기능의 간소화 표현

③ 특유의 고장형태의 기술

④ 고장의 발생에서 최종 고장의 영향까지의 예상시간

⑤ 그중 위험한 고장이 생길 확률(β)이 있는 운용 또는 작업의 단계

영향	발생확률(β의 값)
실제의 손실	$\beta = 1.00$
예상되는 손실	$0.10 \leq \beta < 1.00$
가능한 손실	$0 < \beta < 0.10$
영향 없음	$\beta = 0$

⑥ 고장이 상위의 조립품, 작업, 인원에 미치는 영향에 관한 기술

⑦ 그 고장형태를 발견할 수 있는 방법의 기술 또는 고장이 용이하게 발견되지 않을 때에는 어떤 시험방법 또는 시험과목의 추가로서 고장의 발견이 가능한가의 지적

⑧ 그 고장형태를 소멸시키든가 그 영향을 최소화하기 위해 추정되는 시정활동의 기술, 가능한 미리 계획된 운용의 교체방식의 기술

⑨ 위험성의 분류 표시

카테고리(category)-1	생명 또는 가옥의 상실	**카테고리(category)-3**	활동의 지연
카테고리(category)-2	사명(작업) 수행의 실패	**카테고리(category)-4**	영향 없음

⑩ 타 난에 포함되지 않은 관련 정보 등

6. 사건수 분석(ETA ; Event Tree Analysis)

1) 개요

① 초기 사건으로 알려진 특정한 장치의 이상 또는 운전자의 실수에 의해 발생되는 잠재적인 사고결과를 정량적으로 평가 · 분석하는 방법
② 사상의 안전도를 사용해서 시스템의 안전도를 표시하는 시스템 모델의 하나로 귀납적이기는 하지만 정량적인 해석기법
③ 항공기의 안전성 평가에 널리 사용되는 기법으로서 각 중요 부품의 고장률, 운용 형태, 보정계수, 사용시간 비율 등을 고려하여 정량적 · 귀납적으로 부품의 위험도를 평가하는 기법
④ 디시전트리를 재해사고의 분석에 이용할 경우의 분석법
⑤ 설비의 설계단계에서부터 사용단계까지 각 단계에서 위험을 분석하는 귀납적 · 정량적 분석방법
⑥ 종래의 지나치기 쉬웠던 재해의 확대요인의 분석 등에 적합

2) ETA의 작성법(의사 결정수(Decision Tree)와 동일)

① 통상 시스템 다이어그램에 의해 좌에서 우로 진행
② 각 요소를 나타내는 시점에 있어서 성공사상은 상측, 실패사상은 하측에 분기
③ 분기마다 발생확률을 표시
④ 최후에 각각의 곱의 합으로 시스템의 신뢰도 계산
⑤ 분기된 각 사상의 확률의 합은 항상 1이다.

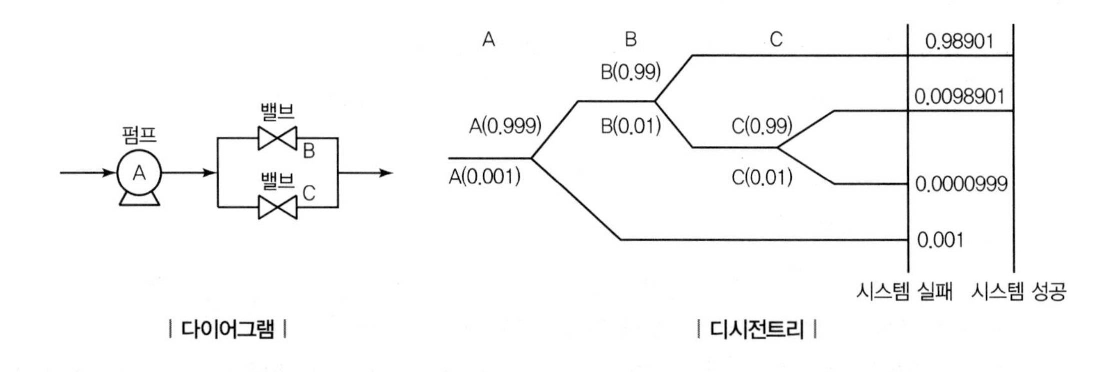

| 다이어그램 |　　　| 디시전트리 |

7. 위험도 분석(CA ; Criticality Analysis)

1) 개요

① 고장이 직접 시스템의 손실과 인명의 사상에 연결되는 높은 위험도를 가진 요소나 고장의 형태에 따른 분석기법
② FMEA를 실시한 결과 고장등급이 높은 고장모드가 시스템이나 기기의 고장에 어느 정도로 기여하는가를 정량적으로 계산하고, 그 영향을 정량적으로 평가하는 해석 기법

③ FMEA에 치명도 해석을 포함시킨 것을 FMECA(Failure Mode Effect and Criticality Analysis)라고 한다.

2) 고장형의 위험도 분류

category Ⅰ	생명의 상실로 이어질 염려가 있는 고장
category Ⅱ	작업의 실패로 이어질 염려가 있는 고장
category Ⅲ	운용의 지연 또는 손실로 이어질 고장
category Ⅳ	극단적인 계획 외의 관리로 이어질 고장

3) 이상 위험도 분석(FMECA ; Failure Mode Effect and Criticality Analysis)

① 공정 및 설비의 고장 형태 및 영향, 고장형태별 위험도 순위 등을 결정하는 방법을 말한다.

② 고장의 형태, 영향 및 치명도 분석이라고도 한다.

③ 정성적 분석방법이나 이를 정량적으로 보완하기 위하여 개발된 분석기법(정성적 분석방법과 정량적 분석방법을 동시에 사용)

④ CA는 FMEA와 병용되는 경우가 많아 SAE는 FMEA를 확장해서 개발

⑤ FMECA＝FMEA＋CA

⑥ 신규 제품설계평가에는 FMECA는 잘 사용하지 않고 FMEA만 사용된다.

8. 인간과오율 예측기법(THERP ; Technique for Human Error Rate Prediction)

1) 개요

① 사고원인 가운데 인간의 과오나 기인된 원인분석, 확률을 계산함으로써 제품의 결함을 감소시키고, 인간공학적 대책을 수립하는 데 사용되는 분석기법

② 인간의 과오(Human Error)를 정량적으로 평가하기 위해 개발된 기법(Swain 등에 의해 개발된 인간과오율 예측기법)

③ 인간의 과오율 추정법 등 5개의 스텝으로 구성되어 있다.

④ 기본적으로 ETA의 변형으로 루프(Loop), 바이패스(Bypass)를 가질 수 있고 맨－머신 시스템의 국부적인 상세한 분석에 용이하다.

2) 구성 5단계

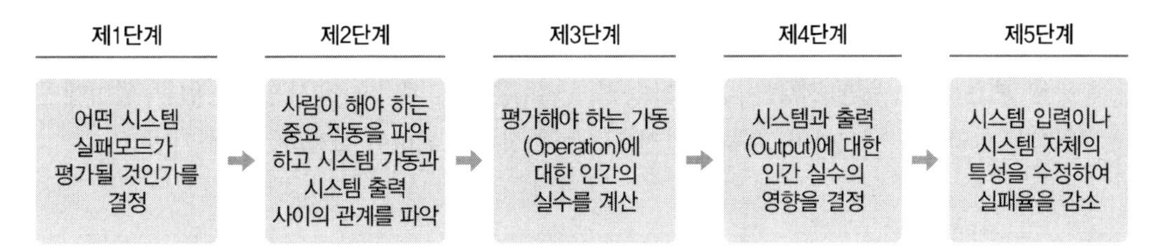

3) THERP의 위험분석

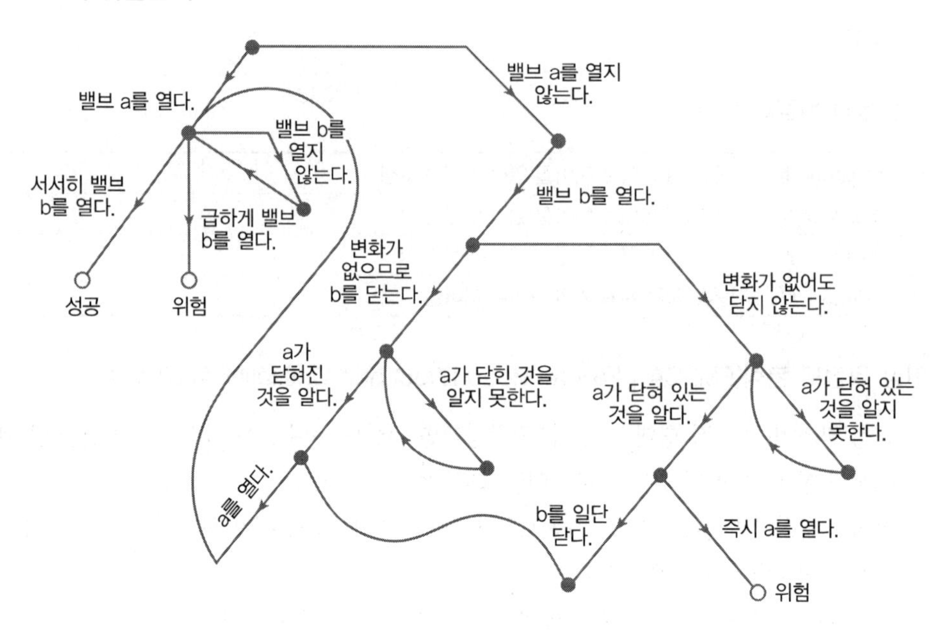

9. 경영위험도 분석(MORT ; Management Oversight and Risk Tree)

1) 개요

① 1970년 이후 미국의 W. G. Johnson 등에 의해 개발

② FTA와 동일한 논리적 방법을 사용

③ 관리, 설계, 생산, 보전 등에 대한 넓은 범위에 걸쳐 안전성을 확보하려고 시도된 것

④ 개발의 대상이 원자력 산업이지만 처음으로 산업안전을 목적으로 개발된 시스템 안전 프로그램

⑤ 연역적이면서 정량적 해석방법

2) 목적

원자력 산업과 같이 이미 상당한 안전이 확보되어 있는 장소에서 관리, 설계, 생산, 보전 등 광범위하고 고도의 안전 달성을 목적으로 하는 시스템 해석법

10. 운용 및 지원 위험분석(O & SHA ; Operation and Support(O & S) Hazard Analysis)

1) 개요

생산, 보전, 시험, 운반, 저장, 비상탈출, 운전, 구조, 훈련 및 폐기 등에 사용되는 인원, 설비에 관하여 위험을 파악하고 제어하며, 그들의 안전요건을 결정하기 위하여 실시하는 분석기법

2) 운용 및 지원 위험 해석의 결과가 기초자료가 되는 경우

① 위험의 염려가 있는 시기와 그 기간 중의 위험을 최소화하기 위해 필요한 행동의 파악
② 위험을 배제하고 제어하기 위한 설계 변경
③ 방호장치, 안전설비에 대한 필요조건과 그들의 고장을 검출하기 위해 필요한 보전순서의 동정
④ 운전 및 보전을 위한 경보, 주의, 특별한 순서 및 비상용 순서
⑤ 취급, 저장, 운반, 보전 및 개수를 위한 특정한 순서

3 결함수 분석

1. 결함수 분석(FTA ; Fault Tree Analysis)

1) FTA의 개요

① 사고의 원인이 되는 장치의 이상이나 고장의 다양한 조합 및 작업자 실수 원인을 연역적으로 분석하는 방법을 말한다.
② FTA는 시스템 고장을 발생시키는 사상과 그의 원인과의 인과관계를 논리기호를 사용하여 나뭇가지 모양의 그림으로 나타낸 고장목을 만들고 이에 의거 시스템의 고장확률을 구함으로써 문제가 되는 부분을 찾아내어 시스템의 신뢰성을 개선하는 연역적이고 정성적 · 정량적인 고장해석 및 신뢰성 평가방법이다.
③ 1962년 벨 전화연구소의 H. A. Watson에 의해 처음으로 고안되었다.
④ 재해발생을 연역적 · 정량적으로 해석, 예측할 수 있다.

2) FTA의 특징

① 고장 시 발생하는 사고위험 예측방법이다.
② 새로운 시스템의 개발과 설계 및 생산 시 안전관리 측면에서 적용되는 방법이다.
③ 결함의 원인과 요인을 추적하지만 상이한 조직의 결함은 지적 발견할 수 없다.
④ 조직의 기능역할 중에서 주요도가 높은 구성적 요소의 결함으로 인해 발생하는 경로 요인 분석이다.

⑤ FTA와 FMEA의 특징 비교

FMEA	FTA
정성적 · 귀납적 해석방법	정량적 · 연역적 해석방법
Bottom Up 형식(상향식)	Top Down 형식(하향식)
표를 사용한 해석	논리기호를 사용한 해석
하드웨어의 고장 해석	하드웨어나 인간 과오까지 포함한 해석

3) FTA의 중요도 지수

구조 중요도	기본사상의 발생확률을 문제로 하지 않고, 결함수의 구조상 각 기본사상이 갖는 치명성을 말한다.(각각의 기본 사항을 개선하는 난이도를 반영한 지수)
확률 중요도	각 기본사상의 발생확률 증감이 정상사상 발생확률의 증감에 어느 정도나 기여하고 있는가를 나타내는 척도이다.
치명 중요도	기본사상의 발생확률 변화율에 대한 정상사상 발생확률의 변화의 비이다.

2. 논리기호 및 사상기호

1) FTA 분석 기호

번호	기호	명칭	내용
1		결함사상	사고가 일어난 사상(사건)
2		기본사상	더 이상 전개가 되지 않는 기본적인 사상 또는 발생확률이 단독으로 얻어지는 낮은 레벨의 기본적인 사상
3		통상사상 (가형사상)	통상발생이 예상되는 사상(예상되는 원인)
4		생략사상 (최후사상)	정보 부족 또는 분석기술 불충분으로 더 이상 전개할 수 없는 사상(작업 진행에 따라 해석이 가능할 때는 다시 속행한다)
5		전이기호 (이행기호)	① FT도상에서 다른 부분에 관한 이행 또는 연결을 나타낸다. ② 상부에 선이 있는 경우는 다른 부분으로 전입(IN)
6		전이기호 (이행기호)	① FT도상에서 다른 부분에 관한 이행 또는 연결을 나타낸다. ② 측면에 선이 있는 경우는 다른 부분으로 전출(OUT)

2) 게이트 기호

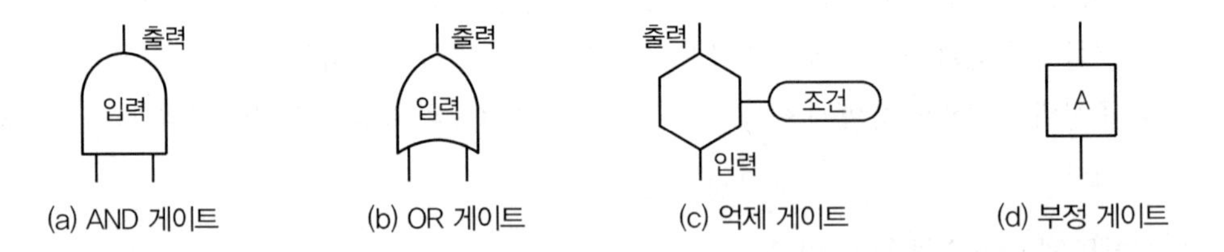

(a) AND 게이트 (b) OR 게이트 (c) 억제 게이트 (d) 부정 게이트

① AND 게이트

㉠ 모든 입력사상이 공존할 때만 출력사상이 발생한다.

㉡ AND 게이트에는 (·)를 표기하는 경우도 있다.

㉢ AND Gate는 Block Diagram의 직렬구조와 같은 기능을 한다.

② OR 게이트

㉠ 입력사상 중 어느 하나라도 발생하게 되면 출력사상이 발생한다.

㉡ OR 게이트에는 (+)를 표기하는 경우도 있다.

㉢ OR Gate는 Block Diagram의 병렬구조와 같은 기능을 한다.

③ 억제 게이트(제어 게이트)

㉠ 입력사상 중 어느 것이나 이 게이트로 나타내는 조건을 만족하는 경우에만 출력사상이 발생한다.(조건부확률)

㉡ 수정기호를 병용하여 게이트의 역할을 하도록 한다.

④ 부정 게이트

㉠ 입력현상의 반대현상이 출력된다.

㉡ 부정 모디파이어(Not Modifier)라고도 불린다.

3) 수정 게이트

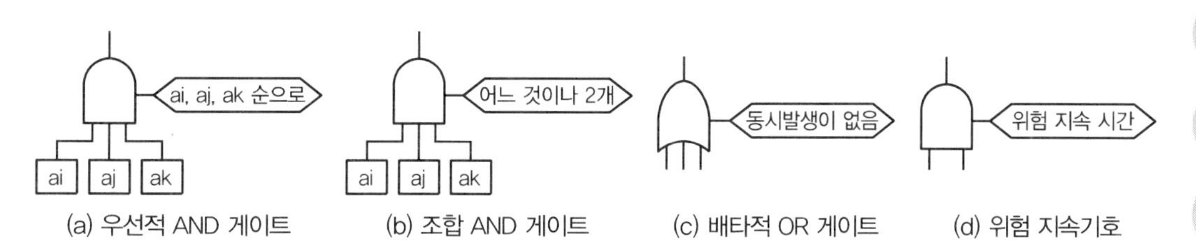

(a) 우선적 AND 게이트 (b) 조합 AND 게이트 (c) 배타적 OR 게이트 (d) 위험 지속기호

① 우선적 AND 게이트

입력사상 중 어떤 사상이 다른 사상보다 먼저 일어난 때에 출력사상이 생긴다. 즉, 출력이 발생하기 위해서는 입력들이 정해진 순서로 발생해야 한다.

② 조합 AND 게이트

3개 이상의 입력사상 중 어느 것이나 2개가 일어나면 출력이 생긴다.

③ 배타적 OR 게이트

OR 게이트이지만 2개 또는 그 이상의 입력이 동시에 존재하는 경우에는 출력이 생기지 않는다.

④ 위험 지속기호

입력사상이 발생하여 어떤 일정한 시간이 지속될 때에 출력이 생긴다. 만약 지속되지 않으면 출력은 생기지 않는다.

3. FTA의 순서 및 작성방법

1) FTA의 절차

① 정성적 FT(결함나무)의 작성단계

해석하려고 하는 재해 사상을 결정하여 FT도를 작성하기까지의 단계

㉠ 해석하려고 하는 재해인 목표 사상(Top Event)을 정한다.

㉡ 재해의 원인인 기본사상과 영향을 조사한다.

㉢ FT(결함나무)도를 작성한다.

② FT(결함나무)의 정량화 단계

FT도를 수식화하여 재해의 발생확률을 계산하는 단계

㉠ 컷셋(Cut Set), 최소 컷셋(Minimal Cut Set)을 구한다.

㉡ 작성한 FT도를 수식화하여 FT도를 간소화한다.(Boolean 대수 사용)

㉢ 기본사상의 발생확률을 이용하여 정상사상(재해)이 발생할 확률을 계산한다.

③ 재해방지대책의 수립단계

비용이나 기술 등의 조건을 고려하여 가장 적절한 재해방지대책을 세워 그 효과를 FT로 확인한다.

2) FT의 작성방법

① 분석하려고 하는 재해(정상사상이나 목표사상)를 최상단에 놓는다.

② 그 하단에는 재해의 직접적 원인이 되는 기계 등의 불량상태나 작업자의 에러(결함사상)들을 중간사상으로 나열하고 정상사상과 중간사상들 사이를 논리 게이트(Gate)로 연결한다.

③ 중간사상의 원인이 되는 결함 사상들을 논리 게이트(Gate)로 연결하는 과정을 반복하여 위에서 아래로 순차적으로 기록하여 나간다. 나무를 거꾸로 세운 것처럼 끝이 퍼진 모양이 되므로 결함나무(Fault Tree)라 한다.

④ 상하의 사상을 연결하는 게이트는 기본적으로 논리적(AND Gate) 또는 논리화(OR Gate)이다.

⑤ FT도의 최하단은 기본사상, 통상사상, 생략사상 중의 하나로 나타낸다.

3) FTA에 의한 재해사례의 연구 순서

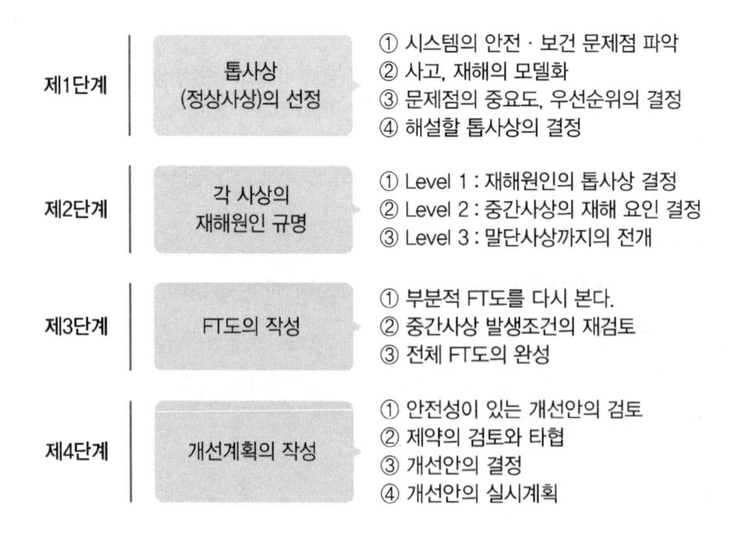

4) 추락재해에 대한 FT 작성의 예

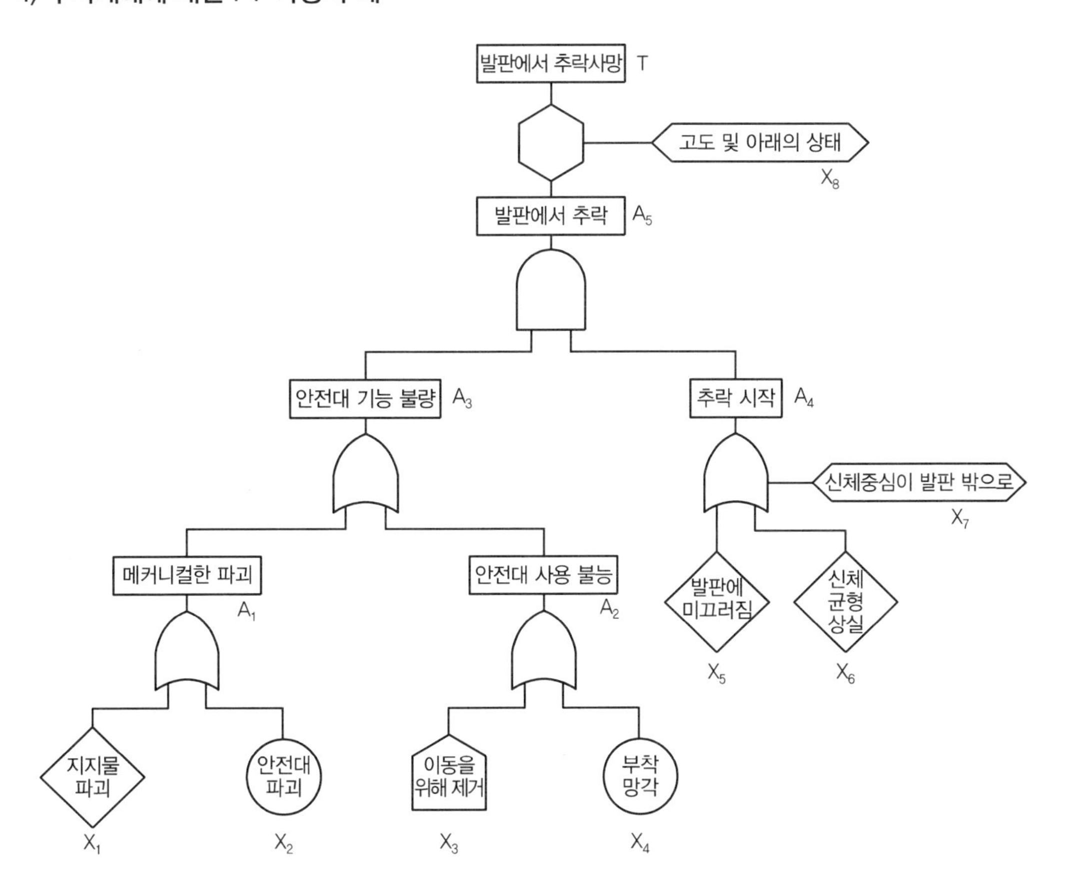

5) FT의 수정 및 활용

① Tree의 간략화

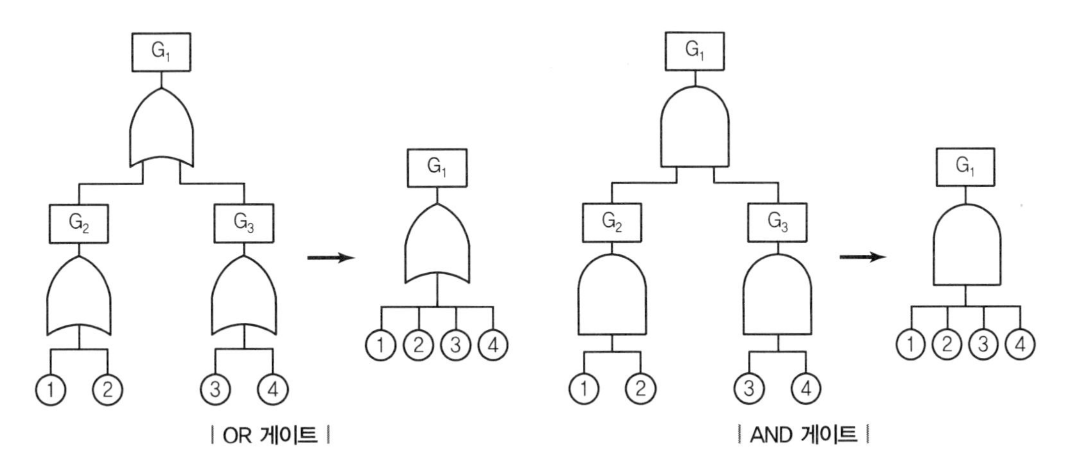

② Tree의 수정

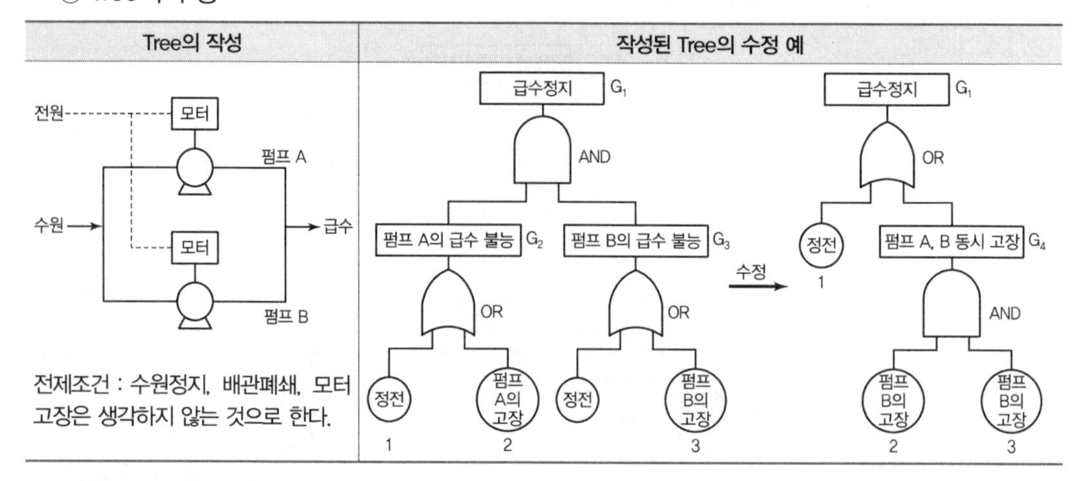

③ FTA의 활용 및 기대효과

사고원인 규명의 간편화	사고의 세부적인 원인목록을 작성하여 전문적인 지식이 부족한 사람도 해당 사고의 구조를 파악할 수 있음
사고원인 분석의 일반화	재해 발생에 대한 모든 원인들의 연쇄를 한눈에 알기 쉽게 Tree상으로 표현할 수 있음
사고원인 분석의 정량화	FTA에 의한 재해 발생원인의 정량적 해석과 예측, 컴퓨터 처리 및 통계적인 처리가 가능
노력과 시간의 절감	FTA의 전산화를 통해 사고 발생에의 기여도가 높은 중요 원인을 분석하고 파악하여 사고예방을 위한 노력과 시간을 절감
시스템 결함 진단	최소시간과 최소비용으로 복잡한 시스템 내의 결함을 효과적으로 교정하여 재해를 예방할 수 있고 재해 발생 시 이를 극소화할 수 있음
안전점검 체크리스트 작성	안전점검상 중점을 두어야 할 부분 등을 체계적으로 정리한 안전점검 체크리스트를 만들 수 있음

6) FTA 작성 시기

① 재해가 발생했을 때

② 기계설비를 설치 · 가동할 때

③ 위험 내지는 고장의 우려가 있거나 그러한 사유가 발생했을 때

4. Cut Set & Path Set

1) 컷셋(Cut Set)

정상사상을 발생시키는 기본사상의 집합으로 그 안에 포함되는 모든 기본사상(여기서는 통상사상, 생략결함사상 등을 포함한 기본사상)이 발생할 때 정상사상을 발생시킬 수 있는 기본사상의 집합

2) 패스셋(Path Set)

그 안에 포함되는 모든 기본사상이 일어나지 않을 때 처음으로 정상사상이 일어나지 않는 기본사상의 집합, 즉 시스템이 고장 나지 않도록 하는 사상의 조합이다.

4 정성적, 정량적 분석

1. 확률사상의 계산

1) 확률사상의 곱과 합

① n개의 독립사상에 관해서

㉠ 논리곱의 확률

$q(A \cdot B \cdot C \cdot \cdots \cdot N) = q_A \cdot q_B \cdot q_C \cdot \cdots \cdot q_N$

㉡ 논리합의 확률

$q(A + B + C + \cdots + N) = 1 - (1 - q_A)(1 - q_B)(1 - q_C) \cdots (1 - q_N)$

② 배타적 사상에 관해서(논리합의 확률)

$q(A + B + C + \cdots + N) = q_A + q_B + q_C + \cdots + q_N$

③ 독립이 아닌 2개 사상에 관해서(논리곱의 확률)

$q(A \cdot B) = q_A \cdot (q_B \mid q_A) = q_B \cdot (q_A \mid q_B)$

여기서, $q_B \mid q_A$은 A가 일어나는 조건하에서 B가 일어날 확률(조건부확률)
$q_A \mid q_B$은 B가 일어나는 조건하에서 A가 일어날 확률(조건부확률)

2) 고장확률의 계산방법

① AND 게이트(Gate)의 경우

㉠ 기본사상 n개가 모두가 고장을 일으키면 정상사상이 고장이 난다는 논리기호이다.

㉡ 신뢰성 블록도에서는 병렬시스템이다.

$$F_T = F_1 \times F_2 \times F_3 \times \cdots \times F_n = \prod_{i=1}^{n} F_i$$

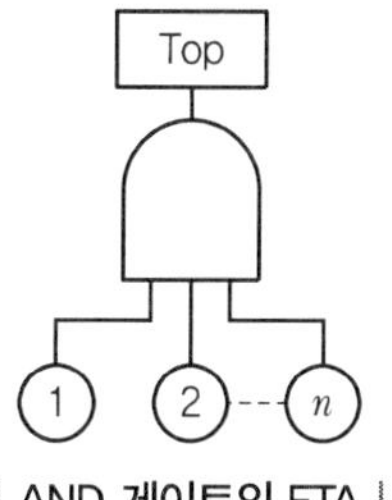

| AND 게이트의 FTA |

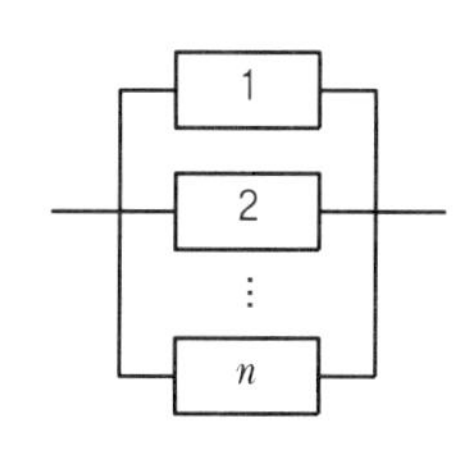

| 신뢰성 블록도(병렬) |

② OR 게이트(Gate)의 경우

㉠ 기본사상 n개 중 어느 하나라도 고장을 일으키면 정상사상이 고장이 난다는 논리기호이다.

㉡ 신뢰성 블록도에서는 직렬시스템이다.

$$F_T = 1-(1-F_1)(1-F_2)\cdots(1-F_n) = 1-\prod_{i=1}^{n}(1-F_i)$$

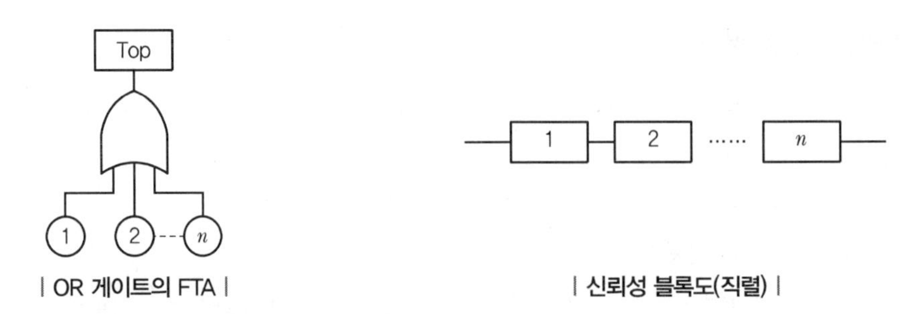

| OR 게이트의 FTA |　　　| 신뢰성 블록도(직렬) |

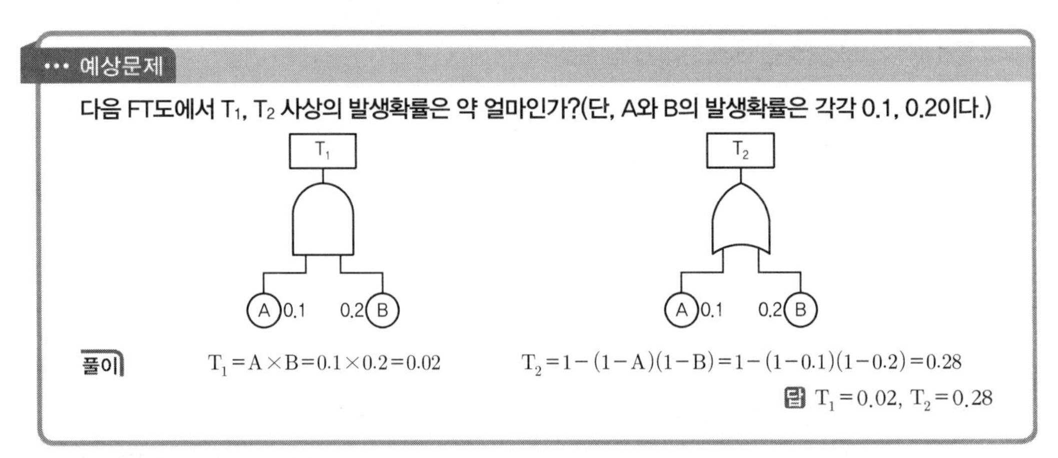

··· 예상문제

다음 FT도에서 T_1, T_2 사상의 발생확률은 약 얼마인가?(단, A와 B의 발생확률은 각각 0.1, 0.2이다.)

풀이 $T_1 = A \times B = 0.1 \times 0.2 = 0.02$　　$T_2 = 1-(1-A)(1-B) = 1-(1-0.1)(1-0.2) = 0.28$

답 $T_1 = 0.02$, $T_2 = 0.28$

3) 불대수(Boolean Algebra)의 대수법칙

흡수법칙	$A+(A\cdot B)=A$, $A\cdot(A\cdot B)=A\cdot B$, $A\cdot(A+B)=A$
동정법칙	$A+A=A$, $A\cdot A=A$
분배법칙	$A\cdot(B+C)=A\cdot B+A\cdot C$, $A+(B\cdot C)=(A+B)\cdot(A+C)$
교환법칙	$A\cdot B=B\cdot A$, $A+B=B+A$
결합법칙	$A\cdot(B\cdot C)=(A\cdot B)\cdot C$, $A+(B+C)=(A+B)+C$
항등법칙	$A+0=A$, $A+1=1$, $A\cdot 1=A$, $A\cdot 0=0$
보원법칙	$A+\overline{A}=1$, $A\cdot\overline{A}=0$
드 모르간의 정리	$(\overline{A+B})=\overline{A}\cdot\overline{B}$, $(\overline{A\cdot B})=\overline{A}+\overline{B}$

2. Minimal Cut Set & Path Set

1) 미니멀 컷셋(Minimal Cut Set)

① 개요

㉠ 컷셋의 집합 중에서 정상사상을 일으키기 위하여 필요한 최소한의 컷셋을 미니멀 컷셋이라 한다. 즉, 컷셋 중에서 타 컷셋을 포함하고 있는 것을 배제하고 남은 컷셋들을 의미한다.

㉡ 어느 고장이나 실수를 발생시키면 재해가 일어나는가 하는 것, 즉 시스템의 위험성(반대로 말하면 안전성)을 나타내는 것이다.

㉢ 미니멀 컷셋은 시스템의 기능을 마비시키는 사고요인의 집합이다.

② 미니멀 컷셋을 구하는 법

㉠ AND 게이트 : 항상 컷셋의 크기를 증가시킨다.

㉡ OR 게이트 : 항상 컷셋의 수를 증가시킨다.

㉢ 정상사상에서 차례로 상단의 사상을 하단의 사상으로 치환하면서 AND 게이트는 가로로 나열하고, OR 게이트는 세로로 나열시킨다.(모든 기본사상에 도달했을 때 그들 각 행이 미니멀 컷셋이 된다.)

㉣ 아래와 같이 구한 퍼셀(Fussell)의 알고리즘에 의해서 구한 컷셋 BICS(Boolean Indicated Cut Sets)는 진정한 미니멀 컷셋이라 할 수 없으며, 이들 컷셋 속의 중복사상이나 컷셋을 제거해야 진정한 미니멀 컷셋이 된다.

㉤ 미니멀 컷셋 예제(중복이 없는 경우)

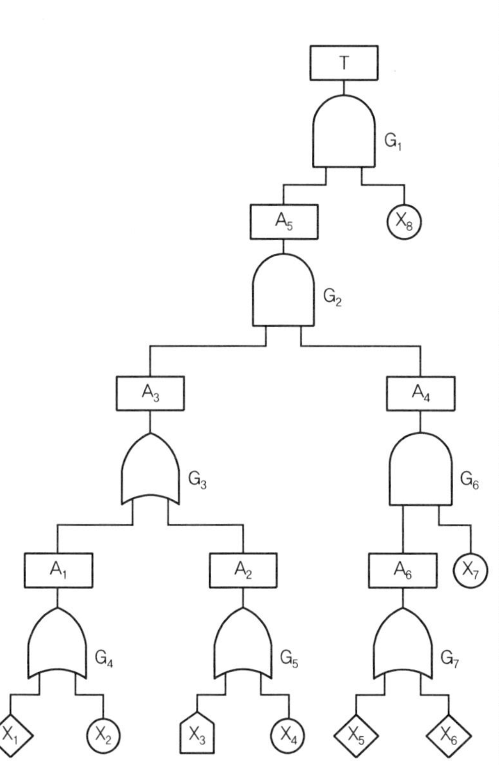

T는 AND 게이트 G_1으로 A_5에 결합되어 있으므로 가로로 나열한다.

$$T \rightarrow A_5 X_8$$

A_5는 AND 게이트 G_2로 A_3와 A_4에 결합되어 있으므로 가로로 나열한다.

$$A_5 X_8 \rightarrow A_3 A_4 X_8$$

A_3는 OR 게이트 G_3로 A_1과 A_2에 결합되어 있어 세로로 나열한다.

$$A_3 A_4 X_8 \rightarrow \begin{bmatrix} A_1 A_4 X_8 \\ A_2 A_4 X_8 \end{bmatrix}$$

A_1은 OR 게이트 G_4로 X_1과 X_2에 결합되어 있고, A_2는 OR 게이트 G_5로 X_3과 X_4에 결합되어 있기 때문에 모두 세로로 나열한다.

$$\begin{bmatrix} A_1 A_4 X_8 \\ A_2 A_4 X_8 \end{bmatrix} \rightarrow \begin{bmatrix} X_1 A_4 X_8 \\ X_2 A_4 X_8 \\ X_3 A_4 X_8 \\ X_4 A_4 X_8 \end{bmatrix}$$

A_4는 AND 게이트 G_6로 A_6와 A_7에 결합되어 있어 가로로 나열하고 A_6는 OR 게이트 G_7으로 X_5와 X_6에 결합되어 있어 세로로 나열한다.

$$\begin{bmatrix} X_1 A_4 X_8 \\ X_2 A_4 X_8 \\ X_3 A_4 X_8 \\ X_4 A_4 X_8 \end{bmatrix} \rightarrow \begin{bmatrix} X_1 A_6 X_7 X_8 \\ X_2 A_6 X_7 X_8 \\ X_3 A_6 X_7 X_8 \\ X_4 A_6 X_7 X_8 \end{bmatrix} \rightarrow \begin{bmatrix} X_1 X_5 X_7 X_8 \\ X_1 X_6 X_7 X_8 \\ X_2 X_5 X_7 X_8 \\ X_2 X_6 X_7 X_8 \\ X_3 A_5 X_7 X_8 \\ X_3 A_6 X_7 X_8 \\ X_4 A_5 X_7 X_8 \\ X_4 A_6 X_7 X_8 \end{bmatrix}$$

이와 같이 하여 모든 기본사상으로 치환된 것으로 하면 구해진 8조의 기본사상의 집합이 각각 FT의 미니멀 컷셋이다.

㉥ 미니멀 컷셋 예제(중복이 있는 경우)

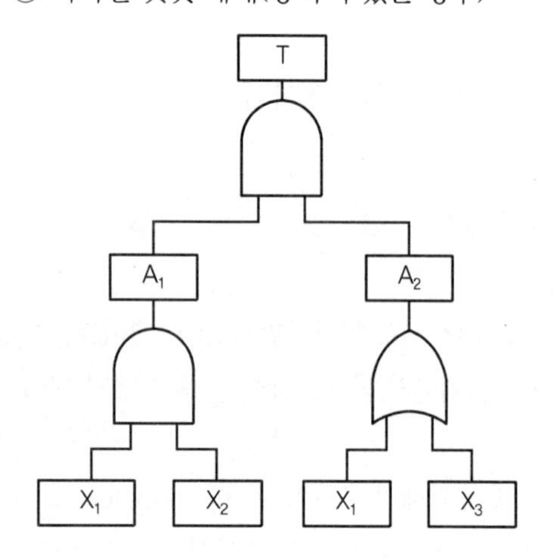

㉤과 같은 방법으로 미니멀 컷셋을 구하면

$T \rightarrow A_1\,A_2 \rightarrow X_1\,X_2\,A_2 \rightarrow \left[\begin{matrix} X_1\,X_2\,X_1 \\ X_1\,X_2\,X_3 \end{matrix}\right.$

이와 같이 2조의 BICS를 얻지만 1행의 컷셋은 X_1이 중복되어 있으므로 간단히 $X_1\,X_2$가 되고 2행에는 $X_1\,X_2$가 포함되어 있기 때문에 미니멀 컷셋은 $X_1\,X_2$만이 된다.

2) 미니멀 패스셋(Minimal Path Set)

① 개요

㉠ 미니멀 패스셋은 정상사상이 일어나지 않기 위해 필요한 최소한의 것을 말한다.

㉡ 미니멀 패스셋은 어느 고장이나 실수를 일으키지 않으면 재해가 일어나지 않는다는 것으로 시스템의 신뢰성을 나타내는 것이다.

㉢ 미니멀 패스셋은 시스템의 기능을 살리는 최소요인의 집합이다.

② 쌍대 FT와 미니멀 패스셋을 구하는 법

㉠ 미니멀 패스셋을 구하기 위해서는 미니멀 컷셋과 미니멀 패스셋의 쌍대성을 이용하여 구하는 것이 좋다.

㉡ 즉, 대상 FT의 쌍대 FT(Dual Fault Tree)를 구한다.

㉢ 쌍대 FT란 원래 FT의 논리곱을 논리합, 논리합을 논리곱으로 치환해서 모든 사상이 일어나지 않는 경우로 생각한 FT이다.

㉣ 이 쌍대 FT에서 미니멀 컷셋을 구하면 그것은 원래 FT의 미니멀 패스셋이 된다.

1) – ② – ⓜ에 제시된 FT의 미니멀 패스셋을 구하기 위해 쌍대 FT를 작도하면 다음과 같다.

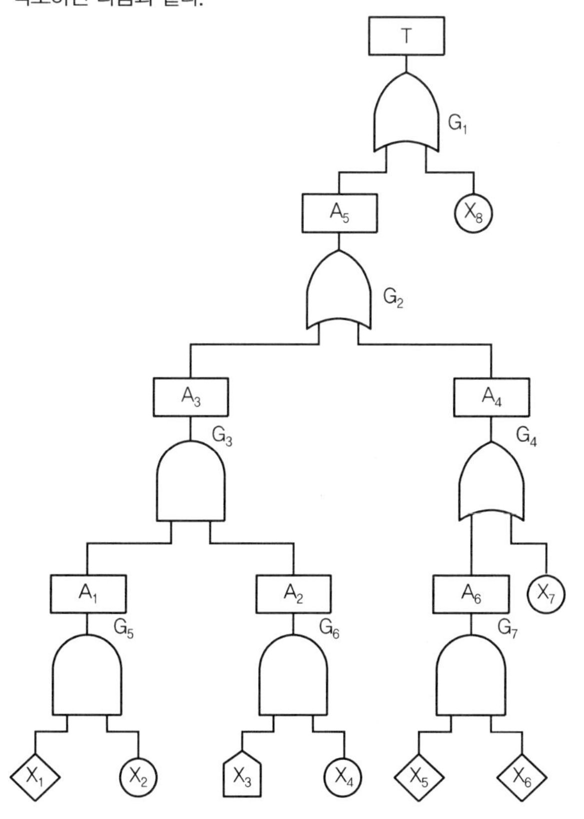

$$T \rightarrow \left[\begin{array}{l} A_5 \\ X_8 \end{array}\right. \rightarrow \left[\begin{array}{l} A_3 \\ A_4 \\ X_8 \end{array}\right. \rightarrow \left[\begin{array}{l} A_1\, A_2 \\ A_4 \\ X_8 \end{array}\right.$$

$$\rightarrow \left[\begin{array}{l} X_1\, X_2\, X_3\, X_4 \\ A_4 \\ X_8 \end{array}\right. \rightarrow \left[\begin{array}{l} X_1\, X_2\, X_3\, X_4 \\ A_6 \\ X_7 \\ X_8 \end{array}\right.$$

$$\rightarrow \left[\begin{array}{l} X_1\, X_2\, X_3\, X_4 \\ X_5\, X_6 \\ X_7 \\ X_8 \end{array}\right.$$

따라서 원래의 FT 미니멀 패스셋으로 다음의 4조를 얻을 수 있다.

$$\left[\begin{array}{l} X_1\, X_2\, X_3\, X_4 \\ X_5\, X_6 \\ X_7 \\ X_8 \end{array}\right.$$

••• 예상문제

다음 FT도에서 최소 컷셋을 구하시오.

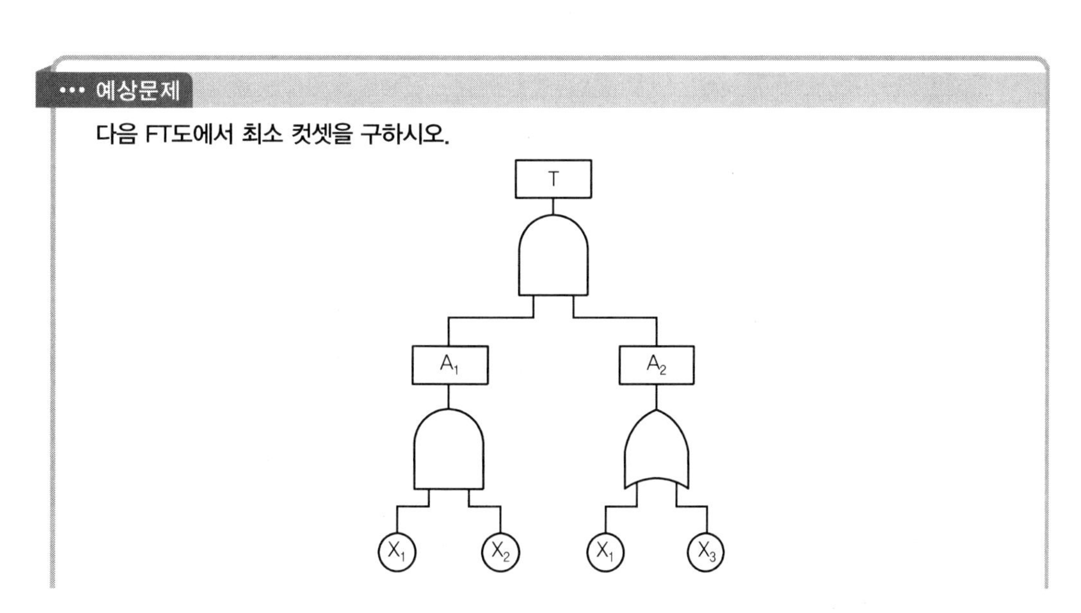

풀이

	ⓐ		ⓑ		ⓒ		ⓓ		ⓔ
T →	A_1, A_2	→	X_1, X_2, A_2	→	X_1, X_2, X_1 X_1, X_2, X_3	→	X_1, X_2 X_1, X_2, X_3	→	X_1, X_2

ⓒ에서 1행의 컷셋은 X_1이 중복되어 있으므로 (X_1, X_2)가 되고 ⓓ의 2행에서는 (X_1, X_2)가 포함되어 있기 때문에 최소 컷셋은 ⓔ와 같다.

답 X_1, X_2

5 신뢰도 계산

1. 신뢰도 및 불신뢰도의 계산

① 신뢰도 함수 $R(t)$: 시점 t에 있어서의 잔존(생존)확률

$$R(t) = \frac{n(t)}{N}$$

여기서, N : 초기의 총수, $n(t)$: 시점 t에서의 잔존 수

② 불신뢰도 함수 $F(t)$: 시점 t까지의 누적고장확률, 불신뢰도

$$F(t) = 1 - \frac{n(t)}{N} = 1 - R(t)$$

여기서, N : 초기의 총수, $n(t)$: 시점 t에서의 잔존 수

③ 관계식

$$R(t) + F(t) = 1$$

2. 고장확률 밀도함수와 고장률 함수

① 고장확률 밀도함수의 종류

정규분포 (Normal Distribution)	단일부품의 고장확률 밀도함수는 대부분 정규분포가 되며, 사용시간이 증가함에 따라 고장률 $\lambda(t)$는 증가하게 된다.
지수분포 (Exponential Distribution)	여러 개의 부품이 조합되어 만들어진 기기나 시스템의 고장확률 밀도함수는 지수분포에 따르게 되며, 이때의 고장률은 시간에 관계없이 일정하게 된다.(시간당 고장률이 일정)
와이블 분포 (Weibull Distribution)	신뢰성 모델로서 가장 자주 사용되는 분포로 고장률 함수 $\lambda(t)$가 상수, 증가 또는 감소함수인 수명분포들을 모형화할 때 적당한 분포이다.

② 고장확률 밀도함수 $f(t)$: 단위시간당 전체의 몇 %가 고장 났는가 하는 빈도

$$f(t) = \frac{dF(t)}{dt}$$

③ 고장률 함수 $\lambda(t)$: 단위시간당 고장률의 극한값, 순간고장률

$$\lambda(t) = \frac{f(t)}{R(t)}$$

$$\text{평균고장률}(\lambda) = \frac{r(\text{그 기간 중의 총 고장 수})}{T(\text{총 동작시간})}$$

④ 고장률이 사용시간에 관계없이 일정한 경우(시간당 고장률이 일정)

신뢰도 함수 : $R(t) = \exp[-\lambda t] = e^{-\lambda t}$

불신뢰도 함수 : $F(t) = 1 - R(t) = 1 - e^{-\lambda t}$

••• 예상문제

어떤 기기의 고장률이 시간당 0.002로 일정하다고 한다. 이 기기를 100시간 사용했을 때 고장이 발생할 확률은?

풀이 불신뢰도 $F(t) = 1 - R(t) = 1 - e^{-\lambda t} = 1 - e^{-0.002 \times 100} = 0.1813$

답 0.1813

3. 시스템 수명곡선(욕조곡선)

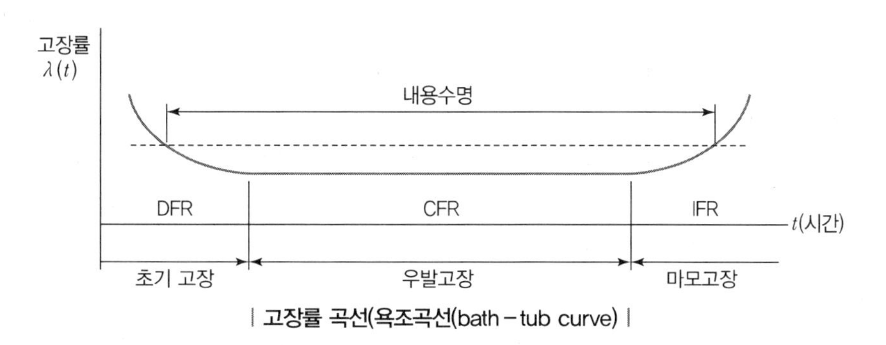

| 고장률 곡선(욕조곡선(bath－tub curve) |

1) 초기 고장

① 감소형－DFR(Decreasing Failure Rate) : 고장률이 시간에 따라 감소

② 불량제조, 생산과정에서 품질관리 미비, 설계미숙 등으로 일어나는 고장

③ 점검작업이나 시운전 등으로 감소시킬 수 있다.

④ 디버깅(Debugging) 기간 : 초기에 기계의 결함을 찾아내 고장률을 안정시키는 기간

⑤ 번인(Burn－in) 기간 : 제품을 실제로 장시간 가동하여 결함의 원인을 제거하는 기간

⑥ 보전예방(MP) 실시

2) 우발고장

① 일정형－CFR(Constant Failure Rate) : 고장률이 시간에 관계없이 거의 일정

② 예측할 수 없을 때 발생하는 고장으로 시운전이나 점검작업으로는 방지할 수 없다.
③ 낮은 안전계수, 사용자의 과오, 설계 강도 이상의 급격한 스트레스 축적, 최선의 검사방법으로도 탐지되지 않는 결함 때문에 발생하는 고장
④ 극한 상황을 고려한 설계, 안전계수를 고려한 설계 등으로 감소시킬 수 있다.
⑤ 사후보전(BM) 실시

3) 마모고장

① 증가형 – IFR(Increasing Failure Rate) : 고장률이 시간에 따라 증가
② 장치의 일부가 수명을 다하여 생기는 고장
③ 부식 또는 산화, 마모 또는 피로, 불충분한 정비 등으로 발생하는 고장
④ 안전진단 및 적당한 보수에 의해 감소시킬 수 있다.
⑤ 예방보전(PM) 실시

4. 신뢰성 설계기술(시스템의 신뢰도를 증가시키는 방법)

시스템의 고유신뢰도를 높이기 위하여 가장 중요한 것은 설계 개선이다.

1) 리던던시(Redundancy) 설계

① 의의 : 구성품의 일부가 고장 나더라도 전체에 고장이 발생하지 않도록 여분의 구성품을 더 설치함으로써 신뢰도를 향상시키는 중복설계를 말한다.
② 리던던시의 방식
㉠ 병렬 리던던시 : 처음부터 여분의 구성품이 주 구성품과 함께 작동을 하게 하는 것
㉡ 대기 리던던시 : 여분의 구성품은 대기상태에 있다가 주 구성품이 고장나면 그 기능을 인계받아 계속 수행하게 하는 것
㉢ 페일 세이프
㉣ M중 N 구조(M out of N 리던던시) : N개의 부품으로 구성된 시스템에서 M개 이상의 부품이 정상이면 시스템이 정상적으로 작동하는 구조
㉤ 스페어에 의한 교환

2) 부품의 단순화와 표준화

① 사용부품의 수를 줄일 것
② 표준화된 부품, 회로, 재료 등을 사용할 것
③ 가능하면 단순기능의 부품을 많이 사용할 것
④ 될 수 있는 대로 적은 수의 부품으로 실현하도록 할 것

3) 최적재료의 선정

최적재료 선정에 고려할 요소는

① 기기특성

② 비중

③ 가공성

④ 내환경성

⑤ 원가

⑥ 내구성

⑦ 품질과 납기 등

4) 디레이팅(Derating) 설계

구성부품에 걸리는 부하의 정격값에 여유를 두고 설계하는 방법이다.

5) 내환경성 설계

제품의 여러 가지 사용환경과 이의 영향도 등을 추정, 평가하고 제품의 강도와 내성을 결정하는 설계를 말한다.

6) 인간공학적 설계와 보전성 설계

구분	Fail Safe	Fool Proof
정의	기계나 그 부품에 파손 · 고장이나 기능불량이 발생하여도 항상 안전하게 작동할 수 있는 기능을 가진 구조	작업자가 기계를 잘못 취급하여 불안전 행동이나 실수를 하여도 기계설비의 안전 기능이 작용되어 재해를 방지할 수 있는 기능을 가진 구조
적용 예	퓨즈(Fuse), 엘리베이터의 정전 시 제동장치 등	세탁기 탈수 중 문을 열면 정지하는 것, 프레스에서 실수로 손이 금형 사이로 들어가면 정지하는 것

PART 01 PART 02 PART 03 PART 04 PART 05 PART 06

CHAPTER 03 위험성 감소대책 수립 · 실행

SECTION 01 위험성 감소대책 수립 및 실행

1 위험성 감소대책 수립 및 실행

1. 위험성 감소대책 수립 및 실행의 정의

위험성 결정 결과 허용 불가능한 위험성을 합리적으로 실천 가능한 범위에서 가능한 한 낮은 수준으로 감소시키기 위한 대책을 수립하고 실행하는 것을 말한다.

2. 위험성 감소를 위한 대책 수립 시 고려해야 할 순서

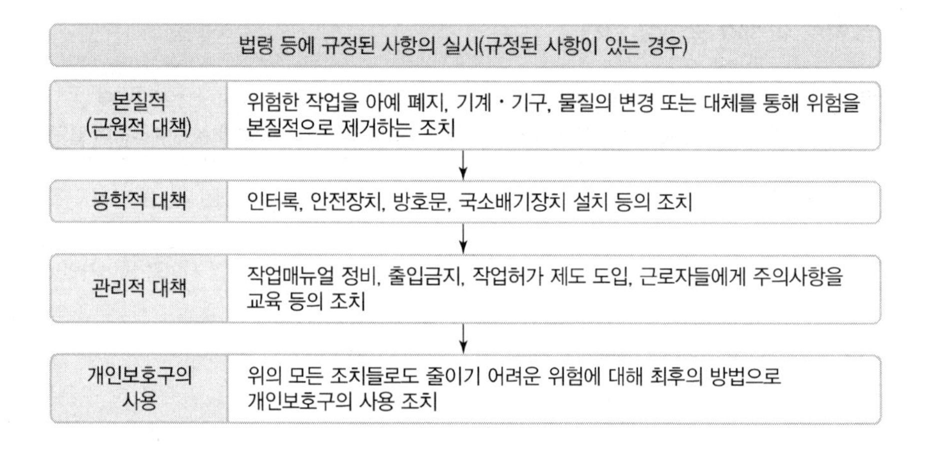

2 위험성 개선대책(공학적 · 관리적)의 종류

1. 본질적(근원적) 대책

① 유해 · 위험요인을 제거하거나 대체한다는 것은 근로자가 위험에 노출되거나, 심각한 피해를 볼 위험성을 근본적으로 없앨 수 있으므로 가장 우선하여 고려하여야 한다.

② 유해 · 위험요소의 제거 또는 대체의 예시

- 인화성 물질을 대체하여 화재 · 폭발의 위험을 제거
- 급성독성 물질을 일반 물질로 대체하여 건강장해 위험을 낮춤
- 전기로 작동하는 기계를 공압식으로 교체하여 감전 위험을 제거
- 소음이 심한 기계를 차폐형으로 교체하여 소음 저감
- 높은 건물의 외벽 청소작업을 내부에서 실시할 수 있도록 설계 등

2. 공학적 대책

① 위험요인의 제거 또는 대체가 불가능한 경우, 차선의 해결책은 파악된 유해 · 위험요인에서 발생하는 위험을 줄이는 데 도움이 될 수 있는 도구, 장비, 기술 및 공학적 조치를 고려하는 것이다.

② 위험을 격리 또는 방호하는 공학적 대책의 예시

- 끼임 위험이 있는 회전부에 덮개 등 방호장치를 설치
- 추락 위험이 있는 작업 장소에 안전난간을 설치
- 무거운 짐을 운반하기 위해 중량물 이동 설비 도입
- X선 장비 등 위험 공정을 완전히 격리하여 배치
- 작업에 적절한 조명 설비 설치

3. 관리적 대책

① 안전한 작업 방법에 대한 절차서를 마련하고 근로자 교육 실시 여부를 검토하여, 이미 시행 중인 조치와 어떤 추가적인 관리 대책이 필요한지를 고려한다.

② 관리적 대책의 예시

- 설비를 안전하게 작동하거나 작업을 수행하는 방법에 대해 명확한 절차와 지침을 마련
- 안전 및 보건 정보 제공 – 사용 설명서, 경고 표지, 화학물질에 대한 정보 등
- 작업장, 설비 배치의 조정 또는 재설계(지게차 이동 경로 조정 등)
- 위험성 평가 교육을 포함하여 작업과 관련한 안전 및 보건 교육 제공

4. 개인보호구의 사용

① 개인보호구는 사용자가 고려해야 할 최종 위험관리 대책 중 하나이며, 이미 시행한 다른 위험관리 대책을 강화할 수 있는 방안이다.

② 개인보호구의 사용은 최소한으로 유지하고 다른 개선대책의 대안으로 사용하지 않도록 해야 한다.

③ 개인보호구 사용 대책의 예시

- 추락 위험이 있는 장소에서 작업발판, 안전난간 등의 설치가 곤란한 경우 안전대 부착설비 설치 및 안전대 착용
- 고압 활선 작업 시 절연보호구 착용
- 물체가 떨어질 위험이 있는 건설현장에서 안전모 착용
- 연마 작업 중 방진마스크 착용

3 안전성 평가

1. 안전성 평가의 개요

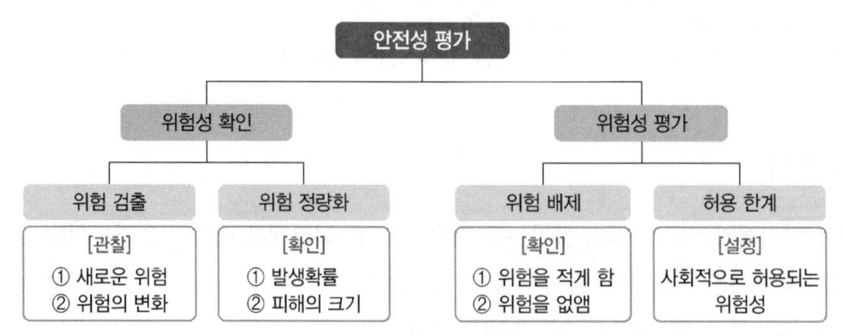

| 안전성 평가의 모습 |

① **안전성 평가(Safety Assessment)의 정의** : 설비나 공법 등에 대해서 이동 중 또는 시공 중에 나타날 위험에 대해 설계 또는 계획단계에서 정성적 또는 정량적인 평가를 하고 그 평가에 따른 대책을 강구하는 것이다.

② **안전성 평가의 목적** : 공장설비에는 항상 위험이 내포되어 있다. 이러한 위험을 설계단계에서 지양하고 안전성을 확보하기 위해 위험을 분석하고 재해를 예방하기 위해 안전성 평가를 실시한다.

③ **Assessment의 정의** : 어세스먼트(Assessment)란 설비나 제품의 설계, 제조 및 사용에 있어서 기술적 · 관리적 측면에 대하여 종합적인 안전성을 사전에 평가하여 개선책을 제시하는 것이다.

2. 안전성 평가의 종류

① **테크놀로지 어세스먼트(Technology Assessment) : 기술개발의 종합평가**

기술개발의 종합평가라고 말할 수 있으며 기술개발 과정에서 효율성과 위험성을 종합적으로 분석 · 판단함과 아울러 대체수단의 이해득실을 평가하여 의사결정에 필요한 포괄적인 자료를 체계화한 조직적인 계획과 예측의 프로세스이다.

② **세이프티 어세스먼트(Safety Assessment) : 안전성 사전평가**

인적 상해를 수반하는 재해사고의 경우 필연적으로 물적 손실을 동반하게 되므로 인적 · 물적 양면의 전체적 손실 방지를 위하여 기업 전반에 안전성 평가를 실시해야 한다.

③ **리스크 어세스먼트(Risk Assessment, Risk Management) : 위험성 평가**

손실 방지를 위한 관리활동으로 기업경영은 생산활동을 둘러싸고 있는 모든 Risk를 제거하여 이익을 얻는 것이다.

④ **휴먼 어세스먼트(Human Assessment) : 인간과 사고상의 평가**

인간, 사고상의 평가

3. 안전성 평가의 기법

① 위험의 예측 평가(Layout의 검토)
② 체크리스트에 의한 평가(Checklist)
③ 고장형태와 영향분석(FMEA법)
④ 결함수 분석법(FTA법)

4. 안전성 평가의 기본방침

① 상해 방지는 가능하다.
② 관리자는 작업자의 상해 방지에 대한 책임을 진다.
③ 상해 위험부분에는 방호장치를 설치한다.
④ 안전에 책임을 질 수 있도록 교육훈련을 의무화한다.
⑤ 상해에 의한 손실은 본인, 가족, 기업의 공동적 손실이다.

5. 안전성 평가의 단계

안전성 평가는 6단계에 의해 실시되며, 경우에 따라 5단계와 6단계가 동시에 이루어지기도 한다.

제1단계		제2단계		제3단계		제4단계		제5단계		제6단계
관계자료의 정비검토	➡	정성적 평가	➡	정량적 평가	➡	안전 대책	➡	재해정보에 의한 재평가	➡	FTA에 의한 재평가

6. 평가항목(화학설비에 대한 안전성 평가)

1) 제1단계 : 관계자료의 정비검토(작성준비)

① 입지조건(지질도, 풍배도 등 입지에 관계있는 도표를 포함)
② 화학설비 배치도
③ 건조물의 평면도와 단면도 및 입면도
④ 기계실 및 전기실의 평면도와 단면도 및 입면도
⑤ 원재료, 중간체, 제품 등의 물리적 · 화학적 성질 및 인체에 미치는 영향
⑥ 제조공정상 일어나는 화학반응
⑦ 제조공정 개요
⑧ 공정기기 목록
⑨ 공정계통도
⑩ 배관, 계장 계통도
⑪ 안전설비의 종류와 설치장소
⑫ 운전요령

⑬ 요원배치계획, 안전보건 훈련계획

⑭ 기타 관련 자료

2) 제2단계 : 정성적 평가

설계 관계 항목	운전 관계 항목
① 입지조건 ② 공장 내 배치 ③ 건조물 ④ 소방설비	① 원재료, 중간체, 제품 등의 위험성 ② 프로세스의 운전조건 수송, 저장 등에 대한 안전대책 ③ 프로세스 기기의 선정요건

3) 제3단계 : 정량적 평가

평가항목		평점	
① 취급물질 ② 화학설비의 용량 ③ 온도	④ 압력 ⑤ 조작	① A(10점) ② B(5점)	③ C(2점) ④ D(0점)

▼ 등급 구분

위험등급	I 등급	II 등급	III 등급
점수	16점 이상	11～15점	0～10점

4) 제4단계 : 안전대책

설비 등에 관한 대책	관리적 대책
① 소화용수 및 살수설비 설치 ② 폐기설비 및 급랭설비 ③ 비상용 전원 ④ 경보장치 ⑤ 용기 내 폭발 방지설비 설치 ⑥ 가스검지기 설치 등	① 적정한 인원배치 ② 교육 훈련 ③ 보전 등

5) 제5단계 : 재해정보에 의한 재평가

안전의 대책 강구 후 그 설계에 동종 플랜트 또는 동종 장치에서 파악한 재해정보를 적용시켜 재평가하고 재해사례를 상호교환한다.

6) 제6단계 : FTA에 의한 재평가

위험등급이 I 등급(16점 이상)에 해당하는 플랜트에 대해 FTA에 의한 재평가 실시

··· 예상문제

다음 표는 불꽃놀이용 화학물질 취급설비에 대한 정량적 평가이다. 해당 항목에 대한 위험등급을 구하시오.

항목	A (10점)	B (5점)	C (2점)	D (0점)
취급물질	○	○	○	
조작		○		○
화학설비의 용량	○		○	
온도	○	○		
압력		○	○	○

풀이

위험등급	Ⅰ등급	Ⅱ등급	Ⅲ등급
점수	16점 이상	11∼15점	0∼10점
	• 취급물질 10+5+2=17점	• 화학설비의 용량 10+2=12점 • 온도 10+5=15점	• 조작 5+0=5점 • 압력 5+2+0=7점

답 ① 취급물질 : Ⅰ등급
② 화학설비의 용량, 온도 : Ⅱ등급
③ 조작, 압력 : Ⅲ등급

4 유해 · 위험방지계획서

1. 유해 · 위험방지계획서 제출 대상

1) 유해 · 위험방지계획서 제출 대상 사업장

다음 각 호의 어느 하나에 해당하는 사업으로서 전기계약용량이 300킬로와트 이상인 경우를 말한다.

① 금속가공제품 제조업(기계 및 가구 제외)

② 비금속 광물제품 제조업

③ 기타 기계 및 장비 제조업

④ 자동차 및 트레일러 제조업

⑤ 식료품 제조업

⑥ 고무제품 및 플라스틱제품 제조업

⑦ 목재 및 나무제품 제조업

⑧ 기타 제품 제조업

⑨ 1차 금속 제조업

⑩ 가구 제조업

⑪ 화학물질 및 화학제품 제조업
⑫ 반도체 제조업
⑬ 전자부품 제조업

2) 유해 · 위험방지계획서 제출 대상 기계 · 기구 및 설비

대상 기계 · 기구 및 설비	주요 구조변경
금속이나 그 밖의 광물의 용해로	열원의 종류를 변경하는 경우
화학설비	생산량의 증가, 원료 또는 제품의 변경을 위하여 대상 화학설비를 교체 · 변경 또는 추가하는 경우 또는 관리대상 유해물질 관련 설비의 추가, 변경으로 인하여 후드 제어 풍속이 감속하거나 배풍기의 배풍량이 증가하는 경우
건조설비	열원의 종류를 변경하거나, 건조대상물이 변경되어 대상 건조설비의 어느 하나에 해당하는 변경이 발생하는 경우
가스집합 용접장치	주관의 구조를 변경하는 경우
제조 등 금지물질 또는 허가대상물질 관련 설비, 분진작업 관련 설비	설비의 추가, 변경으로 인하여 후드 제어풍속이 감소하거나 배풍기의 배풍량이 증가하는 경우

2. 제출 시 첨부서류

1) 제조업

① 건축물 각 층의 평면도
② 기계 · 설비의 개요를 나타내는 서류
③ 기계 · 설비의 배치도면
④ 원재료 및 제품의 취급, 제조 등의 작업방법의 개요
⑤ 그 밖에 고용노동부장관이 정하는 도면 및 서류

2) 건설공사

① 공사 개요 및 안전보건관리계획
㉠ 공사 개요서
㉡ 공사현장의 주변 현황 및 주변과의 관계를 나타내는 도면(매설물 현황을 포함)
㉢ 전체 공정표
㉣ 산업안전보건관리비 사용계획서
㉤ 안전관리 조직표
㉥ 재해 발생 위험 시 연락 및 대피방법

② 작업 공사 종류별 유해 · 위험방지계획

대상공사	작업공사 종류		
건축물 또는 시설 등의 건설 · 개조 또는 해체공사	① 가설공사 ② 구조물공사	③ 마감공사 ④ 기계설비공사	⑤ 해체공사
냉동 · 냉장창고시설의 설비공사 및 단열공사	① 가설공사	② 단열공사	③ 기계 설비 공사
다리 건설 등의 공사	① 가설공사	② 다리 하부(하부공) 공사	③ 다리 상부(상부공) 공사
터널 건설 등의 공사	① 가설공사	② 굴착 및 발파공사	③ 구조물공사
댐 건설 등의 공사	① 가설공사	② 굴착 및 발파공사	③ 댐 축조공사
굴착공사	① 가설공사	② 굴착 및 발파공사	③ 흙막이 지보공 공사

3) 유해 · 위험방지계획서 제출시기

① 제조업 등 유해 · 위험방지계획서 – 해당 작업 시작 15일 전까지 공단에 2부 제출

② 건설공사 유해 · 위험방지계획서 – 해당 공사의 착공 전날까지 공단에 2부 제출

3. 유해위험방지계획서 심사 및 확인사항

1) 유해위험방지계획서 심사

① 계획서의 검토

㉠ 공단은 유해위험방지계획서 및 그 첨부서류를 접수한 경우에는 접수일부터 15일 이내에 심사하여 사업주에게 그 결과를 알려야 한다.

㉡ 자체심사 및 확인업체가 유해위험방지계획서 자체심사서를 제출한 경우에는 심사를 하지 않을 수 있다.

② 유해 · 위험방지계획서 심사 시 심사위원

공단은 계획서를 심사할 경우에는 소속직원 중 다음의 어느 하나에 해당하는 분야의 사람 중 2명 이상의 전문가로 심사반을 구성하고, 그중 1명을 책임심사위원으로 정하여 심사하여야 한다.

㉠ 공정 및 장치설계

㉡ 기계 및 구조설계, 용접, 재료 및 부식

㉢ 계측제어 · 컴퓨터제어 및 자동화

㉣ 전기설비 및 방폭전기

㉤ 비상조치 및 소방

㉥ 유해 · 위험요인 조사 · 평가

㉦ 산업보건위생

③ 심사 결과의 구분

적정	근로자의 안전과 보건을 위하여 필요한 조치가 구체적으로 확보되었다고 인정되는 경우
조건부 적정	근로자의 안전과 보건을 확보하기 위하여 일부 개선이 필요하다고 인정되는 경우
부적정	건설물 · 기계 · 기구 및 설비 또는 건설공사가 심사기준에 위반되어 공사착공 시 중대한 위험이 발생할 우려가 있거나 해당 계획에 근본적 결함이 있다고 인정되는 경우

2) 확인 사항

① 확인

유해 · 위험방지계획서를 제출한 사업주는 해당 건설물 · 기계 · 기구 및 설비의 시운전단계에서, 건설공사 중 6개월 이내마다 다음의 사항에 관하여 공단의 확인을 받아야 한다.

㉠ 유해 · 위험방지계획서의 내용과 실제 공사 내용이 부합하는지 여부

㉡ 유해 · 위험방지계획서 변경내용의 적정성

㉢ 추가적인 유해 · 위험요인의 존재 여부

② 보고

공단은 유해 · 위험방지계획서의 작성 · 제출 · 확인업무와 관련하여 다음의 어느 하나에 해당하는 사업장을 발견한 경우에는 지체 없이 해당 사업장의 명칭 · 소재지 및 사업주명 등을 구체적으로 적어 지방고용노동관서의 장에게 보고하여야 한다.

㉠ 유해 · 위험방지계획서를 제출하지 아니한 사업장

㉡ 유해 · 위험방지계획서 제출기간이 지난 사업장

㉢ 고용노동부령으로 정하는 자격을 갖춘 자의 의견을 듣지 않고 유해위험방지계획서를 작성한 사업장

5 각종 설비의 유지관리

1. 설비관리의 개요

1) 중요 설비의 분류

① 설비관리의 정의

기업의 생산성을 높이고 수익성을 향상시키기 위해서 기업의 방침에 따라 설비를 계획, 구축, 유지, 개선함으로써 설비의 기능을 최대한으로 활용하려고 조치하는 모든 활동을 설비관리라 말한다.

② 설비관리의 필요성

기업 내의 모든 활동은 기업의 전체 효율을 높이는 데 그 목적이 있다. 마찬가지로 설비관리의 필요성도 설비를 유효하게 활용하므로 기업의 전체 효율을 높이는 데 있다고 할 수 있다.

③ 설비관리의 목적

㉠ 신뢰성 확보

㉡ 보전성 향상

㉢ 경제성 추구

㉣ 가용성 증대

2) 설비의 점검 및 보수의 이력관리

① 설비의 점검 및 보전

㉠ 설비는 사용횟수와 사용시간이 경과에 따라 피로, 마모, 노화, 부식 등의 열화현상에 의해 신뢰성이 저하된다.

㉡ 설비의 열화현상에 대하여 항상 사용 가능한 상태로 유지·보전하기 위해 철저한 점검과 검사 및 이력관리가 필요하다.

② 설비관리의 영역

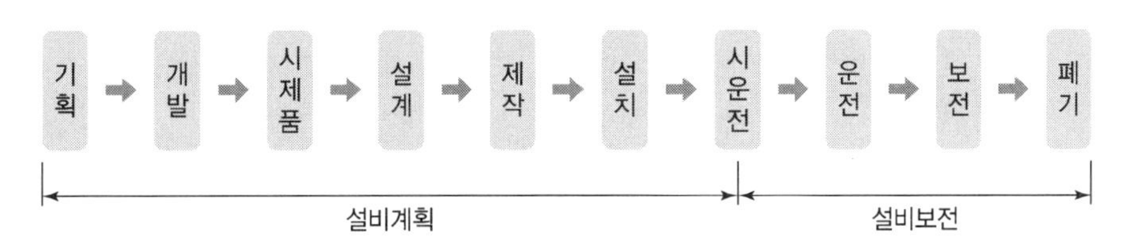

3) 보수자재관리

① 자재관리의 정의

생산 및 서비스에 필요한 자재를 계획대로 확보하여 적기에 적량을 필요로 하는 부서에 조달하는 기능인데, 간단히 말하면 자재의 흐름을 계획·조직·통제하는 것이다.

② 보전자재관리의 목적

㉠ 돌발사고나 예방보전에 필요한 예비품의 재고 부족이나 수배지연으로 인한 휴지시간, 공사지연의 방지

㉡ 재고량의 적정화를 이루어 재고에 대한 자본투자의 절감과 재고를 유지하는 데 필요한 비용 삭감

㉢ 발주, 구입에 필요한 전표처리 등의 사후비용 절감

㉣ 유사품의 사양, 통일, 표준화 등을 이루어서 간접적인 재고절감 시도

㉤ 예비품 사용량이 많은 부품에 대해 개량보전 등 개선활동을 추진하여 설비의 신뢰성 향상

③ 보전자재의 보충방식

개별발주 방식	필요할 때마다 개별 준비하는 방식
상비품 발주방식	보관하는 부품을 항상 정해두고, 일정량 이하로 줄어들면 자동적으로 보충해 가는 방식
특별 납품 방식	납품업자와 주문, 수송, 납입, 보관 등에 대한 특별계약을 맺어 공급받는 방식

4) 주유 및 윤활관리

① 윤활의 목적

기계의 접촉면 사이에 발생하는 마찰부에 윤활제를 적당한 방법으로 공급하여 마찰저항을 줄임으로써 기계적 운동을 원활하게 하는 동시에 기계적 마모를 줄이는 것이 목적이다.

② 윤활유의 기능

㉠ 마찰의 감소
㉡ 마모의 감소
㉢ 냉각작용
㉣ 응력(하중)분산작용
㉤ 밀봉작용
㉥ 방청작용
㉦ 청정분산(세정)작용

③ 윤활관리의 4원칙

㉠ 적유 : 기계가 필요로 하는 윤활제 선정
㉡ 적법 : 올바른 윤활법 채택
㉢ 적량 : 그 양을 규정
㉣ 적기 : 적절한 시기에 교환 또는 보충

2. 설비의 운전 및 유지관리

1) 교체주기

① 교체

예방보전을 철저하게 시행하여도 부품의 사용시간이 증가하면 고장률 또한 증가하게 되어 부품을 교체하는 것이 효율적인 경우가 발생한다.

② 교체방법

㉠ 수명교체

ⓐ 부품 고장 시 즉시 교체하고, 고장이 발생하지 않을 경우 교체주기에 맞추어 대상부품을 교체하는 것
ⓑ 수명교체는 부품의 수명에 관한 정보를 사전에 확보하고 있어야 한다는 불편함이 있다.

㉡ 일괄교체

ⓐ 부품에 고장이 발생하지 않더라도 교체주기에 맞추어 일괄적으로 새부품으로 교체하는 것으로 고장 발생 시에는 언제든지 개별 교체를 한다.
ⓑ 수명교체에 비해 교체비용이 증가하므로 가격이 낮은 다수의 부품을 보전할 때 주로 사용한다.

2) 청소 및 청결

① 청소

작업장의 바닥, 벽, 설비, 비품 등 모든 것의 구석구석을 닦아 먼지, 이물질을 제거하여 더러움 없는 환경을 조성하는 것

② 청결

정리 · 정돈, 청소된 상태를 유지하며 오염발생원을 근원적으로 개선하는 것으로 깨끗하게 정돈된 상태의 작업장을 의미

3) MTBF

① 평균고장간격(MTBF ; Mean Time Between Failure)의 정의

수리하여 사용이 가능한 시스템에서 고장과 고장 사이의 정상적인 상태로 동작하는 평균시간(고장과 고장 사이 시간의 평균치)

② 고장률과 평균고장간격

㉠ 고장률

$$\text{평균고장률}(\lambda) = \frac{r(\text{그 기간 중의 총 고장 수})}{T(\text{총 동작시간})} = \frac{1}{MTBF} = \frac{1}{MTTF}$$

$$MTBF(MTTF) = \frac{1}{\lambda} = \frac{T(\text{총 동작시간})}{r(\text{그 기간 중의 총 고장 수})}$$

㉡ 고장확률밀도함수가 지수분포인 부품을 평균수명만큼 사용한 경우의 신뢰도

$$t = MTBF\text{이고, } \lambda = \frac{1}{MTBF}\text{가 되므로}$$

$$\text{신뢰도 } R(t = MTBF) = e^{-\lambda t} = e^{-\frac{MTBF}{MTBF}} = e^{-1}$$

••• 예상문제

한 대의 기계를 100시간 동안 연속 사용한 경우 6회의 고장이 발생하였고, 이때의 총 고장 수리시간이 15시간이었다. 이 기계의 $MTBF$는 약 얼마인가?

풀이 $MTBF(MTTF) = \dfrac{T(\text{총 동작시간})}{r(\text{그 기간 중의 총 고장수})} = \dfrac{100-15}{6} = 14.17$

답 14.17

㉢ 평균고장시간 t_0인 요소가 t시간 고장을 일으키지 않을 확률(고장 없이 정상 작동할 확률 : 신뢰도)

$$R(t) = e^{-\frac{t}{t_0}} = e^{-\lambda t} = e^{-\frac{t}{MTBF}}$$

③ 병렬결합 시스템의 MTBF

$$MTBF_S = \frac{1}{\lambda_1} + \frac{1}{\lambda_2} - \frac{1}{\lambda_1 + \lambda_2}$$

만일 $\lambda = \lambda_1 = \lambda_2$라면 $MTBF = \dfrac{3}{2\lambda}$이 된다. 따라서 일반적으로 $\lambda_1 = \lambda_2 = \cdots\cdots = \lambda_n = \lambda$인 n개의 구성부품이 병렬로 결합된 시스템의 $MTBF_S$는 다음과 같다.

$$MTBF_S = \frac{1}{\lambda} + \frac{1}{2\lambda} + \cdots\cdots + \frac{1}{n\lambda}$$

••• 예상문제

지수분포를 따르는 A 제품의 평균수명은 5,000시간이다. 이 제품을 연속적으로 6,000시간 동안 사용할 경우 고장 없이 작동할 확률은?

풀이 $R(t) = e^{-\frac{t}{MTBF}} = e^{-\lambda t} = e^{-\frac{6,000}{5,000}} = 0.3011$

답 0.3011

4) MTTF

① 평균고장수명(고장까지의 평균시간, MTTF ; Mean Time To Failure)의 정의

고장이 발생되면 그것으로 수명이 없어지는 제품의 평균수명이며, 이는 수리하지 않는 시스템, 제품, 기기, 부품 등이 고장 날 때까지 동작시간의 평균치

② 계(System)의 수명(요소의 수명이 지수분포를 따를 경우)

㉠ 직렬계

$$MTTF_s = \frac{MTTF}{n}$$

㉡ 병렬계

$$MTTF_s = MTTF\left(1 + \frac{1}{2} + \frac{1}{3} + \cdots + \frac{1}{n}\right)$$

••• 예상문제

직렬계	병렬계
평균고장시간(MTTF)이 4×10^8시간인 요소 4개가 직렬체계를 이루었을 때 이 체계(System)의 수명은 몇 시간인가?	평균고장시간(MTTF)이 6×10^5시간인 요소 3개소가 병렬계를 이루었을 때의 계(System)의 수명은?
풀이 $MTTF_s = \frac{MTTF}{n} = \frac{4\times10^8}{4} = 1\times10^8$ [시간] 답 1×10^8[시간]	**풀이** $MTTF_s = MTTF\left(1+\frac{1}{2}+\frac{1}{3}+\cdots+\frac{1}{n}\right) = 6\times10^5\times\left(1+\frac{1}{2}+\frac{1}{3}\right) = 11\times10^5$ [시간] 답 11×10^5[시간]

③ MTBF와 MTTF의 비교

MTBF	시스템을 수리해 가면서 사용하는 경우
MTTF	시스템을 수리하여 사용할 수 없는 경우

5) MTTR

① **평균수리시간(MTTR ; Mean Time To Repair)의 정의**

고장 난 후 시스템이나 제품이 제 기능을 발휘하지 않은 시간부터 회복할 때까지의 소요시간에 대한 평균의 척도이며 사후보전에 필요한 수리시간의 평균치를 나타낸다.

② **평균수리시간의 계산**

㉠ 보전도함수 $M(t)$가 평균수리율 μ인 지수분에 따른다고 하면

$$\text{보전도함수 : } M(t) = 1 - e^{-\mu t}$$

㉡ 수리시간이 평균수리율 μ인 지수분포에 따르면

$$MTTR = \frac{1}{\mu(\text{평균수리율})}$$

㉢ 고장 발생 시 수리하는 데 소요된 시간을 집계하면

$$MTTR = \frac{\sum_{i=1}^{n} t_i}{n}$$

여기서, t_i : i번째 고장 발생 시의 수리시간
n : 관측된 고장횟수(수리횟수)

··· 예상문제

한 대의 기계를 10시간 가동하는 동안 4회의 고장이 발생하였고, 이때의 고장수리시간이 다음 표와 같을 때 MTTR(Mean Time To Repair)은 얼마인가?

가동시간(hour)	수리시간(hour)
$T_1 = 2.7$	$T_a = 0.1$
$T_2 = 1.8$	$T_b = 0.2$
$T_3 = 1.5$	$T_c = 0.3$
$T_4 = 2.3$	$T_d = 0.3$

풀이 $MTTR = \frac{\sum_{i=1}^{n} t_i}{n} = \frac{0.1 + 0.2 + 0.3 + 0.3}{4} = \frac{0.9}{4} = 0.225[\text{시간/회}]$

답 0.225[시간/회]

③ 평균정지시간(MDT ; Mean Down Time)

설비의 보전(예방보전과 사후보전)을 위해 장치가 정지된 시간의 평균을 평균정지시간이라고 하며 다음의 식에 의해 구한다.

$$MDT = \frac{\text{총 보전작업시간}}{\text{총 보전작업건수}}$$

3. 보전성 공학

1) 예방보전

① 예방보전(PM ; Preventive Maintenance)의 정의

설비를 항상 정상, 양호한 상태로 유지하기 위한 정기적인 검사와 초기의 단계에서 성능의 저하나 고장을 제거하거나 조정 또는 수복하기 위한 설비의 보수활동을 말한다.

② 예방보전의 이점

㉠ 생산 시스템의 정지시간 감소
㉡ 작업의 안전 도모
㉢ 예비기계의 보유 필요성 감소
㉣ 사전예방으로 인한 수리비용 절감
㉤ 납기 엄수에 따른 신용 및 판매기회 증대
㉥ 신뢰도 향상으로 인한 제조원가의 감소 등

③ 예방보전의 분류

시간기준보전 (TBM ; Time Based Maintenance)	돌발고장, 프로세스 트러블을 예방하기 위하여 정기적으로 설비를 검사·정비·청소하고 부품을 교환하는 보전방식(일정기간마다 보수를 하는 것)
상태기준보전 (CBM ; Condition Based Maintenance)	예측 또는 예지보전이라고도 하며, 설비의 열화상태를 각 측정데이터와 그 해석에 의해 일상 또는 정기적으로 파악하여, 열화를 나타내는 값이 미리 정해진 열화 기준치에 달하면 수리를 한다.
IR(Inspection and Repair)	TMB과 CBM의 장점을 적절하게 활용하여 설비를 정기적으로 분해·점검하고 양부를 판단하여 불량한 것은 교체한다.

2) 사후보전

① 사후보전(BM ; Breakdown Maintenance)의 정의

고장정지 또는 유해한 성능 저하를 초래한 뒤 수리를 하는 보전방법으로 기계설비가 고장을 일으키거나 파손되었을 때 신속히 교체 또는 보수하는 것을 지칭한다.

② 사후보전의 내용

㉠ 고장이 난 후에 수리하는 쪽이 비용이 적게 드는 설비에 적용
㉡ 설비의 열화가 수리한계를 지난 후 또는 고장으로 인하여 정지한 후에 행하는 보전방식
㉢ 예방보전 방식과는 대조적

3) 보전예방

① 보전예방(MP ; Maintenance Prevention)의 정의

새로운 설비를 계획 · 설계하는 단계에서 설비보전 정보나 새로운 기술을 기초로 신뢰성, 보전성, 경제성, 조작성, 안전성 등을 고려하여 보전비나 열화 손실을 적게 하는 활동을 말하며, 궁극적으로는 보전활동이 가급적 필요하지 않도록 하는 것을 목표로 하는 설비보전 방법이다.

② 보전예방의 내용

㉠ 고장이 적은 설비 설계와 조기수리가 가능한 설비

㉡ 설비의 신뢰성과 보전성을 높이는 방식

㉢ 신뢰성은 고장빈도에, 보전성은 고장의 수리에 소요되는 시간과 유관

4) 개량보전

① 개량보전(CM ; Corrective Maintenance)의 정의

설비의 고장이 일어나지 않도록, 혹은 보전이나 수리가 쉽도록 설비를 개량하는 것을 개량보전이라 한다.

② 개량보전의 내용

㉠ 보전면에 중점을 두는 설비 자체의 체질개선

㉡ 설비 본래의 성능 또는 기능을 개선하는 것이 아니라 보전내용이 적게 드는 재료나 부품을 사용하여 안전을 도모하기 위한 개선

5) 보전효과평가

① 보전성

㉠ 보전성의 정의

수리 가능한 설비, 기기, 부품 등의 보전을 주어진 조건에서 규정된 기간에 보전을 완료할 수 있는 성질이며, 이 성질을 확률로 나타낸 경우 보전도(Maintainability)라고 부른다.

㉡ 보전의 정의

마모와 열화현상에 대하여 수리 가능한 시스템을 사용 가능한 상태로 유지시키고, 고장이나 결함을 회복시키기 위한 제반조치 및 활동을 보전(Maintenance)이라 한다.

㉢ 보전을 행하기 위한 주요 작업

서비스	청소, 급유, 유효 수명부품(패킹과 같은 것)의 교체
점검 및 검사	규모에 따라 점검, 검사 또는 분해세부검사로 분류
시정조치	조정, 수리, 교환 등

㉣ 보전의 3요소

ⓐ 보전을 받아들이는 장치

ⓑ 보전을 행하는 기술자

ⓒ 보전을 유지하는 주변시설

㉤ 보전성 설계

ⓐ 고장이나 결함이 발생한 부분에의 접근성이 좋을 것

ⓑ 고장이나 결함의 징조를 용이하게 검출할 수 있을 것

ⓒ 고장, 결함부품 및 재료의 교환이 신속 · 용이할 것

ⓓ 수리와 회복이 신속 · 용이할 것

② 가동성

㉠ 작동준비성(Operational Readiness)

ⓐ 정의 : 시스템이 언제라도 작동할 준비가 되어 있음을 나타내는 척도

ⓑ 공식

$$\text{작동준비성} = \frac{\text{가동가능시간}}{\text{작동가능시간} + \text{고장시간}}$$

㉡ 가동성(가용도, Availability)

ⓐ 정의 : 시스템이 어떤 기간 중에 기능을 발휘하고 있을 시간의 비율

ⓑ 공식

$$\text{가용성}(A) = \frac{\text{작동시간}}{\text{작동시간} + \text{고장시간}} = \frac{\text{작동가능시간}}{\text{작동가능시간} + \text{작동불능시간}}$$

$$= \frac{MTBF}{MTBF + MTTR} = \frac{\frac{1}{\lambda}}{\frac{1}{\lambda} + \frac{1}{\mu}} = \frac{\mu}{\lambda + \mu}$$

$$MTBF = \theta = \frac{1}{\lambda} = \frac{T(\text{총 동작시간})}{r(\text{그 기간 중의 총 고장 수})}$$

$$MTTR = \frac{1}{\mu} = \frac{\sum t_i(\text{총 수리시간})}{n(\text{관측된 고장횟수(수리횟수)})}$$

••• 예상문제

A 공장의 한 설비는 평균수리율이 0.5/시간이고, 평균고장률은 0.001/시간이다. 이 설비의 가동성은 얼마인가?(단, 평균수리율과 평균고장률은 지수분포를 따른다.)

풀이

$$\text{가동성} = \frac{\frac{1}{\lambda}}{\frac{1}{\mu} + \frac{1}{\lambda}} = \frac{\mu}{\lambda + \mu} = \frac{\frac{1}{0.001}}{\frac{1}{0.5} + \frac{1}{0.001}} = \frac{0.5}{0.001 + 0.5} = 0.998$$

답 0.998

㉢ 고유 가동성(Inherent Availability)

ⓐ 정의 : 실제로 시스템의 고장을 탐지하고 수리하는 시간은 시스템 고유의 보전성 설계에 기인하는 것이기 때문에 고장시간을 고장탐지 및 평균수리시간만으로 표현하여 가동성을 따지는 경우을 말한다.

ⓑ 공식

$$\text{고유 가동성} = \frac{\text{작동시간}}{\text{작동시간} + \text{고장탐지 및 수리시간}}$$

③ 설비종합효율화

㉠ 개요

ⓐ 설비종합효율화란 설비의 가동 상태를 질적 · 양적 면으로 파악해서, 부가가치를 생성할 수 있을까 하는 수단으로 양적 측면으로서 설비의 가동시간의 증대와 단위시간 내의 생산량 증대, 질적 측면으로서 불량품의 감소와 품질의 안전화 및 향상에 목적이 있다.

ⓑ 효율화를 저해하는 요소로는 속도 손실, 불량 · 재작업 손실, 생산개시 손실 등이 있다.

㉡ 계산식

ⓐ 설비종합효율 : 설비 가동이 얼마나 효율적으로 이루어지고 있는가를 나타낸다.

$$\text{설비종합효율} = \text{시간가동률} \times \text{성능가동률} \times \text{양품률}$$

ⓑ 시간가동률(설비가동률) : 부하시간(설비를 가동시켜야 하는 시간)에 대한 실제 가동시간의 비율

$$\text{시간가동률} = \frac{\text{부하시간} - \text{정지시간}}{\text{부하시간}} = \frac{\text{실가동시간}}{\text{부하시간}}$$

여기서, 부하시간 : 조업시간 − 휴지시간(생산계획 휴지 + 계획보전 휴지 + 일상관리 로스)
정지시간 : 고장, 준비조정에 의한 정지시간

ⓒ 성능가동률

$$\text{성능가동률} = \text{속도가동률} \times \text{정미가동률} = \frac{\text{기준사이클타임} \times \text{생산량}}{\text{가동시간}}$$

ⓓ 속도가동률 : Speed의 차이를 의미하고 설비가 본래 가지고 있는 능력(Cycle Time)에 대한 실제의 Speed 비율

$$\text{속도가동률} = \frac{\text{기준사이클타임}}{\text{실제 사이클타임}}$$

ⓔ 정미가동률 : 단위시간 내에서 일정 Speed로 가동하고 있는지를 나타내는 기준

$$\text{정미가동률} = \frac{\text{총 생산량} \times \text{실제 사이클타임}}{\text{부하시간} - \text{정지시간}} = \frac{\text{총 생산량} \times \text{실제사이클타임}}{\text{실가동시간}}$$

ⓕ 양품률 : 가동 또는 투입한 수량(원료, 재료 등)에 대해 실제로 완성된 양품수량과의 비율

$$양품률 = \frac{총\ 생산량 - 불량개수}{총\ 생산량}$$

여기서, 불량개수는 폐기품뿐만이 아니고 재가공품을 포함하여 계산

ⓖ 고장 강도율 : 고장으로 인해 설비가 정지한 시간의 비율을 표시한 것으로 안전관리에서 사용되고 있는 강도율을 설비관리의 말로 응용한 것을 말한다.

$$고장\ 강도율 = \frac{고장정지시간}{부하시간} \times 100 = \frac{설비고장\ 정지시간}{설비가동시간} \times 100$$

여기서, 부하시간(설비가동시간) = 전 동작시간 + 정지시간

ⓗ 고장 도수율 : 부하시간당의 고장발생비율을 표시한 것으로 안전관리에서 사용되고 있는 도수율을 설비관리의 말로 응용한 것을 말한다.

$$고장\ 도수율 = \frac{고장횟수}{부하시간} \times 100 = \frac{설비고장\ 건수}{설비가동시간} \times 100$$

여기서, 부하시간(설비가동시간) = 전 동작시간 + 정지시간

CHAPTER

04 근골격계질환 예방관리

SECTION 01 근골격계 유해요인

1 근골격계질환의 정의 및 유형

1. 근골격계질환의 정의

반복적인 동작, 부적절한 작업자세, 무리한 힘의 사용, 날카로운 면과의 신체접촉, 진동 및 온도 등의 요인에 의하여 발생하는 건강장해로서 목, 어깨, 허리, 팔·다리의 신경·근육 및 그 주변 신체조직 등에 나타나는 질환을 말한다

2. 근골격계질환의 원인

작업특성요인 (직접적인 원인)	① 반복성 ② 부자연스런 자세	③ 과도한 힘 ④ 접촉 스트레스	⑤ 진동 ⑥ 온도, 조명 등 기타 요인
개인적 특성요인	① 과거 병력 ② 나이 ③ 성별	④ 생활습관 및 취미 ⑤ 작업경력 ⑥ 작업습관	⑦ 흡연 ⑧ 음주
사회심리적 요인	① 작업 만족도 ② 업무적 스트레스	③ 근무조건 만족도 ④ 대인관계(직장 내 인간관계)	⑤ 휴식시간

3. 근골격계질환의 진행

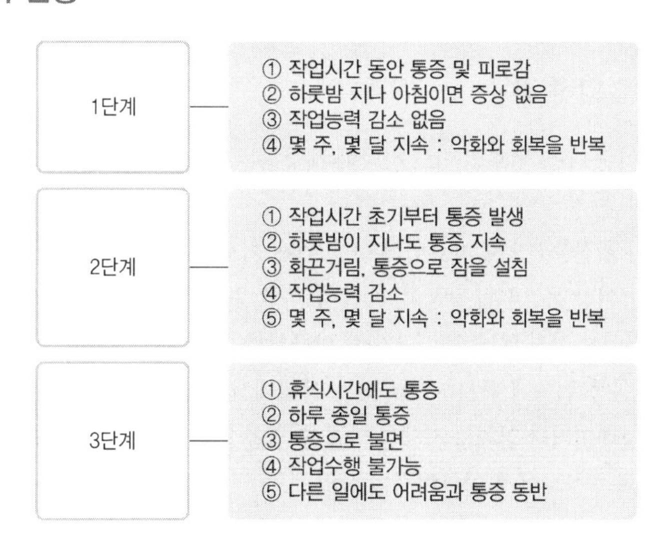

4. 근골격계질환의 유형

1) 신체부위별 분류

질환	종류
허리 부위에 발생하는 질환	요부염좌, 근막통 증후근, 추간판 탈출증, 척추 분리증
목 부위(경부)에 발생하는 질환	근막통 증후군, 경추 자세 증후군
어깨(견관절) 부위에 발생하는 질환	근막통 증후군, 견봉하 점액낭염, 상완이두 건막염, 극상근 건염
팔꿈치 부위에 발생하는 질환	외상 과염(테니스 엘보), 내상 과염(골프 엘보), 팔굽 터널 증후군, 지연성 척골 신경 마비, 회내근 증후군
손과 손목 부위에 발생하는 질환	수근관 증후근(손목 터널 증후군), 드퀘르뱅 건초염, 방아쇠 손가락, 결절종, 척골관 증후군, 바르텐베르그 증후군, 수완 진동 증후군

2) 질환별 종류

질환	종류
연체조직 질환	건염, 건초염, 활액낭염, 결절종, 근막통 증후군
신경혈관계통 질환	흉곽출구 증후군, 진동 신경염
신경장해	수근관 증후군, 척골신경 장애
요통	요통, 요부염좌, 근막통 증후군, 추간판 탈출증, 척추 분리증, 전방전위증

2 근골격계부담작업의 범위

1. 근골격계부담작업의 개요

근골격계부담작업이란 단순반복작업 또는 인체에 과도한 부담을 주는 작업에 의한 건강장해에 따른 작업으로서 작업량 · 작업속도 · 작업강도 및 작업장 구조 등에 따라 고용노동부장관이 정하여 고시하는 작업을 말한다.

2. 근골격계부담작업의 범위

근골격계부담작업이란 다음 각 호의 어느 하나에 해당하는 작업을 말한다. 다만, 단기간 작업 또는 간헐적인 작업은 제외한다.

① 하루에 4시간 이상 집중적으로 자료입력 등을 위해 키보드 또는 마우스를 조작하는 작업

② 하루에 총 2시간 이상 목, 어깨, 팔꿈치, 손목 또는 손을 사용하여 같은 동작을 반복하는 작업

③ 하루에 총 2시간 이상 머리 위에 손이 있거나, 팔꿈치가 어깨 위에 있거나, 팔꿈치를 몸통으로부터 들거나, 팔꿈치를 몸통 뒤쪽에 위치하도록 하는 상태에서 이루어지는 작업

④ 지지되지 않은 상태이거나 임의로 자세를 바꿀 수 없는 조건에서, 하루에 총 2시간 이상 목이나 허리를 구부리거나 트는 상태에서 이루어지는 작업

⑤ 하루에 총 2시간 이상 쪼그리고 앉거나 무릎을 굽힌 자세에서 이루어지는 작업

⑥ 하루에 총 2시간 이상 지지되지 않은 상태에서 1kg 이상의 물건을 한 손의 손가락으로 집어 옮기거나, 2kg 이상에 상응하는 힘을 가하여 한 손의 손가락으로 물건을 쥐는 작업

⑦ 하루에 총 2시간 이상 지지되지 않은 상태에서 4.5kg 이상의 물건을 한 손으로 들거나 동일한 힘으로 쥐는 작업

⑧ 하루에 10회 이상 25kg 이상의 물체를 드는 작업

⑨ 하루에 25회 이상 10kg 이상의 물체를 무릎 아래에서 들거나, 어깨 위에서 들거나, 팔을 뻗은 상태에서 드는 작업

⑩ 하루에 총 2시간 이상, 분당 2회 이상 4.5kg 이상의 물체를 드는 작업

⑪ 하루에 총 2시간 이상 시간당 10회 이상 손 또는 무릎을 사용하여 반복적으로 충격을 가하는 작업

참고

① 단기간 작업 : 2개월 이내에 종료되는 1회성 작업

② 간헐적인 작업 : 연간 총 작업일수가 60일을 초과하지 않는 작업

3. 유해요인 조사 및 개선

1) 유해요인의 정의

작업환경에 기인한 근골격계에 부담을 줄 수 있는 동작의 반복성, 부자연스럽거나 취하기 어려운 자세, 과도한 힘, 접촉 스트레스, 진동 등의 요인을 말한다.

2) 유해요인 조사

① 사업주는 근로자가 근골격계부담작업을 하는 경우에 3년마다 다음의 사항에 대한 유해요인 조사를 하여야 한다. 다만, 신설되는 사업장의 경우에는 신설일부터 1년 이내에 최초의 유해요인 조사를 하여야 한다.

㉠ 설비 · 작업공정 · 작업량 · 작업속도 등 작업장 상황

㉡ 작업시간 · 작업자세 · 작업방법 등 작업조건

㉢ 작업과 관련된 근골격계질환 징후와 증상 유무 등

② 사업주는 다음의 어느 하나에 해당하는 사유가 발생하였을 경우에 지체 없이 유해요인 조사를 하여야 한다. 다만, 제㉠호의 경우는 근골격계부담작업이 아닌 작업에서 발생한 경우를 포함한다.

㉠ 법에 따른 임시건강진단 등에서 근골격계질환자가 발생하였거나 근로자가 근골격계질환으로 「산업재해보상보험법 시행령」에 따라 업무상 질병으로 인정받은 경우

㉡ 근골격계부담작업에 해당하는 새로운 작업 · 설비를 도입한 경우

㉢ 근골격계부담작업에 해당하는 업무의 양과 작업공정 등 작업환경을 변경한 경우

③ 사업주는 유해요인 조사에 근로자 대표 또는 해당 작업 근로자를 참여시켜야 한다.

3) 유해요인 조사방법

유해요인 조사를 하는 경우에 근로자와의 면담, 증상 설문조사, 인간공학적 측면을 고려한 조사 등 적절한 방법으로 하여야 한다.

4) 유해성의 주지

근로자가 근골격계부담작업을 하는 경우에 다음 각 호의 사항을 근로자에게 알려야 한다.

① 근골격계부담작업의 유해요인
② 근골격계질환의 징후와 증상
③ 근골격계질환 발생 시의 대처요령
④ 올바른 작업자세와 작업도구, 작업시설의 올바른 사용방법
⑤ 그 밖에 근골격계질환 예방에 필요한 사항

5) 근골격계질환 예방관리 프로그램 시행

① 사업주는 다음의 어느 하나에 해당하는 경우에 근골격계질환 예방관리 프로그램을 수립하여 시행하여야 한다.
　㉠ 근골격계질환으로 「산업재해보상보험법 시행령」에 따라 업무상 질병으로 인정받은 근로자가 연간 10명 이상 발생한 사업장 또는 5명 이상 발생한 사업장으로서 발생 비율이 그 사업장 근로자 수의 10퍼센트 이상인 경우
　㉡ 근골격계질환 예방과 관련하여 노사 간 이견(異見)이 지속되는 사업장으로서 고용노동부장관이 필요하다고 인정하여 근골격계질환 예방관리 프로그램을 수립하여 시행할 것을 명령한 경우
② 사업주는 근골격계질환 예방관리 프로그램을 작성 · 시행할 경우에 노사협의를 거쳐야 한다.
③ 사업주는 근골격계질환 예방관리 프로그램을 작성 · 시행할 경우에 인간공학 · 산업의학 · 산업위생 · 산업간호 등 분야별 전문가로부터 필요한 지도 · 조언을 받을 수 있다.

SECTION 02 인간공학적 유해요인 평가

1 OWAS

1. OWAS(Ovako Working-posture Analysing System)의 개요

① 핀란드의 철강회사(Ovako)를 대상으로 핀란드 노동위생연구소가 1973년에 개발한 것으로 허리, 팔, 다리, 하중에 대한 작업자들의 부적절한 작업자세를 구별해낼 목적으로 개발한 평가기법이다.

② 작업시작점의 작업자세를 허리, 상지, 하지, 작업물의 무게의 4개 항목으로 나누어 근골격계에 미치는 영향에 따라 크게 4수준으로 분류한다.

③ 작업자세로 인한 부하를 평가하는 데 초점이 맞추어져 있다.

④ 신체부위의 자세뿐만 아니라 중량물의 사용도 고려하여 평가한다.

2. OWAS의 특징

평가되는 유해요인	적용 신체부위	적용대상 작업
① 불편한 자세 ② 과도한 힘	① 허리 ② 다리 ③ 팔	① 인력에 의한 중량물 취급 작업 ② 조선업

3. OWAS의 장단점

1) 장점

① 특별한 기구 없이 관찰에 의해서만 작업자세를 평가할 수 있다.

② 현장에서 기록 및 해석이 용이하다.

③ 평가기준을 완비하여 분명하고 간편하게 평가할 수 있다.

④ 현장성이 강하면서도 상지와 하지의 작업분석이 가능하며, 작업대상물의 무게가 분석요인에 포함된다.

⑤ 현장에서 작업자들의 작업자세를 손쉽고 빠르게 평가할 수 있다.

2) 단점

① 상지나 하지 등 몸의 일부의 움직임이 적으면서도 반복하여 사용하는 작업 등에서는 차이를 파악하기 어렵다.

② 지속시간을 검토할 수 없으므로 유지자세의 평가는 어렵다.

③ 작업자세 분류가 특정한 작업에만 국한되기 때문에 세밀한 작업자세를 평가하기 어렵다.

2 RULA

1. RULA(Rapid Upper Limb Assessment)의 개요

① 어깨, 팔목, 손목, 목 등 상지에 초점을 두고 작업자세로 인한 작업부하를 쉽고 빠르게 평가하기 위해 만들어진 기법이다.

② RULA가 평가하는 작업부하인자는 동작의 횟수, 정적인 근육작업, 힘, 작업자세 등이다.

③ 크게 신체부위별로 A그룹(상완, 전완, 손목)과 B그룹(목, 몸통, 다리)으로 나누어 측정, 평가하는 유해요인 평가기법이다.

2. RULA의 특징

평가되는 유해요인	적용 신체부위	적용대상 작업
① 반복성 ② 불편한 자세 ③ 과도한 힘	① 손목 ② 아래팔 ③ 팔꿈치 ④ 어깨 ⑤ 목 ⑥ 몸통	① 조립작업 ② 정비작업 ③ 육류가공작업 ④ 전화교환원 ⑤ 재봉업 ⑥ 초음파기술자 ⑦ 치과의사 등

3. RULA의 장단점

1) 장점

상지와 상체의 자세 측정과 상지의 정적인 자세를 측정하기 용이하다.

2) 단점

상지의 분석에만 초점을 맞추고 있어 전신의 작업자세를 분석하는 데는 한계가 있다.

3 REBA 등

1. REBA(Rapid Entire Body Assessment)의 개요

① 상지 작업을 중심으로 한 RULA와 비교하여 예측하기 힘든 다양한 작업자세에서 이루어지는 신체 전반에 대한 부담 정도와 유해인자의 노출 정도를 분석하는 데 적합한 기법이다.
② 평가대상이 되는 주요 작업요소로는 반복성, 정적 작업, 힘, 작업 자세, 연속작업시간 등이 있다.

2. REBA의 특징

평가되는 유해요인	적용 신체부위	적용대상 작업
① 반복성 ② 불편한 자세 ③ 과도한 힘	① 손목 ② 아래팔 ③ 팔꿈치 ④ 어깨 ⑤ 목 ⑥ 몸통 ⑦ 허리 ⑧ 다리 ⑨ 무릎	① 간호사 ② 간호보조 ③ 가정부 ④ 환자를 들거나 이송 등의 작업이 비고정적인 형태의 서비스업 계통

3. REBA의 장단점

1) 장점

① 전신의 작업자세, 작업물이나 공구의 무게도 고려한다.
② 상지 작업을 중심으로 한 RULA의 단점을 보완한 평가기법이다.

2) 단점

RULA에 비해 자세분석에 사용된 사례가 부족하다.

SECTION 03 근골격계 유해요인 관리

1 작업관리의 목적

1. 작업관리의 개요

작업관리는 그 목표를 생산성 향상에 두고 있으며, 인간이 관여하는 작업을 전반적으로 검토하고 작업의 경제성과 효율성에 영향을 미치는 모든 요인을 체계적으로 조사, 연구하는 분야이다.

2. 작업관리의 목적

① 최선의 방법 발견 및 방법 개선
② 방법, 재료, 설비, 공구 등의 표준화
③ 제품품질의 균일한 결과
④ 생산비의 절감
⑤ 새로운 방법의 작업지도
⑥ 안전

2 방법연구 및 작업측정

1. 방법연구

① 기존의 또는 제안된 작업방법을 체계적으로 분석하여 그 타당성을 조사함으로써 좀 더 쉽고 효율적인 작업방법을 개발하여 경비절감을 추구하는 분야이다.

② 공정분석, 작업분석, 동작연구가 포함되며 이때 동작경제원칙과 인간공학적 사항이 고려된다.
③ 연구를 위한 수단으로는 공정도, 차트, 도표가 사용된다.

2. 작업측정

① 숙련된 작업자가 명시된 작업내용을 정상속도로 수행할 때 소요되는 시간을 측정하기 위한 목적으로 제안된 여러 가지 기법을 연구하며 적용하는 분야이다.
② 스톱워치, 표준자료, PTS, 워크샘플링, 과거자료를 활용하여 표준시간을 결정한다.

3. 동작분석

1) 동작분석의 개요

정의	작업의 동작을 분해 가능한 최소한의 단위로 분석하여 비능률적인 동작을 줄이거나 배제시켜 최선의 작업방법을 추구하는 연구방법이다.
목적	① 동작계열의 개선 ② 표준동작의 설계 ③ Motion Mind(동작의식)의 체질화
방법	① 관찰법 : 양손 작업 분석, 서블릭(Therblig) 분석 ② 필름분석 : 메모모션 분석, 마이크로모션 분석

2) 동작경제의 원칙

작업자가 에너지의 낭비 없이 효과적으로 작업할 수 있도록 작업자의 동작을 세밀하게 분석하여 가장 경제적이고 합리적인 표준동작을 설정하는 것을 말한다.

신체 사용에 관한 원칙	① 두 손의 동작은 같이 시작하고 같이 끝나도록 한다. ② 휴식시간을 제외하고는 양손이 같이 쉬지 않도록 한다. ③ 두 팔의 동작은 서로 반대방향으로 대칭적으로 움직인다. ④ 손과 신체의 동작은 작업을 원만하게 처리할 수 있는 범위 내에서 가장 낮은 동작 등급을 사용하도록 한다. ⑤ 가능한 한 관성을 이용하여 작업을 하도록 하되, 작업자가 관성을 억제하여야 하는 경우에는 발생되는 관성을 최소한도로 줄인다. ⑥ 손의 동작은 유연하고 연속적인 동작이 되도록 하며, 방향이 갑자기 크게 바뀌는 모양의 직선동작은 피하도록 한다. ⑦ 탄도동작(Ballistic Movements)은 제한되거나 통제된 동작보다 더 신속, 정확, 용이하다. ⑧ 가능하다면 쉽고도 자연스러운 리듬이 작업동작에 생기도록 작업을 배치한다. ⑨ 눈의 초점을 모아야 작업을 할 수 있는 경우는 가능하면 없애고, 불가피한 경우에는 눈의 초점이 모아지는 서로 다른 두 작업지점 간의 거리를 짧게 한다.

작업장 배치에 관한 원칙	① 모든 공구나 재료는 자기 위치에 있도록 한다. ② 공구, 재료 및 제어장치는 사용위치에 가까이 두도록 한다. ③ 중력을 이용한 부품상자나 용기를 이용하여 부품을 제품 사용위치에 가까이 보낼 수 있도록 한다. ④ 가능하다면 낙하시키는 운반방법을 사용하라. ⑤ 공구 및 재료는 동작에 가장 편리한 순서로 배치하여야 한다. ⑥ 채광 및 조명장치를 잘하여야 한다. ⑦ 작업자가 작업 중 자세를 변경, 즉 앉거나 서는 것을 임의로 할 수 있도록 작업대와 의자 높이가 조정되도록 한다. ⑧ 작업자가 좋은 자세를 취할 수 있도록 의자는 높이뿐만 아니라 디자인도 좋아야 한다.
공구 및 설비 디자인에 관한 원칙	① 치구나 발로 작동시키는 기기를 사용할 수 있는 작업에서는 이러한 기기를 활용하여 양손이 다른 일을 할 수 있도록 한다. ② 공구의 기능은 결합하여서 사용하도록 한다. ③ 공구와 자재는 가능한 한 사용하기 쉽도록 미리 위치를 잡아준다. ④ 각 손가락에 서로 다른 작업을 할 때에는 작업량을 각 손가락의 능력에 맞게 분배해야 한다. ⑤ 레버, 핸들 및 제어장치는 작업자가 몸의 자세를 크게 바꾸지 않더라도 조작하기 쉽도록 배열한다.

4. 공정분석

1) 공정분석의 개요

생산공정이나 작업방법의 내용을 공정순서에 따라 각 공정의 조건(발생순서, 가공조건, 경과시간, 이동거리 등)을 분석 · 조사 · 검토하여 공정계열의 합리화(생산기간의 단축, 재공품의 절감, 생산공정의 표준화)를 모색하는 것

2) 공정도 기호

요소공정	공정도의 기호	의미
작업 혹은 가공 (Operation)	○	작업대상물의 물리적 혹은 화학적 특성을 의도적으로 변화시키는 과정
검사 (Inspection)	□	작업대상물을 확인하거나 그것의 품질 또는 수량을 조사하는 과정
운반 (Transport)	⇨	작업대상물이 한 장소에서 다른 장소로 이전하는 과정
정체 (Delay)	D	다음 순서의 작업을 즉각 수행할 수 없는 과정
저장 (Storage)	▽	작업대상물이 가공 또는 검사되는 일이 없이 저장되고 있는 상태

3 문제해결절차

기본형 5단계는 문제점이 있다고 지적된 공정 혹은 현재 수행되고 있는 작업방법에 대한 현황을 기록하고 분석하여, 이 자료를 근거로 개선안을 수립하는 절차이다.

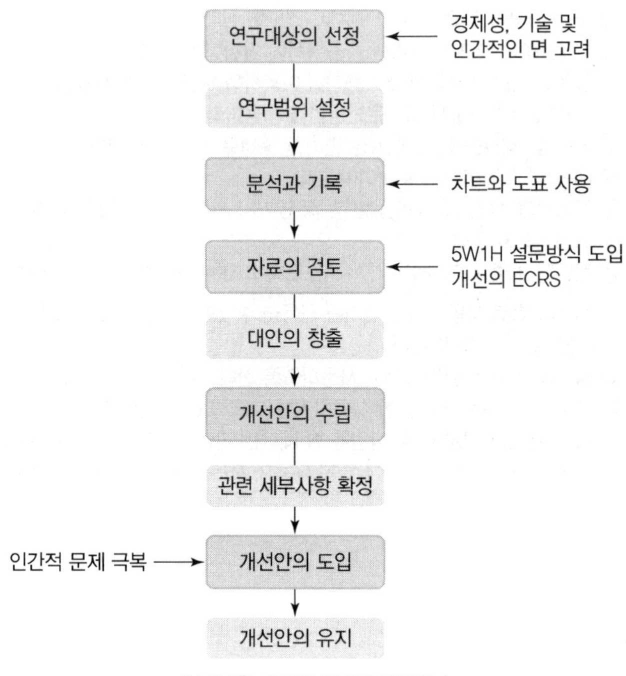

| 기본형 5단계 문제해결절차 |

1. 연구대상의 선정

제조원가가 큰 제품, 재작업이 자주 발생되는 제품, 애로공정과 생산계획에 차질을 주는 작업 등에서 다음의 사항을 고려하여 연구대상을 선정한다.

경제적 측면의 고려	애로공정, 물자이동의 양이 많고 이동거리가 긴 작업, 노동집약적인 반복작업 등을 먼저 개선시키는 것이 바람직함
기술적 측면의 고려	새로운 방법을 개발하여 생산성을 향상시킬 수 있다고 하더라도 기술적인 면에서 용납하지 않으면 안 됨
인간적 측면의 고려	대부분의 작업은 결국 사람들에 의하여 수행되기 때문에 작업개선의 성패 여부는 이들이 취하는 태도와 밀접한 관계가 있음

2. 현 작업방법의 분석

연구대상을 선정한 후에는 작업이 현재 어떠한 방식으로 이루어지고 있는지에 관한 전반적인 사실을 분석하고 기록하며 공정이 복잡하게 연결되어 있을 때 작업의 진행상황을 서술하는 식으로 기록하는 것은 효율적인 방법이 아니므로 도표와 공정도를 주로 사용해서 기록한다.

공정순서를 표시하는 차트	① 작업공정도	② 유통공정도	③ 작업자공정도
시간눈금을 사용하는 차트	① 다중활동분석표	② 사이모 차트	
흐름을 표시하는 차트	① 유통선도 ② 사이클 그래프	③ 크로노사이클 그래프 ④ 이동빈도도	

3. 분석자료의 검토

수집된 자료를 검토하는 단계에서는 다음과 같은 다양한 방법을 이용하여 대안을 창출한다.

1) 작업방법 개선의 ECRS 원칙

제거 (Eliminate)	① 이 작업은 꼭 필요한가?, 제거할 수 없는가? ② 불필요한 작업요소를 제거
결합 (Combine)	① 이 작업을 다른 작업과 결합시키면 더 나은 결과가 생길 것인가? ② 작업요소의 결합
재배치 (Rearrange)	① 이 작업의 순서를 바꾸면 좀 더 효율적이지 않을까? ② 작업순서의 재배치 및 변경
단순화 (Simplify)	① 이 작업을 좀더 단순화할 수 있지 않을까? ② 작업요소의 단순화

2) 작업방법 개선의 SEARCH 원칙

S : Simplify operations	작업의 단순화
E : Eliminate unnecessary work and material	불필요한 작업, 자재의 제거
A : Alter sequence	순서의 변경
R : Requirements	요구조건
C : Combine operations	작업의 결합
H : How often	얼마나 자주, 몇 번인가?

3) 5W1H

① 문제를 분석할 때 육하원칙에 의하여 체계적인 질문을 함으로써 현재의 상태를 파악하고 개선안을 도출하는 방법이다.

② 5W1H는 Why(필요성), What(목적), When(순서), Where(장소), Who(작업자), How(방법)에 대한 의미를 갖고 분석하는 방법이다.

4. 개선안의 수립

① 연구자는 발견된 개선점을 공정도에 기록함으로써 누락되는 사항의 발생을 방지할 수 있고, 또한 원래의 작업방법과 쉽게 비교할 수 있게 된다.

② 공정도를 사용함으로써 현재방법과 개선방법하에서의 작업진행상의 차이를 요약표를 이용하여 쉽게 알아볼 수 있는 장점이 있다.

5. 개선안의 도입

1) 유의사항

① 현재방법과 비교하여 개선된 요소를 측정하여 기록한다.
② 개선안을 상부에 보고하고 승인받도록 한다.
③ 개선안이 활용되는 부서의 실무진으로부터 이해를 구하고 요청사항을 전달한다.
④ 기대한 대로 잘 운용되도록 필요한 조치를 한다.

2) 인간적 문제의 극복

문제점 지적	작업자 자신들이 문제점을 지적하도록 하여 변화에 대한 저항감이 적어지도록 유도함
작업자의 안정	변화에 대해 느끼는 작업자으 불안감, 의구심을 없애도록 함
대화	개선안에 대하여 미리 여러 각도에서 의견을 교환함
참여	작업자가 개선안에 대하여 어떤 생각을 가지고 있는가를 질의한 후 타당한 아이디어는 보완해 줌으로써 작업자 자신이 변화에 참여하였다는 의식을 갖도록 함
상호 이해	경영자뿐만 아니라 작업자도 개선안에 의하여 이득을 얻을 수 있다는 점을 보여 줌
보완	주기적으로 개선안의 활용상태 및 작업자에게 미치는 영향을 점검하여 수정 · 보완함

4 작업개선안의 원리 및 도출방법

1. 작업개선안의 원리

① 자연스러운 자세를 취한다.
② 과도한 힘을 줄인다.
③ 손이 닿기 쉬운 곳에 둔다.
④ 적절한 높이에서 작업을 한다.
⑤ 반복적인 동작을 줄인다.
⑥ 피로와 정적 부하를 최소화한다.
⑦ 신체가 압박받지 않도록 한다.
⑧ 충분한 여유공간을 확보한다.
⑨ 쾌적한 작업환경을 유지한다.
⑩ 적절히 움직이고 운동과 스트레칭을 실시한다.
⑪ 표시장치와 조종장치를 이해할 수 있도록 한다.
⑫ 작업조직을 개선한다.

2. 작업개선안의 도출방법

안전보건 기록의 분석을 통해 개선 우선순위 작업을 선정하는 과정	① 안전보건 기록의 종류를 선정 ② 안전보건 기록을 사용 ③ 우선순위 부서 및 작업을 선정
면담 또는 설문조사를 통해 개선요구 작업을 선정하는 과정	① 설문대상자를 선정 ② 대상작업 특성을 파악 ③ 설문조사 작성절차에 따라 설문지를 작성하고 설문을 실시 ④ 개선요구 작업을 선정
유해요인 기본조사를 통해 개선요구 작업을 선정하는 과정	① 면담 또는 설문조사를 통해 작업자 특성을 파악 ② 작업분석 및 유해요인 조사를 통하여 작업 특성을 파악 ③ 개선요구 작업을 선정
신규작업 평가를 통해 위험작업을 선정하는 과정	① 설계검토를 실시 ② 면담 및 설문을 통한 잠재 위험요소를 파악 ③ 위험작업을 선정

CHAPTER

05 유해요인 관리

SECTION 01 유해요인의 분류

1. 물리적 유해요인의 분류

소음	소음성 난청을 유발할 수 있는 85데시벨(A) 이상의 시끄러운 소리
진동	착암기, 손망치 등의 공구를 사용함으로써 발생되는 백랍병 · 레이노 현상 · 말초순환장애 등의 국소 진동 및 차량 등을 이용함으로써 발생되는 관절통 · 디스크 · 소화장애 등의 전신 진동
방사선	직접 · 간접으로 공기 또는 세포를 전리하는 능력을 가진 알파선 · 베타선 · 감마선 · 엑스선 · 중성자선 등의 전자선
이상기압	게이지 압력이 제곱센티미터당 1킬로그램 초과 또는 미만인 기압
이상기온	고열 · 한랭 · 다습으로 인하여 열사병 · 동상 · 피부질환 등을 일으킬 수 있는 기온

2. 화학적 유해요인의 분류

1) 물리적 위험성 분류기준

① **폭발성 물질** : 자체의 화학반응에 따라 주위환경에 손상을 줄 수 있는 정도의 온도 · 압력 및 속도를 가진 가스를 발생시키는 고체 · 액체 또는 혼합물

② **인화성 가스** : 20℃, 표준압력(101.3kPa)에서 공기와 혼합하여 인화되는 범위에 있는 가스와 54℃ 이하 공기 중에서 자연발화하는 가스를 말한다.(혼합물을 포함한다)

③ **인화성 액체** : 표준압력(101.3kPa)에서 인화점이 93℃ 이하인 액체

④ **인화성 고체** : 쉽게 연소되거나 마찰에 의하여 화재를 일으키거나 촉진할 수 있는 물질

⑤ **에어로졸** : 재충전이 불가능한 금속 · 유리 또는 플라스틱 용기에 압축가스 · 액화가스 또는 용해가스를 충전하고 내용물을 가스에 현탁시킨 고체나 액상입자로, 액상 또는 가스상에서 폼 · 페이스트 · 분말상으로 배출되는 분사장치를 갖춘 것

⑥ **물반응성 물질** : 물과 상호작용을 하여 자연발화되거나 인화성 가스를 발생시키는 고체 · 액체 또는 혼합물

⑦ **산화성 가스** : 일반적으로 산소를 공급함으로써 공기보다 다른 물질의 연소를 더 잘 일으키거나 촉진하는 가스

⑧ **산화성 액체** : 그 자체로는 연소하지 않더라도, 일반적으로 산소를 발생시켜 다른 물질을 연소시키거나 연소를 촉진하는 액체

⑨ **산화성 고체** : 그 자체로는 연소하지 않더라도 일반적으로 산소를 발생시켜 다른 물질을 연소시키거나 연소를 촉진하는 고체

⑩ **고압가스** : 20℃, 200킬로파스칼(kPa) 이상의 압력하에서 용기에 충전되어 있는 가스 또는 냉동액화가스 형태로 용기에 충전되어 있는 가스(압축가스, 액화가스, 냉동액화가스, 용해가스로 구분한다)

⑪ **자기반응성 물질** : 열적(熱的)인 면에서 불안정하여 산소가 공급되지 않아도 강렬하게 발열 · 분해하기 쉬운 액체 · 고체 또는 혼합물

⑫ **자연발화성 액체** : 적은 양으로도 공기와 접촉하여 5분 안에 발화할 수 있는 액체

⑬ **자연발화성 고체** : 적은 양으로도 공기와 접촉하여 5분 안에 발화할 수 있는 고체

⑭ **자기발열성 물질** : 주위의 에너지 공급 없이 공기와 반응하여 스스로 발열하는 물질(자기발화성 물질은 제외한다)

⑮ **유기과산화물** : 2가의 －O－O－구조를 가지고 1개 또는 2개의 수소 원자가 유기라디칼에 의하여 치환된 과산화수소의 유도체를 포함한 액체 또는 고체 유기물질

⑯ **금속 부식성 물질** : 화학적인 작용으로 금속에 손상 또는 부식을 일으키는 물질

2) 건강 및 환경 유해성 분류기준

① **급성 독성 물질** : 입 또는 피부를 통하여 1회 투여 또는 24시간 이내에 여러 차례로 나누어 투여하거나 호흡기를 통하여 4시간 동안 흡입하는 경우 유해한 영향을 일으키는 물질

② **피부 부식성 또는 자극성 물질** : 접촉 시 피부조직을 파괴하거나 자극을 일으키는 물질(피부 부식성 물질 및 피부 자극성 물질로 구분한다)

③ **심한 눈 손상성 또는 자극성 물질** : 접촉 시 눈 조직의 손상 또는 시력의 저하 등을 일으키는 물질(눈 손상성 물질 및 눈 자극성 물질로 구분한다)

④ **호흡기 과민성 물질** : 호흡기를 통하여 흡입되는 경우 기도에 과민반응을 일으키는 물질

⑤ **피부 과민성 물질** : 피부에 접촉되는 경우 피부 알레르기 반응을 일으키는 물질

⑥ **발암성 물질** : 암을 일으키거나 그 발생을 증가시키는 물질

⑦ **생식세포 변이원성 물질** : 자손에게 유전될 수 있는 사람의 생식세포에 돌연변이를 일으킬 수 있는 물질

⑧ **생식독성 물질** : 생식기능, 생식능력 또는 태아의 발생 · 발육에 유해한 영향을 주는 물질

⑨ **특정 표적장기 독성 물질(1회 노출)** : 1회 노출로 특정 표적장기 또는 전신에 독성을 일으키는 물질

⑩ **특정 표적장기 독성 물질(반복 노출)** : 반복적인 노출로 특정 표적장기 또는 전신에 독성을 일으키는 물질

⑪ **흡인 유해성 물질** : 액체 또는 고체 화학물질이 입이나 코를 통하여 직접적으로 또는 구토로 인하여 간접적으로, 기관 및 더 깊은 호흡기관으로 유입되어 화학적 폐렴, 다양한 폐 손상이나 사망과 같은 심각한 급성 영향을 일으키는 물질

⑫ **수생 환경 유해성 물질** : 단기간 또는 장기간의 노출로 수생생물에 유해한 영향을 일으키는 물질

⑬ **오존층 유해성 물질** : 「오존층 보호를 위한 특정물질의 제조규제 등에 관한 법률」에 따른 특정물질

3. 생물학적 유해요인의 분류

혈액매개 감염인자	인간면역결핍바이러스, B형 · C형간염바이러스, 매독바이러스 등 혈액을 매개로 다른 사람에게 전염되어 질병을 유발하는 인자
공기매개 감염인자	결핵 · 수두 · 홍역 등 공기 또는 비말감염 등을 매개로 호흡기를 통하여 전염되는 인자
곤충 및 동물매개 감염인자	쯔쯔가무시증, 렙토스피라증, 유행성 출혈열 등 동물의 배설물 등에 의하여 전염되는 인자 및 탄저병, 브루셀라병 등 가축 또는 야생동물로부터 사람에게 감염되는 인자

SECTION 02 유해요인 노출기준

1. 노출기준의 정의

근로자가 유해인자에 노출되는 경우 노출기준 이하 수준에서는 거의 모든 근로자에게 건강상 나쁜 영향을 미치지 아니하는 기준을 말한다.

2. 노출기준의 표시단위

가스 및 증기	피피엠(ppm)
분진 및 미스트 등 에어로졸	세제곱미터당 밀리그램(mg/m³) (다만, 석면 및 내화성 세라믹섬유의 노출기준 표시단위는 세제곱센티미터당 개수(개/cm³)를 사용)
고온	습구흑구온도지수(WBGT) ① 태양광선이 내리쬐는 옥외 장소 : WBGT(℃) = 0.7 × 자연습구온도 + 0.2 × 흑구온도 + 0.1 × 건구온도 ② 태양광선이 내리쬐지 않는 옥내 또는 옥외 장소 : WBGT(℃) = 0.7 × 자연습구온도 + 0.3 × 흑구온도

3. 노출기준

1) 시간가중 평균 노출기준(TWA ; Time-Weighted Average)

① 1일 8시간, 주 40시간 동안의 평균 노출농도로서 거의 모든 근로자가 평상작업에서 반복하여 노출되더라도 건강장해를 일으키지 않는 공기 중 유해물질의 농도를 말한다.

② 1일 8시간 작업기준으로 유해요인의 측정치에 발생시간을 곱하여 8시간으로 나눈 값

$$TWA\text{환산값} = \frac{C_1 \cdot T_1 + C_2 \cdot T_2 + \cdots + C_n \cdot T_n}{8}$$

여기서, C : 유해인자의 측정치(단위 : ppm, mg/m³ 또는 개/cm³)
T : 유해인자의 발생시간(단위 : 시간)

2) 단시간 노출기준(STEL ; Short-Term Exposure Limit)

① 근로자가 1회 15분간의 시간가중 평균 노출기준(허용농도)

② 노출농도가 시간가중 평균 노출기준(TWA)을 초과하고 단시간 노출기준(STEL) 이하인 경우에는 1회 노출 지속시간이 15분 미만이어야 하고, 이러한 상태가 1일 4회 이하로 발생하여야 하며, 각 회의 노출 간격은 60분 이상이어야 한다.

3) 최고노출기준(C ; Ceiling)

① 근로자가 1일 작업시간 동안 잠시라도 노출되어서는 아니 되는 기준

② 노출기준 앞에 "C"를 붙여 표시한다.

4) 혼합물의 노출기준(허용농도)

① **노출지수(EI ; Exposure Index) : 공기 중 혼합물질**

㉠ 2가지 이상의 독성이 유사한 유해화학 물질이 공기 중에 공존할 때 대부분의 물질은 유해성의 상가작용을 나타낸다고 가정하고 계산한 노출지수로 결정

$$\text{노출지수}(EI) = \frac{C_1}{TLV_1} + \frac{C_2}{TLV_2} + \cdots\cdots + \frac{C_n}{TLV_n}$$

여기서, C_n : 각 혼합물질의 공기 중 농도
TLV_n : 각 혼합물질의 노출기준

㉡ 노출지수는 1을 초과하면 노출기준을 초과한다고 평가한다.

㉢ 다만, 독성이 서로 다른 물질이 혼합되어 있는 경우 혼합된 물질의 유해성이 상승작용 또는 상가작용이 없으므로 각 물질에 대하여 개별적으로 노출기준 초과 여부를 결정한다.(독립작용)

㉣ 보정된 허용농도(기준)

$$\text{보정된 허용농도(기준)} = \frac{\text{혼합물의 공기 중 농도}(C_1 + C_2 + \cdots + C_n)}{\text{노출지수}(EI)}$$

② **액체 혼합물의 구성 성분을 알 때 혼합물의 허용농도(노출기준)**

$$\text{혼합물의 노출기준}(\text{mg/m}^3) = \frac{1}{\dfrac{f_1}{TLV_1} + \dfrac{f_2}{TLV_2} + \cdots\cdots + \dfrac{f_n}{TLV_n}}$$

여기서, f_n : 액체 혼합물에서의 각 성분 무게(중량) 구성비(%)
TLV_n : 해당 물질의 TLV(노출기준)

참고

① 상가작용 : 2종 이상의 화학물질이 혼재하는 경우 인체의 같은 부위에 작용함으로써 그 유해성이 가중되는 것
② 상승작용 : 각각의 단일물질에 노출되었을 때보다 훨씬 큰 독성을 발휘
③ 독립작용 : 독성이 서로 다른 물질이 혼합되어 있을 경우 각각 반응양상이 달라 각 물질에 대하여 독립적으로 노출기준을 적용
④ 노출기준은 1일 8시간 작업을 기준으로 하여 제정된 것이므로 이를 이용할 경우에는 근로시간, 작업의 강도, 온열조건, 이상기압 등이 노출기준 적용에 영향을 미칠 수 있으므로 이와 같은 제반요인을 특별히 고려하여야 한다.

5) 소음의 노출기준

① 소음의 노출기준(충격소음 제외)

1일 노출시간(hr)	소음강도 dB(A)
8	90
4	95
2	100
1	105
1/2	110
1/4	115

주 : 115dB(A)를 초과하는 소음 수준에 노출되어서는 안 됨

② 충격소음의 노출기준

1일 노출횟수	충격소음의 강도 dB(A)
100	140
1,000	130
10,000	120

주 : 1. 최대음압수준이 140dB(A)를 초과하는 충격소음에 노출되어서는 안 됨
2. 충격소음이라 함은 최대음압수준에 120dB(A) 이상인 소음이 1초 이상의 간격으로 발생하는 것을 말함

6) 고온의 노출기준

(단위 : ℃, WBGT)

작업강도 / 작업휴식시간비	경작업	중등작업	중작업
계속 작업	30.0	26.7	25.0
매시간 75% 작업, 25% 휴식	30.6	28.0	25.9
매시간 50% 작업, 50% 휴식	31.4	29.4	27.9
매시간 25% 작업, 75% 휴식	32.2	31.1	30.0

주 : 1. 경작업 : 200kcal까지의 열량이 소요되는 작업을 말하며, 앉아서 또는 서서 기계의 조정을 하기 위하여 손 또는 팔을 가볍게 쓰는 일 등을 뜻함
2. 중등작업 : 시간당 200~350kcal의 열량이 소요되는 작업을 말하며, 물체를 들거나 밀면서 걸어다니는 일 등을 뜻함
3. 중작업 : 시간당 350~500kcal의 열량이 소요되는 작업을 말하며, 곡괭이질 또는 삽질하는 일 등을 뜻함

7) 라돈의 노출기준

작업장 농도(Bq/m³)
600

주 : 1. 단위환산(농도) : 600Bq/m^3 = 16pCi/L (※ 1pCi/L = 37.46Bq/m^3)

2. 단위환산(노출량) : 600Bq/m^3인 작업장에서 연 2,000시간 근무하고, 방사평형인자(F_{eq}) 값을 0.4로 할 경우 9.2 mSv/y 또는 0.77 WLM/y에 해당 (※ 800Bq/m^3(2,000시간 근무, F_{eq} = 0.4) = 1WLM = 12mSv)

CHAPTER

06 작업환경 관리

SECTION 01 인체계측 및 체계제어

1 인체계측 및 응용원칙

1. 인체측정학의 개요

① 일상생활에서 사용하는 도구나 설비를 설계할 때 인체 측정치를 이용하여 신체의 다양한 치수를 비롯하여 신체부위의 부피, 질량, 무게 중심 등의 물리적 특성을 다루는 학문을 인체측정학이라 한다.
② 의자, 책상, 작업공간, 피복 등과 같이 신체모양이나 치수에 관계있는 설비의 설계에 반영된다.
③ 인체 측정치를 활용한 설계는 신체적인 안락뿐만 아니라 인간의 성능에까지도 영향을 미친다.

2. 인체계측의 방법

1) 구조적 인체 치수(정적 측정)

① 표준 자세에서 움직이지 않는 피측정자를 인체 계측기 등으로 측정하는 것
② 특수 또는 일반적 용품의 설계에 기초 자료로 활용
③ 마틴(Martin)식 인체 측정기를 사용

2) 기능적 인체 치수(동적 측정)

① 인체 계측 중 운전 또는 워드 작업과 같이 인체의 각 부분이 서로 조화를 이루어 움직이는 자세에서의 인체치수를 측정하는 것
② 사진 및 시네마 필름을 사용한 3차원(공간) 해석장치나 새로운 계측 시스템이 요구된다.(마틴식 인체 측정기로는 측정 불가)
③ 신체적 기능을 수행할 때 각 신체부위는 독립적으로 움직이는 것이 아니라 조화를 이루어 움직이기 때문에 기능적 인체 치수를 사용하는 것이 중요

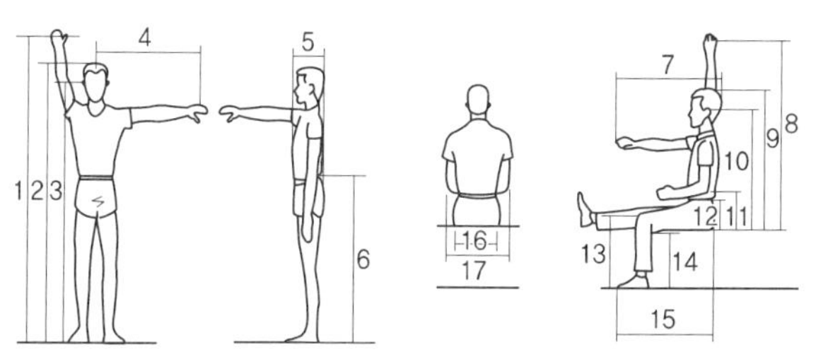

| 구조적 인체 치수(인체 계측기) |

구조적 치수에 맞춤

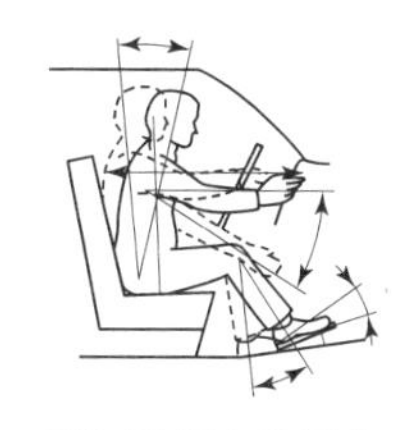
기능적 치수에 맞춤

| 설계 시 구조적 치수와 기능적 치수의 적용 예 |

3. 인체계측 자료의 응용원칙

1) 조절 가능한 설계

① 작업에 사용하는 설비, 기구 등은 체격이 다른 여러 근로자들을 위하여 직접 크기를 조절할 수 있도록 조절식으로 설계한다.

② 조절범위는 통상 여성의 5%치(최소치)에서 남성의 95%치(최대치)로 한다.

예 자동차 좌석의 전후 조절, 사무실 의자의 상하 조절, 책상 높이 등

2) 극단치를 이용한 설계

① 조절 가능한 설계를 적용하기 곤란한 경우 극단치를 이용하여 설계할 수 있다.

② 극단치를 이용한 설계는 최대치를 이용하거나 최소치를 이용한다.

③ 특정한 설비를 설계할 때, 어떤 인체 계측 특성의 한 극단에 속하는 사람을 대상으로 설계하면 거의 모든 사람을 수용할 수 있는 경우가 있다.

구분	최대 집단치 설계	최소 집단치 설계
개념	① 대상 집단에 대한 인체 측정 변수의 상위 백분위수를 기준으로 90, 95, 혹은 99%치를 사용 ② 대표치는 남성의 95백분위수를 이용 예 95%값에 속하는 사람을 수용할 수 있으면 이보다 작은 사람들도 모두 사용 가능	① 관련 인체 측정 변수 분포의 1, 5, 10% 등과 같은 하위 백분위수를 기준으로 결정 ② 대표치는 여성의 5백분위수를 이용 예 팔이 짧은 사람이 잡을 수 있으면 이보다 긴 사람은 모두 잡을 수 있음
사례	① 출입문, 탈출구의 크기, 통로 등과 같은 공간여유를 정할 때 사용 ② 그네, 줄사다리와 같은 지지물 등의 최소지지 중량(강도) ③ 버스 내 승객용 좌석 간의 거리, 위험구역 울타리 ④ 작업대와 의자 사이의 간격	① 선반의 높이 ② 조종 장치까지의 거리(조작자와 제어버튼 사이의 거리) ③ 비상벨의 위치 설계

3) 평균치를 이용한 설계

① 특정 장비나 설비의 경우, 최대 집단치 설계나 최소 집단치 설계 또는 조절범위식 설계가 부적절하거나 불가능할 때 평균치를 기준으로 한 설계를 할 경우가 있다.

② 대표치는 남녀 혼합 50백분위수를 이용한다.

예 가게나 은행의 계산대, 식당 테이블, 출근버스 손잡이 높이, 안내 데스크, 공원의 벤치 등

2 신체반응의 측정

1. 생리학적 측정법의 종류

근전도(EMG ; Electromyogram)	근육활동의 전위차를 기록한 것
신경전도(ENG ; Electroneurogram)	신경활동의 전위차를 기록한 것
심전도(ECG ; Electrocadiogram)	심장근육의 전기적 변화를 전극을 통해 기록한 것
뇌전도(EEG ; Electroencephalogram)	뇌의 전기적 활동을 기록한 것
피부전기반사 (GSR ; Galvanic Skin Reflex)	작업부하의 정신적 부담이 피로와 함께 증대하는 현상을 전기저항의 변화로 측정, 정신 전류현상이라고도 함
플리커값	정신적 부담이 대뇌피질에 미치는 영향을 측정한 값
안전도 (EOG ; Electro-Oculogram)	안구를 사이에 두고 수평과 수직방향으로 붙인 전극 간의 전위차를 증폭시켜 기록한 것

2. 작업 종류에 따른 생리학적 측정법

정적 근력작업	에너지 대사량과 맥박수의 상관관계, 근전도(EMG) 등
동적 근력작업	에너지 대사량, 산소 소비량 및 CO_2 배출량 등과 호흡량, 맥박수, 근전도 등
신경적 작업	매회 평균 호흡진폭, 맥박수, 부정맥, 피부전기반사(GSR), 혈압 등
심적 작업	점멸 융합 주파수(플리커치), 반응시간, 안구운동, 집중력, 주의력 등
작업부하, 피로 등의 측정	호흡량, 근전도, 점멸 융합 주파수(플리커치) 등
긴장감 측정	맥박수, 피부전기반사(GSR) 등

3 표시장치 및 제어장치

1. 시각적 표시장치

1) 시각과정

① 눈의 구조

㉠ 눈의 원리

ⓐ 동공을 통하여 들어온 빛은 수정체를 통하여 초점이 맞추어지고 감광 부위인 망막에 상이 맺히게 된다.

ⓑ 인간은 입력정보의 약 80%를 시각적 경로를 통해 입수한다.

ⓒ 시각은 노화에 따라 가장 먼저 기능이 저하되는 감각기관이며, 진동의 영향을 맨 먼저 받는 감각기관이다.

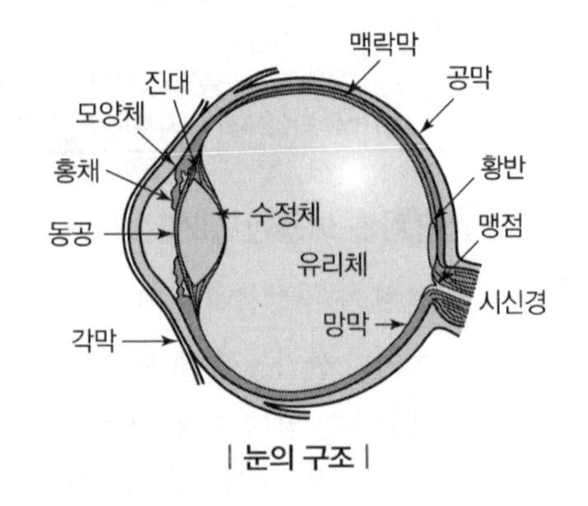

| 눈의 구조 |

㉡ 눈의 구조 및 기능

ⓐ 각막

- 빛이 가장 먼저 접촉하는 부위
- 안구를 보호, 광선을 굴절시켜 망막으로 도달시키는 역할을 한다.
- 카메라 렌즈의 앞면에 해당된다.

ⓑ 동공

- 홍채의 중앙에 구멍이 나 있는 부위
- 시야가 어두우면 크기가 커지고 밝으면 작아져서 들어오는 빛의 양을 조절한다.

ⓒ 홍채

- 각막과 수정체 사이에 위치하는 부위
- 동공의 크기를 조절해 빛의 양을 조절한다.
- 카메라의 조리개에 해당된다.

ⓓ 모양체

- 안구(眼球) 안의 수정체를 둘러싸고 있는 가는 주름으로 된 부위
- 수정체의 두께를 변화시켜 원근을 조절한다.

ⓔ 수정체

- 렌즈의 역할을 하며, 빛을 굴절시킨다.
- 카메라 렌즈의 후면에 해당된다.

ⓕ 망막

- 눈으로 들어온 빛이 최종적으로 도달하는 곳이다.
- 망막의 감광요소

원추체 (추상체)	① 낮처럼 조도 수준이 높을 때 기능을 한다. ② 색을 구별하며, 황반에 집중되어 있다. ③ 카메라의 컬러필름 ④ 색상을 구분(이상 시 색맹 또는 색약이 나타남)
간상체	① 밤처럼 조도 수준이 낮을 때 기능을 한다. ② 흑백의 음영만을 구분하며, 주로 망막 주변에 있다. ③ 카메라의 흑백필름 ④ 명암을 구분

- 카메라의 필름에 해당된다.

ⓖ 맥락막

- 0.2~0.5mm의 두께가 얇은 암흑갈색의 막으로 색소세포가 있어 암실처럼 빛을 차단하면서 망막 내면을 덮고 있는 것이다.
- 어둠상자 역할을 한다.

② **색각(色覺)**

㉠ 빛의 3가지 특성과 색의 3가지 속성

빛의 3가지 특성	색의 3가지 속성
① 주파장 ② 포화도 ③ 광도	① 색상 ② 채도(탁한 정도) ③ 명도(밝은 정도)

㉡ 색계(Color System)

먼셀(Munsell) 색계	색의 3속성(H : 색상, V : 명도 C : 채도)
CIE 색계	빛의 3원색인 적(X), 녹(Y), 청(Z)색의 상대적인 비율로 색을 지정한다.

ⓐ 흰색에 가까울수록 명도는 높다고 할 수 있으며, 검은색에 가까울수록 명도는 낮아진다.

ⓑ 명도가 높을수록 가깝게 보이고, 명도가 낮을수록 멀리 보인다.

ⓒ 명도가 높을수록 빠르고 경쾌하게 느껴지며, 명도가 낮을수록 둔하고 느리게 느껴진다.

ⓓ 가벼운 느낌에서 느리고 둔한 색의 순서로는 백색 – 황색 – 녹색 – 등색 – 자색 – 적색 – 청색 – 흑색 등으로 나타낼 수 있다.

ⓔ 시야는 색상에 따라 그 범위가 달라지고 시야의 범위가 넓은 색의 순서로는 백색(흰색) – 파랑 – 빨강(노랑) – 녹색의 순으로 좁아진다.

㉢ 색의 심리 및 생리적 작용

색채와 크기 감각	① 명도가 높을수록 크게 보임 ② 명도가 낮을수록 작게 보임
색채와 경중	① 명도가 높으면 가볍게 느껴짐 ② 명도가 낮으면 무겁게 느껴짐
색채와 생물학적 작용	① 적색 : 신경에 대한 흥분작용, 조직 호흡 면에서 환원작용 촉진 ② 청색 : 신경에 대한 진정작용, 조직 호흡 면에서 산화작용 촉진

③ 시야의 범위

㉠ 정상적 인간의 수평적 시야 범위 : 200°

㉡ 색채를 식별할 수 있는 최소의 시야 범위 : 70°

㉢ 시각의 최소감지 범위 : 10^{-6}mL

㉣ 시각의 최대허용 강도 : 10^{4}mL

④ 조응(순응)

㉠ 암조응(Dark Adaptation)

ⓐ 밝은 곳에서 어두운 곳으로 이동할 때 새로운 광도 수준에 대한 적응

ⓑ 어두운 곳에서 원추세포는 색에 대한 감수성을 상실하게 되고 간상세포에 의존하게 되므로 색의 식별은 제한된다.

ⓒ 완전 암조응은 보통 30～40분이 소요된다.

㉡ 명조응(Lightness Adaptation)

ⓐ 어두운 곳에서 밝은 곳으로 이동할 때 새로운 광도 수준에 대한 적응

ⓑ 적응하는 데 몇 초밖에 안 걸리며, 넉넉잡아 1～2분이다.

⑤ 시력

㉠ 개요

ⓐ 시력(Visual Acuity)은 세부적인 내용을 시각적으로 식별할 수 있는 능력을 말한다.

ⓑ 여러 유형의 시력은 주로 망막 위에 초점이 맞추어지도록 수정체 두께를 조절하는 눈의 조절능력에 달려 있다.

㉡ 굴절률

$$렌즈의\ 굴절률(D) = \frac{1}{\text{m 단위의 초점거리}}$$

$$사람\ 눈의\ 굴절률 = \frac{1}{0.017} = 59D$$

ⓐ 디옵터(Diopter) : 수정체의 초점조절 능력, 초점거리를 m로 표시했을 때의 굴절률

ⓑ 수정체의 초점 조절작용 능력은 디옵터(Diopter : D) 값으로 나타낸다.

ⓒ D값이 클수록 초점거리는 가까워진다. 1D는 1m, 2D는 0.5m, 3D는 0.33m이다.

ⓓ 사람 눈은 물체를 수정체의 1.7cm(0.017m) 뒤쪽에 있는 망막에 초점이 맺히도록 한다.

㉢ 시력의 유형

최소가분시력 (Minimum Separable Acuity, 최소분간시력)	가장 보편적으로 사용되는 시력의 척도로 사람의 눈이 식별할 수 있는 과녁(Target, 표적)의 최소 특징(모양)이나 과녁(표적) 부분들 간의 최소공간
최소인식시력 (Minimum Perceptible Acuity, 최소지각시력)	배경으로부터 한 점을 분간하여 탐지할 수 있는 최소의 점
입체시력 (Stereoscopic Acuity)	거리가 있는 하나의 물체에 대해 두 눈의 망막에서 수용할 때 상이나 그림의 차이를 분간하는 능력
배열시력 (Vernier Acuity)	하나의 수직선이 중간에 끊어져 아랫부분이 옆으로 이동한 경우 탐지할 수 있는 최소 측방변위, 즉 미세한 치우침(Offset)을 분간하는 능력
동시력 (Dynamic Visual Acuity)	표적 물체나 관측자가 움직일 때의 시식별 능력

㉣ 시각

시각(Visual Angle)이란 보는 물체에 의한 눈에서의 대각(對角)으로, 일반적으로 호의 분이나 초 단위로 나타낸다.[1°=60′(분)=3,600″(초)]

$$시각(분) = \frac{57.3 \times 60 \times L}{D}$$

$$시력 = \frac{1}{시각}$$

여기서, L : 시선과 직각으로 측정한 물체의 크기(글자일 경우 획폭 등)
D : 물체와 눈 사이의 거리
57.3과 60 : 시각이 600′ 이하일 때에 라디안(radian) 단위를 분으로 환산하기 위한 상수

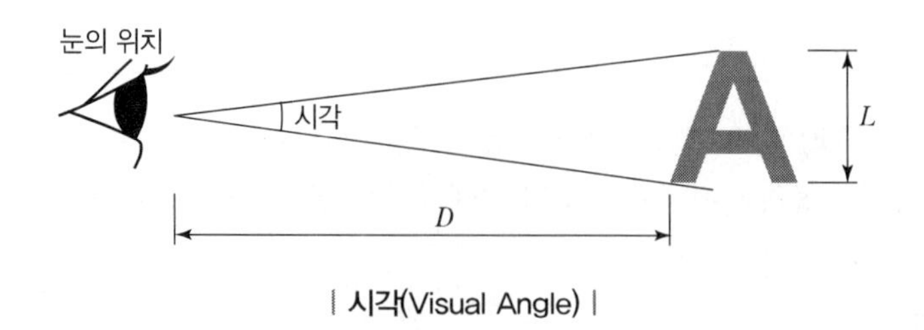

| 시각(Visual Angle) |

••• 예상문제

란돌트(Landolt) 고리에 있는 1.5mm의 틈을 5m의 거리에서 겨우 구분할 수 있는 사람의 최소분간 시력은 약 얼마인가?

풀이 ① $\text{시각} = \frac{57.3 \times 60 \times L}{D} = \frac{57.3 \times 60 \times 1.5}{5,000} = 1.0314[\text{분}]$

② $\text{시력} = \frac{1}{\text{시각}} = \frac{1}{1.0314} = 0.969 = 1.0$

답 1.0

2) 시식별에 영향을 주는 조건

사람의 시식별 능력은 시각적 기술인 시력에 달려 있다. 그러나 이러한 사람의 개인차 이외에도 시식별에 영향을 주는 외적 요인(조건)은 다음과 같다.

① **조도(Illuminance)** : 어떤 물체나 표면에 도달하는 빛의 단위면적당 밀도를 말한다.

② **광도(Luminance)** : 단위면적당 표면에서 반사 또는 방출하는 빛의 양을 말한다.

③ **대비(Contrast)** : 표적의 광도와 배경 광도의 차를 나타내는 척도이다.

④ **노출시간** : 조도가 큰 조건에서는 노출시간이 클수록 식별력이 커지지만 그 이상에서는 같다.

⑤ **광도비(Luminance Ratio)** : 시야 내에 있는 두 영역(주시영역과 주변영역)의 광도비를 말한다.

⑥ **과녁의 이동** : 표적 물체나 관측자가 움직일 경우에는 시력이 감소한다.

⑦ **휘광(Glare)** : 눈이 적응된 휘도보다 밝은 광원이나 반사광이 시계 내에 있을 때 생기는 눈부심 현상이다.

⑧ **반사율(Reflectance)** : 표면에 도달하는 빛과 결과로서 나오는 광도와의 관계를 말한다.

⑨ **광원(Luminous Intensity)** : 광량을 비교하기 위한 목적으로 제정된 것을 말한다.

⑩ **연령** : 나이가 들면 시력과 대비감도가 나빠진다. 일반적으로 40세를 넘어서면서부터 이러한 기능의 저하는 계속된다.

⑪ **훈련** : 초점을 조절하는 훈련이나 실습으로 어느 정도 시력을 개선할 수 있다.

3) 정량적 표시장치

① 표시장치의 개요

㉠ 표시장치의 종류

정적(Static) 표시장치	① 일정한 시간이 흘러도 장치(표시)가 변화되지 않는 표시장치 ② 안전표지판, 간판, 도표, 그래프, 인쇄물, 필기물 등과 같이 시간에 따라 변하지 않는 것이다.
동적(Dynamic) 표시장치	① 시간의 변화에 따라 장치(표시)가 변화되는 표시장치 ② 어떤 변수나 상황을 나타내는 표시장치 : 온도계, 기압계, 속도계 ③ CRT(음극선관) 표시장치 : 레이더 ④ 전파용 정보 표시장치 : 전축, TV, 영화 ⑤ 어떤 변수를 조정하거나 맞추는 것을 돕기 위한 것

㉡ 표시장치로 나타내는 정보의 유형

ⓐ 정량적 정보 : 변수의 정량적인 값

ⓑ 정성적 정보 : 가변 변수의 대략적인 값, 경향, 변화율, 변화 방향 등

ⓒ 상태정보 : 체계의 상황 혹은 상태

ⓓ 경계 및 신호정보 : 비상 혹은 위험 상황 또는 어떤 물체나 상황의 존재 유무

ⓔ 묘사적 정보 : 사물, 지역, 구성 등을 사진 그림 혹은 그래프로 묘사

ⓕ 식별정보 : 어떤 정적 상태, 상황 또는 사물의 식별용

ⓖ 문자 · 숫자 및 부호정보 : 구두, 문자, 숫자 및 관련된 여러 형태의 암호화 정보

ⓗ 시차적 정보 : 펄스(Pulse)화되었거나 혹은 시차적인 신호, 즉 신호의 지속 시간, 간격 및 이들의 조합에 의해 결정되는 신호

② 정량적 표시장치

정량적 표시장치는 온도와 속도같이 동적으로 변화하는 변수나 자로 재는 길이와 같은 정적 변수의 계량값에 관한 정보를 제공하는 데 사용된다.

㉠ 정량적 표시장치의 종류(정량적인 동적 표시장치)

아날로그 (Analog)	정목동침형 (Moving Pointer, 지침이동형)	① 눈금이 고정되고 지침이 움직이는 형(고정눈금 이동지침 표시장치) ② 일정한 범위에서 수치가 자주 또는 계속 변하는 경우 가장 유용한 표시장치 ③ 지침의 위치는 인식적인 암시 신호를 얻을 수 있다.
	정침동목형 (Moving Scale, 지침고정형)	① 지침이 고정되고 눈금이 움직이는 형(이동눈금 고정지침 표시장치) ② 나타내고자 하는 값의 범위가 클 때, 비교적 작은 눈금판에 모두 나타내고자 할 때(공간을 작게 차지하는 이점이 있음)
디지털 (Digital)	계수형 (Digital)	① 전력계나 택시 요금 계기와 같이 기계, 전자적으로 숫자가 표시되는 형 ② 출력되는 값을 정확하게 읽어야 하는 경우에 가장 적합하다.(수치를 정확하게 읽어야 할 경우) ③ 판독 오차는 원형 표시장치보다 적을 뿐 아니라 판독 평균반응시간도 짧다.(계수형 : 0.94초, 원형 : 3.54초)

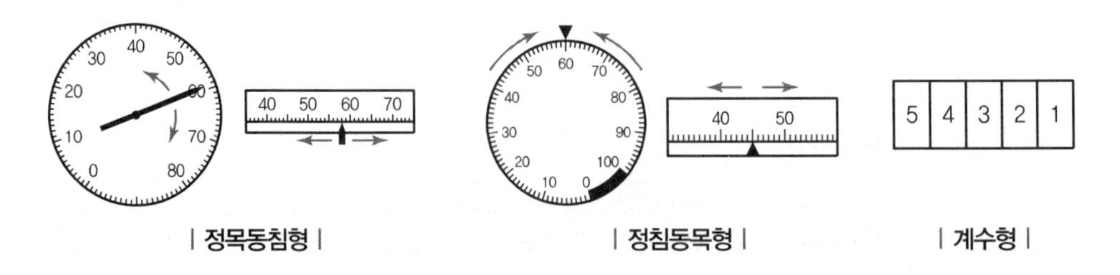

| 정목동침형 | | 정침동목형 | | 계수형 |

㉡ 정량적 눈금의 세부 특성

ⓐ 눈금 단위의 길이

- 눈금 단위의 길이란 판독해야 할 최소 측정 단위의 수치를 나타내는 눈금상의 길이를 말한다.
- 정상가시거리인 71cm(28inch) 기준으로 정상조명에서는 1.3mm, 낮은 조명에서는 1.8mm가 권장된다.

| 정상가시거리 71cm(28inch) 기준 권장길이 |

ⓑ 눈금의 표시 : 일반적으로 읽어야 하는 매 눈금 단위마다 눈금 표시를 하는 편이 좋다.

ⓒ 눈금의 수열 : 일반적으로 0, 1, 2, 3, …처럼 1씩 증가하는 수열이 가장 사용하기 쉽다.

ⓓ 지침의 설계

- 뾰족한 지침을 사용한다.(선각이 약 20° 정도)
- 지침의 끝은 작은 눈금과 맞닿게 하되 겹치지는 않도록 한다.
- (시차(時差)를 없애기 위해) 지침을 눈금면에 밀착시킨다.
- 원형 눈금의 경우 지침의 색은 선단에서 눈금의 중심까지 칠한다.

4) 정성적 표시장치

① 개요

㉠ 정성적 정보를 제공하는 표시장치는 온도, 압력, 속도와 같이 연속적으로 변하는 변수의 대략적인 값이나 또는 변화 추세, 변화율 등을 알고자 할 때 주로 사용된다.

㉡ 정성적 표시장치는 색을 이용하여 각 범위 값들을 따로 암호화하여 설계를 최적화시킬 수 있다.

㉢ 색채 암호가 적합하지 않은 경우에는 구간을 형상 암호화할 수 있다.

㉣ 정성적 표시장치는 나타내는 값이 정상상태인지 여부를 판정하는 상태점검에도 사용된다.

㉤ 정성적 표시장치의 근본 자료 자체는 통상 정량적인 것이다.

| 색채 암호화 | | 형상 암호화 | | 상태점검용 |

② 정량적 자료를 정성적 판독의 근거로 사용하는 경우

㉠ 변수의 상태나 조건이 미리 정해 놓은 몇 개의 범위 중 어디에 속하는가를 판정할 때(휴대용 라디오 전지상태를 나타내는 초소형 전압계)

㉡ 적정한 어떤 범위의 값을 일정하게 유지하고자 할 때(자동차 시속을 50~60km로 유지하는 것처럼)

㉢ 변화 추세나 변화율을 관찰하고자 할 때(비행 고도의 변화율을 볼 때와 같이)

5) 상태표시기

① on－off 또는 (신호등의) 멈춤, 주의, 주행과 같이 별개의 이산적(離散的) 상태를 나타낸다.

② 가장 간단한 형태의 표시장치 : 신호등

③ 정량적 계기가 상태 점검 목적으로만 사용된다면, 정량적 눈금 대신에 상태표시기를 사용할 수 있다.

6) 신호 및 경보등

① 개요

점멸등이나 상점등을 이용하며 빛의 검출성에 따라 달라진다.

② 빛의 검출성에 영향을 주는 인자

크기, 광도 및 노출시간	① 광도의 역치는 노출시간이 어느 특정치에 이르기까지는 선형적으로 감소 ② 광도의 역치가 안정되는 노출시간은 표적의 크기에 따라 일관성 있게 감소
색광	① 반응시간의 빠르기 : 적색－녹색－황색－백색 ② 신호 대 배경의 휘도 대비가 작을 경우 : 적색 신호가 효과적이다.
점멸속도	① 점멸등의 경우 점멸속도는 불이 계속 켜진 것처럼 보이게 되는 점멸－융합주파수(약 30Hz)보다 훨씬 적어야 한다. ② 주의를 끌기 위해서는 초당 3~10회의 점멸속도(지속시간 0.05초 이상)가 적당하다.
배경광	① 배경의 불빛이 신호등과 비슷할 경우 신호광의 식별이 곤란하다. ② 배경－잡음의 불빛 중 어느 하나라도 깜박이면 점멸 신호의 효과는 완전히 상실된다.(점멸 잡음광의 비율이 1/10 이상이면 상점등이 효과적)

7) 묘사적 표시장치

① 개요

위치나 구조가 변하는 경향이 있는 요소를 배경에 중첩시켜서 변화되는 상황을 나타내는 장치이다.

② 비행 자세 표시장치 및 설계의 제 원칙

㉠ 빈도 분리형 표시장치 : 항공기 및 수평선 표시가 모두 움직인다.(외견형＋내견형)

㉡ 내견형 사용 경험자 : 내견형이 외견형보다 우수

㉢ 사전 경험이 없는 경우 : 고정된 눈금이나 좌표계에 이동 부분을 표시하는 것이 더 효과적(이동 부분의 원칙)

㉣ 시계 상사형(Contact Analog) : 좀 더 정교한 형태의 비행 자세 표시장치로 전자적으로 발생시킨(활주로, 장애물 등) 지형 모습의 정확한 위치에 항공기를 중첩시켜 TV화면에 나타냄

항공기 이동형	지평선 이동형
① 지평선이 고정 ② 항공기가 움직이는 형태 ③ 외견형(outside－in)	① 항공기가 고정 ② 지평선이 움직이는 형태 ③ 내견형(inside－out) ④ 대부분의 항공기 표시장치 형태

③ 표시장치의 배치

항공기 계기의 기본 배치	① 중앙배치 : 자세지시나 진로지시 등의 정위나 방향성을 나타내는 부분 ② 좌우배치 : 속도계, 고도계 등의 계기	
배치의 기본 요인	① 가시성(可視性) ② 관련성 ③ 그룹(Group) 편성	④ 중요도 ⑤ 사용빈도
가시성을 높이기 위한 검토사항	① 최적시야 ② 시각	③ 사거리
최적시야	① 눈높이로부터 하향 60°, 신체의 중심 면으로부터 각각 30° 범위	

8) 문자－숫자 표시장치

① 글자체

문자나 숫자의 자체(Typography)란 글자의 모양, 크기, 배열상태 등을 말한다.

㉠ 종횡비

ⓐ 문자나 숫자의 폭 대 높이의 비

ⓑ 한글은 1 : 1

ⓒ 영문 대문자는 1 : 1(3 : 5까지 줄어도 독해성에는 영향 없음)

ⓓ 숫자는 3 : 5를 표준으로 권장

㉡ 획폭

ⓐ 문자나 숫자의 높이에 대한 획굵기의 비

ⓑ 흰 바탕에 검은 글씨(양각)는 1 : 6～1 : 8 권장(최대명시거리 1 : 8 정도)

ⓒ 검은 바탕에 흰 글씨(음각)는 1 : 8～1 : 10 권장(최대명시거리 1 : 13.3 정도)－광삼현상으로 더 가늘어도 된다.

ⓓ 광삼현상 : 흰 모양이 주위의 검은 배경으로 번져 보이는 현상

가 나 다 라	검은색 바탕의 흰색 글씨(음각)
가 나 다 라	흰색 바탕의 검은색 글씨(양각)

따라서, 검은색 바탕의 흰색 글씨가 더 가늘어야 한다.

② 읽힘성의 영향 인자

㉠ 활자모양
㉡ 활자체
㉢ 크기
㉣ 대비
㉤ 행 간격
㉥ 행의 길이
㉦ 주변 여백 등

9) 시각적 암호

① 시각적 암호의 비교

㉠ 암호로서의 성능이 가장 좋은 것의 배열순서

숫자, 색 암호 → 영문자 암호 → 기하학적 형상 암호 → 구성 암호

㉡ 색의 시각적 암호

ⓐ 일반적으로 9가지 면색(面色)을 구별할 수 있다.(훈련을 하면 20~30개까지 구별)

ⓑ 탐색, 위치 확인 임무에 유효하다.

② 다차원 시각적 암호

전달된 총 정보량은 색이나 숫자의 단일 암호보다 색과 숫자의 중복 암호를 사용한 경우에 전달된 정보량이 많은 것으로 실험결과 나타났다.

10) 부호 및 기호

① 부호의 유형

묘사적 부호	사물이나 행동을 단순하고 정확하게 나타낸 부호 예 위험 표시판의 해골과 뼈, 보도 표지판의 걷는 사람, 소방안전표지판의 소화기 등
추상적 부호	전언의 기본요소를 도식적으로 압축한 부호(원개념과는 약간의 유사성만 존재) 예 별자리를 나타내는 12궁도
임의적 부호	부호가 이미 고안되어 이를 사용자가 배워야 하는 부호 예 경고표지는 삼각형, 안내표지는 사각형, 지시표지는 원형 등

② 시각적 암호, 부호 및 기호를 의도적으로 사용 시 주의사항

검출성	암호화된 자극은 검출이 가능해야 한다.
변별성	다른 암호 표시와 구별되어야 한다.
암호의미의 필요성	사용자가 그 뜻을 분명히 알 수 있어야 한다.

2. 청각적 표시장치

1) 청각과정

① 귀의 구조와 기능

㉠ 귀의 구조

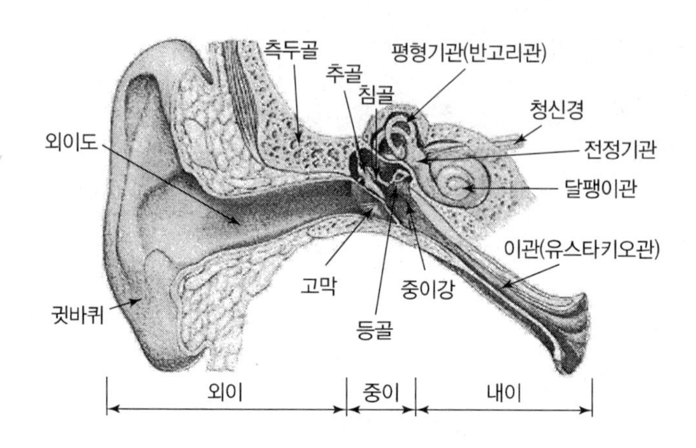

㉡ 귀의 기능

구조	기능	구조	기능
외이(바깥귀, Outer Ear)	소리를 모으는 역할을 수행한다.	귓바퀴	귀 부분으로 소리를 모아 외이도로 보낸다.
		외이도	귓바퀴에서 고막까지의 관으로 음파의 통로 역할을 한다.
중이 (가운데 귀, Middle Ear)	귓바퀴를 통해 모인 소리는 외이도(바깥귀길)를 지나 고막에 도달한다. 도달과정에서 고막에 가해지는 미세한 압력 변화는 22배나 증폭되어 내이의 임파액에 도달한다.	고막	외이와 중이의 경계에 있는 얇은 막으로 소리에 의해 진동한다.
		청소골 (귓속뼈)	고막의 진동을 증폭시켜 달팽이관으로 전달한다.(추골, 침골, 등골)
		유스타키오관	인두와 중이를 연결하며 중이의 압력을 외이와 같게 조절한다.
내이 (속귀, Inner Ear)	귀에서 가장 안쪽에 위치하며 청각과 평형감각을 담당한다.	달팽이관	림프라는 액체가 들어 있고 청각세포가 분포되어 있어서 소리의 자극을 받아들인다.(청각기관)
		전정기관	몸이 기울어지는 자극을 받아들인다.(위치감각)
		반고리관	세 개의 반원형의 관으로 되어 있고 몸의 회전하는 자극을 받는다.(회전감각)

㉢ 자극의 전달 경로

소리 → 귓바퀴 → 외이도 → 고막 → 귓속뼈(청소골) → 달팽이관(청각세포) → 청각 신경 → 대뇌

② 음의 특성과 측정

㉠ 음의 주된 두 가지 속성

ⓐ 진동수(주파수)

ⓑ 강도(진폭)

㉡ 음파의 진동수(Frequency)

ⓐ 초당 교번수 : Hz

ⓑ 초당 주파수 : cps

ⓒ 인간의 가청 주파수 : 20～20,000Hz

㉢ 음의 단위

ⓐ dB(decibel)

- dB(데시벨)이란 음의 전파방향에 수직한 단위면적을 단위시간에 통과하는 음의 세기량 또는 음의 압력량이며 소리(소음)의 크기를 나타내는 단위이다.

- 사람의 감각량(반응량)은 자극량(소리크기량)에 대수적으로 비례하여 변하는 것을 기본적인 이론으로 한다.

- 일반적으로 가청소음도는 0～130dB로 한다.

ⓑ Phon

- 감각적인 음의 크기를 나타내는 양을 말한다.
- 1,000Hz 순음의 크기와 평균적으로 같은 크기로 느끼는 1,000Hz 순음의 세기레벨로 나타낸 것이다.

ⓒ Sone

- 감각적인 음의 크기를 나타내는 양으로 음의 대소를 표현하는 단위를 말한다.
- 40dB의 1,000Hz 순음의 크기(＝40Phon)를 1Sone이라 정의한다.

㉣ 음의 강도(Sound Intensity, 진폭)

ⓐ 음의 강도 척도 : bel의 1/10인 decibel(dB) : 1dB＝0.1b

$$\text{dB 수준} = 20\log_{10}\left(\frac{P_1}{P_0}\right) = 10\log\left(\frac{P_1}{P_0}\right)^2$$

여기서, P_1 : 음압으로 표시된 주어진 음의 강도
P_0 : 표준치(1,000Hz 순음의 가청 최소음압)

ⓑ P_1과 P_2의 음압을 갖는 두 음의 강도차

$$\text{dB}_2 - \text{dB}_1 = 20\log\left(\frac{P_2}{P_0}\right) - 20\log\left(\frac{P_1}{P_0}\right) = 20\log\left(\frac{P_2}{P_1}\right)$$

ⓒ 거리에 따른 음의 강도 변화

- 점음원으로부터의 단위면적당 출력은 거리가 증가함에 따라 역자승의 법칙에 의해 감소한다.

$$\text{면적당 출력} = \frac{\text{출력}}{4\pi(\text{거리})^2}$$

- d_1에서 I_1의 단위면적당 출력을 갖는 음의 거리 d_2에서는

$$I_2 = \left(\frac{d_1}{d_2}\right)^2 I_1 \text{ , 따라서, 음압 간에는 } P_2 = \left(\frac{d_1}{d_2}\right) P_1$$

• dB 수준 간에는 다음의 관계가 성립한다.

$$\mathrm{dB}_2 = \mathrm{dB}_1 - 20\log\left(\frac{d_2}{d_1}\right)$$

여기서, dB_1 : 음원으로부터 d_1 떨어진 지점의 음압수준
dB_2 : 음원으로부터 d_2 떨어진 지점의 음압수준

··· 예상문제

경보사이렌으로부터 10m 떨어진 음압수준이 140dB이면 100m 떨어진 곳에서 음의 강도는 얼마인가?

풀이 $\mathrm{dB}_2 = \mathrm{dB}_1 - 20\log\left(\frac{d_2}{d_1}\right) = 140 - 20\log\left(\frac{100}{10}\right) = 120[\mathrm{dB}]$

답 120[dB]

③ 음량 수준의 측정 척도

㉠ Phon과 Sone 및 인식 소음 수준

Phon에 의한 음량 수준	① 정량적 평가를 하기 위한 음량 수준 척도로 단위는 Phon ② 어떤 음의 Phon치로 표시한 음량 수준은 이 음과 같은 크기로 들리는 1,000Hz 순음의 음압 수준(dB)이다.
Sone에 의한 음량	① 40dB의 1,000Hz 순음의 크기(=40Phon)를 1Sone이라 정의한다. ② 기준음보다 10배 크게 들리는 음은 10Sone의 음량을 갖는다.
인식 소음 수준	① PNdB 인식 소음 수준의 척도는 같은 소음으로 들리는 910~1,090Hz대의 소음 음압 수준으로 정의 ② PLdB 인식 소음 수준의 척도는 3,150Hz에 중심을 둔 1/3 옥타브대 음을 기준으로 사용

㉡ Phon(음량 수준)과 Sone(음량)의 관계

$$\text{Sone값} = 2^{(\text{Phon값} - 40)/10}$$

※ 음량 수준이 10Phon 증가하면 음량(Sone)은 2배로 증가된다.

$$\text{Phon값} = 33.3\log(\text{Sone값}) + 40(\text{Phon})$$

··· 예상문제

음원 수준이 50Phon일 때 Sone값은 얼마인가?

풀이 $\text{Sone값} = 2^{(\text{Phon값} - 40)/10} = 2^{(50-40)/10} = 2$

답 2

④ 소음의 계산

㉠ 합성소음도(전체 소음, 소음원의 동시 가동 시 소음도)

$$L = 10\log(10^{\frac{L_1}{10}} + 10^{\frac{L_2}{10}} + \cdots\cdots + 10^{\frac{L_n}{10}})[\text{dB}]$$

여기서, L : 합성소음도(dB)
L_n : 각 소음원의 소음(dB)

ⓒ 동일 소음도(동일 소음도 n개의 합성소음도)

$$L = L_1 + 10\log n$$

여기서, L_1 : 동일 소음도, n : 동일 소음도의 개수

ⓒ 소음의 차이

$$L = 10\log(10^{\frac{L_1}{10}} - 10^{\frac{L_2}{10}})[\text{dB}]$$
$$\text{단, } L_1 > L_2$$

ⓔ 평균 소음도

$$\overline{L} = 10\log\left[\frac{1}{n}(10^{\frac{L_1}{10}} + 10^{\frac{L_2}{10}} + \cdots\cdots + 10^{\frac{L_n}{10}})\right][\text{dB}]$$

여기서, $\overline{L}$: 평균 소음도(dB), n : 소음원의 개수

··· 예상문제

작업장 내의 설비 3대에서는 각각 80dB과 86dB 및 78dB의 소음을 발생시키고 있다. 이 작업장의 전체 소음은 약 몇 dB인가?

풀이 ① 전체 소음 공식 : $L = 10\log(10^{\frac{L_1}{10}} + 10^{\frac{L_2}{10}} + \cdots\cdots + 10^{\frac{L_n}{10}})[\text{dB}]$

② 전체 소음의 계산 : $L = 10\log(10^{\frac{80}{10}} + 10^{\frac{86}{10}} + 10^{\frac{78}{10}}) = 87.49 = 87.5[\text{dB}]$

답 87.5[dB]

⑤ 소음의 물리적 성질

㉠ 은폐(Masking) 효과

ⓐ 정의 : 크고 작은 두 소리가 동시에 들릴 때 큰 소리만 듣고 작은 소리는 듣지 못하는 현상으로 음파의 간섭에 의해 발생한다.

ⓑ 특징

- 음의 한 성분이 다른 성분에 대한 귀의 감수성을 감소시키는 상황을 말한다.
- 피은폐된 한 음의 가청역치가 다른 은폐된 음 때문에 높아지는 현상을 말한다.
- 어떤 음의 청취가 다른 음에 의해 방해되는 청각현상을 말한다.
- 예를 들어 사무실의 자판 소리 때문에 말 소리가 묻히는 경우에 해당한다.

㉡ 도플러(Doppler) 효과

ⓐ 음원이 움직일 때 들리는 소리의 주파수가 음원의 주파수와 다르게 느껴지는 효과이다. 즉, 발음원이 이동 시 그 진행방향 쪽에서는 원래 발음원의 음보다 고음이 되고, 반대쪽에서는 저음이 되는 현상이다.

ⓑ 사이렌을 요란하게 울리며 달려오던 소방차가 자기 옆을 스쳐 지나고 나면, 다가오는 동안 크게 들리던 소리가 멀어지면서 갑자기 작게 들린다.

2) 청각적 표시장치

① 표시장치의 선택

㉠ 청각장치와 시각장치의 비교

청각적 표시장치	시각적 표시장치
① 전언이 간단하다. ② 전언이 짧다. ③ 전언이 후에 재참조되지 않는다. ④ 전언이 시간적 사상을 다룬다. ⑤ 전언이 즉각적인 행동을 요구한다.(긴급할 때) ⑥ 수신장소가 너무 밝거나 암조응 유지가 필요시 ⑦ 직무상 수신자가 자주 움직일 때 ⑧ 수신자가 시각계통이 과부하상태일 때	① 전언이 복잡하다. ② 전언이 길다. ③ 전언이 후에 재참조된다. ④ 전언이 공간적인 위치를 다룬다. ⑤ 전언이 즉각적인 행동을 요구하지 않는다. ⑥ 수신장소가 너무 시끄러울 때 ⑦ 직무상 수신자가 한 곳에 머물 때 ⑧ 수신자의 청각계통이 과부하상태일 때

㉡ 청각적 표시장치가 시각적 표시장치보다 유리한 경우

ⓐ 신호음 자체가 음일 때

ⓑ 무선거리 신호, 항로 정보 등과 같이 연속적으로 변하는 정보를 제시할 때

ⓒ 음성통신 경로가 전부 사용되고 있을 때

② 청각신호 수신기능

㉠ 청각신호 검출

신호의 존재 여부를 결정하며 어떤 특정한 정보를 전달해 주는 신호가 존재할 때에 그 신호음을 알아내는 것을 말한다.

㉡ 청각적 신호의 상대식별

ⓐ 두 가지 이상의 신호가 근접하여 제시되었을 때 이를 구별한다.

ⓑ 어떤 특정한 정보를 전달하는 신호음이 불필요한 잡음과 공존할 때에 그 신호음을 구별하는 것

㉢ 청각적 신호의 절대식별

ⓐ 어떤 부류에 속하는 특정한 신호가 단독으로 제시되었을 때 이를 식별한다.

ⓑ 개별적인 자극이 독자적으로 제시되는 경우, 그 음만이 지니고 있는 고유한 강도, 진동수, 제시된 음의 지속시간 등과 같은 청각요인들을 통해 절대적으로 식별하는 것을 말한다.

ⓒ 청각 차원들에 대한 절대식별 수준 수

차원	수준 수	비고
강도(순음)	4~5	순음의 경우 1,000~4,000Hz로 한정할 필요가 있으나, 광대역 소음이 보다 바람직하다.
진동수	4~7	적을수록 좋으며 충분한 간격을 두어야 한다. 강도는 최소한 30dB
지속시간	2~3	확실한 차이를 두어야 한다.
음의 방향	좌우	두 귀 간의 강도차는 확실해야 한다.
강도 및 진동수	9	

ⓓ 다차원 암호화

- 청각적 암호로 전송할 정보량이 많은 경우에는 많은 수의 신호들을 식별해야 하므로 다차원 암호 체계를 사용할 수 있다.
- 일반적으로 적은 수의 '단계' 혹은 '수준'을 갖는 차원을 많이 사용하는 것이 차원수를 줄이고 각 차원의 수준 수를 늘리는 것보다 우수하다.

③ 신호의 검출

㉠ 주위가 조용한 경우에는 40~50dB의 음 정도면 검출되기에 충분할 정도로 주위 배경소음보다 높다. 그러나 검출성은 신호의 진동수와 지속 시간에 따라 약간 달라진다.

㉡ 귀는 음에 대해서 즉각 반응하지 않으므로 순음의 경우에는 음이 확립될 때까지 0.2~0.3초가 걸리고, 감쇄하는 데 0.14초가 걸린다. 광대역 소음의 경우에는 확립, 감쇄가 빠르다. 이런 지연 때문에 청각적 신호 특히 순음의 경우에는 최소한 0.3초 지속해야 하며, 이보다 짧아야 할 경우에는 가청성의 감소를 보상하기 위해서 강도를 증가시켜 주어야 한다.

㉢ 소음이 심한 조건에서(귀 위치에서 측정) 신호의 수준은 110dB과 소음에 은폐된 신호의 가청역치의 중간 정도가 적당하다.

㉣ 주위 소음이 심한 경우에는 신호를 은폐할 수 있으므로 500~1,000Hz 범위의 신호를 사용하는 것이 좋다.

④ 경계 및 경보 신호를 선택 · 설계할 때의 지침

㉠ 귀는 중음역에 가장 민감하므로 500~3,000Hz의 진동수를 사용

㉡ 고음은 멀리 가지 못하므로 300m 이상의 장거리용으로는 1,000Hz 이하의 진동수를 사용

㉢ 신호가 장애물을 돌아가거나 칸막이를 통과해야 할 경우에는 500Hz 이하의 진동수를 사용

㉣ 주의를 끌기 위해서 변조된 신호를 사용(초당 1~8번 나는 소리나 초당 1~3번 오르내리는 변조된 신호)

㉤ 배경소음의 진동수와 다른 신호를 사용(신호는 최소 0.5~1초 지속)

㉥ 경보효과를 높이기 위해서 개시시간이 짧은 고강도 신호를 사용

㉦ 주변 소음에 대한 은폐효과를 막기 위해 500~1,000Hz 신호를 사용하여, 적어도 30dB 이상 차이가 나야 함

㉧ 가능하다면 다른 용도에 쓰이지 않는 확성기, 경적 등과 같은 별도의 통신계통을 사용

⑤ 웨버(Weber)의 법칙

㉠ 웨버의 법칙

ⓐ 음의 높이, 무게, 빛의 밝기 등 물리적 자극을 상대적으로 판단하는 데 있어 특정 감각기관의 변화감지역은 표준자극에 비례한다는 법칙

ⓑ 감각기관의 표준자극과 변화감지역의 연관관계

ⓒ 변화감지역은 사용되는 표준자극의 크기에 비례

ⓓ 원래 자극의 강도가 클수록 변화 감지를 위한 자극의 변화량은 커지게 된다.

$$\text{웨버(Weber)비} = \frac{\Delta I}{I} = \frac{\text{변화감지역}}{\text{표준자극}}$$

여기서, ΔI : 변화감지역, I : 표준자극

㉡ 변화감지역

ⓐ 신호의 강도, 진동수에 의한 신호의 상대식별 등 물리적 자극의 변화 여부를 감지할 수 있는 최소의 자극 범위를 말한다.

ⓑ 특정 감각의 감지능력은 두 자극 사이의 차이를 알아낼 수 있는 변화감지역(JND ; Just Noticeable Difference)으로 표현한다.

ⓒ 변화감지역이 작을수록 변화를 검출하기 쉽다.

ⓓ 약 1,000Hz 이하(특히, 강한 음)에 대한 변화감지역은 작으나, 높은 진동수에 대해서는 급격히 증가한다.

㉢ 감각기관의 웨버(Weber) 비가 작을수록 분별력이 뛰어난 감각이다.

감각	시각	청각	무게	후각	미각
웨버(Weber) 비	1/60	1/10	1/50	1/4	1/3

⑥ 청각적 표시장치 설계 시의 일반원리

㉠ 양립성 : 가능한 한 사용자가 알고 있거나 자연스러운 신호 차원과 코드를 선택한다.(긴급용 신호일 때는 높은 주파수를 사용한다)

㉡ 근사성 : 복잡한 정보를 나타낼 때는 2단계의 신호를 고려한다.

㉢ 분리성 : 두 가지 이상의 채널을 듣고 있다면 각 채널의 주파수가 분리되어야 한다.

㉣ 검약성 : 조작자에 대한 입력신호는 꼭 필요한 것만을 제공하여야 한다.

㉤ 불변성 : 동일한 신호는 항상 동일한 정보를 지정한다.

3) 음성통신

① 음성의 인간공학적 국면

㉠ 음성이 사용되는 많은 경우에 전송 및 수화에는 별다른 문제가 없으나, 소음이나 전화, 내부 통화장치, 라디오 등의 통신계통에 의해서 악영향을 받을 수 있으므로 이때 인간공학적인 배려가 필요하다.

㉡ 음성통신 계통 평가기준

ⓐ 항공 관제탑의 경우 : 이해도가 중요

ⓑ 집 전화의 경우 : 충실도 혹은 질이 중요

② 통화 이해도의 척도

통화 이해도 시험	의미 없는 음절, 음성학적으로 균형잡힌 단어 목록, 운율시험, 문장시험 문제들로 이루어진 자료를 수화자에게 전달하고 이를 반복하게 하여 정답 수를 평가
명료도 지수	옥타브대의 음성과 잡음의 dB값에 가중치를 곱하여 합계를 구하는 것
이해도 점수	송화 내용 중에서 알아들은 비율(%)
통화간섭 수준	통화 이해도에 끼치는 잡음의 영향을 추정하는 지수
소음기준 곡선	사무실, 회의실, 공장 등에서의 통화평가 방법

③ 전달 확률이 높은 전언(Message)의 방법

㉠ 사용 어휘 : 어휘수가 적을수록 인지 확률이 높다.

㉡ 전언의 문맥 : 주어진 명료도 지수에서 문장이 독립적인 음절보다 알아듣기 쉽다.

㉢ 전언의 음성학적 국면 : 음성 출력이 높은 음을 선택한다.

4) 합성음성

① 음성 합성 체계의 유형

㉠ 정수화 녹음(Digital Recording)

ⓐ 음성 신호를 고속으로 표본 추출하여 각 표본에 대한 정보를 보관하는 것을 정수화라 하며, 후에 음성으로 재해독된다.

ⓑ 단어 10개를 보관 시 백만 bit 이상의 용량이 필요하여 비실용적이다.

㉡ 분석－합성(Analysis－Synthesis)

ⓐ 음성 정수화에서와 같이 실제 음성 파형을 암호화하는 대신 음성이 분석되어 발음 모형을 제어하는 데 필요한 모수들의 변화만 암호화된다.

ⓑ 정수화보다는 컴퓨터 기억 용량이 훨씬 적게 필요하다.

㉢ 규칙에 의한 합성(Synthesis by Rule)

ⓐ 발음 모형의 적절한 모수들을 발음할 때에 결정한다.

ⓑ 대단히 많은 어휘를 비교적 적은 컴퓨터 기억용량으로 구사할 수 있다는 장점이 있다.

ⓒ 음성의 질이 통상 분석－합성에 의한 것보다 떨어진다는 단점이 있다.

② 합성음성의 활용

㉠ 소비자 제품

ⓐ 자동차 : 문 열렸음

ⓑ 손목 시계 : 12시 5분

ⓒ 각종 완구류 등

㉡ 전화번호 안내

㉢ 발성 장애자용 음성 발생 장치 등

3. 촉각 및 후각적 표시장치

1) 피부감각

① 피부감각의 개요

㉠ 촉각, 온각, 냉각, 통각 등 4종의 단순감각으로 나누어진다.

㉡ 촉각 중에서 비교적 깊은 곳에 있는 수용기에 의한 것을 압각이라고 한다.

㉢ 감각점의 수가 많을수록 해당 감각은 예민하다.

㉣ 피부 감각점과 분포 밀도 비교

감각점	온각	냉각	촉각	압각	통각(신경말단)
밀도(개/cm^2)	0~3개	6~23개	25개	100개	100~200개

② 감각기관별 자극반응시간

청각	촉각	시각	미각	통각
0.17초	0.18초	0.20초	0.29초	0.70초

③ 2점 역치(Two – Point Threshold)

㉠ 피부 예민성의 지표가 된다.

㉡ 피부에 근접하는 2점을 컴퍼스로 동시에 접촉할 때 만일 2점이 매우 가까우면 2점으로 감각되지 않고 1점이 자극이 되는 것과 같이 느낀다.

㉢ 2점 사이의 거리를 점차 넓혀가다가 최초로 2점을 느끼게 되는 거리를 2점 역치라 하며 측정 간의 거리가 가까울수록 예민하다.

㉣ 손끝이나 입술은 2점 역치가 작다.

㉤ 손바닥은 손바닥 → 손가락 → 손가락 끝으로 역치가 감소한다.

2) 조종장치의 촉각적 암호화

① 조종장치의 촉각적 암호화 방법 : 촉각적 표시장치에서 기본 정보 수용기로 주로 사용되는 것은 손이다.

㉠ 형상을 이용한 암호화

㉡ 표면 촉감을 이용한 암호화

㉢ 크기를 이용한 암호화

② 촉각적 암호화의 종류

㉠ 형상 암호화된 조종장치

만져서 혼동되지 않는 꼭지			용도와 관련된 형상으로 식별되는 손잡이		
다회전용	단회전용	이산 멈춤 위치용	기화기	착륙장치	역출력

㉡ 표면 촉감을 이용한 조정장치의 암호화

ⓐ 매끄러운 면

ⓑ 세로 홈(Flute)

ⓒ 깔쭉면(Knurl)

㉢ 크기를 이용한 조종장치의 암호화

크기의 차이를 쉽게 구별할 수 있도록 설계	① 직경 : 1.3cm$\left(\frac{1}{2}''\right)$ 차이 ② 두께 : 0.95cm$\left(\frac{3}{8}''\right)$ 차이
촉감으로 식별 가능한 18개의 손잡이 구성요소	① 세 가지 표면가공 ② 세 가지 직경(1.9, 3.2, 4.5cm) ③ 두 가지 두께(0.95, 1.9cm)

3) 동적인 촉각적 표시장치

① 동적 정보를 전달하는 촉각적 표시장치

㉠ 기계적 자극

ⓐ 피부에 진동기를 부착 : 진동기의 위치, 진동수, 강도, 지속 시간 등의 변수를 사용하여 암호화

ⓑ 증폭된 음성을 하나의 진동기를 사용하여 피부에 전달

㉡ 전기적 자극

ⓐ 통증을 주지 않을 정도의 맥동 전류 자극을 사용해야 한다.

ⓑ 강도, 극성(Polarity), 지속시간(Duration), 시간 간격(Interval), 전극의 종류, 크기, 전극 간격(Spacing) 등에 좌우됨

② 촉각적 영상 변환

인쇄물이 촉각적인 행태로 변환될 수 있는 것같이, 주위의 사물들도 특수 안경으로 포착하여 촉각적인 자극의 형태로 재현할 수 있다.

4) 후각적 표시장치

① 후각적 표시장치의 사용 예

㉠ 주로 경보 장치로 가스 누출 탐지용

㉡ 비상시 광산의 탈출 신호용(악취는 광산의 환기 계통에 방출되어 광산에 퍼진다.)

② 후각적 표시장치를 많이 쓰지 않는 이유

㉠ 사람마다 여러 냄새에 대한 민감도의 개인차가 심하고, 코가 막히면 민감도가 떨어진다.

㉡ 사람은 냄새에 빨리 익숙해져서 노출 후 얼마 이상이 지나면 냄새를 느끼지 못한다.

㉢ 냄새의 확산을 통제하기가 힘들다.

㉣ 어떤 냄새는 메스껍게 하고 사람이 싫어할 수도 있다.

4. 조종장치(제어장치)

1) 조종장치의 요소

① **본질적 궤환(Intrinsic)** : 조종장치의 움직인 양, 움직이는 데 필요한 힘(압력) 등 조작자가 조종장치를 작동하는 것으로부터 직접 감지하는 것

② **외래적 궤환(Extrinsic)** : 직접 또는 표시장치상에 나타나는 체계 출력을 관찰하거나, 암시적 음신호(Auditory Cue)를 포착하는 것과 같이 외부 근원으로부터 감지하는 것

2) 조종장치의 저항력

① 탄성 저항(Elastic Resistance)

㉠ 탄성 저항은 조종 장치의 변위에 따라 변한다.

㉡ 변위에 대한 궤환이 항력과 체계적인 관계를 가지고 있기 때문에 유용한 궤환원으로 작용한다는 이점이 있다.

② 점성 저항(Viscous Damping)

㉠ 출력과 반대 방향으로 속도에 비례해서 작용하는 힘 때문에 생기는 항력

㉡ 원활한 제어를 도우며, 규정된 변위 속도를 유지하는 효과가 있다.

③ 관성(Inertia)

㉠ 기계 장치의 질량(중량)으로 인한 운동에 대한 저항으로 가속도에 따라 변한다.

㉡ 원활한 제어를 도우며 우발적인 작동 가능성을 감소시킨다.

④ 정지(Static) 및 미끄럼(Coulomb) 마찰

㉠ 처음 움직임에 대한 정지 마찰은 급격히 감소하나 미끄럼 마찰은 계속하여 운동에 저항하며 변위나 속도와는 무관하다.

㉡ 제어 동작에 도움이 되는 궤환을 주지 못하며 인간 성능을 저하시킨다.

3) 조종장치의 기능

① 개념

제어 정보를 어떤 기구나 체계에 전달하는 장치를 조종장치라 한다.

② 정보의 제어 유형

이산형 정보 (Discrete Information) 제어	작동/멈춤이나 개폐 등과 같이 운전(Action), 여러 조건 중에서의 선택(Selection), 자료입력(Data Entry) 등의 형태로 분류
연속형 정보 (Continuous Information) 제어	정량적 정보의 조절(Setting), 조정(Adjusting), 위치조정(Positioning), 추적(Tracking)의 형태로 분류

4) 조종장치의 유형

조종장치의 유형에는 손 누름 단추, 발 누름 단추, 토글(똑딱) 스위치, 로터리 선택 스위치, 노브, 크랭크, 휠, 레버, 페달 등이 있다.

손 누름 단추 (Hand Push Button)

발 누름 단추 (Foot Push Button)

토글(똑딱) 스위치 (Toggle Switch)

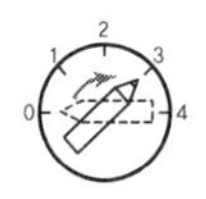
로터리 선택 스위치 (Rotary Selector Switch)

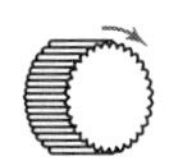
노브(Knob)

크랭크(Crank)

휠(Wheel)

레버(Lever)

페달(Pedal)

5) 조종장치의 종류

① 기계의 통제기(조작기)

통제기능	통제장치
개폐에 의한 통제	동작 자체를 개시하거나 중단하도록 하는 통제장치 ① 푸시버튼 : 손, 발 ② 토글(똑딱) 스위치 ③ 로터리 선택 스위치
양의 조절에 의한 통제	연료량, 전기량, 음량 등의 양을 조절하는 통제장치 ① 노브　③ 휠　⑤ 레버 ② 크랭크　④ 페달
반응에 의한 통제	계기나 신호 또는 감각에 의하여 행하는 통제장치

② 통제기의 특성

연속적인 조절이 필요한 형태	① 노브　③ 핸들　⑤ 페달 ② 크랭크　④ 레버
불연속적인 조절이 필요한 형태	① 푸시버튼 : 손, 발 ② 토글(똑딱) 스위치 ③ 로터리 선택 스위치
안전장치와 통제장치	① 푸시버튼의 오목면 이용 ② 토글(똑딱) 스위치의 커버 설치 ③ 안전장치와 통제장치는 겸하여 설치하는 것이 효율적

6) 조종장치의 식별

① 암호화(코딩)의 개요

㉠ 여러 개의 콘솔이나 기기에 사용되는 조종장치의 손잡이는 운용자가 쉽게 인식하고 조작할 수 있도록 암호화하여야 한다.

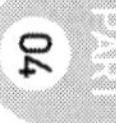

㉡ 가장 자연스러운 암호화 방법은 공통의 조종장치를 각 콘솔이나 조종장치 패널의 같은 장소에 배열하는 것이다.

㉢ 암호화의 목적은 빠르고 신속하게 조종장치를 식별하는 용이성, 즉 판별성을 향상시키기 위해 암호화하며, 표준화하는 것이 필요하다.

② 암호화(코딩)의 종류

㉠ 색채 암호화 : 비상용 조종장치는 적색과 같이 색에 특정한 의미가 부여될 때 효과적인 방법이 된다.

㉡ 형상 암호화

ⓐ 형상 암호화의 주요 용도는 촉감으로 조종장치의 손잡이나 핸들을 식별하는 것이다.

ⓑ 조종장치를 선택할 때는 일반적으로 상호 간에 혼동되지 않도록 하여야 한다.

㉢ 크기 암호화

ⓐ 조종장치를 선택하기 전에 촉감으로 구별하지 못할 때는 조종장치의 크기를 단지 두 종류 혹은 많아야 세 종류만 사용하여야 한다.

ⓑ 크기의 차이를 쉽게 구별할 수 있도록 직경은 1.3cm, 두께는 0.95cm 차이 이상으로 설계한다.

㉣ 촉감 암호화 : 매끄러운 면, 세로 홈(Flute), 깔쭉면(Knurl)의 세 종류로 식별할 수 있다.

㉤ 위치 암호화

ⓐ 깜깜한 방의 전등을 켜기 위해 스위치를 더듬는 것은 위치 암호화에 반응하는 것이다.

ⓑ 토글(똑딱) 스위치(Toggle Switch) : 수평배열보다 수직배열의 정확도가 높다.

ⓒ 정확한 위치 동작을 위한 배열

- 수직배열 : 13cm의 차이
- 수평배열 : 20cm 이상

㉥ 작동방법에 의한 암호화

ⓐ 작동방법에 의해 장치를 암호화하면 각 조종장치는 고유한 작동방법을 갖는다.

ⓑ 하나는 밀고 당기는 것이고 다른 것은 회전식인 경우가 그 예이다.

③ 암호 체계 사용상의 일반적 지침

㉠ 암호의 검출성(Detectability) : 검출이 가능하여야 한다.

㉡ 암호의 변별성(Discriminability) : 다른 암호 표시와 구별될 수 있어야 한다.

㉢ 부호의 양립성(Compatibility) : 자극들 간의, 반응들 간의, 자극－반응 조합의 관계가 인간의 기대와 모순되지 않는 것이다.

㉣ 부호의 의미 : 사용자가 그 뜻을 분명히 알 수 있어야 한다.

㉤ 암호의 표준화(Standardization) : 암호를 표준화하여야 한다.

㉥ 다차원 암호의 사용(Multidimensional) : 2가지 이상의 암호 차원을 조합해서 사용하면 정보전달이 촉진된다.

4 통제표시비

1. 조종-반응 비율

1) 통제표시비의 개념

① 조종-반응 비율(C/R비 : Control-Response Ratio)은 조종-표시장치 이동비율(C/D비 : Control-Display Ratio)을 확장한 개념이다.

② 통제표시비(통제비)를 C/D비라고도 한다.

③ 조종장치의 움직인 거리(회전수)와 표시장치상의 지침이 움직인 거리의 비이다.

2) 공식

① 선형 조종장치가 선형 표시장치를 움직일 때 각각 직선변위의 비(제어표시비)

$$\text{C/D비(C/R비)} = \frac{\text{조종장치(제어기기)의 이동거리}}{\text{표시장치(표시기기)의 반응거리}}$$

••• 예상문제

다음 중 제어장치에서 조정장치의 위치를 1cm 움직였을 때, 표시장치의 지침이 4cm 움직였다면 이 기기의 C/R비는 약 얼마인가?

풀이 $\text{C/R비} = \frac{\text{조종장치의 이동거리}}{\text{표시장치의 반응거리}} = \frac{1}{4} = 0.25$

답 0.25

② 회전운동을 하는 조종장치가 선형 표시장치를 움직일 경우

$$\text{C/D비(C/R비)} = \frac{(a/360) \times 2\pi L}{\text{표시장치의 이동거리}}$$

여기서, L : 반경(지레의 길이)
a : 조종장치가 움직인 각도

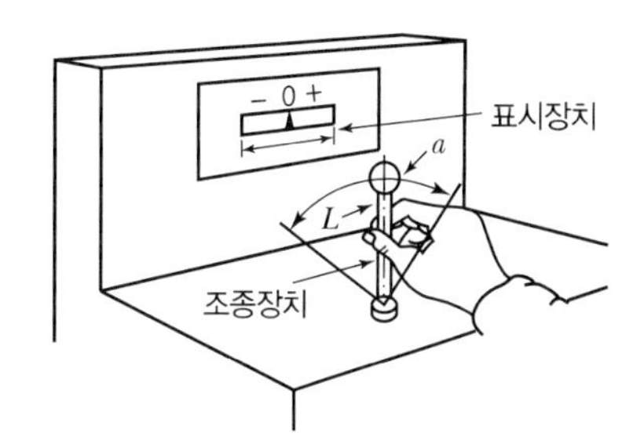

••• 예상문제

반경 7cm의 조종구를 30° 움직일 때 계기판의 표시가 3cm 이동하였다면 이 조종장치의 C/R비는 약 얼마인가?

풀이 $\text{C/R비} = \dfrac{(a/360) \times 2\pi L}{\text{표시장치의 이동거리}} = \dfrac{(30/360) \times 2 \times \pi \times 7}{3} = 1.22$

답 1.22

3) 최적 C/D비

① 최적통제비는 이동시간과 조정시간의 교차점이다.

② C/D비가 작을수록 이동시간은 짧고, 조종은 어려워서 민감한 조정장치이다.

③ C/D비가 클수록 미세한 조종은 쉽지만 수행시간은 상대적으로 길다.

④ 최적통제비(C/D비)는 일반적으로 1.18~2.42이다.

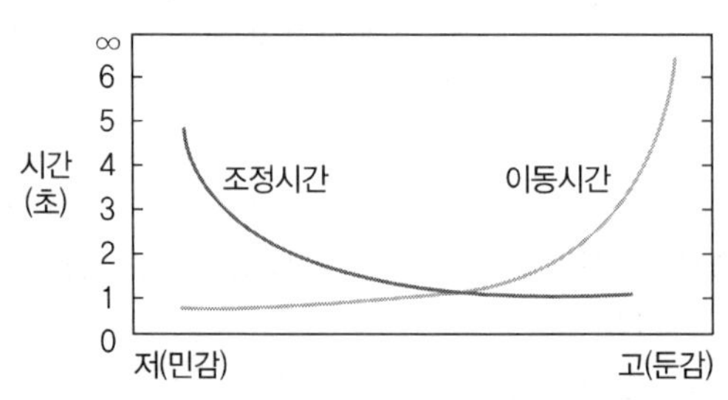

| 이동시간과 조정(조종)시간의 관계(C/R비) |

2. 통제표시비(C/D비)를 설계할 때 고려사항

항목	내용
계측의 크기	계기의 조절시간이 가장 짧게 소요되는 크기를 선택해야 하며 크기가 너무 작으면 오차가 커지므로 상대적으로 고려해야 한다.
공차	짧은 주행시간 내에서 공차의 인정 범위를 초과하지 않는 계기를 마련해야 한다.
목측거리	목측거리가 길면 길수록 조절의 정확도는 낮고 시간이 증가하게 된다.
조작시간	조작시간의 지연은 직업적으로 조종반응비(C/R비)가 가장 크게 작용하고 있다.
방향성	조종장치의 조작방향과 표시장치의 운동방향이 일치하지 않으면 작업자의 동작에 혼란을 초래하고, 조작시간이 오래 걸리며 오차가 커진다.

5 양립성

1. 양립성(Compatibility)의 정의

자극들 간의, 반응들 간의, 자극-반응 조합의 관계가 인간의 기대와 모순되지 않는 것이다.(인간이 기대하는 바와 자극 또는 반응들이 일치하는 관계)

2. 종류

공간(Spatial) 양립성	① 물리적 형태나 공간적인 배치가 사용자의 기대와 일치하는 것 ② 표시장치와 이에 대응하는 조종장치 간의 위치 또는 배열이 인간의 기대와 모순되지 않아야 한다. 예 가스버너에서 오른쪽 조리대는 오른쪽 조절장치로, 왼쪽 조리대는 왼쪽 조절장치로 조정하도록 배치한다.
운동(Movement) 양립성	조작장치의 방향과 표시장치의 움직이는 방향이 사용자의 기대와 일치하는 것 예 자동차를 운전하는 과정에서 우측으로 회전하기 위하여 핸들을 우측으로 돌린다.
개념(Conceptual) 양립성	사람들이 가지고 있는(이미 사람들이 학습을 통해 알고 있는) 개념적 연상에 관한 기대와 일치하는 것 예 냉온수기에서 빨간색은 온수, 파란색은 냉수를 뜻한다.
양식(Modality) 양립성	① 직무에 알맞은 자극과 응답의 양식의 존재에 대한 양립성 ② 음성과업에 대해서는 청각적 자극 제시와 이에 대한 음성 응답 등에 해당 ③ 기계가 특정 음성에 대해 정해진 반응을 하는 경우에 해당 ④ 소리로 제시된 정보는 말로 반응케 하는 것이, 시각적으로 제시된 정보는 손으로 반응하는 것이 양립성이 높다.

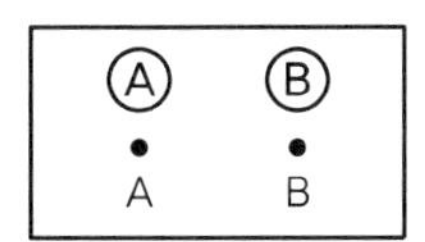

| 공간 양립성 |

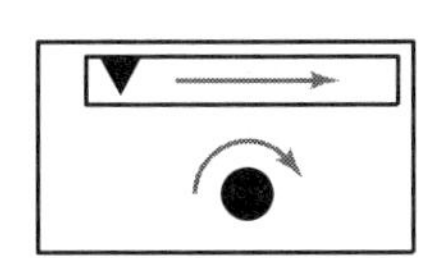
| 운동 양립성 |

| 개념 양립성 |

6 수공구

1. 개요

① 부적절하게 설계된 수공구는 사고와 부상을 포함한 여러 가지 바람직하지 못한 결과를 초래한다.
② **부상을 가장 많이 유발하는 수공구** : 칼, 렌치(Wrench), 망치

2. 수공구(手工具) 설계원칙

① 손잡이의 길이는 95%tile(백분위수)의 남성의 손 폭을 기준으로 한다. 최소 11cm가 되어야 하며, 장갑 사용 시 최소 12.5cm가 되어야 한다.
② 손바닥 부위에 압박을 주는 손잡이의 형태는 피할 것(손잡이의 단면이 원형을 이루어야 한다.)

③ 손잡이의 직경은 사용 용도에 따라 구분
㉠ 힘을 요하는 작업도구일 경우 : 2.5~4cm
㉡ 정밀을 요하는 작업의 경우 : 0.75~1.5cm

④ 플라이어 형태의 손잡이는 스프링 장치 등을 이용하여 자동으로 손잡이가 열리도록 설계할 것
⑤ 양손잡이를 모두 고려한 설계를 할 것

⑥ 손잡이의 재질은 미끄러지지 않고, 비전도성, 열과 땀에 강한 소재로 선택할 것
⑦ 손목을 꺾지 말고 손잡이를 꺾어라.(손목은 곧게 유지되도록 설계한다.)
⑧ 가능한 한 수동공구가 아닌 동력공구를 사용할 것
⑨ 동력공구의 손잡이는 최소 두 손가락 이상으로 작동하도록 설계할 것
⑩ 최대한 공구의 무게를 줄이고 사용 시 무게의 균형이 유지되도록 설계할 것
⑪ 반복적인 손가락 동작을 피한다.
⑫ 가능한 한 손잡이의 접촉면을 넓게 한다.
⑬ 손과 사용 용도에 적합한 그립(Grip)을 사용할 것

파워 그립 (Power Grip)	① 큰 힘을 발휘하는 작업의 손잡이에 사용 ② 다섯 손가락을 모두 고정하고 사용 ③ 일반적으로 전동드릴, 자동차 핸들 등이 해당되며 손잡이의 직경은 약 35~50mm 정도에 해당
정밀 그립 (Precision Grip)	① 정확성 및 정밀성이 요구되는 작업의 손잡이에 사용 ② 2~3개의 손가락을 사용 ③ 일반적으로 사용되는 힘의 크기는 Power Grip의 약 20%이며 칫솔, 면도기, 연필 등 용도에 따라 직경은 다양함
반파워 그립 (Semipower Grip)	① 네 손가락으로 고정하여 사용하는 손잡이에 사용 ② 사용되는 힘의 크기는 Power Grip의 2/3 정도 ③ 골프채, 테니스채 등의 손잡이가 이에 해당

SECTION 02 신체활동의 생리학적 측정법

1 신체반응의 측정

1. 생리적 부담의 척도

작업이 인체에 끼치는 생리적 부담은 흔히 맥박수와 산소 소비량으로 측정한다.

1) 심장활동의 측정

① **수축기(Systole)** : 심실이 수축하는 기간(약 0.3초 지속)
② **확장기(Diastole)** : 심실이 이완되는 기간(약 0.5초 지속)
③ **심장주기(Cardiac Cycle)** : 약 0.8초간 지속, 1분에는 약 70주기가 반복된다. 이것이 심박수이다.
④ **맥박수** : 열 및 감정적 압박의 영향을 잘 나타내나, 체질, 건강상태, 성별 등 개인적인 요소에도 좌우(여러 종류의 작업 부하를 나타내는 절대지표로는 산소 소비량보다 덜 적합함)

2) 산소 소비량의 측정

① 측정방법

㉠ 더글라스 백(Douglas Bag)을 사용하여 배기를 수집

㉡ 낭에서 배기의 표본을 취하여 성분을 분석

㉢ 나머지 배기는 가스 미터(Gas Meter)를 통과시켜 부피 측정

② 산소 소비량의 측정 원리

성분	산소(O_2)	이산화탄소(CO_2)	질소(N_2)
흡기(%)	21%	0%	79%
배기(%)	O_2%	CO_2%	$N_2\% = 100 - O_2\% - CO_2\%$

㉠ 공기 중에는 산소가 21%, 질소가 79%를 차지하지만 호흡을 거쳐 나온 배기량에는 산소(O_2)가 소비되고 에너지가 발생되면서 이산화탄소(CO_2)가 포함된다.

㉡ 공기 중의 질소(N_2)는 호흡에 의해 체내에서 대사하지 않고 그대로 배출되므로 흡기 질소(N_2)량과 배기 질소(N_2)량은 같다.

③ 공식

흡기부피를 V_1, 배기부피(분당배기량)를 V_2라 하면

$79\% \times V_1 = N_2\% \times V_2$

$$V_1 = \frac{(100 - O_2\% - CO_2\%)}{79} \times V_2$$

산소 소비량 $= (21\% \times V_1) - (O_2\% \times V_2)$

에너지가(價)(kcal/min) = 분당 산소 소비량(l) × 5kcal

※ 1 liter의 산소 소비 = 5kcal

··· 예상문제

어떤 작업을 수행하는 작업자의 배기량을 5분간 측정하였더니 100L이었다. 가스 미터를 이용하여 배기 성분을 조사한 결과 산소가 20%, 이산화탄소가 3%이었다. 이때 작업자의 분당 산소 소비량(A)과 분당 에너지 소비량(B)은 약 얼마인가?(단, 흡기 공기 중 산소는 21vol%, 질소는 79vol%를 차지하고 있다.)

풀이

① 분당 배기량(V_2) $= \frac{100}{5} = 20[l/\text{min}]$

② 흡기부피(V_1) $= \frac{(100 - 20 - 3)}{79} \times 20 = 19.494[l/\text{min}]$

③ 산소 소비량 $= (21\% \times V_1) - (O_2\% \times V_2) = (0.21 \times 19.494) - (0.2 \times 20) = 0.093[l/\text{min}]$

④ 에너지가 = 분당 산소 소비량 × 5kcal = 0.093 × 5 = 0.46[kcal/min]

답 A : 0.093[l/min], B : 0.46[kcal/min]

2. 국소적 근육활동의 척도

① 국소적인 근육활동의 척도에 근전도(EMG ; Electromyogram)가 있으며, 이는 근육 활동 전위차를 기록한 것을 말한다.

② 근전도 응용의 예로는 국소 근육 피로 예측과 골프 선수의 여러 근육 작동 개시 시간차 분석 등을 들 수 있다.

3. 정신활동의 척도

1) 정신부하의 개념

임무에 의해 개인에 부과되는 하나의 측정 가능한 정보처리 요구량을 말하며, 한 사람이 사용할 수 있는 인적 능력과 작업에서 요구하는 능력의 차이라고도 볼 수 있다.

2) 정신부하의 측정방법

주작업 측정	이용 가능한 시간에 대해서 실제로 이용한 시간을 비율로 정한 방법
부수작업 측정	주작업 수행도에 직접 관련이 없는 부수작업을 이용하여 여유능력을 측정하고자 하는 것
생리적 측정	주로 단일 감각기관에 의존하는 경우 작업에 대한 정신부하를 측정할 때 이용되는 방법으로 부정맥, 점멸 융합 주파수, 피부 전기반사, 눈 깜박거림, 뇌파 등이 정신 작업부하 평가에 이용된다.
주관적 측정	측정 시 주관적인 상태를 표시하는 등급을 쉽게 조정할 수 있다.

3) 점멸 융합 주파수(Flicker Fusion Frequency)

① 시각 또는 청각적 자극이 단속적 점멸이 아니고 연속적으로 느껴지게 되는 주파수

② 중추 신경계의 피로, 즉 정신피로의 척도로 사용

③ 정신적으로 피곤한 경우 주파수 값이 내려감

④ 잘 때나 멍하게 있을 때는 낮아지고 마음이 긴장되었을 때나 머리가 맑을 때 높아짐

⑤ 시각적 점멸 융합 주파수(VFF ; Visual Fusion Frequency)에 영향을 주는 변수

㉠ 조명강도의 대수치에 선형적으로 비례한다.

㉡ 표적과 주변의 휘도가 같을 때에 최대로 된다.

㉢ 휘도만 같으면 색은 영향을 주지 않는다.

㉣ 암조응 시에는 감소한다.

㉤ 사람들 간에는 큰 차이가 있으나, 개인의 경우 일관성이 있다.

㉥ 연습의 효과는 아주 적다.

2 신체역학

1. 골격의 구조

1) 구성

인체의 골격계	전신의 뼈(Bone), 연골(Cartilage), 관절(Joint), 인대(Ligament)
뼈의 구성	골질(Bone Substance), 연골막(Catilage Substance), 골막(Periosteum), 골수(Bone Marrow)

2) 골격의 주요 기능(크고 작은 206개의 뼈로 구성)

① 지지(Support) : 신체를 지지하고 형상을 유지하는 역할

② 보호(Protection) : 주요한 부분(생명기관)을 보호하는 역할

③ 근부착(Muscle Attachment) : 골격근이 수축할 때 지렛대 역할을 하여 신체활동(인체운동)을 수행하는 역할

④ 조혈(Blood Cell Production) : 골수에서 혈구를 생산하는 조혈작용

⑤ 무기질 저장(Mineral Storage) : 칼슘, 인산의 중요한 저장고가 되며 나트륨과 마그네슘 이온의 작은 저장고 역할

2. 신체부위의 운동

1) 기본적인 동작

동작	내용
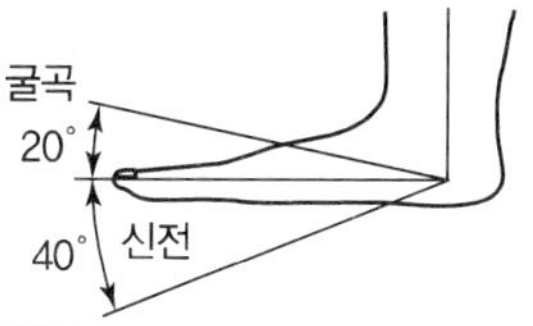 굴곡 20° 40° 신전	① 굴곡(Flexion) : 관절에서의(부위 간) 각도가 감소하는 동작 ② 신전(Extension) : 관절에서의(부위 간) 각도가 증가하는 동작
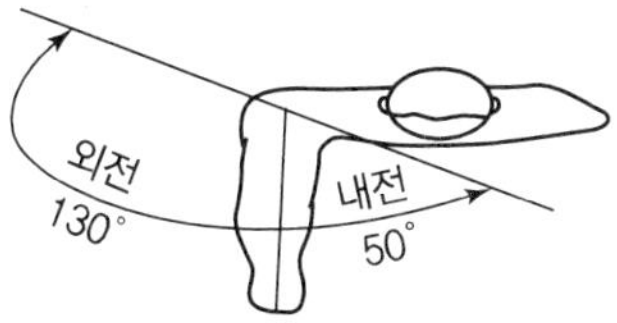 외전 130° 내전 50°	① 내전(內轉, Adduction) : 몸(신체)의 중심선으로 향하는 이동 동작 ② 외전(外轉, Abduction) : 몸(신체)의 중심선으로부터 멀어지는 이동 동작
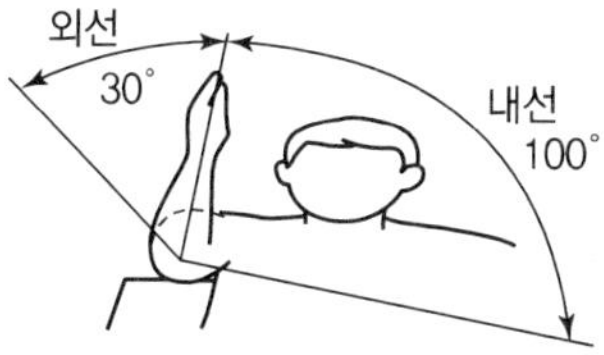 외선 30° 내선 100°	① 내선(內旋, Medial Rotation) : 몸(신체)의 중심선으로 향하는 회전 동작 ② 외선(外旋, Lateral Rotation) : 몸(신체)의 중심선으로부터 회전 동작
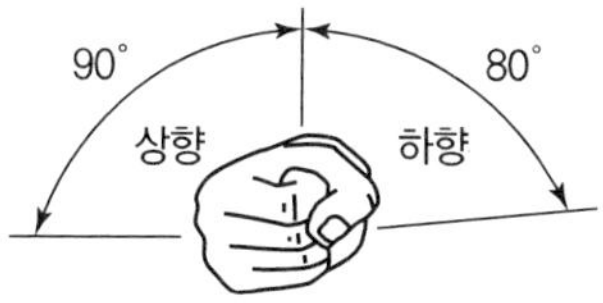 90° 80° 상향 하향	① 하향(Pronation) : 몸(신체) 또는 손바닥을 아래로 향하는 회전 ② 상향(Supination) : 몸(신체) 또는 손바닥을 위로 향하는 회전

3. 힘과 염력

① 부하염력은 골격근에 의한 반염력에 의해 균형된다.

② 물체의 정적 평형상태는 힘의 평형과 모멘트의 평형이 충족될 때 유지된다.

③ **부하염력** : 물체를 이동 또는 회전동작을 시키려 할 때에 필요로 하는 힘

$$부하염력(T) = F(물체의\ 무게) \times d(관절까지의\ 거리) \times \sin\theta$$
$$F(물체의\ 무게) \times d(관절까지의\ 거리) \times \cos\theta$$

여기서, F : 물체의 무게, d : 관절까지의 거리
$\sin\theta$: ($0° \le \theta \le 90°$), $\cos\theta$: ($90° < \theta \le 180°$)

④ **이두박근에 작용하는 모멘트(M)** : 무게를 지탱하여 균형을 유지하기 위해서 관절에 반시계 방향의 반염력이 유지되어야 한다.

$$모멘트(M) = \frac{부하염력(T)}{팔관절에서\ 이두근까지의\ 거리}$$

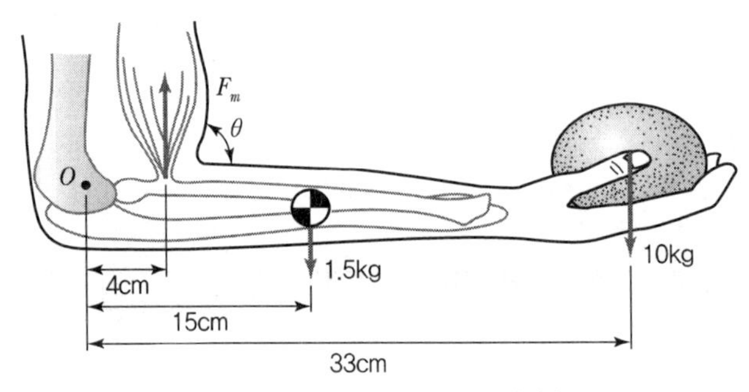

| 팔꿈치 관절에 걸리는 부하염력 |

4. 마찰

1) 접촉력(Contact)

책상 위에 나무토막이 놓여 있을 경우, 토막의 중량 : W, 위 방향의 힘 F_c

$$접촉력(수직력)\ F_c = -W$$

2) 마찰력(Friction) : 외부에서 가해지는 힘에 저항하는 힘

① 책상 위에 놓여 있는 나무토막에 책상 면과 평행한 작은 힘 F_a을 가했을 때 그 힘이 작다면 토막은 움직이지 않을 것이다. 따라서 토막에 작용하는 다른 힘 F_f가 있어야 한다.

② 접촉력은 항상 표면에 수직하지만, 마찰력은 항상 표면에 평행하게 작용한다.

③ 마찰력은 접촉면의 크기에는 무관하다.

$$F_f = -F_a$$

5. 근력(Strength) 및 지구력(Endurance)

1) 근력

① 한 번의 자의적인 노력에 의해서 등척적(Isometric)으로 낼 수 있는 최대의 힘으로 정적 조건에서 힘을 낼 수 있는 근육의 능력

② **동적 상태** : 신체부위를 움직여 물체를 이동시킬 때의 근력을 등속력이라 한다.

③ **정적 상태** : 신체부위를 움직이지 않고 고정물체에 힘을 가하는 경우의 근력을 등척력이라 한다.

2) 지구력

① 근육을 사용하여 특정한 힘을 유지할 수 있는 능력

② 최대근력으로 유지할 수 있는 것은 몇 초이며, 최대근력의 50% 힘으로는 약 1분간 유지할 수 있다.

③ 인간은 자기의 최대근력을 잠시 동안만 낼 수 있으며 근력의 15% 이하의 힘은 상당히 오래 유지할 수 있다.

3) 근력에 영향을 미치는 요인(인자)

근력은 개인에 따라 상당히 다양한데 인체치수, 육체적 훈련, 동기, 성별, 연령 등 여러 가지 개인적 인자가 근력에 영향을 미친다.

6. 완력

① 밀고 당기는 힘의 측정

② 미는(Push) 힘은 팔을 앞으로 뻗었을 때, 즉 180°일 때 최대

③ 당기는(Pull) 힘은 150°에서 최대

④ 왼손은 오른손보다 10% 정도 적다.

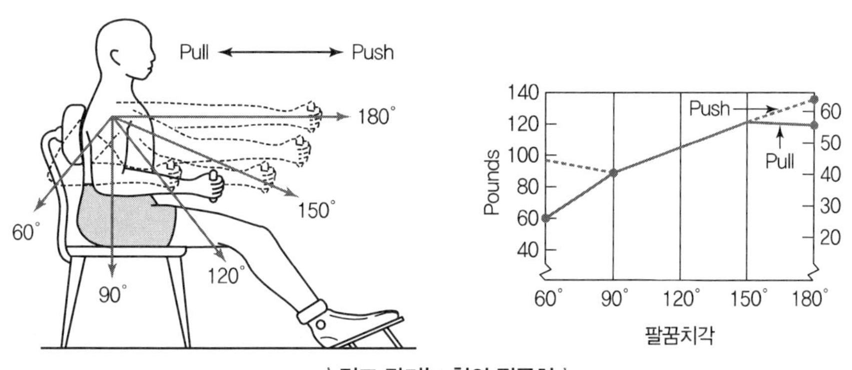

| 밀고 당기는 힘의 평균치 |

3 신체활동의 에너지 소비

1. 근육의 대사

1) 신진대사(Metabolism)

① 음식물을 기계적인 일과 열로 전환하는 집합적인 화학적 과정이다.

② 기계적인 일은 내부적으로 호흡과 소화에 사용되고 외부적으로는 걷거나 육체적인 일 등에 사용되며, 이때 발생하는 열은 외부로 발산된다.

2) 젖산의 축적 및 근육의 피로

① 젖산의 축적

㉠ 신체활동의 초기, 즉 활동을 시작할 때에는 이미 근육 내에 있는 당원(糖原)을 사용하지만, 그 양이 얼마되지 않으므로, 활동을 계속할 때에는 혈액으로부터 영양분과 산소를 공급받아야 한다.

㉡ 산소공급이 충분할 때에는 젖산은 축적되지 않지만, 평상시의 혈액순환으로 공급되는 산소 이상을 필요로 하는 때에는 호흡수와 맥박수를 증가시켜 산소 소요를 충족시킨다.

㉢ 신체활동 수준이 너무 높아 근육에 공급되는 산소량이 부족한 경우에는 혈액 중에 젖산이 축적된다.

② 근육의 피로 : 신체활동의 수준이나 지속 시간이 젖산을 누적시키게 되면, 근육의 피로를 유발하게 된다.

3) 산소 빚(Oxygen Debt)

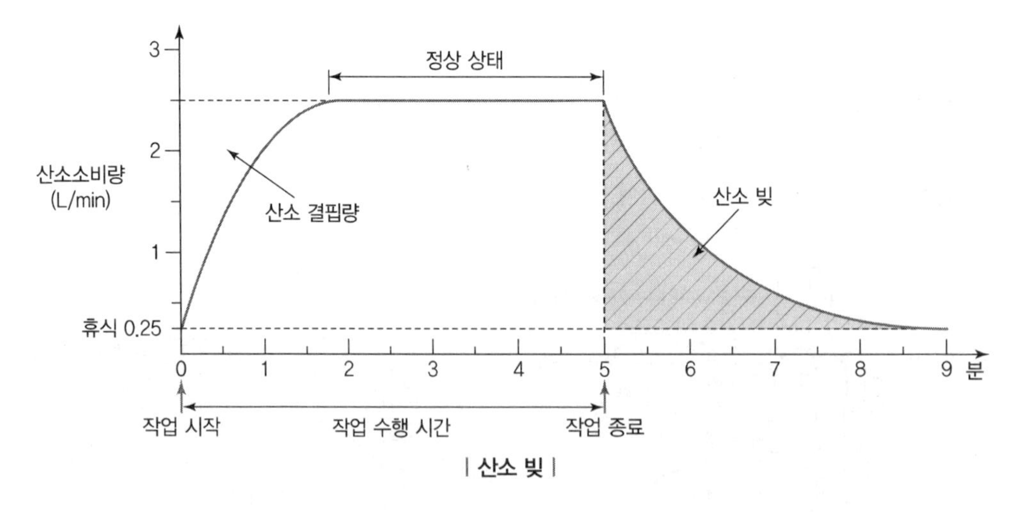

| 산소 빚 |

① 신체활동 수준이 너무 높아, 근육에 공급되는 산소량이 부족한 경우에는 혈액 중에 젖산이 축적된다. 만일 젖산의 제거 속도가 생성 속도에 못 미치면, 활동이 끝난 후에도 남아 있는 젖산을 제거하기 위해서 산소가 더 필요하며, 이를 산소 빚이라 한다.

② 그 결과 산소 빚을 갚기 위해 맥박과 호흡수도 작업개시 이전 수준(휴식 상태의 수준)으로 즉시 돌아오지 않고 서서히 감소한다.

4) 정상상태(Steady State)

신체활동의 강도가 높지 않으면 산소를 사용하는 대사과정이 모든 에너지 요구량을 충족시켜 줄 만큼 충분한 에너지를 생산해 내는 정상상태에 도달하게 된다.

2. 육체활동에 따른 에너지 소비량

① **여러 종류의 신체활동에 따른 에너지 소비량** : 수면 1.3kcal/분, 앉은 자세 1.6kcal/분, 선 자세 2.25kcal/분, 평지 걷기 2.1kcal/분 등

② 걷기, 뛰기와 같은 신체적 운동에서는 동작속도가 증가하면 에너지 소비량은 더 빨리 증가한다.

③ 신체활동에 따른 에너지 소비량에는 개인차가 있지만 몇몇 특정작업에 대한 추산치는 다음과 같다.

| 신체활동에 따른 에너지 소비량(kcal/분) |

3. 작업 효율

$$효율(\%) = \frac{한\ 일}{에너지\ 소비} \times 100$$

① 최적의 조건하에서 인간의 신체적 노력은 약 30% 정도의 효율을 낳는다.(나머지 약 70%는 열로 변함)

② 낭비되는 에너지에는(물건을 잡거나 유지하는 등과 같은) 정적 노력, 구부리거나 부자연스러운 자세에 기인하는 경우와 비효율적인 장비나 방법에 기인하는 경우도 있다.

③ **신발을 신은 사람의 가장 효율적인 보행 속도** : 약 65m/분

4. 에너지 소비량의 관리

1) 노동급에 따른 에너지가

① 보통 사람이 하루 동안 낼 수 있는 에너지 : 약 4,300kcal/day

② 기초 대사와 여가에 필요한 에너지 : 2,300kcal/day

③ 작업 시 소비에너지 : (4,300－2,300)＝2,000kcal/day

④ 1일 작업시간 : 8시간(480분)

⑤ 작업에 대한 평균 에너지값 : 2,000kcal/day÷480분＝약 4kcal/분(기초 대사를 포함한 작업에 대한 평균 에너지 상한값은 약 5kcal/분이다.)

2) 휴식시간

① 작업의 성질과 강도에 따라서 휴식시간이나 횟수가 결정되어야 한다.

② 공식

$$R = \frac{60(E-4)}{E-1.5}$$

여기서, R : 휴식시간(분)
E : 작업 시 평균 에너지 소비량(kcal/분)
60 : 총 작업시간(분)
1.5kcal/분 : 휴식시간 중 에너지 소비량

••• 예상문제

건강한 남성이 8시간 동안 특정 작업을 실시하고, 산소 소비량이 1.2L/분으로 나타났다면 8시간 총 작업시간에 포함되어야 할 최소 휴식 시간은?(단, 남성의 권장 평균 에너지 소비량은 5kcal/분, 안정 시 에너지 소비량은 1.5kcal/분으로 가정한다.)

풀이 ① 1(L/분)당 평균 에너지 소비량은 5kcal이다.
② 작업 시 평균 에너지 소비량 : 1.2L/분×5kcal＝6kcal/분이 된다.
③ 총 작업시간＝8시간×60분＝480분
④ $R = \frac{60(E-5)}{E-1.5} = \frac{480(6-5)}{6-1.5} = 106.67$[분]

답 106.67[분]

5. 에너지 소모량 산출

1) 기초 대사량(BMR ; Basal Metabolic Rate)

① 생명을 유지하기 위한 최소한의 에너지 대사량(에너지 소비량)을 의미한다.

② 성, 연령, 체중은 개인의 기초 대사량에 영향을 주는 중요한 요인이며, 일반적으로 신체가 크고 젊은 남성의 기초 대사량이 크다.

③ 성인의 경우 보통 1,500～1,800kcal/일, 기초대사와 여가에 필요한 대사량은 2,300kcal/일, 작업 시 정상적인 에너지 소비량은 2,300kcal/일이다.

2) 에너지 대사율(RMR ; Relative Metabolic Rate)

① 작업의 강도는 인체의 에너지 대사율로서 측정될 수 있다.

② 에너지 대사율은 작업의 강도를 측정하는 방법으로 휴식시간과 밀접한 관련이 있다.

③ 에너지 대사율이 높을수록 힘든 작업이므로 작업강도에 따른 적정한 휴식시간의 증가가 필요하다.

④ 공식

$$\text{RMR} = \frac{\text{작업 시 소비에너지} - \text{안정 시 소비에너지}}{\text{기초대사량}} = \frac{\text{작업대사량}}{\text{기초대사량}}$$

⑤ 산출방법

㉠ 작업 시 소비에너지＝작업 중에 소비한 산소의 소비량으로 측정

㉡ 안정 시 소비에너지＝의자에 앉아서 호흡하는 동안 소비한 산소의 소모량

㉢ 기초대사량＝체표면적 산출식과 기초대사량 표에 의해 산출

$$\text{기초대사량} = A \times \chi$$

$A = H^{0.725} \times W^{0.425} \times 72.46$

여기서, A : 몸의 표면적(cm^2)

H : 신장(cm)

W : 체중(kg)

χ : 체표면적당 시간당 소비에너지

3) RMR에 의한 작업강도단계

0～2RMR	경(輕)작업	사무작업, 감시작업, 정밀작업 등
2～4RMR	중(中)작업(보통)	손이나 발작업 동작, 속도가 적은 것
4～7RMR	중(重)작업(무거운)	일반적인 전신작업
7RMR 이상	초중(超重)작업(무거운)	과격한 작업(중노동)에 해당하는 전신작업

4 동작의 속도와 정확성

1. 반응시간

어떤 외부로부터의 자극이 눈이나 귀를 통해 입력되어 뇌에 전달되고, 판단을 한 후 뇌의 명령이 신체부위에 전달될 때까지의 시간(자극이 있은 후 동작을 개시할 때까지의 총 시간)

1) 단순반응 및 선택반응

① 단순반응시간(Simple Reaction Time)

㉠ 하나의 특정한 자극만이 발생할 수 있을 때 반응에 걸리는 시간(0.15~0.2초)

㉡ 단순반응시간에 영향을 미치는 변수 : 강도, 지속시간, 크기, 공간주파수, 신호의 대비 또는 예상, 자극의 특성, 연령, 개인차 등에 따라서 약간의 차이가 발생

② 선택반응시간(Choice Reaction Time)

㉠ 여러 개의 자극을 제시하고 각각에 대해 인간이 반응하는 데 소요되는 반응시간

㉡ 별도의 반응을 요하는 가능한 자극의 수가 여러 개일 때 정확한 반응을 결정해야 하는 중앙처리시간 때문에 반응시간은 길어진다.

㉢ bit로 표시한 정보량에 선형적으로 비례한다.

대안 수	1	2	3	4	5	6	7	8	9	10
반응시간(초)	0.20	0.35	0.40	0.45	0.50	0.55	0.60	0.60	0.65	0.65

㉣ 선택반응시간에 영향을 미치는 인자 : 자극의 발생 가능성, 자극과 응답의 양립성, 연습, 경고, 동작유형, 자극의 수 등

2) 예상(Expectancy)

① 단순반응 및 선택반응시간은 자극을 예상하는 경우의 실험실 자료이다.

② 자극이 가끔 일어나거나, 예상하고 있지 않을 때에는 반응시간이 약 0.1초 정도 증가한다.

3) 동작시간(Movement Time)

① 동작을 실제로 실행하는 데 걸리는 시간으로 동작의 종류와 거리에 따라 다르다.

② 조종활동에서의 최소치는 약 0.3초이다.

③ 총 반응시간(응답시간)=반응시간(0.2초)+동작시간(0.3초)=0.5초

4) 감각기관별 반응시간

청각	촉각	시각	미각	통각
0.17초	0.18초	0.20초	0.29초	0.70초

5) 힉－하이만(Hick－Hyman) 법칙

① 반응시간과 자극－반응 대안 간의 관계를 나타내는 법칙을 말한다.

② 인간의 반응시간(RT ; Reaction Time)은 자극정보의 양에 비례한다.

③ 자극－반응 대안들의 수(N)가 증가하면 반응시간(RT)이 대수적으로 증가한다.

④ 공식

$$\text{반응시간(RT)} = a + b\log_2 N$$

여기서, N : 자극정보의 수, a, b : 동작유형에 관계된 실험상수

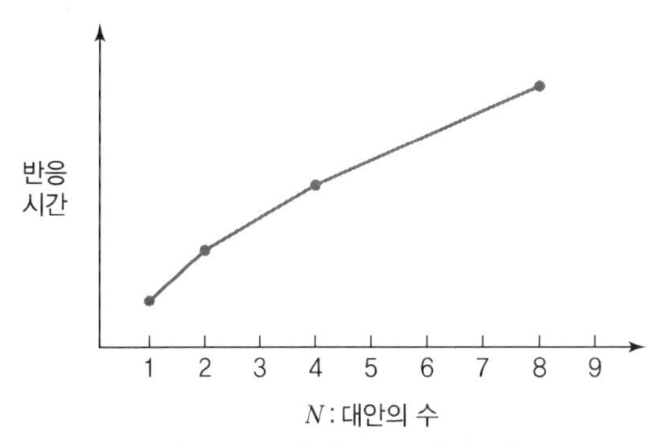

| 반응시간에 대한 힉-하이만의 법칙 |

2. 위치 동작

위치 동작은 손을 뻗어 어떤 것을 잡거나, 어떤 물건을 다른 위치로 옮기는 동작이며, 신체부위의 이동 동작이다.

1) 이동거리와 총 반응시간

① 위치 동작을 함에 있어, 반응시간은 이동거리와 관계없이 일정하다.

② 동작시간은 거리의 함수이기는 하나, 비례하지는 않는다.

2) 위치 동작의 방향

① 위치 동작을 할 때에 사용되는 특정한 신체부위와 근육들의 신체 역학적 기능으로 인해 위치 동작의 시간과 정확도는 그 방향에 따라 다르다.

② 주로 팔꿈치의 선회로만 팔 동작을 할 때가 위팔과 어깨를 많이 움직일 때보다 빠르고 정확하다.

3) 맹목(Blind) 위치 동작

① 동작을 보면서 통제할 수 없을 때는 근육 운동 지각으로부터의 궤환 정보에 의존한다.

② **눈으로 보지 않으며 손을 뻗어 잡아야 하는 조종 장치나 기계 장치를 배치할 때** : 정면에 가깝고 또 어깨보다 낮은 수준에 놓도록 하는 것이 바람직하다.

4) 사정효과(Range Effect)

① 눈으로 보지 않고 손을 수평면 위에서 움직이는 경우에 짧은 거리는 지나치고, 긴 거리는 못 미치는 경향을 말한다.

② 조작자가 작은 오차에는 과잉반응, 큰 오차에는 과소반응을 한다.

3. 연속 동작

연속 동작은 동작 중에 근육을 통제해야 하는 동작을 말한다.

연속 종착 동작	동작의 종점은 있으나 동작 중에 계속 근육을 통제해야 하는 동작(조각, 바늘에 실을 꿰는 동작 등)
연속 제어 동작	추적임무와 같은 연속적으로 변하는 입력신호에 따라 반응하는 동작

4. 정적 반응

① 정적으로 반응할 때에는 신체나 부위의 평형을 유지하기 위해서 몇 개의 근육들이 반대방향으로 작용한다.

② 균형 유지를 위해 필요한 장력을 내기 위해서 근육은 수축 상태를 지속해야 한다.

③ 정적인 자세를 유지하는 것이 움직일 수 있는 자세보다 더 힘들다.

④ 정적인 자세에서 벗어나는 것은 진전(잔잔한 떨림)과 원자세로부터 크게 움직이기(Drifting) 때문이다.

⑤ **정적 자세를 유지할 때의 진전(Tremor)**

㉠ 진전은 예를 들어 납땜질에서 전극을 잡고 있을 때와 같이 신체부위를 정확하게 한 자리에 유지하여야 하는 작업활동에서 중요하다.

㉡ 사람이 떨지 않으려고 노력하면 할수록 더 심해진다.

⑥ **진전을 감소시킬 수 있는 방법**

㉠ 시각적 참조(Reference)

㉡ 몸과 작업에 관계되는 부위를 잘 받친다.

㉢ 손이 심장 높이에 있을 때 손떨림 현상이 적다.

㉣ 작업 대상물에 기계적인 마찰(Friction)이 있을 경우

5. 피츠(Fitts)의 법칙

① 인간의 손이나 발을 이동시켜 조작장치를 조작하는 데 걸리는 시간을 표적까지의 거리와 표적 크기의 함수로 나타내는 모형

② 인간의 행동에 대해 속도와 정확성 간의 관계를 설명하는 기본적인 법칙을 나타낸다.

③ **공식**

$$T = a + b\log_2\left(\frac{D}{W} + 1\right)$$

여기서, T : 동작을 완수하는 데 필요한 평균시간(선택하는 데 걸리는 시간)
a, b : 작업 난이도에 대한 실험 상수(데이터를 측정하기 위해 직선을 측정하여 얻어진 실험치)
D : 대상물체의 중심으로부터 측정한 거리
W : 움직이는 방향을 축으로 하였을 때 측정되는 목표물의 폭(표적의 너비)

④ 목표물의 크기가 작아질수록 속도와 정확도가 나빠지고 목표물과의 거리가 멀어질수록 필요한 시간이 더 길어진다.

SECTION 03 작업공간 및 작업자세

1 부품배치의 원칙

부품의 위치 결정	중요성의 원칙	체계의 목표달성에 긴요한 정도에 따른 우선순위를 설정
	사용빈도의 원칙	부품이 사용되는 빈도에 따른 우선순위 설정
부품의 배치 결정	기능별 배치의 원칙	기능적으로 관련된 부품들을 모아서 배치
	사용 순서의 원칙	순서적으로 사용되는 장치들을 가까이에 순서적으로 배치

2 개별 작업공간 설계지침

1. 작업공간

1) 앉은 사람의 작업공간

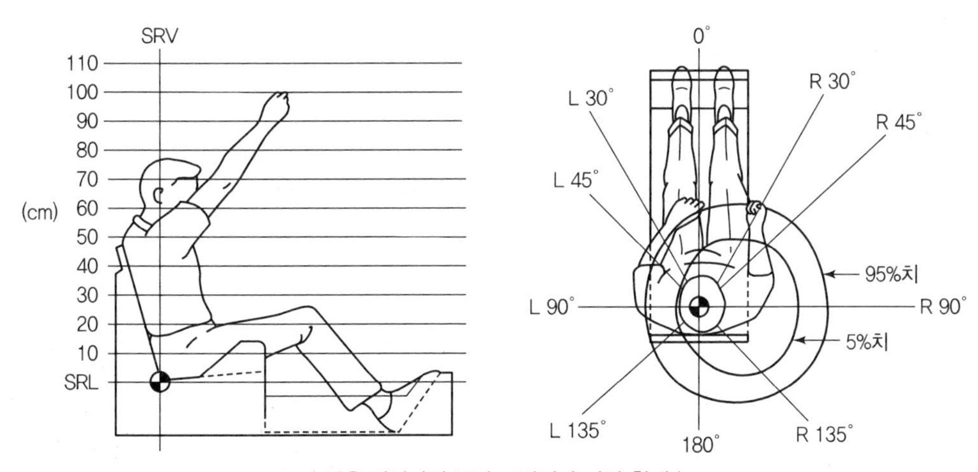

| 앉은 작업자의 공간 포락면과 파악 한계 |

① 작업공간 포락면(Work – Space Envelope) : 한 장소에 앉아서 수행하는 작업활동에서, 사람이 작업하는 데 사용하는 공간

② 파악 한계(Grasping Reach) : 앉은 작업자가 특정한 수작업 기능을 편히 수행할 수 있는 공간의 외곽 한계

2) 선 사람의 작업공간

팔의 움직임에 따라 무게 중심이 변하기 때문에 팔을 앞으로 뻗을 수 있는 길이가 제한

3) 자세에 따른 작업 범위

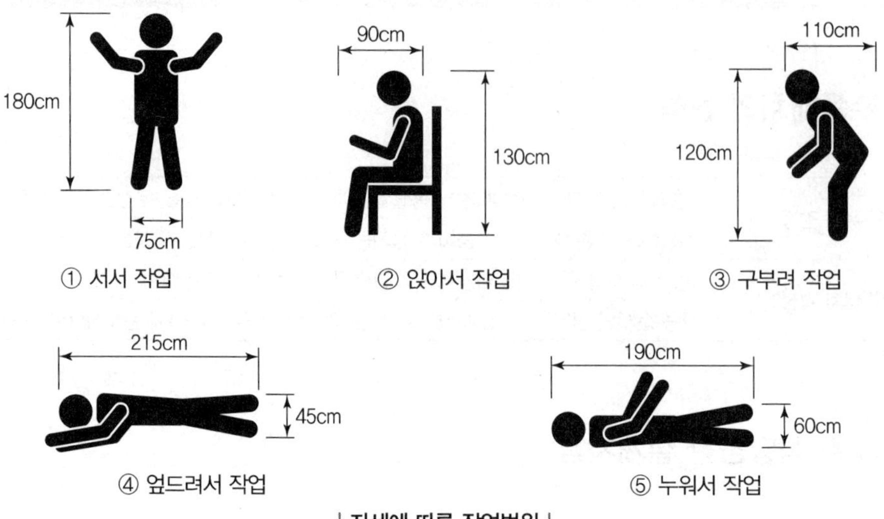

| 자세에 따른 작업범위 |

2. 작업대(Work Surface)

1) 수평 작업대

정상 작업역(표준영역)	위팔(상완)을 자연스럽게 수직으로 늘어뜨린 채, 아래팔(전완)만으로 편하게 뻗어 파악할 수 있는 구역
최대 작업역(최대영역)	아래팔(전완)과 위팔(상완)을 곧게 펴서 파악할 수 있는 구역

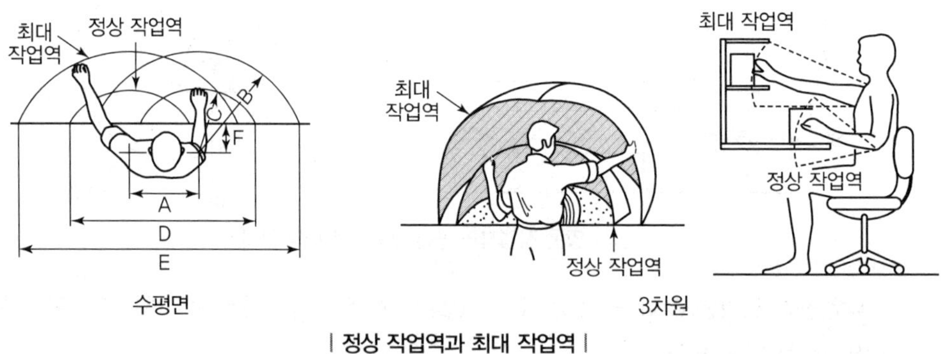

| 정상 작업역과 최대 작업역 |

2) 작업대 높이

① **최적높이 설계지침** : 작업면의 높이는 위팔이 자연스럽게 수직으로 늘어뜨려지고 아래팔은 수평 또는 약간 아래로 비스듬하여 작업면과 편안한 관계를 유지할 수 있는 수준

② **착석식 작업대 높이**

㉠ 섬세한 작업(미세 부품 조립)일수록 높아야 하며 거친 작업에는 약간 낮은 편이 유리

㉡ 작업대 높이 설계 시 고려사항으로는 의자의 높이, 작업대 두께, 대퇴 여유 등

㉢ 의자 높이, 작업대 높이, 발걸이 등을 조절할 수 있도록 설계하는 것이 바람직
㉣ 작업면 하부 여유공간이 가장 큰 사람의 대퇴부가 자유롭게 움직일 수 있도록 설계

③ 입식 작업대 높이
㉠ 경(輕)조립 또는 이와 비슷한 조작작업 : 팔꿈치 높이보다 5~10cm 정도 낮게
㉡ 아래로 많은 힘을 필요로 하는 중작업(무거운 물건을 다루는 작업) : 팔꿈치 높이를 10~30cm정도 낮게
㉢ 전자 조립과 같은 정밀작업(높은 정밀도를 요구하는 작업) : 작업면을 팔꿈치 높이보다 10~20cm 정도 높게 하는 것이 유리
㉣ 섬세한 작업일수록 높아야 하며, 거친 작업은 약간 낮은 편이 유리
㉤ 높이 설계 시 고려사항으로는 근전도(EMG), 인체 계측, 무게 중심 결정 등

④ 입좌(立坐) 겸용 작업대 높이
㉠ 서거나 앉은 자세에서 작업하거나 또는 두 자세를 교대할 수 있도록 마련하는 것이 바람직
㉡ 앉은 자세에서도 위팔이 이완된 위치를 취할 수 있는 높이에 작업대가 오도록 하기 위하여 높은 의자와 발걸이를 사용하여 몸을 높인다.

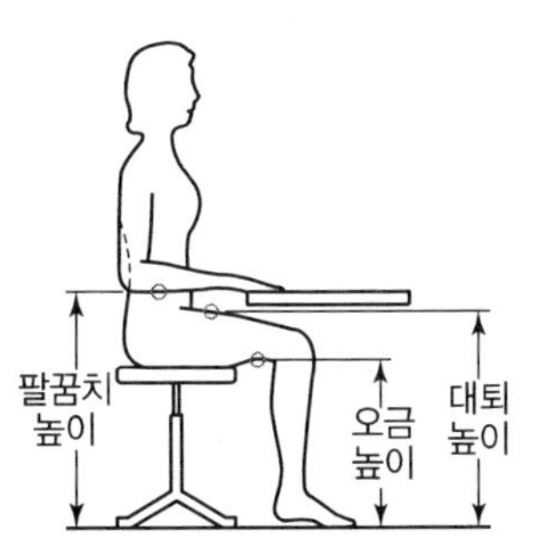

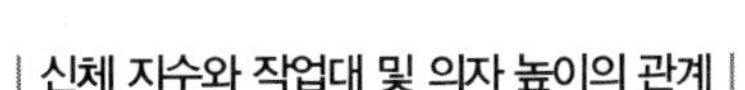
| 신체 지수와 작업대 및 의자 높이의 관계 |

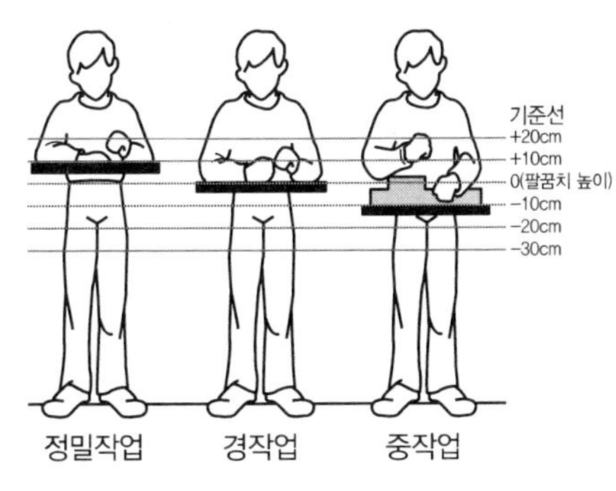

| 팔꿈치 높이와 작업대 높이의 관계 |

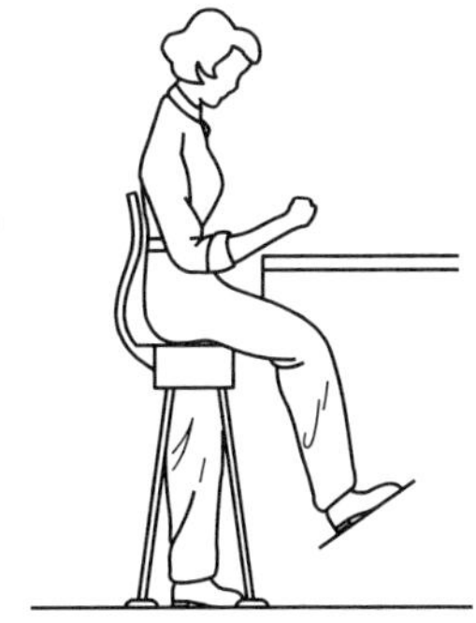
| 입좌 겸용 작업대 |

3 의자설계 원칙

1. 의자설계의 일반적인 원칙

체중 분포	① 사람이 의자에 앉을 때 체중이 주로 좌골결절에 실려야 편안하다. ② 바람직한 체중 분포를 위해 적당한 두께의 탄력성 완충재나 방석을 깐다.
의자 좌판의 높이	① 대퇴를 압박하지 않도록 좌판은 오금의 높이보다 높지 않아야 하고 앞 모서리는 5cm 정도 낮게 설계(치수는 5%치 사용) ② 좌판의 높이는 조절할 수 있도록 하는 것이 바람직하다.
의자 좌판의 깊이와 폭	① 폭은 큰 사람에게 맞도록 하고 깊이는 장딴지 여유를 주고 대퇴를 압박하지 않도록 작은 사람에게 맞도록 설계 ② 긴 의자에 일렬로 앉든가 의자들이 옆으로 붙어 있는 경우 팔꿈치 간의 폭을 고려(95%치 사용)

몸통의 안정	① 체중이 좌골결절에 실려야 몸통의 안정에 유리 ② 사무용 의자 : 좌판 각도 3°, 등판 각도 100° ③ 좌판은 (뒤가 낮게) 약간 경사져야 하고, 등판은 뒤로 기댈 수 있도록 뒤로 기울어야 한다.

2. 의자설계 시 고려할 원리

① 등받이의 굴곡은 요추부위의 전만곡선을 유지한다.
② 조정이 용이해야 한다.
③ 자세고정을 줄인다.
④ 디스크(추간판)가 받는 압력을 줄인다.
⑤ 정적인 부하를 줄인다.
⑥ 의자의 높이는 오금의 높이보다 같거나 낮아야 한다.

SECTION 04 작업측정

1 표준시간 및 연구

1. 작업측정의 의의

작업 및 관리의 과학화에 필요한 제 정보를 얻기 위하여 작업자가 행하는 제 활동을 시간을 기초로 하여 측정하는 것이다.

2. 작업측정의 목적

① 작업성과의 측정
② 유휴시간의 제거
③ 표준시간의 설정

3. 작업측정의 기법의 종류

1) 기법

직접측정법	시간연구법	측정대상 작업의 시간적 경과를 스톱워치 또는 VTR 카메라의 기록 장치를 이용하여 직접 관측하여 표준시간을 산출하는 방식으로 스톱워치법, 촬영법, VTR 분석법, 컴퓨터 분석법이 있다.
	워크샘플링법	간헐적으로 랜덤한 시점에서 연구대상을 순간적으로 관측하여 대상이 처한 상황을 파악하고 이를 토대로 관측시간 동안에 나타난 항목별로 차지하는 비율을 추정하는 방법
간접측정법	표준자료법	작업시간을 새로이 측정하기보다는 과거에 측정한 기록들을 기준으로 동작에 영향을 미치는 요인들을 검토하여 만든 함수식, 표, 그래프 등으로 동작시간을 예측하는 방법
	PTS법	사람이 행하는 작업을 기본동작으로 분류하고, 각 기본동작들은 동작의 성질과 조건에 따라 이미 정해진 기준 시간을 적용하여 전체 작업의 정미시간을 구하는 방법
	실적자료법	과거의 경험이나 실적자료를 활용하는 방법으로 작업에 관한 실제자료를 이용하여 작업단위당 기준을 산정한 후 이 값을 표준으로 하는 방법

2) 작업유형별 적절한 측정기법

작업유형	적합한 측정기법
작업주기가 극히 짧은 고도의 반복작업	촬영법, VTR분석법, 컴퓨터 분석법
작업주기가 짧은 상세 반복 작업(전기전자업종)	스톱워치법
고정적인 처리시간을 요하는 반복작업	표준자료법
작업주기가 길거나 비반복적인 작업, 연속작업	워크샘플링법
작업주기가 짧은 반복 수작업	PTS법

4. 표준시간(Standard Time)

1) 표준시간의 개요

① 소정의 표준화된 작업 조건(환경, 설비)하에서 일정한 작업방법(표준작업방법)에 따라서 보통 정도의 숙련된 작업자가 정상적인 속도(표준작업속도, 노력의 정도)로 작업을 수행하는 데 필요한 시간

② 부과된 작업을 올바르게 수행하는 데 필요한 숙련도를 지닌 작업자가 주어진 작업조건하에서 보통의 작업 페이스(Pace)로 작업을 하고, 정상적인 피로와 지연을 수반하면서 규정된 질과 양의 작업을 규정된 작업방법에 따라 행하는 데 필요한 시간

2) 표준시간의 활용 시 고려해야 할 3가지 요건

적정성 (신뢰성, 정당성)	작업환경, 작업조건, 작업방법, 작업자의 능력, 작업속도 등을 검토하고 그것이 표준으로서 명확해지면 관리자나 작업자 모두가 충분히 납득하고 신뢰할 수 있을 것이다.
공정성 (형평성, 일관성)	현장, 부문, 공장 간에 공평하고 일관되게 표준이 설정되어야 한다.
보편성	세계적으로 통용되는 표준적인 속도의 개념을 이용한다.

3) 표준시간의 구성

표준시간(ST)은 정미시간(NT)과 여유시간(AT)의 합성으로 이루어지며, 정미시간은 관측시간(OT)을 수정하여 사용하며, 여유시간은 여유율(A)을 수정하여 사용한다. 여기서, 여유율을 어떻게 계산하는가에 따라 외경법과 내경법으로 나누어진다.

$$\text{표준시간(ST)} = \text{정미시간(NT)} + \text{여유시간(AT)}$$

① 정미시간(NT ; Normal Time)

㉠ 정상시간이라고도 하며, 매회 또는 일정한 간격으로 주기적으로 발생하는 작업요소의 수행시간

$$\text{정미시간(NT)} = \text{관측시간의 대표치}(T_0) \times \frac{\text{레이팅 계수}(R)}{100}$$

㉡ 레이팅(Rating) 계수(R)

평정계수, 정상화 계수라고도 하며, 대상작업자의 실제작업속도와 시간연구자의 정상작업속도와의 비, 즉 표준작업속도 기준으로 보정해 주기 위한 값

$$\text{레이팅 계수}(R) = \frac{\text{정상작업속도}}{\text{실제작업속도}} \times 100(\%)$$

② 여유시간(AT ; Allowance Time)

작업자의 생리적 내지 피로 등에 의한 작업지연이나 기계 고장, 가공재료의 부족 등으로 작업을 중단할 경우, 이로 인한 소요시간을 정미시간에 가산하는 형식으로 보상하는 시간값으로 여유율(A)로 나타낸다.

㉠ 외경법 : 정미시간에 대한 비율을 여유율로 사용

$$\text{여유율}(A) = \frac{\text{여유시간의 총계}}{\text{정미시간의 총계}} \times 100(\%) = \frac{AT}{NT} \times 100(\%)$$

여기서, AT : 여유시간, NT : 정미시간

㉡ 내경법 : 실동시간에 대한 비율을 여유율로 사용

$$\text{여유율}(A) = \frac{\text{(일반)여유시간}}{\text{실동시간}} \times 100(\%) = \frac{\text{여유시간}}{\text{정미시간} + \text{여유시간}} \times 100(\%) = \frac{AT}{NT+AT} \times 100(\%)$$

여기서, AT : 여유시간, NT : 정미시간

4) 표준시간의 산정

① 외경법

$$\begin{aligned} \text{표준시간}(ST) &= \text{정미시간} + (\text{정미시간} \times \text{여유율}) \\ &= \text{정미시간} \times (1 + \text{여유율}) \\ &= NT(1+A) = NT\left(1 + \frac{AT}{NT}\right) \end{aligned}$$

② 내경법

$$\text{표준시간}(ST) = \text{정미시간} \times \left(\frac{1}{1 - \text{여유율}}\right) = NT \times \left(\frac{1}{1-A}\right)$$

PART 01
PART 02
PART 03
PART 04
PART 05
PART 06

5. 레이팅(Rating)

작업자의 작업속도가 너무 빠르면 관측평균시간치를 늘려 주고, 너무 느리면 줄여 줄 필요가 있다. 레이팅(Rating)은 이렇게 작업자의 작업속도를 정상작업속도 혹은 표준속도와 비교하여 관측평균치를 보정해 주는 과정으로 수행도 평가(Performance Rating), 평준화(Leveling), 정상화(Normalizing)라고도 한다.

1) 속도평가법

① 작업동작의 속도를 기준속도와 비교하여 작업동작의 속도를 계량화하여 작업자의 작업속도를 정상속도화하는 것이다.

② 작업수행도의 변동요인은 작업속도뿐이라는 가정하에 작업수행도의 평정기준을 동작의 속도에만 두는 방법이다.

$$\text{정미시간} = \text{관측시간} \times \frac{\text{속도평가계수}}{100}$$

2) 객관적 평가법

① 속도평가법의 단점을 보완하기 위해 개발되었으며, 객관적 평가법에서는 1차적으로 단순히 속도만을 평가하고, 2차적으로 작업 난이도를 평가하여 작업의 난이도와 속도를 동시에 고려한 것으로 평가자의 주관의 개입을 적게 하고 평가 오차가 적도록 고안된 방법이다.

$$\begin{aligned} \text{정미시간}(NT) &= P \times (1+S) \times O \\ &= \text{관측시간} \times \text{속도평가계수} \times (1 + 2\text{차 조정계수}) \end{aligned}$$

여기서, P(속도평가계수) : 1차 평가에서 동작의 속도만 고려한 평가계수
S(2차 조정계수) : 작업내용, 작업 난이도나 특성을 반영한 평가계수
O : 요소작업의 평균관측시간

② 2차 조정계수의 내용을 분류하는 인자

㉠ 사용되는 신체부위

㉡ 양손의 동시 동작 정도

㉢ 물품 취급상의 주의 여부

㉣ 족답 페달의 상황

㉤ 눈과 동작 조정의 필요도

㉥ 중량 또는 저항의 요소

3) 웨스팅하우스(Westinghouse) 시스템

① 작업속도를 그 주요한 변동 요인인 숙련도, 노력도, 작업조건, 작업의 일관성 등 4가지 측면에서 각각 평가한 뒤 각 평가에 해당하는 평가계수(Leveling 계수)를 합산하여 레이팅 계수를 구하는 방법으로 평준화법(Leveling)이라고도 한다.

② 이 평가법은 개개의 요소작업보다는 작업 전체를 평가할 때 주로 사용한다.

$$정미시간 = 관측시간 \times (1 + 평준화\ 계수)$$

여기서, 평준화 계수 = 숙련도 계수 + 노력도 계수 + 작업조건계수 + 작업의 일관성 계수

4) 합성평가법

① 시간연구자의 주관적 판단에 의한 결함을 보정하고 높은 수준의 정확성을 얻기 위해 개발된 레이팅 기법으로 종합적 평준화법이라고도 한다.

② 전제조건은 작업이 요소작업으로 구분이 가능해야 하며, 몇 개의 요소작업에 대해 사전에 표준시간을 얻을 수 있어야 한다.

③ PTS법에 의한 시간치와 관측시간 간의 비율을 구하여 레이팅 계수를 구한다.

④ 레이팅 계수(평준화 계수)의 산정

$$P = \frac{F_i}{O}$$

여기서, P : 레벨링 팩터(평준화 계수)
F_i : PTS법을 적용하여 산정된 시간치
O : 요소작업에 대한 실제 관측 시간치

6. 여유시간

① 의의

작업을 진행시키는 데 있어서 물적 · 인적으로 필요한 요소이기는 하지만 발생하는 것이 불규칙적이고 우발적이기 때문에 편의상 그들의 발생률, 평균시간 등을 조사 측정하여 이것을 정미시간에 가산하는 형식으로 보상하는 시간치이다.

② 종류

일반여유	용무여유	인간의 생리적 · 심리적 요구에 의한 자연과 환경조건에 따른 영향(물 마시기, 세면, 용변 등)에 의해 발생하는 시간을 보상하기 위한 여유
	피로여유	작업수행에 따르는 정신적 육체적 피로를 효과적으로 회복하고 장기간에 걸친 작업능률을 최고로 유지하기 위한 인적인 여유
	작업여유	작업을 수행하는 과정에 있어서 불규칙적으로 발생하고 정미시간에 포함시키기가 곤란하거나 바람직하지 못한 작업상의 지연을 보상하기 위한 여유로서, 재료취급, 기계취급, 치공구취급, 몸 준비, 작업 중의 청소, 작업중단 등으로 분류
	관리여유	직장관리상 필요하거나 관리상 준비되지 않아 발생하는 작업상의 지연을 보상하기 위한 여유로서 재료대기, 치공구대기, 설비대기, 지시대기, 관리상 지연, 사고에 의한 지연 등으로 분류
특수여유	기계간섭여유	1명의 작업자가 2대 이상의 기계를 조작할 경우 기계간섭이 발생함으로써 생산량이 감소하는 것을 보상하기 위하 여유
	조여유	조립의 컨베이어식 흐름작업이라든가, 도금과 같은 연합작업 등 그룹을 이루고 있는 수평의 작업자가 공정계열로 연계되어 있고 개개인이 맡고 있는 분담작업을 수행할 경우 상호작업을 동시화시키기 위하여 발생하는 개개인의 작업지연을 보상하기 위한 여유
	소로트여유	로트 수가 작기 때문에 정상작업 페이스를 유지하기가 난이하게 되는 것을 보상하기 위한 여유
	사이클여유	작업사이클이 길기 때문에 발생하는 작업의 변동이나 육체적 곤란 및 복잡성을 보상하기 위한 여유
	장려여유	표준시간의 기본급에 대한 할증금의 비율을 포함시키기 위한 작업시간을 고려한 계수

7. 스톱워치에 의한 시간연구

1) 개요

① 잘 훈련된 자격을 갖춘 작업자가 정상적인 속도로 완료하는 특정한 작업결과의 표본을 추출하여 이로부터 표준시간을 설정하는 방법이다.

② 반복적이고 짧은 주기의 작업에 적합하나 종업원에 대한 심리적 영향을 가장 많이 주는 측정방법이다.

2) 표준시간 산정절차

① 작업(작업방법, 장소, 도구 등)을 표준화한다.

② 측정할 대상자(작업자)를 선정한다.

③ 작업자의 작업을 요소작업으로 분할한다.

④ 요소작업별로 실제 소요시간을 관찰(작업자의 좌측 전방 1.5~2.0m 거리에서 방해가 되지 않도록, 작업자의 동작부분과 스톱워치와 눈이 일직선상에 있도록 함) 기록한다. 아울러 수행도 평가(Performance Rating)를 행한다.

⑤ ④에서 얻은 샘플데이터를 토대로 관측횟수를 결정한다.

⑥ 정상시간(Normal Time)을 산정한다.

⑦ 여유율(여유시간)을 결정한다.

⑧ 표준시간을 산정한다.

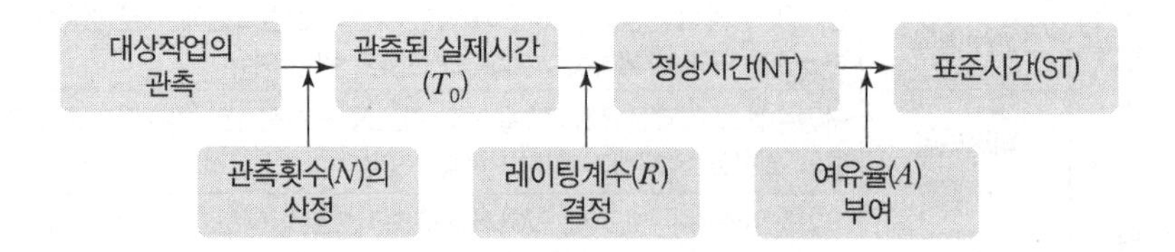

3) 관측방법의 결정

반복법	한 요소작업이 끝날 때 시간치를 읽은 후 원점으로 되돌려 다음 요소작업을 측정한다. 이는 비교적 작업주기가 긴 요소작업에 적합하다.
계속법	최초 요소작업이 시작되는 순간에 시계를 작동시켜 관측이 끝날 때까지 시계를 멈추지 않고 측정한다. 이는 사이클이 짧은 요소작업에 주로 사용한다.
누적법	두 개의 스톱워치를 사용하여 요소작업이 끝날 때마다 한쪽의 시계를 정지시키고 다른 시계는 움직이도록 하여 시간을 측정한다.
순환법	모든 요소작업 중 한 요소작업을 제외한 시간치를 측정하는 방법으로 사이클이 극히 짧은 순환작업에 사용한다.

4) 관측횟수(N)의 결정

관측횟수(N)는 관측시간의 변화성, 요구되는 정확도, 요구되는 신뢰수준과 함수관계를 갖는다.

① 신뢰도 95%, 허용오차 ±5%일 경우

$$N=\left(\frac{t(n-1,\ 0.025)\cdot s}{0.05\bar{x}}\right)^2$$

② 신뢰도 95%, 허용오차 ±10%일 경우

$$N=\left(\frac{t(n-1,\ 0.025)\cdot s}{0.10\bar{x}}\right)^2$$

2 Work Sampling의 원리 및 절차

1. 워크샘플링(Work – Sampling)의 개요

① 간헐적으로 랜덤한 시점에서 연구대상을 순간적으로 관측하여 대상이 처한 상황을 파악하고 이를 토대로 관측시간 동안에 나타난 항목별로 차지하는 비율을 추정하는 방법

② 통계적인 샘플링 방법을 이용하여 관측대상을 랜덤으로 선정한 시점에서 작업자나 기계의 가동상태를 스톱워치 없이 순간적으로 목시관측하여 그 상황을 추정하는 기법

2. 워크샘플링의 용도

여유율 산정	특히 불가피 지연시간의 결정에 사용
가동률 산정	고가의 공작기계, 창고의 지게차, 중기계공장에 설치된 크레인 등 중요 설비의 가동률을 계산
업무개선과 정원설정	생산 및 관리직종 업무활동을 파악
표준시간의 설정	작업자를 대상으로 워크샘플링을 하면서, 레이팅도 동시에 하여 정미시간을 결정

3. 워크샘플링의 특징

① 한 사람이 다수의 작업자를 대상으로 관측할 수 있다.

② 대상자가 의식적으로 행동하는 일이 적으므로 결과의 신뢰도(정확도)가 높다.

③ 개개의 작업에 대한 깊은 연구는 곤란하다. 즉, 작업의 세밀한 과정, 작업방법의 시간적 관측은 불가능하다.

④ 측정방법이 아주 간단하고 노력, 비용이 적게 든다.

⑤ 대상자가 작업장을 떠났을 때 그 행동을 알 수 없다.

⑥ 레이팅(Rating)에 다소 문제가 있다.(시간연구법보다 관측결과에 오차가 크다.)

⑦ 사이클 타임이 긴 작업에도 적용이 가능하다.

⑧ 비반복적인 준비작업 등에도 적용이 용이하다.

4. 표준시간 산정절차

① 관측대상과 목적을 정한다.(예 어떤 기계의 가동률을 조사하려고 하는가?)

② 특정활동의 발생률(예 가동률) P를 추정한다.

$$\bar{p} = \frac{\text{관측된 횟수}}{\text{총관측횟수}}$$

③ 관측에서 요구되는 신뢰수준(절대오차)과 정확도(상대오차)를 정한다.

㉠ 일반적으로 95% 신뢰수준으로 한다.

㉡ 정확도는 높은 경우 상대오차 5%, 보통은 상대오차 20%로 한다.

④ 관측시간을 난수표, 주사위, 컴퓨터 등을 사용하여 랜덤으로 정한다.

⑤ 조사기간 중 2~3차례에 걸쳐 필요한 관측횟수(N)를 재계산하여 조정한다.

$$N = \frac{Z^2_{1-\alpha/2} \times \bar{p}(1-\bar{p})}{e^2}$$

여기서, e : 허용오차

$\bar{p}$: 주요 작업의 발생률

⑥ 관측결과에 의하여 정미시간(정상시간)과 표준시간을 산정한다.

- (단위당)정미시간 = (단위당)실제작업시간 × $\frac{\text{평정계수}(R)}{100}$

  $= \frac{\text{총작업시간(총관측시간)} \times \text{실제작업시간 비율}(\bar{p})}{\text{생산량}} \times \frac{\text{평정계수}(R)}{100}$

- 표준시간

  내경법 : (단위당)표준시간 = (단위당)정미시간 × $\left(\frac{1}{1-\text{여유율}}\right)$

  외경법 : (단위당)표준시간 = (단위당)정미시간 × (1 + 여유율)

5. 워크샘플링의 절차

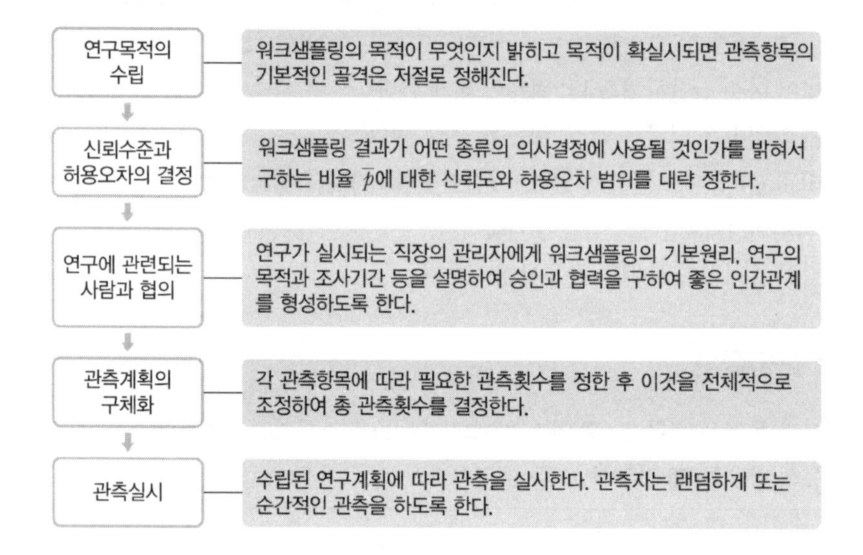

6. 워크샘플링의 장단점

1) 장점

① 관측이 순간적으로 이루어지기 때문에 작업자를 방해하지 않으면서 용이하게 연구를 진행시킨다.
② 조사기간을 길게 하여 평상시의 작업상황을 그대로 반영시킬 수 있다.
③ 사정에 의해 연구를 일시 중지하였다가 다시 계속할 수도 있다.
④ 여러 명의 작업자나 여러 대의 기계를 한 명 혹은 여러 명의 관측자가 동시에 관측할 수 있다.
⑤ 관측자가 반드시 경험이 있는 시간연구가일 필요가 없으며, 경우에 따라 관측대상부서의 인원을 활용해도 된다.
⑥ 자료수집이나 분석에 필요한 순수시간이 다른 시간 연구방법에 비하여 짧다.
⑦ 연구결과의 정확도를 통계적으로 평가할 수 있다.
⑧ 특별한 시간측정설비가 필요하지 않다.

2) 단점

① 시간연구법보다 덜 자세하다.
② 짧은 주기나 반복적인 작업의 경우에 적당하지 않다.
③ 작업방법이 변화되는 경우 전체 연구를 다시 진행해야 한다.

7. 워크샘플링의 종류

퍼포먼스 워크샘플링 (Performance Work–Sampling)	사이클이 매우 긴 작업 혹은 그룹으로 수행되는 작업 등은 시간측정방법에 의하여 표준시간을 정하기 힘들므로 워크샘플링에 의한 관측과 동시에 레이팅을 하는 방법
체계적 워크샘플링 (Systematic Work–Sampling)	관측시점을 등간격으로 만들어 샘플링을 하는 방법으로 편의의 발생 염려가 없는 경우나 각 작업요소가 랜덤하게 발생할 때 응용될 수 있음
계층별 샘플링 (Stratified Sampling)	① 시간대를 구분하든지, 기계설비별로 나누든지, 혹은 직무종류별로 나누어서 층별로 구분하여 연구를 실시한 후 가중평균치를 구하는 워크샘플링 방법 ② 일정 계획을 수정하기가 용이함 ③ 완전한 랜덤 샘플링보다 관측일정을 계획하기 쉬움 ④ 적합하게 계층을 분류하면 층별로 하지 않은 경우보다 분산이 적어짐

3 표준자료(MTM, Work Factor 등)

1. 표준자료법(Standard Data)

1) 표준자료법의 개요

① 작업요소별 관측된 표준자료가 존재하는 경우, 이들 작업요소별 표준자료들을 합성하여, 다중회귀분석을 활용하여 정미시간을 구하고 여유시간을 반영하여 표준시간을 설정하는 방법
② 작업시간을 새로이 측정하기보다는 과거에 측정한 기록들을 기준으로 동작에 영향을 미치는 요인들을 검토하여 만든 함수식, 표, 그래프 등으로 동작시간을 예측하는 방법

2) 표준자료법의 장단점

① 장점
㉠ 시간연구 시 논쟁이 될 수 있는 레이팅이 필요 없다.
㉡ 표준자료는 일정한 작업조건과 작업순서하에서 사용되기 때문에 작업의 표준화를 유지 · 촉진할 수 있다.
㉢ 제조원가의 사전견적이 가능하며, 현장에서 데이터를 직접 측정하지 않더라도 표준시간을 산정할 수 있다.
㉣ 표준자료의 사용법이 정확하다면 누구라도 일관성 있게 표준시간을 산정할 수 있고 적용이 간편하다.

② 단점

㉠ 반복성이 적거나 표준화가 곤란하면 적용이 어렵다.

㉡ 표준자료 작성 시 모든 시간의 변동요인을 고려하기 곤란하므로 표준시간의 정도가 떨어진다.

㉢ 표준자료 작성 시 초기비용이 많이 소요되므로 반복성이 적거나 제품이 큰 경우에는 부적합하다.

㉣ 거의 자동적으로 표준시간이 설정되기 때문에 작업개선의 기회나 의욕이 없어진다.

㉤ 표준자료 작성은 초기비용이 크기 때문에 생산량이 적거나 제품의 변동이 큰 경우에는 부적당하다.

㉥ 작업조건이 불안정하거나 작업의 표준화가 곤란한 경우에는 표준자료 설정이 곤란하다.

2. PTS(Predetermined Time Standards)법

1) PTS법의 개요

① 사람이 행하는 작업을 기본동작으로 분류하고, 각 기본동작들은 동작의 성질과 조건에 따라 이미 정해진 기준 시간을 적용하여 전체 작업의 정미시간을 구하는 방법

② 각각의 기본동작시간을 합성하여 전체 작업시간을 구하는 방식으로 일명 PMTS(Predetermined Motion Time Systems)라고도 한다.

③ PTS법은 MTM(Method Time Measurement), WF(Work Factor), MODAPTS(Modular Arrangement of Predetermined Time Standards), BMT(Basic Motion Time Study), DMT(Dimensional Motion Time) 등이 있으며 이 중에서 MTM과 WF가 가장 보편적으로 사용되고 있다.

2) PTS법의 장단점

① 장점

㉠ 표준시간 설정과정에 있어서 현재의 방법을 좀 더 합리적인 방법으로 개선할 수 있다.

㉡ 표준자료의 작성이 용이하다.

㉢ 작업방법과 작업시간을 분리하여 동시에 연구할 수 있다.

㉣ 작업자에게 최적의 작업방법을 훈련할 수 있다.

㉤ 원가의 견적을 보다 정확하고 용이하게 할 수 있다.

㉥ 작업방법에 변경이 생겨도 표준시간의 개정을 신속하고도 용이하게 할 수 있다.

㉦ 실제 생산현장을 보지 않고도 작업대의 배치와 작업방법을 알고 있으면 그 작업을 행하기 전에도 표준시간 산출이 가능하다.

㉧ 흐름작업에 있어서 라인 밸런싱을 보다 높은 수준으로 끌어올릴 수 있다.

㉨ 작업자의 능력이나 노력에 관계없이 객관적으로 시간을 결정할 수 있다.

㉩ 직접 작업자를 대상으로 작업시간을 측정하지 않아도 된다.

㉪ 표준시간의 설정에 논란이 되는 레이팅(Rating)의 필요가 없어 표준시간의 일관성과 정확성이 높아진다.

② 단점

㉠ 사이클 타임 중의 수작업 시간에 수준 이상이 소요되면 분석에 소요되는 시간이 다른 방법과 비교해서 상당히 길어지므로 비경제적일 위험이 있다.

㉡ 거의 수작업에 적용되며 비반복적인 작업과 자유로운 손의 동작이 제약될 경우나 인간의 사고 판단을 요하는 작업의 측정에는 적용이 곤란하다.

㉢ PTS의 여러 시스템 중 회사의 실정에 알맞은 것을 선정하는 것 자체가 용이한 일이 아니며 시스템 활동을 위한 교육 및 훈련이 곤란하다.

㉣ PTS법의 작업속도는 절대적인 것이 아니기 때문에 회사의 작업에 합당하게 조정하는 단계가 필요하다.

3) PTS법의 용도

① 표준시간의 설정
② 작업방법의 개선
③ 작업개시 전에 능률적인 작업방법의 설계
④ 표준시간자료의 작성
⑤ 작업자의 동작경제의 원칙을 고려한 설비 · 치공구의 설계
⑥ 표준시간에 대한 클레임의 처리
⑦ 작업자에 대한 작업방법의 훈련

3. MTM(Method Time Measurement)법

1) MTM법의 개요

사람이 수행하는 작업을 기본동작으로 분석하고, 각 기본동작은 그 성질과 조건에 따라 미리 정해진 시간치를 적용하여 작업의 정미시간을 구하는 방법

2) MTM법의 이점

① 레벨링이나 레이팅 등으로 수행도의 평가를 할 필요가 없다.
② 작업연구원은 시간치보다 작업방법에 의식을 집중할 수 있다.
③ 작업방법의 정확한 설명을 필요로 한다.
④ 생산착수 전에 보다 좋은 작업방법을 설정할 수 있다.
⑤ 각 직장, 각 공장에 일관된 표준을 만든다.
⑥ 작업이나 수행도 평가에 대한 불만을 제거할 수 있다.

3) MTM법의 시간치

MTM은 매초 16프레임으로 촬영한 필름으로 동작을 분석하였기 때문에, MTM의 단위시간은 여기에서 연유된 TMU(Time Measurement Unit)를 사용한다. 1프레임의 시간이 1/16초, 즉 0.00001737시간이기 때문에 1TMU는 0.00001시간으로 정의된다.

1TMU＝0.00001시간＝0.0006분＝0.036초
1초＝27.8TMU
1분＝1666.7TMU
1시간＝100,000TMU

4) MTM법의 적용 범위

적용범위	적용할 수 없는 경우
① 대규모 생산시스템 ② 단 사이클의 작업형 ③ 초단 사이클의 작업형	① 기계에 의하여 통제되는 작업 ② 정신적 시간, 즉 계획하고 생각하는 시간 ③ 육체적으로 제한된 동작 ④ 주물과 같은 중공업 ⑤ 대단히 복잡하고 절묘한 손으로 다루는 형의 작업 ⑥ 변화가 많은 작업이나 동작

5) MTM법의 기본동작

MTM에서는 손동작, 눈동작, 팔, 다리와 몸통동작 등으로 인체동작을 구분한다.

손을 뻗침 (Reach ; R)	운반 (Move ; M)	회전 (Turn ; T)	누름 (Apply Pressure ; AP)	잡음 (Grasp ; G)
정치 (Position ; P)	방치 (Release ; R)	떼놓음 (Disengage ; D)	크래킹 모션 (Cranking Motion ; C)	눈의 이동시간 (Eye Travel Time ; ET)
눈의 초점 맞추기 시간 (Eye Focus Time)	전체 동작 (Body Motion)		신체의 보조동작 (Body Assists)	

4. WF(Work Factor)법

1) WF법의 개요

신체부위에 따른 동작시간을 움직인 거리와 작업요소(Work Factor)인 중량, 동작의 난이도에 따라 기준 시간치를 결정하는 표준자료법

2) WF법의 특징

① WF 시간치는 정미시간이다.
② 스톱워치를 사용하지 않는다.
③ 정확성과 일관성이 증대한다.
④ 동작 개선에 기여한다.
⑤ 실제작업 전에 표준시간의 산출이 가능하다.
⑥ 작업방법 변경 시 표준시간의 수정이 용이하다.
⑦ 작업연구의 효과를 증가시킨다.
⑧ 기계의 여력 계산과 생산관리를 위하여 견실한 기준이 작성된다.

⑨ 유동공정의 균형이 유지가 용이하다.

⑩ 작업속도는 장려 페이스(속도)의 125%를 기준으로 한다.

3) WF법에 사용되는 표준요소

WF에서는 작업동작을 8가지 기본동작으로 먼저 구분한 후 각 기본동작이 어떠한 신체부위로 수행되는지를 파악하고 그에 수반되는 동작거리, 중량 및 인위적 조절의 필요성 등을 따지게 된다. 이러한 기본동작을 WF법에서는 표준요소라고 한다.

표준요소	설명
이동 (Transport ; T)	신체부위를 어느 지점에서 다른 지점으로 움직이는 동작
쥐기 (Grasp ; Gr)	어떤 물건을 자신의 컨트롤하에 둔다든가, 부품을 자유로이 컨트롤할 수 있도록 잡는다든가, 핸들을 움직이기 위해서 잡는다든가 하는 동작
미리놓기 (Preposition ; PP)	미리놓기 다음에 행할 표준요소(특히 조립)를 위해 지니고 있는 물건의 방향을 바꾸는 동작
조립 (Assemble ; Asy)	나사를 구멍에 끼우는 것과 같이 두 가지 물건을 어떤 정해진 위치에 결합시키는 동작
사용 (Use ; Use)	손 또는 기계를 사용하여 일을 하는 동작
분해 (Disassemble ; Dsy)	조립(Assemble)의 반대동작으로 결합된 물체를 분리시키는 동작
내려놓기 (Release ; Rl)	쥐기(Grasp)의 반대동작으로 자신의 컨트롤하에 있던 물건을 놓아주는 동작
정신과정 (Mental Process ; MP)	읽는다, 검사한다, 쓴다, 측정한다, 계산한다 등을 하기 위해 인간의 사고가 요구되는 경우

4) WF법의 시간변동요인(주요 변수)

WF에서는 인간의 작업시간을 통제하는 작업의 경우 다음의 4가지 요인에 의해 동작시간이 좌우된다.

① 사용되는 신체부위

② 동작거리

③ 중량 또는 저항

④ 동작의 곤란성(인위적 조절)

㉠ 방향조절(S)

㉡ 주의(P)

㉢ 방향의 변경(U)

㉣ 일정한 정지(D)

SECTION 05 작업환경과 인간공학

1 빛과 소음의 특성

1. 조명 수준

1) 추천 조명 수준의 설정

① 소요조명 : 소요조명은 반사율에 직접적인 영향을 받는다.

② 광속발산도(Luminance) : 단위면적당 표면에서 반사 또는 방출되는 빛의 양을 의미하며, 밝음의 정도를 주관적으로 나타낼 때의 척도를 휘도(Brightness)라고도 한다. 이때의 단위는 fL로 표기한다.

$$\text{소요조명}(\text{fc}) = \frac{\text{광속발산도}(\text{fL})}{\text{반사율}(\%)} \times 100$$

••• 예상문제

반사율이 60%인 작업 대상물에 대하여 근로자가 검사 작업을 수행할 때 휘도(Luminance)가 90fL이라면 이 작업에서의 소요조명(fc)은 얼마인가?

풀이 $\text{소요조명}(\text{fc}) = \frac{\text{광속발산도}(\text{fL})}{\text{반사율}(\%)} \times 100 = \frac{90}{60} \times 100 = 150[\text{fc}]$

답 150[fc]

③ 추천 조명 수준

작업조건	foot - candle	특정한 임무
높은 정확도를 요구하는 세밀한 작업	1,000	수술대, 아주 세밀한 조립작업
	500	아주 힘든 검사작업
	300	세밀한 조립작업
오랜 시간 계속하는 세밀한 작업	200	힘든 끝손질 및 검사작업, 세밀한 제도, 치과작업, 세밀한 기계작업
	150	초벌제도, 사무기기 조작
	100	보통기계작업, 편지 고르기
오랜 시간 계속하는 천천히 하는 작업	70	공부, 바느질, 독서, 타자, 칠판에 쓴 글씨 읽기
	50	스케치, 상품 포장
정상작업	30	드릴, 리벳, 줄질
	20	초벌기계작업, 계단, 복도
	10	출하 · 입하작업, 강당
자세히 보지 않아도 되는 작업	5	창고, 극장 복도

2) 적정 조명 수준

작업의 종류	작업면 조도
초정밀작업	750럭스(lux) 이상
정밀작업	300럭스(lux) 이상
보통작업	150럭스(lux) 이상
그 밖의 작업	75럭스(lux) 이상

2. 조명의 목적

일정 공간 내의 목적하는 작업을 용이하게 하는 데 있으며, 조명관리는 인간에게 유해하지 않은 범위에서 작업의 편의를 제공하는 데 있다.

① 눈의 피로를 감소시키고 재해를 방지한다.

② 작업의 능률 향상을 가져온다.

③ 정밀작업이 가능하고 불량품 발생률이 감소한다.

④ 깨끗하고 명랑한 작업환경을 조성한다.

3. 조명방법

1) 직접조명

① 광속의 90～100%가 아래로 향하게 하는 방식이다.

② 조명률이 가장 좋고 설치가 간단하여 공장 조명에 많이 쓰인다.

③ 눈부심 현상이 심하고 그림자가 뚜렷하다.

④ 강한 음영 때문에 근로자의 눈 피로도가 크다.

2) 간접조명

① 광속의 90～100%를 위로 향하게 비추어 천장 또는 벽면에서 반사, 확산시켜 조도를 얻는 조명방법이다.

② 눈부심 현상이 없고 균일한 조명도를 얻을 수 있다.

③ 조명률이 떨어지고 유지보수가 어려워 경비가 많이 든다.

3) 국소조명

① 작업면상의 필요한 장소만 높은 조도를 취하는 조명방법이다.

② 국부만을 조명하기 때문에 밝고 어둠의 차가 커서 눈부심 현상이 나타나고 눈이 피로하기 쉽다.

4) 전반조명

① 실내 전체를 일률적으로 밝히는 조명방법이다.

② 실내 전체가 밝아지므로 기분이 명랑해지고 눈의 피로가 적어져 사고나 재해가 낮아지는 조명방식이다.

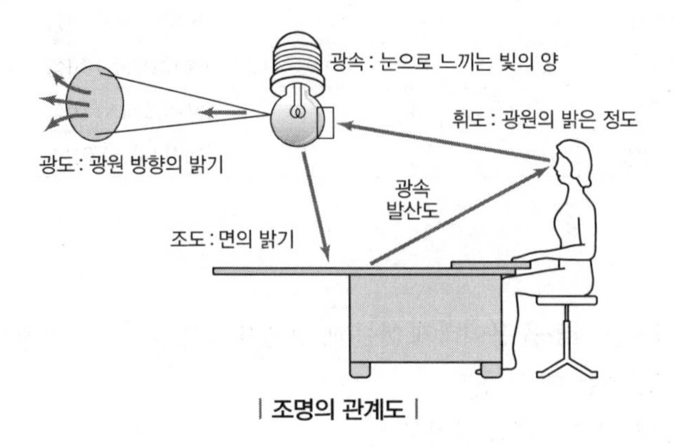

| 조명의 관계도 |

4. 반사율과 휘광

1) 반사율

① 빛이나 기타 복사가 물체의 표면에서 반사하는 정도

② 표면에 도달하는 빛과 결과로서 나오는 광도의 관계

③ 완전히 검은 평면의 반사율은 0이고, 흰색 표면의 반사율은 100%에 가깝다.

④ 반사율 공식

$$\text{반사율}(\%) = \frac{\text{광속발산도}(\text{fL})}{\text{조도}(\text{fc})} \times 100 = \frac{\text{cd/m}^2 \times \pi}{\text{lux}}$$

⑤ 실내 면(面)의 추천반사율

㉠ 최대 반사율 : 약 95%

㉡ 천장의 반사율은 80~90%가 좋으나 최소한 75% 이상은 되어야 한다.

바닥	가구, 사무용 기기, 책상	창문 발(Blind), 벽	천장
20~40%	25~45%	40~60%	80~90%

2) 휘광(Glare)

눈이 적응된 휘도보다 밝은 광원이나 반사광이 시계 내에 있을 때 생기는 눈부심 현상이다.

① 영향

㉠ 성가신 느낌

㉡ 불편함

㉢ 가시도 저하

㉣ 시성능 저하

② 휘광의 처리

광원으로부터의 직사휘광 처리	① 광원의 휘도를 줄이고 수를 늘림 ② 광원을 시선에서 멀리 위치시킴 ③ 휘광원 주위를 밝게 하여 광도비를 줄임 ④ 가리개(Shield), 갓(Hood) 혹은 차양(Visor)을 사용
창문으로부터의 직사휘광 처리	① 창문을 높이 설치 ② 창 위(옥외)에 드리우개(Overhang)를 설치 ③ 창문(안쪽)에 수직 날개(Fin)를 달아 직(直)시선을 제한 ④ 차양(Shade) 혹은 발(Blind)을 사용
반사휘광의 처리	① 발광체의 휘도를 줄임 ② 일반(간접)조명 수준을 높임 ③ 산란광, 간접광, 조절판(Baffle) 창문에 차양(Shade) 등을 사용 ④ 반사광이 눈에 비치지 않게 광원을 위치시킴 ⑤ 무광택 도료, 빛을 산란시키는 표면색을 한 사무용 기기, 윤을 없앤 종이 등을 사용

5. 조도와 광도

1) 조도

어떤 물체나 표면에 도달하는 빛의 단위면적당 밀도를 말한다.

① 조도 공식

$$조도 = \frac{광도}{(거리)^2}$$

㉠ 단위는 lux를 사용하며, 거리가 증가할 때에 조도는 거리 역자승의 법칙에 따라 감소한다.

㉡ 조도는 광도에 비례하고 거리의 제곱에 반비례한다.

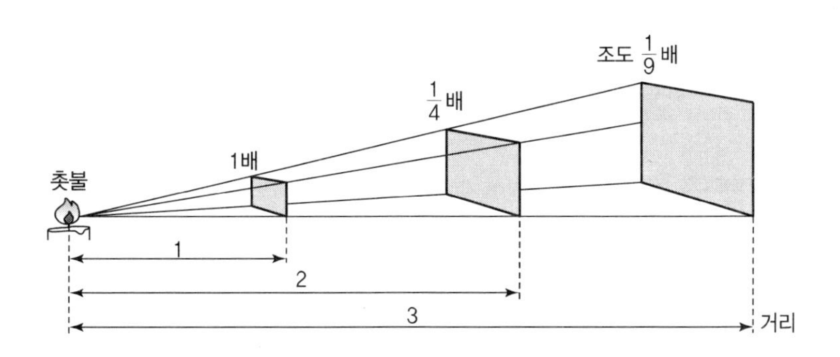

··· 예상문제

프레스 공장에서 모든 방향으로 빛을 발하는 점광원에서 2m 떨어진 곳의 조도가 500 lux였다면, 4m 떨어진 곳에서의 조도는 몇 lux인가?

풀이 ① 광도 = 조도 × (거리)^2

② 2m 거리의 광도 = $500 \times 2^2 = 2,000$[cd]이므로

③ 4m 거리의 조도 = $\frac{2,000}{4^2} = 125$[lux]

답 125[lux]

② 조도의 척도

㉠ lux : 1촉광의 점광원으로부터 1m 떨어진 곡면에 비추는 광의 밀도(1 lux = 1 lumen/m^2)로 국제표준단위로 일반적으로 사용된다.

㉡ foot-candle(fc) : 1촉광의 점광원으로부터 1 foot 떨어진 곡면에 비추는 광의 밀도(1fc = 1 lumen/ft^2 = 10.764 lux)로 미국에서 사용하는 단위이다.

2) 광도

① 단위면적당 표면에서 반사 또는 방출되는 빛의 양을 말한다.

② 광원에 의해 발산된 루멘치로 측정하고, 단위는 촉광(candela : cd)을 사용하며 1cd의 광원은 12.57루멘을 발산한다.(1cd = 4πlumen ≒ 12.57lumen)

③ 광도의 단위

Lambert(L)	평면의 1cm^2에서 1lumen의 빛을 발하거나 반사시킬 때의 밝기를 나타내는 단위를 말하며, 1Lambert = 3.183cd/m^2에 해당된다.
foot-Lambert(fL)	완전발산 및 반사하는 표면에 1fc로 조명될 때 조도와 같은 광도, 1nt = 1cd/m^2 = 0.2919(fL)에 해당된다.
nit(cd/m^2)	특정 방향에서 본 물체의 밝기를 나타내는 휘도의 단위이며, 광도를 광원의 면적으로 나눈 양을 말한다.(1nit = 3.14lux)

3) 광도비(Luminance Ratio)

① 주어진 장소와 주위의 광도의 비를 말한다.

② 사무실 및 산업상황에서의 추천 광도비 3 : 1

③ 화면과 그 인접 주변 간 추천 광도비 1 : 3

④ 화면과 화면에서 먼 주위 간 추천 광도비 1 : 10

4) 대비

표적의 광도와 배경 광도의 차를 나타내는 척도이며, 광도대비 또는 휘도대비란 표면의 광도와 배경의 광도의 차를 나타내는 척도이다.

$$\text{대비}(\%) = \frac{\text{배경의 광도}(L_b) - \text{표적의 광도}(L_t)}{\text{배경의 광도}(L_b)} \times 100$$

① 표적이 배경보다 어두울 경우 : 대비는 $+100\%\sim 0$ 사이

② 표적이 배경보다 밝을 경우 : $0\sim -\infty$ 사이

••• 예상문제

조도가 400럭스인 위치에 놓인 흰색 종이 위에 짙은 회색의 글자가 씌어져 있다. 종이의 반사율은 80%이고, 글자의 반사율은 40%라 할 때 종이와 글자의 대비는 얼마인가?

풀이 $\text{대비}(\%) = \frac{\text{배경의 광도}(L_b) - \text{표적의 광도}(L_t)}{\text{배경의 광도}(L_b)} \times 100 = \frac{80-40}{80} \times 100 = 50[\%]$

답 50[%]

6. 소음과 청력 손실

1) 소음의 정의

① 공기의 진동에 의한 음파 중 지나치게 강렬하여 불쾌감을 주고 작업능률을 저하시키는 소리이다.

② 인간이 감각적으로 원하지 않는 소리(Unwanted Sound)의 총칭이다.

③ 소음성 난청을 유발할 수 있는 85데시벨(A) 이상의 시끄러운 소리

2) 소음과 청력 손실

① 연속 소음 노출로 인한 청력 손실

㉠ 일시적인 노출은 수 시간 혹은 며칠 후에는 보통 회복되지만 노출이 계속됨에 따라 회복량은 점점 줄어들어 영구 손실로 남게 된다.

㉡ 청력 손실의 성격

ⓐ 청력 손실의 정도는 노출되는 소음 수준에 따라 증가한다.(비례관계)

ⓑ 강한 소음에 대해서는 노출기간에 따라 청력 손실도 증가한다.

ⓒ 약한 소음에 대해서는 노출기간과 청력 손실 간에 관계가 없다.

ⓓ 청력 손실은 4,000Hz에서 크게 나타난다.

② 강한 소음으로 인한 생리적 변화

㉠ 말초순환계의 혈관 수축

㉡ 동공, 맥박 강도, EEG 등에 변화

㉢ 부신피질 기능 저하

㉣ 혈압 상승, 신진대사 증가, 발한 촉진, 위액 및 위장관 운동을 억제

3) 소음으로 인해 성능이 저하되는 작업

① 경계임무
② 복잡한 정신 작업
③ 기술과 속도를 요하는 작업
④ 고도의 인식 능력을 요하는 작업
⑤ 복잡한 정신 운동 작업 등

7. 소음 노출한계

1) 손상 위험 기준

① 강렬한 음에 대한 노출시간은 가능한 한 짧아야 한다.
② 인간의 귀는 강렬한 음에는 수 초 동안밖에 견디지 못한다.
예 130dB은 10초간
③ 90dB 정도에 장시간 노출되면 청력 장애를 유발한다.

2) 소음 노출분량과 소음 노출 허용수준(OSHA 표준)

① 소음 노출분량(Noise Dose)
㉠ 80dB(A) 이상의 소음에 일단 노출되면 노출시간에 따라 소음의 부분 노출분량을 일으킨다. (80dB(A) 이하는 무시)

$$\text{부분 노출분량}(\%) = \frac{\text{실제 노출시간}}{\text{최대 허용시간}} \times 100$$

㉡ 허용 노출수준 : 100%의 소음 투여량(총 소음 투여량은 부분 노출분량의 합과 같다.)

② OSHA의 소음 노출 허용수준

음압수준[dB(A)]	허용시간	음압수준[dB(A)]	허용시간
80	32	110	0.5
85	16	115	0.25
90	8	120	0.0125
95	4	125	0.063
100	2	130	0.031
105	1		

··· 예상문제

3개 공정의 소음수준 측정 결과 1공정은 100dB에서 1시간, 2공정은 95dB에서 1시간, 3공정은 90dB에서 1시간이 소요될 때 ① 총 소음량(TND)을 구하고, ② 소음설계의 적합 여부를 쓰시오.(단, 90dB에 8시간 노출될 때를 허용기준으로 하며, 5dB 증가할 때 허용시간은 1/2로 감소되는 법칙을 적용한다.)

풀이 ① 소음 노출수준 $=\left(\frac{1}{2}+\frac{1}{4}+\frac{1}{8}\right)=0.875=0.88$

② 소음 노출기준 초과 여부 : 1 미만이므로 적합

답 ① 0.88, ② 적합

3) 초저주파 소음(Infrasonic Noise)

① 가청영역 아래(들을 수 있는 범위 아래)의 주파수를 갖는 소음으로 전형적으로 20Hz 이하이다.

② 추천 노출 한계

㉠ 1Hz에서 136dB로부터 20Hz에서 123dB에 이르는 8시간

㉡ 소음이 3dB 증가하면, 허용기간은 반감되어야 함

4) 초음파 소음(Ultrasonic Noise)

① 가청영역 위(들을 수 있는 범위 위)의 주파수를 갖는 소음으로 전형적으로 20,000Hz 이상이다.

② **노출한계** : 20,000Hz 이상에서 110dB로 노출을 한정

8. 소음 기준

1) 소음작업

1일 8시간 작업을 기준으로 85데시벨 이상의 소음이 발생하는 작업을 말한다.

2) 강렬한 소음작업

① 90데시벨 이상의 소음이 1일 8시간 이상 발생하는 작업

② 95데시벨 이상의 소음이 1일 4시간 이상 발생하는 작업

③ 100데시벨 이상의 소음이 1일 2시간 이상 발생하는 작업

④ 105데시벨 이상의 소음이 1일 1시간 이상 발생하는 작업

⑤ 110데시벨 이상의 소음이 1일 30분 이상 발생하는 작업

⑥ 115데시벨 이상의 소음이 1일 15분 이상 발생하는 작업

3) 충격소음작업

소음이 1초 이상의 간격으로 발생하는 작업으로서 다음 어느 하나에 해당하는 작업

① 120데시벨을 초과하는 소음이 1일 1만 회 이상 발생하는 작업
② 130데시벨을 초과하는 소음이 1일 1천 회 이상 발생하는 작업
③ 140데시벨을 초과하는 소음이 1일 1백 회 이상 발생하는 작업

9. 소음 관리

1) 소음 방지대책

① **소음원의 제거** : 가장 적극적인 대책
② **소음원의 통제** : 기계의 적절한 설계, 정비 및 주유, 고무받침대 부착, 소음기 사용(차량) 등
③ **소음의 격리** : 씌우개(Enclosure), 장벽을 사용(창문을 닫으면 약 10dB이 감음됨)
④ 적절한 배치(Lay Out)
⑤ 음향 처리제 사용
⑥ 차폐 장치(Baffle) 및 흡음재 사용

2) 방음 보호 용구

① 소음 수준을 안전한 수준으로 감소시키기가 힘들 때에는 방음 보호 용구를 사용하도록 고려
② 귀마개(Earplug), 귀덮개(Ear Muff), 솜으로도 임시 변통 가능
③ **방음 보호 용구의 효능**
㉠ 소음의 성질, 노출기간, 용구가 잘 맞는가(Fit), 감음 특성 등에 따라 달라진다.
㉡ 일반적으로 높은 소음 수준으로부터 상당한 보호를 해준다.

2 열교환과정과 열압박

1. 열교환

1) 열균형 방정식

인간과 주위의 열교환과정은 다음과 같은 열균형 방정식으로 나타낼 수 있다.

$$S(\text{열축적}) = M(\text{대사}) - E(\text{증발}) \pm R(\text{복사}) \pm C(\text{대류}) - W(\text{한 일})$$

여기서, S는 열이득 및 열손실량이며 열평형 상태에서는 0이 된다.

••• 예상문제

A 작업장에서 1시간 동안에 480BTU의 일을 하는 근로자의 대사량은 900BTU, 증발열손실이 2,250BTU, 복사 및 대류로부터 열이득이 각각 1,900BTU 및 80BTU라 할 때 열축적은 얼마인가?

풀이 $S(\text{열축적}) = 900 - 2,250 + 1,900 + 80 - 480 = 150$

답 150

① 대사열

㉠ 인체는 대사활동의 결과로 계속 열을 발생하고 있다.

㉡ 성인 남자에게 나타나는 열

ⓐ 휴식 상태 : 1kcal/분(70Watt를 조금 넘는 열)

ⓑ 앉아서 하는 활동 : 1.5~2kcal/분

ⓒ 보통 신체활동 : 5kcal/분

ⓓ 중노동인 경우 : 10~20kcal/분

㉢ 인체는 항상 주위와의 열평형을 유지하려는 과정하에 있다.

② 증발(Evaporation)

신체 내의 수분이 열에 의해 수증기로 증발되는 것으로 37℃의 물 1g을 증발시키는 데 필요한 에너지(증발열)는 2,420J/g(575.7cal/g)이며 매 g의 물이 증발할 때마다 이만한 에너지가 제거된다.

$$R = \frac{Q}{t}$$

여기서, R : 열손실률, Q : 증발에너지, t : 증발시간(sec)

••• 예상문제

인체의 피부와 허파로부터 하루에 600g의 수분이 증발된다면 이러한 증발로 인한 열손실률은 얼마인가?(단, 물 1g을 증발시키는 데 필요한 에너지는 2,410J/g이다.)

풀이 $R = \frac{Q}{t} = \frac{600 \times 2,410}{24 \times 60 \times 60} = 16.7[\text{Watt}]$

답 16.7[Watt]

③ 복사(Radiation)

㉠ 광속으로 공간을 퍼져나가는 전기에너지를 말한다.

㉡ 전자파의 복사에 의해 열이 전달되는 것으로 태양의 복사열로 지면과 신체를 가열시킨다.

④ 대류(Convection)

고온의 액체나 기체가 고온대에서 저온대로 직접 이동하여 일어나는 열전달을 말한다.

2) 열교환에 영향을 주는 요소

① 영향 요소(공기의 온열 조건)

㉠ 기온

㉡ 습도

㉢ 공기의 유동(기류)

㉣ 복사 온도(복사열)

② clo 단위(보온율)

㉠ 보온 효과는 clo 단위로 측정한다.

㉡ clo 단위는 남자가 보통 입는 옷의 보온율이며, 온도 21℃, 상대습도 50%의 환기되는 실내에서 앉아 쉬는 사람을 편안하게 느끼게 하는 보온율이다.

$$\text{clo 단위} = \frac{0.18℃}{\text{kcal/m}^2\text{/hr}} = \frac{°\text{F}}{\text{Btu/ft}^2\text{/hr}}$$

••• 예상문제

남성 작업자가 티셔츠(0.09clo), 속옷(0.05clo), 가벼운 바지(0.26clo), 양말(0.04clo), 신발(0.04clo)을 착용하고 있을 때 총 보온율(clo) 값은 얼마인가?

풀이 총 보온율(clo)=0.09+0.05+0.26+0.04+0.04=0.48[clo]

답 0.48[clo]

2. 열압박(Heat Stress)

1) 열압박지수(Heat Stress Index)의 개요

① 열평형을 유지하기 위해서 증발해야 하는 발한량으로 열부하를 나타내는 지수이다.

② 압박 없이 편안한 정상조건에서는 복사와 대류가 체열 전부를 방산할 수 있다.

③ 열압박으로 인하여 복사와 대류의 역할만으로 부족하면 체열을 잃을 수 있는 다른 방법은 땀의 증발에 의한 방법뿐이다.

2) 열평형을 유지하기 위해서 필요한 증발량 E_{req}(소요 증발 열손실)

$$E_{req}(\text{BTU/hr}) = M(\text{대사}) + R(\text{복사}) + C(\text{대류})$$

3) 열압박지수

① HSI > 100%일 때 E_{req}와 E_{max}의 차(差)는 다른 방법으로 방산되어야 하는 부하를 나타낸다.

② 가장 포괄적인 지수들 중 하나지만 복잡성 때문에 흔히 사용되지 않는다.

$$HSI = \frac{E_{req}}{E_{max}} \times 100\%$$

여기서, E_{req} : 열평형을 유지하기 위해서 필요한 증발량

E_{max} : 특정한 환경 조건의 조합하에서 증발에 의해 잃을 수 있는 열(최대증발량)

4) 작업량(TW)

$$\text{작업량}(TW) = 8 \times \frac{WT(\text{작업 지속 시간})}{WT(\text{작업지속시간}) + RT(\text{휴식시간})}$$

••• 예상문제

주물공장에서 A 작업자의 작업지속시간과 휴식시간을 열압박지수(HSI)를 활용하여 계산하니 각각 45분, 15분이었다. A 작업자의 1일 작업량은 얼마인가?(단, 휴식시간은 포함하지 않는다.)

풀이 작업량$(TW) = 8 \times \frac{WT(\text{작업 지속 시간})}{WT(\text{작업지속시간}) + RT(\text{휴식시간})} = 8 \times \frac{45}{45+15} = 6$[시간] 답 6[시간]

5) 열압박이 인간 성능에 끼치는 영향

① 체심온도(직장(直腸)온도)는 가장 우수한 피로지수이다.
② 실효온도가 증가할수록 육체작업의 성능은 저하한다.
③ 열압박은 정신활동에도 악영향을 미친다.
④ 체심온도(직장(直腸)온도)는 38.8℃만 되면 기진하게 된다.

3. 온도 변화에 대한 인체의 적응

1) 적정 온도에서 고온 환경(더운 환경)으로 변할 때

① 많은 양의 혈액이 피부를 경유하며 피부온도가 올라간다.
② 직장(直腸)온도가 내려간다.
③ 발한이 시작된다.

2) 적정 온도에서 한랭 환경(추운 환경)으로 변할 때

① 혈액은 피부를 경유하는 순환량이 감소하고, 많은 양의 혈액이 몸의 중심부를 순환한다.
② 피부온도가 내려간다.
③ 직장(直腸)온도가 약간 올라간다.
④ 소름이 돋고 몸이 떨린다.

4. 열압박과 성능

① **육체작업** : 실효온도가 증가할수록 성능은 저하
② **정신활동** : 실효온도 등의 환경조건이나 작업 기관과도 관련됨
③ **추적(Tracking) 및 경계(Vigilance) 임무** : 체심온도만 성능 저하와 관련됨

5. 열압박의 감축방법

① 기온, 벽 온도 및 습도 저감
② 공기 순환 증가(선풍기 포함)
③ 육체작업인 경우 작업부하의 감소

④ 휴식기간 도입
⑤ 가벼운 옷 착용
⑥ 더운 작업장에 개인용 냉각장치의 설계 등

3 진동과 가속도

1. 진동

1) 진동의 정의

① 어떤 물체가 외부의 힘에 의해 전후, 좌우 또는 상하로 흔들리는 것을 말하며, 소음이 수반된다.
② 공해진동은 사람에게 불쾌감을 주는 진동을 말한다.

2) 진동의 영향

생리적 기능에 미치는 영향	① 심장 : 혈관계에 대한 영향 및 교감신경계의 영향으로 혈압의 상승, 맥박의 증가, 발한 등의 증상이 나타남 ② 소화기계 : 위장내압의 증가, 복압상승, 내장하수 등의 증상이 나타남 ③ 기타 : 내분비계 반응장애, 척수장애, 청각장애, 시각장애 등이 나타남
작업능률에 미치는 영향	① 시각 대상이 움직이므로 쉽게 피로함 ② 평형감각에 영향을 줌 ③ 촉각신경에 영향을 줌
정신적 · 일상생활에 미치는 영향	① 정신적 : 안정이 되지 않고 심할 경우 정신적 불안정 증상이 나타남 ② 일상생활 : 숙면을 취하지 못하고, 밤에 잠을 이루지 못하며 주위가 산만함

3) 진동이 인간 성능에 끼치는 일반적인 영향

① 진동은 진폭에 비례하여 시력을 손상시키며 10~25Hz의 경우 가장 심하다.
② 진동은 진폭에 비례하여 추적능력을 손상시키며 5Hz 이하의 낮은 진동수에서 가장 심하다.
③ 안정되고 정확한 근육 조절을 요하는 작업은 진동에 의해서 저하된다.
④ 반응시간, 감시, 형태식별 등 주로 중앙 신경 처리에 달린 임무는 진동의 영향을 덜 받는다.

4) 진동 대책

① 전신 진동
㉠ 전파 경로에 대한 수용자의 위치
㉡ 측면 전파 방지
㉢ 발진원의 격리
㉣ 구조물의 진동을 최소화
㉤ 수용자의 격리

② 국소 진동

㉠ 진동공구에서의 진동 발생을 감소

㉡ 적절한 휴식(여러 번 자주 휴식)

㉢ 작업 시 따뜻한 체온 유지(14℃ 이하의 옥외작업에서는 보온대책 필요)

㉣ 진동공구의 무게를 10kg 이상 초과하지 않게 할 것

㉤ 손에 진동이 도달하는 것을 감소시키며, 진동의 진폭을 위하여 장갑 사용

㉥ 방진 수공구 사용

2. 가속도(Acceleration)

1) 개요

① 물체의 운동 변화율을 가속도라 한다.

② 가속도 측정의 기본 단위 : 지구 중력에서 유래된 중력 가속도로 자유 낙하하는 물체의 가속도인 9.8m/sec^{2}을 1G라 한다.

③ 물체에 가해지는 가속력은 선형일 수도 있고 회전력일 수도 있다.

④ 선형 가속도(Linear Acceleration) : 운동 방향이 일정한 물체의 속도 변화율이다.

⑤ 각가속도(Angular Acceleration)

㉠ 원운동하는 물체에 힘의 모멘트가 작용할 때 생기는 물리량으로 일정 시간에 대한 각속도의 변화량을 나타낸다.

㉡ 운동속도가 일정한 물체의 방향 변화율을 말하며, 회전축은 팽이와 같이 물체를 지날 수도 있고 굽은 도로를 도는 자동차와 같이 물체 외부에 있을 수도 있다.

2) 성능에 미치는 영향

① 읽기

② 반응시간

③ 추적 및 제어 임무

④ 고도의 정신 기능 등에 악영향

4 실효온도와 Oxford 지수

1. 실효온도(Effective Temperature, 체감온도, 감각온도)

1) 개요

① 온도, 습도 및 공기의 유동이 인체에 미치는 열효과를 하나의 수치로 통합한 경험적 감각지수

② 상대습도 100%일 때의 건구온도에서 느끼는 것과 동일한 온감이다.

③ 실제로 감각되는 온도로서 실감온도라고 한다.

2) 실효온도의 결정요소(실효온도에 영향을 주는 요인)

① 온도
② 습도
③ 공기의 유동(대류)

3) 허용한계

정신작업(사무작업)	경작업	중작업
60～64℉	55～60℉	50～55℉

2. Oxford 지수

① 습건(WD) 지수라고도 부르며, 습구온도(W)와 건구온도(D)의 가중 평균치로서 정의된다.

$$WD = 0.85W + 0.15D$$

② 내구한계가 같은 기후의 비교에 흡족하다.

••• 예상문제

습구온도가 20℃, 건구온도가 30℃일 때 Oxford 지수는 얼마인가?

풀이 $WD = 0.85W + 0.15D = 0.85 \times 20 + 0.15 \times 30 = 21.5$ 답 21.5

5 이상환경(고열, 한랭, 기압, 고도 등) 및 노출에 따른 사고와 부상

1. 고열의 개요

① 사람과 환경 사이에 일어나는 열교환에 영향을 미치는 것은 기온, 습도, 공기의 유동(기류), 복사온도(복사열)의 4가지이다.
② 습도, 공기의 유동(기류), 복사온도(복사열) 등 온열요소가 동시에 인체에 작용하여 관여할 때 인체는 온열감각을 느끼게 된다.

2. 고열장애의 분류

1) 열사병(Heat Stroke)

① 고온다습한 환경에 노출될 때 뇌 온도의 상승으로 신체 내부의 체온조절 중추에 기능장애를 일으켜 생기는 위급한 상태를 말한다.

② 고열로 인해 발생하는 장애 중 가장 위험성이 크다.

2) 열소모(Heat Exhaustion, 열피로)

① 고온환경에서 장시간 힘든 노동을 할 경우 땀을 많이 흘려(과다 발한) 수분과 염분 손실이 많을 때 생긴다.

② 현기증, 두통, 구토 등의 약한 증상에서부터 심한 경우는 허탈(Collapse)로 빠져 의식을 잃을 수도 있다.

3) 열경련(Heat Cramp)

① 고온환경에서 지속적으로 심한 육체적인 노동을 함으로써 과다한 땀의 배출로 전해질이 고갈되어 발생하는 근육의 경련현상을 말한다.

② 통증을 수반하는 경련은 주로 작업 시 사용한 근육에서 흔히 발생한다.

4) 열실신(Heat Syncope)

① 고열환경에 노출될 때 혈관운동장애가 일어나 정맥혈이 말초혈관에 저류되고 심박출량 부족으로 초래되는 순환부전, 특히 대뇌피질의 혈류량 부족이 주원인으로 저혈압, 뇌의 산소부족으로 실신하거나 현기증을 느낀다.

② 고열 작업장에 순화되지 못한 근로자가 고열작업을 할 경우 신체말단부에 혈액이 과다하게 저류되어 혈액흐름이 좋지 못하게 되어 뇌에 산소부족이 발생한다.

5) 열발진(Heat Rash)

① 작업환경에서 가장 흔히 발생하는 피부장애로 땀샘이 막히는 경우에 발생하는 발진으로 땀띠(Prickiy Heat)라고도 한다.

② 끊임없이 고온다습한 환경에 노출될 때 주로 문제가 되며, 땀샘에 염증이 생기고 피부에 작은 수포가 형성되기도 한다.

6) 열쇠약(Heat Prostration)

① 고열에 의한 만성 체력소모를 의미한다.

② 전신권태, 위장장애, 불면증, 빈혈 등을 나타낸다.

3. 온도 · 습도

1) 용어의 정의

① **고열** : 열에 의하여 근로자에게 열경련 · 열탈진 또는 열사병 등의 건강장해를 유발할 수 있는 더운 온도

② **한랭** : 냉각원에 의하여 근로자에게 동상 등의 건강장해를 유발할 수 있는 차가운 온도

③ **다습** : 습기로 인하여 근로자에게 피부질환 등의 건강장해를 유발할 수 있는 습한 상태

2) 온도의 영향

① 안전보건활동에 적당한 온도인 18～21℃보다 상승하거나 하강함에 따라 사고의 빈도는 증가하게 된다.

② 심한 고온이나 저온 상태에서의 작업은 사고의 강도가 증가된다.

③ 고온은 심장에서 흐르는 혈액의 대부분을 냉각시키기 위해 외부 모세혈관으로 순환을 강요하게 되므로 뇌중추에 공급할 혈액의 순환 예비량을 감소시킨다.

④ 심한 저온 상태와 관계되는 사고는 수족 부위의 한기(寒氣) 또는 손재주의 감퇴와 관계가 깊다.

⑤ 극단적인 온도의 영향은 연령이 많을수록 현저하다.

⑥ 각 조건에 따른 온도

㉠ 안전보건활동 적당온도 : 18～21℃

㉡ 안락 한계온도 : 17～24℃

㉢ 불쾌 한계온도 : 17℃ 미만, 24℃ 이상

㉣ 손재주 저하온도 : 13～13.5℃ 이하

㉤ 옥외작업 제한온도 : 10℃ 이하

㉥ 정신활동의 최적온도 : 15～17℃

㉦ 갱내 작업장의 허용온도 : 37℃ 이하로 유지

3) 불쾌지수

인체에 가해지는 온 · 습도 및 기류 등의 외적 변수를 종합적으로 평가하는 데에는 불쾌지수라는 지표가 이용된다.

섭씨 = 0.72 × (건구온도 + 습구온도) + 40.6
화씨 = (건구온도 + 습구온도) × 0.4 + 15

① 70 이하 : 모든 사람이 불쾌감을 느끼지 않는다.

② 70 이상 : 불쾌감을 느끼기 시작한다.

③ 80 이상 : 모든 사람이 불쾌감을 느낀다.

••• 예상문제

건구온도 30℃, 습구온도가 27℃일 때 사람들이 느끼는 불쾌감의 정도는?

풀이 불쾌지수 = 0.72 × (30 + 27) + 40.6 = 81.64

답 80 이상 : 모든 사람이 불쾌감을 느낀다.

4) 습도의 영향

① 가장 바람직한 습도의 안락한계는 30～35%이다.

② 16℃ 이하의 기온 : 대류, 복사 및 증발에 의한 열손실로 체온을 강하(하강)시킨다.

③ 26℃ 이상의 기온 : 체온을 강하(하강)시키는 정도 이상으로 더 많은 열을 대류나 복사로 받는다.
④ 고온다습한 날의 상대적 습도는 높고, 수분 증발은 느려서 덥게 느껴진다.

5) 고온 스트레스로 인해 발생하는 생리적 영향

① 피부와 직장온도의 상승
② 발한(Sweating)의 증가
③ 심박출량(Cardiac Output)의 증가

4. 고온 작업장

고온의 노출기준 표시단위는 습구흑구온도지수(WBGT)를 사용하며 다음과 같다.

1) 옥외 장소(태양광선이 내리쬐는 장소)

WBGT(℃)=0.7×자연습구온도+0.2×흑구온도+0.1×건구온도

2) 옥내 또는 옥외 장소(태양광선이 내리쬐지 않는 장소)

WBGT(℃)=0.7×자연습구온도+0.3×흑구온도

3) 고온의 노출기준

(단위 : ℃, WBGT)

작업강도 / 작업휴식시간비	경작업	중등작업	중작업
계속 작업	30.0	26.7	25.0
매시간 75% 작업, 25% 휴식	30.6	28.0	25.9
매시간 50% 작업, 50% 휴식	31.4	29.4	27.9
매시간 25% 작업, 75% 휴식	32.2	31.1	30.0

① **경작업** : 200kcal까지의 열량이 소요되는 작업을 말하며, 앉아서 또는 서서 기계의 조정을 하기 위하여 손 또는 팔을 가볍게 쓰는 일 등을 뜻한다.
② **중등작업** : 시간당 200~350kcal의 열량이 소요되는 작업을 말하며, 물체를 들거나 밀면서 걸어 다니는 일 등을 뜻한다.
③ **중작업** : 시간당 350~500kcal의 열량이 소요되는 작업을 말하며, 곡괭이질 또는 삽질하는 일 등을 뜻한다.

5. 한랭

① 저온환경에서는 환경온도와 대류가 체열을 방출하는 이화학적 조절에 가장 중요하게 영향을 미친다.
② 한랭에 대한 순화는 고온순화보다 느리다.

PART 01 PART 02 PART 03 PART 04 PART 05 PART 06

③ 혈관의 이상은 저온노출로 유발되거나 악화된다.
④ 저온작업에서 손가락, 발가락 등의 말초부위는 피부온도 저하가 가장 심한 부위이다.
⑤ 한랭장애의 종류로는 저체온증, 동상, 참호족 등이 있다.

6. 추위

1) 풍랭(風冷) 효과

풍속이 증가하면 더 차게 느껴진다.

예 기온이 －12℃, 풍속이 32km/h일 때 무풍속 －33℃와 같은 냉각효과

2) 추위가 미치는 영향

손작업	손작업 수행은 추위에 영향을 받고 손 운동보다 손가락 운동이 더 큰 영향을 받는다.
추적작업	추위에 악영향을 받으며, 손상받지 않는 최저 작업수행한계는 4～13℃ 사이이다.
반응시간	간단한 업무의 반응시간이 추위에 의해 영향을 받는다는 체계적인 증거는 없지만 연속 선택반응시간 임무의 착오율은 증가된다.
정신활동	정신활동을 위한 최적공기 온도는 15～17℃ 정도이며, 그 이하의 온도에서는 둔화가 일어난다.

7. 기압과 고도

1) 기압과 산소 공급

① 기관 내의 흡기는 체외 대기와는 달리 체내 수분이 증발한 37℃의 수증기로 포화된 상태이므로 (증기압 47mmHg), 산소분압(P_{O_2})은 다음과 같다.

$$\text{기관 산소분압}(P_{O_2}) = 0.21(P_h - 47)$$

여기서, $h$km 상공의 기압 $P_h = 760e^{-0.105(h)^{1.11}}$mmHg

② 따라서, 기압이 47mmHg 정도가 되는 19km 고도에서 기관은 이미 수증기로만 차게 되어 다른 기체가 들어갈 여유가 없다.
③ 정상 상황에서 혈액은 적혈구 산소 용량의 95%까지를 운반하지만 기압이 저하하면 여러 인자가 관계하여 혈액이 흡수하는 산소량이 감소한다.

2) 저산소증

① 저산소증의 일반적인 영향은 2.4km(8,000ft)까지는 극히 적으나 3km(10,000ft)부터는 점차 심해짐
② **산소 사용** : 저산소증이 일어날 만한 고도에서는 산소 마스크를 사용하면 정도를 약화시키거나 증상을 막을 수 있다.
③ **가압** : 고공에서의 저산소증을 피하는 가장 좋은 방법으로는 비행기에서와 같이 가압 선실을 사용하는 것이다.

3) 이상기압

① 용어의 정의

㉠ 고압작업 : 고기압(압력이 제곱센티미터당 1킬로그램 이상인 기압)에서 잠함공법이나 그 외의 압기공법으로 하는 작업을 말한다.

㉡ 잠수작업 : 물속에서 하는 다음의 작업을 말한다.

ⓐ 표면공급식 잠수작업 : 수면 위의 공기압축기 또는 호흡용 기체통에서 압축된 호흡용 기체를 공급받으면서 하는 작업

ⓑ 스쿠버 잠수작업 : 호흡용 기체통을 휴대하고 하는 작업

㉢ 기압조절실 : 고압작업을 하는 근로자 또는 잠수작업을 하는 근로자가 가압 또는 감압을 받는 장소를 말한다.

② 작업방법

가압의 속도	기압조절실에서 고압작업자 또는 잠수작업자에게 가압을 하는 경우 1분에 제곱센티미터당 0.8킬로그램 이하의 속도로 하여야 한다.
감압 시의 조치사항	① 기압조절실 바닥면의 조도를 20럭스 이상이 되도록 할 것 ② 기압조절실 내의 온도가 섭씨 10도 이하가 되는 경우 고압작업자 또는 잠수작업자에게 모포 등 적절한 보온용구를 지급하여 사용하도록 할 것 ③ 감압에 필요한 시간이 1시간을 초과하는 경우 고압작업자 또는 잠수작업자에게 의자 또는 그 밖의 휴식용구를 지급하여 사용하도록 할 것

6 사무/VDT 작업 설계 및 관리

1. 영상표시단말기(VDT ; Visual Display Terminal) 작업

1) 개요

① 영상표시단말기란 음극선관(Cathode, CRT) 화면, 액정 표시(LCD ; Liquid Crystal Display) 화면, 가스플라스마(Gasplasma) 화면 등의 영상표시단말기를 말한다.

② VDT는 비디오 영상표시단말장치(Video Display Terminal)로 컴퓨터, 각종 전기기기, 비디오, 게임기 등의 모니터를 말한다.

③ VDT 증후군이라 함은 영상표시단말기를 취급하는 작업으로 인하여 발생되는 경견완 증후군 및 기타 근골격계 증상, 눈의 피로, 피부 증상, 정신신경계 증상 등을 말한다.

2) VDT 작업의 자세

① 시선은 화면 상단과 눈높이가 일치할 정도로 하고 작업 화면상의 시야는 수평선상으로부터 아래로 10° 이상 15° 이하에 오도록 하며 화면과 근로자의 눈과의 거리는 40센티미터 이상을 확보할 것

② 윗팔은 자연스럽게 늘어뜨리고, 작업자의 어깨가 들리지 않아야 하며, 팔꿈치의 내각은 90° 이상이 되어야 하고, 아래팔은 손등과 수평을 유지하여 키보드를 조작하도록 할 것

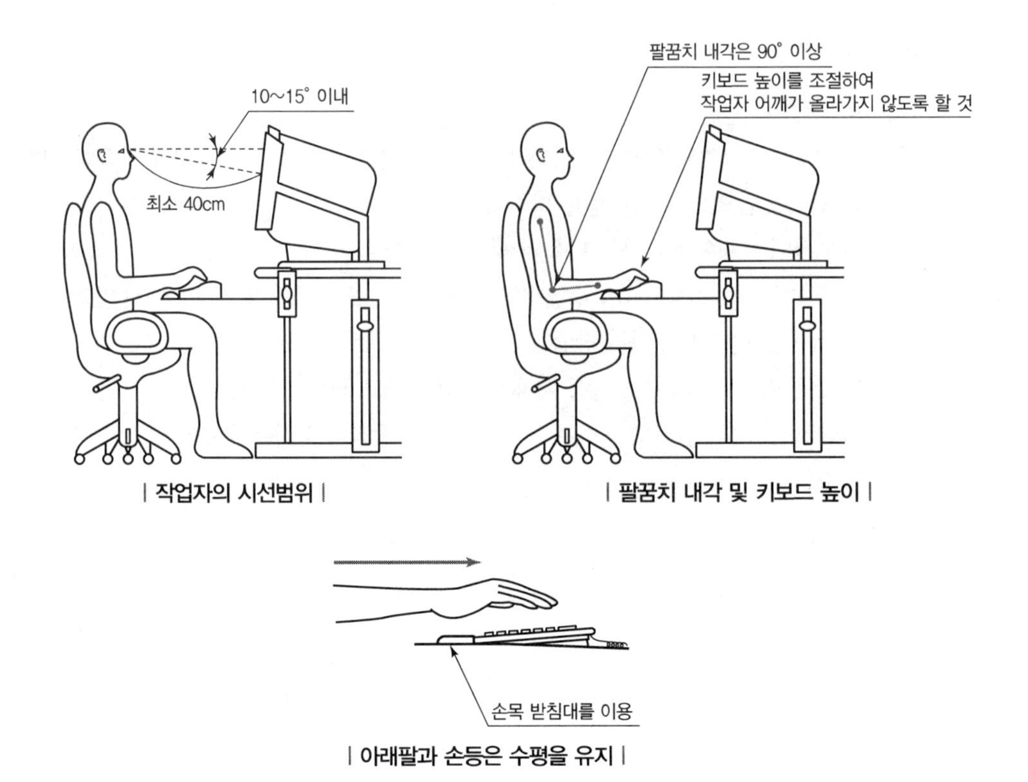

| 작업자의 시선범위 |　　| 팔꿈치 내각 및 키보드 높이 |

| 아래팔과 손등은 수평을 유지 |

③ 연속적인 자료의 입력 작업 시에는 서류받침대를 사용하도록 하고, 서류받침대는 높이 · 거리 · 각도 등을 조절하여 화면과 동일한 높이 및 거리에 두어 작업하도록 할 것

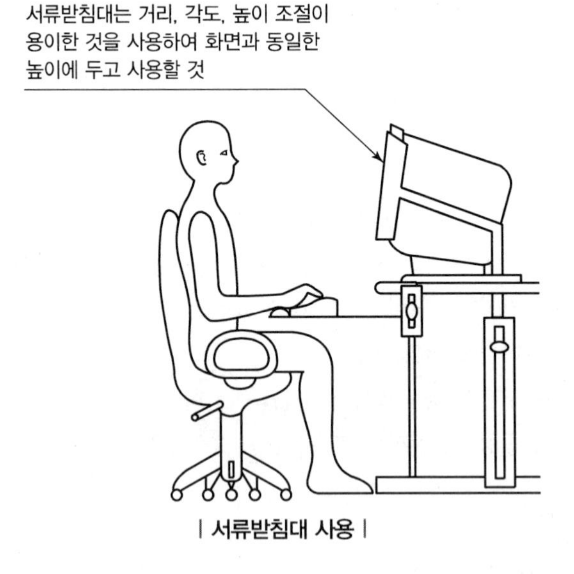

| 서류받침대 사용 |

④ 의자에 앉을 때는 의자 깊숙히 앉아 의자등받이에 작업자의 등이 충분히 지지되도록 할 것

⑤ 발바닥 전면이 바닥면에 닿는 자세를 기본으로 하되, 그러하지 못할 때에는 발받침대를 조건에 맞는 높이와 각도로 설치할 것

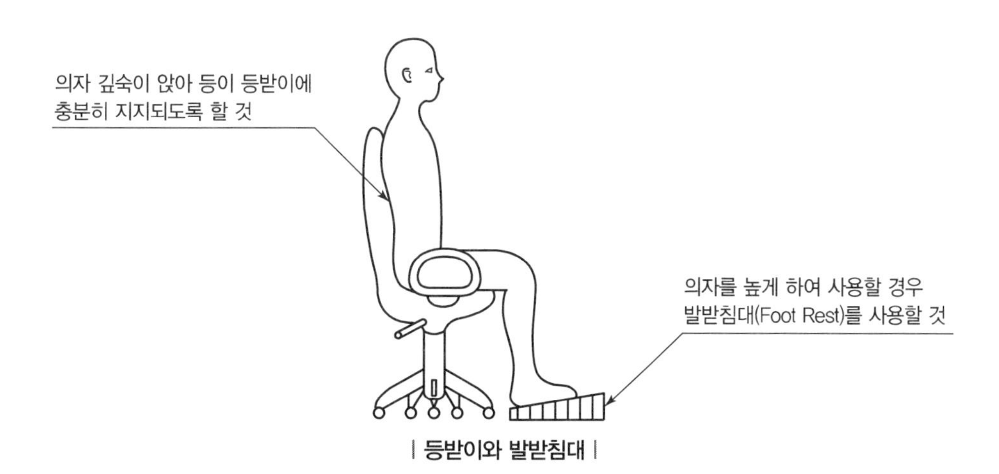

| 등받이와 발받침대 |

⑥ 무릎의 내각은 90° 전후가 되도록 하되, 의자의 앉는 면의 앞부분과 작업자의 종아리 사이에는 손가락을 밀어 넣을 정도의 틈새가 있도록 하여 종아리와 대퇴부에 무리한 압력이 가해지지 않도록 할 것

⑦ 키보드를 조작하여 자료를 입력할 때 양 손목을 바깥으로 꺾은 자세가 오래 지속되지 않도록 주의할 것

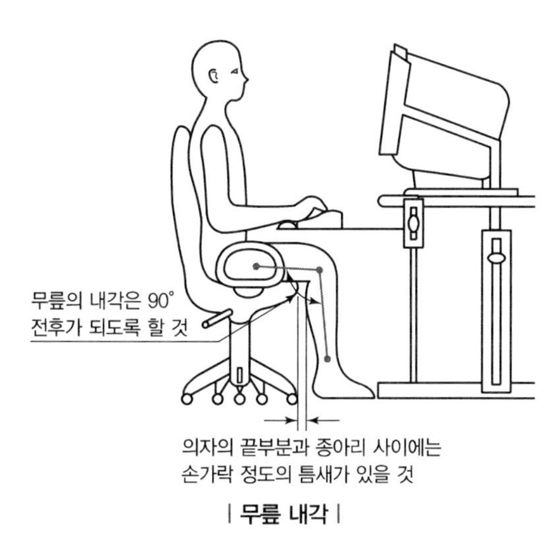

| 무릎 내각 |

3) 컴퓨터 단말기 조작업무에 대한 조치

사업주는 근로자가 컴퓨터 단말기의 조작업무를 하는 경우 다음의 조치를 하여야 한다.

① 실내는 명암의 차이가 심하지 않도록 하고 직사광선이 들어오지 않는 구조로 할 것

② 저휘도형의 조명기구를 사용하고 창 · 벽면 등은 반사되지 않는 재질을 사용할 것

③ 컴퓨터 단말기와 키보드를 설치하는 책상과 의자는 작업에 종사하는 근로자에 따라 그 높낮이를 조절할 수 있는 구조로 할 것

④ 연속적으로 컴퓨터 단말기 작업에 종사하는 근로자에 대하여 작업시간 중에 적절한 휴식시간을 부여할 것

4) 영상표시단말기(VDT) 취급 근로자를 위한 조명과 채광

① 작업실 내의 창 · 벽면 등을 반사되지 않는 재질로 하여야 하며, 조명은 화면과 명암의 대조가 심하지 않도록 하여야 한다.

② 영상표시단말기를 취급하는 작업장 주변환경의 조도를 다음과 같이 유지하도록 하여야 한다.

화면의 바탕 색상이 검은색 계통일 때	300럭스(lux) 이상 ~ 500럭스(lux) 이하
화면의 바탕 색상이 흰색 계통일 때	500럭스(lux) 이상 ~ 700럭스(lux) 이하

③ 화면을 바라보는 시간이 많은 작업일수록 화면 밝기와 작업대 주변 밝기의 차를 줄이도록 하고, 작업 중 시야에 들어오는 화면 · 키보드 · 서류 등의 주요 표면 밝기를 가능한 한 같도록 유지하여야 한다.

④ 창문에는 차광망 또는 커튼 등을 설치하여 직사광선이 화면 · 서류 등에 비치는 것을 방지하고 필요에 따라 언제든지 그 밝기를 조절할 수 있도록 하여야 한다.

⑤ 작업대 주변에 영상표시단말기 작업 전용의 조명등을 설치할 경우에는 영상표시단말기 취급 근로자의 한쪽 또는 양쪽 면에서 화면 · 서류면 · 키보드 등에 균등한 밝기가 되도록 설치하여야 한다.

※ 어두운 VDT의 화면과 밝은 종이문서 자료를 교대로 보면서 작업을 행하기 때문에 그 밝기의 차는 1 : 10을 넘지 않도록 추천되고 있다.

5) 눈부심 방지

① 지나치게 밝은 조명 · 채광 또는 깜박이는 광원 등이 직접 영상표시단말기 취급 근로자의 시야에 들어오지 않도록 하여야 한다.

② 눈부심 방지를 위하여 화면에 보안경 등을 부착하여 빛의 반사가 증가하지 않도록 하여야 한다.

③ 작업면에 도달하는 빛의 각도를 화면으로부터 45° 이내가 되도록 조명 및 채광을 제한하여 화면과 작업대 표면반사에 의한 눈부심이 발생하지 않도록 하여야 한다. 다만, 조건상 빛의 반사 방지가 불가능할 경우에는 다음의 방법으로 눈부심을 방지하도록 하여야 한다.

| 조명의 각도 |

㉠ 화면의 경사를 조정할 것
㉡ 저휘도형 조명기구를 사용할 것
㉢ 화면상의 문자와 배경과의 휘도비(Contrast)를 낮출 것
㉣ 화면에 후드를 설치하거나 조명기구에 간이 차양막 등을 설치할 것
㉤ 그 밖의 눈부심을 방지하기 위한 조치를 강구할 것

6) 온도 및 습도

영상표시단말기 작업을 주목적으로 하는 작업실 내의 온도는 18℃ 이상 ~ 24℃ 이하, 습도는 40% 이상~70% 이하를 유지하여야 한다.

2. 작업환경 관리의 기본원칙

구분	내용	구분	내용
대치	위험한 것을 위험하지 않은 것으로 변경 ① 공정 변경 ③ 물질 변경 ② 시설 변경	환기	유해물질 제거, 가연물질의 화재 · 폭발 방지 ① 국소환기 ② 전체환기
격리	유해 · 위험요소와의 접촉 금지 ① 원격조정 ③ 근로시간 단축 등 ② 교대작업	교육	위험성 개선책 ① 경영자 ③ 작업자 ② 감독자 ④ 기술자

PART 01 / PART 02 / PART 03 / PART 04 / PART 05 / PART 06

SECTION 06 중량물 취급 작업

1 중량물 취급 방법

1. 중량물 취급 시 준수사항

① 중량물을 운반하거나 취급하는 경우에 하역운반기계 · 운반용구를 사용하여야 한다.(다만, 작업의 성질상 사용하기 곤란한 경우에는 그러하지 아니하다)

② 중량물 취급 작업의 작업계획서를 작성한 경우 작업지휘자를 지정하여 작업계획서에 따라 작업을 지휘하도록 하여야 한다.

③ 중량물을 2명 이상의 근로자가 취급하거나 운반하는 작업을 하는 경우 일정한 신호방법을 정하여 신호하도록 하여야 하며, 운전자는 그 신호에 따라야 한다.

2. 중량물을 들어올리는 작업에 관한 특별 조치

1) 중량물의 제한

근로자가 인력으로 들어올리는 작업을 하는 경우에 과도한 무게로 인하여 근로자의 목 · 허리 등 근골격계에 무리한 부담을 주지 않도록 최대한 노력하여야 한다.

2) 작업조건

근로자가 취급하는 물품의 중량 · 취급빈도 · 운반거리 · 운반속도 등 인체에 부담을 주는 작업의 조건에 따라 작업시간과 휴식시간 등을 적정하게 배분하여야 한다.

3) 5kg 이상의 중량물을 들어올리는 작업 시 조치사항

① 주로 취급하는 물품에 대하여 근로자가 쉽게 알 수 있도록 물품의 중량과 무게중심에 대하여 작업장 주변에 안내표시를 할 것
② 취급하기 곤란한 물품은 손잡이를 붙이거나 갈고리, 진공빨판 등 적절한 보조도구를 활용할 것

4) 작업자세

근로자가 중량물을 들어올리는 작업을 하는 경우에 무게중심을 낮추거나 대상물에 몸을 밀착하도록 하는 등 신체의 부담을 줄일 수 있는 자세에 대하여 알려야 한다.

3. 중량물의 취급작업 시 작업계획서 내용

① 추락위험을 예방할 수 있는 안전대책
② 낙하위험을 예방할 수 있는 안전대책
③ 전도위험을 예방할 수 있는 안전대책
④ 협착위험을 예방할 수 있는 안전대책
⑤ 붕괴위험을 예방할 수 있는 안전대책

4. 중량물 취급 권장기준

화물의 무게＝부피×화물의 비중

작업형태	성별	연령별 허용기준(kg)			
		18세 이하	19~35세	36~50세	51세 이상
일시작업 (2회/hour)	남	25	30	27	25
	여	17	20	17	15
반복작업(계속작업) (3회/hour)	남	12	15	13	10
	여	8	10	8	5

2 NIOSH Lifting Equation

1. NLE(NOISH Lifting Equation)의 개요

① 들기작업에 대한 권장무게한계를 쉽게 산출할 수 있도록 하여 작업의 위험성을 예측하여 작업자의 직업성 요통을 사전에 예방하는 것을 목적으로 한다.
② 반복적인 작업자세, 밀기, 당기기 등과 같은 작업에 대해서는 평가하기가 어려우며, 정밀한 작업평가, 작업설계에 이용한다.

③ 취급중량과 취급횟수, 중량물 취급위치, 인양거리, 신체의 비틀기, 중량물 들기 쉬움 정도 등 여러 요인들을 고려한다.

2. NLE의 특징

평가되는 유해요인	적용 신체부위	적용대상 작업
① 반복성 ② 불편한 자세 ③ 과도한 힘	허리	① 중량물 취급 작업 ② 무리한 힘을 요하는 작업 ③ 고정된 들기 작업 ④ 음료운반 ⑤ 포장물 배달 ⑥ 조립작업 등

3. 권장무게한계(RWL ; Recommended Weight Limit)

1) 개요

① NIOSH 들기 공식은 작업자의 요추부에 주어지는 하중의 부하량을 분석하는 공식

② 건강한 작업자가 그 작업조건에서 작업을 최대 8시간 계속해도 요통의 발생 위험이 증대되지 않는 취급물 중량의 한계값

③ 권장무게한계값은 모든 남성의 99%, 모든 여성의 75%가 안전하게 들 수 있는 중량물의 값

2) 목적

① 들기 작업에 대한 권장무게한계를 쉽게 산출하도록 하여 작업의 위험성을 예측하여 인간공학적인 작업방법의 개선을 통해 작업자의 직업성 요통을 사전에 예방함을 목적으로 한다.

② 작업장에서 권장무게한계를 넘어서는 경우에는 작업 위치를 바꾸거나, 작업 빈도를 줄여주는 등의 작업설계의 변화를 통해 근골격계질환을 예방할 수 있으며, 인간공학적 작업 설계를 위해서도 사용할 수 있다.

3) 권장무게한계(RWL) 산출 관계식

$$RWL(kg) = LC \times HM \times VM \times DM \times AM \times FM \times CM$$

여기서, LC : 부하상수(23kg : 최적 작업상태 권장 최대무게, 즉 모든 조건이 가장 좋지 않을 경우 허용되는 최대중량의 의미)
HM : 수평계수(수평거리에 따른 계수)
VM : 수직계수(수직거리에 따른 계수)
DM : 거리계수(물체의 이동거리에 따른 계수 : 수직방향의 이동거리)
AM : 비대칭계수(비대칭각도계수)
FM : 빈도계수(작업 빈도에 따른 계수)
CM : 결합계수(손잡이 계수)

4. LI(Lifting Index, 들기 지수)

1) 개요

① 실제 작업물의 무게와 RWL의 비이며 특정 작업에서의 육체적 스트레스의 상대적인 양을 나타낸다.

② 특정 작업에 대한 스트레스를 비교, 평가 시 사용

2) 중량물 취급지수(들기 지수, LI) 관계식

$$LI = \frac{\text{작업물 무게(kg)}}{\text{RWL(kg)}}$$

여기서, LI가 1보다 크게 되는 것은 요통의 발생위험이 높은 것을 나타냄(위험함)
LI가 1 이하가 되도록 작업을 설계, 재설계할 필요가 있음(안전함)

PART 03

기계 · 기구 및 설비 안전 관리

CHAPTER

01 기계공정의 안전

SECTION 01 기계공정의 특수성 분석

1 파레토도, 특성요인도, 클로즈 분석, 관리도

1. 파레토도

사고의 유형, 기인물 등 분류항목을 큰 값에서 작은 값의 순서로 도표화하며, 문제나 목표의 이해에 편리하다.

2. 특성 요인도

특성과 요인관계를 어골상으로 도표화하여 분석하는 기법(원인과 결과를 연계하여 상호 관계를 파악하기 위한 분석방법)

3. 클로즈(Close) 분석

두 개 이상의 문제관계를 분석하는 데 사용하는 것으로, 데이터를 집계하고 표로 표시하여 요인별 결과 내역을 교차한 클로즈 그림을 작성하여 분석하는 기법

4. 관리도

재해 발생 건수 등의 추이에 대해 한계선을 설정하여 목표 관리를 수행하는 데 사용되는 방법으로 관리선은 관리상한선, 중심선, 관리하한선으로 구성된다.

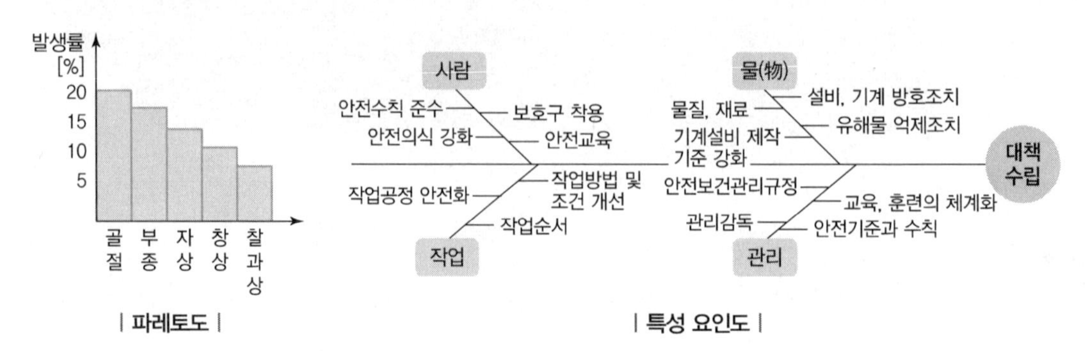

| 파레토도 |

| 특성 요인도 |

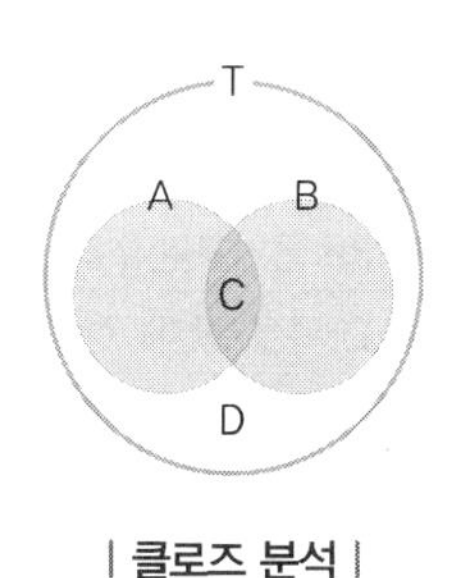

| 클로즈 분석 |

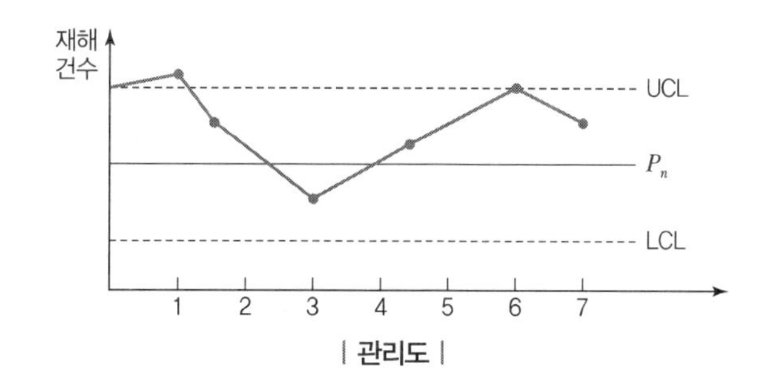

| 관리도 |

2 표준안전작업절차서

1. 표준안전작업방법의 개념

작업자가 작업을 함에 있어서 가장 안전하고 능률적으로 작업을 할 수 있도록 작업내용 및 작업단위별로 사용설비, 작업자, 작업조건 및 작업방법 등에 관해 규정해 놓은 것

2. 작업표준의 구비조건

① 작업의 표준 설정은 작업의 실정에 적합할 것
② 좋은 작업의 표준일 것(안전하게, 정확하게, 빠르게, 쉽게 할 수 있는 작업)
③ 표현은 구체적으로 나타낼 것
④ 생산성과 품질의 특성에 적합할 것
⑤ 이상 시의 조치기준에 대해 정해 둘 것
⑥ 다른 규정 등에 위배되지 않을 것

3 공정도를 활용한 공정분석 기술

1. 공정관리

1) 공정관리의 정의

품질 · 수량 · 가격의 제품을 일정한 시간 동안 가장 효율적으로 생산하기 위해 총괄 관리하는 활동으로 협의의 생산관리인 생산통제로 쓰이기도 한다. 즉, 부품 조립의 흐름을 순서 정연하게 능률적 방법으로 계획하고, 처리하는 절차를 말한다.

2) 공정관리의 목표

대내적인 목표	① 설비의 유휴에 의한 손실시간을 감소시켜서 가동률을 향상 ② 자재의 투입에서부터 제품이 출하되기까지의 시간을 단축함으로써 재공품의 감소와 생산속도의 향상
대외적인 목표	수요자의 요건을 충족시키기 위해, 생산량의 요구 조건을 준수하기 위해 생산과정을 합리화

3) 공정관리의 기능

계획기능	생산 계획을 통칭하는 것으로 공정 계획을 행하여 작업의 순서와 방법을 결정하고, 일정 계획을 통해 공정별 부하를 고려한 개개 작업의 착수 시기와 완성 일자를 결정하여 납기를 준수하고 유지하게 함
통제기능	계획기능에 따른 실제 과정의 지도, 조정 및 결과와 계획을 비교하고 측정, 통제하는 것
감사기능	계획과 실행의 결과를 비교 검토하여 차이를 찾아내고 그 원인을 분석하여 적절한 조치를 취하며, 개선해 나감으로써 생산성을 향상하는 기능

4) 공정(절차) 계획

① 절차 계획(Routing)

특정 제품을 만드는 데 필요한 공정순서를 정의한 것으로 작업의 순서, 표준시간, 각 작업이 행해질 장소를 결정하고 할당한다. 즉 리드타임 및 자원의 양을 계산하고 원가 계산 시 기초자료로 활용할 수 있다.

② 공수 계획

부하계획	일반적으로 할당된 작업에 관해, 최대 작업량과 평균 작업량의 비율인 부하율을 최적으로 유지할 수 있는 작업량을 할당 계획한다.
능력계획	작업 수행상의 능력에 관해, 기준 조업도와 실제 조업도와의 비율을 최적으로 유지하기 위해 현유능력을 계획한다.

③ 일정 계획

대일정 계획	납기에 따른 월별 생산량이 예정되면 기준 일정표에 의거한 각 직장 · 제품 · 부분품별로 작업개시일과 작업시간 및 완성 기일을 지시할 수 있다.
중일정 계획	제작에 필요한 세부 작업, 즉 공정 · 부품별 일정 계획으로, 일정 계획의 기본이 된다.
소일정 계획	특정 기계 내지 작업자에게 할당될 작업을 결정하고 그 작업의 개시일과 종료일을 나타내며, 이로부터 진도관리 및 작업분배가 이루어진다.

2. 공정분석

1) 공정분석의 정의

원재료가 출고되면서부터 제품으로 출하될 때까지 다양한 경로에 따른 경과 시간과 이동 거리를 공정 도시 기호를 이용하여 계통적으로 나타냄으로써 공정계열의 합리화를 위한 개선방안을 모색할 때 쓰는 방법이다.

2) 요소 공정 분류

가공 공정	제조의 목적을 직접적으로 달성하는 공정
운반 공정	제품이나 부품을 하나의 작업 장소에서 다른 작업 장소로 이동하기 위해 발생하는 작업
검사 공정	① 양의 검사 : 수량, 중량 ② 질적 검사 : 가공부품의 가공 정도, 품질, 등급별 분류
정체 공정	① 대기 : 부품의 다음 가공, 조립을 일시 기다림 ② 저장 : 계획적인 보관

3) 공정도 기호

요소 공정	공정도의 기호		의미
작업 혹은 가공 (Operation)	○		작업대상물의 물리적 혹은 화학적 특성을 의도적으로 변화시키는 과정
검사(Inspection)	◇ 품질검사	□ 수량검사	작업대상물을 확인하거나 그것의 품질 또는 수량을 조사하는 과정
운반(Transport)	⇨		작업대상물이 한 장소에서 다른 장소로 이전하는 과정
정체(Delay)	D		다음 순서의 작업을 즉각 수행할 수 없는 과정
저장(Storage)	▽		작업대상물이 가공 또는 검사되는 일이 없이 저장되고 있는 상태

SECTION 02 기계의 위험 안전조건 분석

1 기계의 위험요인

1. 기계운동 형태에 따른 위험점 분류

협착점 (Squeeze－point)	왕복운동을 하는 운동부와 움직임이 없는 고정부 사이에서 형성되는 위험점(고정점＋운동점)	① 프레스 ② 전단기 ③ 성형기 ④ 조형기 ⑤ 밴딩기 ⑥ 인쇄기
끼임점 (Shear－point)	회전운동하는 부분과 고정부 사이에 위험이 형성되는 위험점(고정점＋회전운동)	① 연삭숫돌과 작업대 ② 반복동작되는 링크기구 ③ 교반기의 날개와 몸체 사이 ④ 회전풀리와 벨트
절단점 (Cutting－point)	회전하는 운동부 자체의 위험이나 운동하는 기계부분 자체의 위험에서 형성되는 위험점(회전운동＋기계)	① 밀링커터 ② 둥근 톱의 톱날 ③ 목공용 띠톱 날
물림점 (Nip－point)	회전하는 두 개의 회전체에 형성되는 위험점(서로 반대방향의 회전체)(중심점＋반대방향의 회전운동)	① 기어와 기어의 물림 ② 롤러와 롤러의 물림 ③ 롤러분쇄기
접선 물림점 (Tangential Nip－point)	회전하는 부분의 접선방향으로 물려 들어갈 위험이 있는 위험점	① V벨트와 풀리 ② 랙과 피니언 ③ 체인벨트 ④ 평벨트
회전 말림점 (Trapping－point)	회전하는 물체의 길이, 굵기, 속도 등의 불규칙 부위와 돌기 회전부위에 의해 장갑 또는 작업복 등이 말려들 위험이 있는 위험점	① 회전하는 축 ② 커플링 ③ 회전하는 드릴

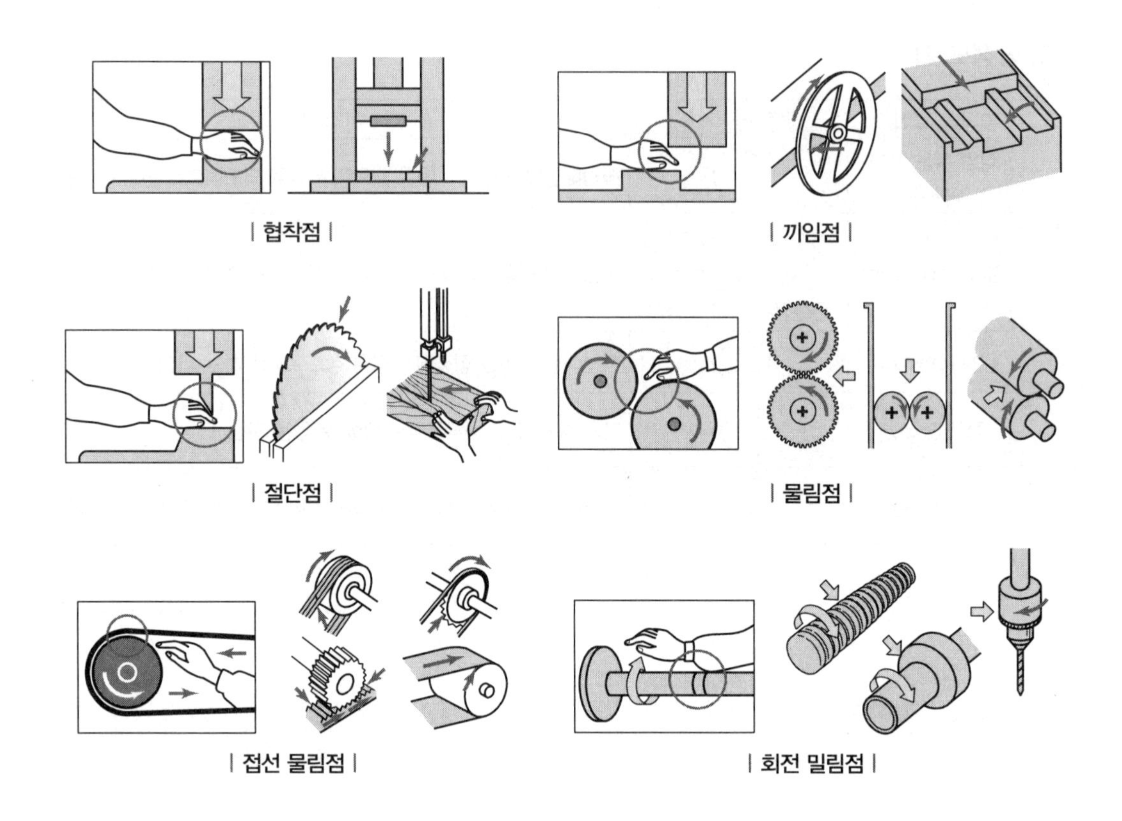

| 협착점 | | 끼임점 |

| 절단점 | | 물림점 |

| 접선 물림점 | | 회전 말림점 |

2. 위험의 5요소(위험분류 체크 요인, 사고 체인의 요소)

1요소	함정(Trap)	기계의 운동에 의해서 트랩점이 발생할 가능성이 있는가?
2요소	충격(Impact)	운동하는 기계요소와 사람이 부딪쳐 사고가 날 가능성이 없는가?
3요소	접촉(Contact)	날카롭거나, 차갑거나, 전류가 흐름으로서 접촉 시 상해가 일어날 요소들이 있는가?
4요소	얽힘, 말림(Entanglement)	머리카락, 옷소매나 바지, 장갑, 넥타이, 작업복 등이 기계설비에 말려들 염려는 없는가?
5요소	튀어나옴(Ejection)	기계부품이나 피가공재가 기계로부터 튀어나올 염려가 없는가?

| 함정 | | 충격 | | 접촉 |

| 얽힘 또는 말림 | | 튀어나옴 |

3. 재료의 성질

1) 크리프(Creep)

한계하중 이하의 하중이라도 고온조건에서 일정 하중을 지속적으로 가하면 시간의 경과에 따라 변형이 증가하고 결국은 파괴에 이르게 되는 현상

2) 피로 파괴

① 재료에 변동하는 외력이 반복적으로 가해지면 어떤 시간이 경과된 후 재료가 파괴되는 현상

② 피로 파괴현상의 영향요인
㉠ 자국(Notch)
㉡ 부식(Corrosion)
㉢ 치수 효과(Size Effect)
㉣ 온도
㉤ 표면상태 등

3) 응력 집중

구멍이나 노치(Notch) 등이 있을 시 국부적으로 큰 응력이 생기는 현상을 말한다.

4) 열응력

온도의 변화에 따라 재료는 늘어나거나 줄어들거나 하는데 이러한 변형을 억제하면 재료 내부에는 응력이 발생한다. 이러한 응력을 열응력이라 한다.

5) 사용응력과 허용응력

기계나 구조물이 안전하기 위해서는 그것에 생기는 응력이 탄성 한도를 넘지 말아야 한다. 그러므로 탄성 한도 이내의 응력이 작용하도록 하여야 한다.
① **사용응력** : 기계나 구조물을 실제로 사용할 때 각 부분에 생기는 응력
② **허용응력** : 기계나 구조물을 설계 시 각부에서 생기는 응력이 허용응력 이내라면 안전하다고 허용되는 최댓값

2 기계설비의 본질적 안전

1. 기계설비의 본질적 안전화의 개요

① 작업자가 동작상 과오나 실수를 하여도 사고나 재해가 일어나지 않도록 하는 것
② 기계설비에 이상이 생겨도 안전성이 확보되어 사고나 재해가 발생하지 않도록 설계되는 것

2. 기계설비의 본질적 안전화 조건

① 안전기능이 기계설비에 내장되어 있을 것
② 조작상 위험이 가능한 한 없도록 설계할 것
③ 풀 프루프(Fool Proof) 기능을 가질 것
④ 페일 세이프(Fail Safe) 기능을 가질 것

3. 풀 프루프(Fool Proof)

1) 풀 프루프의 정의

작업자가 기계를 잘못 취급하여 불안전 행동이나 실수를 하여도 기계설비의 안전 기능이 작용되어 재해를 방지할 수 있는 기능을 가진 구조

2) 풀 프루프의 예

① 기계의 회전부분에 울이나 커버를 붙인다.
② 선풍기의 가드에 손이 닿으면 날개의 회전이 멈춘다.
③ 승강기에서 중량제한이 초과되면 움직이지 않는다.
④ 동력전달장치의 덮개를 벗기면 운전이 자동으로 정지한다.
⑤ 작업자의 손이 프레스의 금형 사이로 들어가면 슬라이드의 하강이 정지한다.
⑥ 크레인의 권과방지장치는 와이어로프가 과도하게 감기는 것을 방지한다.

3) 풀 프루프의 대표적 기구

종류	형식	기능
가드(Guard)	고정가드(Fixed Guard)	개구부로부터 가공물과 공구 등을 넣어도 손은 위험영역에 머무르지 않음
	조절가드(Adjustable Guard)	가공물과 공구에 맞도록 형상과 크기를 조절함
	경고가드(Warning Guard)	손이 위험영역에 들어가기 전에 경고함
	인터록가드(Interlock Guard)	기계가 작동 중에 개폐되는 경우 기계가 정지함
조작기구	양수조작	양손으로 동시에 조작하지 않으면 기계가 작동하지 않고 손을 떼면 정지 또는 역전 복귀함
	인터록가드(Interlock Guard)	조작기구를 겸한 가드로 가드를 닫으면 기계가 작동하고 열면 정지됨
록 기구(Lock 기구)	인터록(Interlock)	기계식, 전기식, 유공압식 또는 이들의 조합으로 2개 이상의 부분이 상호 구속됨
	키방식인터록(Key Type Interlock)	열쇠를 사용하여 한쪽을 잠그지 않으면 다른 쪽이 열리지 않음
	키록(Key Lock)	1개 또는 상호 다른 여러 개의 열쇠를 사용, 전체의 열쇠가 열리지 않으면 기계가 조작되지 않음

종류	형식	기능
오버런 기구 (Overun 기구)	검출식 (Detecting)	스위치를 끈 후 관성운동과 잔류전하를 감지하여 위험이 있는 동안은 가드가 열리지 않음
	타이밍식 (Timing Type)	기계식 또는 타이머 등을 이용하여 스위치를 끈 후 일정시간이 지나지 않으면 가드가 열리지 않음
트립 기구 (Trip 기구)	접촉식(Contact Type)	접촉판, 접촉봉 등에 신체의 일부가 접촉하면 기계가 정지 또는 역전 복귀함
	비접촉식 (No－Contact Type)	광선식, 정전용량식 등으로 신체의 일부가 위험영역에 접근하면 기계가 정지 또는 역전복귀함, 신체의 일부가 위험영역에 들어가면 기계는 작동하지 않음
밀어내기 기구 (Push & Pull 기구)	자동가드	가드의 자동문이 열렸을 때 자동적으로 위험영역으로부터 신체를 밀어냄
	손을 밀어냄, 손을 끌어당김	위험한 상태가 되기 전에 손을 위험지역으로부터 끌어당겨 제자리로 옴
기동 방지기구	안전블록	기계의 가동을 기계적으로 방해하는 스토퍼 등으로서 통상 안전블록과 같이 씀
	안전플러그	제어회로 등으로 설계한 접점을 차단하는 것으로 불의의 작동을 방지함
	레버록	조작레버를 중심위치에 놓으면 자동적으로 감김

4. 페일 세이프(Fail Safe)

1) 페일 세이프의 정의

기계나 그 부품에 파손 · 고장이나 기능 불량이 발생하여도 항상 안전하게 작동할 수 있는 기능을 가진 구조

2) 페일 세이프의 예

① 석유난로가 일정한 각도 이상으로 기울어지면 불이 자동적으로 꺼지도록 소화기능이 내장된 것
② 승강기의 경우 정격속도 이상의 주행 시 속도조절기가 작동하여 전원을 차단시키고 비상정지장치를 작동시키는 것

3) 페일 세이프 기구의 분류

① **구조적 페일 세이프** : 강도나 안정성의 유지 목적
㉠ 예 : 항공기 엔진 고장 시 나머지 엔진으로 날아가게 하는 방식, 항공기 중요 제어장치 고장 시 비상전원을 사용하는 방식
㉡ 종류

다경로 하중 구조	하중을 전달하는 부재가 여러 개 있어 일부가 파괴되어도 나머지 부재가 안전하게 작동하는 구조
분할 구조	조합구조라 하며 하나의 부재를 둘 이상으로 분할하여 분할부재를 결합하여 부재의 역할이 이루어지도록 하는 것으로, 파괴가 되어도 분할부재 한쪽만 파괴되고 전체 기능에는 이상이 없도록 한 구조
교대 구조	대기 병렬구조로서 하중을 받고 있는 부재가 파괴될 경우 대기 중에 있던 부재가 하중을 담당하게 되는 구조
하중 경감 구조	일부 부재의 강도를 약하게 하여 파손이 되더라도 다른 쪽 부재로 하중이 이동하면서 치명적인 파괴를 예방하는 구조

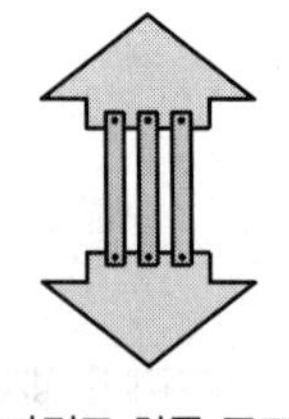
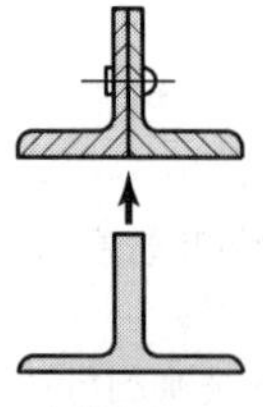
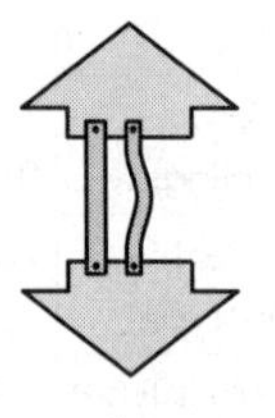
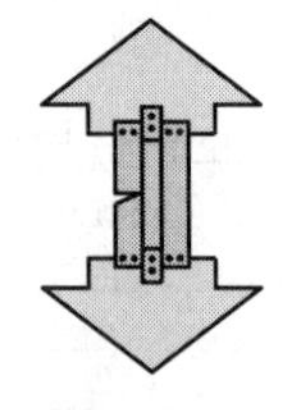

다경로 하중 구조　　분할 구조　　교대 구조　　하중 경감 구조

② 기능적 페일 세이프 : 기능의 유지 목적

㉠ 예 : 대표적인 예가 철도신호이다. 고장이 발생하면 청색 신호가 적색 신호로 변경되어 열차가 정지할 수 있도록 해야 하고, 신호가 변경되지 못하면 사고 발생의 원인이 될 수 있으므로 철도신호 고장 시에 반드시 적색 신호로 변경되도록 해주는 구조

㉡ 종류

기계적 페일 세이프	① 대기 여분의 개념이 전제 ② 증기보일러의 안전밸브와 급수탱크를 복수로 설치하는 것 등
전기적 페일 세이프	① 개폐기의 예비회로(병렬회로, 직렬회로) ② 보통 때는 작동하지 않다가 주회로가 고장 날 경우 작동

㉢ 페일 세이프의 기능 면에서의 분류

Fail－passive	부품이 고장 나면 기계가 정지하는 방향으로 이동하는 것(일반적인 산업기계)
Fail－active	부품이 고장 나면 경보를 울리며 잠시 동안 계속 운전이 가능한 것
Fail－operational	부품이 고장 나도 추후에 보수가 될 때까지 안전한 기능을 유지하는 것

5. 인터록 및 리미트 스위치

1) 인터록(Interlock)

① 기계의 각 작동 부분 상호 간을 전기적 · 기구적 · 유공압장치 등으로 연결해서 기계의 각 작동 부분이 정상으로 작동하기 위한 조건이 만족되지 않을 경우 자동적으로 그 기계를 작동할 수 없도록 하는 것

② 인터록(연동장치)의 요건

㉠ 가드가 완전히 닫히기 전에는 기계가 작동되어서는 안 된다.

㉡ 가드가 열리는 순간 기계의 작동은 반드시 정지되어야 한다.

③ 인터록 장치를 활용한 방호장치

㉠ 사출기의 도어잠금장치

㉡ 자동화 라인의 출입시스템

㉢ 리프트의 출입문 안전장치 등

2) 리미트 스위치(Limit Switch)

① 기계장치 등에서 동작이 일정한 한계에 도달하였을 때 스위치가 작동하여 차단하는 장치

② 리미트 스위치를 활용한 방호장치
㉠ 권과방지장치
㉡ 과부하방지장치
㉢ 과전류차단장치
㉣ 압력제한장치
㉤ 이동식 덮개
㉥ 프레스 게이트 가드 방호장치

3 기계의 일반적인 안전사항과 안전조건

1. 기계 설비의 점검

기계장치 중 기계적인 사고로 인한 재해가 가장 많이 일어나는 장치는 동력전달장치이며, 동력전달장치에서 재해가 가장 많이 발생하는 것은 벨트(Belt)이다.

운전 상태에서 점검할 사항	① 클러치 상태 ② 기어의 교합 상태 ③ 접동부 상태	④ 이상음, 진동 상태 ⑤ 베어링의 온도 상승 여부
정지 상태에서 점검할 사항	① 나사, 볼트, 너트 등의 풀림 상태 ② 전동기 개폐기의 이상 유무 상태	③ 방호장치 및 동력전달장치 부분 상태 ④ 급유 상태

2. 탑승의 제한

① 크레인을 사용하여 근로자를 운반하거나 근로자를 달아 올린 상태에서 작업에 종사시켜서는 아니 된다. 다만, 크레인에 전용 탑승설비를 설치하고 추락 위험을 방지하기 위하여 다음의 조치를 한 경우에는 제외
㉠ 탑승설비가 뒤집히거나 떨어지지 않도록 필요한 조치를 할 것
㉡ 안전대나 구명줄을 설치하고, 안전난간을 설치할 수 있는 구조인 경우에는 안전난간을 설치할 것
㉢ 탑승설비를 하강시킬 때에는 동력하강방법으로 할 것

② 이동식 크레인을 사용하여 근로자를 운반하거나 근로자를 달아 올린 상태에서 작업에 종사시켜서는 아니 된다.

③ 내부에 비상정지장치 · 조작스위치 등 탑승조작장치가 설치되어 있지 아니한 리프트의 운반구에 근로자를 탑승시켜서는 아니 된다.(다만, 리프트의 수리 · 조정 및 점검 등의 작업을 하는 경우로서 그 작업에 종사하는 근로자가 추락할 위험이 없도록 조치를 한 경우에는 제외)

④ 자동차정비용 리프트에 근로자를 탑승시켜서는 아니 된다.(다만, 자동차정비용 리프트의 수리 · 조정 및 점검 등의 작업을 할 때에 그 작업에 종사하는 근로자가 위험해질 우려가 없도록 조치한 경우에는 제외)
⑤ 곤돌라의 운반구에 근로자를 탑승시켜서는 아니 된다. 다만, 추락 위험을 방지하기 위하여 다음 각 호의 조치를 한 경우에는 제외
㉠ 운반구가 뒤집히거나 떨어지지 않도록 필요한 조치를 할 것
㉡ 안전대나 구명줄을 설치하고, 안전난간을 설치할 수 있는 구조인 경우이면 안전난간을 설치할 것
⑥ 소형화물용 엘리베이터에 근로자를 탑승시켜서는 아니 된다.(다만, 소형화물용 엘리베이터의 수리 · 조정 및 점검 등의 작업을 하는 경우에는 제외)
⑦ 차량계 하역운반기계(화물자동차는 제외)를 사용하여 작업을 하는 경우 승차석이 아닌 위치에 근로자를 탑승시켜서는 아니 된다.(다만, 추락 등의 위험을 방지하기 위한 조치를 한 경우에는 제외)
⑧ 화물자동차 적재함에 근로자를 탑승시켜서는 아니 된다.(다만, 화물자동차에 울 등을 설치하여 추락을 방지하는 조치를 한 경우에는 제외)
⑨ 운전 중인 컨베이어 등에 근로자를 탑승시켜서는 아니 된다.(다만, 근로자를 운반할 수 있는 구조를 갖춘 컨베이어 등으로서 추락 · 접촉 등에 의한 위험을 방지할 수 있는 조치를 한 경우에는 제외)
⑩ 이삿짐운반용 리프트 운반구에 근로자를 탑승시켜서는 아니 된다.(다만, 이삿짐운반용 리프트의 수리 · 조정 및 점검 등의 작업을 할 때에 그 작업에 종사하는 근로자가 추락할 위험이 없도록 조치한 경우에는 제외)
⑪ 전조등, 제동등, 후미등, 후사경 또는 제동장치가 정상적으로 작동되지 아니하는 이륜자동차에 근로자를 탑승시켜서는 아니 된다.

3. 원동기 · 회전축 등의 위험 방지

원동기 · 회전축 · 기어 · 풀리 · 플라이휠 · 벨트 및 체인 등 근로자가 위험에 처할 우려가 있는 부위	① 덮개 ② 울	③ 슬리브 ④ 건널다리 등
회전축 · 기어 · 풀리 및 플라이휠 등에 부속되는 키 · 핀 등의 기계요소	① 묻힘형 ② 덮개	
벨트의 이음 부분	돌출된 고정구 사용금지	
건널다리	① 안전난간	② 미끄러지지 아니하는 구조의 발판
선반 등으로부터 돌출하여 회전하고 있는 가공물	덮개 또는 울 등을 설치	

4. 기계의 동력차단장치

1) 동력으로 작동되는 기계에 설치하여야 하는 동력차단장치

① 스위치
② 클러치(Clutch)
③ 벨트이동장치 등

2) 동력차단장치를 근로자가 작업위치를 이탈하지 아니하고 조작할 수 있는 위치에 설치하여야 하는 가공작업

① 절단	④ 꼬임
② 인발	⑤ 타발
③ 압축	⑥ 굽힘 등

5. 운전 시작 전 조치

① 기계의 운전을 시작할 때에 근로자가 위험해질 우려가 있으면 ㉠ 근로자 배치 및 교육, ㉡ 작업방법, ㉢ 방호장치 등 필요한 사항을 미리 확인한 후 위험 방지를 위하여 필요한 조치를 하여야 한다.

② 기계의 운전을 시작하는 경우 일정한 신호방법과 해당 근로자에게 신호할 사람을 정하고, 신호방법에 따라 그 근로자에게 신호하도록 하여야 한다.

6. 날아오는 가공물 등에 의한 위험 방지

① 가공물 등이 절단되거나 절삭편이 날아오는 등 근로자가 위험해질 우려가 있는 기계에 덮개 또는 울 등을 설치하여야 한다.

② 해당 작업의 성질상 덮개 또는 울 등을 설치하기가 매우 곤란하여 근로자에게 보호구를 사용하도록 한 경우에는 그러하지 아니하다.

7. 정비 등의 작업 시의 운전정지 등

① 공작기계 · 수송기계 · 건설기계 등의 정비 · 청소 · 급유 · 검사 · 수리 · 교체 또는 조정 작업 또는 그 밖에 이와 유사한 작업을 할 때에는 해당 기계의 운전을 정지하여야 한다.(다만, 덮개가 설치되어 있는 등 기계의 구조상 근로자가 위험해질 우려가 없는 경우에는 제외)

② 기계의 운전을 정지한 경우에 다른 사람이 그 기계를 운전하는 것을 방지하기 위하여 기계의 기동장치에 잠금장치를 하고 그 열쇠를 별도 관리하거나 표지판을 설치하는 등 필요한 방호 조치를 하여야 한다.

③ 작업하는 과정에서 적절하지 아니한 작업방법으로 인하여 기계가 갑자기 가동될 우려가 있는 경우 작업지휘자를 배치하는 등 필요한 조치를 하여야 한다.

④ 기계 · 기구 및 설비 등의 내부에 압축된 기체 또는 액체 등이 방출되어 근로자가 위험해질 우려가 있는 경우에는 압축된 기체 또는 액체 등을 미리 방출시키는 등 위험 방지를 위하여 필요한 조치를 하여야 한다.

8. 볼트 · 너트의 풀림 방지

① 기계에 부속된 볼트 · 너트가 풀릴 위험을 방지하기 위하여 그 볼트 · 너트가 적정하게 조여져 있는지를 수시로 확인하는 등 필요한 조치를 한다.

② 너트 및 나사의 풀림 방지

㉠ 로크 너트의 사용

㉡ 분할핀의 사용

㉢ 홈붙이 너트의 사용

㉣ 멈춤쇠나 멈춤나사의 사용

㉤ 와셔의 설치(스피링 와셔, 특수 와셔, 톱니 와셔 등)

㉥ 세트 나사(Set Screw)

9. 운전위치 이탈 시의 조치

차량계 하역운반기계 등, 차량계 건설기계의 운전자가 운전위치를 이탈하는 경우 해당 운전자에게 다음 사항을 준수하도록 하여야 한다.

① 포크, 버킷, 디퍼 등의 장치를 가장 낮은 위치 또는 지면에 내려 둘 것

② 원동기를 정지시키고 브레이크를 확실히 거는 등 갑작스러운 주행이나 이탈을 방지하기 위한 조치를 할 것

③ 운전석을 이탈하는 경우에는 시동키를 운전대에서 분리시킬 것(다만, 운전석에 잠금장치를 하는 등 운전자가 아닌 사람이 운전하지 못하도록 조치한 경우에는 제외)

10. 기타 안전사항

① 연삭기 또는 평삭기의 테이블, 형삭기 램 등의 행정 끝 : 덮개 또는 울 등을 설치

② 원심기(원심력을 이용하여 물질을 분리하거나 추출하는 일련의 작업을 하는 기기) : 덮개를 설치

③ 분쇄기 · 파쇄기 · 마쇄기 · 미분기 · 혼합기 및 혼화기 등을 가동하거나 원료가 흩날릴 우려가 있는 경우 : 덮개를 설치

④ 분쇄기 등의 개구부로부터 가동 부분에 접촉 부분 : 덮개 또는 울 등을 설치

⑤ 종이 · 천 · 비닐 및 와이어 로프 등의 감김통 등 : 덮개 또는 울 등을 설치

⑥ 압력용기 및 공기압축기 등에 부속하는 원동기 · 축이음 · 벨트 · 풀리의 회전 부위 : 덮개 또는 울 등을 설치

⑦ 방호장치의 수리 · 조정 및 교체 등의 작업을 하는 경우를 제외하고는 기계 · 기구 또는 설비에 설치한 방호장치를 해체하거나 사용을 정지하여서는 아니 된다.

⑧ 동력으로 작동되는 기계에 근로자의 머리카락 또는 의복이 말려들어갈 우려가 있는 경우 : 근로자에게 작업에 알맞은 작업모 또는 작업복을 착용

⑨ 날 · 공작물 또는 축이 회전하는 기계를 취급하는 경우 : 근로자의 손에 밀착이 잘 되는 가죽장갑 등과 같이 손이 말려들어갈 위험이 없는 장갑을 사용

⑩ 벨트를 기계에 걸 때 재해를 방지하는 천대장치를 설치한다.

11. 통로

1) 통로의 조명

근로자가 안전하게 통행할 수 있도록 통로에 75럭스 이상의 채광 또는 조명시설을 하여야 한다.(다만, 갱도 또는 상시 통행을 하지 아니하는 지하실 등을 통행하는 근로자에게 휴대용 조명기구를 사용하도록 한 경우에는 제외)

2) 통로의 설치

① 작업장으로 통하는 장소 또는 작업장 내에 근로자가 사용할 안전한 통로를 설치하고 항상 사용할 수 있는 상태로 유지하여야 한다.

② 통로의 주요 부분에 통로표시를 하고, 근로자가 안전하게 통행할 수 있도록 하여야 한다.

③ 통로면으로부터 높이 2미터 이내에는 장애물이 없도록 하여야 한다.(다만, 부득이하게 통로면으로부터 높이 2미터 이내에 장애물을 설치할 수밖에 없거나 통로면으로부터 높이 2미터 이내의 장애물을 제거하는 것이 곤란하다고 고용노동부장관이 인정하는 경우에는 근로자에게 발생할 수 있는 부상 등의 위험을 방지하기 위한 안전조치를 하여야 한다)

3) 통로의 구조

가설통로의 구조	① 견고한 구조로 할 것 ② 경사는 30도 이하로 할 것(다만, 계단을 설치하거나 높이 2미터 미만의 가설통로로서 튼튼한 손잡이를 설치한 경우에는 제외) ③ 경사가 15도를 초과하는 경우에는 미끄러지지 아니하는 구조로 할 것 ④ 추락할 위험이 있는 장소에는 안전난간을 설치할 것(다만, 작업상 부득이한 경우에는 필요한 부분만 임시로 해체할 수 있다) ⑤ 수직갱에 가설된 통로의 길이가 15미터 이상인 경우에는 10미터 이내마다 계단참을 설치할 것 ⑥ 건설공사에 사용하는 높이 8미터 이상인 비계다리에는 7미터 이내마다 계단참을 설치할 것
사다리식 통로 등의 구조	① 견고한 구조로 할 것 ② 심한 손상 · 부식 등이 없는 재료를 사용할 것 ③ 발판의 간격은 일정하게 할 것 ④ 발판과 벽과의 사이는 15센티미터 이상의 간격을 유지할 것 ⑤ 폭은 30센티미터 이상으로 할 것 ⑥ 사다리가 넘어지거나 미끄러지는 것을 방지하기 위한 조치를 할 것 ⑦ 사다리의 상단은 걸쳐놓은 지점으로부터 60센티미터 이상 올라가도록 할 것 ⑧ 사다리식 통로의 길이가 10미터 이상인 경우에는 5미터 이내마다 계단참을 설치할 것 ⑨ 사다리식 통로의 기울기는 75도 이하로 할 것(다만, 고정식 사다리식 통로의 기울기는 90도 이하로 하고, 그 높이가 7미터 이상인 경우에는 바닥으로부터 높이가 2.5미터 되는 지점부터 등받이울을 설치할 것) ⑩ 접이식 사다리 기둥은 사용 시 접혀지거나 펼쳐지지 않도록 철물 등을 사용하여 견고하게 조치할 것

4) 갱내통로 등의 위험 방지

갱내에 설치한 통로 또는 사다리식 통로에 권상장치가 설치된 경우 권상장치와 작업자의 접촉에 의한 위험이 있는 장소 : 판자벽이나 격벽을 설치

5) 계단의 안전

계단의 강도	① 계단 및 계단참을 설치하는 경우 매제곱미터당 500킬로그램 이상의 하중에 견딜 수 있는 강도를 가진 구조로 설치할 것 ② 안전율(안전의 정도를 표시하는 것으로서 재료의 파괴응력도와 허용응력도의 비율)은 4 이상으로 하여야 한다. ③ 사업주는 계단 및 승강구 바닥을 구멍이 있는 재료로 만드는 경우 렌치나 그 밖의 공구 등이 낙하할 위험이 없는 구조로 하여야 한다.
계단의 폭	① 계단을 설치하는 경우 그 폭을 1미터 이상으로 하여야 한다.(다만, 급유용 · 보수용 · 비상용 계단 및 나선형 계단이거나 높이 1미터 미만의 이동식 계단인 경우에는 제외) ② 계단에 손잡이 외의 다른 물건 등을 설치하거나 쌓아 두어서는 아니 된다.
계단참의 설치	높이가 3미터를 초과하는 계단에 높이 3미터 이내마다 진행방향으로 길이 1.2미터 이상의 계단참을 설치할 것
천장의 높이	계단을 설치하는 경우 바닥면으로부터 높이 2미터 이내의 공간에 장애물이 없도록 하여야 한다.(다만, 급유용 · 보수용 · 비상용 계단 및 나선형 계단인 경우에는 제외)
계단의 난간	높이 1미터 이상인 계단의 개방된 측면에 안전난간을 설치할 것

4 기계의 안전조건

1. 외관상의 안전화

기계를 설계할 때 기계 외부에 나타나는 위험부분을 제거하거나 기계 내부에 내장시키는 것

① **가드 설치** : 기계 외형 부분 및 회전체 돌출 부분(묻힘형이나 덮개의 설치)

② **구획된 장소에 격리** : 원동기 및 동력전도장치(벨트, 기어, 샤프트, 체인 등)

③ 안전 색채 조절(기계 장비 및 부수되는 배관)

시동 스위치	녹색	고열을 내는 기계	청녹색, 회청색	기름배관	암황적색
급정지 스위치	적색	증기배관	암적색	물배관	청색
대형 기계	밝은 연녹색	가스배관	황색	공기배관	백색

2. 기능적 안전화

기계나 기구를 사용할 때 기계의 기능이 저하하지 않고 안전하게 작업하는 것으로 능률적이고 재해 방지를 위한 설계를 한다.

1) 적절한 조치가 필요한 이상상태(자동화된 기계설비가 재해 측면에서의 불리한 조건)

① 전압강하, 정전 시의 기계 오동작

② 단락, 스위치 릴레이 고장 시 오동작

③ 사용압력 변동 시의 오동작

④ 밸브계통의 고장에 의한 오동작

2) 안전화 대책

소극적 대책	① 이상 시 기계를 급정지 ② 방호장치 작동
적극적 대책	① 회로를 개선하여 오동작 방지 ② 별도의 완전한 회로에 의해 정상기능을 찾을 수 있도록 함 ③ Fail Safe화

3. 작업점의 안전화

1) 작업점의 안전

작업점은 기계설비에서 특히 위험을 발생할 우려가 있는 부분으로 다음과 같은 장치를 설치하여야 한다.

① 자동제어

② 원격제어장치

③ 방호장치

2) 기계설비의 작업점

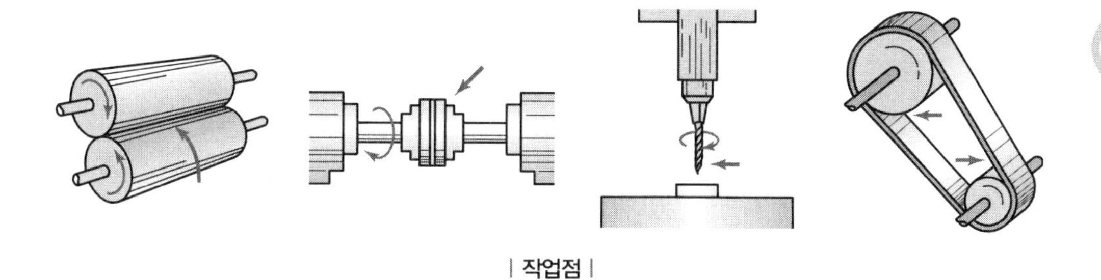

| 작업점 |

4. 작업의 안전화

작업의 안전화에 대한 기본 이념은 인간공학적 측면에 바탕을 두고 있다.

안전작업을 위한 설계요건	① 안전한 기동장치와 배치 ② 정지장치와 정지 시의 시건장치 ③ 급정지 버튼, 급정지장치 등의 구조와 배치 ④ 작업자가 위험부분에 근접 시 작동하는 검출형 안전장치의 사용 ⑤ 연동장치(interlock)된 방호장치의 사용 ⑥ 안전한 작업을 위한 치공구류 사용
인간공학적 견지의 배려사항	① 기계에 부착된 조명, 소음 등의 검토 및 개선 ② 기계류 표시와 배치를 적정히 하여 혼돈이 생기지 않도록 할 것 ③ 작업대나 의자의 높이 또는 형을 개선할 것 ④ 충분한 작업공간의 확보 ⑤ 안전한 통로나 계단의 확보

5. 구조상의 안전화

1) 구조상의 안전화에 대한 결함

설계상의 결함	① 가장 큰 원인은 강도 산정(부하 예측, 강도 계산)상의 오류 ② 사용상 강도의 열화를 고려하여 안전율을 산정 ③ 하중의 정확한 예측 및 측정으로 강도 계산의 착오 예방 ④ 극한강도 및 최대사용하중 등과 강도의 열화를 고려한 안전율을 산정
재료의 결함	① 기계 재료 자체에 균열, 부식, 강도 저하, 불순물 내재, 내부 구멍 등의 결함이 있으므로 설계 시 재료의 선택에 유의하여야 한다. ② 사고 예방을 위하여 균열, 부식, 강도 등을 철저히 점검하여 최상의 재료를 선정한다.
가공의 결함	재료 가공 도중 결함이 생길 수 있으므로 기계적 특성을 갖는 적절한 열처리 등이 필요하다.

2) 안전율

① 정의

㉠ 응력 설정의 부정확, 재료의 불균일에 대한 신뢰성 결여를 충분히 보충하고 각 부분이 필요로 하는 충분한 안전도를 갖게 하기 위한 값으로, 항상 1보다 크며 기초강도와 허용응력의 비로 표현한다.

㉡ 안전계수라고도 한다.

② 허용응력을 결정하기 위한 기초강도

재료의 조건	기초강도
상온에서 연성재료가 정하중을 받을 경우	극한강도 또는 항복점
상온에서 취성재료가 정하중을 받을 경우	극한강도
고온에서 정하중을 받을 경우	크리프 강도
반복응력을 받을 경우	피로한도

③ 안전율의 계산

㉠ 안전율(안전계수)

$$\text{안전율(안전계수)} = \frac{\text{기초강도}}{\text{허용응력}} = \frac{\text{극한강도}}{\text{허용응력}} = \frac{\text{최대응력}}{\text{허용응력}} = \frac{\text{절단하중(파괴하중)}}{\text{최대사용하중}}$$
$$= \frac{\text{극한강도}}{\text{최대설계응력}} = \frac{\text{파단하중}}{\text{안전하중}} = \frac{\text{인장강도}}{\text{허용응력}}$$

㉡ 안전여유

$$\text{안전여유} = \text{극한강도} - \text{허용응력} = \text{극한하중} - \text{정격하중}$$

••• 예상문제

안전계수가 6인 체인의 정격하중이 100kg일 경우 이 체인의 극한강도는 몇 kg인가?

풀이

$$안전율(안전계수) = \frac{극한강도}{허용하중}$$

극한강도 = 안전계수 × 허용하중 = 6 × 100 = 600[kg]

답 600[kg]

④ 하중

㉠ 하중의 정의 : 기계나 구조물 등에 외부로부터 작용하는 힘, 즉 정지하고 있는 물체를 움직이거나, 움직이고 있는 물체의 방향이나 속도를 변화시키려고 하는 것을 말한다.

㉡ 하중의 종류

ⓐ 정하중 : 정지상태에서 힘을 가했을 때 변화하지 않는 하중 또는 지극히 서서히 가해진 하중(안전율을 가장 작게 함)

구분		내용
수직하중	인장하중	재료를 축방향으로 잡아당겨서 늘어나도록 작용하는 하중
	압축하중	재료를 축방향으로 압축시켜서 수축(파괴)되도록 작용하는 하중
전단하중		재료를 가위로 자르는 것과 같이 단면에 평행하도록 작용하는 하중
비틀림하중		재료를 비틀어지게 하여 파괴시키려는 하중
굽힘하중		재료가 구부러지도록 작용하는 하중
좌굴하중		단면적에 비해 길이가 긴 기둥인 경우 탄성 한도 내에서 압축하중이 작용되었을 때 기둥이 휘어지도록 작용하는 하중

ⓑ 동하중 : 속도가 고려되는 하중, 즉 동적으로 작용하는 하중

구분		내용
동하중	반복하중	연속적 혹은 단속적으로 반복해서 작용하는 하중
	교번하중	하중의 크기와 방향이 변화하는 인장력과 압축력이 상호 연속적으로 반복되는 하중
	충격하중	짧은 시간에 급격히 작용하는 하중(안전율을 가장 크게 함)

ⓒ 하중에 따른 안전율의 크기 순서

충격하중 > 교번하중 > 반복하중 > 정하중

⑤ 응력(Stress)

㉠ 응력의 정의 : 재료에 하중이 작용할 경우 그것에 저항하여 그 하중과 크기가 같은 반대방향으로 생기는 내력을 응력이라 하며, 가상 단면을 잘랐을 시 단위면적당의 힘을 말한다.

$$\sigma = \frac{P}{A}$$

여기서, σ : 응력, P : 하중, A : 단면적
(응력의 단위 : N/m^2, Pa, kPa[10^{3}Pa], MPa[10^{6}Pa], GPa[10^{9}Pa], kgf/cm^2, kgf/m^2 등)

㉡ 응력의 종류

수직응력 (법선응력)	재료의 단면에 수직으로 작용하는 응력을 말한다.	인장응력	인장하중에 의해 발생되는 수직응력
		압축응력	압축하중에 의해 발생되는 수직응력
전단응력 (접선응력)	재료의 단면에 평행하게(접선 방향으로) 작용하는 응력을 말한다.		

6. 보전작업의 안전화

기계를 설계하고 주유, 점검, 청소, 부품교환, 수리 등이 손쉽게 이루어질 수 있도록 하는 것

1) 보전작업의 안전화를 위한 고려사항

① 보전용 통로나 작업장 확보
② 분해 시 차트화
③ 고장이 없도록 정기점검
④ 분해 · 교환의 철저화
⑤ 주유방법의 개선
⑥ 구성부품의 신뢰도 향상

2) 기계 고장률의 기본모형

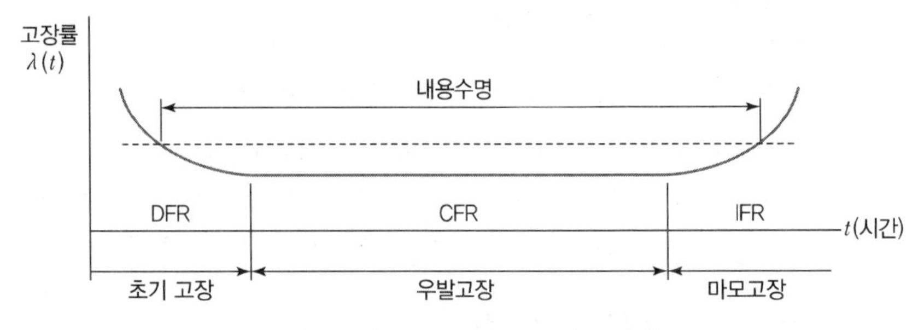

| **고장률 곡선(욕조곡선, Bath－tub Curve)** |

초기 고장	감소형(DFR ; Decreasing Failure Rate)	① 고장률이 시간에 따라 감소 ② 디버깅 기간 ③ 번인(Burn－in) 기간
우발고장	일정형(CFR ; Constant Failure Rate)	① 고장률이 시간에 관계없이 거의 일정 ② 고장률이 가장 낮음 ③ 사후보전(BM) 실시
마모고장	증가형(IFR ; Increasing Failure Rate)	① 고장률이 시간에 따라 증가 ② 예방보전(PM) 실시

5 기계 방호장치

1. 안전장치의 설치

1) 방호조치 및 방호장치

① 방호조치

위험기계 · 기구의 위험장소 또는 부위에 근로자가 통상적인 방법으로는 접근하지 못하도록 하는 제한조치를 말하며 방호망, 방책, 덮개 또는 각종 방호장치 등을 설치하는 것을 포함한다.

② 방호장치

방호조치를 하기 위한 여러 가지 방법 중 위험기계 · 기구의 위험 한계 내에서의 안전성을 확보하기 위한 장치를 말한다. 즉, 작업자를 보호하기 위해 일시적 또는 영구적으로 설치하는 기계적 · 물리적으로 안전을 확보하기 위한 장치를 말한다.

2) 기계 방호의 원리

위험 제거	① 위험의 잠재요인을 원천적으로 제거 ② 전압을 낮추어 저전압 설계, 뾰족한 모서리 부분의 제거 등
차단(위험상태의 제거)	① 위험성은 존재하나 안전성이 높음 ② 위험으로부터 작업자가 격리된 상태 ③ 작업공정의 자동화 및 차단벽 설치 등
덮개(위험상태의 삭감)	① 위험성은 존재하나 재해 가능성 절감 ② 위험이 발생하더라도 사람에게 전달되지 않도록 차단 ③ 작업점에 대한 방호덮개 및 기계설비의 방호장치 설치 ④ 사람에게 보호구를 착용시켜 위험요소 차단
위험에 적응	① 제어시스템 글자판을 쉽게 읽을 수 있도록 개선 ② 위험에 대한 정보 제공 ③ 안전한 행위를 위한 동기부여 ④ 교육, 훈련

3) 안전장치(방호장치)의 기본 목적

① 작업자의 보호

② 인적 · 물적 손실의 방지

③ 기계 위험 부위의 접촉 방지 등

2. 작업점의 방호

1) 방호장치의 분류

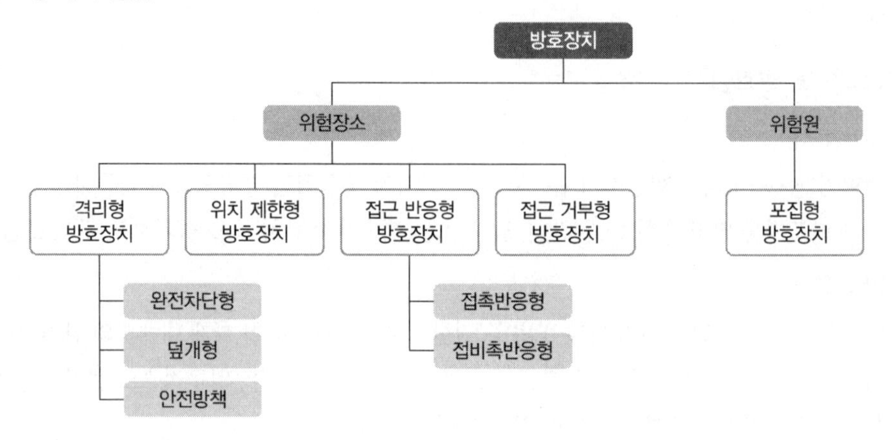

2) 방호방법

① 격리형 방호장치

㉠ 작업점과 작업자 사이에 접촉되어 일어날 수 있는 재해를 방지하기 위해 차단벽이나 망을 설치하는 방호장치

㉡ 종류

완전차단형	① 어떤 방향에서도 작업점까지 신체가 접근할 수 없도록 완전히 차단하는 장치 ② 체인 및 벨트 등의 동력장치
덮개형	① 작업점 이외에 작업자가 말려들거나 끼일 위험이 있는 곳을 덮어씌우는 방법 ② 기어, V벨트, 평벨트 등
안전방책	① 위험한 기계 · 기구 근처에 접근치 못하도록 방호울을 설치하는 방법 ② 위험기계 · 기구, 고전압의 전기설비 등

② 위치 제한형 방호장치

㉠ 작업자의 신체부위가 위험한계 밖에 있도록 기계의 조작장치를 위험한 작업점에서 안전거리 이상 떨어지게 하거나 조작장치를 양손으로 동시에 조작하게 함으로써 위험한계에 접근하는 것을 제한하는 방호장치

㉡ 프레스의 양수조작식 방호장치

③ 접근 반응형 방호장치

㉠ 작업자의 신체부위가 위험한계 또는 그 인접한 거리 내로 들어오면 이를 감지하여 그 즉시 기계의 동작을 정지시키고 경보등을 발하는 방호장치

㉡ 프레스 및 전단기의 광전자식 방호장치

④ 접근 거부형 방호장치

㉠ 작업자의 신체부위가 위험한계 내로 접근하였을 때 기계적인 작용에 의하여 접근을 못하도록 저지하는 방호장치

㉡ 프레스의 수인식, 손쳐내기식 방호장치

⑤ **포집형 방호장치**

㉠ 작업자로부터 위험원을 차단하는 방호장치

㉡ 연삭기 덮개나 반발 예방방치 등과 같이 위험장소에 설치하여 위험원이 비산하거나 튀는 것을 포집하여 작업자로부터 위험원을 차단하는 방호장치

⑥ **감지형 방호장치** : 이상온도, 이상기압, 과부하 등 기계의 부하가 안전한계치를 초과하는 경우 이를 감지하고 자동으로 안전한 상태가 되도록 조정하거나 기계의 작동을 중지시키는 방호장치

3) 작업점에 대한 방호 방침

① 작업점에 작업자가 접근할 수 없게 할 것

② 조작을 할 때 작업점에 접근할 수 없게 할 것

③ 작업자가 위험지대를 벗어나야만 기계가 움직이게 할 것

④ 손을 작업점에 넣지 않도록 할 것

3. 작업점 가드

1) 가드(Guard)의 개요

① 가드의 의의 : 물리적 위험성이 있는 장비 또는 기계의 작업점, 회전부분 등을 움직이는 부분과 접촉하지 않도록 하기 위한, 그리고 기계에서 비산되는 파편 또는 스파크 등의 위험으로부터 사람을 방호하기 위한 것을 말한다.

② 설치기준

㉠ 충분한 강도를 유지할 것

㉡ 구조가 단순하고 조정이 용이할 것

㉢ 작업, 점검, 주유 시 장애가 없을 것

㉣ 위험점 방호가 확실할 것

㉤ 개구부 등 간격(틈새)이 적정할 것

③ 가드의 분류(구조상 분류)

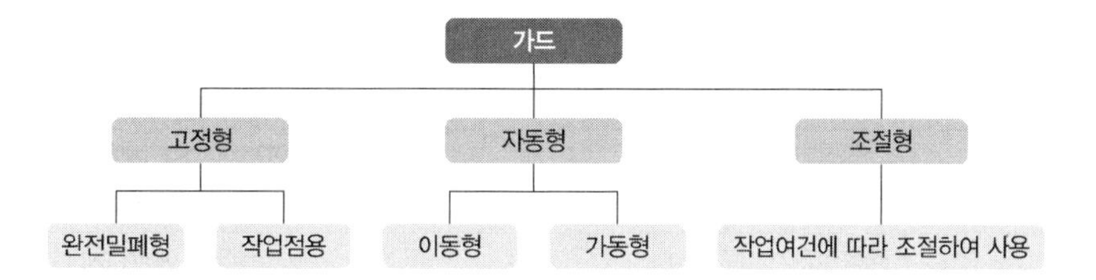

2) 가드(Guard)의 종류와 특징

① 고정형 가드(Fixed Guard)

㉠ 개구부로부터 가공물과 공구 등을 넣어도 손은 위험영역에 머무르지 않는 형태

㉡ 완전 밀폐형 : 덮개나 울 등을 동력 전달부 또는 돌출 회전물에 고정 설치하여 작업자를 위험 장소로부터 완전히 격리 차단하는 방법

㉢ 작업점용 가드 : 재료의 송급 및 가공재를 배출할 때 작업에 방해를 주지 않으면서 작업자가 위험점에 근접하지 못하게 하는 구조(1차 가공작업에 널리 적용)

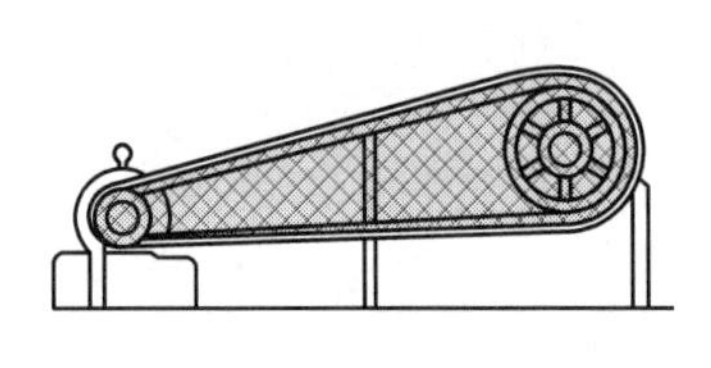

| 완전 밀폐형 |

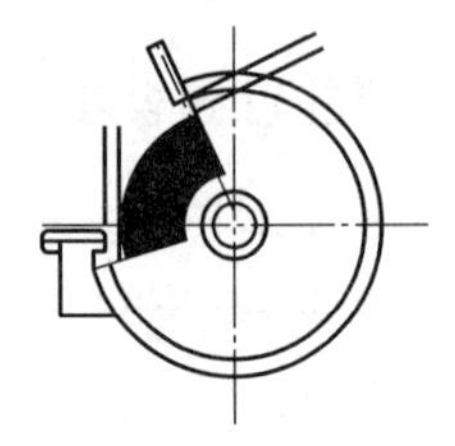

| 작업점용 가드 |

② 자동형 가드(Auto Guard)

기계적 · 전기적 · 유공압적 방법에 의한 인터록(Interlock) 기구를 부착한 가드로, 가드 해제 시 자동적으로 기계가 정지하는 방식

③ 조절형 가드(Adjustable Guard)

㉠ 위험구역에 맞추어 적당한 모양으로 조절하는 것으로 기계에 사용하는 공구를 바꿀 때 이에 맞추어 조정하는 가드

㉡ 날접촉 예방장치, 톱날접촉 예방장치, 프레스의 안전울 등

6 유해하거나 위험한 기계 · 기구에 대한 방호조치

1. 대상 기계 · 기구 및 방호조치

누구든지 동력(動力)으로 작동하는 기계 · 기구로서 유해 · 위험 방지를 위한 방호조치를 하지 아니하고는 양도, 대여, 설치 또는 사용에 제공하거나 양도 · 대여의 목적으로 진열해서는 아니 된다.

대상 기계 · 기구	방호조치
예초기	날접촉 예방장치
원심기	회전체 접촉 예방장치
공기압축기	압력방출장치
금속절단기	날접촉 예방장치
지게차	헤드가드, 백레스트, 전조등, 후미등, 안전벨트
포장기계(진공포장기, 래핑기로 한정)	구동부 방호 연동장치

2. 추가적인 대상 기계 · 기구 및 방호조치

누구든지 동력으로 작동하는 기계 · 기구로서 다음 각 호의 어느 하나에 해당하는 것은 고용노동부령으로 정하는 방호조치를 하지 아니하고는 양도, 대여, 설치 또는 사용에 제공하거나 양도 · 대여의 목적으로 진열해서는 아니 된다.

대상 기계 · 기구	방호조치
작동부분에 돌기부분이 있는 것	작동부분의 돌기부분은 묻힘형으로 하거나 덮개를 부착할 것
동력전달부분 또는 속도조절부분이 있는 것	동력전달부분 및 속도조절부분에는 덮개를 부착하거나 방호망을 설치할 것
회전기계에 물체 등이 말려들어갈 부분이 있는 것	회전기계의 물림점(롤러나 톱니바퀴 등 반대방향의 두 회전체에 물려들어가는 위험점)에는 덮개 또는 울을 설치할 것

3. 방호조치 해체 등에 필요한 조치

사업주와 근로자는 방호조치를 해체하려는 경우에는 다음의 필요한 안전조치 및 보건조치를 하여야 한다.

방호조치를 해체하려는 경우	사업주의 허가를 받아 해체할 것
방호조치 해체 사유가 소멸된 경우	방호조치를 지체 없이 원상으로 회복시킬 것
방호조치의 기능이 상실된 것을 발견한 경우	지체 없이 사업주에게 신고할 것

CHAPTER

02 기계분야 산업재해 조사 및 관리

SECTION 01 재해조사

1 재해조사의 목적 및 유의사항

1. 재해조사의 목적

재해 원인과 결함을 규명하고 예방 자료를 수집하여 동종재해 및 유사재해의 재발방지 대책을 강구하는 데 목적이 있다.

① 재해 발생원인 및 결함 규명
② 재해 예방 자료 수집
③ 동종 및 유사재해 재발방지

2. 용어의 정의

1) 안전사고

불안전한 행동이나 조건이 선행되어 고의성 없이 작업을 방해하거나 일의 능률을 저하시키며, 직 · 간접으로 인명이나 재산손실을 가져올 수 있는 사건을 말한다.

2) 재해

안전사고의 결과로 일어난 인명과 재산의 손실을 가져올 수 있는 계획되지 않거나 예상하지 못한 사건을 말한다.

3) 아차사고(Near Accident)

재해 또는 사고가 발생하여도 인명 상해나 물적 손실 등 일체의 피해가 없는 사고를 말한다.

4) 산업재해

노무를 제공하는 사람이 업무에 관계되는 건설물 · 설비 · 원재료 · 가스 · 증기 · 분진 등에 의하거나 작업 또는 그 밖의 업무로 인하여 사망 또는 부상하거나 질병에 걸리는 것을 말한다.

5) 중대재해

① 사망자가 1명 이상 발생한 재해

② 3개월 이상의 요양이 필요한 부상자가 동시에 2명 이상 발생한 재해
③ 부상자 또는 직업성 질병자가 동시에 10명 이상 발생한 재해

3. 재해조사 시 유의사항

① 사실을 수집하고 재해 이유는 뒤로 미룬다.
② 목격자 등이 발언하는 사실 이외의 추측의 말은 참고로 한다.
③ 조사는 신속하게 행하고 2차 재해의 방지를 도모한다.
④ 사람, 설비, 환경의 측면에서 재해요인을 도출한다.
⑤ 객관성을 가지고 제3자의 입장에서 공정하게 조사하며, 조사는 2인 이상으로 한다.
⑥ 책임추궁보다 재발방지를 우선하는 기본태도를 갖는다.
⑦ 피해자에 대한 구급조치를 우선으로 한다.
⑧ 2차 재해의 예방과 위험성에 대응하여 보호구를 착용한다.
⑨ 발생 후 가급적 빨리 재해현장이 변형되지 않은 상태에서 실시한다.

2 재해 발생 시 조치사항

1. 재해 발생 시 조치사항

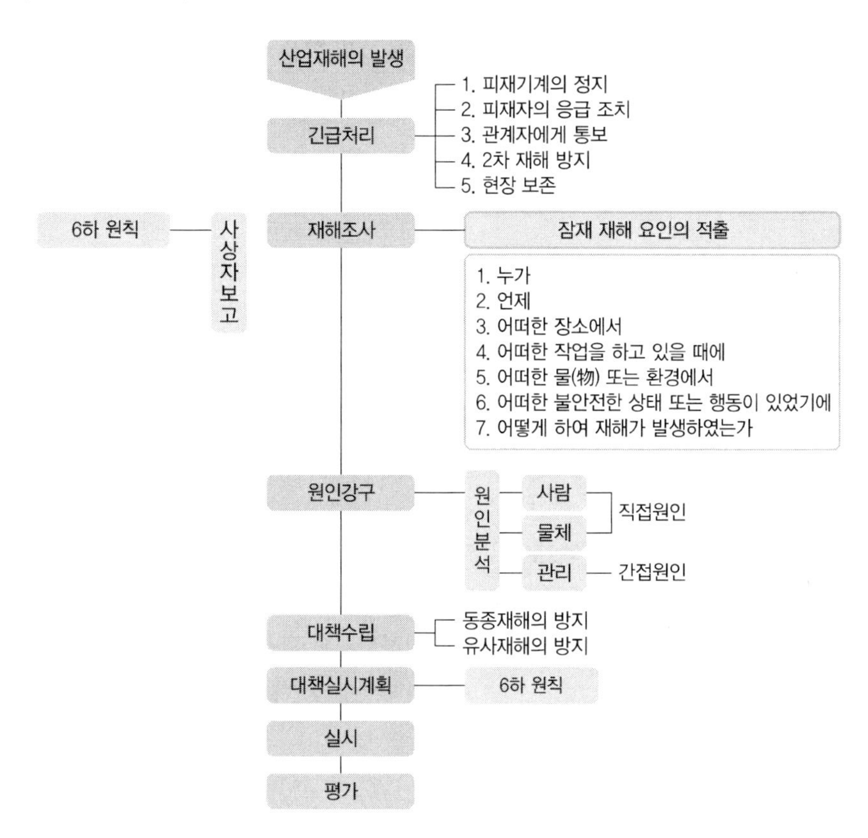

2. 산업재해 발생보고 방법 및 내용

산업재해 보고	대상재해	산업재해로 사망자가 발생하거나 3일 이상의 휴업이 필요한 부상을 입거나 질병에 걸린 사람이 발생한 경우
	보고방법	해당 산업재해가 발생한 날부터 1개월 이내에 산업재해조사표를 작성하여 관할 지방고용노동관서의 장에게 제출(전자문서로 제출하는 것을 포함)
중대재해 발생 사실을 알게 된 경우	보고방법	지체 없이 사업장 소재지를 관할하는 지방고용노동관서의 장에게 전화 · 팩스 또는 그 밖의 적절한 방법으로 보고
	보고사항	① 발생 개요 및 피해 상황 ② 조치 및 전망 ③ 그 밖의 중요한 사항
산업재해 발생 시 기록 · 보존사항		① 사업장의 개요 및 근로자의 인적사항 ② 재해 발생의 일시 및 장소 ③ 재해 발생의 원인 및 과정 ④ 재해 재발방지 계획

3 재해의 원인분석 및 조사기법

1. 재해의 원인분석(재해조사 시 분석방법)

1) 개별적 원인분석

① 개개의 재해를 각각 분석하는 것으로 상세하게 그 원인을 규명
② 특별재해나 중대한 재해의 원인분석에 적합
③ 재해 발생수가 비교적 적은 중소기업에 적합
④ **분석내용** : 재해형식, 재해원인, 재해경향성, 재해 Cost

2) 통계에 의한 원인분석

① **파레토도** : 사고의 유형, 기인물 등 분류항목을 큰 값에서 작은 값의 순서로 도표화하며, 문제나 목표의 이해에 편리하다.
② **특성 요인도** : 특성과 요인관계를 어골상으로 도표화하여 분석하는 기법(원인과 결과를 연계하여 상호 관계를 파악하기 위한 분석방법)
③ **클로즈(Close) 분석** : 두 개 이상의 문제관계를 분석하는 데 사용하는 것으로, 데이터를 집계하고 표로 표시하여 요인별 결과내역을 교차한 클로즈 그림을 작성하여 분석하는 기법
④ **관리도** : 재해 발생 건수 등의 추이에 대해 한계선을 설정하여 목표 관리를 수행하는 데 사용되는 방법으로 관리선은 관리상한선, 중심선, 관리하한선으로 구성된다.

| 파레토도 |　　　| 특성 요인도 |

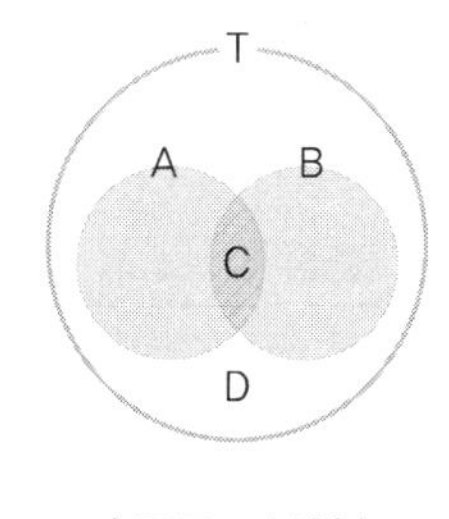

| 클로즈 분석 |

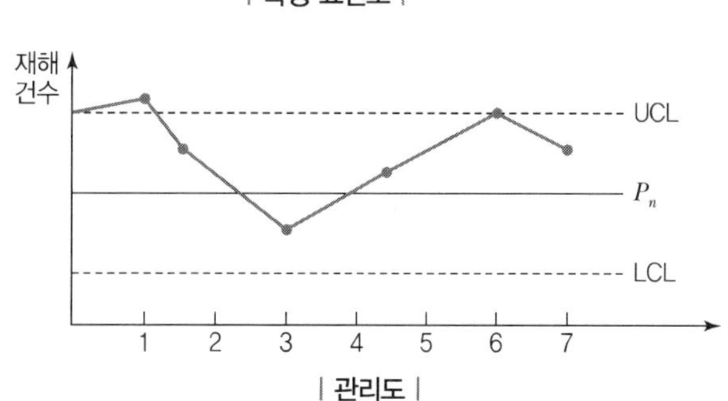

| 관리도 |

2. 사고의 본질적 특성

사고의 시간성	사고의 본질은 공간적인 것이 아니라 시간적이다.
우연성 중의 법칙성	우연히 발생하는 것처럼 보이지만 사실은 분명한 법칙에 따라 발생되기도 하고 미연에 방지되기도 한다.
필연성 중의 우연성	인간의 시스템은 복잡하여 필연적인 규칙과 법칙이 있다 하더라도 불안전한 행동 및 상태, 또는 착오, 부주의 등의 우연성이 사고 발생의 원인을 제공하기도 한다.
사고의 재현 불가능성	사고는 인간의 안전의지와 무관하게 돌발적으로 발생하며, 시간의 경과와 함께 상황을 재현할 수는 없다.

3. 산업재해의 발생형태

① **단순자극형(집중형)** : 상호 자극에 의하여 순간적으로 재해가 발생하는 유형으로 재해가 일어난 장소와 그 시기에 일시적으로 요인이 한 곳에 집중

② **연쇄형** : 어느 하나의 사고 요인이 또 다른 사고 요인을 발생시키면서 재해를 발생시키는 유형

③ **복합형** : 단순자극형(집중형)과 연쇄형의 복합적인 재해 발생 유형

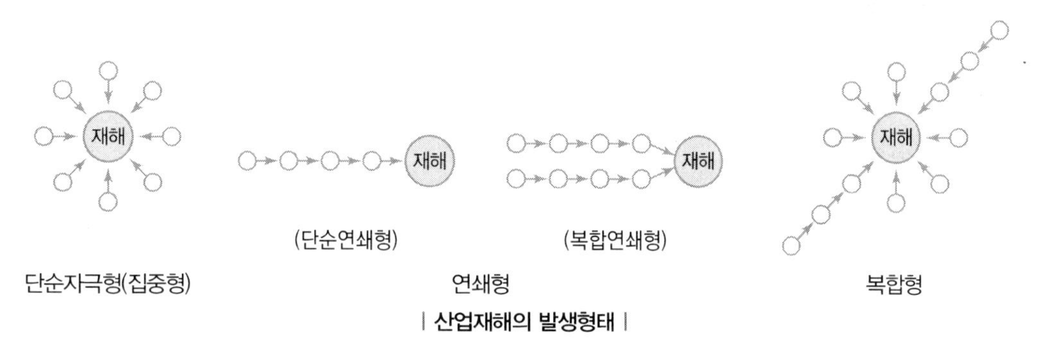

| 산업재해의 발생형태 |

4. 산업재해의 원인

1) 직접원인(불안전한 행동과 상태)

불안전한 행동(인적 요인)	불안전한 상태(물적 요인)
① 설비 · 기계 및 물질의 부적절한 사용 · 관리 ② 구조물 등 그 밖의 위험 방치 및 미확인 ③ 작업수행 소홀 및 절차 미준수 ④ 불안전한 작업자세 ⑤ 작업수행 중 과실 ⑥ 무모한 또는 불필요한 행위 및 동작 ⑦ 복장, 보호구의 미착용 및 부적절한 사용 ⑧ 불안전한 속도 조작 ⑨ 안전장치의 기능 제거 ⑩ 불안전한 인양 및 운반	① 물체 및 설비 자체의 결함 ② 방호조치의 부적절 ③ 작업통로 등 장소불량 및 위험 ④ 물체, 기계기구 등의 취급상 위험 ⑤ 작업공정 · 절차의 부적절 ⑥ 작업환경 등의 부적절 ⑦ 보호구의 성능불량 ⑧ 불안전한 설계로 인한 결함 발생

2) 간접원인

기술적 원인	① 건물, 기계장치의 설계불량 ② 구조, 재료의 부적합	③ 생산방법의 부적당 ④ 점검, 정비보존의 불량
교육적 원인	① 안전의식의 부족 ② 안전수칙의 오해 ③ 경험훈련의 미숙	④ 작업방법의 교육 불충분 ⑤ 유해위험 작업의 교육 불충분
신체적 원인	① 신체적 결함(두통, 현기증, 간질병, 난청)	② 피로(수면부족)
정신적 원인	① 태도불량(태만, 불만, 반항)	② 정신적 동요(공포, 긴장, 초조, 불화)
작업관리상의 원인	① 안전관리조직의 결함 ② 안전수칙의 미제정 ③ 작업준비 불충분	④ 인원배치 부적당 ⑤ 작업지시 부적당

SECTION 02 산재분류 및 통계분석

1 산재분류의 이해

1. 재해의 분류

1) 재해 발생 형태별 분류

재해 발생 형태란 재해 및 질병이 발생된 형태 또는 근로자(사람)에게 상해를 입힌 기인물과 상관된 현상을 말한다.

분류항목	세부항목
떨어짐 (높이가 있는 곳에서 사람이 떨어짐)	사람이 인력(중력)에 의하여 건축물, 구조물, 가설물, 수목, 사다리 등의 높은 장소에서 떨어지는 것
넘어짐 (사람이 미끄러지거나 넘어짐)	사람이 거의 평면 또는 경사면, 층계 등에서 구르거나 넘어지는 경우
깔림 · 뒤집힘 (물체의 쓰러짐이나 뒤집힘)	기대어져 있거나 세워져 있는 물체 등이 쓰러져 깔린 경우 및 지게차 등의 건설기계 등이 운행 또는 작업 중 뒤집어진 경우
부딪힘(물체에 부딪힘) · 접촉	재해자 자신의 움직임 · 동작으로 인하여 기인물에 접촉 또는 부딪히거나, 물체가 고정부에서 이탈하지 않은 상태로 움직임(규칙, 불규칙) 등에 의하여 부딪히거나, 접촉한 경우
맞음 (날아오거나 떨어진 물체에 맞음)	구조물, 기계 등에 고정되어 있던 물체가 중력, 원심력, 관성력 등에 의하여 고정부에서 이탈하거나 또는 설비 등으로부터 물질이 분출되어 사람을 가해하는 경우
끼임 (기계설비에 끼이거나 감김)	두 물체 사이의 움직임에 의하여 일어난 것으로 직선 운동하는 물체 사이의 끼임, 회전부와 고정체 사이의 끼임, 롤러 등 회전체 사이에 물리거나 또는 회전체 · 돌기부 등에 감긴 경우
무너짐 (건축물이나 쌓여진 물체가 무너짐)	토사, 적재물, 구조물, 건축물, 가설물 등이 전체적으로 허물어져 내리거나 또는 주요 부분이 꺾어져 무너지는 경우
압박 · 진동	재해자가 물체의 취급과정에서 신체 특정부위에 과도한 힘이 편중 · 집중 · 눌려진 경우나 마찰접촉 또는 진동 등으로 신체에 부담을 주는 경우
신체반작용	물체의 취급과 관련 없이 일시적이고 급격한 행위 · 동작, 균형상실에 따른 반사적 행위 또는 놀람, 정신적 충격, 스트레스 등
부자연스런 자세	물체의 취급과 관련 없이 작업환경 또는 설비의 부적절한 설계 또는 배치로 작업자가 특정한 자세 · 동작을 장시간 취하여 신체의 일부에 부담을 주는 경우
과도한 힘 · 동작	물체의 취급과 관련하여 근육의 힘을 많이 사용하는 경우로서 밀기, 당기기, 지탱하기, 들어올리기, 돌리기, 잡기, 운반하기 등과 같은 행위 · 동작
반복적 동작	물체의 취급과 관련하여 근육의 힘을 많이 사용하지 않는 경우로서 지속적 또는 반복적인 업무수행으로 신체의 일부에 부담을 주는 행위 · 동작
이상온도 노출 · 접촉	고 · 저온 환경 또는 물체에 노출 · 접촉된 경우
이상기압 노출	고 · 저기압 등의 환경에 노출된 경우
유해 · 위험물질 노출 · 접촉	유해 · 위험물질에 노출 · 접촉 또는 흡입하였거나 독성동물에 쏘이거나 물린 경우
소음노출	폭발음을 제외한 일시적 · 장기적인 소음에 노출된 경우
유해광선 노출	전리 또는 비전리 방사선에 노출된 경우
산소결핍 · 질식	유해물질과 관련 없이 산소가 부족한 상태 · 환경에 노출되었거나 이물질 등에 의하여 기도가 막혀 호흡기능이 불충분한 경우
화재	가연물에 점화원이 가해져 비의도적으로 불이 일어난 경우를 말하며, 방화는 의도적이기는 하나 관리할 수 없으므로 화재에 포함시킴
폭발	건축물, 용기 내 또는 대기 중에서 물질의 화학적, 물리적 변화가 급격히 진행되어 열, 폭음, 폭발압이 동반하여 발생하는 경우
감전	전기설비의 충전부 등에 신체의 일부가 직접 접촉하거나 유도전류의 통전으로 근육의 수축, 호흡곤란, 심실세동 등이 발생한 경우 또는 특별고압 등에 접근함에 따라 발생한 섬락 접촉, 합선 · 혼촉 등으로 인하여 발생한 아크에 접촉된 경우
폭력행위	의도적인 또는 의도가 불분명한 위험행위(마약, 정신질환 등)로 자신 또는 타인에게 상해를 입힌 폭력 · 폭행을 말하며, 협박 · 언어 · 성폭력 및 동물에 의한 상해 등도 포함

2) 상해 종류에 의한 분류

분류항목	세부항목
골절	뼈가 부러진 상해
동상	저온물 접촉으로 생긴 동상상해
부종	국부의 혈액순환의 이상으로 몸이 퉁퉁 부어오르는 상해
찔림(자상)	칼날 등 날카로운 물건에 찔린 상해
타박상(좌상)	타박, 충돌, 추락 등으로 피부표면보다는 피하조직 또는 근육부를 다친 상해(삔 것 포함)
절단	신체부위가 절단된 상해
중독, 질식	음식, 약물, 가스 등에 의한 중독이나 질식된 상해
찰과상	스치거나 문질러서 벗겨진 상해
베임(창상)	창, 칼 등에 베인 상해
화상	화재 또는 고온물 접촉으로 인한 상해
뇌진탕	머리를 세게 맞았을 때 장해로 일어난 상해
익사	물 등에 익사된 상해
피부병	직업과 연관되어 발생 또는 악화되는 피부질환
청력장해	청력이 감퇴 또는 난청이 된 상해
시력장해	시력이 감퇴 또는 실명된 상해

3) 통계적 분류

① 사망 : 노동손실일수 7,500일(업무로 인하여 목숨을 잃게 되는 경우)

② 중상해 : 부상으로 8일 이상 노동손실을 가져온 상해 정도

③ 경상해 : 부상으로 1일 이상, 7일 이하의 노동손실을 가져온 상해

④ 경미상해 : 8시간 이내의 휴무 또는 작업에 종사하면서 치료를 받는 상해(통원치료)

4) 상해 정도별 분류[국제노동기구(ILO)에 따른 분류]

사망	안전사고 혹은 부상의 결과로 사망한 경우 : 노동손실일수 7,500일
영구 전노동 불능상해	부상결과 근로기능을 완전히 잃은 경우(신체장해등급 제1급~제3급) : 노동손실일수 7,500일
영구 일부노동 불능상해	부상결과 신체의 일부가 근로기능을 상실한 경우(신체장해등급 제4급~제14급)
일시 전노동 불능상해	의사의 진단에 따라 일정기간 근로를 할 수 없는 경우(신체장해가 남지 않는 일반적인 휴업재해)
일시 일부노동 불능상해	의사의 진단에 따라 부상 다음날 혹은 그 이후에 정규근로에 종사할 수 없는 휴업재해 이외의 경우(일시적으로 작업시간 중에 업무를 떠나 치료를 받는 것 또는 가벼운 작업에 종사하는 정도의 휴업재해)
응급(구급)조치 상해	응급처치 혹은 의료조치를 받아 부상당한 다음 날 정규근로에 종사할 수 있는 경우

2. 기인물과 가해물

① 기인물 : 직접적으로 재해를 유발하거나 영향을 끼친 에너지원(운동, 위치, 열, 전기 등)을 지닌 기계 · 장치, 구조물, 물체 · 물질, 사람 또는 환경 등을 말한다.

② 가해물 : 사람에게 직접적으로 상해를 입힌 기계, 장치, 구조물, 물체 · 물질, 사람 또는 환경요인을 말한다.

2 재해 관련 통계의 정의

1. 재해통계의 개요

① 발생된 재해를 통계적으로 분석하는 것으로 재해요인의 분포를 파악하여 대상이 되는 집단의 경향과 특성 등을 수량적 · 총괄적으로 분석하는 것이다.
② 주로 대상으로 하는 조직의 안전관리 수준을 평가하기도 하고, 재해방지에 기본이 되는 정보를 파악하기 위해 작성하는 것이다.

2. 재해통계의 목적

① 조직의 안전관리수준의 평가와 재해방지에 기본이 되는 재해정보를 파악
② 재해요인의 분포를 파악하여 대상집단의 경향과 특성 등을 수량적 · 총괄적으로 분석
③ 정보를 통하여 효과적인 대책을 강구
④ 동종재해 또는 유사재해의 재발방지를 도모

3. 재해통계 작성 시 유의사항

① 산업재해통계는 그 활용 목적을 만족시킬 수 있는 충분한 내용이 담겨 있어야 한다.
② 산업재해통계는 구체적으로 표시되어야 하며 그 내용은 쉽게 이해되고 활용될 수 있도록 작성한다.
③ 산업재해통계는 안전활동을 추진하기 위한 기초자료이며, 안전활동 그 자체가 아님을 인식한다.
④ 산업재해통계를 기반으로 안전조건이나 상태를 추측해서는 안 되며, 이 통계 사실을 정직하게 보고 판단한다.
⑤ 산업재해통계 그 자체보다는 재해통계에 나타난 경향과 성질의 활용을 중요시해야 한다.
⑥ 이용이나 활용하지 않는 통계는 그 작성에 따른 시간과 예산 낭비임을 인식한다.

4. 재해통계의 활용

① 설비상의 결함 : 개선 및 시정하는 데 활용한다.
② 근로자의 행동 결함 : 안전교육 훈련 실시자료로 활용한다.
③ 관리책임에 의한 결함 : 관리자의 근로책임을 향상시키는 데 활용한다.

3 재해 관련 통계의 종류 및 계산

1. 재해율

1) 재해율

① 임금근로자수 100명당 발생하는 재해자수의 비율

② 공식

$$\text{재해율} = \frac{\text{재해자수}}{\text{임금근로자수}} \times 100$$

2) 사망만인율

① 임금근로자수 10,000명당 발생하는 사망자수의 비율

② 공식

$$\text{사망만인율}(‱) = \frac{\text{사망자수}}{\text{근로자수}} \times 10{,}000$$

3) 연천인율

① 근로자 1,000명당 1년간 발생하는 재해자수

② 공식

$$\text{연천인율} = \frac{\text{연간 재해자수}}{\text{연평균 근로자수}} \times 1{,}000$$

··· 예상문제

연평균 근로자수가 200명인 A사업장에 지난 1년간 9명의 사상자가 발생하였다. 이 사업장의 연천인율은 얼마인가?

풀이 $\text{연천인율} = \frac{\text{연간 재해자수}}{\text{연평균 근로자수}} \times 1{,}000 = \frac{9}{200} \times 1{,}000 = 45$

답 45

③ 연천인율이 45란 뜻은 그 작업장의 수준으로 연간 1,000명의 근로자가 근로할 경우 45명의 재해자가 발생한다는 뜻이다.

4) 휴업재해율

① 휴업재해자수란 근로복지공단의 휴업급여를 지급받은 재해자수를 의미한다.

② 공식

$$\text{휴업재해율} = \frac{\text{휴업재해자수}}{\text{임금근로자수}} \times 100$$

5) 도수율(빈도율)

① 산업재해의 발생 빈도를 나타내는 단위

② 연간 근로시간 합계 100만 시간당 재해발생건수

③ 공식

$$\text{도수율} = \frac{\text{재해발생건수}}{\text{연간 총근로시간수}} \times 1{,}000{,}000$$

••• 예상문제

K사업장의 근로자가 90명이고, 3건의 재해가 발생하여 5명의 사상자가 발생하였다면 이 사업장의 도수율은 약 얼마인가?(단, 1인 1일 9시간씩 연간 300일을 근무하였다.)

풀이 $\text{도수율} = \frac{\text{재해발생건수}}{\text{연간 총근로시간수}} \times 1{,}000{,}000 = \frac{3}{90 \times 9 \times 300} \times 1{,}000{,}000 = 12.35$

답 12.35

④ 도수율이 12.35란 뜻은 1,000,000시간 근로하는 동안 12.35건의 재해가 발생한다는 뜻이다.

⑤ 도수율과 연천인율과의 관계

㉠ 도수율 $= \frac{\text{연천인율}}{2.4}$

㉡ 연천인율 = 도수율 × 2.4

••• 예상문제

도수율이 11.65인 사업장의 연천인율은 약 얼마인가?

풀이 연천인율 = 도수율×2.4 = 11.65×2.4 = 27.96

답 27.96

참고✓ 연간 총근로시간수 산출

- 1일 : 8시간 기준
- 1개월 : 25일 기준
- 1년 : 300일 기준

따라서, 근로자 1인당 연간 총근로시간수 = 300×8 = 2,400시간

6) 강도율

① 재해의 경중, 즉 강도의 정도를 손실일수로 나타내는 재해통계

② 근로시간 1,000시간당 재해에 의해 잃어버린(상실되는) 근로손실일수

③ 공식

$$강도율 = \frac{근로손실일수}{연간\ 총근로시간수} \times 1,000$$

••• 예상문제

연간 500명의 근로자를 두고 있는 사업장에서 2건의 휴업재해로 160일의 손실이 발생하고, 3건의 재해로 사망 1명과 장해등급 3급이 2명 발생하였다면 강도율은 얼마인가?

풀이

$$강도율 = \frac{근로손실일수}{연간\ 총근로시간수} \times 1,000 = \frac{7,500 + (7,500 \times 2) + \left(160 \times \frac{300}{365}\right)}{500 \times 2,400} \times 1,000 = 18.86$$

답 18.86

④ 강도율이 18.86이란 뜻은 1,000시간 근로하는 동안 재해로 인하여 18.86일간의 근로손실이 발생하였다는 뜻이다.

⑤ 근로손실일수의 산정 기준

㉠ 사망 및 영구 전 노동불능(신체장해등급 1~3급) : 7,500일

㉡ 영구 일부 노동불능(근로손실일수)

신체장해등급	4	5	6	7	8	9	10	11	12	13	14
근로손실일수	5,500	4,000	3,000	2,200	1,500	1,000	600	400	200	100	50

㉢ 일시 전 노동불능 : $근로손실일수 = 휴업일수 \times \frac{연간\ 근무일수}{365}$

㉣ 연간 근무일수가 주어지지 않으면 다음의 공식 적용

일시 전 노동불능 : $근로손실일수 = 휴업일수 \times \frac{300}{365}$

⑥ 평균강도율

㉠ 재해 1건당 평균손실일수를 나타낸다.

㉡ $평균강도율 = \frac{강도율}{도수율} \times 1,000$

참고 사망 및 영구 전 노동불능 상해의 근로손실일수 7,500일 산출 근거

- 재해로 인한 사망자의 평균연령 : 30세 기준
- 근로 가능한 연령 : 55세 기준
- 연간 근로일수 : 300일 기준

따라서, ① 근로손실년수 = 근로 가능한 연령 − 재해로 인한 사망자의 평균연령 = 55 − 30 = 25년
② 사망으로 인한 근로손실일수 = 25년 × 300일 = 7,500일

2. 환산재해율

1) 환산강도율(S)과 환산도수율(F)

① **환산강도율** : 10만 시간(평생근로)당의 근로손실일수(근로자가 입사하여 퇴직할 때까지 잃을 수 있는 근로손실일수)

② **환산도수율** : 10만 시간(평생근로)당의 재해건수(근로자가 입사하여 퇴직할 때까지 당할 수 있는 재해건수)

③ 공식

$$\text{환산강도율}(S) = \text{강도율} \times \frac{100,000}{1,000} = \text{강도율} \times 100[\text{일}]$$

$$\text{환산도수율}(F) = \text{도수율} \times \frac{100,000}{1,000,000} = \text{도수율} \times \frac{1}{10}[\text{건}]$$

$$\frac{S}{F} = \text{재해 1건당의 근로손실일수}$$

••• 예상문제

어느 공장의 연간 재해율을 조사한 결과 도수율이 12이고, 강도율이 1.2일 때 ① 환산강도율, ② 환산도수율, ③ 재해 1건당 근로손실일수는 얼마인가?

풀이 ① 환산강도율 $= 1.2 \times 100 = 120$[일]

② 환산도수율 $= 12 \times \frac{1}{10} = 1.2$[건]

③ 재해 1건당 근로손실일수 $= \frac{S}{F} = \frac{120}{1.2} = 100$[일]

답 ① 120[일], ② 1.2[건], ③ 100[일]

④ 환산강도율이 120[일], 환산도수율이 1.2[건], 재해 1건당 근로손실일수가 100[일]이라는 뜻은 입사하여 퇴직하기까지 평생 근로하는 동안 평균 1.2건의 부상과 1인 평균 120일의 근로손실을 가져오며, 재해 1건당 100일의 근로손실이 발생한다는 뜻이다.

참고 평생 근로시간수 산출

- 1인 평생 근로연수 : 40년
- 연간 총근로시간수 : 2,400시간
- 연간 시간 외 근로시간 : 100시간

따라서, 근로자 1인당 평생 근로시간수 = (300일 × 8시간 × 40년) + (100시간 × 40년) = 100,000시간

※ 재해율은 단위가 없으며, 환산도수율(건)과 환산강도율(일)은 단위를 사용한다.

2) 건설업체의 산업재해 발생률

① 사고사망만인율

$$사고사망만인율(‱) = \frac{사고사망자수}{상시근로자수} \times 10,000$$

② 상시근로자수

$$상시근로자수 = \frac{연간\ 국내공사\ 실적액 \times 노무비율}{건설업\ 월평균임금 \times 12}$$

3. 기타 재해 공식

1) 종합재해지수(FSI ; Frequency Severity Indicator)

① 재해 빈도의 다수와 상해 정도의 강약을 나타내는 성적지표로 어떤 집단의 안전성적을 비교하는 수단으로 사용된다.

② 강도율과 도수율의 기하평균이다.

$$종합재해지수(FSI) = \sqrt{도수율(FR) \times 강도율(SR)} \left(단,\ 미국의\ 경우\ FSI = \sqrt{\frac{FR \times SR}{1,000}}\right)$$

••• 예상문제

B사업장의 도수율이 10이고, 강도율이 1.7이라고 하면 이 사업장의 종합재해지수(FSI)는 약 얼마인가?

풀이 $종합재해지수(FSI) = \sqrt{도수율(FR) \times 강도율(SR)} = \sqrt{10 \times 1.7} = 4.12$

답 4.12

2) 세이프－T－스코어(Safe－T－Score)

① 안전에 관한 중대성의 차이를 비교하고자 사용하는 통계방식

② 과거의 안전성적과 현재의 안전성적을 비교 평가하는 방식

③ 공식

$$\text{Safe-T-Score} = \frac{현재의\ 빈도율(FR) - 과거의\ 빈도율(FR)}{\sqrt{\frac{과거의\ 빈도율(FR)}{총근로시간수(현재)} \times 1,000,000}}$$

④ 판정 : 단위가 없고 계산 결과가 +이면 나쁜 기록이고, −이면 과거에 비해 좋은 기록

㉠ +2.00 이상 : 과거보다 심각하게 나빠졌다.

㉡ +2.00에서 −2.00 사이 : 과거에 비해 심각한 차이가 없다.

㉢ −2.00 이하 : 과거보다 좋아졌다.

4 재해손실비의 종류 및 계산

1. 하인리히(H. W. Heinrich) 방식

1) 1 : 4 원칙

총 재해 코스트(재해손실비용) = 직접비 + 간접비 = 직접비 × 5
직접손실비 : 간접손실비 = 1 : 4

••• 예상문제

재해로 인한 직접비용으로 8,000만 원이 산재보상비로 지급되었다면 하인리히 방식에 따를 때 총 손실비용은 얼마인가?

풀이 총 재해 코스트(재해손실비용) = 직접비 + 간접비 = 직접비×5
= 8,000만 원×5 = 40,000만 원

답 40,000만 원

2) 직접비와 간접비

① 직접비(법적으로 정한 산재보상비) : 산재자에게 지급되는 보상비 일체

요양급여	요양비 전액(진찰비, 약제치료재료대, 회진료, 병원수용비, 간호비용)
휴업급여	평균임금의 100분의 70에 상당하는 금액
장해급여	장해등급에 따라 지급되는 금액(장해등급 1급~14급)
간병급여	요양급여를 받은 자가 치유 후 간병이 필요하여 실제로 간병을 받은 자에게 지급
유족급여	평균임금의 1,300일분에 상당하는 금액
장의비	평균임금의 120일분에 상당하는 금액
상병보상 연금	요양개시 후 2년 경과된 날 이후에 다음의 상태가 계속되는 경우에 지급 ① 부상 또는 질병이 치유되지 아니한 상태 ② 부상 또는 질병에 의한 폐질의 정도가 폐질등급기준에 해당
기타	장해특별급여, 유족특별급여, 직업재활급여

② 간접비(직접비를 제외한 모든 비용) : 산재로 인해 기업이 입은 재산상의 손실

인적손실	① 시간손실에도 불구하고 지급되는 임금손실 ② 부상자의 노동력 상실에도 지급되는 임금손실 ③ 사기 저하에 의해 다른 사고 발생으로 인한 손실 ④ 부상자 본인의 사고로 인한 시간손실 ⑤ 작업중단으로 인한 제3자의 시간손실 ⑥ 재해의 원인조사를 위한 시간손실
물적손실	① 기계, 설비, 재료 등 재산손실 ② 원 · 부재료, 반제품, 제품의 손실
생산손실	① 기계 가동정지로 인한 생산손실 ② 부상자의 생산능력 감퇴로 인한 생산손실 ③ 타 근로자의 사기의욕 저하로 인한 생산손실
특수손실 (기타 손실)	① 납기지연에 따른 벌금 ② 복리후생제도에 따른 손실

2. 버드의 방식

1) 재해손실비용 산출 방식

보험비	비보험 재산비용	비보험 기타 재산비용
1	5~50	1~3

2) 빙산의 원리

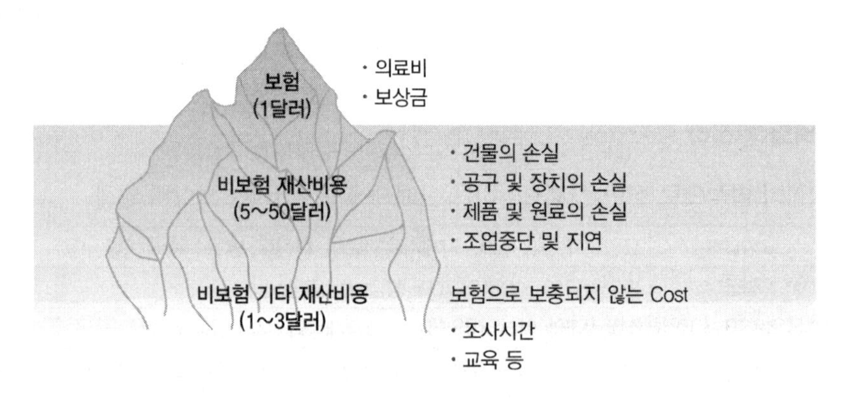

3. 시몬즈(R. H. Simonds) 방식

총 재해 코스트(cost) = 보험 코스트(cost) + 비보험 코스트(cost)

① 보험 코스트(cost) : 산재보험료

② 비보험 코스트(cost) = (A × 휴업상해건수) + (B × 통원상해건수) + (C × 응급조치건수) + (D × 무상해사고건수)

③ A, B, C, D는 상해 정도별 재해에 대한 비보험 코스트의 평균치이다.

평균치＝산재보험의 금액＋보험에 관한 제 경비와 이익금

④ 사망과 영구 전 노동불능 상해는 재해범주에서 제외된다.

5 재해사례 분석절차

1. 재해사례 연구의 의미

산업재해의 실제 사례를 과제로 하여 그 사고와 배경을 구체적으로 파악하고 파악된 문제점 및 재해원인을 결정하여 재발방지 대책을 세우기 위한 것이다.

2. 재해사례 연구의 목적

① 재해요인을 체계적으로 규명하고 이에 대한 대책을 수립한다.
② 재해예방의 원칙을 습득하고 이것을 일상의 안전보건활동에 실천한다.
③ 참가자의 안전보건활동에 관한 견해나 생각을 깊게 하고, 태도를 바꾸게 하기 위함이다.

3. 재해사례의 연구순서

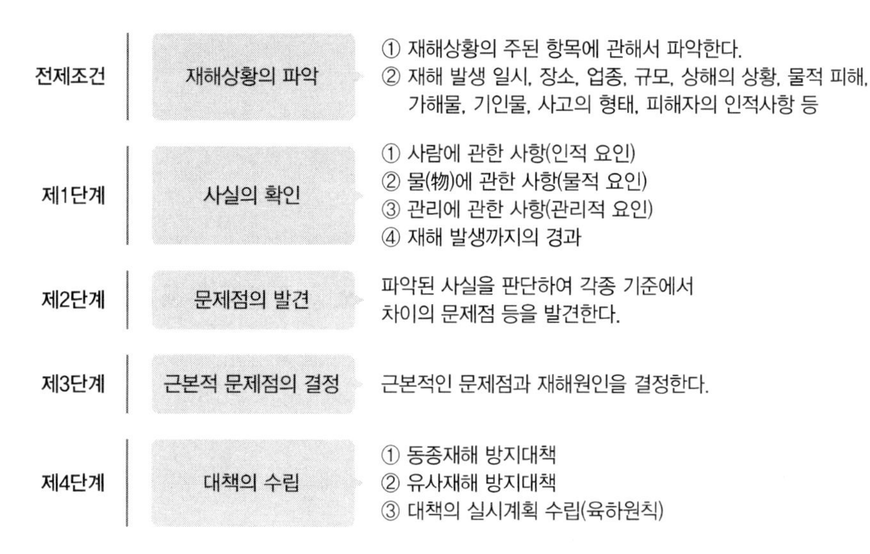

SECTION 03 안전점검 · 검사 · 인증 및 진단

1 안전점검의 정의 및 목적

1. 안전점검의 정의

안전을 확보하기 위하여 작업장 내 실태를 명확히 파악하는 것으로서 설비의 불안전한 상태와 불안전 행동을 발생시키는 결함을 사전에 발견하거나 안전상태를 확인하는 행동이다.

2. 안전점검의 목적

① 기기 및 설비의 결함이나 불안전한 상태의 제거로 사전에 안전성을 확보하기 위함
② 기기 및 설비의 안전상태 유지 및 본래의 성능을 유지하기 위함
③ 재해방지를 위하여 그 재해요인의 대책과 실시를 계획적으로 하기 위함
④ 합리적인 생산관리를 하기 위함

3. 안전점검의 대상

1) 관리운영 및 작업방법에 관한 것(전반적인 것)

① 안전관리조직 체계 : 체제, 조직의 관리상태
② 안전활동 : 계획, 내용 추진사항
③ 안전교육 : 교육계획 및 실시사항
④ 안전점검 : 제도실시상황, 점검표(체크리스트)의 활용

2) 설비에 관한 것

① 작업환경 : 온도, 습도, 환기, 소음, 분진상태 등의 작업장 내 환경, 유해 · 위험관리
② 안전장치 : 법규에 적합 여부와 목적의 일치, 성능의 유지, 관리상태
③ 보호구 : 종류, 수량, 관리상황, 성능 체크 상황
④ 정리정돈 : 표준화 실시 상황
⑤ 위험물 방화관리 : 위험물 표식 및 표시, 저장, 보관상태
⑥ 운반설비 : 표준화, 성능 취급관리 표시 부착 여부
⑦ 제반 관련 시설물 상태

2 안전점검의 종류

1. 점검주기에 의한 구분

정기점검 (계획점검)	일정기간마다 정기적으로 실시하는 점검으로 주간점검, 월간점검, 연간점검 등이 있다.(마모상태, 부식, 손상, 균열 등 설비의 상태 변화나 이상 유무 등을 점검한다.)
수시점검 (일상점검, 일일점검)	① 매일 현장에서 작업 시작 전, 작업 중, 작업 후에 일상적으로 실시하는 점검(작업자, 작업담당자가 실시한다.) ② 작업 시작 전 점검사항 : 주변의 정리정돈, 주변의 청소 상태, 설비의 방호장치 점검, 설비의 주유상태, 구동부분 등 ③ 작업 중 점검사항 : 이상소음, 진동, 냄새, 가스 및 기름 누출, 생산품질의 이상 여부 등 ④ 작업 종료 시 점검사항 : 기계의 청소와 정비, 안전장치의 작동 여부, 스위치 조작, 환기, 통로 정리 등
임시점검	정기점검 실시 후 다음 점검기일 이전에 임시로 실시하는 점검(기계, 기구 또는 설비의 이상 발견 시에 임시로 점검)
특별점검	① 기계, 기구 또는 설비를 신설하거나 변경 내지는 고장 수리 등을 할 경우 ② 강풍 또는 지진 등의 천재지변 발생 후의 점검 ③ 산업안전 보건 강조기간에도 실시

2. 점검방법에 의한 구분

외관점검(육안점검)	기기의 적정한 배치, 설치상태, 변형, 균열, 손상, 부식, 볼트의 풀림 등의 유무를 외관에서 시각 및 촉각 등으로 조사하고 점검기준에 의해 양부를 확인하는 것
작동점검(작동상태검사)	안전장치나 누전차단기 등을 정해진 순서에 의해 작동시켜 작동상황의 양부를 확인하는 것
기능점검(조작검사)	간단한 조작을 행하여 대상기기의 기능의 양부를 확인하는 것
종합점검	정해진 점검기준에 의해 측정 · 검사하고 또 정해진 조건하에서 운전시험을 행하여 그 기계설비의 종합적인 기능을 확인하는 것

3 안전점검표의 작성

1. 안전점검표(체크리스트)에 포함되어야 할 사항

① 점검대상
② 점검부분
③ 점검항목
④ 점검주기
⑤ 점검방법
⑥ 판정기준
⑦ 조치사항

2. 안전점검표(체크리스트) 작성 시 유의사항

① 사업장에 적합한 독자적인 내용일 것
② 위험성이 높고 긴급을 요하는 순으로 작성할 것

③ 정기적으로 검토하여 재해방지에 실효성 있게 개조된 내용일 것(관계자 의견청취)
④ 점검표는 되도록 일정한 양식으로 할 것
⑤ 점검표의 내용은 이해하기 쉽도록 표현하고 구체적일 것

4 안전검사 및 안전인증

1. 안전검사

안전검사란 안전검사 대상 기계 등의 안전성이 안전검사기준에 적합한지 여부를 현장검사를 통하여 확인하는 것을 말한다.

1) 안전검사 대상 기계 등

① 프레스
② 전단기
③ 크레인(정격 하중이 2톤 미만인 것은 제외)
④ 리프트
⑤ 압력용기
⑥ 곤돌라
⑦ 국소배기장치(이동식은 제외)
⑧ 원심기(산업용만 해당)
⑨ 롤러기(밀폐형 구조는 제외)
⑩ 사출성형기(형 체결력 294킬로뉴턴(kN) 미만은 제외)
⑪ 고소작업대(화물자동차 또는 특수자동차에 탑재한 고소작업대로 한정)
⑫ 컨베이어
⑬ 산업용 로봇

2) 안전검사의 주기

대상	주기
크레인(이동식 크레인은 제외한다), 리프트(이삿짐운반용 리프트는 제외한다) 및 곤돌라	사업장에 설치가 끝난 날부터 3년 이내에 최초 안전검사를 실시하되, 그 이후부터 2년마다(건설현장에서 사용하는 것은 최초로 설치한 날부터 6개월마다)
이동식 크레인, 이삿짐운반용 리프트 및 고소작업대	「자동차관리법」에 따른 신규등록 이후 3년 이내에 최초 안전검사를 실시하되, 그 이후부터 2년마다
프레스, 전단기, 압력용기, 국소배기장치, 원심기, 롤러기, 사출성형기, 컨베이어 및 산업용 로봇	사업장에 설치가 끝난 날부터 3년 이내에 최초 안전검사를 실시하되, 그 이후부터 2년마다(공정안전보고서를 제출하여 확인을 받은 압력용기는 4년마다)

2. 안전인증

고용노동부장관은 유해하거나 위험한 기계 · 기구 · 설비 및 방호장치 · 보호구의 안전성을 평가하기 위하여 그 안전에 관한 성능과 제조자의 기술 능력 및 생산 체계 등에 관한 안전인증기준을 정하여 고시할 수 있다. 이 경우 안전인증기준은 유해 · 위험기계 등의 종류별, 규격 및 형식별로 정할 수 있다.

1) 안전인증 대상 기계 등

구분	대상	
기계 또는 설비	① 프레스 ② 전단기 및 절곡기 ③ 크레인 ④ 리프트 ⑤ 압력용기	⑥ 롤러기 ⑦ 사출성형기 ⑧ 고소 작업대 ⑨ 곤돌라
방호장치	① 프레스 및 전단기 방호장치 ② 양중기용 과부하방지장치 ③ 보일러 압력방출용 안전밸브 ④ 압력용기 압력방출용 안전밸브 ⑤ 압력용기 압력방출용 파열판 ⑥ 절연용 방호구 및 활선작업용 기구 ⑦ 방폭구조 전기기계 · 기구 및 부품 ⑧ 추락 · 낙하 및 붕괴 등의 위험 방지 및 보호에 필요한 가설기자재로서 고용노동부장관이 정하여 고시하는 것 ⑨ 충돌 · 협착 등의 위험 방지에 필요한 산업용 로봇 방호장치로서 고용노동부장관이 정하여 고시하는 것	
보호구	① 추락 및 감전 위험방지용 안전모 ② 안전화 ③ 안전장갑 ④ 방진마스크 ⑤ 방독마스크 ⑥ 송기마스크	⑦ 전동식 호흡보호구 ⑧ 보호복 ⑨ 안전대 ⑩ 차광 및 비산물 위험방지용 보안경 ⑪ 용접용 보안면 ⑫ 방음용 귀마개 또는 귀덮개

2) 안전인증 심사의 종류 및 심사기간

유해 · 위험기계 등이 안전인증기준에 적합한지를 확인하기 위하여 안전인증기관이 하는 심사는 다음과 같다.

종류		심사기간
예비심사		7일
서면심사		15일(외국에서 제조한 경우는 30일)
기술능력 및 생산체계 심사		30일(외국에서 제조한 경우는 45일)
제품심사	개별제품심사	15일
	형식별제품심사	30일(방폭구조 전기기계 · 기구 및 부품의 방호장치 와 추락 및 감전 위험방지용 안전모, 안전화, 안전장갑, 방진마스크, 방독마스크, 송기마스크, 전동식 호흡보호구, 보호복의 보호구는 60일)

3. 자율안전 확인

안전인증 대상 기계 등이 아닌 유해 · 위험기계 등으로서 자율안전 확인 대상 기계 등을 제조하거나 수입하는 자는 자율안전 확인 대상 기계 등의 안전에 관한 성능이 고용노동부장관이 정하여 고시하는 자율안전기준에 맞는지 확인하여 고용노동부장관에게 신고(신고한 사항을 변경하는 경우를 포함)하여야 한다.

1) 자율안전 확인 대상 기계 등

기계 또는 설비	① 연삭기 또는 연마기(휴대형은 제외) ② 산업용 로봇 ③ 혼합기 ④ 파쇄기 또는 분쇄기 ⑤ 식품가공용 기계(파쇄 · 절단 · 혼합 · 제면기만 해당) ⑥ 컨베이어 ⑦ 자동차정비용 리프트 ⑧ 공작기계(선반, 드릴기, 평삭 · 형삭기, 밀링만 해당) ⑨ 고정형 목재가공용 기계(둥근톱, 대패, 루타기, 띠톱, 모떼기 기계만 해당) ⑩ 인쇄기
방호장치	① 아세틸렌 용접장치용 또는 가스집합 용접장치용 안전기 ② 교류 아크용접기용 자동전격방지기 ③ 롤러기 급정지장치 ④ 연삭기 덮개 ⑤ 목재가공용 둥근톱 반발 예방장치와 날접촉 예방장치 ⑥ 동력식 수동대패용 칼날 접촉 방지장치 ⑦ 추락 · 낙하 및 붕괴 등의 위험 방지 및 보호에 필요한 가설기자재(안전인증 대상 가설기자재는 제외)로서 고용노동부장관이 정하여 고시하는 것
보호구	① 안전모(안전인증 대상 기계 등에 해당하는 추락 및 감전 위험방지용 안전모는 제외) ② 보안경(안전인증 대상 기계 등에 해당하는 차광 및 비산물 위험방지용 보안경은 제외) ③ 보안면(안전인증 대상 기계 등에 해당하는 용접용 보안면은 제외)

2) 자율안전 확인 표시의 사용 금지 등

① 고용노동부장관은 신고된 자율안전 확인 대상 기계 등의 안전에 관한 성능이 자율안전기준에 맞지 아니하게 된 경우에는 신고한 자에게 6개월 이내의 기간을 정하여 자율안전 확인 표시의 사용을 금지하거나 자율안전기준에 맞게 시정하도록 명할 수 있다.

② 고용노동부장관은 자율안전 확인 표시의 사용을 금지한 때에는 그 사실을 관보 등에 공고하여야 한다.

③ 공고의 내용, 방법 및 절차, 그 밖에 필요한 사항은 고용노동부령으로 정한다.

4. 안전인증의 표시

안전인증 및 자율안전 확인의 표시	안전인증 대상 기계 등이 아닌 유해 · 위험기계 등의 안전인증의 표시
KCs	S

5. 안전인증 및 자율안전 확인 제품의 표시

안전인증제품	① 형식 또는 모델명 ② 규격 또는 등급 등 ③ 제조자명	④ 제조번호 및 제조연월 ⑤ 안전인증 번호
자율안전 확인 제품	① 형식 또는 모델명 ② 규격 또는 등급 등 ③ 제조자명	④ 제조번호 및 제조연월 ⑤ 자율안전 확인 번호

5 안전진단

1. 안전보건진단

산업재해를 예방하기 위하여 잠재적 위험성을 발견하고 그 개선대책을 수립할 목적으로 조사 · 평가하는 것을 말한다.

2. 안전보건진단의 명령기준 및 종류 등

명령기준	고용노동부장관은 추락 · 붕괴, 화재 · 폭발, 유해하거나 위험한 물질의 누출 등 산업재해 발생의 위험이 현저히 높은 사업장의 사업주에게 안전보건진단기관이 실시하는 안전보건진단을 받을 것을 명할 수 있다.
종류	① 종합진단 ② 안전진단 ③ 보건진단
안전보건진단 결과보고서 포함사항	① 산업재해 또는 사고의 발생원인 ② 작업조건 · 작업방법에 대한 평가 등
안전보건진단의 의뢰	안전보건진단 명령을 받은 사업주는 15일 이내에 안전보건진단기관에 안전보건진단을 의뢰해야 한다.

CHAPTER

03 기계설비 위험요인 분석

SECTION 01 공작기계의 안전

1 절삭가공기계의 종류 및 방호장치

1. 선반의 안전장치 및 작업 시 유의사항

1) 선반의 의의

① 주축으로 가공물을 회전시키고 공구대에 설치된 바이트에 절삭깊이와 이송운동을 시켜 일감을 절삭하는 공작기계

② 선반작업에서는 기어(Gear) 절삭을 하지 못한다.

2) 선반의 크기 표시

베드 위의 스윙(A)	베드에 닿지 않게 주축에 설치할 수 있는 공작물의 최대 지름
왕복대의 스윙(B)	왕복대에 닿지 않게 주축에 설치할 수 있는 공작물의 최대 지름
양 센터 사이의 최대 길이(C)	양 센터에 설치할 수 있는 공작물의 최대 지름

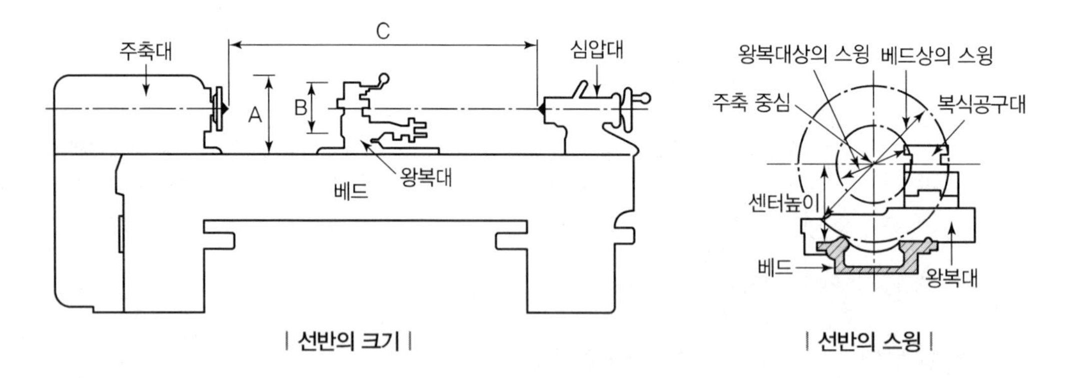

| 선반의 크기 |　　| 선반의 스윙 |

3) 선반의 각종 기구

센터	주축이나 심압대에 끼워 가공물을 고정할 때 사용하는 부속장치
센터 드릴	공작물에 센터의 끝이 들어가는 구멍을 뚫는 드릴
돌림판과 돌리개	양 센터 작업 시 주축의 회전을 공작물에 전달하기 위하여 함께 사용되며, 돌림판은 주축 끝 나사부에 돌리개는 공작물에 고정한다.

맨드릴(심봉)	풀리, 기어와 같이 구멍을 먼저 가공한 후 그 구멍을 기준으로 바깥지름을 구멍과 직각으로 절삭하고자 할 때 사용하는 장치
방진구	① 가공물의 길이가 외경에 비해 가늘고 긴 공작물을 가공할 경우 자중 및 절삭력으로 인하여 휘거나 처짐, 진동을 방지하기 위하여 사용하는 기구로 고정식과 이동식 방진구가 있다. ② 가공물의 길이가 직경의 12배 이상일 때는 반드시 방진구를 사용하여야 한다.
척	① 비교적 짧은 가공물이나 센터 작업을 할 수 없는 가공물을 고정하여 지지 및 회전시키는 기구 ② 단동척, 연동척, 콜릿척, 복동척을 사용한다.

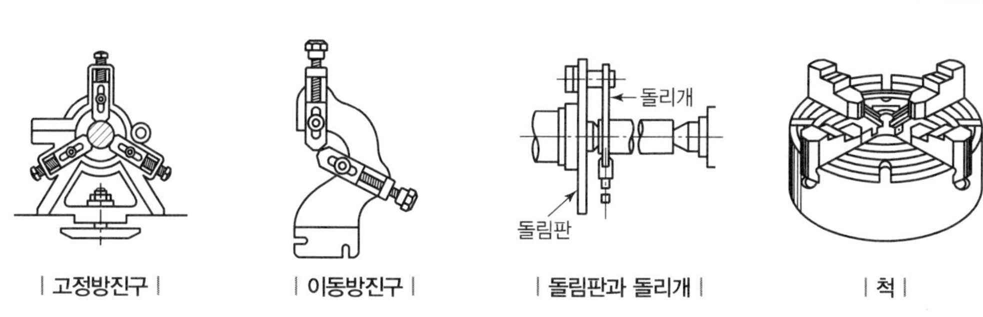

| 고정방진구 | | 이동방진구 | | 돌림판과 돌리개 | | 척 |

4) 선반의 방호장치(안전장치)

칩 브레이커(Chip Breaker)	절삭 중 칩을 자동적으로 끊어 주는 바이트에 설치된 안전장치
급정지 브레이크	가공작업 중 선반을 급정지시킬 수 있는 방호장치
실드(Shield)	가공물의 칩이 비산되어 발생하는 위험을 방지하기 위해 사용하는 덮개(칩 비산방지 투명판)
척 커버(Chuck Cover)	척과 척으로 잡은 가공물의 돌출부에 작업자가 접촉하지 않도록 설치하는 덮개

5) 선반 작업 시 주의사항

① 칩(Chip)이 비산할 때는 보안경을 쓰고 방호판을 설치한다.
② 베드 위에 공구를 올려 놓지 않아야 한다.
③ 작업 중에 가공품을 만지지 않는다.
④ 면장갑 착용을 금한다.
⑤ 작업 시 공구는 항상 정리해 둔다.
⑥ 가능한 한 절삭 방향은 주축대 쪽으로 한다.
⑦ 기계 점검을 한 후 작업을 시작한다.
⑧ 칩(Chip)이나 부스러기를 제거할 때는 기계를 정지시키고 압축공기를 사용하지 말고 반드시 브러시(솔)를 사용한다.
⑨ 치수 측정, 주유 및 청소를 할 때는 반드시 기계를 정지시키고 한다.
⑩ 기계를 운전 중에 백 기어(Back Gear)를 사용하지 말고 시동 전에 심압대가 잘 죄어 있는가를 확인한다.
⑪ 바이트는 가급적 짧게 장치하며 가공물의 길이가 직경의 12배 이상일 때는 반드시 방진구를 사용하여 진동을 막는다.
⑫ 리드 스크루에는 작업자의 하부가 걸리기 쉬우므로 조심해야 한다.

6) 선반 작업에 대한 안전수칙

① 공작물을 조립 시에는 반드시 스위치를 차단하고 바이트를 충분이 연 다음 실시한다.
② 돌리개는 적당한 크기의 것을 선택하고, 심압대 스핀들은 지나치게 길게 내놓지 않는다.
③ 공작물의 설치가 끝나면 척에서 렌치류는 곧 제거한다.
④ 무게가 편중된 공작물은 균형추를 부착한다.
⑤ 바이트를 교환할 때는 기계를 정지시키고 한다.

2. 밀링 작업 시 안전수칙

1) 밀링머신의 의의

① 공작물을 고정하고 많은 날을 가진 밀링커터를 회전시켜 테이블 위에 고정한 공작물을 이송하여 절삭하는 공작기계이다.
② 주로 평면공작물을 절삭가공하나, 더브테일 가공이나 나사 가공 등의 복잡한 가공도 가능하다.
③ 공작기계 중 칩(Chip)이 가장 가늘고 예리하여 손을 잘 다친다.

2) 밀링 절삭 방향

구분	상향 절삭(Up Cutting)	하향 절삭(Down Cutting)
개념	밀링 커터의 회전방향과 반대 방향으로 공작물을 이송하는 것을 상향 절삭이라 한다.	밀링 커터의 회전방향과 같은 방향으로 공작물을 이송하는 것을 하향 절삭이라 한다.
장점	① 공작물을 들어올리는 방향으로 커터가 작용하므로 기계에 무리를 주지 않는다. ② 서로 밀고 있으므로 백래시가 제거된다. ③ 칩이 날을 방해하지 않는다. ④ 절삭열에 의한 치수 정밀도의 변화가 적다.	① 날의 마모가 적고 수명이 길다. ② 공작물을 밑으로 눌러서 절삭하므로 일감의 고정이 간단하다. ③ 공작물의 칩이 가공된 면 위에 쌓이므로 가공할 면을 잘 볼 수 있다. ④ 절삭면이 정밀하다.
단점	① 공작물의 고정이 불안정하고, 떨림이 일어나기 쉽다. ② 마찰의 작용으로 날의 마모가 심하고 수명이 짧다. ③ 절삭면이 거칠다.	① 백래시 제거장치가 필요하다. ② 절삭열로 인해 치수 정밀도가 불량해질 우려가 있다. ③ 칩이 커터와 공작물 사이에 끼여 절삭을 방해한다. ④ 이송장치의 진동으로 공구나 기계를 손상시킬 수 있다.

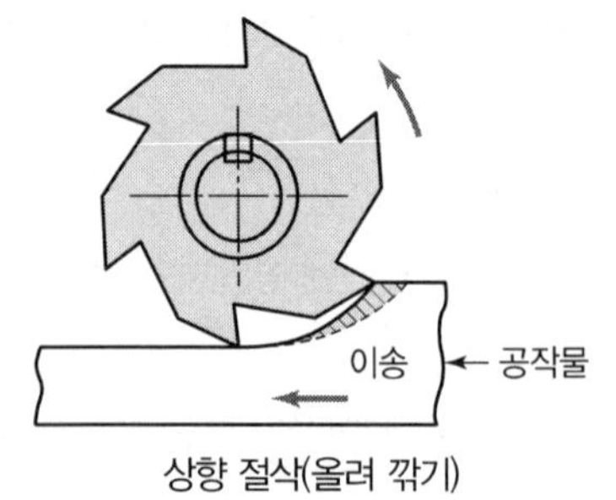

상향 절삭(올려 깎기)

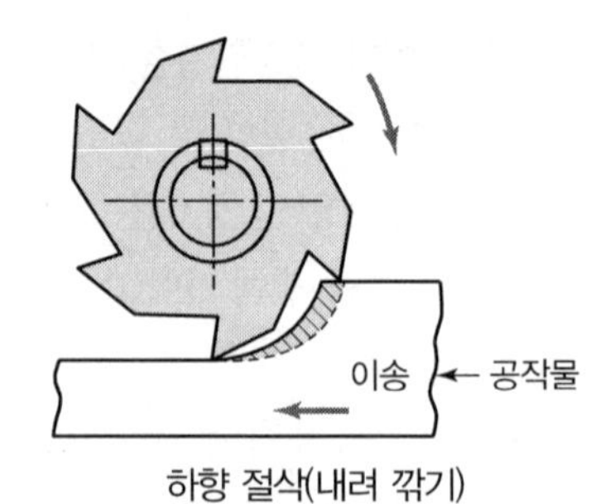

하향 절삭(내려 깎기)

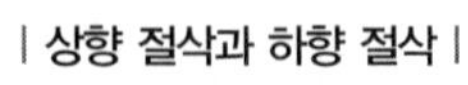
| 상향 절삭과 하향 절삭 |

3) 밀링작업의 절삭속도

$$V = \frac{\pi DN}{1,000}$$

여기서, V : 밀링 커터의 원주속도(m/min), D : 밀링 커터의 지름(mm), N : 회전수(rpm)

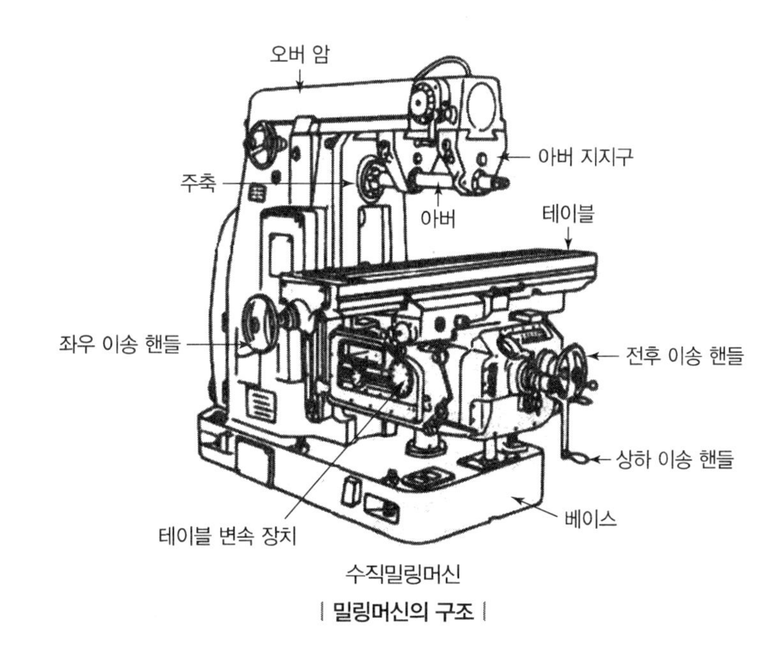

| 밀링머신의 구조 |

4) 밀링 작업에 대한 안전수칙

① 제품을 따내는 데에는 손끝을 대지 말아야 한다.
② 운전 중 가공면에 손을 대지 말아야 하며 장갑 착용을 금지한다.
③ 칩을 제거할 때에는 커터의 운전을 중지하고 브러시(솔)를 사용하며 걸레를 사용하지 않는다.
④ 칩의 비산이 많으므로 보안경을 착용한다.
⑤ 커터 설치 및 측정 시에는 반드시 기계를 정지시킨 후에 한다.
⑥ 일감(공작물)은 테이블 또는 바이스에 안전하게 고정한다.
⑦ 상하 이송장치의 핸들은 사용 후 반드시 빼 두어야 한다.
⑧ 가공 중에 밀링머신에 얼굴을 대지 않는다.
⑨ 절삭속도는 재료에 따라 정한다.
⑩ 커터를 끼울 때는 아버를 깨끗이 닦는다.
⑪ 일감(공작물)을 고정하거나 풀어낼 때는 기계를 정지시킨다.
⑫ 테이블 위에 공구 등을 올려놓지 않는다.
⑬ 강력 절삭을 할 때는 일감을 바이스에 깊게 물린다.
⑭ 급속이송은 백래시 제거장치가 동작하지 않고 있음을 확인한 후 실시하고, 급속이송은 한 방향으로만 한다.

3. 플레이너와 세이퍼의 방호장치 및 안전수칙

1) 플레이너(Planer)

① 플레이너의 의의

㉠ 공작물을 테이블에 설치하여 왕복운동시키고 바이트를 이송시켜 공작물을 수평면, 수직면, 경사면, 홈곡면 등을 절삭하는 평면절삭용 공작기계이다.

㉡ 세이퍼 등으로는 절삭할 수 없는 크고 긴 공작물의 절삭에 사용되는 공작기계이다.

② 플레이너의 안전장치

㉠ 칸막이

㉡ 방책(방호울)

㉢ 칩받이

㉣ 가드

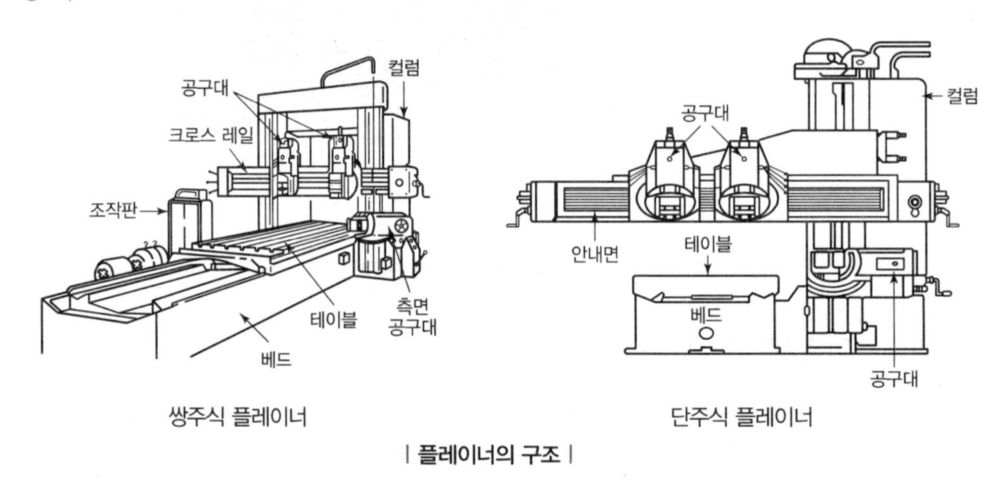

| 플레이너의 구조 |

③ 플레이너 작업에 대한 안전수칙

㉠ 프레임 내의 피트(Pit)에는 뚜껑을 설치한다.

㉡ 바이트는 되도록 짧게 나오도록 설치한다.

㉢ 베드 위에 다른 물건을 올려놓지 않는다.

㉣ 비산하는 공구 파편으로부터 작업자를 지키기 위해 가드를 마련한다.

㉤ 테이블과 고정벽이나 다른 기계와의 최소 거리가 40cm 이하가 될 때는 기계의 양쪽 끝부분에 방책을 설치하여 작업자의 통행을 차단하여야 한다.

㉥ 일감(공작물)은 견고하게 장치한다.

㉦ 일감(공작물) 고정 작업 중에는 반드시 동력 스위치를 꺼놓는다.

㉧ 절삭 행정 중 일감(공작물)에 손을 대지 말아야 한다.

㉨ 기계 작동 중 테이블 위에는 절대로 올라가지 않아야 한다.

㉩ 플레이너의 안전작업을 위한 절삭행정속도는 30m/min 정도이다.

2) 세이퍼(Shaper)

① 세이퍼의 의의

㉠ 램에 설치된 바이트가 왕복운동을 하여 테이블에 고정된 공작물을 이송시켜 평면, 홈, 곡면 등을 절삭하는 공작기계로, 형삭기라고도 한다.

㉡ 주로 소형 공작물을 절삭하는 공작기계이며 플레이너보다 작은 공작물을 가공한다.

② 세이퍼의 안전장치 및 위험요인

안전장치	① 칩받이 ② 칸막이	③ 방책(방호울) ④ 가드
작업의 위험요인	① 공작물 이탈 ② 램의 말단부 충돌	③ 가공 칩의 비산 ④ 바이트(Bite)의 이탈

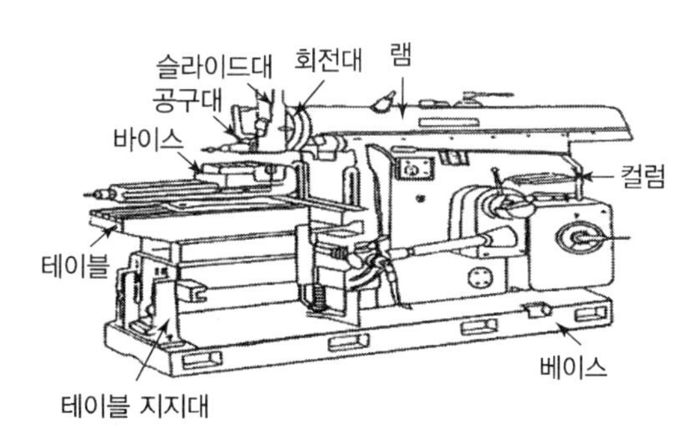

| 세이퍼의 구조 |

③ 세이퍼 작업에 대한 안전수칙

㉠ 운전 중에는 절대 급유를 하지 말아야 한다.

㉡ 램(Ram) 조정 핸들은 조정 후 빼 놓도록 해야 한다.

㉢ 절삭 중에 바이트 홀더에 손을 대지 말아야 한다.

㉣ 바이트는 잘 갈아서 사용하며 가능한 한 짧게 물린다.

㉤ 시동 전에 행정 조정 손잡이(핸들)는 빼둔다.

㉥ 가공물을 측정하고자 할 때는 기계를 정지시킨 후에 실시한다.

㉦ 보안경을 착용한다.

㉧ 반드시 재질에 따라 절삭속도를 결정한다.

㉨ 램은 필요 이상 긴 행정으로 하지 말고, 일감에 알맞은 행정으로 조정하도록 한다.(램 행정을 공작물의 길이보다 20～30mm 정도 길게)

㉩ 반드시 재질에 따라 절삭속도를 정한다.

㉪ 공작물을 견고하게 고정한다.

㉫ 작업 중에는 바이트의 운동 방향에 서지 않도록 한다.

4. 드릴링 머신

1) 드릴링 머신(Drilling Machine)

드릴링 머신은 절삭공구인 드릴을 주축에 끼워 절삭회전운동과 축방향으로 이송을 주어 구멍을 뚫는 절삭기계이다.

2) 드릴링 머신의 절삭속도

$$V = \frac{\pi DN}{1,000}$$

여기서, V : 드릴의 원주속도(m/min), D : 드릴의 직경(mm), N : 드릴의 회전수(rpm)

··· 예상문제

드릴링 머신에서 드릴 회전수가 1,000rpm이고, 드릴 지름이 20mm일 때 원주속도는 약 얼마인가?

풀이 $V = \frac{\pi DN}{1,000} = \frac{\pi \times 20 \times 1,000}{1,000} = 62.8[\mathrm{m/min}]$

답 62.8[m/min]

3) 드릴링 작업에서 일감(공작물)의 고정방법

① 일감이 작을 때 : 바이스로 고정
② 일감이 크고 복잡할 때 : 볼트와 고정구(클램프)로 고정
③ 대량 생산과 정밀도를 요할 때 : 지그(Jig)로 고정
④ 얇은 판의 재료일 때 : 나무판을 받치고 기구로 고정

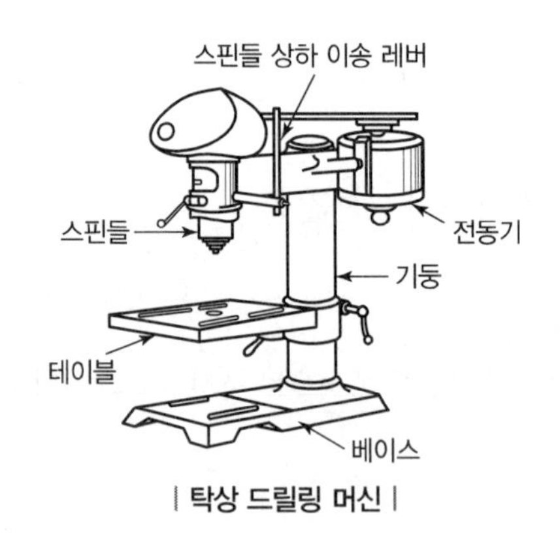

| 탁상 드릴링 머신 |

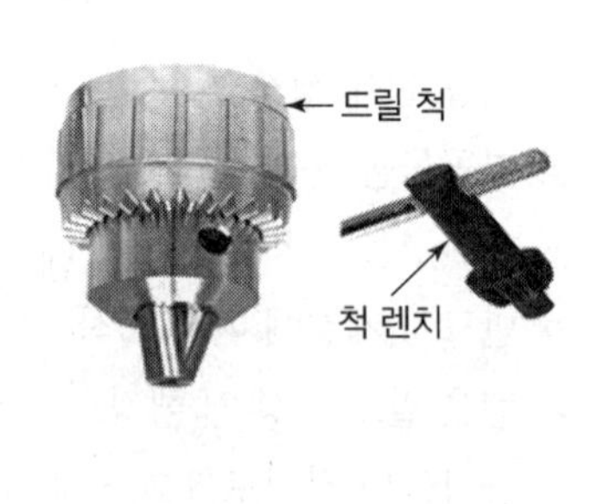

| 드릴 척과 척 렌치 |

4) 드릴링 작업에 대한 안전수칙

① 일감은 견고하게 고정시키며 관통된 것을 확인하기 위해 손으로 만져서는 안 된다.
② 드릴을 끼운 후 척 렌치(Chuck Wrench)는 반드시 뺀다.

③ 작업모를 착용하고 옷소매가 긴 작업복은 입지 않는다.
④ 드릴 작업에서는 보안경을 착용하고 안전덮개(Shield)를 설치한다.
⑤ 칩은 브러시(와이어 브러시)로 제거하고 장갑 착용은 금지한다.
⑥ 구멍 끝 작업에서는 절삭압력을 주어서는 안 된다.
⑦ 고정구를 사용하여 작업 중 공작물의 유동을 방지한다.
⑧ 가공 중 구멍이 관통되면 기계를 멈추고 손으로 돌려서 드릴을 뺀다.
⑨ 일감의 설치, 테이블의 고정이나 조정은 기계를 정지시킨 후에 실시한다.
⑩ 큰 구멍을 뚫을 때는 반드시 작은 구멍을 먼저 뚫은 후 큰 구멍을 뚫는다.
⑪ 얇은 판에 구멍을 뚫을 때에는 나무판을 밑에 받치고 뚫는다.
⑫ 구멍이 거의 다 뚫리는 끝부분에서 일감이 드릴과 함께 맞물려 회전하기 쉬우므로 주의하여야 한다.

5. 연삭기

1) 연삭기의 의의

연삭숫돌을 고속으로 회전시키고 일감에 상대운동을 시켜 정밀하게 가공하는 작업에 사용되는 공작기계를 말하며, 그라인딩 머신(Grinding Machine)이라고도 한다.

2) 연삭숫돌

연삭숫돌의 3요소 : 숫돌입자, 기공, 결합제

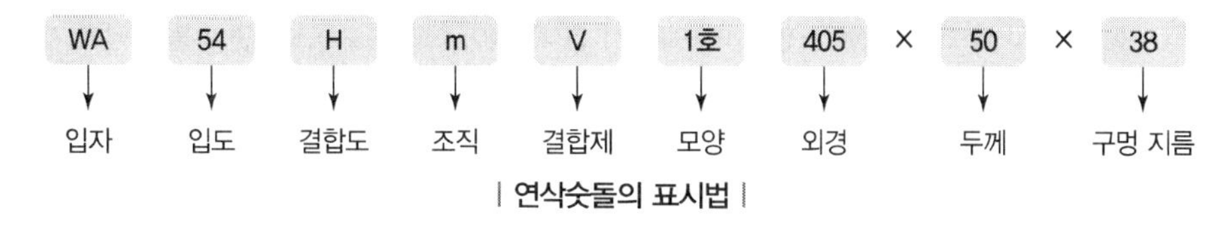

| 연삭숫돌의 표시법 |

3) 연삭기로 인한 재해유형

① 회전 중인 숫돌에 접촉되어 일어나는 것
② 연삭 분진이 눈에 튀어 들어가는 것
③ 숫돌 파괴로 인한 파편의 비래
④ 가공 중 공작물의 반발

4) 연삭숫돌의 파괴 원인

① 숫돌의 회전속도가 너무 빠를 때
② 숫돌 자체에 균열이 있을 때
③ 숫돌에 과대한 충격을 가할 때
④ 숫돌의 측면을 사용하여 작업할 때
⑤ 숫돌의 불균형이나 베어링 마모에 의한 진동이 있을 때(숫돌이 경우에 따라 파손될 수 있다.)
⑥ 숫돌 반경방향의 온도변화가 심할 때

⑦ 작업에 부적당한 숫돌을 사용할 때
⑧ 숫돌의 치수가 부적당할 때
⑨ 플랜지가 현저히 작을 때

5) 연삭숫돌의 원주속도

$$V = \pi DN[\text{mm/min}] = \frac{\pi DN}{1,000}[\text{m/min}]$$

여기서, V : 원주속도(회전속도)(m/min)
D : 숫돌의 지름(mm), N : 숫돌의 매분 회전수(rpm)

··· 예상문제

600rpm으로 회전하는 연삭숫돌의 지름이 20cm일 때 원주속도는 약 몇 m/min인가?

풀이 $V = \frac{\pi DN}{1,000}[\text{m/min}] = \frac{\pi \times 200 \times 600}{1,000} = 376.99[\text{m/min}]$

답 376.99[m/min]

6) 연삭숫돌의 결함 및 수정작업

① 결함

구분	글레이징(Glazing) 현상	로딩(Loading) 현상
현상	연삭숫돌에 결합도가 높아 무디어진 입자가 탈락하지 않으므로 숫돌 표면이 매끈해져서 연삭능력이 떨어지며 절삭이 어렵게 되는 현상(무딤)	연삭숫돌이 공작물에 비해 지나치게 경도가 높거나 회전속도가 느리면 숫돌 표면에 기공이 생겨 이곳에 절삭가루가 끼여 막히는 현상(눈메움)
원인	① 연삭숫돌의 결합도가 높다. ② 연삭숫돌의 원주속도가 너무 크다. ③ 숫돌의 재료가 공작물의 재료에 부적합하다.	① 숫돌입자가 너무 잘다. ② 조직이 너무 치밀하다. ③ 연삭깊이가 깊다. ④ 숫돌차의 원주속도가 너무 느리다.
결과	① 연삭성이 불량하다. ② 공작물이 발열한다. ③ 연삭 소실이 생긴다.	① 연삭성이 불량하고 연삭면이 거칠다. ② 연삭면에 상처가 생긴다. ③ 숫돌입자가 마멸되기 쉽다.

② 수정작업

드레싱(Dressing)	결함 부분을 벗겨내어 새로운 입자를 나오게 하는 작업(드레서 공구 사용)
트루잉(Truing)	숫돌의 모양을 바로잡아 연삭에 유리한 형태로 만드는 작업(드레서 공구 사용)

7) 연삭기의 방호장치

① 덮개의 구조
㉠ 덮개에 인체의 접촉으로 인한 손상위험이 없어야 한다.
㉡ 덮개에는 그 강도를 저하시키는 균열 및 기포 등이 없어야 한다.

㉢ 탁상용 연삭기의 덮개에는 워크레스트 및 조정편을 구비하여야 하며, 워크레스트는 연삭숫돌과의 간격을 3밀리미터 이하로 조정할 수 있는 구조이어야 한다.

㉣ 각종 고정부분은 부착하기 쉽고 견고하게 고정될 수 있어야 한다.

> **참고** 워크레스트(Workrest)
> 탁상용 연삭기에 사용하는 것으로 공작물을 연삭할 때 가공물 지지점이 되도록 받쳐주는 것을 워크레스트라 한다.

② 연삭기 덮개의 재료

덮개 재료는 인장강도 274.5메가파스칼(MPa) 이상, 신장도 14퍼센트 이상이어야 하며, 인장강도의 값(단위 : MPa)에 신장도(단위 : %)의 20배를 더한 값이 754.5 이상이어야 한다.(다만, 절단용 숫돌의 덮개는 인장강도 176.4메가파스칼 이상, 신장도 2퍼센트 이상의 알루미늄합금을 사용할 수 있다.)

③ 연삭기 덮개의 각도

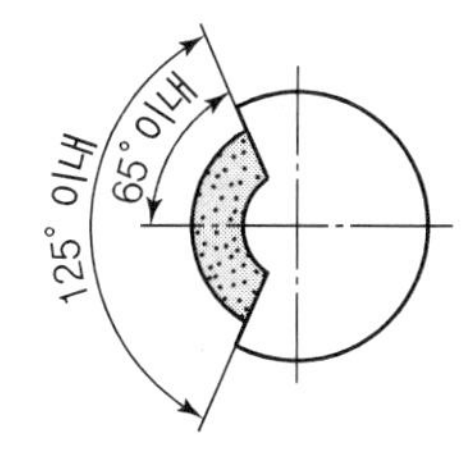

㉠ 일반연삭작업 등에 사용하는 것을 목적으로 하는 탁상용 연삭기의 덮개 각도

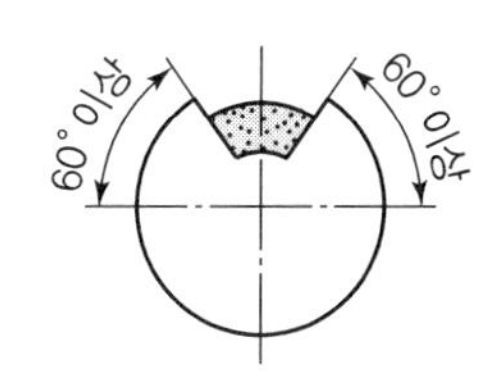

㉡ 연삭숫돌의 상부를 사용하는 것을 목적으로 하는 탁상용 연삭기의 덮개 각도

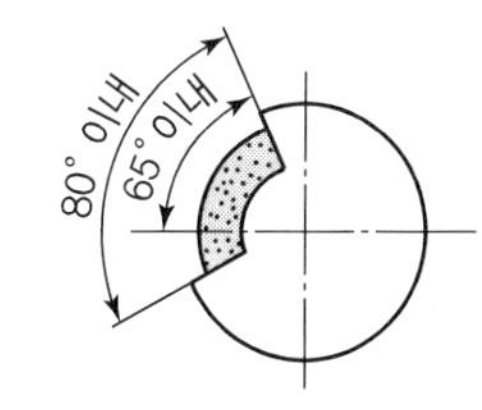

㉢ ㉠ 및 ㉡ 이외의 탁상용 연삭기, 그 밖에 이와 유사한 연삭기의 덮개 각도

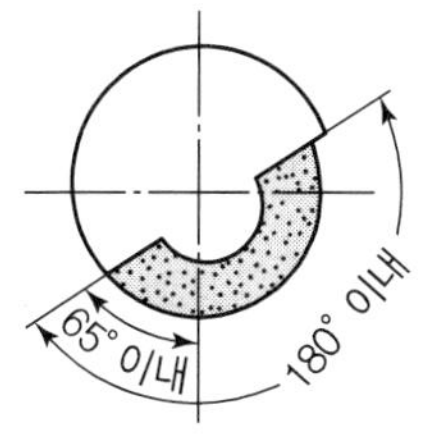

㉣ 원통연삭기, 센터리스연삭기, 공구연삭기, 만능연삭기, 그 밖에 이와 비슷한 연삭기의 덮개 각도

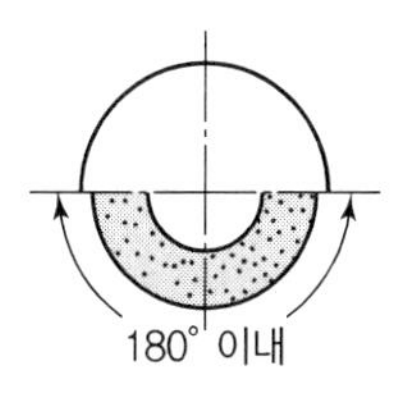

㉤ 휴대용 연삭기, 스윙연삭기, 스라브연삭기, 그 밖에 이와 비슷한 연삭기의 덮개 각도

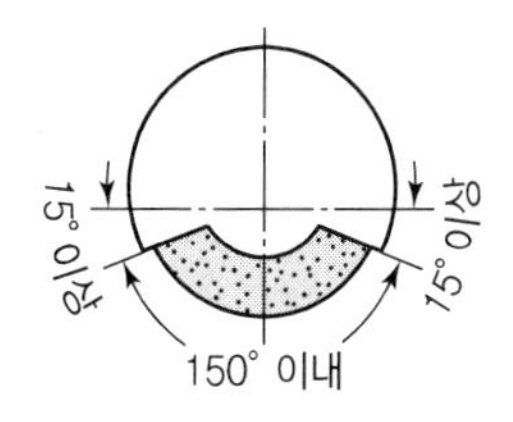

㉥ 평면연삭기, 절단연삭기, 그 밖에 이와 비슷한 연삭기의 덮개 각도

8) 연삭기 구조면에 있어서의 안전기준

① 재료, 치수, 두께 등의 구조규격에 알맞은 덮개를 설치한다.

② 플랜지의 지름은 숫돌지름의 1/3 이상인 것을 사용하며 양쪽 모두 같은 크기로 한다.

$$\text{플랜지의 지름} = \text{숫돌지름} \times \frac{1}{3}$$

③ 숫돌의 결합 시에는 축과 0.05~0.15mm 정도의 틈새를 두어야 한다.

④ 새 숫돌차를 교환할 때는 고정하기 전에 음향검사를 하고 고정 후 편심을 수정하며 숫돌차에 붙은 종이를 제거하지 않고 그대로 고정한다.
⑤ 칩 비산방지 투명판(Shield), 국소배기장치를 설치한다.
⑥ 탁상용 연삭기는 작업대(워크레스트)와 조절판을 설치한다.
⑦ 연삭숫돌과 작업대(워크레스트)의 간격은 3mm 이내로 한다.
⑧ 덮개의 조절판과 숫돌의 간격은 10mm 이내로 한다.
⑨ 작업대의 높이는 숫돌의 중심과 거의 같은 높이로 고정한다.
⑩ **숫돌의 검사방법 :** ㉠ 외관검사 ㉡ 타음검사 ㉢ 시운전검사
⑪ 최고회전속도 이내에서 작업을 한다.

••• 예상문제

연삭숫돌의 바깥지름이 300mm라면, 평형 플랜지의 바깥지름은 몇 mm 이상이어야 하는가?

풀이 플랜지의 지름 = 숫돌지름 $\times \frac{1}{3} = 300 \times \frac{1}{3} = 100$[mm]

답 100[mm]

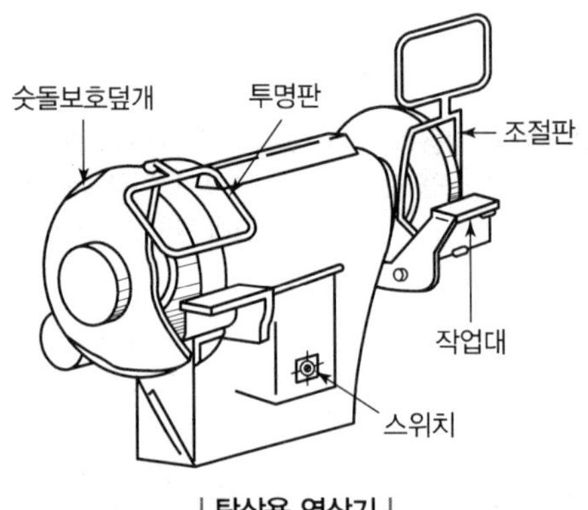

| 탁상용 연삭기 |

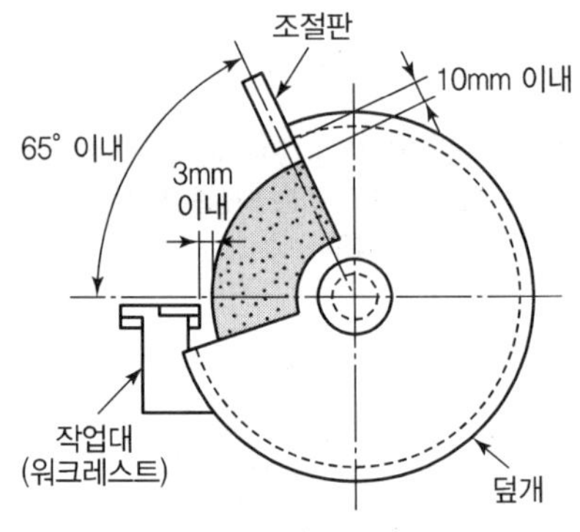

| 탁상용 연삭기의 덮개 |

9) 연삭기 작업면에 있어서의 안전기준

① 회전 중인 연삭숫돌(지름이 5센티미터 이상인 것으로 한정)이 근로자에게 위험을 미칠 우려가 있는 경우에 그 부위에 덮개를 설치하여야 한다.
② 연삭숫돌을 사용하는 작업의 경우 작업을 시작하기 전에는 1분 이상, 연삭숫돌을 교체한 후에는 3분 이상 시험운전을 하고 해당 기계에 이상이 있는지를 확인하여야 한다.
③ 시험운전에 사용하는 연삭숫돌은 작업 시작 전에 결함이 있는지를 확인한 후 사용하여야 한다.
④ 연삭숫돌의 최고 사용회전속도를 초과하여 사용하도록 해서는 아니 된다.
⑤ 측면을 사용하는 것을 목적으로 하지 않는 연삭숫돌을 사용하는 경우 측면을 사용하도록 해서는 아니 된다.

2 소성가공 및 방호장치

1. 소성가공의 개요

① 재료에 외력을 가하면 재료 내부에 변형이 생기며 외력이 어느 정도 이상 크게 되면, 외력을 제거하여도 원상으로 완전히 복귀되지 않고 변형이 남게 된다. 이와 같이 변형이 남는 것을 소성변형이라 하고, 이 성질을 소성이라 한다.

② 재료의 소성을 이용하여 필요한 형상으로 하거나, 주조 조직을 파괴하여 균일한 미세결정으로 강도, 연성 등의 기계적 성질을 개선하는 가공법을 소성가공(Plastic Working)이라 한다.

2. 소성가공의 종류

종류	의의
단조가공(Forging)	보통 열간가공에서 적당한 단조기계로 재료를 소성가공하여, 조직을 미세화시켜 균질상태에서 압력 또는 충격을 가하여 성형하는 가공방법
압연가공(Rolling)	상온 또는 고온에서 회전하는 롤러 사이에 소재를 통과시켜 예정된 두께, 폭 또는 직경을 가공하는 방법(판재, 대판, 형재, 관재 등)
전조가공(Form Rolling)	소재를 회전하는 나사 등의 거푸집 속을 통과시켜 압력을 가하여 성형하는 가공방법(나사, 기어 등)
인발가공(Drawing)	금속파이프 또는 봉재를 다이스(Dies)를 통과시켜 축방향으로 뽑아냄으로써 외경을 감속시켜 일정한 단면을 가진 소재로 가공하는 방법
압출가공(Extrusion)	고온으로 가열된 재료를 컨테이너에 넣고, 한쪽에 있는 램에 압력을 가하여 압출해서 성형하는 가공방법
판금가공(Sheet Metal Working)	판상 금속재료를 형틀을 이용하여 프레스, 절단, 압축, 인장 등으로 가공하여 목적하는 형상으로 변경가공을 하는 방법
압인가공(Coining)	소재 표면에 필요한 모양이나 무늬가 있는 형공구를 눌러서 비교적 얕은 요철이 생기게 하는 가공방법(스푼, 포크, 장식품 등)

3. 소성가공의 분류

구분	냉간가공(Cold Working)	열간가공(Hot Working)
정의	재결정온도 이하에서 가공하는 방법	재결정온도 이상에서 가공하는 방법
장점	① 제품의 치수를 정확하게 할 수 있다. ② 가공면이 아름답다. ③ 기계적 성질을 개선시킬 수 있다.	① 적은 동력으로 큰 변형을 줄 수 있다. ② 조직의 미세화가 가능하다. ③ 재질의 균일화가 이루어진다.
단점	① 동력 소모가 크다. ② 변형이나 크랙이 발생할 수 있다.	① 기계적 성질이 불균일해진다. ② 가열 때문에 산화되기 쉬워 정밀한 가공은 곤란하다.

4. 수공구

1) 해머(Hammer)

① 수공구에 의한 재해 중 해머에 의한 사고가 가장 많다.

② 안전수칙

㉠ 해머에 쐐기가 없는 것, 자루가 빠지려고 하는 것, 부러질 위험이 있는 것은 사용금지

㉡ 해머 본래 사용목적 이외의 용도에는 사용금지

㉢ 해머는 처음부터 힘을 주어 치지 않는다.

㉣ 녹이 발생한 것은 녹이 튀어 눈에 들어갈 수 있으므로 반드시 보호안경을 착용한다.

㉤ 장갑을 끼고 사용하면 쥐는 힘이 적어지므로 장갑 착용을 금지한다.

2) 정(Chisel)

① 재료를 절단 또는 깎아 내는 데 사용하는 공구

② 안전수칙

㉠ 칩이 튀는 작업에는 반드시 보호안경을 착용하여야 한다.

㉡ 처음에는 가볍게 때리고, 점차 힘을 가한다.

㉢ 절단된 가공물의 끝이 튕길 수 있는 위험의 발생을 방지하여야 한다.

㉣ 절단이 끝날 무렵에는 정을 세게 타격해서는 안 된다.

㉤ 정으로 담금질된 재료는 절대로 가공할 수 없다.

3) 줄(File)

① 표면에 많은 절삭날이 있는 공구, 평면, 곡면 등을 다듬질할 때 사용하는 공구

② 안전수칙

㉠ 줄은 반드시 자루를 끼워서 사용한다.

㉡ 해머 대용으로 사용하지 않는다.

㉢ 용접한 줄은 부러지기 쉬우므로 사용을 금지한다.

㉣ 정해진 용도 외에 사용하지 않는다.

4) 스패너(Spanner)

① 볼트나 너트 등을 죄거나 푸는 데 사용하는 공구

② 안전수칙

㉠ 스패너가 벗겨져서 손이 다치거나 높은 곳에서 떨어지지 않도록 한다.

㉡ 파이프 렌치는 파이프 전용이므로 볼트나 너트의 조임에 사용을 금지한다.

㉢ 스패너, 렌치는 올바르게 끼우고 몸쪽으로 당겨서 사용한다.

5) 수공구의 재해방지를 위한 일반적인 유의사항

① 사용 전 이상 유무를 점검한다.

② 작업자에게 필요한 보호구를 착용시킨다.

③ 사용 전 충분한 사용법을 숙지하고 익힌다.

④ 작업에 맞는 공구를 선택한다.

⑤ 공구는 안전한 장소에 보관한다.

SECTION 02 프레스 및 전단기의 안전

1 프레스 재해방지의 근본적인 대책

1. 프레스의 종류

1) 프레스의 정의

프레스	금형과 금형 사이에 금속 또는 비금속물질을 넣고 압축, 절단 또는 조형하는 기계
전단기	상 · 하의 칼날 사이에 금속 또는 비금속물질을 넣고 전단하는 기계

2) 프레스의 종류

① 종류별 분류

슬라이드 구동 동력에 의한 분류	인력 프레스, 기계 프레스, 액압 프레스(유압, 수압), 공압 프레스
슬라이드 수에 의한 분류	단동 프레스(1EA), 복동 프레스(2EA), 3동 프레스(3EA), 4동 프레스(4EA)
슬라이드 운동기구에 의한 분류	크랭크 프레스, 크랭크레스 프레스, 너클 프레스, 마찰 프레스, 랙 프레스, 스크루 프레스, 링크 프레스, 캠 프레스
유압프레스	스트레이트사이드 단동유압 프레스, 유압복동 프레스

② 인력 프레스

㉠ 풋 프레스(Foot Press)

㉡ 나사 프레스(Screw Press)

㉢ 아버 프레스(Arbor Press)

㉣ 액센트릭 프레스(Eccentric Press)

③ 동력 프레스

크랭크 프레스 (Crank Press)	① 동력 프레스 중에서 가장 많이 사용하는 프레스 ② 플라이 휠의 회전운동을 직선운동으로 바꾸어 프레스에 필요한 펀치를 상하운동시킨다.(일행정 일정지식)
토글 프레스 (Toggle Press)	① 너클 프레스라고도 한다. ② 토글 기구를 이용하여 플라이 휠의 회전운동을 왕복운동으로 변환시키고, 다시 토글 기구로써 램이 상하운동을 하게 한다.
마찰 프레스 (Friction Press)	① 마찰력과 나사를 이용한 프레스 ② 비교적 큰 압력을 필요로 하는 압축작업에 사용
액압 프레스 (Hydraulic Press)	① 실린더 내에 액압을 가해서 램을 통하여 슬라이더의 상승, 하강운동에 필요한 압력을 가하는 프레스 ② 용량이 큰 프레스에 많이 사용

2. 클러치

1) 의의

플라이 휠에 축적된 힘을 슬라이드에 전달하는 부분으로 동력의 제어 역할을 하는 부분을 말하며, 클러치의 정상적 작동상태를 점검하는 것이 프레스 작업에서 가장 중요한 점검항목이다.

2) 종류

확동식 클러치 (Positive Clutch)	① 클러치의 동력 전달이 기계적인 맞물림에 의해 이루어지는 구조 ② 대부분은 한 번 작동한 후 일행정이 끝나지 않으면 작동을 정지시킬 수 없다.
마찰식 클러치 (Friction Clutch)	① 클러치의 동력 전달이 마찰판에 의해 이루어지는 구조 ② 행정 중 어느 위치에서나 정지가 가능하다.

3. 프레스의 작업점에 대한 방호방법

이송장치나 수공구 사용	**이송장치**	① 1차 가공용 송급배출장치(롤 피더, 그리퍼 피더 등) ② 2차 가공용 송급배출장치(슈트, 다이얼 피더, 푸셔 피더, 트랜스퍼 피더, 프레스용 로봇 등) ③ 제품 및 스크랩이 금형에 부착되는 것을 방지(스프링 플런저, 볼 플런저, 키커 핀 등) ④ 가공을 완료한 제품 및 스크랩의 자동 반출(에어분사장치, 키커, 이젝터 등)
	수공구	① 누름봉, 갈고리류 ② 핀셋류 ③ 플라이어류 ④ 마그넷 공구류 ⑤ 진공컵류
방호장치 설치	**일행정 일정지식**	① 양수조작식 ② 게이트 가드식
	행정길이 40mm 이상, SPM 120 이하	① 수인식 ② 손쳐내기식
	슬라이드 작동 중 정지 가능	① 감응식 ② 양수조작식
금형의 개선	**안전금형 (안전울 사용)**	① 상형울과 하형울 사이는 12mm 정도 겹치게 ② 상사점에서 상형과 하형, 가이드 포스트와 가이드 부시의 틈새는 8mm 이하
그 밖의 방호장치 병용		① 급정지장치 ② 비상정지장치 ③ 페달의 U자형 덮개 등

4. 프레스 또는 전단기의 방호장치 종류

종류	분류	기능
광전자식	A-1	프레스 또는 전단기에서 일반적으로 많이 활용하고 있는 형태로서 투광부, 수광부, 컨트롤 부분으로 구성된 것으로서 신체의 일부가 광선을 차단하면 기계를 급정지시키는 방호장치
	A-2	급정지기능이 없는 프레스의 클러치 개조를 통해 광선 차단 시 급정지시킬 수 있도록 한 방호장치
양수조작식	B-1(유 · 공압 밸브식)	1행정 1정지식 프레스에 사용되는 것으로서 양손으로 동시에 조작하지 않으면 기계가 동작하지 않으며, 한 손이라도 떼어내면 기계를 정지시키는 방호장치
	B-2(전기버튼식)	
가드식	C	가드가 열려 있는 상태에서는 기계의 위험부분이 동작되지 않고 기계가 위험한 상태일 때에는 가드를 열 수 없도록 한 방호장치
손쳐내기식	D	슬라이드의 작동에 연동시켜 위험상태로 되기 전에 손을 위험영역에서 밀어내거나 쳐내는 방호장치로서 프레스용으로 확동식 클러치형 프레스에 한해서 사용됨(다만, 광전자식 또는 양수조작식과 이중으로 설치 시에는 급정지가능 프레스에 사용 가능)
수인식	E	슬라이드와 작업자 손을 끈으로 연결하여 슬라이드 하강 시 작업자 손을 당겨 위험영역에서 빼낼 수 있도록 한 방호장치로서 프레스용으로 확동식 클러치형 프레스에 한해서 사용됨(다만, 광전자식 또는 양수조작식과 이중으로 설치 시에는 급정지가능 프레스에 사용 가능)

5. 방호장치 설치기준

1) 프레스의 안전대책

① No-hand in Die 방식

㉠ 의의 : 작업 시 금형 사이에 손이 들어갈 필요가 없는 구조로, 위험을 방지하기 위한 본질적 안전화 방식이다.

㉡ 구분 및 종류

구분	종류
위험한계에 손을 넣으려 해도 들어가지 않는 방식	① 안전울을 부착한 프레스 : 작업점을 제외한 개구부의 틈새를 8mm 이하로 유지 ② 안전금형을 부착한 프레스 : 상형과 하형의 틈새 및 가이드 포스트와 부시와의 틈새는 8mm 이하 ③ 전용프레스 : 작업자의 손을 금형 사이에 넣을 필요가 없도록 한 프레스
위험한계에 손을 넣을 수 있으나 넣을 필요가 없는 방식	자동프레스 : 자동으로 재료의 송급, 가공 및 제품 등의 배출을 행하는 구조 ① 자동 송급 배출기구가 있는 것 ② 자동 송급 배출장치를 부착한 것

② Hand in Die 방식

㉠ 의의 : 작업 시 금형 사이에 손이 들어가야만 하는 방식으로 반드시 방호장치를 부착시켜야 한다.

㉡ 구분 및 종류

구분	종류
프레스기의 종류, 압력능력, 매분 행정수, 작업방법에 상응하는 방호장치	① 가드식 방호장치 ② 수인식 방호장치 ③ 손쳐내기식 방호장치
정지 성능에 상응하는 방호장치	① 양수조작식 ② 광전자식(감응식)

2) 방호장치의 설치기준

① 게이트 가드식 방호장치(Gate Guard)

㉠ 가드의 개폐를 이용한 방호장치로서 기계의 작동을 서로 연동하여 가드가 열려 있는 상태에서는 기계의 위험부분이 가동되지 않고, 또한 기계가 작동하여 위험한 상태로 있을 때에는 가드를 열 수 없게 한 장치

㉡ 슬라이드의 작동 중에 열 수 없는 구조이어야 하며, 가드를 닫지 않으면 슬라이드를 작동시킬 수 없는 구조의 것이어야 한다.

㉢ 위험부위를 차단하지 않으면 작동되지 않도록 확실하게 연동(Interlock)되어야 한다.

㉣ 작동방식에 따라 하강식, 상승식, 횡슬라이드식, 도립식 등으로 분류한다.

㉤ 양수조작식 병행 적용 가능

㉥ 금형의 크기에 따라 게이트 크기 선택

② 손쳐내기식 방호장치(Sweep Guard)

㉠ 기계의 작동에 연동시켜 위험상태로 되기 전에 손을 위험 영역에서 밀어내거나 쳐냄으로써 위험을 배제하는 장치

㉡ 슬라이드와 연결된 손쳐내기 봉이 위험 구역에 있는 작업자의 손을 쳐내는 방식

㉢ 소형 프레스기에 적합

㉣ SPM 120 이하, 슬라이드 행정길이 약 40mm 이상의 프레스에 적용 가능

㉤ 양수조작식 병행 적용 가능

㉥ 금형의 크기에 따라 방호판의 크기 선택

③ 수인식 방호장치(Pull Out)

㉠ 슬라이드와 작업자 손을 끈으로 연결하여 슬라이드 하강 시 작업자 손을 당겨 위험영역에서 빼낼 수 있도록 한 장치

㉡ 확동식 클러치를 갖는 크랭크 프레스기에 적합

㉢ 작업자의 손과 수인기구가 슬라이드와 직결되어 있기 때문에 연속 낙하로 인한 재해를 방지

㉣ SPM 120 이하, 행정길이 40mm 이상 프레스에 적용 가능

㉤ 양수조작식 병행 적용 가능

④ 양수조작식 방호장치

㉠ 기계의 조작을 양손으로 동시에 하지 않으면 기계가 가동하지 않으며 한 손이라도 떼어내면 기계가 급정지 또는 급상승하게 하는 장치

㉡ 2개의 누름버튼 또는 조작레버를 위험한계에서 안전거리 이상 격리시켜 설치

㉢ 양손으로 동시에 조작하지 않으면 슬라이드가 작동하지 않는다.

㉣ 슬라이드 작동 중 누름버튼에서 손을 뗄 경우 즉시 복귀한다.

㉤ 1행정 1정지기구를 갖춘 프레스에 적합하다.

㉥ 종류

양수조작식	① 급정지기구를 지닌 마찰식 프레스의 안전작업용 ② 2개의 누름버튼에서 손을 뗄 경우 급정지기구를 작동시켜 손이 형틀의 위험한계에 도달할 때까지는 슬라이드를 정지
양수기동식	① 급정지기구가 없는 확동클리치의 프레스에 적합 ② 누름버튼에서 손이 떠나 위험한계에 도달하기 전 일행정 일정지의 슬라이드가 하사점에 도달 ③ SPM 120 이상인 프레스에 주로 사용

⑤ 광전자식 방호장치

㉠ 광선 검출 트립기구를 이용한 방호장치로서 신체의 일부가 광선을 차단하면 기계를 급정지 또는 급상승시켜 안전을 확보하는 장치

㉡ 방식에 따라 초음파식, 용량식, 광선식 등이 있다.

㉢ 슬라이드 작동 중 정지 가능한 마찰클러치의 구조에만 적용 가능하고 확동식 클러치(핀 클러치)를 갖는 크랭크 프레스에는 사용 불가

㉣ 방호장치가 작동하여 정지 후 바로 연속 가공이 가능

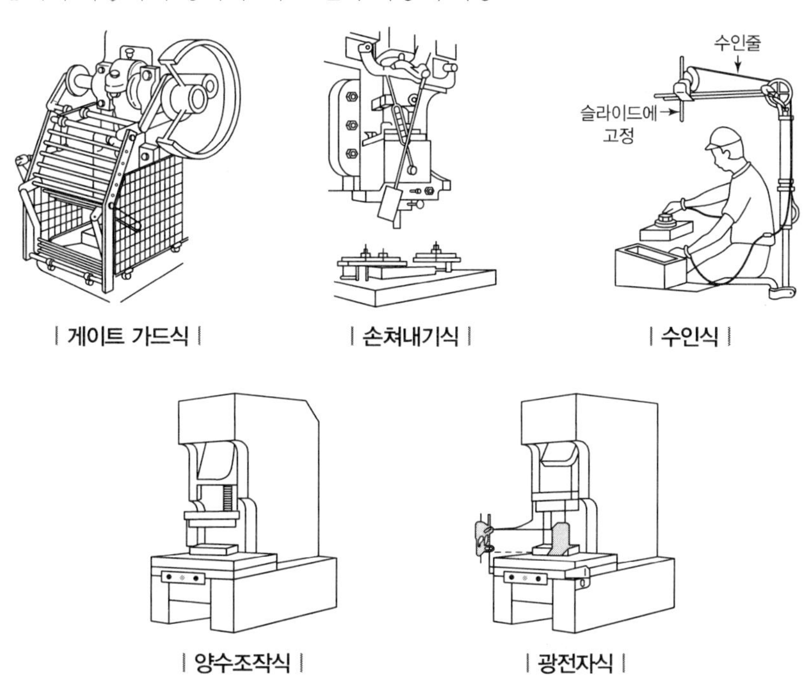

| 게이트 가드식 | | 손쳐내기식 | | 수인식 |

| 양수조작식 | | 광전자식 |

6. 방호장치의 설치방법

1) 가드식

① 가드에 인체가 접촉하여 손상될 우려가 있는 곳은 부드러운 고무 등을 부착해야 한다.
② 게이트 가드 방호장치는 가드가 열린 상태에서 슬라이드를 동작시킬 수 없고 또한 슬라이드 작동 중에는 게이트 가드를 열 수 없어야 한다.
③ 수동으로 가드를 닫는 구조의 것은 가드의 닫힘 상태를 유지하는 기계적 잠금장치를 작동한 후가 아니면 슬라이드 기동이 불가능한 구조이어야 한다.

2) 손쳐내기식

① 슬라이드 하행정거리의 3/4 위치에서 손을 완전히 밀어내야 한다.
② 손쳐내기 봉의 행정(Stroke) 길이를 금형의 높이에 따라 조정할 수 있고 진동폭은 금형폭 이상이어야 한다.
③ 방호판의 폭은 금형폭의 1/2 이상이어야 하고, 행정길이가 300mm 이상의 프레스 기계에는 방호판 폭을 300mm로 해야 한다.

3) 수인식

① 손목밴드(Wrist Band)의 재료는 유연한 내유성 피혁 또는 이와 동등한 재료를 사용해야 한다.
② 손목밴드는 착용감이 좋으며 쉽게 착용할 수 있는 구조이어야 한다.
③ 수인끈의 재료는 합성섬유로 직경이 4mm 이상이어야 한다.
④ 수인끈은 작업자와 작업공정에 따라 그 길이를 조정할 수 있어야 한다.

4) 양수조작식

① 방호장치 설치방법

㉠ 정상동작표시등은 녹색, 위험표시등은 붉은색으로 하며, 쉽게 근로자가 볼 수 있는 곳에 설치해야 한다.
㉡ 슬라이드 하강 중 정전 또는 방호장치의 이상 시에 정지할 수 있는 구조이어야 한다.
㉢ 방호장치는 릴레이, 리미트스위치 등의 전기부품의 고장, 전원전압의 변동 및 정전에 의해 슬라이드가 불시에 동작하지 않아야 하며, 사용전원전압의 ±(100분의 20)의 변동에 대하여 정상으로 작동되어야 한다.
㉣ 1행정 1정지기구에 사용할 수 있어야 한다.
㉤ 누름버튼을 양손으로 동시에 조작하지 않으면 작동시킬 수 없는 구조이어야 하며, 양쪽 버튼의 작동시간 차이는 최대 0.5초 이내일 때 프레스가 동작되도록 해야 한다.
㉥ 1행정마다 누름버튼에서 양손을 떼지 않으면 다음 작업의 동작을 할 수 없는 구조이어야 한다.
㉦ 램의 하행정 중 버튼(레버)에서 손을 뗄 시 정지하는 구조이어야 한다.
㉧ 누름버튼의 상호 간 내측거리는 300mm 이상이어야 한다.

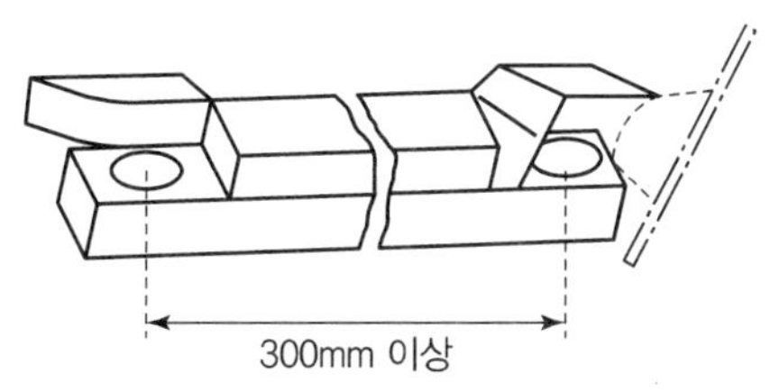

| 누름버튼의 상호 간 내측거리 |

② 설치 안전거리

㉠ 양수조작식

ⓐ 양수조작식 방호장치를 설치한 프레스 등의 누름버튼과 위험한계 사이의 거리(안전거리)는 슬라이드 등의 하강속도가 최대로 되는 위치에서 다음 식에 따라 계산한 값 이상이어야 한다.

ⓑ 공식

$$D = 1{,}600 \times (T_c + T_s)$$

여기서, D : 안전거리(mm)

T_c : 방호장치의 작동시간[즉, 누름버튼으로부터 한 손이 떨어졌을 때부터 급정지기구가 작동을 개시할 때까지의 시간(초)]

T_s : 프레스 등의 급정지시간[즉, 급정지기구가 작동을 개시했을 때부터 슬라이드 등이 정지할 때까지의 시간(초)]

ⓒ 안전거리에 설치된 양수조작장치는 설치 안전거리 이내로 이동할 수 없도록 해야 한다.

··· 예상문제

양수조작식 방호장치의 누름버튼에서 손을 떼는 순간부터 급정기지구가 작동하여 슬라이드가 정지할 때까지의 시간이 0.2초 걸린다면, 양수조작식 방호장치의 안전거리는 최소한 몇 mm 이상이어야 하는가?

풀이 ① $T_c + T_s$ = 급정지시간

② $D = 1{,}600 \times$ 급정지시간(초) $= 1{,}600 \times 0.2 = 320$[mm]

답 320[mm]

㉡ 양수기동식

$$D_m = 1.6\,T_m$$

$$T_m = \left(\frac{1}{\text{클러치 맞물림 개소수}} + \frac{1}{2}\right) \times \frac{60{,}000}{\text{매분 행정수}} \text{[ms]}$$

여기서, D_m : 안전거리(mm)

T_m : 양손으로 누름단추를 누르기 시작할 때부터 슬라이드가 하사점에 도달하기까지 소요시간(ms)

••• 예상문제

확동 클러치의 봉합개소의 수는 4개, 300SPM(Stroke Per Minute)의 완전회전식 클러치 기구가 있는 프레스의 양수기동식 방호장치의 안전거리는 약 몇 mm 이상이어야 하는가?

풀이 ① $T_m = \left(\frac{1}{4} + \frac{1}{2}\right) \times \frac{60,000}{300} = 150[\text{ms}]$

② $D_m = 1.6 \times 150 = 240[\text{mm}]$

답 240[mm]

5) 광전자식

① 방호장치 설치방법

㉠ 정상동작표시램프는 녹색, 위험표시램프는 붉은색으로 하며, 쉽게 근로자가 볼 수 있는 곳에 설치해야 한다.

㉡ 슬라이드 하강 중 정전 또는 방호장치의 이상 시에 정지할 수 있는 구조이어야 한다.

㉢ 방호장치는 릴레이, 리미트 스위치 등의 전기부품의 고장, 전원전압의 변동 및 정전에 의해 슬라이드가 불시에 동작하지 않아야 하며, 사용전원전압의 ±(100분의 20)의 변동에 대하여 정상으로 작동되어야 한다.

㉣ 방호장치의 정상작동 중에 감지가 이루어지거나 공급전원이 중단되는 경우 적어도 두 개 이상의 독립된 출력신호 개폐장치가 꺼진 상태로 돼야 한다.

② 설치 안전거리

㉠ 광전자식 방호장치를 설치한 프레스 등의 광전자식 방호장치와 위험한계 사이의 거리(안전거리)는 슬라이드 등의 하강속도가 최대로 되는 위치에서 다음 식에 따라 계산한 값 이상이어야 한다.

㉡ 공식

$$D = 1,600 \times (T_c + T_s)$$

여기서, D : 안전거리(mm)

T_c : 방호장치의 작동시간[즉, 손이 광선을 차단했을 때부터 급정지기구가 작동을 개시할 때까지의 시간(초)]

T_s : 프레스 등의 급정지시간[즉, 급정지기구가 작동을 개시했을 때부터 슬라이드 등이 정지할 때까지의 시간(초)]

㉢ 안전거리에 설치된 광전자식 방호장치는 프레스 등의 본체나 구조물 등에 견고하게 고정되어야 하며, 임의로 옮길 수 없도록 해야 한다.

㉣ 안전거리에 설치된 광전자식 방호장치와 위험한계 사이에는 운전자나 다른 사람이 들어갈 수 없는 구조이거나 들어가 있는 상태에서는 슬라이드 등이 작동할 수 없도록 한다.

••• 예상문제

광전자식 방호장치를 설치한 프레스에서 광선을 차단한 후 0.3초 후에 슬라이드가 정지하였다. 이때 방호장치의 안전거리는 최소 몇 mm 이상이어야 하는가?

풀이 ① $T_c + T_s$ = 급정지시간(초)

② $D = 1,600 \times 0.3 = 480$[mm]

답 480[mm]

7. 기타 프레스기와 관련된 중요 사항

1) 급정지기구에 따른 방호장치

급정지기구가 부착되어 있어야만 유효한 방호장치	① 양수조작식 방호장치 ② 감응식 방호장치
급정지기구가 부착되어 있지 않아도 유효한 방호장치	① 양수기동식 방호장치 ③ 수인식 방호장치 ② 게이트 가드식 방호장치 ④ 손쳐내기식 방호장치

2) 기타 중요 사항

프레스기 페달에 U자형 덮개(커버)를 씌우는 이유	페달의 불시작동으로 인한 사고 예방
슬라이드 불시 하강 방지조치	안전블록 설치
금형에서 제품을 꺼낼 때 칩(Chip) 제거에 이용되는 것	① 공기분사장치(압축공기) ② Pick out 사용
프레스에서 동력 전달에 가장 중요한 부분	클러치

2 금형의 안전화

1. 위험 방지방법

1) 금형조정작업의 위험 방지

프레스 등의 금형을 부착 · 해체 또는 조정하는 작업을 할 때에 해당 작업에 종사하는 근로자의 신체가 위험한계 내에 있는 경우 슬라이드가 갑자기 작동함으로써 근로자에게 발생할 우려가 있는 위험을 방지하기 위하여 안전블록을 사용하는 등 필요한 조치를 하여야 한다.

2) 금형에 의한 위험 방지

① 안전망(울)을 설치한다.

㉠ 금형 사이에 작업자의 신체 일부가 들어가지 않도록 안전망(울)을 설치한다.

㉡ 울로 인하여 작업의 방해를 받지 않도록 울의 소재 자체를 투명한 플라스틱 또는 타공망이나 철망 등을 이용한다.

② 금형 사이에 손을 넣을 필요가 없게 한다.

㉠ 재료 또는 제품을 자동적으로 또는 위험한계를 벗어난 장소에서 송급한다.

ⓐ 1차 가공용 송급배출장치(롤 피더, 그리퍼 피더 등)

ⓑ 2차 가공용 송급배출장치(슈트, 다이얼 피더, 푸셔 피더, 트랜스퍼 피더, 프레스용 로봇 등)

㉡ 제품 및 스크랩이 금형에 부착되는 것을 방지하기 위해 스프링 플런저, 볼 플런저, 키커 핀 등을 설치한다.

㉢ 가공을 완료한 제품 및 스크랩은 자동적으로 또는 위험한계 밖으로 배출하기 위해 에어분사장치, 키커, 이젝터 등을 설치한다.

③ 다음 부분의 간격이 8mm 이하가 되도록 금형을 설치하여 신체의 일부가 들어가지 않도록 한다.

㉠ 상사점에 있어서 상형과 하형의 간격

㉡ 금형 가이드 포스트(Guide Post)와 가이드 부시와의 간격

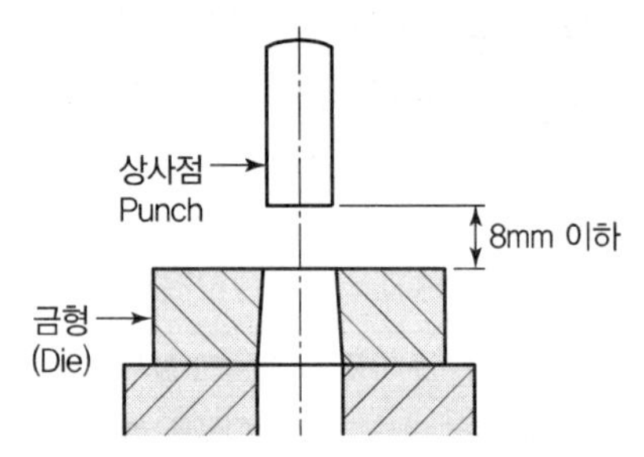

| 상사점 Punch와 금형(Die) 간격은 8mm 이하 |

2. 파손에 따른 위험 방지방법

① 맞춤 핀을 사용할 때에는 억지끼워맞춤으로 한다. 상형에 사용할 때에는 낙하 방지의 대책을 세워둔다.

② 파일럿 핀, 직경이 작은 펀치, 핀 게이지 등 삽입부품은 빠질 위험이 있으므로 플랜지를 설치하거나 테이퍼로 하는 등 이탈 방지대책을 세워둔다.

③ 쿠션 핀을 사용할 경우에는 상승 시 누름판의 이탈 방지를 위하여 단붙임한 나사로 견고히 조여야 한다.

④ 금형에 사용하는 스프링은 압축형으로 한다.

3. 탈착 및 운반에 따른 위험 방지방법

1) 금형 설치 · 해체작업의 안전사항

① 금형의 설치용구는 프레스의 구조에 적합한 형태로 한다.

② 금형을 설치하는 프레스의 T홈 안길이는 설치 볼트 직경의 2배 이상으로 한다.

③ 고정볼트는 고정 후 가능하면 나사산이 3～4개 정도 짧게 남겨 슬라이드 면과의 사이에 협착이 발생하지 않도록 해야 한다.

④ 금형 고정용 브래킷(물림판)을 고정시킬 때 고정용 브래킷은 수평이 되게 하고 고정볼트는 수직이 되게 고정하여야 한다.

2) 금형의 운반

① 금형을 운반할 때는 금형의 어긋남이 발생할 위험을 방지하기 위해 고정밴드를 사용한다.
② 대형 금형은 상하 금형의 평행을 유지하기 위해 안전핀 등을 사용한다.

3) 금형의 설치 및 조정 시 안전수칙

① 금형은 하형부터 잡고 무거운 금형의 받침은 인력으로 하지 않는다.
② 금형의 부착 전에 하사점을 확인한다.
③ 금형을 설치하거나 조정할 때는 반드시 동력을 끊고 페달의 불시작동으로 인한 사고를 예방하기 위해 방호장치(U자형 덮개)를 하여 놓는다.
④ 금형의 체결은 올바른 치공구를 사용하고 균등하게 체결한다.
⑤ 슬라이드의 불시하강을 방지하기 위하여 안전블록을 사용하는 등 필요한 조치를 한다.

SECTION 03 기타 산업용 기계 · 기구

1 롤러기

1. 정의

1) 롤러기

2개 이상의 롤러를 한 조로 하여 각각 반대방향으로 회전하면서 가공재료를 롤러 사이로 통과시켜 롤러의 압력에 의해 소성변형 또는 연화시키는 기계를 말한다.

2) 급정지장치

롤러기의 전면에서 작업하고 있는 근로자의 신체 일부가 롤러 사이에 말려들어가거나 말려들어갈 우려가 있는 경우 근로자가 손 · 무릎 · 복부 등으로 급정지 조작부를 동작시켜 롤러기를 급정지시키는 장치를 말한다.

2. Guard(울)

1) 의의

원자재를 롤러기에 밀어넣을 때 신체(손)의 일부가 롤러기에 접촉하여 말려들어가는 것을 방지하기 위한 접촉예방장치이다.

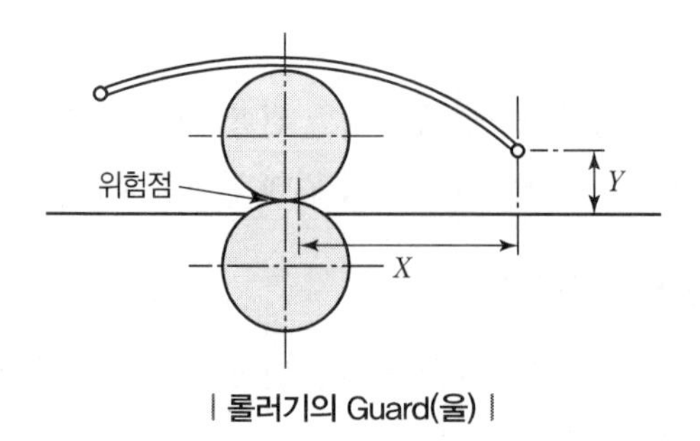

| 롤러기의 Guard(울) |

2) 롤러기 가드의 개구부 간격

① ILO 기준(위험점이 전동체가 아닌 경우)

㉠ 프레스 및 전단기의 작업점이나 롤러기의 맞물림점에 설치

㉡ 공식

$$Y=6+0.15X(X<160\text{mm})\ (\text{단, } X\geq 160\text{mm 일 때, } Y=30\text{mm})$$

여기서, X : 가드와 위험점 간의 거리(안전거리)(mm)
Y : 가드 개구부 간격(안전간극)(mm)

••• 예상문제

롤러 작업 시 위험점에서 가드(Guard) 개구부까지의 최단 거리를 60mm라고 할 때, 최대로 허용할 수 있는 가드 개구부 틈새는 약 몇 mm인가?(단, 위험점이 비전동체이다.)

풀이 $Y=6+0.15X=6+0.15\times60=15[\text{mm}]$

답 15[mm]

② 위험점이 대형 기계의 전동체(회전체)인 경우

$$Y=\frac{X}{10}+6\text{mm}\ (\text{단, } X<760\text{mm 에서 유효})$$

여기서, X : 가드와 위험점 간의 거리(안전거리)(mm)
Y : 가드 개구부 간격(안전간극)(mm)

••• 예상문제

롤러기에서 가드의 개구부와 위험점 간의 거리가 200mm이면 개구부 간격은 얼마이어야 하는가?(단, 위험점이 전동체이다.)

풀이 $Y=\frac{X}{10}+6\text{mm}=\frac{200}{10}+6=26[\text{mm}]$

답 26[mm]

3. 방호장치 설치방법 및 성능조건

1) 방호장치 및 설치방법

① 방호장치

㉠ 롤러기에는 방호장치로 급정지장치를 설치해야 한다.

㉡ 합판 · 종이 · 천 및 금속박 등을 통과시키는 롤러기로서 근로자가 위험해질 우려가 있는 부위에는 울 또는 가이드 롤러(Guide Roller) 등을 설치하여야 한다.

② 급정지장치의 설치방법

㉠ 급정지장치 중 손으로 조작하는 급정지장치의 조작부는 롤러기의 전면 및 후면에 각각 1개씩 수평으로 설치하여야 하며, 그 길이는 롤러의 길이 이상이어야 한다.

㉡ 급정지장치의 조작부에 사용하는 줄은 사용 중에 늘어져서는 안 되며 충분한 인장강도를 가져야 한다.

㉢ 급정지장치의 조작부는 그 종류에 따라 다음에 정하는 위치에 작업자가 긴급 시에 쉽게 조작할 수 있도록 설치하여야 한다.

급정지장치 조작부의 종류	위치	비고
손으로 조작하는 것	밑면으로부터 1.8m 이내	위치는 급정지장치 조작부의 중심점을 기준으로 함
복부로 조작하는 것	밑면으로부터 0.8m 이상 1.1m 이내	
무릎으로 조작하는 것	밑면으로부터 0.4m 이상 0.6m 이내	

㉣ 급정지장치가 동작한 경우 롤러기의 기동장치를 재조작하지 않으면 가동되지 않는 구조의 것이어야 한다.

2) 급정지장치의 성능조건

롤러기의 급정지장치는 롤러기를 무부하에서 최대속도로 회전시킨 상태에서도 다음과 같이 앞면 롤러의 표면속도에 따라 규정된 정지거리 내에서 당해 롤러를 정지시킬 수 있는 성능을 보유해야 한다.

앞면 롤러의 표면속도(m/min)	급정지거리
30 미만	앞면 롤러 원주의 1/3
30 이상	앞면 롤러 원주의 1/2.5

$$V = \pi DN[\mathrm{mm/min}] = \frac{\pi DN}{1{,}000}[\mathrm{m/min}]$$

여기서, V : 표면속도(m/min)
D : 롤러 원통의 직경(mm)
N : 1분간에 롤러기가 회전되는 수(rpm)

··· 예상문제

롤러의 급정지를 위한 방호장치를 설치하고자 한다. 앞면 롤러 직경이 36cm이고 분당 회전속도는 50rpm이라면 급정지장치의 정지거리는 최대 몇 cm 이상이어야 하는가?(단, 무부하 동작에 해당한다.)

풀이 ① $V=\frac{\pi DN}{1,000}[\text{m/min}]=\frac{\pi\times 360\times 50}{1,000}=56.52[\text{m/min}]$

② 표면속도(V)가 30[m/min] 이상이므로 앞면 롤러 원주의 $\frac{1}{2.5}$ 이다.

③ 급정지거리$=\pi\times D\times\frac{1}{2.5}=\pi\times 36\times\frac{1}{2.5}=45.216=45[\text{cm}]$

※ 원둘레 길이$=\pi D=2\pi r$ (여기서, D : 지름 r : 반지름)

답 45[cm]

3) 급정지장치의 일반 요구사항

① 조작부는 긴급 시에 근로자가 조작부를 쉽게 알아볼 수 있게 하기 위해 안전에 관한 색상으로 표시하여야 한다.

② 조작부에 로프를 사용할 경우는 KS D 3514(와이어로프)에 정한 규격에 적합한 직경 4밀리미터 이상의 와이어로프 또는 직경 6밀리미터 이상이고 절단하중이 2.94킬로뉴턴(kN) 이상의 합성섬유의 로프를 사용하여야 한다.

③ 조작부의 설치위치는 기준에서 정한 사항을 만족하며 수평안전거리가 반드시 확보되어야 한다.

④ 조작스위치 및 기동스위치는 분진 및 그 밖의 불순물이 침투하지 못하도록 밀폐형으로 제조되어야 한다.

⑤ 제동모터 및 그 밖의 제동장치에 제동이 걸린 후에 다시 기동스위치를 재조작하지 않으면 기동될 수 없는 구조이어야 한다.

2 원심기

1. 정의

① 원심기는 회전에 의해서 발생하는 원심력을 이용하여 분리, 탈수 등을 하는 기계들을 말한다.

② 원심기 또는 원심분리기란 가속되기 쉬운 공정재료의 혼합물과 관련된 회전 가능한 챔버를 장착하고 있는 분리장치 등을 말한다.

2. 사용방법

① 원심기 또는 분쇄기 등으로부터 내용물을 꺼내거나 정비, 청소, 검사, 수리 또는 그 밖에 이와 유사한 작업을 하는 때에는 운전을 정지하여야 한다.

② 원심기의 최고사용회전수를 초과하여 사용해서는 아니 된다.

3. 덮개의 설치

원심기에는 덮개를 설치하여야 한다.

3 아세틸렌 용접장치 및 가스집합 용접장치

1. 용접장치의 구조

1) 아세틸렌 용접장치

아세틸렌 발생기	아세틸렌 반응을 용기 내에서 행하여 발생한 가스를 일정량 저장시키는 장치
도관	발생기로부터 얻어진 아세틸렌 가스, 가연성 가스, 산소용기 등의 가스 공급원으로부터 토치까지 가스를 보내는 관
취관	선단에 부착된 노즐로부터 가스의 유출을 조절
청정기	발생기에서 발생한 가스 중에 해로운 불순물을 제거하기 위한 장치
안전기	용접 시 발생하는 역화 및 역류에 의해 폭발되는 것을 방지하기 위한 장치

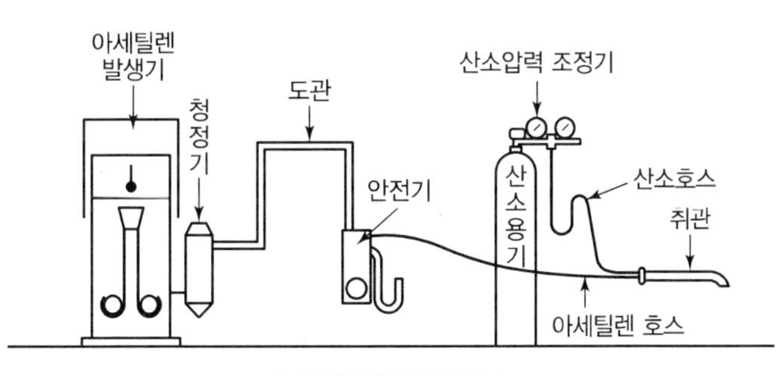

| 아세틸렌 용접장치 |

2) 아세틸렌 가스의 위험성

온도	① 아세틸렌 가스는 온도가 406～408℃에 달하면 자연발화되고, 505～515℃ 정도에서 폭발한다. ② 산소가 없더라도 780℃ 이상이면 자연폭발한다.
압력	① 150℃에서 2기압 이상이면 폭발하고, 1.5기압 이상이 되면 충격, 가열 등의 자극으로 폭발하므로 위험압력은 1.5기압이다. ② 1.3기압 이하에서 사용한다.
혼합가스	① 아세틸렌 가스는 공기, 산소 등과 혼합 시 더욱 폭발성이 심해진다. ② 아세틸렌 15%, 산소 85%에서 가장 폭발위험이 크다.
외력	압력이 가해져 있는 아세틸렌 가스에 마찰, 진동, 충격 등의 외력이 작용하면 폭발할 위험이 있다.
화합물 영향	아세틸렌 가스는 구리 또는 구리 합금, 은, 수은 등을 접촉 시 이들과 화합하여 120℃ 부근에서 폭발성 화합물을 생성하므로 가스연결구나 배관에 사용을 금지한다.

3) 가스집합 용접장치

① 용접가스를 다량으로 사용하는 작업장에서 사용
② 산소 및 가연성 가스의 용기를 다수 결합하여 배관으로 작업현장에 가스를 공급
③ 안전기, 압력조정기, 도관, 토치 등으로 구성

2. 토치(Torch)

1) 개요

① 용기 또는 발생기에서 보내진 아세틸렌 가스와 산소를 일정한 혼합가스로 만들고 이 혼합가스를 연소시켜 불꽃을 형성하여 용접작업에 사용하도록 한 기구를 말한다.
② 산소 및 아세틸렌 밸브, 혼합실, 팁 등으로 구성되어 있다.

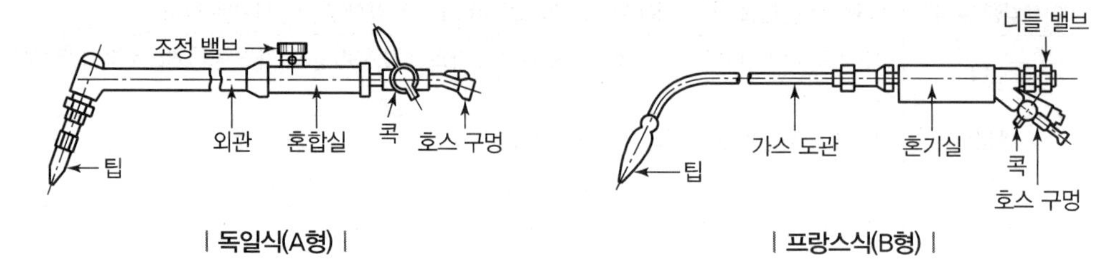

| 독일식(A형) | | 프랑스식(B형) |

2) 토치의 취급상 주의사항

① 팁을 모래나 먼지 위에 놓지 말 것
② 토치를 함부로 분해하지 말 것
③ 팁이 과열된 때에는 아세틸렌 가스를 멈추고 산소만 다소 분출시키면서 물속에 넣어 냉각시킬 것
④ 점화 시 아세틸렌 밸브를 열고 점화 후 산소밸브를 열어 조절한다.
⑤ 작업 종료 후 또는 고무호스에 역화 · 역류 발생 시에는 산소밸브를 가장 먼저 잠근다.
⑥ 용접토치팁의 청소는 팁클리너로 하는 것이 가장 좋다.

3. 아세틸렌 용접장치의 안전

1) 압력의 제한

아세틸렌 용접장치를 사용하여 금속의 용접 · 용단 또는 가열작업을 하는 경우에는 게이지 압력이 127킬로파스칼을 초과하는 압력의 아세틸렌을 발생시켜 사용해서는 아니 된다.

2) 발생기실의 설치 장소

① 아세틸렌 용접장치의 아세틸렌 발생기를 설치하는 경우에는 전용의 발생기실에 설치하여야 한다.
② 건물의 최상층에 위치하여야 하며, 화기를 사용하는 설비로부터 3미터를 초과하는 장소에 설치하여야 한다.

③ 옥외에 설치한 경우에는 그 개구부를 다른 건축물로부터 1.5미터 이상 떨어지도록 하여야 한다.

3) 발생기실의 구조

① 벽은 불연성 재료로 하고 철근 콘크리트 또는 그 밖에 이와 같은 수준이거나 그 이상의 강도를 가진 구조로 할 것
② 지붕과 천장에는 얇은 철판이나 가벼운 불연성 재료를 사용할 것
③ 바닥면적의 16분의 1 이상의 단면적을 가진 배기통을 옥상으로 돌출시키고 그 개구부를 창이나 출입구로부터 1.5미터 이상 떨어지도록 할 것
④ 출입구의 문은 불연성 재료로 하고 두께 1.5밀리미터 이상의 철판이나 그 밖에 그 이상의 강도를 가진 구조로 할 것
⑤ 벽과 발생기 사이에는 발생기의 조정 또는 카바이드 공급 등의 작업을 방해하지 않도록 간격을 확보할 것

4) 안전기의 설치

① 아세틸렌 용접장치의 취관마다 안전기를 설치하여야 한다.(다만, 주관 및 취관에 가장 가까운 분기관마다 안전기를 부착한 경우에는 그러하지 아니하다)
② 가스용기가 발생기와 분리되어 있는 아세틸렌 용접장치에 대하여 발생기와 가스용기 사이에 안전기를 설치하여야 한다.

5) 아세틸렌 용접장치의 관리

① 발생기(이동식 아세틸렌 용접장치의 발생기는 제외)의 종류, 형식, 제작업체명, 매시 평균 가스발생량 및 1회 카바이드 공급량을 발생기실 내의 보기 쉬운 장소에 게시할 것
② 발생기실에는 관계 근로자가 아닌 사람이 출입하는 것을 금지할 것
③ 발생기에서 5미터 이내 또는 발생기실에서 3미터 이내의 장소에서는 흡연, 화기의 사용 또는 불꽃이 발생할 위험한 행위를 금지시킬 것
④ 도관에는 산소용과 아세틸렌용의 혼동을 방지하기 위한 조치를 할 것
⑤ 아세틸렌 용접장치의 설치장소에는 적당한 소화설비를 갖출 것
⑥ 이동식 아세틸렌 용접장치의 발생기는 고온의 장소, 통풍이나 환기가 불충분한 장소 또는 진동이 많은 장소 등에 설치하지 않도록 할 것

4. 가스집합 용접장치의 안전

1) 가스집합장치의 위험 방지

① 가스집합장치에 대해서는 화기를 사용하는 설비로부터 5미터 이상 떨어진 장소에 설치하여야 한다.

② 가스집합장치를 설치하는 경우에는 전용의 방에 설치하여야 한다.(다만, 이동하면서 사용하는 가스집합장치의 경우에는 제외)

③ 가스장치실에서 가스집합장치의 가스용기를 교환하는 작업을 할 때 가스장치실의 부속설비 또는 다른 가스용기에 충격을 줄 우려가 있는 경우에는 고무판 등을 설치하는 등 충격 방지조치를 하여야 한다.

2) 가스장치실의 구조

① 가스가 누출된 경우에는 그 가스가 정체되지 않도록 할 것

② 지붕과 천장에는 가벼운 불연성 재료를 사용할 것

③ 벽에는 불연성 재료를 사용할 것

3) 가스집합 용접장치의 배관(이동식을 포함)

① 플랜지 · 밸브 · 콕 등의 접합부에는 개스킷을 사용하고 접합면을 상호 밀착시키는 등의 조치를 할 것

② 주관 및 분기관에는 안전기를 설치할 것. 이 경우 하나의 취관에 2개 이상의 안전기를 설치하여야 한다.

4) 구리 사용의 제한

용해아세틸렌의 가스집합 용접장치의 배관 및 부속기구는 구리나 구리 함유량이 70퍼센트 이상인 합금을 사용해서는 아니 된다.

5) 가스집합 용접장치의 관리

① 사용하는 가스의 명칭 및 최대가스저장량을 가스장치실의 보기 쉬운 장소에 게시할 것

② 가스용기를 교환하는 경우에는 관리감독자가 참여한 가운데 할 것

③ 밸브 · 콕 등의 조작 및 점검요령을 가스장치실의 보기 쉬운 장소에 게시할 것

④ 가스장치실에는 관계근로자가 아닌 사람의 출입을 금지할 것

⑤ 가스집합장치로부터 5미터 이내의 장소에서는 흡연, 화기의 사용 또는 불꽃을 발생할 우려가 있는 행위를 금지할 것

⑥ 도관에는 산소용과의 혼동을 방지하기 위한 조치를 할 것

⑦ 가스집합장치의 설치장소에는 적당한 소화설비를 설치할 것

⑧ 이동식 가스집합 용접장치의 가스집합장치는 고온의 장소, 통풍이나 환기가 불충분한 장소 또는 진동이 많은 장소에 설치하지 않도록 할 것

⑨ 해당 작업을 행하는 근로자에게 보안경과 안전장갑을 착용시킬 것

5. 금속의 용접 · 용단 또는 가열에 사용되는 가스 등의 용기를 취급하는 경우의 준수사항

① 다음 장소에서 사용하거나 해당 장소에 설치 · 저장 또는 방치하지 않도록 할 것
  ㉠ 통풍이나 환기가 불충분한 장소
  ㉡ 화기를 사용하는 장소 및 그 부근
  ㉢ 위험물 또는 인화성 액체를 취급하는 장소 및 그 부근
② 용기의 온도를 섭씨 40도 이하로 유지할 것
③ 전도의 위험이 없도록 할 것
④ 충격을 가하지 않도록 할 것
⑤ 운반하는 경우에는 캡을 씌울 것
⑥ 사용하는 경우에는 용기의 마개에 부착되어 있는 유류 및 먼지를 제거할 것
⑦ 밸브의 개폐는 서서히 할 것
⑧ 사용 전 또는 사용 중인 용기와 그 밖의 용기를 명확히 구별하여 보관할 것
⑨ 용해아세틸렌의 용기는 세워 둘 것
⑩ 용기의 부식 · 마모 또는 변형 상태를 점검한 후 사용할 것

6. 역류, 역화 및 인화

1) 역류(Contra Flow)

정의	고압의 산소가 밖으로 나가지 못하게 되어 산소보다 압력이 낮은 아세틸렌을 밀어내면서 산소가 아세틸렌 호스 쪽으로 거꾸로 흐르게 되는 현상
원인	① 산소 압력의 과다 ② 아세틸렌 공급량 부족
방지법	① 팁을 깨끗이 청소 ② 산소를 차단 ③ 아세틸렌을 공급 ④ 안전기와 발생기를 차단

2) 역화(Back Fire)

정의	용접 도중에 모재에 팁 끝이 닿아 불꽃이 팁 끝에서 순간적으로 폭음을 내며 불꽃이 들어갔다가 꺼지는 현상
원인	① 압력 조정기의 고장 ② 과열되었을 때 ③ 산소 공급이 과다할 때 ④ 토치의 성능이 좋지 않을 때 ⑤ 토치 팁에 이물질이 묻었을 때
방지법	① 용접 팁을 물에 담가서 식힘 ② 아세틸렌을 차단 ③ 토치의 기능을 점검

3) 인화(Flash Back)

정의	팁 끝이 순간적으로 막히게 되면 가스의 분출이 나빠지고 혼합실까지 불꽃이 들어가는 현상	
원인	① 가스 압력의 부적당	② 팁 끝이 막힘
방지법	① 팁을 깨끗이 청소 ② 가스 유량을 적당히 조정	③ 호스의 비틀림이 없게 조치 ④ 우선 아세틸렌을 차단한 후 산소를 차단

7. 아세틸렌 용접의 재해유형

화재	용접이나 절단작업 시 불꽃이나 용융금속의 비산으로 작업장 부근의 가연성 물질에 의해 발생
폭발	아세틸렌 가스는 공기와 산소의 혼합으로 매우 위험한 폭발성 혼합가스를 발생
화상	토치의 불꽃이나 용융금속의 비산 및 취급 부주의에 의한 화상
중독	납과 아연합금, 도금한 재료를 용접하거나 절단할 때 발생하는 가스나 흄에 의한 중독, 일산화질소 등의 유해 가스에 의한 중독 등
질식	공기의 흐름이 차단된 밀폐공간 내에서의 작업은 급격한 산소의 소모로 인해 질식사고를 유발

8. 용접의 결함

결함의 종류	결함의 모양	원인	상태
기공(블로우홀) (Blow Hole)		용접전류의 과대 사용, 강재에 부착되어 있는 기름, 페인트 등, 모재 가운데 유황 함유량 과대	용착금속에 방출가스로 인해 생긴 기포나 작은 틈
슬래그 섞임 (Slag Inclusion)		봉의 각도 부적당, 운봉속도가 느릴 때, 전류의 과소	녹은 피복제가 용착금속 표면에 떠 있거나, 용착금속 속에 남아 있는 것
용입부족 (Lack of Penetration)		운봉속도 과다, 낮은 전류, 용접봉 선택 불량	이음부에 두께가 불충분하게 용입된 현상
언더컷 (Under Cut)		과대 전류, 운봉속도가 빠를 때, 부당한 용접봉을 사용할 때	용접된 경계 부근에 움푹 파여 들어가 홈이 생긴 것
오버랩 (Over Lap)		운봉속도가 느릴 때, 낮은 전류, 모재에 대해 용접봉이 굵을 때	용융된 금속이 모재와 잘 용융되지 않고 표면에 덮여 있는 상태
용접균열 (Weld Crack)		과대 전류, 과대 속도, 이음의 강성이 큰 경우, 모재의 탄소, 망간 등의 합금원소 함량이 많을 때	용착금속이나 모재에서 발생되는 분리현상
피트(Pit)		습기가 많을 때, 기름, 녹, 페인트가 묻었을 때	금속표면에서 가스가 반쯤 방출되었을 때 응고되어 생긴 홈(표면에 입을 벌리고 있는 것)
스패터 (Spatter)		전류가 높을 때, 아크 길이가 너무 길 때	용착금속이 모재 위에 부착되는 것
선상조직		용착금속의 냉각속도가 빠를 때, 모재 재질 불량	용접금속의 파단면에서 볼 수 있는 서릿발 같은 형태의 조직

4 보일러 및 압력용기

1. 보일러

1) 보일러의 개요

밀폐된 원통형 용기 또는 수관 내에 물 또는 열매체를 넣어 가열원에 의하여 대기압 이상의 온수 또는 증기를 발생하는 장치로 주요 3대 구성은 보일러 본체, 연소장치, 부속장치로 구분할 수 있다.

2) 보일러의 구조 및 구성 부품

① 보일러 본체

내부에 물을 채워 넣어 외부에서 연소열을 이용하여 소정 압력의 증기를 발생시키는 보일러의 몸체

② 연소장치

기본 본체에 열을 공급하기 위해 연료를 연소시키기 위한 장치로서 다음과 같이 구성된다.

㉠ 버너 : 액체 및 기체연료의 연소장치

㉡ 화격자 : 고체연료의 연소장치(석탄 등)

㉢ 연소실 : 연료를 연소시키기 위한 장치로 위치에 따라 다음과 같이 구분

ⓐ 내분식 보일러 : 연소실이 동체 내부에 설치된 보일러

ⓑ 외분식 보일러 : 연소실이 동체 외부에 설치된 보일러

③ 부속장치

과열기	본체에서 발생하는 포화온도 이상으로 재가열하여 과열증기로 만드는 장치
절탄기	연도(굴뚝)에서 버려지는 여열을 이용하여 보일러에 공급되는 급수를 예열하는 장치
공기예열기	연도(굴뚝)에서 버려지는 여열을 이용하여 보일러에 공급되는 온도를 올리기 위한 장치
통풍장치	연소 생성물을 배출하여 연소의 안정을 유지하기 위한 장치(송풍기, 연도, 연돌, 댐퍼 등)
자동제어장치	보일러의 부하에 따라 연료의 양이나 통풍을 자동적으로 가감하거나 보일러 내부의 압력을 일정하게 유지하기 위한 장치
급수장치	보일러가 안전수위 내에서 운전되도록 급수펌프 등을 통해 양질의 물을 공급하는 장치
송기장치	보일러에서 급수된 물이 연료의 연소열에 의해 발생된 증기가 사용처까지 안전하고 효율적으로 이송하는 데 필요한 장치
폐열회수장치	보일러 또는 기타 연소장치에서 발생된 연소가스의 연소열을 사용목적을 위해 이용한 후 버려지는 배기가스의 폐열을 회수하는 장치
안전장치	압력계, 안전밸브, 유량계, 고저수위 경보기, 밸브 및 콕 등

| 보일러의 종류 |

3) 보일러의 사고형태 및 원인

보일러의 사고는 제작상의 원인보다는 취급상의 원인이 주사고원인이며 이에 대한 발생 형태와 원인은 다음과 같다.

사고형태		원인
보일러의 압력 상승		① 안전장치의 작동불량 ② 압력계의 기능 이상 ③ 압력계의 판독 미스 및 감시 소홀
보일러의 과열		① 수관과 본체의 청소불량 ② 관수 부족 시 보일러의 가동 ③ 수면계의 고장으로 드럼 내의 물의 감소
보일러의 부식		① 불순물을 사용하여 수관이 부식되었을 때 ② 급수에 불순물이 혼입되었을 때 ③ 급수처리를 하지 않은 물을 사용할 때
보일러의 파열	규정압력 이상으로 상승하여 파열	① 방호장치 미부착 ② 방호장치 작동불량
	최고압력 이하에서 파열	① 구조상의 결함 : 설계불량, 가공불량, 재료불량 ② 취급불량 : 이상 감수(저수위), 과열, 압력초과, 부식 등

4) 보일러의 취급 시 이상현상

프라이밍(Priming)	보일러수가 극심하게 끓어서 수면에서 계속하여 물방울이 비산하고 증기부가 물방울로 충만하여 수위가 불안정하게 되는 현상
포밍(Foaming)	보일러수에 유지류, 고형물 등의 부유물로 인해 거품이 발생하여 수위를 판단하지 못하는 현상
캐리오버 (Carry Over, 기수공발)	① 보일러에서 증기관 쪽에 보내는 증기에 대량의 물방울이 포함되는 경우로 프라이밍이나 포밍이 생기면 필연적으로 발생 ② 보일러에서 증기의 순도를 저하시킴으로써 관 내 응축수가 생겨 워터해머의 원인이 되는 것
워터해머 (Water Hammer, 수격작용)	① 관 내의 유동, 밸브의 급격한 개폐 등에 의해 압력파(압력변화)가 생겨 불규칙한 유체의 흐름이 생성되어 관벽을 해머로 치는 듯한 소리를 내며 관이 진동하는 현상 ② 과열과는 상관이 없으며, 워터해머는 캐리오버에 기인한다.

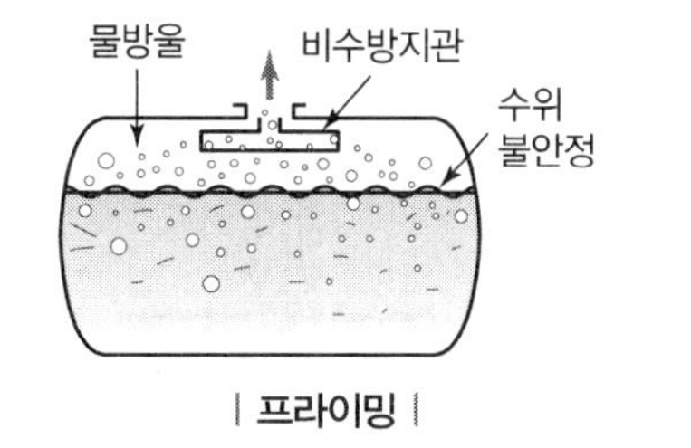

| 프라이밍 |

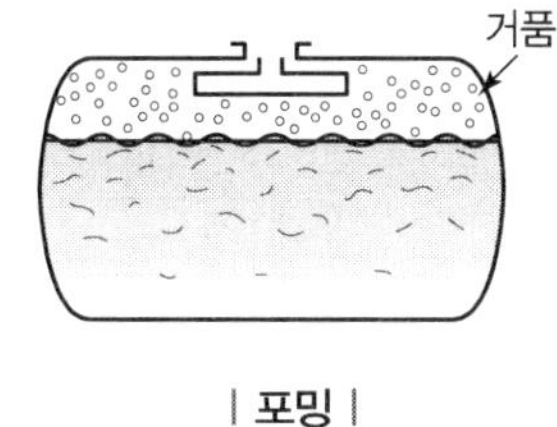

| 포밍 |

| 캐리오버 |

5) 보일러 안전장치의 종류

① 압력방출장치

㉠ 보일러의 안전한 가동을 위하여 보일러 규격에 맞는 압력방출장치를 1개 또는 2개 이상 설치하고 최고사용압력(설계압력 또는 최고허용압력) 이하에서 작동되도록 하여야 한다.

㉡ 압력방출장치가 2개 이상 설치된 경우에는 최고사용압력 이하에서 1개가 작동되고, 다른 압력방출장치는 최고사용압력 1.05배 이하에서 작동되도록 부착하여야 한다.

㉢ 압력방출장치는 매년 1회 이상 교정을 받은 압력계를 이용하여 설정압력에서 압력방출장치가 적정하게 작동하는지를 검사한 후 납으로 봉인하여 사용하여야 한다.(공정안전보고서 이행상태 평가결과가 우수한 사업장은 압력방출장치에 대하여 4년마다 1회 이상 설정압력에서 압력방출장치가 적정하게 작동하는지를 검사할 수 있다)

㉣ 스프링식, 중추식, 지렛대식(일반적으로 스프링식 안전밸브가 많이 사용된다)

② 압력제한스위치

보일러의 과열을 방지하기 위하여 최고사용압력과 상용압력 사이에서 보일러의 버너 연소를 차단할 수 있도록 압력제한스위치를 부착하여 사용하여야 한다.

③ 고저수위 조절장치

고저수위 조절장치의 동작 상태를 작업자가 쉽게 감시하도록 하기 위하여 고저수위지점을 알리는 경보등 · 경보음장치 등을 설치하여야 하며, 자동으로 급수되거나 단수되도록 설치하여야 한다.

④ 화염검출기

연소상태를 항상 감시하고 그 신호를 프레임 릴레이가 받아서 연소차단밸브를 개폐한다.

6) 안전밸브(Safety Valve)의 종류

보일러 증기부에 설치하며, 보일러 내부의 증기압이 이상 상승하게 될 때 자동적으로 이상 증기압을 외부로 배출하여 보일러를 보호하는 장치를 말한다.

① **스프링식 안전밸브** : 일반적으로 보일러에 많이 사용되고 있음

② **중추식 안전밸브** : 추의 무게를 이용하여 분출압력을 조정하는 안전밸브로 이동형 보일러에 사용이 곤란함

③ **지렛대식 안전밸브(레버식)** : 지점과 지렛대 사이의 거리에 추의 위치를 설정하여 그 위치에 따라 분출능력을 조정하는 안전밸브로 밸브에 작용하는 전 압력이 600kg 이상인 경우에는 사용할 수 없음(고압 보일러에 부적당)

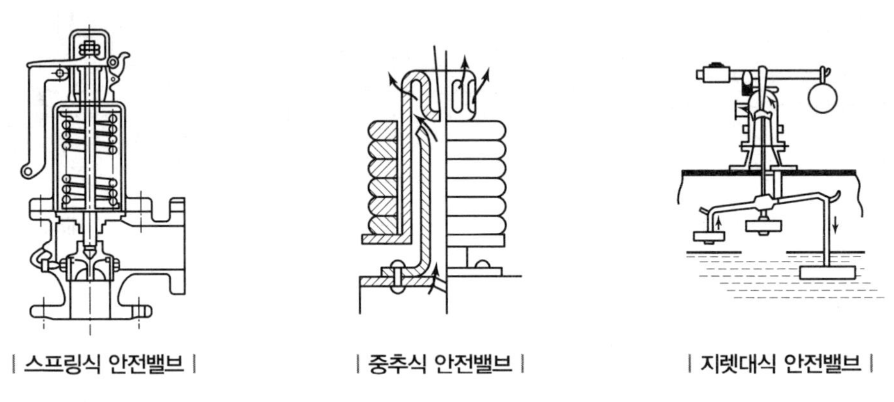

| 스프링식 안전밸브 | | 중추식 안전밸브 | | 지렛대식 안전밸브 |

2. 압력용기

1) 압력용기

압력용기(Pressure Vessel)	용기의 내면 또는 외면에서 일정한 유체의 압력을 받는 밀폐된 용기
갑종 압력용기	① 설계압력이 게이지 압력으로 0.2MPa(2kgf/cm²)을 초과하는 화학공정 유체 취급용기 ② 설계압력이 게이지 압력으로 1MPa(10kgf/cm²)을 초과하는 공기 또는 질소 취급용기
을종 압력용기	그 밖의 용기
주요 구조부분	동체, 경판 및 받침대(새들 및 스커트 등) 등

2) 공기압축기

공기압축기	동력을 사용하여 피스톤, 임펠러, 스크루 등에 의하여 대기압의 공기를 필요한 압력으로 압축시키는 기계
주요 구조부 (강도 및 기능상 주요 장치)	① 베드(프레임), 압력용기(공기탱크, 유수분리기) ② 압축기 본체(실린더커버, 실린더, 크랭크실, 크랭크축, 피스톤, 연결핀, 벨트풀리, 스크루, 임펠러 등), 전동기, 제어반, 냉각장치 ③ 언로드밸브, 압력방출장치(안전밸브), 비상정지장치
언로드밸브(Unload Valve)	토출압력을 일정하게 유지하기 위해 공기압축기의 작동을 조정하는 장치(밸브형, 접점형이 있음)
압력방출장치	공기압축기 및 공기저장용기에 과도한 압력이 가해질 경우에 압력방출장치가 작동되어 공기압축기 및 공기저장용기의 폭발을 방지하는 역할을 하는 밸브

3) 압력용기의 방호장치

① 덮개 또는 울 등 설치 : 압력용기 및 공기압축기 등에 부속하는 원동기 · 축이음 · 벨트 · 풀리의 회전 부위 등 근로자가 위험에 처할 우려가 있는 부위에 덮개 또는 울 등을 설치하여야 한다.

② 안전밸브 등의 설치

㉠ 다음 각 호의 어느 하나에 해당하는 설비에 대해서는 과압에 따른 폭발을 방지하기 위하여 폭발 방지성능과 규격을 갖춘 안전밸브 또는 파열판을 설치하여야 한다.

ⓐ 압력용기(안지름이 150밀리미터 이하인 압력용기는 제외하며, 압력용기 중 관형 열교환기의 경우에는 관의 파열로 인하여 상승한 압력이 압력용기의 최고사용압력을 초과할 우려가 있는 경우만 해당)

ⓑ 정변위 압축기

ⓒ 정변위 펌프(토출축에 차단밸브가 설치된 것만 해당)

ⓓ 배관(2개 이상의 밸브에 의하여 차단되어 대기온도에서 액체의 열팽창에 의하여 파열될 우려가 있는 것으로 한정)

ⓔ 그 밖의 화학설비 및 그 부속설비로서 해당 설비의 최고사용압력을 초과할 우려가 있는 것

㉡ 안전밸브 등을 설치하는 경우에는 다단형 압축기 또는 직렬로 접속된 공기압축기에 대해서는 각 단 또는 각 공기압축기별로 안전밸브 등을 설치하여야 한다.

㉢ 안전밸브의 검사 주기(압력계를 이용하여 설정압력에서 안전밸브가 적정하게 작동하는지를 검사한 후 납으로 봉인하여 사용)

화학공정 유체와 안전밸브의 디스크 또는 시트가 직접 접촉될 수 있도록 설치된 경우	매년 1회 이상
안전밸브 전단에 파열판이 설치된 경우	2년마다 1회 이상
공정안전보고서 제출 대상으로서 고용노동부장관이 실시하는 공정안전보고서 이행상태 평가결과가 우수한 사업장의 안전밸브의 경우	4년마다 1회 이상

③ 최고사용압력의 표시 : 압력용기 등을 식별할 수 있도록 하기 위하여 그 압력용기 등의 최고사용압력, 제조연월일, 제조회사명 등이 지워지지 않도록 각인 표시된 것을 사용하여야 한다.

④ 안전밸브의 작동요건 : 안전밸브 등이 안전밸브 등을 통하여 보호하려는 설비의 최고사용압력 이하에서 작동되도록 하여야 한다. 다만, 안전밸브 등이 2개 이상 설치된 경우에 1개는 최고사용압력의 1.05배(외부화재를 대비한 경우에는 1.1배) 이하에서 작동되도록 설치할 수 있다.

5 산업용 로봇

1. 산업용 로봇의 개요

1) 정의

매니퓰레이터 및 기억장치를 가지고 기억장치 정보에 의해 매니퓰레이터의 굴신, 신축, 상하이동, 좌우이동 또는 선회동작과 이러한 동작의 복합동작을 자동적으로 행할 수 있는 기계

2) 용어의 정의

매니퓰레이터	인간의 팔과 유사한 기능을 가진 것
교시	산업용 로봇의 매니퓰레이터 동작의 순서, 위치 또는 속도 설정, 변경 또는 그 결과를 확인하는 것을 말한다.

2. 산업용 로봇의 종류

1) 입력 정보 교시에 의한 분류

시퀀스 로봇	미리 설정된 순서와 조건 및 위치에 따라 동작의 각 단계를 진행해 가는 로봇
플레이백 로봇	인간이 매니퓰레이터를 움직여서 미리 작업을 지시하여 그 작업의 순서, 위치 및 기타의 정보를 기억시키고 이를 재생함으로써 그 작업을 수행하는 로봇(입력된 작업을 반복해서 실행할 수 있는 로봇)
수치제어 로봇	로봇을 움직이지 않고 순서, 조건, 위치 및 기타 정보를 수치, 언어 등에 의해 교시하고 그 정보에 따라 작업을 할 수 있는 로봇
지능 로봇	감각기능 및 인식기능에 의해 행동을 결정할 수 있는 로봇

2) 동작 형태에 의한 분류

원통좌표 로봇	팔의 자유도가 주로 원통좌표 형식인 로봇
극좌표 로봇	팔의 자유도가 주로 극좌표 형식인 로봇
직각좌표 로봇	팔의 자유도가 주로 직각좌표 형식인 로봇
다관절 로봇	팔의 자유도가 주로 다관절인 로봇

3. 산업용 로봇의 안전관리

1) 교시 등의 작업 시 안전조치사항

① 다음 각 목의 사항에 관한 지침을 정하고 그 지침에 따라 작업을 시킬 것
　㉠ 로봇의 조작방법 및 순서
　㉡ 작업 중의 매니퓰레이터의 속도
　㉢ 2명 이상의 근로자에게 작업을 시킬 경우의 신호방법
　㉣ 이상을 발견한 경우의 조치
　㉤ 이상을 발견하여 로봇의 운전을 정지시킨 후 이를 재가동시킬 경우의 조치
　㉥ 그 밖에 로봇의 예기치 못한 작동 또는 오조작에 의한 위험을 방지하기 위하여 필요한 조치

② 작업에 종사하고 있는 근로자 또는 그 근로자를 감시하는 사람은 이상을 발견하면 즉시 로봇의 운전을 정지시키기 위한 조치를 할 것

③ 작업을 하고 있는 동안 로봇의 기동스위치 등에 작업 중이라는 표시를 하는 등 작업에 종사하고 있는 근로자가 아닌 사람이 그 스위치 등을 조작할 수 없도록 필요한 조치를 할 것

2) 운전 중 위험 방지조치

① 높이 1.8미터 이상의 울타리

② 컨베이어 시스템의 설치 등으로 울타리를 설치할 수 없는 일부 구간 : 안전매트 또는 광전자식 방호장치 등 감응형 방호장치 설치

3) 수리 등 작업 시의 조치

로봇의 작동범위에서 해당 로봇의 수리·검사·조정·청소·급유 또는 결과에 대한 확인작업을 하는 경우

① 해당 로봇의 운전을 정지함과 동시에 그 작업을 하고 있는 동안 로봇의 기동스위치를 열쇠로 잠근 후 열쇠를 별도 관리

② 해당 로봇의 기동스위치에 작업 중이란 내용의 표지판을 부착하는 등 해당 작업에 종사하고 있는 근로자가 아닌 사람이 해당 기동스위치를 조작할 수 없도록 필요한 조치를 하여야 한다.

4) 작업 시작 전 점검사항

로봇의 작동 범위에서 그 로봇에 관하여 교시 등(로봇의 동력원을 차단하고 하는 것은 제외)의 작업을 할 때

① 외부 전선의 피복 또는 외장의 손상 유무

② 매니퓰레이터(Manipulator) 작동의 이상 유무

③ 제동장치 및 비상정지장치의 기능

5) 주요 방호장치

① 동력차단장치

② 비상정지기능

③ 방호울타리(방책)

④ 안전매트

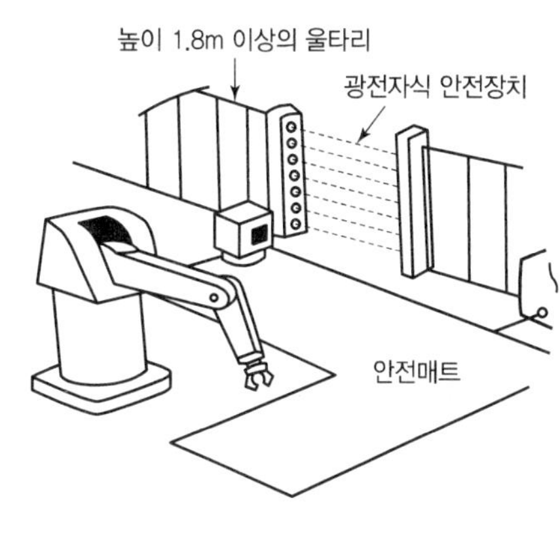

| 산업용 로봇의 안전장치 |

6 목재 가공용 기계

1. 목재가공용 기계의 방호장치

목재가공용 기계에는 둥근톱, 띠톱기계, 동력식 수동대패기, 모떼기기계 등이 있으며 이 중에서 가장 위험성이 높은 것은 둥근톱이다.

목재가공용 둥근톱기계 (가로 절단용 둥근톱기계 및 반발에 의하여 근로자에게 위험을 미칠 우려가 없는 것은 제외)	분할날 등 반발예방장치
목재가공용 둥근톱기계 (휴대용 둥근톱을 포함하되, 원목제재용 둥근톱기계 및 자동이송장치를 부착한 둥근톱기계를 제외)	톱날접촉 예방장치
목재가공용 띠톱기계의 절단에 필요한 톱날 부위 외의 위험한 톱날 부위	덮개 또는 울
목재가공용 띠톱기계에서 스파이크가 붙어 있는 이송롤러 또는 요철형 이송롤러	날접촉 예방장치 또는 덮개
작업대상물이 수동으로 공급되는 동력식 수동대패기계	날접촉 예방장치
모떼기기계(자동이송장치를 부착한 것은 제외)	날접촉 예방장치

2. 목재 가공용 둥근톱

1) 방호장치의 종류 및 구조

① 날접촉 예방장치 : 톱날과 인체의 접촉을 방지하기 위한 덮개를 말한다.

② 반발 예방장치 : 가공재의 반발을 방지하기 위하여 설치하는 것으로 분할날(Spreader), 반발방지기구(Finger), 반발방지롤(Roll), 보조안내판이 있다.

분할날 (Spreader)	톱 뒷날(후면톱날) 가까이에 설치되고 절삭된 가공재의 홈 사이로 들어가면서 가공재의 모든 두께에 걸쳐서 쐐기작용을 하여 가공재가 톱날에 밀착되는 것을 방지하는 것
반발방지기구 (Finger, 반발방지발톱)	목재의 송급 쪽에 설치하는 것으로 가공재가 뒷날 측에 대해서 조금 들뜨고 역행하려고 할 때 기구가 가공재에 파고들어 반발을 방지하는 것
반발방지롤 (Roll)	항상 가공재가 톱 후면에 있어서 들뜨는 것을 누르고 반발을 방지하는 것으로 가공재 윗면을 항상 일정한 힘으로 누르고 있다.
보조안내판	주 안내판과 톱날 사이의 공간에서 나무가 퍼질 수 있게 하여 죄임으로 인한 반발을 방지하는 것이다.

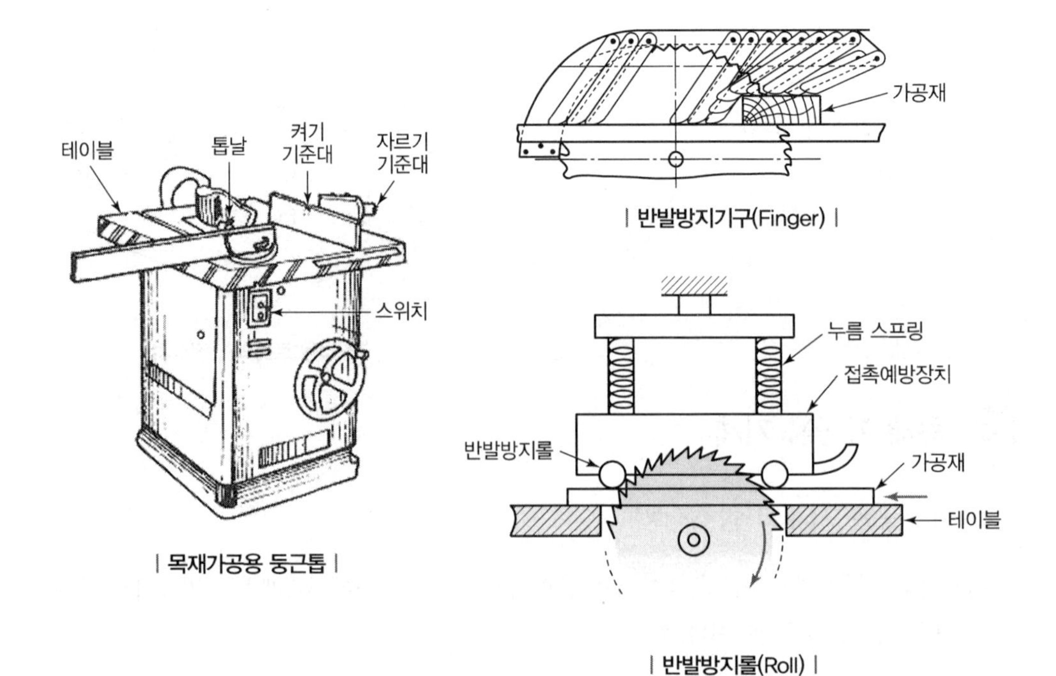

| 반발방지기구(Finger) |

| 목재가공용 둥근톱 |

| 반발방지롤(Roll) |

③ 덮개 및 분할날의 종류 및 구조

구분	종류	구조
덮개	가동식 덮개	덮개, 보조덮개가 가공물의 크기에 따라 위아래로 움직이며 가공할 수 있는 것으로 그 덮개의 하단이 송급되는 가공재의 윗면에 항상 접하는 구조이며, 가공재를 절단하고 있지 않을 때는 덮개가 테이블면까지 내려가 어떠한 경우에도 근로자의 손 등이 톱날에 접촉되는 것을 방지하도록 된 구조
	고정식 덮개	작업 중에는 덮개가 움직일 수 없도록 고정된 덮개로 비교적 얇은 판재를 가공할 때 이용하는 구조
분할날	겸형식 분할날	가공재에 쐐기작용을 하여 공작물의 반발을 방지할 목적으로 설치된 것으로 둥근톱의 크기에 따라 2가지로 구분
	현수식 분할날	

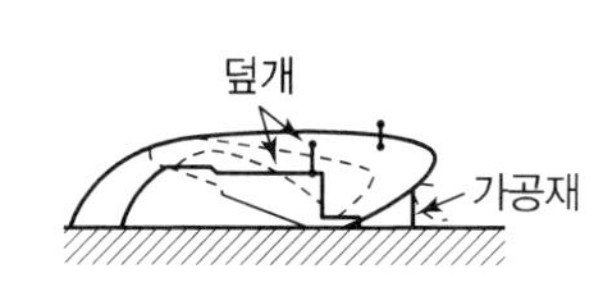

| 가동식 덮개 |

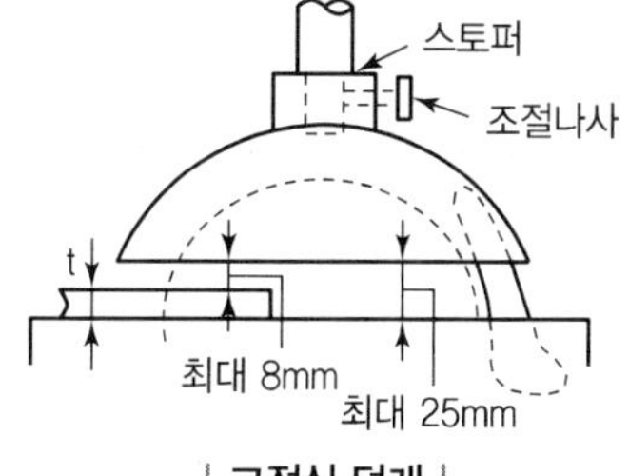

| 고정식 덮개 |

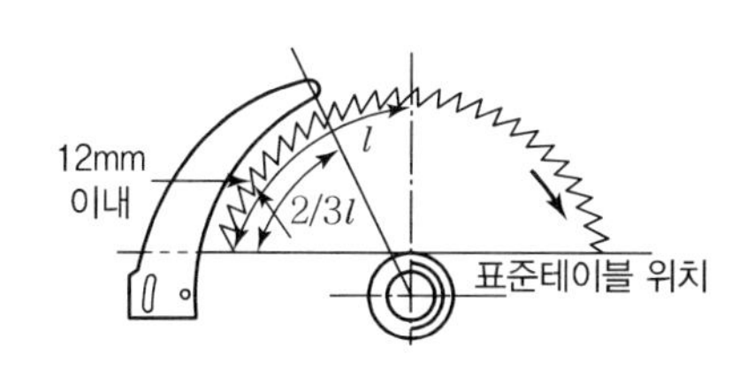

| 겸형식 분할날 |

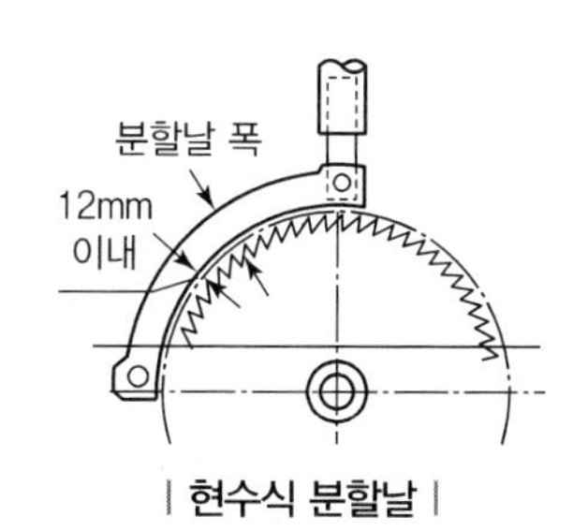

| 현수식 분할날 |

2) 분할날의 설치구조

① 분할날의 두께는 둥근톱 두께의 1.1배 이상일 것

$$1.1t_1 \leq t_2 < b$$

여기서, t_1 : 톱 두께, t_2 : 분할날 두께, b : 치진폭

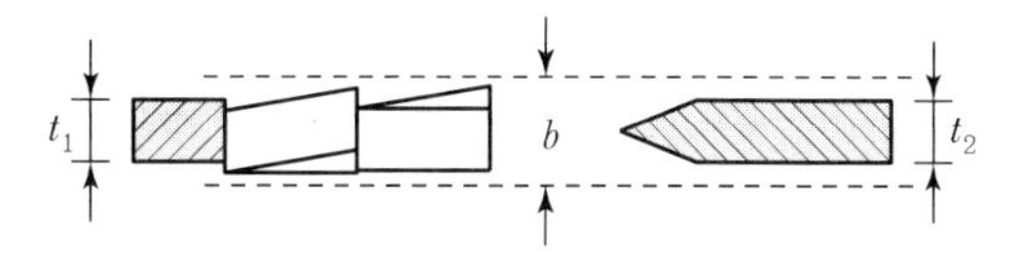

② 견고히 고정할 수 있으며 분할날과 톱날 원주면과의 거리는 12mm 이내로 조정, 유지할 수 있어야 하고 표준테이블면(승강반에 있어서도 테이블을 최하로 내린 때의 면)상의 톱 뒷날의 2/3 이상을 덮도록 할 것

③ 재료는 KS D 3751(탄소공구강재)에서 정한 STC 5(탄소공구강) 또는 이와 동등 이상의 재료를 사용할 것

④ 분할날 조임볼트는 2개 이상이어야 하며 볼트는 이완방지조치가 되어 있을 것

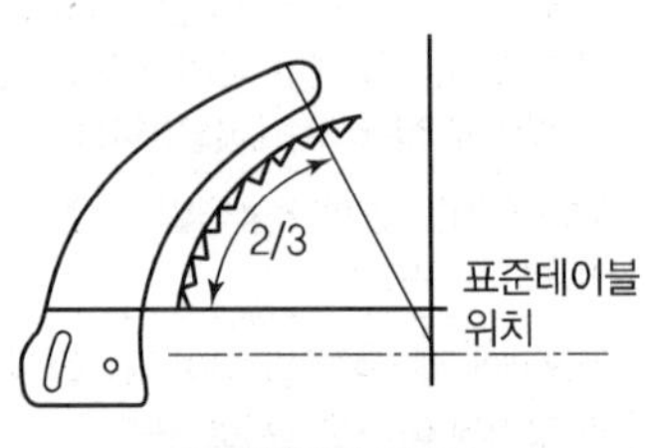

| 분할날의 구조 |

••• 예상문제

둥근톱의 톱날 직경이 500mm일 경우 분할날의 최소길이는 약 얼마이어야 하는가?

풀이 ① $\pi \times D \times \frac{1}{4} = \pi \times 500 \times \frac{1}{4} = 392.5$

② 분할날은 표준테이블면상의 톱 뒷날의 $\frac{2}{3}$ 이상을 덮도록 할 것

③ 분할날의 최소길이 $= 392.5 \times \frac{2}{3} = 261.79 = 262$[mm]

※ 원둘레 길이 $= \pi D = 2\pi r$ (여기서, D : 지름 r : 반지름)

답 262[mm]

••• 예상문제

두께 2mm이고 치진폭이 2.5mm인 목재가공용 둥근톱에서 반발예방장치 분할날의 두께(t_2)는?

풀이 ① $1.1 \times 2 \leq t_2 < 2.5$

② $2.2\text{mm} \leq t_2 < 2.5\text{mm}$

답 $2.2\text{mm} \leq t_2 < 2.5\text{mm}$

3) 둥근톱 기계작업에 대한 안전수칙

① 톱날이 재료보다 너무 높게 솟아나지 않게 한다.

② 두께가 얇은 재료의 절단에는 압목 등의 적당한 도구를 사용한다.

③ 작업 전에 공회전시켜서 이상 유무를 점검한다.

④ 작업대는 작업에 적당한 높이로 조정한다.

⑤ 톱날회전방향의 정면에 서지 않는다.

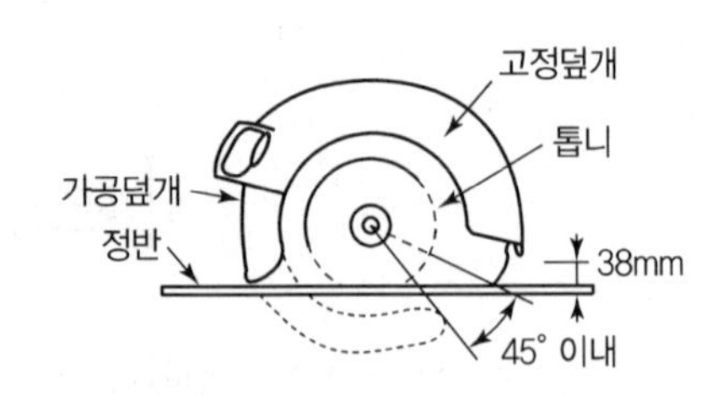

| 휴대용 둥근톱 가공덮개와 톱날구조 |

3. 동력식 수동대패기(Hand-fed Planning Machine)

1) 동력식 수동대패기의 정의

가공할 판재를 손의 힘으로 송급하여 표면을 미끈하게 하는 동력기계를 말한다.

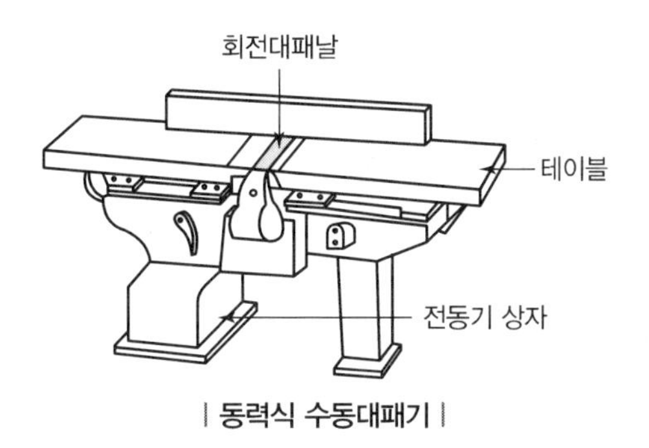

| 동력식 수동대패기 |

2) 방호장치의 종류 및 구조

① 칼날접촉 방지장치 : 인체가 대패날에 접촉하지 않도록 덮어주는 것으로 덮개를 의미한다.

② 대패기계 덮개의 종류

종류	용도
가동식 덮개	대패날 부위를 가공재료의 크기에 따라 움직이며 인체가 날에 접촉하는 것을 방지해 주는 형식
고정식 덮개	대패날 부위를 필요에 따라 수동조정하도록 하는 형

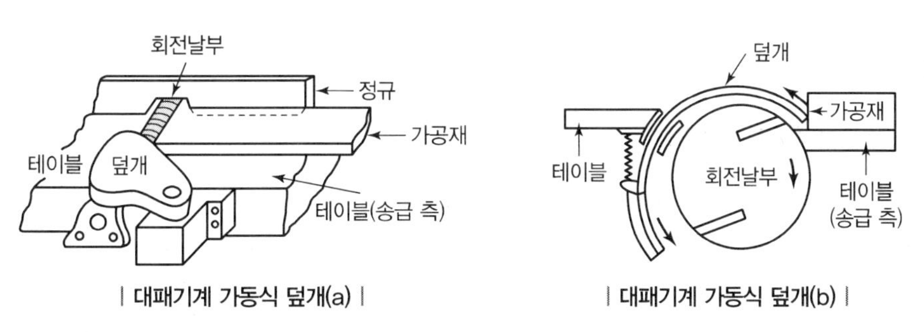

| 대패기계 가동식 덮개(a) | | 대패기계 가동식 덮개(b) |

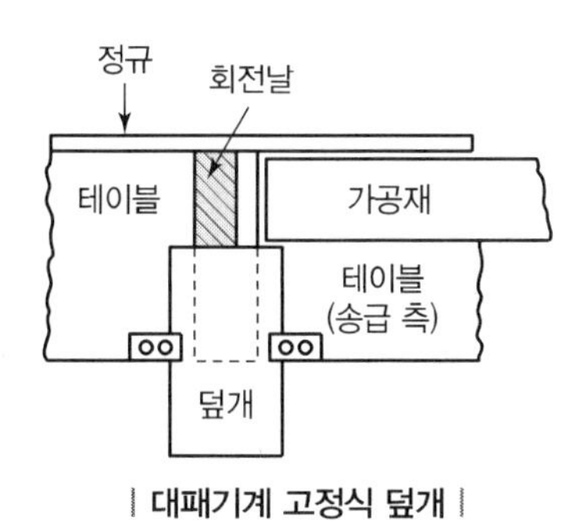

| 대패기계 고정식 덮개 |

3) 대패기계용 덮개의 시험방법(작동상태를 3회 이상 반복시험)

① 가동식 방호장치는 스프링의 복원력 상태 및 날과 덮개와의 접촉 유무를 확인한다.
② 가동부의 고정상태 및 작업자의 접촉으로 인한 위험성 유무를 확인한다.
③ 날접촉 예방장치인 덮개와 송급테이블면과의 간격이 8mm 이하이여야 한다.
④ 작업에 방해의 유무, 안전성의 여부를 확인한다.

4) 동력식 수동대패기 작업에 대한 안전수칙

① 얇거나 짧은 일감을 가공할 때는 밀기 막대를 이용한다.
② 목재에 이물질이나 못 등 불균일면이 없는지를 확인한다.
③ 반대방향으로 대패질을 하지 않는다.
④ 날이 지나치게 돌출되지 않도록 한다.
⑤ 기계 수리는 운전을 정지시킨 후 한다.

7 고속회전체

1. 고속회전체의 정의

회전축의 중량이 1톤을 초과하고 원주속도가 120m/s 이상인 것을 고속회전체라고 한다.

2. 방호장치

1) 회전시험 중의 위험 방지

고속회전체(터빈로터 · 원심분리기의 버킷 등의 회전체로서 원주속도가 초당 25미터를 초과하는 것으로 한정)의 회전시험을 하는 경우 고속회전체의 파괴로 인한 위험을 방지하기 위하여 전용의 견고한 시설물의 내부 또는 견고한 장벽 등으로 격리된 장소에서 하여야 한다.(다만, 고속회전체의 회전시험으로서 시험설비에 견고한 덮개를 설치하는 등 그 고속회전체의 파괴에 의한 위험을 방지하기 위하여 필요한 조치를 한 경우에는 제외)

2) 비파괴검사의 실시

고속회전체(회전축의 중량이 1톤을 초과하고 원주속도가 초당 120미터 이상인 것으로 한정)의 회전시험을 하는 경우 미리 회전축의 재질 및 형상 등에 상응하는 종류의 비파괴검사를 해서 결함 유무를 확인하여야 한다.

8 사출성형기

1. 사출성형기의 정의

열을 가하여 용융 상태의 열가소성 또는 열경화성 플라스틱, 고무 등의 재료를 노즐을 통하여 두 개의 금형 사이에 주입하여 원하는 모양의 제품을 성형 · 생산하는 기계를 사출성형기라 한다.

2. 방호장치

① 사출성형기 · 주형조형기 및 형단조기(프레스등은 제외) 등에 근로자의 신체 일부가 말려들어갈 우려가 있는 경우 게이트 가드(Gate Guard) 또는 양수조작식 등에 의한 방호장치, 그 밖에 필요한 방호조치를 하여야 한다.
② 게이트 가드는 닫지 아니하면 기계가 작동되지 아니하는 연동구조여야 한다.
③ 기계의 히터 등의 가열 부위 또는 감전 우려가 있는 부위에는 방호덮개를 설치하는 등 필요한 안전조치를 하여야 한다.

SECTION 04 운반기계 및 양중기

1 지게차

1. 취급 시 안전대책

전조등 등의 설치	① 전조등과 후미등을 갖추지 아니한 지게차를 사용해서는 아니 된다.(다만, 작업을 안전하게 수행하기 위하여 필요한 조명이 확보되어 있는 장소에서 사용하는 경우에는 제외) ② 지게차 작업 중 근로자와 충돌할 위험이 있는 경우에는 지게차에 후진경보기와 경광등을 설치하거나 후방감지기를 설치하는 등 후방을 확인할 수 있는 조치를 해야 한다.
헤드가드	적합한 헤드가드(Head Guard)를 갖추지 아니한 지게차를 사용해서는 아니 된다.(다만, 화물의 낙하에 의하여 지게차의 운전자에게 위험을 미칠 우려가 없는 경우에는 제외)
백레스트	백레스트(Backrest)를 갖추지 아니한 지게차를 사용해서는 아니 된다.(다만, 마스트의 후방에서 화물이 낙하함으로써 근로자가 위험해질 우려가 없는 경우에는 제외)
팔레트 또는 스키드	① 적재하는 화물의 중량에 따른 충분한 강도를 가질 것 ② 심한 손상 · 변형 또는 부식이 없을 것
좌석 안전띠의 착용	앉아서 조작하는 방식의 지게차를 운전하는 근로자에게 좌석 안전띠를 착용하도록 하여야 한다.

2. 안정도

1) 지게차의 안정조건

지게차는 화물 적재 시에 지게차 균형추(Counter Balance) 무게에 의하여 안정된 상태를 유지할 수 있도록 최대하중 이하로 적재하여야 한다.

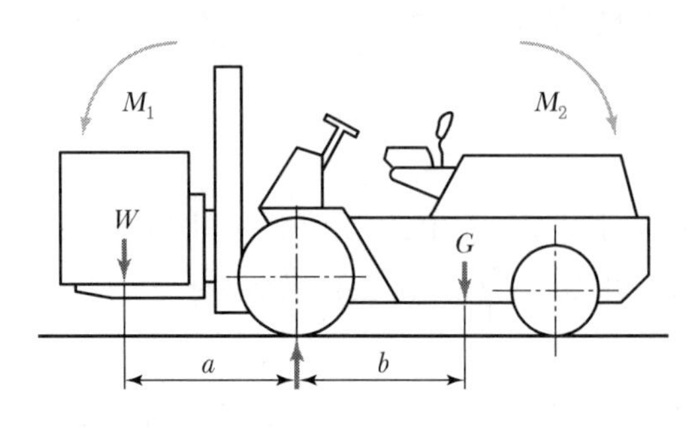

$$Wa < Gb$$

여기서, W : 화물 중심에서의 화물의 중량(kgf)
G : 지게차 중심에서의 지게차의 중량(kgf)
a : 앞바퀴에서 화물 중심까지의 최단거리(cm)
b : 앞바퀴에서 지게차 중심까지의 최단거리(cm)
$M_1 = Wa$(화물의 모멘트), $M_2 = Gb$(지게차의 모멘트)

••• 예상문제

화물중량이 200kgf, 지게차의 중량이 400kgf, 앞바퀴에서 화물의 무게중심까지의 최단 거리가 1m이면 지게차가 안정되기 위한 앞바퀴에서 지게차의 무게중심까지의 최단거리는 최소 몇 m를 초과해야 하는가?

풀이 $Wa < Gb$

$200 \times 1 < 400 \times b$

$\therefore b > \dfrac{200 \times 1}{400} = 0.5[\text{m}]$

답 0.5[m]

2) 지게차의 안정도 기준

지게차의 전후 및 좌우 안정도를 유지하기 위하여 지게차의 주행 · 하역작업 시 안정도 기준을 준수하여야 한다.

안정도	지게차의 상태	
하역작업 시의 전후 안정도 4% 이내 (5톤 이상 3.5% 이내) (최대하중상태에서 포크를 가장 높이 올린 경우)		위에서 본 경우
주행 시의 전후 안정도 18% 이내 (기준부하상태)		
하역작업 시의 좌우 안정도 6% 이내 (최대하중상태에서 포크를 가장 높이 올리고 마스트를 가장 뒤로 기울인 경우)		밑에서 본 경우
주행 시의 좌우 안정도 $(15+1.1V)$% 이내 (V : 최고속도(km/h)) (기준무부하상태)		

••• 예상문제

다음 중 수평거리 20m, 높이가 5m인 경우 지게차의 안정도는 얼마인가?

풀이 안정도 $= \frac{h}{l} \times 100[\%] = \frac{5}{20} \times 100[\%] = 25[\%]$

답 25[%]

3. 헤드가드

① 강도는 지게차의 최대하중의 2배 값(4톤을 넘는 값에 대해서는 4톤으로 한다)의 등분포정하중에 견딜 수 있을 것

② 상부틀의 각 개구의 폭 또는 길이가 16cm 미만일 것

③ 운전자가 앉아서 조작하거나 서서 조작하는 지게차의 헤드가드는 한국산업표준에서 정하는 높이 기준 이상일 것

㉠ 좌승식 : 좌석기준점으로부터 903mm 이상

㉡ 입승식 : 조종사가 서 있는 플랫폼으로부터 1,880mm 이상

2 컨베이어

1. 컨베이어의 정의

재료 · 반제품 · 화물 등을 동력에 의하여 단속 또는 연속 운반하는 기계장치를 말한다.

2. 컨베이어의 종류 및 용도

종류	구조	용도
롤러 컨베이어 (Roller Conveyor)	롤러 또는 휠을 많이 배열하여 이것으로 화물을 운반하는 컨베이어	시멘트 포장품 이동
스크루 컨베이어 (Screw Conveyor)	스크루에 의해 관속의 화물을 운반하는 컨베이어	시멘트 운반
벨트 컨베이어 (Belt Conveyor)	프레임의 양 끝에 설치한 후 풀리에 벨트를 엔드리스로 설치하여 그 위로 화물을 싣고 운반하는 컨베이어	시멘트, 토사, 골재 등 운반
체인 컨베이어 (Chain Conveyor)	엔드리스로 감아 걸은 체인에 의하거나 또는 체인에 슬래트(Slat), 버킷(Bucket) 등을 부착하여 화물을 운반하는 컨베이어	시멘트, 토사, 골재 등 운반
진동 컨베이어 (Vibratory Conveyor)	관을 진동시켜 화물을 운반하는 컨베이어	소형부품 및 시멘트 등 분체운반
유체 컨베이어 (Fluid Conveyor)	관 속의 유체를 매체로 하여, 화물을 운반하는 컨베이어	시멘트 등 분체운반
엘리베이팅 컨베이어 (Elevating Conveyor)	급경사 또는 수직으로 화물을 운반하는 컨베이어	시멘트 골재 등 운반
공기필름 컨베이어 (Air Film Conveyor)	공기막에 의하여 마찰을 경감시켜 화물을 운반하는 컨베이어	시멘트 등 분체운반

3. 벨트 컨베이어의 특징

① 무인화 작업이 가능하다.
② 연속적으로 물건을 운반할 수 있다.
③ 운반과 동시에 하역작업이 가능하다.
④ 대용량의 운반수단에 사용된다.
⑤ 운반물의 종류에 따라 차이는 있으나 운반 경사각은 보통 최대 20° 정도이다.

4. 안전조치사항

이탈 등의 방지	컨베이어, 이송용 롤러 등을 사용하는 경우에는 정전 · 전압강하 등에 따른 화물 또는 운반구의 이탈 및 역주행을 방지하는 장치를 갖추어야 한다. 다만, 무동력상태 또는 수평상태로만 사용하여 근로자가 위험해질 우려가 없는 경우에는 그러하지 아니하다.
비상정지장치	컨베이어 등에 해당 근로자의 신체의 일부가 말려드는 등 근로자가 위험해질 우려가 있는 경우 및 비상시에는 즉시 컨베이어 등의 운전을 정지시킬 수 있는 장치를 설치하여야 한다. 다만, 무동력상태로만 사용하여 근로자가 위험해질 우려가 없은 경우에는 그러하지 아니하다.

낙하물에 의한 위험 방지	컨베이어 등으로부터 화물이 떨어져 근로자가 위험해질 우려가 있는 경우에는 해당 컨베이어 등에 덮개 또는 울을 설치하는 등 낙하 방지를 위한 조치를 하여야 한다.
트롤리 컨베이어	트롤리 컨베이어(Trolley Conveyor)를 사용하는 경우에는 트롤리와 체인 · 행거(Hanger)가 쉽게 벗겨지지 않도록 서로 확실하게 연결하여 사용하도록 하여야 한다.
통행의 제한	① 운전 중인 컨베이어 등의 위로 근로자를 넘어가도록 하는 경우에는 위험을 방지하기 위하여 건널다리를 설치하는 등 필요한 조치를 하여야 한다. ② 동일선상에 구간별 설치된 컨베이어에 중량물을 운반하는 경우에는 중량물 충돌에 대비한 스토퍼를 설치하거나 작업자 출입을 금지하여야 한다.

5. 방호장치의 종류

① 비상정지장치

② 역전방지장치

㉠ 기계식 : 라쳇식, 롤러식, 밴드식

㉡ 전기식 : 전기 브레이크, 스러스트 브레이크

③ 브레이크

④ 이탈방지장치 : 전자식 브레이크, 유압식 브레이크

⑤ 덮개 또는 울

⑥ 건널다리

3 양중기(건설용은 제외)

1. 양중기의 종류

① 크레인(호이스트 포함)

② 이동식 크레인

③ 리프트(이삿짐운반용 리프트의 경우 적재하중 0.1톤 이상인 것)

④ 곤돌라

⑤ 승강기

2. 양중기의 정의

크레인	동력을 사용하여 중량물을 매달아 상하 및 좌우(수평 또는 선회)로 운반하는 것을 목적으로 하는 기계 또는 기계장치를 말하며, "호이스트"란 훅이나 그 밖의 달기구 등을 사용하여 화물을 권상 및 횡행 또는 권상동작만을 하여 양중하는 것을 말한다.
이동식 크레인	원동기를 내장하고 있는 것으로서 불특정 장소에 스스로 이동할 수 있는 크레인으로 동력을 사용하여 중량물을 매달아 상하 및 좌우(수평 또는 선회)로 운반하는 설비로서 「건설기계관리법」을 적용받는 기중기 또는 「자동차관리법」 제3조에 따른 화물 · 특수자동차의 작업부에 탑재하여 화물운반 등에 사용하는 기계 또는 기계장치를 말한다.

구분		내용
리프트	동력을 사용하여 사람이나 화물을 운반하는 것을 목적으로 하는 기계설비	
	건설용 리프트	동력을 사용하여 가이드레일(운반구를 지지하여 상승 및 하강 동작을 안내하는 레일)을 따라 상하로 움직이는 운반구를 매달아 사람이나 화물을 운반할 수 있는 설비 또는 이와 유사한 구조 및 성능을 가진 것으로 건설현장에서 사용하는 것
	산업용 리프트	동력을 사용하여 가이드레일을 따라 상하로 움직이는 운반구를 매달아 화물을 운반할 수 있는 설비 또는 이와 유사한 구조 및 성능을 가진 것으로 건설현장 외의 장소에서 사용하는 것
	자동차정비용 리프트	동력을 사용하여 가이드레일을 따라 움직이는 지지대로 자동차 등을 일정한 높이로 올리거나 내리는 구조의 리프트로서 자동차 정비에 사용하는 것
	이삿짐운반용 리프트	연장 및 축소가 가능하고 끝단을 건축물 등에 지지하는 구조의 사다리형 붐에 따라 동력을 사용하여 움직이는 운반구를 매달아 화물을 운반하는 설비로서 화물자동차 등 차량 위에 탑재하여 이삿짐 운반 등에 사용하는 것
곤돌라		달기발판 또는 운반구, 승강장치, 그 밖의 장치 및 이들에 부속된 기계부품에 의하여 구성되고, 와이어로프 또는 달기강선에 의하여 달기발판 또는 운반구가 전용 승강장치에 의하여 오르내리는 설비를 말한다.
승강기	건축물이나 고정된 시설물에 설치되어 일정한 경로에 따라 사람이나 화물을 승강장으로 옮기는 데에 사용되는 설비를 말한다.	
	승객용 엘리베이터	사람의 운송에 적합하게 제조 · 설치된 엘리베이터
	승객화물용 엘리베이터	사람의 운송과 화물 운반을 겸용하는 데 적합하게 제조 · 설치된 엘리베이터
	화물용 엘리베이터	화물 운반에 적합하게 제조 · 설치된 엘리베이터로서 조작자 또는 화물취급자 1명은 탑승할 수 있는 것(적재용량이 300kg 미만인 것은 제외)
	소형화물용 엘리베이터	음식물이나 서적 등 소형 화물의 운반에 적합하게 제조 · 설치된 엘리베이터로서 사람의 탑승이 금지된 것
	에스컬레이터	일정한 경사로 또는 수평로를 따라 위 · 아래 또는 옆으로 움직이는 디딤판을 통해 사람이나 화물을 승강장으로 운송시키는 설비

3. 정격하중 등의 표시

양중기(승강기는 제외) 및 달기구를 사용하여 작업하는 운전자 또는 작업자가 보기 쉬운 곳에 해당 기계의 정격하중, 운전속도, 경고표시 등을 부착하여야 한다.(다만, 달기구는 정격하중만 표시)

4. 방호장치

① 방호장치

구분	내용
방호장치의 조정 대상	① 크레인 ② 이동식 크레인 ③ 리프트 ④ 곤돌라 ⑤ 승강기
방호장치의 종류	① 과부하방지장치 ② 권과방지장치 ③ 비상정지장치 및 제동장치 ④ 그 밖의 방호장치(승강기의 파이널 리미트 스위치, 속도조절기, 출입문 인터록 등)

② 크레인 및 이동식 크레인의 양중기에 대한 권과방지장치는 훅 · 버킷 등 달기구의 윗면(그 달기구에 권상용 도르래가 설치된 경우에는 권상용 도르래의 윗면)이 드럼, 상부 도르래, 트롤리 프레임 등 권상장치의 아랫면과 접촉할 우려가 있는 경우에 그 간격이 0.25미터 이상(직동식 권과방지장치는 0.05미터 이상으로 한다)이 되도록 조정하여야 한다.

③ ②의 권과방지장치를 설치하지 않은 크레인에 대해서는 권상용 와이어로프에 위험표시를 하고 경보장치를 설치하는 등 권상용 와이어로프가 지나치게 감겨서 근로자가 위험해질 상황을 방지하기 위한 조치를 하여야 한다.

5. 리프트의 방호장치

리프트(자동차정비용 리프트 제외)의 운반구 이탈 등의 위험을 방지하기 위하여 권과방지장치, 과부하 방지장치, 비상정지장치 등을 설치하는 등 필요한 조치를 하여야 한다.

6. 방호장치 용어의 정의

방호장치	정의
과부하방지장치	정격하중 이상의 하중이 부하되었을 때 자동적으로 상승이 정지되면서 경보음을 발생하는 장치
권과방지장치	권과를 방지하기 위하여 인양용 와이어로프가 일정 한계 이상 감기게 되면 자동적으로 동력을 차단하고 작동을 정지시키는 장치
비상정지장치	돌발사태 발생 시 안전 유지를 위한 전원 차단 및 크레인을 급정지시키는 장치
제동장치	운동하고 있는 기계의 속도를 감속하거나 정지시키는 장치
파이널 리미트 스위치	카가 승강로의 최상단보 또는 승강로 바닥에 충돌하기 전 동력을 차단하는 장치
속도조절기 (조속기)	전동기 고장 또는 적재하중의 초과로 인한 과속 제어계의 이상 등으로 과속 발생 시 정격속도의 1.3배가 되면 조속기 스위치가 동작하여 1차 전동기 입력을 차단하고 2차로 브레이크를 작동시켜 카를 비상 정지시키는 이상속도 감지장치
출입문 인터록	카가 정지하고 있지 않은 곳에서의 승강 도어가 열리는 것을 방지하기 위해 인터록 기능
기타 방호장치	① 훅 해지장치 : 줄걸이 용구인 와이어로프 슬링 또는 체인, 섬유벨트 등을 훅에 걸고 작업 시 이탈을 방지하기 위한 안전장치 ② 완충기 : 카가 어떠한 원인으로 최하층을 통과하여 피트에 급속 강하할 때 충격을 완화시키기 위함

7. 크레인 수리 등의 작업

① 같은 주행로에 병렬로 설치되어 있는 주행 크레인의 수리 · 조정 및 점검 등의 작업을 하는 경우, 주행로상이나 그 밖에 주행 크레인이 근로자와 접촉할 우려가 있는 장소에서 작업을 하는 경우 등에 주행 크레인끼리 충돌하거나 주행 크레인이 근로자와 접촉할 위험을 방지하기 위하여 감시인을 두고 주행로상에 스토퍼(Stopper)를 설치하는 등 위험 방지조치를 하여야 한다.

② 갠트리 크레인 등과 같이 작업장 바닥에 고정된 레일을 따라 주행하는 크레인의 새들(Saddle) 돌출부와 주변 구조물 사이의 안전공간이 40센티미터 이상 되도록 바닥에 표시를 하는 등 안전공간을 확보하여야 한다.

8. 작업 시작 전 점검사항

1) 크레인을 사용하여 작업을 하는 때

① 권과방지장치 · 브레이크 · 클러치 및 운전장치의 기능
② 주행로의 상측 및 트롤리(Trolley)가 횡행하는 레일의 상태
③ 와이어로프가 통하고 있는 곳의 상태

2) 이동식 크레인을 사용하여 작업을 할 때

① 권과방지장치나 그 밖의 경보장치의 기능
② 브레이크 · 클러치 및 조정장치의 기능
③ 와이어로프가 통하고 있는 곳 및 작업장소의 지반상태

3) 리프트(자동차정비용 리프트를 포함)를 사용하여 작업을 할 때

① 방호장치 · 브레이크 및 클러치의 기능
② 와이어로프가 통하고 있는 곳의 상태

4) 곤돌라를 사용하여 작업을 할 때

① 방호장치 · 브레이크의 기능
② 와이어로프 · 슬링와이어(Sling Wire) 등의 상태

9. 폭풍 등에 의한 안전조치사항

풍속의 기준	내용	시기	안전조치사항
순간풍속이 초당 30미터를 초과	폭풍에 의한 이탈 방지	바람이 불어올 우려가 있는 경우	옥외에 설치되어 있는 주행 크레인에 대하여 이탈방지장치를 작동시키는 등 이탈 방지를 위한 조치를 하여야 한다.
	폭풍 등으로 인한 이상 유무 점검	바람이 불거나 중진 이상 진도의 지진이 있은 후	옥외에 설치되어 있는 양중기를 사용하여 작업을 하는 경우에는 미리 기계 각 부위에 이상이 있는지를 점검하여야 한다.
순간풍속이 초당 35미터를 초과	붕괴 등의 방지	바람이 불어올 우려가 있는 경우	건설작업용 리프트(지하에 설치되어 있는 것은 제외한다)에 대하여 받침의 수를 증가시키는 등 그 붕괴 등을 방지하기 위한 조치를 하여야 한다.
	폭풍에 의한 무너짐 방지		옥외에 설치되어 있는 승강기에 대하여 받침의 수를 증가시키는 등 승강기가 무너지는 것을 방지하기 위한 조치를 하여야 한다.

10. 양중기의 와이어로프 등

1) 와이어로프 등 달기구의 안전계수

구분	안전계수
근로자가 탑승하는 운반구를 지지하는 달기와이어로프 또는 달기체인의 경우	10 이상
화물의 하중을 직접 지지하는 달기와이어로프 또는 달기체인의 경우	5 이상
훅, 샤클, 클램프, 리프팅 빔의 경우	3 이상
그 밖의 경우	4 이상

2) 와이어로프의 절단방법

① 와이어로프를 절단하여 양중작업용구를 제작하는 경우 반드시 기계적인 방법으로 절단하여야 하며, 가스용단 등 열에 의한 방법으로 절단해서는 아니 된다.

② 아크(Arc), 화염, 고온부 접촉 등으로 인하여 열영향을 받은 와이어로프를 사용해서는 아니 된다.

3) 양중기 와이어로프의 사용금지 조건

① 이음매가 있는 것

② 와이어로프의 한 꼬임[스트랜드(Strand)]에서 끊어진 소선[필러(Pillar)선은 제외)]의 수가 10% 이상(비자전로프의 경우에는 끊어진 소선의 수가 와이어로프 호칭지름의 6배 길이 이내에서 4개 이상이거나 호칭지름 30배 길이 이내에서 8개 이상)인 것

③ 지름의 감소가 공칭지름의 7%를 초과하는 것

④ 꼬인 것

⑤ 심하게 변형되거나 부식된 것

⑥ 열과 전기충격에 의해 손상된 것

4) 양중기 달기 체인의 사용금지 조건

① 달기 체인의 길이가 달기 체인이 제조된 때의 길이의 5%를 초과한 것

② 링의 단면 지름이 달기 체인이 제조된 때의 해당 링의 지름의 10%를 초과하여 감소한 것

③ 균열이 있거나 심하게 변형된 것

5) 와이어로프의 구성

와이어로프는 강선(소선)을 여러 개 꼬아 작은 줄(스트랜드)을 만들고, 이 줄을 꼬아 로프를 만드는 데 그 중심에 심(심강)[대마를 꼬아 윤활유를 침투시킨 것]을 넣는다.

① 로프의 구성은 “스트랜드 수 × 소선의 개수”로 표시한다.

② 로프의 크기는 단면 외접원의 지름으로 나타낸다.

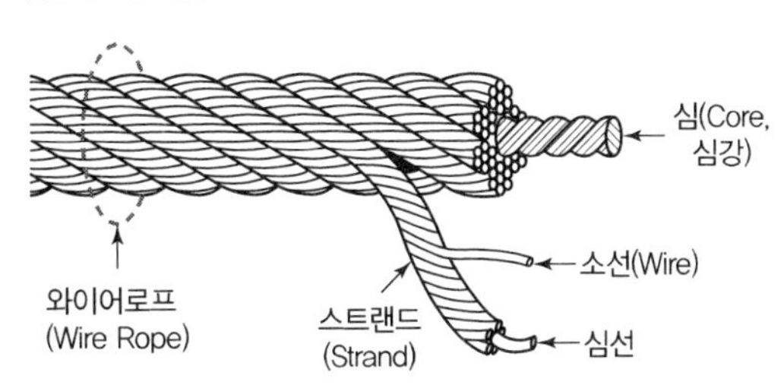

6) 와이어로프의 종류

호칭, 구성 기호 및 단면에 따라 34종류로 구분한다.

호칭	7개선 6꼬임	12개선 6꼬임	19개선 6꼬임	24개선 6꼬임
구성 기호	6 × 7	6 × 12	6 × 19	6 × 24
단면				
호칭	**30개선 6꼬임**	**37개선 6꼬임**	**61개선 6꼬임**	**실형 19개선 6꼬임**
구성 기호	6 × 30	6 × 37	6 × 61	6 × S(19)
단면				

7) 와이어로프의 꼬임

보통 꼬임	랭 꼬임
로프의 꼬임 방향과 스트랜드의 꼬임 방향이 서로 반대방향으로 꼬는 방법	로프의 꼬임 방향과 스트랜드의 꼬임 방향이 서로 동일한 방향으로 꼬는 방법
① 하중에 대한 저항성이 크고 취급이 용이 ② 소선의 외부 접촉 길이가 짧아서 비교적 마모되기 쉽다.	① 보통 꼬임에 비하여 내마모성, 유연성, 내피로성이 우수 ② 꼬임이 풀리기 쉽고 킹크(꼬임)가 생기기 쉬워 자유롭게 회전하는 경우에는 적당하지 않다.

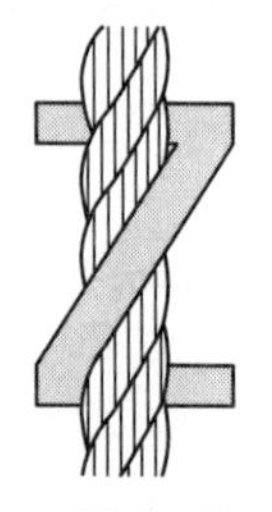
보통 Z꼬임

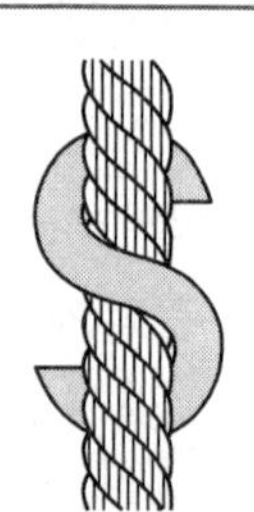
보통 S꼬임

랭 Z꼬임

랭 S꼬임

8) 로프 지름의 측정방법

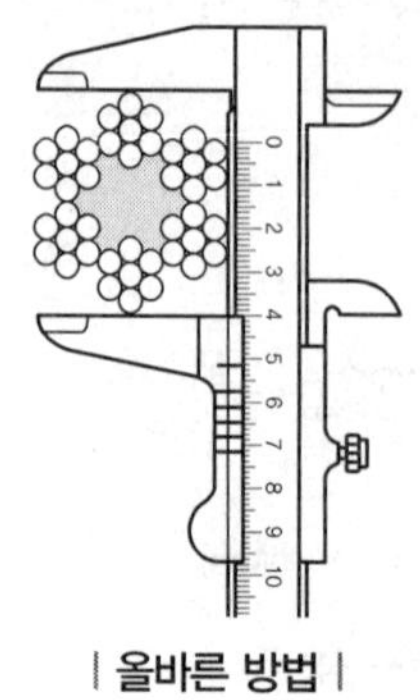
| 올바른 방법 |

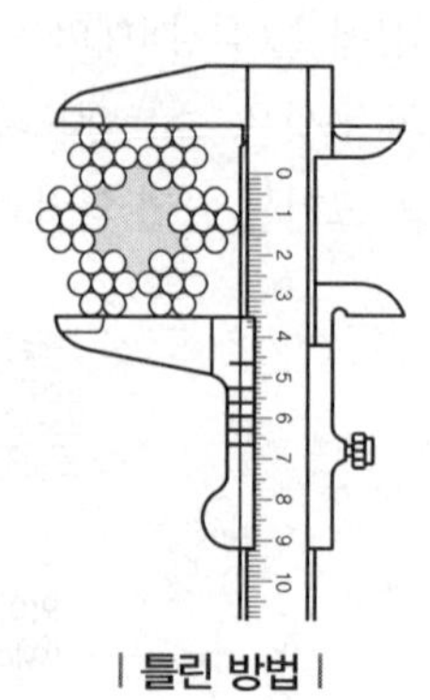
| 틀린 방법 |

9) 와이어로프 단말처리방법(끝단 처리)

① 종류

종류	가공방법	강도
소켓(Socket) 멈춤법		100%
클립(Clip) 고정법		80~85%
코터(Cotter) 고정법		65~70%
아이 스플라이스(Eye Splice)법 (꼬아넣기법)		75~90%
팀블(Thimble) (압축멈춤법)		100%

② 소켓(Socket) 멈춤법의 종류

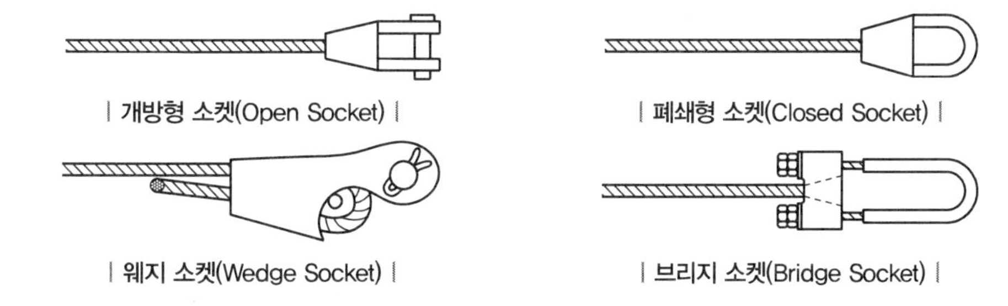

| 개방형 소켓(Open Socket) |

| 폐쇄형 소켓(Closed Socket) |

| 웨지 소켓(Wedge Socket) |

| 브리지 소켓(Bridge Socket) |

③ 클립(Clip) 고정법

와이어로프의 지름(mm)	클립 수(개)	클립 고정법	적합 여부
16 이하	4		적합
16 초과~28 이하	5		부적합
28 초과	6		부적합

10) 와이어로프에 걸리는 하중

① 와이어로프의 안전율

$$안전율(S) = \frac{로프의\ 가닥\ 수(N) \times 로프의\ 파단하중(P) \times 단말고정이음효율(nR)}{안전하중(최대사용하중,\ Q) \times 하중계수(C)}$$

••• 예상문제

다음과 같은 작업조건일 경우 와이어로프의 안전율은?

작업대에서 사용된 와이어로프 1줄의 파단하중이 10톤, 인양하중이 4톤, 로프의 줄 수가 2줄

풀이 $안전율(S) = \frac{로프의\ 가닥수(N) \times 로프의\ 파단하중(P)}{안전하중(Q)} = \frac{2 \times 10}{4} = 5$

답 5

② 와이어로프에 걸리는 하중 계산

㉠ 와이어로프에 걸리는 하중은 매다는 각도에 따라서 로프에 걸리는 장력이 달라진다.

㉡ 와이어로프로 중량물을 달아 올릴 때 로프에 걸리는 힘은 슬링와이어의 각도가 클수록 힘이 크게 걸린다.

와이어로프에 걸리는 총 하중	$총\ 하중(W) = 정하중(W_1) + 동하중(W_2)$ $동하중(W_2) = \frac{W_1}{g} \times a$ [g: 중력가속도(9.8m/s^2), a: 가속도(m/s^2)]
와이어로프에 작용하는 장력	$장력[N] = 총하중[kg] \times 중력가속도[m/s^2]$
슬링와이어로프의 한 가닥에 걸리는 하중	$하중 = \frac{화물의\ 무게(W_1)}{2} \div \cos\frac{\theta}{2}$

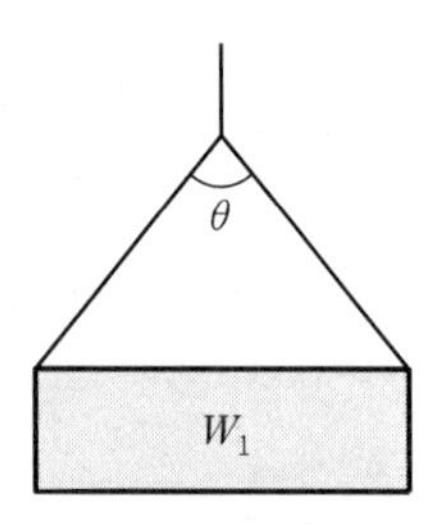

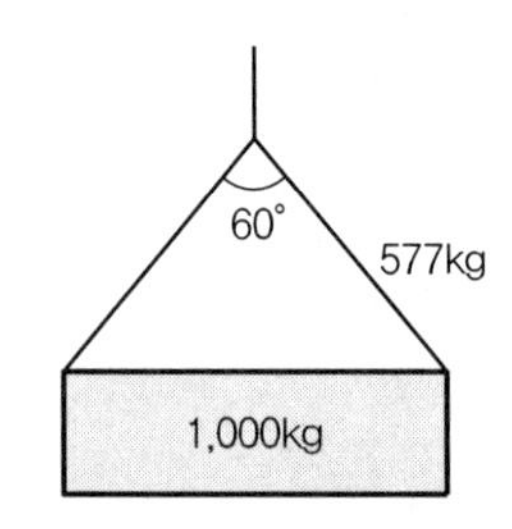

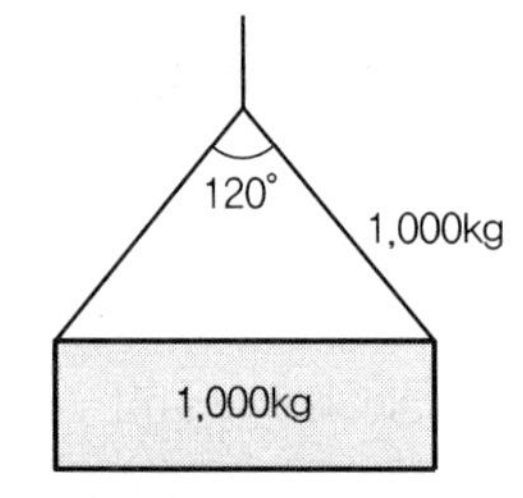

각도 θ가 작을수록 힘이 적게 걸린다.

••• 예상문제

크레인 로프에 질량 2,000kg의 물건을 10m/s^{2}의 가속도로 감아올릴 때, 로프에 걸리는 총하중은 약 몇 kN인가?

풀이 ① $동하중(W_2) = \frac{W_1}{g} \times a = \frac{2,000}{9.8} \times 10 = 2,040.82[kgf]$

② $총하중(W) = 정하중(W_1) + 동하중(W_2) = 2,000 + 2,040.82 = 4,040.82[kgf]$

③ $장력[N] = 총하중[kg] \times 중력가속도[m/s^2] = 4,040.82[kgf] \times 9.8 = 39,600[N] \fallingdotseq 39.6[kN]$

답 39.6[kN]

··· 예상문제

천장크레인에 중량 3kN의 화물을 2줄로 매달았을 때 매달기용 와이어(Sling Wire)에 걸리는 장력은 얼마인가?(단, 슬링와이어 2줄 사이의 각도는 55°이다.)

풀이 $\text{하중} = \dfrac{\text{화물의 무게}(W_1)}{2} \div \cos\dfrac{\theta}{2} = \dfrac{3}{2} \div \cos\dfrac{55°}{2} = 1.69 = 1.7[\text{kN}]$

답 1.7[kN]

4 운반 기계

1. 구내운반차 사용 시 준수사항(작업장 내 운반을 주목적으로 하는 차량으로 한정)

① 주행을 제동하거나 정지상태를 유지하기 위하여 유효한 제동장치를 갖출 것
② 경음기를 갖출 것
③ 운전석이 차 실내에 있는 것은 좌우에 한 개씩 방향지시기를 갖출 것
④ 전조등과 후미등을 갖출 것(다만, 작업을 안전하게 하기 위하여 필요한 조명이 있는 장소에서 사용하는 구내운반차에 대해서는 그러하지 아니하다.)

2. 연결장치

구내운반차에 피견인차를 연결하는 경우에는 적합한 연결장치를 사용하여야 한다.

3. 구내운반차를 사용하여 작업을 할 때 작업 시작 전 점검사항

① 제동장치 및 조종장치 기능의 이상 유무
② 하역장치 및 유압장치 기능의 이상 유무
③ 바퀴의 이상 유무
④ 전조등 · 후미등 · 방향지시기 및 경음기 기능의 이상 유무
⑤ 충전장치를 포함한 홀더 등의 결합상태의 이상 유무

CHAPTER 04 설비진단 및 검사

SECTION 01 비파괴검사의 종류 및 특징

1. 육안검사(VT ; Visual Test)

① **개요** : 시각에 의한 시험방법으로 시험체 표면에 나타나는 결함이나 손상 등을 육안 또는 확대경, 전용게이지, 내시경 등을 사용하여 검사할 수 있다.

② **적용범위** : 결함의 유무, 형상의 변화, 광택의 이상이나 변질, 표면 균열 등의 유무를 검사할 수 있다.

2. 누설검사(LT ; Leak Test)

① **개요** : 암모니아, 할로겐, 헬륨 등을 시험체 용기 내에 혼입하고 시험체 표면에서 검출기에 의한 누설개소 또는 누설량을 검출하는 검사이다.

② **적용범위** : 압력용기, 석유 저장탱크, 파이프 등의 누설검사를 할 수 있다.

3. 침투검사(PT ; Penetrant Test, 침투탐상검사)

① 개요

㉠ 검사물 표면의 균열이나 피트 등의 결함을 비교적 간단하고 신속하게 검출할 수 있고, 특히 비자성 금속재료의 검사에 자주 이용되는 검사

㉡ 용접 부위에 침투액을 도포하고 표면을 닦은 후 검사액을 도포하여 표면의 결함을 검출

② **적용범위** : 표면의 미세한 균열, 피트 등의 분석이 용이하다.

③ 침투탐상검사의 작업순서

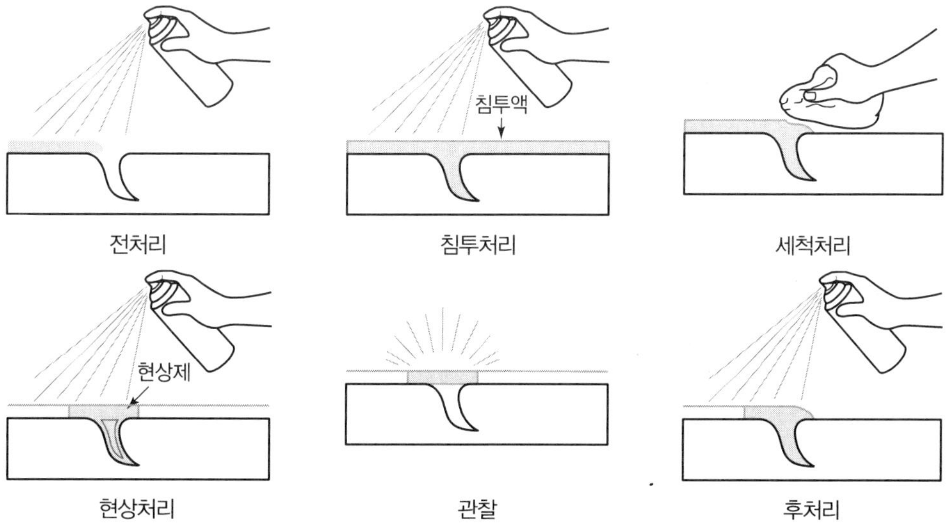

침투액

전처리 침투처리 세척처리

현상제

현상처리 관찰 후처리

| 침투탐상검사 작업순서 |

4. 초음파검사(UT ; Ultrasonic Test, 초음파탐상검사)

① 개요

㉠ 용접부위에 초음파 투입과 동시에 브라운관 화면에 나타난 형상으로 내부 결함을 검출

㉡ 넓은 면을 판단하여 검사속도가 빠르고 경제적이다.

② 적용범위 : 결함의 종류, 위치, 범위 등을 검출, 현장에서 주로 사용

③ 특징

㉠ 투과력이 탁월하고 미세한 결함에 대해 감도가 높다.

㉡ 내부 결함의 위치, 크기, 방향 등을 어느 정도 정확히 측정할 수 있다.

㉢ 표면이 거칠거나 모양이 일정치 않거나 두께가 아주 얇은 경우 및 비균질 재질인 경우 탐상이 곤란하고, 결함의 종류 식별이 어렵다.

④ 종류

펄스 반사법	전자파나 초음파의 펄스를 발사하여 측정대상으로부터의 반사파를 수신하고, 반사파의 시간지연으로부터 대상까지의 거리를 측정하는 것(가장 널리 이용)
투과법	시험체를 투과하는 투과파를 이용하여 시험체의 한쪽 면에서 송신 탐촉자로 일정한 강도의 초음파 펄스를 연속파로 보내고, 반대 면에서 투과되어 나오는 초음파를 수신 탐촉자로 받는 것
공진법	시험체의 한쪽 면에서 초음파의 연속파를 입사시키면 시험체 두께가 이 파장의 1/2정수 배에 해당할 때 공진이 생기므로 결함위치를 파악하는 것

5. 자기탐상검사(MT ; Magnetic Particle Test, 자분탐상검사)

① **개요** : 강자성체의 결함을 찾을 때 사용하는 비파괴시험으로 표면 또는 표층에 결함이 있을 경우 누설자속을 이용하여 육안으로 결함을 검출하는 방법이며, 비자성체는 사용이 곤란하다.

② **적용범위** : 표면에 가까운 곳의 균열, 편석, 용입불량 등의 검출에 사용

③ **특징**

㉠ 얕은 표면균열의 검출감도가 좋으며, 표면에 나타나지 않는 불연속도 검출할 수 있다.

㉡ 재질의 모양이나 크기에 제한을 받지 않는다.

㉢ 검사 후 표면에 붙어 있는 자분의 잔류에 대한 후처리가 필요하다.

6. 음향검사

① **개요** : 피검사재를 손 또는 기계적으로 망치 등으로 타격 진동시켜 발생하는 음에 의해서 재질, 결함을 선별

② **적용범위** : 응력 측정, 스트레인 변화 측정, 응력부식의 영향 측정 등에 사용

7. 방사선 투과 검사(RT ; Radiographic Test)

① **개요**

㉠ X선, γ선을 투과하고 투과방지선을 필름에 촬영하여 내부 결함을 검출

㉡ 검사한 상태를 기록으로 보존 가능하며 두꺼운 부재도 검사 가능

② **적용범위**

㉠ X선 투과 검사 : 균열, 기공, 슬래그 섞임 등의 내부 결함 검출에 사용

㉡ γ선 투과 검사 : X선으로 투과하기 힘든 곳에 사용

③ **특징**

㉠ 모든 재질에 적용할 수 있으며, 검사한 결과를 필름에 영구적으로 보존할 수 있다.

㉡ 내부 결함 검출이 용이하나, 미세한 표면 균열은 검출되지 않는다.

8. 와류탐상검사(ECT ; Eddy Current Test)

① **개요** : 금속 등의 도체에 교류를 통한 코일을 접근시켰을 때 결함이 존재하면 코일에 유기되는 전압이나 전류가 변하는 것을 이용한 검사

② **적용범위** : 주로 용접부 표면결함 검출, 비철금속도 검출이 가능, 금속의 전도도 측정, 항공산업에서 각종 중요 부품 검사 등에 사용

③ 특징

㉠ 자동화 및 고속화가 가능

㉡ 고온하에서 측정, 얇은 시험체, 가는 선, 구멍 내부 등 다른 비파괴검사로 검사하기 곤란한 대상물에 검사가 가능

㉢ 표면으로부터 깊은 내부 결함은 검출이 곤란하다.

㉣ 진동, 재질, 치수 변화 등 잡음 인자의 영향을 받는다.

㉤ 결함의 종류, 형상, 치수 판별의 정확성이 어렵고, 복잡한 형상의 전면 탐상에는 능률이 좋지 않다.

참고 결함위치에 따른 분류

표면 결함 검출을 위한 비파괴검사	내부 결함 검출을 위한 비파괴검사
① 육안검사 ② 자기탐상검사 ③ 침투검사 ④ 와전류탐상검사	① 방사선 투과 검사 ② 음향검사 ③ 초음파검사

SECTION 02 소음 · 진동 방지 기술

1 소음방지 방법

1. 소음의 정의

공기의 진동에 의한 음파 중 감각적으로 바람직하지 못한 소리를 말하며 심신상태, 환경조건에 따라 모든 소리가 주관적인 판단에 의해 소음이 될 수 있다.

2. 소음 기준

소음작업	1일 8시간 작업을 기준으로 85데시벨 이상의 소음이 발생하는 작업을 말한다.
강렬한 소음작업	① 90데시벨 이상의 소음이 1일 8시간 이상 발생하는 작업 ② 95데시벨 이상의 소음이 1일 4시간 이상 발생하는 작업 ③ 100데시벨 이상의 소음이 1일 2시간 이상 발생하는 작업 ④ 105데시벨 이상의 소음이 1일 1시간 이상 발생하는 작업 ⑤ 110데시벨 이상의 소음이 1일 30분 이상 발생하는 작업 ⑥ 115데시벨 이상의 소음이 1일 15분 이상 발생하는 작업
충격소음작업	소음이 1초 이상의 간격으로 발생하는 작업으로서 다음 어느 하나에 해당하는 작업 ① 120데시벨을 초과하는 소음이 1일 1만 회 이상 발생하는 작업 ② 130데시벨을 초과하는 소음이 1일 1천 회 이상 발생하는 작업 ③ 140데시벨을 초과하는 소음이 1일 1백 회 이상 발생하는 작업

3. 소음관리

1) 소음 방지대책

① **소음원의 제거** : 가장 적극적인 대책
② **소음원의 통제** : 기계의 적절한 설계, 정비 및 주유, 고무 받침대 부착, 소음기 사용(차량) 등
③ **소음의 격리** : 씌우개(Enclosure), 장벽을 사용(창문을 닫으면 약 10dB이 감음됨)
④ 적절한 배치(Layout)
⑤ 음향 처리제 사용
⑥ 차폐 장치(Baffle) 및 흡음재 사용

2) 방음 보호 용구

① 소음 수준을 안전한 수준으로 감소시키기가 힘들 때에는 방음 보호 용구를 사용하도록 고려
② 귀마개(Earplug), 귀덮개(Ear Muff), 솜으로도 임시 변통 가능
③ **방음 보호 용구의 효능**
㉠ 소음의 성질, 노출기간, 용구가 잘 맞는가, 감음 특성 등에 따라 달라진다.
㉡ 일반적으로 높은 소음 수준으로부터 상당한 보호를 해준다.

4. 소음작업의 관리기준

1) 소음수준의 주지

근로자가 소음작업, 강렬한 소음작업 또는 충격소음작업에 종사하는 경우 다음의 사항을 근로자에게 알려야 한다.
① 해당 작업장소의 소음수준
② 인체에 미치는 영향과 증상
③ 보호구의 선정과 착용방법
④ 그 밖에 소음으로 인한 건강장해 방지에 필요한 사항

2) 난청 발생에 따른 조치

소음으로 인하여 근로자에게 소음성 난청 등의 건강장해가 발생하였거나 발생할 우려가 있는 경우에는 다음의 조치를 하여야 한다.
① 해당 작업장의 소음성 난청 발생 원인 조사
② 청력손실을 감소시키고 청력손실의 재발을 방지하기 위한 대책 마련
③ ②에 따른 대책의 이행 여부 확인
④ 작업전환 등 의사의 소견에 따른 조치

2 진동방지 방법

1. 진동의 정의

① 어떤 물체가 외부의 힘에 의해 전후, 좌우 또는 상하로 흔들리는 것을 말하며, 소음이 수반된다.
② 공해진동은 사람에게 불쾌감을 주는 진동을 말한다.
③ 착암기, 손망치 등의 공구를 사용함으로써 발생되는 백립병 · 레이노 현상 · 말초순환장애 등의 국소 진동 및 차량 등을 이용함으로써 발생되는 관절통 · 디스크 · 소화장애 등의 전신진동을 말한다.

2. 진동작업의 관리

① 진동작업(다음의 기계 · 기구를 사용하는 작업)
㉠ 착암기
㉡ 동력을 이용한 해머
㉢ 체인톱
㉣ 엔진 커터(Engine Cutter)
㉤ 동력을 이용한 연삭기
㉥ 임팩트 렌치(Impact Wrench)
㉦ 그 밖에 진동으로 인하여 건강장해를 유발할 수 있는 기계 · 기구

② **진동보호구의 지급** : 진동작업에 근로자를 종사하도록 하는 경우에 방진장갑 등 진동보호구를 지급하여 착용하도록 하여야 한다.

③ **유해성 등의 주지** : 근로자가 진동작업에 종사하는 경우 다음의 사항을 근로자에게 충분히 알려야 한다.
㉠ 인체에 미치는 영향과 증상
㉡ 보호구의 선정과 착용방법
㉢ 진동 기계 · 기구 관리방법
㉣ 진동 장해 예방방법

3. 진동의 영향

생리적 기능에 미치는 영향	① 심장 : 혈관계에 대한 영향 및 교감신경계의 영향으로 혈압의 상승, 맥박의 증가, 발한 등의 증상이 나타남 ② 소화기계 : 위장내압의 증가, 복압상승, 내장하수 등의 증상이 나타남 ③ 기타 : 내분비계 반응장애, 척수장애, 청각장애, 시각장애 등이 나타남
작업능률에 미치는 영향	① 시각 대상이 움직이므로 쉽게 피로함 ② 평형감각에 영향을 줌 ③ 촉각신경에 영향을 줌
정신적 · 일상생활에 미치는 영향	① 정신적 : 안정이 되지 않고 심할 경우 정신적 불안정 증상이 나타남 ② 일상생활 : 숙면을 취하지 못하고, 밤에 잠을 이루지 못하며 주위가 산만

4. 진동에 의한 인체장애

1) 진동장애

공구, 기계장치 등의 진동이 생체에 전파되어 일어나는 건강장애를 진동장애라 한다.

2) 인체장해의 구분

① 전신진동

원인 및 개요	① 트랙터, 트럭, 흙파는 기계, 버스, 기차, 자동차, 항공기, 선박, 각종 영농기계 등 교통기관을 타거나 운전 시 일반적으로 발생하며 특히 헬리콥터를 타면 심한 진동을 겪는다. ② 진동수 4～12Hz에서 가장 민감하다.
증후 및 증상	① 진동수와 가속도가 클수록 전신장애와 진동감각 증대 ② 만성적 반복 시 천장골좌상, 신장손상으로 인한 혈뇨, 자각적 동요감, 불쾌감, 불안감 및 동통 등을 호소
예방법	① 전신진동을 심하게 겪게 될 때 그 시간을 가능한 한 단축 ② 진동 완화를 위한 기계공학적 기계를 설계
치료	① 특별한 치료는 없고 증상이 심하면 노출을 중단 ② 임상 증상에 대한 대중요법을 씀

② 국소진동

원인 및 개요		① 진동이 심한 기계 조작으로 손가락을 통해 부분적으로 작용, 특히 팔꿈치 관절이나 어깨 관절 손상 및 혈관 신경계 장해 유발 ② 전기톱, 착암기, 해머, 분쇄기, 산림용 농업기기, 항타기, 연마기 등과 같은 공구를 장기간 사용한 작업자에게 유발되기 쉬운 직업병 ③ 진동수 8～1,500Hz에서 영향을 받는다.
증후 및 증상	직접적 진동에 의한 증상	① 뼈, 관절 및 신경근육, 인대, 혈관 등 연부조직 이상 ② 관절 연골의 괴저, 천공 등 기형성 관절염, 이단성 골연골염, 가성 관절염, 점액낭염 등 발생
	간접적 진동에 의한 증상	① 레이노 현상(Raynaud's Phenomenon) : 손가락에 있는 말초혈관운동의 장애로 손가락이 창백해지고 손이 차며 저리거나 통증이 오는 현상으로 추위에 노출되면 이러한 현상은 더욱 악화되며 백납병을 초래하게 된다. ② 레이노병(Raynaud's Disease) : 레이노 현상이 혈관의 기질적 변화로 협착 또는 폐쇄될 경우 손가락 피부에 괴저가 일어나는 현상

5. 진동 대책

1) 전신진동

① 전파 경로에 대한 수용자의 위치
② 측면 전파 방지
③ 발진원의 격리
④ 구조물의 진동을 최소화
⑤ 수용자의 격리

2) 국소진동

① 진동공구에서의 진동 발생을 감소
② 적절한 휴식(여러 번 자주 휴식)
③ 작업 시 따뜻한 체온 유지(14℃ 이하의 옥외작업에서는 보온대책 필요)
④ 진동 공구의 무게를 10kg 이상 초과하지 않게 할 것
⑤ 손에 진동이 도달하는 것을 감소시키며, 진동의 진폭을 위하여 장갑 사용
⑥ 방진 수공구 사용

PART 04

전기설비 안전관리

Engineer Industrial Safety

CHAPTER

01 전기안전관리 업무수행

SECTION 01 전기안전관리

1 전기의 위험성

1. 감전재해

1) 감전

사람이 전기에너지에 접촉됨으로써 인체의 일부 또는 전체에 전기가 흐르는 현상을 말하며, 전격은 인체가 전류에 의해 받은 충격을 의미한다.

2) 감전의 위험성

① 일반 재해에 비해 사망률이 높고 일생 동안 장해가 남을 가능성이 크다.

② 감전되었을 때 호흡정지, 심장마비, 근육이 수축되는 등의 신체기능 장해와 감전사고에 의한 추락 등으로 인한 2차 재해를 유발한다.

③ 감전재해는 다른 재해에 비해 발생률이 낮으나, 일단 재해가 발생하면 치명적인 경우가 많다.

3) 전격(감전)에 의한 재해

일반적으로 전격은 감전이라고도 하며, 인체의 일부 또는 전체에 전류가 흘렀을 때 인체 내에서 일어나는 생리적인 현상으로 근육의 수축, 호흡곤란, 심실세동 등으로 부상 · 사망하거나 추락 · 전도 등의 2차적 재해가 일어나는 것을 말한다.

4) 전격(감전)현상의 메커니즘

① 심장부에 전류가 흘러 심실세동이 발생하여 혈액순환기능이 상실되어 일어난 것

② 뇌의 호흡중추신경에 전류가 흘러 호흡기능이 정지되어 일어난 것

③ 흉부에 전류가 흘러 흉부근육수축에 의한 질식으로 일어난 것

2. 감전의 위험요소

1) 통전 경로별 위험도

감전 시의 영향은 전류의 경로에 따라 그 위험성이 달라지며, 전류가 심장 또는 그 주위를 통하게 되면 심장에 영향을 주어 가장 위험하다.

통전경로	심장전류계수	통전경로	심장전류계수
왼손 – 가슴	1.5	왼손 – 등	0.7
오른손 – 가슴	1.3	한 손 또는 양손 – 앉아 있는 자리	0.7
왼손 – 한 발 또는 양발	1.0	왼손 – 오른손	0.4
양손 – 양발	1.0	오른손 – 등	0.3
오른손 – 한 발 또는 양발	0.8		

※ 숫자가 클수록 위험도가 높다.

2) 전류와 전압 및 저항

① 전류

㉠ 전기회로에서 에너지가 전송되려면 전하의 이동이 있어야 한다. 이 전하의 이동을 전류라 한다.

㉡ 전류의 기호는 I, 단위는 암페어(Ampere, 기호 [A])이다.

㉢ 전류의 방향이 바뀌지 않고 계속 한 방향으로만 흐르는 것을 직류전류, 전류의 방향이 시간이 지남에 따라 바뀌는 것을 교류전류라 한다.

㉣ 어떤 도체의 단면을 t[sec] 동안 Q[C]의 전하가 이동할 때 통과하는 전하의 양으로 나타낸다.

$$I = \frac{Q}{t}[\mathrm{C/sec}];[\mathrm{A}]$$

여기서, Q : 전하[C], I : 전류[A], t : 시간[s]

따라서, 1[A]는 1[sec] 동안에 1[C]의 전기량이 이동할 때의 전류의 크기를 말한다.

② 전압

㉠ 전류를 흐르게 하는 전기적인 에너지의 차이, 즉 전기적인 압력의 차를 말한다.

㉡ 전압의 기호는 V, 단위는 볼트(volt, 기호[V])이다.

㉢ 어떤 도체에 Q[C]의 전기량이 이동하여 W[J]의 일을 하였다면 이때의 전압 V[V]는 다음과 같이 나타낸다.

$$V = \frac{W}{Q}[\mathrm{J/C}];[\mathrm{V}]$$

따라서, 1[V]는 1[C]의 전하가 두 점 사이를 이동할 때 얻거나 잃은 에너지가 1[J]일 때의 전위차를 말한다.

③ 저항

㉠ 전류의 흐름을 방해하는 정도를 나타낸 물리량을 말한다.

㉡ 저항의 기호는 R, 단위는 옴(ohm, 기호[Ω])이다.

㉢ 1[Ω] : 1[V]의 전압을 가했을 때 1[A]의 전류가 흐르는 저항을 말한다.

㉣ 여러 가지 물질의 고유저항

ⓐ 도체 : 전기가 잘 통하는 10^{-4}[Ω · m] 이하의 고유저항을 갖는 물질(도전재료)

ⓑ 부도체 : 전기가 거의 통하지 않는 10^{6}[Ω · m] 이상의 고유저항을 갖는 물질(절연재료)

ⓒ 반도체 : 도체와 부도체의 양쪽 성질을 갖는 10^{-4}~10^{6}[Ω · m]의 고유저항을 갖는 물질(규소, 게르마늄)

참고 전하와 전기량

① 전하 : 어떤 물체가 대전되었을 때 이 물체가 가지고 있는 전기를 말한다.

② 전기량 : 전하가 가지고 있는 전기의 양을 말한다.
전기량의 기호는 Q, 단위는 쿨롱(Coulomb, 기호[C])이다.

3) 옴의 법칙

① 전기회로 내의 전류, 전압, 저항 사이의 관계를 나타내는 법칙

② 임의의 도체에 흐르는 전류(I)의 크기는 전압(V)에 비례하고(R이 일정한 경우), 저항(R)에 반비례(V가 일정한 경우)한다.

③ 공식

$$V = IR[\mathrm{V}],\ I = \frac{V}{R}[\mathrm{A}],\ R = \frac{V}{I}[\Omega]$$

여기서, V: 전압[V], I: 전류[A], R: 저항[Ω]

4) 전력과 줄(Joule)의 법칙

① 전력

㉠ 단위시간 동안 전기장치에 공급되는 전기에너지를 말한다.

㉡ 공식

$$P = VI = I^2R = \frac{V^2}{R}\ (\because V = IR)$$

여기서, P : 전력[W], V : 전압[V], I : 전류[A]

② 줄(Joule)의 법칙

㉠ 저항체에 흐르는 전류의 크기와 이 저항체에서 단위시간당 발생하는 열량과의 관계를 나타내는 법칙

㉡ 도체에 흐르는 전류에 의하여 단위시간 내에 발생하는 열량은 도체의 저항과 전류의 제곱에 비례한다.

㉢ 공식

$$Q = I^2RT$$

여기서, Q : 열량[J], I : 전류[A], R : 저항[Ω], T : 전류가 흐른 시간[sec]

㉣ Q[J]를 kcal로 환산

Q[J]를 kcal로 환산하면
1[kcal] = 4,186[J]
1[kJ] = 0.2388[kcal] ≒ 0.24[kcal]
$Q = 0.24I^2RT \times 10^{-3}$[kcal] $= 0.24I^2RT$[cal]

㉤ T(sec)를 시간(hour)으로 환산

$$Q = 0.860I^2RT[\text{kcal}]$$

··· 예상문제

20Ω의 저항 중에 5A의 전류를 3분간 흘렸을 때의 발열량은 몇 cal인가?

풀이 $Q = 0.24I^2RT = 0.24 \times 5^2 \times 20 \times (3 \times 60\text{초}) = 21{,}600$[cal] 답 21,600[cal]

2 배(분)전반

1. 배전반

배전반이란 전력 계통의 감시, 제어, 보호 기능을 유지할 수 있도록 전력계통의 전압, 전류, 전력 등을 측정하기 위한 계측 장치와 기기류의 조작 및 보호를 위한 제어 개폐기, 보호 계전기 등을 일정한 패널에 부착하여 변전실의 제반 기기류를 집중 제어하는 전기설비

2. 분전반

분전반이란 간선에서 각각의 전기 기계 기구로 배선하는 전선을 분기하는 곳에 배선용 차단기 등과 같은 분기 과전류 보호장치나 분기 개폐기를 내열성, 난연성의 철제 캐비닛 안에 집합시킨 것

3. 배전반, 분전반의 설치장소

① 전기회로를 쉽게 조작할 수 있는 장소
② 개폐기를 쉽게 조작할 수 있는 장소
③ 노출된 장소
④ 안정된 장소

4. 발전소, 변전소, 개폐소

1) 정의

① **발전소** : 발전기 · 원동기 · 연료전지 · 태양전지 · 해양에너지발전설비 · 전기저장장치 그 밖의 기계기구를 시설하여 전기를 생산하는 곳을 말한다.

② **변전소** : 변전소의 밖으로부터 전송받은 전기를 변전소 안에 시설한 변압기 · 전동발전기 · 회전변류기 · 정류기 그 밖의 기계기구에 의하여 변성하는 곳으로서 변성한 전기를 다시 변전소 밖으로 전송하는 곳을 말한다.

③ **개폐소** : 개폐소 안에 시설한 개폐기 및 기타 장치에 의하여 전로를 개폐하는 곳으로서 발전소 · 변전소 및 수용장소 이외의 곳을 말한다.

2) 안전시설

① 울타리 · 담 등을 시설할 것
② 출입구에는 출입금지의 표시를 할 것
③ 출입구에는 자물쇠장치 기타 적당한 장치를 할 것

3) 발전소 등의 울타리 · 담 등의 시설

① 울타리 · 담 등의 높이는 2m 이상으로 하고 지표면과 울타리 · 담 등의 하단 사이의 간격은 0.15m 이하로 할 것

② 울타리 · 담 등과 고압 및 특고압의 충전 부분이 접근하는 경우에는 울타리 · 담 등의 높이와 울타리 · 담 등으로부터 충전부분까지 거리의 합계는 다음 표에서 정한 값 이상으로 할 것

사용전압의 구분	울타리 · 담 등의 높이와 울타리 · 담 등으로부터 충전부분까지 거리의 합계
35kV 이하	5m
35kV 초과 160kV 이하	6m
160kV 초과	6m에 160kV를 초과하는 10kV 또는 그 단수마다 0.12m를 더한 값

5. 아크를 발생하는 기구의 시설

고압용 또는 특고압용의 개폐기 · 차단기 · 피뢰기 기타 이와 유사한 기구로서 동작 시에 아크가 생기는 것은 목재의 벽 또는 천장 기타의 가연성 물체로부터 다음 표에서 정한 값 이상 이격하여 시설하여야 한다.

기구 등의 구분	이격거리
고압용의 것	1m 이상
특고압용의 것	2m 이상(사용전압이 35kV 이하의 특고압용의 기구 등으로서 동작할 때에 생기는 아크의 방향과 길이를 화재가 발생할 우려가 없도록 제한하는 경우에는 1m 이상)

3 개폐기

1. 의의

회로나 장치의 상태(ON, OFF)를 바꾸어 접속하기 위한 물리적 또는 전기적 장치

2. 개폐기의 종류

1) 부하 개폐기

부하상태에서 개폐할 수 있는 것으로 리클로우저, 차단기 등이 있다.

① **리클로우저(Recloser)** : 자동 차단, 자동 재투입의 능력을 가진 개폐기

② **차단기(OLB)** : 부하상태에서 개폐할 수 있는 개폐기

2) 주상 유입 개폐기(POS)

① 배전선로의 개폐, 타 계통으로 변환, 고장구간의 구분, 접지사고의 차단, 부하전류의 차단 및 콘덴서의 개폐 등에 사용

② 고압개폐기로서 반드시 [개폐]의 표시를 하여야 한다.

3) 단로기(DS ; Disconnecting Switch)

① 무부하 상태에서만 차단이 가능하며, 부하상태에서 개폐하면 위험하다.

② 차단기의 전후 또는 차단기의 측로회로 및 회로접속의 변환에 사용한다.

③ **단로기 전원 개방 시(끊을 경우)** : 차단기를 개방한 후에 단로기를 개방

④ **단로기 전원 투입 시(넣을 경우)** : 단로기를 투입한 후에 차단기를 투입

4) 자동개폐기

① 회로에서 필요한 때에 자동으로 열리고 닫히는 스위치

② 시한 개폐기, 전자 개폐기, 스냅 개폐기, 압력 개폐기가 있다.

5) 저압개폐기

① 저압회로에 사용하는 개폐기로 스위치 내부에 퓨즈를 삽입한 개폐기

② 안전 개폐기, 박스 개폐기, 칼날형 개폐기, 커버 개폐기 등이 있다.

4 보호계전기

1. 보호계전기의 정의

전로에 이상현상(단락 또는 접지사고 등) 등이 발생했을 때 그 이상 상태를 검출하고 그 부분을 신속하게 계통에서 잘라 내도록 조치하는 기능을 가진 것을 말한다.

2. 보호계전기 방식의 구성

주보호 계전방식	사고 제거를 최소 범위의 정전으로 끝나게끔 하는 차단 조치를 내리는 방식
후비보호 계전방식	주보호 계전기로 보호할 수 없을 경우, 이것을 백업함과 동시에 사고 파급의 확대를 방지하는 것

3. 계전기의 구비조건

① 고장개소, 정도, 위치를 정확히 파악할 것
② 소비 전력이 작을 것
③ 후비 보호 능력이 있을 것
④ 동작이 예민하고 오동작이 없을 것

4. 보호계전기의 설치목적

① 계통사고의 보호대상을 완전히 보호하여 각종 계전기의 손상을 최소화
② 사고구간을 고속선택 차단하여 피해를 최소화
③ 정전사고 방지 및 전기기기의 손상을 방지
④ 전력계통의 안정도를 향상

5. 보호계전기의 분류

1) 동작시간에 의한 분류

순한시 계전기	최소 동작 전류 이상의 전류가 흐르면 즉시 동작하는 것
정한시 계전기	전류의 크기와 상관없이 항상 정해진 시간이 경과한 후 동작하는 것
반한시 계전기	전류값이 클수록 빨리 동작하고 반대로 전류값이 작으면 작은 것만큼 느리게 동작하는 것
반한시성 정한시 계전기	어느 전류값까지는 반한시성이지만 그 이상이 되면 정한시로 동작하는 것

2) 기능상의 분류

① 단락보호용 계전기

과전류 계전기(OCR)	전류가 일정값 이상으로 흘렀을 때 동작하는 것으로 각종 발전기, 변압기, 배전선로, 배전반 등에 많이 사용
과전압 계전기(OVR)	전압이 일정값 이상으로 흘렀을 때 동작하는 것으로 과전압 보호용으로 많이 사용
부족전압 계전기(UVR)	전압이 일정값 이하로 흘렀을 때 동작하는 것으로 단락 시의 고장 검출용으로 많이 사용
단락방향 계전기(DSR)	어느 일정 방향으로 일정값 이상의 단락전류가 흘렀을 때 동작하는 것
선택단락 계전기(SSR)	평행 2회선 송전 계통의 고장선을 선택 차단하는 등, 선택 동작을 시키기 위하여 사용되는 것
거리 계전기(ZR)	계전기가 설치된 위치로부터 고장점까지의 전기적 거리에 비례한 한시에서 동작하는 것
방향거리 계전기(DZR)	거리 계전기에 방향성을 가지게 한 것으로 복잡한 계통에서 방향단락 계전기의 대용으로 사용

② 지락보호 계전기

과전류 지락 계전기	과전류 계전기의 동작 전류를 특별히 작게 한 것으로 지락 고장 보호용으로 사용
방향 지락 계전기	과전류 지락 계전기에 방향성을 준 것
선택 지락 계전기	선택 단락 계전기의 동작 전류를 특별히 작게 한 것으로 다회선의 지락사고에 사용

③ 발전기 · 변압기내부 고장 검출

부흐홀츠 계전기	내부 고장 시 발생하는 가스의 부력과 절연유의 유속을 이용하여 변압기 내부고장을 검출
차동계전기	피보호 설비에 유입하는 입력의 크기와 유출되는 출력의 크기와의 차이가 일정한 값 이상이 되면 동작(양쪽 전류의 차로 동작)
비율차동 계전기	① 내부고장 보호용으로 사용 ② 총입력 전류와 총출력 전류 간의 차이가 총입력 전류에 대하여 일정비율 이상 되었을 경우 동작

5 과전류 및 누전 차단기

1. 과전류 차단기

1) 차단기(Circuit Breaker)

① 개요

차단기는 통상의 부하전류를 개폐하고 사고 시 신속히 회로를 차단하여 전기기기 및 전선류를 보호하고 안전성을 유지하는 기기를 말한다.

② 차단기의 기능

㉠ 정상전류의 개폐 및 이상상태 발생 시 회로를 차단

㉡ 전기기기 및 전선류 등을 보호하여 안전하게 유지

㉢ 과부하 및 지락사고를 보호

2) 과전류 차단기 정의

배선용 차단기, 퓨즈 등이 있으며 전로에 과전류 및 단락전류가 흘렀을 경우 자동으로 전로를 차단하는 장치를 말한다.

3) 차단기의 종류

배선용 차단기(MCCB)	과전류에 대하여 자동차단하는 브레이크를 내장한 것으로 평상시에는 수동으로 개폐하고 과부하 및 단락 시에는 자동으로 전류를 차단하는 것
공기차단기(ABB)	압축공기를 이용하여 소호하는 방식
기중차단기(ACB)	대기의 공기 내에서 회로를 차단할 시 공기의 자연소호방식을 이용한 것
자기차단기(MBB)	대기 중에서 전자력을 사용하여 아크를 소호실 내로 유도하여 차단하는 방식
진공차단기(VCB)	진공 속에서 전극을 개폐하여 소호하는 방식
가스차단기(GCB)	공기 대신 절연내력과 소호능력이 뛰어난 압축가스를 사용한 것
유입차단기(OCB)	전로의 차단을 절연유를 매질로 하여 동작하는 것

4) 유입차단기(OCB)의 투입 및 차단 순서

① 유입차단기 작동순서

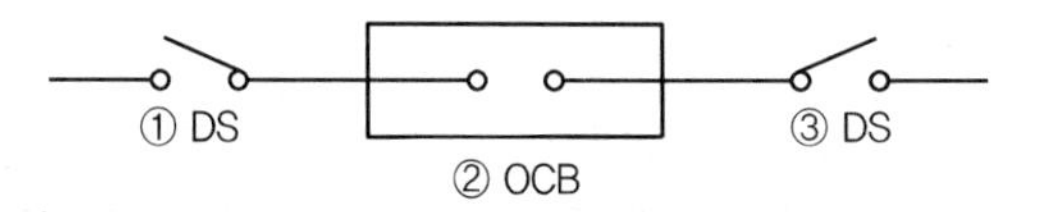

투입순서 : ③ – ① – ②
차단순서 : ② – ③ – ①

㉠ 전원 차단 시 : 차단기(OCB)를 개방한 후 단로기(DS) 개방

㉡ 전원 투입 시 : 단로기(DS)를 투입한 후 차단기(OCB) 투입

② 바이패스(By – pass) 회로 설치 시 유입차단기 작동 순서

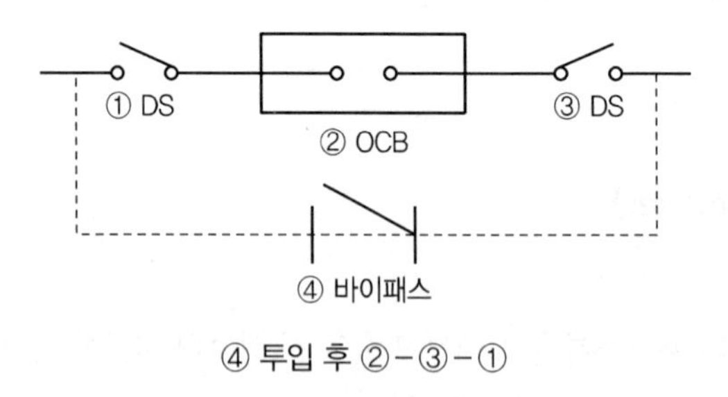

④ 투입 후 ② – ③ – ①

5) 과전류 차단장치의 설치기준

① 과전류 차단장치는 반드시 접지선이 아닌 전로에 직렬로 연결하여 과전류 발생 시 전로를 자동으로 차단하도록 설치할 것

② 차단기 · 퓨즈는 계통에서 발생하는 최대 과전류에 대하여 충분하게 차단할 수 있는 성능을 가질 것
③ 과전류 차단장치가 전기계통상에서 상호 협조 · 보완되어 과전류를 효과적으로 차단하도록 할 것
※ 과전류 차단장치 : 차단기 · 퓨즈 또는 보호계전기 등과 이에 수반되는 변성기를 말한다.

6) 과전류 차단기의 시설 제한(시설 금지)

접지공사의 접지도체, 다선식 전로의 중성선 및 전로의 일부에 접지공사를 한 저압 가공전선로의 접지 측 전선에는 과전류 차단기를 시설하여서는 안 된다. 다만, 다선식 전로의 중성선에 시설한 과전류 차단기가 동작한 경우에 각 극이 동시에 차단될 때 또는 저항기 · 리액터 등을 사용하여 접지공사를 한 때에 과전류 차단기의 동작에 의하여 그 접지도체가 비접지 상태로 되지 아니할 때는 적용하지 않는다.

7) 과전류 차단기용 퓨즈 등

① 저압전로에 사용하는 퓨즈

과전류 차단기로 저압전로에 사용하는 퓨즈는 다음의 표에 적합한 것이어야 한다.

정격전류의 구분	시간	정격전류의 배수	
		불용단전류	용단전류
4A 이하	60분	1.5배	2.1배
4A 초과 16A 미만	60분	1.5배	1.9배
16A 이상 63A 이하	60분	1.25배	1.6배
63A 초과 160A 이하	120분	1.25배	1.6배
160A 초과 400A 이하	180분	1.25배	1.6배
400A 초과	240분	1.25배	1.6배

② 고압 전로에 사용하는 퓨즈

포장퓨즈	비포장퓨즈
① 정격전류의 1.3배의 전류에 견딜 것 ② 2배의 전류로 120분 안에 용단되는 것	① 정격전류의 1.25배의 전류에 견딜 것 ② 2배의 전류로 2분 안에 용단되는 것

2. 누전차단기의 종류

1) 용어의 정의

① **누전차단기** : 누전 검출부, 영상변류기, 차단기구 등으로 구성된 장치로서, 이동형 또는 휴대형의 전기기계 · 기구 이하의 금속제 외함, 금속제 외피 등에서 누전, 절연파괴 등으로 인하여 지락전류가 발생하면 주어진 시간 이내에 전기기기의 전로를 차단하는 것을 말한다.
② **지락전류** : 접촉 또는 절연파괴 등의 사고에 의하여 전로 또는 부하의 충전부에서 대지로 흐르는 전류를 말한다.

③ **누설전류** : 정전용량 등에 의하여 전로와 전로 또는 전로와 대지 사이로 흐르는 전류를 말한다.

④ **정격전류** : 규정된 온도상승 한도를 초과함이 없이 누전차단기의 주회로에 연속해서 통전 가능한 허용전류로 누전차단기에 표시된 값을 말한다.

⑤ **정격감도전류** : 일상 사용상태에서 동작전압을 정격전압의 80～110%로 한 경우, 지락전류에 의하여 누전차단기가 반드시 차단되는 영상변류기의 1차 측 검출 지락전류값으로 누전차단기에 표시된 값을 말한다.

⑥ **동작시간** : 정격감도전류 이상의 지락전류가 발생될 때부터 그 전로를 차단하기까지의 시간을 말한다.

⑦ **감전방지용 누전차단기** : 정격감도전류가 30mA 이하이고, 동작시간이 0.03초 이내인 누전차단기를 말한다.

2) 누전차단기의 작동원리

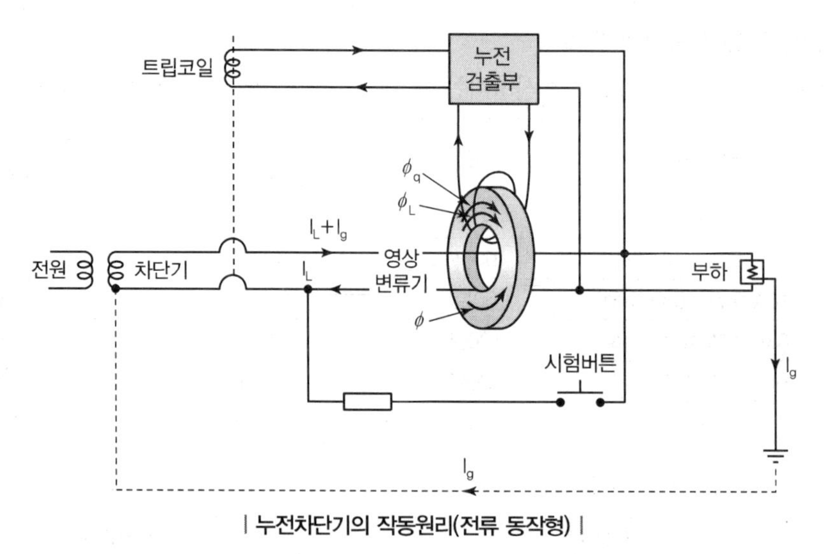

| 누전차단기의 작동원리(전류 동작형) |

누전차단기는 전원선에 들어오는 전류(I_L)와 중성선으로 나가는 전류의 차이를 측정하여 그 전류의 대수합이 0이 아니면 어딘가에서 누전(I_g)이 되고 있다는 것으로, 이때 누전차단기가 작동하여 선로를 분리하여 감전재해를 방지하는 것이다.

3) 누전차단기의 종류

① 누전차단기의 누전검출원리에 의한 분류

전압 동작형	부하기기의 절연상태에 따라 기기 자체가 충전되면 대지와의 사이에 접지선을 통하여 전압이 발생하며, 이것을 입력신호로 전로를 차단하는 방식(부하기기의 접지를 할 수 없는 등의 관리상 문제가 있어 잘 사용하지 않음)
전류 동작형	지락전류를 영상 변류기로 검출하고, 검출한 것을 입력신호로 하여 전로를 차단하는 방식으로 전로에 접속하는 것만으로도 기능이 작용(현재 주로 사용)

② 누전차단기의 종류

구분		정격감도전류(mA)	동작시간
고감도형	고속형	5, 10, 15, 30	정격감도전류에서 0.1초 이내, 인체감전보호형은 0.03초 이내
	시연형		정격감도전류에서 0.1초를 초과하고 2초 이내
	반한시형		정격감도전류에서 0.2초를 초과하고 1초 이내 정격감도전류 1.4배의 전류에서 0.1초를 초과하고 0.5초 이내 정격감도전류 4.4배의 전류에서 0.05초 이내
중감도형	고속형	50, 100, 200, 500, 1000	정격감도전류에서 0.1초 이내
	시연형		정격감도전류에서 0.1초를 초과하고 2초 이내
저감도형	고속형	3000, 5000, 10000, 20000	정격감도전류에서 0.1초 이내
	시연형		정격감도전류에서 0.1초를 초과하고 2초 이내

3. 누전차단기의 점검

1) 누전차단기의 점검 및 조치사항

누전차단기 스위치가 올라간 상태에서 시험 단추를 눌러 정상 작동 여부를 시험할 때, 스위치가 떨어지지 않거나 올라가지 않는다면 누전차단기가 고장난 것이므로 수리를 하지 말고 교체하여야 한다.

점검항목	점검방법	조치사항
먼지 · 오손 유무	① 누전차단기 표면, 상부 전원 측에 먼지, 기름 등이 부착되어 있는지 여부 ② 연면거리 확보용 홈에 먼지나 이물질로 차 있지 않은지 여부	클리너로 먼지를 제거 후 건조하고 깨끗한 천으로 닦아낸다.
단자부의 변색	① 비정상 온도의 흔적 여부 ② 부식성 가스에 의한 손상 여부	① 은도금의 일부 변색은 허용 ② 지나친 변색 또는 비정상 온도상승에 의한 절연부 손상이 확인되면 신품과 교체한다.
단자나사의 이완	① 단자, 전선 조임 등의 나사의 지나친 조임 또는 이완되지 않은지 확인 ② 표준공구 사용	나사 재질에 따른 조임 토크를 조사하여 조임 부족이나 과잉이 없도록 한다.
개폐	상시 폐로되어 있는 누전차단기는 수차례 개폐하여 그리스 굳음 등에 의한 스위치 고착 방지	개폐가 유연하지 않으면 조기에 신품으로 교체한다.
시험단추에 의한 작동 확인	시험단추를 눌러 작동 확인	작동하지 않으면 필요한 조치 후 교체한다.
감도전류	누전차단기 시험기를 이용하여 감도전류를 측정하고 정격 부작동 전류와 정격감도전류 사이에 있는지를 확인	범위를 벗어나면 신품으로 교체한다.
작동시간	누전차단기 시험기를 이용하여 작동시간을 측정하여 0.03초 이내에 작동하는지를 확인	0.03초를 넘을 경우 신품으로 교체한다.
절연저항	500V 메거로 상과 상 사이, 상과 대지 사이의 절연저항 측정	5MΩ 이하는 신품으로 교체한다.
온도상승	부하전류를 흘려 다음 사항을 확인 ① 절연성 외함은 70℃를 넘는 온도상승이 없을 것 ② 연기 냄새의 발생이 없을 것	이상이 있으면 신품으로 교체한다.

2) 누전차단기의 작동상태 확인

① 누전차단기 시험기(RCD tester), 또는 자체 시험용 버튼(Test button)을 사용하여 누전차단기가 확실하게 작동되는 것을 확인하여야 하는 경우는 다음과 같다.

㉠ 전기기기를 사용하려는 경우

㉡ 누전차단기가 작동된 후 재투입시킬 경우

㉢ 전로에 누전차단기를 신규로 설치할 경우

② 전로에 설치된 누전차단기는 시험용 버튼을 이용하여 월 1회 이상, 누전차단기 시험기를 이용하여 3월에 1회 이상 정상작동 여부를 확인할 것

③ 누전차단기가 작동하지 않거나 오작동하는 경우에는 그 원인을 조사하여 즉시 수리하거나 교체하는 등 필요한 조치를 할 것

3) 누전차단기 접속 시 준수사항

① 전기기계 · 기구에 설치되어 있는 누전차단기는 정격감도 전류가 30밀리암페어 이하이고 작동시간은 0.03초 이내일 것(다만, 정격전부하전류가 50암페어 이상인 전기기계 · 기구에 접속되는 누전차단기는 오작동을 방지하기 위하여 정격감도전류는 200밀리암페어 이하로, 작동시간은 0.1초 이내로 할 수 있다.)

② 분기회로 또는 전기기계 · 기구마다 누전차단기를 접속할 것(다만, 평상시 누설전류가 매우 적은 소용량부하의 전로에는 분기회로에 일괄하여 접속할 수 있다.)

③ 누전차단기는 배전반 또는 분전반 내에 접속하거나 꽂음접속기형 누전차단기를 콘센트에 접속하는 등 파손이나 감전사고를 방지할 수 있는 장소에 접속할 것

④ 지락보호전용 기능만 있는 누전차단기는 과전류를 차단하는 퓨즈나 차단기 등과 조합하여 접속할 것

4. 누전차단기 선정 시 주의사항

1) 사용목적에 따른 선정기준

선정기준	구분	
	감도전류에 따른 종류	동작시간에 따른 종류
감전보호를 목적으로 하는 경우(분기회로마다 사용하는 것이 좋다)	고속형	고감도형
보호협조를 목적으로 사용하는 경우	시연형	
불요동작을 방지한 감전보호의 경우	반한시형	
간선에 사용하여 보호접지저항을 규정값 이하로 하여 감전보호를 하는 경우	고속형	중감도형
전로거리가 긴 경우나 회로용량이 큰 경우 보호협조를 목적하여 사용하는 경우는 분기회로에 고감도 · 고속형을, 간선에 지연형을 사용하면 보호협조가 된다. 누전화재를 목적하는 경우	시연형	
아크 지락 손상보호를 목적으로 하는 경우	고속형	저감도형
	시연형	

2) 설치장소에 따른 누전차단기의 선정기준

설치장소	선정기준
욕조나 샤워시설이 있는 욕실 또는 화장실 등 인체가 물에 젖어 있는 상태에서 전기를 사용하는 장소	인체감전보호용 누전차단기(정격감도전류 15mA 이하, 동작시간 0.03초 이하의 전류동작형의 것에 한함) 또는 절연변압기(정격용량 3kVA 이하인 것에 한한다)로 보호된 전로에 접속하거나, 인체감전보호용 누전차단기가 부착된 콘센트를 시설하여야 한다.
의료장소의 전로	정격감도전류 30mA 이하, 동작시간 0.03초 이내의 누전차단기를 설치할 것

3) 누전차단기의 성능

① 설치되는 장소 및 부하의 종류에 따라 정격전류를 흘릴 수 있어야 한다.

② 설치된 해당 전로의 최대단락전류를 차단할 수 있어야 한다.

③ 당해 누전차단기와 접속되어 있는 각각의 전기기기에 대하여 정격감도전류는 30mA 이하, 동작시간은 0.03초 이내로 한다. 다만, 정격전부하전류가 50A 이상인 전기기기에 설치되는 누전차단기에는 오작동을 방지하기 위하여 정격감도전류가 20mA 이하, 동작시간은 0.1초 이내로 할 수 있다.

④ 정격부동작전류는 정격감도전류의 50% 이상으로 하고, 이들의 전류값은 가능한 한 작게 한다.

⑤ 절연저항은 500V 절연저항계로 5MΩ 이상으로 한다.

5. 누전차단기의 적용범위

1) 감전방지용 누전차단기의 적용대상(누전차단기 설치장소)

① 대지전압이 150볼트를 초과하는 이동형 또는 휴대형 전기기계 · 기구

② 물 등 도전성이 높은 액체가 있는 습윤장소에서 사용하는 저압(1.5천볼트 이하 직류전압이나 1천볼트 이하의 교류전압)용 전기기계 · 기구

③ 철판 · 철골 위 등 도전성이 높은 장소에서 사용하는 이동형 또는 휴대형 전기기계 · 기구

④ 임시배선의 전로가 설치되는 장소에서 사용하는 이동형 또는 휴대형 전기기계 · 기구

2) 감전방지용 누전차단기의 적용제외 대상

① 이중절연구조 또는 이와 같은 수준 이상으로 보호되는 구조로 된 전기기계 · 기구

② 절연대 위 등과 같이 감전위험이 없는 장소에서 사용하는 전기기계 · 기구

③ 비접지방식의 전로

3) 누전차단기를 설치하면 안 되는 장소

① 온도가 높은 장소

② 습기가 많거나 물기가 많은 장소

③ 진동이 많은 장소

④ 점검이 쉽지 않은 장소

참고 누전차단기의 시설(한국전기설비규정)

1. 설치대상

   금속제 외함을 가지는 사용전압이 50V를 초과하는 저압의 기계기구로서 사람이 쉽게 접촉할 우려가 있는 곳에 시설하는 것에 전기를 공급하는 전로

2. 누전차단기 설치 제외 대상

   ① 기계기구를 발전소 · 변전소 · 개폐소 또는 이에 준하는 곳에 시설하는 경우

   ② 기계기구를 건조한 곳에 시설하는 경우

   ③ 대지전압이 150V 이하인 기계기구를 물기가 있는 곳 이외의 곳에 시설하는 경우

   ④ 「전기용품 및 생활용품 안전관리법」의 적용을 받는 이중 절연구조의 기계기구를 시설하는 경우

   ⑤ 그 전로의 전원 측에 절연변압기(2차 전압이 300V 이하인 경우에 한함)를 시설하고 또한 그 절연 변압기의 부하 측의 전로에 접지하지 아니하는 경우

   ⑥ 기계기구가 고무 · 합성수지 기타 절연물로 피복된 경우

   ⑦ 기계기구가 유도전동기의 2차 측 전로에 접속되는 것일 경우

   ⑧ 기계기구가 전기욕기 · 전기로 · 전기보일러 · 전해조 등 대지로부터 절연하는 것이 기술상 곤란한 것

   ⑨ 기계기구 내에 「전기용품 및 생활용품 안전관리법」의 적용을 받는 누전차단기를 설치하고 또한 기계기구의 전원 연결선이 손상을 받을 우려가 없도록 시설하는 경우

4) 누전차단기의 설치방법

① 전기기기의 금속제 외함, 금속제 외피 등 금속 부분은 누전차단기를 접속한 경우에도 접지한다.

② 누전차단기는 분기회로 또는 전기기기마다 설치하는 것을 원칙으로 한다. 다만, 정상운전 시 누설전류가 적은 소용량 부하의 전로에는 분기회로에 일괄하여 설치할 수 있다.

③ 누전차단기는 배전반이아 분전반 등에 설치하는 것을 원칙으로 한다. 다만, 꽂음접속기형 누전차단기는 콘센트에 연결하거나 부착하여 사용할 수 있다.

④ 지락보호 전용 누전차단기는 과전류를 차단할 수 있는 퓨즈 또는 차단기 등을 조합하여 설치한다.

⑤ 누전차단기의 영상변류기에 다른 배선이나 접지선이 통과하지 않도록 설치한다.

⑥ 서로 다른 중성선이 누전차단기 부하 측에서 공유되지 않도록 설치한다.

⑦ 중성선은 누전차단기의 전원 측에 접지시키고, 부하 측에는 접지되지 않도록 한다.

⑧ 누전차단기 부하 측 단자는 연결되는 전기기기의 부하 측 전로에 연결하고, 누전차단기의 전원 측 단자는 전원이 공급되는 인입 측 전로에 연결한다.

⑨ 단상용 누전차단기는 3상 회로에 설치하지 말아야 한다.

⑩ 누전차단기는 설치 전에 반드시 개로시키고, 설치 후에 폐로시켜 작동시킨다.

⑪ 누전차단기의 설치가 완료되면 회로와 대지 간의 절연저항을 측정한다.

6. 누전차단기의 설치 환경조건

① **주위 온도에 유의할 것** : 누전차단기는 −10∼+40℃ 범위 내에 설치

  ㉠ 옥외 : 직사광선 주의

  ㉡ 저온 습도가 있을 경우 : 결빙 주의

② **표고 2,000m 이하의 장소에 설치** : 표고가 높아지면 기압이 낮아져 차단능력이 저하됨

③ 비나 이슬에 젖지 않는 장소로 할 것
④ 먼지가 적은 장소로 할 것
⑤ 이상한 진동 또는 충격을 받지 않는 장소로 할 것
⑥ **습도가 적은 장소로 할 것** : 상대습도 45~80% 사이의 장소에 설치할 것(지하실, 터널 등에서 주의)
⑦ **전원전압의 변동에 유의할 것** : 누전차단기는 전원전압이 정격전압의 85~110% 사이에서 사용할 것
⑧ 배선상태를 건조하게 유지할 것
⑨ 불꽃 또는 아크에 의한 폭발의 위험이 없는 장소에 설치할 것

PART 01 PART 02 PART 03 PART 04 PART 05 PART 06

6 전기작업안전

1. 감전사고에 대한 원인 및 사고대책

1) 전기안전대책의 기본 3조건

취급자의 자세	취급자의 관심도를 높이고 안전작업을 위한 작업지원을 확립할 것
전기설비의 품질 향상	전기설비의 품질이 기준에 적합하고 신뢰성 및 안전성이 높을 것
전기시설의 안전관리 확립	시설의 운용 및 보수의 적정화를 꾀할 것

2) 감전사고에 대한 일반적인 방지대책

① 전기설비의 점검 철저
② 전기기기 및 설비의 정비
③ 전기기기 및 설비의 위험부에 위험표시
④ 설비의 필요부분에 보호접지의 실시
⑤ 충전부가 노출된 부분에는 절연방호구를 사용
⑥ 고전압 선로 및 충전부에 근접하여 작업하는 작업자는 보호구 착용
⑦ 유자격자 이외는 전기기계 및 기구에 전기적인 접촉 금지
⑧ 관리감독자는 작업에 대한 안전교육 시행
⑨ 사고 발생 시 처리순서를 미리 작성해 둘 것
⑩ 전기설비에 대한 누전차단기 설치

3) 전기 기계 · 기구에 의한 감전방지대책

① 직접 접촉에 의한 방지대책(전기 기계 · 기구 등의 충전 부분에 대한 감전방지)
㉠ 충전부가 노출되지 않도록 폐쇄형 외함이 있는 구조로 할 것
㉡ 충전부에 충분한 절연효과가 있는 방호망이나 절연덮개를 설치할 것
㉢ 충전부는 내구성이 있는 절연물로 완전히 덮어 감쌀 것

㉣ 발전소 · 변전소 및 개폐소 등 구획되어 있는 장소로서 관계 근로자가 아닌 사람의 출입이 금지되는 장소에 충전부를 설치하고, 위험표시 등의 방법으로 방호를 강화할 것

㉤ 전주 위 및 철탑 위 등 격리되어 있는 장소로서 관계 근로자가 아닌 사람이 접근할 우려가 없는 장소에 충전부를 설치할 것

② 간접 접촉에 의한 방지대책

㉠ 보호절연 : 누전 발생기기에 접촉되더라도 인체 전류의 통전 경로를 절연시킴으로써 전류를 안전한계 이하로 낮추는 방법

㉡ 안전 전압 이하의 전기기기 사용

㉢ 접지 : 누전이 발생한 기계 설비에 인체가 접촉되더라도 인체에 흐르는 감전전류를 억제하여 안전한계 이하로 낮추고 대부분의 누설전류를 접지선을 통해 흐르게 하므로 감전사고를 예방하는 방법

㉣ 누전차단기의 설치 : 전기기계 기구 중 대지전압이 150[V]를 초과하는 이동형 또는 휴대형 등에 설치하며 누전을 자동으로 감지하여 0.1초 이내에 전원을 차단하는 장치를 말한다.

㉤ 비접지식 전로의 채용 : 전기기계 · 기구의 전원 측 전로에 설치한 절연변압기의 2차 전압이 300[V] 이하이고 정격용량이 3[kVA] 이하이며 절연 변압기의 부하 측 전로가 접지되어 있지 아니한 경우

㉥ 이중절연구조 : 충전부를 2중으로 절연한 구조로서 기능절연과는 별도로 감전 방지를 위한 보호 절연을 한 경우(누전차단기 없이 보통 콘센트 사용 가능)

③ 전기기계 · 기구 설치 시 고려사항

㉠ 전기 기계 · 기구의 충분한 전기적 용량 및 기계적 강도

㉡ 습기 · 분진 등 사용장소의 주위 환경

㉢ 전기적 · 기계적 방호수단의 적정성

④ 단로기 등의 개폐

사업주는 부하전류를 차단할 수 없는 고압 또는 특별고압의 단로기 또는 선로개폐기를 개로 · 폐로하는 경우에는 그 단로기 등의 오조작을 방지하기 위하여 근로자에게 해당 전로가 무부하임을 확인한 후에 조작하도록 주의 표지판 등을 설치하여야 한다.(다만, 그 단로기 등에 전로가 무부하로 되지 아니하면 개로 · 폐로할 수 없도록 하는 연동장치를 설치한 경우에는 제외)

⑤ 임시로 사용하는 전등 등의 위험방지

㉠ 이동전선에 접속하여 임시로 사용하는 전등이나 가설의 배선 또는 이동전선에 접속하는 가공매달기식 전등 등을 접촉함으로 인한 감전 및 전구의 파손에 의한 위험방지 : 보호망 부착

㉡ 보호망 설치 시 준수사항

ⓐ 전구의 노출된 금속 부분에 근로자가 쉽게 접촉되지 아니하는 구조로 할 것

ⓑ 재료는 쉽게 파손되거나 변형되지 아니하는 것으로 할 것

⑥ 전기기계 · 기구의 조작 시 등의 안전조치

㉠ 전기기계 · 기구의 조작부분을 점검하거나 보수하는 경우에는 근로자가 안전하게 작업할 수 있도록 전기 기계 · 기구로부터 폭 70센티미터 이상의 작업공간을 확보하여야 한다. 다만, 작업공간을 확보하는 것이 곤란하여 근로자에게 절연용 보호구를 착용하도록 한 경우에는 그러하지 아니하다.

㉡ 전기적 불꽃 또는 아크에 의한 화상의 우려가 있는 고압 이상의 충전전로 작업에 근로자를 종사시키는 경우에는 방염처리된 작업복 또는 난연성능을 가진 작업복을 착용시켜야 한다.

⑦ 변전실 등의 위치

가스폭발 위험장소 또는 분진폭발 위험장소에는 변전실, 배전반실, 제어실, 그 밖에 이와 유사한 시설을 설치해서는 아니 된다.

다만, 변전실 등의 실내기압이 항상 양압(25파스칼 이상의 압력)을 유지하도록 하고 다음의 조치를 하거나, 가스폭발 위험장소 또는 분진폭발 위험장소에 적합한 방폭성능을 갖는 전기 기계 · 기구를 변전실 등에 설치 · 사용한 경우에는 그러하지 아니한다.

㉠ 양압을 유지하기 위한 환기설비의 고장 등으로 양압이 유지되지 아니한 경우 경보를 할 수 있는 조치

㉡ 환기설비가 정지된 후 재가동하는 경우 변전실 등에 가스 등이 있는지를 확인할 수 있는 가스검지기 등 장비의 비치

㉢ 환기설비에 의하여 변전실 등에 공급되는 공기는 가스폭발 위험장소 또는 분진폭발 위험장소가 아닌 곳으로부터 공급되도록 하는 조치

4) 배선 및 이동전선으로 인한 위험방지

① 배선 등의 절연피복 등

㉠ 근로자가 작업 중에나 통행하면서 접촉하거나 접촉할 우려가 있는 배선 또는 이동전선에 대하여 절연피복이 손상되거나 노화됨으로 인한 감전의 위험을 방지하기 위하여 필요한 조치를 하여야 한다.

㉡ 전선을 서로 접속하는 경우에는 해당 전선의 절연성능 이상으로 절연될 수 있는 것으로 충분히 피복하거나 적합한 접속기구를 사용하여야 한다.

② 습윤한 장소의 이동전선 등

물 등의 도전성이 높은 액체가 있는 습윤한 장소에서 근로자가 작업 중에나 통행하면서 이동전선 및 이에 부속하는 접속기구에 접촉할 우려가 있는 경우에는 충분한 절연효과가 있는 것을 사용하여야 한다.

③ 통로바닥에서의 전선 등 사용금지

통로바닥에 전선 또는 이동전선등을 설치하여 사용해서는 아니 된다.(다만, 차량이나 그 밖의 물체의 통과 등으로 인하여 해당 전선의 절연피복이 손상될 우려가 없거나 손상되지 않도록 적절한 조치를 하여 사용하는 경우에는 그러하지 아니하다.)

④ 꽂음접속기의 설치 · 사용 시 준수사항

㉠ 서로 다른 전압의 꽂음접속기는 서로 접속되지 아니한 구조의 것을 사용할 것
㉡ 습윤한 장소에 사용되는 꽂음접속기는 방수형 등 그 장소에 적합한 것을 사용할 것
㉢ 근로자가 해당 꽂음접속기를 접속시킬 경우에는 땀 등으로 젖은 손으로 취급하지 않도록 할 것
㉣ 해당 꽂음접속기에 잠금장치가 있는 경우에는 접속 후 잠그고 사용할 것

⑤ 이동 및 휴대장비 등의 사용 전기작업의 조치사항

㉠ 근로자가 착용하거나 취급하고 있는 도전성 공구 · 장비 등이 노출 충전부에 닿지 않도록 할 것
㉡ 근로자가 사다리를 노출 충전부가 있는 곳에서 사용하는 경우에는 도전성 재질의 사다리를 사용하지 않도록 할 것
㉢ 근로자가 젖은 손으로 전기기계 · 기구의 플러그를 꽂거나 제거하지 않도록 할 것
㉣ 근로자가 전기회로를 개방, 변환 또는 투입하는 경우에는 전기 차단용으로 특별히 설계된 스위치, 차단기 등을 사용하도록 할 것
㉤ 차단기 등의 과전류 차단장치에 의하여 자동 차단된 후에는 전기회로 또는 전기기계 · 기구가 안전하다는 것이 증명되기 전까지는 과전류 차단장치를 재투입하지 않도록 할 것

5) 정전전로에서의 전기작업

근로자가 노출된 충전부 또는 그 부근에서 작업함으로써 감전될 우려가 있는 경우에는 작업에 들어가기 전에 해당 전로를 차단하여야 한다.

① 전로차단 절차

㉠ 전기기기 등에 공급되는 모든 전원을 관련 도면, 배선도 등으로 확인할 것
㉡ 전원을 차단한 후 각 단로기 등을 개방하고 확인할 것
㉢ 차단장치나 단로기 등에 잠금장치 및 꼬리표를 부착할 것
㉣ 개로된 전로에서 유도전압 또는 전기에너지가 축적되어 근로자에게 전기위험을 끼칠 수 있는 전기기기 등은 접촉하기 전에 잔류전하를 완전히 방전시킬 것
㉤ 검전기를 이용하여 작업 대상 기기가 충전되었는지를 확인할 것
㉥ 전기기기 등이 다른 노출 충전부와의 접촉, 유도 또는 예비동력원의 역송전 등으로 전압이 발생할 우려가 있는 경우에는 충분한 용량을 가진 단락 접지기구를 이용하여 접지할 것

② 전로차단 예외

㉠ 생명유지장치, 비상경보설비, 폭발위험장소의 환기설비, 비상조명설비 등의 장치 · 설비의 가동이 중지되어 사고의 위험이 증가되는 경우
㉡ 기기의 설계상 또는 작동상 제한으로 전로차단이 불가능한 경우
㉢ 감전, 아크 등으로 인한 화상, 화재 · 폭발의 위험이 없는 것으로 확인된 경우

③ 작업 중 또는 작업 후 전원 공급 시 준수사항

㉠ 작업기구, 단락 접지기구 등을 제거하고 전기기기 등이 안전하게 통전될 수 있는지를 확인할 것

ⓛ 모든 작업자가 작업이 완료된 전기기기 등에서 떨어져 있는지를 확인할 것
ⓒ 잠금장치와 꼬리표는 설치한 근로자가 직접 철거할 것
ⓔ 모든 이상 유무를 확인한 후 전기기기 등의 전원을 투입할 것

④ 정전전로 인근에서의 전기작업

근로자가 전기위험에 노출될 수 있는 정전전로 또는 그 인근에서 작업하거나 정전된 전기기기 등(고정 설치된 것으로 한정)과 접촉할 우려가 있는 경우에 작업 전에 차단장치나 단로기 등에 잠금장치 및 꼬리표를 부착했는지의 조치를 확인하여야 한다.

⑤ 정전작업 시 5대 안전수칙

㉠ 작업 전 전원 차단 : 작업을 수행하는 모든 부분에 대하여 전원의 모든 극을 차단한다.
ⓛ 전원 투입의 방지 : 전원이 차단되었으면 실수로 또는 관계자외 다른 사람이 전원을 투입하지 못하도록 조치하여야 한다.
ⓒ 작업 장소의 무전압 여부 확인 : 작업장소 내에 전기가 살아 있는 모든 전압이 차단되었는지 차단점에서 2극 또는 1극 검전기, 측정장치, 신호 램프 등과 같은 장비를 사용하여 확인한다.
ⓔ 단락 및 단락접지 : 예기치 못한 상황에서 전원이 투입되는 것을 방지하고, 유도전압으로부터 보호될 수 있도록 하여야 한다.
ⓜ 작업장소의 보호 : 보호커버를 부착하여 제거할 수 없도록 하여 보호하며, 위험지역을 분명하게 볼 수 있도록 표시하여야 한다.

⑥ 충전전로에서의 전기작업

㉠ 충전전로를 취급하거나 그 인근에서의 작업
ⓐ 충전전로를 정전시키는 경우에는 정전전로에서의 전기작업에 따른 조치를 할 것
ⓑ 충전전로를 방호, 차폐하거나 절연 등의 조치를 하는 경우에는 근로자의 신체가 전로와 직접 접촉하거나 도전재료, 공구 또는 기기를 통하여 간접 접촉되지 않도록 할 것
ⓒ 충전전로를 취급하는 근로자에게 그 작업에 적합한 절연용 보호구를 착용시킬 것
ⓓ 충전전로에 근접한 장소에서 전기작업을 하는 경우에는 해당 전압에 적합한 절연용 방호구를 설치할 것. 다만, 저압인 경우에는 해당 전기작업자가 절연용 보호구를 착용하되, 충전전로에 접촉할 우려가 없는 경우에는 절연용 방호구를 설치하지 아니할 수 있다.
ⓔ 고압 및 특별고압의 전로에서 전기작업을 하는 근로자에게 활선작업용 기구 및 장치를 사용하도록 할 것
ⓕ 근로자가 절연용 방호구의 설치·해체작업을 하는 경우에는 절연용 보호구를 착용하거나 활선작업용 기구 및 장치를 사용하도록 할 것
ⓖ 유자격자가 아닌 근로자가 충전전로 인근의 높은 곳에서 작업할 때에 근로자의 몸 또는 긴 도전성 물체가 방호되지 않은 충전전로에서 대지전압이 50킬로볼트 이하인 경우에는 300센티미터 이내로, 대지전압이 50킬로볼트를 넘는 경우에는 10킬로볼트당 10센티미터씩 더한 거리 이내로 각각 접근할 수 없도록 할 것

ⓗ 유자격자가 충전전로 인근에서 작업하는 경우에는 다음 각 목의 경우를 제외하고는 노출 충전부에 다음 표에 제시된 접근한계거리 이내로 접근하거나 절연 손잡이가 없는 도전체에 접근할 수 없도록 할 것

- 근로자가 노출 충전부로부터 절연된 경우 또는 해당 전압에 적합한 절연장갑을 착용한 경우
- 노출 충전부가 다른 전위를 갖는 도전체 또는 근로자와 절연된 경우
- 근로자가 다른 전위를 갖는 모든 도전체로부터 절연된 경우

충전전로의 선간전압 (단위 : 킬로볼트)	충전전로에 대한 접근 한계거리 (단위 : 센티미터)
0.3 이하	접촉금지
0.3 초과 0.75 이하	30
0.75 초과 2 이하	45
2 초과 15 이하	60
15 초과 37 이하	90
37 초과 88 이하	110
88 초과 121 이하	130
121 초과 145 이하	150
145 초과 169 이하	170
169 초과 242 이하	230
242 초과 362 이하	380
362 초과 550 이하	550
550 초과 800 이하	790

㉡ 절연이 되지 않은 충전부나 그 인근에 근로자가 접근하는 것을 막거나 제한할 필요가 있는 경우에는 울타리를 설치하고 근로자가 쉽게 알아볼 수 있도록 하여야 한다. 다만, 전기와 접촉할 위험이 있는 경우에는 도전성이 있는 금속제 울타리를 사용하거나, 충전전로를 취급하거나 그 인근에서의 작업에서의 표에 정한 접근 한계거리 이내에 설치해서는 아니 된다.

㉢ ㉡의 조치가 곤란한 경우에는 근로자를 감전위험에서 보호하기 위하여 사전에 위험을 경고하는 감시인을 배치하여야 한다.

⑦ 충전전로 인근에서의 차량 · 기계장치 작업

㉠ 충전전로 인근에서 차량 · 기계장치 등의 작업이 있는 경우 : 차량 등을 충전전로의 충전부로부터 300센티미터 이상 이격시켜 유지시키되, 대지전압이 50킬로볼트를 넘는 경우 이격시켜 유지하여야 하는 거리(이격거리)는 10킬로볼트 증가할 때마다 10센티미터씩 증가시켜야 한다. 다만, 차량 등의 높이를 낮춘 상태에서 이동하는 경우에는 이격거리를 120센티미터 이상(대지전압이 50킬로볼트를 넘는 경우에는 10킬로볼트 증가할 때마다 이격거리를 10센티미터씩 증가)으로 할 수 있다.

㉡ 충전전로의 전압에 적합한 절연용 방호구 등을 설치한 경우 : 이격거리를 절연용 방호구 앞면까지로 할 수 있으며, 차량 등의 가공 붐대의 버킷이나 끝부분 등이 충전전로의 전압에 적합하

게 절연되어 있고 유자격자가 작업을 수행하는 경우에는 붐대의 절연되지 않은 부분과 충전전로 간의 이격거리는 충전전로를 취급하거나 그 인근에서의 작업에서의 표에 따른 접근 한계거리까지로 할 수 있다.

㉢ 다음 각 호의 경우를 제외하고는 근로자가 차량 등의 그 어느 부분과도 접촉하지 않도록 울타리를 설치하거나 감시인 배치 등의 조치를 하여야 한다.

ⓐ 근로자가 해당 전압에 적합한 절연용 보호구 등을 착용하거나 사용하는 경우

ⓑ 차량 등의 절연되지 않은 부분이 충전전로를 취급하거나 접근 한계거리 이내로 접근하지 않도록 하는 경우

㉣ 충전전로 인근에서 접지된 차량 등이 충전전로와 접촉할 우려가 있을 경우에는 지상의 근로자가 접지점에 접촉하지 않도록 조치하여야 한다.

6) 절연용 보호구 등의 사용

① 다음 각 호의 작업에 사용하는 절연용 보호구, 절연용 방호구, 활선작업용 기구, 활선작업용 장치에 대하여 각각의 사용목적에 적합한 종별・재질 및 치수의 것을 사용해야 한다.

㉠ 노출 충전부가 있는 맨홀 또는 지하실 등의 밀폐공간에서의 전기작업

㉡ 이동 및 휴대장비 등을 사용하는 전기작업

㉢ 정전전로 또는 그 인근에서의 전기작업

㉣ 충전전로에서의 전기작업

㉤ 충전전로 인근에서의 차량・기계장치 등의 작업

② 절연용 보호구 등이 안전한 성능을 유지하고 있는지를 정기적으로 확인하여야 한다.

③ 근로자가 절연용 보호구 등을 사용하기 전에 흠・균열・파손, 그 밖의 손상 유무를 발견하여 정비 또는 교환을 요구하는 경우에는 즉시 조치하여야 한다.

7) 절연저항

① 개요

㉠ 절연이란 전기 또는 열을 통하지 않게 하는 것을 말하며, 절연물의 절연성능을 나타내는 척도가 절연저항이다.

㉡ 전기배선, 전기기기에서 전선 상호 간, 전선 대지 간, 권선 상호 간 등을 절연물로 절연하는 것이 전기절연이다.

② 저압전로의 절연저항

전로의 사용전압(V)	DC시험전압(V)	절연저항(MΩ)
SELV 및 PELV	250	0.5
FELV, 500V 이하	500	1.0
500V 초과	1,000	1.0

주) 특별저압(Extra Low Voltage : 2차 전압이 AC 50V, DC 120V 이하)으로 SELV(비접지회로 구성) 및 PELV(접지회로 구성)는 1차와 2차가 전기적으로 절연된 회로, FELV는 1차와 2차가 전기적으로 절연되지 않은 회로

③ 전로의 절연저항 및 절연내력

사용전압이 저압인 전로에서 정전이 어려운 경우 등 절연저항 측정이 곤란한 경우에는 누설전류를 1mA 이하로 유지하여야 한다.

④ 전기절연물

㉠ 개요

ⓐ 전기를 절연하여 필요로 하는 회로 이외에는 전류가 흐르지 않도록 하기 위해 사용하는 재료를 말한다.

ⓑ 예전에는 공기, 면사, 황, 파라핀, 유리 등의 천연물을 사용하였으나 최근에는 수많은 합성수지계 재료가 널리 사용되고 있다.

㉡ 절연방식에 따른 분류 : 전기기기는 사용되고 있는 절연재료의 제한온도가 그 허용최고온도가 된다. 정상적인 운전상태에서는 그 허용한도 이하이어야 한다.

절연종별	허용최고온도(℃)	용도
Y종	90	저전압의 기기
A종	105	보통의 회전기, 변압기
E종	120	대용량 및 보통의 기기
B종	130	고전압의 기기
F종	155	고전압의 기기
H종	180	건식 변압기
C종	180 초과	특수한 기기

㉢ 전기절연물의 절연파괴(불량) 주요 원인

ⓐ 진동, 충격 등에 의한 기계적 요인

ⓑ 산화 등에 의한 화학적 요인

ⓒ 온도상승에 의한 열적 요인

ⓓ 높은 이상전압 등에 의한 전기적 요인

8) 분진 위험장소 저압 옥내전기설비 방법

① 폭연성 분진 위험장소

폭연성 분진(마그네슘 · 알루미늄 · 티탄 · 지르코늄 등의 먼지가 쌓여 있는 상태에서 불이 붙었을 때에 폭발할 우려가 있는 것) 또는 화약류의 분말이 전기설비가 발화원이 되어 폭발할 우려가 있는 곳에 시설하는 저압 옥내 전기설비(사용전압이 400V 이상인 방전등을 제외)

㉠ 금속관 공사

㉡ 케이블공사(캡타이어 케이블을 사용하는 것을 제외)

② 가연성 분진 위험장소

가연성 분진(소맥분 · 전분 · 유황 기타 가연성의 먼지로 공중에 떠다니는 상태에서 착화하였을 때에 폭발할 우려가 있는 것을 말하며 폭연성 분진을 제외)에 전기설비가 발화원이 되어 폭발할 우려가 있는 곳에 시설하는 저압 옥내 전기설비

㉠ 합성수지관공사

㉡ 금속관공사

㉢ 케이블공사

③ 먼지가 많은 그 밖의 위험장소

폭연성 분진 위험장소, 가연성 분진 위험장소 이외의 곳으로서 먼지가 많은 곳에 시설하는 저압 옥내전기설비

㉠ 애자공사

㉡ 합성수지관공사

㉢ 금속관공사

㉣ 유연성전선관공사

㉤ 금속덕트공사

㉥ 버스덕트공사(환기형의 덕트를 사용하는 것은 제외)

㉦ 케이블공사

④ 화약류 저장소에서 전기설비의 시설

화약류 저장소(총포 · 도검 · 화약류 등) 안에는 전기설비를 시설하여서는 아니 된다. 다만, 조명기구에 전기를 공급하기 위한 전기설비(개폐기 및 과전류 차단기를 제외)는 다음의 사항에 따라 시설하는 경우에는 그러하지 아니하다.

㉠ 전로에 대지전압은 300V 이하일 것

㉡ 전기기계기구는 전폐형의 것일 것

㉢ 케이블을 전기기계기구에 인입할 때에는 인입구에서 케이블이 손상될 우려가 없도록 시설할 것

2. 감전사고의 응급조치

1) 감전사고의 조치순서

① 전원의 차단

㉠ 감전사고 시 피해자가 접속된 회로를 차단

㉡ 감전자를 직접 충전부로부터 이탈시키려고 만지면 본인도 감전의 우려가 있으므로 주의

② 구출

감전자를 회로로부터 분리 · 구출한다.

③ 감전자 상태 확인

㉠ 의식상태

㉡ 호흡상태

㉢ 맥박상태

㉣ 추락한 경우(골절상태, 출혈상태)

④ 응급조치

㉠ 감전쇼크로 호흡이 정지되었을 경우 혈액 중의 산소 함유량이 약 1분 이내에 감소하기 시작하여 산소결핍현상이 나타나기 시작한다.

㉡ 단시간 내에 인공호흡 등 응급조치를 실시할 경우 감전재해자의 95% 이상을 소생시킬 수 있다.

호흡정지 후 인공호흡 개시까지의 시간(분)	소생률(100명당)	사망률(100명당)
1	95	5
2	90	10
3	75	25
4	50	50
5	25	75

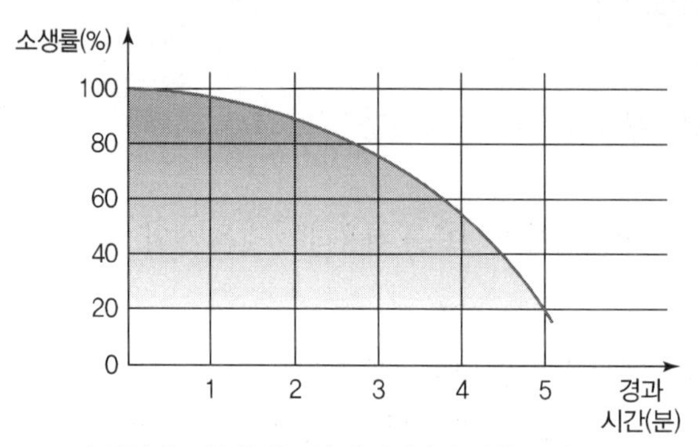

| 감전사고 후 응급조치 개시시간에 따른 소생률 |

㉢ 응급조치

기도 확보
- 입속의 이물질 제거
- 아래턱을 들어올리고 머리를 뒤로 젖혀서 기도 확보

↓

인공호흡
- 호흡은 정지되었으나 심장 기능이 정지되기 전엔 신속하게 인공호흡 실시
- 매분 12~15회로 30분 이상 실시(구강대 구강법)

↓

심장 마사지
- 인공호흡과 심장 마사지 병행(심폐소생법)

⑤ 병원으로 후송

⑥ 원인 분석 및 대책 강구

2) 전기화상 사고의 응급조치

① 불이 붙은 곳은 물, 소화용 담요 등을 이용하여 소화하거나 급한 경우에는 피해자를 굴리면서 소화한다.

② 상처에 달라붙지 않은 의복은 모두 벗긴다.

③ 화상부위를 세균 감염으로부터 보호하기 위하여 화상용 붕대를 감는다.

④ 화상을 사지에만 입었을 경우 통증이 줄어들도록 약 10분간 화상 부위를 물에 담그거나 물을 뿌릴 수도 있다.

⑤ 상처 부위에 파우더, 향유, 기름 등을 발라서는 안 된다.

⑥ 진정, 진통제는 의사의 처방 없이 사용하지 말아야 한다.

⑦ 의식을 잃은 환자에게는 물이나 차를 조금씩 먹이되 알코올은 삼가야 하며 구토증 환자에게는 물, 차 등의 취식을 금해야 한다.

⑧ 피해자를 담요 등으로 감싸되 상처 부위가 닿지 않도록 한다.

3) 전격에 의한 인체상태의 변화

감전사	① 심장 및 호흡의 정지로 인한 사망(심실세동에 의해) ② 뇌사 ③ 출혈사
감전지연사	① 전기화상 ② 급성 심부전 증(심혈관 파손, 방뇨 장해) ③ 소화기 합병증(급성 위궤양, 급성 십이지장 궤양) ④ 2차 출혈(감전사고 후 1~4주 후 상처 부위에서 과다 출혈) ⑤ 암의 발생 ⑥ 폐혈증(신체 내부 조직에 병원균이 퍼져 폐에 피가 고임)
감전 후유증	① 심근 경색 ② 운동 장해 ③ 언어 장해 ④ 시력 장해
감전에 의한 국소 증상	① 피부의 광성변화 : 감전사고 시 전선이나 금속분자가 그 열로 용융됨으로써 피부 속으로 침투하는 현상 ② 표피박탈 : 고전압에 의한 아크 등으로 폭발적인 고열이 발생하여 인체의 표피가 벗겨져 떨어지는 현상 ③ 전문 : 감전전류의 유출입 부분에 회백색 또는 붉은색의 수지상 선이 나타나는 것으로 피부에 상처, 흉터가 남는 현상 ④ 전류반점 : 화상 부위가 검게 반점을 이루고 움푹 들어간 모양 ⑤ 감전성 궤양 : 신체 내부 조직의 급성 십이지장 궤양, 위궤양

CHAPTER

02 감전재해 및 방지대책

SECTION 01 감전재해 예방 및 조치

1 안전전압

1. 안전전압의 의의

① 회로의 정격 전압이 일정 수준 이하의 낮은 전압으로 절연파괴 등의 사고 시에도 인체에 위험을 주지 않게 되는 전압을 말하며, 이 전압 이하를 사용하는 기기는 제반 안전대책을 강구하지 않아도 된다.

② 안전전압은 주위의 작업환경과 밀접한 관련이 있다. 예를 들어, 일반사업장과 농경작업장 또는 목욕탕 등의 수중에서의 안전전압은 각각 다를 수밖에 없으며, 일반사업장의 경우 안전전압은 산업안전보건법에서 30V로 규정하고 있다.

2. 각국의 안전전압

국가명	안전전압[V]	국가명	안전전압[V]
체코	20	스위스	36
독일	24	프랑스	24 AC, 50 DC
영국	24	네덜란드	50
일본	24~30	한국	30
벨기에	35	오스트리아	60(0.5초), 110~130(0.2초)

2 허용접촉 및 보폭전압

1. 접촉전압

① 전기계통의 충전부분과 인체가 접촉하여 인체에 인가될 수 있는 전압이다.

② 접촉전압은 구조물과 대지면의 거리 1m인 점 간의 전위차를 말한다.

③ 허용접촉전압

종별	접촉상태	허용접촉전압
제1종	인체의 대부분이 수중에 있는 상태	2.5V 이하
제2종	① 인체가 현저하게 젖어 있는 상태 ② 금속성의 전기기계장치나 구조물에 인체의 일부가 상시 접촉되어 있는 상태	25V 이하
제3종	제1종, 제2종 이외의 경우로 통상의 인체상태에 있어서 접촉전압이 가해지면 위험성이 높은 상태	50V 이하
제4종	① 제1종, 제2종 이외의 경우로 통상의 인체상태에 있어서 접촉전압이 가해지더라도 위험성이 낮은 상태 ② 접촉전압이 가해질 우려가 없는 상태	제한 없음

2. 보폭전압

① 인체의 양발 사이에 인가되는 전압

② 접지극에 의해 대지로 전류가 흘러갈 때 접지극 주위의 지표면이 전위분포를 갖게 되어 양발 사이에 전위차가 발생하게 되어 인가되는데 이 전압을 보폭 전압이라 한다.

③ 보폭전압은 접지전극 부근의 대지면의 2점간(양다리) 거리 1m의 전위차를 말한다.

3. 허용접촉전압과 허용보폭전압

1) 허용접촉전압

$$\text{허용접촉전압}(E) = \left(R_b + \frac{3\rho_s}{2}\right) \times I_k$$

여기서, R_b : 인체의 저항[Ω], ρ_s : 지표상층 저항률[Ω · m], I_k : $\frac{0.165}{\sqrt{T}}$[A]

2) 허용보폭전압

$$\text{허용보폭전압}(E) = (R_b + 6\rho_s) \times I_k$$

여기서, R_b : 인체의 저항[Ω], ρ_s : 지표상층 저항률[Ω · m], I_k : $\frac{0.165}{\sqrt{T}}$[A]

••• 예상문제

어느 변전소에서 고장전류가 유입되었을 때 도전성 구조물과 그 부근 지표상의 점과의 사이(약 1m)의 허용접촉전압은?(단, 심실세동전류 : $I_k = \frac{0.165}{\sqrt{t}}$A, 인체의 저항 : 1,000Ω, 지표면의 저항률 : 150Ω · m, 통전시간을 1초로 한다.)

풀이 $\text{허용접촉전압}(E) = \left(R_b + \frac{3\rho_s}{2}\right) \times I_k = \left(1{,}000 + \frac{3 \times 150}{2}\right) \times \frac{0.165}{\sqrt{1}} = 202[\text{V}]$

답 202[V]

3 인체의 저항

1. 인체의 전기적 등가회로

1) 개요

① 외부 인가전압에 대해서 통전전류의 크기를 결정하는 것은 통전회로를 구성하는 전기저항이다.
② 감전사고의 경우 인체가 통전회로에서 가장 큰 저항을 가지므로 인체저항은 감전의 위험을 결정하는 가장 큰 변수이다.

2) 인체의 등가회로

① 인체의 등가저항은 인체 피부저항과 인체 내부저항의 합으로 나타낼 수 있다.
② 인체저항의 등가회로는 인체의 내부저항은 일정하나 피부저항은 피부의 습기, 접촉상태, 인가전압 등에 따라 변하고 정전용량을 갖고 있기 때문에 인체 내부저항에 비해서 전원 종류의 영향을 많이 받는다.

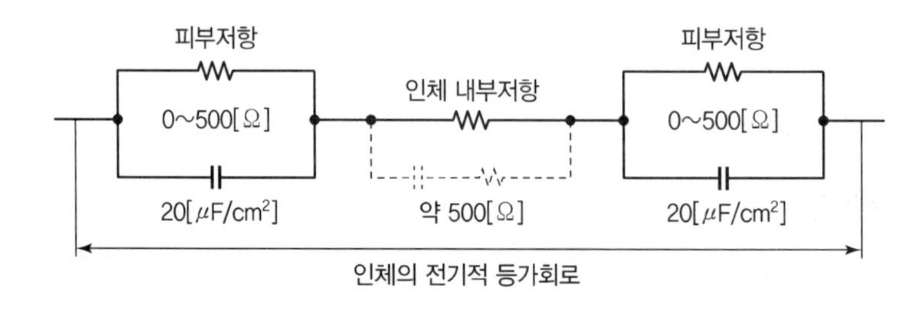

인체의 전기적 등가회로

2. 인체 각부의 전기저항

① 인체저항은 피부의 젖은 정도, 인가전압에 의해 크게 변하며, 인가전압이 커짐에 따라 약 500Ω 이하까지 감소한다.
② 전압이 높아지면 피부저항은 감소된다.
③ 전원전압이 200V일 때 인체에 흐르는 전류는 40mA로 위험, 이때 손, 신발이 젖은 경우 0.3초 이내에 사망 가능

인체의 전체 전기저항	피부저항	내부조직 저항	발과 신발 사이 저항	신발과 대지 사이 저항
5,000Ω	2,500Ω	300Ω	1,500Ω	700Ω

3. 피부의 전기저항

1) 접촉 부위에 따른 저항

① 인체의 전기저항 중에서 피부의 전기저항이 가장 큰 값을 가지고 있지만 사람에 따라 피부저항이 상당히 큰 폭으로 변화한다.

② 손등, 턱, 볼, 정강이에서는 전기저항이 극히 적어 피전점(皮電点)이 존재한다.
③ 피전점의 크기는 1~2mm² 정도이지만 전기 자극에 의해 신경이 이상적으로 흥분하여 다량의 피부지방이 분비되기 때문에 그 부분의 전기저항은 1/10 정도로 감소되는 특징이 있다.

2) 습기에 의한 변화

① 피부가 젖어 있는 경우에는 건조한 경우에 비해 1/10로 감소
② 땀이 난 경우 1/12~1/20로 감소
③ 물에 젖은 경우 1/25로 감소

3) 피부와 전극 접촉면적에 의한 변화

같은 크기의 전류가 흘러도 접촉면적이 커지면 피부저항은 그만큼 적게 되며, 전류밀도 또한 줄어든다.

4) 인가전압에 따른 변화

약 1,000V 정도를 넘는 고전압이 인가되면 피부저항이 완전히 파괴되기 때문에 피부저항이 0이 되어 인체 내부조직의 저항(500Ω)만 남는다.

5) 인가시간에 의한 변화

인가시간이 길어지면 인체의 온도상승에 의해 저항치가 감소된다.

SECTION 02 감전재해의 요인

1 감전요소

1. 1차적 감전요소

통전 전류의 크기	크면 위험, 인체의 저항이 일정할 때 접촉전압에 비례
통전시간	장시간 흐르면 위험
통전경로	인체의 주요한 부분을 흐를수록 위험
전원의 종류	전원의 크기(전압)가 동일한 경우 교류가 직류보다 위험하다.

참고

직류	전류와 전압이 시간의 변화에 따라 방향과 크기가 변하지 않거나 일정하다.
교류	전류와 전압이 시간의 변화에 따라 방향과 크기가 변화한다.

※ 교류가 직류보다 위험한 이유는 교류의 경우 전압의 극성변화가 있기 때문이다.

2. 2차적 감전요소

인체의 조건(저항)	땀이나 물에 젖어 있는 경우 인체의 저항이 감소하므로 위험성이 높아진다.
전압	전압의 크기가 클수록 위험하다.
계절	계절에 따라 인체의 저항이 변화하므로 전격에 대한 위험도에 영향을 준다.(여름에는 땀을 많이 흘리므로 인체의 저항값이 감소하여 위험성이 높다)

2 감전사고의 형태

1. 감전사고의 형태

충전된 전로에 인체가 접촉되는 경우	인체를 통해 대지로 지락전류가 흘러 감전된다.
누전된 전기기기에 인체가 접촉하는 경우	① 절연이 불량한 전기기기에 주로 발생한다. ② 누전이 발생하면 외함이 철재로 되어 있기 때문에 기기 내부의 전선에서 외함으로 전류가 흐르게 된다.
충전 전기회로에 인체가 단락회로를 형성하는 경우	인체가 직접 또는 도전성 물체를 통해 단락되며, 교류아크용접기에서 많이 발생한다.
고전압의 전선로에 인체가 근접하여 섬락을 이루는 경우	① 공기의 절연파괴(섬락) : 인체가 고전압 전로에 너무 가깝게 접근하게 되면 공기의 절연파괴 현상이 발생하여 감전사고를 당하게 된다. ② 공기의 절연파괴는 30kV/cm 정도이므로 전압이 높을수록 공기의 절연파괴에 의한 감전사고의 발생 위험이 커진다.
초고압 전선로에 인체가 접근하여 인체에 대전된 전하가 접지된 금속체를 통해 방전하는 경우	송전선로 주변서 주로 발생하고 작게는 찌릿한 느낌에서 크게는 전격으로 사망한다.

2. 기타 감전사고의 형태

1) 정전유도

① 인체가 절연이 어느 정도 유지되는 신발을 신은 상태에서 초고압 선로에 근접하면 인체에 전하가 서서히 충전된다.

② 이러한 상태에서 접지도체 등에 인체가 접촉되면 인체에 유도되어 남아 있는 전하가 접지된 물체를 통하여 일시에 방전되므로 충격을 받게 되어 전도, 추락 등의 사고가 발생할 수 있다.

2) 잔류전하

선로가 긴 전선로나 콘덴서의 전원을 개방하고 나서 바로 충전부에 접촉하면 전선로에 남아 있는 잔류전하에 의한 전격을 받아 전도, 추락 등의 사고가 발생할 수 있다.

3) 낙뢰

낙뢰의 주 방전 경로에 인체가 노출되어 있으면 화상 또는 사망사고가 발생할 수 있다.

4) 보폭전압

다리 사이의 전위 경도차에 의해 발생할 수 있다.

5) 역송전

정전작업 시 오조작에 의해 발생할 수 있다.

3 전압의 구분

1. 전압의 구분

전원의 종류	저압	고압	특고압
직류(DC)	1,500V 이하	1,500V 초과, 7,000V 이하	7,000V 초과
교류(AC)	1,000V 이하	1,000V 초과 7,000V 이하	7,000V 초과

2. 초저전압

초저전압(ELV)	교류전압 50V 이하, 직류전압 120V 이하의 전압을 말한다.
안전초저전압(SELV)	정상상태에서 또는 다른 회로에 있어서 지락고장을 포함한 단일고장상태에서 인가되는 전압이 초저전압을 초과하지 않는 전기시스템을 말한다.
보호초저전압(PELV)	정상상태에서 또는 다른 회로에 있어서 지락고장을 제외한 단일고장상태에서 인가되는 전압이 초저전압을 초과하지 않는 전기시스템을 말한다.

4 통전전류의 세기 및 그에 따른 영향

1. 통전전류에 따른 인체의 영향

분류	인체에 미치는 전류의 영향	통전전류
최소감지전류	전류의 흐름을 느낄 수 있는 최소전류	상용주파수 60Hz에서 성인남자 1mA
고통한계전류	고통을 참을 수 있는 한계전류	상용주파수 60Hz에서 성인남자 7~8mA
가수전류 (이탈전류, 마비한계전류)	인체가 자력으로 이탈할 수 있는 전류	상용주파수 60Hz에서 성인남자 10~15mA
불수전류	신경이 마비되고 신체를 움직일 수 없으며 말을 할 수 없는 상태(인체가 충전부에 접촉하여 감전되었을 때 자력으로 이탈할 수 없는 상태의 전류)	상용주파수 60Hz에서 성인남자 15~50mA
심실세동전류 (치사전류)	심장의 맥동에 영향을 주어 심장마비 상태를 유발하여 수분 이내에 사망	$I=\frac{165}{\sqrt{T}}[\mathrm{mA}]$ 일반적으로 50~100mA

2. 최소감지전류

① 인체에 전압을 인가하여 통전전류의 값을 서서히 증가시켜서, 어느 일정한 값에 도달하게 되면 고통을 느끼지 않으면서 전기가 흐르는 것을 감지하게 되는데 이때의 전류값을 최소감지전류라고 한다.

② 교류보다는 직류의 경우 감지전류가 더 크게 나타난다.

③ 직류일 때 평균 최소감지전류는 5.2mA이고 교류에 비해 약 5배의 수치가 된다.

④ 주파수를 증가시키면 감지전류는 증가됨, 즉 주파수가 높을수록 전격의 영향은 감소한다.

⑤ 여자와 남자의 감지전류를 비교해 보면 여자는 남자의 2/3 정도로 여자는 남자보다 전기에 더 민감하다.

⑥ 최소감지전류에서는 특별히 인체에 직접 위험을 수반하는 일은 거의 없으나 불안전한 자세로 작업을 하고 있는 경우 불의의 전격을 받게 되면 쇼크(shock)로 놀라서 높은 곳에서 추락하는 등의 2차적인 재해가 발생할 수 있다.

⑦ 인체 최소감지전류의 크기

직류(mA)		교류(실효치)[mA]			
		60Hz		10,000Hz	
남	여	남	여	남	여
5.2	3.5	1.1	0.7	12	8

3. 심실세동전류(치사전류)

① 인체에 흐르는 전류가 더욱 증가하면 심장부를 흐르게 되어 정상적인 박동을 하지 못하고 불규칙적인 세동으로 혈액순환이 순조롭지 못하게 되는 현상을 말하며, 그대로 방치하면 수분 내로 사망하게 된다.

② 심근의 미세한 진동으로 혈액을 방출하는 기능이 장애를 받는 현상을 심실세동이라 하고, 이때의 전류를 심실세동전류라 한다.

③ 일반적으로 50~100mA 정도에서 일어나며 100mA 이상에서는 순간적 흐름에도 심실세동현상이 발생한다.

④ 심실세동전류와 통전시간의 관계(Dalziel) : 심실세동전류의 크기는 통전시간의 제곱근에 비례한다.

$$I = \frac{165}{\sqrt{T}} [\mathrm{mA}]$$

여기서, I : 심실세동전류[mA], T : 통전시간[sec]
전류 I는 1,000명 중 5명 정도가 심실세동을 일으키는 값

⑤ 위험한계 에너지(심실세동을 일으키는 전기에너지 값) : 인체의 전기저항 R을 500Ω, 통전시간이 1초라면

$$W = I^2RT[\mathrm{J/s}] = \left(\frac{165}{\sqrt{T}} \times 10^{-3}\right)^2 \times R \times T = \left(\frac{165}{\sqrt{T}} \times 10^{-3}\right)^2 \times 500 \times 1 = 13.61[\mathrm{J}]$$

••• 예상문제

인체에 전격을 당하였을 경우 만약 통전시간이 1초간 걸렸다면 1,000명 중 5명이 심실세동을 일으킬 수 있는 전류치는 얼마인가?

풀이 $I = \frac{165}{\sqrt{T}}[\text{mA}] = \frac{165}{\sqrt{1}} = 165[\text{mA}]$

답 165[mA]

••• 예상문제

인체의 저항을 500Ω으로 볼 때 심실세동을 일으키는 전류에서의 전기에너지는 약 몇 J인가?(단, 심실세동전류는 $\frac{165}{\sqrt{T}}$[mA]이며, 통전시간 T는 1초 전원은 정현파 교류이다.)

풀이 $W = \left(\frac{165}{\sqrt{1}} \times 10^{-3}\right)^2 \times 500 \times 1 = 13.61[\text{J}]$

답 13.61[J]

4. 심장의 맥동주기

① P파 : 심방수축에 따른 파형이다.
② Q－R－S파 : 심실수축에 따른 파형이다.
③ T파 : 심실의 수축 종료 후 심실의 휴식 시 발생하는 파형이다.
④ R－R : 심장의 맥동주기
※ 전격이 인가되면 심실세동을 일으키는 확률이 가장 크고 위험한 부분은 심실의 휴식 시 발생하는 T파 부분이다.

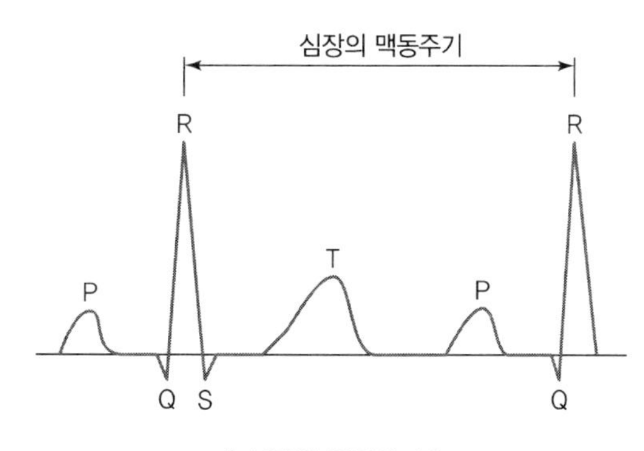

| 심장의 맥동주기 |

SECTION 03 절연용 안전장구

1 절연용 안전보호구

1. 절연보호구의 정의

활선작업 또는 활선근접작업에서 감전을 방지하기 위하여 작업자가 신체에 착용하는 절연안전모, 절연장갑, 절연화, 절연장화, 절연복 등을 말한다.

참고

절연용 안전장구로는 절연용 보호구, 절연용 방호구, 안전표시용구, 검출용구, 접지용구, 활선작업용 기구 및 장치 등이 있다.

2. 절연안전모

1) 개요

물체의 낙하 · 비래, 추락 등에 의한 위험을 방지하고, 작업자 머리 부분의 감전에 의한 위험으로부터 보호하기 위해 전압 7,000V 이하에서 사용한다.

2) 절연안전모의 종류

종류(기호)	사용 구분	비고	모체 재질
AE	물체의 낙하 또는 비래에 의한 위험을 방지 또는 경감하고, 머리 부위 감전에 의한 위험을 방지하기 위한 것	내전압성*	합성수지
ABE	물체의 낙하 또는 비래 및 추락에 의한 위험을 방지 또는 경감하고, 머리 부위 감전에 의한 위험을 방지하기 위한 것	내전압성	합성수지

* 내전압성이란 7,000V 이하의 전압에 견디는 것을 말한다.

3) 절연안전모의 사용 범위

① 충전부에 근접하여 머리에 전기적 충격을 받을 우려가 있는 장소
② 활선과 근접한 주상, 철구상, 사다리, 나무 벌채 등 고소작업의 경우
③ 건설현장 등 낙하물이 있는 장소
④ 기타 머리에 상해가 우려될 때

3. 절연 고무장갑(절연장갑)

1) 개요

절연 고무장갑은 전선로나 전기기계 · 기구의 충전부에 손이 접촉되어 감전되는 것을 방지하기 위해 착용한다.

2) 절연 고무장갑의 종류

종별	사용 전압	고무장갑의 두께
A종	300V를 초과하고 교류 600V 또는 직류 750V 이하의 작업에 사용	0.4mm 이상
B종	600V 또는 직류 750V를 초과하고 3,500V 이하의 작업에 사용	0.8mm 이상
C종	3,500V를 초과하고 7,000V 이하의 작업에 사용	1.0mm 이상

3) 절연 고무장갑의 사용 시 주의사항

① B종 및 C종의 절연 고무장갑을 사용할 때는 고무장갑을 보호하기 위한 가죽장갑을 바깥쪽에 착용하여야 한다.

② 절연 고무장갑은 절대로 안팎을 뒤집은 채 사용하면 안 된다.

③ 더운 날씨나 추운 날씨에는 절연 고무장갑 안에 면 장갑을 착용한다.

④ 열, 햇빛, 기름, 변형 등은 고무재질에는 치명적이므로 이러한 요인이 영향을 주지 않도록 최대한 보호해야 한다.

4) 절연 고무장갑의 사용범위

① 활선상태의 배전용 지지물에 누설전류의 발생의 우려가 있을 때

② 충전부의 접속, 절단 및 점검, 보수 등의 작업을 할 때

③ 습기가 많은 장소에서 개폐기를 개방 · 투입할 때

④ 정전작업 시 역송전이 우려되는 선로나 기기에 단락접지를 할 때

⑤ 도체에 임시로 보호접지를 실시하거나 이동 시 또는 활선공구를 사용할 때

⑥ 기타 감전이 우려되는 경우

4. 절연화

1) 개요

① 7,000V 이하에서 감전을 방지하기 위하여 사용되는 전기용 안전화를 말한다.

② 직류 750V, 교류 600V 이하의 저압전기를 취급하는 작업자는 감전방지를 위하여 절연화를 착용해야 한다.

2) 절연화의 종류

절연화	물체의 낙하, 충격 및 날카로운 물체에 의한 찔림 위험으로부터 발을 보호하고 또한 저압의 전기에 의한 감전을 방지하기 위한 것
절연장화	고압에 의한 감전을 방지하고 또한 방수를 겸한 것

5. 절연장화

① 고압에 의한 감전 방지 및 방수를 겸한 것

② 고압(직류 750V 이상 또는 교류 600V 초과하는 7,000V 이하의 전압)전기를 취급하는 작업을 행할 때 전기에 의한 감전으로부터 신체를 보호하기 위해 사용하는 절연장화

6. 절연복

① 고압 활선작업 또는 고압 활선 근접작업 시 감전사고로부터 작업자의 인체를 보호하기 위하여 착용한다.

② 절연복은 표면 및 내면에 갈라짐, 구멍, 찢어짐 등 유해한 부분이 없어야 한다.

2 절연용 안전방호구

1. 절연용 방호구

1) 절연용 방호구의 정의

충전전로를 취급하는 작업 또는 그 인접한 곳에서 작업하는 경우, 감전 또는 선로 손상의 위험 등을 방지하기 위하여 충전부분을 덮는 기구를 말한다.

2) 절연용 방호구의 사용전압별 등급 분류

등급	0	1	2	3	4	5
사용전압(kV)	1.0	7.5	17.0	26.5	36.0	46.0

※ 5등급은 절연덮개에만 해당

3) 절연용 방호구 및 활선작업용 기구의 종류

절연덮개	① 접촉사고를 방지하기 위하여 충전(또는 충전되지 않은)부분을 덮는 데 사용하는 절연재료로 만들어진 덮개를 말한다. ② 종류 : 도체덮개, 내장애자덮개(데드 – 앤드 덮개), 현수애자덮개, 클램프 덮개, 핀애자 덮개, 합성수지 애자덮개, 전주덮개, 전주 상부 덮개, 크로스 암 덮개
선로호스 등	① 활선작업 중의 단락사고 및 활선도체 또는 접지된 도체와 작업자의 불의의 접촉에 의한 위험을 예방하기 위하여 사용하는 것을 말한다. ② 종류 : 선로호스, 애자후드
절연매트	교류 또는 직류 전기설비 위에서 작업하는 작업자를 전기적으로 보호하기 위하여 고무류로 제조한 바닥덮개를 말한다.
절연담요	교류 또는 직류 전기설비에서의 단락사고 위험을 방지하고, 충전부나 접지된 전기도체 · 전기기기 또는 회로와의 불의의 접촉으로부터 보호하기 위하여 사용하는 것을 말한다.
절연봉 등	종류 : 봉형, 관형

2. 기타 절연용 안전장구

1) 안전표시용구

작업장 구획 표시 용구	작업의 범위나 위험범위 등을 명확히 구분하여 작업자 이외의 자가 작업범위 내로 출입하는 것을 금지하고 또한 작업자의 착각으로 인한 위험범위 내의 출입을 금지하도록 하는 것
작업표지	시설의 상황을 표시하고 작업관계자에 대한 주의를 환기

2) 검출용구

① 개요

㉠ 정전작업 시작 전 설비의 정전 여부를 확인하기 위한 용구

㉡ 검전기 : 기기 설비, 전로 등의 충전 유무를 확인하기 위해 사용

② 종류

저압 및 고압용 검전기	① 보수작업 시 저압 또는 고압 충전 여부를 확인 ② 저압 및 고압 회로의 기기 및 설비 등의 정전 확인 ③ 기기의 부속부위 저압 및 고압 충전 여부 확인
특별고압용 검전기	① 특별고압 기기 및 설비의 충전 여부 확인 ② 특별고압회로의 충전 여부 확인
활선접근 경보기	① 전기 작업자의 착각, 오판단 등으로 충전된 기기나 전선로에 근접 시 경고음 발생 ② 작업자의 손목, 팔, 안전모 등에 장착하며 작업자가 고압 충전부에 접근한 경우나 정전으로 오인해 충전부에 접근한 경우 경보음을 발생하여 작업자에게 주의를 환기

3) 접지(단락접지)용구

① 개요

정지 중의 전선로 또는 설비에서 정전작업을 하기 전에 정해진 개소에 설치하여 오송전 또는 근접 활선의 유도에 의한 충전의 위험을 방지하기 위한 용구

② 사용 시 주의사항

㉠ 접지용구를 설치 또는 철거 시 접지도선이 자신이나 타인의 신체는 물론 전선, 기기 등에 접촉하지 않도록 주의하여야 한다.

㉡ 접지용구의 취급은 작업책임자의 책임하에 행하여야 한다.

③ 접지용구의 설치 및 철거 순서

㉠ 접지용구 설치 전에 관계 개폐기의 개방 확인 및 검전기 등으로 충전 여부를 확인한다.

㉡ 접지 설치 요령은 먼저 접지 측 금구에 접지선을 접속하고 전선 금구를 기기 또는 전선에 확실하게 부착한다.

㉢ 접지용구의 철거는 설치의 역순으로 실시한다.

4) 활선작업용 기구 및 장치

① 개요

㉠ 활선작업용 기구 : 손으로 잡는 부분이 절연재료로 만들어진 절연물로서 절연용 보호구를 착용하지 않고 활선작업을 하는 것

㉡ 활선작업용 장치 : 활선 및 활선근접 작업 시 작업자를 대지로부터 절연시키기 위해 사용하는 장치

② 주요 기구 및 장치

기구 및 장치	사용 목적
활선 시메라	① 충전 중인 전선의 변경 작업 시 ② 애자 교환 등을 활선작업으로 할 경우 ③ 기타 충전 중인 전선의 장선작업 시
점퍼선	고압 이하의 활선작업 시 부하전류를 일시적으로 측로로 통과시키기 위해 사용
배전선용 후크봉 (컷아웃 스위치 조작봉)	충전 중인 고압 컷아웃 스위치를 개폐 시에 섬광에 의한 화상 등의 재해 발생을 방지하기 위해 사용
활선장선기	충전 중에 고저압 전선을 조정하는 하는 작업 등에 사용

CHAPTER

03 정전기 장 · 재해 관리

SECTION 01 정전기 위험요소 파악

1 정전기 발생원리

1. 정전기의 정의

정전기	① 대전에 의해 얻어진 전하가 절연체위에서 더 이상 이동하지 않고 정지하고 있는 것을 말한다. ② 전하의 공간적 이동이 적어 이전류에 의한 자계효과가 전계효과에 비해 무시할 정도로 아주 적은 전기라 할 수 있다.
대전	어떤 물질이 +, – 전기를 띠는 현상을 말한다.
방전	대전체가 가지고 있던 전하를 잃어버리는 것을 말한다.

2. 발생원리

① 서로 다른 두 물체가 접촉되었다가 분리될 때 두 물체의 표면에는 정전기가 발생한다.

② 두 물체의 접촉으로 인한 접촉면에서 전기 이중층의 형성과 전기 이중층 분리에 의한 전위상승, 그리고 분리된 전하의 누설과 재결합에 의한 전하의 소멸의 3단계로 이루어지며, 정전기의 발생은 이 3단계 과정이 연속적으로 일어날 때 발생한다.

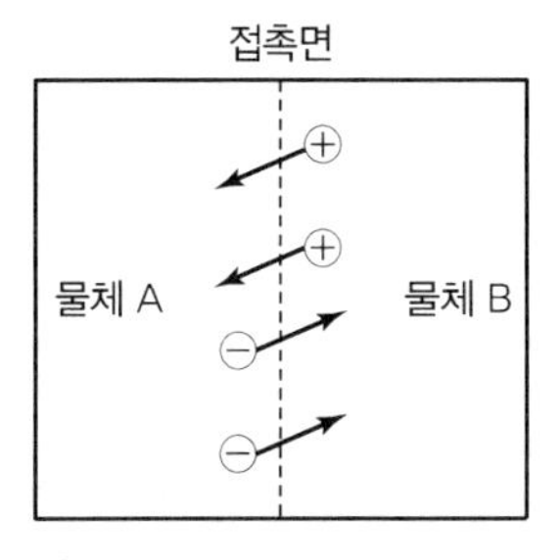

① 접촉에 의한 전하의 이동

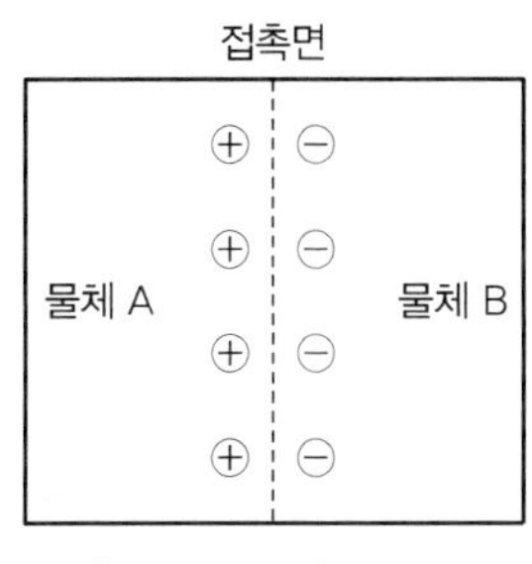

② 전기 이중층의 형성

기계적 작용에 의한 분리

물체 A

③ 분리에 의한 정전기 발생

| 접촉 · 분리에 의한 정전기 발생 |

3. 정전기력과 전기장

1) 정전기력(Electrostatic Force)

음(−)과 양(+)의 전하가 대전되어 생기는 현상으로 정전기에 의해 작용하는 힘

흡인력	다른 종류의 전하 사이에 작용하는 힘	(+) Q_1 → 흡입력 ← (−) Q_2
반발력	같은 종류의 전하 사이에 작용하는 힘	(+) Q_1 ← 반발력 → (+) Q_2

2) 쿨롱의 법칙(Coulomb's Law)

① 2개의 전하 간에 작용하는 정전기력의 크기는 두 전하(전기량)의 곱에 비례하고, 양 전하 간의 거리의 제곱에 반비례한다.

② 이 힘은 같은 전하끼리는 반발력, 다른 전하끼리는 흡인력이 작용한다.

③ 두 전하 Q_1, Q_2[C]가 r[m] 떨어져 있을 때 진공 중에서의 정전기력의 크기 F[N]는 다음과 같다.

$$F = \frac{Q_1 Q_2}{4\pi\varepsilon_0\varepsilon_s r^2} = \frac{1}{4\pi\varepsilon_0} \cdot \frac{Q_1 Q_2}{\varepsilon_s r^2} = 9\times 10^9 \cdot \frac{Q_1 Q_2}{r^2} = K \cdot \frac{Q_1 Q_2}{r^2}\text{[N]}$$

여기서, F : 정전기력의 크기[N], Q_1, Q_2 : 전하[C]
r : 두 전하 사이의 거리[m], ε_o : 진공 중의 유전율(8.855×10^{-12})[F/m]
ε_s : 비유전율(진공 중의 $\varepsilon_s = 1$, 공기 중의 $\varepsilon_s \fallingdotseq 1$)
K : 힘이 미치는 공간의 매질과 단위계에 따라 정해지는 상수
※ $\frac{1}{4\pi\varepsilon_0} \fallingdotseq 9\times 10^9 = K$

··· 예상문제

1C을 갖는 2개의 전하가 공기 중에서 1m의 거리에 있을 때 이들 사이에 작용하는 정전력은?

풀이 $F = 9\times 10^9 \cdot \frac{Q_1 Q_2}{r^2}\text{[N]} = 9\times 10^9 \times \frac{1\text{[C]}\times 1\text{[C]}}{1^2} = 9\times 10^9\text{[N]}$

답 9×10^9[N]

3) 전기장(Electric Field)

① **전기장** : 전기력이 작용하는 공간(전계, 전장이라고 함)

② **전기장의 세기** : 전기장 내의 한 점에 단위 양전하 +1[C]를 놓았을 때 그 전하가 받는 전기력의 크기를 정한다. 이때 작용하는 단위전하당 힘을 전기장의 세기라 한다.

③ **전기장 세기의 단위** : [V/m], [N/C]

4. 정전기의 성질

1) 역학현상

① 전기적 작용인 쿨롱(Coulomb)력에 대전물체 가까이 있는 물체를 흡인하거나 반발하게 하는 성질을 정전기의 역학현상이라 한다.
② 일반적으로 대전물체의 표면 저하에 의해 작용하기 때문에 무게에 비해 표면적이 큰 종이, 필름, 섬유, 분체, 미세 입자 등에 발생하기 쉽고 각종 생산장해의 원인이 된다.

2) 정전유도현상

① 대전물체 부근에 절연된 도체가 있을 경우에는 정전계에 의해 대전물체에 가까운 쪽의 도체 표면에는 대전물체와 반대극성의 전하가 반대쪽에는 같은 극성의 전하가 대전되게 되는데, 이를 정전유도 현상이라고 한다.
② 정전유도의 크기는 전계에 비례하고 대전체로부터의 거리에 반비례하며, 도체의 형상에 의해서도 영향을 받는다.

3) 정전기 방전현상

① 정전기의 대전물체 주위에는 정전계가 형성되며, 이 정전계의 강도는 물체의 대전량에 따라 비례하지만 이것이 점점 커지게 되어 결국, 공기의 절연파괴 강도(DC인 경우 약 30kV/cm)에 도달하게 되면 공기의 절연 파괴현상, 즉 방전이 일어나게 된다.
② 정전기 방전 현상이 발생하면 대전체에 축적되어 있는 정전에너지가 방전에너지로서 공간에 방출되어 열, 파괴 음, 전파 등으로 변환하여 소멸하게 되는데 이때 방출 에너지가 크면 부품 소자의 파괴, 화재, 폭발 등을 일으켜 장해 또는 재해의 원인이 된다.

2 정전기의 발생현상

1. 정전기 발생현상

마찰대전	두 물체가 서로 접촉 시 위치의 이동으로 전하의 분리 및 재배열이 일어나는 현상
박리대전	상호 밀착해 있던 물체가 떨어지면서 전하 분리가 생겨 정전기가 발생(필름을 벗겨 낼 때)
유동대전	① 액체류를 파이프 등으로 수송할 때 액체류가 파이프 등과 접촉하여 두 물질의 경계에 전기 2중층이 형성되어 정전기 발생 ② 액체류의 유동속도가 정전기 발생에 큰 영향을 준다. ③ 파이프 속에 저항이 높은 액체가 흐를 때 발생
분출대전	분체류, 액체류, 기체류가 단면적이 작은 개구부를 통해 분출할 때 분출물과 개구부의 마찰로 인하여 정전기가 발생
충돌대전	분체류에 의한 입자끼리 또는 입자와 고정된 고체의 충돌, 접촉, 분리 등에 의해 정전기 발생

유도대전	접지되지 않은 도체가 대전물체 가까이 있을 경우 전하의 분리가 일어나 가까운 쪽은 반대극성의 전하가 먼 쪽은 같은 극성의 전하로 대전되는 현상
비말대전	공간에 분출한 액체류가 분출할 경우 미세하게 비산하여 분리되면서 새로운 표면을 형성하게 되어 정전기가 발생(액체의 분열)
파괴대전	고체나 분체류와 같은 물체가 파괴 시 전하분리 또는 정 · 부전하의 균형이 깨지면서 정전기가 발생
교반대전 (진동대전)	① 탱크로리 등에서 액체가 진동할 때 ② 기름을 탱크에 넣어 진동시키면 진동주파수에 따라 대전전압에 극소치가 생긴다. 이 극소부분을 제외하면 대전은 진폭이 커질수록 커지며, 진동주기가 빨라질수록 커진다.

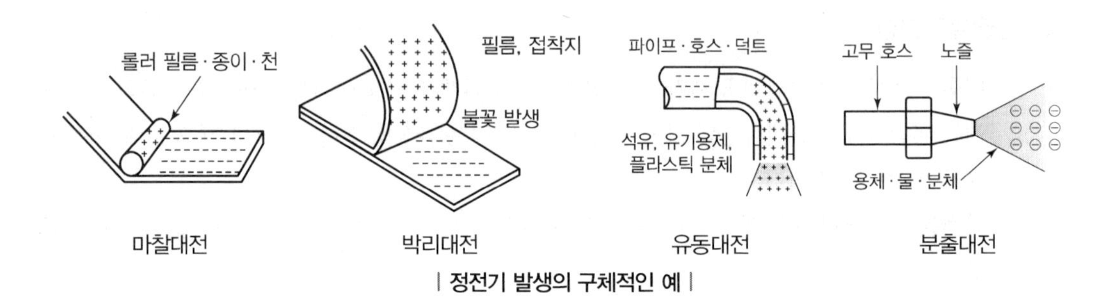

| 정전기 발생의 구체적인 예 |

2. 정전기 발생의 영향 요인(정전기 발생요인)

1) 물체의 특성

① 접촉 분리하는 두 가지 물체의 상호 특성에 의해 결정되며 한 가지 물체만의 특성에는 전혀 영향을 받지 않는다.

② 일반적으로 대전량은 접촉이나 분리하는 두 가지 물체가 대전서열 내에서 가까운 곳에 있으면 적고 먼 위치에 있을수록 대전량이 큰 경향이 있다.

③ 즉, 대전서열의 차이가 클수록 정전기 발생량이 크다.

④ 물체가 불순물을 포함하고 있으면 이 불순물로 정전기 발생량은 커지게 된다.

⑤ 고분자 물질의 대전서열

2) 물체의 표면 상태

① 일반적으로 물질의 표면이 깨끗하면 정전기의 발생이 적어지고 표면이 거칠수록 정전기 발생량이 커진다.

② 표면이 기름, 수분, 불순물 등 오염이 심할수록, 산화 부식이 심할수록 완화시간이 길어지므로 정전기 발생량이 커진다.

3) 물체의 이력

정전기 발생량은 처음 접촉, 분리가 일어날 때 최대가 되며, 발생횟수가 반복될수록 발생량이 감소한다. 그러므로 접촉 분리가 처음 일어났을 때 재해 발생 확률도 최대가 된다.

4) 접촉면적 및 압력

① 접촉면적 및 압력이 클수록 정전기 발생량은 커진다.

② 따라서 분제나 유체의 경우 파이프 면이 매끄러워야 정전기 발생량을 줄일 수 있다.

5) 분리속도

분리속도가 빠를수록 정전기 발생량이 커진다.

6) 완화시간(Relaxation Time)

완화시간이 길면 전하분리에 주는 에너지도 커져서 정전기 발생량이 커진다.

3. 정전기의 소멸과 완화시간(Relaxation Time)

① 일반적으로 절연체에 발생하는 정전기는 일정장소에 축적되었다가 점차 소멸되는데 처음 값의 36.8%로 감소되는 시간을 그 물체에 대한 시정수 또는 완화시간이라 한다.

② 0(영) 전위시간(T) : 전하가 완전히 소멸되는 데 필요한 시간

$$0 \text{ 전위시간}(T) = \frac{18}{\text{전도도(전기 도전율)}} [\text{sec}]$$

③ 정전기 완화시간(Relaxation Time) 결정요소

㉠ 완화시간의 산출

$$RC = \varepsilon\rho$$

여기서, R : 대전체의 저항 R[Ω], C : 정전용량[F], ε : 유전율[F/m], ρ : 고유저항[Ω · m]

㉡ 고유저항 또는 유전율이 큰 물질일수록 대전 상태가 오래 지속된다.

㉢ 일반적으로 완화시간은 영전위 소요시간의 $\frac{1}{4} \sim \frac{1}{5}$ 정도이다.

3 방전의 형태 및 영향

1. 정전기 방전현상

① 방전이 일어나면 대전체에 축적된 에너지는 공간으로 방출되면서, 열과 발광 및 전자파 등으로 변환 또는 소멸된다.

② 방전되는 에너지가 클 경우 화재, 폭발 등으로 여러 가지 장애 및 재해의 원인이 된다.

2. 정전기 방전의 형태

코로나 (corona) 방전	① 고체에 정전기가 축적되면 전위가 높아지게 되고 고체표면의 전위경도가 어느 일정치를 넘어서면 낮은 소리와 연한 빛을 수반하는 방전 ② 방전현상으로 공기 중에서 오존(O_3)이 발생 ③ 방전에너지가 적어 재해 원인이 될 확률은 비교적 적다.
스트리머 (streamer) 방전	① 일반적으로 브러시(brush) 코로나에서 다소 강해져서 파괴음과 발광을 수반하는 방전 ② 스크리머 방전은 코로나 방전에 비해서 점화원으로 될 확률과 장해 및 재해의 원인이 될 가능성이 크다.
불꽃 (spark) 방전	① 도체가 대전되었을 때 접지된 도체 사이에서 발생하는 강한 발광과 파괴음을 수반하는 방전 ② 스파크 방전 시 공기 중에 오존(O_3)이 생성되어 인화성 물질에 인화하거나 분진폭발을 일으킬 수 있다.
연면 (surface) 방전	① 공기 중에 놓여진 절연체 표면의 전계강도가 큰 경우 고체 표면을 따라 진행하는 방전 ② 부도체의 표면을 따라서 star－check 마크를 가지는 나뭇가지 형태의 발광을 수반한다. ③ 대전이 큰 엷은 층상의 부도체를 박리할 때 또는 엷은 층상의 대전된 부도체의 뒷면에 밀접한 접지체가 있을 때 표면에 연한 복수의 수지상 발광을 수반하여 발생하는 방전
브러시 (brush) 방전	① 비교적 평활한 대전물체가 만드는 불평등전계 중에서 발생하는 나뭇가지 모양의 방전 ② 코로나 방전의 일종으로 국부적인 절연파괴이지만 방전 에너지는 통상의 코로나 방전보다 크고, 가연성 가스나 증기 등의 착화원이 될 확률이 높다.
뇌상방전	① 번개와 같은 수지상의 발광을 수반하고 강력하게 대전한 입자군이 대규모의 구름 모양(대전운)으로 확산되어 일어나는 특수한 방전 ② 스파크 방전이나, 연면 방전과 같이 재해나 장해의 원인이 된다.

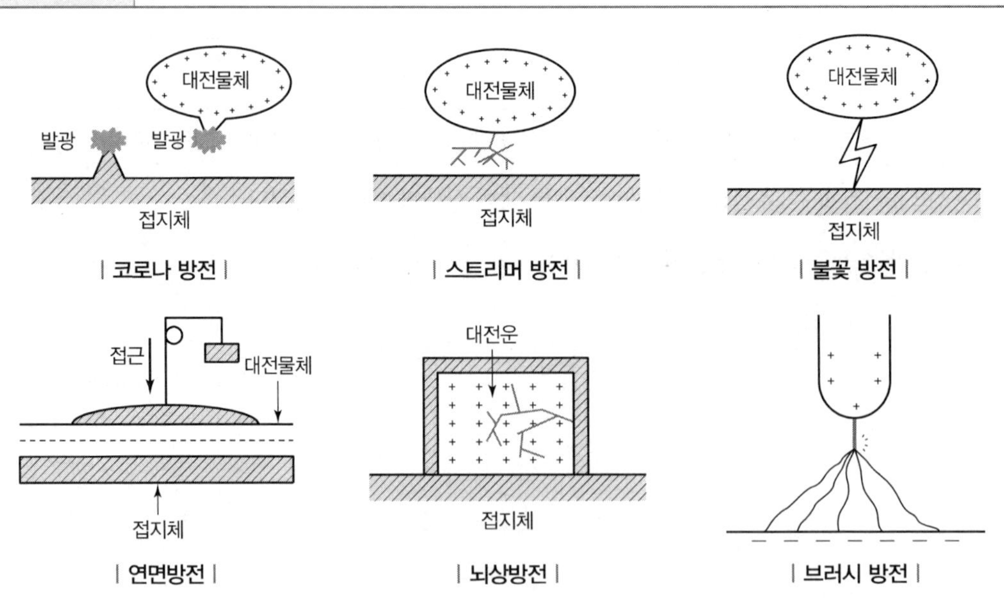

4 정전기의 장해

1. 폭발 · 화재

① 정전기의 방전현상에 의한 결과로 가연성 물질이 연소되어 일어나는 현상

② 정전기 방전이 일어나더라도 방전에너지가 가연성 물질의 최소 착화에너지보다 작을 경우에는 폭발 · 화재는 일어나지 않는다.

③ 화재 · 폭발은 대전물체가 도체일 경우에는 대전에너지에 관련되고, 부도체일 경우에는 대전에너지보다는 대전전위에 관련되나 정확한 기준을 제시하기가 어렵다.

④ 정전기 방전에 의한 폭발 · 화재가 일어나기 위해서는

㉠ 가연성 물질이 폭발한계에 있을 것

㉡ 정전기 방전에너지가 가연성 물질의 최소 착화에너지 이상일 것

㉢ 방전하기에 충분한 전위차가 있을 것

⑤ **정전기 에너지**

정전기로 인해 물체 표면에 전계가 발생하여 기체의 절연파괴 전계를 초과하면 방전이 시작된다. 정전기가 방전될 때의 에너지는 다음과 같다.

$$W = \frac{1}{2}CV^2 = \frac{1}{2}QV = \frac{1}{2}\frac{Q^2}{C}$$

$$\text{대전 전하량}(Q) = C \cdot V,\ \text{대전전위}(V) = \frac{Q}{C}$$

여기서, W : 정전기 에너지[J], C : 도체의 정전용량[F], V : 대전 전위[V], Q : 대전 전하량[C]

••• 예상문제

최소 착화에너지가 0.26mJ인 프로판 가스에 정전용량이 100pF인 대전 물체로부터 정전기 방전에 의하여 착화할 수 있는 전압은 약 몇 V 정도인가?

풀이 ① $W = \frac{1}{2}CV^2 \rightarrow 2W = CV^2 \rightarrow V^2 = \frac{2W}{C} \rightarrow V = \sqrt{\frac{2W}{C}}$

② $V = \sqrt{\frac{2W}{C}} = \sqrt{\frac{2 \times 0.26 \times 10^{-3}}{100 \times 10^{-12}}} = 2{,}280[\text{V}]$

답 2,280[V]

참고

pF $= 10^{-12}$F, mJ $= 10^{-3}$J

참고 실용화 단위

① 1[F] : 1[C]의 전하를 주었을 때 전위가 1[V]가 되는 전기용량

② 1[μF] = 10^{-6}[F], 1[nF] = 10^{-9}[F], 1[pF] = 10^{-12}[F]

2. 전격

① 대전된 인체에서 도체로 또는 대전물체에서 인체로 방전되는 현상에 의해 인체 내로 전류가 흘러 나타나는 전격현상

② 대부분이 전격사로 이어질 정도로 강렬한 것은 아니나 전격 시 받은 충격으로 인해 고소에서의 추락 등으로 2차적 재해를 일으키는 요인이 되기도 한다.

③ 전격에 의한 불쾌감, 공포감 등으로 생산성이 저하되는 원인이 되기도 한다.

④ 인체에 대전되어 있는 전하량이 $2 \sim 3 \times 10^{-7}$[C] 이상이면, 이 전하가 방전하는 경우에 통증을 감지하게 되는데 이것을 실용적인 인체의 대전전위로 표현하면 인체의 정전용량을 보통 100[pF]로 할 경우 약 3[kV](대전에 기인하여 발생하는 전격의 발생한계전위)가 된다.

▼ 인체의 대전전위와 전격의 강도

대전전위 [kV]	전격의 강도	대전전위 [kV]	전격의 강도
1	전혀 느끼지 못한다.	7	손가락과 손바닥에 강한 저림을 느낀다.
2	손가락 외측에 느껴지지만 통증이 없다.	8	손바닥에서부터 팔꿈치까지 저린 감을 느낀다.
3	따끔한 통증을 느낀다. 바늘로 찔린 느낌	9	손목에 강한 통증과 손이 저린 중압감을 느낀다.
4	손가락에 통증을 느낀다. 바늘로 깊이 찔린 느낌	10	손 전체에 통증을 느낀다.
5	손바닥에서부터 팔꿈치까지 통증을 느낀다.	11	손가락에 강한 저림과 손 전체에 통증을 느낀다.
6	손가락에 강한 통증을 느끼고 팔이 무겁게 느껴진다.	12	손 전체가 세게 얻어맞은 느낌을 받는다.

주) 인체의 정전용량은 90pF

3. 생산장해

역학현상에 의한 장해	① 정전기의 흡인력 또는 반발력에 의해 발생 ② 분진의 막힘, 실의 엉킴, 인쇄의 얼룩, 제품의 오염 등
방전현상에 의한 장해	① 방전전류 : 반도체 소자 등의 전자부품의 파괴, 오동작 등 ② 전자파 : 전자기기, 장치 등의 오동작, 잡음 발생 ③ 발광 : 사진 필름 등의 감광

SECTION 02 정전기 위험요소 제거

1 접지

1. 도체의 대전 방지

1) 본딩 및 접지

본딩	① 둘 또는 그 이상의 도전성 물질이 같은 전위를 갖도록 도체로 접속하는 것을 말한다. ② 도전성 물체 사이의 전위차를 줄이기 위해 사용된다.
접지	① 도체를 대지와 접속함으로써 그 전위를 '0'으로 만드는 것을 말한다. ② 물체와 대지 사이의 전위차를 같게 하는 것이다.

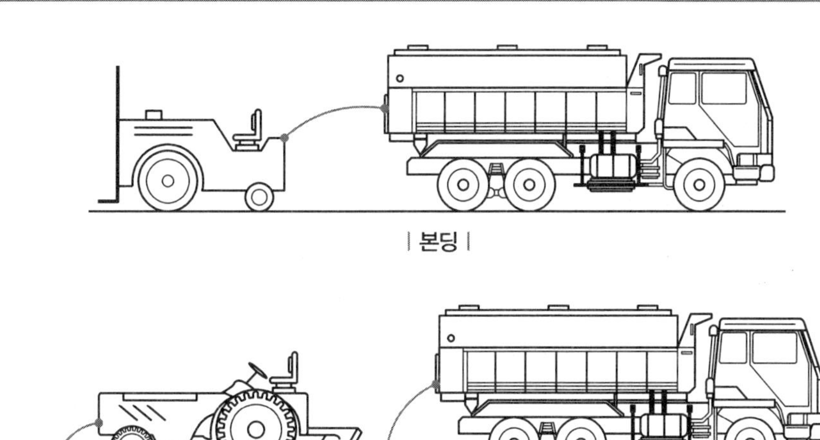

| 본딩 |

| 접지 |

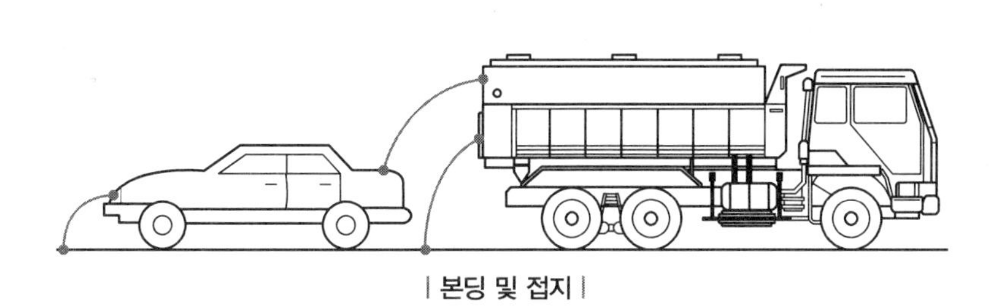

| 본딩 및 접지 |

2) 접지의 목적

① 접지는 물체에 발생한 정전기를 대지로 누설, 완화시켜 물체에 정전기가 축적되거나 대전되는 것을 방지

② 대전물체의 주위 물체 또는 이와 접촉되어 있는 물체 사이의 정전유도 방지

③ 대전물체의 전위 상승 및 정전기 방전 억제

3) 접지대상

① 접지대상

㉠ 정전기의 발생 및 대전의 우려가 있는 금속체

㉡ 정전유도에 의해 대전 우려가 있는 도체

㉢ 부도체 지지되어 대지로부터 절연되어 있는 경우(각 도체마다 또는 본딩(Bonding)하여 접지시킴)

② 접지제외 대상

㉠ 도체가 타 목적에 의해 접지되었거나 또는 접지체와 본딩되어 있는 경우

㉡ 금속체의 일부가 대지에 매설되어 있거나, 매설되어 있는 철골, 철근 등의 구조물이나 금속 구조물과 본딩되어 있는 경우

4) 접지저항

정전기 대책을 위한 접지는 $1 \times 10^6\Omega$ 이하이면 충분하나, 확실한 안정을 위해서는 $1 \times 10^3\Omega$ 미만으로 하되, 타 목적의 접지와 공용으로 할 경우에는 그 접지저항값으로 충분하다. 본딩의 저항은 $1 \times 10^3\Omega$ 미만으로 유지시켜야 한다.

5) 간접접지의 실시(접지대상이 금속도체가 아닌 경우)

① 대전물체와 접지용 금속도체의 밀착면적은 가능한 한 $20cm^2$ 이상이 되게 한다.

② 대전물체와 금속도체와의 접촉사항을 가능한 한 적게 하기 위해 밀착성이 좋은 금속박을 사용하고, 도전성 도료나 도전성 물질을 도포한다.

2. 부도체의 대전방지

부도체는 전하의 이동이 쉽게 일어나지 않기 때문에 접지로는 대전방지의 효과를 기대하기 어려워 정전기 발생 억제가 기본이며 가능하면 부도체를 사용하지 말고 금속도전성 재료를 사용하는 것이 바람직하다.

2 유속의 제한

1. 불활성화할 수 없는 위험물을 주입하는 배관의 설비

불활성화할 수 없는 탱크, 탱커, 탱크로리, 탱크차 드럼통 등에 위험물을 주입하는 배관은 다음의 관 내 유속이 되도록 설비하고 그 유속의 값 이하로 한다.

① 저항률이 $10^{10}\Omega \cdot cm$ 미만의 도전성 위험물의 배관유속은 7m/s 이하로 할 것

② 에텔, 이황화탄소 등과 같이 유동대전이 심하고 폭발 위험성이 높은 것은 배관 내 유속을 1m/s 이하로 할 것

③ 물기가 기체를 혼합한 비수용성 위험물은 배관 내 유속을 1m/s 이하로 할 것

④ 저항률 $10^{10}\Omega \cdot cm$ 이상인 위험물의 배관 내 유속은 다음의 표값 이하로 할 것(단, 주입구가 액면 밑에 충분히 침하할 때까지의 배관 내 유속은 1m/s 이하로 할 것)

▼ 관내경과 유속제한의 값

관내경 D		유속 V[m/초]	V^2	V^2D
[inch]	[m]			
0.5	0.01	8	64	0.64
1	0.025	4.9	24	0.6
2	0.05	3.5	12.25	0.61
4	0.01	2.5	6.25	0.63
8	0.02	1.8	3.25	0.64
16	0.04	1.3	1.6	0.67
24	0.06	1.0	1.0	0.6

2. 주입구에 대한 설비

① 탱크에 대해서는 위쪽에서 위험물을 낙하시키는 구조로 하지 말 것이며 주입구는 밑쪽으로 하고 위험물이 수평방향으로 유입, 교반이 적도록 시설할 것이며 또한, 주입구 아래에 고이는 수분을 제거할 수 있도록 설계할 것

② 탱커, 탱크, 탱크로리, 탱크차, 드럼통 등에서 위쪽으로부터 주입재관을 넣어 주입하는 경우에는 주입구가 용기의 바닥쪽에 이르도록 시설할 것

③ 위험물의 펌프는 가능한 한 탱크로부터 먼 곳에 설치하고 배관은 난류가 일어나지 않도록 굴곡을 적게 할 것

④ 스트레너의 위치는 가능한 한 탱크의 주입구로부터 떨어지게 하고 그 단면적이 큰 버킷 타입(Bucket Type)을 사용하도록 할 것

3 보호구의 착용

1. 손목 접지대(Wrist Strap)

① 이는 앉아서 작업할 때에 유효한 것으로 손목에 가요성이 있는 밴드를 차고 그 밴드는 도선을 이용하여 접지선에 연결하여 인체를 접지하는 기구

② 접지대에는 1MΩ 정도의 저항을 직렬로 삽입하여 동전기의 누설로 인한 감전사고가 일어나지 않도록 함

2. 정전기 대전방지용 안전화

① 보통 안전화의 바닥저항이 약 $10^{12}\Omega$ 정도로 정전기 대전이 잘 일어남

② 대전방지용 안전화는 안전화 바닥이 저항을 10^8~$10^5\Omega$로 유지하여 도전성 바닥과 전기적으로 연결시킴으로써, 정전기의 발생방지 및 대전방지

3. 발 접지대(Heelstrap)

발 접지대는 양발 모두에 착용하되, 발목 위의 피부가 접지될 수 있도록 하여야 함

4. 대전방지용 작업의 제전복

① 제전복은 폭발위험분위기(가연성 가스, 증기, 분진)의 발생 우려가 있는 작업장에서 작업복 대전에 의한 착화를 방지하기 위한 것

② 인체 대전방지 효과도 있고 이는 일반 화학섬유 중간에 일정한 간격으로 도전성 섬유를 짜 넣은 것

4 대전방지제

1. 개요

① 대전방지제는 섬유나 수지의 표면에 흡습성과 이온성을 부여하여 도전성을 증가시키고 이것에 의하여 대전방지를 도모하는 것

② 대전방지제의 물질은 계면활성제를 주로 많이 사용함

③ 부도체의 도전성 향상을 위한 대전방지제의 사용방법은 다음 항목과 같다.

㉠ 부도체의 도전율이 10^{-12}S/m 이상 또는 표면 고유 저항이 10^{12}Ω 이하로 되게 하고, 도전성이 향상된 부도체는 접지 또는 접지된 것과 본딩함

㉡ 대전방지제의 효과는 주위 습도에 따라 변화하므로 상대습도를 50% 이상으로 유지함은 물론, 정기적으로 대전방지 효과를 점검해야 함

2. 대전방지제의 종류 및 특성

대전방지제		특성
외부용 일시성 대전방지제	음이온계 활성제	① 값이 싸고 무독성이다. ② 섬유의 균일 부착성과 열 안전성이 양호하다. ③ 섬유의 원사 등에 사용된다.
	양이온계 활성제	① 대전방지 성능이 뛰어나다. ② 비교적 고가이고 피부에 장해를 주며, 섬유에 사용할 때에는 염색이 곤란한 경우가 발생한다. ③ 내열성은 떨어지나 유연성이 뛰어나며 아크릴 섬유용으로 널리 쓰인다.
	비이온계 활성제	① 단독사용으로는 효과가 적지만 열 안전성이 우수하다. ② 음이온계나 양이온계 또는 무기염과 병용해서 사용할 때에는 대전방지 효과가 뛰어나다.
	양성이온계 활성제	① 대전방지성능은 양이온계와 비슷한 것으로 매우 우수한 성능을 보유하고 있다. ② 베타인계는 그 효과가 매우 높다. ③ 다른 이온계 활성제와 병용도 가능하다.
외부용 내구성 대전방지제		① 일시성 대전방지제의 단점을 보완한 대전방지제이다. ② 아크릴산 유도체, 폴리알킬렌, 폴리아민 유도체, 폴리에틸렌글리콜 등이 있다.

5 가습

① 플라스틱 제품 등은 습도가 증가되면 표면저항이 저하되므로 대전방지를 위해 물의 분무, 가습기 사용, 증발법 등을 사용

② 부도체 근방 또는 환경 전체의 상대습도를 60~70% 정도로 유지

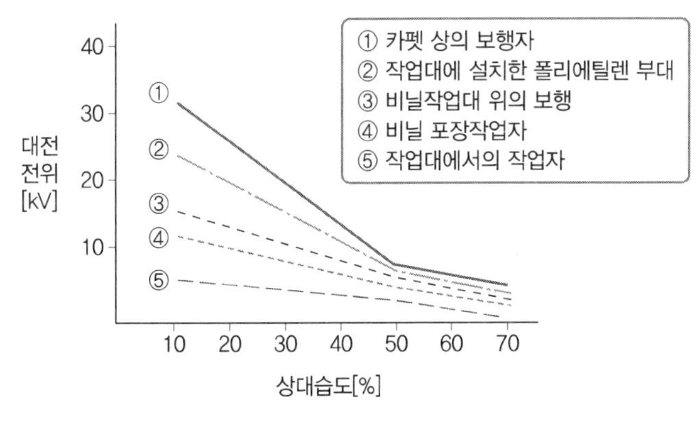

| 정전기의 발생과 습도의 관계 |

6 제전기

1. 제전의 원리

① 제전은 물체에 대전된 정전기를 이온(ion)을 이용하여 중화시키는 것

② 대전체 가까이 설치된 제전기에서 발생되는 이온 중에서 대전물체의 전하와 반대극성의 이온이 대전물체로 이동하여 대전전하와 결합하여 중화시키는 것

2. 제전기의 제전효과에 영향을 미치는 요인

① 단위시간당 이온 생성 능력

② 설치 위치와 거리 및 설치각도

③ 대전물체의 대전전위 및 대전분포

④ 피대전물체의 이동속도

⑤ 대전물체와 제전기 사이의 기류

⑥ 피대전물체의 형상

⑦ 근접 접지체의 형상 위치 크기

3. 제전기의 종류

1) 전압인가식 제전기

① 방전침에 약 7,000V 정도의 고전압으로 코로나 방전을 일으켜 제전에 필요한 이온을 발생시키는 장치

② 교류방식과 직류방식의 고압전원 중 주로 교류방식이 많이 사용
③ 제전능력이 가장 뛰어나고 적용범위가 넓다.
④ 코로나방전식 제전기라고도 한다.

2) 자기방전식 제전기

① 제전대상 물체의 정전에너지를 이용하여 제전에 필요한 이온을 발생시키는 장치
② 대전물체의 전기적 작용에 의해 생기는 전계를 접지한 침상도체에 집중시켜 그 전계에 의해 기체를 전리시켜서 제전에 필요한 이온을 얻음
③ 50kV 정도의 높은 대전을 제거할 수 있으나 2kV 정도의 대전이 남는 결점이 있음
④ 전원이 필요하지 않고 설치와 사용이 아주 편리함
⑤ 점화원이 될 염려도 없어 안전성이 높음
⑥ 본체가 금속이므로 접지를 해야 함
⑦ 코로나 방전을 일으켜 공기를 이온화하는 것을 이용(코로나 방전현상을 이용)
⑧ 필름, 셀로판제조 공정에 유용

3) 방사선식 제전기(이온식 제전기)

① 방사선 동위원소 등으로부터 나오는 방사선의 전리작용을 이용하여 제전에 필요한 이온을 만들어 내는 장치이며, 방사선 동위원소로는 일반적으로 α선원, β선원이 사용된다.
② 위험한 방사선 동위원소를 사용하기 때문에 사용상의 주의가 필요
③ 제전능력이 작아 제전에 많은 시간이 걸리는 단점이 있어 움직이는 대전물체에는 부적합
④ 밀폐공간에서의 제전에 주로 사용

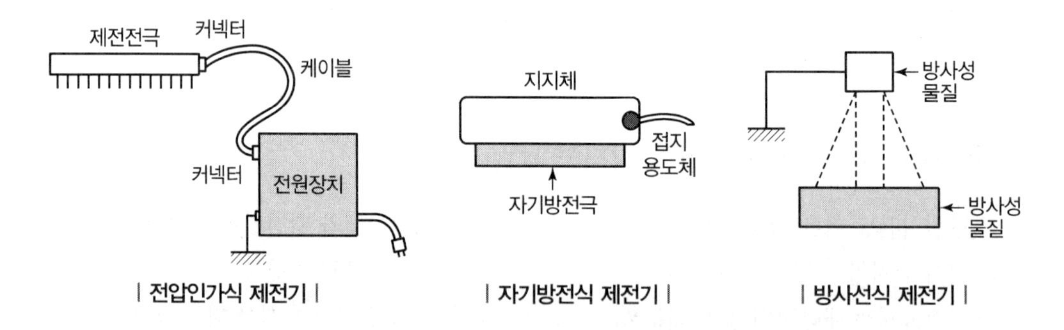

| 전압인가식 제전기 | 자기방전식 제전기 | 방사선식 제전기 |

참고

번호	구분	전압인가식	자기방전식	방사선식
①	제전능력	크다.	보통	작다.
②	구조	복잡	간단	간단
③	취급	복잡	간단	복잡
④	적용범위	넓다.	좁다.	좁다.
⑤	기종	다양	적다.	적다.

4. 제전기의 설치(일반적인 사항)

① 제전기는 원칙적으로 대전물체 이면의 접지에 또는 타 제전기가 설치되어 있고, 정전기의 발생원, 오물이 많은 곳 등의 장소는 피함은 물론, 온도 150℃ 이상, 상대습도 80% 이상의 환경은 피하는 것이 좋다.
② 제전기 설치하기 전후의 대전전위를 측정하여 제전의 목표치를 만족하는 위치 또는 제전효율이 90% 이상이 되는 곳을 선정한다.
③ 취부하기 전 대전물체의 전위를 측정해서 가능한 한 고전위 위치로 한다.
④ 정전기의 발생원에서 최소한 설치거리 이상 떨어지고 일반적으로 정전기의 발생원으로부터 5~20cm 이상 떨어진 위치에 설치한다.
⑤ 제전기의 설치 각도는 대전물체에 수직으로 설치하는 것이 표준이지만 정전기의 발생원에 가깝게 설치할 때에는 설치 각도를 발생원을 향하도록 한다.

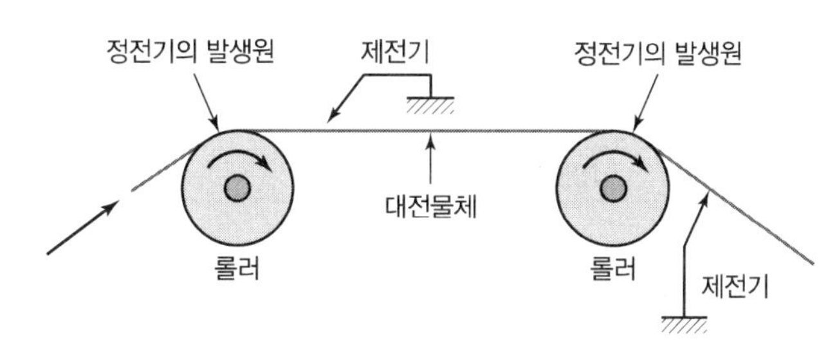

| 제전기 설치의 예 |

7 기타 정전기재해의 방지대책

1. 대전물체의 차페

1) 정의

대전물체의 표면을 금속 또는 도전성 물질로 덮는 것을 차페라고 한다.

2) 정전차폐의 효과

① 전기적 작용억제에 의한 대전방지 효과
② 대전물체의 전위상승 억제효과
③ 대전된 정전기에 의한 역학현상 억제 및 방전 억제의 효과

3) 차폐재

① 금속제 또는 도전성 테이프
② 도전성 필름 또는 시트(Sheet)
③ 금속선 또는 도전성 섬유가 들어가 있는 섬유제품

2. 정치시간의 확보

① 접지상태에서 정전기 발생이 종료된 후 다시 발생이 개시될 때까지의 시간 또는 정전기 발생이 종료된 후 접지에 의해 대전된 정전기가 빠져나갈 때까지의 시간을 정치시간이라 하며 대전방지효과와 밀접한 관련이 있다.

② 정치시간은 물질에 대전되어 있는 정전기를 대지로 누설시켜 대전량을 적게하기 위해 설정을 하지만, 그 물질의 도전율이 10^{-12}[S/m]보다 작은 경우에는 정치시간을 설정하더라도 대전량이 반드시 감소한다고 볼 수 없으므로 대전물체가 인화성 물질이고 폭발위험분위기를 조성 또는 조성 가능성이 있는 경우에는 가능한 한 다음에 명시된 정치시간을 두는 것이 바람직하다.

대전물체의 도전율[S/m]	대전물체의 용적(m^2)			
	10 미만	10 이상~50 미만	50 이상~5,000 미만	5,000 이상
10^{-5} 이상	1분	1분	1분	2분
10^{12} 초과 10^{-6} 이상	2분	3분	10분	30분
10^{-14} 이상 10^{-12} 이하	4분	5분	60분	120분
10^{-14}을 넘는 것	10분	15분	120분	240분

3. 정전기로 인한 화재 폭발 등 방지

① 다음의 설비를 사용할 때에 정전기에 의한 화재 또는 폭발 등의 위험이 발생할 우려가 있는 경우에는 해당 설비에 대하여 확실한 방법으로 접지를 하거나, 도전성 재료를 사용하거나 가습 및 점화원이 될 우려가 없는 제전장치를 사용하는 등 정전기의 발생을 억제하거나 제거하기 위하여 필요한 조치를 하여야 한다.

㉠ 위험물을 탱크로리 · 탱크차 및 드럼 등에 주입하는 설비
㉡ 탱크로리 · 탱크차 및 드럼 등 위험물저장설비
㉢ 인화성 액체를 함유하는 도료 및 접착제 등을 제조 · 저장 · 취급 또는 도포하는 설비
㉣ 위험물 건조설비 또는 그 부속설비
㉤ 인화성 고체를 저장하거나 취급하는 설비
㉥ 드라이클리닝설비, 염색가공설비 또는 모피류 등을 씻는 설비 등 인화성 유기용제를 사용하는 설비
㉦ 유압, 압축공기 또는 고전위정전기 등을 이용하여 인화성 액체나 인화성 고체를 분무하거나 이송하는 설비
㉧ 고압가스를 이송하거나 저장 · 취급하는 설비
㉨ 화약류 제조설비
㉩ 발파공에 장전된 화약류를 점화시키는 경우에 사용하는 발파기(발파공을 막는 재료로 물을 사용하거나 갱도발파를 하는 경우는 제외)

② **인체에 대전된 정전기에 의한 화재 또는 폭발 위험이 있는 경우** : 정전기 대전방지용 안전화 착용, 제전복 착용, 정전기 제전용구 사용 등의 조치를 하거나 작업장 바닥 등에 도전성을 갖추도록 하는 등 필요한 조치를 하여야 한다.

4. 전자파에 의한 기계 · 설비의 오작동 방지

전기 기계 · 기구 사용에 의하여 발생하는 전자파로 인하여 기계 · 설비의 오작동을 초래함으로써 산업재해가 발생할 우려가 있는 경우에는 다음의 조치를 하여야 한다.

① 전기기계 · 기구에서 발생하는 전자파의 크기가 다른 기계 · 설비가 원래 의도된 대로 작동하는 것을 방해하지 않도록 할 것

② 기계 · 설비는 원래 의도된 대로 작동할 수 있도록 적절한 수준의 전자파 내성을 가지도록 하거나, 이에 준하는 전자파 차폐조치를 할 것

5. 정전기 재해방지를 위한 관리시스템 3단계

제1단계		제2단계		제3단계
정전기 발생원을 포함한 발생전하량 예측	➡	대전물체의 전하 축적의 가능성 연구	➡	위험성 방전을 발생하는 물리적 조건이 있는지 검토

CHAPTER 04

전기 방폭 관리

SECTION 01

전기방폭설비

1 방폭구조의 종류 및 특징

1. 내압 방폭구조(d)

1) 내압 방폭구조(Flameproof Enclosure, d)의 개요

① 점화원에 의해 용기 내부에서 폭발이 발생할 경우에 용기가 폭발압력에 견딜 수 있고, 화염이 용기 외부의 폭발성 분위기로 전파되지 않도록 한 방폭구조

② 전폐형 구조로 용기 내에 외부의 폭발성 가스가 침입하여 내부에서 폭발하더라도 용기는 그 압력에 견뎌야 하고 폭발한 고열가스나 화염이 용기의 접합부 틈을 통하여 새어나가는 동안 냉각되어 외부의 폭발성 가스에 화염이 파급될 우려가 없도록 한 방폭구조

③ 주요 성능 시험항목에는 폭발압력(기준압력) 측정, 폭발강도(정적 및 동적)시험, 폭발인화시험 등이 있다.

2) 대상기기

① 아크가 생길 수 있는 모든 전기기기

② 접점, 개폐기류, 스위치류, 변압기류, 모터류, 계측기 등

③ 표면온도가 높이 올라갈 수 있는 모든 전기기구(전동기, 조명기구, 전열기)

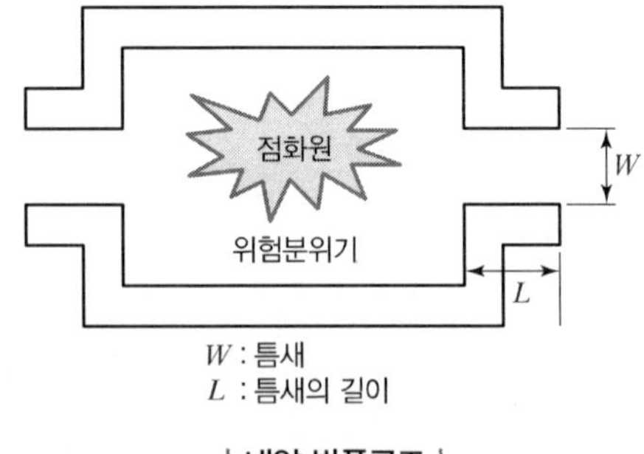

| 내압 방폭구조 |

2. 압력 방폭구조(p)

1) 압력 방폭구조(Pressurized Type, p)의 개요

① 점화원이 될 우려가 있는 부분을 용기 안에 넣고 보호 기체(신선한 공기 또는 불활성 기체)를 용기 안에 압입함으로써 폭발성 가스가 침입하는 것을 방지하도록 되어 있는 방폭 구조(전폐형 구조)

② 운전 중에 보호기체의 압력이 저하하는 경우 자동경보를 하거나, 운전을 정지하는 보호장치를 설치하도록 하고 있음

2) 대상기기

① 아크가 발생할 수 있는 모든 전기기기
② 접점, 개폐기류, 스위치류, 전동기류, 가스검지기 등

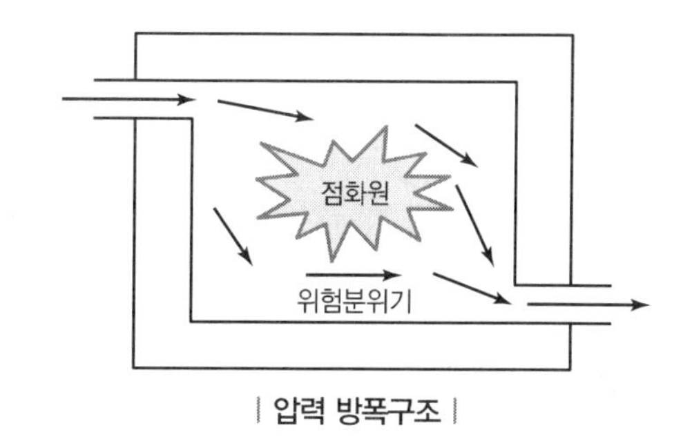

| 압력 방폭구조 |

3. 유입 방폭구조(o)

1) 유입 방폭구조(Oil Immersion, o)의 개요

① 유체 상부 또는 용기 외부에 존재할 수 있는 폭발성 분위기가 발화할 수 없도록 전기설비 또는 전기설비의 부품을 보호액에 함침시키는 방폭구조
② 유입 저항기 등이 간혹 사용되나 운반, 유지 등의 문제로 오늘날에는 거의 사용되지 않음

2) 대상기기

① 아크가 발생할 수 있는 모든 전기기기
② 접점, 개폐기류, 스위치류, 변압기류, 저항기류 등

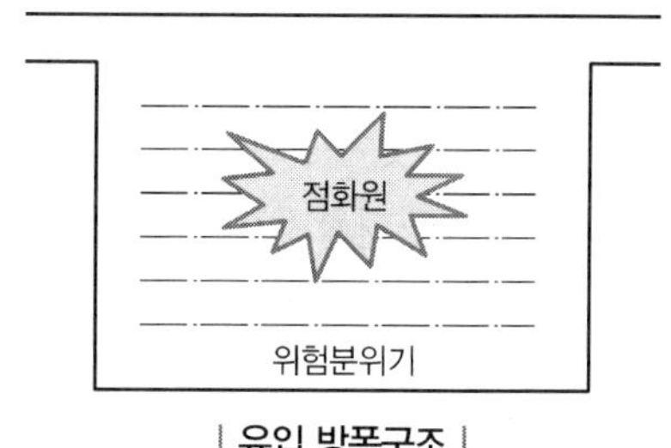

| 유입 방폭구조 |

4. 안전증 방폭구조(e)

1) 안전증 방폭구조(Increased Safety Type, e)의 개요

① 전기기기의 정상 사용조건 및 특정 비정상 상태에서 과도한 온도 상승, 아크 또는 스파크의 발생 위험을 방지하기 위해 추가적인 안전조치를 통한 안전도를 증가시킨 방폭구조
② 전기기구의 권선, 접점부, 단자부 등과 같은 부분이 정상적인 운전 중에는 불꽃, 아크 또는 과열이 발생되지 않는 부분에 대하여 방지하기 위한 구조와 온도상승에 대해 특히 안전도를 증가시킨 구조
③ 정상운전 중에 아크나 불꽃을 발생시키는 전기기기는 안전증방폭구조의 전기기기 범위에서 제외

2) 대상기기

① 안전증 변압기 전체
② 안전증 접속단자 장치
③ 안전증 측정 계기
④ 조명기구

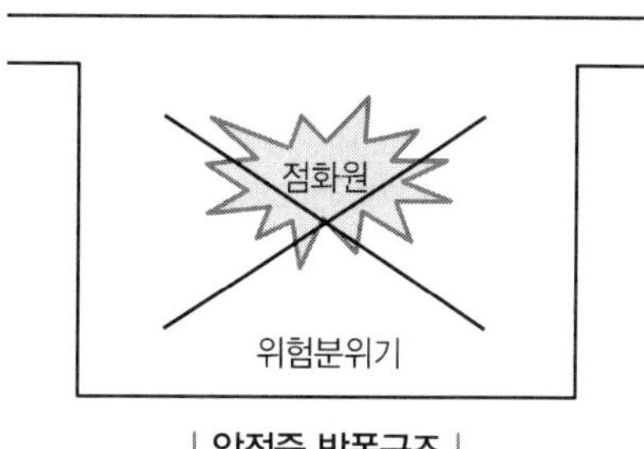

| 안전증 방폭구조 |

5. 특수 방폭구조(s)

1) 특수 방폭구조(Special Type, s)의 개요

① 폭발성 가스, 증기 등에 의하여 점화하지 않는 구조로서 모래 등을 채워 넣은 사입 방폭 구조 등이 있음
② 폭발성 가스의 인화를 방지할 수 있는 것이 시험, 기타에 의하여 확인된 방폭 구조

2) 대상기기

① 주로 폭발성 가스에 점화하지 않는 기기의 회로
② 계측제어
③ 통신 관계 등 비전력 회로를 가진 기기

6. 본질안전 방폭구조(i)

1) 본질안전 방폭구조(Intrinsic Safety Type, i)의 개요

① 정상작동 및 고장상태 시 발생하는 불꽃, 아크 또는 고온에 의해 폭발성 가스 또는 증기에 점화되지 않는 것이 점화시험, 기타에 의해 확인된 방폭구조
② 단선이나 단락 등에 의해 전기회로 중에서 전기 불꽃이 생겨도 폭발성 혼합기를 점화시키지 않는다면 본질적으로 안전하다고 할 수 있음

2) 대상기기

① 신호기, 전화기, 계측기 등
② 건전지를 전원으로 하는 전기기기

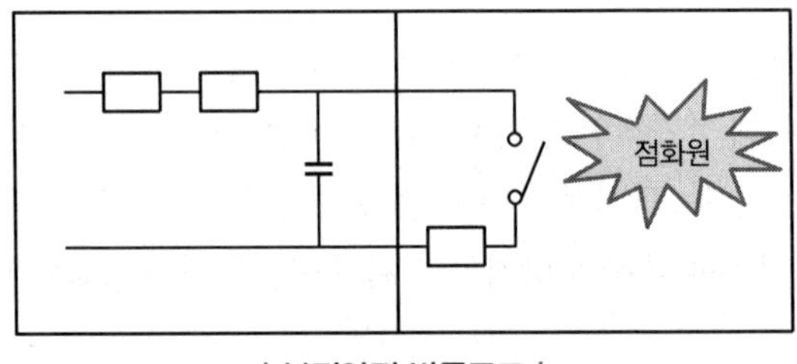

| 본질안전 방폭구조 |

7. 분진 방폭의 종류

방폭구조 종류	구조의 원리
특수방진 방폭구조 (SDP)	전폐구조로서 접합면 깊이를 일정치 이상으로 하거나 또는 접합면에 일정치 이상의 깊이가 있는 패킹을 사용하여 분진이 용기 내부로 침입하지 않도록 한 구조
보통방진 방폭구조 (DP)	전폐구조로서 접합면 깊이를 일정치 이상으로 하거나 또는 접합면에 패킹을 사용하여 분진이 용기 내부로 침입하기 어렵게 한 구조
방진특수 방폭구조 (XDP)	위의 두 가지 구조(SDP, DP) 이외의 방폭구조로서 방진방폭성능을 시험, 기타에 의하여 확인된 구조

8. 기타 방폭구조

방폭구조	기호	정의
비점화 방폭구조	type of protection "n"	전기기기가 정상작동과 규정된 특정한 비정상상태에서 주위의 폭발성 가스 분위기를 점화시키지 못하도록 만든 방폭구조
몰드 방폭구조	encapsulation "m"	전기기기의 불꽃 또는 열로 인해 폭발성 위험분위기에 점화되지 않도록 컴파운드를 충전해서 보호한 방폭구조를 말한다.
충전 방폭구조	powder filling "q"	폭발성 가스 분위기를 점화시킬 수 있는 부품을 고정하여 설치하고, 그 주위를 충전재로 완전히 둘러싸서 외부의 폭발성 가스 분위기를 점화시키지 않도록 하는 방폭구조를 말한다.

참고 방폭구조의 종류 및 기호

내압 방폭구조	d	안전증 방폭구조	e	비점화 방폭구조	n
압력 방폭구조	p	특수 방폭구조	s	몰드 방폭구조	m
유입 방폭구조	o	본질안전 방폭구조	i(ia, ib)	충전 방폭구조	q

2 방폭구조 선정 및 유의사항

1. 방폭구조의 선정기준

1) 가스폭발 위험장소

폭발위험장소의 분류	방폭구조 전기기계기구의 선정기준
0종 장소	① 본질안전방폭구조(ia) ② 그 밖에 관련 공인 인증기관이 0종 장소에서 사용이 가능한 방폭구조로 인증한 방폭구조
1종 장소	① 내압방폭구조(d), 압력방폭구조(p), 충전방폭구조(q), 유입방폭구조(o), 안전증방폭구조(e), 본질안전방폭구조(ia, ib), 몰드방폭구조(m) ② 그 밖에 관련 공인 인증기관이 1종 장소에서 사용이 가능한 방폭구조로 인증한 방폭구조
2종 장소	① 0종 장소 및 1종 장소에 사용 가능한 방폭구조 ② 비점화방폭구조(n) ③ 그 밖에 2종 장소에서 사용하도록 특별히 고안된 비방폭형 구조

2) 분진폭발 위험장소

폭발위험장소의 분류	방폭구조 전기기계기구의 선정기준
20종 장소	① 밀폐방진방폭구조(DIP A20 또는 DIP B20) ② 그 밖에 관련 공인 인증기관이 20종 장소에서 사용이 가능한 방폭구조로 인증한 방폭구조
21종 장소	① 밀폐방진방폭구조(DIP A20 또는 A21, DIP B20 또는 B21) ② 특수방진방폭구조(SDP) ③ 그 밖에 관련 공인 인증기관이 21종 장소에서 사용이 가능한 방폭구조로 인증한 방폭구조
22종 장소	① 20종 장소 및 21종 장소에 사용 가능한 방폭구조 ② 일반방진방폭구조(DIP A22 또는 DIP B22) ③ 보통방진방폭구조(DP) ④ 그 밖에 22종 장소에서 사용하도록 특별히 고안된 비방폭형 구조

2. 방폭전기설비 계획의 기본

방폭전기설비의 계획은 다음 기본 방침에 따라 시설장소에서 폭발 위험의 정도와 전기 설비의 방폭성과 균형을 도모해야 한다.

시설장소의 제 조건의 검토	방폭전기설비를 시설하는 장소의 환경 조건, 건축물의 구조 및 배치, 운전 조건 등을 검토
위험 특성 확인	① 방폭 구조에 관계 있는 위험 특성 : 발화온도, 화염일주 한계, 최소 점화 전류 ② 폭발성 분위기 생성 조건에 관계 있는 위험 특성 : 폭발한계, 인화점, 증기밀도
위험장소 종별 및 범위의 결정	① 방폭전기설비를 시설하는 장소에 대하여 위험 분위기가 존재하는 시간과 빈도에 따라 0종 장소, 1종 장소, 2종 장소의 3가지로 분류 ② 방폭전기설비를 시설하는 장소에 대해서는 위험 특성 및 그 방출 조건과 확산 조건 등을 검토하여 위험장소의 종별 및 범위를 결정
전기기기의 배치	전기설비는 가능한 한 비위험장소에 배치하는 것을 원칙으로 한다. 부득이한 경우에는 위험장소 중에서도 가능한 폭발 위험이 적은 장소에 설치하고 이를 양압실로 해야 한다.

3. 방폭전기설비의 선정 시 고려사항

① 방폭전기기기가 설치될 지역의 방폭지역 등급 구분
② 가스 등의 발화온도
③ 내압 방폭구조의 경우 최대 안전틈새
④ 본질안전 방폭구조의 경우 최소점화 전류
⑤ 압력 방폭구조, 유입 방폭구조, 안전증 방폭구조의 경우 최고표면온도
⑥ 방폭전기기기가 설치될 장소의 주변온도, 표고 또는 상대습도, 먼지, 부식성 가스 또는 습기 등의 환경조건
⑦ 모든 방폭전기설비는 가스 등의 발화온도의 분류와 적절히 대응하는 온도등급의 것을 선정하여야 함
⑧ 사용장소에 2종류 이상의 가스가 존재할 수 있는 경우에는 가장 위험도가 높은 물질의 위험 특성과 적절히 대응하는 방폭전기설비를 선정하여야 함(단, 가스 등의 2종 이상의 혼합물인 경우에는 혼합물의 위험 특성에 적절히 대응하는 방폭전기기기를 선정함)
⑨ 사용 중에 전기적 이상 상태에 의하여 방폭 성능에 영향을 줄 우려가 있는 전기설비는 사전에 전기적 보호장치를 설치하여야 함

4. 방폭전기설비의 설치위치 선정 시 고려사항

① 운전, 조작, 조정 등이 편리한 위치에 설치하여야 한다.
② 보수가 용이한 위치에 설치하고 점검 또는 정비에 필요한 공간을 확보하여야 한다.
③ 가능하면 수분이나 습기에 노출되지 않는 위치를 선정하고, 상시 습기가 많은 장소에 설치하는 것을 피하여야 한다.
④ 부식성 가스 발산구의 주변 및 부식성 액체가 비산하는 위치에 설치하는 것을 피하여야 한다.
⑤ 열유관, 증기관 등의 고온 발열체에 근접한 위치에는 가능하면 설치를 피하여야 한다.

⑥ 기계장치 등으로부터 현저한 진동의 영향을 받을 수 있는 위치에 설치하는 것을 피하여야 한다.

5. 방폭전기설비의 전기적 보호

1) 자동차단 장치 등

① 과부하, 단락 또는 지락 등의 사고 시 자동차단 장치를 다음의 경우를 제외하고는 설치하여야 한다.
   ㉠ 본질안전회로인 경우
   ㉡ 자동차단이 점화의 위험보다 더 큰 위험을 발생시킬 우려가 있는 경우

② 3상 전동기가 단상운전이 됨으로 인하여 과전류가 흐를 우려가 있는 경우에는 열동과 전류전기를 각 상마다 사용하거나 결상계전기를 사용하는 등 이에 관한 적합한 보호장치를 하여야 한다.

③ 자동차단 장치는 사고가 제거되지 않은 상태에서 자동 복귀되지 않는 구조이어야 한다.(단, 2종 장소에 설치된 설비의 과부하방지장치에는 적용 제외)

2) 전력공급 계통의 접지방식

방폭지역에 설치된 전기설비에 전력을 공급하는 계통의 접지방식은 본질안전회로를 제외하고는 다음에 의한다.

① 중성점 직접접지방식의 경우 중성선과 기기접지선을 공통으로 사용할 수 없다.

② 중성점 직접접지방식 이외의 방식으로 중성점과 기기의 접지극을 별도로 할 경우 0종 장소에는 순시로 동작하는 자동차단장치를 설치하여야 하고 기타 방폭지역에는 지락 경보장치를 가능한 한 설치하여야 한다.

3) 전위의 동일화

① 도전성 부분 간의 전위차에 의한 스파크의 발생 가능성을 방지하기 위하여 0종, 1종 장소 및 분진에 의한 방폭지역에서 모든 도전성 부분은 본딩 등에 의하여 그 전위의 동일화를 기하여야 한다.

② 2종 장소에 사용되는 모든 도전성 금속체 등에는 접지를 하여 사용하여야 한다.

6. 방폭전기설비의 보수

1) 기본사항

① 방폭구조상 특이한 면만이 아니고 전기기기의 기능 면을 더욱 고려하여 통합적으로 실시함과 동시에 각각의 보수가 설비 전체의 보수관리와 충분히 연계되게 하여야 한다.

② 점검항목, 보수기준, 보수실시 시기는 방폭전기기기의 종류, 방폭구조의 종류, 배선방법, 환경 등에 따라서 계획적으로 결정하여야 한다.

③ 방폭전기 설비의 보수는 당해 설비에 대하여 필요한 지식과 기능을 가진 자가 실시하여야 한다.

④ 각 방폭전기기기별 점검항목의 점검방법, 점검내용에 대해서는 제조자가 발행한 취급설명서 등에 의하든지 또는 제조자와 협의하여 실시하여야 한다.

2) 보수작업 전 준비사항

① 보수내용의 명확화
② 공구, 재료, 교체부품 등의 준비
③ 정전 필요성의 유무와 정전범위의 결정 및 확인
④ 폭발성 가스 등의 존재 유무와 비방폭지역으로서의 취급
⑤ 작업자의 지식 및 기능
⑥ 방폭지역 구분도 등 관련 서류 및 도면

3) 보수작업 중 유의사항

① 통전 중에 점검작업을 할 경우에는 방폭전기기기의 본체, 단자함, 점검함 등을 열어서는 안 된다. (단, 본질안전 방폭구조의 전기설비에 대해서는 제외)
② 방폭지역에서 보수를 행할 경우에는 공구 등에 의한 충격불꽃을 발생시키지 않도록 실시하여야 한다.
③ 정비 및 수리를 행할 경우에는 방폭전기기기의 방폭성능에 관계 있는 분해 · 조립 작업이 동반되므로 대상으로 하는 보수부분뿐만이 아니라 다른 부분에 대해서도 방폭성능이 상실되지 않도록 해야 한다.

4) 보수작업 후 유의사항

① 방폭전기 설비 전체로서의 방폭성능을 복원시켜야 한다.
② 방폭전기 설비의 점검치 조정기준에서 정해진 해당 사항에 적합한지를 확인해야 한다.

5) 전원 및 환경의 영향에 대한 유의사항

방폭전기설비의 보수 시에는 다음의 사항에 대하여 방폭전기기기의 방폭성능에 영향을 미치는 이상의 유무를 확인하여야 한다.
① 전원전압 및 주파수
② 주변온도 및 습도
③ 수분 및 먼지
④ 부식성 가스 및 액체
⑤ 설치장소의 진동

7. 방폭구조 전기설비 설치 시 표준환경조건

주변온도	−20℃~40℃
표고	1,000m 이하
상대습도	45~85%
공해, 부식성 가스 등	전기설비에 특별한 고려를 필요로 하는 정도의 공해, 부식성 가스, 진동 등이 존재하지 않는 환경

8. 금속관의 방폭형 부속품의 표준

① 재료는 건식아연도금법에 의하여 아연도금을 한 위에 투명한 도료를 칠하거나 기타 적당한 방법으로 녹이 스는 것을 방지하도록 한 강 또는 가단주철일 것
② 안쪽면 및 끝부분은 전선을 넣거나 바꿀 때에 전선의 피복을 손상하지 아니하도록 매끈한 것일 것
③ 전선관과의 접속부분의 나사는 5턱 이상 완전히 나사결합이 될 수 있는 길이일 것
④ 접합면(나사의 결합부분을 제외)은 내압방폭구조(d) 방폭접합의 일반 요구사항에 적합한 것일 것
⑤ 접합면 중 나사의 접합은 내압방폭구조(d)의 나사접합에 적합한 것일 것
⑥ 완성품은 내압방폭구조(d)의 폭발압력(기준압력)측정 및 압력시험에 적합한 것일 것

PART 01 PART 02 PART 03 PART 04 PART 05 PART 06

SECTION 02 전기방폭 사고예방 및 대응

1 전기폭발등급

1. 폭발등급

1) 최대안전틈새(MESG ; Maximum Experimental Safety Gap, 안전간극, 화염일주한계)

① 개요

㉠ 8L 정도의 구형 용기 안에 폭발성 혼합가스를 채우고 착화시켜 가스가 발화될 때 화염이 용기 외부의 폭발성 혼합가스에 전달되는가의 여부를 보아 화염을 전달시킬 수 없는 한계의 틈을 말한다.
㉡ 화염이 틈새를 통하여 바깥쪽의 폭발성 가스에 전달되지 않는 한계의 틈새
㉢ 폭발화염이 외부로 전파되지 않도록 하기 위해 안전간격을 적게 한다.
㉣ 안전간격이 작은 가스일수록 위험하다.
㉤ 폭발성 가스의 종류에 따라 다르며, 폭발성 가스의 분류 및 내압 방폭구조의 분류와 관련이 있다.

② 최대안전틈새의 실험

㉠ 내용적이 8L 정도의 구형 용기 안에 틈새길이가 25mm인 표준용기 내에서 폭발성 혼합가스를 채우고 점화시켜 폭발시킨다.
㉡ 이때, 발생된 화염이 용기 밖으로 전파하여 점화되지 않는 최댓값을 측정한다.
㉢ 틈새는 상부의 정밀나사에 의해 세밀하게 조정한다.

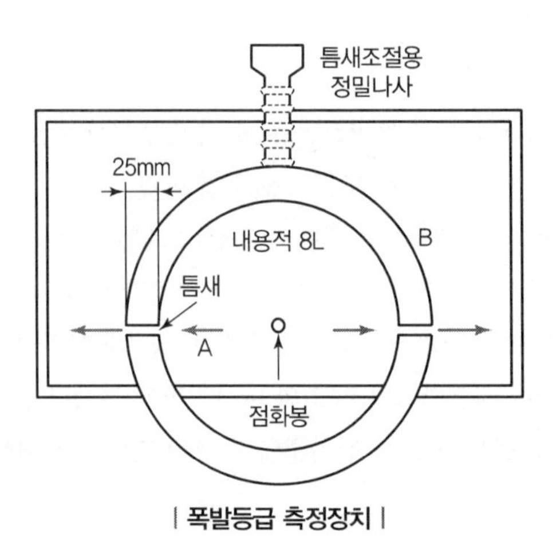

| 폭발등급 측정장치 |

2) 폭발등급

① 가스의 폭발등급은 표준용기에 의한 폭발시험에 의해 화염일주를 일으키는 틈새의 최소치에 따라 다음과 같이 3등급으로 나누고 있다.

② 안전간격이 작은 가스일수록 화염전파력이 강하여 위험하다.(폭발등급 3등급이 가장 위험)

폭발등급	안전간격	대상가스의 종류
1등급	0.6mm 초과	일산화탄소, 에탄, 프로판, 암모니아, 아세톤, 에틸에테르, 가솔린, 벤젠, 메탄 등
2등급	0.4mm 초과~0.6mm 이하	석탄가스, 에틸렌, 이소프렌, 산화에틸렌 등
3등급	0.4mm 이하	아세틸렌, 이황화탄소, 수소, 수성가스 등

3) 화염일주

온도, 압력, 조성의 조건이 갖추어져도 용기가 작으면 발화하지 않고 또는 부분적으로 발화하여도 화염이 전파되지 않고 도중에 꺼지는 현상으로 소염이라고도 한다.

소염거리	두 개의 평형평판 사이에서 연소가 일어나는 경우 평판 사이의 간격이 어느 크기 이하로 좁아지면 화염이 더 이상 전파되지 않는 거리 한계치를 소염거리라고 한다.
소염직경	평행평판이 아니고 원형의 관인 경우 소염직경이라고 한다.

참고 내압방폭구조 전기기기를 대상으로 하는 가스 또는 증기의 분류

최대안전틈새	가스 또는 증기의 분류	내압방폭구조 전기기기의 분류
0.9mm 이상	A	IIA
0.5mm 초과 0.9mm 미만	B	IIB
0.5mm 이하	C	IIC

2. 발화도

1) 발화도

① 가연성 가스의 발화온도

발화도	G_1	G_2	G_3	G_4	G_5	G_6
발화점의 범위(℃)	450 초과	300 초과 450 이하	200 초과 300 이하	135 초과 200 이하	100 초과 135 이하	85 초과 100 이하

② 폭발성 가스의 분류

발화도 / 폭발등급	G_1	G_2	G_3	G_4	G_5	G_6
1	아세톤 암모니아 일산화탄소 에탄 초산 초산에틸 톨루엔 프로판 벤젠 메탄올 메탄	에탄올 초산인펜틸 1－부탄올 부탄 무수초산	가솔린 핵산 옥탄	아세트알데히드 이에틸에테르 디부틸에테르		아질산에틸
2	석탄가스 1,2－디클로로에틸렌	에틸렌 옥시드 1,3－부타디엔	이소프렌 황화수소			
3	수성가스, 수소	아세틸렌			이황화탄소	질산에틸

2) 방폭기기의 분류 및 온도등급

① 방폭기기의 분류

그룹 I	폭발성 메탄가스 위험분위기에서 사용되는 광산용 전기기기
그룹 II	그룹 I 이외의 잠재적 폭발성 위험분위기에서 사용되는 전기기기

② 최고표면온도

사용 중 가장 불리한 작동조건하에서(단, 규정된 허용오차 이내), 즉 사양 범위 내 최악의 조건에서 사용한 경우 전기기기의 일부 또는 표면에서 발생하는 주위의 폭발 위험분위기를 점화시킬 수 있는 가장 높은 온도를 말한다.

㉠ 그룹 I 전기기기의 최고표면온도

석탄분진층을 형성할 수 있는 표면의 경우	150℃
석탄분진층을 형성하지 않는 표면의 경우	450℃

㉡ 그룹 II 전기기기의 최고표면온도

온도 등급	최고 표면온도(℃)
T_1	450 이하
T_2	300 이하
T_3	200 이하
T_4	135 이하
T_5	100 이하
T_6	85 이하

2 위험장소 선정

1. 위험장소

1) 개요

① 폭발 위험장소의 구분은 가연성 가스와 증기가 폭발이나 화재가 가능한 상태에 따라 0종 장소, 1종 장소, 2종 장소로 구분하여 관리하도록 하고 있다.

② 위험장소를 3등분으로 분류하는 목적은 방폭전기 설비를 올바르게 선정하고 균형있는 방폭능력을 유지하기 위해서이다.

2) 위험장소의 판정기준

① 위험 가스의 현존 가능성

② 위험 증기의 양

③ 통풍의 정도

④ 가스의 특성

⑤ 작업자에 의한 영향

2. 폭발위험이 있는 장소의 설정 및 관리

다음의 장소에 대하여 폭발위험장소의 구분도를 작성하는 경우에는 한국산업표준으로 정하는 기준에 따라 가스폭발 위험장소 또는 분진폭발 위험방소를 설정하여 관리하여야 한다.

장소	① 인화성 액체의 증기나 인화성 가스 등을 제조 · 취급 또는 사용하는 장소 ② 인화성 고체를 제조 · 사용하는 장소
관리	폭발위험장소의 구분도를 작성 · 관리

3. 가스폭발 위험장소

분류	적요	예
0종 장소	인화성 액체의 증기 또는 가연성 가스에 의한 폭발위험이 지속적으로 또는 장기간 존재하는 장소	용기 · 장치 · 배관 등의 내부 등
1종 장소	정상작동상태에서 폭발위험분위기가 존재하기 쉬운 장소	맨홀 · 벤트 · 피트 등의 주위
2종 장소	정상작동상태에서 폭발위험분위기가 존재할 우려가 없으나, 존재할 경우 그 빈도가 아주 적고 단기간만 존재할 수 있는 장소	개스킷 · 패킹 등의 주위

4. 가스폭발 위험장소의 구분

0종 장소	① 설비의 내부 ② 인화성 또는 가연성 액체가 존재하는 피트(PIT) 등의 내부 ③ 인화성 또는 가연성의 가스나 증기가 지속적으로 또는 장기간 체류하는 곳
1종 장소	① 통상의 상태에서 위험분위기가 쉽게 생성되는 곳 ② 운전 · 유지 보수 또는 누설에 의하여 자주 위험분위기가 생성되는 곳 ③ 설비 일부의 고장 시 가연성 물질의 방출과 전기계통의 고장이 동시에 발생되기 쉬운 곳 ④ 환기가 불충분한 장소에 설치된 배관 계통으로 배관이 쉽게 누설되는 구조의 곳 ⑤ 주변 지역보다 낮아 가스나 증기가 체류할 수 있는 곳 ⑥ 상용의 상태에서 위험분위기가 주기적 또는 간헐적으로 존재하는 곳
2종 장소	① 환기가 불충분한 장소에 설치된 배관계통으로 배관이 쉽게 누설되지 않는 구조의 곳 ② 개스킷(Gasket), 패킹(Packing) 등의 고장과 같이 이상 상태에서만 누출될 수 있는 공정설비 또는 배관이 환기가 충분한 곳에 설치될 경우 ③ 1종 장소와 직접 접하며 개방되어 있는 곳 또는 1종 장소와 덕트, 트렌치, 파이프 등으로 연결되어 이들을 통해 가스나 증기의 유입이 가능한 곳 ④ 강제 환기방식이 채용되는 곳으로 환기설비의 고장이나 이상 시에 위험분위기가 생성될 수 있는 곳

5. 분진폭발 위험장소

1) 분진의 종류

① **폭연성 분진** : 공기 중에 산소가 적은 분위기 또는 이산화탄소 중에서도 착화하고, 부유상태에서는 격심한 폭발을 발생하는 금속분진을 말한다.(마그네슘, 알루미늄, 알루미늄 브론즈 등)

② **가연성 분진** : 공기 중의 산소와 발열반응을 일으켜서 폭발하는 분진을 말하며 다음과 같이 구분된다.

도전성 분진	① 전기저항률이 $10^3\Omega \cdot m$ 이하인 가연성 분진을 말한다. ② 아연, 카본 블랙, 코크스, 철, 석탄 등
비도전성 분진	① 전기저항률이 $10^3\Omega \cdot m$ 초과인 가연성 분진을 말한다. ② 소맥분, 고무, 염료, 페놀수지, 폴리에틸렌, 코코아, 쌀겨, 유황 등

2) 분진폭발 위험장소

구름형태의 가연성 분진이 존재하거나 분진, 공기의 폭발성 혼합물에 대해 점화 예방조치가 필요한 장소를 말한다.

분류	적요	예
20종 장소	분진운 형태의 가연성 분진이 폭발농도를 형성할 정도로 충분한 양이 정상 작동 중에 연속적으로 또는 자주 존재하거나, 제어할 수 없을 정도의 양 및 두께의 분진층이 형성될 수 있는 장소를 말한다.	호퍼 · 분진저장소 · 집진장치 · 필터 등의 내부
21종 장소	20종 장소 밖으로서(장소 외의 장소로서) 분진운 형태의 가연성 분진이 폭발농도를 형성할 정도의 충분한 양이 정상 작동 중에 존재할 수 있는 장소를 말한다.	집진장치 · 백필터 · 배기구 등의 주위, 이송벨트 샘플링 지역 등
22종 장소	21종 장소 밖으로서(장소 외의 장소로서) 가연성 분진운 형태가 드물게 발생 또는 단기간 존재할 우려가 있거나, 이상 작동 상태하에서 가연성 분진운이 형성될 수 있는 장소를 말한다.	21종 장소에서 예방조치가 취하여진 지역, 환기설비 등과 같은 안전장치 배출구 주위 등

3) 분진의 최소발화(착화)에너지

분진의 종류	발화점[℃]	최소발화에너지 [10^{-3} Joule]	분진의 종류	발화점[℃]	최소발화에너지 [10^{-3} Joule]
마그네슘	520	80	유황	190	15
알루미늄	645	20	폴리에틸렌	410	10
소맥분	470	160	코르크	470	45
석탄	610	40	목분	430	30

3 방폭화 이론

1. 개요

① 전기설비로 인한 화재, 폭발방지를 위해서는 위험분위기 생성확률과 전기설비가 점화원으로 되는 확률과의 곱이 0이 되도록 하여야 한다.

② 구체적인 조치 사항은 먼저 위험분위기의 생성을 방지하고 다음으로는 전기설비를 방폭화하여야 한다.

③ 전기설비가 점화원의 역할을 하여 발생하는 화재 폭발이 많이 발생하므로 이를 예방하기 위하여 해당하는 전기설비는 방폭구조로 해야 한다.

2. 용어의 정의

① **방폭지역** : 인화성 또는 가연성 물질이 화재 · 폭발을 발생시킬 수 있는 농도로 대기 중에 존재하거나 존재할 우려가 있는 장소를 말한다.

② **위험분위기** : 대기 중의 인화성 또는 가연성 물질이 화재 · 폭발을 발생시킬 수 있는 농도로 공기와 혼합되어 있는 상태를 말한다.

③ **위험발생원** : 인화성 또는 가연성 물질의 누출 등으로 인하여 주위에 위험 분위기를 생성시킬 수 있는 지점을 말하며 각종 용기, 장치, 배관 등의 연결부, 봉인부, 개구부 등을 주요 위험 발생원으로 볼 수 있다.

④ **환기가 충분한 장소** : 대기 중의 가스 또는 증기의 밀도가 폭발 하한계의 25%를 초과하여 축적되는 것을 방지하기 위한 충분한 환기량이 보장되는 장소를 말하며 다음의 장소는 환기가 충분한 장소로 볼 수 있다.

㉠ 옥외

㉡ 수직 또는 수평의 외부공기 흐름을 방해하지 않는 구조의 건축물 또는 실내로서 지붕과 한면의 벽만 있는 건축물

㉢ 밀폐 또는 부분적으로 밀폐된 장소로서 옥외의 동등한 정도의 환기가 자연환기방식 또는 고장 시 경보발생 등의 조치가 되어 있는 강제환기 방식으로 보장되는 장소

㉣ 기타 적합한 방법으로 환기량을 계산하여 폭발 하한계의 15% 농도를 초과하지 않음이 보장되는 장소

3. 폭발성 가스의 위험 특성

1) 방폭구조에 관계되는 위험 특성

① **발화온도** : 점화원 없이 가연성 물질을 대기 중에서 가열함으로써 스스로 연소 혹은 폭발을 일으키는 최저온도를 말한다.

② **화염 일주한계** : 화염이 틈새를 통하여 바깥쪽의 폭발성 가스에 전달되지 않는 한계의 틈새를 말한다.

③ **최소점화전류(MIC ; Minimum Ignition Current)** : 폭발성 분위기가 전기불꽃에 의하여 폭발을 일으키는 최소 회로 전류치를 말한다.

2) 폭발성 분위기의 생성조건에 관계있는 위험 특성

① **폭발한계(Explosion Limit)** : 가스 등의 농도가 일정한 범위 내에 있을 때 폭발현상이 일어나는 것으로, 그 농도가 지나치게 낮거나 지나치게 높아도 폭발은 일어나지 않는 범위를 폭발한계라고 하며, 폭발범위가 넓은 물질일수록 위험도가 높다.

② **인화점(Flash Point)**

㉠ 가연성 물질에 점화원을 주었을 때 연소가 시작되는 최저온도를 말한다.

㉡ 가연성 액체의 종류에 따라 다르고, 일반적으로 인화점이 낮을수록 폭발성 분위기가 생성되기 쉬우며, 압력이 증가함에 따라 증가한다.

③ **증기밀도**

㉠ 가스 또는 증기의 밀도로 동일한 조건하에서 공기를 1로 하였을 때 비교한 값을 말한다.

㉡ 실내에서 폭발가스의 방출이 발생할 경우 증기밀도가 1보다 작은 것은 천정 부근에, 1보다 크면 바닥 부근에 폭발성 분위기를 생성하기 쉽다.

4. 방폭대책

1) 위험분위기 생성 방지

① 가연성 물질 누설 및 방출방지

㉠ 위험물질의 사용을 억제하고 개방상태에서의 사용금지

㉡ 배관의 이음부분, 펌프의 회전축 틈새 등에서 누설을 방지

② 가연성 물질의 체류방지

㉠ 공기 중에 누설 또는 방출되기 쉬운 가연성 물질을 취급하는 장소는 옥외 또는 외벽에 개방된 건물에 설치

㉡ 환기가 불충분한 장소는 강제 환기를 시켜 체류방지

③ 폭발성 분진의 생성방지

㉠ 분진의 퇴적 및 분진운의 생성을 방지

㉡ 분진의 제거 및 정전기의 발생을 방지

2) 전기설비의 방폭화

위험 분위기가 존재하는 장소에 전기기기를 설치할 경우에는 전기기기에 방폭 기능을 갖도록 하여야 한다.

① 전기설비의 점화원

구분	현재적 점화원	잠재적 점화원
개념	정상운전 중 전기불꽃, 고온이 되는 점화원	이상상태에서 전기불꽃, 고온부분이 되는 점화원
종류	① 직류전동기의 정류자 ② 권선형 유도전동기의 슬립링 ③ 고온부로서 전열기, 저항기, 전동기의 고온부 ④ 개폐기 및 차단기류의 접점 ⑤ 제어기기 및 보호계전기의 전기접점 등	① 전동기의 권선 ② 변압기의 권선 ③ 마그네트 코일 ④ 전기적 광원 ⑤ 케이블 기타 배선

② 전기설비의 방폭화

구분	방폭구조	내용
점화원의 실질적(방폭적) 격리	내압방폭구조	내부 폭발이 주위에 파급되지 않게 함
	압력방폭구조	점화원을 주위 폭발성 가스로부터 격리
	유입방폭구조	점화원을 Oil 등에 넣어 격리
전기설비의 안전도 증가	안전증방폭구조	정상상태에서 불꽃이나 고온부가 존재하는 전기기기의 안전도를 증대시킴
점화능력의 본질적 억제	본질안전방폭구조	본질적으로 폭발성 물질이 점화되지 않는다는 것이 시험 등에 의해 확인된 구조를 사용

CHAPTER

05 전기설비 위험요인 관리

SECTION 01 전기설비 위험요인 파악

1 단락

1. 개요

단락이란 전선로에서 2개 이상의 전선이 서로 접촉되는 것으로, 대부분의 전압은 접촉부에서 강화되어 접촉 전로에 많은 전류가 흐르게 됨으로써 배선에 높은 열이 발생하여 단락되는 순간에 폭발소리가 나면서 녹는 현상을 말한다.

2. 대책

① 퓨즈 및 누전차단기를 설치하여 단속 예방(전원차단)

② 고압 또는 특고압전로와 저압전로를 결합하는 변압기의 저압 측 중성점에 접지공사를 하여 혼촉 방지

③ 규격 전선을 사용

2 누전

1. 개요

① 전선이나 전기기기의 절연이 파괴되어 전류의 대지 또는 대지와 전기적으로 접촉되어 있는 금속체 또는 도체 등과 접촉하게 되면 규정된 전로를 이탈하여 전기가 흐르는 것

② 이때 흐르는 전류를 누설전류라 하며, 누설전류가 장시간 흐르면 이로 인한 발열이 주위 인화물에 대한 착화원이 되어 발화

③ 발화단계에 이르는 누전전류의 최소치는 300~500mA이다.

④ 누설전류가 최대 공급전류의 1/2,000을 넘지 않도록 하여야 한다.

$$누설전류 = 최대공급전류 \times \frac{1}{2,000}$$

••• 예상문제

200A의 전류가 흐르는 단상전로의 한 선에서 누전되는 최소 전류는 몇 A인가?

풀이 누설전류 $= 200 \times \frac{1}{2,000} = 0.1[\mathrm{A}]$

답 0.1[A]

2. 대책

① 절연 열화 및 파괴의 원인이 되는 습기, 과열, 부식 등의 사전 예방

② 금속체인 구조재, 수도관, 가스관 등과 충전부 및 절연물을 이격

③ 확실한 접지 조치 및 누전차단기 설치

3. 전기누전으로 인한 화재조사 시 착안해야 할 입증 흔적

① **누전점** : 전류의 유입점

② **발화점** : 발화된 장소

③ **접지점** : 전류의 유출점

3 과전류

1. 개요

① 전선에 전류가 흐르면서 줄(Joule)의 법칙에 의해 발생한 열이 전선에서의 방열보다 커져 발화의 원인이 된다.

② **줄(Joule)의 법칙**

㉠ 저항체에 흐르는 전류의 크기와 이 저항체에서 단위시간당 발생하는 열량과의 관계를 나타내는 법칙

㉡ 공식

$$Q = I^2 RT$$

여기서, Q : 열량[J], I : 전류[A], R : 저항[Ω], T : 전류가 흐른 시간[sec]

2. 전선의 용단

1) 개요

절연전선에 허용전류보다 큰 전류가 흐를 경우 줄(Joule)열에 의해 절연피복이 파괴되고 결국 연소하여 용단이 된다.

2) 전선의 용단과정

단계	내용
인화단계	① 허용전류의 3배가 흐를 경우 ② 내부의 절연피복이 녹고, 불을 가까이 대면 절연피복이 인화
착화단계	① 큰 전류가 흐를 경우 ② 절연물이 탄화되고 심선이 노출 ③ 어느 정도 지나면 화구가 없어도 절연물이 착화 연소됨
발화단계	① 더 큰 전류가 흐를 경우 ② 심선이 용단되기 전에 절연물이 발화함
순시용단단계	① 대전류가 순간적으로 흐를 경우 ② 심선이 순시 용단되어 도선이 폭발함

3) 배선의 용단단계에 따른 전선 전류밀도(전선의 연소 과정)

단계	인화단계	착화단계	발화단계		순시용단단계
	허용전류의 3배 정도	큰 전류, 점화원 없이 착화연소	심선이 용단		심선용단 및 도선폭발
			발화 후 용단	용단과 동시 발화	
전류밀도[A/mm^2]	40~43	43~60	60~70	75~120	120 이상

3. 대책

① 부하전류에 적합한 배선기구를 사용
② 부하용량에 적합한 과전류 차단기의 설치
③ 부하용량에 적합한 굵기의 전선을 사용

4 스파크

1. 개요

① 스위치를 개폐할 때 또는 전기회로가 단락할 경우 등에서 발생하는 스파크가 주위의 가연성 가스 등을 인화시킬 수 있다.
② 콘센트에 플러그를 꽂거나 뽑을 경우 스파크로 인하여 주위 가연물에 착하될 가능성이 있다.
③ 스파크에 의한 최소발화 에너지 전류는 0.02~0.3mA이다.

2. 대책

① 개폐기 · 차단기 · 피뢰기 기타 이와 유사한 기구로서 동작 시에 아크가 생기는 기구의 시설

고압용	목재의 벽 또는 천장 기타의 가연성 물체로부터 1m 이상 이격할 것
특고압용	목재의 벽 또는 천장 기타의 가연성 물체로부터 2m 이상 이격할 것

② 개폐기를 불연성의 외함 내에 내장시키거나 통형퓨즈를 사용할 것

③ 접촉부분의 산화, 변형, 퓨즈의 나사풀림 등으로 인한 접촉저항이 증가되는 것을 방지

④ 가연성, 증기, 분진 등 위험한 물질이 있는 곳에는 방폭형 개폐기를 사용할 것

⑤ 유입개폐기는 절연유의 열화 정도, 유량에 주의하고 주위에는 내화벽을 설치할 것

5 접촉부과열

1. 개요

① 전기적 접촉상태가 불완전할 때의 접촉저항에 의한 발열이 발화원인이 된다.

② 전선에 규정된 허용전류를 초과한 전류가 발생하여 생기는 과열로 인한 위험이 있다.

2. 대책

① 정격용량에 맞는 퓨즈 및 규격에 맞는 전선의 사용

② 가연성 물질의 전열기구 부근 방치 금지

③ 하나의 콘센트에 여러 가지 전기기구 사용금지

④ 과전류 차단기를 사용하고 차단기의 정격전류는 전선의 허용전류 이하의 것으로 선택

6 절연열화에 의한 발열

1. 개요

① 옥내배선이나 배선기구의 절연피복이 노화되어 절연성이 저하되면 국부발열과 탄화현상 누적으로 발열 또는 누전현상을 일으킨다.

② 탄화현상은 트래킹 현상과 가네하라 현상으로 구분된다.

트래킹 현상	전자제품 등에 묻어 있는 습기, 수분, 먼지, 기타 오염물질이 부착된 표면을 따라서 전류가 흘러 주변의 절연물질을 탄화시키는 것
가네하라 현상	목재와 같은 부도체가 탄화로 인해 도전경로가 형성되어 결국 발화하게 되는 현상

2. 탄화 시 착화온도

① 보통목재의 착화온도 : 220~270℃
② 탄화목재의 착화온도 : 180℃

참고 ✓ 탄화현상(Graphite Phenomena)
전기적인 절연체인 유기물이나 무기물에는 전기가 통하지 않으나, 경년변화나 먼지 · 수분 등의 영향에 의한 미소불꽃방전 등으로 장기간 가열이 반복되면 절연성능이 열화되고 점차 탄화되어 도전성을 띠게 되는 현상을 말한다.

7 지락

1. 개요

① 전선로 중 전선의 하나 또는 두 선이 대지에 접촉하여 전류가 대지로 흐르는 것을 지락이라고 하며, 이때 흐르는 전류를 지락전류라고 한다.
② 금속체 등에 지락될 때의 스파크 또는 목재 등에 전류가 흐를 때의 발화현상

2. 지락차단장치 등의 시설

① 특고압전로 또는 고압전로에 변압기에 의하여 결합되는 사용전압 400V 이상의 저압전로 또는 발전기에서 공급하는 사용전압 400V 이상의 저압전로(발전소 및 변전소와 이에 준하는 곳에 있는 부분의 전로를 제외)에는 전로에 지락이 생겼을 때에 자동적으로 전로를 차단하는 장치를 시설하여야 한다.
② 고압 및 특고압 전로 중 다음의 곳 또는 이에 근접한 곳에는 전로에 지락(전기철도용 급전선에 있어서는 과전류)이 생겼을 때에 자동적으로 전로를 차단하는 장치를 시설하여야 한다. 다만, 전기사업자로부터 공급을 받는 수전점에서 수전하는 전기를 모두 그 수전점에 속하는 수전장소에서 변성하거나 또는 사용하는 경우는 그러하지 아니하다.
㉠ 발전소 · 변전소 또는 이에 준하는 곳의 인출구
㉡ 다른 전기사업자로부터 공급받는 수전점
㉢ 배전용 변압기(단권변압기를 제외)의 시설 장소

8 낙뢰

1. 개요

① 구름과 대지 간의 방전현상으로, 낙뢰가 발생하면 전기회로에 이상전압이 발생하여 절연물파괴 및 화재 발생

② 낙뢰로부터 순간적으로 수만 암페어 이상의 전류가 흐르게 되므로 절연물파괴 또는 화재의 원인이 된다.

2. 대책

① 높이가 20m를 넘는 건축물 등 낙뢰의 가능성이 있는 시설은 규정된 피뢰설비를 설치
② 나무 아래로 대피하는 것은 위험하며, 실내에서도 기둥 근처는 피하는 것이 좋다(피뢰설비로부터는 1.5m 떨어진 장소가 안전한 범위)
③ 몸에 있는 금속물을 제거 하고 돌출된 곳에서 최소한 2m 이상 떨어진다.
④ 가급적 낮은 곳으로 이동하여 자세를 낮춘다.

9 정전기

1. 개요

이물질의 마찰 혹은 정전유도에 의해 발생되어 방전할 때 에너지에 의해 인화성 물질 등에 착화

2. 대책

① 도체의 대전방지를 위해서는 도체와 대지 사이를 접지하여 축적을 방지
② 부도체에서의 정전기 대책은 정전기의 발생억제가 기본이며 인위적인 중화방법으로 제거
③ 대전 방지제, 제전기 사용, 가습, 정치시간의 확보, 액체의 유속제한 등의 적절한 방법을 작업공정에 맞도록 선택하여 제거

SECTION 02 전기설비 위험요인 점검 및 개선

1 유해위험기계기구 종류 및 특성

1. 용접장치의 구조 및 특성

1) 개요

① 교류아크용접기는 금속전극(피복 용접봉)과 모재의 사이에서 아크를 내어 모재의 일부를 녹임과 동시에 전극봉 자체도 선단부터 녹아 떨어져 모재와 융합하여 용접하는 장치를 말한다.
② 교류아크 용접작업 시 감전사고는 주로 2차 측 회로에서 발생하며 특히 무부하 시에 위험하다.

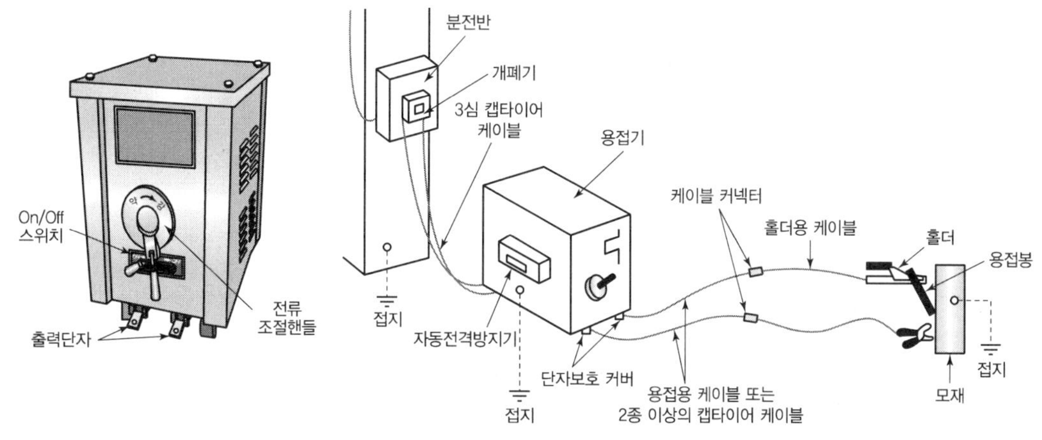

| 교류아크용접기 구조 |

2) 교류아크 용접작업 시 감전위험요인

안전장치 미부착	자동전격방지기 미부착으로 감전의 위험
보호구 미착용	용접작업 시 용접용 보호구 미착용으로 감전의 위험
관리감독 소홀	용접기의 안전점검, 보호구의 착용 여부 등 관리감독의 미비로 인하여 근로자의 불안전 행동을 유발
안전교육 미실시	용접기의 원리, 구조, 보호구의 착용법, 감전위험성에 대한 교육의 미실시로 사고를 유발
조명설비 미비	조명의 미비로 감전의 위험

3) 감전사고 방지대책

① 기술적 대책

㉠ 자동전격방지장치를 부착

㉡ 규격품 용접용 홀더의 사용(절연 용접봉 홀더의 사용)

㉢ 아크전류에 적절한 굵기의 케이블 사용

1차 측 전선(전원 측)	2차 측 전선(홀더 측)
3심 캡타이어 케이블	용접용 케이블 또는 2종 이상의 캡타이어 케이블

㉣ 용접기 외함 및 피용접모재 접지 실시(제3종 접지공사를 실시)

㉤ 용접기 단자와 케이블 접속단자 절연방호

② 교육적 대책

용접기의 구조, 자동전격방지장치의 원리, 보호구 착용법, 기타 용접기 작업안전 수칙에 관해 안전교육 및 용접기 기능을 교육시킨다.

③ 관리적 대책

㉠ 작업자에 대한 정기적인 교육대책 수립

㉡ 안전장구, 접지, 배선, 전원개폐기 등에 대한 정기점검 및 보수

㉢ 감전의 위험성이 높은 장소에서 작업 시에는 관리감독자를 지정

㉣ 야간작업 시에는 사전준비 철저

④ 안전대책

㉠ 용접작업 전후 주위를 정리 정돈

㉡ 절연장갑의 사용

㉢ 용접기 미사용 시 전원을 차단하고 용접기 가까운 곳에 전용의 개폐기를 설치

4) 교류아크용접 시 재해유형과 방호대책

감전재해	감전사고는 2차 측 회로에서 주로 발생되고 있어 무부하 전압이 낮은 용접기 사용 및 자동전격방지기 부착 등
눈의 조직손상	용접용 보안면 및 보안경 사용 등
피부의 화상	절연장갑, 가죽앞치마, 발덮개, 안전화 등
흄, 가스에 의한 재해	방진마스크, 방독마스크, 송기마스크 착용 등
화재, 폭발	가연물질 격리, 위험성 물질 제거 등

2. 감전방지기

1) 교류아크용접 장치의 방호장치

① **방호장치** : 자동전격방지기

② **교류아크용접기용 자동전격방지기의 정의** : 용접기의 주 회로(변압기의 경우는 1차 회로 또는 2차 회로)를 제어하는 장치를 가지고 있어, 용접봉의 조작에 따라 용접할 때에만 용접기의 주 회로를 폐로(ON), 그 외에는 용접기의 주 회로를 개로(OFF)시켜 2차(출력) 측의 무부하전압을 25볼트 이하로 저하시켜 감전의 위험 및 전력손실을 방지하는 장치를 말한다.

2) 구조 및 원리

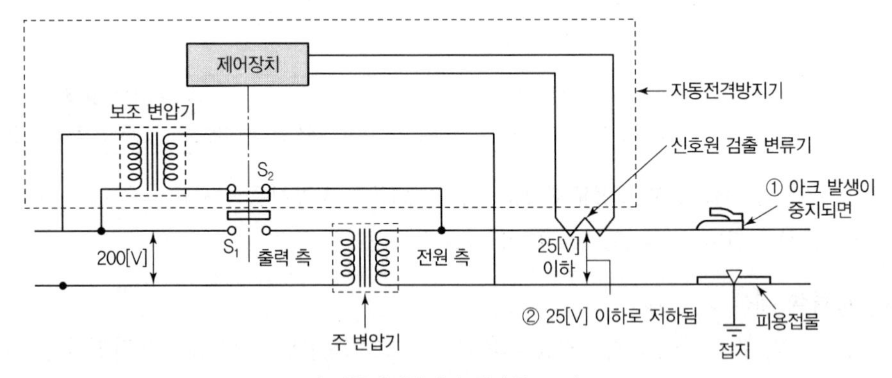

| 자동전격방지기 전기회로도 |

① 교류 아크 용접기는 65~90[V]의 무부하 전압이 인가되어 감전의 위험성이 높으며, 자동전격방지기를 설치하여 아크 발생을 중단할 때 용접기의 2차(출력) 측 무부하 전압을 25~30[V] 이하로 유지시켜 감전의 위험을 줄이도록 되어 있다.

② 즉 용접 시에만 용접기의 주 회로가 접속되고 그 외는 용접기 2차 전압을 안전 전압 이하로 제한한다.

③ **용접 중지 시** : S1은 개로(OFF), S2는 폐로(ON)된다.

3) 동작시간 특성

① 무부하전압

전격방지기가 동작하고 있는 경우에 출력 측(용접봉 홀더와 피용접물 사이)에 발생하는 정상 상태의 무부하전압을 말한다.

② 시동시간

㉠ 용접봉을 피용접물에 접촉시켜서 전격방지기의 주접점이 폐로될(닫힐) 때까지의 시간을 말한다. 즉, 용접봉이 피용접물에 접촉한 후 용접이 시작되기 전까지의 시간이다.(0.06초 이내)

㉡ 시동시간이 빠를수록 아크가 빨리 발생하여 작업에 불편을 주지 않는다.

③ 지동시간

㉠ 용접봉 홀더에 용접기 출력 측의 무부하전압이 발생한 후 주 접점이 개방될 때까지의 시간을 말한다. 즉, 피용접물에서 용접봉이 떨어진 후부터 전격방지장치에 무부하 전압(25V)으로 떨어질 때까지의 시간이다.

㉡ 접점 방식에서는 (1±0.3초), 무접점 방식에는 1초 이내이다.

④ 시동감도

㉠ 용접봉을 모재에 접촉시켜 아크를 발생시킬 때 전격방지 장치가 작동할 수 있는 용접기의 2차 측 최대저항, 즉 용접봉과 모재 사이의 접촉저항을 말한다.

㉡ 시동감도가 클수록 아크 발생이 쉽고 검정규격상 500Ω이 상한치이다.

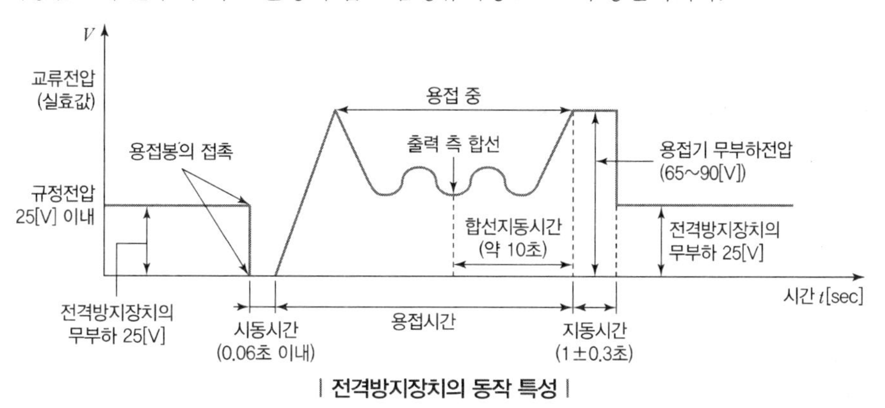

| 전격방지장치의 동작 특성 |

4) 자동전격방지기의 종류

① 전격방지기의 종류는 외장형과 내장형, 저저항시동형(L형) 및 고저항시동형(H형)으로 구분한다.

② **외장형** : 외장형은 용접기 외함에 부착하여 사용하는 전격방지기로 그 기호는 SP로 표시

③ **내장형** : 용접기함 안에 설치하여 사용하는 전격방지기로 그 기호는 SPB로 표시

5) 자동전격방지기의 성능 조건

① 자동전격방지기는 아크 발생을 중지하였을 때 지동시간이 1.0초 이내에 2차 무부하전압을 25V 이하로 감압시켜 안전을 유지할 수 있어야 한다.

② 시동시간은 0.04초 이내이고, 전격방지기를 시동시키는 데 필요한 용접봉의 접촉 소요시간은 0.03초 이내일 것

6) 자동전격방지기의 설치

① 설치방법

㉠ 직각으로 부착할 것(단, 직각이 어려울 때는 직각에 대해 20°를 넘지 않을 것)

㉡ 용접기의 이동 · 진동 · 충격으로 이완되지 않도록 이완방지조치를 취할 것

㉢ 전방장치의 작동상태를 알기 위한 표시 등은 보기 쉬운 곳에 설치할 것

㉣ 전방장치의 작동상태를 시험하기 위한 테스트 스위치는 조작하기 쉬운 곳에 설치할 것

㉤ 용접기의 전원 측에 접속하는 선과 출력 측에 접속하는 선을 혼동하지 말 것

㉥ 외함이 금속제인 경우는 이것에 적당한 접지단자를 설치할 것

② 설치장소

다음의 어느 하나에 해당하는 장소에서 교류아크용접기(자동으로 작동되는 것은 제외)를 사용하는 경우에는 교류아크용접기에 자동전격방지기를 설치하여야 한다.

㉠ 선박의 이중 선체 내부, 밸러스트 탱크(Ballast Tank, 평형수 탱크), 보일러 내부 등 도전체에 둘러싸인 장소

㉡ 추락할 위험이 있는 높이 2미터 이상의 장소로 철골 등 도전성이 높은 물체에 근로자가 접촉할 우려가 있는 장소

㉢ 근로자가 물 · 땀 등으로 인하여 도전성이 높은 습윤 상태에서 작업하는 장소

7) 용접기의 사용률 및 역률과 효율

① **정격사용률** : 정격 2차 전류로 용접하는 경우의 사용률

$$\text{정격사용률} = \frac{\text{아크발생시간}}{\text{아크발생시간} + \text{무부하시간}}$$

② **허용사용률** : 정격 2차 전류 이하의 전류로 용접을 하는 경우 허용되는 사용률

$$\text{허용사용률} = \frac{(\text{정격 2차 전류})^2}{(\text{실제 용접전류})^2} \times \text{정격사용률}[\%]$$

··· 예상문제

교류 아크용접기의 허용사용률[%]은?(단, 정격사용률은 10%, 2차 정격전류는 400A, 교류 아크용접기의 사용전류는 200A이다.)

풀이 $\text{허용사용률} = \frac{(\text{정격 2차 전류})^2}{(\text{실제 용접전류})^2} \times \text{정격사용률} = \frac{(400)^2}{(200)^2} \times 10 = 40[\%]$

답 40[%]

③ 역률

$$역률 = \frac{소비전력[kW]}{전원입력[kVA]} \times 100$$

여기서, 소비전력 = 아크출력 + 내부손실
전원입력 = 무부하전압 × 정격 2차 전류

④ 효율

$$효율 = \frac{아크출력[kW]}{소비전력[kW]} \times 100$$

여기서, 소비전력 = 아크출력 + 내부손실
아크출력 = 아크전압 × 정격 2차 전류

··· 예상문제

교류 아크용접기의 사용에서 무부하전압이 80V, 아크전압 25V, 아크전류 300A일 경우 효율은 약 몇 %인가?(단, 내부손실은 4kW이다.)

풀이 ① 아크출력 = 25[V] × 300[A] = 7500[W] = 7.5[kW]
② 소비전력 = 7.5[kW] + 4[kW] = 11.5[kW]
③ 효율효율 = $\frac{7.5}{7.5+4} \times 100 = 65.21$[%]

답 65[%]

2 접지 및 피뢰 설비 점검

1. 접지공사

1) 접지시스템

① 접지의 개요

㉠ 접지란 각종 전기, 전자, 통신장비를 대지와 전기적으로 접속하는 것을 말한다.

㉡ 접지전극은 지구의 표면이 대단히 넓어 대단히 많은 전하를 충전할 수 있으며, 무수한 전류통로가 있기 때문에 저항이 작아서 대지를 접지로 이용한다.

㉢ 대지 저항률에 영향을 주는 요인은 흙의 종류, 수분의 양, 온도, 계절, 흙에 녹아 있는 물질의 종류나 농도에 따라 변화한다.

② 접지시스템의 구분 및 종류

구분	① 계통접지(System Earthing) : 전력계통에서 돌발적으로 발생하는 이상현상에 대비하여 대지와 계통을 연결하는 것으로, 중성점을 대지에 접속하는 것을 말한다. ② 보호접지(Protective Earthing) : 고장 시 감전에 대한 보호를 목적으로 기기의 한 점 또는 여러 점을 접지하는 것을 말한다. ③ 피뢰시스템 접지 : 뇌격전류를 안전하게 대지로 보내기 위해 접지극을 대지에 접속하는 것을 말한다.
종류	① 단독접지 : (특)고압 계통의 접지극과 저압 접지계통의 접지극을 독립적으로 시설하는 접지방식 ② 공통접지 : (특)고압 접지계통과 저압 접지계통을 등전위 형성을 위해 공통으로 접지하는 방식 ③ 통합접지 : 계통접지, 통신접지, 피뢰접지극의 접지극을 통합하여 접지하는 방식

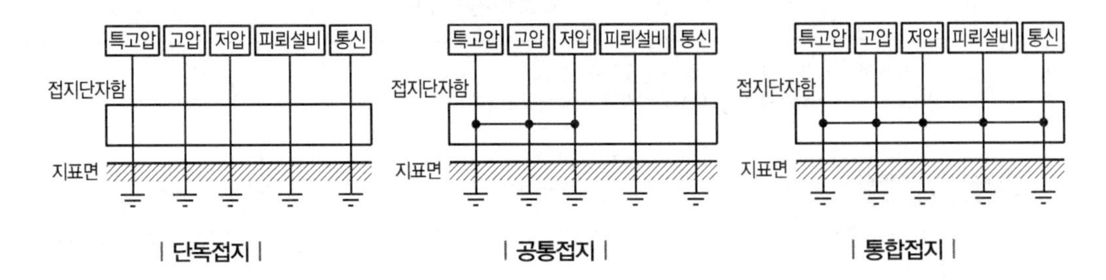

| 단독접지 | | 공통접지 | | 통합접지 |

③ 용어의 정의

㉠ 접지시스템(Earthing System) : 기기나 계통을 개별적 또는 공통으로 접지하기 위하여 필요한 접속 및 장치로 구성된 설비를 말한다.

㉡ 등전위본딩(Equipotential Bonding) : 등전위를 형성하기 위해 도전부 상호 간을 전기적으로 연결하는 것을 말한다.

㉢ 보호등전위본딩(Protective Equipotential Bonding) : 감전에 대한 보호 등과 같이 안전을 목적으로 하는 등전위본딩을 말한다.

㉣ 보호본딩도체(Protective Bonding Conductor) : 보호등전위본딩을 제공하는 보호도체를 말한다.

㉤ 피뢰시스템(LPS ; Lightning Protection System) : 구조물 뇌격으로 인한 물리적 손상을 줄이기 위해 사용되는 전체시스템을 말하며, 외부피뢰시스템과 내부피뢰시스템으로 구성된다.

㉥ 보호도체(PE ; Protective Conductor) : 감전에 대한 보호 등 안전을 위해 제공되는 도체를 말한다.

ⓐ PEN 도체(Protective Earthing Conductor and Neutral Conductor) : 교류회로에서 중성선 겸용 보호도체를 말한다.

ⓑ PEM 도체(Protective Earthing Conductor and a Mid-point Conductor) : 직류회로에서 중간선 겸용 보호도체를 말한다.

ⓒ PEL 도체(Protective Earthing Conductor and a Line Conductor) : 직류회로에서 선도체 겸용 보호도체를 말한다.

㉦ 접지도체 : 계통, 설비 또는 기기의 한 점과 접지극 사이의 도전성 경로 또는 그 경로의 일부가 되는 도체를 말한다.

ⓞ 중성선 다중접지 방식 : 전력계통의 중성선을 대지에 다중으로 접속하고, 변압기의 중성점을 그 중성선에 연결하는 계통접지 방식을 말한다.

ⓩ 접지극 : 대지와 전기적으로 접촉하고 있는 토양 또는 특정 도전성 매체(예 콘크리트)에 매설된 도전부

2) 접지의 목적

① 접지의 목적

㉠ 낙뢰에 의한 피해방지

㉡ 송배전선, 고전압 모선 등에서 지락사고의 발생 시 보호계전기를 신속하게 작동시킴

㉢ 설비의 절연물이 손상되었을 때 흐르는 누설전류에 의한 감전방지

㉣ 송배전선로의 지락사고 시 대지전위의 상승을 억제하고 절연강도를 경감

㉤ 고압 · 저압의 혼촉사고 발생 시 인간에 위험을 줄 수 있는 전류를 대지로 흘려 보내 감전방지

② 목적에 따른 접지의 분류

접지의 종류	목적
계통접지	고압전로와 저압전로가 혼촉되었을 때의 감전이나 화재 방지를 위해 변압기의 중성점을 접지하는 방식
기기 접지	누전되고 있는 기기에 접촉되었을 때의 감전 방지
피뢰기 접지	낙뢰로부터 전기 기기의 손상을 방지
정전기 장해 방지용 접지	정전기 축적에 의한 폭발 재해 방지
지락 검출용 접지	누전 차단기의 동작을 확실하게 한다.
등전위 접지	① 병원에 있어서의 의료기기 사용 시 안전을 위함 ② 0.1Ω 이하 접지공사
잡음 대책용 접지	잡음에 의한 전자 장치의 파괴나 오동작을 방지
기능용 접지	전기방식 설비 등의 접지
노이즈 방지용 접지	노이즈에 의한 전기장치의 파괴나 오동작방지를 위한 접지

③ 중성점 접지의 종류

비접지방식	① 중성점을 접지하지 않는 방식 ② 선로의 길이가 짧거나 전압이 낮은 계통(33kV 정도 이하)에 한하여 채택(저전압, 단거리)
직접접지방식 (유효접지)	① Y결선 변압기의 중성점을 도선으로 직접 접지하는 방식 ② 지락 사고 시 건전상의 대지 전압은 거의 상승하지 않아(1.3배 이하) 선로 애자 개수를 줄이고 기기의 절연 레벨을 낮출 수 있다. ③ 이상전압 발생의 우려가 가장 적다.
저항접지방식	① 저항값이 30Ω 이하인 저저항 접지방식과 100~1,000Ω인 고저항 접지방식이 있다. ② 접지저항이 너무 낮으면 고장 발생 시 통신 유도 장해가 있고 너무 높으면 계전기의 동작이 문제되고 동시에 건전상의 대지 전압 상승을 초래한다.
소호 리액터 접지 방식	① 중성점에 리액터를 연결하여 지락전류를 줄이는 방식 ② 중성점에 접속된 리액터와 대지 정전용량의 병렬공진에 의해 지락전류를 소멸시켜 안정도를 최대로 하기 위한 접지
리액터 접지 방식	과도 안정도를 향상시킬 목적으로 채용하는 방식이다.

3) 접지시스템의 시설

① 접지시스템의 구성요소

㉠ 접지시스템은 접지극, 접지도체, 보호도체 및 기타 설비로 구성한다.

㉡ 접지극은 접지도체를 사용하여 주 접지단자에 연결하여야 한다.

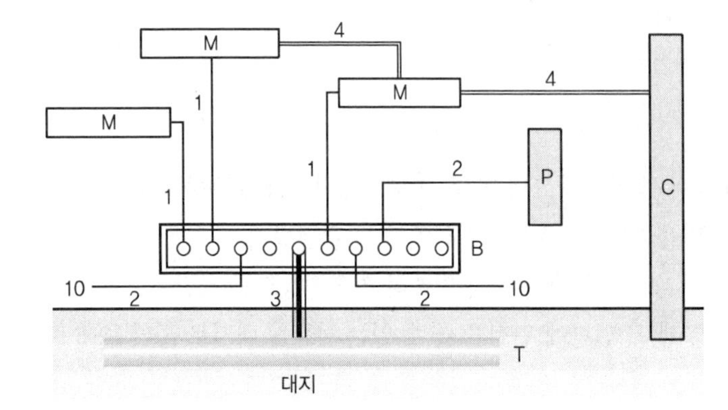

| 접지설비 개요 |

② 접지극의 시설 및 접지저항

㉠ 접지극은 다음의 방법 중 하나 또는 복합하여 시설하여야 한다.

ⓐ 콘크리트에 매입된 기초 접지극

ⓑ 토양에 매설된 기초 접지극

ⓒ 토양에 수직 또는 수평으로 직접 매설된 금속전극(봉, 전선, 테이프, 배관, 판 등)

ⓓ 케이블의 금속외장 및 그 밖에 금속피복

ⓔ 지중 금속구조물(배관 등)

ⓕ 대지에 매설된 철근콘크리트의 용접된 금속 보강재(다만, 강화콘크리트는 제외)

㉡ 접지극의 매설은 다음에 의한다.

ⓐ 접지극은 매설하는 토양을 오염시키지 않아야 하며, 가능한 다습한 부분에 설치한다.

ⓑ 접지극은 동결깊이를 감안하여 시설하되 고압 이상의 전기설비와 변압기 중성점 접지에 의하여 시설하는 접지극의 매설깊이는 지표면으로부터 지하 0.75m 이상으로 한다.

ⓒ 접지도체를 철주 기타의 금속체를 따라서 시설하는 경우에는 접지극을 철주의 밑면으로부터 0.3m 이상의 깊이에 매설하는 경우 이외에는 접지극을 지중에서 그 금속체로부터 1m 이상 떼어 매설하여야 한다.

㉢ 접지시스템 부식에 대한 고려는 다음에 의한다.

ⓐ 접지극에 부식을 일으킬 수 있는 폐기물 집하장 및 번화한 장소에 접지극 설치는 피해야 한다.

ⓑ 서로 다른 재질의 접지극을 연결할 경우 전식을 고려하여야 한다.

ⓒ 콘크리트 기초접지극에 접속하는 접지도체가 용융아연도금강제인 경우 접속부를 토양에 직접 매설해서는 안 된다.

㉣ 접지극을 접속하는 경우에는 발열성 용접, 압착접속, 클램프 또는 그 밖의 적절한 기계적 접속장치로 접속하여야 한다.

㉤ 가연성 액체나 가스를 운반하는 금속제 배관은 접지설비의 접지극으로 사용할 수 없다. 다만, 보호등전위본딩은 예외로 한다.

㉥ 수도관 등을 접지극으로 사용하는 경우

ⓐ 지중에 매설되어 있고 대지와의 전기저항 값이 3Ω 이하의 값을 유지하고 있는 금속제 수도관로가 다음에 따르는 경우 접지극으로 사용이 가능하다.

- 접지도체와 금속제 수도관로의 접속은 안지름 75mm 이상인 부분 또는 여기에서 분기한 안지름 75mm 미만인 분기점으로부터 5m 이내의 부분에서 하여야 한다.(다만, 금속제 수도관로와 대지 사이의 전기저항 값이 2Ω 이하인 경우에는 분기점으로부터의 거리는 5m를 넘을 수 있음)
- 접지도체와 금속제 수도관로의 접속부를 수도계량기로부터 수도 수용가 측에 설치하는 경우에는 수도계량기를 사이에 두고 양측 수도관로를 등전위본딩하여야 한다.
- 접지도체와 금속제 수도관로의 접속부를 사람이 접촉할 우려가 있는 곳에 설치하는 경우에는 손상을 방지하도록 방호장치를 설치하여야 한다.
- 접지도체와 금속제 수도관로의 접속에 사용하는 금속제는 접속부에 전기적 부식이 생기지 않아야 한다.

ⓑ 건축물 · 구조물의 철골 기타의 금속제는 이를 비접지식 고압전로에 시설하는 기계기구의 철대 또는 금속제 외함의 접지공사 또는 비접지식 고압전로와 저압전로를 결합하는 변압기의 저압전로의 접지공사의 접지극으로 사용할 수 있다.(다만, 대지와의 사이에 전기저항 값이 2Ω 이하인 값을 유지하는 경우에 한함)

③ 접지도체

㉠ 접지도체의 선정

ⓐ 접지도체의 단면적은 보호도체의 최소 단면적에 의하며 큰 고장전류가 접지도체를 통하여 흐르지 않을 경우 접지도체의 최소 단면적

- 구리는 $6mm^2$ 이상
- 철제는 $50mm^2$ 이상

ⓑ 접지도체에 피뢰시스템이 접속되는 경우, 접지도체의 단면적은 구리 $16mm^2$ 또는 철 $50mm^2$ 이상

㉡ 특고압 · 고압 · 중성점 접지용 접지도체의 굵기

ⓐ 특고압 · 고압 전기설비용 접지도체는 단면적 $6mm^2$ 이상의 연동선 또는 동등 이상의 단면적 및 강도를 가져야 한다.

ⓑ 중성점 접지용 접지도체는 공칭단면적 $16mm^2$ 이상의 연동선 또는 동등 이상의 단면적 및 세기를 가져야 한다. 다만, 다음의 경우에는 공칭단면적 $6mm^2$ 이상의 연동선 또는 동등 이상의 단면적 및 강도를 가져야 한다.

• 7kV 이하의 전로
• 사용전압이 25kV 이하인 특고압 가공전선로. 다만, 중성선 다중접지식의 것으로서 전로에 지락이 생겼을 때 2초 이내에 자동적으로 이를 전로로부터 차단하는 장치가 되어 있는 것

㉢ 접지도체와 접지극의 접속

ⓐ 접속은 견고하고 전기적인 연속성이 보장되도록, 접속부는 발열성 용접, 압착접속, 클램프 또는 그 밖에 적절한 기계적 접속장치에 의해야 한다.

ⓑ 클램프를 사용하는 경우, 접지극 또는 접지도체를 손상시키지 않아야 한다. 납땜에만 의존하는 접속은 사용해서는 안 된다.

㉣ 접지도체는 지하 0.75m부터 지표상 2m까지 부분은 합성수지관(두께 2mm 미만의 합성수지제 전선관 및 가연성 콤바인덕트관은 제외) 또는 이와 동등 이상의 절연효과와 강도를 가지는 몰드로 덮어야 한다.

㉤ 이동하여 사용하는 전기기계기구의 금속제 외함 등의 접지시스템

ⓐ 특고압 · 고압 전기설비용 접지도체 및 중성점 접지용 접지도체는 클로로프렌캡타이어케이블(3종 및 4종) 또는 클로로설포네이트폴리에틸렌캡타이어케이블(3종 및 4종)의 1개 도체 또는 다심 캡타이어케이블의 차폐 또는 기타의 금속체로 단면적이 $10mm^2$ 이상인 것을 사용

ⓑ 저압 전기설비용 접지도체는 다심 코드 또는 다심 캡타이어케이블의 1개 도체의 단면적이 $0.75mm^2$ 이상인 것을 사용한다. 다만, 기타 유연성이 있는 연동연선은 1개 도체의 단면적이 $1.5mm^2$ 이상인 것을 사용

④ 보호도체

㉠ 보호도체의 최소 단면적

ⓐ 보호도체의 최소 단면적은 다음에 따라 선정해야 하며, 보호도체용 단자도 이 도체의 크기에 적합하여야 한다. 다만, "ⓑ"에 따라 계산한 값 이상이어야 한다.

▼ 보호도체의 최소 단면적

상도체의 단면적 S (mm^2, 구리)	보호도체의 최소 단면적(mm^2, 구리)	
	보호도체의 재질	
	상도체와 같은 경우	상도체와 다른 경우
$S \le 16$	S	$(k_1/k_2) \times S$
$16 < S \le 35$	$16(a)$	$(k_1/k_2) \times 16$
$S > 35$	$S(a)/2$	$(k_1/k_2) \times (S/2)$

여기서, • k_1 : 도체 및 절연의 재질에 따라 KS C IEC 60364 – 5 – 54(저압전기설비 – 제5 – 54부 : 전기기기의 선정 및 설치 – 접지설비 및 보호도체)의 표 A54.1(여러 가지 재료의 변수 값) 또는 KS C IEC 60364 – 4 – 43(저압전기설비 – 제4 – 43부 : 안전을 위한 보호 – 과전류에 대한 보호)의 표 43A(도체에 대한 k값)에서 선정된 상도체에 대한 k값
• k_2 : KS C IEC 60364 – 5 – 54(저압전기설비 – 제5 – 54부 : 전기기기의 선정 및 설치 – 접지설비 및 보호도체)의 표 A.54.2(케이블에 병합되지 않고 다른 케이블과 묶여 있지 않은 절연 보호도체의 k값)~A.54.6(제시된 온도에서 모든 인접 물질에 손상 위험성이 없는 경우 나도체의 k값)에서 선정된 보호도체에 대한 k값
• a : PEN 도체의 최소단면적은 중성선과 동일하게 적용한다(KS C IEC 60364 – 5 – 52(저압전기설비 – 제5 – 52부 : 전기기기의 선정 및 설치 – 배선설비) 참조).

ⓑ 보호도체의 단면적은 다음의 계산 값 이상이어야 한다.

- 차단시간이 5초 이하인 경우에만 다음 계산식을 적용한다.

$$S = \frac{\sqrt{I^2 t}}{k}$$

여기서, S : 단면적(mm^2)
I : 보호장치를 통해 흐를 수 있는 예상 고장전류 실효값(A)
t : 자동차단을 위한 보호장치의 동작시간(s)
k : 보호도체, 절연, 기타 부위의 재질 및 초기온도와 최종온도에 따라 정해지는 계수

- 계산 결과가 "ⓐ"의 보호도체의 최소 단면적 값 이상으로 산출된 경우, 계산 값 이상의 단면적을 가진 도체를 사용하여야 한다.

ⓒ 보호도체가 케이블의 일부가 아니거나 상도체와 동일 외함에 설치되지 않으면 단면적은 다음의 굵기 이상으로 하여야 한다.

- 기계적 손상에 대해 보호가 되는 경우는 구리 $2.5mm^2$, 알루미늄 $16mm^2$ 이상
- 기계적 손상에 대해 보호가 되지 않는 경우는 구리 $4mm^2$, 알루미늄 $16mm^2$ 이상
- 케이블의 일부가 아니라도 전선관 및 트렁킹 내부에 설치되거나, 이와 유사한 방법으로 보호되는 경우 기계적으로 보호되는 것으로 간주한다.

ⓓ 보호도체가 두 개 이상의 회로에 공통으로 사용되면 단면적은 다음과 같이 선정하여야 한다.

- 회로 중 가장 부담이 큰 것으로 예상되는 고장전류 및 동작시간을 고려하여 "ⓐ" 또는 "ⓑ"에 따라 선정한다.
- 회로 중 가장 큰 상도체의 단면적을 기준으로 "ⓐ"에 따라 선정한다.

ⓛ 보호도체의 종류

ⓐ 보호도체는 다음 중 하나 또는 복수로 구성하여야 한다.

- 다심케이블의 도체
- 충전도체와 같은 트렁킹에 수납된 절연도체 또는 나도체
- 고정된 절연도체 또는 나도체

ⓑ 다음과 같은 금속부분은 보호도체 또는 보호본딩도체로 사용해서는 안 된다.

- 금속 수도관
- 가스 · 액체 · 분말과 같은 잠재적인 인화성 물질을 포함하는 금속관
- 상시 기계적 응력을 받는 지지 구조물 일부
- 가요성 금속배관. 다만, 보호도체의 목적으로 설계된 경우는 예외
- 가요성 금속전선관
- 지지선, 케이블트레이 및 이와 비슷한 것

ⓒ 보호도체에는 어떠한 개폐장치를 연결해서는 안 된다. 다만, 시험목적으로 공구를 이용하여 보호도체를 분리할 수 있는 접속점을 만들 수 있다.

ⓔ 접지에 대한 전기적 감시를 위한 전용장치(동작센서, 코일, 변류기 등)를 설치하는 경우, 보호도체 경로에 직렬로 접속하면 안 된다.

⑤ 보호도체의 단면적 보강

㉠ 보호도체는 정상 운전상태에서 전류의 전도성 경로(전기자기간섭 보호용 필터의 접속 등으로 인한)로 사용되지 않아야 한다.

㉡ 전기설비의 정상 운전상태에서 보호도체에 10mA를 초과하는 전류가 흐르는 경우, 다음에 의해 보호도체를 증강하여 사용하여야 한다.

ⓐ 보호도체가 하나인 경우 보호도체의 단면적은 전 구간에 구리 $10mm^2$ 이상 또는 알루미늄 $16mm^2$ 이상으로 하여야 한다.

ⓑ 추가로 보호도체를 위한 별도의 단자가 구비된 경우, 최소한 고장 보호에 요구되는 보호도체의 단면적은 구리 $10mm^2$, 알루미늄 $16mm^2$ 이상으로 한다.

⑥ 보호도체와 계통도체 겸용

㉠ 보호도체와 계통도체를 겸용하는 겸용도체(중성선과 겸용, 상도체와 겸용, 중간도체와 겸용 등)는 해당하는 계통의 기능에 대한 조건을 만족하여야 한다.

㉡ 겸용도체는 고정된 전기설비에서만 사용할 수 있으며 다음에 의한다.

ⓐ 단면적은 구리 $10mm^2$ 또는 알루미늄 $16mm^2$ 이상이어야 한다.

ⓑ 중성선과 보호도체의 겸용도체는 전기설비의 부하 측으로 시설하여서는 안 된다.

ⓒ 폭발성 분위기 장소는 보호도체를 전용으로 하여야 한다.

㉢ 겸용도체는 다음 사항을 준수하여야 한다.

ⓐ 전기설비의 일부에서 중성선 · 중간도체 · 상 도체 및 보호도체가 별도로 배선되는 경우, 중성선 · 중간도체 · 상 도체를 전기설비의 다른 접지된 부분에 접속해서는 안 된다. 다만, 겸용도체에서 각각의 중성선 · 중간도체 · 상 도체와 보호도체를 구성하는 것은 허용한다.

ⓑ 겸용도체는 보호도체용 단자 또는 바에 접속되어야 한다.

ⓒ 계통외도전부는 겸용도체로 사용해서는 안 된다.

⑦ 주 접지 단자

㉠ 접지시스템은 주 접지단자를 설치하고, 다음의 도체들을 접속하여야 한다.

ⓐ 등전위본딩도체

ⓑ 접지도체

ⓒ 보호도체

ⓓ 기능성 접지도체

㉡ 여러 개의 접지단자가 있는 장소는 접지단자를 상호 접속하여야 한다.

㉢ 주 접지단자에 접속하는 각 접지도체는 개별적으로 분리할 수 있어야 하며, 접지저항을 편리하게 측정할 수 있어야 한다. 다만, 접속은 견고해야 하며 공구에 의해서만 분리되는 방법으로 하여야 한다.

⑧ 변압기 중성점 접지

㉠ 중성점 접지 저항값

ⓐ 일반적으로 변압기의 고압 · 특고압 측 전로 1선 지락전류로 150을 나눈 값과 같은 저항 값 이하

ⓑ 변압기의 고압 · 특고압 측 전로 또는 사용전압이 35kV 이하의 특고압전로가 저압 측 전로와 혼촉하고 저압전로의 대지전압이 150V를 초과하는 경우는 저항 값은 다음에 의한다.

- 1초 초과 2초 이내에 고압 · 특고압 전로를 자동으로 차단하는 장치를 설치할 때는 300을 나눈 값 이하
- 1초 이내에 고압 · 특고압 전로를 자동으로 차단하는 장치를 설치할 때는 600을 나눈 값 이하

ⓒ 전로의 1선 지락전류는 실측값에 의한다. 다만, 실측이 곤란한 경우에는 선로정수 등으로 계산한 값에 의한다.

㉡ 공통접지 및 통합접지

ⓐ 고압 및 특고압과 저압 전기설비의 접지극이 서로 근접하여 시설되어 있는 변전소 또는 이와 유사한 곳에서는 다음과 같이 공통접지시스템으로 할 수 있다.

- 저압 전기설비의 접지극이 고압 및 특고압 접지극의 접지저항 형성영역에 완전히 포함되어 있다면 위험전압이 발생하지 않도록 이들 접지극을 상호 접속하여야 한다.
- 접지시스템에서 고압 및 특고압 계통의 지락사고 시 저압계통에 가해지는 상용주파 과전압은 다음에서 정한 값을 초과해서는 안 된다.

▼ 저압설비 허용 상용주파 과전압

고압계통에서 지락고장시간(초)	저압설비 허용 상용주파 과전압(V)	비고
>5	U_0+250	중성선 도체가 없는 계통에서 U_0는 선간전압을 말한다.
≤5	$U_0+1,200$	

[비고]
1. 순시 상용주파 과전압에 대한 저압기기의 절연 설계기준과 관련된다.
2. 중성선이 변전소 변압기의 접지계통에 접속된 계통에서, 건축물 외부에 설치한 외함이 접지되지 않은 기기의 절연에는 일시적 상용주파 과전압이 나타날 수 있다.

ⓑ 전기설비의 접지설비, 건축물의 피뢰설비 · 전자통신설비 등의 접지극을 공용하는 통합접지시스템으로 하는 경우 다음과 같이 하여야 한다.

- 통합접지시스템은 “ⓐ”에 의한다.
- 낙뢰에 의한 과전압 등으로부터 전기전자기기 등을 보호하기 위해 서지보호장치를 설치하여야 한다.

⑨ 감전보호용 등전위본딩

㉠ 등전위본딩의 적용

ⓐ 건축물 · 구조물에서 접지도체, 주 접지단자와 다음의 도전성부분은 등전위본딩하여야 한다. 다만, 이들 부분이 다른 보호도체로 주 접지단자에 연결된 경우는 그러하지 아니하다.

- 수도관 · 가스관 등 외부에서 내부로 인입되는 금속배관
- 건축물 · 구조물의 철근, 철골 등 금속보강재
- 일상생활에서 접촉이 가능한 금속제 난방배관 및 공조설비 등 계통외도전부

ⓑ 주 접지단자에 보호등전위본딩 도체, 접지도체, 보호도체, 기능성 접지도체를 접속하여야 한다.

㉡ 보호등전위본딩 시설

ⓐ 건축물 · 구조물의 외부에서 내부로 들어오는 각종 금속제 배관은 다음과 같이 하여야 한다.

- 1개소에 집중하여 인입하고, 인입구 부근에서 서로 접속하여 등전위본딩 바에 접속하여야 한다.
- 대형건축물 등으로 1개소에 집중하여 인입하기 어려운 경우에는 본딩도체를 1개의 본딩 바에 연결한다.

ⓑ 수도관 · 가스관의 경우 내부로 인입된 최초의 밸브 후단에서 등전위본딩을 하여야 한다.

ⓒ 건축물 · 구조물의 철근, 철골 등 금속보강재는 등전위본딩을 하여야 한다.

㉢ 보호등전위본딩 도체

ⓐ 주접지단자에 접속하기 위한 등전위본딩 도체는 설비 내에 있는 가장 큰 보호접지도체 단면적의 1/2 이상의 단면적을 가져야 하고 다음의 단면적 이상이어야 한다.

- 구리도체 $6mm^2$
- 알루미늄 도체 $16mm^2$
- 강철 도체 $50mm^2$

ⓑ 주접지단자에 접속하기 위한 보호본딩도체의 단면적은 구리도체 $25mm^2$ 또는 다른 재질의 동등한 단면적을 초과할 필요는 없다.

⑩ 전기 기계 · 기구의 접지(접지 대상)

㉠ 전기 기계 · 기구의 금속제 외함, 금속제 외피 및 철대

㉡ 고정 설치되거나 고정배선에 접속된 전기 기계 · 기구의 노출된 비충전 금속체 중 충전될 우려가 있는 다음 각 목의 어느 하나에 해당하는 비충전 금속체

ⓐ 지면이나 접지된 금속체로부터 수직거리 2.4미터, 수평거리 1.5미터 이내인 것

ⓑ 물기 또는 습기가 있는 장소에 설치되어 있는 것

ⓒ 금속으로 되어 있는 기기접지용 전선의 피복 · 외장 또는 배선관 등

ⓓ 사용전압이 대지전압 150볼트를 넘는 것

㉢ 전기를 사용하지 아니하는 설비 중 다음 각 목의 어느 하나에 해당하는 금속체

ⓐ 전동식 양중기의 프레임과 궤도

ⓑ 전선이 붙어 있는 비전동식 양중기의 프레임

ⓒ 고압(1.5천볼트 초과 7천볼트 이하의 직류전압 또는 1천볼트 초과 7천볼트 이하의 교류전압) 이상의 전기를 사용하는 전기 기계 · 기구 주변의 금속제 칸막이 · 망 및 이와 유사한 장치

㉣ 코드와 플러그를 접속하여 사용하는 전기 기계 · 기구 중 다음 각 목의 어느 하나에 해당하는 노출된 비충전 금속체

ⓐ 사용전압이 대지전압 150볼트를 넘는 것

ⓑ 냉장고 · 세탁기 · 컴퓨터 및 주변기기 등과 같은 고정형 전기기계 · 기구
ⓒ 고정형 · 이동형 또는 휴대형 전동기계 · 기구
ⓓ 물 또는 도전성이 높은 곳에서 사용하는 전기 기계 · 기구, 비접지형 콘센트
ⓔ 휴대형 손전등

㉤ 수중펌프를 금속제 물탱크 등의 내부에 설치하여 사용하는 경우 그 탱크(이 경우 탱크를 수중펌프의 접지선과 접속하여야 한다)

⑪ 접지를 하지 않아도 되는 대상

㉠ 이중절연구조 또는 이와 같은 수준 이상으로 보호되는 구조로 된 전기 기계 · 기구
㉡ 절연대 위 등과 같이 감전 위험이 없는 장소에서 사용하는 전기 기계 · 기구
㉢ 비접지방식의 전로(그 전기 기계 · 기구의 전원 측의 전로에 설치한 절연변압기의 2차 전압이 300볼트 이하, 정격용량이 3킬로볼트암페어 이하이고 그 절연전압기의 부하 측의 전로가 접지되어 있지 아니한 것으로 한정)에 접속하여 사용되는 전기 기계 · 기구

⑫ 접지저항 저감방법

물리적 저감법	수평공법	① 접지극 병렬접속(병렬법) : 접지봉 등을 병렬접속하고 접지 전극의 면적을 크게 한다. ② 접지극의 치수 확대 : 접지봉의 지름을 2배 정도 증대 시 접지저항의 10% 정도 감소 ③ 메시(Mesh) 공법 : 공용접지 시 안정성 및 효과가 뛰어남
	수직공법	① 보링 공법 : 보링기로 지하를 뚫어 접지 저감제를 채운 후 접지극을 매설하는 방식 ② 접지봉 심타법 : 접지극 매설깊이를 깊게 한다.(지표면 아래 75cm 이하에 시설)
화학적 저감법 (약품법)		① 접지극 주변 토양 개량 ② 접지저항 저감제를 사용하여 접지극에 주입 ③ 접지극 주위에 전해질계 또는 화학적 약제를 뿌려 대지 저항률을 낮추는 방법

2. 피뢰설비

1) 뇌해의 종류

① 뇌해의 개요

㉠ 공기 중의 전하, 특히 뇌운에서 분리 축적된 전하의 방전현상을 말한다.
㉡ 뇌방전과 통신선이 전기적 · 자기적으로 결합하여 통신선으로 이상 에너지를 침입함으로써 발생한다.
㉢ 통신선 혼선, 단선 외에 퓨즈단절, 선로 중계기 장애 등이 있다.

② 뇌해의 종류

낙뢰(직격뢰)	낙뢰가 구조물 또는 장비에 직접 뇌격하는 것으로 매우 큰 에너지를 갖고 있어 피해 또한 크다.
유도뢰	구조물에 근접한 대지 또는 수목에 뇌격하는 것을 말한다.
간접뢰에 의한 뇌해	송전선 또는 통신선로에 뇌격하여 선로를 통해 서지가 전도되는 것으로 가장 발생 가능성이 높다.

③ 충격파

㉠ 정의 : 전력설비가 직격뢰를 받게 될 때 나타나는 뇌전압 또는 뇌전류로서 서지(Surge)라고 도 하며, 이 파형은 극히 짧은 시간에 파고값에 달하고, 또한 극히 짧은 시간에 소멸하는 충격파를 말한다.

㉡ 충격파 표시방법

ⓐ 파두장 : 파고값 30%에서 파고값 90%까지 직선을 그었을 때 가로축과 만나는 기점~파고값과 만나는 교점까지의 파형을 그리는 시간

ⓑ 파미장 : 파고값 30%에서 파고값 90%까지 직선을 그을 때 가로축과 만나는 기점~파고점의 50%까지 내려오는 파형을 그리는 시간

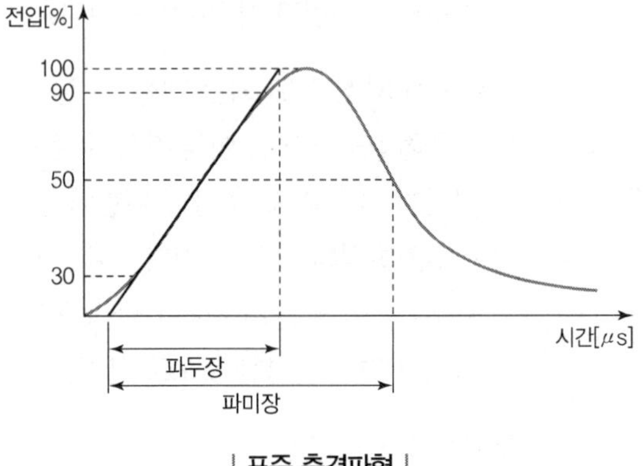

| 표준 충격파형 |

ⓒ 충격파 표시법

- 충격파 : 파두장 × 파미장(μs)
- 우리나라 표준충격파 : 1.2 × 50μs

2) 피뢰기의 설치장소

① 피뢰기의 설치장소(고압 및 특고압 전로)

고압 및 특고압의 전로 중 다음의 곳 또는 이에 근접한 곳에는 피뢰기를 시설하고 피뢰기 접지저항 값은 10Ω 이하로 하여야 한다.

㉠ 발전소 · 변전소 또는 이에 준하는 장소의 가공전선 인입구 및 인출구

㉡ 특고압 가공전선로에 접속하는 배전용 변압기의 고압 측 및 특고압 측

㉢ 고압 또는 특고압의 가공전선로로부터 공급을 받는 수용 장소의 인입구

㉣ 가공전선로와 지중전선로가 접속되는 곳

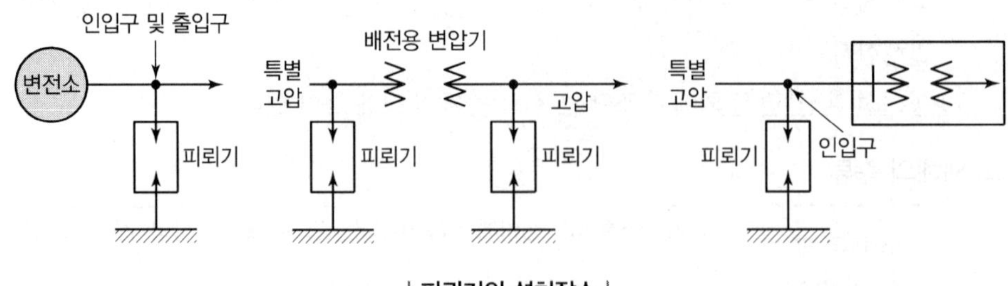

| 피뢰기의 설치장소 |

② 건축물 등의 피뢰설비 설치 시 기준

낙뢰의 우려가 있는 건축물, 높이 20m 이상의 건축물 또는 높이 20m 이상의 공작물에는 다음 기준에 적합한 피뢰설비를 설치해야 한다.

㉠ 피뢰설비는 한국산업표준이 정하는 피뢰레벨 등급에 적합한 피뢰설비일 것(다만, 위험물저장 및 처리시설에 설치하는 피뢰설비는 한국산업표준이 정하는 피뢰시스템레벨 Ⅱ 이상이어야 함)

㉡ 돌침은 건축물의 맨 윗부분으로부터 25센티미터 이상 돌출시켜 설치하되, 설계하중에 견딜 수 있는 구조일 것

㉢ 피뢰설비의 재료는 최소 단면적이 피복이 없는 동선을 기준으로 수뢰부, 인하도선 및 접지극은 50제곱밀리미터 이상이거나 이와 동등 이상의 성능을 갖출 것

㉣ 피뢰설비의 인하도선을 대신하여 철골조의 철골구조물과 철근콘크리트조의 철근구조체 등을 사용하는 경우에는 전기적 연속성이 보장될 것. 이 경우 전기적 연속성이 있다고 판단되기 위하여는 건축물 금속 구조체의 최상단부와 지표레벨 사이의 전기저항이 0.2Ω 이하이어야 한다.

㉤ 측면 낙뢰를 방지하기 위하여 높이가 60미터를 초과하는 건축물 등에는 지면에서 건축물 높이의 5분의 4가 되는 지점부터 최상단부분까지의 측면에 수뢰부를 설치하여야 하며, 지표레벨에서 최상단부의 높이가 150미터를 초과하는 건축물은 120미터 지점부터 최상단부분까지의 측면에 수뢰부를 설치할 것(다만, 건축물의 외벽이 금속부재로 마감되고, 금속부재 상호 간에 전기적 연속성이 보장되며 피뢰시스템레벨 등급에 적합하게 설치하여 인하도선에 연결한 경우에는 측면 수뢰부가 설치된 것으로 본다.)

㉥ 접지는 환경오염을 일으킬 수 있는 시공방법이나 화학 첨가물 등을 사용하지 아니할 것

㉦ 급수 · 급탕 · 난방 · 가스 등을 공급하기 위하여 건축물에 설치하는 금속배관 및 금속재 설비는 전위가 균등하게 이루어지도록 전기적으로 접속할 것

㉧ 전기설비의 접지계통과 건축물의 피뢰설비 및 통신설비 등의 접지극을 공용하는 통합접지공사를 하는 경우에는 낙뢰 등으로 인한 과전압으로부터 전기설비 등을 보호하기 위하여 한국산업표준에 적합한 서지보호장치[서지(Surge : 전류 · 전압 등의 과도 파형을 말한다)로부터 각종 설비를 보호하기 위한 장치를 말한다]를 설치할 것

㉨ 그 밖에 피뢰설비와 관련된 사항은 한국산업표준에 적합하게 설치할 것

3) 피뢰기의 종류

① 용어의 정의

㉠ 피뢰기(Lightning Arrester) : 전기시설에 침입하는 낙뢰에 의한 이상 전압에 대하여 그 파고값을 저감시켜 전기기기를 절연파괴에서 보호하는 장치(이상전압으로부터 전력설비의 기기를 보호)

㉡ 피뢰설비(LPS ; Lightning Protection System) : 건축물 등 대상물에 접근하는 뇌격을 막고 뇌격전류를 대지로 방류하는 동시에 낙뢰에 의해 생기는 화재, 파괴 또는 사람과 동식물의 보호를 목적으로 하는 설비

㉢ 등전위본딩(Equipotential Bonding) : 내부 피뢰설비 중 뇌격전류에 의해 발생하는 전위차를 감소시키기 위하여 도전체 상호 간을 전기적으로 연결하는 것

㉣ 보호범위(Space to be Protected) : 낙뢰의 영향으로부터 보호가 필요한 건축물의 일부 또는 그 지역

㉤ 외부 피뢰설비 : 직격뢰를 받는 수뢰부, 뇌격전류를 접지전극으로 흐르게 하는 인하도선, 뇌격전류를 전류로 방류하는 접지시스템 등의 3요소로 구성된 설비

㉥ 내부 피뢰설비 : 보호범위 내에서 뇌격전류에 의한 전자적 영향을 감소시키기 위해 설치되는 본딩도체, 서지억제기 등 외부 피뢰설비 이외에 설치된 모든 설비

② 피뢰기의 정격

정격전압	피뢰기가 속류를 차단할 수 있는 상용주파수 최고의 교류전압의 실효값을 말한다.
제한전압	피뢰기 방전 시 선로단자와 접지단자 간에 남게 되는 충격전압의 파고치로서 방전 중에 피뢰기 단자 간에 걸리는 전압을 말한다.
충격방전 개시전압	극성의 충격파와 소정의 파형을 피뢰기의 선로단자와 접지단자 간에 인가했을 때 방전전류가 흐르기 이전에 도달할 수 있는 최고 전압을 말한다.

③ 피뢰기의 종류

저항형 피뢰기	직렬갭과 저항을 직렬로 한 것 ① 각형 피뢰기 ② 밴드만 피뢰기 ③ 다극 피뢰기
밸브형 피뢰기	특정요소가 일정한 임계 전압 이상의 근소한 전압 증가에서 전류가 현저히 증가하는 것 ① 알루미늄셀 피뢰기 ② 산화막 피뢰기 ③ 벨트형 산화막 피뢰기 ④ 오토밸브 피뢰기
밸브저항형 피뢰기	비직선 저항특성의 탄화규소를 주성분으로 하는 특성요소에 직렬갭을 접속한 구조 ① 사이라이트 피뢰기 ② 레지스트 밸브 피뢰기 ③ 드라이 밸브 피뢰기
방출형 피뢰기	간이형 피뢰기로 배전선용 주상 변압기의 보호에 사용
갭레스형 피뢰기	구조가 간단하고 소형, 경량이며, 제한전압이 낮다.

④ 피뢰기의 구성

직렬갭	이상전압 내습 시 뇌전류를 대지로 방전시키는 역할을 한다.
특성요소	방전 종료 후 속류를 차단시키는 역할을 한다. 속류란 방전 현상이 실질적으로 끝난 후 계속하여 전력계통에서 공급되어 피뢰기에 흐르는 전류를 말한다.

⑤ 피뢰기의 구비성능

㉠ 충격 방전 개시 전압과 제한 전압이 낮을 것

㉡ 반복 동작이 가능할 것

㉢ 구조가 견고하며 특성이 변화하지 않을 것

㉣ 점검 · 보수가 간단할 것

㉤ 뇌전류의 방전능력이 클 것

㉥ 속류의 차단이 확실하게 될 것

4) 피뢰침의 종류

① 피뢰침(Lightning Rod)의 정의

낙뢰에 의한 충격전류를 대지로 안전하게 유도함으로써 낙뢰로 인해 생기는 건물의 화재 · 파손 및 사람과 가축에 대한 상해를 방지할 목적으로 설치하는 장치를 말한다.(건물과 내부의 사람이나 물체를 뇌해로부터 보호)

② 피뢰침의 종류

돌침방식	① 뇌격은 선단이 뾰족한 금속도체 부분으로 방전이 용이하기 때문에 금속 돌침으로 뇌격을 방전 ② 설계 시 보호각법을 통해 비교적 용이하게 설계할 수 있음
수평도체 방식	① 건축물의 수뢰부에 수평으로 도체를 설치하는 방식 ② 상호 간 일정간격으로 그물망처럼 설치한다면 메시방식의 수뢰부가 됨
메시(Mesh) 방식	① 건축물의 수뢰부에 그물망 또는 케이지 형태로 피뢰설비를 설치하는 방식 ② 고층건축물로 넓은 옥상면이 있는 경우 가장 많이 사용 ③ 낙뢰의 우려가 큰 경우 대부분 메시와 돌침을 혼용하여 설치
케이지 방식	① 건축물의 외부(수뢰부, 측면 등) 전체를 메시도체로 설치하는 방식 ② 일반건축물에는 외관적 문제, 내부 서지의 보호 등의 문제로 적용하기 어려움 ③ 특수건축물로서 산꼭대기건축물, 방송용 철탑 등 낙뢰 우려가 특히 높은 건축물 등에 적용할 수 있음
광역피뢰침 (선행스트리머방식)	① 대형 건축물의 직상부 낙뢰 및 측벽뢰 보호를 위해 개발하였으며, 돌침에 수동적인 낙뢰방전을 능동적으로 반응하도록 하였음 ② 평상시 동작하지 않다가 낙뢰 시 공중으로 돌침부에서 전하를 발생시켜 뇌격을 흡수하고 대지로 방류시키는 방식

5) 피뢰침의 보호각도

① 수뢰부(Air−termination system) : 뇌격전류를 받아들이기 위한 외부 피뢰설비의 일부분을 말하며, 돌침, 수평도체, 메시도체 등이 있다.

㉠ 수뢰부의 구성요소 : 뇌격이 보호범위 내에 침입할 확률은 수뢰부를 적절히 설계함으로써 상당히 감소된다.

ⓐ 돌침

ⓑ 수평도체

ⓒ 메시도체

㉡ 수뢰부의 배치

ⓐ 보호등급별 회전구체 반지름, 메시치수와 보호각 최댓값

보호등급	회전구체 반경(m)	메시치수(m)	보호각 $\alpha°$
Ⅰ	20	5 × 5	다음 그림 참조
Ⅱ	30	10 × 10	
Ⅲ	45	15 × 15	
Ⅳ	60	20 × 20	

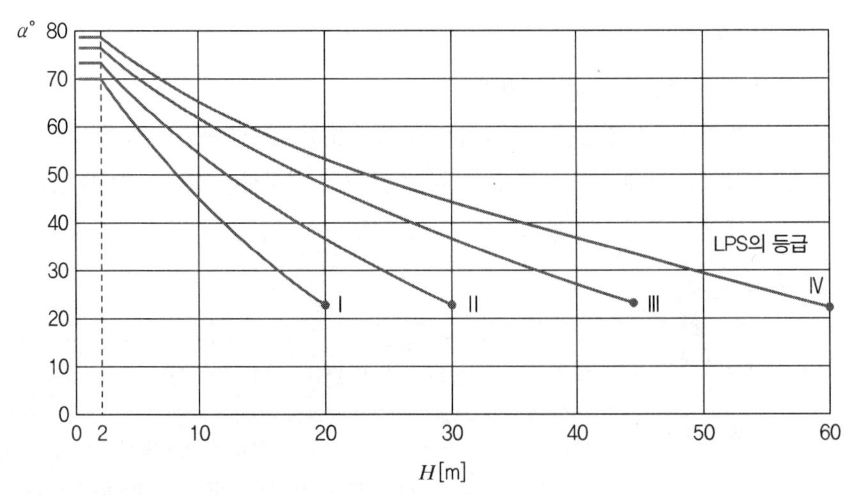

비고
1) • 표를 넘는 범위에서는 적용할 수 없으며, 회전구체법과 메시도체법만 적용할 수 있다.
2) H는 보호대상 지역 기준평면으로부터의 높이이다.
3) 높이 H가 2m 이하인 경우 보호각은 불편이다.

ⓑ 낙뢰로부터 보호할 수 있는 방법에는 보호각법, 회전구체법, 메시도체법이 있다.

보호각법	① 낙뢰 보호범위를 수뢰부 정점의 각도로 나타내는 방법 ② 단순한 형상의 건물에 적용할 수 있음 ③ 돌침의 보호각을 이용하여 건축물을 보호하는 방법
회전구체법	① 낙뢰의 선행 선단이 대지에 접근할 때를 상정하여 뇌격거리 R의 반경을 구(球)가 지상물체 끝부분과 대지면에 접하는 면을 보호범위로 나타내는 방법 ② 모든 경우에 적용할 수 있음
메시도체법	① 메시도체로 둘러싸인 안쪽을 보호범위로 설정하는 방법 ② 보호대상 건축물의 표면이 평평한 경우에 적합 ③ 건축물 상부를 나동선 또는 부스바 재질로 그물망으로 촘촘히 구성하는 방법

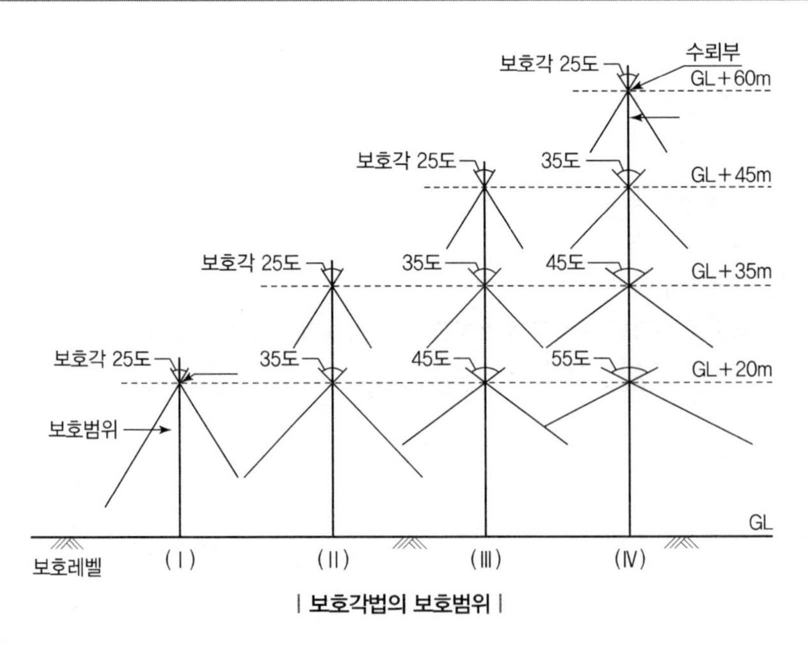

| 보호각법의 보호범위 |

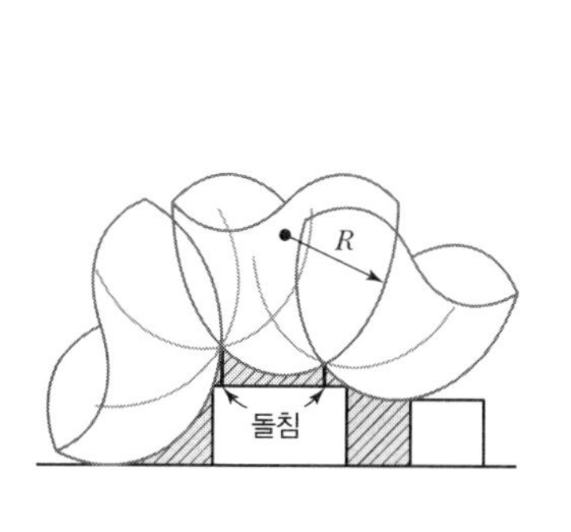

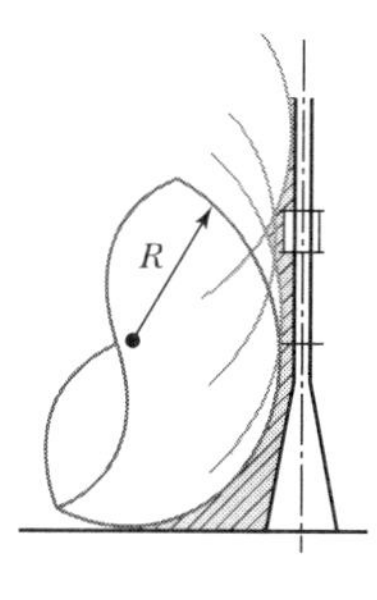

| 회전구체법의 보호범위 |

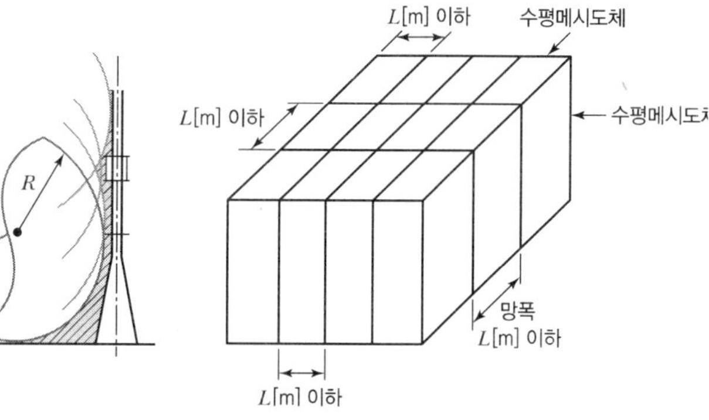

| 메시도체법의 보호범위 |

ⓒ 보호등급은 다음의 사항 등을 고려하여 Ⅰ, Ⅱ, Ⅲ, Ⅳ의 4개 등급으로 구분한다.

- 해당 지역의 낙뢰빈도, 지형 등 입지조건
- 구조물의 종류와 중요도

> – 구조물의 높이
> – 다중이용시설(학교, 병원, 백화점, 극장 등)
> – 중요업무를 수행하는 구조물(관공서, 전화국, 은행, 회사 등)
> – 문화시설(미술관, 박물관 등)
> – 목장
> – 화약, 가연성 액체, 가연성 가스, 독극물, 방사성 물질 등을 저장 또는 취급하는 구조물
> – 전자기기가 많이 설치되어 있는 구조물

- 일반구조물은 보호등급 Ⅳ, 화약, 가연성 액체나 가연성 가스 등 위험물을 취급 또는 저장하는 구조물은 보호등급 Ⅱ를 최저 기준으로 적용하고, 상황에 따라 가급적 상위 등급을 적용한다.

ⓓ 높이 60m를 넘는 구조물의 경우 상층부의 모서리, 돌출부 등에 측면 낙뢰가 있을 수 있으므로 이를 보호할 수 있는 수뢰부를 구성한다.

ⓔ 구조물의 높이가 120m를 넘는 모든 부분은 뇌격으로부터 보호되어야 한다.

② 인하도선(Down – conductor) : 수뢰부로부터 접지부로 뇌격전류를 흘리기 위한 외부 피뢰설비의 일부분을 말한다.

㉠ 인하도선의 구성 : 인하도선은 위험한 불꽃방전이 발생하지 않도록 다음과 같이 구성한다.

ⓐ 다수의 통전경로가 병렬로 구성되도록 한다.

ⓑ 통전경로 길이를 최소로 유지한다.

ⓒ 구조물의 도전성 부분에 등전위 본딩을 실시한다.

㉡ 보호대상 구조물과 분리되지 않은 피뢰설비의 배치

ⓐ 인하도선은 상호 간의 평균간격이 다음에 표시한 값 이하가 되도록 배치하며, 어느 경우나 2조 이상의 인하도선을 배치한다.

▼ 보호등급에 따른 인하도선 간 평균거리

보호등급	I	II	III	IV
평균거리(m)	10	10	15	20

ⓑ 인하도선은 보호범주의 주위로 일정한 간격으로 배치하고, 가능한 한 건축물의 각 모서리에 보다 가깝게 배치한다.

ⓒ 인하도선은 지표면 근방에서 수평환상도체로 상호 연결하고, 높이 20m가 넘는 건축물 등에는 수직거리 20m마다 추가로 수평환상도체에 접속한다.

6) 피뢰침의 보호 여유도

① 보호 범위(Space to be Protected) : 낙뢰의 영향으로부터 보호가 필요한 건축물의 일부 또는 그 지역을 말한다.

② 보호 여유도

$$\text{여유도}[\%] = \frac{\text{충격절연강도} - \text{제한전압}}{\text{제한전압}} \times 100$$

··· 예상문제

피뢰침의 제한전압이 800kV, 충격절연강도가 1,260kV라 할 때, 보호여유도는 몇 %인가?

풀이 $\text{여유도}[\%] = \frac{\text{충격절연강도} - \text{제한전압}}{\text{제한전압}} \times 100 = \frac{1,260 - 800}{800} \times 100 = 57.5[\%]$

답 57.5[%]

7) 피뢰침의 접지공사

① 접지시설

A형 접지전극	① 방사상 접지전극, 판상 접지전극, 수직 접지전극(일반적으로 봉상전극) 등이 있다. ② 인하도선은 이들 접지전극 중 하나의 접지전극에 연결되어야 하고, 또한 접지전극은 최소 2조 이상을 한다. ③ 토양의 대지저항률이 낮고 소규모 구조물에 적합하다.
B형 접지전극	환상 접지전극, 메시 접지전극, 건축물 등의 기초구조체 대용접지전극 등이 있다.

② 접지전극 시공

㉠ 외부 환상접지전극은 최소 0.5m 깊이에 매설하고, 벽과 1m 이상 떨어지도록 한다.

㉡ 접지전극은 최소 0.5m 이상의 깊이에 매설하고, 지중에서 전기적 결합 효과를 최소화하기 위하여 일정한 간격으로 배치하여야 한다.

㉢ 매설 접지전극은 시공 중 검사할 수 있도록 설치되어야 한다.

㉣ 매설 깊이와 전극형태는 부식, 토양의 온도와 습도에 영향을 적게 받도록 하여 일정한 접지저항이 유지되도록 하여야 한다.

㉤ 토양이 동결되었을 때는 지표면 아래 1m 깊이까지는 수직 접지전극의 접지효과가 없으며, 암반에서는 B형 접지전극이 유리하다.

③ 조임부

㉠ 조임 : 수뢰부와 인하도선은 전자력이나 진동, 빙설로 인한 균열 등으로 도체가 절단되거나 늘어지지 않도록 견고하게 고정되어야 함

㉡ 접속

ⓐ 도체 간의 접속개소는 최소로 하여야 한다.

ⓑ 접속은 슬리브, 땜, 용접, 나사 조임 또는 볼트 조임 등의 방법으로 전기적 연속성을 유지하여야 한다.

④ 재료 및 굵기

㉠ 재료

ⓐ 사용재료는 뇌격전류에 의한 전기 · 전자적 영향에 견디고 사고로 인해 예상되는 응력변형에 손상이 없어야 한다.

ⓑ 재료와 굵기는 보호되어야 할 구조물 또는 피뢰설비의 부식 가능성을 고려하여 선정하여야 한다.

㉡ 굵기

ⓐ 도체의 최소 굵기는 다음의 사항에 따른다.

▼ 피뢰설비 도체의 최소 굵기(mm^2)

보호등급	재질	돌침	인하도선	접지도체
Ⅰ~Ⅳ	구리	35	16	50
	알루미늄	70	25	–
	철	50	50	80

ⓑ 기계적 또는 부식문제를 고려하여 도체의 굵기를 크게 할 수 있다.

⑤ 피뢰설비 점검 시 확인사항

㉠ 피뢰설비가 설계와 일치하고 있는지의 여부

㉡ 피뢰설비의 모든 구성요소가 양호한 상태이고, 설계 시 의도한 기능을 달성할 수 있으며 부식이 있는지의 여부

㉢ 최근에 시설된 구조물이 피뢰설비에 본딩되거나 피뢰설비에 적합한지의 여부

3. 화재경보기

1) 화재경보기의 구성

화재경보설비란 화재 발생 사실을 통보하는 기계 · 기구 또는 설비를 말한다.

① 종류

㉠ 단독경보형 감지기

㉡ 비상경보설비(비상벨설비, 자동식 사이렌설비)

㉢ 시각경보기

㉣ 자동화재탐지설비

㉤ 비상방송설비

㉥ 자동화재속보설비

㉦ 통합감시시설

㉧ 누전경보기

㉨ 가스누설경보기

② 구성

㉠ 누전경보기

ⓐ 정의 : 내화구조가 아닌 건축물로서 벽, 바닥 또는 천장의 전부나 일부를 불연재료 또는 준불연재료가 아닌 재료에 철망을 넣어 만든 건물의 전기설비로부터 누설전류를 탐지하여 경보를 발하는 것을 말한다.

ⓑ 구성

수신부	변류기로부터 검출된 신호를 수신하여 누전의 발생을 해당 특정소방대상물의 관계인에게 경보하여 주는 것(차단기구를 갖는 것을 포함)
변류기	경계전로의 누설전류를 자동적으로 검출하여 이를 누전경보기의 수신부에 송신하는 것
차단기구	경계전로에 누설전류가 흐르는 경우 이를 수신하여 그 경계전로의 전원을 자동적으로 차단하는 장치
음향장치	경보를 발하는 장치

㉡ 자동화재탐지설비

ⓐ 정의 : 화재가 발생한 건축물 내의 초기단계에서 발생하는 열 또는 연기를 자동적으로 발견하여 건축물 내의 관계자에게 벨, 사이렌 등의 음향장치로 화재 발생을 알리는 설비의 일체를 말한다.

ⓑ 구성

감지기	화재 시 발생하는 열, 연기, 불꽃 또는 연소생성물을 자동적으로 감지하여 수신기에 발신하는 장치를 말한다.
수신기	감지기나 발신기에서 발하는 화재신호를 직접 수신하거나 중계기를 통하여 수신하여 화재의 발생을 표시 및 경보하여 주는 장치를 말한다.
발신기	화재발생 신호를 수신기에 수동으로 발신하는 장치를 말한다.
중계기	감지기 · 발신기 또는 전기적 접점 등의 작동에 따른 신호를 받아 이를 수신기의 제어반에 전송하는 장치를 말한다.
음향장치	화재를 알리는 벨, 사이렌 등

ⓒ 감지기의 종류

감지원리		개념	감지범위	종류
열감지기	차동식	온도의 상승률이 소정의 값 이상일 때 동작하는 감지기	스포트형	공기식
				전기식
			분포형	공기관식
				열전대식
				열반도체식
	정온식	일정온도 이상이 될 때 작동하는 감지기	스포트형	바이메탈식
				열반도체식
			감지선형	–
	보상식	저온도에서는 차동식으로 주위 온도가 공칭작동 온도에 도달하면 온도상승률에 상관없이 정온식으로 작동되는 감지기	스포트형	–
연기감지기	광전식	연기에 의한 빛의 양 변화를 광전기 같은 전기적 변화에 의해 화재 발생을 검지하는 감지기	스포트형	비축적형
				축적형
			분리형	–
	이온화식	주위의 공기가 일정한 농도의 연기를 포함하게 되는 경우에 작동하는 감지기	스포트형	비축적형
				축적형

2) 화재경보기의 설치 및 장소

① 누전경보기

㉠ 설치방법

ⓐ 경계전로의 정격전류에 따른 경보기의 설치

정격전류가 60A를 초과하는 전로	1급 누전경보기
정격전류가 60A 이하의 전로	1급 또는 2급 누전경보기

ⓑ 변류기는 특정소방대상물의 형태, 인입선의 시설방법 등에 따라 옥외 인입선의 제1지점의 부하 측 또는 제2종 접지선 측의 점검이 쉬운 위치에 설치할 것(다만, 인입선의 형태 또는 특정소방대상물의 구조상 부득이한 경우에는 인입구에 근접한 옥내에 설치할 수 있다.)

ⓒ 변류기를 옥외의 전로에 설치하는 경우에는 옥외형으로 설치할 것

㉡ 수신부의 설치장소

ⓐ 누전경보기의 수신부는 옥내의 점검에 편리한 장소에 설치하되, 가연성의 증기 · 먼지 등이 체류할 우려가 있는 장소의 전기회로에는 해당 부분의 전기회로를 차단할 수 있는 차단기구를 가진 수신부를 설치하여야 한다. 이 경우 차단기구의 부분은 해당 장소 외의 안전한 장소에 설치하여야 한다.

ⓑ 누전경보기의 수신부는 다음 각 호의 장소 외의 장소에 설치하여야 한다.(다만, 해당 누전경보기에 대하여 방폭 · 방식 · 방습 · 방온 · 방진 및 차폐 등의 방호조치를 한 것은 제외)

• 가연성의 증기 · 먼지 · 가스 등이나 부식성의 증기 · 가스 등이 다량으로 체류하는 장소

- 화약류를 제조하거나 저장 또는 취급하는 장소
- 습도가 높은 장소
- 온도의 변화가 급격한 장소
- 대전류회로 · 고주파 발생회로 등에 따른 영향을 받을 우려가 있는 장소

ⓒ 음향장치는 수위실 등 상시 사람이 근무하는 장소에 설치하여야 하며, 그 음량 및 음색은 다른 기기의 소음 등과 명확히 구별할 수 있는 것으로 하여야 한다.

② 자동화재탐지설비

㉠ 감지기 설치

ⓐ 부착높이에 따른 감지기의 설치

부착높이	감지기의 종류
4m 미만	차동식(스포트형, 분포형), 보상식 스포트형, 정온식(스포트형, 감지선형), 이온화식 또는 광전식(스포트형, 분리형, 공기흡입형), 열복합형, 연기복합형, 열연기복합형, 불꽃감지기
4m 이상 8m 미만	차동식(스포트형, 분포형), 보상식 스포트형, 정온식(스포트형, 감지선형) 특종 또는 1종, 이온화식 1종 또는 2종, 광전식(스포트형, 분리형, 공기흡입형) 1종 또는 2종, 열복합형, 연기복합형, 열연기복합형, 불꽃감지기
8m 이상 15m 미만	차동식 분포형, 이온화식 1종 또는 2종, 광전식(스포트형, 분리형, 공기흡입형) 1종 또는 2종, 연기복합형, 불꽃감지기
15m 이상 20m 미만	이온화식 1종, 광전식(스포트형, 분리형, 공기흡입형) 1종, 연기복합형, 불꽃감지기
20m 이상	불꽃감지기, 광전자식(분리형, 공기흡입형) 중 아날로그 방식

비고
- 감지기별 부착높이 등에 대하여 별도로 형식승인 받은 경우에는 그 성능 인정범위 내에서 사용할 수 있다.
- 부착높이 20m 이상에 설치되는 광전식 중 아날로그 방식의 감지기는 공칭감지농도 하한값이 감광률 5%/m 미만인 것으로 한다.

ⓑ 연기감지기 설치장소

- 계단 · 경사로 및 에스컬레이터 경사로
- 복도(30m 미만의 것을 제외)
- 엘리베이터 승강로(권상기실이 있는 경우에는 권상기실) · 린넨슈트 · 파이프 피트 및 덕트 기타 이와 유사한 장소
- 천장 또는 반자의 높이가 15m 이상 20m 미만의 장소
- 다음 항목의 어느 하나에 해당하는 특정소방대상물의 취침 · 숙박 · 입원 등 이와 유사한 용도로 사용되는 거실

  - 공동주택 · 오피스텔 · 숙박시설 · 노유자시설 · 수련시설
  - 교육연구시설 중 합숙소
  - 의료시설, 근린생활시설 중 입원실이 있는 의원 · 조산원
  - 교정 및 군사시설
  - 근린생활시설 중 고시원

㉡ 감지기 설치 제외 장소

ⓐ 천장 또는 반자의 높이가 20m 이상인 장소(다만, 부착높이에 따라 적응성이 있는 장소는 제외)

ⓑ 헛간 등 외부와 기류가 통하는 장소로서 감지기에 따라 화재 발생을 유효하게 감지할 수 없는 장소

ⓒ 부식성 가스가 체류하고 있는 장소

ⓓ 고온도 및 저온도로서 감지기의 기능이 정지되기 쉽거나 감지기의 유지관리가 어려운 장소

ⓔ 목욕실 · 욕조나 샤워시설이 있는 화장실 · 기타 이와 유사한 장소

ⓕ 파이프덕트 등 그 밖의 이와 비슷한 것으로서 2개 층마다 방화구획된 것이나 수평단면적이 $5m^2$ 이하인 것

ⓖ 먼지 · 가루 또는 수증기가 다량으로 체류하는 장소 또는 주방 등 평시에 연기가 발생하는 장소(연기감지기에 한함

ⓗ 프레스공장 · 주조공장 등 화재 발생의 위험이 적은 장소로서 감지기의 유지관리가 어려운 장소

3) 작동원리

① 단상식

㉠ 누설전류가 없는 경우

회로에 흐르는 왕로전류(I_1)와 귀로전류(I_2)는 동일하고 왕로전류(I_1)에 의한 자속(ϕ_1)과 귀로전류(I_2)에 의한 자속(ϕ_2)은 동일하다. 즉, 왕로전류의 자속(ϕ_1) = 귀로전류의 자속(ϕ_2)이므로 서로 상쇄되어 유기전력이 발생하지 않는다.

㉡ 누설전류가 발생하는 경우

전로에 누설전류가 발생되면 누설전류(I_g)가 흐르므로 왕로전류는 $I_1 + I_g$ 가 되고 귀로전류는 와전전류($I_1 + I_g$)보다 작아져서 누설전류 I_g에 의한 자속이 생성되어 영상변류기에 유기전압(유도전압)을 유도시킨다. 이 전압을 증폭해서 입력신호로 하여 릴레이를 작동시켜 경보를 발하게 된다.

$$\text{유기전압}(E) = \frac{E_m}{\sqrt{2}} = \frac{2\pi f}{\sqrt{2}} N\phi_{gm} = 4.44 f N\phi_{gm} [\text{V}]$$

여기서, ϕ_{gm} : 누설전류에 의한 자속의 최대치
N : 2차 권선수
f : 주파수
E : 유기전압(실효치)

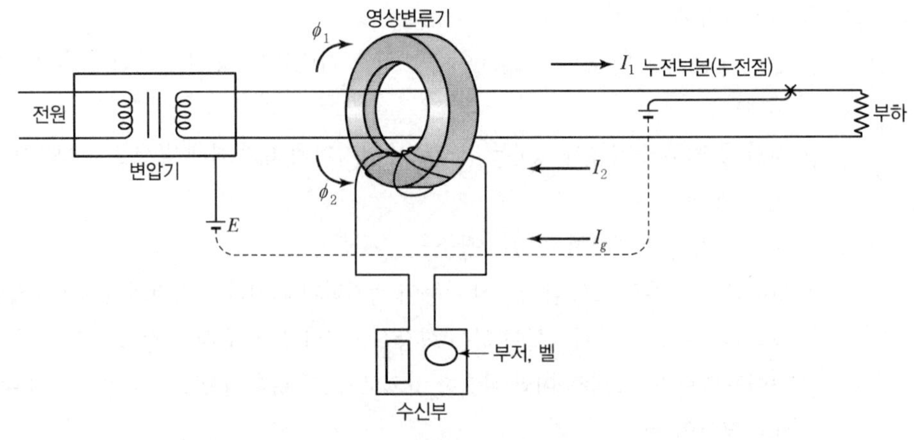

| 단상식 전기화재 경보기 |

② 3상식

㉠ 누설전류가 없는 경우

$I_1 = I_b - I_a$, $I_2 = I_c - I_b$, $I_3 = I_a - I_c$가 되며,

$I_1 + I_2 + I_3 = I_b - I_a + I_c - I_b + I_a - I_c = 0$이 된다.

∴ 변류기 내를 흐르는 전류의 합은 0이 되어 유기전압이 유도되지 않는다.

㉡ 전로에 누설전류가 발생하는 경우

$I_1 = I_b - I_a$, $I_2 = I_c - I_b$, $I_3 = I_a - I_c + I_g$가 된다.

∴ 누설전류(I_g) $= I_1 + I_2 + I_3$가 된다. 누설전류 I_g는 ϕ_g라는 자속을 발생시켜 ϕ_g는 단상의 경우와 같이 영상변류기에 유기전압이 유도되며 이를 증폭하여 경보를 발하게 된다.

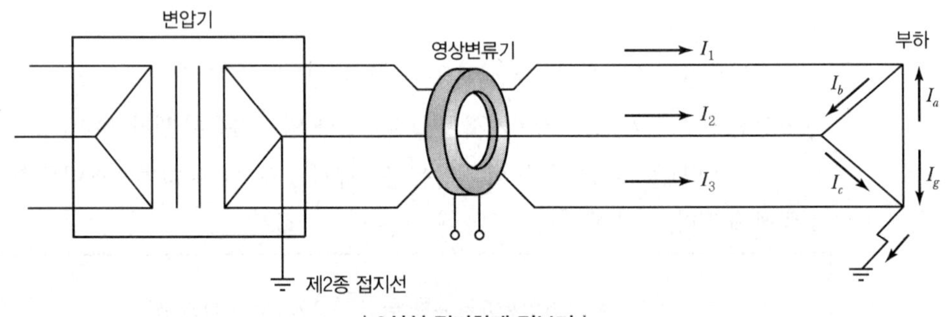

| 3상식 전기화재 경보기 |

4) 회로 결선방법

① 누전경보기의 전원

㉠ 전원은 분전반으로부터 전용회로로 하고, 각 극에 개폐기 및 15A 이하의 과전류 차단기(배선용 차단기에 있어서는 20A 이하의 것으로 각 극을 개폐할 수 있는 것)를 설치할 것

㉡ 전원을 분기할 때에는 다른 차단기에 따라 전원이 차단되지 아니하도록 할 것

㉢ 전원의 개폐기에는 누전경보기용임을 표시한 표지를 할 것

② 자동화재탐지설비

㉠ 전원

ⓐ 전원은 전기가 정상적으로 공급되는 축전지 또는 교류전압의 옥내 간선으로 하고, 전원까지의 배선은 전용으로 할 것

ⓑ 개폐기에는 "자동화재탐지설비용"이라고 표시한 표지를 할 것

ⓒ 자동화재탐지설비에는 그 설비에 대한 감시상태를 60분간 지속한 후 유효하게 10분 이상 경보할 수 있는 축전지설비(수신기에 내장하는 경우를 포함)를 설치하여야 한다.

㉡ 배선

ⓐ 전원회로의 배선은 옥내소화전설비의 화재안전기준에 따른 내화배선에 따르고, 그 밖의 배선(감지기 상호 간 또는 감지기로부터 수신기에 이르는 감지기회로의 배선을 제외)은 옥내소화전설비의 화재안전기준에 따른 내화배선 또는 내열배선에 따라 설치할 것

ⓑ 감지기 상호 간 또는 감지기로부터 수신기에 이르는 감지기회로의 배선은 다음 각 항의 기준에 따라 설치할 것

- 아날로그식, 다신호식 감지기나 R형 수신기용으로 사용되는 것은 전자파 방해를 받지 아니하는 실드선 등을 사용하여야 하며, 광케이블의 경우에는 전자파 방해를 받지 아니하고 내열성능이 있는 경우 사용할 수 있다. 다만, 전자파 방해를 받지 아니하는 방식의 경우에는 그러하지 아니하다.
- 위의 일반배선을 사용할 때는 옥내소화전설비의 화재안전기준에 따른 내화배선 또는 내열배선으로 사용할 것

ⓒ 감지기회로의 도통시험을 위한 종단저항은 다음의 기준에 따를 것

- 점검 및 관리가 쉬운 장소에 설치할 것
- 전용함을 설치하는 경우 그 설치 높이는 바닥으로부터 1.5m 이내로 할 것
- 감지기 회로의 끝부분에 설치하며, 종단감지기에 설치할 경우에는 구별이 쉽도록 해당 감지기의 기판 및 감지기 외부 등에 별도의 표시를 할 것

ⓓ 감지기 사이의 회로의 배선은 송배전식으로 할 것

ⓔ 전원회로의 전로와 대지 사이 및 배선 상호 간의 절연저항은 「전기사업법」에 따른 기술기준이 정하는 바에 의하고, 감지기회로 및 부속회로의 전로와 대지 사이 및 배선 상호 간의 절연저항은 1경계구역마다 직류 250V의 절연저항측정기를 사용하여 측정한 절연저항이 0.1MΩ 이상이 되도록 할 것

ⓕ 자동화재탐지설비의 배선은 다른 전선과 별도의 관 · 덕트(절연효력이 있는 것으로 구획한 때에는 그 구획된 부분은 별개의 덕트로 봄) · 몰드 또는 풀박스 등에 설치할 것. 다만, 60V 미만의 약 전류회로에 사용하는 전선으로서 각각의 전압이 같을 때에는 그러하지 아니하다.

ⓖ 피(P)형 수신기 및 지피(GP)형 수신기의 감지기 회로의 배선에 있어서 하나의 공통선에 접속할 수 있는 경계구역은 7개 이하로 할 것

ⓗ 자동화재탐지설비의 감지기회로의 전로저항은 50Ω 이하가 되도록 하여야 하며, 수신기의 각 회로별 종단에 설치되는 감지기에 접속되는 배선의 전압은 감지기 정격전압의 80% 이상이어야 할 것

5) 시험방법

① 누전경보기의 시험방법

- 전류 특성 시험
- 전압 특성 시험
- 주파수 특성시험
- 온도 특성 시험
- 온도 상승 시험
- 노화 시험
- 전로 개폐 시험
- 과전류 시험
- 차단 기구의 개폐 자유 시험
- 개폐 시험
- 단락 전류 시험
- 과누전 시험
- 진동 시험
- 충격 시험
- 방수 시험
- 절연 저항 시험
- 절연 내력 시험
- 전압 강하의 방지

② 자동화재탐지설비의 시험방법

㉠ 감지기

ⓐ 절연저항시험 : 감지기의 절연된 단자 간의 절연저항 및 단자와 외함 간의 절연저항은 직류 500V의 절연저항계로 측정한 값이 50MΩ 이상(정온식 감지선형감지기는 선간에서 1m당 1,000MΩ 이상일 것)

ⓑ 절연내력시험 : 감지기의 단자와 외함 간의 절연내력은 60Hz의 정현파에 가까운 실효전압 500V(정격전압이 60V 초과 150V 이하인 것은 1,000V, 정격전압이 150V를 초과하는 것은 그 정격전압에 2를 곱하여 1,000V를 더한 값)의 교류전압을 가하는 시험에서 1분간 견딜 것

㉡ 수신기

ⓐ 화재표시작동시험 : 화재신호를 수신하는 경우 적색의 화재표시등에 의하여 화재의 발생을 자동적으로 표시함과 동시에 지구표시장치에 의하여 화재가 발생한 해당 경계구역을 자동적으로 표시하고 주 음향장치 및 지구음향장치가 울리도록 할 것

ⓑ 절연저항시험

- 수신기의 절연된 충전부와 외함 간의 절연저항은 직류 500V의 절연저항계로 측정한 값이 5MΩ 이상일 것
- 절연된 선로 간의 절연저항은 직류 500V의 절연저항체로 측정한 값이 20MΩ 이상일 것

㉢ 발신기

ⓐ 주위온도 시험

종류	옥외형	옥내형
시험온도	−35±2∼70±2℃	−10±2∼50±2℃

ⓑ 반복시험 : 발신기는 정격전압에서 정격전류를 흘려 5,000회의 작동반복시험을 하는 경우 그 구조기능에 이상이 생기지 아니할 것

ⓒ 절연저항시험 : 절연된 단자 간의 절연저항 및 단자와 외함 간의 절연저항은 직류 500V의 절연저항계로 측정하는 경우 20MΩ 이상일 것

㉣ 중계기

ⓐ 주위온도 시험 : 주위온도가 $-10\pm2\sim50\pm2$℃까지의 범위에서 기능 이상이 생기지 아니할 것

ⓑ 정격전압에서 정격전류를 흘리고 2,000회의 작동을 반복하는 시험을 하는 경우 그 구조 또는 기능에 이상이 생기지 아니할 것

설비의 종류	감지기	발신기	중계기	비상조명등
반복시험횟수	1,000회	5,000회	2,000회	5,000회

ⓒ 절연저항시험 : 절연된 충전부와 외함 간 및 절연된 선로 간의 절연저항은 직류 500V의 절연저항계로 측정하는 경우 20MΩ 이상일 것

PART 01 PART 02 PART 03 PART 04 PART 05 PART 06

PART 05

화학설비 안전관리

Engineer Industrial Safety

CHAPTER

01 화재 · 폭발 검토

SECTION 01 화재 · 폭발 이론 및 발생 이해

1 연소의 정의 및 요소

1. 연소의 정의

1) 연소의 정의

① 다량의 발열을 수반하는 발열화학반응

② 어떤 물질이 공기 또는 산소 중에서 산화반응을 일으켜 발열과 발광을 동반하는 현상

가연성 물질+산소(공기) → 연소 생성물+반응열

2) 연소의 구비조건

① 발열반응이어야 한다.

② 열에 의해서 가연물과 연소생성물의 온도가 상승하여야 한다.

③ 빛을 발생할 수 있어야 한다.

3) 완전연소

산소가 충분한 상태에서 가연성분이 완전히 산화되는 연소, 즉 연소 후 발생되는 물질 중에서 가연성분이 없는 연소를 말한다.

$$C + O_2 \rightarrow CO_2 + 97{,}000\text{kcal/mol}$$

4) 불완전연소

① 산소가 부족한 상태에서 가연성분이 불완전하게 산화되는 연소, 즉 연소 후 발생되는 물질 중에서 가연성분이 있는 연소를 말한다.

$$C + O_2 \rightarrow \frac{1}{2}CO_2 + 29{,}000\text{kcal/mol}$$

② 불완전연소의 발생원인

㉠ 산소공급원이 부족할 때
㉡ 주위의 온도, 연소실의 온도가 너무 낮을 때
㉢ 연소기구가 적합하지 않을 때
㉣ 가스 조성이 맞지 않을 때
㉤ 환기, 배기가 불충분할 때
㉥ 유류의 온도가 낮을 때
㉦ 불꽃이 냉각되었을 때

2. 연소의 3요소

1) 가연성 물질(가연물, 산화되기 쉬운 물질)

① 가연물의 구비조건(가연성 물질이 연소하기 쉬운 조건)

㉠ 산소와 친화력이 좋고 표면적이 넓을 것
㉡ 반응열(발열량)이 클 것
㉢ 열전도율이 작을 것
㉣ 활성화 에너지가 작을 것(점화에너지가 작을 것)

② 가연물이 될 수 없는 조건

흡열반응 물질	질소(N_2) 및 질소화합물은 발열반응이 아니라 흡열반응을 하므로 가연물이 될 수 없다. 예 질소와 산소의 반응 – 반응 또는 조작과정에서 발열을 동반하지 않는다. $N_2 + O_2 \rightarrow 2NO - 43.2kcal$
불활성 기체	헬륨(He), 크세논(Xe), 라돈(Rn), 아르곤(Ar), 크립톤(Kr), 네온(Ne) 등의 0족 원소는 불활성 물질이므로 연소반응을 할 수 없다.
완전 산화물	이산화탄소(CO_2), 물(H_2O) 등은 더 이상 산화반응을 할 수 없으므로 불연성 물질에 포함된다.

2) 산소공급원

공기는 가장 대표적인 산소공급원으로서, 공기 중에는 최적 배분율로 약 21%의 산소가 존재한다.

3) 점화원

① 연소반응을 일으킬 수 있는 최소의 에너지(활성화 에너지)

② 전기불꽃, 정전기 불꽃, 충격에 의한 불꽃, 마찰에 의한 불꽃, 단열 압축열, 고온 표면, 나화, 복사열 등

③ 점화원의 구분

기계적 점화원	충격, 마찰, 단열압축 등
전기적 점화원	전기적 스파크, 정전기 등
열적 점화원	불꽃, 고열표면, 용융물 등
자연발화	자연발화물질의 자연발화에 의한 발화에너지는 점화원이 된다.

참고

① 연소의 3요소 : 가연물, 산소공급원, 점화원
② 연소의 4요소 : 가연물, 산소공급원, 점화원, 연쇄반응(지속적으로 반응이 지속될 수 있도록 하는 활성화 반응)

2 인화점 및 발화점

1. 인화점

1) 인화점(Flash Point)의 정의

① 가연성 물질에 점화원을 주었을 때 연소가 시작되는 최저온도
② 사용 중인 용기 내에서 인화성 액체가 증발하여 인화될 수 있는 가장 낮은 온도
③ 액체의 표면에서 발생한 증기 농도가 공기 중에서 연소하한 농도가 될 수 있는 가장 낮은 액체 온도

2) 가연성 액체의 인화점

① 가연성 액체의 인화에 대한 위험성을 결정하는 요소로 인화점을 사용
② 가연성 액체의 경우 인화점 이상에서 점화원의 접촉에 의해 인화
③ 인화점이 낮을수록 위험한 물질

3) 액체의 인화점

액체	화학식	인화점	액체	화학식	인화점
아세톤	CH_3COCH_3	−20℃	메틸알코올	CH_3OH	11℃
에틸알코올	C_2H_5OH	13℃	벤젠	C_6H_6	−11℃
이황화탄소	CS_2	−30℃	아세트산에틸	$CH_3COOC_2H_5$	−4℃

2. 발화점

1) 발화점(Ignition Point)의 정의

착화원(점화원)이 없는 상태에서 가연성 물질을 공기 또는 산소 중에서 가열하였을 때 발화되는 최저온도

2) 발화점의 영향 인자 및 조건

발화점에 영향을 주는 인자	발화점이 낮아질 수 있는 조건
① 가연성 가스와 공기의 혼합비 ② 용기의 크기와 형태 ③ 용기벽의 재질 ④ 가열속도와 지속시간 ⑤ 압력 ⑥ 산소농도 ⑦ 유속 등	① 분자의 구조가 복잡할수록 ② 발열량이 높을수록 ③ 반응 활성도가 클수록 ④ 열전도율이 낮을수록 ⑤ 산소와의 친화력이 좋을수록 ⑥ 압력이 클수록

3) 자연발화

개념	외부로 방열하는 열보다 내부에서 발생하는 열의 양이 많은 경우에 발생
자연발화의 형태	① 산화열에 의한 발열(석탄, 건성유, 기름걸레 등) ② 분해열에 의한 발열(셀룰로이드, 니트로셀룰로오스 등) ③ 흡착열에 의한 발열(활성탄, 목탄분말, 석탄분 등) ④ 미생물에 의한 발열(퇴비, 먼지, 볏짚 등) ⑤ 중합에 의한 발열(아크릴로니트릴 등)
자연발화의 조건 (자연발화가 쉽게 일어나는 조건)	① 표면적이 넓을 것 ② 열전도율이 작을 것 ③ 발열량이 클 것 ④ 주위의 온도가 높을 것(분자운동 활발) ⑤ 수분이 적당량 존재할 것
자연발화의 인자	① 열의 축적(클수록) : 열축적이 용이할수록 자연발화가 되기 쉽다. ② 발열량(클수록) : 발열량이 큰 물질일수록 자연발화가 되기 쉽다. ③ 열전도율 : 열전도율이 작을수록 자연발화가 되기 쉽다. ④ 수분 : 적당량의 수분이 존재할 때 자연발화가 되기 쉽다. ⑤ 퇴적방법 : 열 축적이 용이하게 가연물이 적재되어 있으면 자연발화가 되기 쉽다. ⑥ 공기의 유동 : 공기의 이동이 잘 안 될수록 열 축적이 용이하여 자연발화가 되기 쉽다.
자연발화 방지법	① 통풍이 잘되게 할 것 ② 저장실 온도를 낮출 것 ③ 열이 축적되지 않는 퇴적방법을 선택할 것 ④ 습도가 높지 않도록 할 것(습도가 높은 곳을 피할 것) ⑤ 공기가 접촉되지 않도록 불활성 액체 중에 저장할 것

4) 가연성 물질의 발화온도

물질	발화온도(℃)	물질	발화온도(℃)	물질	발화온도(℃)
가솔린	약 300	프로판	460~520	부탄	430~510
메탄	615~682	목탄	250~320	석탄	330~450
코크스	450~559	건조한 목재	280~300	등유	약 210

3 연소 · 폭발의 형태 및 종류

1. 연소 형태에 따른 분류

확산 연소	① 가연성 가스가 공기 중의 지연성 가스와 접촉하여 접촉면에서 연소가 일어나는 현상 ② 수소, 아세틸렌 등의 기체의 연소
증발 연소	① 액체 표면에서 발생된 증기나, 가연성 고체가 기화하면서 발생된 증기가 연소하는 현상 ② 알코올, 에테르, 등유, 경유 등의 액체 연소, 나프탈렌, 파라핀(양초), 황 등의 고체 연소
분해 연소	① 고체 가연물이 온도 상승에 따른 열분해에 의해 가연성 가스를 방출시켜서 연소하는 현상 ② 석탄, 목재 등의 고체의 연소
표면 연소	① 고체 표면에서 연소가 일어나는 현상 ② 목탄(숯), 알루미늄 등의 고체의 연소

2. 가연물의 종류에 따른 연소의 분류

<table>
<tr><td rowspan="4">기체연소</td><td colspan="2">불꽃은 있으나 불티가 없는 연소</td></tr>
<tr><td rowspan="2">확산연소</td><td>① 가연성 가스가 공기 중의 지연성 가스(산소)와 접촉하여 접촉면에서 연소가 일어나는 현상(수소, 메탄, 프로판, 부탄 등)</td></tr>
<tr><td>② 기체의 일반적인 연소형태이다.</td></tr>
<tr><td>예혼합연소</td><td>연소되기 전에 미리 연소 가능한 연소범위의 혼합가스를 만들어 연소시키는 형태</td></tr>
<tr><td rowspan="3">액체연소</td><td colspan="2">액체 자체가 타는 것이 아니라 발생된 증기가 연소하는 형태</td></tr>
<tr><td>증발연소</td><td>액체연료인 휘발유, 등유, 알코올류, 아세톤 등이 기화하여 증기가 되어 연소</td></tr>
<tr><td>액적연소</td><td>중유, 벙커C유와 같이 점도가 높고 비휘발성인 액체를 가열 등의 방법으로 점도를 낮추어 분무기(버너)를 사용하여 액체의 입자를 안개상으로 분출, 표면적을 넓게 하여 공기와의 접촉면을 많게 하는 연소방법</td></tr>
<tr><td rowspan="5">고체연소</td><td colspan="2">고체에서는 여러 가지 연소형태가 복합적으로 나타난다.</td></tr>
<tr><td>표면연소</td><td>고체 가연물이 열분해나 증발을 하지 않고 표면에서 산소와 반응하여 연소하는 형태(목탄(숯), 코크스, 금속분, 알루미늄 등)</td></tr>
<tr><td>분해연소</td><td>목재, 석탄 등의 고체 가연물이 열분해로 인하여 가연성 가스가 방출되어 착화되는 현상(목재, 종이, 석탄, 플라스틱 등)</td></tr>
<tr><td>증발연소</td><td>고체 가연물이 점화원에 의해 상태변화를 일으켜 액체가 되고 일정 온도에서 가연성 증기가 발생, 공기와 혼합하여 연소하는 형태(나프탈렌, 황, 파라핀 등)</td></tr>
<tr><td>자기연소</td><td>고체 가연물이 외부의 산소 공급원 없이 점화원에 의해 연소하는 형태(제5류 위험물, 니트로 글리세린, 니트로 셀룰로오스, 트리니트로 톨루엔, 질산 에틸린, 피크린산, 화약, 폭약 등)</td></tr>
</table>

4 연소(폭발)범위 및 위험도

1. 연소범위

1) 연소범위의 개요

① 연소할 수 있는 혼합가스의 농도 범위

② 연소(폭발)가 일어나는 데 필요한 가스나 액체의 특정한 농도범위를 말한다.

③ 가연성의 기체 또는 액체의 증기와 공기와의 혼합물에 점화를 했을 때 화염이 전파하여 폭발로 이어지는 가스의 농도한계를 말한다.

④ 가연성 가스의 농도가 너무 높거나 낮을 경우 화염의 전파가 일어나지 않는 농도한계가 존재하게 되며 이때 농도의 낮은 쪽을 폭발하한계, 높을 쪽을 폭발상한계, 그리고 그 사이를 폭발범위라 한다.

⑤ 보통 1기압, 상온에서의 부피 백분율(vol%)로 표시한다.

⑥ 가스는 산소가 존재하지 않는 한 연소되지 않는다. 즉, 순수한 프로판가스나 부탄가스는 스스로 연소하지 않는다.

⑦ 가스가 공기와 혼합하여도 혼합비가 일정범위 안에 있지 않으면 연소하지 않고 가스는 공기(산소)와의 혼합비가 일정범위 안에 있고 여기에 점화원이 가해졌을 때 연소하게 된다.

연소가 일어나지 않음

점화원

가스

2.1% 미만

연소가 일어남

2.1~9.5%

연소가 일어나지 않음

9.5% 초과

| 프로판의 폭발범위(2.1~9.5%) |

2) 연소범위의 결정

가스나 액체의 증기에 대한 연소범위는 밀폐식 측정장치에서 가스나 증기와 공기의 혼합기체를 실험장치에 주입하여 점화시키면서 폭발압력을 측정하는데, 가스나 증기의 농도를 변화시키면서 연소범위를 결정한다.

3) 주요 가연성 가스의 폭발범위

가연성 가스	폭발하한값(%)	폭발상한값(%)	가연성 가스	폭발하한값(%)	폭발상한값(%)
아세틸렌(C_2H_2)	2.5	81.0	에탄(C_2H_6)	3.0	12.5
산화에틸렌(C_2H_4O)	3.0	80.0	메탄(CH_4)	5.0	15.0
수소(H_2)	4.0	75.0	부탄(C_4H_{10})	1.8	8.4
일산화탄소(CO)	12.5	74.0	이황화탄소(CS_2)	1.25	41.0
프로판(C_3H_8)	2.1	9.5	암모니아(NH_3)	15.0	28.0

4) 르 샤틀리에(Le Chatelier)의 법칙(혼합가스의 폭발범위 계산)

① 순수한 혼합가스일 경우

$$\frac{100}{L} = \frac{V_1}{L_1} + \frac{V_2}{L_2} + \frac{V_2}{L_3} \cdots\cdots$$

$$L = \frac{100}{\frac{V_1}{L_1} + \frac{V_2}{L_2} + \cdots\cdots + \frac{V_n}{L_n}}$$

여기서, V_n : 전체 혼합가스 중 각 성분 가스의 체적(비율)[%]
L_n : 각 성분 단독의 폭발한계(상한 또는 하한), L : 혼합가스의 폭발한계(상한 또는 하한)[vol%]

② 혼합가스가 공기와 섞여 있을 경우

$$L = \frac{V_1 + V_2 + \cdots\cdots + V_n}{\frac{V_1}{L_1} + \frac{V_2}{L_2} + \cdots\cdots + \frac{V_n}{L_n}}$$

여기서, V_n : 전체 혼합가스 중 각 성분 가스의 체적(비율)[%]
L_n : 각 성분 단독의 폭발한계(상한 또는 하한), L : 혼합가스의 폭발한계(상한 또는 하한)[vol%]

··· 예상문제

메탄 50vol%, 에탄 30vol%, 프로판 20vol% 혼합가스의 공기 중 폭발하한계는?(단, 메탄, 에탄, 프로판의 폭발하한계는 각각 5.0vol%, 3.0vol%, 2.1vol%이다.)

풀이

$$L=\frac{100}{\frac{50}{5.0}+\frac{30}{3.0}+\frac{20}{2.1}}=3.387 \fallingdotseq 3.4[\text{vol}\%]$$

답 3.4[vol%]

··· 예상문제

8vol% 헥산, 3vol% 메탄, 1vol% 에틸렌으로 구성된 혼합가스의 연소하한값(LFL)은 약 얼마인가? (단, 각 물질의 공기 중 연소하한값은 헥산은 1.1vol%, 메탄은 5.0vol%, 에틸렌은 2.7vol%이다.)

풀이

$$L=\frac{V_1+V_2+\cdots\cdots+V_n}{\frac{V_1}{L_1}+\frac{V_2}{L_2}+\cdots\cdots+\frac{V_n}{L_n}}=\frac{8+3+1}{\frac{8}{1.1}+\frac{3}{5}+\frac{1}{2.7}}=1.45$$

답 1.45[%]

5) 최소산소농도(MOC ; Minimum Oxygen Concentration)

① 개요

㉠ 가연성 혼합가스 내에 화염이 전파될 수 있는 최소한의 산소농도

㉡ 연소가 이루어지기 위해 필요한 최소의 산소 요구량

② 최소산소농도 산정

㉠ 가연성 가스 또는 증기의 최소산소농도는 공기와 가연성 성분에 대한 산소의 백분율을 말한다.

㉡ 가연성 가스 또는 증기의 연소반응식을 작성하여 산소의 화학양론적 계수를 구한다.

㉢ 가연성 가스 또는 증기의 폭발하한계를 계산한다.

㉣ 연소반응식 중의 산소의 화학양론적 계수와 폭발하한계(연소하한계)의 곱을 구한다.

최소산소농도(MOC) = 연소하한계 × 산소의 화학양론적 계수

③ 산소의 화학양론적 계수

㉠ 프로판(C_3H_8) : $C_3H_8+5O_2 \rightarrow 3CO_2+4H_2O$

㉡ 부탄(C_4H_{10}) : $C_4H_{10}+6.5O_2 \rightarrow 4CO_2+5H_2O$

㉢ 메탄올(CH_3OH) : $CH_3OH+1.5O_2 \rightarrow CO_2+2H_2O$

참고 산소의 화학양론적 계수

① 부탄(C_4H_{10}) : 6.5　② 프로판(C_3H_8) : 5　③ 메탄올(CH_3OH) : 1.5

··· 예상문제

폭발(연소)범위가 2.2~9.5vol%인 프로판(C_3H_8)의 최소산소농도(MOC) 값은 몇 vol%인가?(단, 계산은 화학양론식을 이용하여 추정한다.)

풀이 ① $C_3H_8 + 5O_2 \rightarrow 3CO_2 + 4H_2O$

② 최소산소농도(MOC) = 연소하한계 × 산소의 화학양론적 계수 = 2.2 × 5 = 11[vol%]

답 11[vol%]

④ 최소산소농도의 관리

산소농도를 최소산소농도 이하로 관리하면 연소하지 않는다.

대부분 가스	10% 정도
가연성분진인 경우	8% 정도
액체의 증기인 경우	12~16% 정도
고체화재 중 표면화재인 경우	약 5% 이하
심부화재인 경우	약 2% 이하

6) 최소발화에너지(MIE ; Minimum Ignition Energy)

① 개요

㉠ 처음 연소에 필요한 최소한의 에너지

㉡ 가연성 가스나 액체의 증기 또는 폭발성 분진이 공기 중에 있을 때 이것을 발화시키는 데 필요한 최저의 에너지

㉢ 탄화수소의 평균적인 최소발화에너지는 0.25mJ이다.

② 영향요소

㉠ 특정화합물이나 혼합물의 조성

㉡ 농도(높아지면 MIE는 작아진다.)

㉢ 압력(상승하면 MIE는 작아진다.)

㉣ 온도(상승하면 MIE는 작아진다.)

㉤ 유속(상승하면 MIE는 커진다.)

㉥ 연소속도(상승하면 MIE는 작아진다.)

③ 최소발화에너지의 연소범위

가연성 가스	최소발화에너지[10^{-3} Joule]	가연성 가스	최소발화에너지[10^{-3} Joule]
수소	0.019	에탄	0.31
메탄	0.28	프로판	0.26
이황화수소	0.064	아세틸렌	0.019
에틸렌	0.096	벤젠	0.20
시클로헥산	0.22	부탄	0.25
암모니아	0.77	아세톤	1.15

④ 최소발화에너지(MIE)의 변화요인

㉠ 압력이나 온도의 증가에 따라 감소하며, 공기 중에서보다 산소 중에서 더 감소한다.

㉡ 분진의 MIE는 일반적으로 가연성 가스보다 높게 나타난다.

㉢ 질소 농도 증가는 MIE를 증가시킨다.

㉣ MIE는 화학양론농도보다 조금 높은 농도일 때 극소값이 된다.

⑤ 최소발화에너지 산출 공식

$$E=\frac{1}{2}CV^2$$

여기서, E : 발화에너지[J]
C : 전기용량[F]
V : 방전전압[V]

••• 예상문제

폭발범위에 있는 가연성 가스 혼합물에 전압을 변화시키며 전기 불꽃을 주었더니 1,000V가 되는 순간 폭발이 일어났다. 이때 사용한 전기 불꽃의 콘덴서 용량은 0.1μF을 사용하였다면 이 가스에 대한 최소 발화에너지는 몇 mJ인가?

풀이 $E=\frac{1}{2}CV^2=\frac{1}{2}\times(0.1\times10^{-6})\times1,000^2=0.05[J]=50[mJ]$

답 50[mJ]

참고

$\mu F=10^{-6}F$, 1J = 1,000mJ

7) 발화온도(AIT ; Auto Ignition Temperature)

점화원 없이 가연성 물질을 대기 중에서 가열함으로써 스스로 연소 혹은 폭발을 일으키는 최저 온도를 말한다.

8) 연소점(Fire Point)

인화성 액체가 공기 중에서 열을 받아 점화원의 존재하에 지속적인 연소를 일으킬 수 있는 최저온도를 말하며, 동일한 물질일 경우 연소점은 인화점보다 약 3~10℃ 정도 높으며 연소를 5초 이상 지속할 수 있는 온도이다.

2. 위험도

1) 위험도 계산식

① 폭발범위를 이용한 가연성 가스 및 증기의 위험성 판단방법

$$H = \frac{UFL - LFL}{LFL}$$

여기서, UFL : 연소 상한값, LFL : 연소 하한값, H : 위험도

② 위험도 값이 클수록 위험성이 높은 물질이다.

2) 위험도 증가요인

① 하한농도가 낮을수록 위험도 증가

② 폭발 상한값과 하한값의 차이가 클수록 위험도 증가

··· 예상문제

공기 중에서 A 물질의 폭발하한계가 4.0vol%, 상한계가 75.0vol%라면 이 물질의 위험도는 얼마인가?

풀이 $H = \frac{UFL - LFL}{LFL} = \frac{75 - 4}{4} = 17.75$

답 17.75

5 완전연소 조성농도

1. 완전연소 조성농도의 개요

① 가연성 물질 1몰이 완전연소할 수 있는 공기와의 혼합기체 중 가연성 물질의 부피(vol%)를 말하며, 화학양론농도라고도 한다.

② 발열량이 최대이고 폭발 파괴력이 가장 강한 농도를 말한다.

2. 계산식

$$C_{st} = \frac{100}{1 + 4.773\left(n + \frac{m - f - 2\lambda}{4}\right)}$$

여기서, n : 탄소의 원자수, m : 수소의 원자수
f : 할로겐 원소의 원자수, λ : 산소의 원자수

3. 완전연소 조성농도와 폭발한계의 관계(Jones식 폭발한계)

① 연소(폭발)하한계 : $C_{st} \times 0.55$

② 연소(폭발)상한계 : $C_{st} \times 3.50$

··· 예상문제

폭발한계와 완전연소조성 관계인 Jones 식을 이용한 부탄(C_4H_{10})의 폭발하한계는 약 얼마인가?

풀이 ① $C_{st} = \dfrac{100}{1+4.773\left(n+\dfrac{m-f-2\lambda}{4}\right)} = \dfrac{100}{1+4.773\left(4+\dfrac{10}{4}\right)} = 3.12[\%]$

(단, $C_4H_{10} \rightarrow n=4, m=10, f=0, \lambda=0$)

② 연소(폭발)하한계 : $C_{st} \times 0.55 = 3.12 \times 0.55 = 1.7$[vol%]

답 1.7[vol%]

6 화재의 종류 및 예방대책

1. 화재의 종류

분류	A급 화재	B급 화재	C급 화재	D급 화재
명칭	일반화재	유류화재	전기화재	금속화재
분류	보통 잔재의 작열에 의해 발생하는 연소에서 보통 유기 성질의 고체물질을 포함한 화재	액체 또는 액화할 수 있는 고체를 포함한 화재 및 가연성 가스 화재	통전 중인 전기 설비를 포함한 화재	금속을 포함한 화재
가연물	목재, 종이, 섬유 등	가솔린, 등유, 프로판 가스 등	전기기기, 변압기, 전기다리미 등	가연성 금속 (Mg분, Al분)
소화방법	냉각소화	질식소화	질식, 냉각소화	질식소화
적응 소화제	① 물 소화기 ② 강화액 소화기 ③ 산 · 알칼리 소화기	① 이산화탄소 소화기 ② 할로겐화합물 소화기 ③ 분말 소화기 ④ 포말 소화기	① 이산화탄소 소화기 ② 할로겐화합물 소화기 ③ 분말 소화기 ④ 무상강화액 소화기	① 건조사 ② 팽창 질석 ③ 팽창 진주암
표시색	백색	황색	청색	무색

1) 일반화재(A급 화재) : 백색

① 일반적인 가연물인 종이, 목재, 섬유류, 고무류, 플라스틱 등에 의한 화재

② 화재 중 발생 빈도가 높아 생활주변에서 흔히 볼 수 있는 화재

③ 다량의 물 혹은 물을 다량 함유한 용액에 의한 냉각소화, 강화액 소화기, 산 · 알칼리 소화기 등이 유효하다.

2) 유류화재(B급 화재) : 황색

① 액체나 기체 등에 의한 화재

② 질식소화를 위해 이산화탄소 소화기, 활로겐화합물 소화기, 분말 소화기, 포말 소화기 등이 유효하다.

3) 전기화재(C급 화재) : 청색

① 전기기구 · 기계 등에서 발생되는 화재

② 질식, 냉각소화에 의한 소화가 유효하며, 이산화탄소 소화기, 할로겐화합물 소화기, 분말 소화기, 무상강화액 소화기 등이 유효하다.

4) 금속화재(D급 화재) : 무색

① 가연성 금속류의 화재(Mg분, Al분 등)

② 질식소화에 유효하고, 소화에 물을 사용하면 물에 의해 발열하므로 적응성이 없으며 건조사, 팽창 질석, 팽창 진주암 등이 유효하다.

2. 화재의 방지대책

1) 예방대책

화재가 발생하기 전에 최초 발화를 방지하는 대책으로 가장 근본적인 대책이다.

① 발화원이 되는 위험성 물질의 관리

② 발화 에너지를 주는 발화원의 관리

③ 페일세이프의 원칙을 적용하여 대책을 세울 것

2) 국한 대책

화재가 발생되었을 때 확대되지 않도록 하는 대책이다.

① 건물 및 설비의 불연성화

② 가연성 물질의 집적 방지

③ 방화벽, 방유제 등의 설치로 확대 방지

④ 공한지 및 안전거리의 확보

⑤ 위험물 시설 등의 지하매설

3) 소화대책

화재가 발생되었을 때 소화방법과 소화기를 동원하여 최대한으로 신속하게 소화를 시켜 피해를 줄이는 대책이다.

초기소화	① 최초 발화 직후의 응급조치(적응소화기 사용) ② 가연물의 성질에 맞는 소화기의 사용 ③ 스프링클러 등의 소화설비 설치
본격적인 소화	화재가 어느 규모 이상으로 확대 시 소방대에 의한 소화활동

4) 피난대책

화재가 발생되었을 때 인명을 보호하기 위해 비상구 등을 통하여 대피하는 대책이다.

① 안전한 피난구역 지정

② 피난 계단 및 방화문 설치

③ 피난통로의 유도표지 설치

④ 정전 중에도 꺼지지 않는 유도등 설치

⑤ 긴급 시 필요한 활강대 설치

7 연소파와 폭굉파

1. 연소파

① 연소파는 전파속도가 비교적 늦고 음속 이하의 값을 가진다.

② 가스 조성에 따라 다르지만 대체로 0.1~10m/sec 정도가 되는데 이러한 반응역을 연소파라 한다.

2. 폭굉파

① 폭발 범위 내의 특정 농도 범위에서 연소속도가 폭발에 비해 수백 내지 수천 배에 달하는 현상

② 음속보다 화염 전파속도가 큰 경우로 파면선단(진행전면)에 충격파라고 하는 압력파가 생겨 격렬한 파괴작용을 일으키는 현상

③ 폭발한계는 폭굉한계보다 농도범위가 넓다.

④ 진행속도가 1,000~3,500m/s에 이른다.

⑤ 화염의 전파속도가 음속보다 빠르다.

3. 폭굉 유도거리(DID ; Detonation Inducement Distance)

① 최초의 완만한 연소가 격렬한 폭굉으로 발전할 때의 거리를 말한다.

② DID가 짧아지는 요건

㉠ 정상연소속도가 큰 혼합가스일수록 짧아진다.

㉡ 관 속에 방해물이 있거나 관경이 가늘수록 짧다.

㉢ 압력이 높을수록 짧다.

㉣ 점화원의 에너지가 강할수록 짧다.

4. 반응 후 연소파와 폭굉파의 비교

구분	온도	압력	밀도
연소파	상승	일정	감소
폭굉파	상승	상승	상승

5. 혼합가스의 폭굉범위

혼합가스	폭굉하한계(%)	폭굉상한계(%)
수소(H_2)+공기	18.3	59.0
수소(H_2)+산소	15.0	90.0
일산화탄소(CO)+공기	15.0	70.0
일산화탄소(CO)+산소	38.0	90.0
암모니아(NH_3)+산소	25.4	75.0
아세틸렌(C_2H_2)+공기	4.2	50.0
아세틸렌(C_2H_2)+산소	3.5	92.0
프로판(C_3H_8)+산소	3.2	37.0

참고 폭연(Deflagration)

열과 빛을 내면서 화염이 미연소 혼합가스 속으로 전파하면서 주위에 파괴효과를 줄 수 있는 압력파가 생성된다. 이러한 현상은 연료의 표면 주위에서 일어나는데, 그 전파속도는 100m/s 이하이다.

8 폭발의 원리

1. 폭발의 분류

1) 폭발의 정의

어떤 원인으로 인해 급격한 압력 상승과 함께 폭음과 화염 등을 일으키는 현상(압력의 급상승 현상으로 열과 부피팽창을 수반하는 현상)

2) 폭발의 성립조건

① 가연성 가스, 증기 또는 분진이 폭발범위 내에 있어야 한다.
② 밀폐된 공간이 존재하여야 한다.
③ 점화원 또는 폭발에 필요한 에너지가 있어야 한다.

3) 폭발에 영향을 주는 인자(폭발 발생의 필수인자)

온도	① 발화온도 ② 최소점화에너지
초기압력	① 고압일수록 폭발범위가 넓어진다. ② 일산화탄소 : 공기와 혼합 시 폭발범위가 좁아진다. ③ 압력이 높아지면 발화온도는 낮아진다.
용기의 모양과 크기	온도, 압력, 조성이 모두 갖추어져 있어도 용기의 크기가 작으면 발화하지 않거나 발화해도 곧 꺼져 버린다.
초기 농도 및 조성(폭발범위%)	가연성 가스와 지연성 가스의 혼합비율로 폭발범위를 말한다.

4) 폭발의 종류

화학적 폭발	폭발성 혼합가스에 점화 등으로 화학적 반응에 의한 폭발
압력 폭발	압력용기의 폭발 또는 보일러 팽창탱크 폭발
분해 폭발	가압에 의해서 단일가스로 분리 폭발(산화에틸렌, 아세틸렌, 오존, 히드라진 등)
중합 폭발	중합반응에 의한 중합열에 의해 폭발(시안화수소, 산화에틸렌, 염화비닐, 부타디엔 등)
촉매 폭발	직사일광 등 촉매의 영향으로 폭발(수소, 염소 등)
분진 폭발	분진입자의 충돌, 충격 등에 의한 폭발(마그네슘, 알루미늄 등)

5) 폭발의 분류

① 공정(Process)에 따른 분류

핵 폭발	원자핵의 분열이나 융합에 의한 강열한 에너지 방출 현상
물리적 폭발	화학적 변화 없이 물리적 변화를 주체로 한 폭발의 형태(탱크의 감압폭발, 수증기 폭발, 고압용기의 폭발, 전선폭발, 보일러 폭발 등)
화학적 폭발	화학반응이 관여하는 화학적 특성 변화에 의한 폭발(산화폭발, 분해폭발, 중합폭발, 반응폭주)

② 원인물질의 상태에 따른 분류

기상 폭발	가스폭발, 분무폭발, 분진폭발, 가스분해폭발, 증기운폭발
응상 폭발	수증기폭발(액체일 때), 증기폭발(액화가스일 때), 전선폭발

6) 화재의 특수현상

① 유류저장탱크에서 일어나는 현상

㉠ 보일오버(Boil Over) : 유류탱크 화재 시 열파가 탱크 저부로 침강하여 저부에 고여 있는 물과 접촉 시 물이 급격히 증발하여 대량의 주증기가 상층의 유류를 밀어 올려 다량의 기름을 탱크 밖으로 방출하는 현상

㉡ 슬롭오버(Slop Over) : 위험물 저장탱크의 화재 시 물 또는 포를 화염이 왕성한 표면에 방사할 때 위험물과 함께 탱크 밖으로 흘러넘치는 현상

㉢ 프로스오버(Froth Over) : 물이 뜨거운 기름 표면 아래서 끓을 때 화재를 수반하지 않고 용기에서 넘쳐 흐르는 현상. 뜨거운 아스팔트가 물이 약간 채워져 있는 탱크차에 옮겨질 때 탱크 속의 물을 가열하여 끓기 시작하면서 수증기가 아스팔트를 밀어 올려 넘쳐 흐르는 현상

② 가스저장탱크에서 일어나는 현상

㉠ UVCE(개방계 증기운 폭발 : Unconfined Vapor Cloud Explosion)

정의	가연성 가스 또는 기화하기 쉬운 가연성 액체 등이 저장된 고압가스 용기(저장탱크)의 파괴로 인하여 대기 중으로 유출된 가연성 증기가 구름을 형성(증기운)한 상태에서 점화원이 증기운에 접촉하여 폭발하는 현상
특징	① 증기운의 크기가 증가되면 점화 확률이 높아진다. ② 증기운에 의한 재해는 폭발보다는 화재가 일반적이다. ③ 증기와 공기의 난류 혼합, 방출점으로부터 먼 지점에서의 증기운의 점화는 폭발 충격을 증가시킨다. ④ 폭발효율은 BLEVE보다 작다. 즉, 연소에너지의 약 20%만 폭풍파로 변한다.

㉡ BLEVE(비등액 팽창증기 폭발 : Boiling Liquid Expanding Vapor Explosion)

정의	비등점이 낮은 인화성 액체 저장탱크가 화재로 인한 화염에 장시간 노출되어 탱크 내 액체가 급격히 증발하여 비등하고 증기가 팽창하면서 탱크 내 압력이 설계압력을 초과하여 폭발을 일으키는 현상
특징	① BLEVE를 방지하기 위해서는 용기의 압력상승을 방지하여 용기내 압력이 대기압 근처에서 유지되도록 한다. ② 살수설비 등으로 용기를 냉각하여 온도상승을 방지하는 조치를 하여야 한다.

㉢ 화구(Fire Ball) : BLEVE 등에 의해 인화성 증기가 확산하여 공기와의 혼합이 폭발범위에 이르렀을 때 커다란 공의 형태로 폭발하는 현상

㉣ Flash율 : 액체가 순간적으로 기화하는 현상을 말하며, Flash 기화한 액체의 양(q)과 유출된 전액체량(Q)의 비를 Flash율이라고 한다.

$$\frac{q}{Q}=\frac{(H_{t1}-H_{t2})}{L}$$

여기서, $\frac{q}{Q}$: flash율, q : 기화된 액량, Q : 전체 액량[kg]
H_{t1} : 가압하의 액체 엔탈피[kcal/kg], H_{t2} : 대기압하의 액체 엔탈피[kcal/kg], L : 증발잠열(기화열)

••• 예상문제

대기압에서 물의 엔탈피가 1kcal/kg이었던 것이 가압하여 1.45kcal/kg을 나타내었다면 Flash율은 얼마인가?(단, 물의 기화열은 540cal/g이라고 가정한다.)

풀이 $\frac{q}{Q}=\frac{H_{t1}-H_{t2}}{L}=\frac{1.45-1}{540}=0.00083$

답 0.00083

7) 분진폭발

① 개요

㉠ 분진과 공기의 혼합물이 점화되어 빠른 속도로 반응하여 다량의 에너지를 급격하게 방출하는 현상(사료공장, 금속가공공장, 종이공장 및 섬유공장에서 공통적으로 일어날 수 있다.)

㉡ 분진폭발을 방지하기 위하여 첨가하는 불활성 분진 폭발 첨가물은 탄산칼슘, 모래, 석분(규산칼륨) 및 석고분 등이 있으며 대체적으로 불활성 분진을 60% 이상 혼입하면 안전하다.

㉢ 분진폭발이란 직경 420μm 이하의 미세한 입자의 가연성 고체들이 산소와 섞여 가연성 혼합기를 형성하고 착화원이 존재할 경우 폭발을 일으키는 현상을 말한다.

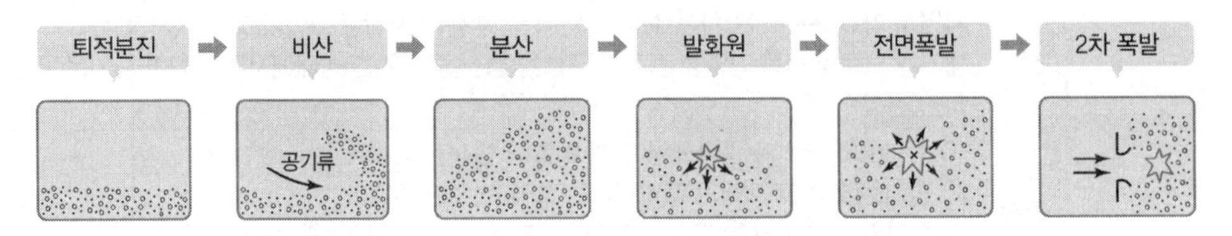

| 분진폭발 발생 순서 |

② 분진폭발의 영향 인자

㉠ 분진의 화학적 성질과 조성 : 분진의 발열량이 클수록 폭발성이 크며 휘발성분의 함유량이 많을수록 폭발하기 쉽다.

㉡ 입도와 입도분포

ⓐ 분진의 표면적이 입자체적에 비하여 커지면 열의 발생속도가 방열속도보다 커져서 폭발이 용이해진다.

ⓑ 평균 입자의 직경이 작고 밀도가 작을수록 비표면적은 크게 되고 표면에너지도 크게 되어 폭발이 용이해진다.

㉢ 입자의 형상과 표면의 상태 : 평균입경이 동일한 분진인 경우, 입자의 형상이 복잡하면 폭발이 잘된다.

㉣ 수분

ⓐ 수분 함유량이 적을수록 폭발성이 급격히 증가된다.

ⓑ 분진 속에 존재하는 수분은 분진의 부유성을 억제하고 대전성을 감소시켜 폭발성을 둔감하게 한다.

㉤ 분진의 농도 : 분진의 농도가 양론조성농도보다 약간 높을 때, 폭발속도가 최대가 된다.

㉥ 분진의 온도

ⓐ 초기 온도가 높을수록 최소폭발농도가 적어져서 위험하다.

ⓑ 초기 온도가 높을수록 최소점화에너지(MIE)는 감소된다.

㉦ 분진의 부유성

ⓐ 입자가 작고 가벼운 것은 공기 중에서 부유하기 쉽다.

ⓑ 부유성이 큰 것일수록 공기 중에서의 체류시간도 길고 위험성도 증가한다.

㉧ 산소의 농도

ⓐ 산소나 공기가 증가하면 폭발하한농도가 낮아짐과 동시에 입도가 큰 것도 폭발성을 갖게 된다.

ⓑ 불활성 가스(CO_2, N_2 등)를 사용하여 산소농도를 낮춘다.

③ 분진 폭발의 특징

㉠ 폭발한계 내에서 분진의 휘발성분이 많을수록 폭발이 쉽다.

㉡ 가스폭발에 비해 연소속도나 폭발압력이 작다.

㉢ 가스폭발에 비해 연소시간이 길고 발생에너지가 크기 때문에 파괴력과 타는 정도가 크다.

㉣ 가스에 비해 불완전연소의 가능성이 커서 일산화탄소의 존재로 인한 가스중독의 위험이 있다.(가스폭발에 비하여 유독물의 발생이 많다.)

㉤ 화염속도보다 압력속도가 빠르다.

㉥ 주위 분진의 비산에 의해 2차, 3차의 폭발로 파급되어 피해가 커진다.

㉦ 연소열에 의한 화재가 동반되며, 연소입자의 비산으로 인체에 닿을 경우 심한 화상을 입는다.

④ 분진 폭발을 일으키는 조건

㉠ 분진 : 인화성(즉, 불연성 분진은 폭발하지 않음)

㉡ 미분상태 : 분진이 화염을 전파할 수 있는 크기의 분포를 가지고 분진의 농도가 폭발범위 이내일 것

㉢ 점화원 : 충분한 에너지의 점화원이 있을 것

㉣ 교반과 유동 : 충분한 산소가 연소를 지원하고 유지하도록 존재해야 하며, 공기(지연성 가스) 중에서의 교반과 유동이 일어나야 한다.

⑤ 분진폭발 방지대책

㉠ 분진 생성 방지

ⓐ 분진발생설비는 밀폐구조로 하여 가능한 한 분진이 외부로 비산되지 않도록 하여야 한다.

ⓑ 비산된 분진이 분진층을 형성하지 못하도록 주기적으로 청소를 한다.

ⓒ 집진장치를 이용하여 포집, 정기적으로 폐기한다.

㉡ 점화원 관리

ⓐ 마찰, 충격, 스파크, 정전기, 자연발화 등을 제거한다.

ⓑ 분진발생 작업장 내에서는 흡연, 나화 등 점화원을 발생시키는 행위를 금지한다.

ⓒ 공기로 분진발생물질을 수송하는 설비와 관련된 수송덕트의 접속부위는 접지 및 본딩하여야 한다.

㉢ 불활성 가스 봉입

ⓐ 불활성 가스(질소, 이산화탄소 등)를 봉입하여 산소농도를 폭발최소농도 이하로 낮추어야 한다.

ⓑ 불활성 가스가 봉입되는 설비에는 산소농도 측정계를 설치하여 설비 내의 산소농도를 폭발최소농도 이하로 유지하여야 한다.

⑥ 분진폭발 시험장치의 종류

하트만(Hartmann)식	널리 사용되고 있는 방식으로 수직 또는 수평의 유리관이 사용되었으나 강철제 압력용기로 개량(가연성 혼합가스의 폭발한계에도 이용)
20-Liter 구형 폭발장치	고압용기로 분진을 분산시키는 장치와 압력측정장치 부착

⑦ 분진폭발 물질

분진폭발 물질	분진폭발이 없는 물질
① 곡물 분진 : 셀룰로오스, 코크스, 옥수수, 녹말 등 ② 탄소질 분진 : 목탄, 역청탄, 코크스, 목재, 갈탄 등 ③ 화학 분진 : 아디프산, 칼슘 아세테이트, 덱스트린, 황 등 ④ 금속 분진 : 알루미늄, 마그네슘, 청동, 아연 등 ⑤ 플라스틱 분진 : 에폭시 수지, 멜라민 수지, 폴리에틸렌 등	① 생석회(시멘트의 주성분) ② 석회석 분말 ③ 시멘트 ④ 수산화칼슘(소석회)

8) 분해폭발

① 개요

㉠ 공기나 산소와 섞이지 않더라도 가연성 가스 자체의 분해 반응열에 의해 폭발하는 현상

㉡ 분해폭발 가스의 종류 : 아세틸렌, 산화에틸렌, 에틸렌, 히드라진, 이산화질소, 산화질소, 오존 등

② 아세틸렌(C_2H_2)

분해반응 : $C_2H_2 \rightarrow 2C + H_2 + 54.2kcal$

㉠ 구리, 동, 은 등의 금속과 반응하여 폭발성 아세틸리드를 생성한다.

㉡ 발열량(54kcal/mol)이 크므로 화염의 온도가 3,100℃ 정도로 된다.

㉢ 아세틸렌 용접장치를 사용하여 금속의 용접 · 용단 또는 가열작업을 하는 경우에는 게이지 압력이 127킬로파스칼(1.3kgf · cm^2)을 초과하는 압력의 아세틸렌을 발생시켜 사용해서는 아니 된다.

㉣ 분해폭발 시 발열량이 가장 크다.

㉤ 배관 중에서 아세틸렌의 분해폭발이 일어나면 화염은 가속되어 폭굉으로 되기 쉽다.

㉥ 폭굉의 경우 발생압력이 초기 압력의 20~50배에 이르고 파괴력도 크다.

㉦ 아세틸렌을 용해가스로 만들 때 분해, 폭발의 위험을 방지하기 위하여 일반적으로 아세톤 용액을 용제로 사용한다.

㉧ 통풍이나 환기가 양호한 장소에 보관한다.

③ 산화에틸렌(C_2H_4O)

$$C_2H_4O \rightarrow CH_4 + CO$$
$$2C_2H_4O \rightarrow C_2H_4 + 2CO + 2H_2$$

㉠ 충분한 에너지일 경우 공기 중에서도 화염전파가 확인되었으므로 폭발한계는 3.0~100vol%로 보는 것이 타당하다.

㉡ 분해폭발로 생성되는 가스 : 메탄(CH_4), 일산화탄소(CO), 에틸렌(C_2H_4), 수소(H_2)

④ 에틸렌(C_2H_4)

아세틸렌 등에 비해 비교적 큰 발화에너지가 필요하므로 저압에서는 큰 위험이 없으나 고압인 폴리에틸렌의 제조공정 등에서의 폭발사례가 있다.

9) 혼합위험에 영향을 미치는 인자

온도	주위온도보다 발화온도가 낮아지면 발화지연이 짧아져서 혼합하자마자 폭발하는 경우도 있다.
압력	가압하에서는 발화 지연이 짧다.
혼합 정도	단일화합물보다 혼합물이 발화지연이 짧아지는 혼합비가 존재한다.
빛(일광)	햇빛 등 주변의 빛의 영향으로 광분해 반응이 수반될 수 있다.

2. 가스폭발의 원리

1) 가스폭발의 정의

가연성 가스가 공기 중에서 혼합되어 폭발범위 내에 존재할 때 착화 에너지에 의해 폭발하는 현상을 말한다.

2) 용어의 정의

폭발한계 (Explosion Limit)	가스 등의 농도가 일정한 범위 내에 있을 때 폭발현상이 일어나는 것으로, 그 농도가 지나치게 낮거나 지나치게 높아도 폭발은 일어나지 않는 범위를 폭발한계라고 하며, 폭발범위가 넓은 물질일수록 위험도가 높다.
폭발하한계 (LEL ; Lower Explosive Limit)	① 가스 등이 공기 중에서 점화원에 의하여 착화되어 화염이 전파되는 가스 등의 최소 농도를 말한다. ② 공기 중에서의 가스 등의 농도가 이 범위 미만에서는 폭발되지 않는 한계를 말한다.
폭발상한계 (UEL ; Upper Explosive Limit)	① 가스 등이 공기 중에서 점화원에 의하여 착화되어 화염이 전파되는 가스 등의 최대 농도를 말한다. ② 공기 중에서의 가스 등의 농도가 이 범위를 초과하는 경우에서는 폭발하지 않는 한계를 말한다.

3) 가연성 가스의 폭발범위 영향 요소

① 가스의 온도가 높을수록 폭발범위도 일반적으로 넓어진다.(폭발하한계는 감소, 폭발상한계는 증가)

② 가스의 압력이 높아지면 폭발하한계는 영향이 없으나 폭발상한계는 증가한다.

③ 산소 중에서의 폭발범위는 공기 중에서보다 넓어진다.

④ 압력이 상압인 1atm보다 낮아질 때 폭발범위는 큰 변화가 없다.

⑤ 일산화탄소는 압력이 높을수록 폭발범위가 좁아지고, 수소는 10atm까지는 좁아지지만 그 이상의 압력에서는 넓어진다.

⑥ 불활성 기체가 첨가될 경우 혼합가스의 농도가 희석되어 폭발범위가 좁아진다.

⑦ 화학양론농도 부근에서는 연소나 폭발이 가장 일어나기 쉽고 또한 격렬한 정도도 크다.

4) 인화성 가스에 의한 폭발 화재 방지조치

인화성 가스가 발생할 우려가 있는 지하작업장에서 작업하는 경우 또는 가스도관에서 가스가 발산될 위험이 있는 장소에서 굴착작업을 하는 경우에는 폭발이나 화재를 방지하기 위하여 다음의 조치를 하여야 한다.

① 가스의 농도를 측정하는 사람을 지명하고 다음의 경우에 해당 가스의 농도를 측정하도록 할 것

㉠ 매일 작업을 시작하기 전

㉡ 가스의 누출이 의심되는 경우

㉢ 가스가 발생하거나 정체할 위험이 있는 장소의 경우

㉣ 장시간 작업을 계속하는 경우(이 경우 4시간마다 가스 농도 측정)

② 가스의 농도가 인화하한계 값의 25퍼센트 이상으로 밝혀진 때에는 즉시 근로자를 안전한 장소에 대피시키고 화기나 그 밖에 점화원이 될 우려가 있는 기계 · 기구 등의 사용을 중지하며 통풍 · 환기 등을 할 것

5) 폭발압력

① 최대 폭발압력(P_m)

㉠ 가연성 가스의 농도가 너무 희박하거나 진하여도 폭발압력은 낮아진다.

㉡ 폭발압력은 양론농도보다 약간 높은 농도에서 가장 높아져 최대폭발이 된다.

㉢ 최대폭발압력의 크기는 공기보다 산소의 농도가 큰 혼합기체에서 더 높아진다.

㉣ 가연성 가스의 농도가 클수록 폭발압력은 비례하여 높아진다.

② 밀폐된 용기 내에서의 최대 폭발압력(P_m)

㉠ 다른 조건이 일정할 때 처음 온도가 높을수록 감소한다.

㉡ 다른 조건이 일정할 때 초기 압력이 상승할수록 증가한다.

㉢ 용기의 형태 및 부피에 큰 영향을 받지 않는다.

㉣ 발화원의 강도가 클수록 증가된다.

㉤ 가연성 가스의 유량이 클수록 증가한다.

㉥ 가연성 가스의 농도 증가에 따라 증가한다.

③ 밀폐된 용기 내에서의 최대 폭발압력 상승속도(r_m)

㉠ 처음 온도가 증가할수록 증가한다.

㉡ 처음 압력이 증가할수록 증가한다.

㉢ 용기의 부피에 큰 영향을 받는다.

㉣ 발화원의 강도가 클수록 증가한다.

SECTION 02 소화 원리 이해

1 소화의 정의

가연성 물질이 공기 중에서 점화원에 의해 산소 또는 산화제 등과 접촉하여 발생되는 연소현상을 중단시키는 것을 말하며, 화재를 발화온도 이하로 낮추거나, 산소 공급의 차단, 연쇄반응을 억제하는 행위 또한 소화라고 할 수 있다.

① **물리적 소화** : 연소의 3요소(가연물, 산소, 점화원)를 제어하는 방법

② **화학적 소화** : 화재의 연쇄반응을 중단시켜 소화하는 방법

2 소화의 종류

1. 제거소화

① **소화원리** : 가연성 물질을 연소구역에서 제거함으로써 소화하는 방법

② **제거소화의 예**

㉠ 가스의 화재 : 공급밸브를 차단하여 가스의 공급을 중단

㉡ 산림화재 : 연소방면의 수목을 제거

㉢ 촛불 : 입김으로 불어 가연성 증기를 제거

2. 질식소화

① **소화원리** : 공기 중에 존재하고 있는 산소의 농도 21%를 15% 이하로 낮추어 소화하는 방법

② **질식소화의 예** : 연소하고 있는 가연물이 들어 있는 용기를 기계적으로 밀폐하여 산소의 공급을 차단

③ **소화방법**

㉠ 불연성 포말로 연소물을 덮는 방법 : 공기 또는 이산화탄소를 포함한 포말로 산소공급을 차단

㉡ 불연성 기체로 연소물을 덮는 방법 : 이산화탄소와 같은 불연성 가스나 할로겐 화합물과 같은 무거운 증기로 산소의 공급을 차단

㉢ 고체로 연소물을 덮는 방법 : 토사, 거적, 모포 등으로 산소의 공급을 차단

④ **질식소화를 이용한 소화기**

㉠ 포말소화기

㉡ 분말소화기

㉢ 탄산가스 소화기

㉣ 건조사, 팽창 진주암, 팽창 질석

3. 냉각소화

① **소화원리** : 연소물로부터 열을 빼앗아 발화점 이하의 온도로 낮추는 방법

② **냉각소화의 예**

㉠ 액체 사용법 : 물이나 그 밖의 액체를 사용하여 증발잠열을 이용하여 냉각시키는 방법으로 물을 분사하면 더욱 효과적이다.

㉡ 고체 사용법 : 기름 그릇에 인화되었을 때 싱싱한 야채를 넣어 기름의 온도를 내림으로써 불을 끄는 방법

㉢ 물을 소화제로 사용하는 이유

ⓐ 구입이 용이하다.

ⓑ 가격이 저렴하다.

ⓒ 증발 잠열이 크다.

③ **냉각소화를 이용한 소화기**

㉠ 물

㉡ 강화액 소화기

㉢ 산 · 알칼리 소화기

4. 억제소화(부촉매소화)

① **소화원리** : 가연성 물질과 산소와의 화학반응을 느리게 함으로써 소화하는 방법

② **억제소화의 예** : 수소원자는 공기 중의 산소분자와 결합하여 연쇄반응을 일으키는데, 이와 같이 되풀이되는 화학반응을 차단하여 소화

③ **억제소화를 이용한 소화기**

㉠ 사염화탄소(CTC) 소화기

㉡ 일취화 일염화 메탄(CB) 소화기

㉢ 일취화 삼불화 메탄(MTB) 소화기

㉣ 일취화 일염화 이불화 메탄(BCF) 소화기

㉤ 이취화 사불화 에탄(FB) 소화기

5. 기타 소화

피복소화	가연물 주위를 공기와 차단시켜 소화하는 방법 예 방안에서 화재 발생 시 이불이나 담요로 덮는다.
희석소화	수용성 액체 화재 시 물을 방사하여 연소농도를 희석하여 소화하는 방법 예 아세톤에 물을 다량으로 섞는다.
유화소화 (에멀션소화)	비수용성 액체의 유류화재 시 물분무로 방사하여 액체 표면에 불연성의 유막을 형성하여 소화하는 방법 예 물의 유화효과(에멀션 효과)를 이용한 방호대상설비 : 기름 탱크

3 소화기의 종류

1. 소화기의 종류

1) 소화기의 정의

물이나 가스, 분말 및 그 밖의 소화 약제를 일정한 용기에 압력과 함께 저장하였다가 화재 발생 시 방출시켜 소화하는 초기 소화용구를 말한다.

2) 가압방식에 따른 소화기 분류

① 가압식

수동펌프식	펌프에 의한 강압으로 소화약제가 방출되는 방식
화학반응식	소화약제의 화학반응에 의해 생성된 가스의 압력에 의해 소화약제가 방출되는 방식
가스가압식	소화약제의 방출을 위해 가압가스용기가 소화기의 내부나 외부에 따라 부착되어 가압가스의 압력에 의해서 소화약제가 방출되는 방식

② 축압식

㉠ 소화기의 용기 내부에 소화약제와 압축공기 또는 불연성 가스(질소, 이산화탄소 등)를 축압시켜 그 압력에 의해 약제가 방출되는 방식

㉡ 이산화탄소 소화기, 할로겐화물 소화기 등

3) 물소화기

① 물에 의한 냉각작용으로 물에 계면활성제, 인산염, 알칼리금속의 탄산염 등을 첨가하여 소화효과, 침투력을 증진시키며 방염효과도 얻을 수 있는 소화기

② 냉각작용에 의한 소화효과가 가장 크다.

4) 포말소화기(포소화기)

① 거품을 발생시켜 방사하는 것이며 A, B급 화재에 적합하고 질식소화를 이용한 소화기

② 화학포

㉠ 외약제인 탄산수소나트륨(중조, $NaHCO_3$)과 내약제 황산알루미늄[$Al_2(SO_4)_3$]이 서로 화학반응을 일으켜 가압원인 CO_2가 압력원이 되어 약제를 방출시키는 방식

㉡ 화학반응식 : $6NaHCO_3 + Al_2(SO_4)_3 + 18H_2O \rightarrow 3Na_2SO_4 + 2Al(OH)_3 + 6CO_2 + 18H_2O$

③ 기계포 : 단백질 분해물 계면 활성제인 것을 발포장치에 공기와 혼합시킨 것을 말한다(내알코올성 폼, 알코올 폼).

5) 분말소화기

① 용기 속에 봉해 넣은 분말상의 약제를 분출시켜서 소화하는 소화기로 B, C급 화재의 소화에 적당하며 질식소화, 냉각소화 효과를 얻을 수 있다.

② 탄산수소나트륨(중조, $NaHCO_3$), 탄산수소칼륨($KHCO_3$), 인산암모늄($NH_4H_2PO_4$), 요소[$KHCO_3$ + $(NH_2)_2CO$] 등의 약제를 화재면에 뿌려주면 열분해 반응을 일으켜 생성되는 물질 CO_2, H_2O, HPO_3(메타인산)에 의해 소화작업이 진행된다.

③ 적응화재

㉠ 제1 · 2 · 4종 분말소화기는 B, C급 화재에만 적용되는 데 비해 제3종 분말은 열분해해서 부착성이 좋은 메타인산(HPO_3)을 생성시키므로 A, B, C급 화재에 적용된다.

㉡ 제1종, 제2종 분말소화기 : 이산화탄소와 수증기에 의한 질식 및 냉각효과와 나트륨염과 칼륨염에 의한 부촉매효과(억제소화)가 매우 좋다.

$2NaHCO_3 \rightarrow Na_2CO_3 + CO_2 + H_2O$

$2KHCO_3 \rightarrow K_2CO_3 + CO_2 + H_2O$

㉢ 제3종 분말소화기 : 열분해 시 암모니아와 수증기에 의한 질식효과, 열분해에 의한 냉각효과, 암모늄에 의한 부촉매효과와 메타인산에 의한 방진작용이 주된 소화효과이다.

$NH_4H_2PO_4 \rightarrow NH_3 + H_3PO_4$(인산)

종별	소화약제	화학식	적응성	약제의 착색
제1종 분말	탄산수소나트륨(중탄산나트륨)	$NaHCO_3$	B, C급	백색
제2종 분말	탄산수소칼륨(중탄산칼륨)	$KHCO_3$	B, C급	보라색
제3종 분말	제1인산암모늄	$NH_4H_2PO_4$	A, B, C급	담홍색
제4종 분말	탄산수소칼륨 + 요소	$KHCO_3 + (NH_2)_2CO$	B, C급	회색

㉣ 분말 소화약제의 소화효과 : 제1종 < 제2종 < 제3종

6) 할로겐화합물 소화기(증발성 액체 소화기)

B, C급 화재에 적용되며, 소화효과는 억제효과, 희석효과, 냉각효과, 질식효과이다.

① 소화원리

㉠ 증발성이 강한 액체를 화재면에 뿌리면 열을 흡수하여 액체를 증발시킨다. 이때 증발된 증기는 불연성이고 공기보다 무거우므로 공기의 출입을 차단하는 질식소화 효과가 있다.

㉡ 할로겐 원소가 산소와 결합하기 전에 가연성 유리 '기'와 결합하는 부촉매 효과가 있다.

② 종류

㉠ 사염화탄소 소화기(CCl_4) : 할론 1040

ⓐ 일명 CTC 소화기라고도 하며, 사염화탄소를 압축압력으로 방사한다.

ⓑ 무색 투명한 불연성 액체이다.

ⓒ 사용금지장소(분해하여 독성이 있는 포스겐가스를 발생시킴)

- 지하층
- 무창층
- 밀폐된 거실 또는 사무실로서 바닥 면적이 $20m^2$ 미만인 곳

㉡ 일취화일염화메탄 소화기(CH_4ClBr) : 할론 1011

ⓐ 일명 CB 소화기라고도 한다.

ⓑ 무색 투명한 불연성 액체이고 CCl_4에 비해 약 3배의 소화 능력이 있다.

㉢ 이취화사불화에탄 소화기($C_2F_4Br_2$) : 할론 2402

ⓐ 일명 FB 소화기라고도 한다.

ⓑ 무색 투명한 불연성 액체

ⓒ 할로겐화물 소화제 중에서 가장 우수한 소화기이며 독성 및 부식성도 적다.

㉣ 일취화삼불화메탄 소화기(CF_3Br) : 할론 1301

ⓐ 일명 MTB 소화기라고도 한다.

ⓑ 상온, 상압에서는 기체 상태이지만 압축되어 무색 무취의 투명한 액체이다.

㉤ 일취화일염화이불화메탄 소화기(CF_2ClBr) : 할론 1211

ⓐ 일명 BCF 소화기라고도 한다.

ⓑ 전기적으로 부도체여서 전기화재 소화에 쓸 수 있다.

③ 할론소화약제의 명명법

탄소(C)를 맨 앞에 두고 할론겐(Halogen) 원소를 주기율표 순서대로 불소(F) → 염소(Cl) → 브롬(Br) → 요오드(I)의 원자 수만큼 해당하는 숫자를 부여하며 맨 끝의 숫자가 0일 경우 이를 생략한다.

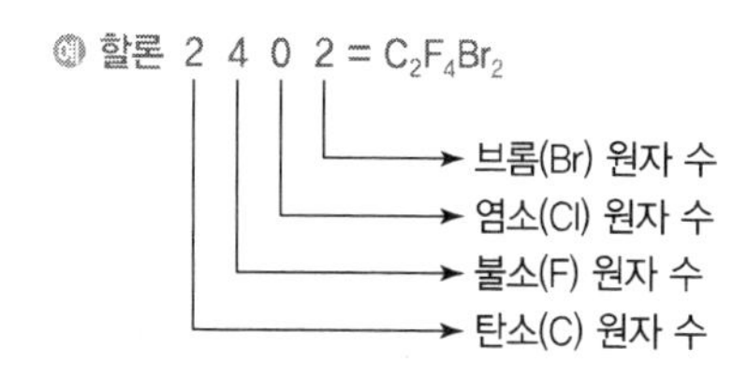

7) CO_2 소화기(탄산가스 소화기)

① 이산화탄소를 고압으로 압축, 액화하여 충전시킨 소화기로서 소화효과는 질식 및 냉각효과이고, 적응화재는 B, C급이다.

② 특징

㉠ 불연성 기체로 전기화재에 적당하며, 유류화재에도 사용된다.

㉡ 전기에 대한 절연성이 우수하다.

㉢ 반응성이 매우 낮아 부식성이 거의 없다.

㉣ 소화 후 증거 보존이 용이하나 방사거리가 짧아 화재 현장이 광범위할 경우 사용이 제한적이다.

8) 강화액 소화기

① 물의 소화능력을 향상시키고, 한랭지역 또는 겨울철에 사용할 수 있도록 어는점을 낮춘 물에 탄산칼륨을 보강시켜 만든 소화기를 말하여, 적응화재는 A급이다.

② 액성은 강알칼리성이다.

9) 산 · 알칼리 소화기

① 탄산수소나트륨(중조, $NaHCO_3$)과 황산(H_2SO_4)의 화학반응으로 생긴 탄산가스(CO_2)의 압력

으로 물을 방출시키는 소화기

② 적응화재는 A급이며, 소화효과는 냉각소화이다.

③ 일반화재에 사용되며, 분무 노즐의 경우에는 전기화재에도 적합하다.

10) 간이 소화기

건조사	① 모래는 반드시 마른 모래여야 한다. ② A, B, C, D급 화재에 유효하다. ③ 양동이, 삽 등의 부속 기구를 항상 비치한다.
팽창질석, 팽창진주암	① 질석을 1,000℃ 이상의 고온으로 처리해서 팽창시킨 것을 말한다. ② 비중이 낮고, 발화점이 낮은 알킬알루미늄 소화에 적합하다.
중조 톱밥	① 탄산수소나트륨(중조, $NaHCO_3$)에 마른 톱밥을 혼합한 것을 말한다. ② 인화성 액체의 소화에 적합하다.
소화탄	① 탄산수소나트륨(중조, $NaHCO_3$), 인산나트륨(Na_3PO_4) 등의 수용액을 유리 용기에 넣은 것을 말한다. ② 연소면에 투척하면 유리가 깨지면서 소화액이 분출하여 분해되면서 불연성 이산화탄소가 발생하여 소화한다.

11) 소화기의 종류별 특성

소화기명	적용화재	소화효과
분말소화기	B, C급(단, 인산염 : A, B, C급)	질식(냉각)
할로겐화물 소화기(증발성 액체 소화기)	B, C 급	억제효과, 냉각효과, 희석(질식효과)
CO_2 소화기(탄산가스 소화기)	B, C급	질식(냉각)
포말소화기	A, B급	질식(냉각)
강화액 소화기	A급(분무상 : A, C급)	냉각
산 · 알칼리 소화기	A급	냉각

12) 소화설비의 적응성

① 물분무 등 소화설비

제1류 : 산화성 고체 제2류 : 가연성 고체 제3류 : 자연발화 및 금수성 제4류 : 인화성 액체 제5류 : 자기반응성 물질 제6류 : 산화성 액체	대상물 구분											
	건축물 · 그 밖의 공작물	전기설비	제1류 위험물: 알칼리금속과산화물 등	제1류 위험물: 그 밖의 것	제2류 위험물: 철분 · 금속분 · 마그네슘 등	제2류 위험물: 고체	제2류 위험물: 그 밖의 것	제3류 위험물: 금수성 물품	제3류 위험물: 그 밖의 것	제4류 위험물	제5류 위험물	제6류 위험물
옥내소화전 또는 옥외소화전설비	○			○		○	○		○		○	○
스프링클러설비	○			○		○	○		○	△	○	○
물분무등소화설비 - 물분무소화설비	○	○		○		○	○		○	○	○	○
물분무등소화설비 - 포소화설비	○			○		○	○		○	○	○	○
물분무등소화설비 - 불활성가스소화설비		○				○				○		
물분무등소화설비 - 할로겐화합물소화설비		○				○				○		
물분무등소화설비 - 분말소화설비 - 인산염류등	○	○		○		○	○			○		○
물분무등소화설비 - 분말소화설비 - 탄산수소염류등		○	○		○	○		○		○		
물분무등소화설비 - 분말소화설비 - 그 밖의 것			○		○			○				

② 대형 · 소형 수동식 소화기 및 기타

제1류 : 산화성 고체 제2류 : 가연성 고체 제3류 : 자연발화 및 금수성 제4류 : 인화성 액체 제5류 : 자기반응성 물질 제6류 : 산화성 액체		대상물 구분											
		건축물 · 그 밖의 공작물	전기설비	제1류 위험물		제2류 위험물			제3류 위험물		제4류 위험물	제5류 위험물	제6류 위험물
				알칼리금속과산화물 등	그 밖의 것	철분 · 금속분 · 마그네슘 등	인화성 고체	그 밖의 것	금수성 물질	그 밖의 것			
대형 · 소형 수동식 소화기	봉상수소화기	○			○		○	○		○		○	○
	무상수소화기	○	○		○		○	○		○		○	○
	봉상강화액소화기	○			○		○	○		○		○	○
	무상강화액소화기	○	○		○		○	○		○	○	○	○
	포소화기	○			○		○	○		○	○	○	○
	이산화탄소소화기		○				○				○		△
	할로겐화합물소화기		○				○				○		
	분말소화기 - 인산염류소화기	○	○		○		○	○			○		○
	분말소화기 - 탄산수소염류소화기		○	○		○	○		○		○		
	분말소화기 - 그 밖의 것			○		○			○				
기타	물통 또는 수조	○			○		○	○		○		○	○
	건조사			○	○	○	○	○	○	○	○	○	○
	팽창질석 또는 팽창진주암			○	○	○	○	○	○	○	○	○	○

13) 소방시설의 종류

① 소화설비

물 또는 그 밖의 소화약제를 사용하여 소화하는 기계 · 기구 또는 설비를 말한다.

㉠ 소화기구

소화기	소화약제를 압력에 따라 방사하는 것으로 수동으로 조작하여 소화
자동확산소화기	소화약제를 자동으로 방사하는 소화장치
간이소화용구	에어로졸식 소화용구, 투척용 소화용구, 소공간용 소화용구 및 소화약제 외의 것을 이용한 간이소화용구

㉡ 자동소화장치

ⓐ 주거용 주방자동소화장치
ⓑ 상업용 주방자동소화장치
ⓒ 캐비닛형 자동소화장치
ⓓ 가스자동소화장치
ⓔ 분말자동소화장치
ⓕ 고체에어로졸자동소화장치

㉢ 옥내소화전설비(호스릴옥내소화전설비 포함)

㉣ 스프링클러설비 등

ⓐ 스프링클러설비
ⓑ 간이스프링클러설비(캐비닛형 간이스프링클러설비 포함)
ⓒ 화재조기진압용 스프링클러설비

㉤ 물분무 등 소화설비

ⓐ 물분무소화설비
ⓑ 미분무소화설비
ⓒ 포소화설비
ⓓ 이산화탄소소화설비
ⓔ 할론소화설비
ⓕ 할로겐화합물 및 불활성기체 소화설비
ⓖ 분말소화설비
ⓗ 강화액소화설비
ⓘ 고체에어로졸소화설비

㉥ 옥외소화전설비

② **경보설비**

화재 발생 사실을 통보하는 기계 · 기구 또는 설비를 말한다.

㉠ 단독경보형 감지기

㉡ 비상경보설비(비상벨설비, 자동식 사이렌설비)

㉢ 시각경보기

㉣ 자동화재탐지설비

ⓐ 구성 : 감지기, 수신기, 발신기, 중계기, 음향장치

ⓑ 감지기의 종류

감지원리		개념	감지범위	종류
열감지기	차동식	온도의 상승률이 소정의 값 이상일 때 동작하는 감지기	스포트형	공기식
				전기식
			분포형	공기관식
				열전대식
				열반도체식
	정온식	일정온도 이상이 될 때 작동하는 감지기	스포트형	바이메탈식
				열반도체식
			감지선형	–
	보상식	저온도에서는 차동식으로 주위 온도가 공칭작동 온도에 도달하면 온도상승률에 상관없이 정온식으로 작동되는 감지기	스포트형	–
연기감지기	광전식	연기에 의한 빛의 양 변화를 광전기 같은 전기적 변화에 의해 화재발생을 검지하는 감지기	스포트형	비축적형
				축적형
			분리형	–
	이온화식	주위의 공기가 일정한 농도의 연기를 포함하게 되는 경우에 작동하는 감지기	스포트형	비축적형
				축적형

㉤ 비상방송설비

㉥ 자동화재속보설비

㉦ 통합감시시설

㉧ 누전경보기

㉨ 가스누설경보기

③ 피난구조설비

화재가 발생할 경우 피난하기 위하여 사용하는 기구 또는 설비를 말한다.

피난기구	① 피난사다리 ② 구조대 ③ 완강기 등
인명구조기구	① 방열복, 방화복(안전헬멧, 보호장갑 및 안전화를 포함) ② 공기호흡기 ③ 인공소생기
유도등	① 피난유도선 ② 피난구유도등 ③ 통로유도등 ④ 객석유도등 ⑤ 유도표지
비상조명등 및 휴대용비상조명등	

④ 소화용수설비

화재를 진압하는 데 필요한 물을 공급하거나 저장하는 설비를 말한다.

① 상수도소화용수설비

② 소화수조 · 저수조 · 그 밖의 소화용수설비

⑤ 소화활동설비

화재를 진압하거나 인명구조활동을 위하여 사용하는 설비를 말한다.

① 제연설비

② 연결송수관설비

③ 연결살수설비

④ 비상콘센트설비

⑤ 무선통신보조설비

⑥ 연소방지설비

2. 소화약제

소화기구에 사용되는 소화성능이 있는 고체 · 액체 및 기체의 물질을 말한다.

1) 물 소화약제

① 물 소화약제의 장단점

㉠ 장점

ⓐ 쉽게 구할 수 있고 인체에 무해하다.

ⓑ 비열과 증발잠열이 커서 냉각 효과가 우수하다.

ⓒ 쉽게 운반할 수 있다.

㉡ 단점

ⓐ 0℃ 이하에서는 동파될 수 있다.

ⓑ 전기화재, 금속분화재에는 소화 효과가 없다.

ⓒ 유류 중 물보다 가벼운 물질에 소화 작업을 진행할 때 연소면의 확대 우려가 있다.

② 물 소화약제의 주수방법

봉상(Stream)주수	① 소방용 방수 노즐을 이용하여 굵은 물줄기 형태로 대량의 물을 방사하는 것(옥내소화전, 옥내소화전설비) ② 냉각작용
적상(입자상, Drop)	① 스프링클러 헤드에 의한 방사와 같이 빗방울 형태로 방사하는 것(스프링클러, 연결살수설비) ② 냉각작용
무상(분무상, Spray)	① 분무헤드 또는 분무 노즐에서 고압으로 방사하는 것으로 물입자를 안개모양으로 미세하게 방사하는 것(물분무소화설비) ② 냉각작용, 질식작용 ③ 전기절연성도 우수하여 전기화재에서도 사용가능

2) 포 소화약제

포 소화약제란 물에 의한 소화능력을 향상시키기 위하여 거품(Foam)을 방사할 수 있는 약제를 첨가하여 냉각효과, 질식효과를 얻을 수 있는 소화약제이다.

① 포 소화약제의 장단점

㉠ 장점

ⓐ 방사 후에 독성가스의 발생이 없으며, 사람에게도 해가 없다.

ⓑ 거품에 의한 소화 작업으로 가연성 유류 화재 시 질식효과와 냉각효과가 있다.

ⓒ 봉상주수에 의한 연소면의 확대가 우려되는 유류화재에서도 효과가 있다.

㉡ 단점

ⓐ 겨울철에는 유동성이 약화되어 소화효과가 떨어질 수 있다.

ⓑ 단백포의 경우 정기적으로 약제를 교체할 필요가 있다.

ⓒ 방사한 다음에는 약제 잔유물이 남는다.

② 포 소화약제의 구분

포 소화설비에 사용되는 포 소화약제는 이산화탄소를 포핵으로 하는 화학포와 공기를 포핵으로 하는 기계포(공기포)로 구분하고 있다.

㉠ 화학포

ⓐ 화학반응을 일으켜 거품을 방사할 수 있도록 만든 소화약제를 말한다.

ⓑ 외약제인 탄산수소나트륨(중조, $NaHCO_3$)과 내약제 황산알루미늄[$Al_2(SO_4)_3$]에 기포안정제를 서로 혼합하면 화학적 반응을 일으켜 가압원인 CO_2가 발생되어 CO_2 가스압력에 의해 거품을 방사하는 형식

ⓒ 안정제는 카제인, 젤라틴, 사포닌, 계면활성제, 수용성 단백질 등을 사용한다.

㉡ 기계포(공기포) : 동식물성 단백질 또는 계면활성제를 기체로 하는 원액을 3% 또는 6% 수용액으로 희석한 것을 기계적으로 혼합하는 동시에 공기를 흡입하여 발생하는 공기를 포핵으로 한다.

③ 소화약제의 종류

단백포 소화약제	① 동물, 식물성 단백질을 첨가시킨 형태로 내구력이 없어 보관 시 주의한다. ② 다른 소화약제에 비하여 부식성이 있고 가격이 저렴하다. ③ 방호대상 : 석유류 저장탱크, 석유화학 플랜트
불화 단백포 소화약제	① 단백포 소화약제에 불소계 계면 활성제를 소량 첨가한 것 ② 단백포와 수성막포의 단점인 유동성과 열안정성을 보완한 것 ③ 방호대상 : 석유류 저장탱크, 석유화학 플랜트
합성 계면활성제 포 소화약제	① 알킬벤젠, 슬폰산염, 고급알코올, 황산 에스테르 등을 주성분으로 하여 포의 안정성을 위해 안정제를 첨가한 소화약제이다. ② 약제의 변질이 없고, 거품이 잘 만들어지고 유류화재에도 효과가 높다. ③ 방호대상 : 고압가스, 액화가스, 위험물저장소
수성막포 소화약제	① 불소계 계면활성제가 주성분이며, 기름 화재용 포액으로 가장 좋은 소화력을 가진 포 소화약제이다. ② 포 소화약제 중에서 가장 우수한 소화효과를 가지고 있다. ③ 방호대상 : 석유류 저장탱크, 석유화학 플랜트
알코올형 포 소화약제	① 소포성이 있는 물질인 수용성 액체의 위험물 화재에 유용하도록 만든 소화약제를 말한다. ② 소포성 : 물에 잘 녹는 물질에 화재가 났을 경우 포를 방사하면 포가 잘 터지는 현상 ③ 방호대상 : 수용성 액체(알코올류, 케톤류)

④ 포 소화약제 혼합장치

㉠ 관로 혼합장치(Line Proportioner Type, 라인 프로포셔너 방식)
펌프와 발포기의 중간에 설치된 벤추리관의 벤추리 작용에 의하여 포 소화약제를 흡입 · 혼합하는 방식

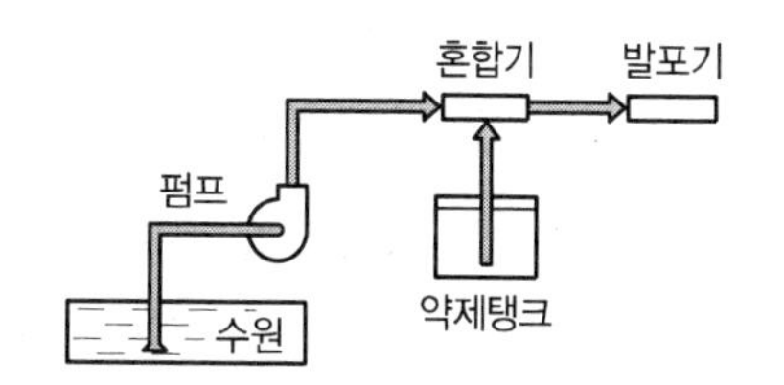

| 관로 혼합장치 |

㉡ 차압 혼합장치(Pressure Proportioner Type, 프레져 프로포셔너 방식)
펌프와 발포기 중간에 설치된 벤추리관의 벤추리 작용과 펌프 가압수의 포 소화약제 저장탱크에 대한 압력에 의하여 포 소화약제를 흡입 · 혼합하는 방식

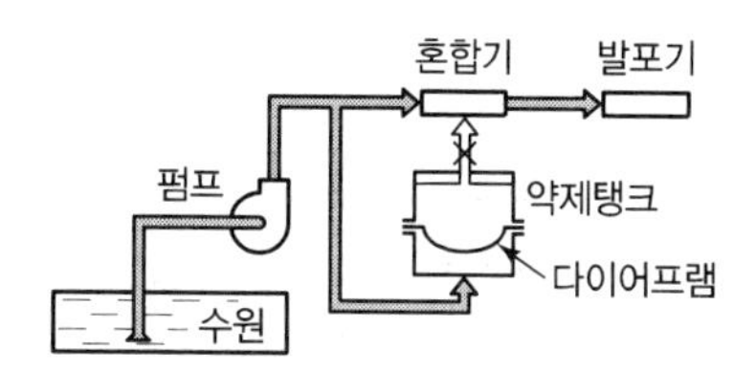

| 차압 혼합장치 |

㉢ 펌프 혼합장치(Pump Proportioner Type, 펌프 프로포셔너 방식)
펌프의 토출관과 흡입관 사이에 설치한 혼합기에 펌프에서 토출된 물의 일부를 보내고, 농도 조정밸브에서 조정된 약제의 필요량을 약제탱크에서 펌프 흡입 측으로 보내어 이를 혼합하는 방식

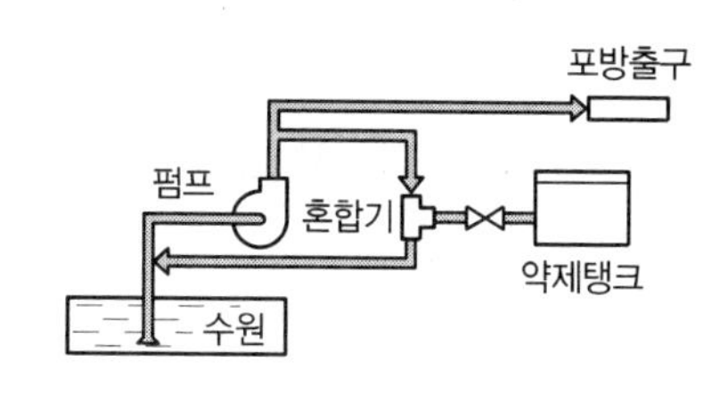

| 펌프 혼합장치 |

㉣ 압입 혼합장치(Pressure Side Proportioner Type, 프레져 사이드 프로포셔너 방식)
펌프의 토출관에 혼합기를 설치하고 약제 압입용 펌프로 포 원액을 압입시켜 혼합하는 방식

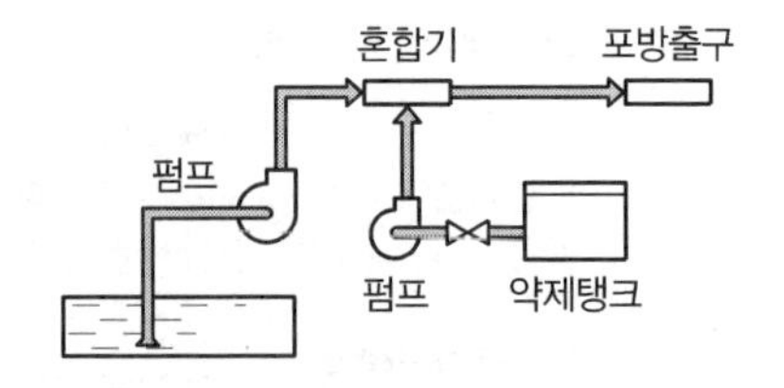

| 압입 혼합장치 |

3) 분말 소화약제

① 분말 소화약제의 가압용 및 축압용 가스는 질소가스를 사용한다.
② 제3종 분말 소화약제인 인산암모늄($NH_4H_2PO_4$) 소화약제가 널리 사용되고 있다.
③ 탄산수소나트륨 분말 소화약제에서 분말에 습기가 침투하는 것을 방지하기 위해 사용하는 물질은 스테아르산아연이다.

4) 할로겐화합물 소화약제

① 할로겐화합물이란 불소, 염소, 브롬 및 요오드 등 할로겐족 원소를 하나 이상 함유한 화학물질을 말한다.
② 변질, 분해가 없고, 전기의 불량도체이므로 유류화재, 전기화재에 많이 사용된다.
③ 상온에서 압축하면 쉽게 액체 상태로 변하기 때문에 용기에 쉽게 저장할 수 있다.
④ 수명이 반영구적이다.

⑤ 할론 소화약제 효과의 크기(소화의 강도)
㉠ 소화기 종류별 : 할론 1040 < 할론 1011 < 할론 2402 < 할론 1211 < 할론 1301
㉡ 할로겐 원소별 : F(불소) < Cl(염소) < Br(브롬) < I(요오드)
㉢ 안정성은 소화 성능과 반대 : F(불소) > Cl(염소) > Br(브롬) > I(요오드)

⑥ 종류

할론 1301 소화약제	상온에서 무색 무취의 기체로 비전도성이며 소화효과가 가장 커 널리 사용된다.
할론 1211 소화약제	상온에서 기체이며 공기보다 5.7배 무겁다.
할론 2402 소화약제	상온에서 액체이며 기체 비중이 가장 높은 소화약제이다.
할론 1011 소화약제	상온에서 액체이며 증기 비중은 4.5이다.
할론 1040 소화약제	무색 투명한 액체로서 분해하면 독성이 있는 포스겐가스가 발생하여 실내에서는 소방법상 사용을 금지하도록 규정되어 있다.

⑦ 할로겐화합물 소화약제가 가져야 할 성질
㉠ 끓는점이 낮을 것
㉡ 증기(기화)가 되기 쉬울 것
㉢ 전기화재에 적응성이 있을 것
㉣ 공기보다 무겁고 불연성일 것
㉤ 증발 잔유물이 없을 것

5) 이산화탄소(CO_2) 소화약제

① 공기 중에 존재하고 있는 산소의 농도 21%를 15% 이하로 낮추어 소화하는 질식작용과 CO_2 가스 방출 시 기화열의 흡수로 인하여 소화하는 냉각작용을 하는 소화약제이다.

② 상온에서 무색, 무취의 기체이며, 비중은 1.529로 공기보다 무겁다.

③ CO_2는 불활성 기체로 비교적 안정성이 높고 불연성, 부식성도 없다.

④ 장단점

장점	① 소화 후에 오염과 잔유물이 남지 않는다. ② 약제의 수명이 반영구적이며 가격이 저렴하다. ③ 기화잠열이 크므로 열 흡수에 의한 냉각작용이 크다. ④ 전기의 부도체로서 C급 화재에 매우 효과적이다. ⑤ 자체 증기압이 높으며 심부화재에 효과적이다. ⑥ 한랭지에서도 동결될 염려가 없다.
단점	① 밀폐공간에서 질식과 같은 인명 피해를 입을 수 있다. ② 방사 시 소음이 매우 크며 시야를 가린다.

⑤ 사용금지 장소

㉠ 지하층

㉡ 무창층

㉢ 밀폐된 거실 또는 사무실로서 바닥 면적이 20m2 미만인 곳

⑥ 사용의 제한

㉠ 방출 시 인명 피해가 우려되는 밀폐된 지역

㉡ 이산화탄소를 분해시키는 반응성이 큰 금속(Na, Mg, Ti, Zr)과 금속수소화물(LiH, NaH)

㉢ 제5류 위험물(자기반응성 물질)과 같이 자체적으로 산소를 가지고 있는 물질

6) 강화액 소화약제

① 물 소화약제의 성능을 강화시킨 소화약제로서 물에 탄산칼륨(K_2CO_3)을 용해시킨 소화약제이다.

② 강화액은 −30℃에서도 동결되지 않으므로 한랭지역에서도 보온이 필요 없다.

③ 탈수 · 탄화작용으로 목재 · 종이 등을 불연화하고 재연 방지의 효과도 있어 A급 화재에 대한 소화능력이 증가된다.

SECTION 03 폭발방지대책 수립

1 폭발방지대책

1. 폭발 방지(폭발 예방)

1) 불활성화

① 가연성 혼합가스나 혼합분진에 불활성 가스를 주입하여 산소의 농도를 최소산소농도 이하로 낮게 유지하는 것

② 불활성 가스

㉠ 질소

㉡ 이산화탄소

㉢ 수증기 또는 연소배기가스 등이 있으며 통상적으로 불활성 가스로 질소가 사용된다.

③ 연소 억제를 위하여 관리되어야 할 산소의 농도는 안전율을 고려하여 해당 물질의 최소산소농도보다 4% 정도 낮게 관리되어야 한다.

④ 안정적이고 지속적인 불활성화를 유지하기 위해서 대상설비에 산소농도 측정기를 설치하고 산소농도를 관리하여야 한다.

⑤ 최소산소농도(MOC)

㉠ 일반적으로 대부분의 가스인 경우 : 10% 정도

㉡ 분진인 경우 : 8% 정도

2) 불활성화 방법

① 인너팅(Inerting) : 산소농도를 안전한 농도로 낮추기 위하여 불활성 가스를 용기에 주입하는 것

② 치환(Purging) : 가연성 가스 또는 증기에 불활성 가스를 주입하여 산소의 농도를 최소산소농도(MOC) 이하로 낮게 하는 작업을 통하여 제한된 공간에서 화염이 전파되지 않도록 유지된 상태

진공 치환 (진공 퍼지, 저압 퍼지) (Vacuum Purging)	① 용기에 대한 가장 통상적인 치환절차 ② 저압에만 견딜 수 있도록 설계된 큰 저장용기에서는 사용할 수 없다.
압력 치환 (압력 퍼지) (Pressure Purging)	① 용기에 가압된 불활성 가스를 주입하는 방법으로 가압한 가스가 용기 내에서 충분히 확산된 후 그것을 대기로 방출하여야 한다. ② 진공치환에 비해 치환시간이 크게 단축되는 장점이 있으나 불활성 가스를 많이 소모하게 되는 단점이 있다.
스위프 치환 (스위프 퍼지) (Sweep－through Purging)	① 보통 용기나 장치를 압력이나 진공으로 할 수 없는 경우에 주로 사용(진공, 압력치환을 할 수 없을 때 주로 사용) ② 저압으로 불활성 가스를 공급하여 대기압으로 방출되므로 많은 불활성 가스를 필요로 한다. ③ 용기의 한 개구부로 불활성 가스를 인너팅하고 다른 개구부로 대기 등으로 혼합가스를 방출하는 방법

사이폰 치환 (사이폰 퍼지) (Siphon Purging)	① 치환 시 불활성 가스 주입량을 최소로 하기 위하여 주로 사용 ② 산소의 농도를 매우 낮은 수준으로 줄일 수 있다. ③ 용기에 물 또는 비가연성, 비반응성의 적합한 액체를 채운 후 액체를 뽑아내면서 불활성 가스를 주입하는 방법

3) 폭발 또는 화재 등의 예방

① 인화성 액체의 증기, 인화성 가스 또는 인화성 고체가 존재하여 폭발이나 화재가 발생할 우려가 있는 장소에서 해당 증기 · 가스 또는 분진에 의한 폭발 또는 화재를 예방하기 위해 환풍기, 배풍기 등 환기장치를 적절하게 설치해야 한다.

② 증기나 가스에 의한 폭발이나 화재를 미리 감지하기 위하여 가스 검지 및 경보 성능을 갖춘 가스 검지 및 경보장치를 설치하여야 한다.

2. 폭발방호(Explosion Protection) 대책

폭발 봉쇄 (Explosion Containment)	유독성 물질이나 공기 중에 방출되어서는 안 되는 물질의 폭발 시 안전밸브나 파열판을 통하여 다른 탱크나 저장소 등으로 보내어 압력을 완화시켜 파열을 방지하는 방법
폭발 억제 (Explosion Suppression)	압력이 상승하였을 때 폭발억제장치가 작동하여 고압불활성 가스가 담겨 있는 소화기가 터져서 증기, 가스, 분진폭발 등의 폭발을 진압하여 큰 파괴적인 폭발압력이 되지 않도록 하는 방법
폭발 방산 (Explosion Venting)	안전밸브나 파열판 등에 의해 탱크 내의 기체를 밖으로 방출시켜 압력을 정상화하는 방법

3. 방폭설비

1) 방폭구조의 종류

내압 방폭구조	d	안전증 방폭구조	e	비점화 방폭구조	n
압력 방폭구조	p	특수 방폭구조	s	몰드방폭구조	m
유입 방폭구조	o	본질안전 방폭구조	I(ia, ib)	충전방폭구조	q

2) 위험장소

① 가스폭발 위험장소

분류	적요	예(장소)
0종 장소	인화성 액체의 증기 또는 가연성 가스에 의한 폭발위험이 지속적으로 또는 장기간 존재하는 장소	용기 · 장치 · 배관 등의 내부 등
1종 장소	정상작동상태에서 폭발위험분위기가 존재하기 쉬운 장소	맨홀 · 벤트 · 피트 등의 주위
2종 장소	정상작동상태에서 폭발위험분위기가 존재할 우려가 없으나, 존재할 경우 그 빈도가 아주 적고 단기간만 존재할 수 있는 장소	개스킷 · 패킹 등의 주위

② 분진폭발 위험장소

분류	적요	예(장소)
20종 장소	분진운 형태의 가연성 분진이 폭발농도를 형성할 정도로 충분한 양이 정상 작동 중에 연속적으로 또는 자주 존재하거나, 제어할 수 없을 정도의 양 및 두께의 분진층이 형성될 수 있는 장소를 말한다.	호퍼 · 분진저장소 · 집진장치 · 필터 등의 내부
21종 장소	20종 장소 밖으로서(장소 외의 장소로서) 분진운 형태의 가연성 분진이 폭발농도를 형성할 정도의 충분한 양이 정상 작동 중에 존재할 수 있는 장소를 말한다.	집진장치 · 백필터 · 배기구 등의 주위, 이송벨트 샘플링 지역 등
22종 장소	21종 장소 밖으로서(장소 외의 장소로서) 가연성 분진운 형태가 드물게 발생 또는 단기간 존재할 우려가 있거나, 이상 작동 상태하에서 가연성 분진운이 형성될 수 있는 장소를 말한다.	21종 장소에서 예방조치가 취하여진 지역, 환기설비 등과 같은 안전장치 배출구 주위 등

3) 방폭구조의 선정기준

① 가스폭발 위험장소

폭발위험장소의 분류	방폭구조 전기기계 · 기구의 선정기준
0종 장소	① 본질안전방폭구조(ia) ② 그 밖에 관련 공인 인증기관이 0종 장소에서 사용이 가능한 방폭구조로 인증한 방폭구조
1종 장소	① 내압방폭구조(d), 압력방폭구조(p), 충전방폭구조(q), 유입방폭구조(o), 안전증방폭구조(e), 본질안전방폭구조(ia, ib), 몰드방폭구조(m) ② 그 밖에 관련 공인 인증기관이 1종 장소에서 사용이 가능한 방폭구조로 인증한 방폭구조
2종 장소	① 0종 장소 및 1종 장소에 사용 가능한 방폭구조, 비점화방폭구조(n) ② 그 밖에 2종 장소에서 사용하도록 특별히 고안된 비방폭형 구조

② 분진폭발 위험장소

폭발위험장소의 분류	방폭구조 전기기계 · 기구의 선정기준
20종 장소	① 밀폐방진방폭구조(DIP A20 또는 DIP B20) ② 그 밖에 관련 공인 인증기관이 20종 장소에서 사용이 가능한 방폭구조로 인증한 방폭구조
21종 장소	① 밀폐방진방폭구조(DIP A20 또는 A21, DIP B20 또는 B21) ② 특수방진방폭구조(SDP) ③ 그 밖에 관련 공인 인증기관이 21종 장소에서 사용이 가능한 방폭구조로 인증한 방폭구조
22종 장소	① 20종 장소 및 21종 장소에 사용가능한 방폭구조 ② 일반방진방폭구조(DIP A22 또는 DIP B22) ③ 보통방진방폭구조(DP) ④ 그 밖에 22종 장소에서 사용하도록 특별히 고안된 비방폭형 구조

4. 가스폭발 위험장소 또는 분진폭발 위험장소에 설치되는 건축물

① 다음에 해당하는 부분을 내화구조로 하여야 하며, 그 성능이 항상 유지될 수 있도록 점검 · 보수 등 적절한 조치를 하여야 한다.

㉠ 건축물의 기둥 및 보 : 지상 1층(지상 1층의 높이가 6미터를 초과하는 경우에는 6미터)까지

㉡ 위험물 저장 · 취급용기의 지지대(높이가 30센티미터 이하인 것은 제외) : 지상으로부터 지지대의 끝부분까지

㉢ 배관 · 전선관 등의 지지대 : 지상으로부터 1단(1단의 높이가 6미터를 초과하는 경우에는 6미터)까지

② 건축물 등의 주변에 화재에 대비하여 물 분무시설 또는 폼 헤드(Foam Head) 설비 등의 자동소화설비를 설치하여 건축물 등이 화재 시에 2시간 이상 그 안전성을 유지할 수 있도록 한 경우에는 내화구조로 하지 아니할 수 있다.

5. 폭발재해의 형태와 방지대책

폭발재해의 형태		방지대책	
발화원	착화파괴형	① 불활성 가스의 치환 ② 가연성 혼합기 제어 ③ 발화원 관리	④ 발화원의 열 접촉 관리 ⑤ 계측기기에 의한 감시 및 차단
	누설발화형 (누설착화형)	① 위험물질의 누설 방지 ② 밸브(설비)의 오동작 방지 ③ 누설물질의 검지 경보	④ 발화원 관리 ⑤ 피해확대 방지조치(방유제 등)
반응열 축적	자연발화형	① 자연발화 물질의 별도 관리 ② 자연발화 환경 제어 ③ 혼합위험 물질의 격리	④ 위험성 물질과의 격리 ⑤ 계측기기에 의한 감시 및 차단
	반응폭주형	① 반응폭주 물질 관리 ② 반응속도, 온도 제어 ③ 냉각설비, 교반설비 제어	④ 부촉매, 반응억제제 설비 ⑤ 반응폭주 시 과압방출
증기폭발	열이동형	① 작업장의 정리정돈 ② 액체 물질의 안전관리	③ 고열물의 접근 방지
	평형파탄형	① 용기의 안전한 설계 ② 주변장치, 설비의 안전배치	③ 냉각설비, 차단설비 설치 ④ 확산 방지조치(방유제 등)

2 폭발하한계 및 폭발상한계의 계산

1. 정의

① 폭발한계(Explosion Limit) : 가스 등의 농도가 일정한 범위 내에 있을 때 폭발현상이 일어나는 것으로, 그 농도가 지나치게 낮거나 지나치게 높아도 폭발은 일어나지 않는 범위를 폭발한계라고 하며, 폭발범위가 넓은 물질일수록 위험도가 높다.

② 폭발하한계(LEL ; Lower Explosive Limit)

㉠ 가스 등이 공기 중에서 점화원에 의하여 착화되어 화염이 전파되는 가스 등의 최소농도를 말한다.

㉡ 공기 중에서의 가스 등의 농도가 이 범위 미만에서는 폭발되지 않는 한계를 말한다.

③ 폭발상한계(UEL ; Upper Explosive Limit)

㉠ 가스 등이 공기 중에서 점화원에 의하여 착화되어 화염이 전파되는 가스 등의 최대농도를 말한다.

㉡ 공기 중에서의 가스 등의 농도가 이 범위를 초과하는 경우에서는 폭발하지 않는 한계를 말한다.

2. 폭발하한계의 계산

① 가연성 가스의 공기 중 완전연소식에서 화학양론 농도 x(%)를 이용하여 하한계의 농도 L(%)을 근사적으로 계산하는 방법

$$L \fallingdotseq 0.55x$$

② 활성화 에너지(E)가 대체로 같은 값을 가지고 있는 가연성 가스 사이에서는 다음 식이 근사적으로 성립한다.

$$x \cdot Q = \text{constant}$$

여기서, x : 하한계
Q : 분자 연소열[kcal/mol]

③ Brugess－Wheeler의 법칙(탄화수소계에서의 적용)

$$x \cdot Q \fallingdotseq 1{,}100\text{kcal}$$

여기서, x : 하한계
Q : 분자 연소열[kcal/mol]

3. 폭발상한계의 계산

$$U = 4.8\sqrt{x}$$

여기서, x : 가연성 가스의 공기 중 완전연소식에서 화학양론농도[%]

••• 예상문제

포화탄화수소계의 가스에서는 폭발하한계의 농도 x(vol%)와 그의 연소열(kcal/mol) Q의 곱은 일정하게 된다는 Brugess－Wheeler의 법칙이 있다. 연소열이 635.4kcal/mol인 포화탄화수소 가스의 하한계는 약 얼마인가?

풀이 하한계$(x) = \dfrac{1{,}100}{Q} = \dfrac{1{,}100}{635.4} = 1.73$[vol%]

답 1.73[vol%]

CHAPTER

02 화학물질 안전관리 실행

SECTION 01 화학물질(위험물, 유해화학물질) 확인

1 위험물의 기초화학

1. 물질의 상태와 변화

고체에 열을 가하면 입자들의 운동에너지가 커져서 거리가 멀어져 액체가 되고, 계속 열을 가하면 더욱 멀어져 기체가 된다.

1) 열의 흡수

① 기화 : 액체가 기체로 되는 변화
② 융해 : 고체가 액체로 되는 변화
③ 승화 : 고체가 기체로 되는 변화

2) 열의 방출

① 액화 : 기체가 액체로 되는 변화
② 응고 : 액체가 고체로 되는 변화
③ 승화 : 기체가 고체로 되는 변화

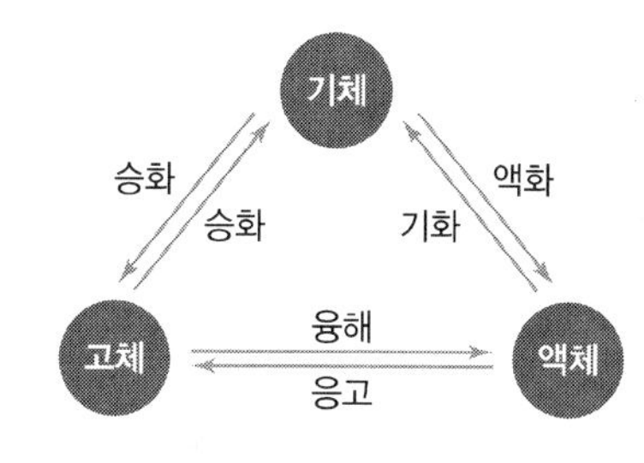

| 물질의 상태변화 |

2. 온도(Temperature)

1) 섭씨온도(Centigrade)

표준대기압 상태에서 순수한 물의 어는점을 0℃, 끓는점을 100℃로 정하고 그 사이를 100등분하여 하나의 눈금을 1℃로 표시하는 온도

2) 화씨온도(Fahrenheit)

표준대기압 상태에서 순수한 물의 어는점을 32°F, 끓는점을 212°F로 정하고 그 사이를 180등분하여 하나의 눈금을 1°F로 표시하는 온도

3) 섭씨온도와 화씨온도의 관계

$$℃ = \frac{5}{9}(°F - 32) \qquad °F = \frac{9}{5}℃ + 32$$

4) 절대온도

자연계에 존재하는 가장 낮은 온도를 말한다. 즉, 열역학적으로 분자운동이 정지한 상태의 온도를 0으로 측정한 온도

켈빈 온도(Kelvin)	① 이상기체의 온도를 −273℃로 할 때 분자운동은 정지 ② 섭씨의 절대온도 : 0K = −273℃
랭킨 온도(Rankine)	① 이상기체의 온도를 −460℉로 할 때 분자운동은 정지 ② 화씨의 절대온도 : 0R = −460℉

5) 온도의 관계

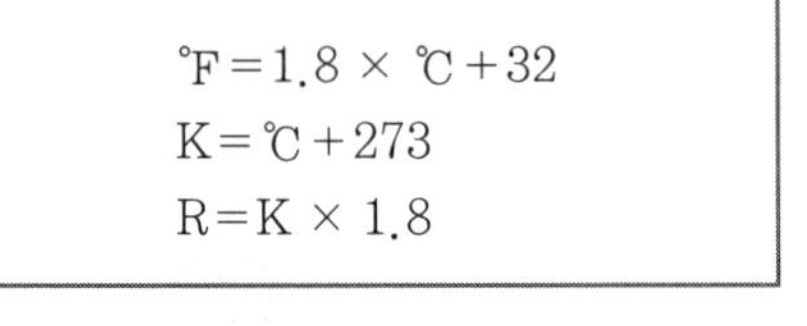

$°F = 1.8 \times ℃ + 32$

$K = ℃ + 273$

$R = K \times 1.8$

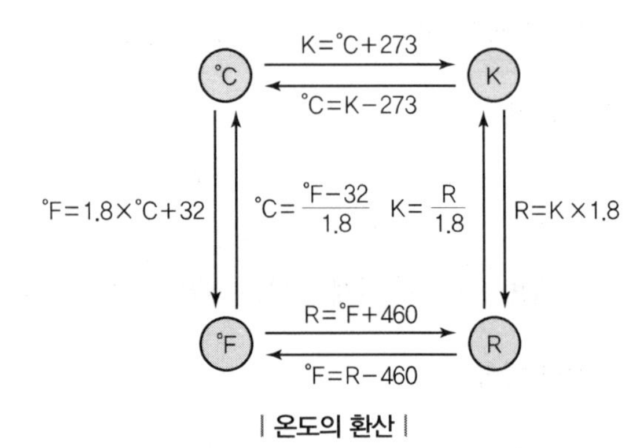

| 온도의 환산 |

3. 압력(Pressure)

1) 표준대기압

① 온도 0℃, 위도 45° 해수면을 기준으로 지구 중력이 $9.8m/s^2$일 경우 수은주 760mmHg로 표시될 때의 압력으로 1atm으로 표시한다.

② 1atm = 760mmHg = 76cmHg = 0.76mHg

$= 10332kgf/m^2 = 1.0332kgf/cm^2$

$= 101325N/m^2 = 101325Pa = 101.325kPa = 0.101325MPa$

2) 게이지 압력

① 표준대기압을 기준으로 하여 측정한 압력이며, 압력계로 측정한 압력이다. 즉, 압력계의 지침이 0일 때의 실제 압력은 대기압과 같다.

② 단위 뒤에 g를 표시하거나 표시하지 않는다.(kgf/cm^2g, kgf/cm^2)

3) 진공압력

① 표준대기압을 기준으로 대기압보다 낮은 압력을 측정한 압력이다.

② 단위 뒤에 V를 표시한다.(kgf/cm^2V)

4) 절대압력

① 완전진공을 기준으로 측정한 압력을 말하며, 완전진공의 절대압력은 0이다.

② 절대압력＝대기압＋게이지 압력＝대기압－진공압력

③ 단위 뒤에 a를 표시한다.(kgf/cm^2a)

4. 화학의 기초법칙

1) 보일(Boyle)의 법칙

① 일정한 온도에서 일정량의 기체가 차지하는 부피는 압력에 반비례한다.

② 압력과 부피와의 관계를 나타낸다.

$$P_1 \cdot V_1 = P_2 \cdot V_2$$

여기서, P_1 : 변하기 전의 절대압력, P_2 : 변한 후의 절대압력
V_1 : 변하기 전의 부피, V_2 : 변한 후의 부피

2) 샤를(Charles)의 법칙

① 일정한 압력하에서 일정량의 기체의 부피는 절대온도에 비례한다.

② 체적과 온도와의 관계를 나타낸다.

$$\frac{V_1}{T_1} = \frac{V_2}{T_2}$$

여기서, V_1 : 변하기 전의 부피, V_2 : 변한 후의 부피
T_1 : 변하기 전의 절대온도[K], T_2 : 변한 후의 절대온도[K]

3) 보일－샤를의 법칙

일정량의 기체의 부피는 절대온도에 비례하고 압력에 반비례한다.

$$\frac{P_1 \cdot V_1}{T_1} = \frac{P_2 \cdot V_2}{T_2}$$

여기서, P_1 : 변하기 전의 절대압력, P_2 : 변한 후의 절대압력
V_1 : 변하기 전의 부피, V_2 : 변한 후의 부피
T_1 : 변하기 전의 절대온도[K], T_2 : 변한 후의 절대온도[K]

4) 이상기체의 상태방정식

기체의 압력은 부피에 반비례하고 몰수와 절대온도에 비례한다.

$$PV = nRT = \frac{W}{M}RT$$

여기서, P : 절대압력(atm)
V : 부피(L)
R : 이상기체상수=0.082L · atm/mol · K
T : 절대온도(273+℃=K)
n : 몰수(mol)
M : 분자량
W : 질량(g)

••• 예상문제

혼합가스 용기에 전체 압력이 10기압, 0℃에서 몰비로 수소 10%, 산소 20%, 질소 70%가 채워져 있을 때, 산소가 차지하는 부피는 몇 L인가?(단, 표준상태는 0℃, 1기압이다.)

풀이 ① $PV = nRT \rightarrow V = \frac{nRT}{P}$

② 산소의 몰수 $= \frac{20}{10+20+70} = 0.2[\text{mol}]$

③ $V = \frac{nRT}{P} = \frac{0.2 \times 0.082 \times (273+0)}{10} = 0.448[\text{L}]$

답 0.448[L]

5. 화학반응과 에너지

1) 발열반응과 흡열반응

① 발열반응

㉠ 화학반응에서 반응 물질이 생성 물질보다 더 많은 에너지를 함유하고 있으면 반응이 진행되면서 물질이 함유한 에너지가 감소하며 이때 감소한 에너지를 외부로 방출하는 반응을 발열반응이라 한다.

㉡ 일반적으로 발열반응이 일어날 때 외부로 열을 방출하므로 주위의 온도가 올라가고 빠르게 진행되는 경우 많은 양의 열이 일시에 방출되므로 폭발현상이 수반되기도 한다.

$C(s) + O_2(g) \rightarrow CO_2(g) + 94.1\text{kcal}$(반응열 : 94.1kcal)
ΔH(엔탈피) $= -94.1\text{kcal}$
(반응열과 엔탈피의 기호는 서로 반대로 표시한다.)

② 흡열반응

㉠ 화학반응에서 반응물질이 생성물질보다 에너지가 작을 경우 반응물질이 생성물질로 변화기 위해서 열에너지를 사용한다. 이러한 반응을 흡열반응이라 한다.

㉡ 일반적으로 흡열반응이 진행되면 열에너지를 흡수하기 때문에 반응물질과 그 주위의 온도가 내려간다.

$$\frac{1}{2}N_2(g)+\frac{1}{2}O_2(g) \rightarrow NO(g)-21.6\text{kcal}(\text{반응열}:-21.6\text{kcal})$$

$$\Delta H(\text{엔탈피})=21.6\text{kcal}$$

(반응열과 엔탈피의 기호는 서로 반대로 표시한다.)

참고 반응열(Q)

① 발열반응=(Q > 0) : 반응물질의 열함량 > 생성물질의 열함량
② 흡열반응=(Q < 0) : 반응물질의 열함량 < 생성물질의 열함량

2) 반응열

① 화학반응에 수반하여 방출 또는 흡수되는 에너지의 양을 말한다.

② 엔탈피(Enthalpy)

㉠ 일정온도, 일정압력에서 어떠한 물질이 가지고 있는 열에너지를 말한다.

㉡ 일정한 온도와 압력에서 일정량의 물질이 차지하는 부피가 일정하듯, 엔탈피 역시 일정온도, 일정압력에서 일정하다.

㉢ 엔탈피 변화(ΔH)는 생성물의 엔탈피와 반응물의 엔탈피의 차이를 의미한다.

$$\Delta H= H_{\text{생성물}} - H_{\text{반응물}}$$

㉣ ΔH의 부호가 음인 경우 : 반응물의 엔탈피가 생성물의 엔탈피보다 더 크기 때문에 열을 방출한다. 이러한 반응을 발열반응이라 한다.

㉤ ΔH의 부호가 양인 경우 : 생성물의 엔탈피가 반응물의 엔탈피보다 더 크기 때문에 열을 흡수한다. 이러한 반응을 흡열반응이라 한다.

㉥ 화합물은 엔탈피가 작을수록 안정하므로, 자발적인 반응은 엔탈피의 감소, 즉 발열반응으로 진행된다.

••• 예상문제

아세틸렌 가스가 다음과 같은 반응식에 의하여 연소할 때 연소열은 약 몇 kcal/mol인가?(단, 다음의 열역학 표를 참조하여 계산한다.)

$$C_2H_2+\frac{5}{2}O_2 \rightarrow 2CO_2+H_2O$$

구분	ΔH(kcal/mol)
C_2H_2	54.194
CO_2	−94.052
$H_2O(g)$	−57.798

풀이 ① $\Delta H= H_{\text{생성물}} - H_{\text{반응물}}$
② $[2\times(-94.052)+1\times(-57.798)]-[(1\times 54.194)+(2.5\times 0)]$
$=-300.096=-300.1$[kcal/mol]

답 −300.1[kcal/mol]

3) 반응열의 종류

생성열	① 1몰의 화합물이 그 성분 원소들로부터 생성될 때 발생 또는 흡수되는 열량 ② 생성되는 물질에 따라 생성열은 동일
연소열	① 1몰의 물질이 공기(산소) 중에서 완전연소할 경우 발생하는 열량 ② 물질이 산소와 결합하는 경우 연소열이 발생하며, 물질마다 동일한 열량을 갖는다.
중화열	산과 염기가 반응하여 즉 중화하여 1몰의 물을 만들 때 생성되는 열
용해열	물질 1몰이 다량의 용매에 용해되면서 발생하거나 흡수되는 열량
분해열	물질 1몰이 성분원소들에서 분해될 때 발생 또는 흡수되는 열
희석열	물질 1몰을 녹여서 어느 정도 농도가 된 용액을 다시 희석시킬 때 발생 또는 흡수되는 열
전리열	전해질을 녹여서 용해와 동시에 전리가 발생할 때 발생하는 열

4) 반응속도에 영향을 주는 영향요소

화학반응은 두 가지 물질이 서로 화학반응하여 새로운 물질을 생성하는 것으로 화학반응 시 발열반응과 흡열반응이 일어난다.

① 농도

㉠ 반응 물질의 농도가 증가하면 반응을 일으킬 수 있는 입자의 수가 증가하므로 일정시간 동안에 보다 많은 수의 충돌이 일어나므로 반응속도가 빨라진다.

㉡ 반응 용기 속에 반응 물질이 많이 들어 있을수록 충돌의 기회가 많아져 반응속도가 빨라진다.

② 온도

㉠ 온도가 상승하면 반응 물질의 분자운동이 활발해지므로 반응속도는 증가한다.

㉡ 온도가 10℃ 증가함에 따라 반응속도는 2~3배 증가하며 기체의 경우는 그 이상으로 더 빠르게 증가한다.

③ **촉매** : 자신은 변화지 않고 활성화 에너지를 변화시켜 반응 속도를 변화시키는 물질

정촉매	활성화 에너지를 감소시켜 반응속도를 빠르게 한다.
부촉매	활성화 에너지를 증가시켜 반응속도를 느리게 한다.

④ **압력** : 압력이 높아지면 분자 간의 활성도가 증가하여 반응속도가 증가한다.

⑤ **활성화 에너지** : 반응물질을 활성화물로 만들어 주는 데 필요한 최소 에너지로, 활성화 에너지가 클수록 반응속도는 감소하고, 작을수록 반응속도는 증가한다.

⑥ **반응물질의 성질** : 이온 사이의 반응속도는 분자 간의 반응속도보다 빠르다.

5) 화학반응의 위험인자

① 반응속도가 빠르면 위험하다.

② 반응성이 크면 위험하다.

③ 발열반응이 흡열반응보다 위험하다.

④ 활성화 에너지가 작은 것이 큰 것보다 위험하다.

2 위험물의 정의

1. 위험물의 정의

① 위험물이라 함은 인화성 또는 발화성 등의 성질을 가지는 물품을 말한다.

② 위험물질이란 그 자체가 위험하든가 또는 환경조건에 따라 쉽게 위험성을 나타내는 물질로서 보통 위험성 물질이라 부른다.

2. 위험물의 일반적 특징

① 자연계에 흔히 존재하는 물 또는 산소와의 반응이 용이하다.

② 반응속도가 급격히 진행된다.

③ 반응 시 발생되는 발열량이 크다.

④ 수소와 같은 가연성 가스를 발생한다.

⑤ 화학적 구조 및 결합력이 대단히 불안정하다.

3 위험물의 종류

1. 화학물질의 정의

① **폭발성 물질** : 자체의 화학반응에 따라 주위환경에 손상을 줄 수 있는 정도의 온도 · 압력 및 속도를 가진 가스를 발생시키는 고체 · 액체 또는 혼합물을 말한다.

② **유기과산화물** : 1개 또는 2개의 수소 원자가 유기라디칼에 의하여 치환된 과산화수소의 유도체를 포함한 액체 또는 고체 유기물질을 말한다.

③ **물반응성 물질** : 물과 상호작용을 하여 자연발화되거나 인화성 가스를 발생시키는 고체 · 액체 또는 혼합물을 말한다.

④ **인화성 고체** : 쉽게 연소되거나 마찰에 의하여 화재를 일으키거나 촉진할 수 있는 물질을 말한다.

⑤ **산화성 액체** : 그 자체로는 연소하지 않더라도, 일반적으로 산소를 발생시켜 다른 물질을 연소시키거나 연소를 촉진하는 액체를 말한다.

⑥ **산화성 고체** : 그 자체로는 연소하지 않더라도 일반적으로 산소를 발생시켜 다른 물질을 연소시키거나 연소를 촉진하는 고체를 말한다.

⑦ **인화성 액체** : 표준압력(101.3kPa)하에서 인화점이 60℃ 이하이거나 고온 · 고압의 공정운전조건으로 인하여 화재 · 폭발위험이 있는 상태에서 취급되는 가연성 물질을 말한다.

⑧ **인화성 가스** : 인화한계 농도의 최저한도가 13퍼센트 이하 또는 최고한도와 최저한도의 차가 12퍼센트 이상인 것으로서 표준압력(101.3kPa)하의 20℃에서 가스 상태인 물질을 말한다.

⑨ **금속 부식성 물질** : 화학적인 작용으로 금속에 손상 또는 부식을 일으키는 물질을 말한다.

⑩ **급성 독성 물질** : 입 또는 피부를 통하여 1회 투여 또는 24시간 이내에 여러 차례로 나누어 투여하거나 호흡기를 통하여 4시간 동안 흡입하는 경우 유해한 영향을 일으키는 물질을 말한다.

2. 위험물의 종류

구분	위험물질의 종류
폭발성 물질 및 유기 과산화물	가. 질산에스테르류 나. 니트로화합물 다. 니트로소화합물 라. 아조화합물 마. 디아조화합물 바. 하이드라진 유도체 사. 유기과산화물 아. 그 밖에 가목부터 사목까지의 물질과 같은 정도의 폭발 위험이 있는 물질 자. 가목부터 아목까지의 물질을 함유한 물질
물반응성 물질 및 인화성 고체	가. 리튬 나. 칼륨 · 나트륨 다. 황 라. 황린 마. 황화인 · 적린 바. 셀룰로이드류 사. 알킬알루미늄 · 알킬리튬 아. 마그네슘 분말 자. 금속 분말(마그네슘 분말은 제외) 차. 알칼리금속(리튬 · 칼륨 및 나트륨은 제외) 카. 유기 금속화합물(알킬알루미늄 및 알킬리튬은 제외) 타. 금속의 수소화물 파. 금속의 인화물 하. 칼슘 탄화물, 알루미늄 탄화물 거. 그 밖에 가목부터 하목까지의 물질과 같은 정도의 발화성 또는 인화성이 있는 물질 너. 가목부터 거목까지의 물질을 함유한 물질
산화성 액체 및 산화성 고체	가. 차아염소산 및 그 염류 나. 아염소산 및 그 염류 다. 염소산 및 그 염류 라. 과염소산 및 그 염류 마. 브롬산 및 그 염류 바. 요오드산 및 그 염류 사. 과산화수소 및 무기 과산화물 아. 질산 및 그 염류 자. 과망간산 및 그 염류 차. 중크롬산 및 그 염류 카. 그 밖에 가목부터 차목까지의 물질과 같은 정도의 산화성이 있는 물질 타. 가목부터 카목까지의 물질을 함유한 물질
인화성 액체	가. 에틸에테르, 가솔린, 아세트알데히드, 산화프로필렌, 그 밖에 인화점이 섭씨 23도 미만이고 초기 끓는점이 섭씨 35도 이하인 물질 나. 노르말헥산, 아세톤, 메틸에틸케톤, 메틸알코올, 에틸알코올, 이황화탄소, 그 밖에 인화점이 섭씨 23도 미만이고 초기 끓는점이 섭씨 35도를 초과하는 물질 다. 크실렌, 아세트산아밀, 등유, 경유, 테레핀유, 이소아밀알코올, 아세트산, 하이드라진, 그 밖에 인화점이 섭씨 23도 이상 섭씨 60도 이하인 물질
인화성 가스	가. 수소 나. 아세틸렌 다. 에틸렌 라. 메탄 마. 에탄 바. 프로판 사. 부탄 아. 유해 · 위험물질 규정량에 따른 가스
부식성 물질	가. 부식성 산류 ① 농도가 20퍼센트 이상인 염산, 황산, 질산, 그 밖에 이와 같은 정도 이상의 부식성을 가지는 물질 ② 농도가 60퍼센트 이상인 인산, 아세트산, 불산, 그 밖에 이와 같은 정도 이상의 부식성을 가지는 물질 나. 부식성 염기류 : 농도가 40퍼센트 이상인 수산화나트륨, 수산화칼륨, 그 밖에 이와 같은 정도 이상의 부식성을 가지는 염기류
급성 독성 물질	가. 쥐에 대한 경구투입실험에 의하여 실험동물의 50퍼센트를 사망시킬 수 있는 물질의 양, 즉 LD_{50}(경구, 쥐)이 킬로그램당 300밀리그램-(체중) 이하인 화학물질 나. 쥐 또는 토끼에 대한 경피흡수실험에 의하여 실험동물의 50퍼센트를 사망시킬 수 있는 물질의 양, 즉 LD_{50}(경피, 토끼 또는 쥐)이 킬로그램당 1,000밀리그램 -(체중) 이하인 화학물질 다. 쥐에 대한 4시간 동안의 흡입실험에 의하여 실험동물의 50퍼센트를 사망시킬 수 있는 물질의 농도, 즉 가스 LC_{50}(쥐, 4시간 흡입)이 2,500ppm 이하인 화학물질, 증기 LC_{50}(쥐, 4시간 흡입)이 10mg/L 이하인 화학물질, 분진 또는 미스트 1mg/L 이하인 화학물질

4 노출기준

1. 정의

근로자가 유해인자에 노출되는 경우 노출기준 이하 수준에서는 거의 모든 근로자에게 건강상 나쁜 영향을 미치지 아니하는 기준을 말한다.

2. 노출기준의 표시단위

가스 및 증기	ppm 또는 mg/m^3
분진	mg/m^3(단, 석면 및 내화성 세라믹섬유는 개/cm^3)
고온	습구흑구온도지수(WBGT) ① 태양광선이 내리쬐는 옥외 장소 : WBGT[℃]=0.7×자연습구온도 + 0.2×흑구온도+0.1×건구온도 ② 태양광선이 내리쬐지 않는 옥내 또는 옥외 장소 : WBGT[℃]=0.7×자연습구온도+0.3×흑구온도

3. 질량농도(mg/m^3)와 용량농도(ppm)의 환산식

① 용량농도(ppm)를 질량농도(mg/m^3)로 환산

$$mg/m^3 = ppm \times \frac{\text{분자량[g]}}{24.45} \text{(25℃, 1기압)}$$

여기서, 24.45 : 25℃, 1기압에서 물질 1mol의 부피

② 질량농도(mg/m^3)를 용량농도(ppm)로 환산

$$ppm = mg/m^3 \times \frac{24.45}{\text{분자량[g]}} \text{(25℃, 1기압)}$$

여기서, 24.45 : 25℃, 1기압에서 물질 1mol의 부피

참고 물질 1mol의 부피
① 0℃, 1기압일 때 : 22.4[L]
② 21℃, 1기압일 때 : 24.1[L]
③ 25℃, 1기압일 때 : 24.45[L]

··· 예상문제

25℃, 1기압에서 공기 중 벤젠(C_6H_6)의 허용농도가 10ppm일 때 이를 mg/m^3의 단위로 환산하면 약 얼마인가?(단, C, H의 원자량은 각각 12, 1이다.)

풀이 ① 벤젠(C_6H_6)의 분자량=(12×6)+(1×6)=78[g]

② $mg/m^3 = ppm \times \frac{\text{분자량[g]}}{24.45} = 10 \times \frac{78}{24.45} = 31.9[mg/m^3]$

답 31.9[mg/m^3]

4. 유해물질의 종류

스모크(Smoke)	일반적으로 유기물이 불완전연소할 때 생긴 미립자를 말하며 주성분은 탄소의 미립자임(0.01~1μm)
분진(Dust)	기계적 작용에 의해 발생된 고체 미립자가 공기 중에 부유하고 있는 것(입경 0.01~500μm 정도)
미스트(Mist)	액체의 미세한 입자가 공기 중에 부유하고 있는 것(입경 0.1~100μm 정도)
흄(Fume)	고체 상태의 물질이 액체화된 다음 증기화되고, 증기화된 물질의 응축 및 산화로 인하여 생기는 고체상의 미립자(입경 0.01~1μm 정도)
가스(Gas)	상온, 상압(25℃, 1atm) 상태에서 기체인 물질
증기(Vapor)	상온, 상압(25℃, 1atm) 상태에서 액체로부터 증발되는 기체

5. 유해물질의 노출기준

1) 시간가중 평균 노출기준(TWA ; Time-Weighted Average)

① 1일 8시간, 주 40시간 동안의 평균노출농도로서 거의 모든 근로자가 평상작업에서 반복하여 노출되더라도 건강장해를 일으키지 않는 공기 중 유해물질의 농도를 말한다.

② 1일 8시간 작업기준으로 유해 요인의 측정치에 발생시간을 곱하여 8시간으로 나눈 값

③ 산출공식

$$TWA \text{ 환산값} = \frac{C_1 \cdot T_1 + C_2 \cdot T_2 + \cdots + C_n \cdot T_n}{8}$$

여기서, C : 유해인자의 측정치(단위 : ppm, mg/m³ 또는 개/cm³)
T : 유해인자의 발생시간(단위 : 시간)

2) 단시간 노출기준(STEL ; Short-Term Exposure Limit)

① 근로자가 1회 15분간의 시간가중 평균 노출기준(허용농도)

② 노출농도가 시간가중 평균 노출기준값을 초과하고 단시간 노출기준값 이하인 경우에는 1회 노출 지속시간이 15분 미만이어야 하고, 이러한 상태가 1일 4회 이하로 발생하여야 하며, 각 회의 노출 간격은 60분 이상이어야 한다.

3) 최고노출기준(C ; Ceiling)

① 근로자가 1일 작업시간 동안 잠시라도 노출되어서는 아니 되는 기준

② 노출기준 앞에 "C"를 붙여 표시한다.

4) 혼합물의 노출기준(허용농도)

① **노출지수**(EI ; Exposure Index) : 공기 중 혼합물질

㉠ 2가지 이상의 독성이 유사한 유해화학 물질이 공기 중에 공존할 때 대부분의 물질은 유해성의 상가작용을 나타낸다고 가정하고 계산한 노출지수로 결정

$$노출지수(EI) = \frac{C_1}{TLV_1} + \frac{C_2}{TLV_2} + \cdots\cdots + \frac{C_n}{TLV_n}$$

여기서, C_n : 각 혼합물질의 공기 중 농도
TLV_n : 각 혼합물질의 노출기준

㉡ 노출지수는 1을 초과하면 노출기준을 초과한다고 평가한다.

㉢ 다만, 독성이 서로 다른 물질이 혼합되어 있는 경우 혼합된 물질의 유해성이 상승작용 또는 상가작용이 없으므로 각 물질에 대하여 개별적으로 노출기준 초과 여부를 결정한다.(독립작용)

㉣ 보정된 허용농도(기준)

$$보정된\ 허용농도(기준) = \frac{혼합물의\ 공기\ 중\ 농도(C_1 + C_2 + \cdots + C_n)}{노출지수(EI)}$$

② 액체 혼합물의 구성 성분을 알 때 혼합물의 허용농도(노출기준)

$$혼합물의\ 노출기준(mg/m^3) = \frac{1}{\frac{f_1}{TLV_1} + \frac{f_2}{TLV_2} + \cdots\cdots + \frac{f_n}{TLV_n}}$$

여기서, f_n : 액체 혼합물에서의 각 성분 무게(중량) 구성비(%)
TLV_n : 해당 물질의 TLV(노출기준)

··· 예상문제

공기 중 아세톤의 농도가 200ppm(TLV 500ppm), 메틸에틸케톤(MEK)의 농도가 100ppm(TLV 200ppm)일 때 혼합 물질의 허용농도는 약 몇 ppm인가?(단, 두 물질을 서로 상가작용을 하는 것으로 가정한다.)

풀이

① $노출지수(EI) = \frac{C_1}{TLV_1} + \frac{C_2}{TLV_2} = \frac{200}{500} + \frac{100}{200} = 0.9$

② $보정된\ 허용농도(기준) = \frac{혼합물의\ 공기\ 중\ 농도(C_1 + C_2 + \cdots + C_n)}{노출지수(EI)}$

$= \frac{200 + 100}{0.9} = 333.33[ppm]$

답 333[ppm]

참고

① 상가작용 : 2종 이상의 화학물질이 혼재하는 경우 인체의 같은 부위에 작용함으로써 그 유해성이 가중되는 것
② 상승작용 : 각각의 단일물질에 노출되었을 때보다 훨씬 큰 독성을 발휘
③ 독립작용 : 독성이 서로 다른 물질이 혼합되어 있을 경우 각각 반응양상이 달라 각 물질에 대하여 독립적으로 노출기준을 적용

6. 화학물질의 노출기준

유해물질의 명칭	화학식	노출기준			
		TWA		STEL	
		ppm	mg/m^3	ppm	mg/m^3
시안화수소	HCN	–	–	C 4.7	
포스겐	$COCl_2$	0.1	–	–	–
불소	F_2	0.1	–	–	–
염소	Cl_2	0.5	–	1	3
니트로벤젠	$C_6H_5NO_2$	1	–	–	–
벤젠	C_6H_6	0.5	–	2.5	–
황화수소	H_2S	10		15	
암모니아	NH_3	25	–	35	–
일산화탄소	CO	30	–	200	–
메탄올	CH_3OH	200	–	250	–
에탄올	C_2H_5OH	1,000	–	–	–
염화수소	HCl	1	–	2	–
이산화탄소	CO_2	5,000	–	30,000	–

5 유해화학물질의 유해요인

1. 정의

유해화학물질	유독물질, 허가물질, 제한물질 또는 금지물질, 사고대비물질, 그 밖에 유해성 또는 위해성이 있거나 그러할 우려가 있는 화학물질
유독물질	유해성이 있는 화학물질
허가물질	위해성이 있다고 우려되는 화학물질
제한물질	특정 용도로 사용되는 경우 위해성이 크다고 인정되는 화학물질
금지물질	위해성이 크다고 인정되는 화학물질의 심의를 거쳐 고시한 것
사고대비물질	화학물질 중에서 급성독성 · 폭발성 등이 강하여 화학사고의 발생 가능성이 높거나 화학사고가 발생한 경우에 그 피해 규모가 클 것으로 우려되는 화학물질
유해성	화학물질의 독성 등 사람의 건강이나 환경에 좋지 아니한 영향을 미치는 화학물질 고유의 성질
위해성	유해성이 있는 화학물질이 노출되는 경우 사람의 건강이나 환경에 피해를 줄 수 있는 정도

2. 관리대상 유해물질

유기화합물	상온 · 상압에서 휘발성이 있는 액체로서 다른 물질을 녹이는 성질이 있는 유기용제를 포함한 탄화수소계화합물 중 123종의 물질
금속류	고체가 되었을 때 금속광택이 나고 전기 · 열을 잘 전달하며, 전성과 연성을 가진 물질 중 25종의 물질
산 · 알칼리류	수용액 중에서 해리하여 수소이온을 생성하고 염기와 중화하여 염을 만드는 물질과 산을 중화하는 수산화화합물로서 물에 녹는 물질 중 18종의 물질
가스상태 물질류	상온 · 상압에서 사용하거나 발생하는 가스 상태의 물질로서 15종의 물질

3. 제조 등이 금지되는 유해물질

제조 · 수입 · 양도 · 제공 또는 사용해서는 아니 되는 제조 등 금지물질은 다음 각 호와 같다.

① β – 나프틸아민과 그 염

② 4 – 니트로디페닐과 그 염

③ 백연을 포함한 페인트(포함된 중량의 비율이 2퍼센트 이하인 것은 제외)

④ 벤젠을 포함하는 고무풀(포함된 중량의 비율이 5퍼센트 이하인 것은 제외)

⑤ 석면

⑥ 폴리클로리네이티드 터페닐

⑦ 황린 성냥

⑧ 제①호, 제②호, 제⑤호 또는 제⑥호에 해당하는 물질을 포함한 혼합물(포함된 중량의 비율이 1퍼센트 이하인 것은 제외)

⑨ 「화학물질관리법」에 따른 금지물질

⑩ 그 밖에 보건상 해로운 물질로서 산업재해보상보험 및 예방심의위원회의 심의를 거쳐 고용노동부장관이 정하는 유해물질

4. 허가대상 유해물질

제조 또는 사용허가를 받아야 하는 유해물질은 다음 각 호와 같다.

① α – 나프틸아민 및 그 염

② 디아니시딘 및 그 염

③ 디클로로벤지딘 및 그 염

④ 베릴륨

⑤ 벤조트리클로라이드

⑥ 비소 및 그 무기화합물

⑦ 염화비닐

⑧ 콜타르피치 휘발물

⑨ 크롬광 가공(열을 가하여 소성 처리하는 경우만 해당)

⑩ 크롬산 아연

⑪ o – 톨리딘 및 그 염

⑫ 황화니켈류

⑬ 제①호부터 제④호까지 또는 제⑥호부터 제⑫호까지의 어느 하나에 해당하는 물질을 포함한 혼합물(포함된 중량의 비율이 1퍼센트 이하인 것은 제외)

⑭ 제⑤호의 물질을 포함한 혼합물(포함된 중량의 비율이 0.5퍼센트 이하인 것은 제외)

⑮ 그 밖에 보건상 해로운 물질로서 산업재해보상보험 및 예방심의위원회의 심의를 거쳐 고용노동부장관이 정하는 유해물질

5. 주요 중금속의 유해성

카드뮴(Cd)	허리와 관절에 심한 통증, 골절 등의 증상(이타이이타이병)
수은(Hg)	흡입 시 인체의 구내염과 혈뇨, 손 떨림 등의 증상(미나마타병)
크롬(Cr)	비중격천공증을 유발, 궤양, 폐암을 유발하고 3가 크롬은 피부흡수가 어려우나 6가 크롬은 쉽게 피부를 통과하여 6가 크롬이 더 해롭다.
납(Pb)	초기 증상은 식욕부진, 변비, 복부 팽만감이며, 더 진행되면 급성복통이 나타나기도 한다.
베릴륨(Be)	인후염, 기관지염, 폐부종, 피부염, 체중감소, 전신쇠약 등
망간(Mn)	언어장애, 균형감각 상실 증세, 소자증 증상(무표정하게 되며 배근력의 저하를 가져옴), 파킨슨 증후군

SECTION 02 화학물질(위험물, 유해화학물질) 유해 위험성 확인

1 위험물의 성질 및 위험성

1. 위험물의 성질 및 위험성

종류	성질 및 위험성
제1류 위험물 (산화성 고체)	① 물에 대한 비중은 1보다 크며 물에 녹는 것이 많고, 조해성이 있는 것도 있으며 강산화성 물질이다. (조해성 : 공기 중의 수분을 흡수하여 녹아버리는 성질) ② 가열, 충격, 촉매, 이물질 등과의 접촉으로 심하게 연소하거나 경우에 따라서는 폭발한다. ③ 가연성 물질과 혼합 시 산소공급원이 되어 최소점화에너지가 감소하며, 폭발의 위험성이 증가한다.
제2류 위험물 (가연성 고체)	① 낮은 온도에서 착화하기 쉬운 물질이며, 산화되기 쉽고 산소와 쉽게 결합을 이룬다. ② 연소속도가 빠르고 연소 시 다량의 빛과 열이 발생한다.
제3류 위험물 (자연 발화성 및 금수성 물질)	① 모두 물에 대한 위험한 반응을 일으키는 물질이다.(황린 제외) ② 일부 물질들은 물과의 접촉에 의해 발화되고, 공기 중에 노출되면 자연발화를 일으킨다.
제4류 위험물 (인화성 액체)	① 증기는 공기보다 무겁고, 일반적으로 물보다 가벼우며 물에 녹기 어렵다. ② 착화온도가 낮은 것은 위험하다. ③ 증기는 공기와 약간만 혼합되어도 연소한다.
제5류 위험물 (자기반응성 물질)	① 외부로부터 산소의 공급 없이도 가열, 충격 등에 의해 연소폭발을 일으킬 수 있는 물질이다. ② 연소속도가 빠르며 폭발적이다.
제6류 위험물 (산화성 액체)	① 강한 부식성이 있고 모두 산소를 포함하고 있으며 다른 물질을 산화시킨다. ② 과산화수소를 제외하고 물과 접촉하면 심하게 발열하고 연소하지는 않는다.

2. NFPA에 의한 위험물의 등급 및 표시

1) 위험물의 위험성 분류

① 화재 위험성(적색)
② 건강 위험성(청색)
③ 반응 위험성(황색)
④ 기타 특이사항(백색)

2) 위험 등급

각각에 대하여 위험이 없는 것은 0, 위험이 가장 큰 것은 4로 하여 5단계로 위험등급을 정하여 표시한다.

3) 위험도 평가방법

① 다음의 3가지 조건에 대하여 5등급으로 구분하여 위험도를 평가한다.
② 4등급이 가장 위험한 물질이며, 0등급이 가장 안전한 물질로 평가된다.

위험성 등급	건강위험성	화재위험성	반응위험성
4등급	짧은 시간 폭로로 사망, 상해의 위험	대기압 상온에서 완전증발, 분산하여 연소하기 쉬운 물질	쉽게 폭굉, 상온 · 상압하에서 폭발적으로 분해
3등급	짧은 시간 폭로로 인한 심한 일시적 상해	일반의 온도조건하에서 발화할 수 있는 물질	기폭력에 의해 폭굉 또는 폭발적 분해
2등급	계속된 폭로상태에서 무력감 또는 상해 가능성 있음	비교적 높은 온도까지 가열하여 발화하는 물질	상온하에서 불안정하여 격렬하게 화학변화를 하나 폭발하지 않는 물질
1등급	폭로로 인한 자극, 작은 상해	예열하지 않으면 발화하지 않는 물질	온도와 압력이 상승하면 불안정해지는 물질
0등급	화재의 조건하에서 폭로하여도 보통 가연성 물질보다 위험이 낮음	타지 않는 물질	보통의 상태에서 안정한 물질

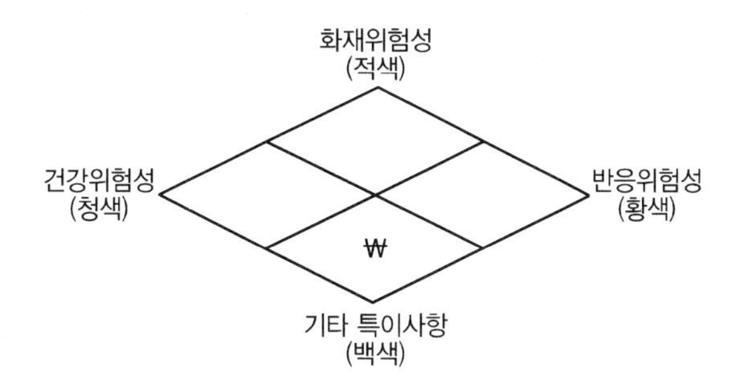

| NFPA의 위험성 표시라벨 |

2 위험물의 저장 및 취급방법

1. 제1류 위험물(산화성 고체)

1) 개요

① 액체 또는 기체 이외의 고체로서 산화성 또는 충격에 민감한 것을 말한다.

② 그 자체로는 연소하지 않더라도(가연성을 가지지 않더라도), 일반적으로 산소를 발생시켜 다른 물질을 연소시키거나 연소를 촉진하는 고체를 말한다.

2) 저장 및 취급방법

① 가연물, 직사광선 및 화기를 피한다.

② 통풍이 잘되는 차가운 곳에 저장하고 용기는 밀폐하여 저장한다.

③ 대부분 조해성을 가지므로 습기를 차단하고 용기를 밀폐시킨다.

④ 공기나 물과의 접촉을 피한다.

3) 종류 및 성질

① **종류** : 아염소산염류, 염소산염류, 과염소산염류, 무기과산화물, 브롬산염류, 질산염류, 요오드산염류, 과망간산염류, 중크롬산염류 등

② **질산암모늄(NH_4NO_3)** : 가열, 충격, 마찰을 피한다.

③ **질산은($AgNO_3$) 용액** : 햇빛에 의해 변질되므로 갈색병에 보관한다.

④ **과염소산칼륨($KClO_4$)** : 약 400℃에서 열분해하기 시작하여 약 610℃에서 완전분해되어 염화칼륨과 산소를 방출한다.

4) 소화방법

① 무기과산화물, 삼산화크롬을 제외하고는 다량의 물을 사용하는 것이 유효하다.

② 무기과산화물(주수소화는 절대금지)은 물과 반응하여 산소와 열을 발생시키므로 건조 분말 소화약제나 건조사를 사용한 질식소화(피복소화)가 유효하다.

2. 제2류 위험물(가연성 고체)

1) 개요

고체로서 화염에 의한 발화의 위험성 또는 인화의 위험성이 있는 것을 말한다.

2) 저장 및 취급방법

① 가열하거나 화기를 피하고 불티, 불꽃, 고온체와의 접촉을 피한다.

② 금속분(철분, 마그네슘, 금속분 등)은 물, 습기, 산과의 접촉을 피하여 저장한다.

③ 저장용기는 밀봉하고 용기의 파손과 누설에 주의한다.
④ 통풍이 잘되는 냉암소에 보관, 저장한다.
⑤ 산화제(제1류, 제6류)와 혼합한 것은 가열 · 충격 · 마찰에 의해 발화 폭발위험이 있어 혼합과 혼촉을 피한다.

3) 종류 및 성질

① **종류** : 황화린, 적린, 유황, 철분, 금속분, 마그네슘, 인화성 고체 등
② **적린** : 화약류, 폭발성 물질, 가연성 물질 등과 격리하여 냉암소에 보관한다.

③ **마그네슘**

㉠ 고온에서 유황 및 할로겐, 산화제와 접촉하면 매우 격렬하게 발열한다.
㉡ 상온에서는 물을 분해하지 못해 안정하고, 뜨거운 물이나 과열 수증기와 접촉하면 격렬하게 수소를 발생하며 연소 시 주수하면 위험성이 증대된다.
㉢ 분진 폭발의 위험이 있으므로 분진이 비산되지 않도록 주의한다.
㉣ 가열, 충격, 마찰 등을 피하고 산화제, 수분, 할로겐원소와의 접촉을 피한다.
㉤ 제1류 또는 제6류 위험물과 같은 강산화제와 혼합된 것은 약간의 가열, 충격, 마찰 등에 의해 발화, 폭발한다.
㉥ 이산화탄소와는 폭발적인 반응을 한다.
㉦ 일단 연소하면 소화가 곤란하나 초기 소화 또는 대규모 화재 시 석회분, 마른 모래 등으로 소화한다.
㉧ 물, CO_2, N_2, 포, 할로겐 화합물 소화약제는 소화 적응성이 없으므로 절대 사용을 엄금한다.

4) 소화방법

① 유황, 적린은 물에 의한 냉각소화가 적당하다.
② 금속분의 화재에는 건조사 등에 의한 피복 소화를 한다.

3. 제3류 위험물(자연 발화성 및 금수성 물질)

1) 개요

① 고체 또는 액체로서 공기 중에서 발화의 위험성이 있거나 물과 접촉하여 발화하거나 가연성 가스를 발생시키는 위험성이 있는 것을 말한다.
② **자연발화성 액체** : 적은 양으로도 공기와 접촉하여 5분 안에 발화할 수 있는 액체를 말한다.
③ **자연발화성 고체** : 적은 양으로도 공기와 접촉하여 5분 안에 발화할 수 있는 고체를 말한다.

2) 저장 및 취급방법

① 소분해서 저장하고 저장용기는 파손 및 부식을 막는다.
② 완전 밀폐하여 공기와의 접촉을 방지하고 물과 수분의 침투 및 접촉을 금한다.

③ 산화성 물질과 강산류의 혼합을 방지한다.
④ 보호액 속에 저장하는 경우에는 위험물이 보호액 표면에 노출되지 않도록 주의한다.

3) 종류 및 성질

① **종류** : 칼륨, 나트륨, 알킬알루미늄, 알킬리튬, 황린, 알칼리금속 및 알칼리토 금속, 유기금속화합물, 금속의 수소화물, 금속의 인화물, 칼슘 또는 알루미늄의 탄화물 등
② **칼륨(K), 나트륨(Na)** : 석유(등유, 경유), 유동파라핀 등의 보호액을 넣어 밀봉 저장한다.
③ **황린(백린 = P_4)** : pH 9(약알칼리성) 정도의 물속에 저장하며 보호액이 증발되지 않도록 한다.
④ **인화칼슘(Ca_3P_2)** : 인화석회라고도 하며 적갈색의 고체로 수분(H_2O)과 반응하여 유독성 가스인 인화수소(PH_3 : 포스핀)가스를 발생시킨다.
⑤ **탄화칼슘(CaC_2 : 카바이드)** : 백색 결정체로 자신은 불연성이나 물과 반응하여 아세틸렌을 발생시킨다.

참고
① 칼륨을 석유 속에 보관하는 이유 : 수분과의 접촉을 차단하여 공기 산화를 방지하기 위해
② 나트륨을 석유 속에 보관 중 수분이 혼입되면 화재 발생의 요인이 됨
③ 황린은 포스핀의 생성을 방지하기 위하여 pH 9인 물속에 저장함

4) 소화방법

① 건조사, 팽창질석, 팽창진주암 등을 사용한 질식소화가 효과적이다.
② 주수소화는 발화 또는 폭발을 일으키고, 이산화탄소와는 심하게 반응하므로 절대엄금하여야 한다.
③ 금속 화재용 분말소화약제에 의한 질식 소화가 효과적이다.
④ 황린의 경우 초기화재 시 물로 소화가 가능하다.

4. 제4류 위험물(인화성 액체)

1) 개요

표준압력(101.3kPa)에서 인화점이 60℃ 이하인 액체를 말한다.

2) 저장 및 취급방법

① 용기는 밀전하여 통풍이 잘되고 찬 곳에 저장한다.
② 증기는 가급적 높은 곳으로 배출시킨다.
③ 가연성 증기의 발생, 누설에 주의해야 한다.
④ 화기 및 점화원으로부터 멀리 저장한다.
⑤ 인화점 이상으로 가열하지 말아야 한다.
⑥ 부도체이므로 정전기 발생에 주의해야 한다.

3) 종류 및 성질

① 종류

특수 인화물	① 이황화탄소, 디에틸에테르, 그 밖에 1기압에서 발화점이 섭씨 100도 이하인 것 또는 인화점이 섭씨 영하 20도 이하이고 비점이 섭씨 40도 이하인 것을 말한다. ② 디에틸에테르(산화에틸, 에테르, 에틸에테르), 이황화탄소, 아세트알데히드, 산화프로필렌, 이소프렌, 펜타보란 등
제1석유류	① 아세톤, 휘발유, 그 밖에 1기압에서 인화점이 섭씨 21도 미만인 것을 말한다. ② 벤젠, 톨루엔, 크실렌, 메틸에틸케톤, 초산에스테르류, 시안화수소 등
알코올류	① 1분자를 구성하는 탄소원자의 수가 1~3개까지인 포화 1가 알코올(변성알코올을 포함한다)을 말한다. ② 메틸알코올, 에틸알코올, 프로필 알코올, 이소프로필알코올, 변성알코올 등
제2석유류	① 등유, 경유, 그 밖에 1기압에서 인화점이 섭씨 21도 이상 70도 미만인 것을 말한다.(다만, 도료류, 그 밖의 물품에 있어서 가연성 액체량이 40중량퍼센트 이하이면서 인화점이 섭씨 40도 이상인 동시에 연소점이 섭씨 60도 이상인 것은 제외) ② 테레핀유(송정유), 스티렌(비닐벤젠), 클로로벤젠, 장뇌유, 초산, 포름산 등
제3석유류	① 중유, 클레오소트유, 그 밖에 1기압에서 인화점이 섭씨 70도 이상 섭씨 200도 미만인 것을 말한다.(다만, 도료류, 그 밖의 물품은 가연성 액체량이 40중량퍼센트 이하인 것은 제외) ② 아닐린, 니트로벤젠, 에틸렌글리콜, 글리세린 등
제4석유류	① 기어유, 실린더유 그 밖에 1기압에서 인화점이 섭씨 200도 이상 섭씨 250도 미만의 것을 말한다.(다만, 도료류, 그 밖의 물품은 가연성 액체량이 40중량퍼센트 이하인 것은 제외) ② 윤활유, 가소제, 전기 절연유, 절삭유, 방청유 등
동식물유류	동물의 지육 등 또는 식물의 종자나 과육으로부터 추출한 것으로서 1기압에서 인화점이 섭씨 250도 미만인 것을 말한다.

② 벤젠

㉠ 산화성 물질과 반응하여 혼촉 발화의 위험이 있어 산화성 물질과 격리시킨다.

㉡ 온도 상승에 의한 체적 팽창을 감안하여 밀폐 용기는 저장 시 약 10% 정도의 여유 공간을 둔다.

③ 아세톤(CH_3COCH_3)

㉠ 인화점 : −18℃, 발화점 : 538℃, 비중 : 0.8

㉡ 무색의 휘발성 액체로 독특한 냄새가 난다.

㉢ 아세틸렌을 저장할 때 용제로 사용된다.

㉣ 10%의 수용액 상태에서도 인화의 위험이 있다.

㉤ 일광(햇빛) 또는 공기와 접촉하면 폭발성의 과산화물을 생성시킨다.

4) 소화방법

① 이산화탄소, 할로겐화물, 분말, 포에 의한 질식소화가 효과적이다.

② 수용성 위험물에는 알코올 포를 사용하거나 다량의 물로 희석시켜 가연성 증기의 발생을 억제하여 소화한다.

③ 비중이 물보다 작기 때문에 주수소화를 하면 화재 면을 확대시킬 수 있으므로 절대 금지이다.

5. 제5류 위험물(자기반응성 물질)

1) 개요

열적으로 불안정하여 외부로부터 산소의 공급 없이도 가열, 충격 등에 의해 강렬하게 발열·분해하기 쉬운 액체·고체 또는 혼합물을 말한다.

2) 저장 및 취급방법

① 점화원 및 분해를 촉진시키는 물질로부터 멀리한다.
② 가열, 충격, 마찰 등을 피한다.
③ 운반용기 및 포장 외부에 화기엄금, 충격주의 등을 표시해야 한다.
④ 직사광선 차단, 습도에 주의하고 통풍이 양호하고 찬 곳에 보관한다.(냉암소에 보관)

3) 종류 및 성질

① **종류** : 유기과산화물, 질산에스테르류, 니트로화합물, 아조화합물, 디아조화합물, 히드라진 유도체, 히드록실아민, 히드록실아민염류 등

② **니트로셀룰로오스**(NC ; Nitro Cellulose, 질화면, 질산섬유소)
㉠ 안전 용제로 저장 중에 물(20%) 또는 알코올(30%)로 습윤하여 저장·운반한다.
㉡ 습윤상태에서 건조되면 충격, 마찰 시 예민하고 발화 폭발의 위험이 증대된다.

③ **니트로글리세린**
㉠ 강산화제, 나트륨(Na), 수산화나트륨(NaOH) 등과 혼촉 시 발화 폭발하며, 환기가 잘되는 냉암소에 보관한다.
㉡ 물에는 거의 녹지 않으나 메탄올, 벤젠, 아세톤 등에는 녹으며, 겨울철에는 동결할 우려가 있다.

4) 소화방법

① 자기반응성 물질이기 때문에 CO_2, 분말, 할론, 포 등에 의한 질식소화는 적당하지 않다.
② 다량의 물로 냉각소화를 하는 것이 효과적이다.

6. 제6류 위험물(산화성 액체)

1) 개요

① 액체로서 산화력의 잠재적인 위험성이 있는 것을 말한다.
② 그 자체로는 연소하지 않더라도(가연성을 가지지 않더라도), 일반적으로 산소를 발생시켜 다른 물질을 연소시키거나 연소를 촉진하는 액체를 말한다.

2) 저장 및 취급방법

① 용기를 내산성으로 하고 밀전, 파손 방지, 전도 방지, 변형 방지에 주의한다.

② 물, 습기에 주의한다.
③ 직사광선 차단, 유기물질, 가연성 위험물과의 접촉을 피한다.

3) 종류 및 성질

① **종류** : 과염소산, 과산화수소, 질산 등
② **질산** : 통풍이 잘되는 곳에 보관하고 물기와의 접촉을 금지한다.

4) 소화방법

① 가연성 물질을 제거한다.
② 소량인 경우 다량의 주수에 의한 희석 소화가 효과적이다.
③ 대량의 경우 과산화수소는 다량의 물로 소화하며, 나머지는 마른 모래 또는 분말소화약제를 이용하는 것이 효과적이다.
④ 이산화탄소, 할로겐화물 소화기는 산화성 액체 위험물의 화재에 사용하지 않는다.

7. 위험물의 취급방법

1) 위험물질 등의 제조 등 작업 시의 조치

위험물질을 제조하거나 취급하는 경우에 폭발 · 화재 및 누출을 방지하기 위한 적절한 방호조치를 하지 아니하고 다음 각 호의 행위를 해서는 아니 된다.

① 폭발성 물질, 유기과산화물을 화기나 그 밖에 점화원이 될 우려가 있는 것에 접근시키거나 가열하거나 마찰시키거나 충격을 가하는 행위
② 물반응성 물질, 인화성 고체를 각각 그 특성에 따라 화기나 그 밖에 점화원이 될 우려가 있는 것에 접근시키거나 발화를 촉진하는 물질 또는 물에 접촉시키거나 가열하거나 마찰시키거나 충격을 가하는 행위
③ 산화성 액체 · 산화성 고체를 분해가 촉진될 우려가 있는 물질에 접촉시키거나 가열하거나 마찰시키거나 충격을 가하는 행위
④ 인화성 액체를 화기나 그 밖에 점화원이 될 우려가 있는 것에 접근시키거나 주입 또는 가열하거나 증발시키는 행위
⑤ 인화성 가스를 화기나 그 밖에 점화원이 될 우려가 있는 것에 접근시키거나 압축 · 가열 또는 주입하는 행위
⑥ 부식성 물질 또는 급성 독성물질을 누출시키는 등으로 인체에 접촉시키는 행위
⑦ 위험물을 제조하거나 취급하는 설비가 있는 장소에 인화성 가스 또는 산화성 액체 및 산화성 고체를 방치하는 행위

2) 물과의 접촉 금지

물반응성 물질 · 인화성 고체를 취급하는 경우에는 물과의 접촉을 방지하기 위하여 완전 밀폐된 용기에 저장 또는 취급하거나 빗물 등이 스며들지 아니하는 건축물 내에 보관 또는 취급하여야 한다.

3) 호스 등을 사용한 인화성 액체 등의 주입

위험물을 액체 상태에서 호스 또는 배관 등을 사용하여 화학설비, 탱크로리, 드럼 등에 주입하는 작업을 하는 경우에는 그 호스 또는 배관 등의 결합부를 확실히 연결하고 누출이 없는지를 확인한 후에 작업을 하여야 한다.

4) 가솔린이 남아 있는 설비에 등유 등의 주입

화학설비로서 가솔린이 남아 있는 화학설비, 탱크로리, 드럼 등에 등유나 경유를 주입하는 작업을 하는 경우에는 미리 그 내부를 깨끗하게 씻어내고 가솔린의 증기를 불활성 가스로 바꾸는 등 안전한 상태로 되어 있는지를 확인한 후에 그 작업을 하여야 한다.

다만, 다음 각 호의 조치를 하는 경우에는 그러하지 아니하다.

① 등유나 경유를 주입하기 전에 탱크 · 드럼 등과 주입설비 사이에 접속선이나 접지선을 연결하여 전위차를 줄이도록 할 것

② 등유나 경유를 주입하는 경우에는 그 액표면의 높이가 주입관의 선단의 높이를 넘을 때까지 주입속도를 초당 1미터 이하로 할 것

5) 산화에틸렌 등의 취급

① 산화에틸렌, 아세트알데히드 또는 산화프로필렌을 화학설비, 탱크로리, 드럼 등에 주입하는 작업을 하는 경우에는 미리 그 내부의 불활성 가스가 아닌 가스나 증기를 불활성 가스로 바꾸는 등 안전한 상태로 되어 있는지를 확인한 후에 해당 작업을 하여야 한다.

② 산화에틸렌, 아세트알데히드 또는 산화프로필렌을 화학설비, 탱크로리, 드럼 등에 저장하는 경우에는 항상 그 내부의 불활성 가스가 아닌 가스나 증기를 불활성 가스로 바꾸어 놓는 상태에서 저장하여야 한다.

6) 인화성 액체 등을 수시로 취급하는 장소

① 인화성 액체, 인화성 가스 등을 수시로 취급하는 장소에서는 환기가 충분하지 않은 상태에서 전기기계 · 기구를 작동시켜서는 아니 된다.

② 수시로 밀폐된 공간에서 스프레이 건을 사용하여 인화성 액체로 세척 · 도장 등의 작업을 하는 경우에는 다음 각 호의 조치를 하고 전기기계 · 기구를 작동시켜야 한다.

㉠ 인화성 액체, 인화성 가스 등으로 폭발위험 분위기가 조성되지 않도록 해당 물질의 공기 중 농도가 인화하한계 값의 25퍼센트를 넘지 않도록 충분히 환기를 유지할 것

㉡ 조명 등은 고무, 실리콘 등의 패킹이나 실링재료를 사용하여 완전히 밀봉할 것

㉢ 가열성 전기기계 · 기구를 사용하는 경우에는 세척 또는 도장용 스프레이 건과 동시에 작동되지 않도록 연동장치 등의 조치를 할 것

㉣ 방폭구조 외의 스위치와 콘센트 등의 전기기기는 밀폐 공간 외부에 설치되어 있을 것

7) 폭발 또는 화재 등의 예방

① 인화성 액체의 증기, 인화성 가스 또는 인화성 고체가 존재하여 폭발이나 화재가 발생할 우려가 있는 장소에서 해당 증기 · 가스 또는 분진에 의한 폭발 또는 화재를 예방하기 위해 환풍기, 배풍기 등 환기장치를 적절하게 설치해야 한다.

② 증기나 가스에 의한 폭발이나 화재를 미리 감지하기 위하여 가스 검지 및 경보 성능을 갖춘 가스 검지 및 경보 장치를 설치하여야 한다.

8. 유별을 달리하는 위험물의 혼재기준

위험물의 구분	제1류	제2류	제3류	제4류	제5류	제6류
제1류		×	×	×	×	○
제2류	×		×	○	○	×
제3류	×	×		○	×	×
제4류	×	○	○		○	×
제5류	×	○	×	○		×
제6류	○	×	×	×	×	

비고 1. "×" 표시는 혼재할 수 없음을 의미한다.
2. "○" 표시는 혼재할 수 있음을 의미한다.
3. 이 표는 지정수량 $\frac{1}{10}$ 이하의 위험물에 대하여는 적용하지 아니한다.

9. 비상구의 설치

규정된 위험물질을 제조 · 취급하는 작업장과 그 작업장이 있는 건축물에 출입구 외에 안전한 장소로 대피할 수 있는 비상구 1개 이상을 다음 각 호의 기준에 맞는 구조로 설치하여야 한다.

① 출입구와 같은 방향에 있지 아니하고, 출입구로부터 3미터 이상 떨어져 있을 것

② 작업장의 각 부분으로부터 하나의 비상구 또는 출입구까지의 수평거리가 50미터 이하가 되도록 할 것

③ 비상구의 너비는 0.75미터 이상으로 하고, 높이는 1.5미터 이상으로 할 것

④ 비상구의 문은 피난 방향으로 열리도록 하고, 실내에서 항상 열 수 있는 구조로 할 것

10. 위험물을 저장 · 취급하는 화학설비 및 그 부속설비를 설치하는 경우의 안전거리

구분	안전거리
단위공정시설 및 설비로부터 다른 단위공정시설 및 설비의 사이	설비의 바깥 면으로부터 10미터 이상
플레어스택으로부터 단위공정시설 및 설비, 위험물질 저장탱크 또는 위험물질 하역설비의 사이	플레어스택으로부터 반경 20미터 이상(다만, 단위공정시설 등이 불연재로 시공된 지붕 아래에 설치된 경우에는 제외)
위험물질 저장탱크로부터 단위공정시설 및 설비, 보일러 또는 가열로의 사이	저장탱크의 바깥 면으로부터 20미터 이상(다만, 저장탱크의 방호벽, 원격조종화설비 또는 살수설비를 설치한 경우에는 제외)
사무실 · 연구실 · 실험실 · 정비실 또는 식당으로부터 단위공정시설 및 설비, 위험물질 저장탱크, 위험물질 하역설비, 보일러 또는 가열로의 사이	사무실 등의 바깥 면으로부터 20미터 이상(다만, 난방용 보일러인 경우 또는 사무실 등의 벽을 방호구조로 설치한 경우에는 제외)

11. 방유제

1) 방유제의 정의

저장탱크에서 위험물질이 누출될 경우에 외부로 확산되지 못하게 함으로써, 주변의 건축물, 기계 · 기구 및 설비 등을 보호하기 위하여 위험물질 저장탱크 주위에 설치하는 지상방벽 구조물을 말한다.

2) 방유제의 설치

위험물을 액체 상태로 저장하는 저장탱크를 설치하는 경우에는 위험물질이 누출되어 확산되는 것을 방지하기 위하여 방유제를 설치하여야 한다.

3) 방유제와 저장탱크 사이의 거리

방유제 내면과 저장탱크 외면 사이의 거리는 저장탱크의 직경과 높이를 고려하여 이격거리를 정하여야 하고, 최소 1.5m 이상을 유지하여야 한다.

4) 방유제의 구조

① 방유제는 철근콘크리트 또는 흙담 등으로서 누출된 위험물질이 방유제 외부로 누출되지 않아야 하며, 위험물질에 의한 액압(위험물질의 비중이 1 이하인 경우에는 수두압)을 충분히 견딜 수 있는 구조이어야 한다.

② 방유제 주위에는 근로자가 안전하게 방유제 내외부에서 접근할 수 있는 계단이나 경사로 등을 설치하여야 하며, 높이 1m 이상인 계단의 개방된 측면에는 안전난간을 설치하여야 한다.

③ 방유제 내부 바닥은 누출된 위험물질을 안전하게 처리할 수 있도록 저장탱크의 외면에서 방유제까지의 거리 또는 15m 중 더 짧은 거리에 대해 1% 이상 경사가 유지되어야 한다.

④ 방유제의 높이는 0.5m 이상, 3m 이하로 하고, 내면 및 방유제 내부 바닥의 재질은 위험물질에 대하여 내식성이 있어야 한다.

⑤ 방유제는 외부에서 방유제 내부를 볼 수 있는 구조로 설치하거나 내부를 볼 수 없는 구조인 경우에는 내부를 감시할 수 있는 감시창 또는 CCTV 카메라 등을 설치하여야 한다.

5) 방유제 관통 배관

① 방유제를 관통하는 배관은 부등침하 또는 진동으로 인한 과도한 응력을 받지 않도록 조치하여야 한다.

② 방유제를 관통하는 배관 보호를 위해 슬리브(Sleeve) 배관을 묻어야 하며, 슬리브 배관과 방유제는 완전 밀착되어야 하고, 배관과 슬리브 배관 사이에는 충전물을 삽입하며 완전 밀폐하여야 한다.

3 인화성 가스 취급 시 주의사항

1. 정의

① **가연성 가스** : 공기 중에서 연소하는 가스로서 폭발한계(공기와 혼합된 경우 연소를 일으킬 수 있는 공기 중의 가스 농도의 한계를 말한다)의 하한이 10퍼센트 이하인 것과 폭발한계의 상한과 하한의 차가 20퍼센트 이상인 것을 말한다.

② **인화성 가스** : 인화한계 농도의 최저한도가 13퍼센트 이하 또는 최고한도와 최저한도의 차가 12퍼센트 이상인 것으로서 표준압력(101.3kPa)하의 20℃에서 가스 상태인 물질을 말한다.

③ **인화성 액체** : 표준압력(101.3kPa)하에서 인화점이 60℃ 이하이거나 고온 · 고압의 공정운전조건으로 인하여 화재 · 폭발위험이 있는 상태에서 취급되는 가연성 물질을 말한다.

④ **독성가스** : 아크릴로니트릴 · 아크릴알데히드 · 아황산가스 · 암모니아 · 일산화탄소 · 이황화탄소 · 불소 · 염소 · 브롬화메탄 · 염화메탄 · 염화프렌 · 산화에틸렌 · 시안화수소 · 황화수소 · 모노메틸아민 · 디메틸아민 · 트리메틸아민 · 벤젠 · 포스겐 · 요오드화수소 · 브롬화수소 · 염화수소 · 불화수소 · 겨자가스 · 알진 · 모노실란 · 디실란 · 디보레인 · 세렌화수소 · 포스핀 · 모노게르만 및 그 밖에 공기 중에 일정량 이상 존재하는 경우 인체에 유해한 독성을 가진 가스로서 허용농도(해당 가스를 성숙한 흰쥐 집단에게 대기 중에서 1시간 동안 계속하여 노출시킨 경우 14일 이내에 그 흰쥐의 2분의 1 이상이 죽게 되는 가스의 농도를 말한다. 이하 같다)가 100만분의 5,000 이하인 것을 말한다.

⑤ **비독성가스** : 독성가스 이외의 독성이 없는 가스(헬륨, 네온, 질소, 아르곤, 이산화탄소, 수소, 프로판, 부탄 등)

2. 고압가스 및 고압용기

1) 고압가스

20℃, 200킬로파스칼(kPa) 이상의 압력하에서 용기에 충전되어 있는 가스 또는 냉동액화가스 형태로 용기에 충전되어 있는 가스를 말한다.

2) 고압가스의 분류

충전상태에 따른 분류	① 압축가스 : 용기 내에 가스상태로 충전되며 비등점이 극히 낮거나 임계온도가 낮아 상온에서 압축하여도 용이하게 액화하지 않은 가스(헬륨, 수소, 네온, 공기, 일산화탄소, 질소) ② 액화가스 : 용기 내부에 액체 상태로 충전되며 상온에서 비교적 낮은 압력으로 쉽게 액화할수 있는 가스(프로판, 부탄, 염소, 암모니아) ③ 용해가스 : 용제에 가스를 용해시켜 충전 취급되는 고압가스(아세틸렌)
가연성에 의한 분류	① 가연성 가스 : 공기 중에서 연소하면 폭발하는 가스(아세틸렌, 암모니아, 수소, 일산화탄소, 메탄, 프로판, 부탄, 에틸렌 등) ② 지연성 가스 : 산소, 공기 등 다른 가연성 가스의 연소를 돕는 가스, 즉 연소하거나 폭발되지 않지만 연소를 지지하는 가스(산소, 공기, 염소, 산화질소, 오존, 불소 등) ③ 불연성 가스 : 자신이 연소하지도 않고 다른 물질을 연소시키지도 않는 가스로 연소하고 있는 화염을 꺼지게 하는 가스(헬륨, 네온, 질소, 아르곤, 이산화탄소, 탄산가스 등)

3) 고압가스 용기의 도색

① 가연성 가스 및 독성가스의 용기

가스의 종류	도색의 구분	가스의 종류	도색의 구분
액화석유가스	밝은 회색	액화암모니아	백색
수소	주황색	액화염소	갈색
아세틸렌	황색	그 밖의 가스	회색

| 가연성 가스 |

| 독성가스 |

② 의료용 가스용기

가스의 종류	도색의 구분	가스의 종류	도색의 구분
산소	백색	질소	흑색
액화탄산가스	회색	아산화질소	청색
헬륨	갈색	싸이크로프로판	주황색
에틸렌	자색	그 밖의 가스	회색

※ 용기의 상단부에 폭 2cm의 백색(산소는 녹색)의 띠를 두 줄로 표시하여야 한다.

③ 그 밖의 가스용기

가스의 종류	도색의 구분
산소	녹색
액화탄산가스	청색
질소	회색
소방용 용기	소방법에 따른 도색
그 밖의 가스	회색

※ 내용적 2L 미만의 용기(소방용 용기는 제외한다)의 도색방법은 제조자가 정하는 바에 따른다.

4) 고압가스용기의 내용적 산정 기준

① 압축가스

$$V=\frac{M}{P}$$

여기서, V : 용기의 내용적[L]
M : 대기압 상태로 고친 가스의 용적[L]
P : 35℃에 있어서의 최고 충전 압력[kg/cm^2]

② 액화가스

$$G=\frac{V}{C}$$

여기서, G : 액화가스의 질량[kg]
V : 용기의 내용적[L]
C : 가스에 따른 가스의 정수

··· 예상문제

액화 프로판 310kg을 내용적 50L 용기에 충전할 때 필요한 소요 용기의 수는 약 몇 개인가?(단, 액화 프로판의 가스정수는 2.35이다.)

풀이 ① $G = \frac{V}{C} = \frac{50}{2.35} = 21.276[\text{kg}]$

② 용기 수 $= \frac{310}{21.276} = 14.57 = 15$[개]

답 15[개]

PART 01 PART 02 PART 03 PART 04 PART 05 PART 06

5) 고압용기 재질의 구비조건

① 경량이며 충분한 강도를 가질 것
② 저온 및 사용 중의 충격에 견디는 연성, 점성강도를 가질 것
③ 가공성 및 용접성이 좋을 것
④ 내식성, 내마모성이 좋을 것

6) 용기의 밸브

충전구 형식에 의한 분류	① A형 : 충전구가 수나사 ③ C형 : 충전구에 나사가 없는 것 ② B형 : 충전구가 암나사
충전구 나사형식에 의한 분류	① 왼나사 : 가연성 가스용기(단, 액화암모니아, 액화브롬화메탄은 오른나사) ② 오른나사 : 가연성 가스 외의 용기

7) 충전용기 안전밸브

① LPG 용기 : 스프링식
② 염소, 아세틸렌, 산화에틸렌 용기 : 가용전식
③ 산소, 수소, 질소, 액화이산화탄소 용기 : 파열판식
④ 초저온 용기 : 스프링식과 파열판식의 2중 안전밸브

8) 안전밸브의 종류 및 특징

스프링식	일반적으로 가장 널리 사용하며, 압력이 설정된 값을 초과하면 스프링을 밀어내어 가스를 분출시켜 폭발을 방지
중추식	밸브 장치에 무게가 있는 추를 달아서 설정 압력이 되면 추를 밀어 올려 가스를 분출
파열판식	압력이 급격히 상승할 경우 용기 내의 가스를 배출(한 번 작동 후 교체)
가용전식(가용합금식)	설정온도에서 온도가 규정온도 이상이면 녹아서 전체가스를 배출

9) 고압가스 용기 파열사고의 주요 원인

① 용기의 내압력 부족 : 강재의 피로, 용기 내벽의 부식, 용접 불량, 용기 자체에 결함이 있는 경우 등
② 용기 내압의 이상 상승 : 과잉충전의 경우, 가열, 내용물의 중합반응 또는 분해반응 등
③ 용기 내에서의 폭발성 혼합가스의 발화 : 가스의 혼합충전 등

10) 금속의 용접 · 용단 또는 가열에 사용되는 가스 등의 용기를 취급하는 경우의 준수사항

① 다음 장소에서 사용하거나 해당 장소에 설치 · 저장 또는 방치하지 않도록 할 것
 ㉠ 통풍이나 환기가 불충분한 장소
 ㉡ 화기를 사용하는 장소 및 그 부근
 ㉢ 위험물 또는 인화성 액체를 취급하는 장소 및 그 부근
② 용기의 온도를 섭씨 40도 이하로 유지할 것
③ 전도의 위험이 없도록 할 것
④ 충격을 가하지 않도록 할 것
⑤ 운반하는 경우에는 캡을 씌울 것
⑥ 사용하는 경우에는 용기의 마개에 부착되어 있는 유류 및 먼지를 제거할 것
⑦ 밸브의 개폐는 서서히 할 것
⑧ 사용 전 또는 사용 중인 용기와 그 밖의 용기를 명확히 구별하여 보관할 것
⑨ 용해아세틸렌의 용기는 세워 둘 것
⑩ 용기의 부식 · 마모 또는 변형상태를 점검한 후 사용할 것

3. 가연성 또는 독성물질의 가스나 증기의 누출에 대한 안전조치

1) 가스누출감지경보기

가연성 또는 독성물질의 가스를 감지하여 그 농도를 지시하며, 미리 설정해 놓은 가스농도에서 자동적으로 경보가 울리도록 하는 장치

2) 가스누출감지경보기의 선정기준

① 가스누출감지경보기를 설치할 때에는 감지대상 가스의 특성을 충분히 고려하여 가장 적절한 것을 선정하여야 한다.
② 하나의 감지대상 가스가 가연성이면서 독성인 경우에는 독성가스를 기준하여 가스누출감지경보기를 선정하여야 한다.

3) 가스누출감지경보기의 설치기준

① 설치장소
 ㉠ 건축물 내외에 설치되어 있는 가연성 및 독성물질을 취급하는 압축기, 밸브, 반응기, 배관 연결부위 등 가스의 누출이 우려되는 화학설비 및 부속설비 주변
 ㉡ 가열로 등 발화원이 있는 제조설비 주위에 가스가 체류하기 쉬운 장소
 ㉢ 가연성 및 독성물질의 충진용 설비의 접속부의 주위
 ㉣ 방폭지역 안에 위치한 변전실, 배전반실, 제어실 등
 ㉤ 그 밖에 가스가 특별히 체류하기 쉬운 장소

② 설치위치

㉠ 가스누출감지경보기는 가능한 한 가스의 누출이 우려되는 누출부위 가까이에 설치하여야 한다. 다만, 직접적인 가스누출은 예상되지 않으나 주변에서 누출된 가스가 체류하기 쉬운 곳은 다음 각 호와 같은 지점에 설치하여야 한다.

ⓐ 건축물 밖에 설치되는 가스누출감지경보기는 풍향, 풍속 및 가스의 비중 등을 고려하여 가스가 체류하기 쉬운 지점에 설치한다.

ⓑ 건축물 안에 설치되는 가스누출감지경보기는 감지대상가스의 비중이 공기보다 무거운 경우에는 건축물 내의 하부에, 공기보다 가벼운 경우에는 건축물의 환기구 부근 또는 해당 건축물 내의 상부에 설치하여야 한다.

㉡ 가스누출감지경보기의 경보기는 근로자가 상주하는 곳에 설치하여야 한다.

③ 경보설정치 및 정밀도

㉠ 가연성 가스누출감지경보기는 감지대상 가스의 폭발하한계 25퍼센트 이하, 독성가스 누출감지경보기는 해당 독성가스의 허용농도 이하에서 경보가 울리도록 설정하여야 한다.

㉡ 가스누출감지경보의 정밀도는 경보설정치에 대하여 가연성 가스누출감지경보기는 ±25퍼센트 이하, 독성가스누출감지경보기는 ±30퍼센트 이하이어야 한다.

④ 성능

㉠ 가연성 가스누출감지경보기는 담배연기 등에, 독성가스 누출감지경보기는 담배연기, 기계세척유가스, 등유의 증발가스, 배기가스, 탄화수소계 가스와 그 밖의 가스에는 경보가 울리지 않아야 한다.

㉡ 가스누출감지경보기의 가스 감지에서 경보발신까지 걸리는 시간은 경보농도의 1.6배인 경우 보통 30초 이내일 것. 다만, 암모니아, 일산화탄소 또는 이와 유사한 가스 등을 감지하는 가스누출감지경보기는 1분 이내로 한다.

㉢ 경보정밀도는 전원의 전압 등의 변동률이 ±10퍼센트까지 저하되지 않아야 한다.

㉣ 지시계 눈금의 범위는 가연성 가스용은 0에서 폭발하한계값, 독성가스는 0에서 허용농도의 3배 값(암모니아를 실내에서 사용하는 경우에는 150)이어야 한다.

㉤ 경보를 발신한 후에는 가스농도가 변화하여도 계속 경보를 울려야 하며, 그 확인 또는 대책을 조치할 때에는 경보가 정지되어야 한다.

4 유해화학물질 취급 시 주의사항

1. 관리대상 유해물질 취급 시 주의사항

1) 관리대상 유해물질의 정의

근로자에게 상당한 건강장해를 일으킬 우려가 있어 건강장해를 예방하기 위한 보건상의 조치가 필요한 원재료 · 가스 · 증기 · 분진 · 흄(Fume), 미스트(Mist)로서 유기화합물, 금속류, 산 · 알칼리류, 가스상태 물질류를 말한다.

2) 관리대상 유해물질 관련 국소배기장치 후드의 제어풍속(국소배기장치의 성능)

물질의 상태	후드 형식	제어풍속(m/sec)	물질의 상태	후드 형식	제어풍속(m/sec)
가스 상태	포위식 포위형	0.4	입자 상태	포위식 포위형	0.7
	외부식 측방흡인형	0.5		외부식 측방흡인형	1.0
	외부식 하방흡인형	0.5		외부식 하방흡인형	1.0
	외부식 상방흡인형	1.0		외부식 상방흡인형	1.2

비고 1. 가스 상태 : 관리대상 유해물질이 후드로 빨아들여질 때의 상태가 가스 또는 증기인 경우를 말한다.
2. 입자 상태 : 관리대상 유해물질이 후드로 빨아들여질 때의 상태가 흄, 분진 또는 미스트인 경우를 말한다.

3) 전체환기장치의 성능

단일 성분의 유기화합물이 발생하는 작업장에 전체환기장치를 설치하려는 경우에는 다음 계산식에 따라 계산한 환기량 이상으로 설치하여야 한다.

$$\text{작업시간 1시간당 필요환기량} = 24.1 \times \text{비중} \times \text{유해물질의 시간당 사용량} \times K/(\text{분자량} \times \text{유해물질의 노출기준}) \times 10^6$$

여기서, 시간당 필요환기량(단위 : m^3/hr), 유해물질의 시간당 사용량(단위 : L/hr)
K : 안전계수
$K=1$: 작업장 내의 공기 혼합이 원활한 경우
$K=2$: 작업장 내의 공기 혼합이 보통인 경우
$K=3$: 작업장 내의 공기 혼합이 불완전한 경우

4) 관리대상 유해물질 취급 작업장의 게시사항

① 관리대상 유해물질의 명칭
② 인체에 미치는 영향
③ 취급상 주의사항
④ 착용하여야 할 보호구
⑤ 응급조치와 긴급 방재 요령

5) 관리대상 유해물질의 저장

① 관리대상 유해물질을 운반하거나 저장하는 경우에 그 물질이 새거나 발산될 우려가 없는 뚜껑 또는 마개가 있는 튼튼한 용기를 사용하거나 단단하게 포장을 하여야 하며, 그 저장장소에는 다음 각 호의 조치를 하여야 한다.
㉠ 관계 근로자가 아닌 사람의 출입을 금지하는 표시를 할 것
㉡ 관리대상 유해물질의 증기를 실외로 배출시키는 설비를 설치할 것
② 사업주는 관리대상 유해물질을 저장할 경우에 일정한 장소를 지정하여 저장하여야 한다.

6) 유해성 등의 주지

관리대상 유해물질을 취급하는 작업에 근로자를 종사하도록 하는 경우에는 근로자를 작업에 배치하기 전에 다음 각 호의 사항을 근로자에게 알려야 한다.
① 관리대상 유해물질의 명칭 및 물리적 · 화학적 특성

② 인체에 미치는 영향과 증상
③ 취급상의 주의사항
④ 착용하여야 할 보호구와 착용방법
⑤ 위급상황 시의 대처방법과 응급조치 요령
⑥ 그 밖에 근로자의 건강장해 예방에 관한 사항

2. 허가대상 유해물질 취급 시 주의사항

1) 허가대상 유해물질의 정의

고용노동부장관의 허가를 받지 않고는 제조 · 사용이 금지되는 물질을 말한다.

2) 국소배기장치의 제어풍속

국소배기장치의 성능은 물질의 상태에 따라 다음 표에서 정하는 제어풍속 이상이 되도록 하여야 한다.

물질의 상태	제어풍속(미터/초)
가스상태	0.5
입자상태	1.0

3) 허가대상 유해물질 취급 작업장의 게시사항

① 허가대상 유해물질의 명칭
② 인체에 미치는 영향
③ 취급상의 주의사항
④ 착용하여야 할 보호구
⑤ 응급처치와 긴급 방재 요령

4) 유해성 등의 주지

근로자가 허가대상 유해물질을 제조하거나 사용하는 경우에 다음 각 호의 사항을 근로자에게 알려야 한다.

① 물리적 · 화학적 특성
② 발암성 등 인체에 미치는 영향과 증상
③ 취급상의 주의사항
④ 착용하여야 할 보호구와 착용방법
⑤ 위급상황 시의 대처방법과 응급조치 요령
⑥ 그 밖에 근로자의 건강장해 예방에 관한 사항

3. 금지유해물질 취급 시 주의사항

1) 국소배기장치의 성능

① 부스식 후드의 개구면 외의 곳으로부터 금지유해물질의 가스 · 증기 또는 분진 등이 새지 않는 구조로 할 것
② 부스식 후드의 적절한 위치에 배풍기를 설치할 것
③ 제②호에 따른 배풍기의 성능은 부스식 후드 개구면에서의 제어풍속이 다음 표에서 정한 성능 이상이 되도록 할 것

물질의 상태	제어풍속(미터/초)
가스 상태	0.5
입자 상태	1.0

2) 유해성 등의 주지

① 물리적 · 화학적 특성

② 발암성 등 인체에 미치는 영향과 증상

③ 취급상의 주의사항

④ 착용하여야 할 보호구와 착용방법

⑤ 위급상황 시의 대처방법과 응급처치 요령

⑥ 그 밖에 근로자의 건강장해 예방에 관한 사항

3) 금지유해물질의 보관 및 게시사항

① 사업주는 금지유해물질을 관계 근로자가 아닌 사람이 취급할 수 없도록 일정한 장소에 보관하고, 그 사실을 보기 쉬운 장소에 게시하여야 한다.

② 제①항에 따라 보관하고 게시하는 경우에는 다음 각 호의 기준에 맞도록 하여야 한다.

㉠ 실험실 등의 일정한 장소나 별도의 전용장소에 보관할 것

㉡ 금지유해물질 보관장소에는 다음 각 목의 사항을 게시할 것

ⓐ 금지유해물질의 명칭

ⓑ 인체에 미치는 영향

ⓒ 위급상황 시의 대처방법과 응급처치 방법

③ 금지유해물질 보관장소에는 잠금장치를 설치하는 등 시험 · 연구 외의 목적으로 외부로 나가지 않도록 할 것

4. 환기장치의 설치기준(국소배기장치)

1) 국소배기장치의 구성요소

국소배기장치는 후드, 덕트, 공기정화장치, 송풍기, 배기덕트의 각 부분으로 구성되어 있다.

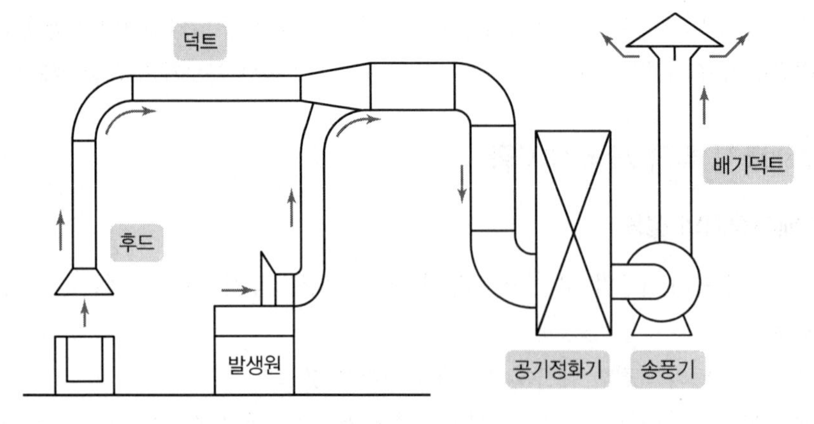

| 국소배기장치의 계통도 |

2) 후드의 설치기준

① 유해물질이 발생하는 곳마다 설치할 것
② 유해인자의 발생형태와 비중, 작업방법 등을 고려하여 해당 분진 등의 발산원을 제어할 수 있는 구조로 설치할 것
③ 후드(Hood) 형식은 가능하면 포위식 또는 부스식 후드를 설치할 것
④ 외부식 또는 리시버식 후드는 해당 분진 등의 발산원에 가장 가까운 위치에 설치할 것

3) 덕트의 설치기준

① 가능하면 길이는 짧게 하고 굴곡부의 수는 적게 할 것
② 접속부의 안쪽은 돌출된 부분이 없도록 할 것
③ 청소구를 설치하는 등 청소하기 쉬운 구조로 할 것
④ 덕트 내부에 오염물질이 쌓이지 않도록 이송속도를 유지할 것
⑤ 연결 부위 등은 외부 공기가 들어오지 않도록 할 것

5. 전체환기장치의 설치기준

① 송풍기 또는 배풍기(덕트를 사용하는 경우에는 그 덕트의 흡입구)는 가능하면 해당 분진 등의 발산원에 가장 가까운 위치에 설치할 것
② 송풍기 또는 배풍기는 직접 외부로 향하도록 개방하여 실외에 설치하는 등 배출되는 분진 등이 작업장으로 재유입되지 않는 구조로 할 것

6. 유해물 중독에 대한 응급처지방법

① 신체를 따뜻하게 하고 신선한 공기를 확보한다.
② 환자를 안정시키고, 침대에 옆으로 누인다.
③ 호흡 정지 시 인공호흡을 실시한다.

7. 물질안전보건자료(MSDS)

화학물질 또는 이를 포함한 혼합물로서 물질안전보건자료대상물질을 제조하거나 수입하려는 자는 물질안전보건자료를 작성하여 고용노동부장관에게 제출하여야 한다.

1) 작성내용

① 제품명
② 물질안전보건자료대상물질을 구성하는 화학물질 중 유해인자의 분류기준에 해당하는 화학물질의 명칭 및 함유량
③ 안전 및 보건상의 취급 주의 사항

④ 건강 및 환경에 대한 유해성, 물리적 위험성

⑤ 물리 · 화학적 특성 등 고용노동부령으로 정하는 사항

㉠ 물리 · 화학적 특성

㉡ 독성에 관한 정보

㉢ 폭발 · 화재 시의 대처방법

㉣ 응급조치 요령

㉤ 그 밖에 고용노동부장관이 정하는 사항

2) 경고표지에 포함되어야 할 사항

명칭	제품명
그림문자	화학물질의 분류에 따라 유해 · 위험의 내용을 나타내는 그림
신호어	유해 · 위험의 심각성 정도에 따라 표시하는 "위험" 또는 "경고" 문구
유해 · 위험 문구	화학물질의 분류에 따라 유해 · 위험을 알리는 문구
예방조치 문구	화학물질에 노출되거나 부적절한 저장 · 취급 등으로 발생하는 유해 · 위험을 방지하기 위하여 알리는 주요 유의사항
공급자 정보	물질안전보건자료대상물질의 제조자 또는 공급자의 이름 및 전화번호 등

3) 작업공정별 관리 요령에 포함되어야 할 사항

사업주는 물질안전보건자료대상물질을 취급하는 작업공정별로 물질안전보건자료대상물질의 관리 요령을 게시하여야 한다.

① 제품명

② 건강 및 환경에 대한 유해성, 물리적 위험성

③ 안전 및 보건상의 취급주의 사항

④ 적절한 보호구

⑤ 응급조치 요령 및 사고 시 대처방법

4) 물질안전보건자료의 작성 시 포함되어야 할 항목 및 그 순서

① 화학제품과 회사에 관한 정보

② 유해성 · 위험성

③ 구성성분의 명칭 및 함유량

④ 응급조치요령

⑤ 폭발 · 화재 시 대처방법

⑥ 누출사고 시 대처방법

⑦ 취급 및 저장방법

⑧ 노출 방지 및 개인보호구

⑨ 물리 · 화학적 특성

⑩ 안정성 및 반응성

⑪ 독성에 관한 정보

⑫ 환경에 미치는 영향

⑬ 폐기 시 주의사항

⑭ 운송에 필요한 정보

⑮ 법적 규제 현황

⑯ 그 밖의 참고사항

5) 혼합물의 유해성 · 위험성 결정

혼합물로 된 제품들이 다음 각 호의 요건을 충족하는 경우에는 각각의 제품을 대표하여 하나의 물질안전보건자료를 작성할 수 있다.

① 혼합물로 된 제품의 구성성분이 같을 것

② 각 구성성분의 함량 변화가 10% 이하일 것

③ 비슷한 유해성을 가질 것

6) 물질안전보건자료의 작성 · 제출 제외 대상 화학물질

① 「건강기능식품에 관한 법률」에 따른 건강기능식품

② 「농약관리법」에 따른 농약

③ 「마약류 관리에 관한 법률」에 따른 마약 및 향정신성의약품

④ 「비료관리법」에 따른 비료

⑤ 「사료관리법」에 따른 사료

⑥ 「생활주변방사선 안전관리법」에 따른 원료물질

⑦ 「생활화학제품 및 살생물제의 안전관리에 관한 법률」에 따른 안전확인대상생활화학제품 및 살생물제품 중 일반소비자의 생활용으로 제공되는 제품

⑧ 「식품위생법」에 따른 식품 및 식품첨가물

⑨ 「약사법」에 따른 의약품 및 의약외품

⑩ 「원자력안전법」에 따른 방사성물질

⑪ 「위생용품 관리법」에 따른 위생용품

⑫ 「의료기기법」에 따른 의료기기

⑬ 「첨단재생의료 및 첨단바이오의약품 안전 및 지원에 관한 법률」에 따른 첨단바이오의약품

⑭ 「총포 · 도검 · 화약류 등의 안전관리에 관한 법률」에 따른 화약류

⑮ 「폐기물관리법」에 따른 폐기물

⑯ 「화장품법」에 따른 화장품

⑰ 제①호부터 제⑯호까지의 규정 외의 화학물질 또는 혼합물로서 일반소비자의 생활용으로 제공되는 것(일반소비자의 생활용으로 제공되는 화학물질 또는 혼합물이 사업장 내에서 취급되는 경우를 포함한다)

⑱ 고용노동부장관이 정하여 고시하는 연구 · 개발용 화학물질 또는 화학제품

⑲ 그 밖에 고용노동부장관이 독성 · 폭발성 등으로 인한 위해의 정도가 적다고 인정하여 고시하는 화학물질

8. 밀폐공간 작업 프로그램의 수립 · 시행 등

① 밀폐공간에서 근로자에게 작업을 하도록 하는 경우 다음 각 호의 내용이 포함된 밀폐공간 작업 프로그램을 수립하여 시행하여야 한다.

㉠ 사업장 내 밀폐공간의 위치 파악 및 관리방안
㉡ 밀폐공간 내 질식 · 중독 등을 일으킬 수 있는 유해 · 위험 요인의 파악 및 관리방안
㉢ 밀폐공간 작업 시 사전 확인이 필요한 사항에 대한 확인 절차
㉣ 안전보건교육 및 훈련
㉤ 그 밖에 밀폐공간 작업 근로자의 건강장해 예방에 관한 사항

② 근로자가 밀폐공간에서 작업을 시작하기 전에 다음의 사항을 확인하여 근로자가 안전한 상태에서 작업하도록 하여야 한다.
㉠ 작업 일시, 기간, 장소 및 내용 등 작업 정보
㉡ 관리감독자, 근로자, 감시인 등 작업자 정보
㉢ 산소 및 유해가스 농도의 측정결과 및 후속조치 사항
㉣ 작업 중 불활성 가스 또는 유해가스의 누출 · 유입 · 발생 가능성 검토 및 후속조치 사항
㉤ 작업 시 착용하여야 할 보호구의 종류
㉥ 비상연락체계

③ 밀폐공간에서의 작업이 종료될 때까지 ②의 내용을 해당 작업장 출입구에 게시하여야 한다.

9. 밀폐공간 내 작업 시의 조치사항

① 환기
㉠ 근로자가 밀폐공간에서 작업을 하는 경우에 작업을 시작하기 전과 작업 중에 해당 작업장을 적정 공기 상태가 유지되도록 환기하여야 한다. 다만, 폭발이나 산화 등의 위험으로 인하여 환기할 수 없거나 작업의 성질상 환기하기가 매우 곤란한 경우에는 근로자에게 공기호흡기 또는 송기마스크를 지급하여 착용하도록 하고 환기하지 아니할 수 있다.
㉡ 근로자는 지급된 보호구를 착용하여야 한다.

② **인원의 점검** : 근로자가 밀폐공간에서 작업을 하는 경우에 그 장소에 근로자를 입장시킬 때와 퇴장시킬 때마다 인원을 점검하여야 한다.

③ 출입의 금지
㉠ 사업장 내 밀폐공간을 사전에 파악하여 밀폐공간에는 관계 근로자가 아닌 사람의 출입을 금지하고, 출입금지 표지를 밀폐공간 근처의 보기 쉬운 장소에 게시하여야 한다.
㉡ 근로자는 출입이 금지된 장소에 사업주의 허락 없이 출입해서는 아니 된다.

④ 감시인의 배치
㉠ 근로자가 밀폐공간에서 작업을 하는 동안 작업상황을 감시할 수 있는 감시인을 지정하여 밀폐공간 외부에 배치하여야 한다.
㉡ 감시인은 밀폐공간에 종사하는 근로자에게 이상이 있을 경우에 구조요청 등 필요한 조치를 한 후 이를 즉시 관리감독자에게 알려야 한다.

㉢ 근로자가 밀폐공간에서 작업을 하는 동안 그 작업장과 외부의 감시인 간에 항상 연락을 취할 수 있는 설비를 설치하여야 한다.

⑤ **안전대**

㉠ 밀폐공간에서 작업하는 근로자가 산소결핍이나 유해가스로 인하여 추락할 우려가 있는 경우에는 해당 근로자에게 안전대나 구명밧줄, 공기호흡기 또는 송기마스크를 지급하여 착용하도록 하여야 한다.

㉡ 안전대나 구명밧줄을 착용하도록 하는 경우에 이를 안전하게 착용할 수 있는 설비 등을 설치하여야 한다.

㉢ 근로자는 지급된 보호구를 착용하여야 한다.

⑥ **대피용 기구의 비치** : 근로자가 밀폐공간에서 작업을 하는 경우에 공기호흡기 또는 송기마스크, 사다리 및 섬유로프 등 비상시에 근로자를 피난시키거나 구출하기 위하여 필요한 기구를 갖추어 두어야 한다.

⑦ **구출 시 공기호흡기 또는 송기마스크의 사용**

㉠ 밀폐공간에서 위급한 근로자를 구출하는 작업을 하는 경우 그 구출작업에 종사하는 근로자에게 공기호흡기 또는 송기마스크를 지급하여 착용하도록 하여야 한다.

㉡ 근로자는 지급된 보호구를 착용하여야 한다.

⑧ **보호구의 지급** : 공기호흡기 또는 송기마스크를 지급하는 때에 근로자에게 질병 감염의 우려가 있는 경우에는 개인전용의 것을 지급하여야 한다.

10. 탱크 내 작업 시 복장기준

① 불필요하게 피부를 노출시키지 말 것
② 작업복의 바지 속에는 밑을 집어넣지 말 것
③ 작업모를 쓰고 긴팔의 상의를 반듯하게 착용할 것
④ 유지가 부착된 작업복을 착용하지 말 것
⑤ 정전기 방지용 작업복을 착용할 것

SECTION 03 화학물질 취급설비 개념 확인

1 화학장치(반응기, 정류탑, 열교환기 등) 특성

1. 반응기

1) 반응기(Chemical Reactor)의 개요

① 반응기는 반응하는 물질 들이 목적하는 최적의 화합물로 전환하도록 반응을 촉진, 통제하여 반응 조건을 유지할 수 있는 장치

② 원료물질을 화학적 반응을 통하여 성질이 다른 물질로 전환하는 설비로서 이와 관련된 계측, 제어 등 일련의 부속장치를 포함하는 장치를 말한다.

③ 반응기는 반응하는 물질의 상(Phase), 반응속도, 온도, 압력, 조작방법, 촉매 등에 의하여 그 모양이나 크기가 결정되므로 적합한 반응기를 선정하는 것이 중요하다.

2) 반응기의 분류

① 반응 조작방식에 의한 분류

회분식 반응기 (회분식 균일상 반응기)	한번 원료를 넣으면 목적이 달성될 때까지 반응을 계속하는 형식의 반응기(다품종 소량 생산에 적합, 반응이 완결되었을 때 반응생성물을 회수)
반회분식 반응기	① 처음에 원료를 넣고 반응이 진행됨에 따라 다른 원료를 첨가하는 형식의 반응기 ② 원료를 넣은 후 반응의 진행과 함께 반응생성물을 연속적으로 배출하는 형식의 반응기
연속식 반응기	한쪽에서는 원료를 계속적으로 유입하는 동시에 다른 쪽에서는 반응생성 물질을 유출시키는 형식의 반응기

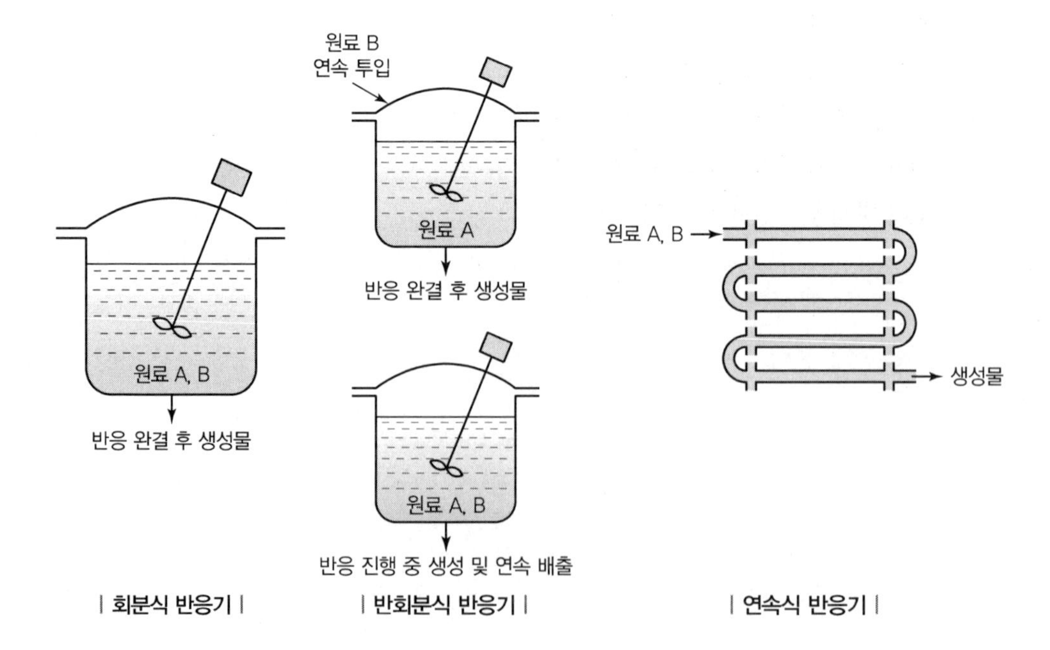

| 회분식 반응기 | | 반회분식 반응기 | | 연속식 반응기 |

② 반응기 구조방식에 의한 분류

관형 반응기	① 반응기의 한쪽으로 원료를 연속적으로 송입하여 관 내에서 반응을 시키고 다른 끝에서 연속적으로 유출하는 형식의 반응기 ② 가는 관으로 된 긴 형태의 반응기 ③ 기상 또는 액상 등 반응속도가 빠른 물질에 사용 ④ 처리량이 많아 대규모 생산에 쓰이는 경우가 많음
탑형 반응기	직립원통형의 반응기로 탑의 위쪽 또는 아래쪽에서 원료를 송입하고, 다른 쪽에서 반응생성물을 연속적으로 유출하는 형식의 반응기
교반조형 반응기	① 교반기를 부착한 것으로 회분식, 반회분식, 연속식이 있다. ② 완전혼합이 이루어지므로 반응기 내의 반응물 및 생성물의 농도가 일정하다. ③ 반응기에 공급한 반응물의 일부가 그대로 유출되는 단점도 있다.
유동층형 반응기	미분말 고체 입자를 반응 유체에 의해 부유시키는 형식의 반응기

3) 반응을 위한 조작조건

① 온도
② 농도
③ 압력
④ 촉매
⑤ 표면적

4) 반응폭발에 영향을 미치는 요인

① 반응기에서의 교반상태
② 냉각수량을 조절할 수 있는 냉각시스템
③ 반응기의 온도, 압력 등에 대한 운전조건 등

5) 반응기의 안전설계 시 고려요소

① **상(Phase)의 형태** : 반응 전후의 기체, 액체, 고체의 상에 대하여 설계 시 결정하는 것으로 단위조작과 반응기 설계 시 중요한 요소가 된다.
② **온도 범위** : 온도 범위의 제어에 실패할 경우 물질의 품질과 이상반응현상을 초래할 수 있다.
③ **운전압력** : 배관, 장치, 반응기 등의 설계 시 핵심요소로서 반응기 압력의 크기에 따라 두께, 재질 등을 고려하여 설계하여야 한다.
④ **체류시간 또는 공간속도**
　㉠ 체류시간 : 투입된 반응물질이 반응 완료되는 시간으로 반응물질의 투입과 반응 완료 물질의 배출에 핵심요소가 되어 반응 후 생성물질의 생산량에 영향을 미친다.
　㉡ 공간속도 : 단위시간당 반응되는 용적으로 공간속도의 결정에 따라 공급설비, 촉매의 양 등이 변경된다.
⑤ **부식성** : 투입되는 물질과 생성되는 물질의 특성에 따라 배관, 반응기, 설비 등의 재질을 고려하여야 한다.
⑥ **열전달** : 반응기 설계 시 반응 촉진을 위하여 공급되는 열, 반응열, 손실열을 고려하여 온도를 제어하여야 한다.

⑦ **온도조절** : 반응기의 적정 온도 유지를 위해 자동적으로 제어되어야 하며, 온도 조절에 실패하면 이상반응 또는 생성물의 품질 저하에 영향을 준다.

⑧ **조작방법** : 회분식, 연속식 등의 반응기의 종류에 따라 조작순서와 방법이 정형화되어야 하며, 잘못된 조작방법은 위험을 초래할 수 있다.

⑨ **수율(생산비율)** : 물질의 투입량과 목적에 맞는 물질의 생성량의 비로 나타낼 수 있으며, 수율이 좋을수록 좋은 반응기라 할 수 있다.

6) 반응폭주

① 개요

㉠ 반응속도가 지수 함수적으로 증가하고 반응용기 내부의 온도 및 압력이 비정상적으로 급격히 상승되어 규정 조건을 벗어나고 반응이 과격하게 진행되는 현상을 말한다.

㉡ 반응폭주는 서로 다른 물질이 폭발적으로 반응하는 현상으로 화학공장의 반응기에서 일어날 수 있는 현상이다.

㉢ 주로 화학공장에서 화합, 분해, 중합, 치환, 부가 반응의 제어에 실패한 경우 반응기 내부의 압력 증가, 온도 증가에 의해 반응속도가 가속화되어 반응폭주가 일어나며, 이러한 반응은 반응물질이 완전히 소모될 때까지 지속된다.

② 반응폭주의 발생원리

㉠ 반응물질량 제어 실패 : 반응물질과 투입에 따른 반응 활성화로 반응폭주 발생

㉡ 반응온도 제어 실패 : 반응온도의 상승으로 인해 반응속도 증가로 반응폭주 발생

㉢ 촉매의 양 제어 실패 : 반응속도를 높이는 촉매의 과투입에 따른 반응폭주 발생

2. 증류탑

1) 증류탑(Distillation Tower)의 정의

① 용액의 성분을 증발시켜서 끓는점 차이를 이용하여 증발분을 응축하여 원하는 성분별로 분류하는 기기를 말한다.

② 여러 가지 성분의 액체 혼합물을 각 성분별로 분리하고자 할 때 비점의 차이를 이용하여 감압 또는 가압하에서 분리하는 화학설비

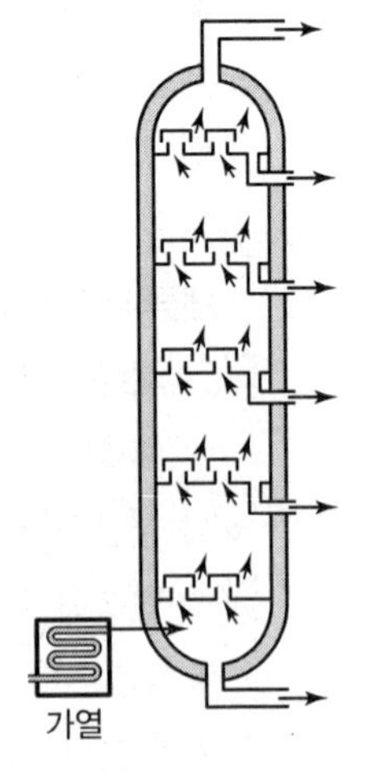

| 증류탑의 구조 |

2) 증류탑의 종류

① 충전탑

㉠ 탑 내에 고체의 충전물을 충전한 증기와 액체와의 접촉 면적을 크게 하는 것이다.

㉡ 탑 지름이 작은 증류탑 혹은 부식성이 과격한 물질의 증류 등에 사용된다.

② 단탑

㉠ 특정한 구조의 여러 개 또는 수십 개의 단(Plate, Tray)으로 구성되어 있다.

㉡ 개기의 단을 단위로 하여 증기와 액체의 접촉이 행해지고 있다.

㉢ 종류

포종탑	포종(Bubble Cap)이 단(Tray) 위에 다수 배열되어 증기는 상승하여 포종의 안쪽에서 아래쪽으로 향하게 하고 포종 내의 액면을 홈구멍(Slot)의 높이 이하로 눌러서 홈구멍(Slot)에서 분출한 증기가 액체와 접촉한다.
다공판 탑	다수의 작은 구멍으로 뚫려 있는 다공판이 설치된 것으로 포종을 작은 구멍으로 바꾸어 놓은 것이다.
니플트레이 (Nipple Tray)	다공판을 파형(Wave)으로 한 니플트레이를 1단마다 방향을 바꾸어 탑 내에 부착한 것이다.
밸러스트 트레이 (Ballast Unit)	포종 대신 밸러스트 유닛(Unit)을 부착한 것으로, 상승하는 증기에 의해 밀어올려지며 그 개도는 통과하는 증기량에 의해 다르다.

3) 특수한 증류방법

감압증류 (진공증류)	상압하에서 끓는점까지 가열할 경우 분해할 우려가 있는 물질의 증류를 감압 또는 진공하여 끓는점을 내려서 증류하는 방법
추출증류	분리하여야 하는 물질의 끓는점이 비슷한 경우 증류하는 방법
공비증류	일반적인 증류로 순수한 성분을 분리할 수 없는 혼합물의 경우 증류하는 방법
수증기증류	물에 거의 용해하지 않는 휘발성 액체에 수증기를 불어 넣으면서 가열하여 그 액체의 원래 끓는점보다 상당히 낮은 온도에서 유출하는 방법

4) 증류탑의 보수

① 일상점검항목(운전 중에도 점검 가능한 항목)

㉠ 보온재 및 보냉재의 파손 상황

㉡ 도장의 열화상황

㉢ 플랜지(Flange)부, 맨홀(Manhole)부, 용접부에서 외부누출 여부

㉣ 기초 볼트의 헐거움 여부

㉤ 증기배관에 열팽창에 의한 무리한 힘이 가해지고 있는지의 여부와 부식 등

② 개방 시 점검항목

㉠ 트레이(Tray)의 부식상태, 정도, 범위

㉡ 폴리머(Polymer) 등의 생성물, 녹 등으로 인하여 포종의 막힘 여부, 다공판의 상태, 밸러스트 유닛(Ballast Unit)은 고정되어 있는지의 여부

㉢ 넘쳐 흐르는 둑의 높이가 설계와 같은지의 여부

㉣ 용접선의 상황과 포종이 단(선반)에 고정되어 있는지의 여부

㉤ 누출의 원인이 되는 균열, 손상 여부

㉥ 라이닝(Lining) 코팅(Coating) 상황

3. 열교환기

1) 열교환기(Heat Exchanger)의 정의

① 온도가 높은 유체로부터 전열벽을 통하여 온도가 낮은 유체에 열을 전달하는 장치로 가열기, 냉각기, 증발기, 응축기 등에 사용된 것을 말한다.

② 아래 그림과 같이 두 가지로 분할된 용기 내에서 한쪽에서 150℃의 수증기를 송입하고, 다른 쪽에서 30℃의 공기를 송입하면 공기는 수증기에서 열을 빼앗아 30℃ 이상의 고온공기가 되어서 배출된다.

③ 반대로 증기는 냉각되어 나오며, 이것은 고온의 유체로부터 저온의 유체에 열이 이동하였기 때문이다.

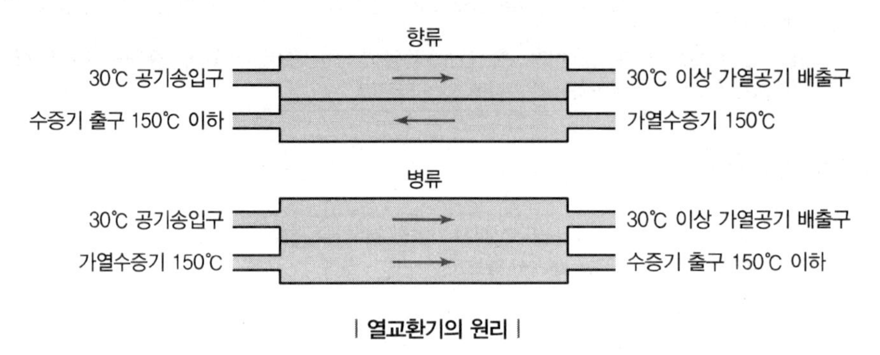

| 열교환기의 원리 |

2) 열교환기의 종류

① 사용목적에 의한 분류

㉠ 열교환기 : 폐열의 회수를 목적으로 하는 장치

㉡ 냉각기 : 고온 측 유체의 냉각을 목적으로 하는 장치

㉢ 가열기 : 저온 측 유체의 가열을 목적으로 하는 장치

㉣ 응축기 : 증기의 응축을 목적으로 하는 장치

㉤ 증발기 : 저온 측 유체의 증발을 목적으로 하는 장치

㉥ 재비기 : 증류장치에서 증축된 액체를 다시 가열, 증발을 목적으로 하는 장치

② 구조에 의한 분류

분류	특징
다관식 열교환기	① 금속관을 다수 늘어놓아 관 외와 관 내에 흐르는 두 유체 사이에서 열교환을 하는 열교환기 ② 화학장치에 가장 많이 사용되며 신뢰도가 높고 효율이 좋다. ③ 폭넓은 범위의 열전달량을 얻을 수 있다. ④ 종류 : ㉠ 고정관판식 열교환기, ㉡ 유동관판식 열교환기, ㉢ U형관식 열교환기
이중관식 열교환기	① 직경이 큰 외부관에 직경이 작은 내부관을 삽입해서 내부관에서 흐르는 유체와 외부관과 내부관 사이의 공간에서 흐르는 유체와의 사이에서 열을 교환시키는 열교환기 ② 구조가 간단하고 가격이 저렴하다. ③ 전열면적을 증가시키기 위해 직렬, 병렬의 연결이 용이하다.
코일식 열교환기	탱크 내부에 가열 또는 냉각형 코일을 설치한 것으로 구조가 간단하고 가격이 저렴하여 많이 사용된다.

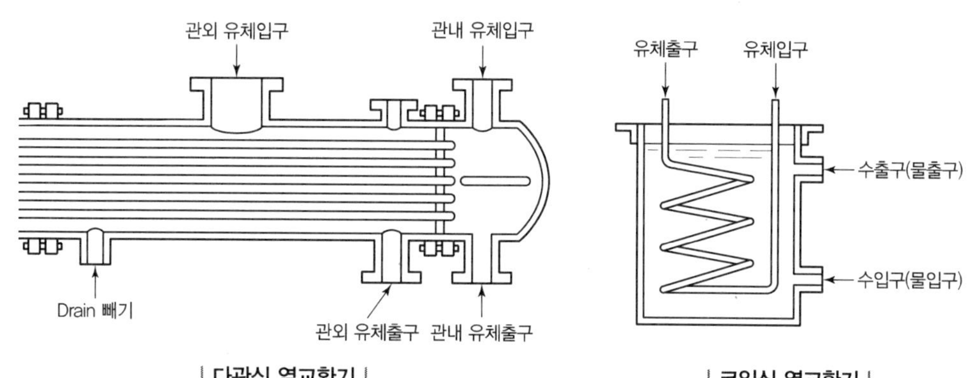

| 다관식 열교환기 |　　　　| 코일식 열교환기 |

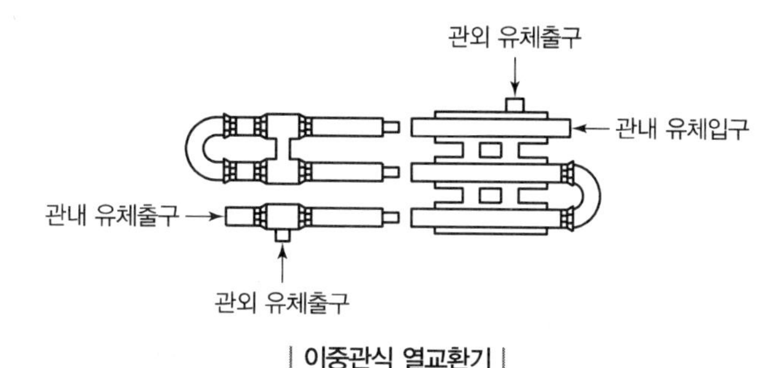

| 이중관식 열교환기 |

3) 열교환기의 보수

① 일상점검항목(운전 중에도 점검 가능한 항목)

㉠ 보온재, 보냉재의 파손 여부
㉡ 도장의 노후 상황
㉢ 플랜지(Flange)부, 용접부 등의 누설 여부
㉣ 기초볼트의 체결 정도

② 정기적 개방 점검항목

㉠ 부식 및 고분자 등 생성물의 상황
㉡ 부착물에 의한 오염의 상황
㉢ 부식의 형태, 정도, 범위
㉣ 누출의 원인이 되는 균열, 흠집의 여부
㉤ 칠의 두께 감소 정도
㉥ 용접선의 상황
㉦ 라이닝(Lining) 또는 코팅 상태

2 화학설비(건조설비 등)의 취급 시 주의사항

1. 화학설비 및 그 부속설비의 종류

1) 화학설비의 종류

① 반응기 · 혼합조 등 화학물질 반응 또는 혼합장치
② 증류탑 · 흡수탑 · 추출탑 · 감압탑 등 화학물질 분리장치

③ 저장탱크 · 계량탱크 · 호퍼 · 사일로 등 화학물질 저장설비 또는 계량설비
④ 응축기 · 냉각기 · 가열기 · 증발기 등 열교환기류
⑤ 고로 등 점화기를 직접 사용하는 열교환기류
⑥ 캘린더(Calender) · 혼합기 · 발포기 · 인쇄기 · 압출기 등 화학제품 가공설비
⑦ 분쇄기 · 분체분리기 · 용융기 등 분체화학물질 취급장치
⑧ 결정조 · 유동탑 · 탈습기 · 건조기 등 분체화학물질 분리장치
⑨ 펌프류 · 압축기 · 이젝터(Ejector) 등의 화학물질 이송 또는 압축설비

2) 화학설비의 부속설비

① 배관 · 밸브 · 관 · 부속류 등 화학물질 이송 관련 설비
② 온도 · 압력 · 유량 등을 지시 · 기록 등을 하는 자동제어 관련 설비
③ 안전밸브 · 안전판 · 긴급차단 또는 방출밸브 등 비상조치 관련 설비
④ 가스누출감지 및 경보 관련 설비
⑤ 세정기, 응축기, 벤트스택(Bent Stack), 플레어스택(Flare Stack) 등 폐가스처리설비
⑥ 사이클론, 백필터(Bag Filter), 전기집진기 등 분진처리설비
⑦ ①~⑥까지의 설비를 운전하기 위하여 부속된 전기 관련 설비
⑧ 정전기 제거장치, 긴급 샤워설비 등 안전 관련 설비

3) 특수화학설비

위험물을 기준량 이상으로 제조하거나 취급하는 다음의 어느 하나에 해당하는 특수화학설비를 설치하는 경우에는 내부의 이상 상태를 조기에 파악하기 위하여 필요한 온도계 · 유량계 · 압력계 등의 계측장치를 설치하여야 한다.

① 발열반응이 일어나는 반응장치
② 증류 · 정류 · 증발 · 추출 등 분리를 하는 장치
③ 가열시켜 주는 물질의 온도가 가열되는 위험물질의 분해온도 또는 발화점보다 높은 상태에서 운전되는 설비
④ 반응폭주 등 이상 화학반응에 의하여 위험물질이 발생할 우려가 있는 설비
⑤ 온도가 섭씨 350도 이상이거나 게이지 압력이 980킬로파스칼 이상인 상태에서 운전되는 설비
⑥ 가열로 또는 가열기

2. 건조설비의 종류

1) 건조설비의 정의

습윤상태에 있는 재료를 처리하여 수분을 제거하고 조작하는 기구를 건조설비라 한다.

2) 건조방법에 의한 분류

통기건조	수분의 증발에 필요한 열량을 열풍에 의해 재료와 직접 접촉시키는 방법
외열건조	재료를 장치벽의 금속면을 통해 가열하는 간접가열방식으로 일반적으로 가열원은 증기를 사용

3) 건조장치의 종류

구분	종류	특징
고체 건조장치	상자건조기	괴상, 입상의 원료를 가열 공기로 건조
	터널건조기	연속적으로 조작이 가능하고, 다량의 재료를 천천히 처리하며 벽돌, 내화제품 등을 건조
	회전건조기	입상 또는 결정상 물질을 건조
연속 시트(Sheet)상 재료의 건조장치	원통건조기	종이나 직물의 연속 시트 건조
	조하식 건조기	직물이나 망판 인쇄용지 등을 건조
용액 및 슬러리(Slurry) 건조장치	드럼건조기	롤러 사이에서 용액이나 슬러리를 증발, 건조
	교반건조기	접착성이 큰 것에 이용하고, 대기 또는 진공건조
	분무건조기	미세 입자를 가열, 건조기에서 분산 건조
특수건조장치	유동층 건조기	미립분체의 건조에 이용
	적외선 복사 건조기	열에너지를 이용하는 표면 건조기
	고주파 가열 건조기	고주파를 열원으로 가열, 건조
	동결건조기	일반적으로 열에 대해 불안정한 물질을 건조

4) 건조설비의 구성

구조부분	몸체(철골부, 보온판, Shell부 등) 및 내부구조를 말한다. 또한 이들의 내부에 있는 구동장치도 포함한다.
가열장치	① 열원장치, 순환용 송풍기 등 열을 발생시키고 이것을 이동하는 부분을 총괄한 것을 말한다. ② 본체의 내부에 설치된 경우도 있고, 외부에 설치된 경우도 있다.
부속설비	① 본체에 부속되어 있는 설비의 전반을 말한다. ② 환기장치, 온도조절장치, 온도측정장치, 안전장치, 소화장치, 전기설비, 집진장치 등이 포함된다.

3. 건조설비 취급 시 주의사항

1) 위험물 건조설비를 설치하는 건축물의 구조

다음 각 호의 어느 하나에 해당하는 위험물 건조설비 중 건조실을 설치하는 건축물의 구조는 독립된 단층건물로 하여야 한다. 다만, 해당 건조실을 건축물의 최상층에 설치하거나 건축물이 내화구조인 경우에는 그러하지 아니하다.

① 위험물 또는 위험물이 발생하는 물질을 가열·건조하는 경우 내용적이 1세제곱미터 이상인 건조설비

② 위험물이 아닌 물질을 가열·건조하는 경우로서 다음 각 목의 어느 하나의 용량에 해당하는 건조설비

㉠ 고체 또는 액체연료의 최대사용량이 시간당 10킬로그램 이상

㉡ 기체연료의 최대사용량이 시간당 1세제곱미터 이상

㉢ 전기사용 정격용량이 10킬로와트 이상

2) 건조설비의 구조

① 건조설비의 바깥 면은 불연성 재료로 만들 것
② 건조설비(유기과산화물을 가열 건조하는 것은 제외한다)의 내면과 내부의 선반이나 틀은 불연성 재료로 만들 것
③ 위험물 건조설비의 측벽이나 바닥은 견고한 구조로 할 것
④ 위험물 건조설비는 그 상부를 가벼운 재료로 만들고 주위상황을 고려하여 폭발구를 설치할 것
⑤ 위험물 건조설비는 건조하는 경우에 발생하는 가스 · 증기 또는 분진을 안전한 장소로 배출시킬 수 있는 구조로 할 것
⑥ 액체연료 또는 가스를 열원의 연료로 사용하는 건조설비는 점화하는 경우에는 폭발이나 화재를 예방하기 위하여 연소실이나 그 밖에 점화하는 부분을 환기시킬 수 있는 구조로 할 것
⑦ 건조설비의 내부는 청소하기 쉬운 구조로 할 것
⑧ 건조설비의 감시창 · 출입구 및 배기구 등과 같은 개구부는 발화 시에 불이 다른 곳으로 번지지 아니하는 위치에 설치하고 필요한 경우에는 즉시 밀폐할 수 있는 구조로 할 것
⑨ 건조설비는 내부의 온도가 부분적으로 상승하지 아니하는 구조로 설치할 것
⑩ 위험물 건조설비의 열원으로서 직화를 사용하지 아니할 것
⑪ 위험물 건조설비가 아닌 건조설비의 열원으로서 직화를 사용하는 경우에는 불꽃 등에 의한 화재를 예방하기 위하여 덮개를 설치하거나 격벽을 설치할 것

3) 건조설비의 부속전기설비

① 건조설비에 부속된 전열기 · 전동기 및 전등 등에 접속된 배선 및 개폐기를 사용하는 경우에는 그 건조설비 전용의 것을 사용하여야 한다.
② 위험물 건조설비의 내부에서 전기불꽃의 발생으로 위험물의 점화원이 될 우려가 있는 전기기계 · 기구 또는 배선을 설치해서는 아니 된다.

4) 건조설비의 사용 시 준수사항

① 위험물 건조설비를 사용하는 경우에는 미리 내부를 청소하거나 환기할 것
② 위험물 건조설비를 사용하는 경우에는 건조로 인하여 발생하는 가스 · 증기 또는 분진에 의하여 폭발 · 화재의 위험이 있는 물질을 안전한 장소로 배출시킬 것
③ 위험물 건조설비를 사용하여 가열건조하는 건조물은 쉽게 이탈되지 않도록 할 것
④ 고온으로 가열건조한 액체는 발화의 위험이 없는 온도로 냉각한 후에 격납시킬 것
⑤ 건조설비(바깥 면이 현저히 고온이 되는 설비만 해당)에 가까운 장소에는 액체를 두지 않도록 할 것

5) 건조설비의 온도 측정

건조설비에 대하여 내부의 온도를 수시로 측정할 수 있는 장치를 설치하거나 내부의 온도가 자동으로 조정되는 장치를 설치하여야 한다.

CHAPTER

03 화공안전 비상조치 계획 · 대응

SECTION 01 비상조치계획 및 평가

PART 01 PART 02 PART 03 PART 04 PART 05 PART 06

1 비상조치계획

1. 비상사태의 구분

조업상의 비상사태	① 중대한 화재사고가 발생한 경우 ② 중대한 폭발사고가 발생한 경우 ③ 독성화학물질의 누출사고 또는 환경오염 사고가 발생한 경우 ④ 인근 지역의 비상사태 영향이 사업장으로 파급될 우려가 있는 경우
자연재해	태풍, 폭우 및 지진 등 천재지변이 발생한 경우

2. 발생 가능한 비상사태의 분석 시 포함사항

① 공정별로 예상되는 비상사태
② 비상사태 전개과정
③ 최대 피해 규모
④ 피해 최소화 대책
⑤ 과거 유사한 중대사고의 기록
⑥ 비상사태의 결과예측

3. 비상조치계획의 수립

1) 비상조치계획의 수립 시 원칙

① 근로자의 인명보호에 최우선 목표를 둔다.
② 가능한 비상사태를 모두 포함시킨다.
③ 비상통제 조직의 업무분장과 임무를 분명하게 한다.
④ 주요 위험설비에 대하여는 내부 비상조치계획뿐만 아니라 외부 비상조치계획도 포함시킨다.
⑤ 비상조치계획은 분명하고 명료하게 작성되어 모든 근로자가 이용할 수 있도록 한다.
⑥ 비상조치계획은 문서로 작성하여 모든 근로자가 쉽게 활용할 수 있는 장소에 비치한다.

2) 비상조치계획의 포함사항

① 근로자의 사전 교육
② 비상시 대피절차와 비상대피로의 지정
③ 대피 전 안전조치를 취해야 할 주요 공정설비 및 절차
④ 비상대피 후 직원이 취해야 할 임무와 절차
⑤ 피해자에 대한 구조 · 응급조치 절차
⑥ 내 · 외부와의 연락 및 통신체계
⑦ 비상사태 발생 시 통제조직 및 업무분장
⑧ 사고 발생 시와 비상대피 시의 보호구 착용 지침
⑨ 비상사태 종료 후 오염물질 제거 등 수습 절차
⑩ 주민 홍보 계획
⑪ 외부기관과의 협력체제

4. 비상조치계획의 검토

① 사업장의 안전보건책임자는 다음과 같은 경우에 비상조치계획을 검토한다.
㉠ 처음 비상조치계획 수립 시
㉡ 각 비상조치요원의 임무가 변경된 경우
㉢ 비상조치계획 자체가 변경된 경우

② 비상조치계획의 수립과 검토 시에는 근로자 및 근로자 대표의 의견을 청취하여 자발적인 참여가 이루어지도록 한다.
③ 비상사태의 종류 및 비상사태의 전개에 따라 신속한 결정과 조치가 가능한지를 검토한다.

5. 비상대피계획

1) 비상대피계획의 목적

비상사태의 통제와 억제에 있으며 비상사태의 발생은 물론 비상사태의 확대 전파를 저지하고 이로 인한 인명피해를 최소화하는 데 있다.

2) 재해의 최소화를 위하여 적절하고 신속한 비상대피계획의 확립을 위한 준비사항

① 경보 발령 절차
② 비상통로 및 비상구의 명확한 표시
③ 근로자 등의 대피 절차 및 대피장소의 결정
④ 대피장소별 담당자의 지정, 그들의 임무 및 책임사항
⑤ 비상통제센터의 위치 및 비상통제센터와의 보고체계 확립
⑥ 임직원 명부 및 하도급업체 방문자 명단의 확보와 대피자의 확인체계 확립

⑦ 대피장소에서 근로자 및 일반대중의 행동요령
⑧ 임직원 비상연락망의 확보
⑨ 외부 비상조치기관과의 연락수단 및 통신망 확보

2 비상대응 교육훈련

1. 비상훈련의 실시 및 조정

1) 비상훈련의 실시

비상 및 재난대책은 비상운전 절차에서부터 피난, 소방계획에 이르기까지 전반적인 비상훈련을 월 1회 이상 각급 교대조 및 생산공정 단위로 실시하여 근로자들이 비상사태 시 행동요령을 숙지토록 한다.

2) 비상훈련의 평가

비상훈련 시에는 평가회를 실시하고 그 결과를 기록으로 비치해야 한다. 또는 평가기록에 따라 문제점을 보완하고 계획을 수정하여 현실적으로 적합한 계획을 수립 실행한다.

3) 합동훈련 및 지원체제의 확립

정부관계자의 참관에 의한 감사 훈련 및 소방지원단 합동훈련을 분기별 1회 실시하고 그 기록을 유지 보관한다.

2. 주민홍보계획

① 사업장은 비상사태 발생에 대비하여 인근 거주 주민에게 유해 · 위험설비에 관한 정보를 제공한다.
② 대주민 홍보계획에는 다음 사항을 포함시킨다.
㉠ 유해 · 위험설비의 종류
㉡ 사용하고 있는 유해 · 위험물질 및 그 관리대책
㉢ 비상사태 발생 경보체계 등 인지방법
㉣ 비상사태 발생 시 주민행동 요령
㉤ 중대사고가 주민에게 미치는 영향
㉥ 중대사고로 입은 상해에 대한 적절한 치료 방법

③ 효과적인 대주민 홍보를 위하여는 다음과 같은 원칙이 지켜지도록 한다.
㉠ 대주민 홍보 시에는 관할 지방기관 및 인근 사업장과 협조하도록 한다.
㉡ 대주민 홍보는 정기적으로 반복해야 하며 필요시 주민들의 현장 출입도 허가되도록 한다.
㉢ 대주민 홍보 수준 및 이해 정도에 관해 평가해야 하며 대주민 홍보내용의 수정이 필요한 경우 이들을 수정 보완한다.

CHAPTER

04 화공 안전운전 · 점검

SECTION 01 공정안전 기술

1 공정안전의 개요

1. 공정안전보고서의 작성 · 제출

① 사업주는 사업장에 대통령령으로 정하는 유해하거나 위험한 설비가 있는 경우 그 설비로부터의 위험물질 누출, 화재 및 폭발 등으로 인하여 사업장 내의 근로자에게 즉시 피해를 주거나 사업장 인근 지역에 피해를 줄 수 있는 사고로서 중대산업사고를 예방하기 위하여 대통령령으로 정하는 바에 따라 공정안전보고서를 작성하고 고용노동부장관에게 제출하여 심사를 받아야 한다. 이 경우 공정안전보고서의 내용이 중대산업사고를 예방하기 위하여 적합하다고 통보받기 전에는 관련된 유해하거나 위험한 설비를 가동해서는 아니 된다.

② 사업주는 공정안전보고서를 작성할 때 산업안전보건위원회의 심의를 거쳐야 한다. 다만, 산업안전보건위원회가 설치되어 있지 아니한 사업장의 경우에는 근로자대표의 의견을 들어야 한다.

2. 중대산업사고

① 근로자가 사망하거나 부상을 입을 수 있는 공정안전보고서의 제출대상에 따른 설비에서의 누출 · 화재 · 폭발 사고

② 인근 지역의 주민이 인적 피해를 입을 수 있는 공정안전보고서의 제출대상에 따른 설비에서의 누출 · 화재 · 폭발 사고

3. 공정안전보고서의 제출대상

1) 공정안전보고서의 제출대상

① 원유 정제처리업

② 기타 석유정제물 재처리업

③ 석유화학계 기초화학물질 제조업 또는 합성수지 및 기타 플라스틱물질 제조업

④ 질소 화합물, 질소 · 인산 및 칼리질 화학비료 제조업 중 질소질 비료 제조

⑤ 복합비료 및 기타 화학비료 제조업 중 복합비료 제조(단순혼합 또는 배합에 의한 경우는 제외)

⑥ 화학 살균 · 살충제 및 농업용 약제 제조업[농약 원제(原劑) 제조만 해당한다]
⑦ 화약 및 불꽃제품 제조업

2) 공정안전보고서 제출 제외 대상 설비

공정안전보고서의 제출대상에도 불구하고 다음 각 호의 설비는 유해하거나 위험한 설비로 보지 않는다.

① 원자력 설비
② 군사시설
③ 사업주가 해당 사업장 내에서 직접 사용하기 위한 난방용 연료의 저장설비 및 사용설비
④ 도매 · 소매시설
⑤ 차량 등의 운송설비
⑥ 「액화석유가스의 안전관리 및 사업법」에 따른 액화석유가스의 충전 · 저장시설
⑦ 「도시가스사업법」에 따른 가스공급시설
⑧ 그 밖에 고용노동부장관이 누출 · 화재 · 폭발 등의 사고가 있더라도 그에 따른 피해의 정도가 크지 않다고 인정하여 고시하는 설비

4. 공정안전보고서의 내용

1) 공정안전보고서의 내용

① 공정안전자료
② 공정위험성 평가서
③ 안전운전계획
④ 비상조치계획
⑤ 그 밖에 공정상의 안전과 관련하여 고용노동부장관이 필요하다고 인정하여 고시하는 사항

2) 공정안전보고서의 세부 내용

포함사항	세부 내용
공정안전 자료	① 취급 · 저장하고 있거나 취급 · 저장하려는 유해 · 위험물질의 종류 및 수량 ② 유해 · 위험물질에 대한 물질안전보건자료 ③ 유해하거나 위험한 설비의 목록 및 사양 ④ 유해하거나 위험한 설비의 운전방법을 알 수 있는 공정도면 ⑤ 각종 건물 · 설비의 배치도 ⑥ 폭발위험장소 구분도 및 전기단선도 ⑦ 위험설비의 안전설계 · 제작 및 설치 관련 지침서
공정위험성 평가서 및 잠재위험에 대한 사고예방 · 피해 최소화 대책	① 체크리스트(Checklist) ② 상대위험순위 결정(Dow and Mond Indices) ③ 작업자 실수 분석(HEA) ④ 사고예상질문 분석(What–if) ⑤ 위험과 운전 분석(HAZOP)

포함사항	세부 내용
공정위험성 평가서 및 잠재위험에 대한 사고예방 · 피해 최소화 대책	⑥ 이상위험도 분석(FMECA) ⑦ 결함수 분석(FTA) ⑧ 사건수 분석(ETA) ⑨ 원인결과 분석(CCA) ⑩ ①부터 ⑨까지의 규정과 같은 수준 이상의 기술적 평가기법
안전운전 계획	① 안전운전지침서 ② 설비점검 · 검사 및 보수계획, 유지계획 및 지침서 ③ 안전작업허가 ④ 도급업체 안전관리계획 ⑤ 근로자 등 교육계획 ⑥ 가동 전 점검지침 ⑦ 변경요소 관리계획 ⑧ 자체감사 및 사고조사계획 ⑨ 그 밖에 안전운전에 필요한 사항
비상조치 계획	① 비상조치를 위한 장비 · 인력 보유현황 ② 사고 발생 시 각 부서 · 관련 기관과의 비상연락체계 ③ 사고 발생 시 비상조치를 위한 조직의 임무 및 수행 절차 ④ 비상조치계획에 따른 교육계획 ⑤ 주민홍보계획 ⑥ 그 밖에 비상조치 관련 사항

3) 공정 위험성 평가 기법

① 체크리스트(Checklist)

공정 및 설비의 오류, 결함상태, 위험상황 등을 목록화한 형태로 작성하여 경험적으로 비교함으로써 위험성을 파악하는 방법을 말한다.

② 상대위험순위 결정(Dow and Mond Indices)

공정 및 설비에 존재하는 위험에 대하여 상대위험 순위를 수치로 지표화하여 그 피해 정도를 나타내는 방법을 말한다.

③ 작업자 실수 분석(HEA)

설비의 운전원, 보수반원, 기술자 등의 실수에 의해 작업에 영향을 미칠 수 있는 요소를 평가하고 그 실수의 원인을 파악 · 추적하여 정량(定量)적으로 실수의 상대적 순위를 결정하는 방법을 말한다.

④ 사고예상질문 분석(What-if)

공정에 잠재하고 있는 위험요소에 의해 야기될 수 있는 사고를 사전에 예상 · 질문을 통하여 확인 · 예측하여 공정의 위험성 및 사고의 영향을 최소화하기 위한 대책을 제시하는 방법을 말한다.

⑤ 위험과 운전 분석(HAZOP)

공정에 존재하는 위험 요소들과 공정의 효율을 떨어뜨릴 수 있는 운전상의 문제점을 찾아내어 그 원인을 제거하는 방법을 말한다.

⑥ 이상위험도 분석(FMECA)

공정 및 설비의 고장의 형태 및 영향, 고장형태별 위험도 순위 등을 결정하는 방법을 말한다.

⑦ 결함수 분석(FTA)

사고의 원인이 되는 장치의 이상이나 고장의 다양한 조합 및 작업자 실수 원인을 연역적으로 분석하는 방법을 말한다.

⑧ 사건수 분석(ETA)

초기사건으로 알려진 특정한 장치의 이상 또는 운전자의 실수에 의해 발생되는 잠재적인 사고결과를 정량(定量)적으로 평가 · 분석하는 방법을 말한다.

⑨ 원인결과 분석(CCA)

잠재된 사고의 결과 및 사고의 근본적인 원인을 찾아내고 사고 결과와 원인 사이의 상호 관계를 예측하여 위험성을 정량(定量)적으로 평가하는 방법을 말한다.

참고 기타 위험성 평가기법

① 안전성 검토법(Safety Review)
공장의 운전과 유지 절차가 설계목적과 기준에 부합되는지 확인하는 방법을 말한다.

② 예비위험 분석법(PHA ; Preliminary Hazard Analysis)
공정 또는 설비 등에 관한 상세한 정보를 얻을 수 없는 상황에서 위험물질과 공정 요소에 초점을 맞추어 초기 위험을 확인하는 방법을 말한다.

③ 공정위험 분석법(PHR ; Process Hazard Review)
기존 설비 또는 공정안전보고서를 제출 · 심사받은 설비에 대하여 설비의 설계 · 건설 · 운전 및 정비의 경험을 바탕으로 위험성을 평가 · 분석하는 방법을 말한다.

④ 공정안전성 분석 기법(K-PSR ; KOSHA Process Safety Review)
설치 · 가동 중인 화학공장의 공정안전성(Process Safety)을 재검토하여 사고위험성을 분석(Review)하는 방법을 말한다.

⑤ 방호계층 분석 기법(LOPA ; Layer Of Protection Analysis)
사고의 빈도나 강도를 감소시키는 독립방호계층의 효과성을 평가하는 방법을 말한다.

⑥ 작업안전 분석 기법(JSA ; Job Safety Analysis)
특정한 작업을 주요 단계(Key Step)로 구분하여 각 단계별 유해위험요인(Hazards)과 잠재적인 사고(Accidents)를 파악하고 이를 제거, 최소화 또는 예방하기 위한 대책을 개발하기 위해 작업을 연구하는 방법을 말한다.

5. 공정안전보고서의 제출 시기

1) 제출시기

사업주는 유해하거나 위험한 설비의 설치 · 이전 또는 주요 구조부분의 변경공사의 착공일 30일 전까지 공정안전보고서를 2부 작성하여 공단에 제출해야 한다.

2) 주요 구조부분의 변경공사

① 반응기를 교체(같은 용량과 형태로 교체되는 경우는 제외)하거나 추가로 설치하는 경우 또는 이미 설치된 반응기를 변형하여 용량을 늘리는 경우

② 생산설비 및 부대설비(유해 · 위험물질의 누출 · 화재 · 폭발과 무관한 자동화창고 · 조명설비 등은 제외)가 교체 또는 추가되어 늘어나게 되는 전기정격용량의 총합이 300킬로와트 이상인 경우(다만, 단위공장 내 심사 완료된 설비와 같은 제조사의 같은 모델로서 같은 종류 이내의 물질을 취급하는 설비는 제외)

③ 플레어스택을 설치 또는 변경하는 경우

2 공정안전보고서 작성심사 · 확인

1. 공정안전보고서의 심사

① 공단은 공정안전보고서를 제출받은 경우에는 제출받은 날부터 30일 이내에 심사하여 1부를 사업주에게 송부하고, 그 내용을 지방고용노동관서의 장에게 보고해야 한다.

② 공단은 공정안전보고서를 심사한 결과 「위험물안전관리법」에 따른 화재의 예방 · 소방 등과 관련된 부분이 있다고 인정되는 경우에는 그 관련 내용을 관할 소방관서의 장에게 통보해야 한다.

2. 공정안전보고서의 확인

1) 공정안전보고서를 제출하여 심사를 받은 후 공단의 확인을 받아야 하는 시기

① 신규로 설치될 유해하거나 위험한 설비에 대해서는 설치 과정 및 설치 완료 후 시운전단계에서 각 1회

② 기존에 설치되어 사용 중인 유해하거나 위험한 설비에 대해서는 심사 완료 후 3개월 이내

③ 유해하거나 위험한 설비와 관련한 공정의 중대한 변경이 있는 경우에는 변경 완료 후 1개월 이내

④ 유해하거나 위험한 설비 또는 이와 관련된 공정에 중대한 사고 또는 결함이 발생한 경우에는 1개월 이내

2) 공단의 확인 절차

공단은 사업주로부터 확인요청을 받은 날부터 1개월 이내에 공정안전보고서의 세부 내용이 현장과 일치하는지 여부를 확인하고, 확인한 날부터 15일 이내에 그 결과를 사업주에게 통보하고 지방고용노동관서의 장에게 보고해야 한다.

3) 공정안전보고서의 이행

① 사업주와 근로자는 심사를 받은 공정안전보고서의 내용을 지켜야 한다.

② 사업주는 심사를 받은 공정안전보고서의 내용을 실제로 이행하고 있는지 여부에 대하여 고용노동부령으로 정하는 바에 따라 고용노동부장관의 확인을 받아야 한다.

③ 사업주는 심사를 받은 공정안전보고서의 내용을 변경하여야 할 사유가 발생한 경우에는 지체 없이 그 내용을 보완하여야 한다.

④ 고용노동부장관은 고용노동부령으로 정하는 바에 따라 공정안전보고서의 이행 상태를 정기적으로 평가할 수 있다.

⑤ 고용노동부장관은 보완 상태가 불량한 사업장의 사업주에게는 공정안전보고서의 변경을 명할 수 있으며, 이에 따르지 아니하는 경우 공정안전보고서를 다시 제출하도록 명할 수 있다.

3. 공정안전보고서의 이행상태의 평가

① 고용노동부장관은 공정안전보고서의 확인(신규로 설치되는 유해하거나 위험한 설비의 경우에는 설치 완료 후 시운전 단계에서의 확인을 말한다) 후 1년이 지난 날부터 2년 이내에 공정안전보고서 이행상태의 평가를 해야 한다.

② 고용노동부장관은 이행상태평가 후 4년마다 이행상태평가를 해야 한다. 다만, 다음 각 호의 어느 하나에 해당하는 경우에는 1년 또는 2년마다 이행상태평가를 할 수 있다.

㉠ 이행상태평가 후 사업주가 이행상태평가를 요청하는 경우

㉡ 사업장에 출입하여 검사 및 안전 · 보건점검 등을 실시한 결과 변경요소 관리계획 미준수로 공정안전보고서 이행상태가 불량한 것으로 인정되는 경우 등 고용노동부장관이 정하여 고시하는 경우

③ 이행상태평가는 공정안전보고서의 세부내용에 관하여 실시한다.

④ 이행상태평가의 방법 등 이행상태평가에 필요한 세부적인 사항은 고용노동부장관이 정한다.

3 각종 장치(제어장치, 송풍기, 압축기, 배관 및 피팅류)

1. 제어장치

1) 자동 공정 제어의 개요

① 평형(Equilibrium) 또는 수지(Balance)에 관계된 조건 중에서 한 가지를 측정하고, 이 조건의 변화에 대해 자동적으로 대처해서 원만한 업무가 진행되도록 하는 것을 말한다.

② 공정의 수지대상은 열, 에너지, 압력 또는 유속 등과 관계된다.

③ 제어계는 공정과 조절계로 구성되어 있으며, 조절부와 검출부로 나눌 수 있다.

2) 제어방식

시퀀스 제어 (Sequence Control)	미리 정해진 순서에 따라서 제어의 각 단계를 차례로 진행시키는 방법으로 일반적으로 물리량의 변화 또는 시간의 흐름에 따라 제어
피드백 제어 (Feedback Control)	자동 제어의 기본으로 귀환 신호에 의해 주어진 목표치와 조작된 제어량을 비교하여 그 차를 제거하기 위하여 행하는 제어

3) 폐회로방식 제어계

① 외부의 변동에 관계없이 제어량이 설정값을 지니도록 제어량과 설정값을 비교해서 조작량을 변화시켜 조정될 수 있도록 제어대상과 제어장치로서 폐밸브를 구성하는 제어계이다.

② 작동순서

공정설비 ➡ 검출부 ➡ 조절계 ➡ 조작부 ➡ 공정설비

4) 제어장치의 구성요소

검출부	① 제어대상으로부터 제어에 필요한 신호를 검출하는 부분 ② 공정의 온도, 압력, 유량 등을 계기에서 검출하고, 이것을 전기 등으로 전환하여 신호를 조절부로 전달하는 부분
설정부	목표치를 주 피드백 신호와 같은 종류의 신호로 교환하는 부분
조절부	검출부로부터 받은 신호를 설정값으로 적절히 조절하고 이것을 조작부(조절밸브)에 전달하는 부분
조작부	조절부로부터의 신호를 조작량으로 바꾸어 개폐동작을 하는 부분
비교부	검출부에서 검출한 제어량과 목표값를 비교하는 부분으로 그 오차를 제어편차라 함

5) 자동제어의 종류

① 연속 제어 동작

㉠ 비례동작 : 조작량이 동작신호의 값에 비례하는 동작

㉡ 적분동작 : 조작량이 동작신호의 적분값에 비례하는 동작

㉢ 미분동작 : 조작량이 동작신호의 미분값에 비례하는 동작

㉣ 비례－적분동작

㉤ 비례－미분동작

㉥ 비례－적분－미분동작

참고

1. 제어동작이 연속적으로 행해지는 기본동작
   ① 비례동작 ② 적분동작 ③ 미분동작
2. 2개 이상의 연속제어 동작을 가하는 중합 동작
   ① 비례－적분동작 ② 비례－미분동작 ③ 비례－적분－미분동작

② 불연속 제어 동작

㉠ 2 위치 동작 : 제어량이 목표값에서 어떤 양만큼 벗어나면 미리 정해진 일정한 조작량이 제어 대상에 가해지는 제어 동작이다.

㉡ 다위치 동작 : 동작 신호의 크기에 따라서 제어장치의 조작량이 3개 이상의 정해진 값 중에서 하나를 행하는 제어 동작이다.

㉢ 단속도 동작 : 편차의 음, 양에 따라서 조작단을 일정 속도로 정, 역방향으로 작동시키는 제어 동작이다.

㉣ 다속도 동작 : 편차의 크기에 따라 조작신호의 변화 속도가 3개 이상의 정한 값 중 하나를 취하는 제어 동작이다.

참고 자동제어의 작동순서
① 일반적인 자동제어 시스템의 작동순서 : 공정상황 → 검출 → 조절계 → 밸브
② 화학공정에서의 기본적인 자동제어의 작동순서 : 검출 → 조절계 → 밸브 → 제조공정 → 검출

2. 송풍기

1) 송풍기(Blower)의 정의

공기 또는 기체를 수송하는 장치로, 토출압력이 1kg/cm² 이하인 저압 공기를 다량으로 요구하는 경우에 송풍기를 사용한다.

2) 송풍기의 분류

구분	회전형	용적형
개념	기계적 에너지를 이용하여 기체의 압력과 속도에너지로 변환	실린더 내에 기체를 흡입한 후 흡입구를 닫아서 기체의 용적을 줄임으로써 송풍
종류	축류 송풍기. 원심력 송풍기	회전식 송풍기

① **축류 송풍기** : 원동형으로 되어 있고, 공기가 흘러 들어온 방향으로 배출되며, 저압 다량의 풍량이 요구될 때 적합하다.

② **원심력 송풍기** : 내부의 임펠러가 회전하면 기체가 원심력의 작용에 의해 기체를 송풍하며, 흡입방향과 배출방향이 수직이다.

③ **회전식 송풍기** : 내부에 1개 또는 여러 개의 피스톤을 설치하고 이것을 회전시킬 때 내부와 피스톤 사이의 체적이 감소해서 기체를 압축하는 방식이다.

3. 압축기

1) 압축기(Compressor)의 정의

터빈, 피스톤, 팬 등에 의하여 기체 또는 액체를 가압 또는 감압하는 기계를 말하며, 토출압력이 1kg/cm² 이상인 공기 또는 기체를 수송하는 장치를 압축기라 한다.

2) 압축기의 분류

용적형	일정 용적의 실린더 내에 기체를 흡입하고 기체에 압력을 가하여 토출구로 압출하는 것을 반복하는 것
터보형	임펠러의 회전운동을 압력과 속도에너지로 전환하여 압력을 상승시키는 것
원심식 압축기	케이싱(Casing) 내에 임펠러를 회전시켜 기체에 작용하는 원심력에 의해서 기체를 압송하는 것
축류식 압축기	프로펠러의 회전에 의한 추진력에 의해 기체를 압송하는 것
왕복식 압축기	실린더 내의 피스톤을 왕복시키고 여기에 따라서 개폐하는 흡입밸브 및 토출밸브의 작용에 의해 기체를 압축하는 것
회전식 압축기	케이싱(Casing) 내에 1개 또는 여러 개의 특수피스톤을 설치하고 이것을 회전시킬 때의 케이싱과 피스톤의 사이의 체적이 감소해서 기체를 압축하는 것
혼류식 압축기	원심식과 축류식을 혼합한 형식

| 압축기의 분류 |

3) 단열압축

① 단열압축(Adiabatic Compression)의 개요

㉠ 가열, 냉각 등 외부와 열교환 없이 압력을 높게 하여 온도가 올라가는 현상으로, 이상적인 열역학적 과정이다.

㉡ 압축기 등으로 기체를 고압으로 압축하는 경우 단열상태로 압력이 상승한다.

㉢ 압력 상승에 의해 온도가 상승하므로 충분한 냉각시설이 없으면 화재 및 폭발의 위험성이 있다.

㉣ 자동차 실린더 안에 가솔린과 공기 증기가 발화온도를 초과하는 단열온도로 압축되면 발화되는 것이 하나의 예이다.

② 단열압축 과정에서의 온도 변화

$$\frac{T_2}{T_1} = \left(\frac{P_2}{P_1}\right)^{(k-1)/k} \qquad T_2 = T_1 \times \left(\frac{P_2}{P_1}\right)^{(k-1)/k}$$

여기서, T_1 : 압축 전 절대온도[K]
T_2 : 단열압축 후의 절대온도[K]
P_1 : 압축 전 압력
P_2 : 단열압축 시의 압력
k : 압축비(통상 1.4 기준)[1.1~1.8의 값]
절대온도[K] = ℃ + 273, ℃ = 절대온도[K] − 273

••• 예상문제

처음 온도가 20℃인 공기를 절대압력 1기압에서 3기압으로 단열압축하면 최종온도는 약 몇 도인가?(단, 공기의 비열비는 1.4이다.)

풀이

① $T_2 = T_1 \times \left(\frac{P_2}{P_1}\right)^{(k-1)/k} = (273+20) \times \left(\frac{3}{1}\right)^{(1.4-1)/1.4} = 401.04[\text{K}]$

② 절대온도를 섭씨온도를 바꾸면, 401.04 − 273 = 128.04 = 128[℃]

답 128[℃]

4) 왕복식 압축기의 주요 이상현상 및 원인

실린더 주변 이상음	① 피스톤과 실린더 헤드와의 틈새가 너무 넓은 것 ② 피스톤과 실린더 헤드와의 틈새가 없는 것 ③ 피스톤 링의 마모, 파손 ④ 실린더 내에 물 등 이물질이 들어가 있는 경우
크랭크 주변 이상음	① 주 베어링의 마모와 헐거움 ② 크로스헤드의 마모와 헐거움
흡입, 토출 밸브의 불량	① 가스압력에 변화 초래 ② 가스온도 상승 ③ 밸브 작동음에 이상 초래

PART 01 PART 02 PART 03 PART 04 PART 05 PART 06

4. 배관 및 피팅류

1) 밸브

관 속으로 흐르는 유체의 양을 조절하는 기구

① 밸브의 종류

게이트 밸브 (Gate Valve)	① 유체의 흐름과 직각으로 움직이는 게이트를 상하 운동에 의해 유량 조절 ② 저수지 수문과 같은 것으로 섬세한 유량의 조절은 힘들다.
글로브 밸브 (Glove Valve)	① 유체의 흐름과 평행하게 밸브가 개폐 ② 가정에서 사용하는 수도꼭지 같은 것으로 섬세하게 유량을 조절할 수 있다.
체크밸브 (Check Valve)	① 유체의 역류를 방지하는 밸브이며, 펌프의 토출구 등에 많이 사용된다. ② 리프트형(Lift Type), 스윙형(Swing Type), 풋형(Foot Type)이 있다.
콕 밸브 (Cock Valve)	① 90° 회전하면서 가스의 흐름을 조절 ② 유로의 완전 개폐에 사용된다.
볼 밸트 (Ball Valve)	① 밸브디스크가 공모양이고 콕과 유사한 밸브 ② 볼과 밸브 본체 시트를 직접 접촉시키지 않고 테르론링을 부착시킨 것이다.
버터플라이 밸브 (Butterfly Valve)	① 밸브 몸통 속에서 밸브대를 축으로 하여 원판 모양의 밸브 디스크가 회전하는 밸브 ② 구조가 간단하고, 기밀성이 좋아 게이트 밸브 대신 사용한다.

② 밸브 등의 개폐방향 표시

화학설비 또는 그 배관의 밸브 · 콕 또는 이것들을 조작하기 위한 스위치 및 누름버튼 등에 대하여 오조작으로 인한 폭발 · 화재 또는 위험물의 누출을 방지하기 위하여 열고 닫는 방향을 색채 등으로 표시하여 구분되도록 하여야 한다.

③ 밸브 등의 재질

화학설비 또는 그 배관의 밸브나 콕에는 개폐의 빈도, 위험물질 등의 종류 · 온도 · 농도 등에 따라 내구성이 있는 재료를 사용하여야 한다.

2) 피팅류(Fittings)

두 개의 관을 연결할 때	플랜지(Flange), 유니온(Union), 커플링(Coupling), 니플(Nipple), 소켓(Socket)
관로의 방향을 바꿀 때	엘보우(Elbow), Y자관(Y－branch), 티(Tee), 십자(Cross)
관로의 크기를 바꿀 때(관의 지름을 변경할 때)	리듀서(Reducer), 부싱(Bushing)
가지관을 설치할 때	Y자관(Y－branch), 티(Tee), 십자(Cross)
유로를 차단할 때	플러그(Plug), 캡(Cap), 밸브(Valve)
유량조절	밸브(Valve)

▼ 관의 접속기구

명칭	종류	명칭	종류
플랜지(Flange)	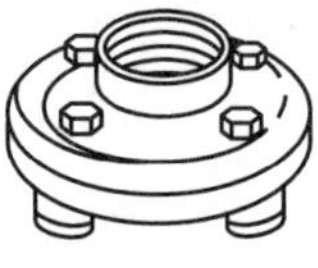	플러그(Plug)	
유니온(Union)		캡(Cap)	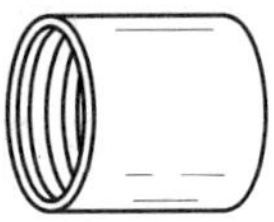
니플(Nipple)	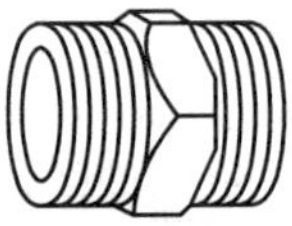	소켓(Socket)	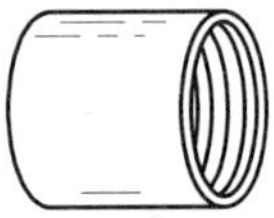
엘보우(Elbow)	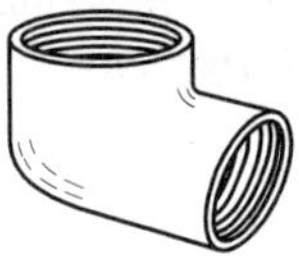	십자(Cross)	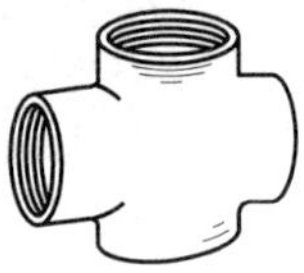
티(Tee)	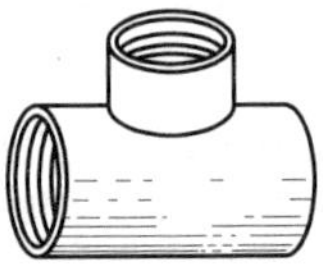	부싱(Bushing)	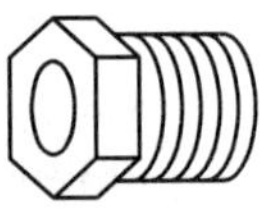

3) 부식 방지 조치사항

화학설비 또는 그 배관(화학설비 또는 그 배관의 밸브나 콕은 제외) 중 위험물 또는 인화점이 섭씨 60도 이상인 물질이 접촉하는 부분에 대해서는 위험물질 등에 의하여 그 부분이 부식되어 폭발 · 화재 또는 누출되는 것을 방지하기 위하여 위험물질 등의 종류 · 온도 · 농도 등에 따라 부식이 잘되지 않는 재료를 사용하거나 도장 등의 조치를 하여야 한다.

4) 덮개 등 접합부의 조치사항

화학설비 또는 그 배관의 덮개 · 플랜지 · 밸브 및 콕의 접합부에 대해서는 접합부에서 위험물질 등이 누출되어 폭발 · 화재 또는 위험물이 누출되는 것을 방지하기 위하여 적절한 개스킷(Gasket)을 사용하고 접합면을 서로 밀착시키는 등 적절한 조치를 하여야 한다.

5) 배관 설계 시 배관특성을 결정짓는 요소

① 압력
② 온도
③ 유량
④ 유속
⑤ 관경

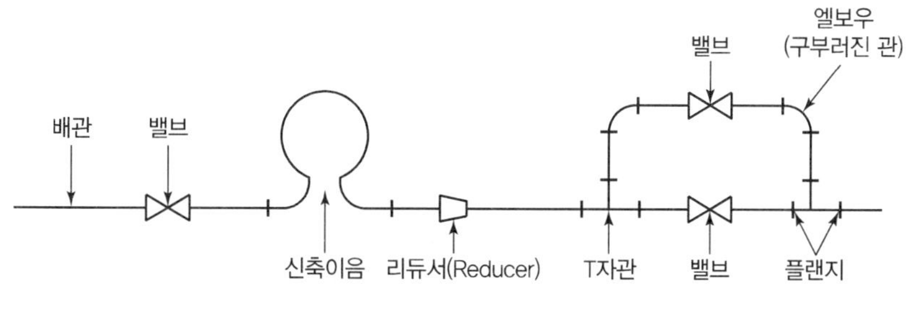

| 관이음 및 밸브의 예 |

6) 펌프

① **펌프의 정의** : 액체에 에너지를 주어 이것을 저압부에서 고압부로 송출하는 기계를 말한다.

② **펌프의 양정**

㉠ 전양정(Total Head) : 펌프가 액체에 주는 압력에너지, 속도에너지 등 에너지의 총합
㉡ 흡입양정(Suction Head) : 저수조 흡입수위에서 펌프 중심까지의 수직높이
㉢ 송출양정(Delivery Head) : 펌프 중심에서 토출수위까지의 수직높이
㉣ 실양정(Actual Head) : 흡입양정과 송출양정의 합

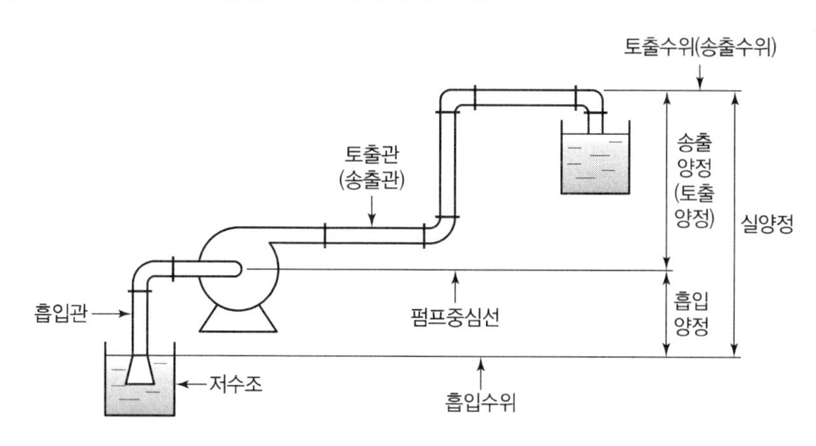

| 펌프의 양정 구성도 |

③ 펌프의 고장과 대책

㉠ 공동현상(캐비테이션, Cavitation)

ⓐ 정의 : 물이 관 내를 유동하고 있을 때에 흐르는 물속의 어떤 부분의 정압력이 그때의 수온에 상당하는 증기압 이하가 되면 부분적으로 증기를 발생하는 현상을 공동현상이라 하며, 펌프의 임펠러나 동체 안에서 자주 일어난다.

ⓑ 발생원인 및 조치사항

발생원인	① 펌프의 흡입 측 수두, 펌프속도, 마찰손실이 클 때 ② 수원이 펌프보다 아래에 있을 때 ③ 펌프의 흡입관경이 작을 때 ④ 펌프 흡입압력이 유체증기보다 낮을 때
조치사항	① 펌프의 설치높이를 낮추어 흡입양정을 짧게 한다. ② 펌프 회전수를 낮추어 흡입비교 회전도를 적게 한다. ③ 펌프의 임펠러를 수중에 완전히 잠기게 한다. ④ 흡입배관의 관지름을 굵게 하거나 굽힘을 적게 한다. ⑤ 양 흡입펌프 사용 또는 두 대 이상의 펌프를 사용한다. ⑥ 펌프 흡입관의 마찰손실 및 저항을 작게 한다. ⑦ 유효흡입 헤드를 크게 한다.

㉡ 서징(맥동현상, Surging)

ⓐ 정의 : 펌프나 기타 유체기계의 펌프출구, 입구에 부착한 압력계 및 진공계의 바늘이 흔들리고 동시에 송출유량이 변화하는 현상, 즉 송출압력과 송출유량 사이에 주기적인 변동이 일어나는 현상을 말한다.

ⓑ 조치사항

- 베인을 컨트롤하여 풍량을 감소시킨다.
- 배관의 경사를 완만하게 한다.
- 교축밸브를 기계에 가까이 설치한다.
- 토출가스를 흡입 측에 바이패스시키거나 방출밸브에 의해 대기로 방출시킨다.
- 임펠러의 회전수를 변경시킨다.

㉢ 수격현상(Water Hammering)

ⓐ 정의 : 관 속의 액체가 충만하게 흐르고 있을 때 정전 등으로 펌프가 급히 멈추거나 수량조절밸브를 급히 폐쇄할 때 관 속의 유속이 급격히 변화하면 액체에 큰 압력의 변화가 생기는 현상

ⓑ 조치사항

- 관 내의 유속을 작게 한다.
- 관경을 크게 한다.
- 플라이 휠(Fly Wheel)을 설치하여 급격한 속도변화를 억제한다.

7) 상사의 법칙

펌프	송풍기	공식	
토출량(유량)	송풍량	$Q' = Q\times\left(\frac{N'}{N}\right)\times\left(\frac{D'}{D}\right)^3$ ※ 회전수에 비례하고 직경(지름)의 세제곱에 비례한다.	Q : 변경 전 송풍량(유량) Q' : 변경 후 송풍량(유량)
양정	정압	$H' = H\times\left(\frac{N'}{N}\right)^2\times\left(\frac{D'}{D}\right)^2$ ※ 회전수의 제곱에 비례하고 직경(지름)의 제곱에 비례한다.	H : 변경 전 정압(양정) H' : 변경 후 정압(양정)
동력	축동력	$P' = P\times\left(\frac{N'}{N}\right)^3\times\left(\frac{D'}{D}\right)^5$ ※ 회전수의 세제곱에 비례하고 직경(지름)의 오제곱에 비례한다.	P : 변경 전 축동력(동력) P' : 변경 후 축동력(동력)

여기서, N : 변경 전 회전수, N' : 변경 후 회전수
D : 변경 전 송풍기의 크기(회전차 직경), D' : 변경 후 송풍기의 크기(회전차 직경)

··· 예상문제

송풍기의 회전차 속도가 1,300rpm일 때 송풍량이 분당 300m³이었다. 송풍량을 분당 400m³로 증가시키고자 한다면 송풍기의 회전차 속도는 약 몇 rpm으로 하여야 하는가?

풀이 ① $Q = 300[\text{m}^3/\text{min}]$, $Q' = 400[\text{m}^3/\text{min}]$, $N = 1{,}300[\text{rpm}]$

② $Q' = Q\times\left(\frac{N'}{N}\right) \rightarrow Q' = \frac{Q\times N'}{N} \rightarrow Q'\times N = Q\times N' \rightarrow N' = \frac{Q'\times N}{Q}$

③ $N' = \frac{400\times 1{,}300}{300} = 1{,}733[\text{rpm}]$

답 1,733[rpm]

5. 계측장치

1) 계측장치의 개요

① 제어를 요하는 공정변수 : 온도, 압력, 유량, 조성, 점도 등이 있다.

② 계측장치의 분류

분류			
측정대상에 의한 분류 (무엇을 측정하는가)	① 온도계 ② 압력계	③ 유량계 ④ 액면계	⑤ 분석계 등
기능에 의한 분류 (어떤 작용을 하는가)	① 지시계 ② 기록계	③ 조절계 ④ 발신기	⑤ 정보계 등

③ 계측의 목적

㉠ 작업의 인원을 절감한다.

㉡ 장치의 안전운전을 한다.

㉢ 조업의 조건을 안정시킨다.

㉣ 연료비, 열원비, 인건비 등의 변동을 절약한다.

2) 온도계

① 접촉식 온도계

㉠ 유리제 봉입식 온도계

ⓐ 수은 온도계 : 모세관 내의 수은의 열팽창을 이용하고 사용 온도 범위는 −35~350℃이다.

ⓑ 알코올 유리온도계 : 주로 저온용에 사용하고 사용 온도 범위는 −100~200℃이다.

ⓒ 베크만 온도계 : 모세관에 남은 수은의 양을 조절하여 측정하고, 미세한 범위의 온도 변화를 정밀하게 측정할 수 있다.

ⓓ 유점 온도계 : 체온계로 사용

㉡ 바이메탈(Bimetal)식 온도계 : 열에 의한 팽창 정도가 다른 두 종류의 금속을 대립시켜서 만든 것으로 온도변화에 따라 금속편이 휘어지는 것을 이용한 것이다.

㉢ 압력식 온도계 : 부르동(Bourdon) 관 안에 수은 등을 봉입한 것으로 보통 다이얼식의 온도계로 널리 사용되고 있다.

㉣ 전기식 온도계

ⓐ 전기저항 온도계 : 온도에 따라 금속저항이 변화하는 금속의 성질을 이용한 것이다.

ⓑ 서미스터(Thermistor) : 온도 변화에 따라 저항치 변화가 큰 고순도의 니켈, 망간, 철, 구리 등의 금속산화물을 이용하여 만든 반도체로 온도 상승에 따라 저항률이 감소하는 것을 이용하여 온도를 측정한다.

㉤ 열전대 온도계 : 두 가지 금속의 열기전력을 이용하는 방법이다(제백 효과).

② 비접촉식 온도계

㉠ 광고온도계 : 고온의 물체에서 방사되는 적외선의 휘도를 전구의 휘도와 비교하여 측정하는 것이다.

㉡ 광전자식 온도계 : 사람의 눈 대신 광전지 혹은 광전관을 사용하여 자동으로 측정하는 것이다.

㉢ 방사온도계 : 물체에서 나오는 전방사에너지를 측정하여 온도로 변화시키는 것이다.

㉣ 색온도계 : 고온도 물체의 방사 스펙트럼이 온도에 따라 달라지는 것을 이용한 온도계이다.

3) 압력계

① 1차 압력계 : 압력을 직접 유도하여 측정하는 구조의 압력계

액주식 압력계 (Manometer)	액체를 U자관에 넣고 그 관의 양쪽에서 압력을 가하여 양쪽 관의 액주높이 차이를 측정하여 압력을 구하며 U자관 압력계, 경사관식 압력계, 단관식 압력계가 있다.
자유피스톤형 압력계	부르동관 압력계의 교정용으로 사용한다.
분동식 압력계	램의 중량과 분동의 중량을 합하여 램의 단면적으로 나누어 측정한다.

② 2차 압력계 : 압력에 의해 변화하는 물질의 성질을 이용하여 측정하는 압력계

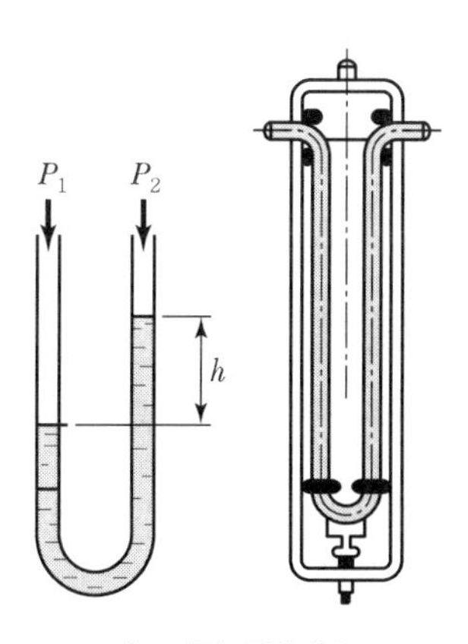

| U자관 압력계 |

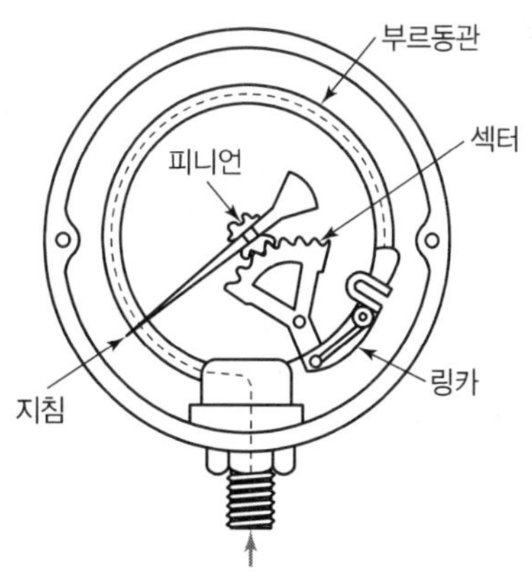

| 부르동(Bourdon)관식 압력계 |

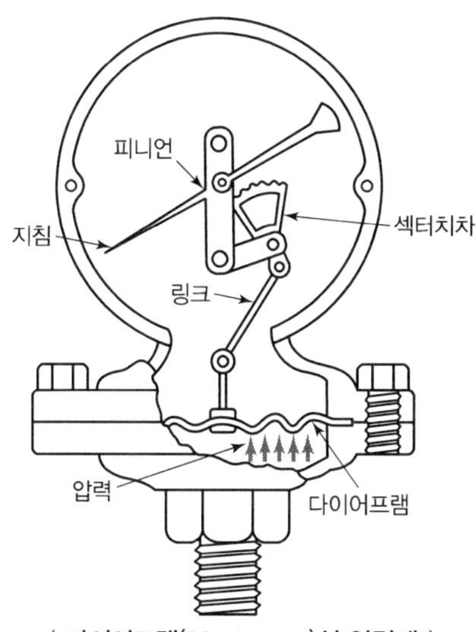

| 다이어프램(Diaphragm)식 압력계 |

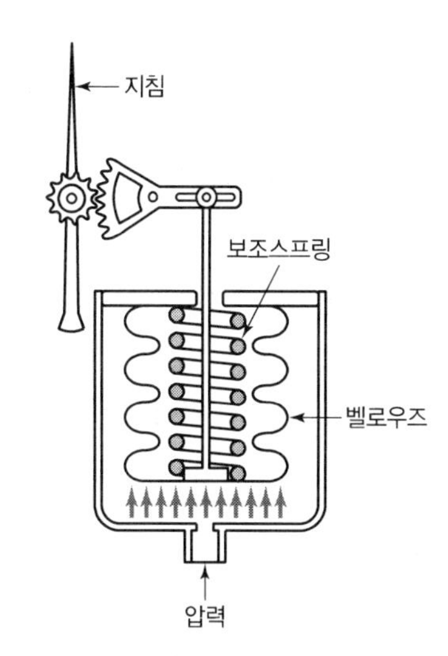

| 벨로우즈(Bellows)식 압력계 |

탄성식 압력계	부르동(Bourdon)관식 압력계	압력에 의한 부르동(Bourdon)관의 팽창편위를 이용하여 지침을 움직여서 압력을 측정하는 것으로 현재 가장 널리 사용되고 있다.
	다이어프램(Diaphragm)식 압력계	신축성 있는 금속, 고무, 합성수지를 밀폐한 용기에 넣고 용기의 아래쪽에서 압력이 가해지면 다이어프램이 스프링 등으로 거슬러 올라가 편위를 지침에 전달하는 것이다.
	벨로우즈(Bellows)식 압력계	주름이 많은 금속 부품이 압력에 의해 신축하고 이것을 스프링의 신축으로 바꾸어 지침에 전달하여 압력을 측정하는 것이다.
전기식 압력계	전기저항 압력계	금속의 전기저항이 압력에 의해 변화하는 것을 이용한 것으로 초고압 측정에 적합하다.
	피에조 전기 압력계	가스폭발이나 급격한 압력변화 측정에 사용한다.
	스트레인 게이지	급격한 압력변화 측정에 사용한다.

4) 유량계

차압식 유량계	① 흐름 중에 배치한 장해물의 전후 압력차를 측정해서 유량을 구하는 것이다. ② 종류 : 피토관(Pitot Tube), 오리피스(Orifice), 벤투리관(Venturi Tube)
용적식 유량계	① 일정시간에 흐르는 체적유량을 이미 알고 있는 용적의 질량(Mass)에 의해 측정하는 것으로 정밀도가 높아 기체, 액체의 거래용 계기로 사용되고 있다. ② 종류 : 타원형(Oval)식, 루트(Root)식
면적식 유량계	① 압력손실은 거의 일정해서 작고, 차압식 유량계에서 측정이 곤란한 작은 유량이나 고점도 액체인 경우에 적합하다. ② 종류 : 로터미터(Rotameter), 플로트(Float)형

4 안전장치의 종류

1. 안전장치의 종류

1) 안전밸브(Safety Valve)

① 의의

㉠ 화학변화에 의한 에너지 증가 및 물리적 상태 변화에 의한 압력 증가를 제어하기 위해 사용하는 안전장치로, 압력이 설정압력을 초과하는 경우 작동하여 내부압력을 분출하는 장치

㉡ 밸브 입구 쪽의 압력이 설정압력에 도달하면 자동적으로 스프링이 작동하면서 유체가 분출되고 일정 압력 이하가 되면 정상 상태로 복원되는 밸브를 말한다.

② 종류

스프링식	일반적으로 가장 널리 사용하며, 압력이 설정된 값을 초과하면 스프링을 밀어내어 가스를 분출시켜 폭발을 방지
중추식	밸브 장치에 무게가 있는 추를 달아서 설정 압력이 되면 추를 밀어 올려 가스를 분출
파열판식	압력이 급격히 상승할 경우 용기 내의 가스를 배출(한 번 작동 후 교체)
가용전식(가용합금식)	설정온도에서 온도가 규정온도 이상이면 녹아서 전체 가스를 배출

③ 안전밸브의 설치 조건

㉠ 압력 상승의 우려가 있는 경우

㉡ 반응생성물에 따라 안전밸브 설치가 적절한 경우

㉢ 액체의 열팽창에 의한 압력 상승 방지를 위한 경우

④ **안전밸브 등의 설치** : 다음 각 호의 어느 하나에 해당하는 설비에 대해서는 과압에 따른 폭발을 방지하기 위하여 안전밸브 또는 파열판을 설치하여야 한다.

㉠ 압력용기(안지름이 150밀리미터 이하인 압력용기는 제외하며, 압력 용기 중 관형 열교환기의 경우에는 관의 파열로 인하여 상승한 압력이 압력용기의 최고사용압력을 초과할 우려가 있는 경우)

㉡ 정변위 압축기

㉢ 정변위 펌프(토출축에 차단밸브가 설치된 것만 해당)

㉣ 배관(2개 이상의 밸브에 의하여 차단되어 대기온도에서 액체의 열팽창에 의하여 파열될 우려가 있는 것으로 한정)

㉤ 그 밖의 화학설비 및 그 부속설비로서 해당 설비의 최고사용압력을 초과할 우려가 있는 것

⑤ 안전밸브 등을 설치하는 경우에는 다단형 압축기 또는 직렬로 접속된 공기압축기에 대해서는 각 단 또는 각 공기압축기별로 안전밸브 등을 설치하여야 한다.

⑥ 안전밸브의 검사 주기(압력계를 이용하여 설정압력에서 안전밸브가 적정하게 작동하는지를 검사한 후 납으로 봉인하여 사용)

구분	검사주기
화학공정 유체와 안전밸브의 디스크 또는 시트가 직접 접촉될 수 있도록 설치된 경우	매년 1회 이상
안전밸브 전단에 파열판이 설치된 경우	2년마다 1회 이상
공정안전보고서 제출 대상으로서 고용노동부장관이 실시하는 공정안전보고서 이행상태 평가결과가 우수한 사업장의 안전밸브의 경우	4년마다 1회 이상

⑦ 안전밸브의 작동요건 등

작동요건	① 안전밸브 등을 통하여 보호하려는 설비의 최고사용압력 이하에서 작동되도록 하여야 한다. ② 안전밸브 등이 2개 이상 설치된 경우에 1개는 최고사용압력의 1.05배(외부화재를 대비한 경우에는 1.1배) 이하에서 작동되도록 설치할 수 있다.		
배출용량	안전밸브 등에 대하여 배출용량은 그 작동원인에 따라 각각의 소요분출량을 계산하여 가장 큰 수치를 해당 안전밸브 등의 배출용량으로 하여야 한다.		
배출위험물 처리방법	① 연소 ② 흡수	③ 세정 ④ 포집	⑤ 회수 등

2) 파열판(Rupture Disk, Bursting Disk)

① 의의

㉠ 입구 측의 압력이 설정 압력에 도달하면 판이 파열하면서 유체가 분출하도록 용기 등에 설치된 얇은 판으로 된 안전장치를 말한다.

㉡ 특히 화학변화에 의한 에너지 방출과 같은 짧은 시간 내의 급격한 압력변화에 적합하다.

㉢ 안전밸브에 대체할 수 있는 가압 방지장치를 말한다.

② 파열판의 설치조건

㉠ 반응 폭주 등 급격한 압력 상승 우려가 있는 경우

㉡ 급성 독성물질의 누출로 인하여 주위의 작업환경을 오염시킬 우려가 있는 경우

㉢ 운전 중 안전밸브에 이상 물질이 누적되어 안전밸브가 작동되지 아니할 우려가 있는 경우

③ 파열판의 특징

㉠ 압력 방출속도가 빠르며, 분출량이 많다.

㉡ 높은 점성의 슬러리나 부식성 유체에 적용할 수 있다.

㉢ 설정 파열압력 이하에서 파열될 수 있다.

㉣ 한번 작동하면 파열되므로 교체하여야 한다.

④ 설치방법

파열판 및 안전밸브의 직렬설치	급성 독성물질이 지속적으로 외부에 유출될 수 있는 화학설비 및 그 부속설비에 파열판과 안전밸브를 직렬로 설치하고 그 사이에는 압력지시계 또는 자동경보장치를 설치하여야 한다. ① 부식물질로부터 스프링식 안전밸브를 보호할 때 ② 독성이 매우 강한 물질을 취급 시 완벽하게 격리를 할 때 ③ 스프링식 안전밸브에 막힘을 유발시킬 수 있는 슬러리를 방출시킬 때 ④ 릴리프 장치가 작동 후 방출라인이 개방되지 않아야 할 때
파열판과 안전밸브를 병렬로 반응기 상부에 설치	반응폭주 현상이 발생했을 때 반응기 내부 과압을 분출하고자 할 경우

⑤ 파열판 설계기준식

$$P = 3.5\sigma_u \times \left(\frac{t}{d}\right) \times 100$$

여기서, P : 파열압력(kg/cm^2), σ_u : 재료의 인장강도(kg/mm^2)
t : 두께(mm), d : 직경(mm)

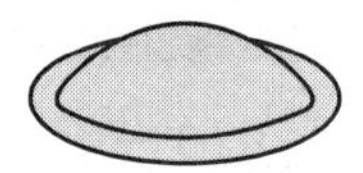
| 파열되지 않은 판 |

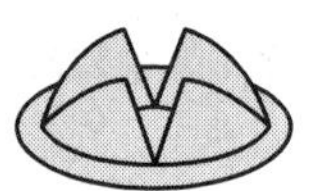
| 파열된 판 |

3) 긴급차단장치

의의	대형의 반응기, 탑, 탱크 등에 있어서 이상상태가 발생할 때 밸브를 정지시켜 원료 공급을 차단하기 위한 안전장치
종류 (작동 동력원에 의한 분류)	① 공기압식 ② 유압식 ③ 전기식
운전 및 보수	① 외관검사 ② 작동 상황검사 ③ 누출 및 기밀검사

4) 긴급방출장치

① **의의** : 반응기, 탑, 탱크 등에 가스 누출, 화재 등의 이상사태 발생 시 재해 확대를 방지하기 위해 내용물을 신속하게 외부에 방출하여 안전하게 처리하기 위한 안전장치

② 종류

플레어 스택 (Flare Stack)	① 가스나 고휘발성 액체의 증기를 연소해서 대기 중으로 방출하는 방식 ② 가연성, 독성 및 냄새를 없앤 후 대기 중에 방산
블로 다운 (Blow Down)	응축성 증기, 열유, 열액 등 공정 액체를 빼내고 이것을 안전하게 유지 또는 처리하기 위한 장치

5) 스팀 드래프트(Steam Draft)

① 의의

㉠ 증기배관 내에 생기는 응축수는 송기상 지장이 되므로 제거할 필요가 있으며, 스팀 드래프트(Steam Draft)는 증기가 빠져나가지 않도록 응축수를 자동으로 배출하기 위한 장치

㉡ 증기배관 내에 생기는 응축수를 자동으로 배출하기 위한 장치

② 종류

디스크식	응축수가 Steam Draft 내에 고이면 Draft 내의 온도가 하강하여 변압실 내에서 압력이 낮아지기 때문에 디스크(Disk)를 밀어올려 응축수 배출
바이메탈식	응축수가 Steam Draft 내에 고이면 Draft 내의 온도가 떨어져 바이메탈이 작용, 구 밸브가 열리고 응축수 배출
바켓트식	일상의 경우 바켓트가 부상하여 배수밸브의 밸브 자리를 폐쇄하고 있지만 입구에서 응축수가 흘러 들어오면 응축수의 무게에 의해 바켓트가 잠기게 되므로 바켓트에 연결된 배수밸브가 열려 증기의 압력으로 응축수 배출

6) 폭압방산공

① 건물, 건조로 또는 분체의 저장설비 등에 설치하는 압력방출장치로 폭발로부터 건물, 설비 등을 보호하는 기능을 가지고 있다.

② 다른 압력방출장치에 비해 구조가 간단하고 방출 면적이 넓어 방출량이 많다.

7) 화염방지기(Flame Arrester)

① 유류저장탱크에서 화염의 차단을 목적으로 외부에 증기를 방출하기도 하고 탱크 내 외기를 흡입하기도 하는 부분에 설치하는 안전장치

② 가연성 가스 또는 액체를 저장하거나 수송하는 설비 내 · 외부에서 화재가 발생 시 폭연 및 폭굉화염이 인접설비로 전파되지 않도록 하는 장치

③ 화염방지기 중에서 금속망형으로 된 것을 인화방지망이라고도 하며 40메시(mesh) 이상의 가는 눈의 철망을 여러 겹으로 해서 화염이 통과할 때 화염을 차단할 목적으로 사용

④ **적용범위** : 인화점 60℃ 미만인 액체의 증기 또는 가스를 대기로 방출하는 설비와 화염의 전파 우려가 있는 배관 및 설비에 적용

8) 벤트 스택(Vent Stack)

탱크 내의 압력을 정상적인 상태로 유지하기 위한 가스 방출 안전장치

9) 통기설비 및 화염방지기 설치

① 인화성 액체를 저장 · 취급하는 대기압탱크에는 통기관 또는 통기밸브(Breather Valve) 등을 설치하여야 한다.

② 인화성 액체 및 인화성 가스를 저장 · 취급하는 화학설비에서 증기나 가스를 대기로 방출하는 경우에는 외부로부터의 화염을 방지하기 위하여 화염방지기를 그 설비 상단에 설치해야 한다.(다만, 대기로 연결된 통기관에 화염방지 기능이 있는 통기밸브가 설치되어 있거나, 인화점이 섭씨 38도 이상 60도 이하인 액체를 저장 · 취급할 때에 화염방지 기능을 가지는 인화방지망을 설치한 경우에는 제외)

2. 안전장치의 구분

1) 작동방식에 따른 분류

① **일반형 안전밸브** : 밸브의 토출 측 배압의 변화에 의하여 직접적으로 성능특성에 영향을 받도록 만들어진 스프링 직동식 안전밸브를 말한다.

② **벨로우즈형 안전밸브** : 밸브의 토출 측 배압의 변화에 의하여 성능특성에 영향을 받지 않도록 만들어진 스프링 직동식 안전밸브로 벨로우즈에 의해 스프링이 보호되는 형태의 밸브로 부식성이 강한 가스나 독성이 강한 가스 등에 사용한다.

③ **파일롯트 조작형 안전밸브** : 안전밸브 자체에 내장된 보조의 안전밸브 작동에 의하여 작동되는 안전밸브를 말한다.

2) 취급유체에 따른 분류

① **릴리프 밸브(Relief Valve)** : 액체

② **안전밸브(Safety Valve)** : 가스, 증기, 스팀

③ **안전 릴리프 밸브(Safety Relief Valve)** : 액체 및 기체

3) 압력방출밸브의 종류

블로우 밸브(분출밸브)	과잉압력을 방출하는 밸브
대기밸브 (통기밸브, 브리더 밸브)	항상 탱크 내의 압력을 대기압과 평형한 압력으로 유지하는 밸브
릴리프 밸브(Relief Valve)	액체의 취급 시 사용하는 안전밸브로 밸브개방은 압력증가에 비례하여 서서히 개방한다.
안전 릴리프 밸브 (Safety Relief Valve)	Safety 또는 Relief 어느 쪽으로도 사용 가능한 밸브이며 개방속도는 릴리프 밸브와 안전밸브의 중간 정도를 갖는다.
안전밸브(Safety Valve)	통상 가스, 증기 또는 스팀에 소정의 압력을 초과할 때 완전 개방되어 급격히 압력을 방출한다.
파열판	입구 측의 압력이 설정 압력에 도달하면 판이 파열하면서 유체가 분출하도록 용기 등에 설치된 얇은 판으로 된 안전장치를 말한다.

4) 각종 차단 및 안전장치의 분류

① **내부압력의 과잉에 대한 방출, 경감 안전장치** : 안전밸브, 파열판, 폭압방산공, 릴리프 밸브 등

② **화염전파 방지대책 안전장치** : 화염방지기(Flame Arrester), 폭굉억제기

③ **설비 및 장치의 차단 안전장치** : 격리밸브, 차단밸브

3. 차단밸브 설치금지

① 안전밸브 등의 전단 · 후단에 차단밸브를 설치해서는 아니 된다.

② 다만, 다음 각 호의 어느 하나에 해당하는 경우에는 자물쇠형 또는 이에 준하는 형식의 차단밸브를 설치할 수 있다.

㉠ 인접한 화학설비 및 그 부속설비에 안전밸브 등이 각각 설치되어 있고, 해당 화학설비 및 그 부속설비의 연결배관에 차단밸브가 없는 경우

㉡ 안전밸브 등의 배출용량의 2분의 1 이상에 해당하는 용량의 자동압력조절밸브(구동용 동력원의 공급을 차단하는 경우 열리는 구조인 것으로 한정)와 안전밸브 등이 병렬로 연결된 경우

㉢ 화학설비 및 그 부속설비에 안전밸브 등이 복수방식으로 설치되어 있는 경우

㉣ 예비용 설비를 설치하고 각각의 설비에 안전밸브 등이 설치되어 있는 경우

㉤ 열팽창에 의하여 상승된 압력을 낮추기 위한 목적으로 안전밸브가 설치된 경우

㉥ 하나의 플레어 스택(Flare Stack)에 둘 이상의 단위공정의 플레어 헤더(Flare Header)를 연결하여 사용하는 경우로서 각각의 단위공정의 플레어헤더에 설치된 차단밸브의 열림 · 닫힘 상태를 중앙제어실에서 알 수 있도록 조치한 경우

4. 특수화학설비의 안전조치사항

① **계측장치의 설치** : 내부의 이상상태를 조기에 파악하기 위해

㉠ 온도계

㉡ 유량계

㉢ 압력계

② **자동경보장치의 설치** : 특수화학설비를 설치하는 경우에는 그 내부의 이상 상태를 조기에 파악하기 위하여 필요한 자동경보장치를 설치하여야 한다. 다만, 자동경보장치를 설치하는 것이 곤란한 경우에는 감시인을 두고 그 특수화학설비의 운전 중 설비를 감시하도록 하는 등의 조치를 하여야 한다.

③ **긴급차단장치의 설치** : 특수화학설비를 설치하는 경우에는 이상 상태의 발생에 따른 폭발 · 화재 또는 위험물의 누출을 방지하기 위하여 원재료 공급의 긴급차단, 제품 등의 방출, 불활성 가스의 주입이나 냉각용수 등의 공급을 위하여 필요한 장치 등을 설치하여야 한다.

④ **예비동력원**

㉠ 동력원의 이상에 의한 폭발이나 화재를 방지하기 위하여 즉시 사용할 수 있는 예비동력원을 갖추어 둘 것

㉡ 밸브 · 콕 · 스위치 등에 대해서는 오조작을 방지하기 위하여 잠금장치를 하고 색채표시 등으로 구분할 것

PART 06

건설공사 안전관리

CHAPTER 01 건설공사 특성분석

SECTION 01 건설공사 특수성 분석

1 안전관리계획 수립

1. 안전관리계획 수립 대상 건설공사

안전관리계획을 수립해야 하는 건설공사는 다음 각 호와 같다. 이 경우 원자력시설공사는 제외하며, 해당 건설공사가 유해위험방지계획을 수립해야 하는 건설공사에 해당하는 경우에는 해당 계획과 안전관리계획을 통합하여 작성할 수 있다.

① 「시설물의 안전 및 유지관리에 관한 특별법」에 따른 1종시설물 및 2종시설물의 건설공사(유지관리를 위한 건설공사는 제외)

② 지하 10미터 이상을 굴착하는 건설공사. 이 경우 굴착 깊이 산정 시 집수정(물저장고), 엘리베이터 피트 및 정화조 등의 굴착 부분은 제외하며, 토지에 높낮이 차가 있는 경우 굴착 깊이의 산정방법은 「건축법 시행령」을 따른다.

③ 폭발물을 사용하는 건설공사로서 20미터 안에 시설물이 있거나 100미터 안에 사육하는 가축이 있어 해당 건설공사로 인한 영향을 받을 것이 예상되는 건설공사

④ 10층 이상 16층 미만인 건축물의 건설공사

⑤ 다음 각 목의 리모델링 또는 해체공사

㉠ 10층 이상인 건축물의 리모델링 또는 해체공사

㉡ 「주택법」에 따른 수직증축형 리모델링

⑥ 「건설기계관리법」에 따라 등록된 다음 각 목의 어느 하나에 해당하는 건설기계가 사용되는 건설공사

㉠ 천공기(높이가 10미터 이상인 것만 해당한다)

㉡ 항타 및 항발기

㉢ 타워크레인

⑦ 다음 각 호의 가설구조물을 사용하는 건설공사

㉠ 높이가 31미터 이상인 비계

㉡ 브라켓(Bracket) 비계

㉢ 작업발판 일체형 거푸집 또는 높이가 5미터 이상인 거푸집 및 동바리

㉣ 터널의 지보공(支保工) 또는 높이가 2미터 이상인 흙막이 지보공

㉤ 동력을 이용하여 움직이는 가설구조물

ⓑ 높이 10미터 이상에서 외부작업을 하기 위하여 작업발판 및 안전시설물을 일체화하여 설치하는 가설구조물

ⓢ 공사현장에서 제작하여 조립 · 설치하는 복합형 가설구조물

ⓞ 그 밖에 발주자 또는 인 · 허가기관의 장이 필요하다고 인정하는 가설구조물

2. 안전관리계획의 수립기준

1) 일반기준

안전관리계획은 다음 표에 따라 구분하여 각각 작성 · 제출해야 한다.

구분	작성 기준	제출 기한
총괄 안전관리계획	총괄 안전관리계획의 수립기준에 따라 건설공사 전반에 대하여 작성	건설공사 착공 전까지
공종별 세부 안전관리계획	공종별 세부 안전관리계획의 각 항목 중 해당하는 공종별로 작성	공종별로 구분하여 해당 공종의 착공 전까지

2) 총괄 안전관리계획의 수립기준

구분		내용
건설공사의 개요		공사 전반에 대한 개략을 파악하기 위한 위치도, 공사개요, 전체 공정표 및 설계도서
현장 특성 분석	현장 여건 분석	주변 지장물 여건(지하매설물, 인접 시설물 제원 등을 포함), 지반 조건(지질 특성, 지하수위, 시추주상도 등을 말한다), 현장시공 조건, 주변 교통 여건 및 환경요소 등
	시공단계의 위험 요소, 위험성 및 그에 대한 저감대책	① 핵심관리가 필요한 공정으로 선정된 공정의 위험 요소, 위험성 및 그에 대한 저감대책 ② 시공단계에서 반드시 고려해야 하는 위험 요소, 위험성 및 그에 대한 저감대책 ③ 시공자가 시공단계에서 위험 요소 및 위험성을 발굴한 경우에 대한 저감대책 마련 방안
	공사장 주변 안전관리대책	공사 중 지하매설물의 방호, 인접 시설물 및 지반의 보호 등 공사장 및 공사현장 주변에 대한 안전관리에 관한 사항
	통행안전시설의 설치 및 교통소통계획	① 공사장 주변의 교통소통대책, 교통안전시설물, 교통사고예방대책 등 교통안전관리에 관한 사항 ② 공사장 내부의 주요 지점별 건설기계 · 장비의 전담유도원 배치계획
현장 운영 계획	안전관리조직	공사관리조직 및 임무에 관한 사항으로서 시설물의 시공안전 및 공사장 주변안전에 대한 점검 · 확인 등을 위한 관리조직표
	공정별 안전점검계획	① 자체안전점검, 정기안전점검의 시기 · 내용, 안전점검 공정표, 안전점검 체크리스트 등 실시계획 등에 관한 사항 ② 계측장비 및 폐쇄회로 텔레비전 등 안전 모니터링 장비의 설치 및 운용계획에 관한 사항
	안전관리비 집행계획	안전관리비의 계상, 산출 · 집행계획, 사용계획 등에 관한 사항
	안전교육계획	안전교육계획표, 교육의 종류 · 내용 및 교육관리에 관한 사항
	안전관리계획 이행보고 계획	위험한 공정으로 감독관의 작업허가가 필요한 공정과 그 시기, 안전관리계획 승인권자에게 안전관리계획 이행 여부 등에 대한 정기적 보고계획 등
비상시 긴급조치계획		① 공사현장에서의 사고, 재난, 기상이변 등 비상사태에 대비한 내부 · 외부 비상연락망, 비상동원조직, 경보체제, 응급조치 및 복구 등에 관한 사항 ② 건축공사 중 화재발생을 대비한 대피로 확보 및 비상대피 훈련계획에 관한 사항(단열재 시공시점부터는 월 1회 이상 비상대피 훈련을 실시해야 한다)

3) 공종별 세부 안전관리계획

① 가설공사

㉠ 가설구조물의 설치개요 및 시공상세도면

㉡ 안전시공 절차 및 주의사항

㉢ 안전점검계획표 및 안전점검표

㉣ 가설물 안전성 계산서

② 굴착공사 및 발파공사

㉠ 굴착, 흙막이, 발파, 항타 등의 개요 및 시공상세도면

㉡ 안전시공 절차 및 주의사항(지하매설물, 지하수위 변동 및 흐름, 되메우기 다짐 등에 관한 사항을 포함)

㉢ 안전점검계획표 및 안전점검표

㉣ 굴착 비탈면, 흙막이 등 안전성 계산서

③ 콘크리트공사

㉠ 거푸집, 동바리, 철근, 콘크리트 등 공사개요 및 시공상세도면

㉡ 안전시공 절차 및 주의사항

㉢ 안전점검계획표 및 안전점검표

㉣ 동바리 등 안전성 계산서

④ 강구조물공사

㉠ 자재 · 장비 등의 개요 및 시공상세도면

㉡ 안전시공 절차 및 주의사항

㉢ 안전점검계획표 및 안전점검표

㉣ 강구조물의 안전성 계산서

⑤ 성토(흙쌓기) 및 절토(땅깎기) 공사(흙댐공사를 포함)

㉠ 자재 · 장비 등의 개요 및 시공상세도면

㉡ 안전시공 절차 및 주의사항

㉢ 안전점검계획표 및 안전점검표

㉣ 안전성 계산서

⑥ 해체공사

㉠ 구조물해체의 대상 · 공법 등의 개요 및 시공상세도면

㉡ 해체순서, 안전시설 및 안전조치 등에 대한 계획

⑦ 건축설비공사

㉠ 자재 · 장비 등의 개요 및 시공상세도면

㉡ 안전시공 절차 및 주의사항

㉢ 안전점검계획표 및 안전점검표
㉣ 안전성 계산서

⑧ 타워크레인 사용공사
㉠ 타워크레인 운영계획
㉡ 타워크레인 점검계획
㉢ 타워크레인 임대업체 선정계획
㉣ 타워크레인에 대한 안전성 계산서(현장조건을 반영한 타워크레인의 기초 및 브레이싱에 대한 계산서는 반드시 포함)

2 공사장 작업환경 특수성

1. 건설공사 특수성에 따른 재해의 발생 원인

작업환경의 특수성	① 건설공사 대부분이 옥외작업(현장의 지형, 지질, 기후 등의 영향을 받음) ② 작업종류와 작업환경의 수시적인 변화로 재해 위험성을 예측하기 어려움
작업 자체의 위험성	① 작업도구나 위치의 이동성을 갖고 있음 ② 재해의 위험성이 다양하고 타 직종 간 협조가 미흡
공사계약의 일방성	① 발주자의 무리한 요구가 수반되기 쉬움 ② 시공자의 무관심으로 안전조치가 취해지기 어려움
안전 관련 법령의 규제와 처벌 위주 정책의 한계	사업주에 대한 처벌 · 규제 위주의 대책으로 자율적인 안전관리 체제가 정착되지 못하고 있음
신기술 · 신공법 적용에 따른 불안전성	① 충분한 사전 안전 조치가 미흡 ② 안전관리 기술의 연구 · 개발 부족
원도급업자와 하도급업자 간의 복잡한 관계	① 수차례에 걸친 재하도급 ② 재해 발생 시 책임의 한계가 불분명
근로자의 안전의식 부족	근로자의 피로 축적, 안전 교육의 무시 등으로 인해 근로자의 안전 의식이 부족
당해년 예산회계제도에 따른 공사 시기의 부적정	당해 연도 예산회계제도 채택으로 연말까지 완공을 하기 위하여 무리한 시공의 강행
근로자의 이동성과 전문 기능 인력 수급의 부족	① 대부분 일용 근로자로서 소속감이 부족하고 안전의식이 결여되어 있음 ② 숙련 기능공의 부족 및 노동 인력의 고령화가 가속화되고 있음

2. 건설공사 안전사고의 특징

공사 규모	중 · 소규모에 해당하는 총 공사비 100억 원 미만의 건설공사 현장의 안전사고 발생 건수가 전체 사고의 대부분을 차지하고 있다.
공사 발주 형식	토목공사 현장보다는 건축공사 현장에서 안전사고 발생 비율이 높게 나타난다. 특히 가시설물 붕괴사고 형태의 하나인 거푸집 동바리 붕괴사고는 층고 6m 이상의 건축공사 현장에서 대부분 발생하고 있다.
안전사고 형태	추락사고가 전체 사고의 약 50%를 차지하고 있다. 불안전한 상태의 안전조치 미흡과 작업 근로자에 대한 관리 소홀, 안전의식 부족 현상 때문이라고 할 수 있다.

SECTION 02 안전관리 고려사항 확인

1 건설공사의 안전관리

1. 굴착작업의 위험방지

1) 굴착작업 사전조사

굴착작업을 할 때에 토사 등의 붕괴 또는 낙하에 의한 위험을 미리 방지하기 위하여 다음 각 호의 사항을 점검해야 한다.

① 작업장소 및 그 주변의 부석 · 균열의 유무
② 함수(含水) · 용수(湧水) 및 동결의 유무 또는 상태의 변화

2) 굴착면의 붕괴 등에 의한 위험방지

① 지반 등을 굴착하는 경우 굴착면의 기울기를 다음의 기준에 맞도록 해야 한다.

지반의 종류	굴착면의 기울기
모래	1 : 1.8
연암 및 풍화암	1 : 1.0
경암	1 : 0.5
그 밖의 흙	1 : 1.2

② 비가 올 경우를 대비하여 측구(側溝)를 설치하거나 굴착경사면에 비닐을 덮는 등 빗물 등의 침투에 의한 붕괴재해를 예방하기 위하여 필요한 조치를 해야 한다.

3) 굴착작업 시 위험방지

굴착작업 시 토사 등의 붕괴 또는 낙하에 의하여 근로자에게 위험을 미칠 우려가 있는 경우에는 미리 흙막이 지보공의 설치, 방호망의 설치 및 근로자의 출입 금지 등 그 위험을 방지하기 위하여 필요한 조치를 해야 한다.

4) 매설물 등 파손에 의한 위험방지

① 매설물 · 조적벽 · 콘크리트벽 또는 옹벽 등의 건설물에 근접한 장소에서 굴착작업을 할 때에 해당 가설물의 파손 등에 의하여 근로자가 위험해질 우려가 있는 경우에는 해당 건설물을 보강하거나 이설하는 등 해당 위험을 방지하기 위한 조치를 하여야 한다.
② 굴착작업에 의하여 노출된 매설물 등이 파손됨으로써 근로자가 위험해질 우려가 있는 경우에는 해당 매설물 등에 대한 방호조치를 하거나 이설하는 등 필요한 조치를 하여야 한다.
③ 매설물 등의 방호작업에 대하여 관리감독자에게 해당 작업을 지휘하도록 하여야 한다.

5) 굴착기계 등에 의한 위험방지

사업주는 굴착작업 시 굴착기계 등을 사용하는 경우 다음 각 호의 조치를 해야 한다.

① 굴착기계 등의 사용으로 가스도관, 지중전선로, 그 밖에 지하에 위치한 공작물이 파손되어 그 결과 근로자가 위험해질 우려가 있는 경우에는 그 기계를 사용한 굴착작업을 중지할 것

② 굴착기계 등의 운행경로 및 토석(土石) 적재장소의 출입방법을 정하여 관계 근로자에게 주지시킬 것

6) 굴착기계 등의 유도

① 굴착작업을 할 때에 굴착기계 등이 근로자의 작업장소로 후진하여 근로자에게 접근하거나 굴러 떨어질 우려가 있는 경우에는 유도자를 배치하여 굴착기계 등을 유도하도록 해야 한다.

② 운반기계 등의 운전자는 유도자의 유도에 따라야 한다.

2. 발파작업의 위험방지

1) 발파의 작업기준

① 얼어붙은 다이너마이트는 화기에 접근시키거나 그 밖의 고열물에 직접 접촉시키는 등 위험한 방법으로 융해되지 않도록 할 것

② 화약이나 폭약을 장전하는 경우에는 그 부근에서 화기를 사용하거나 흡연을 하지 않도록 할 것

③ 장전구는 마찰 · 충격 · 정전기 등에 의한 폭발의 위험이 없는 안전한 것을 사용할 것

④ 발파공의 충진재료는 점토 · 모래 등 발화성 또는 인화성의 위험이 없는 재료를 사용할 것

⑤ 점화 후 장전된 화약류가 폭발하지 아니한 경우 또는 장전된 화약류의 폭발 여부를 확인하기 곤란한 경우에는 다음 각 목의 사항을 따를 것

㉠ 전기뇌관에 의한 경우에는 발파모선을 점화기에서 떼어 그 끝을 단락시켜 놓는 등 재점화되지 않도록 조치하고 그때부터 5분 이상 경과한 후가 아니면 화약류의 장전장소에 접근시키지 않도록 할 것

㉡ 전기뇌관 외의 것에 의한 경우에는 점화한 때부터 15분 이상 경과한 후가 아니면 화약류의 장전장소에 접근시키지 않도록 할 것

⑥ 전기뇌관에 의한 발파의 경우 점화하기 전에 화약류를 장전한 장소로부터 30미터 이상 떨어진 안전한 장소에서 전선에 대하여 저항측정 및 도통시험을 할 것

2) 작업중지 및 피난

① 벼락이 떨어질 우려가 있는 경우에는 화약 또는 폭약의 장전 작업을 중지하고 근로자들을 안전한 장소로 대피시켜야 한다.

② 발파작업 시 근로자가 안전한 거리로 피난할 수 없는 경우에는 앞면과 상부를 견고하게 방호한 피난장소를 설치하여야 한다.

3. 채석작업

1) 지반 붕괴 등의 위험방지

채석작업을 하는 경우 지반의 붕괴 또는 토사 등의 낙하로 인하여 근로자에게 발생할 우려가 있는 위험을 방지하기 위하여 다음 각 호의 조치를 해야 한다.

① 점검자를 지명하고 당일 작업 시작 전에 작업장소 및 그 주변 지반의 부석과 균열의 유무와 상태, 함수 · 용수 및 동결상태의 변화를 점검할 것

② 점검자는 발파 후 그 발파 장소와 그 주변의 부석 및 균열의 유무와 상태를 점검할 것

2) 붕괴 등에 의한 위험방지

채석작업(갱내에서의 작업은 제외)을 하는 경우에 붕괴 또는 낙하에 의하여 근로자를 위험하게 할 우려가 있는 토석 · 입목 등을 미리 제거하거나 방호망을 설치하는 등 위험을 방지하기 위하여 필요한 조치를 하여야 한다.

3) 낙반 등에 의한 위험방지

갱내에서 채석작업을 하는 경우로서 토사 등의 낙하 또는 측벽의 붕괴로 인하여 근로자에게 위험이 발생할 우려가 있는 경우에 동바리 또는 버팀대를 설치한 후 천장을 아치형으로 하는 등 그 위험을 방지하기 위한 조치를 해야 한다.

4. 잠함 내 작업

1) 급격한 침하로 인한 위험방지

사업주는 잠함 또는 우물통의 내부에서 근로자가 굴착작업을 하는 경우에 잠함 또는 우물통의 급격한 침하에 의한 위험을 방지하기 위하여 다음 각 호의 사항을 준수하여야 한다.

① 침하관계도에 따라 굴착방법 및 재하량 등을 정할 것

② 바닥으로부터 천장 또는 보까지의 높이는 1.8미터 이상으로 할 것

2) 잠함 등 내부에서의 작업

사업주는 잠함, 우물통, 수직갱, 그 밖에 이와 유사한 건설물 또는 설비의 내부에서 굴착작업을 하는 경우에 다음 각 호의 사항을 준수하여야 한다.

① 산소 결핍 우려가 있는 경우에는 산소의 농도를 측정하는 사람을 지명하여 측정하도록 할 것

② 근로자가 안전하게 오르내리기 위한 설비를 설치할 것

③ 굴착 깊이가 20미터를 초과하는 경우에는 해당 작업장소와 외부와의 연락을 위한 통신설비 등을 설치할 것

④ 산소의 농도 측정 결과 산소 결핍이 인정되거나 굴착 깊이가 20미터를 초과하는 경우에는 송기를 위한 설비를 설치하여 필요한 양의 공기를 공급해야 한다.

3) 작업의 금지

다음 각 호의 어느 하나에 해당하는 경우에 잠함 등의 내부에서 굴착작업을 하도록 해서는 아니 된다.

① 근로자가 안전하게 오르내리기 위한 설비, 해당 작업장소와 외부와의 연락을 위한 통신설비, 송기를 위한 설비에 고장이 있는 경우

② 잠함 등의 내부에 많은 양의 물 등이 스며들 우려가 있는 경우

5. 붕괴 등에 의한 위험방지

1) 토사 등에 의한 위험방지

사업주는 토사 등 또는 구축물의 붕괴 또는 낙하 등에 의하여 근로자가 위험해질 우려가 있는 경우 그 위험을 방지하기 위하여 다음 각 호의 조치를 해야 한다.

① 지반은 안전한 경사로 하고 낙하의 위험이 있는 토석을 제거하거나 옹벽, 흙막이 지보공 등을 설치할 것

② 토사 등의 붕괴 또는 낙하 원인이 되는 빗물이나 지하수 등을 배제할 것

③ 갱내의 낙반 · 측벽(側壁) 붕괴의 위험이 있는 경우에는 지보공을 설치하고 부석을 제거하는 등 필요한 조치를 할 것

2) 구축물 등의 안전 유지

사업주는 구축물 등이 고정하중, 적재하중, 시공 · 해체 작업 중 발생하는 하중, 적설, 풍압(風壓), 지진이나 진동 및 충격 등에 의하여 전도 · 폭발하거나 무너지는 등의 위험을 예방하기 위하여 설계도면, 시방서(示方書), 「건축물의 구조기준 등에 관한 규칙」에 따른 구조설계도서, 해체계획서 등 설계도서를 준수하여 필요한 조치를 해야 한다.

3) 구축물 등의 안전성 평가

사업주는 구축물 등이 다음 각 호의 어느 하나에 해당하는 경우에는 구축물 등에 대한 구조검토, 안전진단 등의 안전성 평가를 하여 근로자에게 미칠 위험성을 미리 제거해야 한다.

① 구축물 등의 인근에서 굴착 · 항타작업 등으로 침하 · 균열 등이 발생하여 붕괴의 위험이 예상될 경우

② 구축물 등에 지진, 동해, 부동침하 등으로 균열 · 비틀림 등이 발생했을 경우

③ 구축물 등이 그 자체의 무게 · 적설 · 풍압 또는 그 밖에 부가되는 하중 등으로 붕괴 등의 위험이 있을 경우

④ 화재 등으로 구축물 등의 내력이 심하게 저하됐을 경우

⑤ 오랜 기간 사용하지 않던 구축물 등을 재사용하게 되어 안전성을 검토해야 하는 경우

⑥ 구축물 등의 주요 구조부에 대한 설계 및 시공 방법의 전부 또는 일부를 변경하는 경우

⑦ 그 밖의 잠재위험이 예상될 경우

6. 사전조사 및 작업계획서의 작성

사업주는 다음 각 호의 작업을 하는 경우 근로자의 위험을 방지하기 위하여 해당 작업, 작업장의 지형 · 지반 및 지층 상태 등에 대한 사전조사를 하고 그 결과를 기록 · 보존해야 하며, 조사결과를 고려하여 작업계획서를 작성하고 그 계획에 따라 작업을 하도록 해야 한다.

1) 사전조사 및 작업계획서를 작성하여야 하는 작업

① 타워크레인을 설치 · 조립 · 해체하는 작업
② 차량계 하역운반기계 등을 사용하는 작업(화물자동차를 사용하는 도로상의 주행작업은 제외)
③ 차량계 건설기계를 사용하는 작업
④ 화학설비와 그 부속설비를 사용하는 작업
⑤ 전기작업(해당 전압이 50볼트를 넘거나 전기에너지가 250볼트암페어를 넘는 경우로 한정)
⑥ 굴착면의 높이가 2미터 이상이 되는 지반의 굴착작업
⑦ 터널굴착작업
⑧ 교량(상부구조가 금속 또는 콘크리트로 구성되는 교량으로서 그 높이가 5미터 이상이거나 교량의 최대 지간 길이가 30미터 이상인 교량으로 한정)의 설치 · 해체 또는 변경 작업
⑨ 채석작업
⑩ 구축물, 건축물, 그 밖의 시설물 등의 해체작업
⑪ 중량물의 취급작업
⑫ 궤도나 그 밖의 관련 설비의 보수 · 점검작업
⑬ 열차의 교환 · 연결 또는 분리 작업(입환작업)

2) 사전조사 및 작업계획서 내용

작업명	사전조사 내용	작업계획서 내용
1. 타워크레인을 설치 · 조립 · 해체하는 작업	–	가. 타워크레인의 종류 및 형식 나. 설치 · 조립 및 해체순서 다. 작업도구 · 장비 · 가설설비 및 방호설비 라. 작업인원의 구성 및 작업근로자의 역할 범위 마. 제142조에 따른 지지 방법
2. 차량계 하역운반기계 등을 사용하는 작업	–	가. 해당 작업에 따른 추락 · 낙하 · 전도 · 협착 및 붕괴 등의 위험 예방대책 나. 차량계 하역운반기계 등의 운행경로 및 작업방법
3. 차량계 건설기계를 사용하는 작업	해당 기계의 굴러 떨어짐, 지반의 붕괴 등으로 인한 근로자의 위험을 방지하기 위한 해당 작업장소의 지형 및 지반상태	가. 사용하는 차량계 건설기계의 종류 및 성능 나. 차량계 건설기계의 운행경로 다. 차량계 건설기계에 의한 작업방법
4. 화학설비와 그 부속설비 사용작업	–	가. 밸브 · 콕 등의 조작(해당 화학설비에 원재료를 공급하거나 해당 화학설비에서 제품 등을 꺼내는 경우만 해당) 나. 냉각장치 · 가열장치 · 교반장치 및 압축장치의 조작 다. 계측장치 및 제어장치의 감시 및 조정

작업명	사전조사 내용	작업계획서 내용
4. 화학설비와 그 부속설비 사용작업	–	라. 안전밸브, 긴급차단장치, 그 밖의 방호장치 및 자동경보장치의 조정 마. 덮개판 · 플랜지(Flange) · 밸브 · 콕 등의 접합부에서 위험물 등의 누출 여부에 대한 점검 바. 시료의 채취 사. 화학설비에서는 그 운전이 일시적 또는 부분적으로 중단된 경우의 작업방법 또는 운전 재개 시의 작업방법 아. 이상 상태가 발생한 경우의 응급조치 자. 위험물 누출 시의 조치 차. 그 밖에 폭발 · 화재를 방지하기 위하여 필요한 조치
5. 전기작업	–	가. 전기작업의 목적 및 내용 나. 전기작업 근로자의 자격 및 적정 인원 다. 작업 범위, 작업책임자 임명, 전격 · 아크 섬광 · 아크 폭발 등 전기 위험 요인 파악, 접근 한계거리, 활선접근 경보장치 휴대 등 작업시작 전에 필요한 사항 라. 전로 차단에 관한 작업계획 및 전원재투입 절차 등 작업 상황에 필요한 안전 작업 요령 마. 절연용 보호구 및 방호구, 활선작업용 기구 · 장치 등의 준비 · 점검 · 착용 · 사용 등에 관한 사항 바. 점검 · 시운전을 위한 일시 운전, 작업 중단 등에 관한 사항 사. 교대 근무 시 근무 인계에 관한 사항 아. 전기작업장소에 대한 관계 근로자가 아닌 사람의 출입금지에 관한 사항 자. 전기안전작업계획서를 해당 근로자에게 교육할 수 있는 방법과 작성된 전기안전작업계획서의 평가 · 관리계획 차. 전기 도면, 기기 세부 사항 등 작업과 관련되는 자료
6. 굴착작업	가. 형상 · 지질 및 지층의 상태 나. 균열 · 함수(含水) · 용수 및 동결의 유무 또는 상태 다. 매설물 등의 유무 또는 상태 라. 지반의 지하수위 상태	가. 굴착방법 및 순서, 토사 등 반출 방법 나. 필요한 인원 및 장비 사용계획 다. 매설물 등에 대한 이설 · 보호대책 라. 사업장 내 연락방법 및 신호방법 마. 흙막이 지보공 설치방법 및 계측계획 바. 작업지휘자의 배치계획 사. 그 밖에 안전 · 보건에 관련된 사항
7. 터널굴착작업	보링(Boring) 등 적절한 방법으로 낙반 · 출수(出水) 및 가스폭발 등으로 인한 근로자의 위험을 방지하기 위하여 미리 지형 · 지질 및 지층상태를 조사	가. 굴착의 방법 나. 터널지보공 및 복공의 시공방법과 용수의 처리방법 다. 환기 또는 조명시설을 설치할 때에는 그 방법
8. 교량작업	–	가. 작업 방법 및 순서 나. 부재의 낙하 · 전도 또는 붕괴를 방지하기 위한 방법 다. 작업에 종사하는 근로자의 추락 위험을 방지하기 위한 안전조치 방법 라. 공사에 사용되는 가설 철구조물 등의 설치 · 사용 · 해체 시 안전성 검토 방법 마. 사용하는 기계 등의 종류 및 성능, 작업방법 바. 작업지휘자 배치계획 사. 그 밖에 안전 · 보건에 관련된 사항

작업명	사전조사 내용	작업계획서 내용
9. 채석작업	지반의 붕괴 · 굴착기계의 굴러 떨어짐 등에 의한 근로자에게 발생할 위험을 방지하기 위한 해당 작업장의 지형 · 지질 및 지층의 상태	가. 노천굴착과 갱내굴착의 구별 및 채석방법 나. 굴착면의 높이와 기울기 다. 굴착면 소단(비탈면의 경사를 완화시키기 위해 중간에 좁은 폭으로 설치하는 평탄한 부분)의 위치와 넓이 라. 갱내에서의 낙반 및 붕괴방지 방법 마. 발파방법 바. 암석의 분할방법 사. 암석의 가공장소 아. 사용하는 굴착기계 · 분할기계 · 적재기계 또는 운반기계의 종류 및 성능 자. 토석 또는 암석의 적재 및 운반방법과 운반경로 차. 표토 또는 용수의 처리방법
10. 건물 등의 해체작업	해체건물 등의 구조, 주변 상황 등	가. 해체의 방법 및 해체 순서도면 나. 가설설비 · 방호설비 · 환기설비 및 살수 · 방화설비 등의 방법 다. 사업장 내 연락방법 라. 해체물의 처분계획 마. 해체작업용 기계 · 기구 등의 작업계획서 바. 해체작업용 화약류 등의 사용계획서 사. 그 밖에 안전 · 보건에 관련된 사항
11. 중량물의 취급작업	–	가. 추락위험을 예방할 수 있는 안전대책 나. 낙하위험을 예방할 수 있는 안전대책 다. 전도위험을 예방할 수 있는 안전대책 라. 협착위험을 예방할 수 있는 안전대책 마. 붕괴위험을 예방할 수 있는 안전대책
12. 궤도와 그 밖의 관련 설비의 보수 · 점검작업 13. 입환작업	–	가. 적절한 작업 인원 나. 작업량 다. 작업순서 라. 작업방법 및 위험요인에 대한 안전조치방법 등

3) 작업지휘자의 지정

① 사업주는 다음 각 호의 작업계획서를 작성한 경우 작업지휘자를 지정하여 작업계획서에 따라 작업을 지휘하도록 해야 한다.

㉠ 차량계 하역운반기계 등을 사용하는 작업(화물자동차를 사용하는 도로상의 주행작업은 제외)

㉡ 굴착면의 높이가 2미터 이상이 되는 지반의 굴착작업

㉢ 교량(상부구조가 금속 또는 콘크리트로 구성되는 교량으로서 그 높이가 5미터 이상이거나 교량의 최대 지간 길이가 30미터 이상인 교량으로 한정)의 설치 · 해체 또는 변경 작업

㉣ 구축물, 건축물, 그 밖의 시설물 등의 해체작업

㉤ 중량물의 취급작업

② 다만, 차량계 하역운반기계 등을 사용하는 작업(화물자동차를 사용하는 도로상의 주행작업은 제외)에 대하여 작업장소에 다른 근로자가 접근할 수 없거나 한 대의 차량계 하역운반기계 등을 운전하는 작업으로서 주위에 근로자가 없어 충돌 위험이 없는 경우에는 작업지휘자를 지정하지 않을 수 있다.

③ 항타기나 항발기를 조립 · 해체 · 변경 또는 이동하여 작업을 하는 경우 작업지휘자를 지정하여 지휘 · 감독하도록 하여야 한다.

2 지반의 안정성

1. 지반의 조사

1) 흙의 성질

① 흙의 구성

㉠ 흙은 흙입자와 간극으로 구성되고, 간극은 물과 공기로 구성되어 있다.

㉡ 즉, 흙입자 + 간극 = 흙입자 + 물 + 공기이다.

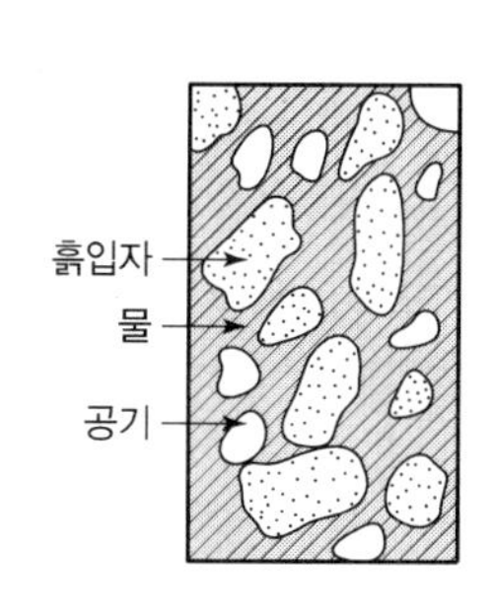

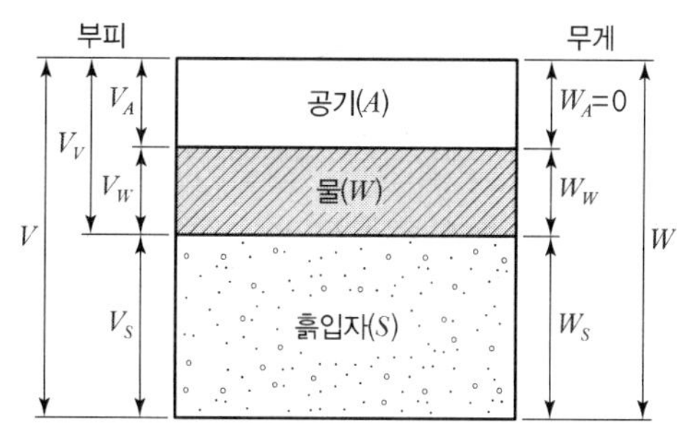

| 흙의 삼상도 |

② 흙의 부피(체적)

$$V = V_S + V_W + V_A = V_S + V_V$$

여기서, V : 흙의 전체 부피, V_S : 흙입자의 부피, V_W : 물의 부피
V_A : 공기의 부피, V_V : 간극의 부피($V_V = V_W + V_A$)

③ 흙의 무게

$$W = W_S + W_W + W_A = V_S + W_W$$

여기서, W : 흙의 전체 무게, W_S : 흙입자의 무게, W_W : 물의 무게, W_A : 공기의 무게($W_A = 0$)

④ 공극비(간극비, Void Ratio : e)

㉠ 흙입자를 제외한 물과 공기가 차지하는 부피를 간극이라 한다.

㉡ 흙입자의 부피에 대한 간극의 부피비

$$e = \frac{V_V}{V_S}$$

여기서, V_V : 간극(공극)의 부피, V_S : 흙입자의 부피

⑤ **공극률(간극률, Porosite : n) : 흙의 전체 부피에 대한 간극의 부피비이며, 백분율로 표시한다.**

$$n = \frac{V_V}{V} \times 100[\%]$$

여기서, V_V : 간극(공극)의 부피, V : 흙의 전체 부피

⑥ **포화도(Degree of Saturation : S) : 간극부피 중에서 물이 차지하는 부피의 비이며, 백분율로 표시한다.**

$$S = \frac{V_W}{V_V} \times 100[\%]$$

여기서, V_W : 물의 무게, V_V : 간극(공극)의 부피

S=0%	간극에 물이 전혀 없다.	건조상태(완전건조토)
S=100%	간극에 물이 가득 차 있다.	포화상태(포화토)
S=0~100%	간극에 물이 어느 정도 있다.	습윤상태(습윤토)

⑦ **함수비(Water Content : w) : 흙입자의 무게에 대한 물의 무게비이며, 백분율로 표시한다.**

$$w = \frac{W_W}{W_S} \times 100[\%]$$

여기서, W_W : 물의 무게, W_S : 흙입자의 무게

⑧ **비중, 공극비(간극비), 함수비 관계**

$$G \cdot w = S \cdot e$$

여기서, G : 흙의 비중, w : 함수비, S : 포화도, e : 공극비(간극비)

••• 예상문제

포화도 80%, 함수비 28%, 흙입자의 비중이 2.7일 때 공극비를 구하면?

풀이 ① $G \cdot w = S \cdot e \rightarrow e = \frac{G \cdot w}{S}$

② 공극비$(e) = \frac{G \cdot w}{S} = \frac{2.7 \times 28}{80} = 0.945$

답 0.945

2) 흙의 연경도(Consistency)

① 의의

㉠ 흙은 함수량의 변화에 따라 그 성질이 변화하는데, 함수량이 많아지면서 고체상태, 반고체상태, 소성상태 및 액체상태로 변화한다.

㉡ 흙의 함수비 변화에 따른 상태변화를 나타내는 성질을 흙의 연경도라 한다.

② **애터버그 한계(Atterberg Limits)** : 매우 축축한 세립토가 건조되어 가는 사이에 지나는 4개의 과정, 즉 액성, 소성, 반고체, 고체의 각각의 상태가 변화하는 한계를 말한다.

㉠ 액성한계 : 외력에 전단저항력이 0이 되는 최소함수비

㉡ 소성한계 : 파괴 없이 변형시킬 수 있는 최소함수비

㉢ 수축한계 : 함수비가 감소해도 부피 변화가 없는 최대함수비

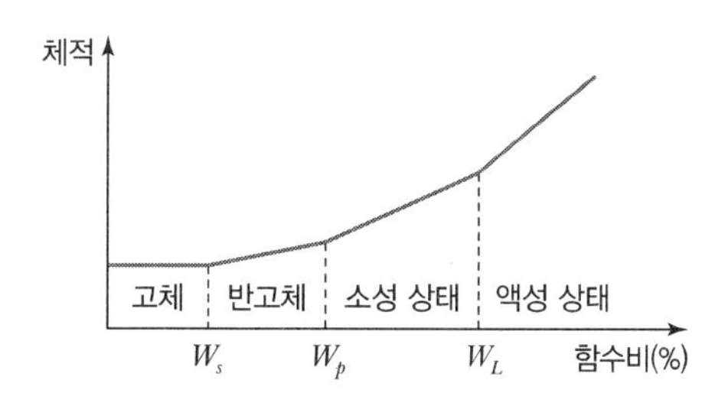

여기서, W_s : 수축한계, W_p : 소성한계, W_L : 액성한계

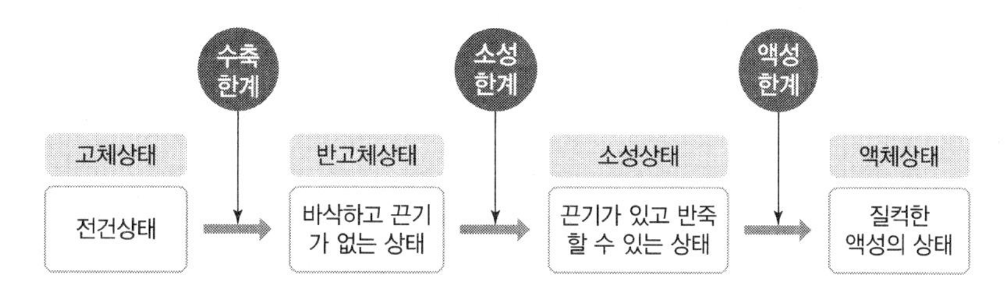

▼ **연경도에서 구하는 지수**

소성지수(I_P)	흙이 소성상태로 존재할 수 있는 함수비의 범위	$I_P = W_L - W_P$
수축지수(I_S)	흙이 반고체상태로 존재할 수 있는 함수비의 범위	$I_S = W_P - W_S$
액성지수(I_L)	흙이 자연상태에서 함유하고 있는 함수비의 정도(W_n : 자연함수비)	$I_L = \dfrac{W_n - W_P}{W_L - W_P} = \dfrac{W_n - W_P}{I_P}$

3) 흙의 특성

① 예민비

㉠ 의의 : 점토의 자연시료는 어느 정도의 강도가 있으나, 흙의 함수량을 변화시키지 않고 흐트러트리면(이기면) 강도가 약하게 되는 성질

㉡ 공식

$$\text{예민비} = \frac{\text{자연시료(흐트러지지 않은 시료)의 강도}}{\text{이긴 시료(흐트러진 시료)의 강도}}$$

㉢ 특징

ⓐ 사질토의 예민비는 1에 가까움

ⓑ 점토의 예민비는 4~10 정도

ⓒ 예민비가 4 이상일 경우 예민비가 높다고 함

ⓓ 예민비가 높으면 안전율을 높게 보아야 함

② 흙의 전단강도(Coulomb의 법칙)

㉠ 의의 : 전단응력에 대한 최대저항력을 말하며, 기초의 하중이 그 흙의 전단강도 이상이 되면 흙은 붕괴하고 기초는 침하되며, 이하이면 흙은 안정되고 기초는 지지된다.

㉡ 공식

$$\tau = c + \sigma \tan\phi$$

여기서, τ : 전단강도, c : 점착력, σ : 파괴면에 수직인 힘(유효응력)
ϕ : 내부 마찰각(전단저항각), $\tan\phi$: 마찰계수

③ 흙의 압밀과 다짐

압밀 (Consolidation)	물로 포화된 점토에 다지기를 하면 물이 배출되지 않는 한 압축되며 압축하중으로 지반이 침하하는데 이로 인하여 간극수압이 높아져 물이 배출되면서 흙의 간극이 감소하는 현상을 압밀이라고 하며, 이로 인한 지반이 침하되는 현상을 압밀침하라고 한다.
다짐 (Compaction)	사질지반에서 재하에 의해 공기가 제거되면서 밀도를 증가시켜 전단강도를 증가시키는 현상

참고 다짐의 목적

① 전단강도 증대
② 지지력 증대
③ 압축성 감소
④ 투수성 감소
⑤ 동상 방지
⑥ 팽창, 수축 감소

④ 투수성

㉠ Darcy's Law

ⓐ 흙입자 사이의 공극을 통해 물이 흐를 수 있는 성질

ⓑ 투수량

$$Q = K \times i \times A$$

여기서, Q : 투수유량, K : 투수계수, i : 수두경사(기울기), A : 단면적

㉡ 투수계수

ⓐ 투수계수는 지반 속으로 물이 흐르는 속도이다.

ⓑ 지반의 투수계수에 영향을 미치는 요소에는 다음과 같이 물의 점성계수(η), 흙의 간극비(e), 흙입자의 형상(C)과 크기(D_s), 흙의 포화도 및 입자구조 등의 영향요소가 있다.

$$K = D_s^{\,2} \cdot \frac{\gamma_w}{\eta} \cdot \frac{e^3}{1+e} \cdot C$$

여기서, K : 투수계수(cm/sec), D_s : 흙입자의 입경
γ_w : 물의 단위중량, η : 물의 점성계수, e : 간극비(공극비), C : 합성형상계수

• 흙입자의 크기가 클수록 투수계수가 증가한다.
• 물의 밀도와 농도가 클수록 투수계수가 증가한다.
• 물의 점성계수가 클수록 투수계수가 감소한다.
• 간극비(공극비)가 클수록 투수계수가 증가한다.
• 포화도가 클수록 투수계수가 증가한다.
• 점토의 면모구조는 이산구조보다 투수계수가 크다.
• 흙의 비중은 투수계수와 관계가 없다.

⑤ 토사의 안식각(휴식각, Angle of Repose)

㉠ 안정된 비탈면과 원지면이 이루는 흙의 사면 각도로 자연 경사각이라고 한다.

㉡ 기초파기의 구배는 토사의 안식각에서 결정되므로 토질에 따라 다르다.

㉢ 토사의 안식각은 토사의 종류, 함수량에 따라 변화한다.

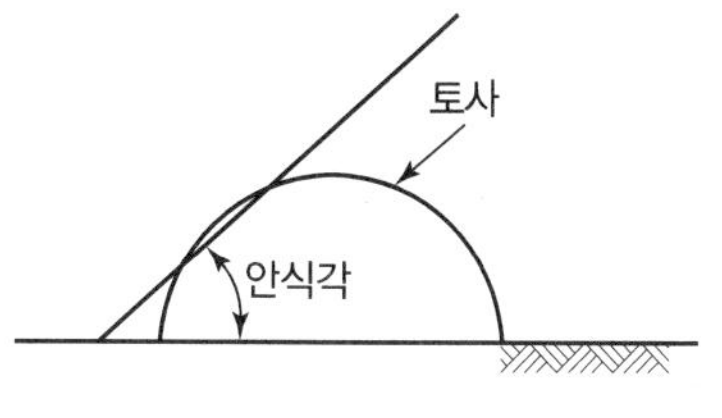

| 흙의 안식각 |

㉣ 충분한 안식각의 확보는 토사붕괴 재해를 예방할 수 있다.

㉤ 토사의 안식각

흙의 구분		안식각	흙의 구분		안식각
모래	건조상태	20~25°	점토	건조상태	20~45°
	습윤상태	30~45°		습윤상태	25~45°

⑥ 액상화(Liquefaction) 현상

㉠ 정의

ⓐ 모래지반에서 순간충격 등에 의해 간극수압의 상승으로 유효응력이 감소되어 전단저항을 상실하고 지반이 액체와 같이 되는 현상

ⓑ 액상화 발생 시 건물의 부상 및 부동침하가 발생

㉡ 방지대책

구분	내용	
탈수공법	① Sand Drain 공법 ② Paper Drain 공법	③ Pack Drain 공법
유효응력 증대	① Deep Well 공법으로 지하수위를 내림 ② 포화도 저하	③ 배수공법
입도개량	① 액상화가 발생하지 않는 재료로 치환 ② 치환공법	③ 약액주입공법
전단변형 억제	① Sheet Pile 공법 ② 지중연속벽	
밀도 증대	① 다짐공법으로 밀도를 크게 하여 액상화 강도를 증대 ② 진동 다짐 공법[바이브로 플로테이션(Vibro Flotation) 공법] ③ 동다짐 공법	

⑦ 간극수압(공극수압)

㉠ 지하 흙 중에 포함된 물에 의한 상향 수압을 간극수압이라 한다.

㉡ 간극수압은 물이 깊을수록 커지며, 간극수압이 클수록 흙의 유효응력을 감소하여 지반강도를 저하시키는 원인이 된다.

㉢ 간극수압의 크기

$$U = \gamma_W \times Z$$

여기서, U : 간극수압, γ_W : 물의 단위용적중량, Z : 물의 깊이

㉣ 유효응력과의 관계 : 흙의 유효응력란 측정되는 값이 아니라 전응력에서 간극수압을 뺀 값을 말한다.

$$\delta = \delta' + U$$

여기서, δ : 전응력(Total Stress), $\acute{\delta}$: 유효응력, U : 간극수압

⑧ 흙의 동해

㉠ 동상현상(Frost Heave)

ⓐ 정의 : 온도가 하강함에 따라 흙 속의 간극수(공극수)가 얼면 물의 체적이 약 9% 팽창하기 때문에 지표면이 부풀어 오르게 되는 현상

ⓑ 아이스렌즈(Ice Lense) 형성

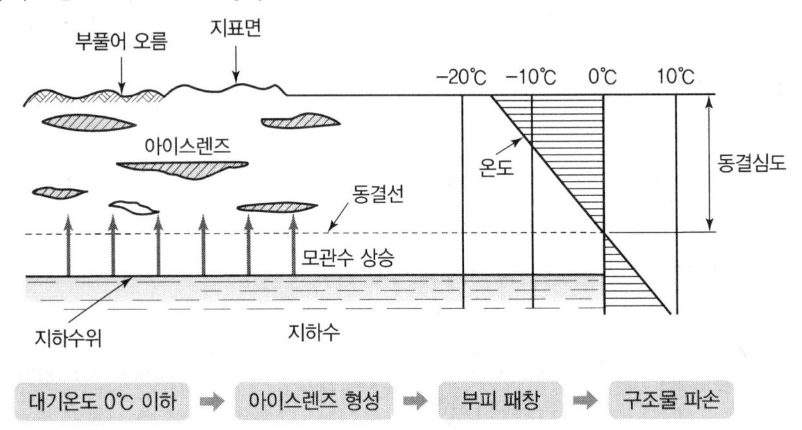

ⓒ 흙의 동결조건(동상이 일어나는 조건)

- 물의 공급이 충분(지하수위 존재)
- 0℃ 이하 온도를 지속
- 동상을 받기 쉬운 흙(실트)이 존재

ⓓ 동상현상을 지배하는 주요 인자

- 흙의 투수성
- 모관 상승고의 크기
- 지하수위
- 동결온도의 지속시간

ⓔ 동상방지 대책

- 배수구 설치 등으로 지하수위를 저하시킨다.
- 지하수위 상부에 조립토층을 설치하여 모관상승을 차단한다.
- 지표면 부근에 단열재료(석탄재, 코르크, 스티로폼, 부직포 등)를 매입한다.
- 약액 및 약품처리로 흙의 동결온도를 낮춘다.
- 치환공법으로 실트질 흙을 조립토로 바꾼다.(비동결성 흙 치환)

ⓛ 연화현상(Frost Boil) : 동결된 지반이 융해하면 흙 속에 과잉수분으로 인해 함수비가 증가하여 지반이 연약해지고 전단강도가 저하되는 현상을 말한다.

ⓒ 토질에 따른 동해

실트 > 점토 > 사질토(사질토는 비동상성에 가깝다.)

4) 지반조사의 정의

① 지반을 구성하는 지층이나 흙의 층상, 흙의 마찰력, 암반의 깊이, 지반의 지지력 등을 조사 측정하여 기초의 종류와 시공에 필요한 기초자료를 구하는 것을 말한다.

② 향후 흙막이공사와 구조체의 안전성 확보를 위해 매우 중요한 사항이다.

5) 지반조사의 필요성(목적)

① 토질의 성질 파악

② 지층의 분포(토질 주상도 파악)

③ 지하수위 및 피압수 여부 파악

④ 대표적인 시료채취

6) 지반의 조사 순서

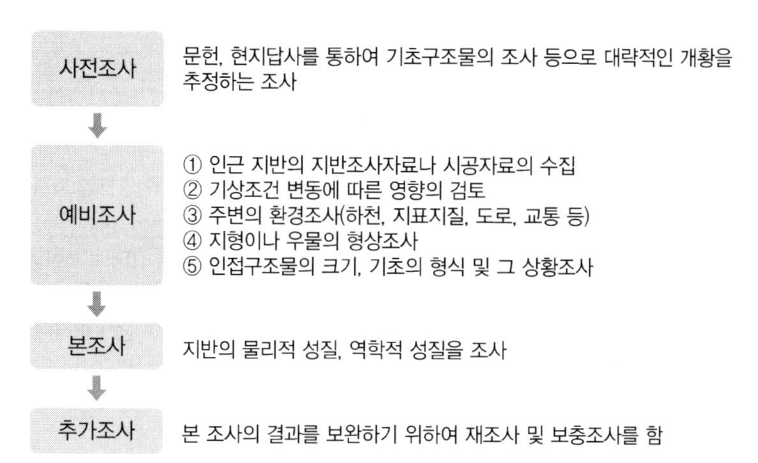

7) 지반조사의 방법

① 지하탐사법

㉠ 짚어보기 : 직경 9mm 정도의 철봉을 인력으로 꽂아내려 그 저항의 정도, 내리박히는 손의 촉감으로 지반의 단단함을 측정

㉡ 터 파보기 : 삽으로 구멍을 내어 육안으로 확인하는 것으로 얕은 지층의 토질 및 지하수위 등을 파악하는 방법, 간격 5~10m, 깊이 1.5~3m, 지름 60~90cm

㉢ 물리적 탐사 : 전기저항식, 강제진동식, 탄성파식 등이 있으나 주로 전기저항식 지하탐사법이 쓰인다.

참고

1. 탄성파 탐사(지진파 탐사)
   인공적으로 지표 부근에 지진파를 발생시켜서 지반의 종류, 지층 및 강성도를 알아내는 방법
2. 전기저항 탐사(전기저항법)
   지반의 전도성이 상태에 따라 다른 점을 이용하여 지반의 상태를 파악하는 시험방법

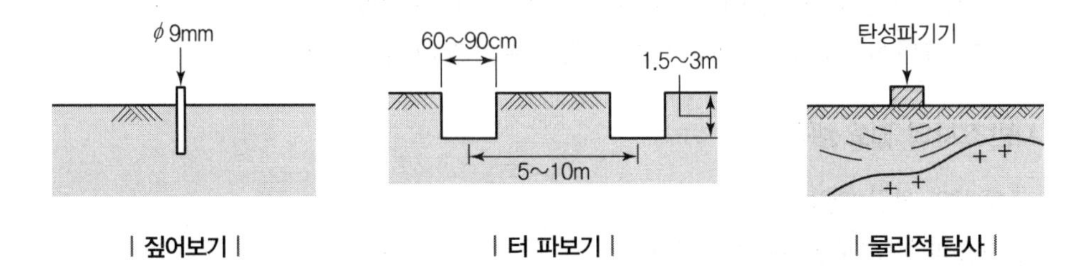

| 짚어보기 |　　| 터 파보기 |　　| 물리적 탐사 |

② 보링(Boring)

㉠ 의의 : 굴착 기계 및 기구를 사용하여 지반에 깊은 구멍을 파는 것으로 흙의 성질 및 지층상태, 지하수의 수의 등을 조사하는 방법

㉡ 종류

종류	방법
오거 보링 (Augar Boring)	지표면 부근의 시료채취나 얕은 지반조사에 사용하는 방법으로 깊이 10m 이내의 토사를 채취한다.
수세식 보링 (Wash Boring)	깊이 30m 내외의 연질층에 사용하는 방법으로 이중관을 충격을 주며 물을 뿜어 파진 흙을 배출하여 침전시켜 토질판별
회전식 보링 (Rotary Boring)	날을 회전시켜 천공하는 방법, 비교적 자연상태 그대로 채취 가능(연속적으로 시료를 채취할 수 있어 지층의 변화를 비교적 정확히 알 수 있다)
충격식 보링 (Precussion Boring)	와이어 로프(Wire Rope) 끝에 충격날을 부착하여 상하 충격에 의해 천공, 토사와 암석에도 가능

③ 사운딩(Sounding)

㉠ 의의 : 지반조사의 일종으로 로드 선단에 부착한 저항체를 지중에 매입하여 관입, 회전, 인발 등의 힘을 가하여 그 저항치에 토층의 상태를 탐사하는 방법

ⓛ 종류

표준관입시험	사질지반, 지내력 측정	콘(Cone)관입시험	점토지반, 흙의 연경정도 조사
베인테스트(Vane Test)	점토지반, 점착력 판단	스웨덴식 사운딩	모든 토질, 토층의 분석

ⓒ 표준관입시험(Standard Penetration Test)

ⓐ 무게 63.5kg의 해머로 76cm 높이에서 자유낙하시켜 샘플러를 30cm 관입시키는 데 소요되는 타격횟수 N치를 측정하는 시험

ⓑ 흙의 지내력 판단, 사질토 지반에 적용

ⓒ N값이 클수록 밀실한 토질이다.

N의 값	흙의 상태
0~4	매우 느슨
4~10	느슨
10~30	보통
30~50	조밀
50 이상	매우 조밀

ⓓ 베인테스트(Vane Test)

ⓐ 깊이 10m 이내의 연약점토 지반에 적용

ⓑ 로드 선단에 + 자형 날개(Vane)를 부착하여 지중에 박아 회전시켜 점토의 점착력을 판별하는 시험

ⓔ 콘(Cone)관입시험 : 로드 선단에 부착된 콘(Cone)을 지중에 관입하여 흙의 연경 정도를 판단하는 것으로 주로 점성토 지반에 적용

ⓗ 스웨덴식 사운딩 : 로드 선단에 Screw Point를 부착하여 침하와 회전시켰을 때의 관입량을 측정하는 것으로 연약지반에서 굳은 지반까지 모든 토질에 적용

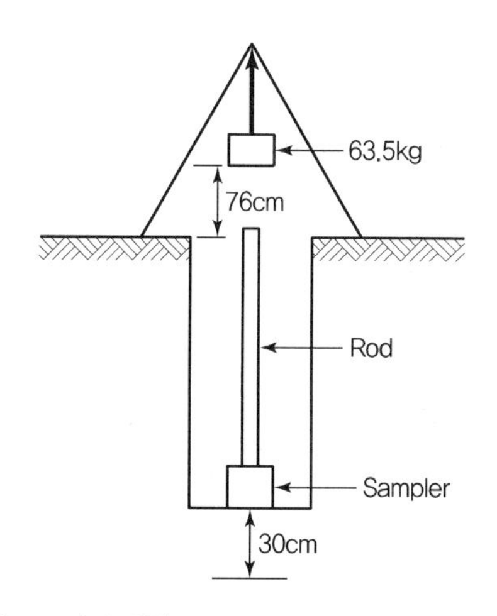

| 표준관입시험(Standard Penetration Test) |

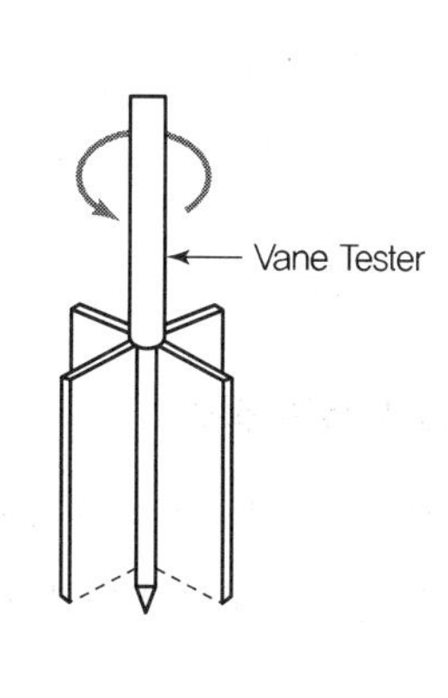

| 베인테스트(Vane Test) |

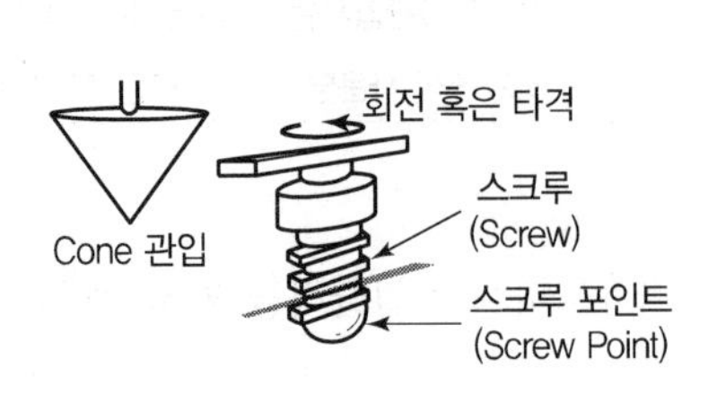

| 콘(Cone)관입시험 |

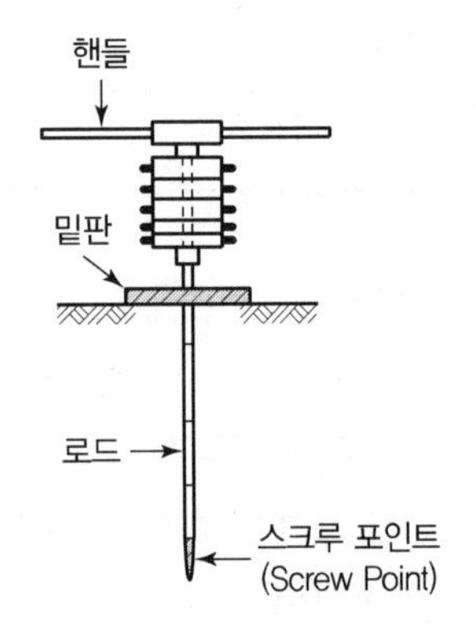

| 스웨덴식 사운딩 |

④ 시료 채취(Sampling)

교란시료	① 토질이 흐트러진 상태로 채취하는 방법 ② 전단강도, 투수, 압축 등을 시험
불교란시료	① 토질이 자연상태로 흩어지지 않게 채취하는 방법 ② 흙의 역학적 특성을 시험

⑤ 재하시험

지반에 하중을 가하여 지반의 지지력을 파악하기 위한 시험

㉠ 평판재하시험(PBT ; Plate Bearing Test)

ⓐ 시험은 예정 기초 저면에서 행한다.

ⓑ 매회의 재하는 1톤 이하 또는 예정 파괴하중의 1/5 이하로 한다.

ⓒ 하중시험용의 재하판은 정방형 또는 원형의 면적 0.2m2의 것을 표준으로 한다.

ⓓ 장기하중에 대한 허용 내력은 단기하중 지내력의 1/2로 본다.

ⓔ 침하가 20mm일 때의 하중을 단기 하중에 대한 허용 지지력이라 한다.

㉡ 말뚝박기시험 : 말뚝을 지반 속에 박아 넣어 그 관입량을 측정하여 말뚝의 허용 지지력을 구하는 시험

㉢ 말뚝재하시험 : 말뚝의 허용 지지력을 구하기 위한 재하 시험

2. 토질시험방법

1) 토질시험의 정의

토질시험이란 지반이나 흙에 관계된 구조물의 설계나 시공을 할 때에 필요한 흙의 물리적 성질과 역학적 성질을 구하기 위하여 시료를 주로 실내에서 실시하는 시험이다.

2) 실내시험

① 물리적 성질 시험

비중시험	흙입자의 비중을 측정하는 시험
함수량 시험	흙 속에 함유되어 있는 수분의 양을 측정하는 시험, 함수비로 표시
입도 시험	흙입자의 혼합상태를 파악하는 시험
연경도 시험	흙의 함수비 변화에 따른 상태 변화를 시험
밀도시험	지반의 다짐도를 시험

② 역학적 성질 시험

투수시험	지하수위, 투수계수를 측정하는 시험
압밀시험	압밀에 의한 지반의 침하량과 침하속도를 계산
전단시험	흙의 전단저항을 측정, 직접전단시험(일면전단시험, 베인테스트), 간접전단시험(일축압축시험, 삼축압축시험)

- 일축압축시험 : 흙의 일축압축강도 및 예민비를 결정하는 시험
- 삼축압축시험 : 흙의 강도 및 변형계수를 결정하는 시험

3) 현장 토질시험

① 베인테스트(Vane Test)

② 표준관입시험(Standard Penetration Test)

③ 지내력시험

3. 토공계획

1) 토공사의 개요

① 토공사에서 사전에 충분한 작업 계획이 되지 않으면 사고 발생 시 대형사고 및 재해가 유발된다.

② 토공계획 시에는 지반의 지하수 상태, 흙막이 공법 선정과 주변의 지반 침하에 따른 안전문제, 진동과 소음에 따른 환경공해에 대해서도 철저한 검토를 하여야 한다.

2) 토공사의 용어

① **절토(깎기)** : 평지나 평면을 만들기 위해 흙을 깎아 내는 것(굴착)

② **성토(쌓기)** : 대지의 낮은 부분에 흙을 메워서 높이는 것(흙을 쌓아 올리는 것)

③ **비탈(사면)** : 흙깎기, 흙쌓기 등에 의해 만들어진 경사 지형의 사면 부분

④ **소단** : 흙깎기나 흙쌓기 비탈면이 길 경우 비탈면의 중간에 설치하는 작은 계단

⑤ **토취장** : 흙을 파내는(채취하는) 장소

⑥ **토사장** : 절토한 흙을 버리기 위한 장소

3) 토공사 계획 시 고려사항

① 시공성
② 저공해성
③ 안전성
④ 경제성
⑤ 구조적으로 안전한 공법
⑥ 지반에 적합한 공법
⑦ 인접 건물에 대해 영향이 없을 것

4) 토공사 계획 순서 및 검토사항

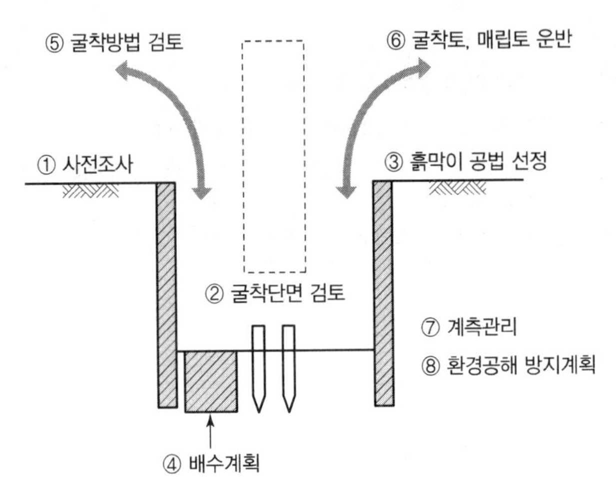

| 토공사 계획 순서 |

▼ 계획 시 조사 검토사항

구분	내용		
사전조사	① 지반조사 ② 계절과 기상	③ 입지조건 조사 ④ 관련 법규(인허가, 보건 등)	
굴착단면 검토	① 부지경계 및 지하실 관계 ② 건물의 구조	③ 건물의 기초구조 ④ 부지주변 상황	
흙막이 공법 선정	① 부지 넓이와 지하부분 깊이 ② 토질 확인	③ 소음, 진동 허용치 ④ 안전성, 경제성, 공기검토	
배수계획	① 투수계수조사 ② 지하수위조사 ③ 양수량 측정	④ 주변 지하수 이용조사 ⑤ 하수관 배수 능력조사 ⑥ 경제성 검토	⑦ 배수 펌프 능력조사
굴착방법 검토	① 굴착공법 ② 굴착순서	③ 굴착기계 시공성 검토 ④ 작업동선 구배	⑤ 잔토 배출 ⑥ 기계선정 및 기계대수 산정
굴착토, 매립토 운반	① 잔토 반출도로 경로계획 ② 잔토처리장 조사	③ 매립토 반입계획(되메우기) ④ 매립토 다짐기계 계획	
계측관리	① 크랙(Crack) 측정 ② 지표면 침하	③ 지중 침하 ④ 지중 수평변위	⑤ 지하수위 변동 ⑥ 구조물 응력
환경공해 방지계획	① 지반침하 탈수 방지대책 ② 교통장애 방지대책	③ 수질오염 방지대책 ④ 불안감, 민원 해소대책	⑤ 비산, 분진, 악취 방지대책 ⑥ 소음, 진동 방지대책

4. 지반의 이상현상 및 안전대책

1) 지반의 이상현상

① 히빙(Heaving) 현상

㉠ 정의 : 연질점토 지반에서 굴착에 의한 흙막이 내 · 외면의 흙의 중량 차이로 인해 굴착 저면이 부풀어 올라오는 현상

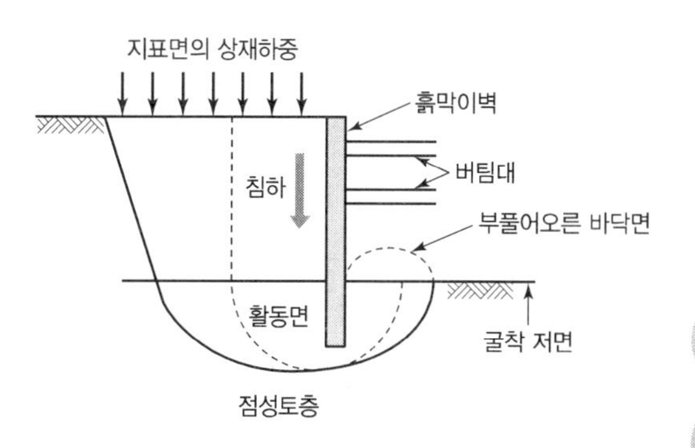

| 히빙(Heaving) 현상 |

㉡ 발생원인 및 안전대책

발생원인	① 흙막이 근입장 깊이 부족 ② 흙막이 흙의 중량 차이	③ 지표 재하중 ④ 점성토 지반에서 발생
안전대책	① 흙막이 근입깊이를 깊게 ② 표토를 제거하여 하중 감소 ③ 굴착 저면 지반개량(흙의 전단강도를 높임) ④ 굴착면 하중 증가 ⑤ 어스앵커 설치	⑥ 주변 지하수위 저하 ⑦ 소단굴착을 하여 소단부 흙의 중량이 바닥을 누르게 함 ⑧ 토류벽의 배면토압을 경감

㉢ 발생피해

ⓐ 바닥지반 상승으로 흙막이의 파괴

ⓑ 지반침하로 인한 지하매설물 파괴

ⓒ 선행 시공말뚝의 파괴

② 보일링(Boiling) 현상

㉠ 정의 : 사질토 지반에서 굴착 저면과 흙막이 배면과의 수위 차이로 인해 굴착저면의 흙과 물이 함께 위로 솟구쳐 오르는 현상

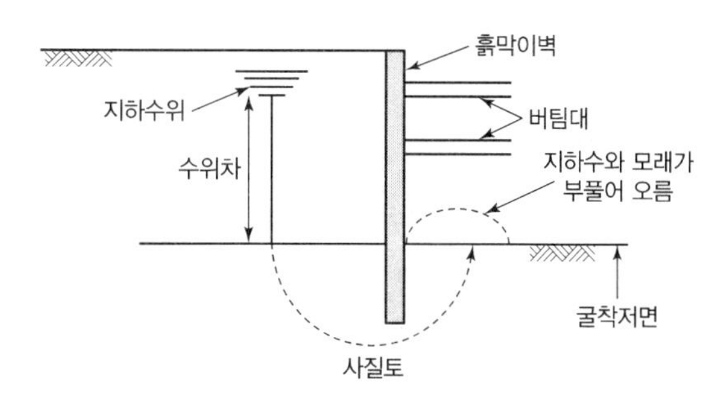

| 보일링(Boiling) 현상 |

㉡ 발생원인 및 안전대책

발생원인	① 흙막이 근입장 깊이 부족 ② 흙막이 지하수위 높이 차이	③ 굴착 저면의 피압수 ④ 사질토 지반에서 발생
안전대책	① 차수성이 높은 흙막이벽 설치 ② 흙막이 근입깊이를 깊게 ③ 약액주입 등의 굴착면 고결	④ 주변의 지하수위 저하(웰포인트 공법 등) ⑤ 압성토 공법

㉢ 발생피해

ⓐ 굴착저면 위로 모래와 지하수가 부풀어 올라 흙막이의 파괴

ⓑ 지반침하로 인한 지하매설물 파괴

ⓒ 주변 구조물의 파괴

ⓓ 굴착 저면의 지지력 감소

③ 파이핑(Piping) 현상

㉠ 정의 : 보일링 현상으로 인하여 지반 내에서 물의 통로가 생기면서 흙이 세굴되는 현상

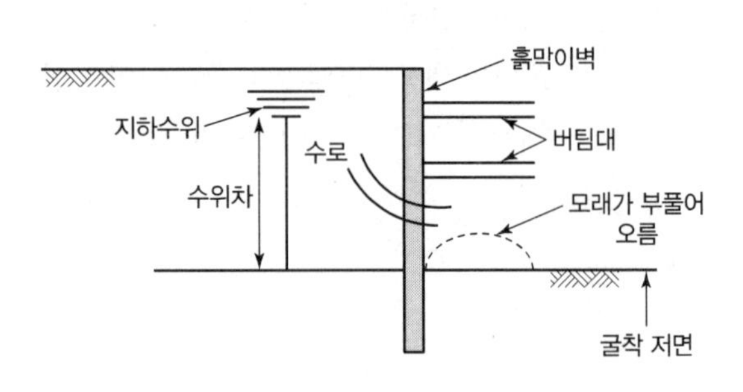

| 파이핑(Piping) 현상 |

㉡ 발생원인 및 안전대책

발생원인	① 흙막이 근입장 깊이 부족 ② 흙막이 지하수위 높이 차이	③ 굴착 저면의 피압수 ④ 댐이나 제방에서 필터의 불량, 균열, 누수
안전대책	① 차수성이 높은 흙막이벽 설치 ② 흙막이 근입깊이를 깊게 ③ 약액주입 등의 굴착면 고결	④ 주변의 지하수위 저하(웰포인트 공법 등) ⑤ 압성토 공법

㉢ 발생피해

ⓐ 굴착 저면 위로 모래와 지하수가 부풀어 올라 흙막이의 파괴

ⓑ 토립자의 이동으로 주변 구조물 파괴

ⓒ 굴착 저면의 지지력 감소

ⓓ 댐, 제방의 파괴 및 붕괴

ⓔ 지반침하로 인한 지하매설물 파괴

2) 지반 개량 공법

① 사질토 연약지반 개량 공법

종류	정의
동다짐 공법	무거운 추를 크레인 등의 장비를 이용해 자유낙하시켜 연약 지반을 다지는 공법
전기 충격 공법	지반 속에 방전 전극을 삽인한 후 대전류를 흘려 지반 속에서 고압방전을 일으켜서 발생하는 충격력으로 다지는 공법
모래 다짐 말뚝 공법 (Sand Compaction Pile)	충격, 진동을 이용하여 지반에 모래를 삽입하여 모래 말뚝을 만드는 방법
진동 다짐 공법(바이브로 플로테이션 공법, Vibro Flotation)	수평방향으로 진동하는 Vibro Float를 이용하여 물과 진동을 동시에 일으켜서 생긴 빈틈에 자갈을 채워 느슨한 모래지반을 개량하는 공법
폭파다짐 공법	다이너마이트를 이용, 인공지진을 일으켜 느슨한 사질지반을 다지는 공법
약액 주입 공법	지반 내에 주입관을 삽입, 화학약액을 지중에 충진하여 겔 타임(Gel－time)이 경과한 후 지반을 고결하는 공법

② 점성토 연약지반 개량 공법

종류		정의
치환공법	굴착치환	굴착기계로 연약층 제거 후 양질의 흙으로 치환하는 공법
	미끄럼치환	양질토를 연약지반에 재하하여 미끄럼활동으로 치환하는 공법
	폭파치환	연약지반이 넓게 분포할 경우 폭파에너지를 이용, 치환하는 공법
압밀(재하)공법	프리로딩(Pre－loading) 공법(여성토 공법)	연약지반에 하중을 가하여 압밀시키는 공법
	사면선단 재하공법	성토한 비탈면 옆부분을 더돋움하여 전단강도 증가 후 제거하는 공법
	압성토 공법	토사의 측방에 압성토하거나 법면 구배를 작게 하여 활동에 저항하는 모멘트 증가
탈수공법(연직배수공법)	샌드드레인(Sand Drain) 공법	지반 속에 큰 모래말뚝(Sand Pile)을 형성한 후 성토하중을 가하여 간극수를 단시간 내에 탈수하는 공법
	페이퍼드레인(Paper Drain) 공법	드레인 Paper를 특수기계로 타입하여 설치하는 공법
	팩드레인(Pack Drain) 공법	샌드드레인의 모래가 빠지는 것을 방지하기 위해 개량형인 포대에 모래를 채워 말뚝을 만드는 공법
배수공법	디프 웰(Deep Well) 공법	투수성 지반 내에 지름 0.3～1.5m 정도의 우물을 굴착하여 이 속에 우물관을 설치하여 수중펌프로 배수하는 공법
	웰 포인트(Well Point) 공법	지하수위를 저하시키는 것으로 투수성이 좋은 사질지반에 웰 포인트를 설치하여 배수하는 공법
고결공법	생석회 말뚝(Chemico Pile) 공법	지반 내에 생석회 말뚝을 설치하여 흙을 고결화시켜 연약층의 강화를 도모하는 공법
	동결공법	지반 중의 물을 동결시켜서 붕괴나 용수의 누출을 방지하는 공법
	소결공법	지반 내 가열공기나 가연성 가스 등으로 공벽을 고결, 탈수하는 공법
기타 공법		동치환공법, 전기침투공법, 진공공법, 표면처리공법

CHAPTER
02 건설공사 위험성

SECTION 01 건설공사 유해 · 위험요인 파악

1 유해위험방지계획서

1. 유해위험방지계획서를 제출해야 될 건설공사

1) 대상 건설공사

① 다음 각 목의 어느 하나에 해당하는 건축물 또는 시설 등의 건설 · 개조 또는 해체공사
  ㉠ 지상높이가 31미터 이상인 건축물 또는 인공구조물
  ㉡ 연면적 3만 제곱미터 이상인 건축물
  ㉢ 연면적 5천 제곱미터 이상인 시설로서 다음의 어느 하나에 해당하는 시설
    ⓐ 문화 및 집회시설(전시장 및 동물원 · 식물원은 제외)
    ⓑ 판매시설, 운수시설(고속철도의 역사 및 집배송시설은 제외)
    ⓒ 종교시설
    ⓓ 의료시설 중 종합병원
    ⓔ 숙박시설 중 관광숙박시설
    ⓕ 지하도상가
    ⓖ 냉동 · 냉장 창고시설
② 연면적 5천 제곱미터 이상인 냉동 · 냉장 창고시설의 설비공사 및 단열공사
③ 최대 지간길이(다리의 기둥과 기둥의 중심 사이의 거리)가 50미터 이상인 다리의 건설 등 공사
④ 터널의 건설 등 공사
⑤ 다목적댐, 발전용댐, 저수용량 2천만 톤 이상의 용수 전용 댐 및 지방상수도 전용 댐의 건설 등 공사
⑥ 깊이 10미터 이상인 굴착공사

2) 계획서 작성 시 의견을 청취해야 할 대상의 자격요건(검토자의 자격 요건)

건설공사를 착공하려는 사업주는 유해위험방지계획서를 작성할 때 건설안전분야의 자격 등 고용노동부령으로 정하는 자격을 갖춘 자의 의견을 들어야 한다.

① 건설안전 분야 산업안전지도사
② 건설안전기술사 또는 토목 · 건축 분야 기술사
③ 건설안전산업기사 이상의 자격을 취득한 후 건설안전 관련 실무경력이 건설안전기사 이상의 자격은 5년, 건설안전산업기사 자격은 7년 이상인 사람

2. 유해위험방지계획서의 확인사항

1) 공단의 확인시기

① 해당 건설물 · 기계 · 기구 및 설비 : 시운전 단계
② 건설공사 : 건설공사 중 6개월 이내마다

2) 유해위험방지계획서의 확인사항(공단의 확인사항)

① 유해위험방지계획서의 내용과 실제공사 내용이 부합하는지 여부
② 유해위험방지계획서 변경내용의 적정성
③ 추가적인 유해 · 위험요인의 존재 여부

3. 제출 시 첨부서류

1) 공사 개요 및 안전보건관리계획

① 공사 개요서
② 공사현장의 주변 현황 및 주변과의 관계를 나타내는 도면(매설물 현황을 포함)
③ 전체 공정표
④ 산업안전보건관리비 사용계획서
⑤ 안전관리 조직표
⑥ 재해 발생 위험 시 연락 및 대피방법

2) 작업 공사 종류별 유해위험방지계획

건축물 또는 시설 등의 건설 · 개조 또는 해체공사	① 가설공사 ② 구조물공사	③ 마감공사 ④ 기계설비공사	⑤ 해체공사
냉동 · 냉장창고시설의 설비공사 및 단열공사	① 가설공사	② 단열공사	③ 기계설비공사
다리 건설 등의 공사	① 가설공사	② 다리 하부(하부공) 공사	③ 다리 상부(상부공) 공사
터널 건설 등의 공사	① 가설공사	② 굴착 및 발파공사	③ 구조물공사
댐 건설 등의 공사	① 가설공사	② 굴착 및 발파공사	③ 댐 축조공사
굴착공사	① 가설공사	② 굴착 및 발파공사	③ 흙막이 지보공 공사

참고

1. 유해위험방지계획서 제출시기
   ① 제조업 등 유해위험방지계획서 : 해당 작업 시작 15일 전까지 공단에 2부 제출
   ② 건설공사 유해위험방지계획서 : 해당 공사의 착공 전날까지 공단에 2부 제출
2. 제조업 등 유해 · 위험방지계획서 제출서류
   ① 건축물 각 층의 평면도
   ② 기계 · 설비의 개요를 나타내는 서류
   ③ 기계 · 설비의 배치도면
   ④ 원재료 및 제품의 취급, 제조 등의 작업방법의 개요
   ⑤ 그 밖에 고용노동부장관이 정하는 도면 및 서류

CHAPTER

03 건설업 산업안전보건관리비 관리

SECTION 01 건설업 산업안전보건관리비 규정

1 건설업 산업안전보건관리비의 계상 및 사용기준

1. 건설업 산업안전보건관리비의 개요

산업재해 예방을 위하여 건설공사 현장에서 직접 사용되거나 해당 건설업체의 본점 또는 주사무소(본사)에 설치된 안전전담부서에서 법령에 규정된 사항을 이행하는 데 소요되는 비용을 말한다.

2. 건설공사 등의 산업안전보건관리비 계상

① 건설공사발주자가 도급계약을 체결하거나 건설공사의 시공을 주도하여 총괄 · 관리하는 자(건설공사발주자로부터 건설공사를 최초로 도급받은 수급인은 제외)가 건설공사 사업 계획을 수립할 때에는 산업재해 예방을 위하여 사용하는 비용(이하 산업안전보건관리비)을 도급금액 또는 사업비에 계상(計上)하여야 한다.

② 고용노동부장관은 산업안전보건관리비의 효율적인 사용을 위하여 다음 각 호의 사항을 정할 수 있다.

㉠ 사업의 규모별 · 종류별 계상 기준

㉡ 건설공사의 진척 정도에 따른 사용비율 등 기준

㉢ 그 밖에 산업안전보건관리비의 사용에 필요한 사항

③ 건설공사도급인은 산업안전보건관리비를 ②에서 정하는 바에 따라 사용하고 그 사용명세서를 작성하여 보존하여야 한다.

④ 선박의 건조 또는 수리를 최초로 도급받은 수급인은 사업 계획을 수립할 때에는 산업안전보건관리비를 사업비에 계상하여야 한다.

⑤ 건설공사도급인 또는 선박의 건조 또는 수리를 최초로 도급받은 수급인은 산업안전보건관리비를 산업재해 예방 외의 목적으로 사용해서는 아니 된다.

3. 적용범위

건설공사 중 총 공사금액 2천만 원 이상인 공사에 적용한다. 다만, 다음 각 호의 어느 하나에 해당되는 공사 중 단가계약에 의하여 행하는 공사에 대하여는 총계약금액을 기준으로 적용한다.

①「전기공사업법」에 따른 전기공사로서 저압 · 고압 또는 특별고압 작업으로 이루어지는 공사

②「정보통신공사업법」에 따른 정보통신공사

2 건설업 산업안전보건관리비 대상액 작성요령

1. 공사 종류 및 규모별 산업안전보건관리비 계상기준표

구분 / 공사 종류	대상액 5억 원 미만인 경우 적용비율(%)	대상액 5억 원 이상 50억 원 미만인 경우		대상액 50억 원 이상인 경우 적용비율(%)	보건관리자 선임대상 건설공사의 적용비율(%)
		적용비율(%)	기초액		
건축공사	2.93%	1.86%	5,349,000원	1.97%	2.15%
토목공사	3.09%	1.99%	5,499,000원	2.10%	2.29%
중건설공사	3.43%	2.35%	5,400,000원	2.44%	2.66%
특수건설공사	1.85%	1.20%	3,250,000원	1.27%	1.38%

안전관리비 대상액 = 공사원가계산서 구성항목 중 직접재료비, 간접재료비와 직접노무비를 합한 금액
(발주자가 재료를 제공할 경우에는 해당 재료비를 포함)

2. 산업안전보건관리비의 계상기준

① 발주자가 도급계약 체결을 위한 원가계산에 의한 예정가격을 작성하거나, 자기공사자가 건설공사 사업 계획을 수립할 때에는 다음 각 호에 따라 산정한 금액 이상의 산업안전보건관리비를 계상하여야 한다. 다만, 발주자가 재료를 제공하거나 일부 물품이 완제품의 형태로 제작 · 납품되는 경우에는 해당 재료비 또는 완제품 가액을 대상액에 포함하여 산출한 산업안전보건관리비와 해당 재료비 또는 완제품 가액을 대상액에서 제외하고 산출한 산업안전보건관리비의 1.2배에 해당하는 값을 비교하여 그중 작은 값 이상의 금액으로 계상한다.

안전보건 관리비의 계상	① 대상액이 5억 원 미만 또는 50억 원 이상인 경우 안전보건관리비 = 대상액 × 계상기준표의 비율 ② 대상액이 5억 원 이상 50억 원 미만인 경우 안전보건관리비 = 대상액 × 계상기준표의 비율 + 기초액 ③ 대상액이 명확하지 않은 경우 도급계약 또는 자체사업계획상 책정된 총공사금액의 10분의 7에 해당하는 금액을 대상액으로 하고 1 및 2에서 정한 기준에 따라 계상

② 발주자는 계상한 산업안전보건관리비를 입찰공고 등을 통해 입찰에 참가하려는 자에게 알려야 한다.

③ 발주자와 건설공사도급인 중 자기공사자를 제외하고 발주자로부터 해당 건설공사를 최초로 도급받은 수급인(도급인)은 공사계약을 체결할 경우 계상된 산업안전보건관리비를 공사도급계약서에 별도로 표시하여야 한다.

④ 하나의 사업장 내에 건설공사 종류가 둘 이상인 경우(분리발주한 경우를 제외)에는 공사금액이 가장 큰 공사종류를 적용한다.

⑤ 발주자 또는 자기공사자는 설계변경 등으로 대상액의 변동이 있는 경우 지체 없이 산업안전보건관리비를 조정 계상하여야 한다. 다만, 설계변경으로 공사금액이 800억 원 이상으로 증액된 경우에는 증액된 대상액을 기준으로 재계상한다.

설계변경 시 안전관리비 조정 · 계상 방법	① 설계변경에 따른 안전관리비는 다음 계산식에 따라 산정한다. 설계변경에 따른 안전관리비 = 설계변경 전의 안전관리비 + 설계변경으로 인한 안전관리비 증감액 ② 설계변경으로 인한 안전관리비 증감액은 다음 계산식에 따라 산정한다. 설계변경으로 인한 안전관리비 증감액 = 설계변경 전의 안전관리비 × 대상액의 증감 비율 ③ 대상액의 증감 비율은 다음 계산식에 따라 산정한다. 이 경우, 대상액은 예정가격 작성 시의 대상액이 아닌 설계변경 전 · 후의 도급계약서상의 대상액을 말한다. 대상액의 증감 비율 = [(설계변경 후 대상액 – 설계변경 전 대상액) / 설계변경 전 대상액] × 100%

3 건설업 산업안전보건관리비의 항목별 사용내역

1. 산업안전보건관리비의 항목별 사용내역

도급인과 자기공사자는 산업안전보건관리비를 산업재해 예방 목적으로 다음 각 호의 기준에 따라 사용하여야 한다.

1. 안전관리자 · 보건관리자의 임금 등	가. 안전관리 또는 보건관리 업무만을 전담하는 안전관리자 또는 보건관리자의 임금과 출장비 전액 나. 안전관리 또는 보건관리 업무를 전담하지 않는 안전관리자 또는 보건관리자의 임금과 출장비의 각각 2분의 1에 해당하는 비용 다. 안전관리자를 선임한 건설공사 현장에서 산업재해 예방 업무만을 수행하는 작업지휘자, 유도자, 신호자 등의 임금 전액 라. 작업을 직접 지휘 · 감독하는 직 · 조 · 반장 등 관리감독자의 직위에 있는 자가 업무를 수행하는 경우에 지급하는 업무수당(임금의 10분의 1 이내)
2. 안전시설비 등	가. 산업재해 예방을 위한 안전난간, 추락방호망, 안전대 부착설비, 방호장치(기계 · 기구와 방호장치가 일체로 제작된 경우, 방호장치 부분의 가액에 한함) 등 안전시설의 구입 · 임대 및 설치를 위해 소요되는 비용 나. 스마트 안전장비 구입 · 임대 비용의 5분의 2에 해당하는 비용. 다만, 계상기준에 따라 계상된 산업안전보건관리비 총액의 10분의 1을 초과할 수 없다. 다. 용접 작업 등 화재 위험작업 시 사용하는 소화기의 구입 · 임대비용
3. 보호구 등	가. 보호구의 구입 · 수리 · 관리 등에 소요되는 비용 나. 근로자가 보호구를 직접 구매 · 사용하여 합리적인 범위 내에서 보전하는 비용 다. 안전관리자 등의 업무용 피복, 기기 등을 구입하기 위한 비용 라. 안전관리자 및 보건관리자가 안전보건 점검 등을 목적으로 건설공사 현장에서 사용하는 차량의 유류비 · 수리비 · 보험료
4. 안전보건진단비 등	가. 유해위험방지계획서의 작성 등에 소요되는 비용 나. 안전보건진단에 소요되는 비용 다. 작업환경 측정에 소요되는 비용 라. 그 밖에 산업재해 예방을 위해 법에서 지정한 전문기관 등에서 실시하는 진단, 검사, 지도 등에 소요되는 비용
5. 안전보건교육비 등	가. 법 규정에 따라 실시하는 의무교육이나 이에 준하여 실시하는 교육을 위해 건설공사 현장의 교육 장소 설치 · 운영 등에 소요되는 비용 나. 가목 이외 산업재해 예방 목적을 가진 다른 법령상 의무교육을 실시하기 위해 소요되는 비용 다. 안전보건교육 대상자 등에게 구조 및 응급처치에 관한 교육을 실시하기 위해 소요되는 비용 라. 안전보건관리책임자, 안전관리자, 보건관리자가 업무수행을 위해 필요한 정보를 취득하기 위한 목적으로 도서, 정기간행물을 구입하는 데 소요되는 비용 마. 건설공사 현장에서 안전기원제 등 산업재해 예방을 기원하는 행사를 개최하기 위해 소요되는 비용. 다만, 행사의 방법, 소요된 비용 등을 고려하여 사회통념에 적합한 행사에 한한다. 바. 건설공사 현장의 유해 · 위험요인을 제보하거나 개선방안을 제안한 근로자를 격려하기 위해 지급하는 비용

6. 근로자 건강장해 예방비 등	가. 법에서 규정하거나 그에 준하여 필요로 하는 각종 근로자의 건강장해 예방에 필요한 비용 나. 중대재해 목격으로 발생한 정신질환을 치료하기 위해 소요되는 비용 다. 「감염병의 예방 및 관리에 관한 법률」에 따른 감염병의 확산 방지를 위한 마스크, 손소독제, 체온계 구입비용 및 감염병병원체 검사를 위해 소요되는 비용 라. 휴게시설을 갖춘 경우 온도, 조명 설치 · 관리기준을 준수하기 위해 소요되는 비용 마. 건설공사 현장에서 근로자 심폐소생을 위해 사용되는 자동심장충격기(AED) 구입에 소요되는 비용
7. 건설재해예방전문지도기관의 지도에 대한 대가로 자기공사자가 지급하는 비용	
8. 「중대재해 처벌 등에 관한 법률 시행령」에 해당하는 건설사업자가 아닌 자가 운영하는 사업에서 안전보건 업무를 총괄 · 관리하는 3명 이상으로 구성된 본사 전담조직에 소속된 근로자의 임금 및 업무수행 출장비 전액. 다만, 계상기준에 따라 계상된 산업안전보건관리비 총액의 20분의 1을 초과할 수 없다.	
9. 법에 따른 위험성 평가 또는 「중대재해 처벌 등에 관한 법률 시행령」에 따라 유해 · 위험요인 개선을 위해 필요하다고 판단하여 산업안전보건위원회 또는 노사협의체에서 사용하기로 결정한 사항을 이행하기 위한 비용. 다만, 계상기준에 따라 계상된 산업안전보건관리비 총액의 10분의 1을 초과할 수 없다.	

2. 공사 진척에 따른 산업안전보건관리비 사용기준

공정률	50퍼센트 이상 70퍼센트 미만	70퍼센트 이상 90퍼센트 미만	90퍼센트 이상
사용기준	50퍼센트 이상	70퍼센트 이상	90퍼센트 이상

※ 공정률은 기성공정률을 기준으로 한다.

3. 사용내역의 확인

도급인은 산업안전보건관리비 사용내역에 대하여 공사 시작 후 6개월마다 1회 이상 발주자 또는 감리자의 확인을 받아야 한다. 다만, 6개월 이내에 공사가 종료되는 경우에는 종료 시 확인을 받아야 한다.

4. 건설공사의 산업재해 예방지도

건설공사의 건설공사발주자 또는 건설공사도급인(건설공사발주자로부터 건설공사를 최초로 도급받은 수급인은 제외)은 해당 건설공사를 착공하려는 경우 건설재해예방전문지도기관과 건설 산업재해 예방을 위한 지도계약을 체결하여야 한다.

대상 사업	공사금액 1억 원 이상 120억 원(토목공사업에 속하는 공사는 150억 원) 미만의 공사와 「건축법」에 따른 건축허가의 대상이 되는 공사
제외되는 공사	① 공사기간이 1개월 미만인 공사 ② 육지와 연결되지 않은 섬 지역(제주특별자치도는 제외)에서 이루어지는 공사 ③ 사업주가 안전관리자의 자격을 가진 사람을 선임하여 안전관리자의 업무만을 전담하도록 하는 공사 ④ 유해위험방지계획서를 제출해야 하는 공사

CHAPTER

04 건설현장 안전시설 관리

SECTION 01 안전시설 설치 및 관리

1 추락방지용 안전시설

1. 분석 및 발생원인

1) 추락의 정의

사람이 건축물, 비계, 기계, 사다리, 계단, 경사면, 나무 등에서 떨어지는 것을 말한다.

2) 추락재해 발생원인

① 비계에서 추락
② 개구부 작업대에서 추락
③ 사다리에서 추락
④ 토사 굴착 경사면에서 추락
⑤ 가설작업 발판에서의 추락
⑥ 해체 작업 시 추락
⑦ 이동식 비계에서 추락
⑧ 기계장비에 의한 추락
⑨ 철골조립 작업 시 추락

3) 추락재해 유형

불안전한 상태의 설비시설에서 추락	① 비계에서 추락 ② 개구부 작업대에서 추락 ③ 사다리에서 추락 ④ 이동식 비계에서 추락
높은 장소에서 작업 중 추락	① 철골조립 작업 시 추락 ② 해체 작업 시 추락 ③ 토사 굴착 경사면에서 추락
기타 추락	① 가설작업 발판에서의 추락 ② 기계장비에 의한 추락

2. 방호 및 방지설비

1) 추락재해 방지설비

① **추락방호망** : 고소작업 시 추락방지를 위해 추락의 위험이 있는 장소에 설치하는 안전방망을 말한다.

㉠ 구조 및 치수

ⓐ 소재 : 합성섬유 또는 그 이상의 물리적 성질을 갖는 것이어야 한다.

ⓑ 그물코 : 사각 또는 마름모로서 그 크기는 10센티미터 이하이어야 한다.

ⓒ 방망의 종류 : 매듭방망으로서 매듭은 원칙적으로 단매듭을 한다.

ⓓ 테두리로프와 방망의 재봉 : 테두리로프는 각 그물코를 관통시키고 서로 중복됨이 없이 재봉사로 결속한다.

ⓔ 테두리로프 상호의 접합 : 테두리로프를 중간에서 결속하는 경우는 충분한 강도를 갖도록 한다.

그물코
방망사
테두리로프
방망
너비
재봉사
달기로프
길이

| 방망의 구성 |

ⓕ 달기로프의 결속 : 달기로프는 3회 이상 엮어 묶는 방법 또는 이와 동등 이상의 강도를 갖는 방법으로 테두리로프에 결속하여야 한다.

ⓖ 시험용 사는 방망 폐기 시 방망사의 강도를 점검하기 위하여 테두리로프에 연하여 방망에 재봉한 방망사이다.

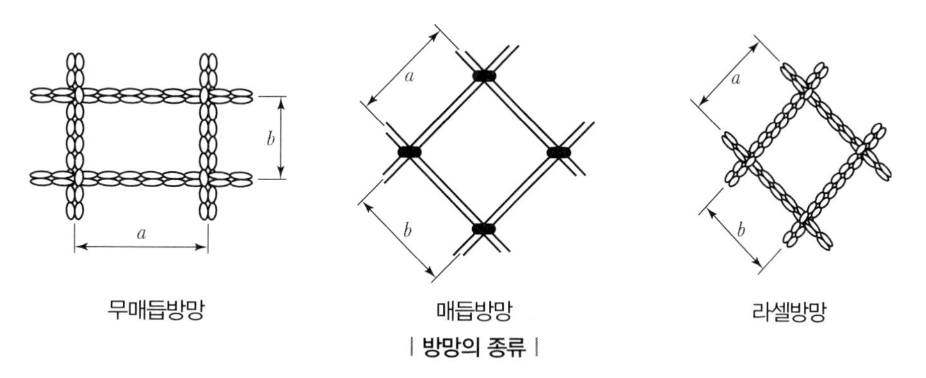

| 방망의 종류 |

㉡ 방망사의 강도

ⓐ 방망사의 신품에 대한 인장강도

그물코의 크기 (단위 : 센티미터)	방망의 종류(단위 : 킬로그램)	
	매듭 없는 방망	매듭방망
10	240	200
5		110

ⓑ 방망사의 폐기 시 인장강도

그물코의 크기(단위 : 센티미터)	방망의 종류(단위 : 킬로그램)	
	매듭 없는 방망	매듭방망
10	150	135
5		60

㉢ 방망의 사용방법

ⓐ 허용낙하높이

조건 \ 종류 \ 높이	낙하높이(H_1)		방망과 바닥면 높이(H_2)		방망의 처짐길이(S)
	단일방망	복합방망	10센티미터 그물코	5센티미터 그물코	
$L<A$	$\frac{1}{4}(L+2A)$	$\frac{1}{5}(L+2A)$	$\frac{0.85}{4}(L+3A)$	$\frac{0.95}{4}(L+3A)$	$\frac{1}{4}(L+2A)\times\frac{1}{3}$
$L\geq A$	$\frac{3}{4}L$	$\frac{3}{5}L$	$0.85L$	$0.95L$	$\frac{3}{4}L\times\frac{1}{3}$

L : 단변방향길이(m), A : 장변방향 방망의 지지간격(m)

··· 예상문제

10cm 그물코의 방망을 설치한 경우에 망 일부분에 충돌위험이 있는 바닥면 또는 기계설비와의 수직거리는 얼마 이상이어야 하는가?(단, L(1개의 방망일 때 단면방향길이) = 12m, A(장변방향 방망의 지지간격) = 6m)

풀이 ① 10cm 그물코이며, L(12m) > A(6m)이므로

② $H_2 = 0.85 \times 12 = 10.2$[m]

답 10.2[m]

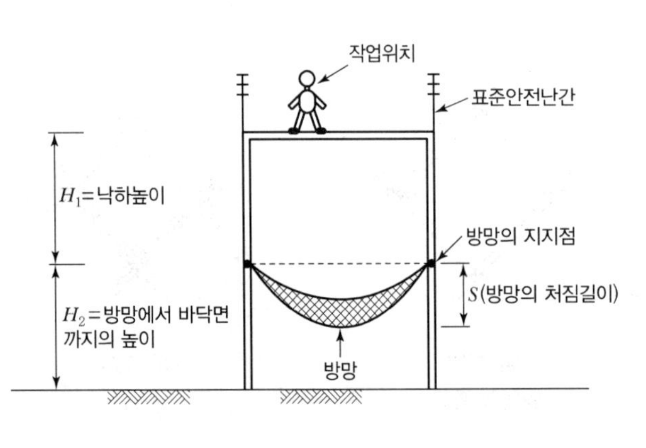

| 추락망지망의 설치도 |

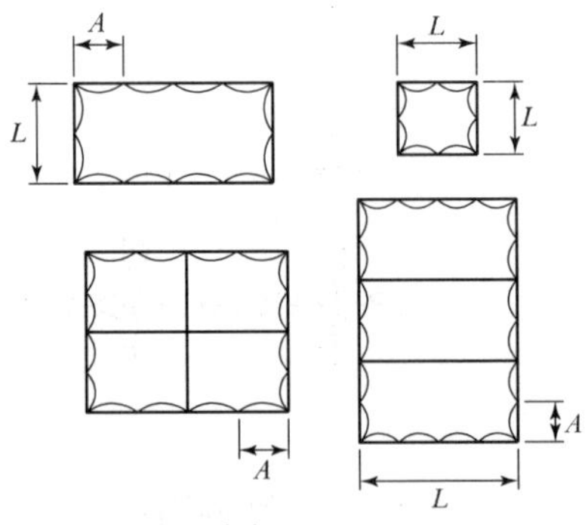

L : 단변방향길이(m)
A : 장변방향 방망의 지지간격(m)

| L과 A의 관계 |

ⓑ 지지점의 강도

- 방망 지지점은 600킬로그램의 외력에 견딜 수 있는 강도를 보유하여야 한다(다만, 연속적인 구조물이 방망 지지점인 경우의 외력이 다음 식에 계산한 값에 견딜 수 있는 것은 제외)

$$F = 200B$$

여기서, F : 외력(kg), B : 지지점 간격(m)

• 지지점의 응력은 다음에서 규정한 지지재료에 따른 허용응력값 이상이어야 한다.

(단위 : 킬로그램/평방센티미터)

허용응력 / 지지재료	압축	인장	전단	휨	부착
일반구조용강재	2,400	2,400	1,350	2,400	
콘크리트	4주 압축강도의 2/3	4주 압축강도의 1/15			14 (경량골재를 사용하는 것은 12)

••• 예상문제

추락방지망의 달기로프를 지지점에 부착할 때 지지점의 간격이 1.5m인 경우 지지점의 강도는 최소 얼마 이상이어야 하는가?(단, 연속적인 구조물이 방망지지점인 경우임)

풀이 $F = 200B = 200 \times 1.5 = 300$[kg]

답 300[kg]

㉣ 정기시험

ⓐ 방망의 정기시험은 사용 개시 후 1년 이내로 하고, 그 후 6개월마다 1회씩 정기적으로 시험용 사에 대해서 등속인장시험을 하여야 한다. 다만, 사용상태가 비슷한 다수의 방망의 시험용 사에 대하여는 무작위 추출한 5개 이상을 인장시험했을 경우 다른 방망에 대한 등속인장시험을 생략할 수 있다.

ⓑ 방망의 마모가 현저한 경우나 방망이 유해가스에 노출된 경우에는 사용 후 시험용 사에 대해서 인장시험을 하여야 한다.

㉤ 사용제한

ⓐ 방망사가 규정한 강도 이하인 방망

ⓑ 인체 또는 이와 동등 이상의 무게를 갖는 낙하물에 대해 충격을 받은 방망

ⓒ 파손한 부분을 보수하지 않은 방망

ⓓ 강도가 명확하지 않은 방망

㉥ 추락방지용 방망의 표시

ⓐ 제조자명

ⓑ 제조연월

ⓒ 재봉 치수

ⓓ 그물코

ⓔ 신품인 때의 방망의 강도

② 안전난간

㉠ 설치장소 : 표준안전난간(안전난간)의 설치장소는 중량물 취급 개구부, 작업대, 가설계단의 통로, 흙막이 지보공의 상부 등으로 한다.

㉡ 안전난간의 구조 및 설치요건

구성	상부 난간대, 중간 난간대, 발끝막이판 및 난간기둥으로 구성할 것(다만, 중간 난간대, 발끝막이판 및 난간기둥은 이와 비슷한 구조와 성능을 가진 것으로 대체할 수 있음)
상부 난간대	상부 난간대는 바닥면 · 발판 또는 경사로의 표면(이하 "바닥면 등"이라 한다)으로부터 90센티미터 이상 지점에 설치하고, 상부 난간대를 120센티미터 이하에 설치하는 경우에는 중간 난간대는 상부 난간대와 바닥면 등의 중간에 설치해야 하며, 120센티미터 이상 지점에 설치하는 경우에는 중간 난간대를 2단 이상으로 균등하게 설치하고 난간의 상하 간격은 60센티미터 이하가 되도록 할 것(다만, 난간기둥 간의 간격이 25센티미터 이하인 경우에는 중간 난간대를 설치하지 않을 수 있음)
발끝막이판(폭목)	발끝막이판은 바닥면 등으로부터 10센티미터 이상의 높이를 유지할 것(다만, 물체가 떨어지거나 날아올 위험이 없거나 그 위험을 방지할 수 있는 망을 설치하는 등 필요한 예방 조치를 한 장소는 제외)
난간기둥	상부 난간대와 중간 난간대를 견고하게 떠받칠 수 있도록 적정한 간격을 유지할 것
상부 난간대와 중간 난간대	상부 난간대와 중간 난간대는 난간 길이 전체에 걸쳐 바닥면 등과 평행을 유지할 것
난간대	난간대는 지름 2.7센티미터 이상의 금속제 파이프나 그 이상의 강도가 있는 재료일 것
하중	안전난간은 구조적으로 가장 취약한 지점에서 가장 취약한 방향으로 작용하는 100킬로그램 이상의 하중에 견딜 수 있는 튼튼한 구조일 것

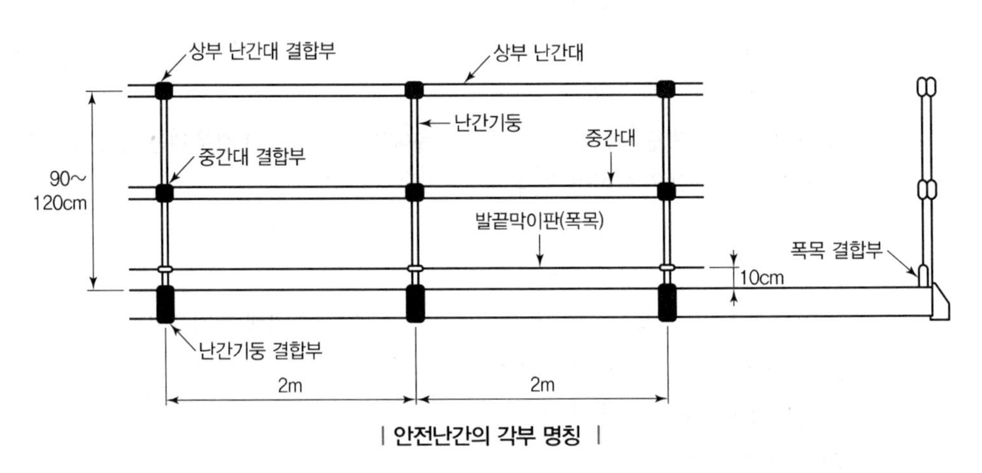

| 안전난간의 각부 명칭 |

2) 추락에 의한 위험 방지

① 추락의 방지

㉠ 근로자가 추락하거나 넘어질 위험이 있는 장소(작업발판의 끝 · 개구부 등을 제외) 또는 기계 · 설비 · 선박블록 등에서 작업을 할 때에 근로자가 위험해질 우려가 있는 경우 비계를 조립하는 등의 방법으로 작업발판을 설치하여야 한다.

㉡ ㉠에 따른 작업발판을 설치하기 곤란한 경우 추락방호망을 설치해야 한다. 다만, 추락방호망을 설치하기 곤란한 경우에는 근로자에게 안전대를 착용하도록 하는 등 추락위험을 방지하기 위해 필요한 조치를 해야 한다.

㉢ 추락방호망의 설치기준

ⓐ 추락방호망의 설치위치는 가능하면 작업면으로부터 가까운 지점에 설치하여야 하며, 작업면으로부터 망의 설치지점까지의 수직거리는 10미터를 초과하지 아니할 것

ⓑ 추락방호망은 수평으로 설치하고, 망의 처짐은 짧은 변 길이의 12퍼센트 이상이 되도록 할 것

ⓒ 건축물 등의 바깥쪽으로 설치하는 경우 추락방호망의 내민 길이는 벽면으로부터 3미터 이상 되도록 할 것. 다만, 그물코가 20밀리미터 이하인 추락방호망을 사용한 경우에는 낙하물에 의한 위험방지에 따른 낙하물 방지망을 설치한 것으로 본다.

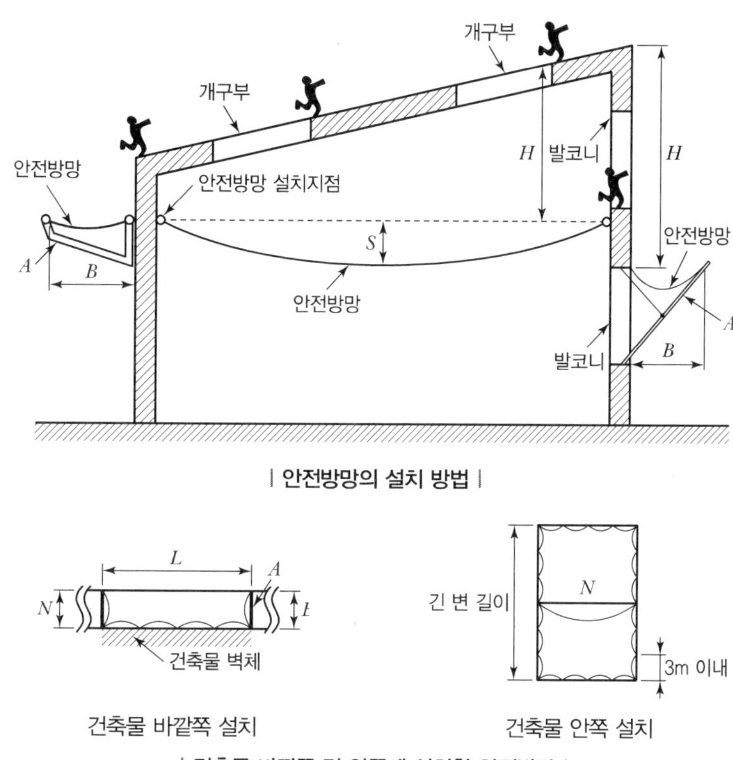

| 안전방망의 설치 방법 |

| 건축물 바깥쪽 및 안쪽에 설치한 안전방망 |

② 개구부 등의 방호조치

㉠ 작업발판 및 통로의 끝이나 개구부로서 근로자가 추락할 위험이 있는 장소에는 안전난간, 울타리, 수직형 추락방망 또는 덮개 등의 방호 조치를 충분한 강도를 가진 구조로 튼튼하게 설치하여야 하며, 덮개를 설치하는 경우에는 뒤집히거나 떨어지지 않도록 설치하여야 한다. 이 경우 어두운 장소에서도 알아볼 수 있도록 개구부임을 표시하여야 한다.

㉡ 난간 등을 설치하는 것이 매우 곤란하거나 작업의 필요상 임시로 난간 등을 해체하여야 하는 경우 추락방호망을 설치하여야 한다. 다만, 추락방호망을 설치하기 곤란한 경우에는 근로자에게 안전대를 착용하도록 하는 등 추락할 위험을 방지하기 위하여 필요한 조치를 하여야 한다.

③ 지붕 위에서의 위험방지

사업주는 근로자가 지붕 위에서 작업을 할 때에 추락하거나 넘어질 위험이 있는 경우에는 다음 각 호의 조치를 해야 한다.

㉠ 지붕의 가장자리에 안전난간을 설치할 것
㉡ 채광창(Skylight)에는 견고한 구조의 덮개를 설치할 것
㉢ 슬레이트 등 강도가 약한 재료로 덮은 지붕에는 폭 30센티미터 이상의 발판을 설치할 것
㉣ 작업환경 등을 고려할 때 안전난간을 설치하기 곤란한 경우에는 추락방호망을 설치해야 한다. 다만, 사업주는 작업환경 등을 고려할 때 추락방호망을 설치하기 곤란한 경우에는 근로자에게 안전대를 착용하도록 하는 등 추락 위험을 방지하기 위하여 필요한 조치를 해야 한다.

④ 울타리의 설치
㉠ 설치대상 : 작업 중 또는 통행 시 굴러 떨어짐으로 인하여 화상 · 질식 등의 위험에 처할 우려가 있는 케틀(Kettle, 가열용기), 호퍼(Hopper, 깔때기 모양의 출입구가 있는 큰 통), 피트(Pit, 구덩이) 등이 있는 경우
㉡ 조시사항 : 높이 90센티미터 이상의 울타리를 설치

⑤ 높이가 2m 이상인 장소에서의 위험방지조치
㉠ 안전대의 부착설비 설치 : 지지로프 등을 설치하는 경우에는 처지거나 풀리는 것을 방지하기 위한 조치
㉡ 승강설비의 설치 : 높이 또는 깊이가 2미터를 초과하는 장소에서 작업하는 경우 안전하게 승강하기 위한 건설작업용 리프트 등의 설비를 설치
㉢ 조명의 유지 : 당해 작업을 안전하게 하는 데에 필요한 조명을 유지

3. 개인 보호구

1) 안전대의 종류

종류	사용 구분
벨트식 안전그네식	1개 걸이용
	U자 걸이용
	추락방지대
	안전블록

※ 추락방지대 및 안전블록은 안전그네식에만 적용함

2) 안전대의 착용대상 작업

안전대는 높이 2m 이상의 추락위험이 있는 작업에는 반드시 착용하여야 한다.
① 작업발판(폭 40cm)이 없는 장소의 작업
② 작업발판이 있어도 난간대가 없는 장소의 작업
③ 난간대로부터 상체를 내밀어 작업하는 경우
④ 작업발판의 구조체 사이의 거리가 30cm 이상으로 수평방호시설이 없는 장소의 작업

3) 안전대의 보관

① 직사광선이 닿지 않는 곳
② 통풍이 잘되며 습기가 없는 곳
③ 부식성 물질이 없는 곳
④ 화기 등이 근처에 없는 곳

4) 최하사점

① 개요 : 추락방지용 보호구인 안전대 사용 시 적정 길이의 로프를 사용하여야 추락 시 근로자의 안전을 확보할 수 있다는 이론

② 공식

$$H > h = \text{로프의 길이}(l) + \text{로프의 신장(율)길이}(l \times a) + \text{작업자의 키} \times \frac{1}{2}$$

여기서, h : 추락 시 로프지지 위치에서 신체의 최하사점까지의 거리(최하사점)
H : 로프를 지지한 위치에서 바닥면까지의 거리

③ 로프 거리에 따른 결과

$H > h$: 안전
$H = h$: 위험
$H < h$: 사망 또는 중상

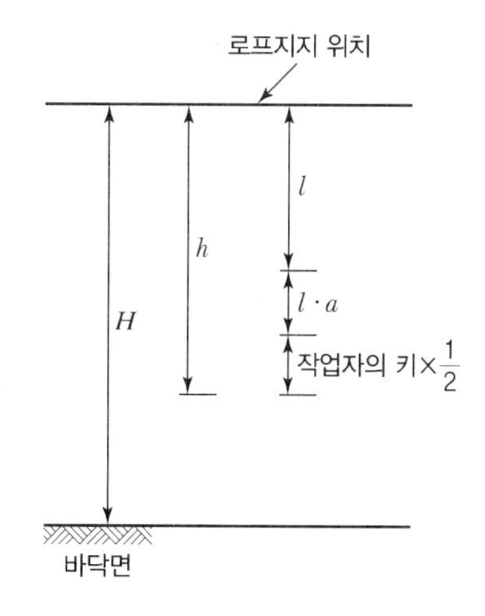

5) 보호구의 지급

안전모	물체가 떨어지거나 날아올 위험 또는 근로자가 추락할 위험이 있는 작업
안전대	높이 또는 깊이 2미터 이상의 추락할 위험이 있는 장소에서 하는 작업
안전화	물체의 낙하 · 충격, 물체에의 끼임, 감전 또는 정전기의 대전에 의한 위험이 있는 작업
보안경	물체가 흩날릴 위험이 있는 작업
보안면	용접 시 불꽃이나 물체가 흩날릴 위험이 있는 작업
절연용 보호구	감전의 위험이 있는 작업
방열복	고열에 의한 화상 등의 위험이 있는 작업
방진마스크	선창 등에서 분진(粉塵)이 심하게 발생하는 하역작업
방한모 · 방한복 · 방한화 · 방한장갑	섭씨 영하 18° 이하인 급냉동어창에서 하는 하역작업
승차용 안전모	물건을 운반하거나 수거 · 배달하기 위하여 이륜자동차를 운행하는 작업

2 붕괴방지용 안전시설

1. 토석 및 토사 붕괴 위험성

1) 토석 붕괴의 원인

외적 원인	① 사면, 법면의 경사 및 기울기의 증가 ② 절토 및 성토 높이의 증가 ③ 공사에 의한 진동 및 반복 하중의 증가	④ 지표수 및 지하수의 침투에 의한 토사 중량의 증가 ⑤ 지진, 차량, 구조물의 하중작용 ⑥ 토사 및 암석의 혼합층 두께
내적 원인	① 절토 사면의 토질 · 암질 ② 성토 사면의 토질 구성 및 분포	③ 토석의 강도 저하

2) 붕괴의 형태

① 토사의 미끄러져 내림(Sliding) : 광범위한 붕괴현상으로 일반적으로 완만한 경사에서 완만한 속도로 붕괴한다.

② 토사의 붕괴 : 사면 천단부 붕괴, 사면중심부 붕괴, 사면하단부 붕괴의 형태이며 작업위치와 붕괴예상지점의 사전조사를 필요로 한다.

③ 얕은 표층의 붕괴 : 경사면이 침식되기 쉬운 토사로 구성된 경우 지표수와 지하수가 침투하여 경사면이 부분적으로 붕괴된다.

④ 깊은 절토 법면의 붕괴 : 사질암과 전석토층으로 구성된 심층부의 단층이 경사면 방향으로 하중응력이 발생하는 경우 전단력, 점착력 저하에 의해 경사면의 심층부에서 붕괴될 수 있다.(대량의 붕괴재해가 발생)

⑤ 성토경사면의 붕괴 : 성토 직후에 붕괴 발생률이 높으며, 다짐불충분 상태에서 빗물이나 지표수, 지하수 등이 침투되어 공극수압이 증가되어 단위중량 증가에 의해 붕괴가 발생된다.

3) 암반 사면(비탈면) 붕괴 형태

원형 파괴 (Circular Failure)	① 불연속면의 방향이 불규칙한 경우 발생 ② 풍화가 매우 심한 연암 등급 이하의 암반에서 발생	
평면파괴 (Plane Failure)	① 불연속면의 방향이 한쪽 방향으로 발달한 경우 발생 ② 파고면은 하나의 평면을 이루게 됨	
쐐기파괴 (Wedge Failure)	① 불연속면의 방향이 교차하는 경우 발생 ② 두 개의 뚜렷한 불연속면이 비탈면을 따라 비스듬히 존재할 때 발생	
전도파괴 (Toppling Failure)	절개면과 불연속면의 경사방향이 반대인 경우 발생	

2. 토석 및 토사 붕괴 시 조치사항

1) 붕괴 조치사항

동시작업의 금지	붕괴토석의 최대 도달거리 범위 내에서 굴착공사, 배수관의 매설, 콘크리트 타설작업 등을 할 경우에는 적절한 보강대책을 강구하여야 함
대피공간의 확보	붕괴의 속도는 높이에 비례하므로 수평방향의 활동에 대비하여 작업장 좌우에 피난통로 등을 확보하여야 함
2차 재해의 방지	작은 규모의 붕괴가 발생되어 인명구출 등 구조작업 도중에 대형붕괴의 재차 발생을 방지하기 위하여 붕괴면의 주변 상황을 충분히 확인하고 2중 안전조치를 강구한 후 복구작업에 임하여야 함

2) 붕괴예방조치

① 적절한 경사면의 기울기를 계획하여야 한다.

지반의 종류	굴착면의 기울기
모래	1 : 1.8
연암 및 풍화암	1 : 1.0
경암	1 : 0.5
그 밖의 흙	1 : 1.2

② 경사면의 기울기가 당초 계획과 차이가 발생되면 즉시 재검토하여 계획을 변경시켜야 한다.

③ 활동할 가능성이 있는 토석은 제거하여야 한다.

④ 경사면의 하단부에 압성토 등 보강공법으로 활동에 대한 저항대책을 강구하여야 한다.

⑤ 말뚝(강관, H형강, 철근 콘크리트)을 타입하여 지반을 강화시킨다.

⑥ 빗물, 지표수, 지하수의 사전제거 및 침투를 방지하여야 한다.

3. 붕괴의 예측과 점검

1) 경사면의 안정성 검토 사항

① **지질조사** : 층별 또는 경사면의 구성 토질구조

② **토질시험** : 최적함수비, 삼축압축강도, 전단시험, 점착도 등의 시험

③ **사면붕괴 이론적 분석** : 원호활절법, 유한요소법 해석

④ 과거의 붕괴된 사례 유무

⑤ 토층의 방향과 경사면의 상호 관련성

⑥ 단층, 파쇄대의 방향 및 폭

⑦ 풍화의 정도

⑧ 용수의 상황

2) 토사붕괴의 발생을 예방하기 위한 점검사항

① 전 지표면의 답사

② 경사면의 지층 변화부 상황 확인

③ 부석의 상황 변화의 확인

④ 용수의 발생 유무 또는 용수량의 변화 확인
⑤ 결빙과 해빙에 대한 상황의 확인
⑥ 각종 경사면 보호공의 변위, 탈락 유무
⑦ 점검시기는 작업 전중후, 비온 후, 인접 작업구역에서 발파한 경우에 실시

4. 비탈면 보호공법

1) 사면(Slope)

① **정의** : 사면이란 수평면이 아닌 지표면을 말하며 비탈면이라고도 한다.

② **사면붕괴 원인**

㉠ 사면 안전율 : 전단응력이 증가하거나 전단강도가 감소하면 안전율이 작아지게 되며 전단응력 증가와 전단강도 감소가 동시에 되는 경우에는 안전율이 크게 저하될 수 있다.

$$\text{안전율} = \frac{\text{전단강도}}{\text{전단응력}}$$

㉡ 전단응력 증가 요인(외적 요인)
ⓐ 외적 하중 증가(건물하중, 강우, 눈, 성토 등)
ⓑ 함수비 증가에 따른 흙의 단위체적중량의 증가
ⓒ 균열 내 작용하는 수압 증가
ⓓ 인장응력에 의한 균열 발생
ⓔ 지진, 폭파 등에 의한 진동
ⓕ 자연 또는 인공에 의한 지하공동의 형성(투수, 침식, 인위적인 절토 등)

㉢ 전단강도 감소 요인(내적 요인)
ⓐ 수분 증가에 의한 점토의 팽창
ⓑ 수축, 팽창, 인장으로 인해 생기는 미세한 균열
ⓒ 취약부 지반의 변형 및 진행성 파괴
ⓓ 간극수압 증가
ⓔ 동결 및 융해
ⓕ 흙다짐 불량
ⓖ 느슨한 토립자의 진동에 의한 이동
ⓗ 결합재의 결합력 둔화, 용탈(Leaching)

③ **사면의 종류**

㉠ 직립사면 : 흙막이 굴착 등으로 연직으로 절취한 사면으로 굳은 점토지반에 존재
㉡ 단순사면(유한사면) : 활동하는 활동면의 깊이가 사면의 높이에 비해 깊은 사면(제방, 댐의 사면 등)

ⓒ 반무한사면(무한사면) : 활동하는 활동면의 깊이가 사면의 높이에 비해 작은 사면으로서 일정한 경사를 유지한 사면이 길게 유지되는 사면

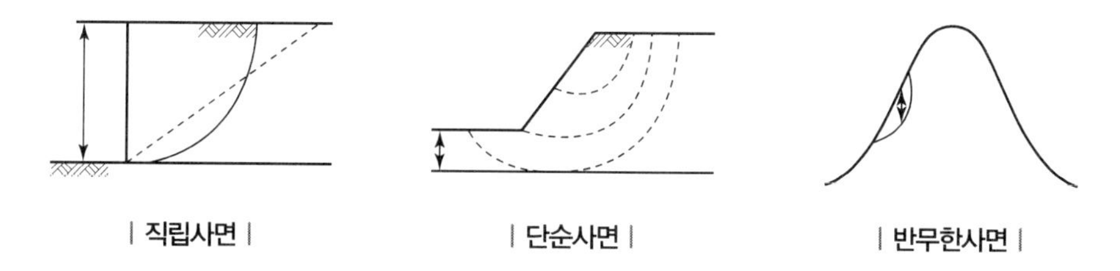

| 직립사면 | | 단순사면 | | 반무한사면 |

④ 단순사면의 붕괴 형태

㉠ 사면 내 파괴(Slope Failure, 사면 중심부 붕괴) : 성토층이 여러 층이고 기초 지반이 얕은 경우

㉡ 사면 선(선단) 파괴(Toe Failure, 사면 천단부 붕괴) : 사면이 비교적 급하고(53° 이상) 점착력이 작은 경우

㉢ 사면 저부(바닥면) 파괴(Base Failure, 사면 하단부 붕괴) : 사면이 비교적 완만하고 점착력이 큰 경우

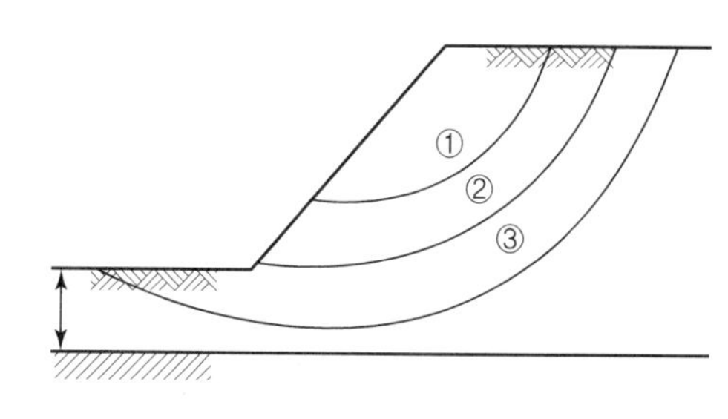

| 단순사면(유한사면) |

2) 비탈면 보호공법(억제공)

강우에 의한 표면 침식 또는 붕괴를 방지하고 동시에 경관이나 미관을 목적으로 시공한다.

구분	개요	공법	
식생공법	식물을 사면 · 경사면상에 초목이 무성하게 자라게 함으로써 경사면 침식을 방비하는 공법을 말하며 녹화공법이라고도 한다.	① 씨앗 뿌리기공 ② 식생판공 ③ 식생 포대공	④ 떼 붙임공 ⑤ 씨앗 뿜어붙이기공 ⑥ 식생공
구조물공법	침식, 세굴, 풍화 및 동상 등으로부터 비탈면을 보호하기 위하여 비탈면 안에 블록이나 구조물을 설치하는 공법	① 현장타설 콘크리트 격자공 ② 블록공 ③ 돌쌓기공	④ 콘크리트 붙임공법 ⑤ 뿜칠공법

3) 비탈면 보강공법(억지공)

① 어스 앵커(Earth Anchor) 공법

㉠ 흙막이벽 등의 배면을 천공하여 인장재를 삽입한 후 그라우팅을 하여 주변지반을 지지하는 공법

㉡ 흙막이, 옹벽, 구조물의 전도, 사면 활동 방지 등의 목적으로 사용

② 록 볼트(Rock Bolt) 공법

㉠ 암반을 천공한 후 이완부분 깊은 곳의 경암까지 Bolt를 고정시키고 모르타르를 충진시켜 암반의 탈락을 방지하는 공법

㉡ 소규모 암석붕괴 방지를 위해 시공

③ 록 앵커(Rock Anchor) 공법

㉠ 암반을 천공한 후 PC강선 등 비교적 길이가 긴 강봉을 사용하여 정착시키는 공법

㉡ 대규모 암석붕괴가 예상되는 경우에 시공하며 느슨한 층을 견고한 층에 붙들어 매는 원리이다.

④ 소일 네일링(Soil Nailing) 공법

㉠ 흙 속으로 철근을 약 1m 간격으로 촘촘히 박아 흙과 합성하여 전단강도를 증대시키는 공법으로 흙막이를 조성하거나 급경사 비탈면을 안정시키는 공법으로 법면에 Shotcrete 타설이 필요하다.

㉡ 소일 네일링 공법 적용의 제한성

ⓐ 지하수와 관련된 문제가 있는 지반

ⓑ 일반시설물 및 지하구조물, 지중매설물이 집중되어 있는 지반

ⓒ 잠재적으로 동결 가능성이 있는 지층

ⓓ 사질 또는 점토질 성토재

ⓔ 점성이 없는 고소성 조립토, 큰 자갈을 포함한 흙이나 높은 지하수위를 가진 지반에는 적합하지 않다.

⑤ **압성토 공법** : 성토의 활동파괴를 방지하기 위해 사면선단에 성토하여 측방 유동을 구속시키는 공법

⑥ **옹벽 공법** : 토사가 무너지는 것을 방지하기 위해 설치하는 토압에 저항하는 구조물로 자연사면의 절취 및 성토사면의 흙막이를 하여 부지의 활용도를 높이고 붕괴의 방지를 위해 설치하는 공법

⑦ **억지말뚝공법** : 사면의 활동면을 관통하여 부동지반까지 말뚝을 관통시켜 말뚝의 수평저항력으로 사면활동을 억지하는 공법

4) 비탈면지반 개량 공법

주입공법	시멘트액, 모르타르액 등의 약액을 주입하여 지반을 강화하는 공법
이온교환공법	흙의 공학적 성질을 변경하여 사면의 안정을 강화하는 공법으로 특히 염화칼슘을 사면 상부에 타설하여 칼슘이온을 흡착시키는 방법을 이용
전기화학적 공법	직류전기를 가해 전기화학적으로 흙을 개량하여 사면의 안정을 강화하는 공법
시멘트 안정처리공법	흙에 시멘트 재료를 첨가하여 혼합, 교반하여 사면의 안정을 도모하는 공법
석회 안정처리공법	점성토에 소석회 또는 생석회를 가하여 화학적 결합작용 등에 따라 사면의 안정을 도모하는 공법
소결공법	가열에 의한 토성개량을 목적으로 하는 공법

5. 흙막이 공법

1) 개요

① 흙막이 공법이란 흙막이 배면에 작용하는 토압에 대응하는 구조물로 기초굴착에 따른 지반의 붕괴와 물의 침입을 방지하기 위하여 토압과 수압을 지지하는 공법이다.

② 흙막이는 토사와 지하수의 유입을 막는 흙막이벽과 이것을 지탱해 주는 지보공으로 구성되며, 토질조건, 지하수상태, 현장여건 등을 충분히 검토하여 적정한 흙막이 공법을 선정하여야 한다.

2) 흙막이 공법 선정 시 검토사항

① 주변 대지조건, 토질조건 및 현장시공 여건 등을 감안하여 적당한 공법 선택
② 지하매설물을 고려한 공법 선택
③ 안전하고 경제적인 공법 선택
④ 강성이 높은 공법 선택
⑤ 차수성이 높은 공법 선택
⑥ 지반 성상에 맞는 공법 선택
⑦ 지하수 배수 시 배수처리 공법 선택
⑧ 흙막이 해체 고려
⑨ 무공해성 공법 선택

3) 공법의 종류 및 특성

① 흙막이 지지방식에 의한 분류(지보공)

㉠ 자립공법

ⓐ 자체의 근입 깊이에 의해 지지하고 양호한 지반일 때 사용
ⓑ 특히 용수가 없어 붕괴의 염려가 없고 굴착깊이가 비교적 얕은 경우에 사용
ⓒ 흙막이의 안정에 문제가 있을 때에는 널말뚝을 깊이 박는다.

㉡ 버팀대식 공법 : 좁은 면적에 깊은 기초파기를 할 때나, 폭은 좁고 길이가 길 경우에 적합

구분	특징
빗버팀대식 공법 (경사버팀대 : Raker)	① 흙막이 내부에 빗버팀대를 설치하여 토압에 저항하게 하는 공법 ② 넓은 면적 얕은 기초 터파기 시 이용
수평버팀대식(Strut) 공법	① 빗버팀대식과 같이 중앙부의 흙을 파고, 중간지주 말뚝을 박는 공법 ② 토질에 대해 영향을 적게 받는다. ③ 인근 대지로 공사범위가 넘어가지 않는다. ④ 강재를 전용함에 따라 재료비가 비교적 적게 든다. ⑤ 좁은 면적 깊은 기초 터파기 시 이용

㉢ 어스 앵커 공법(Earth Anchor) : 널말뚝 후면부를 천공하고 인장재를 삽입하여 경질지반에 정착시킴으로써 흙막이널을 지지시키는 공법

ⓐ 버팀대가 없어 굴착공간 확보가 용이

ⓑ 인접한 구조물의 기초나 매설물이 있는 경우에는 부적합

ⓒ 사질토 지반과 굴착심도가 깊을 경우 부적합

ⓓ 작업공간이 좁은 곳에서도 시공 가능

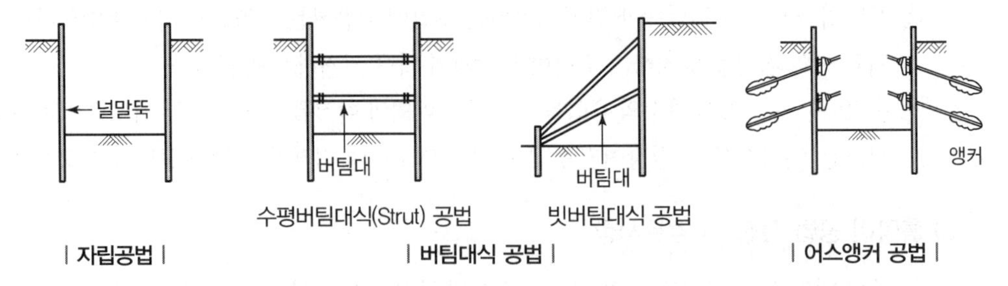

| 자립공법 |　　| 버팀대식 공법 |　　| 어스앵커 공법 |

② 흙막이 구조방식에 의한 분류(흙막이벽)

㉠ 엄지말뚝식 흙막이 공법(H－Pile) : 천공하여 H형 강을 박고 굴착을 진행하면서 토류판을 엄지말뚝 사이에 끼워넣어 벽체를 형성하는 공법, 시공이 간단하고 경제적이나 연약지반과 지하수가 많은 경우에 보강이 필요

㉡ 널말뚝 공법

강 널말뚝식 흙막이 공법 (Sheet Pile)	① 널말뚝을 연속으로 연결하여 흙막이벽을 형성하는 공법 ② 연약지반이나 사질토에 적합하나 경질지반에는 부적합하고 시공 시 소음 · 진동이 발생
강관 널말뚝식 흙막이 공법 (Pipe Sheet Pile)	① 널말뚝의 강성부족을 보완할 수 있는 공법 ② 수압이 크거나 연약한 지반에 사용

㉢ 지하연속벽 공법(Slurry Wall)

주열식 지하연속벽 공법 (현장타설말뚝)	제자리 콘크리트 말뚝을 연속적으로 설치하여 벽체를 형성함으로써 흙막이 벽체를 형성하는 공법
벽식 지하연속벽 공법 (철근 콘크리트벽)	지반 굴착 시 벤토나이트 안정액을 사용하여 지반의 붕괴를 방지하면서 굴착하고, 그 속에 철근망을 넣고 콘크리트를 타설하여 연속적으로 콘크리트 흙막이벽을 설치하는 공법

ⓐ 주열식 지하연속벽 공법의 특징

- 비교적 차수성과 벽체 강성이 좋다.
- 소음과 진동이 거의 없다.
- 인접구조물의 영향이 적고 벽체 붕괴의 우려가 적다.
- 일단 시공되면 철거가 곤란하다.

ⓑ 벽식 지하연속벽 공법의 특징

- 흙막이벽 자체의 강도, 강성이 우수하다.
- 시공 시의 소음, 진동이 작다.
- 흙막이벽 및 물막이벽의 기능도 있다.
- 인접 건물의 경계선까지 시공이 가능하다.
- 영구 지하벽이나 깊은 기초로 활용하기도 한다.

- 차수효과가 확실하다.
- 경질 또는 연약지반에도 적용이 가능하다.
- 벽 두께를 자유로이 설계할 수 있다.(임의의 형상이나 치수의 시공이 가능)
- 다른 흙막이벽의 공사비에 비해 공사비가 많다.

ⓒ 벽식 지하연속벽 공법의 종류

프리팩트 콘크리트 말뚝 공법	CIP (Cast in Place Pile)	파이프 회전봉의 선단에 커터(Cutter)를 장치한 것으로 지중을 파고 다시 회전시켜 빼내면서 모르타르를 분출시켜 지중에 소일 콘크리트 파일(Soil Concrete Pile)을 형성시킨 말뚝
	PIP (Packed in Place Pile)	오거로 소정의 깊이까지 굴착한 다음 흙과 오거를 동시에 끌어 올리면서 오거 선단을 통해 모르타르, 잔자갈 콘크리트를 주입하는 공법
	MIP (Mixed in Place Pile)	지하수가 없는 비교적 경질인 지층에서 어스 오거로 구멍을 뚫고 그 내부에 철근과 자갈을 채운 후 미리 삽입해 둔 파이프를 통해 저면에서부터 모르타르를 채워 올라오게 하는 말뚝 ① 주열식 강성체로서 토류벽 역할을 한다. ② 소음 및 진동이 적다. ③ 협소한 장소에서도 시공이 가능하다.
SCW(Soil Cement Wall) 공법		일종의 MIP 공법으로 오거(Auger)로 천공하면서 흙과 모르타르를 혼합하여 소일 콘크리트화하고 철근을 압입시공하여 지중 연속벽체를 형성하는 공법

ⓡ 역타식 공법(Top Down) : 지하구조물을 지상에서 점차 지하로 진행하여 지하 터파기와 지상의 구조체 공사를 병행하여 시공하는 공법으로 역타공법이라고도 한다.

ⓐ 지하와 지상층의 병행시공으로 공기 단축 가능

ⓑ 지하연속벽을 본 구조물의 벽체로 이용

ⓒ 지하 굴착 시 소음 및 분진 방지

ⓓ 굴토작업이 슬래브 하부에서 진행되므로 작업능률 및 작업환경 조건이 저하됨

ⓔ 건물의 지하구조체에 시공이음이 많아 건물방수에 대한 우려가 큼

4) 흙막이 지보공

① 개요

㉠ 흙막이 지보공이란 흙막이 공사에서 널말뚝(Sheet Pile)이나 흙막이 널을 지지하는 재료를 총칭한다.

㉡ 지보공의 종류는 띠장, 버팀대, 지주 등을 말하여 사고방지를 위한 안전조치가 필요하다.

② 지보공 부재의 종류

㉠ 버팀기둥(H－pile) : 버팀대를 지지하는 기둥(엄지말뚝)

㉡ 흙막이 벽체(토류판, 널말뚝) : 수평 흙막이판

㉢ 띠장(Waling) : 널말뚝, 버팀기둥(H－Pile)을 지지하기 위하여 벽면에 수평으로 부착하는 부재

㉣ 수평버팀대(Strut) : 띠장을 수평방향으로 지지하는 부재

㉤ 기타 경사버팀대, 브래킷(Bracket)

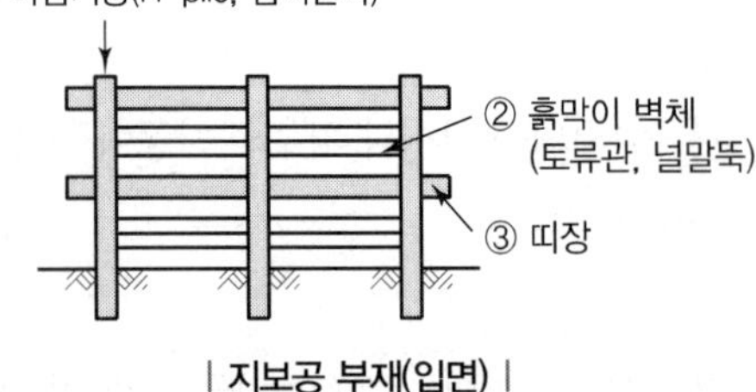

| 지보공 부재(입면) |

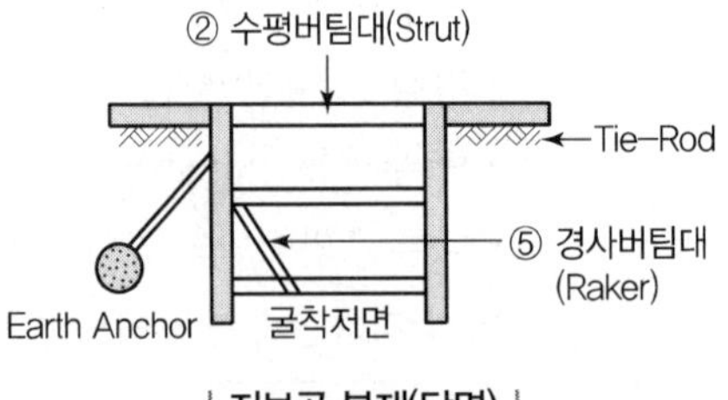

| 지보공 부재(단면) |

③ 흙막이에 작용하는 토압

㉠ 주동토압 : 흙막이 벽체가 전면으로 변위가 생길 때의 토압

㉡ 수동토압 : 흙막이 벽체가 배면으로 변위가 생길 때의 토압

㉢ 정지토압 : 흙막이 벽체가 정지하고 있을 때의 토압

㉣ 토압의 크기 : 수동토압 > 정지토압 > 주동토압

㉤ 안전조건

수동토압+버팀대 반력 > 주동토압

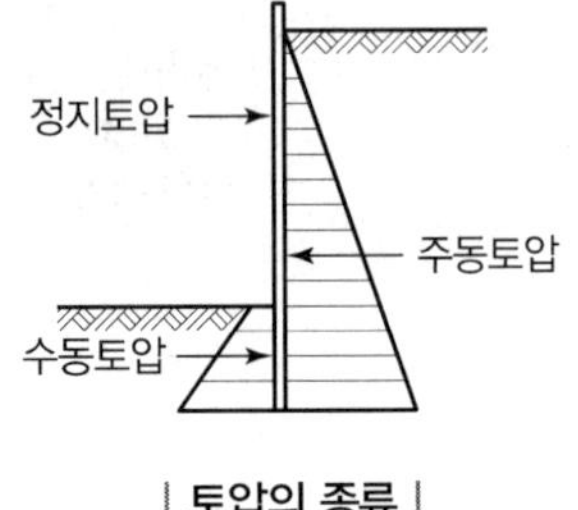

| 토압의 종류 |

④ 흙막이 지보공 조립도 및 붕괴 등의 위험방지

㉠ 조립도

ⓐ 흙막이 지보공을 조립하는 경우 미리 그 구조를 검토한 후 조립도를 작성하여 그 조립도에 따라 조립하도록 해야 한다.

ⓑ 조립도는 흙막이판 · 말뚝 · 버팀대 및 띠장 등 부재의 배치 · 치수 · 재질 및 설치방법과 순서가 명시되어야 한다.

㉡ 붕괴 등의 위험방지 : 흙막이 지보공을 설치하였을 때에는 정기적으로 다음의 사항을 점검하고 이상을 발견하면 즉시 보수하여야 한다.

ⓐ 부재의 손상 · 변형 · 부식 · 변위 및 탈락의 유무와 상태

ⓑ 버팀대의 긴압의 정도

ⓒ 부재의 접속부 · 부착부 및 교차부의 상태

ⓓ 침하의 정도

5) 흙파기 공법의 분류

① 흙파기 공법의 개요

㉠ 건축 구조물의 기초를 설치하기 위하여 적정한 깊이로 땅을 파는 것을 말한다.

㉡ 사전조사를 철저히 하여 적합하고 경제적이며 안전한 적정공법을 채택하는 것이 중요한다.

② Open Cut 공법(개착식 굴착공법)

㉠ 경사면(비탈면) Open Cut 공법

ⓐ 흙막이 지보공(버팀대)이 필요 없이 굴착면을 경사지게 파내는 공법

ⓑ 지반의 자립성에 의존하는 공법

ⓒ 깊이에 제한이 있고 비탈면 안정이 가능한 토질조건을 갖추어야 함

ⓛ 흙막이 Open Cut 공법 : 흙막이벽과 널말뚝에 의해 지지하면서 터파기를 하는 공법

자립식 공법	① 버팀대, 띠장 등의 지보공을 가설하지 않고 토압을 흙막이 벽의 휨저항으로 지지하는 공법 ② 근입 깊이가 충분해야 하며 얕은 굴착에 가능
버팀대 공법	① 띠장, 버팀태, 지지말뚝을 설치하여 토압을 지지하는 공법 ② 지반 종류에 무관하나 지보공에 의한 작업에 제약
어스앵커 공법	수평버팀대 대신 어스앵커로 흙막이벽을 지지하는 공법
타이로드 앵커 공법	① 어스앵커를 설치하여 일반저항에 의해 지지 ② 굴착 면적이 넓고 굴착깊이를 깊게 해야 할 경우

③ 부분 굴착 공법

아일랜드 컷 (Island Cut) 공법	중앙부를 먼저 굴착하여 기초를 시공하고 기초에 버팀대로 지지하여 주변 부분을 굴착하는 방법(중앙부 먼저)
트렌치 컷 (Trench Cut) 공법	아일랜드 컷 공법과 반대로 주변부를 먼저 시공한 후 나중에 중앙부를 굴착하여 지하 구조물을 완성하는 공법(주변부 먼저)

6. 콘크리트구조물 붕괴안전대책

1) 옹벽

① 정의 : 토사가 무너지는 것을 방지하기 위해 설치하는 토압에 저항하는 구조물로 자연사면의 절취 및 성토사면의 흙막이를 하여 부지의 활용도를 높이고 붕괴의 방지를 위해 설치

② 옹벽의 안정조건

전도(Over Turning)에 대한 안정	① 안전율$(F_S) = \dfrac{\text{전도에 저항하는 모멘트}}{\text{전도모멘트}} \geq 2.0$ ② 대책 : 옹벽의 높이를 낮추거나 기초 후면의 길이를 길게 함
활동(Sliding)에 대한 안정	① 안전율$(F_S) = \dfrac{\text{활동에 저항하려는 힘}}{\text{활동하려는 힘}} \geq 1.5$ ② 대책 : 기초 저판의 폭 증가, 기초 하부에 말뚝보강, 기초 하부에 활동방지벽(Shear Key) 설치
지반지지력 (침하, Settlement)에 대한 안정	① 안전율$(F_S) = \dfrac{\text{지반의 극한지지력도}}{\text{지반의 최대반력}} \geq 3.0$ ② 대책 : 기초 저반의 폭 증가, 기초 하부의 지반 개량 및 강화

2) 콘크리트 구조물의 안전성 검사 방법

① 육안에 의한 진단

구조물 상태를 육안으로 조사하여 크랙 스케일(Crack Scale), 못이나 칼 등으로 균열의 방향, 길이, 폭 및 표면경도를 조사하는 방법

② 물리적 시험방법

드릴을 이용하여 코어를 채취하여 압축강도 시험과 동결융해 시험을 실시, 동결융해 시험에 의해 내구성을 예측하고, 압축강도 시험에 의해 설계치와 실측치를 비교하여 구조물의 안전성 여부를 판정하는 방법

③ 화학적 진단방법

중성화 시험, 염화물에 대한 시험, 알칼리 골재반응 시험 등 콘크리트의 화학적 반응시험으로 내구성에 대한 평가를 하는 방법

④ 비파괴 시험에 의한 진단방법

㉠ 콘크리트 강도추정을 위한 진단방법

ⓐ 반발경도법(Schmidt Hammer, 강도법) : 콘크리트의 표면을 타격하여 Hammer의 반발 정도로 강도를 추정하는 것

ⓑ 초음파법(음속법) : 초음파를 콘크리트 내부에 발사한 후 초음파 속도를 측정하여 콘크리트 상태를 검사하는 것

ⓒ 복합법 : 반발경도법과 초음파법을 병용하여 시험하는 것

ⓓ 인발법 : 콘크리트 중에 매입한 볼트 혹은 코어 등의 인발내력에서 강도를 추정하는 것

ⓔ 공진법(음파법) : 물체의 고유진동주기를 이용하여 강도를 추정하는 것

㉡ 철근 콘크리트 구조물의 철근 진단방법

ⓐ 자기법 : 콘크리트 내부 철근의 존재에 의한 자기의 변화를 측정해서 철근의 위치, 직경, 피복두께 등을 추정하는 것(철근 직경에 따라 전압이 달라지는 원리를 이용)

ⓑ 방사선법 : 콘크리트에 X선, γ선을 투과하고 투과방사선을 필름에 촬영하여 결함을 발견하는 것

ⓒ 레이더법 : 레이더를 콘크리트에 침투시켜 탐사하는 것

7. 터널굴착

1) 터널굴착작업 안전기준

① 지반조사의 확인 : 지질 및 지층에 관한 조사를 실시하고 다음 사항을 확인하여야 한다.

㉠ 시추(보링) 위치

㉡ 토층분포상태

㉢ 투수계수

㉣ 지하수위

㉤ 지반의 지지력

② 사전조사 및 작업계획서의 내용

사전 조사사항	작업계획서 내용
보링(Boring) 등 적절한 방법으로 낙반 · 출수 및 가스폭발 등으로 인한 근로자의 위험을 방지하기 위하여 미리 지형 · 지질 및 지층상태를 조사	① 굴착의 방법 ② 터널지보공 및 복공의 시공방법과 용수의 처리방법 ③ 환기 또는 조명시설을 설치할 때에는 그 방법

③ **자동경보장치의 작업 시작 전 점검사항** : 당일 작업 시작 전 다음의 사항을 점검하고 이상을 발견하면 즉시 보수하여야 한다.

㉠ 계기의 이상 유무

㉡ 검지부의 이상 유무

㉢ 경보장치의 작동상태

④ **낙반 등에 의한 위험방지 조치**

㉠ 터널 지보공 및 록볼트의 설치　　㉡ 부석의 제거

⑤ **출입구 부근 등의 지반붕괴에 의한 위험방지 조치**

㉠ 흙막이 지보공 설치　　㉡ 방호망 설치

⑥ **소화설비 등** : 터널건설작업을 하는 경우에는 해당 터널 내부의 화기나 아크를 사용하는 장소 또는 배전반, 변압기, 차단기 등을 설치하는 장소에 소화설비를 설치하여야 한다.

⑦ **터널 지보공 조립 또는 변경 시 조치사항**

㉠ 주재를 구성하는 1세트의 부재는 동일 평면 내에 배치할 것

㉡ 목재의 터널 지보공은 그 터널 지보공의 각 부재의 긴압 정도가 균등하게 되도록 할 것

㉢ 기둥에는 침하를 방지하기 위하여 받침목을 사용하는 등의 조치를 할 것

㉣ 강아치 지보공의 조립은 다음의 사항을 따를 것

ⓐ 조립간격은 조립도에 따를 것

ⓑ 주재가 아치작용을 충분히 할 수 있도록 쐐기를 박는 등 필요한 조치를 할 것

ⓒ 연결볼트 및 띠장 등을 사용하여 주재 상호 간을 튼튼하게 연결할 것

ⓓ 터널 등의 출입구 부분에는 받침대를 설치할 것

ⓔ 낙하물이 근로자에게 위험을 미칠 우려가 있는 경우에는 널판 등을 설치할 것

㉤ 목재 지주식 지보공은 다음의 사항을 따를 것

ⓐ 주 기둥은 변위를 방지하기 위하여 쐐기 등을 사용하여 지반에 고정시킬 것

ⓑ 양끝에는 받침대를 설치할 것

ⓒ 터널 등의 목재 지주식 지보공에 세로방향의 하중이 걸림으로써 넘어지거나 비틀어질 우려가 있는 경우에는 양끝 외의 부분에도 받침대를 설치할 것

ⓓ 부재의 접속부는 꺾쇠 등으로 고정시킬 것

㉥ 강아치 지보공 및 목재지주식 지보공 외의 터널 지보공에 대해서는 터널 등의 출입구 부분에 받침대를 설치할 것

⑧ **터널 지보공 조립도 및 붕괴 등의 위험방지**

㉠ 조립도

ⓐ 터널 지보공을 조립하는 경우에는 미리 그 구조를 검토한 후 조립도를 작성하고, 그 조립도에 따라 조립하도록 하여야 한다.

ⓑ 조립도에는 재료의 재질, 단면규격, 설치간격 및 이음방법 등을 명시하여야 한다.

㉡ 터널지보공의 붕괴 등의 방지를 위한 점검사항
ⓐ 부재의 손상 · 변형 · 부식 · 변위 탈락의 유무 및 상태
ⓑ 부재의 긴압 정도
ⓒ 부재의 접속부 및 교차부의 상태
ⓓ 기둥침하의 유무 및 상태

⑨ 터널 작업면에 대한 조도 기준

작업구간	기준
막장구간	70 lux 이상
터널 중간 구간	50 lux 이상
터널입 · 출구, 수직구 구간	30 lux 이상

2) 터널의 뿜어붙이기 콘크리트(Shotcrete)

① 개요 : 압축공기로 시공면에 뿜는 콘크리트를 말하며, 터널 굴착면의 보호와 안정을 위해 실시한다.

② 설치방법

건식공법	시멘트와 골재를 믹서로 혼합한 상태(건비빔)를 노즐에서 물과 합류시켜 콘크리트를 제조하여 뿜어 붙이는 공법
습식공법	물을 포함한 전 재료를 믹서로 비빈 후 노즐로 뿜어 붙이는 공법

③ 뿜어붙이기 콘크리트의 최소 두께(기준 이상이어야 함)

약간 취약한 암반	약간 파괴되기 쉬운 암반	파괴되기 쉬운 암반	매우 파괴되기 쉬운 암반 (철망병용)	팽창성의 암반 (강재 지보공과 철망병용)
2cm	3cm	5cm	7cm	15cm

④ 효과
㉠ 굴착면을 피복하여 원지반의 탈락방지
㉡ 넓은 면을 피복하여 응력의 집중방지
㉢ 암괴의 유동이나 낙반을 방지
㉣ 굴착 시공면을 확실히 밀착시켜서 붕괴방지
㉤ 부착력에 의한 안전성 확보

3) 터널 굴착 공법의 분류

재래식 지보공 공법 (ASSM)	종래 광산에서 많이 사용하는 것으로 굴착과 동시에 목재나 강재로 주변지반의 하중을 지지하는 공법으로 안전성이 낮다.
NATM 공법	굴착 후 주변지반의 지지력을 이용하여 록볼트, 숏크리트 등을 사용하는 공법으로 경제성이 우수하다.
TBM 공법	원통형 터널굴착기로 전단면을 파쇄하는 굴착공법이다.
실드공법	강제 원통 굴삭기(실드)로 터널을 구축하는 공법으로 토사구간이나 용수가 있는 연약지반에 사용된다.
개착식 공법	굴착면의 안정을 유지하면서 지표면으로부터 수직으로 파내려가 구조물을 축조하고 다시 원상태로 복구하는 공법을 말하며, 도심지터널, 지하철의 공법으로 널리 사용되고 있다.
침매공법	지상에서 터널 박스를 제작하여 해저에 침하시켜 터널을 구축하는 공법

참고 파일럿 터널(Pilot Tunnel) 공법

① 본 터널 시공 전에 약간 떨어진 곳에 먼저 굴착해 놓고 지질조사, 환기, 배수, 재료운반 등의 상태를 알아보기 위하여 설치하는 터널을 말한다.

② 파일럿 터널은 본 터널이 완공되면 다시 매립한다.

3 낙하, 비래방지용 안전시설

1. 발생원인

발생원인	대책
고소 작업장 자재, 공구 등의 정리정돈 불량	정리정돈
외부 비계 위에 불안전한 자재의 적재	적재 지양
작업발판의 폭, 간격 등 구조 불량	구조 개선
자재 투하 시 투하설비 미설치	투하설비 설치
낙하물 방지망의 미설치, 유지 · 보수상태 불량	방지시설 설치
인양 작업 시 와이어로프의 불량 절단	인양로프 개선
매달기 작업 시 결속방법 불량	결속방법 준수
낙하물 위험지역에서 작업통제 불량	낙하지역 출입금지 조치

2. 예방대책

1) 낙하물에 의한 위험의 방지

① 물체가 떨어지거나 날아올 위험이 있는 경우의 위험방지

㉠ 낙하물 방지망 설치

㉡ 수직보호망 설치

㉢ 방호선반 설치

㉣ 출입금지구역 설정

㉤ 보호구 착용

② 낙하물 방지망 또는 방호선반 설치 시 준수사항

㉠ 높이 10미터 이내마다 설치하고, 내민 길이는 벽면으로부터 2미터 이상으로 할 것

㉡ 수평면과의 각도는 20도 이상 30도 이하를 유지할 것

③ 높이 3m 이상인 장소에서 물체를 투하하는 경우 조치사항

㉠ 투하설비설치

㉡ 감시인 배치

2) 낙하물 위험방지 방호설비

① 낙하물 방지망

㉠ 작업 중 재료나 공구 등의 낙하로 인하여 근로자, 통행인 및 통행차량 등에 발생할 수 있는 재해를 예방하기 위하여 설치하는 설비

㉡ 설치기준

ⓐ 그물코는 사각 또는 마름모로서 크기는 가로, 세로 각 2cm 이하

ⓑ 방지망의 설치 간격은 매 10m 이내(첫단의 설치높이는 근로자를 방호할 수 있는 가능한 한 낮은 위치에 설치)

ⓒ 방망이 수평면과 이루는 각도는 20~30°

ⓓ 내민 길이는 비계 외측으로부터 수평거리 2.0m 이상

ⓔ 방망을 지지하는 긴결재의 강도는 15kN 이상의 인장력에 견딜 수 있는 로프 사용

ⓕ 방지망의 겹침폭은 30cm 이상

ⓖ 최하단의 방지망은 작은 못, 볼트 등의 낙하물이 떨어지지 못하도록 방망의 그물코 크기가 0.3cm 이하인 망을 설치(낙하물 방호선반 설치 시 예외)

㉢ 설치 후 3월 이내마다 정기점검 실시

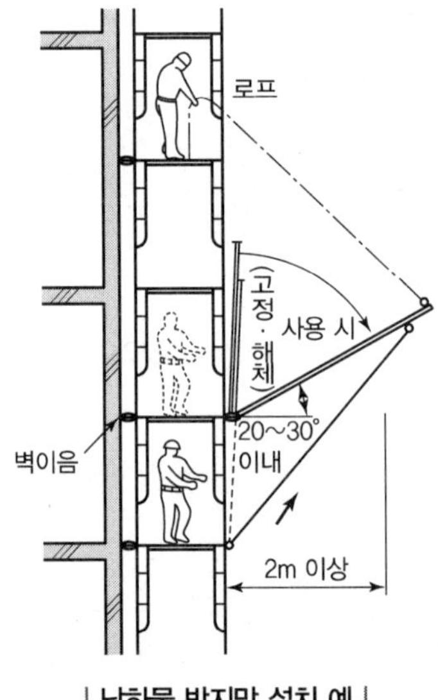

| 낙하물 방지망 설치 예 |

② 수직 보호망

㉠ 가설 구조물의 바깥면 등에 설치하여 낙하물의 비산 등을 방지하기 위하여 수직으로 설치하는 보호망

㉡ 설치방법

강관비계에 설치하는 경우	비계기둥과 띠장간격에 맞추어 제작 설치
강관틀 비계에 설치하는 경우	수평지지대 설치간격을 5.5m 이하로 설치
철골구조물에 설치하는 경우	수직지지대를 설치하고 견고하게 설치

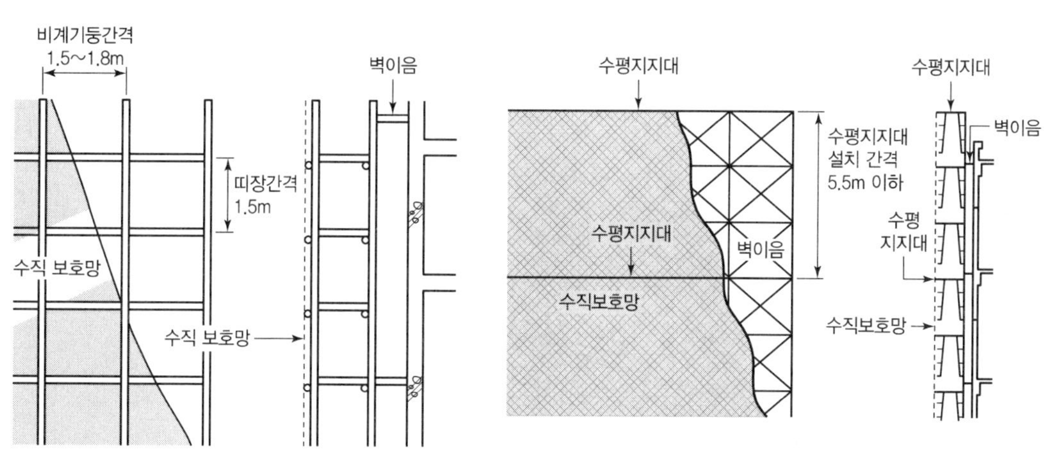

| 강관비계에 설치하는 경우 |

| 강관틀 비계에 설치하는 경우 |

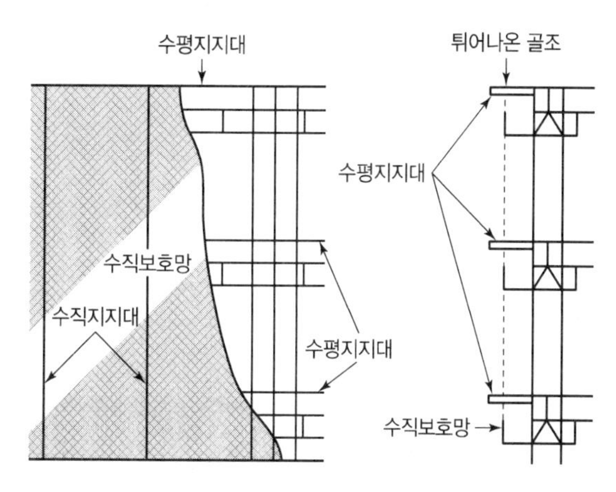

| 철골구조물에 설치하는 경우 |

③ 낙하물 방호선반

㉠ 낙하물 : 고소 작업에 있어서 높은 곳에서 낮은 곳으로 떨어지는 목재, 콘크리트 덩어리 및 공구류 등의 모든 물체를 말한다.

㉡ 방호선반 : 작업 중 재료나 공구 등의 낙하로 인한 피해를 방지하기 위하여 강판 등의 재료를 사용하여 비계 내측 및 외측 그리고 낙하물의 위험이 있는 장소에 설치하는 가설물

㉢ 설치기준

ⓐ 풍압, 진동, 충격 등으로 탈락하지 않도록 견고하게 설치하여야 한다.

ⓑ 방호선반의 바닥판은 틈새가 없도록 설치하여야 한다.

ⓒ 방호선반의 내민 길이는 비계의 외측(비계를 설치하지 않은 경우에는 구조체의 외측)으로부터 수평거리 2m 이상 돌출 되도록 설치하여야 한다.

ⓓ 수평으로 설치하는 방호선반의 끝단에는 수평면으로부터 높이 60cm 이상의 난간을 설치하여야 하며, 난간은 방호선반에 낙하한 낙하물이 외부로 튕겨나감을 방지할 수 있는 구조이어야 한다.

ⓔ 경사지게 설치하는 방호설반이 수평면과 이루는 각도는 방호선반의 최외측이 구조물 쪽보다 20° 이상 30° 이내로 높아야 한다.

ⓕ 방호선반의 설치높이는 근로자를 낙하물에 의한 위험으로부터 방호할 수 있도록 가능한 낮은 위치에 설치하여야 하며, 8m를 초과하여 설치하지 않는다.

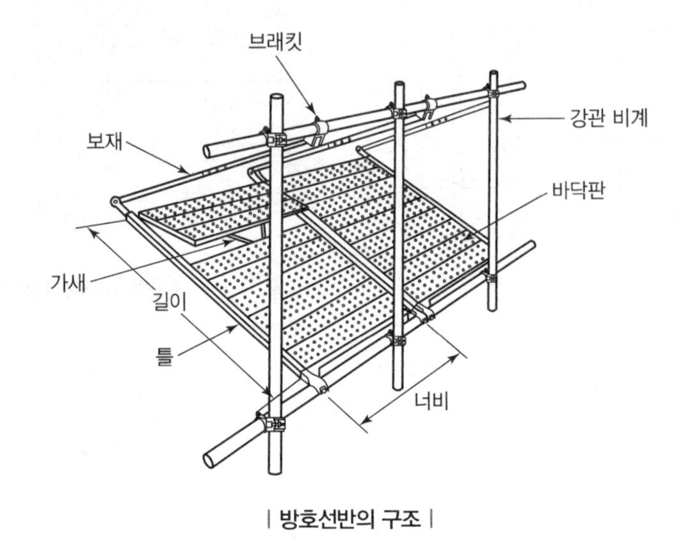

| 방호선반의 구조 |

SECTION 02 건설공구 및 장비 안전수칙

1 건설공구의 종류 및 안전수칙

1. 석재가공 공구

1) 석재가공

석재가공에서 가장 기본적으로 쓰는 공구는 정과 망치이다. 정은 돌을 다듬는 데 쓰는 연장으로 타격용 도구인 망치와 함께 사용되며, 망치도 평날 망치와 양날 망치 등 용도에 따라 그 모양이 다르다.

2) 석재가공 순서

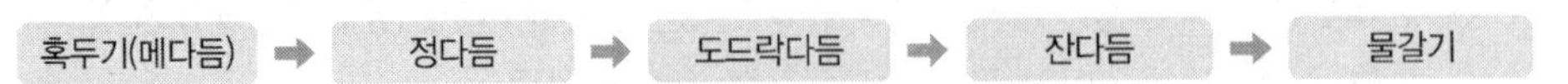

① **혹두기(메다듬)** : 쇠메나 망치로 돌의 면을 거칠게 가공하는 단계

② **정다듬** : 혹두기의 면을 정으로 쪼아 표면에 미세하고 조밀한 흔적을 내는 단계

③ **도드락다듬** : 정다듬한 면을 도드락 망치로 더욱 평탄하게 다듬는 단계

④ 잔다듬 : 정다듬한 면을 양날 망치로 평행 방향으로 정밀하게 쪼아 표면을 더욱 평탄하게 다듬는 단계
⑤ 물갈기 : 잔다듬한 면을 철판, 숫돌 등으로 간 다음, 광택을 내는 단계

3) 수공구의 종류

① 원석할석기
② 다이아몬드 원형 절단기
③ 전동톱
④ 망치
⑤ 정
⑥ 양날 망치
⑦ 도드락 망치

2. 철근가공 공구 등

철선 작두	철선을 필요로 하는 길이나 크기로 사용하기 위해 철선을 끊는 기구
철선 가위	철선 작두와 같이 철선을 필요한 치수로 절단하는 것으로 철선을 자르는 기구
철근 절단기	지레의 힘 또는 동력을 이용하여 철근을 필요한 치수로 절단하는 기구
철근 굽히기	철근을 필요한 치수 또는 형태로 굽힐 때 사용하는 기구

2 건설장비의 종류 및 안전수칙

1. 굴착장비

1) 셔블계 굴착기계

① 파워 셔블(Power Shovel)
㉠ 굴삭기가 위치한 지면보다 높은 곳의 굴착에 적당
㉡ 작업대가 견고하여 단단한 토질의 굴착에도 용이

② 백호(Back Hoe, 드래그 셔블)
㉠ 굴삭기가 위치한 지면보다 낮은 곳을 굴착하는 데 적당
㉡ 도랑파기에 적당하며 굴삭력이 우수
㉢ 비교적 굳은 지반의 토질에서도 사용 가능
㉣ 경사로나 연약지반에서는 무한궤도식이 타이어식보다 안전

③ 드래그 라인(Drag Line)
㉠ 굴삭기가 위치한 지면보다 낮은 곳의 굴착에 적합

ⓛ 연질지반의 굴착에 적당하고 단단하게 다져진 토질에는 적합하지 않음
ⓒ 굴삭범위가 크지만 굴삭력이 약함
ⓓ 수중굴착 및 모래채취 등에 많이 이용

④ 클램셸(Clam Shell)
㉠ 좁고 깊은 곳의 수직굴착, 수중굴착에 적당
㉡ 지하연속벽 공사, 깊은 우물통 파기에 사용
㉢ 구조물의 기초바닥, 잠함 등과 같은 협소하고 깊은 범위의 굴착에 적합

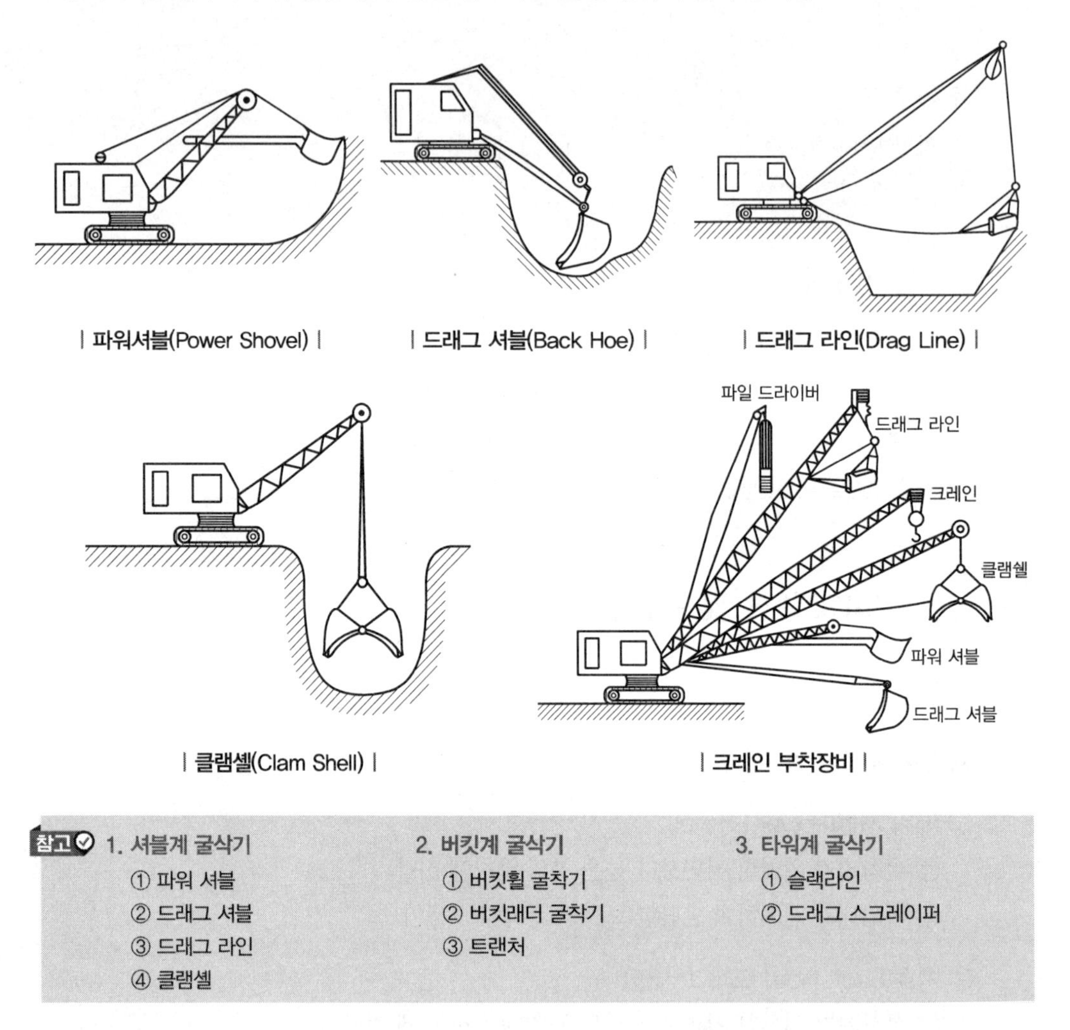

| 파워셔블(Power Shovel) | | 드래그 셔블(Back Hoe) | | 드래그 라인(Drag Line) |

| 클램셸(Clam Shell) | | 크레인 부착장비 |

참고 1. 셔블계 굴삭기
① 파워 셔블
② 드래그 셔블
③ 드래그 라인
④ 클램셸

2. 버킷계 굴삭기
① 버킷휠 굴착기
② 버킷래더 굴착기
③ 트랜처

3. 타워계 굴삭기
① 슬랙라인
② 드래그 스크레이퍼

2) 도저계 굴착기계

① 불도저(Bull Dozer)
㉠ 특징
ⓐ 트랙터 앞에 배포판(Blade)을 달아 흙을 깎아서 밀어 운반하는 기계로 굴착, 땅고르기, 매립 등을 시공

ⓑ 굴착, 절토, 운반 정지작업 등을 할 수 있는 만능 토공기계

㉡ 도저의 종류

ⓐ 주행방식에 의한 분류

무한궤도식	① 일반토사의 작업에 가장 많이 쓰임 ② 습지 및 험악한 지대 작업이 가능
타이어식	① 무한궤도식에 비해 기동성이 좋음 ② 습지 및 험악한 지대 작업이 곤란

| **무한궤도식** |

| **타이어식** |

ⓑ 배토판(Blade)의 형태 및 작동방법에 의한 분류

스트레이트 도저 (Straight Dozer)	트랙터의 종방향 중심축에 배토판을 직각으로 설치하여 직선적인 굴착 및 압토작업에 효율적
앵글 도저 (Angle Dozer)	배토판을 진행방향에 따라 20~30°의 좌우로 돌릴 수 있도록 만든 장치, 측면 굴착에 유리
틸트 도저 (Tilt Dozer)	배토판을 좌우로 상하 25~30°까지 아래로 기울어지게 하여 도랑파기, 경사면 굴착에 유리
힌지 도저 (Hinge Dozer)	배토판 중앙에 힌지를 붙여 안팎으로 V자형으로 꺾을 수 있으며, 흙을 깎아 옆으로 밀어 내면서 전진하므로 제설, 제토작업 및 다량의 흙을 전방으로 밀고 가는 데 적합한 도저

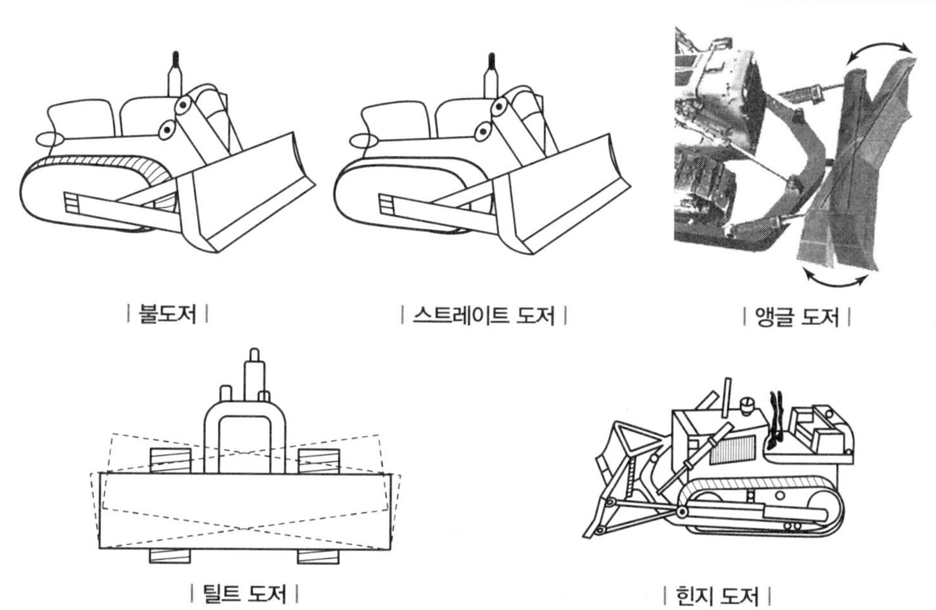

| **불도저** |　| **스트레이트 도저** |　| **앵글 도저** |

| **틸트 도저** |　| **힌지 도저** |

ⓒ 사용 목적에 따른 분류

레이크 도저(Rake Dozer)	배토판이 포크 형식으로 되어 있어 돌이나 나무뿌리 등을 골라 낼 수 있는 작업에 용이
습지 불도저	연약한 습지의 굴착압토에 용이하고 함수비가 높은 토질에 적합
U-도저	배토판이 U자 형식으로 되어 있어 흙을 퍼트리지 않고 가지런히 모으는 작업에 용이, 제설작업
버킷 도저(Bucket Dozer)	배토판이 흙을 담을 수 있게 되어 있어 적재 및 운반 작업에 용이
리퍼 도저(Ripper Dozer)	아스팔트 포장도로 등 단단한 땅이나 연약한 암석을 파내는 갈고리 모양의 도저

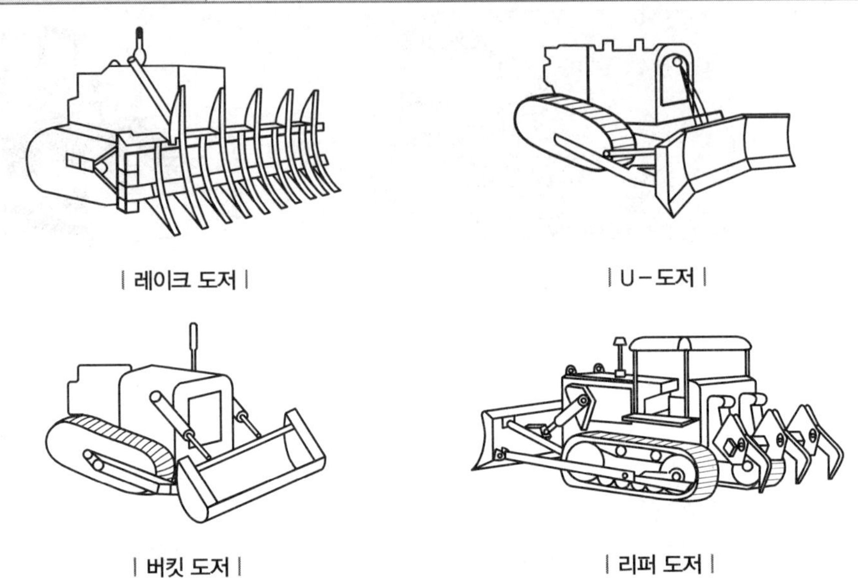
| 레이크 도저 | | U-도저 |

| 버킷 도저 | | 리퍼 도저 |

② 스크레이퍼(Scraper)

㉠ 특징

ⓐ 굴착, 운반, 하역, 적재, 사토, 정지작업을 연속적으로 할 수 있는 중 · 장거리 토공기계

ⓑ 불도저보다 중량이 크고 고속운전이 가능

ⓒ 택지조성, 공항 건설, 고속도로 건설 등의 대규모 토목 공사에 적용

㉡ 종류

자주식	피견인식(캐리올 스크레이퍼)
① 모터 스크레이퍼(Motor Scraper) ② 300~1,500m의 운반거리에 적합	① 트랙터에 의해 견인되도록 한 구조 ② 50~300m의 운반거리에 적합

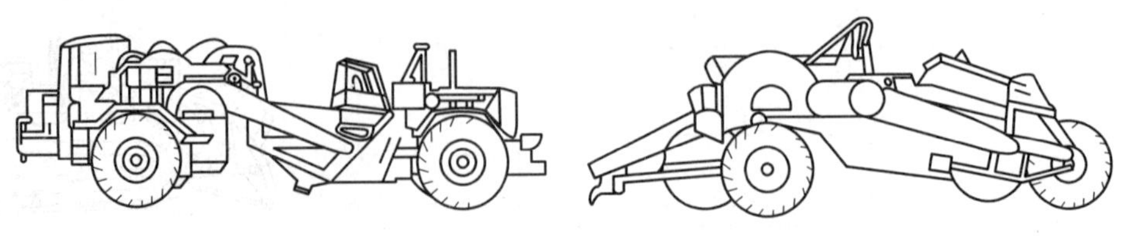
| 모터 스크레이퍼 | | 피견인식 |

③ 모터 그레이더(Motor Grader)

㉠ 지면을 절삭하여 평활하게 다듬는 장비로서 노면의 성형과 정지작업에 가장 적당한 장비

㉡ 전륜을 기울게 할 수 있어 비탈면 고르기 작업도 가능

㉢ 상하작동, 좌우회전 및 경사, 수평선회가 가능

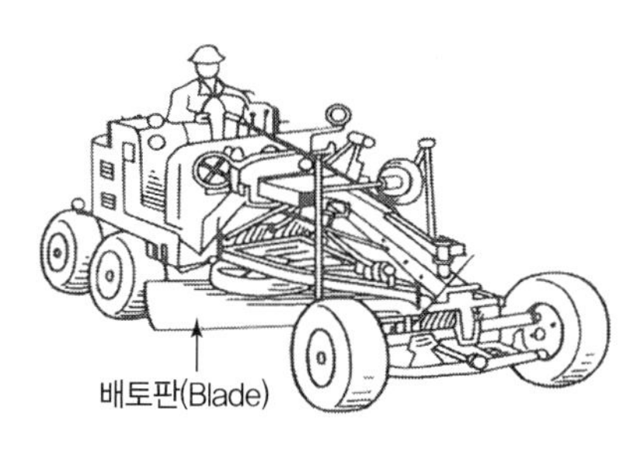

| 모터 그레이더 |

3) 굴착기계 작업 안전대책

① 버킷이나 다른 부수장치 혹은 뒷부분에 사람을 태우지 말아야 한다.

② 절대로 운전 반경 내에 사람이 있을 때는 회전하여서는 안 된다.

③ 장비의 주차 시는 경사지나 굴착작업장으로부터 충분히 이격시켜 주차하고, 버킷은 반드시 지면에 놓아야 한다.

④ 전선 밑에서는 주의하여 작업을 하여야 하며, 특히 전선과 장치의 안전간격을 반드시 유지한다.

⑤ 항상 뒤쪽의 카운터 웨이트의 회전반경을 측정한 후 작업에 임한다.

⑥ 작업 시에는 항상 사람의 접근에 특별히 주의한다.

⑦ 유압계통 분리 시에는 반드시 붐을 지면에 놓고 엔진을 정지시킨 다음 유압을 제거한 후 행한다.

4) 작업별 건설기계 분류표

작업의 종류		적정기계의 종류
굴착		불도저(Bulldozer), 트랙터 셔블(Tractor Shovel), 셔블계 굴착기계[백호(Back Hoe), 클램셸(Clam Shell), 드래그 라인(Drag Line), 파워 셔블(Power Shovel)]
굴착 · 싣기(적재)		셔블계 굴착기계[백호(Back Hoe), 클램셸(Clam Shell), 드래그 라인(Drag Line), 파워 셔블(Power Shovel)], 로더(Loader), 트랙터 셔블(Tractor Shovel)
굴착 · 운반		불도저(Bulldozer), 스크레이퍼(Scraper), 스크레이퍼 도저((Scraper Dozer), 로더(Loader), 트랙터 셔블(Tractor Shovel)
정지		불도저(Bulldozer), 모터 그레이더(Motor Grader)
다짐		롤러(로드, 진동, 탬핑, 타이어)
기초공사용 건설기계	항타	항타기, 항발기
	천공	천공기(Boring Machine), 어스드릴(Earth Drill), 어스오거(Earth Auger), 리버스 서큘레이션 드릴(Reverse Circulation Drill)
	지반강화	페이퍼 드레인 머신(Paper Drain Machine)
콘크리트 타설		콘크리트 펌프, 콘크리트 펌프카
양중		크레인(타워크레인, 케이블크레인, 지브크레인, 이동식 크레인), 호이스트, 건설작업용 리프트

2. 운반장비

1) 덤프트럭

① 건설공사에서 운반작업이 차지하는 비중이 가장 높으며, 장거리운반용으로 사용되는 장비

② 종류

㉠ 리어 덤프트럭

㉡ 보텀 덤프트럭

㉢ 사이드 덤프트럭

㉣ 3방 열림 덤프트럭

2) 컨베이어

자재 및 콘크리트 등의 수송에 주로 사용하며 설치가 용이하고 경제적이므로 많이 사용하는 장비

포터블(Portable) 컨베이어	모래, 자갈의 운반과 채취에 사용
스크루(Screw) 컨베이어	모래, 시멘트, 콘크리트 운반에 사용
벨트(Belt) 컨베이어	흙, 쇄석, 골재 운반에 가장 널리 사용
대형 컨베이어	흙, 모래, 자갈, 쇄석 등의 수송에 사용

3) 트레일러

트랙터의 후미에 트레일러를 장치하여 사용하고, 중량물이나 긴 물체를 운반하는 데 사용하는 장비

세미 트레일러	견인력과 지지력을 모두 갖추고 있으며 트레일러가 트랙터에 직접 지지되어 있다.
폴 트레일러	견인력만 갖추고 있으며 트레일러가 트랙터 후부의 연결장치에 연결되어 있다.

3. 다짐장비 등

1) 종류

① 롤러식 다짐기계 : 로드 롤러, 탬핑 롤러, 타이어 롤러

② 평판식 다짐기계 : 진동 콤팩터, 소일 콤팩터, 탬퍼, 래머

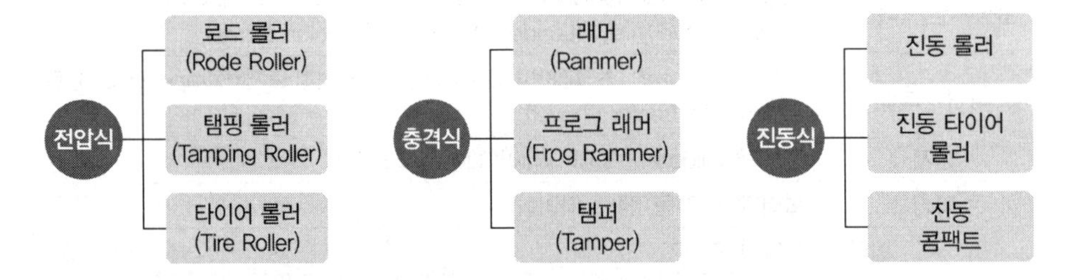

2) 다짐기계의 특징

① 전압식 : 롤러와 같이 위에서 하중을 작용하여 다지는 것

로드 롤러(Road Roller)	머캐덤 롤러(Macadam Roller)	3륜 형식으로 쇄석, 자갈 등의 다짐에 사용
	탠덤 롤러(Tandem Roller)	2륜 형식으로 아스팔트 포장의 끝마무리에 사용
탬핑 롤러(Tamping Roller)		① 깊은 다짐이나 고함수비 지반의 다짐에 많이 이용 ② 롤러의 표면에 돌기를 만들어 부착한 것 ③ 풍화암을 파쇄하고 흙 속의 간극수압을 제거 ④ 점성토 지반에 효과적
타이어 롤러(Tire Roller)		사질토나 사질 점성토에 적합하며 주행속도 개선

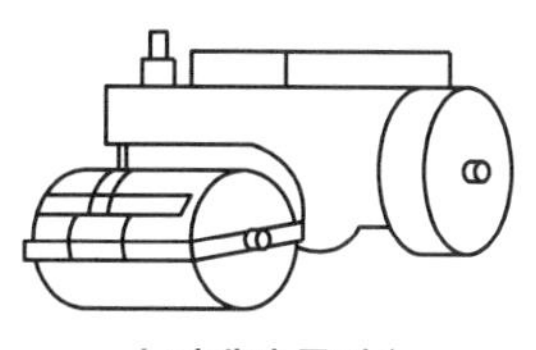

| 머캐덤 롤러 |

| 탠덤 롤러 |

| 탬핑 롤러 |

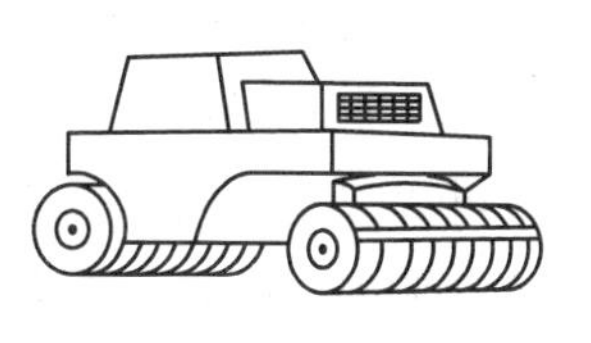

| 타이어 롤러 |

② 충격식

㉠ 기계가 튀어 오르든지 낙하하든지 할 때의 충격력에 의해 다지는 기계

㉡ 소형이고 가볍기 때문에 대형 기계를 사용할 수 없는 협소한 장소의 다짐에 적합

래머	내연기관의 폭발로 인한 반력과 낙하하는 충격으로 다지는 것
프로그 래머	대형 래머로 점성토 지반 및 어스 댐 공사에 많이 사용
탬퍼	전압판의 연속적인 충격으로 다지는 것으로 갓길 및 소규모 도로 토공에 쓰임

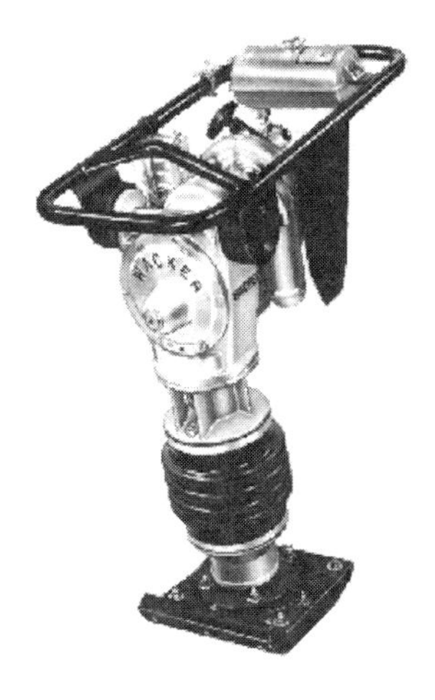

| 래머 |

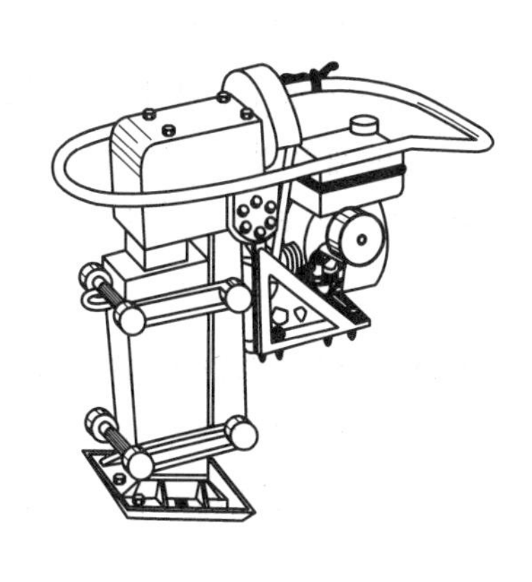

| 탬퍼 |

③ 진동식

㉠ 진동장치를 탑재한 것으로 기계를 진동시켜 그 가진력에 의하여 다지는 기계

㉡ 사질토에 효과가 커서 사질토의 성토에 많이 사용

㉢ 진동롤러(Vibration Roller)는 노반 및 소일시멘트 등에 사용하며, 종류는 소일 콤팩터, 바이브로 콤팩터, 바이브레이팅 롤러 등이 있음

4. 안전수칙

1) 차량계 건설기계

① 정의 : 동력원을 사용하여 특정되지 아니한 장소로 스스로 이동할 수 있는 건설기계를 말한다.

② 차량계 건설기계의 종류

㉠ 도저형 건설기계(불도저, 스트레이트도저, 틸트도저, 앵글도저, 버킷도저 등)
㉡ 모터그레이더(Motor Grader, 땅 고르는 기계)
㉢ 로더(포크 등 부착물 종류에 따른 용도 변경 형식을 포함한다)
㉣ 스크레이퍼(Scraper, 흙을 절삭 · 운반하거나 펴 고르는 등의 작업을 하는 토공기계)
㉤ 크레인형 굴착기계(클램셸, 드래그라인 등)
㉥ 굴착기(브레이커, 크러셔, 드릴 등 부착물 종류에 따른 용도 변경 형식을 포함한다)
㉦ 항타기 및 항발기
㉧ 천공용 건설기계(어스드릴, 어스오거, 크롤러드릴, 점보드릴 등)
㉨ 지반 압밀침하용 건설기계(샌드드레인머신, 페이퍼드레인머신, 팩드레인머신 등)
㉩ 지반 다짐용 건설기계(타이어롤러, 매커덤롤러, 탠덤롤러 등)
㉪ 준설용 건설기계(버킷준설선, 그래브준설선, 펌프준설선 등)
㉫ 콘크리트 펌프카
㉬ 덤프트럭
㉭ 콘크리트 믹서 트럭
㉮ 도로포장용 건설기계(아스팔트 살포기, 콘크리트 살포기, 아스팔트 피니셔, 콘크리트 피니셔 등)
㉯ 골재 채취 및 살포용 건설기계(쇄석기, 자갈채취기, 골재살포기 등)
㉰ 제㉠호부터 제㉯호까지와 유사한 구조 또는 기능을 갖는 건설기계로서 건설작업에 사용하는 것

③ 차량계 건설기계의 작업계획서 내용

㉠ 사용하는 차량계 건설기계의 종류 및 성능
㉡ 차량계 건설기계의 운행경로
㉢ 차량계 건설기계에 의한 작업방법

④ 낙하물 보호구조 : 암석이 떨어질 우려가 있는 등 위험한 장소에서 차량계 건설기계를 사용하는 경우에는 해당 차량계 건설기계에 견고한 낙하물 보호구조를 갖춰야 한다.

㉠ 불도저
㉡ 트랙터
㉢ 굴착기
㉣ 로더(Loader : 흙 따위를 퍼올리는 데 쓰는 기계)
㉤ 스크레이퍼(Scraper : 흙을 절삭 · 운반하거나 펴 고르는 등의 작업을 하는 토공기계)
㉥ 덤프트럭

ⓢ 모터그레이더(Motor Grader : 땅 고르는 기계)
ⓞ 롤러(Roller : 지반 다짐용 건설기계)
ⓩ 천공기
ⓒ 항타기 및 항발기

⑤ 수리 등의 작업 시 조치(수리나 부속장치의 장착 및 제거작업을 하는 경우)
㉠ 작업순서를 결정하고 작업을 지휘할 것
㉡ 안전지지대 또는 안전블록 등의 사용상황 등을 점검할 것

⑥ 차량계 건설기계의 이송 시 준수사항
㉠ 싣거나 내리는 작업은 평탄하고 견고한 장소에서 할 것
㉡ 발판을 사용하는 경우에는 충분한 길이 · 폭 및 강도를 가진 것을 사용하고 적당한 경사를 유지하기 위하여 견고하게 설치할 것
㉢ 자루 · 가설대 등을 사용하는 경우에는 충분한 폭 및 강도와 적당한 경사를 확보할 것

⑦ 차량계 건설기계의 안전수칙
㉠ 차량계 하역운반기계, 차량계 건설기계(최대제한속도가 시속 10킬로미터 이하인 것은 제외)를 사용하여 작업을 하는 경우 미리 작업장소의 지형 및 지반 상태 등에 적합한 제한속도를 정하고, 운전자로 하여금 준수하도록 하여야 한다.
㉡ 차량계 건설기계에 전조등을 갖추어야 한다.(다만, 작업을 안전하게 수행하기 위하여 필요한 조명이 있는 장소에서 사용하는 경우에는 제외)
㉢ 차량계 건설기계를 사용하는 작업할 때에 그 기계가 넘어지거나 굴러떨어짐으로써 근로자가 위험해질 우려가 있는 경우에는 유도하는 사람을 배치하고 지반의 부동침하 방지, 갓길의 붕괴 방지 및 도로 폭의 유지 등 필요한 조치를 하여야 한다.
㉣ 차량계 건설기계를 사용하여 작업을 하는 경우에는 운전 중인 해당 차량계 건설기계에 접촉되어 근로자가 부딪칠 위험이 있는 장소에 근로자를 출입시켜서는 아니 된다.(다만, 유도자를 배치하고 해당 차량계 건설기계를 유도하는 경우에는 제외)
㉤ 차량계 건설기계를 사용하여 작업을 하는 경우 승차석이 아닌 위치에 근로자를 탑승시켜서는 아니 된다.
㉥ 차량계 건설기계를 사용하여 작업을 하는 경우 그 차량계 건설기계가 넘어지거나 붕괴될 위험 또는 붐 · 암 등 작업장치가 파괴될 위험을 방지하기 위하여 그 기계의 구조 및 사용상 안전도 및 최대사용하중을 준수하여야 한다.
㉦ 차량계 건설기계를 그 기계의 주된 용도에만 사용하여야 한다.(다만, 근로자가 위험해질 우려가 없는 경우에는 제외)
㉧ 차량계 건설기계의 붐 · 암 등을 올리고 그 밑에서 수리 · 점검작업 등을 하는 경우 붐 · 암 등이 갑자기 내려옴으로써 발생하는 위험을 방지하기 위하여 해당 작업에 종사하는 근로자에게 안전지지대 또는 안전블록 등을 사용하도록 하여야 한다.

2) 항타기 및 항발기

① **정의** : 항타기는 기초공사용 기계의 하나로, 말뚝 또는 널말뚝을 박는 기계와 그 부속장치를, 항발기는 주로 가설용에 사용된 널말뚝, 파일 등을 뽑는 데 사용되는 기계를 말한다.

② **항타기 또는 항발기 조립 · 해체 시 점검사항**

㉠ 항타기 또는 항발기를 조립하거나 해체하는 경우 준수사항

ⓐ 항타기 또는 항발기에 사용하는 권상기에 쐐기장치 또는 역회전방지용 브레이크를 부착할 것

ⓑ 항타기 또는 항발기의 권상기가 들리거나 미끄러지거나 흔들리지 않도록 설치할 것

ⓒ 그 밖에 조립 · 해체에 필요한 사항은 제조사에서 정한 설치 · 해체 작업 설명서에 따를 것

㉡ 항타기 또는 항발기를 조립하거나 해체하는 경우 점검사항

ⓐ 본체 연결부의 풀림 또는 손상의 유무

ⓑ 권상용 와이어로프 · 드럼 및 도르래의 부착상태의 이상 유무

ⓒ 권상장치의 브레이크 및 쐐기장치 기능의 이상 유무

ⓓ 권상기의 설치상태의 이상 유무

ⓔ 리더(Leader)의 버팀 방법 및 고정상태의 이상 유무

ⓕ 본체 · 부속장치 및 부속품의 강도가 적합한지 여부

ⓖ 본체 · 부속장치 및 부속품에 심한 손상 · 마모 · 변형 또는 부식이 있는지 여부

③ **무너짐의 방지 준수사항**

㉠ 연약한 지반에 설치하는 경우에는 아웃트리거 · 받침 등 지지구조물의 침하를 방지하기 위하여 깔판 · 받침목 등을 사용할 것

㉡ 시설 또는 가설물 등에 설치하는 경우에는 그 내력을 확인하고 내력이 부족하면 그 내력을 보강할 것

㉢ 아웃트리거 · 받침 등 지지구조물이 미끄러질 우려가 있는 경우에는 말뚝 또는 쐐기 등을 사용하여 해당 지지구조물을 고정시킬 것

㉣ 궤도 또는 차로 이동하는 항타기 또는 항발기에 대해서는 불시에 이동하는 것을 방지하기 위하여 레일 클램프(Rail Clamp) 및 쐐기 등으로 고정시킬 것

㉤ 상단 부분은 버팀대 · 버팀줄로 고정하여 안정시키고, 그 하단 부분은 견고한 버팀 · 말뚝 또는 철골 등으로 고정시킬 것

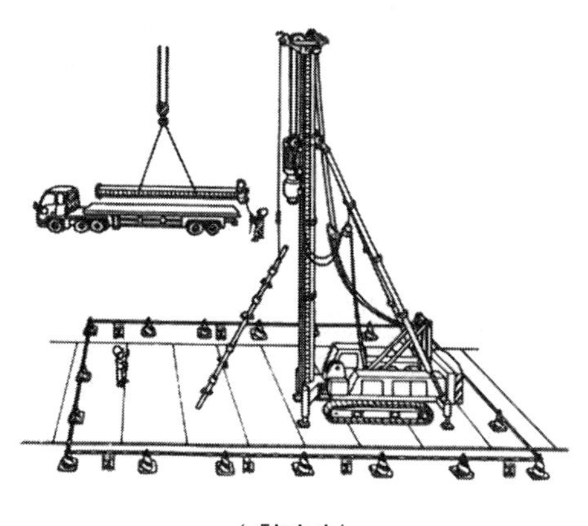
| 항타기 |

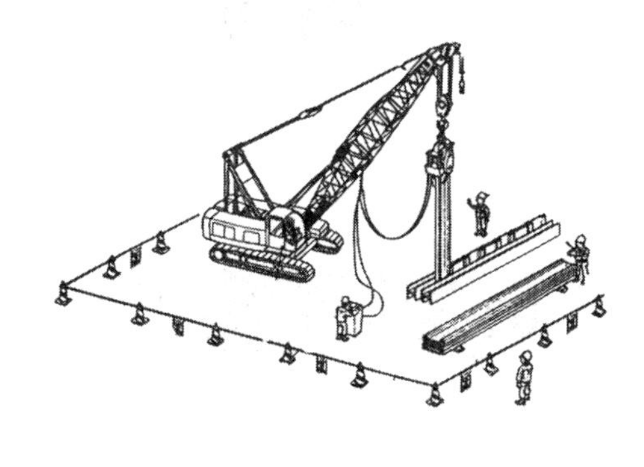
| 항발기 |

④ 권상용 와이어로프의 사용 시 준수사항

㉠ 항타기 또는 항발기의 권상용 와이어로프 사용금지 조건

ⓐ 이음매가 있는 것

ⓑ 와이어로프의 한 꼬임(스트랜드)에서 끊어진 소선의 수가 10% 이상인 것

ⓒ 지름의 감소가 공칭지름의 7퍼센트를 초과하는 것

ⓓ 꼬인 것

ⓔ 심하게 변형되거나 부식된 것

ⓕ 열과 전기충격에 의해 손상된 것

㉡ 권상용 와이어로프 사용 시 준수사항

ⓐ 권상용 와이어로프는 추 또는 해머가 최저의 위치에 있을 때 또는 널말뚝을 빼내기 시작할 때를 기준으로 권상장치의 드럼에 적어도 2회 감기고 남을 수 있는 충분한 길이일 것

ⓑ 권상용 와이어로프는 권상장치의 드럼에 클램프 · 클립 등을 사용하여 견고하게 고정할 것

ⓒ 권상용 와이어로프에서 추 · 해머 등과의 연결은 클램프 · 클립 등을 사용하여 견고하게 할 것

㉢ 권상용 와이어로프의 안전계수 : 항타기 또는 항발기의 권상용 와이어로프의 안전계수가 5 이상이 아니면 이를 사용해서는 아니 된다.

⑤ 항타기 또는 항발기의 도르래 위치

㉠ 항타기 또는 항발기의 권상장치의 드럼축과 권상장치로부터 첫 번째 도르래의 축 간의 거리를 권상장치 드럼폭의 15배 이상으로 하여야 한다.

㉡ 도르래는 권상장치의 드럼 중심을 지나야 하며 축과 수직면상에 있어야 한다.

CHAPTER

05 비계 · 거푸집 가시설 위험방지

SECTION 01 건설 가시설물 설치 및 관리

1 비계

1. 비계의 종류 및 기준

1) 가설공사

① 개요

㉠ 본 공사를 하기 위해 일시적으로 설치했다가 공사가 완료된 후 철거하는 임시 구조물을 가설구조물이라 한다.

㉡ 가설구조물에 작용하는 하중에 따라 전도 · 도괴 · 붕괴 등의 사고가 발생하므로 가설구조물에 대한 안전성을 사전에 검토하여 재해를 방지하여야 한다.

② 가설구조물의 구비요건

안전성	① 파괴, 도괴에 대한 안전성 : 충분한 강도를 가질 것 ② 추락에 대한 안전성 : 방호조치가 된 구조를 가질 것 ③ 낙하물에 대한 안전성 : 틈이 없는 바닥판 구조 및 상부 방호조치 구비 ④ 동요에 대한 안전성 : 작업, 통행 시 동요하지 않는 강도를 가질 것 ※ 동요 : 작업 또는 통행 시에 구조물이 흔들리고 움직이는 현상
경제성	① 가설 및 철거비 : 가설 및 철거가 신속하고 용이 ② 가공비 : 현장 가공을 하지 않도록 할 것 ③ 상각비 : 사용 연수가 길 것
작업성	① 넓은 작업 바닥판 : 통행, 작업이 자유롭고 임시로 자재 적치 장소의 확보 ② 넓은 작업공간 : 통행, 작업을 방해하는 부재가 없는 구조 ③ 적정한 작업자세 : 무리가 없는 자세로 작업가능 위치

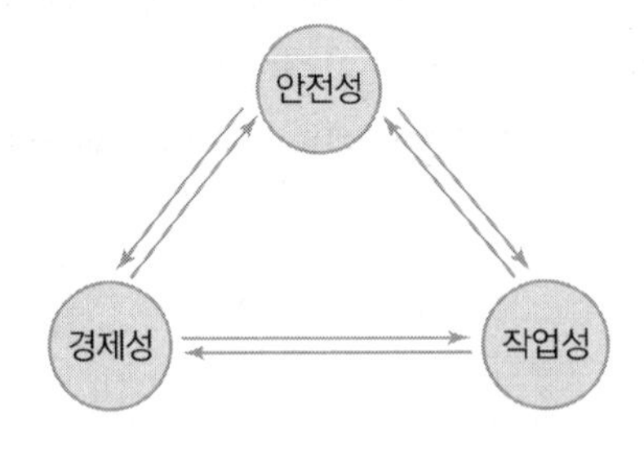

| 가설구조물의 3요소 |

③ 가설공사의 분류

가설비계	① 통나무비계 ② 강관비계 ③ 강관틀비계	④ 달비계 ⑤ 달대비계 ⑥ 말비계	⑦ 이동식 비계 ⑧ 시스템 비계
가설통로	① 통로 발판 ② 경사로	③ 가설계단 ④ 사다리	⑤ 승강로(Trap)
가설도로	① 가설도로	② 우회로	③ 표지 및 기구
기타	① 가설사무실(현장사무실, 숙소, 창고 등) ② 가설설비(가설전기, 가설용수, 위생설비 등) ③ 가설 울타리 등		

④ 가설구조물의 재해 발생 유형

도괴, 파괴 재해	① 비계발판 혹은 지지대의 파괴 ② 비계발판의 탈락 혹은 그 지지대의 변위 및 변형 ③ 풍압에 의한 도괴 ④ 동바리의 좌굴에 의한 도괴
추락, 낙하물에 의한 재해	① 부재의 파손, 탈락, 변위 ② 작업 보행 중 넘어짐, 미끄러짐, 헛디딤 등

⑤ 가설구조물의 특징

㉠ 연결재가 적은 구조가 되기 쉽다.

㉡ 부재결합이 간략하여 불안전 결합이 되기 쉽다.

㉢ 구조물이라는 개념이 확고하지 않아 조립 정밀도가 낮다.

㉣ 사용부재는 과소 단면이거나 결함재가 되기 쉽다.

⑥ 가설구조물의 좌굴현상

㉠ 부재의 강성이 부족하여 가늘고 긴 부재가 압축력에 의하여 파괴되는 현상

㉡ 좌굴방지를 위해 비계에서 벽고정을 하고 기둥과 기둥을 수평재나 가새로 연결

㉢ 좌굴의 원인

ⓐ 길이가 단면크기보다 클 때

ⓑ 지지부재 상부의 과하중

ⓒ 구조계산 산정 미흡

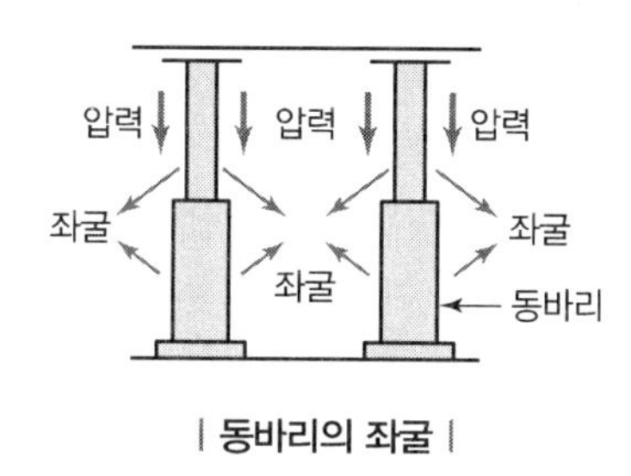

| 동바리의 좌굴 |

| 철골 기둥의 좌굴 |

PART 01
PART 02
PART 03
PART 04
PART 05
PART 06

2) 비계의 종류 및 기준

① 비계의 정의 : 구조물의 외부작업을 위해 근로자와 자재를 받쳐주기 위해 임시적으로 설치된 작업대와 그 지지구조물을 말한다.

② 강관비계 및 강관틀비계

㉠ 정의

ⓐ 강관비계 : 강관을 이음철물이나 클램프를 이용하여 조립한 비계를 말한다.

ⓑ 강관틀비계 : 비계의 구성부재를 미리 공장에서 생산하여 현장에서 조립하는 비계를 말하며, 조립 및 해체가 용이하다.

㉡ 용어의 정의

비계기둥	비계를 조립할 때 수직으로 세우는 부재
띠장	비계기둥에 수평으로 설치하는 부재
장선	쌍줄비계에서 띠장 사이에 수평으로 걸쳐 작업발판을 지지하는 가로재
교차가새	비계기둥과 띠장을 일체화하고 비계의 도괴에 대한 저항력을 증대시키기 위해 비계 전면에 X형태로 설치하는 것
벽이음 철물	비계를 건축물의 외벽에 따라 세울 때 이를 안정적으로 고정하기 위해서 건축물의 외벽과 연결하는 재료

㉢ 강관비계

ⓐ 강관비계 조립 시의 준수사항

- 비계기둥에는 미끄러지거나 침하하는 것을 방지하기 위하여 밑받침철물을 사용하거나 깔판 · 받침목 등을 사용하여 밑둥잡이를 설치하는 등의 조치를 할 것
- 강관의 접속부 또는 교차부는 적합한 부속철물을 사용하여 접속하거나 단단히 묶을 것
- 교차 가새로 보강할 것
- 외줄비계 · 쌍줄비계 또는 돌출비계에 대해서는 다음 각 목에서 정하는 바에 따라 벽이음 및 버팀을 설치할 것
  - 강관비계의 조립 간격은 다음의 기준에 적합하도록 할 것

강관비계의 종류	조립간격(단위 : m)	
	수직방향	수평방향
단관비계	5	5
틀비계(높이가 5m 미만인 것은 제외한다)	6	8

  - 강관 · 통나무 등의 재료를 사용하여 견고한 것으로 할 것
  - 인장재와 압축재로 구성된 경우에는 인장재와 압축재의 간격을 1미터 이내로 할 것
- 가공전로에 근접하여 비계를 설치하는 경우에는 가공전로를 이설하거나 가공전로에 절연용 방호구를 장착하는 등 가공전로와의 접촉을 방지하기 위한 조치를 할 것

ⓑ 강관비계의 구조

- 비계기둥의 간격은 띠장 방향에서는 1.85미터 이하, 장선 방향에서는 1.5미터 이하로 할 것. 다만, 다음 각 목의 어느 하나에 해당하는 작업의 경우에는 안전성에 대한 구조검토를 실시하고 조립도를 작성하면 띠장 방향 및 장선 방향으로 각각 2.7미터 이하로 할 수 있다.
  - 선박 및 보트 건조작업
  - 그 밖에 장비 반입 · 반출을 위하여 공간 등을 확보할 필요가 있는 등 작업의 성질상 비계기둥 간격에 관한 기준을 준수하기 곤란한 작업
- 띠장 간격은 2.0미터 이하로 할 것. 다만, 작업의 성질상 이를 준수하기가 곤란하여 쌍기둥틀 등에 의하여 해당 부분을 보강한 경우에는 그러하지 아니하다.
- 비계기둥의 제일 윗부분으로부터 31미터 되는 지점 밑부분의 비계기둥은 2개의 강관으로 묶어 세울 것. 다만, 브라켓(Bracket, 까치발) 등으로 보강하여 2개의 강관으로 묶을 경우 이상의 강도가 유지되는 경우에는 그러하지 아니하다.
- 비계기둥 간의 적재하중은 400킬로그램을 초과하지 않도록 할 것

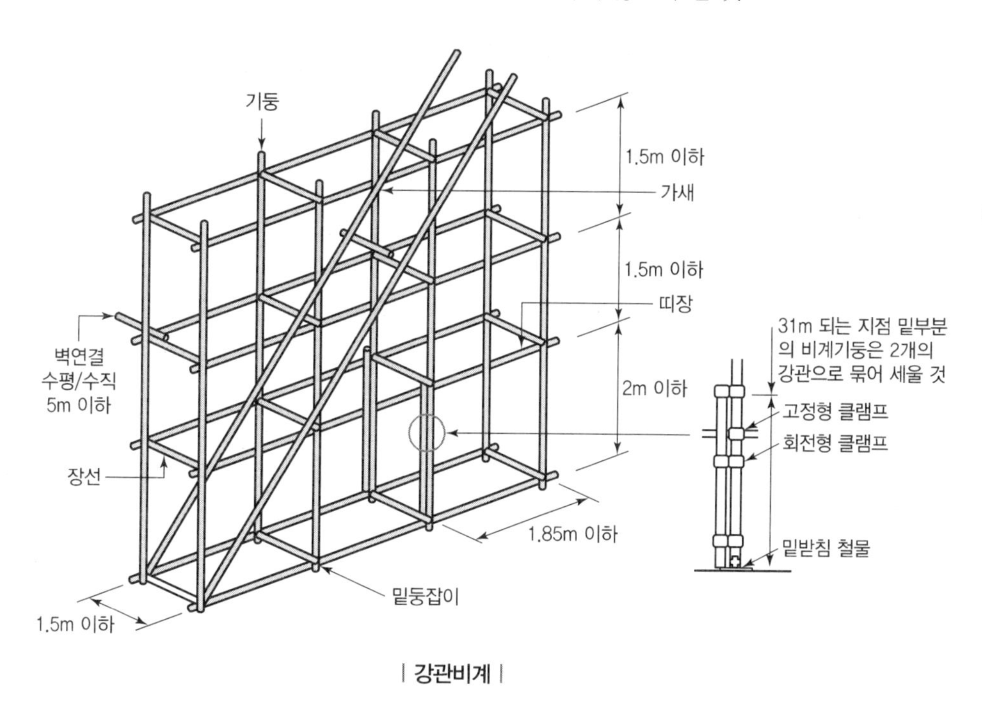

| 강관비계 |

••• 예상문제

52m 높이로 강관비계를 세우려면 지상에서 몇 미터까지 2개의 강관으로 묶어 세워야 하는가?

풀이 ① 비계기둥의 제일 윗부분으로부터 31미터 되는 지점 밑부분의 비계기둥은 2개의 강관으로 묶어 세울 것

② 52m－31m＝21[m]

답 21[m]

㉣ 강관틀비계 조립 시의 준수사항

ⓐ 비계기둥의 밑둥에는 밑받침 철물을 사용하여야 하며 밑받침에 고저차가 있는 경우에는 조절형 밑받침철물을 사용하여 각각의 강관틀비계가 항상 수평 및 수직을 유지하도록 할 것

ⓑ 높이가 20미터를 초과하거나 중량물의 적재를 수반하는 작업을 할 경우에는 주틀 간의 간격을 1.8미터 이하로 할 것

ⓒ 주틀 간에 교차 가새를 설치하고 최상층 및 5층 이내마다 수평재를 설치할 것

ⓓ 수직방향으로 6미터, 수평방향으로 8미터 이내마다 벽이음을 할 것

ⓔ 길이가 띠장 방향으로 4미터 이하이고 높이가 10미터를 초과하는 경우에는 10미터 이내마다 띠장 방향으로 버팀기둥을 설치할 것

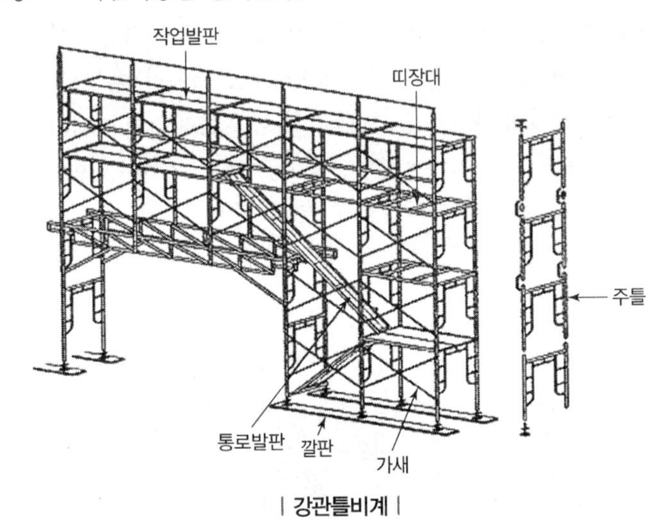

| 강관틀비계 |

③ 달비계 및 달대비계

㉠ 정의

ⓐ 달비계 : 매달린 외줄 달기 섬유로프에 부착되어 지지되는 작업대를 이용하여 작업할 수 있도록 제작된 것을 말한다.

ⓑ 달대비계 : 철골 조립공사 중에 리벳이나 볼트 작업을 하기 위해 주체인 철골에 매달아서 작업하는 작업발판

㉡ 달비계의 구조 : 곤돌라형 달비계를 설치하는 경우에는 다음 각 호의 사항을 준수해야 한다.

ⓐ 사용금지 사항

와이어로프	① 이음매가 있는 것 ② 와이어로프의 한 꼬임에서 끊어진 소선의 수가 10퍼센트 이상인 것 ③ 지름의 감소가 공칭지름의 7퍼센트를 초과하는 것 ④ 꼬인 것 ⑤ 심하게 변형되거나 부식된 것 ⑥ 열과 전기충격에 의해 손상된 것
달기 체인	① 달기 체인의 길이가 달기 체인이 제조된 때의 길이의 5퍼센트를 초과한 것 ② 링의 단면지름이 달기 체인이 제조된 때의 해당 링의 지름의 10퍼센트를 초과하여 감소한 것 ③ 균열이 있거나 심하게 변형된 것

ⓑ 달기 강선 및 달기 강대는 심하게 손상 · 변형 또는 부식된 것을 사용하지 않도록 할 것
ⓒ 달기 와이어로프, 달기 체인, 달기 강선, 달기 강대는 한쪽 끝을 비계의 보 등에, 다른 쪽 끝을 내민 보, 앵커볼트 또는 건축물의 보 등에 각각 풀리지 않도록 설치할 것
ⓓ 작업발판은 폭을 40센티미터 이상으로 하고 틈새가 없도록 할 것
ⓔ 작업발판의 재료는 뒤집히거나 떨어지지 않도록 비계의 보 등에 연결하거나 고정시킬 것
ⓕ 비계가 흔들리거나 뒤집히는 것을 방지하기 위하여 비계의 보 · 작업발판 등에 버팀을 설치하는 등 필요한 조치를 할 것
ⓖ 선반비계에서는 보의 접속부 및 교차부를 철선 · 이음철물 등을 사용하여 확실하게 접속시키거나 단단하게 연결시킬 것
ⓗ 근로자의 추락 위험을 방지하기 위하여 다음 각목의 조치를 할 것
- 달비계에 구명줄을 설치할 것
- 근로자에게 안전대를 착용하도록 하고 근로자가 착용한 안전줄을 달비계의 구명줄에 체결하도록 할 것
- 달비계에 안전난간을 설치할 수 있는 구조인 경우에는 달비계에 안전난간을 설치할 것

㉢ 작업의자형 달비계의 구조 : 작업의자형 달비계를 설치하는 경우에는 다음 각 호의 사항을 준수해야 한다.
ⓐ 달비계의 작업대는 나무 등 근로자의 하중을 견딜 수 있는 강도의 재료를 사용하여 견고한 구조로 제작할 것
ⓑ 작업대의 4개 모서리에 로프를 매달아 작업대가 뒤집히거나 떨어지지 않도록 연결할 것
ⓒ 작업용 섬유로프는 콘크리트에 매립된 고리, 건축물의 콘크리트 또는 철재 구조물 등 2개 이상의 견고한 고정점에 풀리지 않도록 결속할 것
ⓓ 작업용 섬유로프와 구명줄은 다른 고정점에 결속되도록 할 것
ⓔ 작업하는 근로자의 하중을 견딜 수 있을 정도의 강도를 가진 작업용 섬유로프, 구명줄 및 고정점을 사용할 것
ⓕ 근로자가 작업용 섬유로프에 작업대를 연결하여 하강하는 방법으로 작업을 하는 경우 근로자의 조종 없이는 작업대가 하강하지 않도록 할 것
ⓖ 작업용 섬유로프 또는 구명줄이 결속된 고정점의 로프는 다른 사람이 풀지 못하게 하고 작업 중임을 알리는 경고표지를 부착할 것
ⓗ 작업용 섬유로프와 구명줄이 건물이나 구조물의 끝부분, 날카로운 물체 등에 의하여 절단되거나 마모될 우려가 있는 경우에는 로프에 이를 방지할 수 있는 보호 덮개를 씌우는 등의 조치를 할 것
ⓘ 달비계에 다음 각 목의 작업용 섬유로프 또는 안전대의 섬유벨트를 사용하지 않을 것
- 꼬임이 끊어진 것
- 심하게 손상되거나 부식된 것
- 2개 이상의 작업용 섬유로프 또는 섬유벨트를 연결한 것
- 작업높이보다 길이가 짧은 것

ⓙ 근로자의 추락 위험을 방지하기 위하여 다음 각 목의 조치를 할 것
- 달비계에 구명줄을 설치할 것
- 근로자에게 안전대를 착용하도록 하고 근로자가 착용한 안전줄을 달비계의 구명줄에 체결하도록 할 것

ⓔ 달대비계 조립 시의 준수사항

ⓐ 달대비계를 매다는 철선은 #8 소성철선을 사용하며 4가닥 정도로 꼬아서 하중에 대한 안전계수가 8 이상 확보되어야 한다.

ⓑ 철근을 사용할 때에는 19밀리미터 이상을 쓰며 근로자는 반드시 안전모와 안전대를 착용하여야 한다.

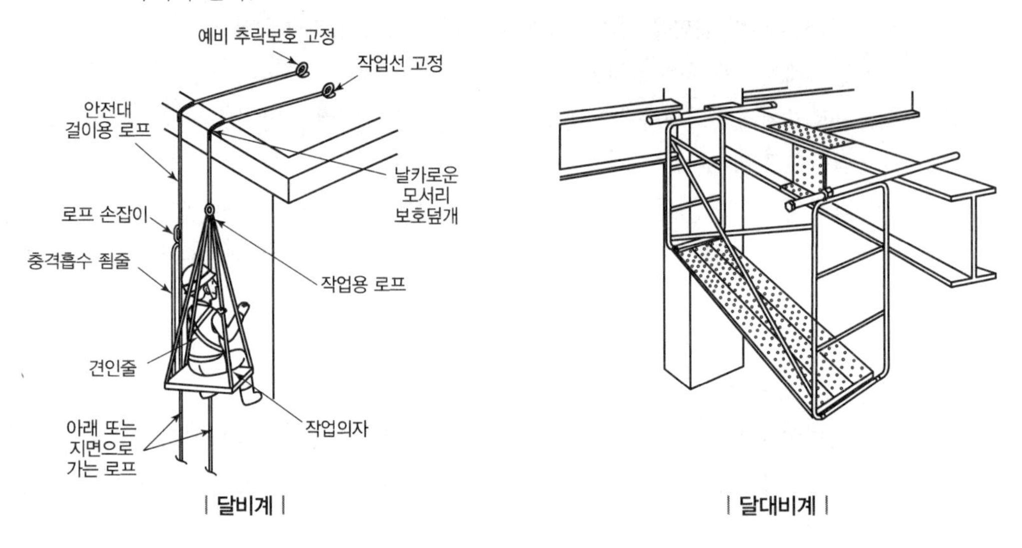

| 달비계 | | 달대비계 |

④ 말비계 및 이동식 비계

㉠ 정의

ⓐ 말비계 : 비교적 천장의 높이가 낮은 실내에서 내장 마무리 작업에 사용되는 것

ⓑ 이동식 비계 : 일시적인 작업을 할 때 비계틀을 만들어 하부에 바퀴 장치를 달아 이동하면서 작업할 수 있는 것

㉡ 말비계 조립 시의 준수사항

ⓐ 지주부재의 하단에는 미끄럼 방지장치를 하고, 근로자가 양측 끝부분에 올라서서 작업하지 않도록 할 것

ⓑ 지주부재와 수평면의 기울기를 75° 이하로 하고, 지주부재와 지주부재 사이를 고정시키는 보조부재를 설치할 것

ⓒ 말비계의 높이가 2미터를 초과하는 경우에는 작업발판의 폭을 40센티미터 이상으로 할 것

㉢ 이동식 비계 조립 시의 준수사항

ⓐ 이동식 비계의 바퀴에는 뜻밖의 갑작스러운 이동 또는 전도를 방지하기 위하여 브레이크 · 쐐기 등으로 바퀴를 고정시킨 다음 비계의 일부를 견고한 시설물에 고정하거나 아웃트리거(Outrigger, 전도방지용 지지대)를 설치하는 등 필요한 조치를 할 것

ⓑ 승강용 사다리는 견고하게 설치할 것

ⓒ 비계의 최상부에서 작업을 하는 경우에는 안전난간을 설치할 것

ⓓ 작업발판은 항상 수평을 유지하고 작업발판 위에서 안전난간을 딛고 작업을 하거나 받침대 또는 사다리를 사용하여 작업하지 않도록 할 것

ⓔ 작업발판의 최대적재하중은 250킬로그램을 초과하지 않도록 할 것

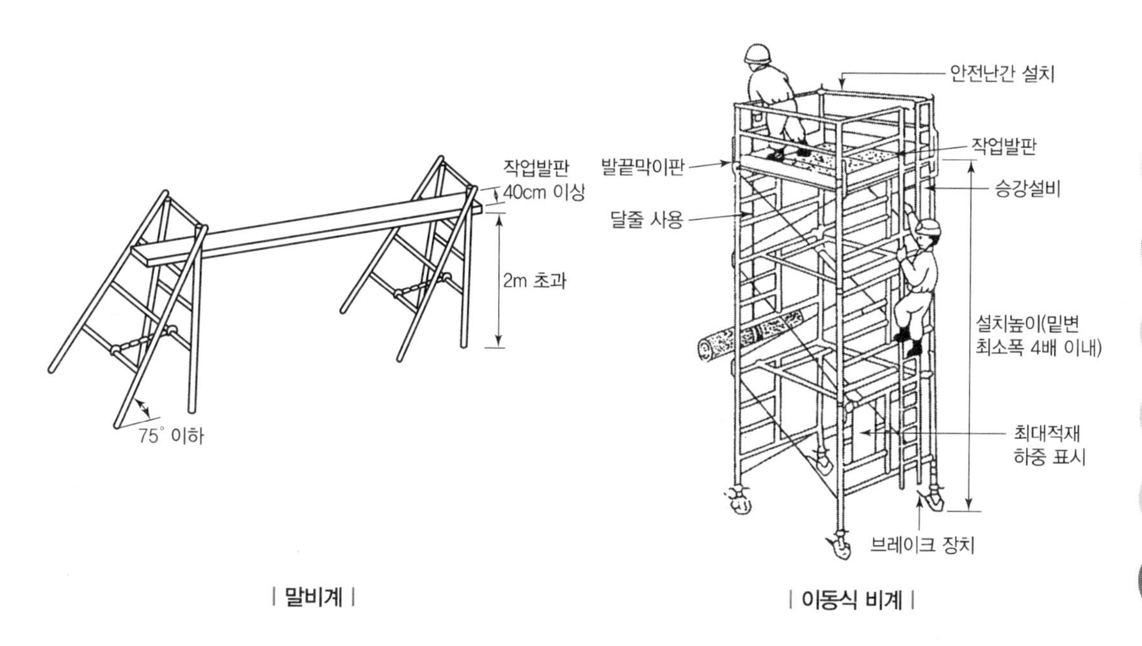

| 말비계 | | 이동식 비계 |

㉣ 이동식 비계를 조립하여 사용 시 준수사항

ⓐ 안전담당자의 지휘하에 작업을 행하여야 한다.

ⓑ 비계의 최대높이는 밑변 최소폭의 4배 이하이어야 한다.

ⓒ 작업대의 발판은 전면에 걸쳐 빈틈없이 깔아야 한다.

ⓓ 비계의 일부를 건물에 체결하여 이동, 전도 등을 방지하여야 한다.

ⓔ 승강용 사다리는 견고하게 부착하여야 한다.

ⓕ 최대적재하중을 표시하여야 한다.

ⓖ 부재의 접속부, 교차부는 확실하게 연결하여야 한다.

ⓗ 작업대에는 안전난간을 설치하여야 하며 낙하물 방지조치를 설치하여야 한다.

ⓘ 불의의 이동을 방지하기 위한 제동장치를 반드시 갖추어야 한다.

ⓙ 이동할 때에는 작업원이 없는 상태이어야 한다.

ⓚ 비계의 이동에는 충분한 인원배치를 하여야 한다.

ⓛ 안전모를 착용하여야 하며 지지 로프를 설치하여야 한다.

ⓜ 재료, 공구의 오르내리기에는 포대, 로프 등을 이용하여야 한다.

ⓝ 작업장 부근에 고압선 등이 있는가를 확인하고 적절한 방호조치를 취하여야 한다.

ⓞ 상하에서 동시에 작업을 할 때에는 충분한 연락을 취하면서 작업을 하여야 한다.

⑤ 시스템 비계

㉠ 정의 : 수직재, 수평재, 가새재 등 각각의 부재를 공장에서 제작하고 현장에서 조립하여 사용하는 조립형 비계를 말한다.

㉡ 시스템 비계의 구조

ⓐ 수직재 · 수평재 · 가새재를 견고하게 연결하는 구조가 되도록 할 것

ⓑ 비계 밑단의 수직재와 받침철물은 밀착되도록 설치하고, 수직재와 받침철물의 연결부의 겹침길이는 받침철물 전체길이의 3분의 1 이상이 되도록 할 것

ⓒ 수평재는 수직재와 직각으로 설치하여야 하며, 체결 후 흔들림이 없도록 견고하게 설치할 것

ⓓ 수직재와 수직재의 연결철물은 이탈되지 않도록 견고한 구조로 할 것

ⓔ 벽 연결재의 설치간격은 제조사가 정한 기준에 따라 설치할 것

㉢ 시스템 비계의 조립작업 시 준수사항

ⓐ 비계 기둥의 밑둥에는 밑받침 철물을 사용하여야 하며, 밑받침에 고저차가 있는 경우에는 조절형 밑받침 철물을 사용하여 시스템 비계가 항상 수평 및 수직을 유지하도록 할 것

ⓑ 경사진 바닥에 설치하는 경우에는 피벗형 받침 철물 또는 쐐기 등을 사용하여 밑받침 철물의 바닥면이 수평을 유지하도록 할 것

ⓒ 가공전로에 근접하여 비계를 설치하는 경우에는 가공전로를 이설하거나 가공전로에 절연용 방호구를 설치하는 등 가공전로와의 접촉을 방지하기 위하여 필요한 조치를 할 것

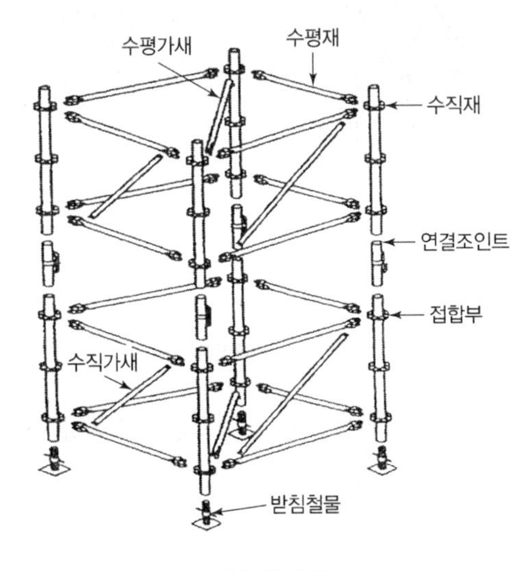

| 시스템 비계 |

ⓓ 비계 내에서 근로자가 상하 또는 좌우로 이동하는 경우에는 반드시 지정된 통로를 이용하도록 주지시킬 것

ⓔ 비계 작업 근로자는 같은 수직면 상의 위와 아래 동시 작업을 금지할 것

ⓕ 작업발판에는 제조사가 정한 최대적재하중을 초과하여 적재해서는 아니 되며, 최대적재하중이 표기된 표지판을 부착하고 근로자에게 주지시키도록 할 것

⑥ 통나무 비계

㉠ 통나무 비계 조립 시의 준수사항

ⓐ 비계 기둥의 간격은 2.5미터 이하로 하고 지상으로부터 첫 번째 띠장은 3미터 이하의 위치에 설치할 것

ⓑ 비계 기둥이 미끄러지거나 침하하는 것을 방지하기 위하여 비계기둥의 하단부를 묻고, 밑둥잡이를 설치하거나 깔판을 사용하는 등의 조치를 할 것

ⓒ 비계 기둥의 이음이 겹침 이음인 경우에는 이음 부분에서 1미터 이상을 서로 겹쳐서 두 군데 이상을 묶고, 비계 기둥의 이음이 맞댄이음인 경우에는 비계 기둥을 쌍기둥틀로 하거나 1.8미터 이상의 덧댐목을 사용하여 네 군데 이상을 묶을 것

ⓓ 비계 기둥 · 띠장 · 장선 등의 접속부 및 교차부는 철선이나 그 밖의 튼튼한 재료로 견고하게 묶을 것

ⓔ 교차 가새로 보강할 것

ⓕ 외줄비계 · 쌍줄비계 또는 돌출비계에 대해서는 다음에 따른 벽이음 및 버팀을 설치할 것
- 간격은 수직 방향에서 5.5미터 이하, 수평 방향에서는 7.5미터 이하로 할 것
- 강관 · 통나무 등의 재료를 사용하여 견고한 것으로 할 것
- 인장재와 압축재로 구성되어 있는 경우에는 인장재와 압축재의 간격은 1미터 이내로 할 것

ⓛ 통나무 비계 사용기준 : 통나무 비계는 지상높이 4층 이하 또는 12미터 이하인 건축물 · 공작물 등의 건조 · 해체 및 조립 등의 작업에만 사용할 수 있다.

2. 비계 작업 시 안전조치사항

1) 비계의 조립 · 해체 및 변경 시 준수사항(달비계 또는 높이 5미터 이상의 비계)

① 근로자가 관리감독자의 지휘에 따라 작업하도록 할 것

② 조립 · 해체 또는 변경의 시기 · 범위 및 절차를 그 작업에 종사하는 근로자에게 주지시킬 것

③ 조립 · 해체 또는 변경 작업구역에는 해당 작업에 종사하는 근로자가 아닌 사람의 출입을 금지하고 그 내용을 보기 쉬운 장소에 게시할 것

④ 비, 눈, 그 밖의 기상상태의 불안정으로 날씨가 몹시 나쁜 경우에는 그 작업을 중지시킬 것

⑤ 비계재료의 연결 · 해체작업을 하는 경우에는 폭 20센티미터 이상의 발판을 설치하고 근로자로 하여금 안전대를 사용하도록 하는 등 추락을 방지하기 위한 조치를 할 것

⑥ 재료 · 기구 또는 공구 등을 올리거나 내리는 경우에는 근로자가 달줄 또는 달포대 등을 사용하게 할 것

※ 강관비계 또는 통나무비계를 조립하는 경우 쌍줄로 하여야 한다.(다만, 별도의 작업발판을 설치할 수 있는 시설을 갖춘 경우에는 외줄로 할 수 있다.)

2) 비계의 점검 및 보수

점검 보수 시기	① 비, 눈, 그 밖의 기상상태의 악화로 작업을 중지시킨 후 그 비계에서 작업할 경우 ② 비계를 조립 · 해체하거나 변경한 후에 그 비계에서 작업을 하는 경우
작업 시작 전 점검사항	① 발판 재료의 손상 여부 및 부착 또는 걸림 상태 ② 해당 비계의 연결부 또는 접속부의 풀림 상태 ③ 연결 재료 및 연결 철물의 손상 또는 부식 상태 ④ 손잡이의 탈락 여부 ⑤ 기둥의 침하, 변형, 변위 또는 흔들림 상태 ⑥ 로프의 부착 상태 및 매단 장치의 흔들림 상태

2 작업통로 및 발판

1. 작업통로의 종류 및 설치기준

1) 작업장

① 출입구의 설치(비상구는 제외)

㉠ 출입구의 위치, 수 및 크기가 작업장의 용도와 특성에 맞도록 할 것

㉡ 출입구에 문을 설치하는 경우에는 근로자가 쉽게 열고 닫을 수 있도록 할 것

㉢ 주된 목적이 하역운반기계용인 출입구에는 인접하여 보행자용 출입구를 따로 설치할 것

㉣ 하역운반기계의 통로와 인접하여 있는 출입구에서 접촉에 의하여 근로자에게 위험을 미칠 우려가 있는 경우에는 비상등·비상벨 등 경보장치를 할 것

㉤ 계단이 출입구와 바로 연결된 경우에는 작업자의 안전한 통행을 위하여 그 사이에 1.2미터 이상 거리를 두거나 안내표지 또는 비상벨 등을 설치할 것(다만, 출입구에 문을 설치하지 아니한 경우에는 제외)

② 비상구의 설치

㉠ 출입구와 같은 방향에 있지 아니하고, 출입구로부터 3미터 이상 떨어져 있을 것

㉡ 작업장의 각 부분으로부터 하나의 비상구 또는 출입구까지의 수평거리가 50미터 이하가 되도록 할 것

㉢ 비상구의 너비는 0.75미터 이상으로 하고, 높이는 1.5미터 이상으로 할 것

㉣ 비상구의 문은 피난 방향으로 열리도록 하고, 실내에서 항상 열 수 있는 구조로 할 것

2) 통로의 안전

① 통로의 조명

근로자가 안전하게 통행할 수 있도록 통로에 75럭스 이상의 채광 또는 조명시설을 하여야 한다. (다만, 갱도 또는 상시 통행을 하지 아니하는 지하실 등을 통행하는 근로자에게 휴대용 조명기구를 사용하도록 한 경우에는 제외)

② 통로의 설치

㉠ 작업장으로 통하는 장소 또는 작업장 내에 근로자가 사용할 안전한 통로를 설치하고 항상 사용할 수 있는 상태로 유지하여야 한다.

㉡ 통로의 주요 부분에 통로표시를 하고, 근로자가 안전하게 통행할 수 있도록 하여야 한다.

㉢ 통로면으로부터 높이 2미터 이내에는 장애물이 없도록 하여야 한다.(다만, 부득이하게 통로면으로부터 높이 2미터 이내에 장애물을 설치할 수밖에 없거나 통로면으로부터 높이 2미터 이내의 장애물을 제거하는 것이 곤란하다고 고용노동부장관이 인정하는 경우에는 근로자에게 발생할 수 있는 부상 등의 위험을 방지하기 위한 안전 조치를 하여야 한다)

③ 통로의 설치기준

㉠ 가설통로

ⓐ 견고한 구조로 할 것

ⓑ 경사는 30도 이하로 할 것(다만, 계단을 설치하거나 높이 2미터 미만의 가설통로로서 튼튼한 손잡이를 설치한 경우에는 그러하지 아니하다)

ⓒ 경사가 15도를 초과하는 경우에는 미끄러지지 아니하는 구조로 할 것

ⓓ 추락할 위험이 있는 장소에는 안전난간을 설치할 것(다만, 작업상 부득이한 경우에는 필요한 부분만 임시로 해체할 수 있다)

ⓔ 수직갱에 가설된 통로의 길이가 15미터 이상인 경우에는 10미터 이내마다 계단참을 설치할 것

ⓕ 건설공사에 사용하는 높이 8미터 이상인 비계다리에는 7미터 이내마다 계단참을 설치할 것

㉡ 사다리식 통로

ⓐ 견고한 구조로 할 것

ⓑ 심한 손상 · 부식 등이 없는 재료를 사용할 것

ⓒ 발판의 간격은 일정하게 할 것

ⓓ 발판과 벽과의 사이는 15센티미터 이상의 간격을 유지할 것

ⓔ 폭은 30센티미터 이상으로 할 것

ⓕ 사다리가 넘어지거나 미끄러지는 것을 방지하기 위한 조치를 할 것

ⓖ 사다리의 상단은 걸쳐 놓은 지점으로부터 60센티미터 이상 올라가도록 할 것

ⓗ 사다리식 통로의 길이가 10미터 이상인 경우에는 5미터 이내마다 계단참을 설치할 것

ⓘ 사다리식 통로의 기울기는 75도 이하로 할 것(다만, 고정식 사다리식 통로의 기울기는 90도 이하로 하고, 그 높이가 7미터 이상인 경우에는 바닥으로부터 높이가 2.5미터 되는 지점부터 등받이울을 설치할 것)

ⓙ 접이식 사다리 기둥은 사용 시 접혀지거나 펼쳐지지 않도록 철물 등을 사용하여 견고하게 조치할 것

※ 잠함(潛函) 내 사다리식 통로와 건조 · 수리 중인 선박의 구명줄이 설치된 사다리식 통로(건조 · 수리작업을 위하여 임시로 설치한 사다리식 통로는 제외)에 대해서는 사다리식 통로구조의 ⓔ부터 ⓙ까지의 규정을 적용하지 아니한다.

3) 가설계단의 설치기준

계단 및 계단참의 강도	① 매제곱미터당 500킬로그램 이상의 하중에 견딜 수 있는 강도를 가진 구조로 설치하여야 한다. ② 안전율(재료의 파괴응력도와 허용응력도의 비율)은 4 이상으로 하여야 한다. ③ 계단 및 승강구 바닥을 구멍이 있는 재료로 만드는 경우 렌치나 그 밖의 공구 등이 낙하할 위험이 없는 구조로 하여야 한다.
계단의 폭	① 계단을 설치하는 경우 그 폭을 1미터 이상으로 하여야 한다.(다만, 급유용 · 보수용 · 비상용 계단 및 나선형 계단이거나 높이 1미터 미만의 이동식 계단인 경우에는 제외) ② 계단에 손잡이 외의 다른 물건 등을 설치하거나 쌓아 두어서는 아니 된다.

계단참의 설치	높이가 3미터를 초과하는 계단에 높이 3미터 이내마다 진행방향으로 길이 1.2미터 이상의 계단참을 설치해야 한다.
천장의 높이	계단을 설치하는 경우 바닥면으로부터 높이 2미터 이내의 공간에 장애물이 없도록 하여야 한다. (다만, 급유용 · 보수용 · 비상용 계단 및 나선형 계단인 경우에는 제외)
계단의 난간	높이 1미터 이상인 계단의 개방된 측면에 안전난간을 설치하여야 한다.

4) 경사로의 설치기준

① 시공하중 또는 폭풍, 진동 등 외력에 대하여 안전하도록 설계하여야 한다.

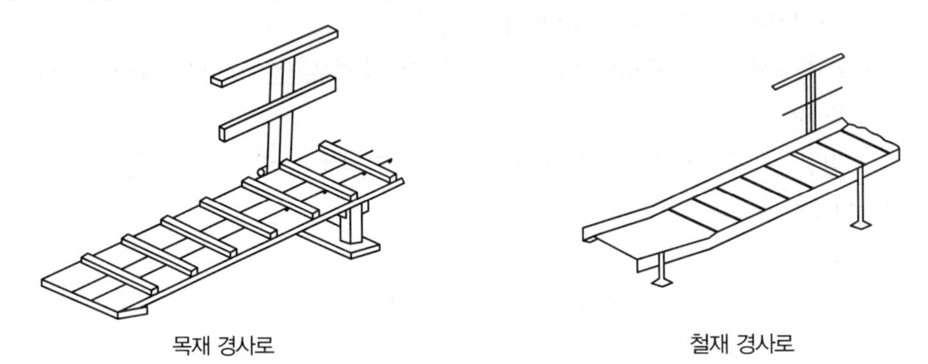

| 목재 및 철재 경사로의 예 |

② 경사로는 항상 정비하고 안전통로를 확보하여야 한다.

③ 비탈면의 경사각은 30° 이내로 하고 미끄럼막이 간격은 다음 표에 의한다.

경사각	미끄럼막이 간격	경사각	미끄럼막이 간격
30°	30센티미터	22°	40센티미터
29°	33센티미터	19° 20분	43센티미터
27°	35센티미터	17°	45센티미터
24° 15분	37센티미터	14°	47센티미터

④ 경사로의 폭은 최소 90센티미터 이상이어야 한다.

⑤ 높이 7미터 이내마다 계단참을 설치하여야 한다.

⑥ 추락방지용 안전난간을 설치하여야 한다.

⑦ 목재는 미송, 육송 또는 그 이상의 재질을 가진 것이어야 한다.

⑧ 경사로 지지기둥은 3미터 이내마다 설치하여야 한다.

⑨ 발판은 폭 40센티미터 이상으로 하고, 틈은 3센티미터 이내로 설치하여야 한다.

⑩ 발판이 이탈하거나 한쪽 끝을 밟으면 다른 쪽이 들리지 않게 장선에 결속하여야 한다.

⑪ 결속용 못이나 철선이 발에 걸리지 않아야 한다.

5) 통로발판의 설치기준

① 근로자가 작업 및 이동하기에 충분한 넓이가 확보되어야 한다.

② 추락의 위험이 있는 곳에는 안전난간이나 철책을 설치하여야 한다.

③ 발판을 겹쳐 이음하는 경우 장선 위에서 이음을 하고 겹침길이는 20센티미터 이상으로 하여야 한다.

④ 발판 1개에 대한 지지물은 2개 이상이어야 한다.
⑤ 작업발판의 최대폭은 1.6미터 이내이어야 한다.
⑥ 작업발판 위에는 돌출된 못, 옹이, 철선 등이 없어야 한다.
⑦ 비계발판의 구조에 따라 최대 적재하중을 정하고 이를 초과하지 않도록 하여야 한다.

6) 공사용 가설도로

① 공사용 가설도로 설치기준
㉠ 도로는 장비와 차량이 안전하게 운행할 수 있도록 견고하게 설치할 것
㉡ 도로와 작업장이 접하여 있을 경우에는 울타리 등을 설치할 것
㉢ 도로는 배수를 위하여 경사지게 설치하거나 배수시설을 설치할 것
㉣ 차량의 속도제한 표지를 부착할 것

② 공사용 가설도로를 설치하여 사용함에 있어서의 준수사항
㉠ 도로의 표면은 장비 및 차량이 안전운행할 수 있도록 유지 · 보수하여야 한다.
㉡ 장비사용을 목적으로 하는 진입로, 경사로 등은 주행하는 차량통행에 지장을 주지 않도록 만들어야 한다.
㉢ 도로와 작업장 높이에 차가 있을 때는 바리케이드 또는 연석 등을 설치하여 차량의 위험 및 사고를 방지하도록 하여야 한다.
㉣ 도로는 배수를 위해 도로 중앙부를 약간 높게 하거나 배수시설을 하여야 한다.
㉤ 운반로는 장비의 안전운행에 적합한 도로의 폭을 유지하여야 하며, 또한 모든 커브는 통상적인 도로폭보다 좀 더 넓게 만들고 시계에 장애가 없도록 만들어야 한다.
㉥ 커브 구간에서는 차량이 가시거리의 절반 이내에서 정지할 수 있도록 차량의 속도를 제한하여야 한다.
㉦ 최고 허용경사도는 부득이한 경우를 제외하고는 10퍼센트를 넘어서는 안 된다.
㉧ 필요한 전기시설(교통신호등 포함), 신호수, 표지판, 바리케이드, 노면표지 등을 교통 안전운행을 위하여 제공하여야 한다.
㉨ 안전운행을 위하여 먼지가 일어나지 않도록 물을 뿌려주고 겨울철에는 눈이 쌓이지 않도록 조치하여야 한다.

2. 작업발판 설치기준 및 준수사항

1) 작업발판의 개요

① 높은 곳에서 추락이나 발이 빠질 위험이 있는 장소에 근로자가 안전하게 작업할 수 있는 공간과 자재운반 등 안전하게 이동할 수 있는 공간을 확보하기 위해 설치해 놓은 발판을 말한다.

② 작업발판의 종류
㉠ 작업대　　　　㉡ 통로용 작업발판

2) 작업발판의 최대적재하중

① 작업발판의 최대적재하중 초과 적재금지

② 달비계(곤돌라의 달비계 제외)의 안전계수(최대 적재하중을 정하는 경우)

구분		안전계수
달기 와이어로프 및 달기 강선		10 이상
달기 체인 및 달기 훅		5 이상
달기 강대와 달비계의 하부 및 상부 지점	강재	2.5 이상
	목재	5 이상

③ 안전계수는 와이어로프 등의 절단하중값을 그 와이어로프 등에 걸리는 하중의 최댓값으로 나눈 값을 말한다.

3) 비계(달비계, 달대비계 및 말비계는 제외)의 높이가 2미터 이상인 작업장소의 작업발판 설치기준

① 발판재료는 작업할 때의 하중을 견딜 수 있도록 견고한 것으로 할 것

② 작업발판의 폭은 40센티미터 이상으로 하고, 발판재료 간의 틈은 3센티미터 이하로 할 것

③ 제②호에도 불구하고 선박 및 보트 건조작업의 경우 선박블록 또는 엔진실 등의 좁은 작업공간에 작업발판을 설치하기 위하여 필요하면 작업발판의 폭을 30센티미터 이상으로 할 수 있고, 걸침비계의 경우 강관기둥 때문에 발판재료 간의 틈을 3센티미터 이하로 유지하기 곤란하면 5센티미터 이하로 할 수 있다. 이 경우 그 틈 사이로 물체 등이 떨어질 우려가 있는 곳에는 출입금지 등의 조치를 하여야 한다.

④ 추락의 위험이 있는 장소에는 안전난간을 설치할 것(다만, 작업의 성질상 안전난간을 설치하는 것이 곤란한 경우, 작업의 필요상 임시로 안전난간을 해체할 때에 추락방호망을 설치하거나 근로자로 하여금 안전대를 사용하도록 하는 등 추락위험방지 조치를 한 경우에는 그러하지 아니하다.)

⑤ 작업발판의 지지물은 하중에 의하여 파괴될 우려가 없는 것을 사용할 것

⑥ 작업발판재료는 뒤집히거나 떨어지지 않도록 둘 이상의 지지물에 연결하거나 고정시킬 것

⑦ 작업발판을 작업에 따라 이동시킬 경우에는 위험방지에 필요한 조치를 할 것

4) 강재 작업발판

① 개요

강재 작업발판은 작업대, 통로용 작업발판 및 작업계단으로 구분되며 작업자의 통로 및 작업공간으로 사용되는 발판이다.

작업대	비계용 강관에 설치할 수 있는 걸림고리가 용접 또는 리벳 등에 의하여 발판에 일체화되어 제작된 작업발판
통로용 작업발판	작업대와 달리 걸림고리가 없는 작업발판
작업계단	지지대, 계단 발판 및 걸침고리로 구성된 계단형 작업발판

② 작업대의 구조

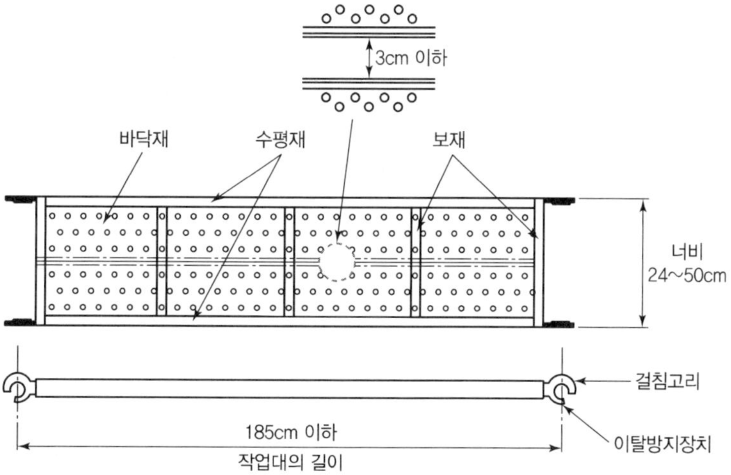

| 작업대 |

㉠ 작업대는 바닥재를 수평재와 보재에 용접하거나, 절판가공 등에 의하여 일체화된 바닥재 및 수평재에 보재를 용접한 것이어야 한다.

㉡ 걸침고리 중심 간의 긴 쪽 방향의 길이는 185cm 이하이어야 한다.

㉢ 바닥재의 폭은 24cm 이상이어야 한다.

㉣ 2개 이상의 바닥재를 평행으로 설치할 경우에 바닥재간의 간격은 3cm 이하이어야 한다.

㉤ 걸침고리는 수평재 또는 보재에 용접 또는 리벳 등으로 접합하여야 한다.

㉥ 바닥재의 바닥판(디딤판)에는 미끄럼방지조치를 하여야 한다.

㉦ 작업대는 재료가 놓여 있더라도 통행을 위하여 최소 20cm 이상의 공간을 확보하여야 한다.

㉧ 작업대에 설치하는 발끝막이판은 높이 10cm 이상이 되도록 한다.

㉨ 작업대 또는 통로용 작업발판을 경사지게 설치할 경우에는 30° 이내로 설치하여야 한다.

③ 통로용 작업발판의 구조

㉠ 강재 통로용 작업발판은 바닥재와 수평재 및 보재를 용접 또는 절곡 가공 등 기계적 접합에 의한 일체식 구조이어야 한다.

㉡ 알루미늄 합금재 통로용 작업발판은 바닥재와 수평재 및 보재를 압출 성형이나 용접 또는 기계적 접합에 의한 일체식 구조이어야 한다.

㉢ 통로용 작업발판의 너비는 20cm 이상이어야 한다.

㉣ 바닥재가 2개 이상으로 구성된 것은 바닥재 사이의 틈 간격이 3cm 이하이어야 한다.

㉤ 바닥재의 바닥판에는 미끄러짐 방지 조치를 하여야 한다.

㉥ 통로용 작업발판은 설치조건에 따라 1종과 2종으로 구분하며, 제조자는 제품에 1종 또는 2종임을 확인할 수 있는 추가 표시를 하여야 한다.

ⓐ 1종 : 지점거리를 180 ± 5cm로 설치하는 제품

ⓑ 2종 : 지점거리를 1종과 다르게 설치하는 제품

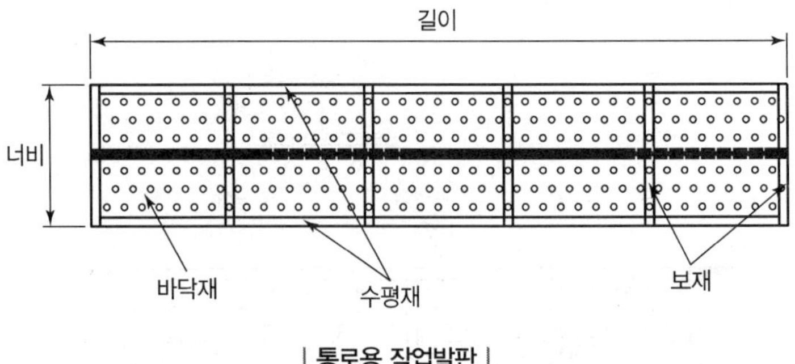

| 통로용 작업발판 |

3. 가설발판의 지지력 계산

1) 작업발판으로서 목재의 허용응력

비계발판은 하중과 간격에 따라서 응력의 상태가 달라지므로 다음에 의한 허용응력을 초과하지 않도록 설계하여야 한다.

허용응력도 / 목재의 종류	압축 (kgf/cm^2)	인장 또는 휨 (kgf/cm^2)	전단 (kgf/cm^2)
적송, 흑송, 회목	120	135	10.5
삼송, 전나무, 가문비나무	90	105	7.5

2) 재료의 강도상 결점 검사기준(작업발판으로 사용하는 목재의 경우)

결점의 대상 및 위치	검사기준
발판의 폭과 동일한 길이 내에 있는 결점치수의 총합	발판폭의 1/4을 초과 금지
결점 개개의 크기가 발판의 중앙부에 있는 경우	발판폭의 1/5을 초과 금지
결점 개개의 크기가 발판의 갓부분에 있는 경우	발판폭의 1/7을 초과 금지
발판의 갓면에 있을 때	발판두께의 1/2을 초과 금지
발판의 갈라짐	발판폭의 1/2을 초과 금지 (철선, 띠철로 감아서 보존할 것)

3) 작업대의 시험성능기준

부재	항목	시험성능기준
작업대	휨강도	너비(mm) × 11N 이상
	수직처짐량	L/100mm 이하(최대 20mm 이하) (L : 작업대의 길이)
걸침고리	본체 및 부착부 전단강도	너비(mm) × 39N 이상
	이탈방지 전단강도	3,240N 이상
바닥재	수직처짐량	10.0mm 이하

4) 통로용 작업발판의 시험성능 기준

항목		시험성능 기준
수직처짐량	1종	18mm 이하
	2종	L/100mm 이하(최대 20mm 이하) (L : 통로용 작업발판의 지점거리)
휨강도		너비(mm) × 11N 이상
바닥재	수직처짐량	10.0mm 이하

3 거푸집 및 동바리

1. 거푸집의 필요조건

1) 거푸집 관련 용어의 정의

거푸집	굳지 않은 콘크리트가 소정의 형상, 치수를 유지하며 콘크리트가 적합한 강도에 도달하기 전까지 지지하는 거푸집동바리, 거푸집널 등 가설구조물의 전체
거푸집동바리	굳지 않은 콘크리트가 소정의 강도를 얻을 때까지 거푸집 형상을 유지하도록 하중을 지지하는 부재
거푸집널	거푸집의 일부로서 굳지 않은 콘크리트에 직접 접하는 합판이나 금속 등의 판 부재
장선	거푸집널을 지지하고 상부 하중을 멍에에 전달하는 부재
멍에	장선을 지지하고 상부 하중을 거푸집동바리에 전달하기 위하여 장선과 직각방향으로 설치하는 부재
작업발판 일체형 거푸집	거푸집의 설치, 해체, 철근 조립, 콘크리트 타설, 콘크리트 면처리 등의 작업을 할 수 있는 작업발판을 거푸집과 일체로 제작하여 사용하는 거푸집

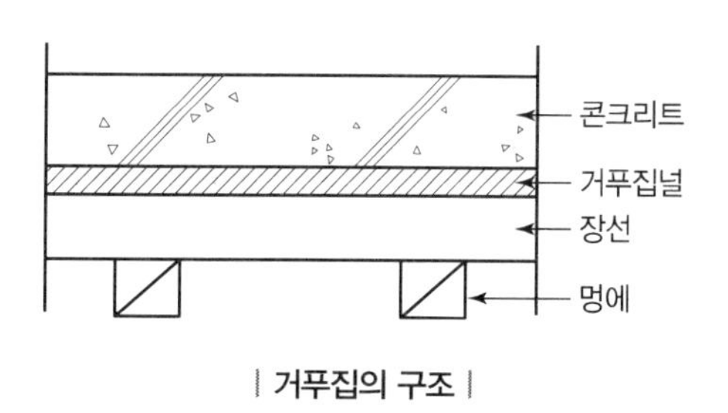

| 거푸집의 구조 |

2) 거푸집의 필요조건

① 조립 · 해체 · 운반이 용이할 것
② 반복 사용할 수 있는 형상과 크기일 것
③ 수분이나 모르타르의 누출을 방지할 수 있게 수밀성을 확보할 것
④ 시공정확도를 유지하고 변형이 생기지 않는 구조일 것
⑤ 충격 및 작업하중에 견디고, 변형을 일으키지 않는 강도를 가질 것
⑥ 청소 · 보수 · 뒷정리가 쉬울 것

3) 거푸집의 역할

① 콘크리트의 일정한 형상 및 치수 유지
② 경화에 필요한 수분 누출 방지
③ 경화하기까지 작용하는 내외 환경의 영향 방지

2. 거푸집 재료의 선정방법

1) 목재 거푸집

① 흠집 및 옹이가 많은 거푸집과 합판의 접착부분이 떨어져 구조적으로 약한 것은 사용하여서는 아니 된다.
② 거푸집의 띠장은 부러지거나 균열이 있는 것을 사용하여서는 아니 된다.

2) 강재 거푸집

① 형상이 찌그러지거나, 비틀림 등 변형이 있는 것은 교정한 다음 사용하여야 한다.
② 강재 거푸집의 표면에 녹이 많이 나 있는 것은 쇠솔(Wire Brush) 또는 샌드 페이퍼(Sand Paper) 등으로 닦아내고 박리제(Form Pil)를 엷게 칠해 두어야 한다.

3) 동바리(지보공)재

① 현저한 손상, 변형, 부식이 있는 것과 옹이가 깊숙히 박혀 있는 것은 사용하지 말아야 한다.
② 각재 또는 강관 지주는 다음 그림과 같이 양끝을 일직선으로 그은 선 안에 있어야 하고, 일직선 밖으로 굽어져 있는 것은 사용을 금하여야 한다.

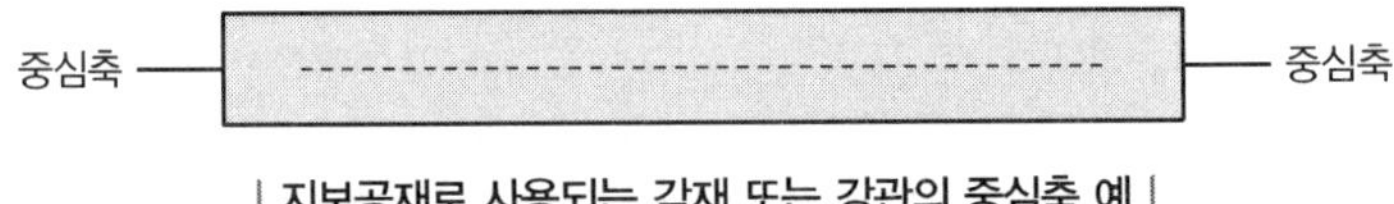

| 지보공재로 사용되는 각재 또는 강관의 중심축 예 |

③ 강관지주(동바리), 보 등을 조합한 구조는 최대 허용하중을 초과하지 않는 범위에서 사용하여야 한다.

4) 연결재 선정 시 고려사항

① 정확하고 충분한 강도가 있는 것이어야 한다.
② 회수, 해체하기가 쉬운 것이어야 한다.
③ 조합 부품 수가 적은 것이어야 한다.

3. 거푸집 동바리 조립 시 안전조치사항

1) 거푸집 동바리 조립도

① 거푸집 및 동바리를 조립하는 경우에는 그 구조를 검토한 후 조립도를 작성하고, 그 조립도에 따라 조립하도록 해야 한다.

② 조립도에는 거푸집 및 동바리를 구성하는 부재의 재질 · 단면규격 · 설치간격 및 이음방법 등을 명시해야 한다.

2) 거푸집 조립 시의 안전조치

① 거푸집을 조립하는 경우에는 거푸집이 콘크리트 하중이나 그 밖의 외력에 견딜 수 있거나, 넘어지지 않도록 견고한 구조의 긴결재(콘크리트를 타설할 때 거푸집이 변형되지 않게 연결하여 고정하는 재료), 버팀대 또는 지지대를 설치하는 등 필요한 조치를 할 것

② 거푸집이 곡면인 경우에는 버팀대의 부착 등 그 거푸집의 부상(浮上)을 방지하기 위한 조치를 할 것

3) 작업발판 일체형 거푸집의 안전조치

① 작업발판 일체형 거푸집이란 거푸집의 설치 · 해체, 철근 조립, 콘크리트 타설, 콘크리트 면처리 작업 등을 위하여 거푸집을 작업발판과 일체로 제작하여 사용하는 거푸집으로서 다음 각 호의 거푸집을 말한다.

㉠ 갱 폼(Gang Form)

㉡ 슬립 폼(Slip Form)

㉢ 클라이밍 폼(Climbing Form)

㉣ 터널 라이닝 폼(Tunnel Lining Form)

㉤ 그 밖에 거푸집과 작업발판이 일체로 제작된 거푸집 등

② 갱 폼의 조립 · 이동 · 양중 · 해체 작업(조립 등)을 하는 경우에는 다음 각 호의 사항을 준수해야 한다.

㉠ 조립 등의 범위 및 작업절차를 미리 그 작업에 종사하는 근로자에게 주지시킬 것

㉡ 근로자가 안전하게 구조물 내부에서 갱 폼의 작업발판으로 출입할 수 있는 이동통로를 설치할 것

㉢ 갱 폼의 지지 또는 고정철물의 이상 유무를 수시점검하고 이상이 발견된 경우에는 교체하도록 할 것

㉣ 갱 폼을 조립하거나 해체하는 경우에는 갱 폼을 인양장비에 매단 후에 작업을 실시하도록 하고, 인양장비에 매달기 전에 지지 또는 고정철물을 미리 해체하지 않도록 할 것

㉤ 갱 폼 인양 시 작업발판용 케이지에 근로자가 탑승한 상태에서 갱 폼의 인양작업을 하지 않을 것

③ 슬립 폼(Slip Form), 클라이밍 폼(Climbing Form), 터널 라이닝 폼(Tunnel Lining Form), 그 밖에 거푸집과 작업발판이 일체로 제작된 거푸집의 조립 등의 작업을 하는 경우에는 다음 각 호의 사항을 준수하여야 한다.

㉠ 조립 등 작업 시 거푸집 부재의 변형 여부와 연결 및 지지재의 이상 유무를 확인할 것

㉡ 조립 등 작업과 관련한 이동 · 양중 · 운반 장비의 고장 · 오조작 등으로 인해 근로자에게 위험을 미칠 우려가 있는 장소에는 근로자의 출입을 금지하는 등 위험방지 조치를 할 것

㉢ 거푸집이 콘크리트면에 지지될 때에 콘크리트의 굳기 정도와 거푸집의 무게, 풍압 등의 영향으로 거푸집의 갑작스런 이탈 또는 낙하로 인해 근로자가 위험해질 우려가 있는 경우에는 설

계도서에서 정한 콘크리트의 양생기간을 준수하거나 콘크리트면에 견고하게 지지하는 등 필요한 조치를 할 것

㉣ 연결 또는 지지 형식으로 조립된 부재의 조립 등 작업을 하는 경우에는 거푸집을 인양장비에 매단 후에 작업을 하도록 하는 등 낙하 · 붕괴 · 전도의 위험방지를 위하여 필요한 조치를 할 것

4) 동바리 조립 시의 안전조치

동바리를 조립하는 경우에는 하중의 지지상태를 유지할 수 있도록 다음 각 호의 사항을 준수해야 한다.

① 받침목이나 깔판의 사용, 콘크리트 타설, 말뚝박기 등 동바리의 침하를 방지하기 위한 조치를 할 것
② 동바리의 상하 고정 및 미끄러짐 방지 조치를 할 것
③ 상부 · 하부의 동바리가 동일 수직선상에 위치하도록 하여 깔판 · 받침목에 고정시킬 것
④ 개구부 상부에 동바리를 설치하는 경우에는 상부하중을 견딜 수 있는 견고한 받침대를 설치할 것
⑤ U헤드 등의 단판이 없는 동바리의 상단에 멍에 등을 올릴 경우에는 해당 상단에 U헤드 등의 단판을 설치하고, 멍에 등이 전도되거나 이탈되지 않도록 고정시킬 것
⑥ 동바리의 이음은 같은 품질의 재료를 사용할 것
⑦ 강재의 접속부 및 교차부는 볼트 · 클램프 등 전용철물을 사용하여 단단히 연결할 것
⑧ 거푸집의 형상에 따른 부득이한 경우를 제외하고는 깔판이나 받침목은 2단 이상 끼우지 않도록 할 것
⑨ 깔판이나 받침목을 이어서 사용하는 경우에는 그 깔판 · 받침목을 단단히 연결할 것

5) 동바리 유형에 따른 동바리 조립 시의 안전조치

① 동바리로 사용하는 파이프 서포트의 경우

㉠ 파이프 서포트를 3개 이상 이어서 사용하지 않도록 할 것
㉡ 파이프 서포트를 이어서 사용하는 경우에는 4개 이상의 볼트 또는 전용철물을 사용하여 이을 것
㉢ 높이가 3.5미터를 초과하는 경우에는 높이 2미터 이내마다 수평연결재를 2개 방향으로 만들고 수평연결재의 변위를 방지할 것

② 동바리로 사용하는 강관틀의 경우

㉠ 강관틀과 강관틀 사이에 교차가새를 설치할 것
㉡ 최상단 및 5단 이내마다 동바리의 측면과 틀면의 방향 및 교차가새의 방향에서 5개 이내마다 수평연결재를 설치하고 수평연결재의 변위를 방지할 것
㉢ 최상단 및 5단 이내마다 동바리의 틀면의 방향에서 양단 및 5개틀 이내마다 교차가새의 방향으로 띠장틀을 설치할 것

③ 동바리로 사용하는 조립강주의 경우

조립강주의 높이가 4미터를 초과하는 경우에는 높이 4미터 이내마다 수평연결재를 2개 방향으로 설치하고 수평연결재의 변위를 방지할 것

④ 시스템 동바리(규격화 · 부품화된 수직재, 수평재 및 가새재 등의 부재를 현장에서 조립하여 거푸집을 지지하는 지주 형식의 동바리)의 경우

㉠ 수평재는 수직재와 직각으로 설치해야 하며, 흔들리지 않도록 견고하게 설치할 것

㉡ 연결철물을 사용하여 수직재를 견고하게 연결하고, 연결부위가 탈락 또는 꺾어지지 않도록 할 것

㉢ 수직 및 수평하중에 대해 동바리의 구조적 안정성이 확보되도록 조립도에 따라 수직재 및 수평재에는 가새재를 견고하게 설치할 것

㉣ 동바리 최상단과 최하단의 수직재와 받침철물은 서로 밀착되도록 설치하고 수직재와 받침철물의 연결부의 겹침길이는 받침철물 전체길이의 3분의 1 이상 되도록 할 것

⑤ 보 형식의 동바리[강제 갑판(Steel Deck), 철재트러스 조립 보 등 수평으로 설치하여 거푸집을 지지하는 동바리]의 경우

㉠ 접합부는 충분한 걸침 길이를 확보하고 못, 용접 등으로 양끝을 지지물에 고정시켜 미끄러짐 및 탈락을 방지할 것

㉡ 양끝에 설치된 보 거푸집을 지지하는 동바리 사이에는 수평연결재를 설치하거나 동바리를 추가로 설치하는 등 보 거푸집이 옆으로 넘어지지 않도록 견고하게 할 것

㉢ 설계도면, 시방서 등 설계도서를 준수하여 설치할 것

6) 조립 · 해체 등 작업 시의 준수사항

① 기둥 · 보 · 벽체 · 슬래브 등의 거푸집 및 동바리를 조립하거나 해체하는 작업을 하는 경우 준수사항

㉠ 해당 작업을 하는 구역에는 관계 근로자가 아닌 사람의 출입을 금지할 것

㉡ 비, 눈, 그 밖의 기상상태의 불안정으로 날씨가 몹시 나쁜 경우에는 그 작업을 중지할 것

㉢ 재료, 기구 또는 공구 등을 올리거나 내리는 경우에는 근로자로 하여금 달줄 · 달포대 등을 사용하도록 할 것

㉣ 낙하 · 충격에 의한 돌발적 재해를 방지하기 위하여 버팀목을 설치하고 거푸집 및 동바리를 인양장비에 매단 후에 작업을 하도록 하는 등 필요한 조치를 할 것

② 철근조립 등의 작업을 하는 경우 준수사항

㉠ 양중기로 철근을 운반할 경우에는 두 군데 이상 묶어서 수평으로 운반할 것

㉡ 작업위치의 높이가 2미터 이상일 경우에는 작업발판을 설치하거나 안전대를 착용하게 하는 등 위험방지를 위하여 필요한 조치를 할 것

7) 철근 공사

① 철근가공 및 조립작업 시 준수사항

㉠ 철근가공 작업장 주위는 작업책임자가 상주하여야 하고 정리정돈되어 있어야 하며, 작업원 이외는 출입을 금지하여야 한다.

㉡ 가공 작업자는 안전모 및 안전보호장구를 착용하여야 한다.

㉢ 해머 절단을 할 때에는 다음에 정하는 사항에 유념하여 작업하여야 한다.

ⓐ 해머자루는 금이 가거나 쪼개진 부분은 없는가 확인하고 사용 중 해머가 빠지지 아니하도록 튼튼하게 조립되어야 한다.

ⓑ 해머 부분이 마모되어 있거나, 훼손되어 있는 것을 사용하여서는 아니 된다.

ⓒ 무리한 자세로 절단을 하여서는 아니 된다.

ⓓ 절단기의 절단 날은 마모되어 미끄러질 우려가 있는 것을 사용하여서는 아니 된다.

㉣ 가스절단을 할 때에는 다음에 정하는 사항에 유념하여 작업하여야 한다.

ⓐ 가스절단 및 용접자는 해당 자격 소지자라야 하며, 작업 중에는 보호구를 착용하여야 한다.

ⓑ 가스절단 작업 시 호스는 겹치거나 구부러지거나 또는 밟히지 않도록 하고 전선의 경우에는 피복이 손상되어 있는지를 확인하여야 한다.

ⓒ 호스, 전선 등은 다른 작업장을 거치지 않는 직선상의 배선이어야 하며, 길이가 짧아야 한다.

ⓓ 작업장에서 가연성 물질에 인접하여 용접작업할 때에는 소화기를 비치하여야 한다.

㉤ 철근을 가공할 때에는 가공작업 고정틀에 정확한 접합을 확인하여야 하며 탄성에 의한 스프링 작용으로 발생되는 재해를 막아야 한다.

㉥ 아크(Arc) 용접 이음의 경우 배전판 또는 스위치는 용이하게 조작할 수 있는 곳에 설치하여야 하며, 접지상태를 항상 확인하여야 한다.

② 철근의 인력운반

㉠ 1인당 무게는 25킬로그램 정도가 적절하며, 무리한 운반을 삼가야 한다.

㉡ 2인 이상이 1조가 되어 어깨메기로 하여 운반하는 등 안전을 도모하여야 한다.

㉢ 긴 철근을 부득이 한 사람이 운반할 때에는 한쪽을 어깨에 메고 한쪽 끝을 끌면서 운반하여야 한다.

㉣ 운반할 때에는 양끝을 묶어 운반하여야 한다.

㉤ 내려놓을 때는 천천히 내려놓고 던지지 않아야 한다.

㉥ 공동 작업을 할 때에는 신호에 따라 작업을 하여야 한다.

③ 철근의 기계운반(장비를 이용하여 철근을 운반)

㉠ 운반작업 시에는 작업 책임자를 배치하여 수신호 또는 표준신호 방법에 의하여 시행한다.

㉡ 달아 올릴 때에는 다음의 묶은 와이어의 걸치기 예와 같은 요령으로 올리고 로프와 기구의 허용하중을 검토하여 과다하게 달아 올리지 않아야 한다.

ⓐ 로프의 안전계수

와이어로프가 화물의 하중을 직접 지지하는 경우의 안전계수	5 이상
섬유벨트슬링 사용 시 화물의 하중을 직접 지지하는 경우의 안전계수	7 이상

ⓑ 와이어로프를 절단하여 양중작업 용구를 제작할 경우 가스용단 등의 방법을 금지하고 반드시 기계적인 방법으로 절단하여야 한다.

묶은 와이어를 겹치면
아래쪽 와이어가 조여
지지 않는다.(불량)

(양호)

부득이 세로달기를 할 경우
반드시 포대나 상자를 붙여
서 철근이 빠져나가지
않도록 한다. (양호)

묶은 와이어는 항상
2줄을 겹친다.(양호)

| 묶은 와이어의 걸치기 예 |

㉢ 비계나 거푸집 등에 대량의 철근을 걸쳐 놓거나 얹어 놓아서는 안 된다.
㉣ 달아 올리는 부근에는 관계근로자 이외 사람의 출입을 금지시켜야 한다.
㉤ 권양기의 운전자는 현장책임자가 지정하는 자가 하여야 한다.

④ 철근 운반 시 감전사고 예방을 위한 준수사항
㉠ 철근 운반작업을 하는 바닥 부근에는 전선이 배치되어 있지 않아야 한다.
㉡ 철근 운반작업을 하는 주변의 전선은 사용철근의 최대길이 이상의 높이에 배선되어야 하며, 이격거리는 최소한 2미터 이상이어야 한다.
㉢ 운반장비는 반드시 전선의 배선상태를 확인한 후 운행하여야 한다.

4. 거푸집 존치기간

1) 거푸집 존치기간

① 콘크리트의 압축강도를 시험할 경우 거푸집널의 해체시기

부재	콘크리트 압축강도(f_{cu})
확대기초, 보, 기둥, 등의 측면	5MPa 이상
슬래브 및 보의 밑면, 아치 내면	설계기준압축강도 × $\frac{2}{3}$ $\left(f_{cu} \geq \frac{2}{3}f_{ck}\right)$ (다만, 14MPa 이상)

② 콘크리트 압축강도를 시험하지 않을 경우 거푸집널의 해체 시기(기초, 보, 기둥 및 벽의 측면)

시멘트의 종류 / 평균기온	조강 포틀랜드시멘트	보통 포틀랜드 시멘트 고로 슬래그 시멘트(특급) 포틀랜드 포졸란 시멘트(A종) 플라이 애시 시멘트(A종)	고로 슬래그 시멘트(1급) 포틀랜드 포졸란 시멘트(B종) 플라이 애시 시멘트(B종)
20℃ 이상	2일	4일	5일
20℃ 미만 10℃ 이상	3일	6일	8일

③ 동바리의 존치기간
받침기둥 존치기간은 슬래브, 밑, 보 밑 모두 설계기준강도의 100% 이상 콘크리트 압축강도가 얻어진 것이 확인될 때까지로 한다.

2) 거푸집 및 동바리 시공 시 고려하중

종류	내용
1. 연직방향 하중	거푸집, 지보공(동바리), 콘크리트, 철근, 작업원, 타설용 기계기구, 가설설비 등의 중량 및 충격하중
2. 횡방향 하중	작업할 때의 진동, 충격, 시공오차 등에 기인되는 횡방향 하중 이외에 필요에 따라 풍압, 유수압, 지진 등
3. 콘크리트의 측압	굳지 않은 콘크리트의 측압
4. 특수하중	시공 중에 예상되는 특수한 하중

상기 1~4호의 하중에 안전율을 고려한 하중

3) 거푸집 동바리 구조검토

① 연직방향 하중에 대한 거푸집 동바리의 구조검토

$$W = \text{고정하중} + \text{작업하중} = (\text{콘크리트} + \text{거푸집})\ \text{중량} + \text{작업하중}$$
$$= (\gamma \cdot t + 0.4\text{kN/m}^2) + 2.5\text{kN/m}^2$$

여기서, γ : 철근콘크리트 단위중량(kN/m³), t : 슬래브 두께(m)

㉠ 고정하중 : 철근콘크리트와 거푸집의 무게를 합한 하중

㉡ 작업하중 : 작업원, 경량의 장비하중, 그 밖의 콘크리트 타설에 필요한 자재 및 공구 등의 시공(작업) 하중 및 충격하중을 포함

② 수평방향 하중에 대한 거푸집 동바리의 구조검토

㉠ 동바리에 작용하는 수평방향 하중은 고정하중의 2% 이상 또는 동바리 상단의 수평방향 단위 길이당 1.5kN/m 이상 중에서 큰 쪽의 하중이 동바리 머리 부분에 수평방향으로 작용하는 것으로 가정하여야 한다.

㉡ 옹벽과 같은 거푸집의 경우에는 거푸집 측면에 벽체 수직투영면적당 0.5kN/m² 이상의 수평방향 하중이 작용하는 것으로 본다. 그 밖에 바람이나 흐르는 물의 영향을 크게 받을 경우에는 별도로 고려하여야 한다.

4) 거푸집 동바리의 구조검토 순서

거푸집 동바리의 일반적인 구조검토의 순서는 다음과 같다.

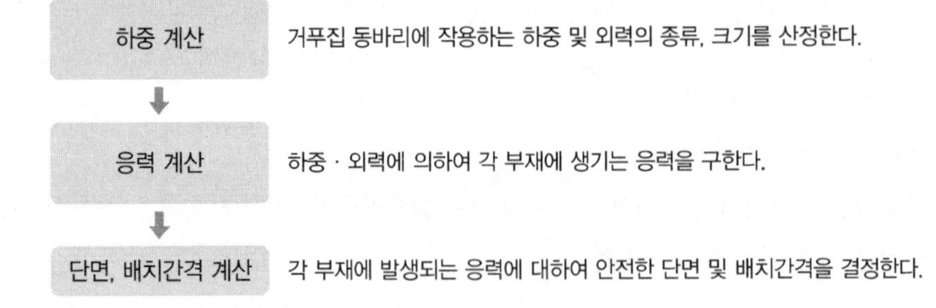

5) 거푸집 동바리의 존치기간에 영향을 미치는 요인

① 시멘트의 성질
② 콘크리트의 배합
③ 구조물의 종류와 중요도
④ 부재의 종류와 중요도
⑤ 부재가 받는 하중
⑥ 콘크리트 내부의 온도와 표면온도의 차이

4 흙막이

1. 흙막이 공법

1) 개요

① 흙막이 공법이란 흙막이 배면에 작용하는 토압에 대응하는 구조물로 기초굴착에 따른 지반의 붕괴와 물의 침입을 방지하기 위하여 토압과 수압을 지지하는 공법이다.
② 흙막이는 토사와 지하수의 유입을 막는 흙막이벽과 이것을 지탱해 주는 지보공으로 구성되며, 토질 조건, 지하수 상태, 현장여건 등을 충분히 검토하여 적정한 흙막이 공법을 선정하여야 한다.

2) 흙막이 공법의 종류

흙막이 지지방식에 의한 분류 (지보공)	① 자립공법 ② 버팀대식 공법(빗버팀대식 공법, 수평버팀대식 공법) ③ 어스 앵커 공법
흙막이 구조방식에 의한 분류 (흙막이벽)	① 엄지말뚝식 흙막이 공법(H – Pile) ② 널말뚝 공법(강 널말뚝식 흙막이 공법, 강관 널말뚝식 흙막이 공법) ③ 지하연속벽 공법 ④ 역타식 공법(Top Down)

2. 흙막이 지보공

1) 흙막이 지보공의 재료 및 조립도

흙막이 지보공의 재료	흙막이 지보공의 재료로 변형 · 부식되거나 심하게 손상된 것을 사용해서는 아니 된다.
조립도	① 흙막이 지보공을 조립하는 경우 미리 그 구조를 검토한 후 조립도를 작성하여 그 조립도에 따라 조립하도록 해야 한다. ② 조립도는 흙막이판 · 말뚝 · 버팀대 및 띠장 등 부재의 배치 · 치수 · 재질 및 설치방법과 순서가 명시되어야 한다.

2) 붕괴 등의 위험 방지

① 흙막이 지보공을 설치하였을 때에는 정기적으로 다음 각 호의 사항을 점검하고 이상을 발견하면 즉시 보수하여야 한다.
㉠ 부재의 손상 · 변형 · 부식 · 변위 및 탈락의 유무와 상태

㉡ 버팀대의 긴압(緊壓)의 정도
㉢ 부재의 접속부 · 부착부 및 교차부의 상태
㉣ 침하의 정도

② 정기적인 점검 외에 설계도서에 따른 계측을 하고 계측 분석 결과 토압의 증가 등 이상한 점을 발견한 경우에는 즉시 보강조치를 하여야 한다.

3. 계측기의 종류 및 사용목적

1) 계측의 정의

조사, 설계 및 시공 시에 발생되는 오차나 설계, 시공의 오류를 보완하기 위하여 기구를 활용하여 구조물과 지반 등의 거동을 측정하는 행위

2) 계측관리의 필요성

계측 자료를 통해 시공 중 굴착공사의 안전성을 지속적으로 확인할 수 있으며, 관리기준치나 계측값을 활용하여 굴착공사 현장의 지반상태 등의 변화에 대하여 사전대책을 수립하여 안전성을 확보할 수 있다.

3) 계측관리의 목적

① 지반에 대한 제한된 정보에 근거한 설계 시 제시된 가정 조건을 보완하여 굴착공사가 지반에 미치는 영향과 지반의 변화가 가설 구조물에 미치는 영향을 예측하여 시공의 안전성을 확보하기 위해
② 굴착공사에 설치된 계측자료의 경향을 파악하여 사전에 위험요소를 찾아내기 위해
③ 굴착공사로 인한 인접 건물 및 구조물의 변화를 계측하고 계측된 자료를 수집, 정리 및 분석하며 자료를 축적하여 시공 중과 시공 후에 안정성을 도모하기 위해

4) 계측기의 종류

구분	장치	용도
지상	건물 경사계(Tilt Meter)	지상 인접구조물의 기울기 측정(구조물의 경사, 변형상태 측정)
	지표면 침하계(Level and Staff)	주위 지반에 대한 지표면의 침하량 측정
지중	지중 경사계(Inclino Meter)	지중 수평변위를 측정하여 흙막이의 기울어진 정도 파악
	지중 침하계(Extension Meter)	지중 수직변위를 측정하여 지반의 침하 정도 파악
	변형률계(Strain Gauge)	흙막이벽 버팀대의 응력변화 측정
	하중계(Load Cell)	흙막이 버팀대에 작용하는 토압, 어스앵커의 인장력 등 측정
	토압계(Earth Pressure Meter)	흙막이에 작용하는 토압의 변화 파악
지하수	간극 수압계(Piezo Meter)	굴착으로 인한 지하의 간극수압 측정
	지하수위계(Water Level Meter)	지하수의 수위변화 측정

5) 계측항목별 계측기의 선정(예시)

계측항목	계측기
1. 배면지반의 거동 및 지중수평변위	지중경사계
2. 엄지말뚝, 벽체 및 띠장 응력	변형률계
3. 벽체에 작용하는 토압	토압계
4. 지하수위 및 간극수압	지하수위계, 간극수압계
5. 버팀대 또는 어스앵커의 거동	하중계, 변형률계
6. 인접구조물의 피해상황	건물경사계, 균열계
7. 진동 및 소음	진동 및 소음측정기
8. 지반 내 수직변위	층별 침하계

6) 계측기의 설치위치

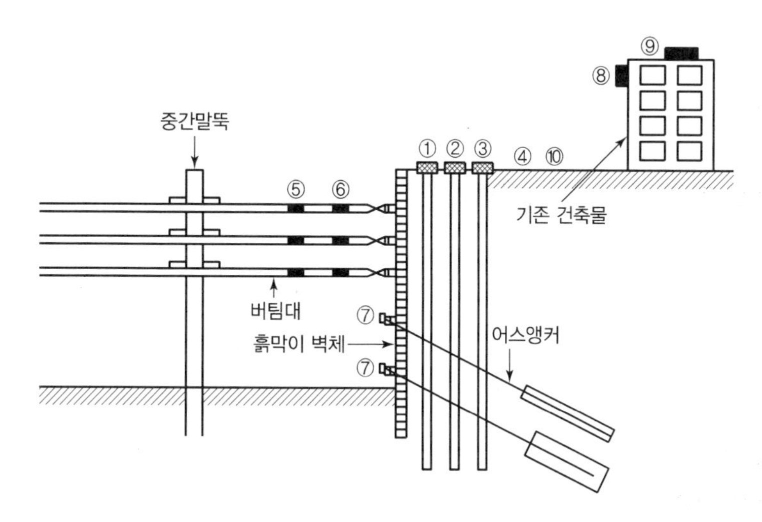

7) 계측기의 선정원리

① 계측기의 정밀도, 계측 범위 및 신뢰도가 계측 목적에 적합할 것
② 구조가 간단하고 설치가 용이할 것
③ 온도와 습도의 영향을 적게 받거나 보정이 간달할 것
④ 예상 변위나 응력의 크기보다 계측기의 측정 범위가 넓을 것
⑤ 계기의 오차가 적고 이상 유무의 발견이 쉬울 것

8) 굴착공사 계측관리

① 수위계
② 경사계
③ 하중 및 침하계
④ 응력계

CHAPTER

06 공사 및 안전 종류별 안전

SECTION 01 양중 및 해체공사

1 양중공사 시 안전수칙

1. 양중기의 종류

1) 양중기의 종류

① 크레인(호이스트 포함)
② 이동식 크레인
③ 리프트(이삿짐운반용 리프트의 경우 적재하중 0.1톤 이상인 것)
④ 곤돌라
⑤ 승강기

2) 방호장치의 조정

① 방호장치의 조정

방호장치의 조정 대상	① 크레인 ② 이동식 크레인 ③ 리프트 ④ 곤돌라 ⑤ 승강기
방호장치의 종류	① 과부하방지장치 ② 권과방지장치 ③ 비상정지장치 및 제동장치 ④ 그 밖의 방호장치(승강기의 파이널 리미트 스위치, 속도조절기, 출입문 인터록 등)

② 크레인 및 이동식 크레인의 양중기에 대한 권과방지장치는 훅 · 버킷 등 달기구의 윗면(그 달기구에 권상용 도르래가 설치된 경우에는 권상용 도르래의 윗면)이 드럼, 상부 도르래, 트롤리프레임 등 권상장치의 아랫면과 접촉할 우려가 있는 경우에 그 간격이 0.25미터 이상(직동식 권과방지장치는 0.05미터 이상으로 한다)이 되도록 조정하여야 한다.
③ ②의 권과방지장치를 설치하지 않은 크레인에 대해서는 권상용 와이어로프에 위험표시를 하고 경보장치를 설치하는 등 권상용 와이어로프가 지나치게 감겨서 근로자가 위험해질 상황을 방지하기 위한 조치를 하여야 한다.

3) 리프트의 방호장치

리프트(자동차정비용 리프트 제외)의 운반구 이탈 등의 위험을 방지하기 위하여 권과방지장치, 과부하방지장치, 비상정지장치 등을 설치하는 등 필요한 조치를 하여야 한다.

4) 방호장치 용어의 정의

방호장치	정의
과부하방지장치	정격하중 이상의 하중이 부하되었을 때 자동적으로 상승이 정지되면서 경보음을 발생하는 장치
권과방지장치	권과를 방지하기 위하여 인양용 와이어로프가 일정한계 이상 감기게 되면 자동적으로 동력을 차단하고 작동을 정지시키는 장치
비상정지장치	돌발사태 발생 시 안전유지를 위한 전원차단 및 크레인을 급정지시키는 장치
제동장치	운동하고 있는 기계의 속도를 감속하거나 정지시키는 장치
파이널 리미트 스위치	카가 승강로의 최상단보 또는 승강로 바닥에 충돌하기 전 동력을 차단하는 장치
속도조절기 (조속기)	전동기 고장 또는 적재하중의 초과로 인한 과속 제어계의 이상 등으로 과속 발생 시 정격속도의 1.3배가 되면 조속기 스위치가 동작하여 1차 전동기 입력을 차단하고 2차로 브레이크를 작동시켜 카를 비상 정지시키는 이상속도 감지장치
출입문 인터록	카가 정지하고 있지 않은 곳에서의 승강 도어가 열리는 것을 방지하기 위해 인터록 기능
기타 방호장치	① 훅해지장치 : 줄걸이 용구인 와이어로프 슬링 또는 체인, 섬유벨트 등을 훅에 걸고 작업 시 이탈을 방지하기 위한 안전장치 ② 완충기 : 카가 어떠한 원인으로 최하층을 통과하여 피트에 급속 강하할 때 충격을 완화시키기 위함

PART 06

2. 양중기의 안전수칙

1) 정격하중 등의 표시

사업주는 양중기(승강기는 제외) 및 달기구를 사용하여 작업하는 운전자 또는 작업자가 보기 쉬운 곳에 해당 기계의 정격하중, 운전속도, 경고표시 등을 부착하여야 한다.(다만, 달기구는 정격하중만 표시)

2) 용어의 정의

정격하중 (Rated Load)	크레인의 권상하중에서 훅, 크래브 또는 버킷 등 달기기구의 중량에 상당하는 하중을 뺀 하중을 말한다. 다만, 지브가 있는 크레인 등으로서 경사각의 위치, 지브의 길이에 따라 권상능력이 달라지는 것은 그 위치에서의 권상하중에서 달기기구의 중량을 뺀 나머지 하중을 말한다.
권상하중 (Hoisting Load)	들어 올릴 수 있는 최대의 하중을 말한다.
정격속도 (Rated Speed)	정격하중에 상당하는 하중을 크레인에 매달고 권상, 주행, 선회 또는 횡행할 수 있는 최고속도를 말한다.

3) 크레인의 안전수칙

① 크레인의 수리 등의 작업

㉠ 같은 주행로에 병렬로 설치되어 있는 주행 크레인의 수리·조정 및 점검 등의 작업을 하는 경우, 주행로상이나 그 밖에 주행 크레인이 근로자와 접촉할 우려가 있는 장소에서 작업을 하는

경우 등에 주행 크레인끼리 충돌하거나 주행 크레인이 근로자와 접촉할 위험을 방지하기 위하여 감시인을 두고 주행로상에 스토퍼(Stopper)를 설치하는 등 위험방지 조치를 하여야 한다.

㉡ 갠트리 크레인 등과 같이 작업장 바닥에 고정된 레일을 따라 주행하는 크레인의 새들(Saddle) 돌출부와 주변 구조물 사이의 안전공간이 40센티미터 이상 되도록 바닥에 표시를 하는 등 안전공간을 확보하여야 한다.

② 크레인의 설치 · 조립 · 수리 · 점검 또는 해체 작업을 하는 경우 조치사항

㉠ 작업순서를 정하고 그 순서에 따라 작업을 할 것

㉡ 작업을 할 구역에 관계 근로자가 아닌 사람의 출입을 금지하고 그 취지를 보기 쉬운 곳에 표시할 것

㉢ 비, 눈, 그 밖에 기상상태의 불안정으로 날씨가 몹시 나쁜 경우에는 그 작업을 중지시킬 것

㉣ 작업장소는 안전한 작업이 이루어질 수 있도록 충분한 공간을 확보하고 장애물이 없도록 할 것

㉤ 들어올리거나 내리는 기자재는 균형을 유지하면서 작업을 하도록 할 것

㉥ 크레인의 성능, 사용조건 등에 따라 충분한 응력(應力)을 갖는 구조로 기초를 설치하고 침하 등이 일어나지 않도록 할 것

㉦ 규격품인 조립용 볼트를 사용하고 대칭되는 곳을 차례로 결합하고 분해할 것

③ 타워크레인의 지지

㉠ 타워크레인을 자립고(自立高) 이상의 높이로 설치하는 경우 건축물 등의 벽체에 지지하도록 하여야 한다. 다만, 지지할 벽체가 없는 등 부득이한 경우에는 와이어로프에 의하여 지지할 수 있다.

㉡ 타워크레인을 벽체에 지지하는 경우 다음의 사항을 준수하여야 한다.

ⓐ 서면심사에 관한 서류 또는 제조사의 설치작업설명서 등에 따라 설치할 것

ⓑ 서면심사 서류 등이 없거나 명확하지 아니한 경우에는 「국가기술자격법」에 따른 건축구조 · 건설기계 · 기계안전 · 건설안전기술사 또는 건설안전분야 산업안전지도사의 확인을 받아 설치하거나 기종별 · 모델별 공인된 표준방법으로 설치할 것

ⓒ 콘크리트구조물에 고정시키는 경우에는 매립이나 관통 또는 이와 같은 수준 이상의 방법으로 충분히 지지되도록 할 것

ⓓ 건축 중인 시설물에 지지하는 경우에는 그 시설물의 구조적 안정성에 영향이 없도록 할 것

㉢ 타워크레인을 와이어로프로 지지하는 경우 준수사항

ⓐ 와이어로프를 고정하기 위한 전용 지지프레임을 사용할 것

ⓑ 와이어로프 설치각도는 수평면에서 60도 이내로 하되, 지지점은 4개소 이상으로 하고, 같은 각도로 설치할 것

ⓒ 와이어로프와 그 고정부위는 충분한 강도와 장력을 갖도록 설치하고, 와이어로프를 클립 · 샤클(Shackle) 등의 고정기구를 사용하여 견고하게 고정시켜 풀리지 않도록 하며, 사용 중에는 충분한 강도와 장력을 유지하도록 할 것

ⓓ 와이어로프가 가공전선에 근접하지 않도록 할 것

④ 건설물 등과의 사이 통로

㉠ 주행 크레인 또는 선회 크레인과 건설물 또는 설비와의 사이에 통로를 설치하는 경우 그 폭을 0.6미터 이상으로 하여야 한다. 다만, 그 통로 중 건설물의 기둥에 접촉하는 부분에 대해서는 0.4미터 이상으로 할 수 있다.

㉡ 통로 또는 주행궤도상에서 정비 · 보수 · 점검 등의 작업을 하는 경우 그 작업에 종사하는 근로자가 주행하는 크레인에 접촉될 우려가 없도록 크레인의 운전을 정지시키는 등 필요한 안전조치를 하여야 한다.

⑤ 건설물 등의 벽체와 통로의 간격

다음 각 호의 간격을 0.3미터 이하로 하여야 한다. 다만, 근로자가 추락할 위험이 없는 경우에는 그 간격을 0.3미터 이하로 유지하지 아니할 수 있다.

㉠ 크레인의 운전실 또는 운전대를 통하는 통로의 끝과 건설물 등의 벽체의 간격

㉡ 크레인 거더(Girder)의 통로 끝과 크레인 거더의 간격

㉢ 크레인 거더의 통로로 통하는 통로의 끝과 건설물 등의 벽체의 간격

⑥ 크레인 작업 시의 조치 및 준수사항

㉠ 인양할 하물(荷物)을 바닥에서 끌어당기거나 밀어내는 작업을 하지 아니할 것

㉡ 유류드럼이나 가스통 등 운반 도중에 떨어져 폭발하거나 누출될 가능성이 있는 위험물 용기는 보관함(또는 보관고)에 담아 안전하게 매달아 운반할 것

㉢ 고정된 물체를 직접 분리 · 제거하는 작업을 하지 아니할 것

㉣ 미리 근로자의 출입을 통제하여 인양 중인 하물이 작업자의 머리 위로 통과하지 않도록 할 것

㉤ 인양할 하물이 보이지 아니하는 경우에는 어떠한 동작도 하지 아니할 것(신호하는 사람에 의하여 작업을 하는 경우는 제외)

⑦ 타워크레인의 작업제한(악천후 및 강풍 시 작업 중지)

순간풍속이 초당 10미터를 초과	타워크레인의 설치 · 수리 · 점검 또는 해체작업 중지
순간풍속이 초당 15미터를 초과	타워크레인의 운전작업 중지

⑧ 타워크레인을 설치 · 조립 · 해체하는 작업의 작업계획서 내용

㉠ 타워크레인의 종류 및 형식

㉡ 설치 · 조립 및 해체순서

㉢ 작업도구 · 장비 · 가설설비 및 방호설비

㉣ 작업인원의 구성 및 작업근로자의 역할 범위

㉤ 타워크레인의 지지에 따른 지지 방법

참고

이동식 크레인	트럭 크레인, 크롤러 크레인, 유압 크레인, 휠 크레인
고정식 크레인	타워 크레인, 지브 크레인, 호이스트 크레인

4) 리프트

① 용어의 정의

적재하중(Movable Load)	리프트의 구조나 재료에 따라 운반구에 적재하고 상승할 수 있는 최대하중
시험하중(Test Load)	작된 리프트의 안전성 시험 시 적용되는 하중으로 적재하중의 1.1배의 하중
정격속도(Rated Speed)	운반구에 적재하중을 싣고 상승할 수 있는 최고속도

② 리프트의 안전수칙

㉠ 설치 · 조립 · 수리 · 점검 또는 해체 작업을 하는 경우 조치사항

ⓐ 작업을 지휘하는 사람을 선임하여 그 사람의 지휘하에 작업을 실시할 것

ⓑ 작업을 할 구역에 관계 근로자가 아닌 사람의 출입을 금지하고 그 취지를 보기 쉬운 장소에 표시할 것

ⓒ 비, 눈, 그 밖에 기상상태의 불안정으로 날씨가 몹시 나쁜 경우에는 그 작업을 중지시킬 것

㉡ 작업지휘자의 이행사항

ⓐ 작업방법과 근로자의 배치를 결정하고 해당 작업을 지휘하는 일

ⓑ 재료의 결함 유무 또는 기구 및 공구의 기능을 점검하고 불량품을 제거하는 일

ⓒ 작업 중 안전대 등 보호구의 착용 상황을 감시하는 일

㉢ 이삿짐 운반용 리프트 전도의 방지 준수사항

ⓐ 아웃트리거가 정해진 작동위치 또는 최대전개위치에 있지 않는 경우(아웃트리거 발이 닿지 않는 경우를 포함한다)에는 사다리 붐 조립체를 펼친 상태에서 화물 운반작업을 하지 않을 것

ⓑ 사다리 붐 조립체를 펼친 상태에서 이삿짐 운반용 리프트를 이동시키지 않을 것

ⓒ 지반의 부동침하 방지 조치를 할 것

5) 폭풍 등에 의한 안전조치사항

풍속의 기준	내용	시기	안전조치사항
순간풍속이 초당 30미터[m/s]를 초과	폭풍에 의한 이탈방지	바람이 불어올 우려가 있는 경우	옥외에 설치되어 있는 주행 크레인에 대하여 이탈방지장치를 작동시키는 등 이탈 방지를 위한 조치를 하여야 한다.
	폭풍 등으로 인한 이상 유무 점검	바람이 불거나 중진 이상 진도의 지진이 있은 후	옥외에 설치되어 있는 양중기를 사용하여 작업을 하는 경우에는 미리 기계 각 부위에 이상이 있는지를 점검하여야 한다.
순간풍속이 초당 35미터[m/s]를 초과	붕괴 등의 방지	바람이 불어올 우려가 있는 경우	건설작업용 리프트(지하에 설치되어 있는 것은 제외한다)에 대하여 받침의 수를 증가시키는 등 그 붕괴 등을 방지하기 위한 조치를 하여야 한다.
	폭풍에 의한 무너짐 방지		옥외에 설치되어 있는 승강기에 대하여 받침의 수를 증가시키는 등 승강기가 무너지는 것을 방지하기 위한 조치를 하여야 한다.

6) 작업시작 전 점검사항

크레인을 사용하여 작업을 할 때	① 권과방지장치 · 브레이크 · 클러치 및 운전장치의 기능 ② 주행로의 상측 및 트롤리(Trolley)가 횡행하는 레일의 상태 ③ 와이어로프가 통하고 있는 곳의 상태
이동식 크레인을 사용하여 작업을 할 때	① 권과방지장치나 그 밖의 경보장치의 기능 ② 브레이크 · 클러치 및 조정장치의 기능 ③ 와이어로프가 통하고 있는 곳 및 작업장소의 지반상태
리프트(자동차정비용 리프트를 포함)를 사용하여 작업을 할 때	① 방호장치 · 브레이크 및 클러치의 기능 ② 와이어로프가 통하고 있는 곳의 상태
곤돌라를 사용하여 작업을 할 때	① 방호장치 · 브레이크의 기능 ② 와이어로프 · 슬링와이어(Sling Wire) 등의 상태

7) 양중기의 와이어로프 등

① 와이어로프 등 달기구의 안전계수

구분	안전계수
근로자가 탑승하는 운반구를 지지하는 달기와이어로프 또는 달기체인의 경우	10 이상
화물의 하중을 직접 지지하는 달기와이어로프 또는 달기체인의 경우	5 이상
훅, 샤클, 클램프, 리프팅 빔의 경우	3 이상
그 밖의 경우	4 이상

② 와이어로프 사용금지 조건

㉠ 이음매가 있는 것

㉡ 와이어로프의 한 꼬임(스트랜드)에서 끊어진 소선의 수가 10% 이상인 것

㉢ 지름의 감소가 공칭지름의 7%를 초과하는 것

㉣ 꼬인 것

㉤ 심하게 변형되거나 부식된 것

㉥ 열과 전기충격에 의해 손상된 것

③ 달기체인의 사용금지 조건

㉠ 달기 체인의 길이가 달기 체인이 제조된 때의 길이의 5%를 초과한 것

㉡ 링의 단면지름이 달기 체인이 제조된 때의 해당 링의 지름의 10%를 초과하여 감소한 것

㉢ 균열이 있거나 심하게 변형된 것

2 해체공사 시 안전수칙

1. 해체용 기구의 종류

1) 압쇄기

① 셔블에 설치하며 유압조작에 의해 콘크리트 등에 강력한 압축력을 가해 파쇄하는 것

② 준수사항

㉠ 압쇄기의 중량, 작업충격을 사전에 고려하고, 차체 지지력을 초과하는 중량의 압쇄기 부착을 금지하여야 한다.

㉡ 압쇄기 부착과 해체에는 경험이 많은 사람으로서 선임된 자에 한하여 실시한다.

㉢ 압쇄기 연결구조부는 보수점검을 수시로 하여야 한다.

㉣ 배관 접속부의 핀, 볼트 등 연결구조의 안전 여부를 점검하여야 한다.

㉤ 절단날은 마모가 심하기 때문에 적절히 교환하여야 하며 교환대체품목을 항상 비치하여야 한다.

③ 압쇄기에 의한 파쇄작업순서 : 슬래브, 보, 벽체, 기둥의 순서로 해체하여야 한다.

2) 대형 브레이커

① 대형 브레이커는 통상 셔블에 설치하여 사용한다.

② 준수사항

㉠ 대형 브레이커는 중량, 작업 충격력을 고려, 차체 지지력을 초과하는 중량의 브레이커 부착을 금지하여야 한다.

㉡ 대형 브레이커의 부착과 해체에는 경험이 많은 사람으로서 선임된 자에 한하여 실시하여야 한다.

㉢ 유압작동구조, 연결구조 등의 주요 구조는 보수점검을 수시로 하여야 한다.

㉣ 유압식일 경우에는 유압이 높기 때문에 수시로 유압호스가 새거나 막힌 곳이 없는가를 점검하여야 한다.

㉤ 해체대상물에 따라 적합한 형상의 브레이커를 사용하여야 한다.

3) 철제해머

① 해머를 크레인 등에 부착하여 구조물에 충격을 주어 파쇄하는 것

② 준수사항

㉠ 해머는 해체대상물에 적합한 형상과 중량의 것을 선정하여야 한다.

㉡ 해머는 중량과 작업반경을 고려하여 차체의 붐, 프레임 및 차체 지지력을 초과하지 않도록 설치하여야 한다.

㉢ 해머를 매달은 와이어 로프의 종류와 직경 등은 적절한 것을 사용하여야 한다.

㉣ 해머와 와이어 로프의 결속은 경험이 많은 사람으로서 선임된 자에 한하여 실시하도록 하여야 한다.

㉤ 킹크, 소선절단, 단면이 감소된 와이어 로프는 즉시 교체하여야 하며 결속부는 사용 전후 항상 점검하여야 한다.

4) 화약류

① 화약류에 의한 발파파쇄 해체 시에는 사전에 시험발파에 의한 폭력, 폭속, 진동치속도 등에 파쇄 능력과 진동, 소음의 영향력을 검토하여야 한다.
② 소음, 분진, 진동으로 인한 공해대책, 파편에 대한 예방대책을 수립하여야 한다.
③ 화약류 취급에 대하여는 관계법 등에서 규정하는 바에 의하여 취급하여야 하며 화약저장소 설치 기준을 준수하여야 한다.
④ 시공순서는 화약취급절차에 의한다.

5) 핸드 브레이커

① 압축공기, 유압의 급속한 충격력에 의거 콘크리트 등을 해체할 때 사용하는 것
② 작은 부재의 파쇄에 유리하고 소음, 진동 및 분진이 발생
③ 준수사항
㉠ 끌의 부러짐을 방지하기 위하여 작업자세는 하향 수직방향으로 유지하도록 하여야 한다.
㉡ 기계는 항상 점검하고, 호스의 꼬임 · 교차 및 손상 여부를 점검하여야 한다.

6) 팽창제

① 광물의 수화반응에 의한 팽창압을 이용하여 파쇄하는 공법
② 준수사항
㉠ 팽창제와 물과의 시방 혼합비율을 확인하여야 한다.
㉡ 천공직경이 너무 작거나 크면 팽창력이 작아 비효율적이므로, 천공 직경은 30 내지 50mm 정도를 유지하여야 한다.
㉢ 천공간격은 콘크리트 강도에 의하여 결정되나 30 내지 70cm 정도를 유지하도록 한다.
㉣ 팽창제를 저장하는 경우에는 건조한 장소에 보관하고 직접 바닥에 두지 말고 습기를 피하여야 한다.
㉤ 개봉된 팽창제는 사용하지 말아야 하며 쓰다 남은 팽창제 처리에 유의하여야 한다.

7) 절단톱

회전날 끝에 다이아몬드 입자를 혼합 경화하여 제조된 절단톱으로 기둥, 보, 바닥, 벽체를 적당한 크기로 절단하여 해체하는 공법

8) 재키

구조물의 부재 사이에 재키를 설치한 후 국소부에 압력을 가해 해체하는 공법

9) 쐐기타입기

직경 30내지 40밀리미터 정도의 구멍 속에 쐐기를 박아 넣어 구멍을 확대하여 해체하는 것

10) 화염방사기

구조체를 고온으로 용융시키면서 해체하는 것

11) 절단줄톱

와이어에 다이아몬드 절삭날을 부착하여, 고속회전시켜 절단 해체하는 공법

2. 해체용 기구의 취급안전

1) 해체공사 작업계획 수립 시 준수사항

① 작업구역 내에는 관계자 이외의 자에 대하여 출입을 통제하여야 한다.
② 강풍, 폭우, 폭설 등 악천후 시에는 작업을 중지하여야 한다.
③ 사용기계기구 등을 인양하거나 내릴 때에는 그물망이나 그물포대 등을 사용토록 하여야 한다.
④ 외벽과 기둥 등을 전도시키는 작업을 할 경우에는 전도 낙하위치 검토 및 파편 비산거리 등을 예측하여 작업반경을 설정하여야 한다.
⑤ 전도작업을 수행할 때에는 작업자 이외의 다른 작업자는 대피시키도록 하고 완전 대피상태를 확인한 다음 전도시키도록 하여야 한다.
⑥ 해체건물 외곽에 방호용 비계를 설치하여야 하며 해체물의 전도, 낙하, 비산의 안전거리를 유지하여야 한다.
⑦ 파쇄공법의 특성에 따라 방진벽, 비산차단벽, 분진억제 살수시설을 설치하여야 한다.
⑧ 작업자 상호 간의 적정한 신호규정을 준수하고 신호방식 및 신호기기사용법은 사전교육에 의해 숙지되어야 한다.
⑨ 적정한 위치에 대피소를 설치하여야 한다.

2) 건물 등의 해체작업의 작업계획서 내용

① 해체의 방법 및 해체 순서도면
② 가설설비 · 방호설비 · 환기설비 및 살수 · 방화설비 등의 방법
③ 사업장 내 연락방법
④ 해체물의 처분계획
⑤ 해체작업용 기계 · 기구 등의 작업계획서
⑥ 해체작업용 화약류 등의 사용계획서
⑦ 그 밖에 안전 · 보건에 관련된 사항

3) 해체공사의 진동공해

① 진동수의 범위는 1~90Hz이다.
② 일반적으로 연직진동이 수평진동보다 크다.
③ 진동의 전파거리는 예외적인 것을 제외하면 진동원에서부터 100m 이내이다.
④ 지표에 있어 진동의 크기는 일반적으로 지진의 진도계급이라고 하는 미진에서 강진의 범위에 있다.

4) 해체작업 시 준수사항

① 구축물 등의 해체작업 시 구축물 등을 무너뜨리는 작업을 하기 전에 구축물 등이 넘어지는 위치, 파편의 비산거리 등을 고려하여 해당 작업 반경 내에 사람이 없는지 미리 확인한 후 작업을 실시해야 하고, 무너뜨리는 작업 중에는 해당 작업 반경 내에 관계 근로자가 아닌 사람의 출입을 금지해야 한다.
② 건축물 해체공법 및 해체공사 구조 안전성을 검토한 결과 「건축물관리법」에 따른 해체계획서대로 해체되지 못하고 건축물이 붕괴할 우려가 있는 경우에는 「건축물관리법 시행규칙」 및 국토교통부장관이 정하여 고시하는 바에 따라 구조보강계획을 작성해야 한다.

SECTION 02 콘크리트 및 PC공사

1 콘크리트공사 시 안전수칙

1. 콘크리트공사의 계획

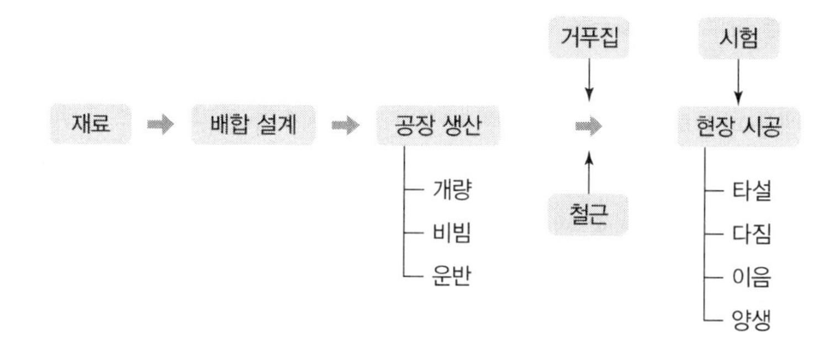

2. 콘크리트 압축강도에 영향을 미치는 요인

① **구성 재료의 영향** : 시멘트 및 혼화재료의 종류, 골재의 종류 및 크기
② **콘크리트 재령 및 배합** : 물－시멘트비(W/C비), 혼화재료 및 골재 사용량, 공기량

③ 양생의 영향(온도, 습도) : 양생기간, 건습상태

④ 시공방법의 영향 : 타설 및 다지기 등

3. 콘크리트 타설 시 점검사항

① 콘크리트를 타설 시 거푸집의 변형발생 상태

② 건물의 보, 요철부분, 내민부분의 거푸집 조립상태 및 콘크리트 타설 시 거푸집의 이탈 여부

③ 콘크리트 타설 시 청소구 폐쇄 상태

④ 거푸집의 흔들림을 방지하기 위한 턴버클, 가새 등의 설치 여부

4. 콘크리트 타설작업

1) 콘크리트 타설작업 시 준수사항

① 당일의 작업을 시작하기 전에 해당 작업에 관한 거푸집 및 동바리의 변형 · 변위 및 지반의 침하 유무 등을 점검하고 이상이 있으면 보수할 것

② 작업 중에는 감시자를 배치하는 등의 방법으로 거푸집 및 동바리의 변형 · 변위 및 침하 유무 등을 확인해야 하며, 이상이 있으면 작업을 중지하고 근로자를 대피시킬 것

③ 콘크리트 타설작업 시 거푸집 붕괴의 위험이 발생할 우려가 있으면 충분한 보강조치를 할 것

④ 설계도서상의 콘크리트 양생기간을 준수하여 거푸집 및 동바리를 해체할 것

⑤ 콘크리트를 타설하는 경우에는 편심이 발생하지 않도록 골고루 분산하여 타설할 것

2) 콘크리트 타설 시 안전수칙

① 타설순서는 계획에 의하여 실시하여야 한다.

② 콘크리트를 치는 도중에는 거푸집, 지보공 등의 이상 유무를 확인하여야 하고, 담당자를 배치하여 이상이 발생한 때에는 신속한 처리를 하여야 한다.

③ 타설속도는 콘크리트 표준시방서에 의한다.

④ 손수레를 이용하여 콘크리트를 운반할 때에는 다음의 사항을 준수하여야 한다.

㉠ 손수레를 타설하는 위치까지 천천히 운반하여 거푸집에 충격을 주지 아니하도록 타설하여야 한다.

㉡ 손수레에 의하여 운반할 때에는 적당한 간격을 유지하여야 하고 뛰어서는 안 되며, 통로 구분을 명확히 하여야 한다.

㉢ 운반 통로에 방해가 되는 것은 즉시 제거하여야 한다.

⑤ 기자재 설치, 사용을 할 때에는 다음의 사항을 준수하여야 한다.

㉠ 콘크리트의 운반, 타설기계를 설치하여 작업할 때에는 성능을 확인하여야 한다.

㉡ 콘크리트의 운반, 타설기계는 사용 전, 사용 중, 사용 후 반드시 점검하여야 한다.

⑥ 콘크리트를 한곳에만 치우쳐서 타설할 경우 거푸집의 변형 및 탈락에 의한 붕괴사고가 발생되므로 타설순서를 준수하여야 한다.

⑦ 진동기는 적절히 사용되어야 하며, 지나친 진동은 거푸집 도괴의 원인이 될 수 있으므로 각별히 주의하여야 한다.

5. 콘크리트 펌프 또는 콘크리트 펌프카 사용

1) 콘크리트 타설장비 사용 시의 준수사항

콘크리트 타설작업을 하기 위하여 콘크리트 플레이싱 붐(Placing Boom), 콘크리트 분배기, 콘크리트 펌프카 등(콘크리트 타설장비)을 사용하는 경우에는 다음 각 호의 사항을 준수해야 한다.

① 작업을 시작하기 전에 콘크리트 타설장비를 점검하고 이상을 발견하였으면 즉시 보수할 것

② 건축물의 난간 등에서 작업하는 근로자가 호스의 요동 · 선회로 인하여 추락하는 위험을 방지하기 위하여 안전난간 설치 등 필요한 조치를 할 것

③ 콘크리트 타설장비의 붐을 조정하는 경우에는 주변의 전선 등에 의한 위험을 예방하기 위한 적절한 조치를 할 것

④ 작업 중에 지반의 침하나 아웃트리거 등 콘크리트 타설장비 지지구조물의 손상 등에 의하여 콘크리트 타설장비가 넘어질 우려가 있는 경우에는 이를 방지하기 위한 적절한 조치를 할 것

2) 펌프카 사용 시 안전수칙

① 레디믹스트 콘크리트(레미콘이라 함) 트럭과 펌프카를 적절히 유도하기 위하여 차량 안내자를 배치하여야 한다.

② 펌프배관용 비계를 사전점검하고 이상이 있을 때에는 보강 후 작업하여야 한다.

③ 펌프카의 배관상태를 확인하여야 하며, 레미콘트럭과 펌프카와 호스선단의 연결작업을 확인하여야 하며, 장비사양의 적정 호스 길이를 초과하여서는 아니 된다.

④ 호스선단이 요동하지 아니하도록 확실히 붙잡고 타설하여야 한다.

⑤ 공기압송방법의 펌프카를 사용할 때에는 콘크리트가 비산하는 경우가 있으므로 주의하여 타설하여야 한다.

⑥ 펌프카의 붐대를 조정할 때에는 주변 전선 등 지장물을 확인하고 이격 거리를 준수하여야 한다.

⑦ 아웃트리거를 사용할 때 지반의 부동침하로 펌프카가 전도되지 아니하도록하여야 한다.

⑧ 펌프카의 전후에는 식별이 용이한 안전표지판을 설치하여야 한다.

6. 콘크리트의 배합설계

1) 개요

① 배합설계는 양질의 콘크리트를 경제적으로 얻기 위해 시멘트, 물, 골재, 혼화재료를 적정한 비율로 배합하는 것이다.

② 배합은 소요의 강도, 내구성, 수밀성, 균열저항성, 철근 또는 강재를 보호하는 성능을 갖도록 정하여야 한다.

③ 다지는 작업이 용이하면서 재료 분리가 생기지 않도록 배합을 정해야 한다.

2) 설계기준강도(f_{ck})

① 설계기준강도는 콘크리트의 재령 28일 압축강도(구조계산의 기준)
② **설계기준강도(f_{ck})** : 장기허용응력도의 3배, 단기허용응력도의 2배

3) 배합강도(f_{cr})

① 구조물에 사용된 콘크리트의 압축강도가 설계기준압축강도보다 작아지지 않도록 현장 콘크리트의 품질변동을 고려하여 콘크리트의 배합강도(f_{cr})를 설계기준압축강도(f_{ck})보다 충분히 크게 정하여야 한다.

② **배합강도**

㉠ 설계기준압축강도 35MPa 이하의 경우($f_{ck} \leq 35\text{MPa}$)

$$f_{cr} = f_{ck} + 1.34s \quad (\text{MPa})$$
$$f_{cr} = (f_{ck} - 3.5) + 2.33s \quad (\text{MPa})$$

두 식에 의한 값 중 큰 값으로 정한다.

여기서, s : 압축강도의 표준편차(MPa) : 30회 이상의 시험실적으로 결정

㉡ 설계기준압축강도 35MPa 초과의 경우($f_{ck} > 35\text{MPa}$)

$$f_{cr} = f_{ck} + 1.34s \quad (\text{MPa})$$
$$f_{cr} = 0.9f_{ck} + 2.33s \quad (\text{MPa})$$

두 식에 의한 값 중 큰 값으로 정한다.

여기서, s : 압축강도의 표준편차(MPa) : 30회 이상의 시험실적으로 결정

7. 다지기

1) 일반적인 사항

① 콘크리트 다지기에는 내부진동기의 사용을 원칙으로 하나, 얇은 벽 등 내부진동기의 사용이 곤란한 장소에서는 거푸집 진동기를 사용해도 좋다.
② 콘크리트 타설 직후 바로 충분히 다져서 콘크리트가 철근 및 매설물 등의 주위와 거푸집의 구석구석까지 잘 채워져 밀실한 콘크리트가 되도록 해야 한다.
③ 거푸집판에 접하는 콘크리트는 되도록 평탄한 표면이 얻어지도록 타설하고 다져야 한다.
④ 거푸집 진동기는 거푸집의 적절한 위치에 단단히 설치하여야 한다.
⑤ 재진동을 할 경우에는 콘크리트에 나쁜 영향이 생기지 않도록 초결이 일어나기 전에 실시하여야 한다.

2) 내부진동기 사용방법

① 진동다지기를 할 때에는 내부진동기를 하층의 콘크리트 속으로 0.1m 정도 찔러 넣는다.
② 내부진동기는 연직으로 찔러 넣으며, 그 간격은 진동이 유효하다고 인정되는 범위의 지름 이하로서 일정한 간격으로 한다. 삽입간격은 일반적으로 0.5m 이하로 하는 것이 좋다.
③ 1개소당 진동시간은 다짐할 때 시멘트 페이스트가 표면 상부로 약간 부상하기까지 한다.
④ 내부진동기는 콘크리트로부터 천천히 빼내어 구멍이 남지 않도록 한다.
⑤ 내부진동기는 콘크리트를 횡방향으로 이동시킬 목적으로 사용하지 않아야 한다.
⑥ 진동기의 형식, 크기 및 대수는 1회에 다짐하는 콘크리트의 전 용적을 충분히 다지는 데 적합하도록 부재 단면의 두께 및 면적, 1시간당 최대 타설량, 굵은 골재 최대 치수, 배합, 특히 잔골재율, 콘크리트의 슬럼프 등을 고려하여 선정한다.

8. 콘크리트 양생

1) 개요

① 콘크리트 타설 후 경화작용을 충분히 발휘하도록 콘크리트를 보호하는 작업을 말한다.
② 콘크리트는 타설한 후 소요기간까지 경화에 필요한 온도, 습도조건을 유지하며, 유해한 작용의 영향을 받지 않도록 충분히 양생하여야 한다.
③ 구체적인 방법이나 필요한 일수는 구조물의 종류, 시공조건, 입지조건, 환경조건 등 각각의 상황에 따라 정하여야 한다.

2) 양생에 영향을 주는 요소

① 양생의 온도 및 습도
② 진동, 충격
③ 과하중

3) 양생의 종류

① 피막양생
㉠ 콘크리트 표면에 피막양생제를 뿌려 수분증발을 방지하는 방법
㉡ 습윤양생을 할 수 없거나 장기양생이 필요한 경우

② 습윤양생
㉠ 거적 또는 살수 등으로 콘크리트 표면 습윤을 유지하는 방법
㉡ 부어 넣은 후 3일간 보행금지 및 중량물 적재금지

③ 증기양생
㉠ 단시일 내에 소요강도를 발생시키기 위해 고온의 증기로 양생하는 방법
㉡ 내구성이 좋고, 황산염 반응에 대한 저항성이 큼

④ 가열 보온양생

㉠ 온상선, 적외선을 이용하여 양생하는 방법

㉡ 표면가열방식과 내부가열방식이 있음

⑤ 단열 보온양생

㉠ 단열재의 사용으로 온도 저하 방지를 위한 방법

㉡ 주로 한중 콘크리트에 사용

⑥ 전기양생

㉠ 콘크리트 중에 저압교류를 통해 콘크리트 전기저항에 의하여 생기는 열을 이용하여 양생하는 방법

㉡ 국부가열이 되지 않도록 주의

4) 양생방법 및 주의사항

① 콘크리트 타설 후 경화가 될 때까지 양생기간 동안 직사광선이나 바람에 의해 수분이 증발하지 않도록 보호하여야 한다.

② 콘크리트 타설 후 습윤 상태로 노출면이 마르지 않도록 하여야 하며, 수분의 증발에 따라 살수를 하여 습윤 상태로 보호하여야 한다. 습윤상태로 보호하는 기간은 다음과 같다.

일평균기온	보통포틀랜드 시멘트	고로 슬래그 시멘트 플라이 애시 시멘트 B종	조강포틀랜드 시멘트
15℃ 이상	5일	7일	3일
10℃ 이상	7일	9일	4일
5℃ 이상	9일	12일	5일

③ 거푸집이 건조될 우려가 있는 경우에는 살수하여야 한다.

④ 콘크리트는 양생기간 중에 예상되는 진동, 충격, 하중 등의 유해한 작용으로부터 보호하여야 한다.

⑤ 재령 5일이 될 때까지는 해수에 씻기지 않도록 보호한다.

9. 콘크리트 타설 후의 재료 분리

블리딩(Bleeding)	골재, 입자 등이 침하함으로써 물이 분리 상승되어 콘크리트 표면에 떠오르는 현상
레이턴스(Laitance)	① 블리딩에 의해 콘크리트 표면에 떠올라와 침전한 미세한 물질 ② 추가 타설 시 반드시 청소를 깨끗이 할 것 ③ 부상된 미세물질이 침적하여 건조되면 백색이 됨

10. 콘크리트 측압

1) 개요

① 측압은 콘크리트가 아직 굳지 않은 유동체인 경우 발생하는 압력으로 온도, 타설속도(부어넣기속도), 타설높이, 단위용적중량, 철근배근상태 등에 관계된다.

② 콘크리트 높이에 따라 측압은 상승하나 일정높이 이상이 되면 측압은 증가하지 않는다.

2) 콘크리트 Head와 측압

① 콘크리트 헤드(Concrete Head)의 개요

㉠ 타설 윗면에서부터 최대측압이 생기는 지점까지의 높이를 말한다.

㉡ 타설속도, 타설높이 등에 따라 헤드의 높이는 달라지며 측압도 같이 변화하게 된다.

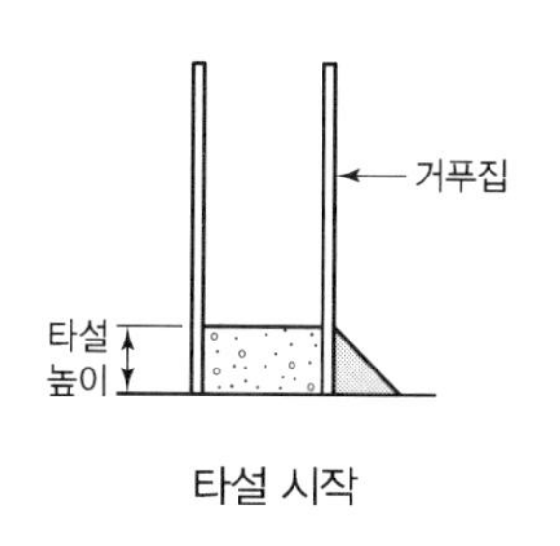

타설 시작

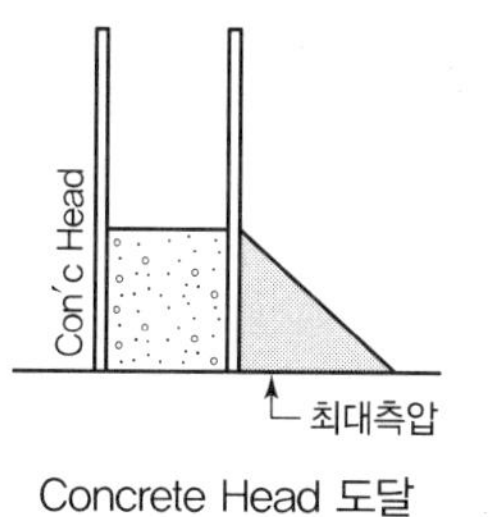

Concrete Head 도달

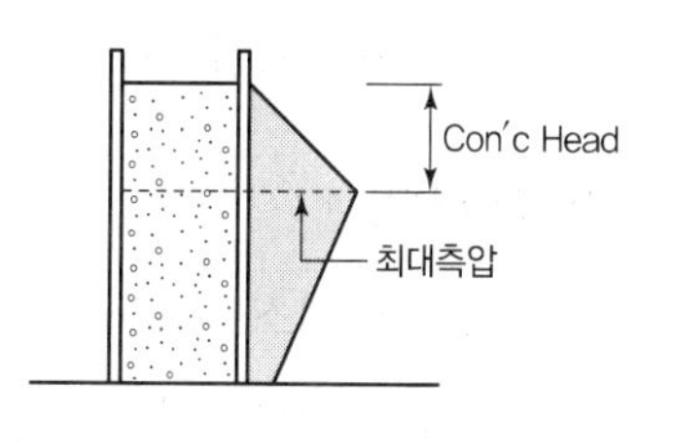

Concrete Head 초과

| 거푸집에 작용하는 측압 |

② 거푸집 설계용 측압의 표준치

(단위 : t/m^2)

분류	Head	최대측압	내부 진동기	외부 진동기
벽	0.5	1	2	3
기둥	1	2.5	3	4

③ 거푸집 측압 증가에 영향을 미치는 인자(측압의 영향요소)

㉠ 거푸집 수평단면이 클수록 크다.

㉡ 콘크리트 슬럼프치가 클수록 커진다.

㉢ 거푸집 표면이 평활(평탄)할수록 커진다.

㉣ 철골, 철근량이 적을수록 커진다.

㉤ 콘크리트 시공연도가 좋을수록 커진다.

㉥ 외기의 온도, 습도가 낮을수록 커진다.

㉦ 타설속도가 빠를수록 커진다.

㉧ 다짐이 충분할수록 커진다.

㉨ 타설 시 상부에서 직접 낙하할 경우 커진다.

㉩ 거푸집의 강성이 클수록 크다.

㉪ 콘크리트의 비중(단위중량)이 클수록 크다.

㉫ 벽 두께가 두꺼울수록 커진다.

11. 시공연도(Workability)

1) 개요

① 굳지 않은 콘크리트의 성질로 반죽 질기 정도에 따른 작업의 난이도 및 재료분리에 저항하는 정도를 나타낸다.

② 운반에서 타설까지의 작업성에 관련한 성질을 말한다.

2) 측정방법

① 슬럼프 테스트(Slump Test)

② 흐름시험(Flow Test)

③ 구(球) 관입시험(Kelly Ball Penetration Test)

④ 비비시험(Vee－bee Test ; 측정 값－일명 침하도)

⑤ 리몰딩시험(Remolding Test)

⑥ 다짐계수시험(Compacting Factor Test)

12. 슬럼프 시험(Slump Test)

1) 정의

콘크리트의 반죽 질기를 수치적으로 측정하는 시험을 말한다.

2) 슬럼프 시험 기구

① **슬럼프 테스트 콘(Slump Test Cone)** : 시험 시 변형되지 않는 금속제

② **다짐막대** : 지름 16mm, 길이 600mm인 금속제 원형 봉

③ **강제평판(수밀성 평판)** : 한 변의 길이가 70cm 전후의 수밀성 평판으로 보통 3mm 정도의 강판

④ **슬럼프 측정기** : 1mm 간격의 눈금

3) 유의사항

① 슬럼프 시험은 비소성이나 비점성인 콘크리트에는 적합하지 않으며, 콘크리트 속에 크기가 40mm 이상인 굵은 골재가 상당량 포함되어 있으면 이 방법을 적용할 수 없다.

② 시료를 다질 때, 같은 구멍을 다지는 것은 다짐 횟수에 넣지 않는다.

③ 슬럼프 테스트 콘에 콘크리트를 채우기 시작하고 벗길 때까지의 시간은 3분 이내로 한다.

④ 슬럼프 테스크 콘을 들어 올리는 시간은 높이 30cm에서 2~3초로 한다.

4) 시험방법

① 슬럼프 테스트 콘을 강제평판 위에 놓는다.

② 시료를 슬럼프 테스트 콘의 깊이 약 7cm 되게 넣고 다짐막대로 25회 고르게 다진다.

③ 시료를 슬럼프 테스트 콘의 깊이 약 16cm 되게 넣고 다짐막대로 25회 고르게 다진다.

④ 슬럼프 테스트 콘에 시료를 넘칠 정도로 넣고 다짐막대로 25회 고르게 다진다.

⑤ 시료의 표면을 슬럼프 테스트 콘의 윗면에 맞추어 편평하게 한다.

⑥ 슬럼프 테스크 콘을 위로 가만히 빼어 올린다.

⑦ 콘크리트가 내려앉은 길이를 0.5cm의 정밀도로 측정한다.

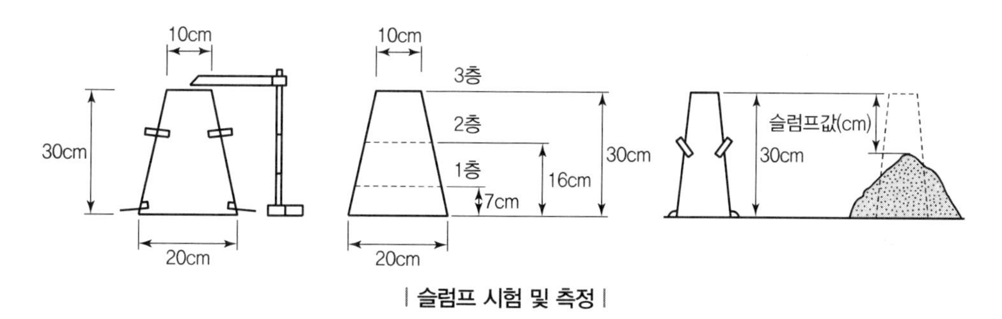

| 슬럼프 시험 및 측정 |

5) 결과의 계산

① 콘크리트가 내려앉은 길이를 슬럼프값(cm)으로 한다.(콘크리트가 무너진 높이를 측정)

② 슬럼프 시험은 2회 이상 측정하여 그 평균값을 취한다.

6) 슬럼프의 표준값(mm)

종류	슬럼프 값	
철근 콘크리트	일반적인 경우	80~150
	단면이 큰 경우	60~120
무근 콘크리트	일반적인 경우	50~150
	단면이 큰 경우	50~100

13. 크리프(Creep)

1) 정의

일정한 응력이 장시간 계속해서 작용 시 응력은 늘지 않았는데 변형은 계속 진행되는 현상을 말한다.

2) 증가요인 및 대책

증가요인	대책
① 재령이 짧을수록 ② 대기의 온도가 높을수록 ③ 대기의 습도가 작을수록 ④ 물-시멘트비가 클수록 ⑤ 부재의 치수가 작을수록	① 양질의 재료 사용 ② 물-시멘트비를 작게 ③ 초기양생 철저 ④ 응력 집중 방지 ⑤ 거푸집 제거시기 준수

2 철골공사 시 안전수칙

1. 철골공사 전 검토사항

1) 공작도 검토사항

건립 후에 가설부재나 부품을 부착하는 것은 위험한 작업(고소작업 등)이 예상되므로 다음 항목의 사항을 사전에 계획하여 공작도에 포함시켜야 한다.

① 외부비계받이 및 화물승강설비용 브래킷
② 기둥 승강용 트랩
③ 구명줄 설치용 고리
④ 건립에 필요한 와이어 걸이용 고리
⑤ 난간 설치용 부재
⑥ 기둥 및 보 중앙의 안전대 설치용 고리
⑦ 방망 설치용 부재
⑧ 비계 연결용 부재
⑨ 방호선반 설치용 부재
⑩ 양중기 설치용 보강재

2) 외압(강풍에 의한 풍압 등)에 대한 내력 설계 확인 구조물

구조안전의 위험이 큰 다음 각 항목의 철골구조물은 건립 중 강풍에 의한 풍압 등 외압에 대한 내력이 설계에 고려되었는지 확인하여야 한다.

① 높이 20미터 이상의 구조물
② 구조물의 폭과 높이의 비가 1 : 4 이상인 구조물
③ 단면구조에 현저한 차이가 있는 구조물
④ 연면적당 철골량이 50kg/m^2 이하인 구조물
⑤ 기둥이 타이플레이트(Tie Plate)형인 구조물
⑥ 이음부가 현장용접인 구조물

3) 철골건립계획 수립 시 검토사항

① 현지조사 시 검토사항

㉠ 현장작업에서 발생되는 소음, 낙하물 등이 인근주민, 통행인, 가옥 등에 위해를 끼칠 우려가 있는지의 여부를 조사하고 대책을 수립하여야 한다.

㉡ 차량통행이 인근가옥, 전주, 가로수, 가스, 수도관 및 케이블 등의 지하매설물에 지장을 주는지의 여부, 통행인 또는 차량 진행에 방해가 되는지의 여부, 자재적치장의 소요면적은 충분한지 등을 조사하여야 한다.

㉢ 건립용 기계의 붐이 오르내리거나 선회하는 작업반경 내에 인접가옥 또는 전선 등 지장물이 없는지, 기타 주변지형지물과의 간격과 높이 등을 조사하여야 한다.

② 건립기계 선정 시 검토사항

㉠ 건립기계의 출입로, 설치장소, 기계 조립에 필요한 면적, 이동식 크레인은 건물 주위 주행통로의 유무, 타워크레인과 가이데릭 등 기초구조물을 필요로 하는 정치식 기계는 기초 구조물을 설치할 수 있는 공간과 면적 등을 검토하여야 한다.

㉡ 이동식 크레인의 엔진소음은 부근의 환경을 해칠 우려가 있으므로 학교, 병원, 주택 등이 근접되어 있는 경우에는 소음을 측정・조사하고 소음・진동 허용치는 관계법에서 정하는 바에 따라 처리하여야 한다.

㉢ 건물의 길이 또는 높이 등 건물의 형태에 적합한 건립기계를 선정하여야 한다.

㉣ 타워크레인, 가이데릭, 삼각데릭 등 정치식 건립기계의 경우 그 기계의 작업반경이 건물 전체를 수용할 수 있는지의 여부, 또 붐이 안전하게 인양할 수 있는 하중범위, 수평거리, 수직높이 등을 검토하여야 한다.

③ 건립순서 계획 시 검토사항

㉠ 철골건립에 있어서는 현장건립순서와 공장제작순서가 일치되도록 계획하고 제작검사의 사전 실시, 현장운반계획 등을 확인하여야 한다.

㉡ 어느 한 면만을 2절점 이상 동시에 세우는 것은 피해야 하며 1스팬 이상 수평방향으로도 조립이 진행되도록 계획하여 좌굴, 탈락에 의한 도괴를 방지하여야 한다.

㉢ 건립기계의 작업반경과 진행방향을 고려하여 조립순서를 결정하고 조립 설치된 부재에 의해 후속작업이 지장을 받지 않도록 계획하여야 한다.

㉣ 연속기둥 설치 시 기둥을 2개 세우면 기둥 사이의 보를 동시에 설치하도록 하며 그 다음의 기둥을 세울 때에도 계속 보를 연결시킴으로써 좌굴 및 편심에 의한 탈락 방지 등의 안전성을 확보하면서 건립을 진행시켜야 한다.

㉤ 건립 중 도괴를 방지하기 위하여 가볼트 체결기간을 단축시킬 수 있도록 후속공사를 계획하여야 한다.

④ 운반로의 교통체계 또는 장애물에 의한 부재 반입의 제약, 작업시간의 제약 등을 고려하여 1일 작업량을 결정하여야 한다.

⑤ 강풍, 폭우 등과 같은 악천후 시에는 작업을 중지하여야 하며 특히 강풍 시에는 높은 곳에 있는 부재나 공구류가 낙하비래하지 않도록 조치하여야 한다. 이때 작업을 중지해야 하는 악천후의 경우는 다음과 같다.

풍속	10분간의 평균풍속이 1초당 10미터 이상
강우량	1시간당 1밀리미터 이상

⑥ 건립기계, 용접기 등의 사용에 필요한 전력과 기둥의 승강용 트랩, 구명줄, 추락방지용 방망, 비계, 방호철망, 통로 등의 배치 및 설치방법을 검토하여야 한다.

⑦ 지휘명령계통과 기계 공구류의 점검 및 취급방법, 신호방법, 악천후에 대비한 처리방법 등을 검토하여야 한다.

2. 철골 건립작업

1) 철골 건립 준비 시 준수사항

① 지상 작업장에서 건립 준비 및 기계 · 기구를 배치할 경우에는 낙하물의 위험이 없는 평탄한 장소를 선정하여 정비하고 경사지에서는 작업대나 임시발판 등을 설치하는 등 안전하게 한 후 작업하여야 한다.
② 건립작업에 지장이 되는 수목은 제거하거나 이설하여야 한다.
③ 인근에 건축물 또는 고압선 등이 있는 경우에는 이에 대한 방호조치 및 안전조치를 하여야 한다.
④ 사용 전에 기계 · 기구에 대한 정비 및 보수를 철저히 실시하여야 한다.
⑤ 기계가 계획대로 배치되어 있는가, 윈치는 작업구역을 확인할 수 있는 곳에 위치하였는가, 기계에 부착된 앵커 등 고정장치와 기초구조 등을 확인하여야 한다.

2) 철골보의 인양 시 준수사항

① 인양 와이어 로프의 매달기 각도는 양변 60°를 기준으로 2열로 매달고 와이어 체결지점은 수평부재의 1/3 기점을 기준하여야 한다.
② 조립되는 순서에 따라 사용될 부재가 하단부에 적치되어 있을 때에는 상단부의 부재를 무너뜨리는 일이 없도록 주의하여 옆으로 옮긴 후 부재를 인양하여야 한다.
③ 클램프로 부재를 체결할 때는 다음의 사항을 준수하여야 한다.
㉠ 클램프는 부재를 수평으로 하는 두 곳의 위치에 사용하여야 하며, 부재 양단방향은 등간격이어야 한다.
㉡ 부득이 한 군데만을 사용할 때는 위험이 적은 장소로서 간단한 이동을 하는 경우에 한하여야 하며 부재길이의 1/3 지점을 기준하여야 한다.
㉢ 두 곳을 매어 인양시킬 때 와이어 로프의 내각은 60° 이하이어야 한다.
㉣ 클램프의 정격용량 이상 매달지 않아야 한다.
㉤ 체결작업 중 클램프 본체가 장애물에 부딪치지 않게 주의하여야 한다.
㉥ 클램프의 작동상태를 점검한 후 사용하여야 한다.
④ 유도 로프는 확실히 매야 한다.
⑤ 인양할 때는 다음의 사항을 준수하여야 한다.
㉠ 인양 와이어 로프는 훅의 중심에 걸어야 하며 훅은 용접의 경우 용접장 등 용접규격을 확인하여 인양 시 취성파괴에 의한 탈락을 방지하여야 한다.
㉡ 신호자는 운전자가 잘 보이는 곳에서 신호하여야 한다.
㉢ 불안정하거나 매단 부재가 경사지면 지상에 내려 다시 체결하여야 한다.
㉣ 부재의 균형을 확인하면 서서히 인양하여야 한다.
㉤ 흔들리거나 선회하지 않도록 유도 로프로 유도하며, 장애물에 닿지 않도록 주의하여야 한다.

3. 철골작업 시 재해 방지설비

① 용도, 사용장소 및 조건에 따른 재해 방지설비

구분	기능	용도, 사용장소, 조건	설비
추락 방지	안전한 작업이 가능한 작업대	높이 2미터 이상의 장소로서 추락의 우려가 있는 작업	비계, 달비계, 수평통로, 안전난간대
	추락자를 보호할 수 있는 것	작업대 설치가 어렵거나 개구부 주위로 난간 설치가 어려운 곳	추락방지용 방망
	추락의 우려가 있는 위험장소에서 작업자의 행동을 제한하는 것	개구부 및 작업대의 끝	난간, 울타리
	작업자의 신체를 유지시키는 것	안전한 작업대나 난간설비를 할 수 없는 곳	안전대부착설비, 안전대, 구명줄
비래 낙하 및 비산 방지	위에서 낙하된 것을 막는 것	철골 건립, 볼트 체결 및 기타 상하 작업	방호철망, 방호울타리, 가설앵커설비
	제3자의 위해 방지	볼트, 콘크리트 덩어리, 형틀재, 일반자재, 먼저 등이 낙하비산할 우려가 있는 작업	방호철망, 방호시트, 방호울타리, 방호선반, 안전망
	불꽃의 비산 방지	용접, 용단을 수반하는 작업	석면포

② 고소작업에 따른 추락 방지

㉠ 추락 방지용 방망

㉡ 안전대 및 안전대 부착설비

③ 구명줄 설치

㉠ 1가닥의 구명줄을 여러 명이 동시에 사용 금지

㉡ 구명줄을 마닐라 로프 직경 16mm를 기준하여 설치

④ 낙하 · 비래 및 비산 방지설비

㉠ 지상층의 철골건립 개시 전에 설치

㉡ 철골건물의 높이가 지상 20m 이하일 때는 방호선반을 1단 이상, 20m 이상인 경우에는 2단 이상 설치

㉢ 건물외부비계 방호시트에서 수평거리로 2m 이상 돌출하고 20° 이상의 각도를 유지시킬 것

⑤ 화기를 사용할 경우

불연성 재료로 울타리를 설치하거나 석면포로 주위를 덮는 등의 조치를 취할 것

⑥ 철골건물 내부에 낙하 · 비래 방지시설을 설치할 경우

3층 간격마다 수평으로 철망을 설치하여 작업자의 추락방지시설을 겸하도록 하되 기둥 주위에 공간이 생기지 않도록 하여야 한다.

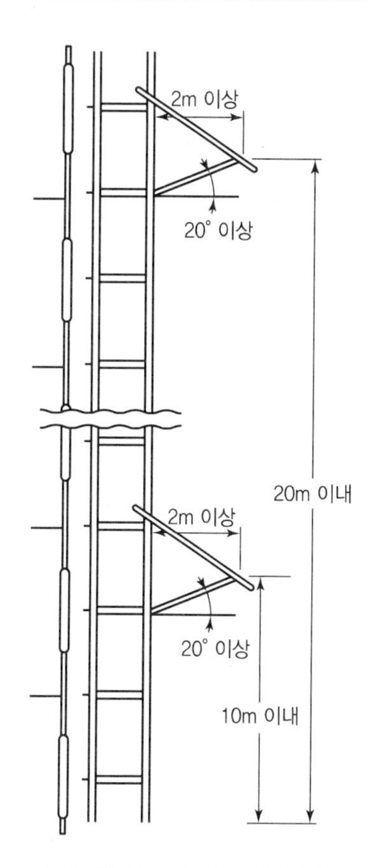

| 낙하비래 방지시설의 설치기준 |

⑦ 철골 건립 중 건립위치까지 작업자가 안전하게 승강할 수 있는 사다리, 계단, 외부비계, 승강용 엘리베이터 등을 설치해야 하며 건립이 실시되는 층에서는 주로 기둥을 이용하여 올라가는 경우가 많으므로 기둥승강 설비로서 기둥 제작 시 16밀리미터 철근 등을 이용하여 30센티미터 이내의 간격, 30센티미터 이상의 폭으로 트랩을 설치하여야 하며 안전대 부착설비구조를 겸용하여야 한다.

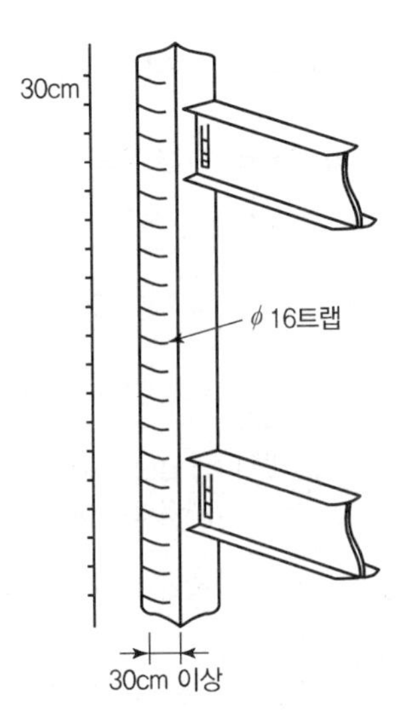

| 기둥승강용 트랩 |

4. 철골작업 시의 위험방지

철골조립 시의 위험방지	철골을 조립하는 경우에 철골의 접합부가 충분히 지지되도록 볼트를 체결하거나 이와 같은 수준 이상의 견고한 구조가 되기 전에는 들어 올린 철골을 걸이로프 등으로부터 분리해서는 아니 된다.
승강로의 설치	근로자가 수직방향으로 이동하는 철골부재에는 답단 간격이 30센티미터 이내인 고정된 승강로를 설치하여야 하며, 수평방향 철골과 수직방향 철골이 연결되는 부분에는 연결작업을 위하여 작업발판 등을 설치하여야 한다.
가설통로의 설치	철골작업을 하는 경우에 근로자의 주요 이동통로에 고정된 가설통로를 설치하여야 한다.
작업의 제한 (철골작업 중지)	① 풍속이 초당 10미터 이상인 경우 ② 강우량이 시간당 1밀리미터 이상인 경우 ③ 강설량이 시간당 1센티미터 이상인 경우

5. 기초 앵커 볼트 매입

종류	개요	도해
고정매입공법	① 기초 철근 조립 시 앵커볼트(Anchor Bolt)를 정확히 묻고 Con'c를 타설 ② 정밀시공 필요, 대규모의 공사에 적용	
가동매입공법	① 앵커볼트(Anchor Bolt) 상부 부분을 조정할 수 있도록 조치해 두는 공법 ② 중규모 공사에 적용	
나중매입공법	① 사전에 구멍 조치 또는 장비로 천공, 나중에 고정 ② 경미한 공사나 기계 기초에 적당	

6. 앵커 볼트의 매립 시 준수사항

① 앵커 볼트는 매립 후에 수정하지 않도록 설치하여야 한다.

② 앵커 볼트를 매립하는 정밀도는 다음 각 항목의 범위 내이어야 한다.

㉠ 기둥 중심은 기준선 및 인접 기둥의 중심에서 5밀리미터 이상 벗어나지 않을 것

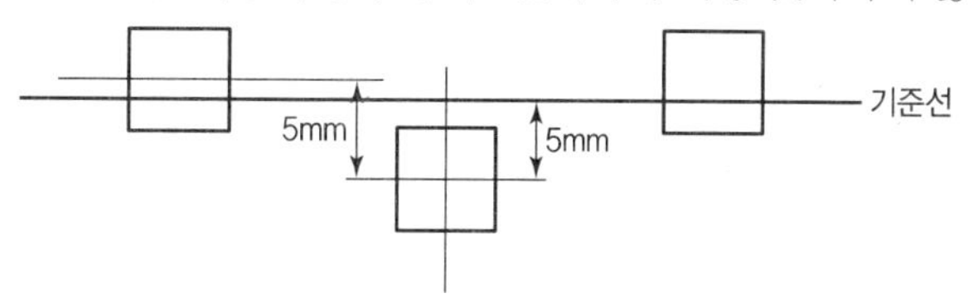

㉡ 인접 기둥 간 중심거리의 오차는 3밀리미터 이하일 것

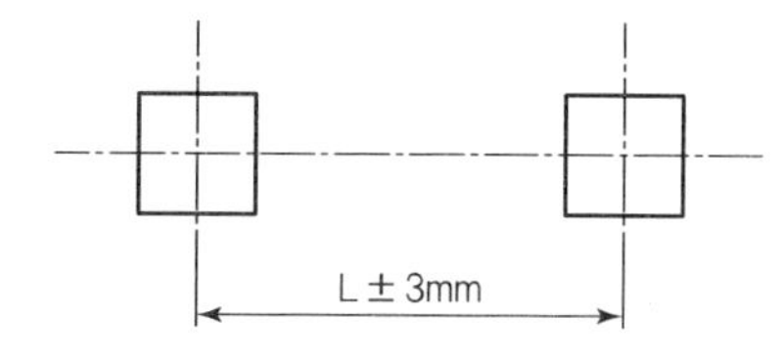

㉢ 앵커 볼트는 기둥 중심에서 2밀리미터 이상 벗어나지 않을 것

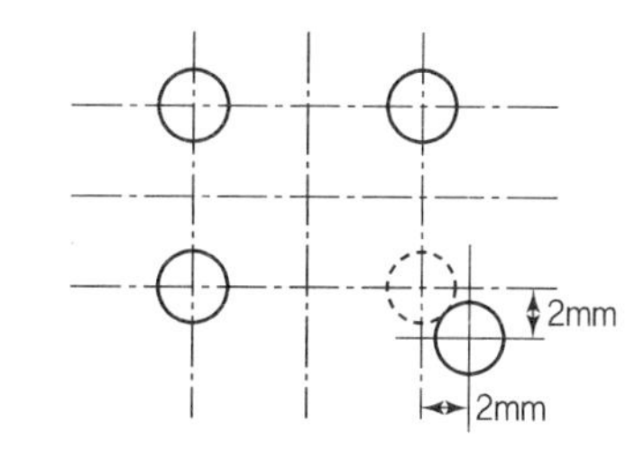

㉣ 베이스 플레이트의 하단은 기준 높이 및 인접 기둥의 높이에서 3밀리미터 이상 벗어나지 않을 것

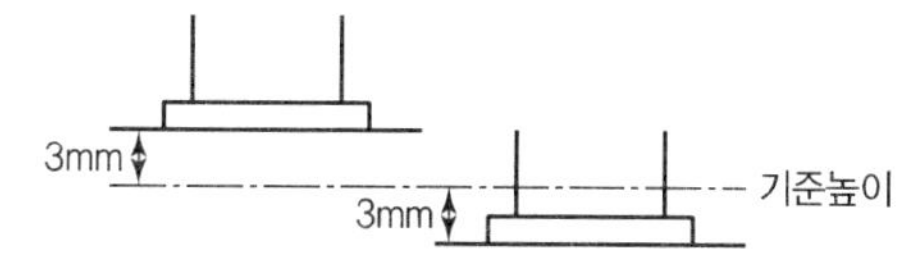

③ 앵커 볼트는 견고하게 고정시키고 이동, 변형이 발생하지 않도록 주의하면서 콘크리트를 타설해야 한다.

7. 철골 접합공법의 종류

1) Bolt 접합

① 해체가 용이하고 시공이 간편하나, 진동 시 풀리는 경우가 있음

② 주요 구조부에는 사용되지 않고 가설물의 가조임용이나 경미한 구조체에 주로 사용

2) Rivet 접합

① **개요** : 부재에 미리 구멍을 뚫고, 가열된 리벳(Rivet)을 치기 기계로 충격을 주어 접합하는 방법

② 특징

장점	단점
① 인성이 큼 ② 보통 구조에 사용하기 간편	① 소음 발생, 화재위험 ② 노력에 비해 적은 효율

③ 리벳의 종류

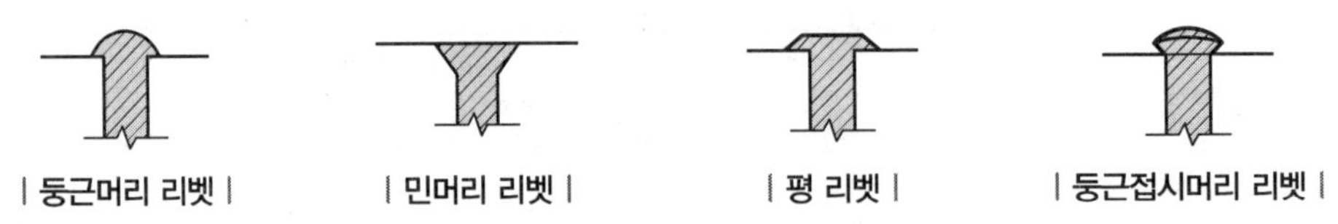

④ 리벳 치기

㉠ 치기 기계 : 조 리베터(Joe Riveter), 뉴매틱 리베팅 해머(Pneumatic Riveting Hammer)

㉡ 가열온도 : 보통 900~1,000℃

3) 고장력 Bolt(High Tension Bolt)

① 개요

㉠ 고탄소강 또는 합금강을 열처리한 항복강도 7tonf/cm^2 이상, 인장강도 9tonf/cm^2 이상의 고장력 Bolt를 죄여서 부재 간의 마찰력을 이용한 접합방식

㉡ 접합부의 소요강도 확보와 응력상태가 우수하고, 소음공해가 적은 접합공법

② 특징

장점	단점
① 접합 변형이 적고, 소요강도 확보가 쉽다. ② 소음공해가 적고, 화재의 위험이 없다. ③ 수정이 용이하고 노동력이 절감된다.	① 고가이고, 숙련공이 필요하다. ② 시공기계가 단순하여 능률이 저하된다. ③ 검사의 어려움이 있다.

③ 접합방식

종류	개요	도해
마찰접합	① 일반적 적용방식 ② 접착면에 마찰내력으로 힘을 전달하는 방식	
인장접합	① Bolt축 방향의 인장형의 접합방식 ② Bolt의 인장내력으로 힘 전달	
지압접합	① 부재 사이의 마찰력과 bolt의 지압내력에 의해 힘 전달 ② 선박 등에 이용	

④ 고장력 볼트의 종류

종류	개요
TS bolt(Torque Shear)	나사부 선단에 6각형 단면의 pin-tail과 break neck으로 형성된 bolt
TS형 nut	표준 너트와 짧은 너트가 break neck으로 결합된 nut
Grip bolt	홈을 가진 pin-tail과 break neck으로 형성된 bolt
지압형 bolt	축부에 파진 홈이 붙은 bolt

4) 용접 접합

① 개요

㉠ 국부적으로 두 강재를 원자결합에 의해 짧은 시간 내에 접합하는 방식

㉡ 접합속도가 빠르며, 강재 절약 및 무진동, 무소음으로 공해문제에 유리

② 특징

장점	단점
① 강재 절약으로 철골 중량을 감소 ② 응력전달이 명확 ③ 무진동, 무소음, 기밀성이 유리	① 숙련공 필요 ② 인성이 약함 ③ 용접부 검사방법이 곤란

③ 용접의 종류

아크용접	전기용접부와 용접봉 사이에 아크를 발생시켜 그 열로서 양자를 용해시켜 접합
가스용접	산소와 아세틸렌 가스의 연소열을 이용하여 접합

④ 용접 접합의 형식

맞대용접	서로 접합부재를 맞대어 홈에 용착금속을 용융하여 접합하는 방식
모살용접	모살을 덧붙이는 용접으로 한 쪽의 모재 끝을 다른 모재면에 겹치거나 맞대어 그 접촉부분의 모서리를 용접하는 방법

⑤ 용접결함의 종류

결함의 종류	결함의 모양	원인	상태
기공(블로홀) (Blow Hole)		용접전류의 과대 사용, 강재에 부착되어 있는 기름, 페인트 등, 모재 가운데 유황 함유량 과대	용착금속에 방출가스로 인해 생긴 기포나 작은 틈
슬래그 섞임 (Slag Inclusion)		봉의 각도 부적당, 운봉 속도가 느릴 때, 전류의 과소	녹은 피복제가 용착금속 표면에 떠 있거나, 용착금속 속에 남아 있는 것
용입부족 (Lack of Penetration)		운봉속도 과다, 낮은 전류, 용접봉 선택 불량	이음부에 두께가 불충분하게 용입된 현상
언더컷 (Under Cut)		과대전류, 운봉속도가 빠를 때, 부당한 용접봉을 사용할 때	용접된 경계 부근에 움푹 파여 들어가 홈이 생긴 것

결함의 종류	결함의 모양	원인	상태
오버랩 (Over Lap)		운봉속도가 느릴 때, 낮은 전류, 모재에 대해 용접봉이 굵을 때	용융된 금속이 모재와 잘 용융되지 않고 표면에 덮혀있는 상태
용접균열 (Weld Crack)		과대전류, 과대속도, 이음의 강성이 큰 경우, 모재에 탄소 · 망간 등의 합금원소 함량이 많을 때	용착금속이나 모재에서 발생되는 분리현상
피트(Pit)		습기가 많을 때, 기름 · 녹 · 페인트가 묻었을 때	금속 표면에서 가스가 반쯤 방출되었을 때 응고되어 생긴 홈(표면에 입을 벌리고 있는 것)
스패터		전류가 높을 때, 아크 길이가 너무 길 때	용착금속이 모재 위에 부착되는 것
선상조직		용착금속의 냉각속도가 빠를 때, 모재 재질 불량	용접금속의 파단면에서 볼 수 있는 서릿발 같은 형태의 조직

⑥ 철골용접 작업 시 감전 재해 방지대책

㉠ 안전보호구를 반드시 착용하며 기름기가 묻었거나 젖은 것은 착용하지 않을 것

㉡ 용접 작업 전 캡타이어 케이블의 피복상태, 용접기의 접지상태를 확실하게 점검할 것

㉢ 좁은 장소의 작업에서는 신체를 노출시키지 말 것

㉣ 용접 작업 중지 시에는 반드시 메인(주) 전원 스위치를 내릴 것

㉤ 전격방지장치는 매일 점검할 것

㉥ 전격방지기를 설치하고 개로전압(무부하전압)이 필요 이상 높지 않도록 할 것

㉦ 용접 작업 시 용접봉 끝 부분이 충전부에 접촉되지 않도록 할 것

8. 철골 세우기용 기계

타워크레인 (Tower Crane)	① 타워 위에 크레인을 설치하는 것 ② 최고층 작업이 용이하고 인접물에 장애가 없기 때문에 360° 회전이 가능
트럭크레인 (Truck Crane)	① 트럭에 설치하는 것 ② 이동이 용이하고 작업능률이 높음
가이데릭 (Guy Derick)	① 가장 일반적으로 쓰이는 기중기의 일종으로 5~10ton ② 붐의 회전범위 360°, 붐의 길이를 마스트보다 짧게 함
진폴데릭 (Gin Pole Derick)	① 1개의 기둥을 세워 철골을 매달아 세우는 가장 간단한 방법 ② 소규모 철골공사, 옥탑등의 돌출부에 쓰임
스티프 레그 데릭 (Stiff Leg Derick, 삼각데릭)	① 주 기둥을 지탱하는 지선 대신에 2본의 다리에 의해 고정된 형태 ② 수평이동 가능 : 층수가 낮은 긴 평면에 유리함 ③ 작업회전 반경은 약 270° 정도

| 타워크레인 |

| 가이데릭 |

| 진폴데릭 |

| 트럭크레인 |

| 스티프 레그 데릭 |

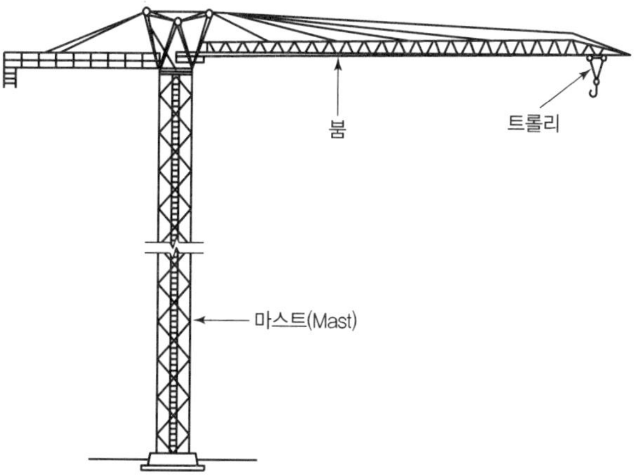

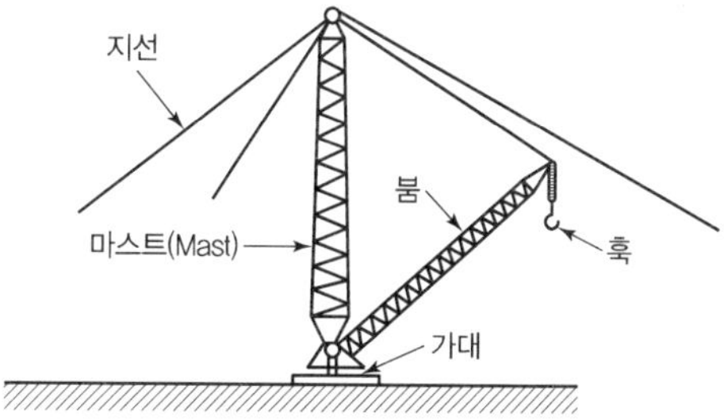

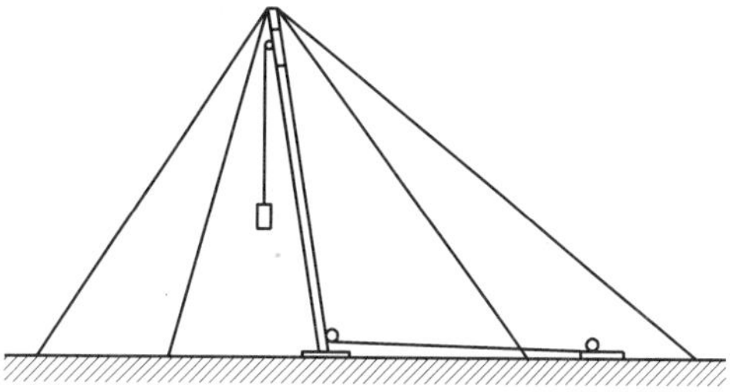

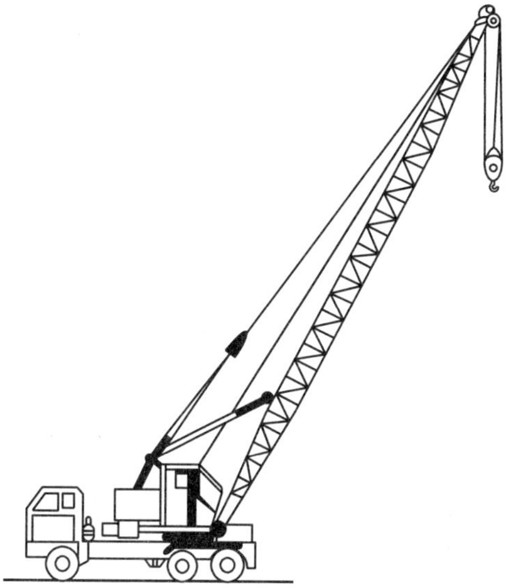

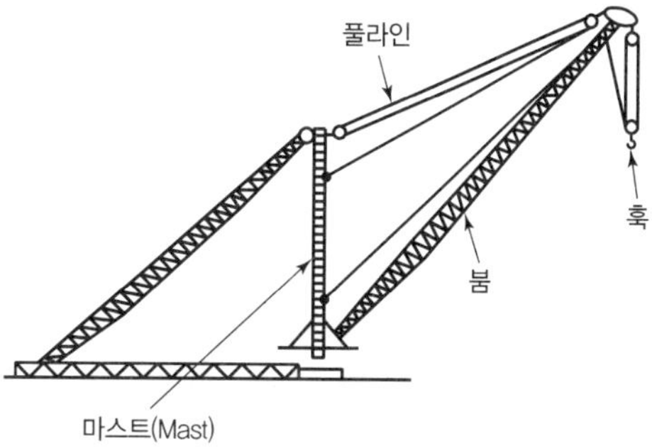

3 PC공사 시 안전수칙

1. 프리캐스트 콘크리트(PC ; Precast Concrete)의 개요

① 공사의 건식화와 공기단축을 도모하여 공장이나 건설현장 내에서 제작하고, 접합부는 콘크리트에 의한 충전 또는 기타 접합방식으로 현장 조립하여 사용할 수 있도록 한 콘크리트 부재를 말한다.

② 합리화 방안으로 품질의 균등화, 대량생산, 노동력 부족, 인건비 상승의 환경변화에 따른 대처방안으로 공업화 건축의 필요성이 대두되고 있다.

2. PC공사의 필요성

① 대량생산
② 노동력 절감
③ 공기 단축
④ 원가 절감
⑤ 재해 예방
⑥ 공업화 건축 필요

3. 프리스트레스트 콘크리트(PSC ; Prestressed Concrete)

1) 개요

① 콘크리트의 인장 응력이 생기는 부분에 미리 압축의 프리스트레스트를 주어 그 인장 강도를 증가시키도록 한 것을 말한다.
② 보의 인장 측에 이 원리를 사용하면 보의 겉보기 휨 강도를 증가시킬 수 있다.

2) 종류

프리텐션	인장 측에 고강도 PC 강선을 넣어 양 끝에서 당겨 인장력을 가한 후 콘크리트를 채워 넣고 굳은 후 양 끝을 풀어 주어 콘크리트 압축응력이 생기게 한 것
포스트텐션	성형할 때 콘크리트 인장 측의 축방향에 구멍을 뚫어놓고 콘크리트가 굳은 후 PC 강선을 삽입하여 인장력을 가한 다음 양 끝을 고정시키고 이 구멍에 모르타르나 시멘트풀을 주입하여 프리텐션과 같은 방법으로 콘크리트에 압축응력이 생기게 한 것

SECTION 03 운반 및 하역작업

1 운반작업 시 안전수칙

1. 운반작업의 안전수칙

1) 차량계하역 운반기계의 종류

동력원에 의해 특정되지 아니한 장소로 스스로 이동할 수 있는 지게차 · 구내운반차 · 화물자동차 등의 차량계 하역운반기계 및 고소작업대

2) 차량계하역 운반기계의 안전기준

① 차량계 하역운반기계 등 작업계획서 내용
㉠ 해당 작업에 따른 추락 · 낙하 · 전도 · 협착 및 붕괴 등의 위험 예방대책
㉡ 차량계 하역운반기계 등의 운행경로 및 작업방법

② 전도 등의 방지

차량계 하역운반기계 등을 사용하는 작업을 할 때에 그 기계가 넘어지거나 굴러떨어짐으로써 근로자에게 위험을 미칠 우려가 있는 경우에는 그 기계를 유도하는 사람(유도자)을 배치하고 지반의 부동침하 및 갓길 붕괴를 방지하기 위한 조치를 해야 한다.

③ 화물 적재 시의 조치

차량계 하역운반기계 등에 화물을 적재하는 경우에 다음의 사항을 준수하여야 한다.

㉠ 하중이 한쪽으로 치우치지 않도록 적재할 것

㉡ 구내운반차 또는 화물자동차의 경우 화물의 붕괴 또는 낙하에 의한 위험을 방지하기 위하여 화물에 로프를 거는 등 필요한 조치를 할 것

㉢ 운전자의 시야를 가리지 않도록 화물을 적재할 것

㉣ 화물을 적재하는 경우에는 최대적재량을 초과하지 않을 것

④ 차량계 하역운반기계 등의 이송 시 준수사항

㉠ 싣거나 내리는 작업은 평탄하고 견고한 장소에서 할 것

㉡ 발판을 사용하는 경우에는 충분한 길이 · 폭 및 강도를 가진 것을 사용하고 적당한 경사를 유지하기 위하여 견고하게 설치할 것

㉢ 가설대 등을 사용하는 경우에는 충분한 폭 및 강도와 적당한 경사를 확보할 것

㉣ 지정운전자의 성명 · 연락처 등을 보기 쉬운 곳에 표시하고 지정운전자 외에는 운전하지 않도록 할 것

⑤ 수리 등의 작업 시 작업지휘자의 준수사항

㉠ 작업순서를 결정하고 작업을 지휘할 것

㉡ 안전지지대 또는 안전블록 등의 사용 상황 등을 점검할 것

⑥ 싣거나 내리는 작업

단위화물의 무게가 100kg 이상인 경우 작업 지휘자 준수사항

㉠ 작업순서 및 그 순서마다의 작업방법을 정하고 작업을 지휘할 것

㉡ 기구와 공구를 점검하고 불량품을 제거할 것

㉢ 해당 작업을 하는 장소에 관계 근로자가 아닌 사람이 출입하는 것을 금지할 것

㉣ 로프 풀기 작업 또는 덮개 벗기기 작업은 적재함의 화물이 떨어질 위험이 없음을 확인한 후에 하도록 할 것

⑦ 운전위치 이탈 시의 조치

차량계 하역운반기계 등, 차량계 건설기계의 운전자가 운전위치를 이탈하는 경우 해당 운전자 준수사항

㉠ 포크, 버킷, 디퍼 등의 장치를 가장 낮은 위치 또는 지면에 내려 둘 것

㉡ 원동기를 정지시키고 브레이크를 확실히 거는 등 갑작스러운 주행이나 이탈을 방지하기 위한 조치를 할 것

㉢ 운전석을 이탈하는 경우에는 시동키를 운전대에서 분리시킬 것. 다만, 운전석에 잠금장치를 하는 등 운전자가 아닌 사람이 운전하지 못하도록 조치한 경우에는 그러하지 아니하다.

⑧ 화물자동차의 안전기준

㉠ 승강설비 : 바닥으로부터 짐 윗면까지의 높이가 2미터 이상인 화물자동차에 짐을 싣는 작업 또는 내리는 작업을 하는 경우에는 근로자의 추가 위험을 방지하기 위하여 해당 작업에 종사하는 근로자가 바닥과 적재함의 짐 윗면 간을 안전하게 오르내리기 위한 설비를 설치하여야 한다.

㉡ 섬유로프 등의 사용금지

ⓐ 꼬임이 끊어진 것

ⓑ 심하게 손상되거나 부식된 것

㉢ 섬유로프 등의 점검 : 섬유로프 등을 화물자동차의 짐걸이에 사용하는 경우에는 해당 작업을 시작하기 전에 다음의 조치를 하여야 한다.

ⓐ 작업순서와 순서별 작업방법을 결정하고 작업을 직접 지휘하는 일

ⓑ 기구와 공구를 점검하고 불량품을 제거하는 일

ⓒ 해당 작업을 하는 장소에 관계 근로자가 아닌 사람의 출입을 금지하는 일

ⓓ 로프 풀기 작업 및 덮개 벗기기 작업을 하는 경우에는 적재함의 화물에 낙하 위험이 없음을 확인한 후에 해당 작업의 착수를 지시하는 일

㉣ 화물 중간에서 빼내기 금지 : 화물자동차에서 화물을 내리는 작업을 하는 경우에는 그 작업을 하는 근로자에게 쌓여 있는 화물의 중간에서 화물을 빼내도록 해서는 아니 된다.

⑨ 작업 시작 전 점검사항

지게차를 사용하여 작업을 하는 때	① 제동장치 및 조종장치 기능의 이상 유무 ② 하역장치 및 유압장치 기능의 이상 유무 ③ 바퀴의 이상 유무 ④ 전조등 · 후미등 · 방향지시기 및 경보장치 기능의 이상 유무
구내운반차를 사용하여 작업을 할 때	① 제동장치 및 조종장치 기능의 이상 유무 ② 하역장치 및 유압장치 기능의 이상 유무 ③ 바퀴의 이상 유무 ④ 전조등 · 후미등 · 방향지시기 및 경음기 기능의 이상 유무 ⑤ 전장치를 포함한 홀더 등의 결합상태의 이상 유무
고소작업대를 사용하여 작업을 할 때	① 비상정지장치 및 비상하강 방지장치 기능의 이상 유무 ② 과부하 방지장치의 작동 유무(와이어로프 또는 체인구동방식의 경우) ③ 아웃트리거 또는 바퀴의 이상 유무 ④ 작업면의 기울기 또는 요철 유무 ⑤ 활선작업용 장치의 경우 홈 · 균열 · 파손 등 그 밖의 손상 유무
화물자동차를 사용하는 작업을 하게 할 때	① 제동장치 및 조종장치의 기능 ② 하역장치 및 유압장치의 기능 ③ 바퀴의 이상 유무
차량계 건설기계를 사용하여 작업을 할 때	브레이크 및 클러치 등의 기능

2. 취급운반의 원칙

구분	원칙 및 조건	
운반의 5원칙	① 이동되는 운반은 직선으로 할 것 ② 연속으로 운반을 행할 것 ③ 효율(생산성)을 최고로 높일 것	④ 자재 운반을 집중화할 것 ⑤ 가능한 한 수작업을 없앨 것
운반의 3조건	① 운반(취급)거리는 극소화시킬 것 ② 손이 가지 않는 작업 방법일 것	③ 운반(이동)은 기계화 작업일 것

3. 인력운반

1) 인력운반의 정의

인력운반이란 동력을 이용하지 않고 순수하게 사람의 힘으로 하물을 밀거나, 당기거나, 들고 있거나, 들어 옮기거나 또는 내려놓는 일체의 동작을 말한다.

2) 인력운반작업의 준수사항

① 하물의 인양

㉠ 인양물체의 무게는 실측을 원칙으로 하며 인양물체의 무게가 일정하지 않은 때에는 평균무게와 최대무게를 실측하여야 한다.

㉡ 인양물체의 무게를 어림잡은 때에는 가볍게 들어 개인의 인양능력에 충분한가의 여부를 판단하여 인양하여야 한다.

㉢ 인양할 때의 몸의 자세는 다음의 사항을 준수하여야 한다.

ⓐ 한쪽 발은 들어올리는 물체를 향하여 안전하게 고정시키고 다른 발은 그 뒤에 안전하게 고정시킬 것

ⓑ 등은 항상 직립을 유지하여 가능한 한 지면과 수직이 되도록 할 것

ⓒ 무릎은 직각자세를 취하고 몸은 가능한 한 인양물에 근접하여 정면에서 인양할 것

ⓓ 턱은 안으로 당겨 척추와 일직선이 되도록 할 것

ⓔ 팔은 몸에 밀착시키고 끌어당기는 자세를 취하며 가능한 한 수평거리를 짧게 할 것

ⓕ 손가락으로만 인양물을 잡아서는 아니 되며 손바닥으로 인양물 전체를 잡을 것

ⓖ 체중의 중심은 항상 양다리 중심에 있게 하여 균형을 유지할 것

ⓗ 인양하는 최초의 힘은 뒷발 쪽에 두고 인양할 것

② 운반작업 시 준수사항

㉠ 하물의 운반은 수평거리 운반을 원칙으로 하며, 여러 번 들어 움직이거나 중계 운반, 반복운반을 하여서는 아니 된다.

㉡ 운반 시의 시선은 진행방향을 향하고 뒷걸음 운반을 하여서는 아니 된다.

㉢ 어깨높이보다 높은 위치에서 하물을 들고 운반하여서는 아니 된다.

㉣ 쌓여 있는 하물을 운반할 때에는 중간 또는 하부에서 뽑아내어서는 아니 된다.

③ 길이가 긴 장척물을 운반 시 준수사항

㉠ 단독으로 어깨에 메고 운반할 때에는 하물 앞부분 끝을 근로자 신장보다 약간 높게 하여 모서리, 곡선 등에 충돌하지 않도록 주의하여야 한다.

㉡ 공동으로 운반할 때에는 근로자 모두 동일한 어깨에 메고 지휘자의 지시에 따라 작업하여야 한다.

㉢ 하역할 때에는 튀어오름, 굴러내림 등의 돌발사태에 주의하여야 한다.

④ 중량물을 운반할 때 준수사항

㉠ 숙련된 경험자를 작업 지휘자로 선정하여 운반방법, 운반 단계 등을 협의하여 결정하여야 한다.

㉡ 공동으로 중량물을 운반할 때에는 근로자의 체력, 키 등을 고려하여 현저한 차이가 있는 근로자는 제외하고 작업지휘자의 지시에 따라 통일된 행동을 하여야 한다.

㉢ 무게 중심이 높은 하물은 인력으로 운반하여서는 아니 된다.

⑤ 하역할 때 준수사항

㉠ 등은 직립을 유지하고 발은 움직이지 않는 상태에서 다리를 구부려 가능한 낮은 자세로서 한 쪽 면을 바닥에 놓은 다음 다른 면을 내려놓아야 한다.

㉡ 조급하게 던져서 하역하여서는 아니 된다.

㉢ 중량물을 어깨 또는 허리 높이에서 하역할 때에는 도움을 받아 안전하게 하역하여야 한다.

4. 중량물 취급운반

1) 중량물 취급 시 준수사항

① 중량물을 운반하거나 취급하는 경우에 하역운반기계 · 운반용구를 사용하여야 한다.(다만, 작업의 성질상 사용하기 곤란한 경우에는 그러하지 아니하다)

② 중량물 취급작업의 작업계획서를 작성한 경우 작업지휘자를 지정하여 작업계획서에 따라 작업을 지휘하도록 하여야 한다.

③ 중량물을 2명 이상의 근로자가 취급하거나 운반하는 작업을 하는 경우 일정한 신호방법을 정하여 신호하도록 하여야 하며, 운전자는 그 신호에 따라야 한다.

2) 중량물의 구름 위험방지

드럼통 등 구를 위험이 있는 중량물을 보관하거나 작업 중 구를 위험이 있는 중량물을 취급하는 경우에는 다음 각 호의 사항을 준수해야 한다.

① 구름멈춤대, 쐐기 등을 이용하여 중량물의 동요나 이동을 조절할 것

② 중량물이 구를 위험이 있는 방향 앞의 일정거리 이내로는 근로자의 출입을 제한할 것. 다만, 중량물을 보관하거나 작업 중인 장소가 경사면인 경우에는 경사면 아래로는 근로자의 출입을 제한해야 한다.

3) 중량물을 들어올리는 작업에 관한 특별 조치

① 중량물의 제한 : 근로자가 인력으로 들어올리는 작업을 하는 경우에 과도한 무게로 인하여 근로자의 목 · 허리 등 근골격계에 무리한 부담을 주지 않도록 최대한 노력하여야 한다.

② 작업조건 : 근로자가 취급하는 물품의 중량 · 취급빈도 · 운반거리 · 운반속도 등 인체에 부담을 주는 작업의 조건에 따라 작업시간과 휴식시간 등을 적정하게 배분하여야 한다.

③ 5kg 이상의 중량물을 들어올리는 작업 시 조치사항

㉠ 주로 취급하는 물품에 대하여 근로자가 쉽게 알 수 있도록 물품의 중량과 무게중심에 대하여 작업장 주변에 안내표시를 할 것

㉡ 취급하기 곤란한 물품은 손잡이를 붙이거나 갈고리, 진공빨판 등 적절한 보조도구를 활용할 것

4) 중량물의 취급작업 작업계획서 내용

① 추락위험을 예방할 수 있는 안전대책

② 낙하위험을 예방할 수 있는 안전대책

③ 전도위험을 예방할 수 있는 안전대책

④ 협착위험을 예방할 수 있는 안전대책

⑤ 붕괴위험을 예방할 수 있는 안전대책

5) 중량물 취급 권장기준

화물의 무게＝부피 × 화물의 비중

작업형태	성별	연령별허용기준(kg)			
		18세 이하	19~35세	36~50세	51세 이상
일시작업 (2회/hour)	남	25	30	27	25
	여	17	20	17	15
반복작업(계속작업) (3회/hour)	남	12	15	13	10
	여	8	10	8	5

5. 요통 방지대책

1) 요통의 정의

척추뼈, 추간판(디스크), 관절, 인대, 신경, 혈관 등이 기능 이상 및 상호 조정이 어려워짐으로써 발생하는 허리 부위의 통증

2) 요통 방지대책

① 작업량 조절

㉠ 작업하는 근로자의 체력과 능력을 고려하여 작업량을 조절하거나 분해

㉡ 시간별, 날짜별 변동이 심한 경우에는 작업자의 수를 적절히 조절

② 자동화

㉠ 중량물 취급작업에 대해서는 적절한 자동화장치를 사용하고 인력이 가급적으로 동원되지 않도록하는 것을 원칙으로 한다.

㉡ 자동화가 곤란한 경우에는 적절한 장치나 기구를 사용하도록 하고 부분적으로 자동화가 이루어지도록 한다.

③ 취급시간

㉠ 취급물의 중량, 빈도, 운반거리, 운반속도 등 작업을 하는 데 소요되는 시간을 고려한다.

㉡ 휴식 또는 다른 경작업 등과 적절히 배분하여 중량물 취급작업이 연속적으로 되지 않도록 한다.

④ **교육, 훈련** : 요통예방을 위한 중량물 올리는 방법, 내리는 방법, 옮기는 방법, 이동하는 방법, 적재하는 방법, 작업 시의 자세, 요통예방체조, 기타 작업방법 등에 대한 충분한 교육과 훈련을 실시한다.

⑤ 작업장 바닥

㉠ 작업장의 청결을 유지한다.

㉡ 서서 작업할 경우에는 목재나 코르크 또는 고무바닥에서 하도록 하고 가급적 금속이나 콘크리트 바닥은 피한다.

㉢ 작업장의 바닥은 평평하고 미끄러지지 않게 한다.

㉣ 콘크리트나 금속바닥에는 매트를 깔고 매트 가장자리는 경사지게 하여 걸려 넘어지는 것을 방지해 준다.

㉤ 두꺼운 발포성 고무매트는 사용하지 않는다. 바닥 쿠션이 좋으면 피로의 원인이 될 수 있고 넘어지기 쉽다.

⑥ 작업공간

㉠ 작업자세를 변화시킬 수 있는 충분한 공간이 확보되도록 한다.

㉡ 작업자의 양쪽 다리에서 한쪽 다리로 체중을 옮겨 놓기 위해 발 받침대를 사용한다.

㉢ 작업대의 앞에 서서 작업하는 경우에는 작업자의 전면에 발이 걸리지 않도록 한다.

2 하역작업 시 안전수칙

1. 하역작업의 안전수칙

1) 섬유로프의 사용금지 조건(하물운반용 또는 고정용 사용 시)

① 꼬임이 끊어진 것

② 심하게 손상되거나 부식된 것

2) 부두 · 안벽 등 하역작업장 조치사항

① 작업장 및 통로의 위험한 부분에는 안전하게 작업할 수 있는 조명을 유지할 것
② 부두 또는 안벽의 선을 따라 통로를 설치하는 경우에는 폭을 90센티미터 이상으로 할 것
③ 육상에서의 통로 및 작업장소로서 다리 또는 선거 갑문을 넘는 보도 등의 위험한 부분에는 안전난간 또는 울타리 등을 설치할 것

3) 하적단의 간격

바닥으로부터의 높이가 2미터 이상 되는 하적단(포대 · 가마니 등으로 포장된 화물이 쌓여 있는 것만 해당한다)과 인접 하적단 사이의 간격을 하적단의 밑부분을 기준하여 10센티미터 이상으로 하여야 한다.

4) 하적단의 붕괴 등에 의한 위험방지

① 하적단의 붕괴 또는 화물의 낙하에 의하여 근로자가 위험해질 우려가 있는 경우에는 그 하적단을 로프로 묶거나 망을 치는 등 위험을 방지하기 위하여 필요한 조치를 하여야 한다.
② 하적단을 쌓는 경우에는 기본형을 조성하여 쌓아야 한다.
③ 하적단을 헐어내는 경우에는 위에서부터 순차적으로 층계를 만들면서 헐어내어야 하며, 중간에서 헐어내어서는 아니 된다.

5) 항만하역작업 시 안전수칙

① 통행설비의 설치

갑판의 윗면에서 선창 밑바닥까지의 깊이가 1.5미터를 초과하는 선창의 내부에서 화물취급작업을 하는 경우에 그 작업에 종사하는 근로자가 안전하게 통행할 수 있는 설비를 설치하여야 한다. (다만, 안전하게 통행할 수 있는 설비가 선박에 설치되어 있는 경우에는 그러하지 아니하다.)

② 선박승강설비의 설치

㉠ 300톤급 이상의 선박에서 하역작업을 하는 경우에 근로자들이 안전하게 오르내릴 수 있는 현문 사다리를 설치하여야 하며, 이 사다리 밑에 안전망을 설치하여야 한다.
㉡ 현문 사다리는 견고한 재료로 제작된 것으로 너비는 55센티미터 이상이어야 하고, 양측에 82센티미터 이상의 높이로 울타리를 설치하여야 하며, 바닥은 미끄러지지 않도록 적합한 재질로 처리되어야 한다.
㉢ 현문 사다리는 근로자의 통행에만 사용하여야 하며, 화물용 발판 또는 화물용 보판으로 사용하도록 해서는 아니 된다.

③ 양하작업 시의 안전조치

㉠ 양하장치 등을 사용하여 양하작업을 하는 경우에 선창 내부의 화물을 안전하게 운반할 수 있도록 미리 해치(Hatch)의 수직 하부에 옮겨 놓아야 한다.

㉡ 화물을 옮기는 경우에는 대차 또는 스내치 블록(Snatch Block)을 사용하는 등 안전한 방법을 사용하여야 하며, 화물을 슬링 로프(Sling Rope)로 연결하여 직접 끌어내는 등 안전하지 않은 방법을 사용해서는 아니 된다.

2. 기계화해야 될 인력작업

① 3~4인이 오랜 시간 계속되어야 하는 운반작업
② 발 밑에서 머리 위까지 들어올리는 작업
③ 발 밑에서 어깨까지 25kg 이상의 물건을 들어올리는 작업
④ 발 밑에서 허리까지 50kg 이상의 물건을 들어올리는 작업
⑤ 발 밑에서 무릎까지 75kg 이상의 물건을 들어올리는 작업
⑥ 두 걸음 이상 가로로 운반하는 작업이 연속되는 경우
⑦ 3m 이상 연속하여 운반작업을 하는 경우
⑧ 1시간에 10ton 이상의 운반량이 있는 작업인 경우

3. 화물취급작업 안전수칙

1) 화물의 적재 시 준수사항

① 침하 우려가 없는 튼튼한 기반 위에 적재할 것
② 건물의 칸막이나 벽 등이 화물의 압력에 견딜 만큼의 강도를 지니지 아니한 경우에는 칸막이나 벽에 기대어 적재하지 않도록 할 것
③ 불안정할 정도로 높이 쌓아 올리지 말 것
④ 하중이 한쪽으로 치우치지 않도록 쌓을 것

2) 화물 중간에서 화물 빼내기 금지

차량 등에서 화물을 내리는 작업을 하는 경우에 해당 작업에 종사하는 근로자에게 쌓여 있는 화물 중간에서 화물을 빼내도록 해서는 아니 된다.

3) 화물취급 작업 시 관리감독자의 직무

① 작업방법 및 순서를 결정하고 작업을 지휘하는 일
② 기구 및 공구를 점검하고 불량품을 제거하는 일
③ 그 작업장소에는 관계 근로자가 아닌 사람의 출입을 금지하는 일
④ 로프 등의 해체작업을 할 때에는 하대 위의 화물의 낙하위험 유무를 확인하고 작업의 착수를 지시하는 일

4. 고소작업 안전수칙

1) 고소작업대 설치기준

① 작업대를 와이어로프 또는 체인으로 올리거나 내릴 경우에는 와이어로프 또는 체인이 끊어져 작업대가 떨어지지 아니하는 구조여야 하며, 와이어로프 또는 체인의 안전율은 5 이상일 것
② 작업대를 유압에 의해 올리거나 내릴 경우에는 작업대를 일정한 위치에 유지할 수 있는 장치를 갖추고 압력의 이상 저하를 방지할 수 있는 구조일 것
③ 권과방지장치를 갖추거나 압력의 이상상승을 방지할 수 있는 구조일 것
④ 붐의 최대 지면경사각을 초과 운전하여 전도되지 않도록 할 것
⑤ 작업대에 정격하중(안전율 5 이상)을 표시할 것
⑥ 작업대에 끼임 · 충돌 등 재해를 예방하기 위한 가드 또는 과상승방지장치를 설치할 것
⑦ 조작반의 스위치는 눈으로 확인할 수 있도록 명칭 및 방향표시를 유지할 것

2) 고소작업대 설치 시 준수사항

① 바닥과 고소작업대는 가능하면 수평을 유지하도록 할 것
② 갑작스러운 이동을 방지하기 위하여 아웃트리거 또는 브레이크 등을 확실히 사용할 것

3) 고소작업대 이동 시 준수사항

① 작업대를 가장 낮게 내릴 것
② 작업자를 태우고 이동하지 말 것. 다만, 이동 중 전도 등의 위험예방을 위하여 유도하는 사람을 배치하고 짧은 구간을 이동하는 경우에 작업대를 가장 낮게 내린 상태에서 작업자를 태우고 이동할 수 있다.
③ 이동통로의 요철상태 또는 장애물의 유무 등을 확인할 것

4) 고소작업대 사용 시 준수사항

① 작업자가 안전모 · 안전대 등의 보호구를 착용하도록 할 것
② 관계자가 아닌 사람이 작업구역에 들어오는 것을 방지하기 위하여 필요한 조치를 할 것
③ 안전한 작업을 위하여 적정수준의 조도를 유지할 것
④ 전로에 근접하여 작업을 하는 경우에는 작업감시자를 배치하는 등 감전사고를 방지하기 위하여 필요한 조치를 할 것
⑤ 작업대를 정기적으로 점검하고 붐 · 작업대 등 각 부위의 이상 유무를 확인할 것
⑥ 전환스위치는 다른 물체를 이용하여 고정하지 말 것
⑦ 작업대는 정격하중을 초과하여 물건을 싣거나 탑승하지 말 것
⑧ 작업대의 붐대를 상승시킨 상태에서 탑승자는 작업대를 벗어나지 말 것. 다만, 작업대에 안전대 부착설비를 설치하고 안전대를 연결하였을 때에는 그러하지 아니하다.